지구과학 Ⅰ

정답과 해설 PDF 파일은 EBS*i* 사이트(www.ebsi.co.kr)에서 다운로드 받으실 수 있습니다.

EBS*i* 사이트에서 본 교재의 문항별 해설 강의 검색 서비스를 제공하고 있습니다.

교재 내용 문의 교재 및 강의 내용 문의는 EBS*i* 사이트 (www.ebs*i*.co.kr)의 학습 Q&A 서비스를 활용하시기 바랍니다.

교재 정오표 공지 발행 이후 발견된 정오 사항을 EBS*i* 사이트 정오표 코너에서 알려 드립니다. **교재 ▶ 교재 자료실 ▶ 교재 정오표**

교재 정정 신청 공지된 정오 내용 외에 발견된 정오 사항이 있다면 EBS*i* 사이트를 통해 알려 주세요. **교재 ▶ 교재 정정 신청**

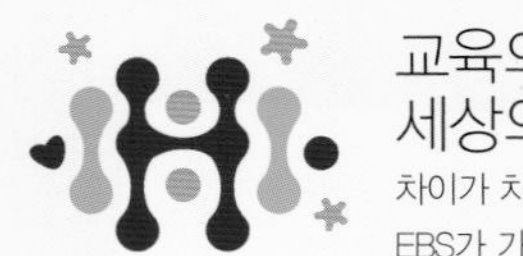

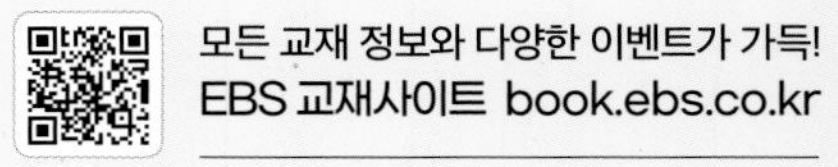

기획 및 개발

오창호 심미연 강유진 권현지 김윤희(개발총괄위원)

집필 및 검토

김진성(신림고등학교)
김해선(인천해송고등학교)
문무현(장충고등학교)
정의면(대경중학교)
조명아(세현고등학교)
최성원(진명여자고등학교)

검토

권성오 김권종
류형근 박정희
서광석 신영준
안혜영 이석우
이진경 장화순
조승현 조광희
황인철

편집 검토

박지연

본 교재의 강의는 TV와 모바일 APP, EBS*i* 사이트(www.ebs*i*.co.kr)에서 무료로 제공됩니다.

발행일 2017. 12. 1. **17쇄 인쇄일** 2023. 11. 8. **신고번호** 제2017-000193호 **펴낸곳** 한국교육방송공사 경기도 고양시 일산동구 한류월드로 281
표지디자인 디자인싹 **인쇄** 벽호 **내지디자인** 다우 **내지조판** 다우
인쇄 과정 중 잘못된 교재는 구입하신 곳에서 교환하여 드립니다. 신규 사업 및 교재 광고 문의 pub@ebs.co.kr

VISUAL CONTENTS

*개념완성 교재에 수록된 대표이미지입니다.
EBS 교사지원 센터에서 전체 이미지를 다운로드 받아 학교 수업에서 활용할 수 있습니다.

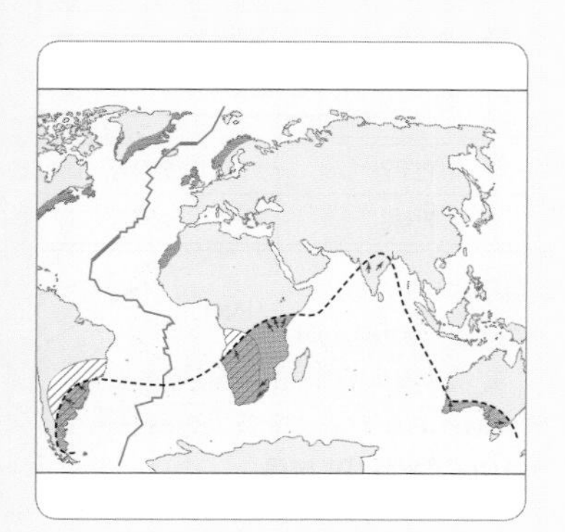

009p_대륙 이동의 증거

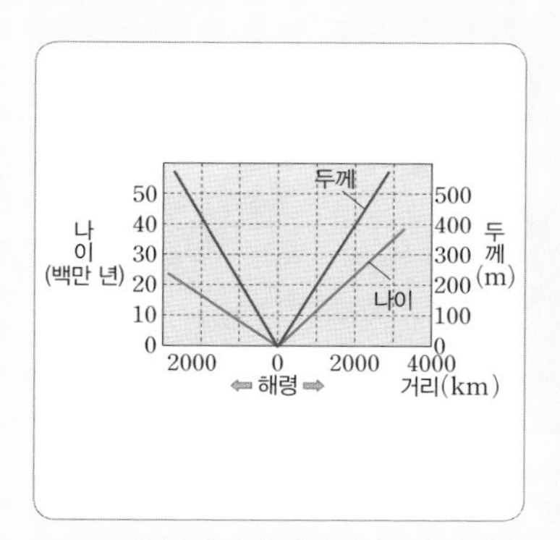

010p_해양 지각의 나이와 해저 퇴적물의 두께

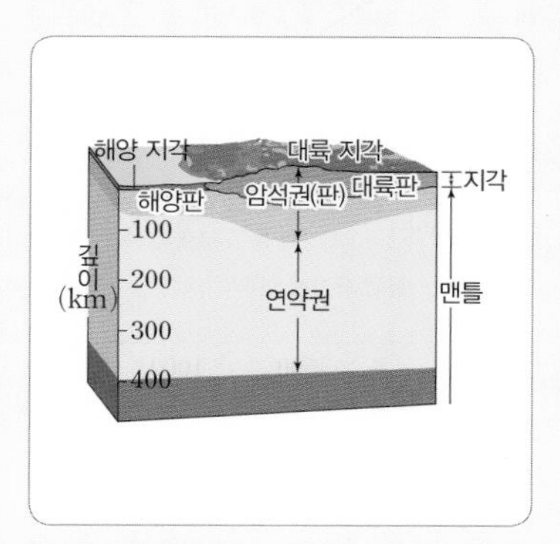

012p_판의 구조

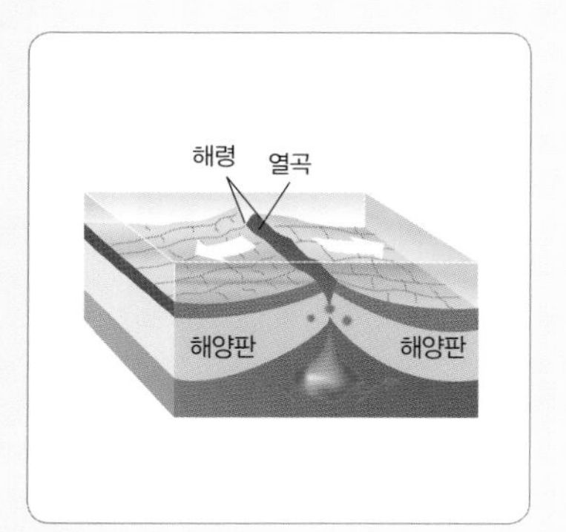

012p_발산형 경계

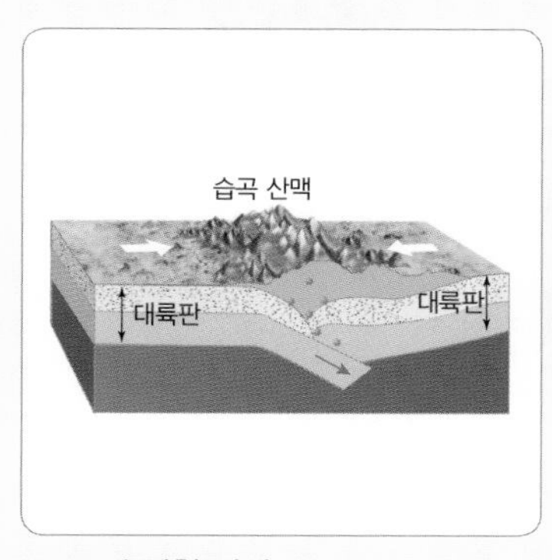

013p_수렴형 경계

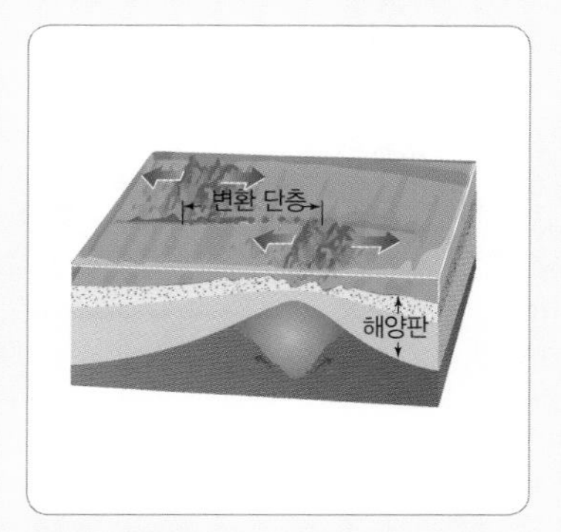

013p_보존형 경계

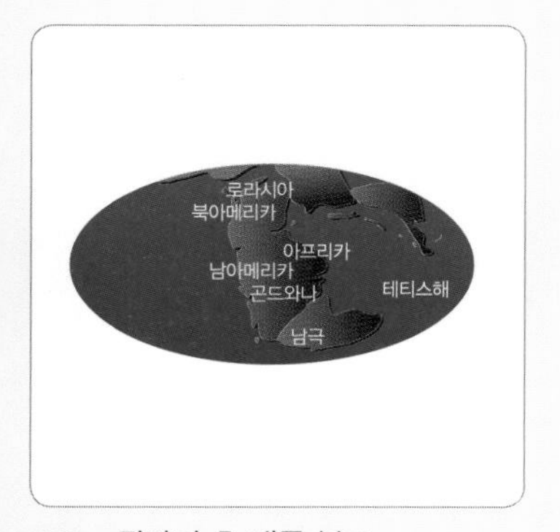

022p_쥐라기 초 대륙 분포

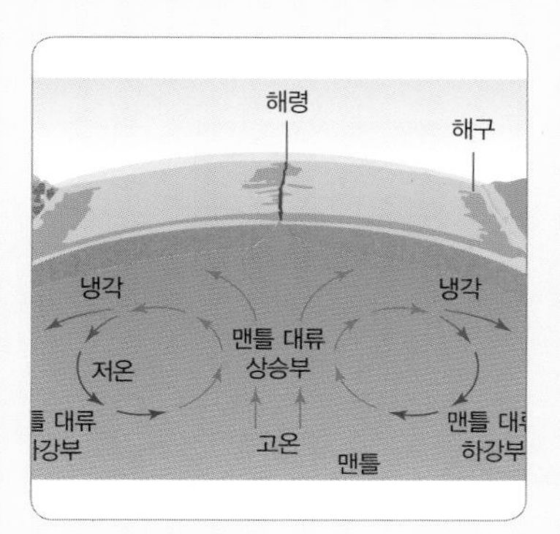

026p_맨틀 대류

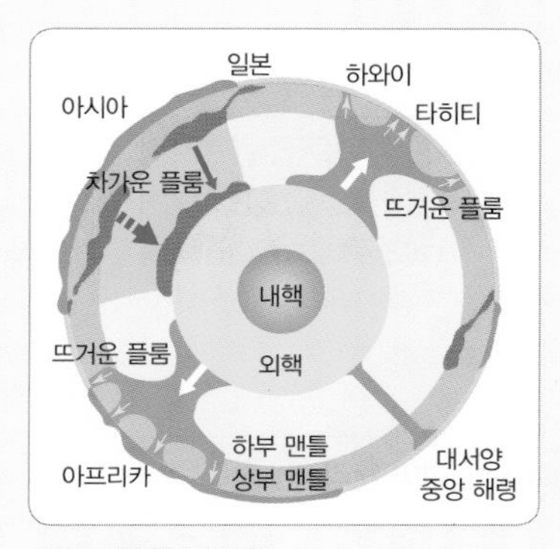

027p_플룸 구조론

VISUAL CONTENTS

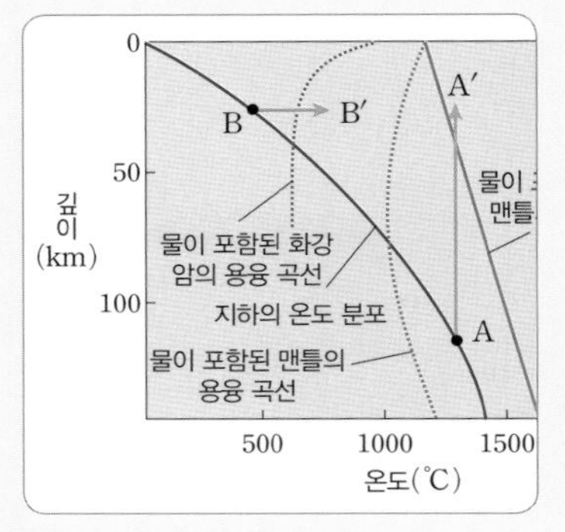

038p_마그마의 생성 과정

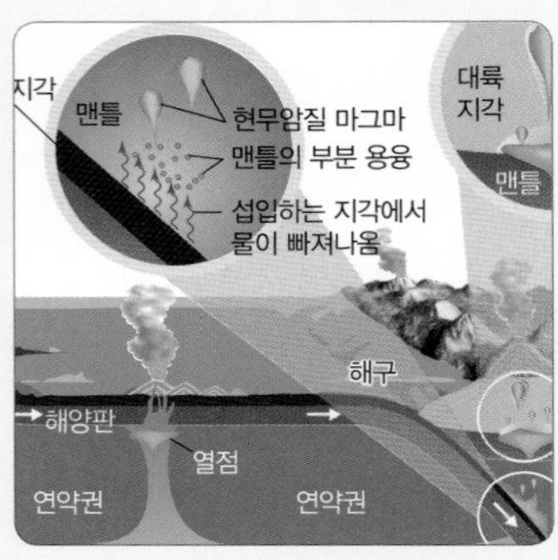

038p_마그마의 생성 장소

040p_화성암의 분류

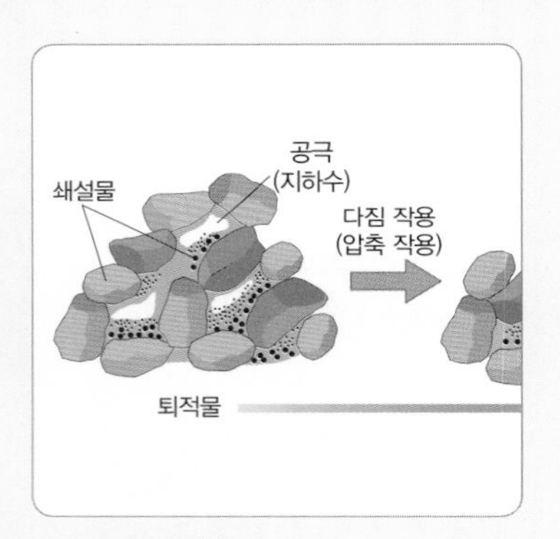

059p_속성 작용

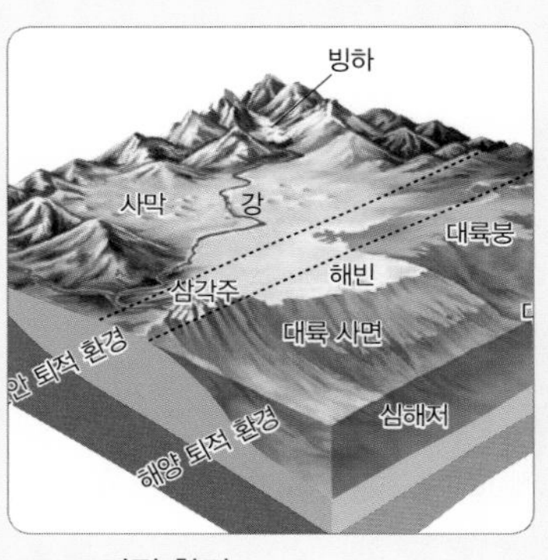

060p_퇴적 환경

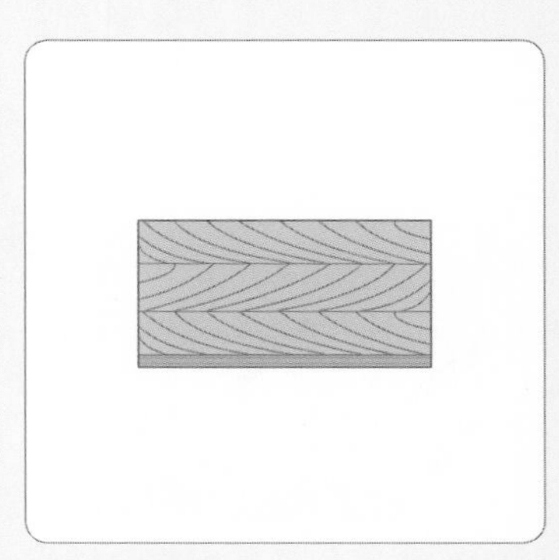

062p_사층리

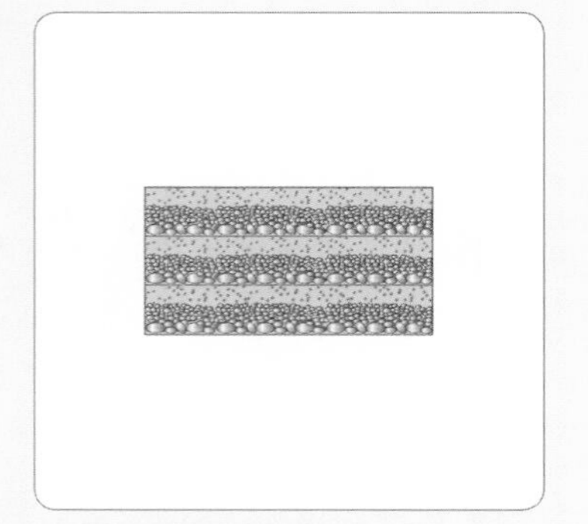

062p_점이 층리

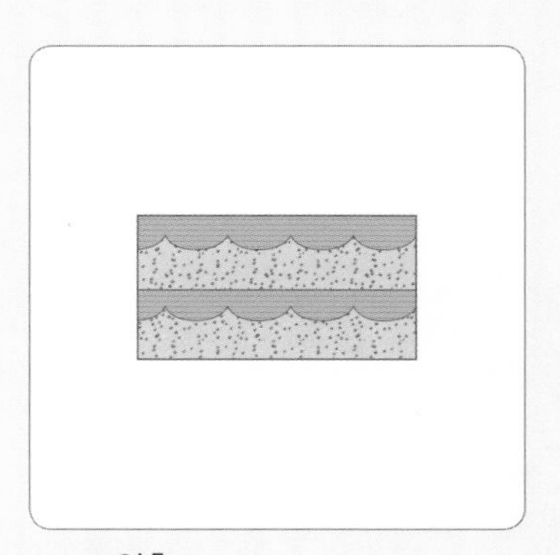

062p_연흔

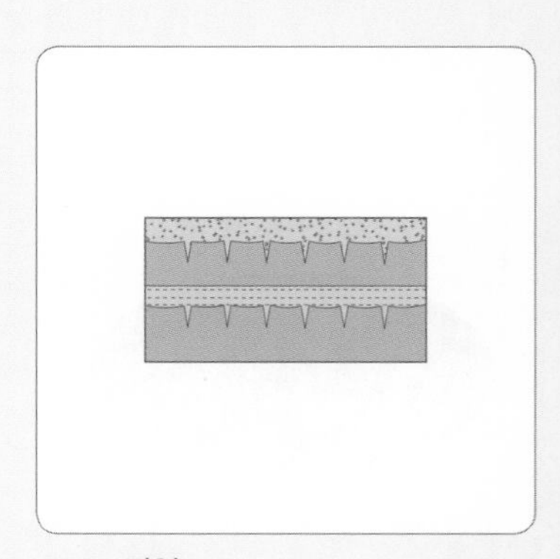

062p_건열

063p_정습곡

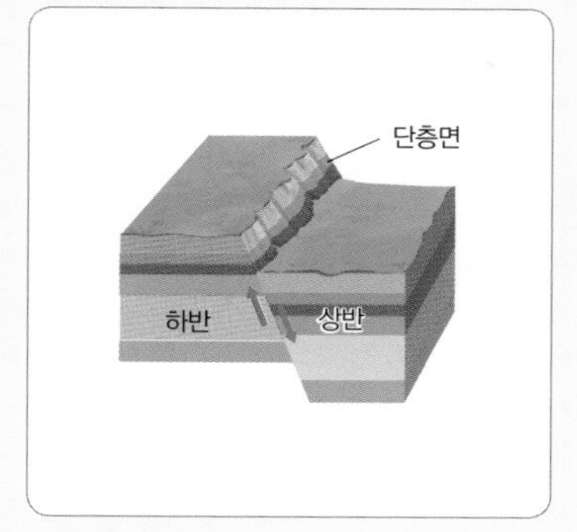

063p_정단층

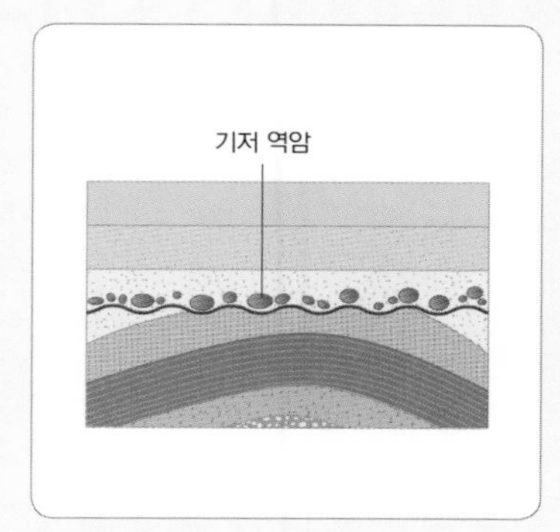

064p_경사 부정합

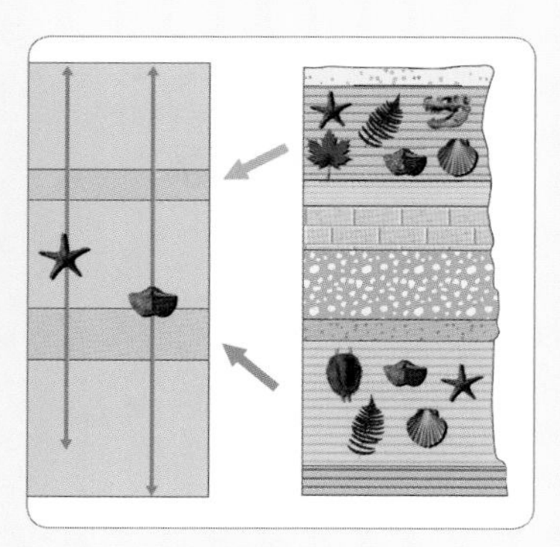
073p_동물군 천이의 법칙

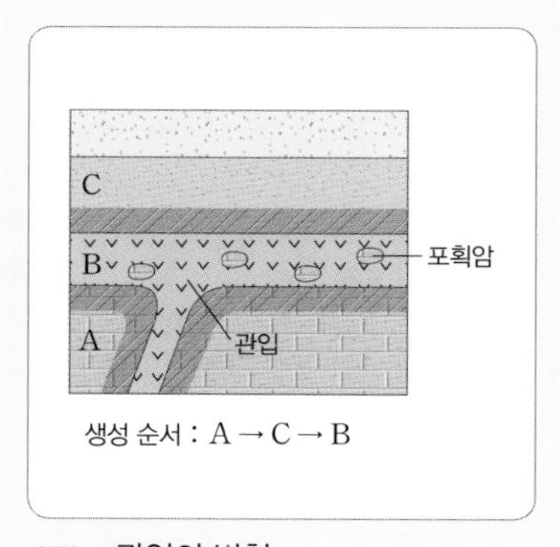

073p_관입의 법칙

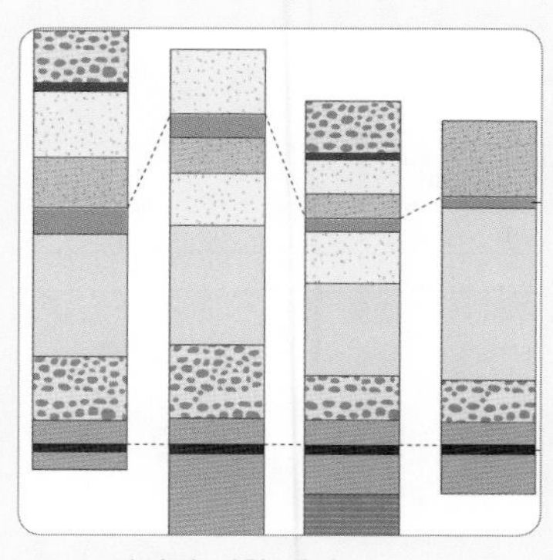
074p_암상에 의한 대비

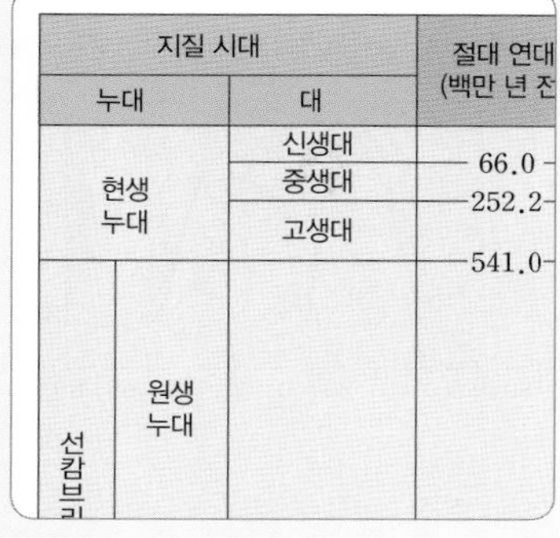

090p_지질 시대의 구분

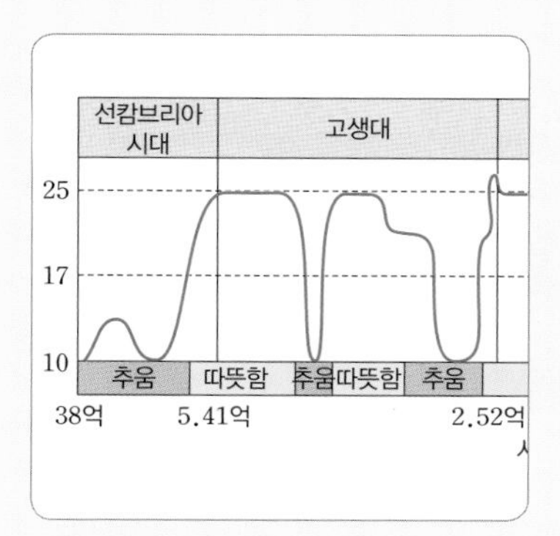

090p_지질 시대의 기후 변화

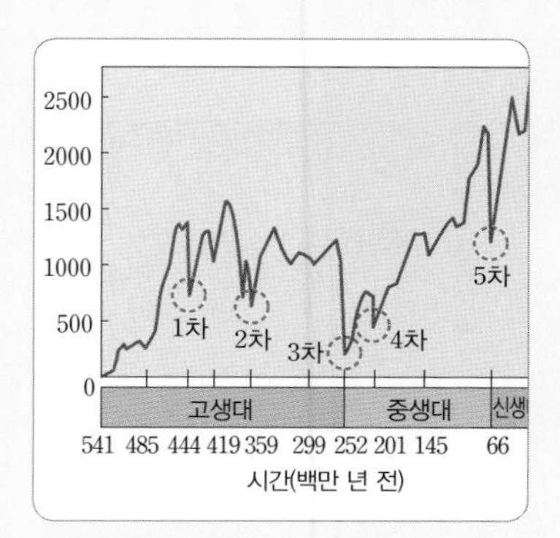

092p_지질 시대의 대멸종

VISUAL CONTENTS

109p_기단과 날씨

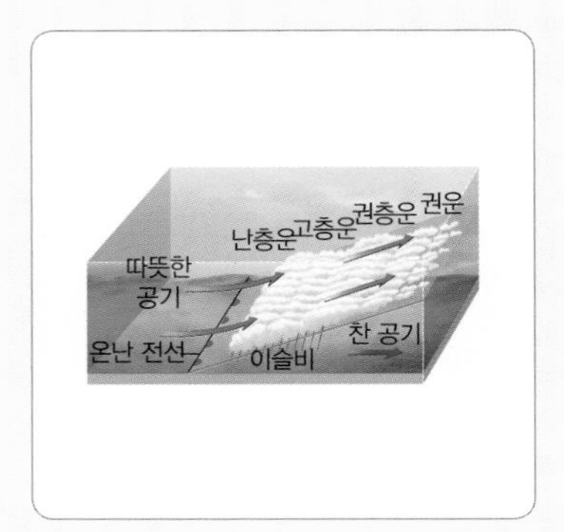

110p_온난 전선

110p_한랭 전선

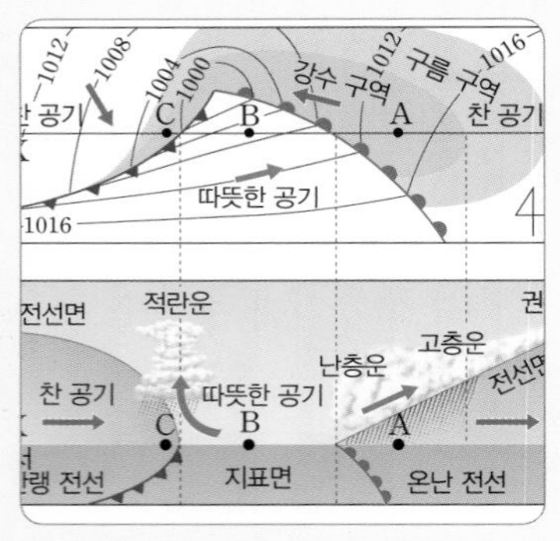

112p_온대 저기압 주변의 날씨와 구조

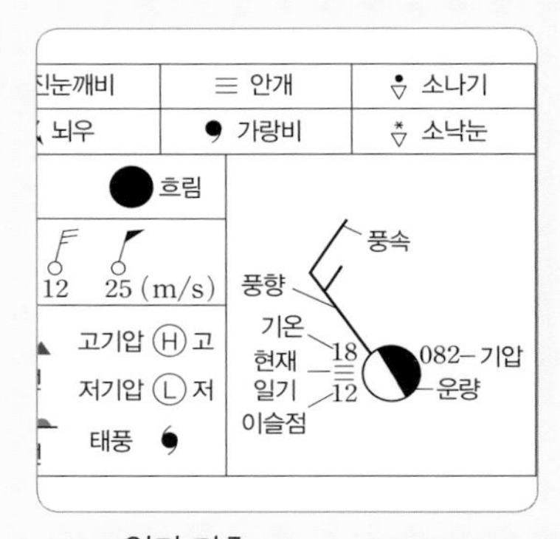

113p_일기 기호

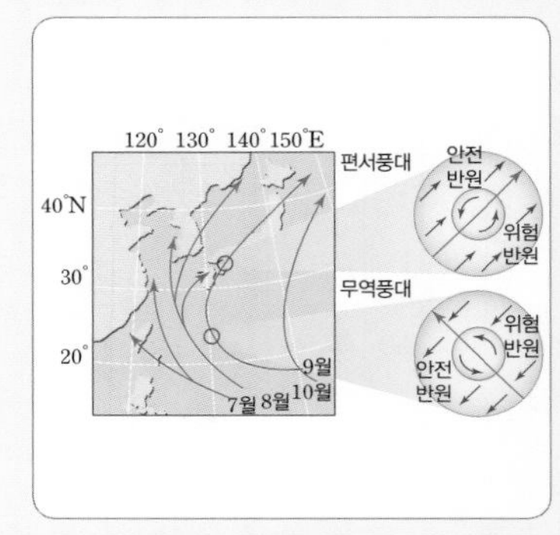

123p_태풍의 이동과 피해

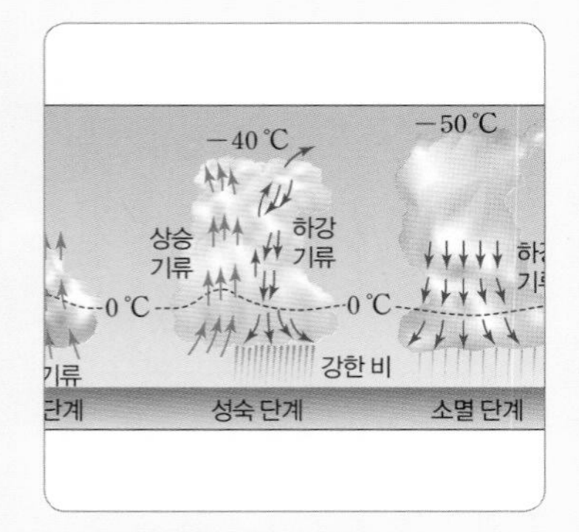

126p_뇌우의 발달 과정

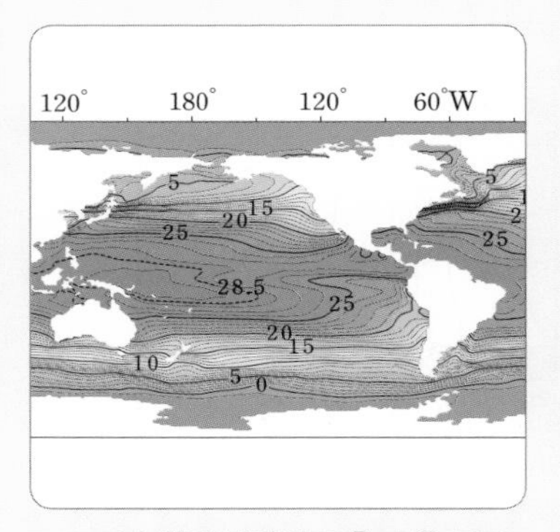

137p_전 세계 해양의 표층 수온 분포

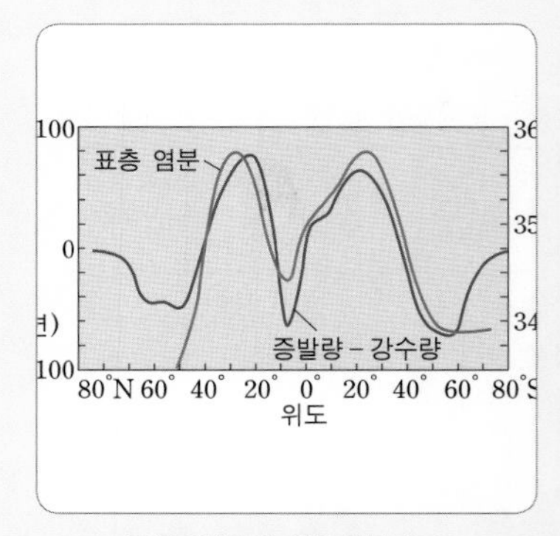

140p_표층 염분의 위도별 분포

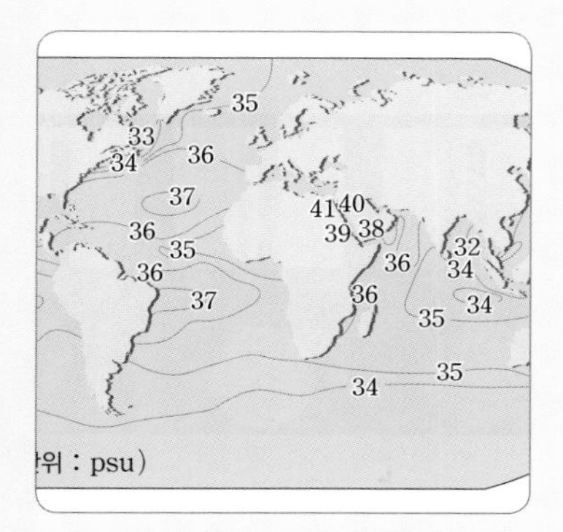

141p_전 세계 해양의 표층 염분 분포

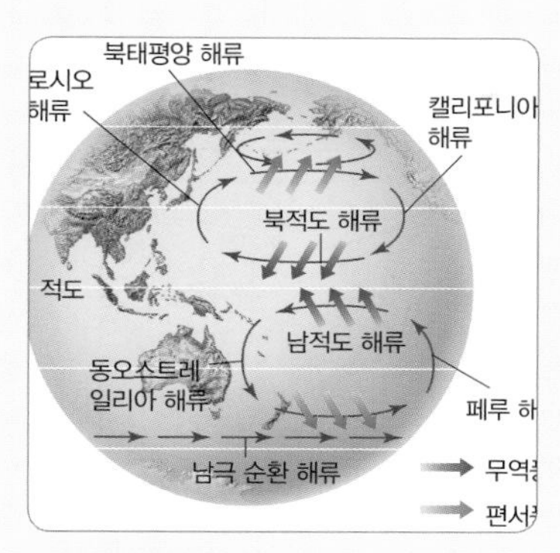

158p_해수의 흐름

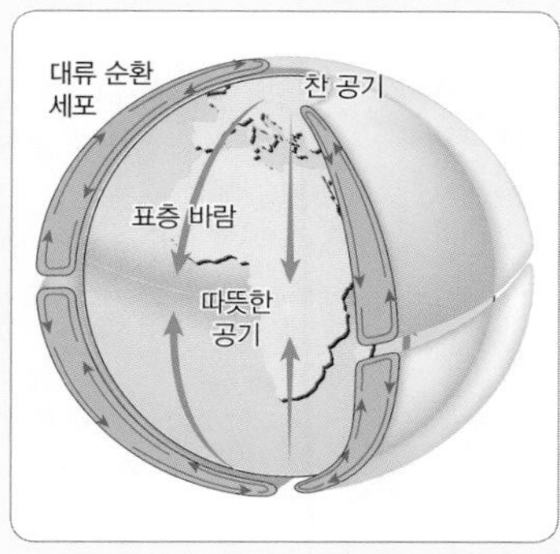

159p_대기 대순환 : 지구가 자전하지 않는 경우

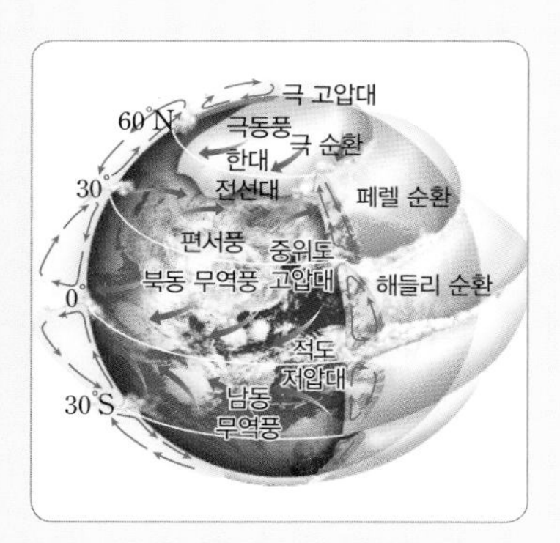

159p_대기 대순환 : 지구가 자전하는 경우

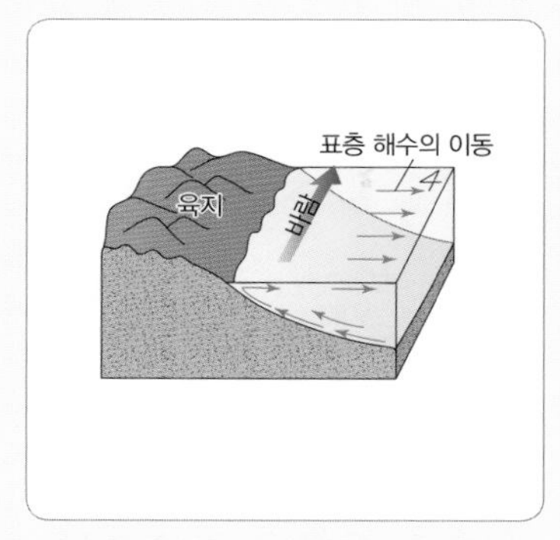

173p_북반구에서 연안 용승과 침강

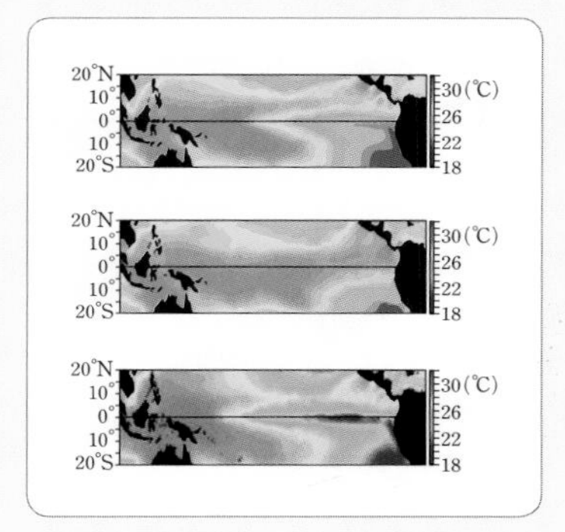

174p_엘니뇨와 라니냐

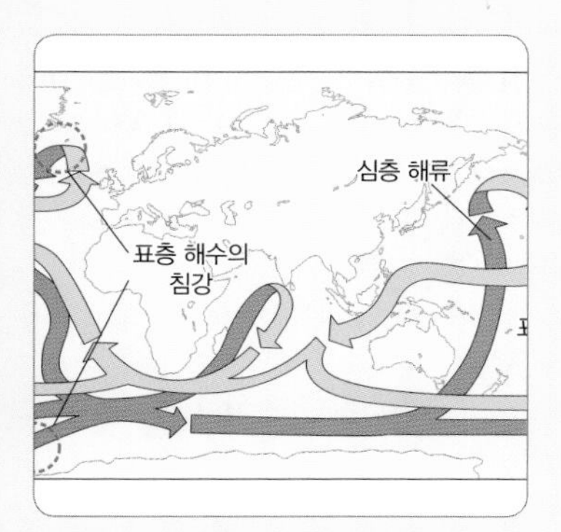

177p_표층 해수의 침강과 심층 순환의 형성

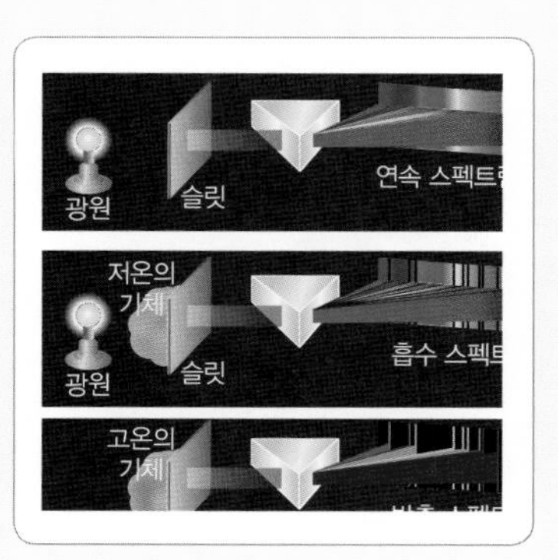

209p_스펙트럼의 종류

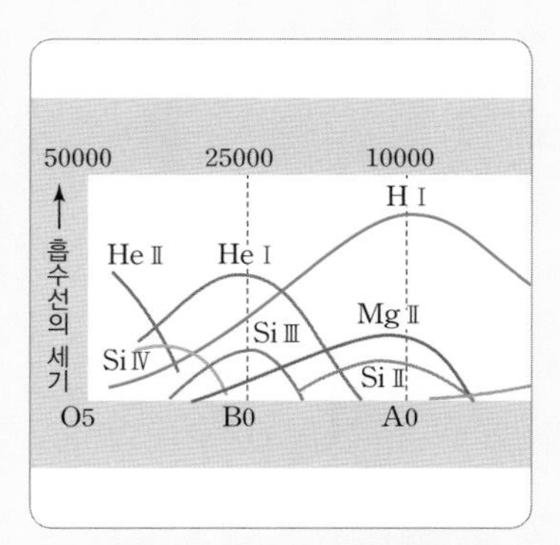

209p_분광형에 따른 원소들의 흡수선 종류와 세기

VISUAL CONTENTS

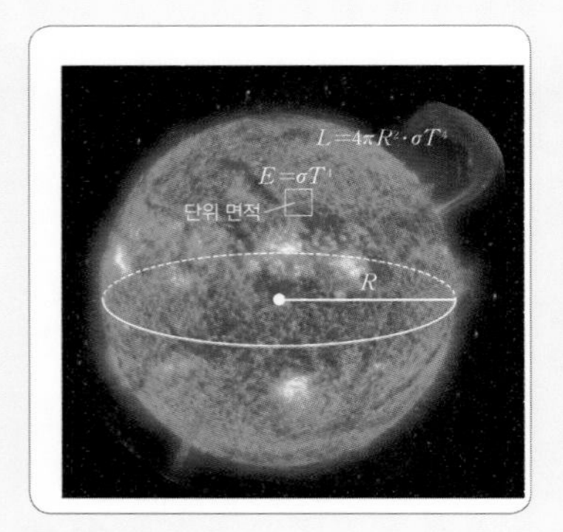

210p_별의 광도

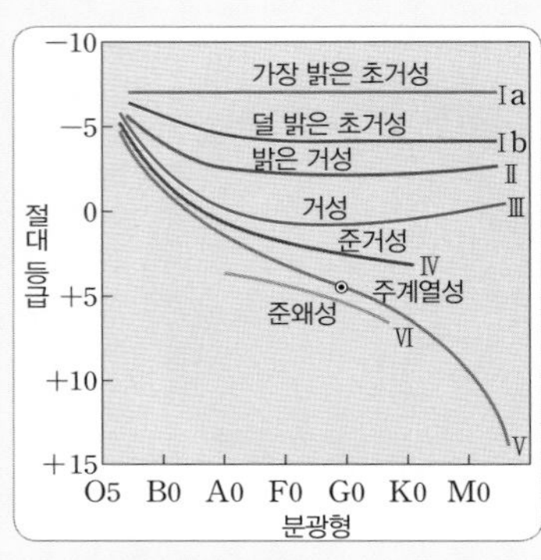

210p_별의 광도 계급

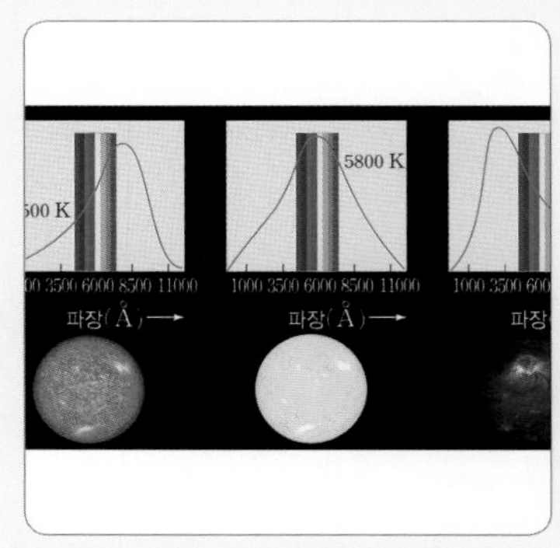

210p_흑체 복사와 별의 표면 온도

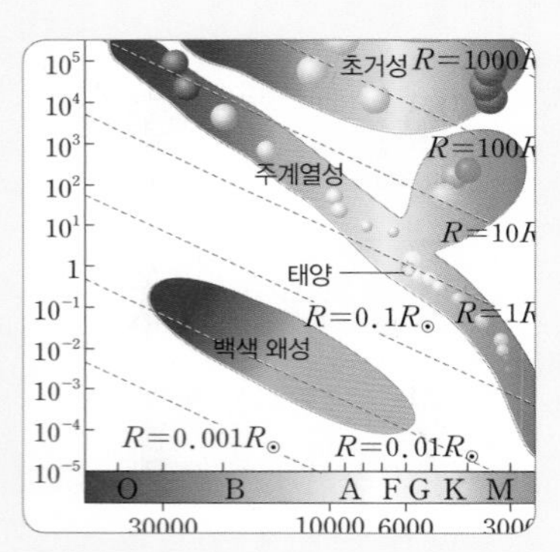

212p_H－R도

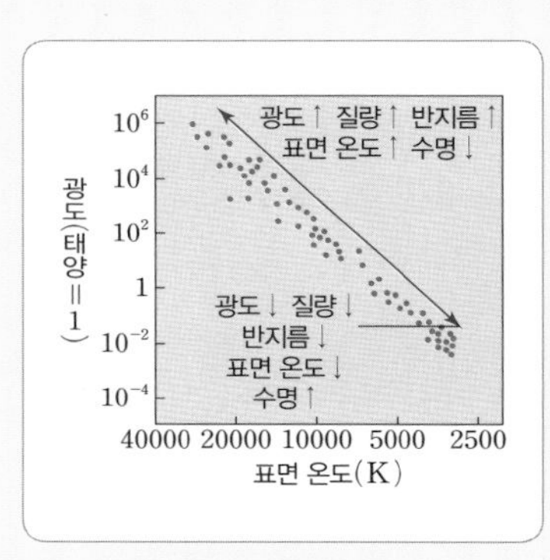

213p_주계열성의 특징

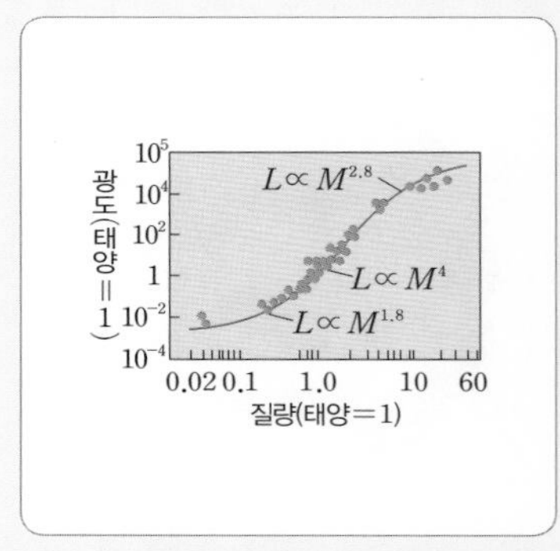

213p_주계열성의 질량－광도 관계

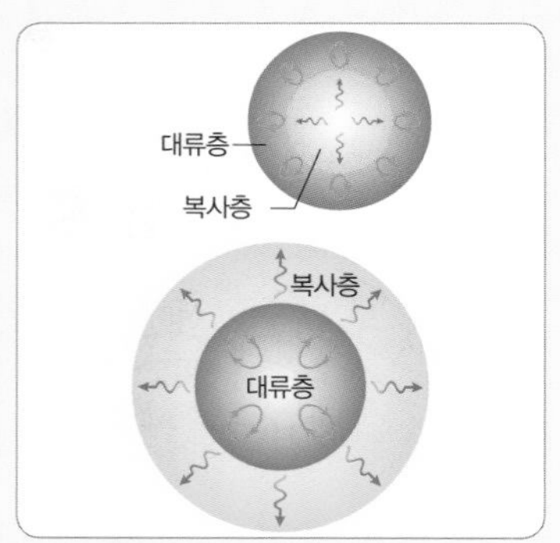

222p_주계열성의 내부 구조와 에너지 전달

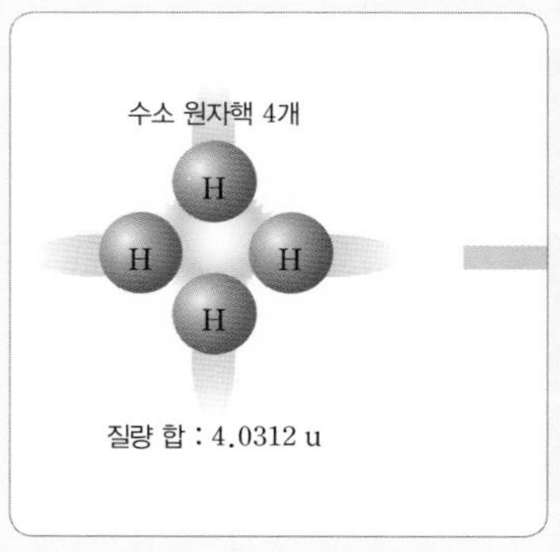

223p_수소 핵융합 에너지

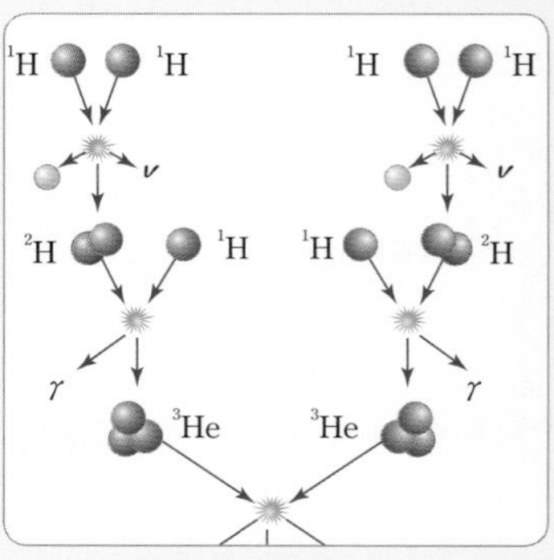

224p_p－p 연쇄 반응

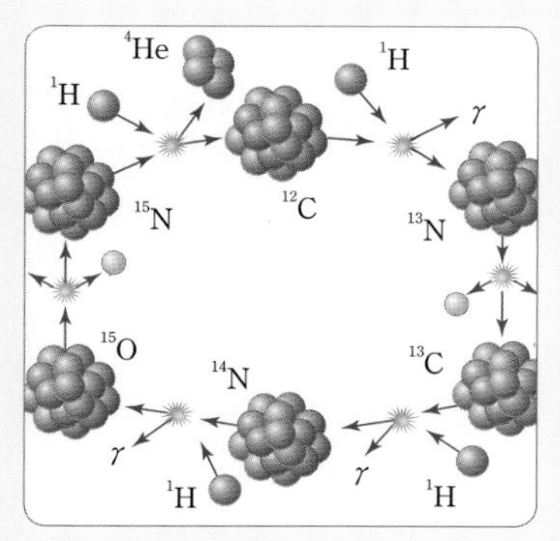

224p_CNO 순환 반응

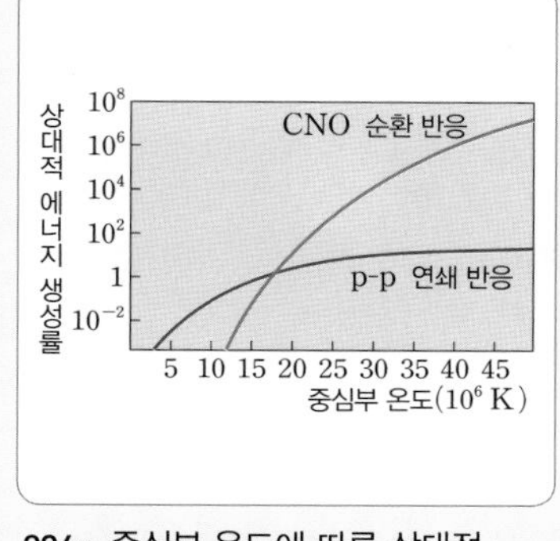

224p_중심부 온도에 따른 상대적 에너지 생성률

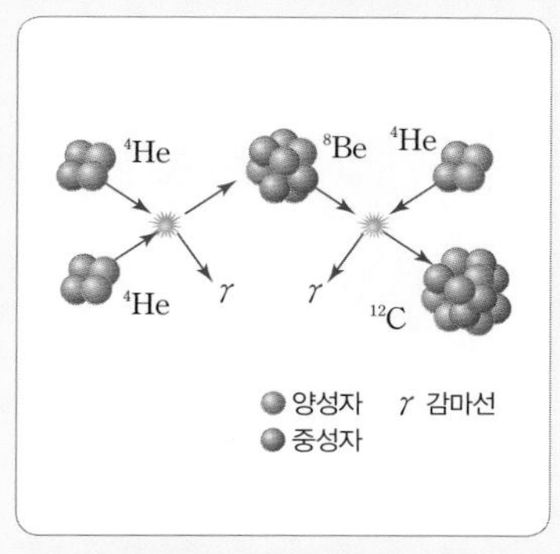

225p_헬륨 핵융합 반응

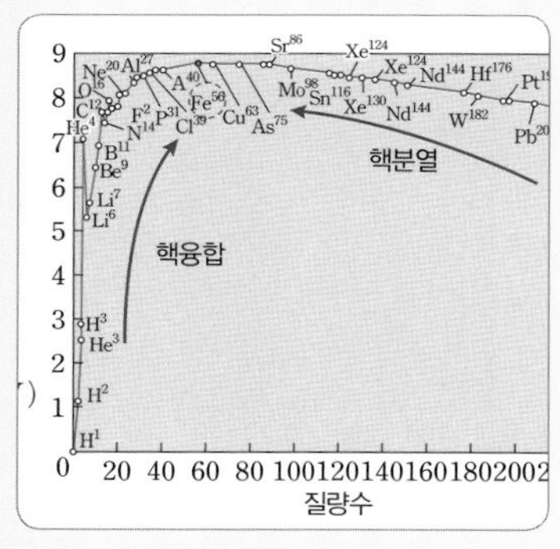

225p_핵자 간 결합 에너지

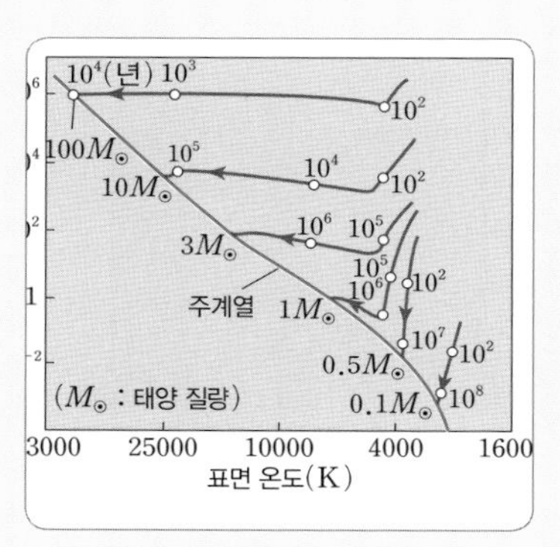

229p_전주계열 단계의 진화 경로

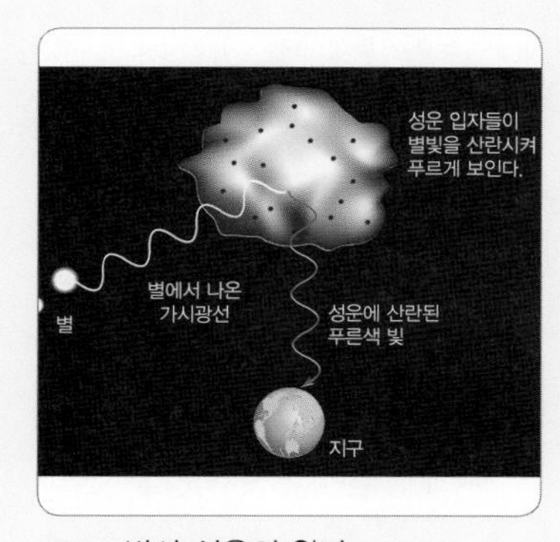

229p_반사 성운의 원리

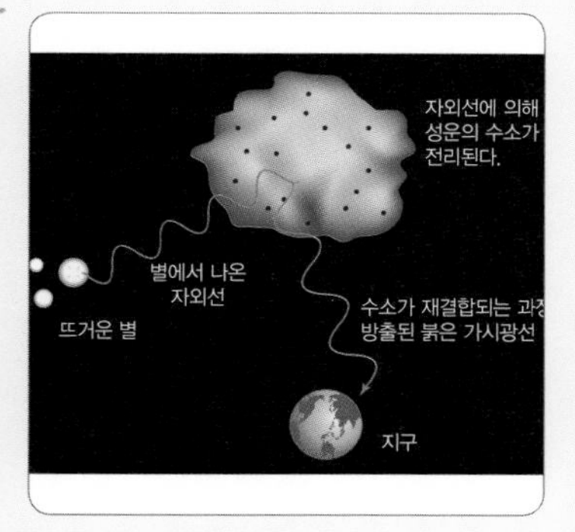

229p_발광 성운의 원리

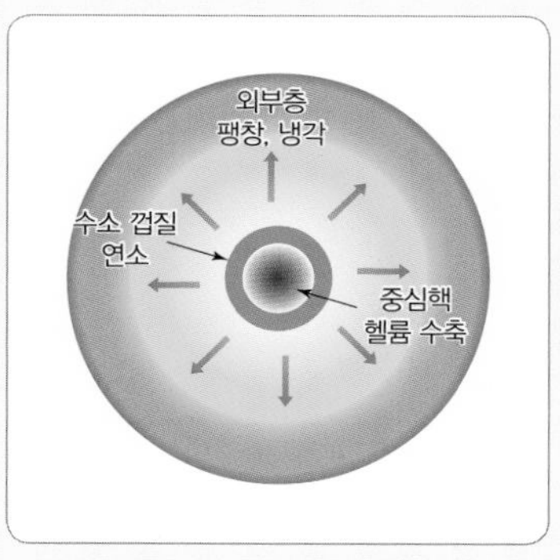

230p_적색 거성 단계로 진화하는 과정

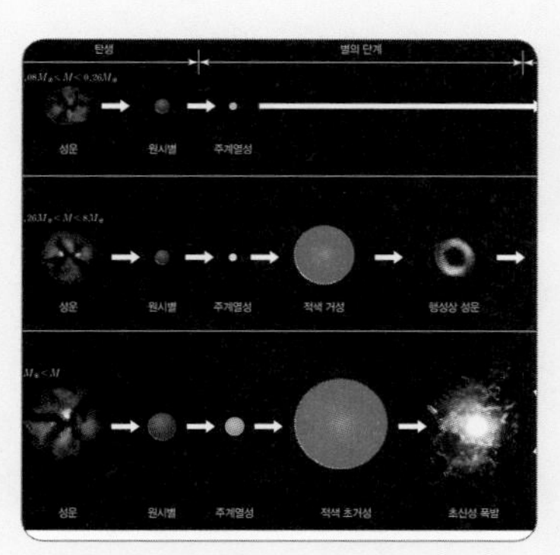

232p_별의 질량에 따른 진화 과정

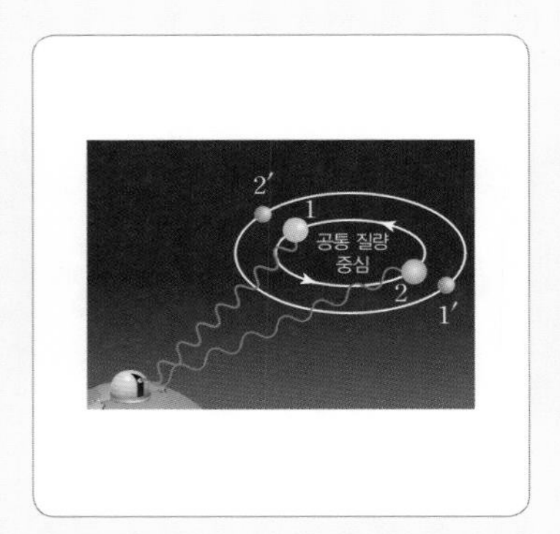

245p_도플러 효과를 이용한 외계 행성 탐사

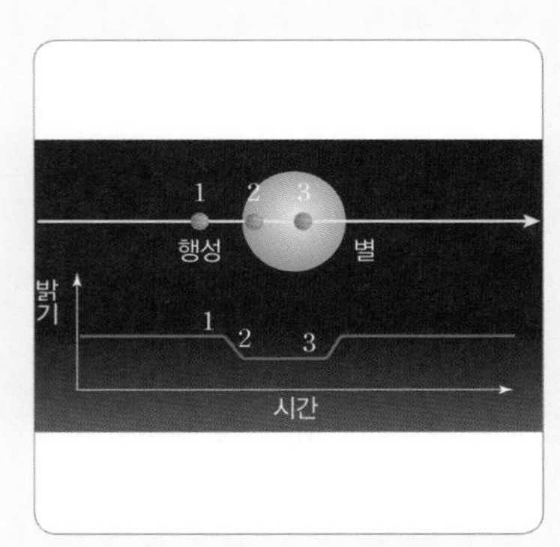

245p_식 현상을 이용한 외계 행성 탐사

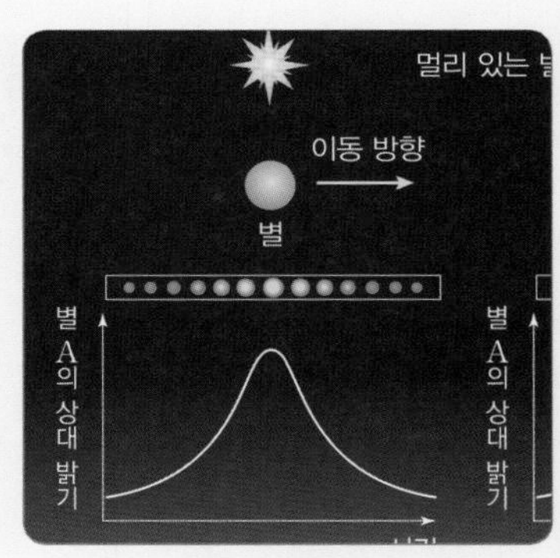

246p_미세 중력 렌즈 현상을 이용한 외계 행성 탐사

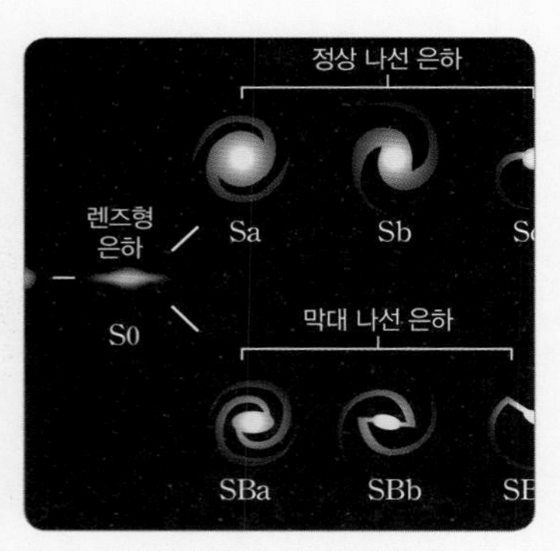

267p_허블의 은하 분류 체계

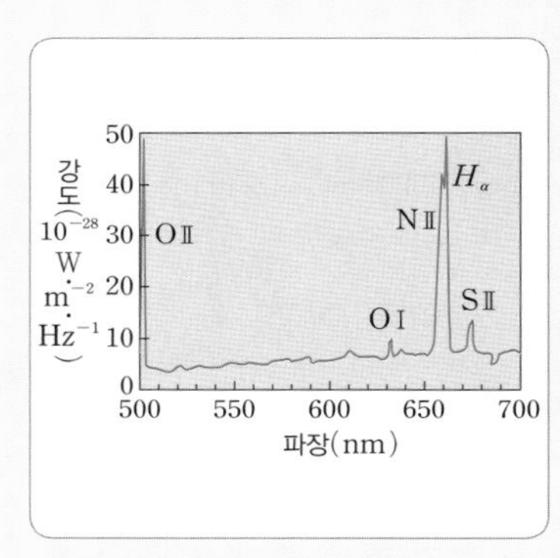

270p_NGC 1068의 방출선

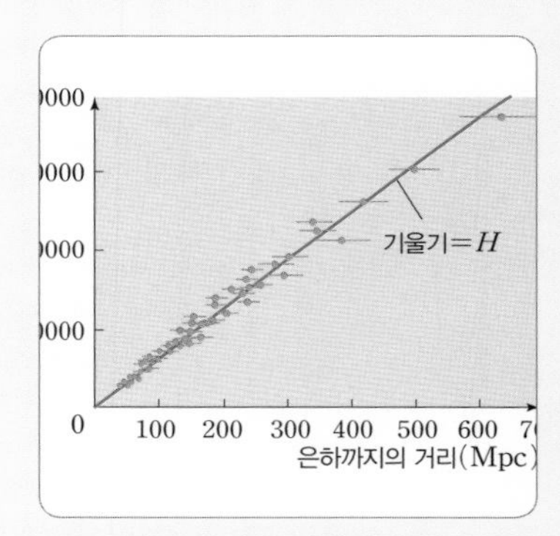

281p_외부 은하의 거리와 후퇴 속도

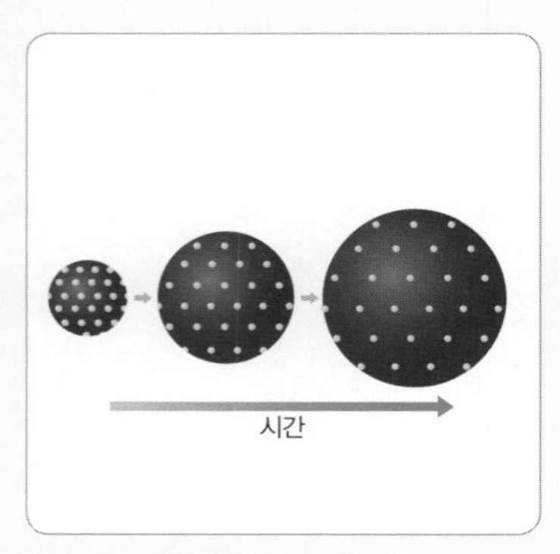

285p_대폭발 우주론

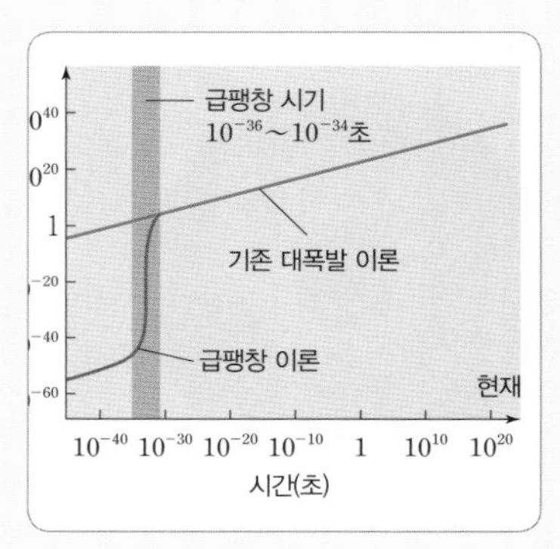

286p_급팽창 이론

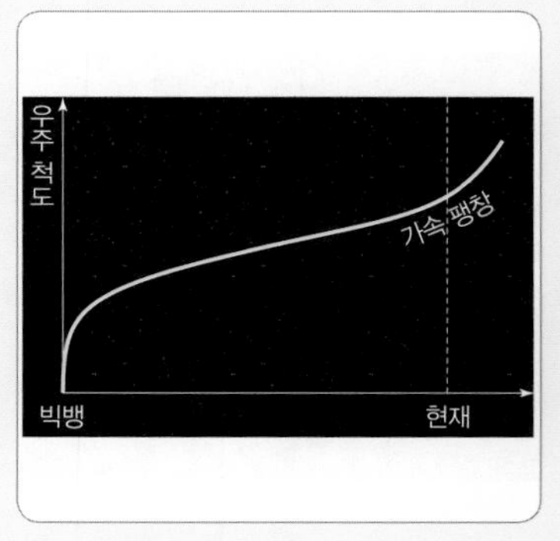

287p_가속 팽창 우주

지구과학 Ⅰ

CONTENTS

차례와 우리 학교 교과서 비교

구성과 특징

1 교과서 내용 정리

교과서의 내용을 반드시 알아야 하는 개념 중심으로 이해하기 쉽게 상세히 정리하였습니다. 개념을 다지고 핵심 용어를 익힐 수 있습니다.

개념체크

061

2 개념 체크

내용을 학습하면서 간단한 문제로 개념을 확인할 수 있도록 하였습니다.

3 탐구 활동

교과서에 수록된 여러 가지 탐구 활동 중에 중요한 주제를 선별하여 과정, 결과 정리 및 해석, 탐구 분석의 순서로 정리하였습니다.

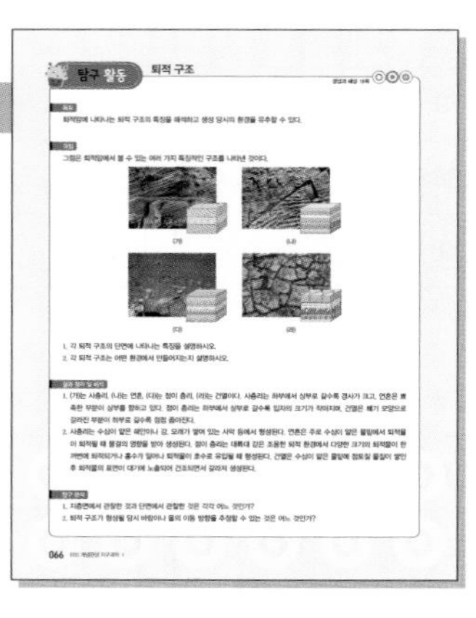

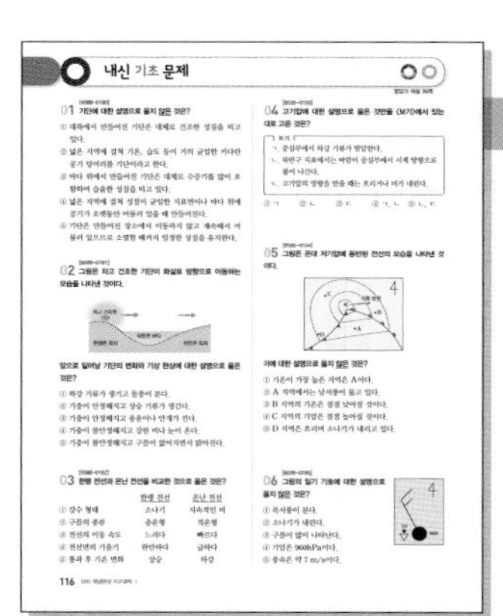

4 내신 기초 문제

기초 실력 연마에 도움이 되는 문제 위주로 수록하여 학교 시험에 대비할 수 있도록 하였습니다.

5 실력 향상 문제

난이도 있는 문제를 수록하여 문제에 대한 응용력을 기를 수 있도록 하였습니다.

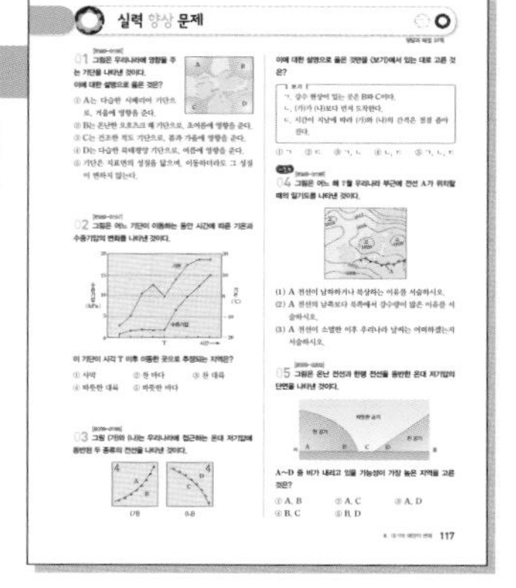

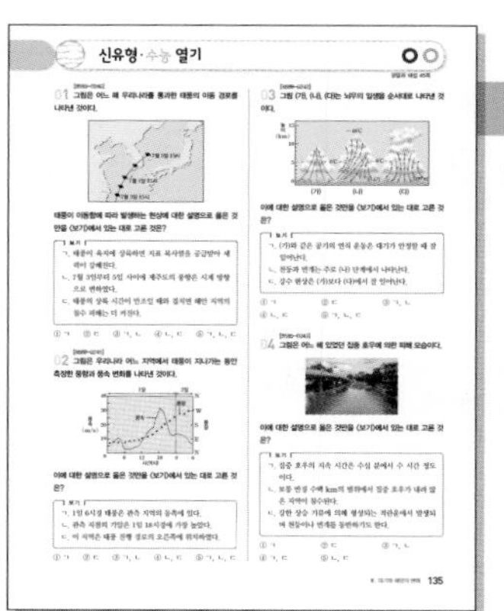

6 신유형 · 수능 열기

수능형 문항으로 수능의 감(感)을 잡을 수 있도록 하였습니다.

7 단원 마무리 문제

앞에서 학습한 내용을 최종 마무리 할 수 있도록 단원 간 통합형 문제로 출제하였습니다.

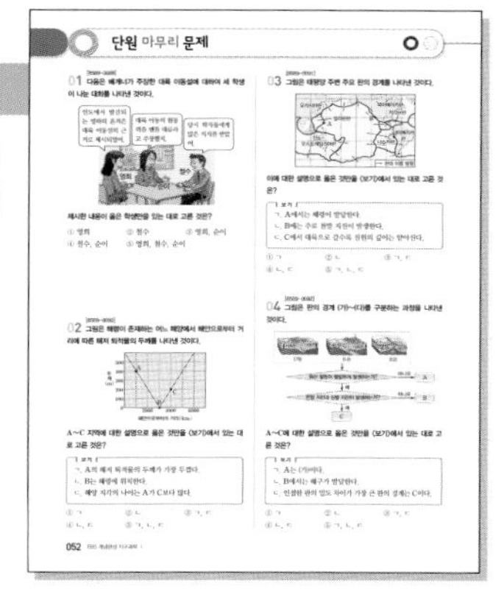

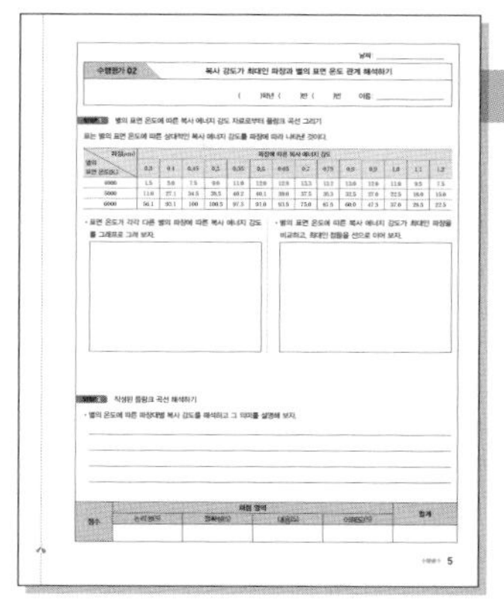

8 수행평가

수행평가 활동지를 넣어 수업에서 활용할 수 있도록 하였습니다.
수행평가와 유사한 상황의 예시 답안을 제시하여 답을 찾아갈 수 있도록 도왔습니다.

9 부록

학교 시험에 대비할 수 있도록 핵심 내용을 비법노트로 정리했습니다.
1학기와 2학기 중간, 기말 고사 시험지로 실전 대비를 할 수 있도록 하였습니다.

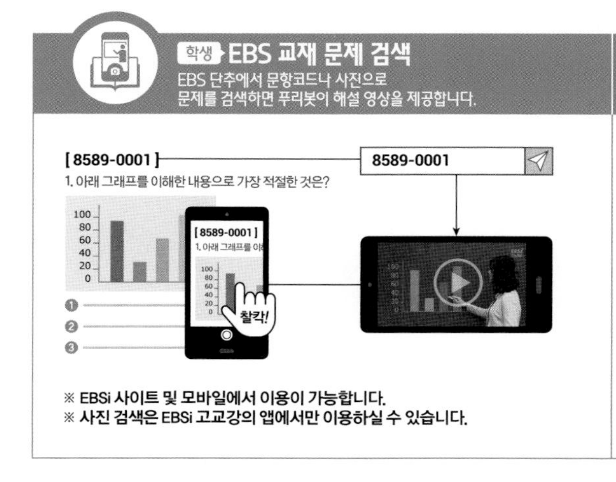

학생 EBS 교재 문제 검색

EBS 단추에서 문항코드나 사진으로
문제를 검색하면 푸리봇이 해설 영상을 제공합니다.

※ EBSi 사이트 및 모바일에서 이용이 가능합니다.
※ 사진 검색은 EBSi 고교강의 앱에서만 이용하실 수 있습니다.

교사 교사지원센터 교재 자료실

교재 문항 한글 문서(HWP)와
교재의 이미지 파일을 무료로 제공합니다.

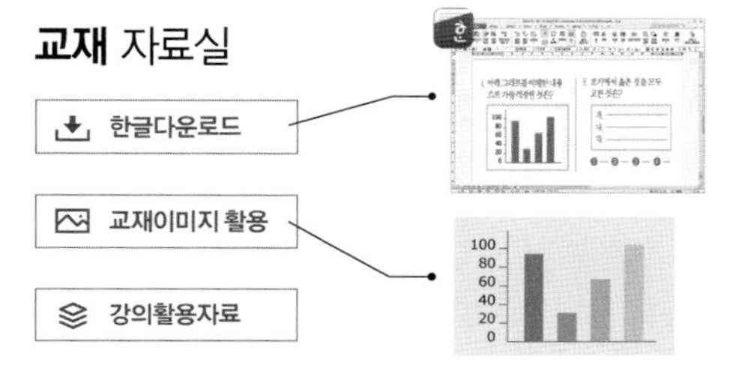

※ 교사지원센터(http://teacher.ebsi.co.kr) 접속 후 '교사인증'을 통해 이용 가능

I 지구의 변동

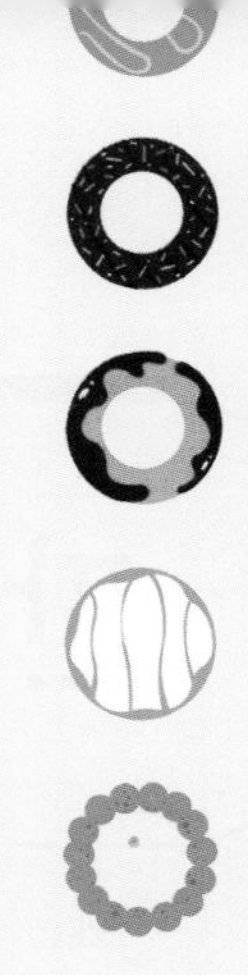

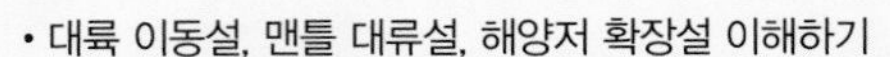

1 판 구조론의 정립

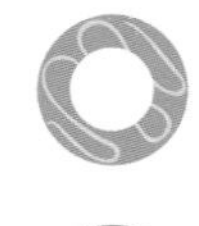

- 대륙 이동설, 맨틀 대류설, 해양저 확장설 이해하기
- 판 구조론이 정립되는 과정 설명하기
- 판 구조론의 내용 이해하기

한눈에 단원 파악, 이것이 핵심!

판 구조론은 어떤 과정으로 정립되었을까?

대륙 이동설 (베게너) ➡ 맨틀 대류설 (홈스) ➡ 해양저 확장설 (헤스와 디츠) ➡ 판 구조론

대륙 이동설의 증거
• 고생대 말 습곡 산맥의 분포 • 고생대 말 빙하 퇴적층의 분포 • 메소사우루스 화석의 산출지 • 고생대 말 빙하 이동 흔적

해양저 확장설의 증거
• 해령에서 멀어질수록 해양 지각의 나이가 증가하고, 해저 퇴적물의 두께가 두꺼워진다. • 고지자기 역전 줄무늬가 해령을 중심으로 대칭이다.

판 구조론에서 판 경계의 특징은 어떠할까?

해구, 호상 열도, 천발 지진 ~ 심발 지진, 화산 활동 활발

해령, 열곡, 천발 지진, 화산 활동 활발

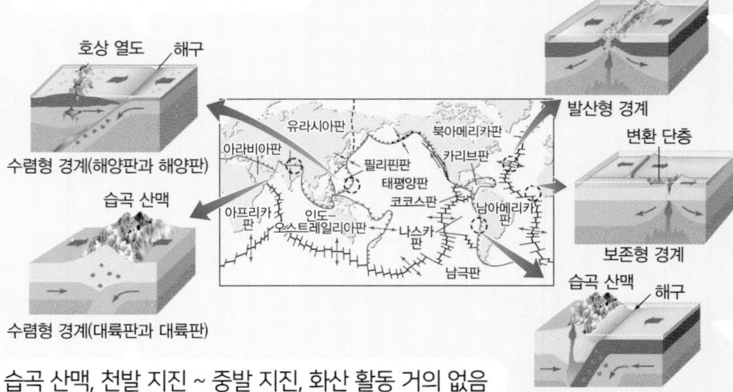

변환 단층, 천발 지진

습곡 산맥, 천발 지진 ~ 중발 지진, 화산 활동 거의 없음

해구, 습곡 산맥, 천발 지진~심발 지진, 화산 활동 활발

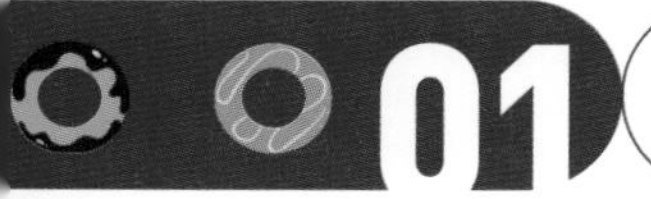

01 대륙 이동설과 맨틀 대류설

1 대륙 이동설

(1) 대륙 이동설 : 베게너는 고생대 말에 ❶판게아라는 초대륙이 존재했으며, 약 2억 년 전부터 분리되기 시작하여 현재와 같은 대륙 분포를 이루게 되었다고 주장하였다.

(2) 베게너가 제시한 대륙 이동의 증거

대서양 양쪽 대륙 해안선의 굴곡이 유사함	아프리카 대륙의 서해안과 남아메리카 대륙의 동해안의 굴곡이 유사하다.
고생대 화석 분포의 연속성	고생대에 서식했던 ❷메소사우루스나 글로소프테리스 같은 생물 화석이 멀리 떨어져 있는 아프리카 대륙과 남아메리카 대륙에서 발견된다.
빙하 퇴적층의 분포와 빙하 이동 흔적의 연속성	현재 저위도 부근에 위치한 인도 지역에서 빙하의 흔적이 발견되며, 빙하가 움직인 방향이 남극에서 적도 방향으로 일치한다.
지질 구조의 연속성	아메리카 대륙과 유럽에 있는 고생대 말의 습곡 산맥이 연속적인 분포를 보이고 있다.

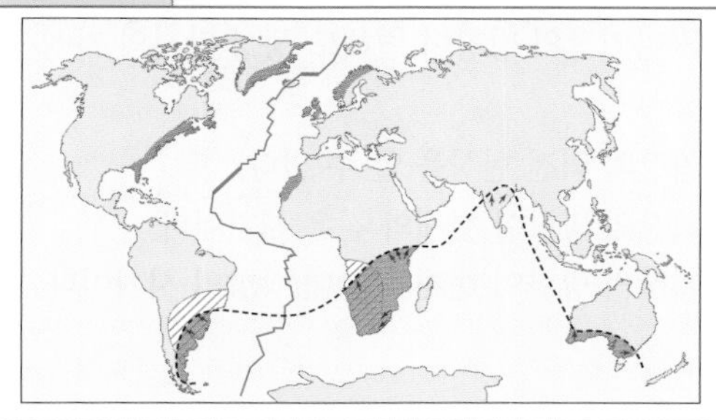

(3) 한계

① 베게너는 대륙 이동의 원동력으로 지구 자전에 의한 원심력과 달의 ❸기조력을 제시하였으나 이 두 힘은 대륙을 이동시키기에 너무 작았다.

② 대륙을 이동시키는 힘을 제시하지 못하여 대륙 이동설은 지지를 받지 못하였다.

2 맨틀 대류설

(1) 맨틀 ❹대류설 : 홈스는 지각 아래의 맨틀이 열대류를 한다고 생각하였고, 맨틀 대류가 대륙 이동의 원동력이라고 주장하였다.

(2) 내용

① 맨틀 대류의 상승부 : 지각이 갈라지고, 갈라진 틈을 따라 용암이 분출하여 새로운 지각이 생성된다.

② 맨틀 대류의 하강부 : 지각이 맨틀 속으로 들어가며, 횡압력이 작용하면서 두꺼운 산맥이 형성된다.

③ 열대류의 발생 원인 : 맨틀 속 방사성 원소의 붕괴열과 지구 중심의 열에 의해 나타나는 맨틀 상하부의 온도 차이에 의해 열대류가 발생한다고 주장하였다.

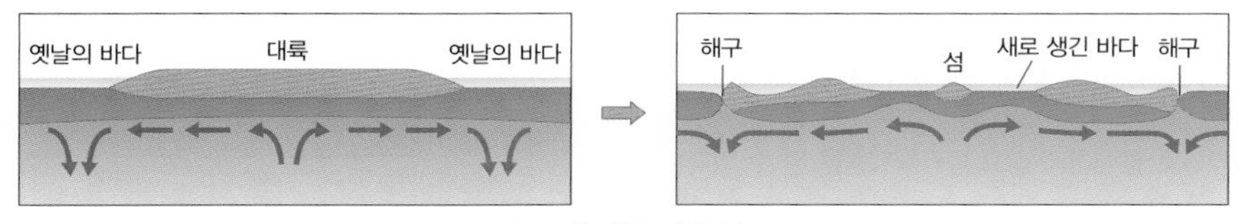

홈스의 맨틀 대류설

THE 알기

❶ 판게아
베게너가 대륙 이동설에서 제시한 고생대 말의 초대륙을 판게아라고 한다.

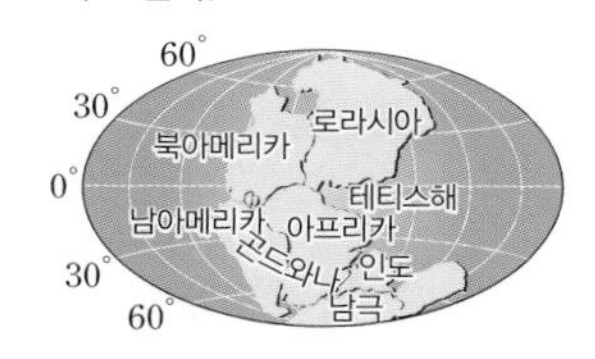

❷ 메소사우루스
고생대 말에 살았던 파충류로서 얕은 바다에 살았던 생물이다. 얕은 바다에 살았던 메소사우루스가 깊은 바다인 대서양을 사이에 두고 남아메리카와 아프리카에서 발견된다는 것은 고생대 말에 두 대륙이 붙어 있었다는 것을 알려준다.

❸ 기조력
달과 태양의 인력에 의해 조석 현상을 일으키는 힘이다.

❹ 대류
대류는 유체에서 나타나는 에너지 전달의 한 방법으로 온도 차에 따라 발생하는 밀도 차이에 의해 나타난다. 온도가 높아지면 밀도가 작아져 상승하고, 온도가 낮아지면 밀도가 커져 하강하면서 유체가 움직이며 에너지를 전달하는 방식이다.

3 해저 탐사 방법

(1) 음향 측심법

① 해양 탐사선에서 발사한 ❶음파가 해저면에 반사되어 되돌아오는 데 걸리는 시간을 측정하여 수심을 측정하는 방법이다.

② 수심을 구하는 방법

$$d=\frac{1}{2}vt$$

(d : 수심, v : 음파의 속력, t : 음파가 반사되어 되돌아오는 데 걸리는 시간)

→ 음파가 반사되어 되돌아오는 데 걸리는 시간이 길수록 수심은 깊다.

③ ❷음향 측심법을 이용하여 해구의 존재 등 해저 지형을 알 수 있었다.

(2) 고지자기 분석

① 잔류 자기 : 마그마가 식어서 굳거나 퇴적물이 퇴적될 때 ❸자성 광물이 당시 지구 자기장의 방향으로 자화되고, 그 이후 지구 자기장의 방향이 변해도 생성 당시의 자성 광물의 자화 방향은 그대로 보존된다.

② ❹잔류 자기를 분석하면 지구 자기장의 역전 현상을 알 수 있다.

- 정자극기 : 생성 당시 지구 자기장의 방향이 현재와 같은 시기이다.
- 역자극기 : 생성 당시 지구 자기장의 방향이 현재와 반대 방향인 시기이다.

4 해양저 확장설

(1) 해양저 확장설 : 1960년대 헤스와 디츠는 ❺해령에서 고온의 맨틀 물질이 상승하여 새로운 해양 지각이 생성되고, 해령을 중심으로 양쪽으로 멀어짐에 따라 해저가 확장된다고 주장하였다.

(2) 해양저 확장설의 증거

① 해양 지각의 나이 : 해령에서 멀어질수록 해양 지각의 나이가 증가한다.

② 해저 퇴적물의 두께 : 해령에서 멀어질수록 해저 퇴적물의 두께가 두꺼워진다.

③ 고지자기 분포 : 고지자기 줄무늬는 해령과 거의 나란하며, 해령을 축으로 대칭을 이룬다.

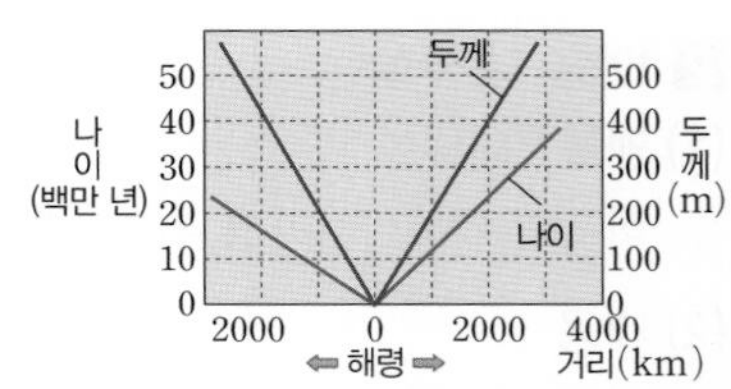

해양 지각의 나이와 해저 퇴적물의 두께

THE 알기

❶ 음파

음파는 소리의 파동으로 공기 중에서는 대략 340 m/s의 속력으로 전파되지만, 물속에서는 속력이 더 빨라 약 1500 m/s의 속력으로 전파된다.

❷ 음향 측심법

❸ 자성 광물

자철석 등 자성을 띠는 광물을 말한다.

❹ 잔류 자기 분석

정자극기 역자극기

❺ 해령

주로 발산형 경계에서 나타나는 지형으로 대양의 중앙부에서 주위의 해저 분지보다 높이가 높은 해저 산맥으로 태평양, 대서양, 인도양까지 연결되어 있다. 열곡은 해령 중앙의 V자형의 계곡으로 발산형 경계에서의 장력에 의해 정단층이 발생하고 이 정단층으로 둘러싸인 부분이 주저앉아 생긴다.

THE 들여다보기 고지자기 역전 줄무늬

고지자기 역전 줄무늬 : 고지자기 역전 줄무늬를 통해 지구 자기장이 역전되었음을 알 수 있다.

- 해양 지각 A와 B의 역전 줄무늬를 통해 8백만 년 전은 정자극기로 현재의 자기장의 방향과 같은 시기임을 알 수 있고, 해양 지각의 이동 속도는 해양 지각 B가 해양 지각 A보다 빠르다는 것을 알 수 있다.
- 지구 자기장의 역전은 일정한 시간 간격으로 발생하지 않고 불규칙했음을 알 수 있다.

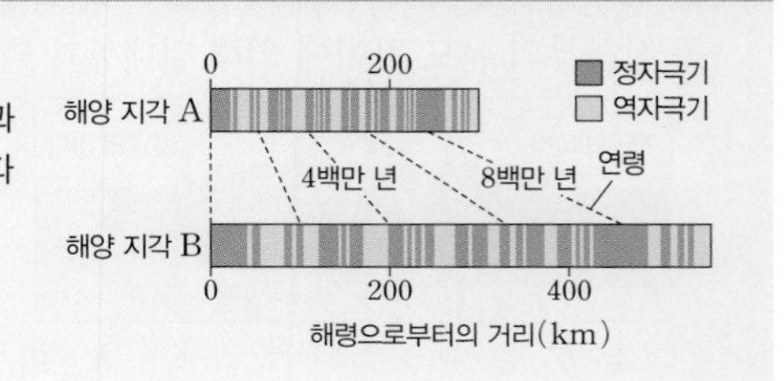

개념체크

○X 문제

1. 베게너의 대륙 이동설에 대한 설명으로 옳은 것은 ○, 옳지 않은 것은 ×로 표시하시오.

(1) 고생대 말에 초대륙인 판게아가 존재했다. (　　)

(2) 대륙 이동설은 많은 학자들에게 지지를 받았다. (　　)

(3) 초대륙이 분리되고 이동하여 현재와 같은 대륙 분포를 이루었다는 이론이다. (　　)

2. 홈스가 제시한 맨틀 대류설에 대한 설명으로 옳은 것은 ○, 옳지 않은 것은 ×로 표시하시오.

(1) 맨틀 대류가 대륙 이동의 원동력이다. (　　)

(2) 맨틀 대류의 상승부에서 새로운 지각이 생성된다. (　　)

(3) 맨틀 대류의 하강부에서 지각이 갈라진다. (　　)

(4) 맨틀 상하부의 온도 차이에 의해 열대류가 발생한다. (　　)

바르게 연결하기

3. 판 구조론이 정립되는 과정에서 제시된 이론과 이론을 주장한 학자를 바르게 연결하시오.

	이론			학자
(1)	대륙 이동설	•	• ㉠	홈스
(2)	맨틀 대류설	•	• ㉡	베게너
(3)	해양저 확장설	•	• ㉢	헤스와 디츠

4. 잔류 자기의 방향과 시기를 바르게 연결하시오.

(1)	정자극기	•	• ㉠	생성 당시 지구 자기장의 방향이 현재와 반대 방향인 시기
(2)	역자극기	•	• ㉡	생성 당시 지구 자기장의 방향이 현재와 같은 시기

정답 1. (1) ○ (2) × (3) ○ 2. (1) ○ (2) ○ (3) × (4) ○ 3. (1) ㉡ (2) ㉠ (3) ㉢ 4. (1) ㉡ (2) ㉠

둘 중에 고르기

1. 베게너가 제시한 대륙 이동의 증거에서 아프리카 대륙의 서해안과 남아메리카 대륙의 동해안의 굴곡이 (다르다, 유사하다).

2. 베게너는 대륙 이동의 원동력으로 (지구 자전에 의한 원심력, 맨틀 대류)을/를 제시하였다.

3. 수심이 깊을수록 음파가 해저에 반사되어 되돌아오는 데 걸리는 시간이 (짧다, 길다).

4. 해령에서 멀어질수록 해양 지각의 나이는 ① (적어지고, 많아지고), 해저 퇴적물의 두께는 ② (얇아진다, 두꺼워진다).

5. 고지자기 줄무늬는 ① (해령, 해구)과/와 거의 나란하며, ② (해령, 해구)을/를 축으로 대칭을 이룬다.

단답형 문제

6. 탐사선에서 발사된 음파가 해저에 반사되어 되돌아오는 데 걸리는 시간을 측정하여 수심을 측정하는 방법을 무엇이라고 하는지 쓰시오.

7. 해령에서 고온의 맨틀 물질이 상승하여 새로운 해양 지각이 생성되고, 해령을 중심으로 양쪽으로 멀어짐에 따라 해저가 확장된다는 이론은 무엇인지 쓰시오.

8. 음향 측심법에 의해 수심을 구하는 식을 쓰시오.

정답 1. 유사하다 2. 지구 자전에 의한 원심력 3. 길다 4. ① 많아지고 ② 두꺼워진다 5. ① 해령 ② 해령 6. 음향 측심법 7. 해양저 확장설
8. $d=\frac{1}{2}vt$(d : 수심, v : 음파의 속력, t : 음파가 반사되어 되돌아오는 데 걸리는 시간)

02 판 구조론

1 판 구조론

(1) 판 구조론 : 지구의 표면은 크고 작은 판으로 이루어져 있고 이 판들이 서로 다른 방향과 속력으로 이동하여 판과 판의 경계에서 판들의 상호 작용으로 지진이나 화산 활동과 같은 지각 변동이 발생한다는 이론이다.

(2) 판의 구조

① 암석권 : 두께가 약 100 km에 해당하는 단단한 암석으로 이루어진 부분으로, 지각과 ❶상부 맨틀의 일부를 포함한다.

② 연약권 : 암석권의 아래에 약 100~400 km까지 분포하며, 부분 용융되어 있어 대류가 발생하는 부분이다.

③ 판 : 암석권은 여러 조각으로 갈라져 있는데, 각각의 암석권 조각을 판이라고 한다.

- 판은 대륙판과 해양판으로 구분할 수 있다.
- 밀도는 해양판이 대륙판보다 크다.
- 맨틀 대류에 의해 움직이며 충돌하거나 갈라지거나 어긋날 때 지진이 발생한다.

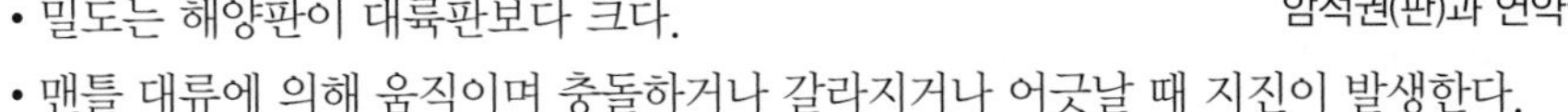

해양 지각 대륙 지각 지각 해양판 암석권(판) 대륙판 100 깊이 (km) 200 연약권 맨틀 300 400

암석권(판)과 연약권

THE 알기

❶ 맨틀
지구의 내부 구조 중 가장 큰 부피와 질량을 가진 부분으로 주로 감람암질 암석으로 되어 있다.

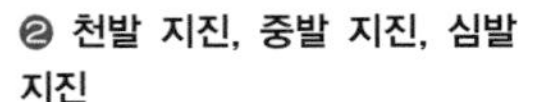

❷ 천발 지진, 중발 지진, 심발 지진
지진은 진원의 깊이에 따라 진원의 깊이가 0~70 km이면 천발 지진, 진원의 깊이가 70~300 km이면 중발 지진, 진원의 깊이가 300 km 이상이면 심발 지진으로 분류한다.

❸ 대서양 중앙 해령
대서양의 한가운데에 위치한 길이 1500 km의 해령으로, 대서양이 생성되기 전까지는 없었다.

2 판의 경계와 지각 변동

판과 판의 상대적인 이동 방향에 따라 발산형 경계, 수렴형 경계, 보존형 경계로 구분한다.

전 세계 판의 분포

(1) 발산형 경계 : 판과 판이 서로 멀어지는 경계이다.

① 주로 ❷천발 지진이 발생하며, 화산 활동도 활발하다.

② 해령과 열곡이 발달하며, 해령에서 멀어질수록 해양 지각의 나이는 증가하고, 해저 퇴적물의 두께가 두꺼워진다.

예 ❸대서양 중앙 해령, 동태평양 해령

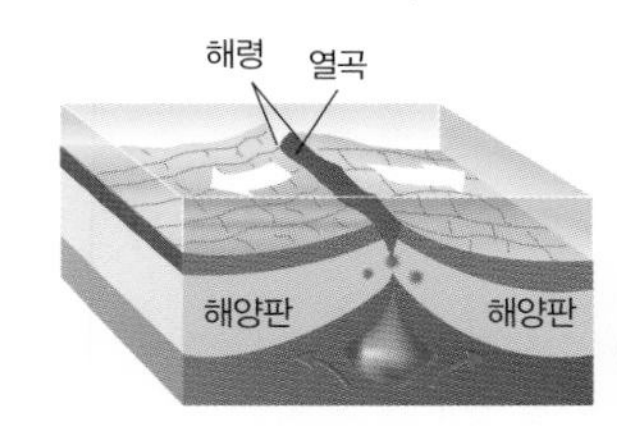

발산형 경계

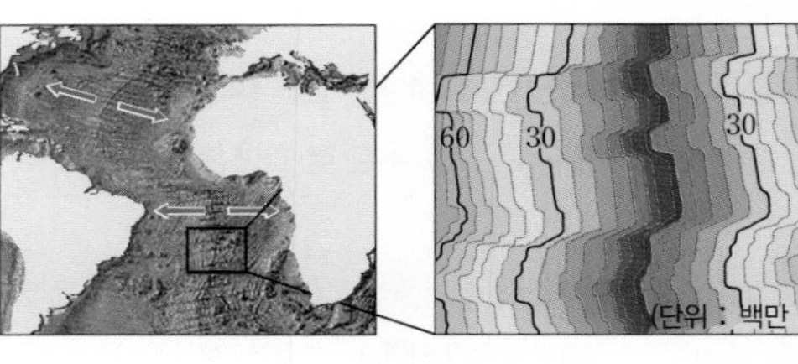

해양 지각의 연령 분포

(2) 수렴형 경계 : 판과 판이 서로 가까워지는 경계이다.

① 대륙판과 대륙판이 충돌하는 경우 : 대륙판의 밀도가 작아서 연약권 아래로 섭입하지 못하고 횡압력에 의해 습곡 산맥이 발달한다. 또한 천발 지진 ~ 중발 지진이 활발하며, 화산 활동은 거의 일어나지 않는다.

예 히말라야산맥(유라시아판과 인도－오스트레일리아판의 수렴 경계)

② 해양판과 대륙판이 수렴하는 경우 : 해양판의 밀도가 대륙판의 밀도보다 커서 해양판이 대륙판 아래로 섭입하며, 이 과정에서 천발 지진 ~ 심발 지진이 발생한다. 해구와 습곡 산맥이 발달하며, 화산 활동도 활발하다.

예 페루－칠레 해구(나스카판과 남아메리카판의 수렴 경계)

③ 해양판과 해양판이 수렴하는 경우 : 밀도가 큰 해양판이 밀도가 작은 해양판 아래로 섭입하면서 천발 지진~ 심발 지진이 발생한다. 해구와 ❶호상 열도가 발달하며, 화산 활동도 활발하다.

예 ❷마리아나 해구(필리핀판과 태평양판의 수렴 경계)

THE 알기

❶ 호상 열도
섭입형 경계에서 마그마가 분출되어 생성된 화산섬들을 호상 열도라고 한다.
예 알류산 열도

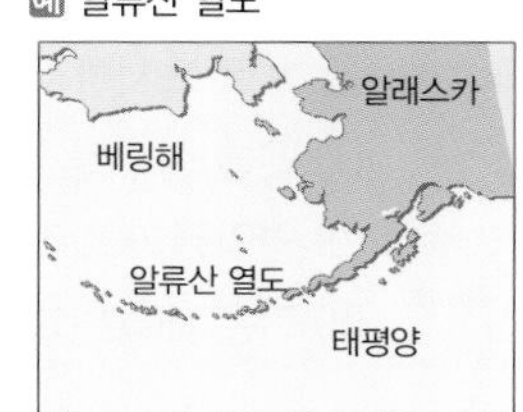

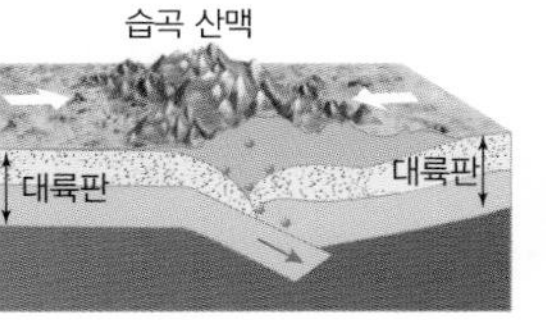

대륙판과 대륙판의 수렴

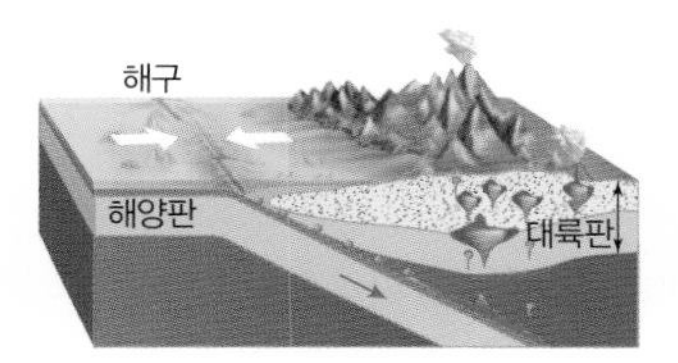

해양판과 대륙판의 수렴

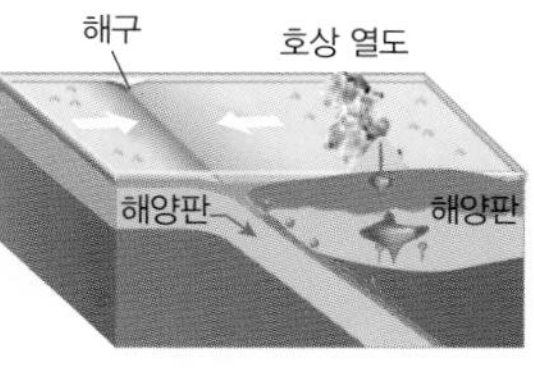

해양판과 해양판의 수렴

❷ 마리아나 해구
태평양 북마리아나 제도 근처에 위치한 해구로서 수심이 7~8 km이며 세계에서 가장 깊은 해구이다.

(3) 보존형 경계 : 판과 판이 서로 어긋나는 경계로 판이 소멸하지도 않고, 생성되지도 않는 경계이다.

① 주로 천발 지진이 발생하며, 화산 활동은 나타나지 않는다.

② ❸변환 단층이 나타난다.

예 산안드레아스 단층(태평양판과 북아메리카판의 경계)

보존형 경계

산안드레아스 단층

❸ 변환 단층
단층면을 경계로 양쪽의 판이 서로 어긋나는 방향으로 이동하는 단층이다.

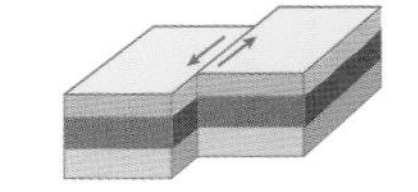

THE 들여다보기 우리나라 주변의 판 경계

우리나라 주변의 판의 경계는 수렴형 경계이다.

- 대륙판인 유라시아판과 해양판인 태평양판이 수렴하는 경계이며, 밀도가 큰 태평양판이 밀도가 작은 유라시아판 아래로 섭입하고 있다.
- 일본 열도 근처에는 해구가 발달하며, 태평양판이 유라시아판 아래로 섭입하면서 마그마가 생성되고 이 마그마가 유라시아판에서 분출하면서 호상 열도가 생성된다.
- 태평양판이 유라시아판 아래로 섭입하므로 베니오프대는 유라시아판 아래로 생성된다. 이 베니오프대를 따라 지진이 발생하므로 해구에서 대륙으로 갈수록 지진의 진원의 깊이가 깊어진다. 따라서 일본에서 우리나라 쪽으로 올수록 진원의 깊이가 점점 깊어진다.

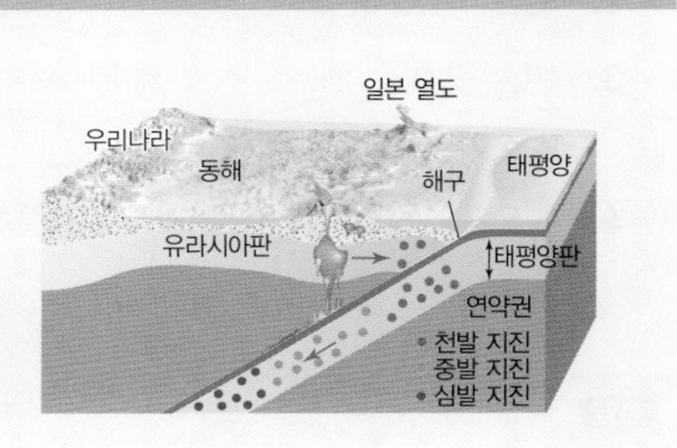

개념체크

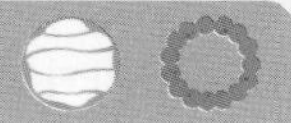

○X 문제

1. 판의 구조에 대한 설명으로 옳은 것은 ○, 옳지 않은 것은 ×로 표시하시오.

(1) 맨틀 상부를 암석권이라고 한다. ( )

(2) 연약권의 조각을 판이라고 한다. ( )

(3) 판은 대륙판과 해양판으로 구분할 수 있다. ( )

2. 판의 경계에 대한 설명으로 옳은 것은 ○, 옳지 않은 것은 ×로 표시하시오.

(1) 발산형 경계에서는 심발 지진이 활발하게 발생한다. ( )

(2) 산안드레아스 단층은 수렴형 경계에 해당한다. ( )

(3) 대륙판과 대륙판이 수렴하는 판의 경계에서는 판이 연약권으로 섭입한다. ( )

(4) 해양판과 해양판이 수렴하는 판의 경계에서는 해구와 호상 열도가 발달한다. ( )

(5) 판의 경계에서는 지각 변동이 활발하게 일어난다. ( )

바르게 연결하기

3. 판의 경계와 특징을 바르게 연결하시오.

(1)	발산형 경계	㉠	판과 판이 서로 가까워진다.
(2)	수렴형 경계	㉡	판과 판이 서로 멀어 진다.
(3)	보존형 경계	㉢	판과 판이 서로 어긋난다.

4. 전 세계의 주요 지역과 이에 해당하는 판의 경계를 바르게 연결하시오.

(1)	히말라야산맥	㉠	발산형 경계
(2)	산안드레아스 단층	㉡	수렴형 경계
(3)	대서양 중앙 해령	㉢	보존형 경계

정답 1. (1) × (2) × (3) ○ 2. (1) × (2) × (3) × (4) ○ (5) ○ 3. (1) ㉡ (2) ㉠ (3) ㉢ 4. (1) ㉡ (2) ㉢ (3) ㉠

빈칸 완성

1. 발산형 경계에서는 주로 ① ( ) 지진이 발생하고, 지형은 ② ( )과 ③ ( )이 발달한다.

2. 심발 지진은 주로 ( ) 경계에서 발생한다.

3. 변환 단층은 ① ( ) 경계에 속하며, ② ( ) 지진이 자주 발생한다.

4. 밀도가 비슷한 두 대륙판이 서로 충돌하는 곳에서는 대규모의 ( )이 발달한다.

단답형 문제

5. 각각의 암석권 조각을 무엇이라고 하는지 쓰시오.

6. 해양판과 대륙판 중 밀도가 더 큰 것을 쓰시오.

7. 지구 표면은 크고 작은 판으로 이루어져 있으며, 이 판들의 이동 방향과 속력이 서로 달라 판과 판의 경계에서 지각 변동이 발생한다는 이론을 무엇이라고 하는지 쓰시오.

8. 우리나라가 위치한 판의 이름은 무엇인지 쓰시오.

정답 1. ① 천발 ② 해령 ③ 열곡 2. 수렴형 3. ① 보존형 ② 천발 4. 습곡 산맥 5. 판 6. 해양판 7. 판 구조론 8. 유라시아판

지진의 진원 분포를 통해 판 경계의 종류 이해하기

정답과 해설 2쪽

목표

판 경계 지역에서 진원의 분포를 이용하여 판 경계의 종류를 설명할 수 있다.

과정

그림 (가)는 인도네시아 부근에서 발생한 지진의 진원 분포를, (나)는 같은 지역의 판 경계를 나타낸 것이다.

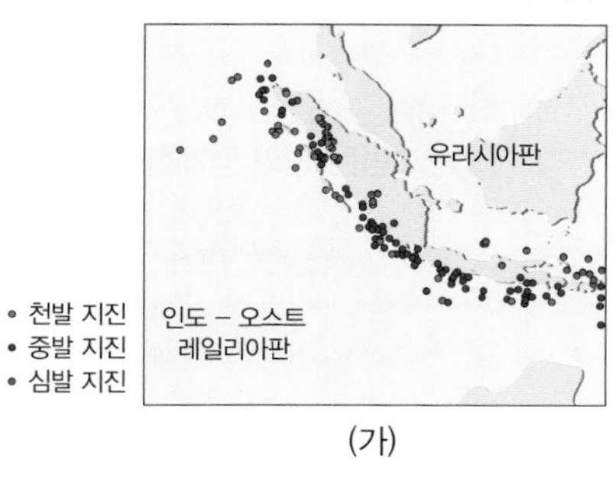

(가)

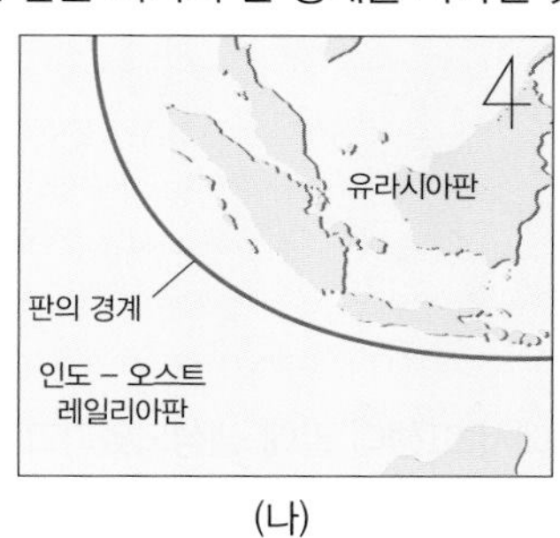

(나)

1. (가)에서 지진의 진원 분포를 설명하시오.
2. (가)의 지진의 진원 분포를 통해 (나)의 판 경계 종류를 설명하시오.

결과 정리 및 해석

1. 지진은 진원의 깊이에 따라 천발 지진(0～70 km), 중발 지진(70～300 km), 심발 지진(300 km 이상)으로 분류된다. (가)의 지역은 천발 지진, 중발 지진, 심발 지진까지 발생하는 지역이다. 또한 판의 경계 부근에서는 주로 천발 지진이 발생하고, 판의 경계에서 북동쪽으로 갈수록 지진의 진원의 깊이가 깊어진다.
2. 발산형 경계와 보존형 경계에서는 주로 천발 지진이 발생하고, 수렴형 경계 중 대륙판과 대륙판의 수렴형 경계에서는 주로 천발 지진 ～ 중발 지진이, 대륙판과 해양판의 수렴형 경계에서는 천발 지진 ～ 심발 지진이 발생한다. (나)의 판 경계 부근에서는 천발 지진 ～ 심발 지진이 발생하므로 수렴형 경계에 해당하며, 판 경계를 기준으로 북동쪽으로 갈수록 진원의 깊이가 깊어지므로 인도－오스트레일리아판이 유라시아판 아래로 섭입하고 있음을 알 수 있다. 따라서 판의 경계에서는 해구가 발달한다.

탐구 분석

1. 인도－오스트레일리아판과 유라시아판 중 밀도는 어느 판이 더 큰가?
2. 화산 활동은 인도－오스트레일리아판과 유라시아판 중 어느 판에서 활발하게 발생하는가?

내신 기초 문제

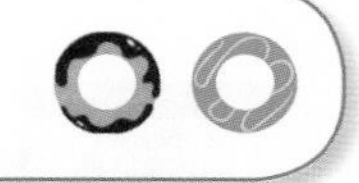

정답과 해설 2쪽

[8589-0001]

01 대륙 이동설에 대한 설명으로 옳지 않은 것은?

① 베게너가 주장하였다.
② 당시 학계에서 많은 지지를 받았다.
③ 인도에서 발견되는 빙하의 흔적을 근거로 제시하였다.
④ 대륙 이동의 원동력으로 지구 자전에 의한 원심력과 달의 기조력을 주장하였다.
⑤ 남아메리카의 동해안과 아프리카의 서해안의 굴곡이 유사한 것을 근거로 제시하였다.

[8589-0002]

02 베게너의 대륙 이동설에서 고생대 말에 생성되었다고 제시한 초대륙은 무엇인지 쓰시오.

[8589-0003]

03 어느 해역에서 음파를 해저에 발사한 후 해저에 반사되어 되돌아오는 시간이 10초일 때, 이 해역의 수심을 구하시오. (단, 해수에서 음파의 속력은 1500 m/s이다.)

[8589-0004]

04 해양저 확장설의 증거에 해당하는 것만을 〈보기〉에서 있는 대로 고른 것은?

보기
ㄱ. 해령에서는 주로 천발 지진이 발생한다.
ㄴ. 해령을 기준으로 고지자기 줄무늬가 대칭이다.
ㄷ. 해령에서 멀어질수록 해저 퇴적물의 두께는 두꺼워진다.

① ㄱ ② ㄴ ③ ㄷ
④ ㄱ, ㄴ ⑤ ㄴ, ㄷ

[8589-0005]

05 판 구조론이 정립되는 과정에서 제시된 이론을 시간 순서에 옳게 나열한 것은?

① 대륙 이동설 – 맨틀 대류설 – 해양저 확장설 – 판 구조론
② 대륙 이동설 – 해양저 확장설 – 맨틀 대류설 – 판 구조론
③ 맨틀 대류설 – 대륙 이동설 – 해양저 확장설 – 판 구조론
④ 맨틀 대류설 – 해양저 확장설 – 대륙 이동설 – 판 구조론
⑤ 해양저 확장설 – 맨틀 대류설 – 대륙 이동설 – 판 구조론

[8589-0006]

06 그림은 판의 경계를 구분하는 과정을 나타낸 것이다.

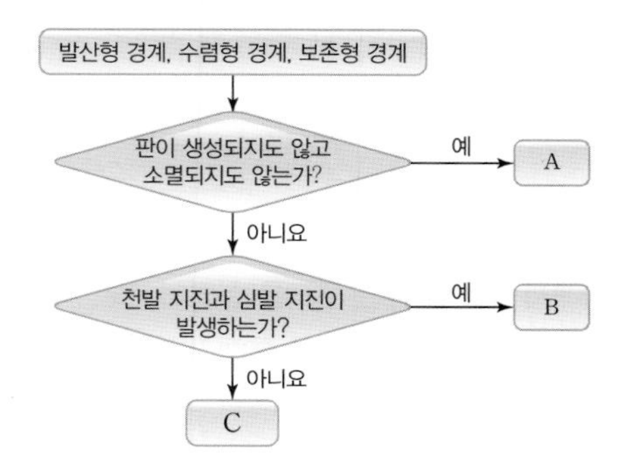

A, B, C를 옳게 짝 지은 것은?

	A	B	C
①	발산형 경계	수렴형 경계	보존형 경계
②	발산형 경계	보존형 경계	수렴형 경계
③	수렴형 경계	발산형 경계	보존형 경계
④	보존형 경계	수렴형 경계	발산형 경계
⑤	보존형 경계	발산형 경계	수렴형 경계

[8589-0007]

07 판과 판이 서로 가까워지는 경계에서 발달하는 지형만을 〈보기〉에서 있는 대로 골라 기호를 쓰시오.

보기
ㄱ. 히말라야산맥
ㄴ. 대서양 중앙 해령
ㄷ. 산안드레아스 단층
ㄹ. 알류산 열도
ㅁ. 마리아나 해구

실력 향상 문제

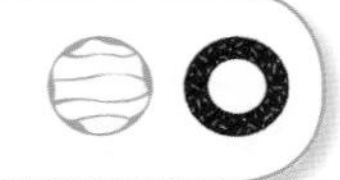

정답과 해설 3쪽

[8589-0008]
01 베게너가 주장한 대륙 이동설의 증거에 해당하지 않는 것은?

① 인도에서 빙하의 흔적이 발견된다.
② 유럽과 아메리카의 고생대 말 습곡 산맥이 연속적이다.
③ 남아메리카 동해안과 아프리카 서해안의 굴곡이 유사하다.
④ 대서양 해저 지각에서의 고지자기 역전 줄무늬가 해령을 축으로 대칭이다.
⑤ 남아메리카와 아프리카에 같은 종의 고생대 생물 화석이 나타난다.

서술형
[8589-0009]
02 베게너가 대륙 이동설을 주장할 당시 제시한 대륙 이동의 원동력은 무엇인지 서술하시오.

[8589-0010]
03 음향 측심법에 대한 설명으로 옳은 것만을 〈보기〉에서 있는 대로 고른 것은?

보기
ㄱ. 음파의 속력은 공기보다 물속에서 더 빠르다.
ㄴ. 음파는 해저에서 반사되어 탐사선으로 되돌아온다.
ㄷ. 수심은 '음파의 속력×반사되어 되돌아오는 데 걸리는 시간'이다.

① ㄱ ② ㄷ ③ ㄱ, ㄴ
④ ㄱ, ㄷ ⑤ ㄴ, ㄷ

[8589-0011]
04 그림은 해안으로부터의 거리에 따른 해양 지각의 연령을 나타낸 것이다.

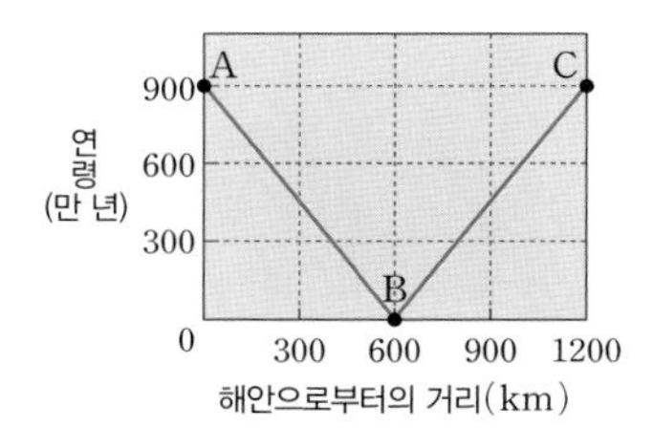

이에 대한 설명으로 옳은 것만을 〈보기〉에서 있는 대로 고른 것은?

보기
ㄱ. 해안으로부터의 거리 600 km에 해령이 위치한다.
ㄴ. A가 위치한 판과 C가 위치한 판은 서로 멀어진다.
ㄷ. 판의 평균 이동 속력은 A와 C에서 서로 같다.

① ㄱ ② ㄷ ③ ㄱ, ㄴ
④ ㄴ, ㄷ ⑤ ㄱ, ㄴ, ㄷ

서술형
[8589-0012]
05 해양저 확장설의 증거 3가지를 서술하시오.

[8589-0013]
06 암석권과 연약권에 대한 설명으로 옳은 것은?

① 연약권은 딱딱한 고체 상태이다.
② 암석권의 조각을 판이라고 한다.
③ 밀도는 대륙판이 해양판보다 크다.
④ 암석권은 지각과 맨틀 전체를 포함한다.
⑤ 지구 전체는 하나의 판으로 이루어져 있다.

[8589-0014]
07 그림은 어느 해양 지각에서의 고지자기 역전 줄무늬를 나타낸 것이다.

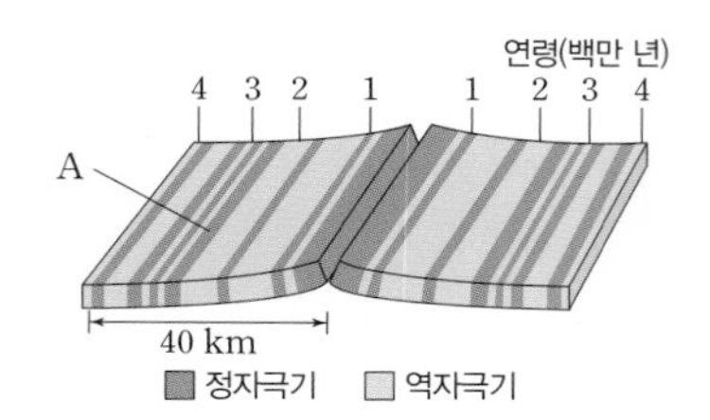

판 A의 평균 이동 속도를 구하시오.

[8589-0015]
08 그림은 서로 다른 해양에서 해양 지각 A, B의 고지자기 역전 줄무늬를 나타낸 것이다.

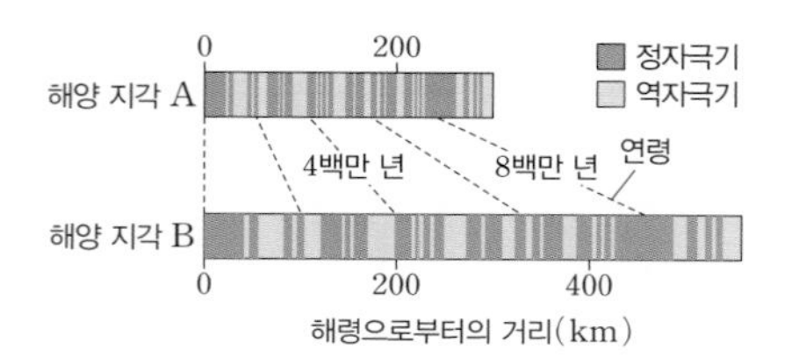

이에 대한 설명으로 옳은 것만을 〈보기〉에서 있는 대로 고른 것은?

보기
ㄱ. 8백만 년 전의 지구 자기장의 방향은 현재와 같았다. ㄴ. 해양판의 이동 속도는 B보다 A에서 더 빠르다. ㄷ. 지구 자기장은 일정한 주기로 역전된다.

① ㄱ ② ㄷ ③ ㄱ, ㄴ
④ ㄱ, ㄷ ⑤ ㄴ, ㄷ

[8589-0016]
09 판 구조론에 대한 설명으로 옳은 것만을 〈보기〉에서 있는 대로 고른 것은?

보기
ㄱ. 판 이동의 원동력은 맨틀 대류이다. ㄴ. 지각 변동은 주로 판의 중심에서 나타난다. ㄷ. 암석권은 부분 용융 상태이다.

① ㄱ ② ㄴ ③ ㄱ, ㄷ
④ ㄴ, ㄷ ⑤ ㄱ, ㄴ, ㄷ

[8589-0017]
10 그림은 지구 내부의 단면을 나타낸 것이다.

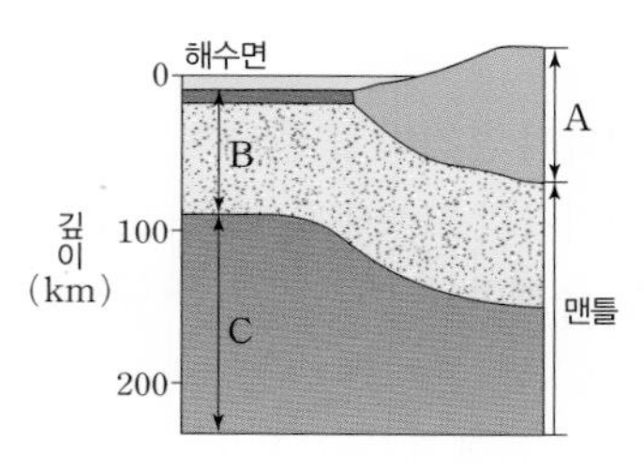

이에 대한 설명으로 옳은 것만을 〈보기〉에서 있는 대로 고른 것은?

보기
ㄱ. A의 밀도는 대륙보다 해양에서 크다. ㄴ. B는 맨틀 대류에 의해 이동한다. ㄷ. C는 부분 용융 상태이다.

① ㄱ ② ㄷ ③ ㄱ, ㄴ
④ ㄴ, ㄷ ⑤ ㄱ, ㄴ, ㄷ

[8589-0018]
11 그림은 어느 판의 경계가 생성되는 과정을 나타낸 것이다.

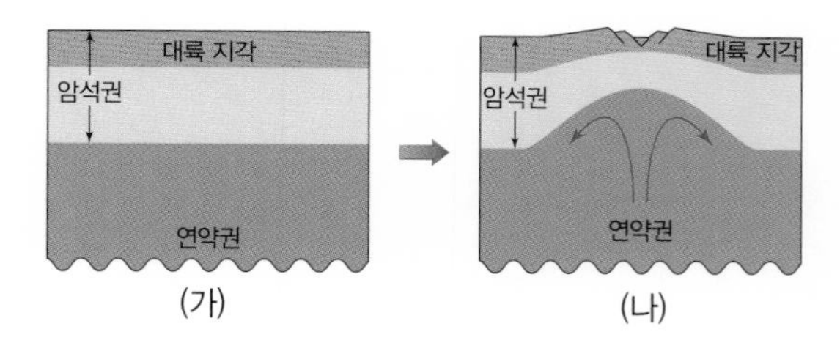

이에 대한 설명으로 옳은 것만을 〈보기〉에서 있는 대로 고른 것은?

보기
ㄱ. 발산형 경계가 생성되는 과정이다. ㄴ. 맨틀 대류가 상승하는 곳의 대륙 지각의 두께는 두꺼워진다. ㄷ. (나) 이후 대륙 지각 사이에는 해양이 생성된다.

① ㄱ ② ㄷ ③ ㄱ, ㄴ
④ ㄱ, ㄷ ⑤ ㄴ, ㄷ

[8589-0019]

12 그림은 대서양에 분포하는 판의 경계와 단면을 나타낸 것이다.

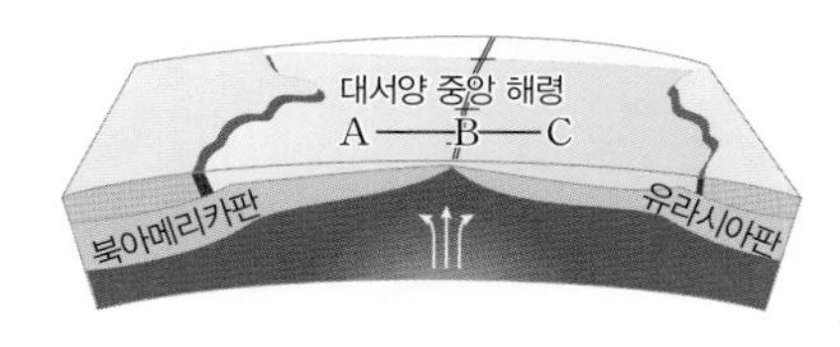

이에 대한 설명으로 옳은 것만을 〈보기〉에서 있는 대로 고른 것은?

보기

ㄱ. 해양 지각의 나이는 A가 B보다 많다.
ㄴ. 해저 퇴적물의 두께는 B가 C보다 두껍다.
ㄷ. B는 맨틀 대류의 상승부에 위치한다.

① ㄱ ② ㄴ ③ ㄷ
④ ㄱ, ㄴ ⑤ ㄱ, ㄷ

[8589-0020]

13 그림은 히말라야산맥 부근의 판 경계의 단면을 나타낸 것이다.

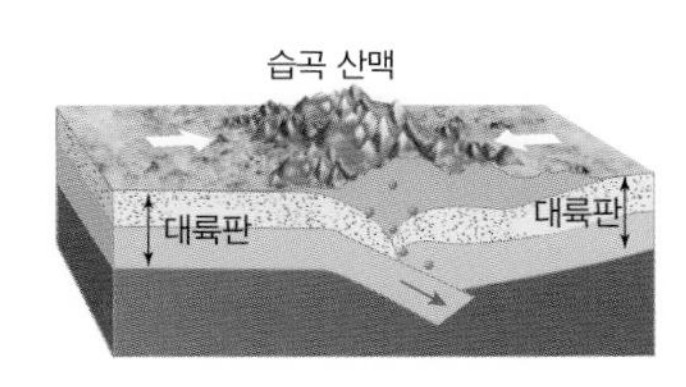

이 판의 경계에 대한 설명으로 옳은 것만을 〈보기〉에서 있는 대로 고른 것은?

보기

ㄱ. 수렴형 경계이다.
ㄴ. 화산 활동이 활발하다.
ㄷ. 습곡 산맥에서는 바다 생물의 화석이 발견될 수 있다.

① ㄱ ② ㄷ ③ ㄱ, ㄴ
④ ㄱ, ㄷ ⑤ ㄴ, ㄷ

[8589-0021]

14 그림은 어느 해령 주변에 분포하는 판의 경계와 판의 이동 방향을 나타낸 것이다.

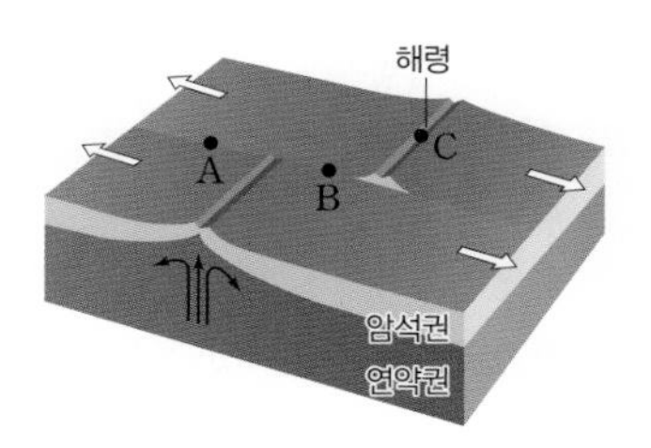

이에 대한 설명으로 옳은 것만을 〈보기〉에서 있는 대로 고른 것은?

보기

ㄱ. A는 보존형 경계에 위치한다.
ㄴ. B에서는 화산 활동이 활발하다.
ㄷ. C에서는 주로 천발 지진이 발생한다.

① ㄱ ② ㄷ ③ ㄱ, ㄴ
④ ㄱ, ㄷ ⑤ ㄴ, ㄷ

[8589-0022]

15 그림은 전 세계 판의 경계와 판의 이동 방향을 나타낸 것이다.

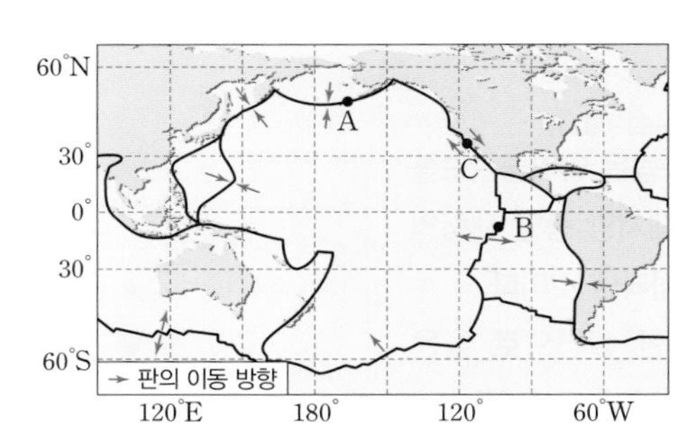

세 지역 A~C에 대한 설명으로 옳은 것만을 〈보기〉에서 있는 대로 고른 것은?

보기

ㄱ. A에서는 해구가 발달한다.
ㄴ. B에서는 주로 심발 지진이 발생한다.
ㄷ. C는 맨틀 대류의 하강부에 위치한다.

① ㄱ ② ㄷ ③ ㄱ, ㄴ
④ ㄱ, ㄷ ⑤ ㄴ, ㄷ

[8589-0023]
16 그림은 어느 판 경계의 단면을 나타낸 것이다.

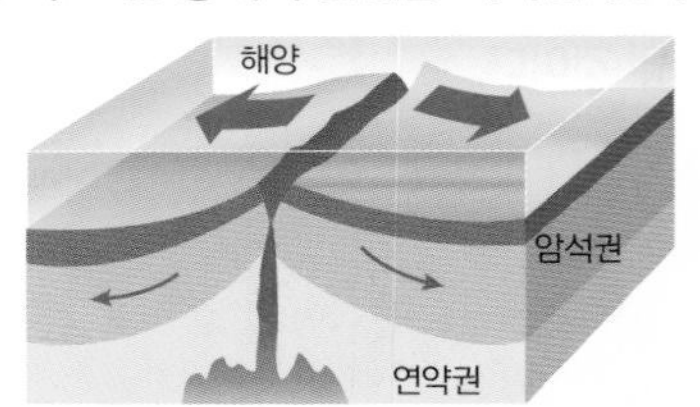

이 판의 경계에 대한 설명으로 옳은 것만을 〈보기〉에서 있는 대로 고른 것은?

보기
ㄱ. 맨틀 대류의 상승부에 위치한다.
ㄴ. 주로 천발 지진이 발생한다.
ㄷ. 화산 활동이 활발하다.

① ㄱ ② ㄷ ③ ㄱ, ㄴ
④ ㄴ, ㄷ ⑤ ㄱ, ㄴ, ㄷ

[8589-0024]
17 그림은 아이슬란드를 지나는 대서양 중앙 해령의 위치를 나타낸 것이다.
이에 대한 설명으로 옳은 것만을 〈보기〉에서 있는 대로 고른 것은?

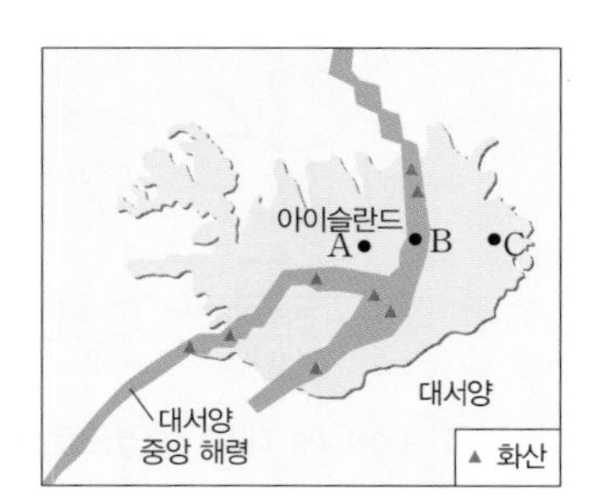

보기
ㄱ. B에서는 습곡 산맥이 발달한다.
ㄴ. 암석의 나이는 C가 B보다 많다.
ㄷ. 시간이 지나면 A, C 사이의 거리는 멀어질 것이다.

① ㄱ ② ㄷ ③ ㄱ, ㄴ
④ ㄴ, ㄷ ⑤ ㄱ, ㄴ, ㄷ

[8589-0025]
18 그림은 북아메리카 서쪽 지역의 판의 이동 방향과 단면을 나타낸 것이다.

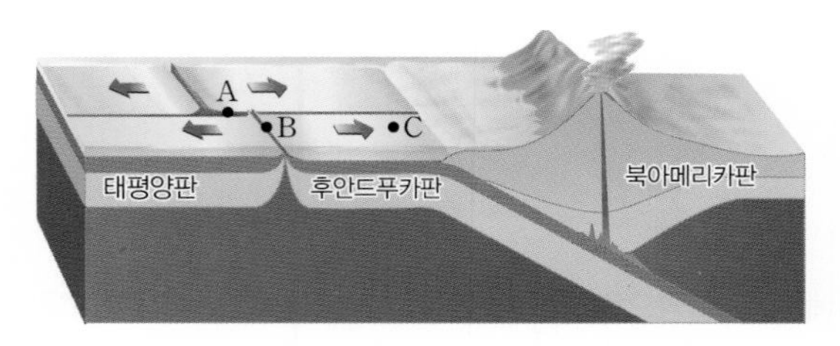

이에 대한 설명으로 옳은 것만을 〈보기〉에서 있는 대로 고른 것은?

보기
ㄱ. A에는 변환 단층이 발달한다.
ㄴ. 해양 지각의 나이는 B가 C보다 많다.
ㄷ. 판의 밀도는 북아메리카판이 후안드푸카판보다 크다.

① ㄱ ② ㄷ ③ ㄱ, ㄴ
④ ㄱ, ㄷ ⑤ ㄴ, ㄷ

[8589-0026]
19 그림은 우리나라 주변 판 경계의 단면을 나타낸 것이다.

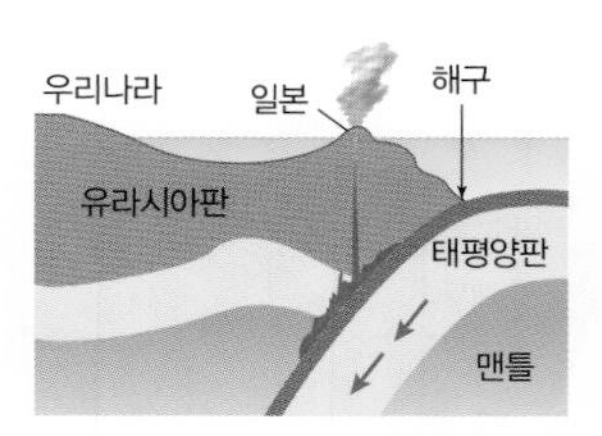

이에 대한 설명으로 옳은 것만을 〈보기〉에서 있는 대로 고른 것은?

보기
ㄱ. 판의 밀도는 태평양판이 유라시아판보다 크다.
ㄴ. 화산 활동은 주로 유라시아판에서 발생한다.
ㄷ. 해구에서 우리나라로 갈수록 진원의 깊이는 얕아진다.

① ㄱ ② ㄷ ③ ㄱ, ㄴ
④ ㄱ, ㄷ ⑤ ㄴ, ㄷ

신유형·수능 열기

정답과 해설 6쪽

[8589-0027]

01 그림은 태평양과 대서양에서 해령으로부터의 거리에 따른 해양 지각의 나이를 나타낸 것이다.

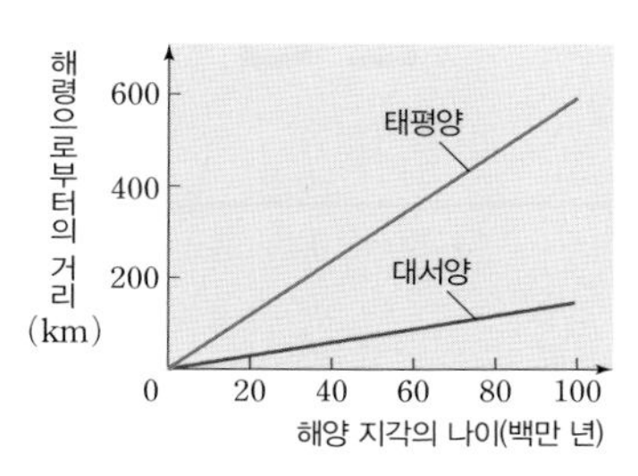

이에 대한 설명으로 옳은 것만을 〈보기〉에서 있는 대로 고른 것은?

보기
ㄱ. 해령은 발산형 경계에서 나타난다.
ㄴ. 해령에서 멀어질수록 해양 지각의 나이는 증가한다.
ㄷ. 해저 확장 속도는 대서양이 태평양보다 빠르다.

① ㄱ ② ㄷ ③ ㄱ, ㄴ
④ ㄱ, ㄷ ⑤ ㄴ, ㄷ

[8589-0028]

02 그림은 어느 해령 부근에서 나타난 해양 지각의 고지자기 분포를 나타낸 것이다.

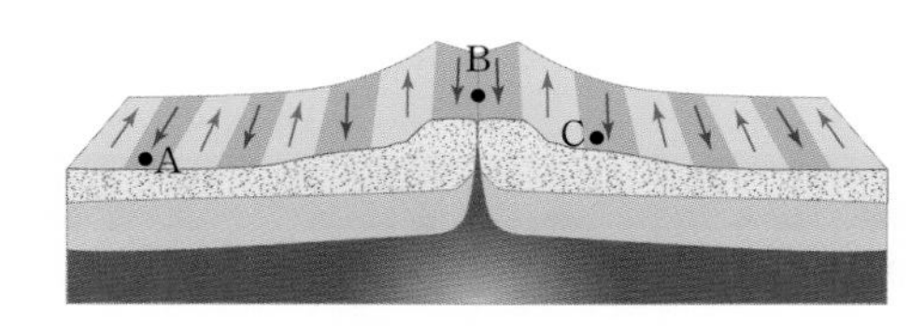

이에 대한 설명으로 옳은 것만을 〈보기〉에서 있는 대로 고른 것은?

보기
ㄱ. A의 고지자기는 정자극기이다.
ㄴ. B는 맨틀 대류가 상승하는 발산형 경계에 위치한다.
ㄷ. 해양 지각의 나이는 A가 C보다 많다.

① ㄱ ② ㄷ ③ ㄱ, ㄴ
④ ㄱ, ㄷ ⑤ ㄱ, ㄴ, ㄷ

[8589-0029]

03 그림은 남아메리카 대륙 주변의 판 경계와 세 지점 A～C를 나타낸 것이다.

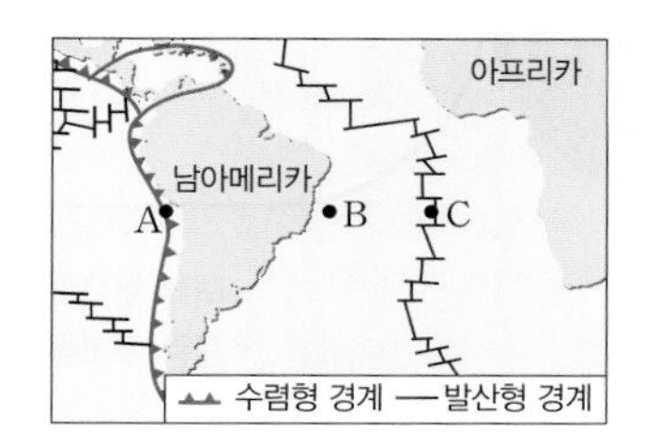

이에 대한 설명으로 옳은 것만을 〈보기〉에서 있는 대로 고른 것은?

보기
ㄱ. A에서는 주로 심발 지진이 발생한다.
ㄴ. B에서 C로 갈수록 해저 퇴적물의 두께가 두꺼워진다.
ㄷ. C에서는 해령이 발달한다.

① ㄱ ② ㄷ ③ ㄱ, ㄴ
④ ㄱ, ㄷ ⑤ ㄴ, ㄷ

[8589-0030]

04 그림은 우리나라 주변 판의 경계와 지진의 규모, 진원을 나타낸 것이다.

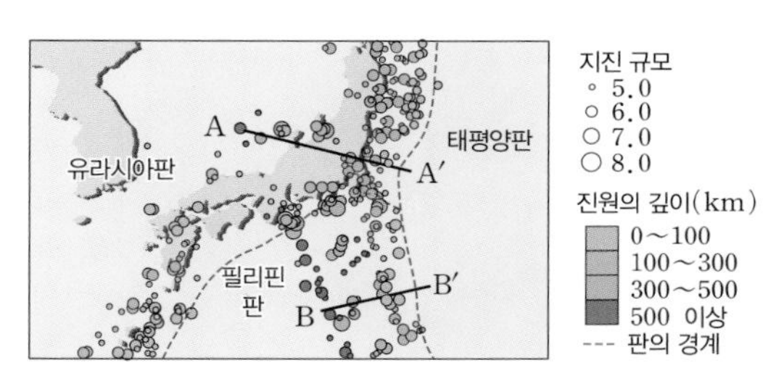

이에 대한 설명으로 옳은 것만을 〈보기〉에서 있는 대로 고른 것은?

보기
ㄱ. 판의 밀도는 태평양판이 필리핀판보다 크다.
ㄴ. 섭입하는 판의 평균 각도는 A－A′가 B－B′보다 크다.
ㄷ. 유라시아판과 필리핀판의 경계 부근에서 화산 활동은 유라시아판보다 필리핀판에서 활발하다.

① ㄱ ② ㄷ ③ ㄱ, ㄴ
④ ㄱ, ㄷ ⑤ ㄴ, ㄷ

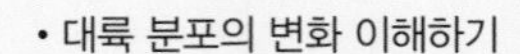

2 대륙 분포의 변화와 플룸 구조론

- 대륙 분포의 변화 이해하기
- 플룸 구조론의 특징 이해하기

한눈에 단원 파악, 이것이 핵심!

고생대 말 이후 대륙이 이동하는 과정은 어떠했을까?

- 중생대 초부터 판게아가 분리되기 시작한다.
- 유럽 – 아프리카 대륙과 아메리카 대륙이 분리되면서 대서양이 생성되기 시작한다.
- 인도 대륙은 지속적으로 북상하면서 신생대에 히말라야산맥이 형성되었다.

중생대 초 대륙 분포

중생대 말 대륙 분포

현재의 대륙 분포

플룸 구조론은 무엇일까?

판 구조론의 한계 : 판 구조론은 판의 경계에서 나타나는 지각 변동은 설명할 수 있지만, 판의 내부에서 발생하는 지각 변동은 설명할 수 없다.

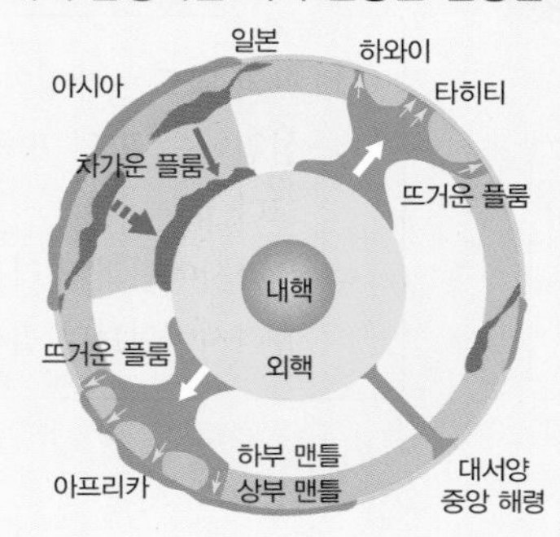

플룸 구조론

- 차가운 플룸 : 하강하는 저온의 맨틀 물질로 밀도가 커서 아래로 하강한다.
- 뜨거운 플룸 : 상승하는 고온의 맨틀 물질로 밀도가 작아서 위로 상승한다.

고지자기 변화와 대륙의 이동

1 고지자기 변화

(1) 편각과 복각

편각	지구 표면의 한 지점에서 진북과 자북 사이의 각이다.
복각	• ❶자기장의 방향이나 자침이 수평면과 이루는 각이다. • 복각은 자기 적도에서는 0°이고 고위도로 갈수록 증가하며, 자북극에서는 +90°, 자남극에서는 −90°이다.

(2) 복각의 측정을 통한 대륙의 이동 경로 연구

① 암석이 생성될 때 자성을 띠는 광물들은 당시 지구 자기장 방향으로 자화되므로 암석의 나이와 복각을 측정하면 암석이 생성될 당시의 위도를 알 수 있다.

② 복각을 이용하여 알아낸 인도 대륙의 이동

- 인도 대륙은 약 7100만 년 전에는 남반구에 위치하였다.
- 인도 대륙은 서서히 북쪽으로 이동하다 약 3800만 년 전에는 적도 부근에 위치하였다.
- 이후 인도 대륙은 계속 북쪽으로 이동하다가 유라시아 대륙과 충돌하였으며 이로 인해 대규모 습곡 산맥인 ❷히말라야산맥이 만들어졌다.

시기(만 년 전)	7100	5500	3800	1000	현재
복각	−49°	−21°	6°	30°	36°
대략적인 당시 위치	약 30°S	약 11°S	약 3°N	약 16°N	약 20°N

③ 복각을 이용하여 알아낸 한반도의 이동

- 한반도는 ❸고생대에 적도 부근에 위치한 곤드와나 대륙 주변에 있었다.
- 한반도는 서서히 북쪽으로 이동하면서 다양한 판들과 충돌을 일으며 지각 변동이 발생했다.
- 중생대에 한반도가 현재의 모습을 갖추게 되었으며, 현재의 위치에 도달하게 되었다.

THE 알기

❶ 지구 자기장
지구가 가지는 고유한 자기장으로 외핵의 운동으로 생성되는 것으로 알려져 있으며 지구 밖에서 들어오는 고에너지 입자를 막아 주는 역할을 한다.

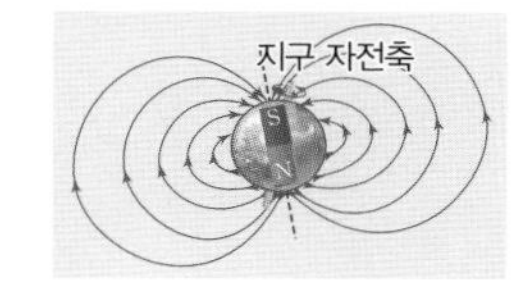

❷ 히말라야산맥
인도 대륙 북쪽에서 중앙아시아 고원 남쪽을 동서로 길게 연결하는 습곡 산맥으로, 인도 대륙과 유라시아 대륙이 충돌하여 형성되었다.

❸ 고생대
지질 시대 중 선캄브리아 시대 이후의 지질 시대이며, 고생대 이후에는 중생대, 신생대로 이어진다.

THE 들여다보기 인도 대륙의 이동 속도 구하기

인도 대륙이 이동한 시간과 이동 거리를 알면 이동 속도를 구할 수 있다.

- 인도 대륙이 이동한 거리 : 약 6711 km
- 인도 대륙이 이동한 시간 : 7100만 년
- 이동 속도 $=\dfrac{6711\text{ km}}{7100\text{만 년}} \fallingdotseq 9.45\text{ cm/년}$

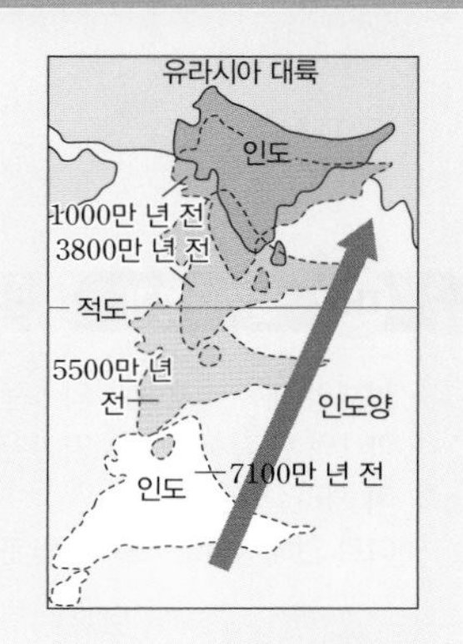

THE 알기

❶ **로디니아**
판 구조론에서 이야기하는 초대륙으로 약 12억 년 전에 생겨 약 8억 년 전에 분열했다고 알려지는 초대륙이다.

2 대륙 분포의 변화

(1) 초대륙 : 지질 시대에는 여러 차례 초대륙이 형성되었다.

① ❶로디니아 : 판게아 이전에 존재했던 초대륙이다.

② 판게아 : 로디니아 이후 대륙이 몇 개의 대륙으로 분리되고 이동하다 약 2억 7천 만 년 전에 판게아가 형성되었다.

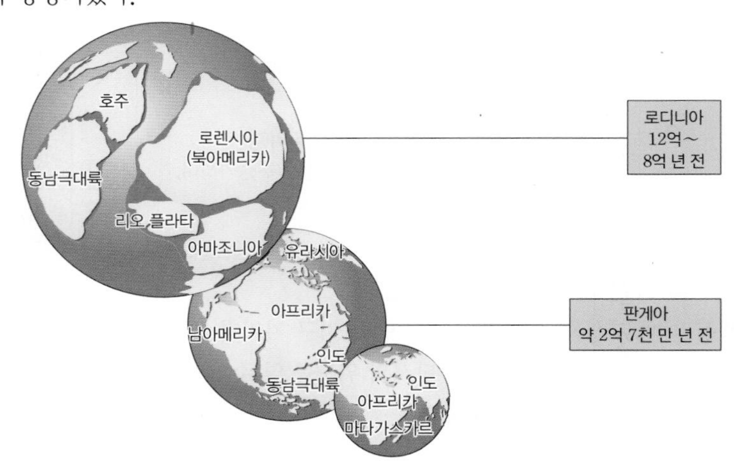

(2) 판게아 이후 대륙의 이동

중생대 초기에 판게아가 분열되기 시작하였고 열곡을 따라 용암이 분출되었다.

중생대 초

↓

중생대 말까지 남대서양이 열려 확장되었으며, 인도는 아시아를 향해 북쪽으로 이동하였다. ❷테티스해가 닫히면서 지중해가 형성되었다.

중생대 말

↓

신생대 동안 현재와 같은 대륙 분포를 갖추게 되었다. 인도와 아시아가 충돌하여 히말라야산맥이 형성되었으며, 오스트레일리아는 남극에서 분리되었다.

현재

❷ **테티스해**
고생대 후기에서 중생대에 걸쳐 현재 지중해에서 히말라야산맥을 거쳐 인도네시아 지역에 이르는 범위로 폭넓게 연장된 좁고 긴 바다이다.

THE 들여다보기 **판게아 울티마**

• 현재의 대륙 분포에서 약 5천 만 년 후에는 대서양이 더 넓어지며 지중해는 사라질 것이다.
• 약 1억 년 후에는 대서양이 남북아메리카 해안을 따라 섭입하기 시작하여 약 2억 5천만 년 후에는 대서양이 사라질 것이다.
• 이로 인해 새로운 초대륙인 판게아 울티마(또는 판게아 프록시마)가 형성될 것이다.

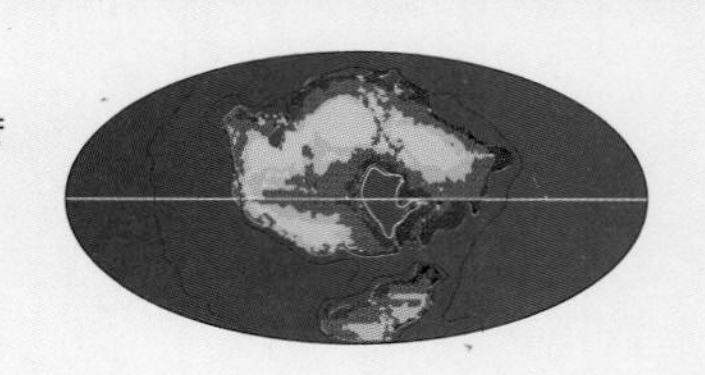

개념체크

○X 문제

1. 복각에 대한 설명으로 옳은 것은 ○, 옳지 않은 것은 ×로 표시하시오.

(1) 복각은 자기장의 방향이나 자침이 수평면과 이루는 각이다. (　　)

(2) 자기 적도에서 복각의 크기는 $+90°$이다. (　　)

(3) 암석의 나이와 암석이 생성될 때의 복각을 구하면 암석이 생성될 때의 위도를 구할 수 있다. (　　)

2. 판게아 이후 대륙의 이동에 대한 설명으로 옳은 것은 ○, 옳지 않은 것은 ×로 표시하시오.

(1) 판게아는 고생대 초기에 형성되었다. (　　)

(2) 현재와 같은 수륙 분포는 중생대에 형성되었다. (　　)

(3) 판게아가 분리되면서 대서양이 넓어지기 시작했다. (　　)

바르게 연결하기

3. 지질학적 사건과 그 시기를 바르게 연결하시오.

(1)	판게아 형성	• • ㉠	신생대
(2)	히말라야산맥 형성	• • ㉡	고생대 말
(3)	판게아 분리 시작	• • ㉢	중생대 초

4. 지구 자기의 요소를 바르게 연결하시오.

(1)	편각	• • ㉠	지구 자기장이 수직으로 아래 방향을 가리키는 지표상의 지점
(2)	복각	• • ㉡	지구 자기장이 수평면과 이루는 각
(3)	자북극	• • ㉢	어느 지역에서 진북과 자북 사이의 각

정답 1. (1) ○ (2) × (3) ○ 2. (1) × (2) × (3) ○ 3. (1) ㉡ (2) ㉠ (3) ㉢ 4. (1) ㉢ (2) ㉡ (3) ㉠

빈칸 완성

1. 지구 자기의 요소 중 지구 표면의 한 지점에서 진북과 자북 사이의 각을 ① (　　　)이라고 하며, 지구 자기장이 수평면과 이루는 각을 ② (　　　)이라고 한다.

2. 복각의 크기는 자북극에서는 ① (　　　), 자남극에서는 ② (　　　)이다.

3. 인도 대륙은 약 7100만 년 전에는 ① (　　　)에 위치했지만 점차 북상하여 약 3800만 년 전에는 ② (　　　) 부근에 위치하였다.

4. 히말라야산맥은 ① (　　　) 대륙과 ② (　　　) 대륙의 충돌로 형성된 습곡 산맥이다.

단답형 문제

5. 로디니아 이후의 초대륙으로 고생대 말에 형성된 초대륙을 무엇이라고 하는지 쓰시오.

6. 현재와 같은 수륙 분포는 지질 시대 중 어느 시대에 형성되었는지 쓰시오.

바르게 연결하기

7. 대륙의 이동 모습과 그 시기를 바르게 연결하시오.

(1) 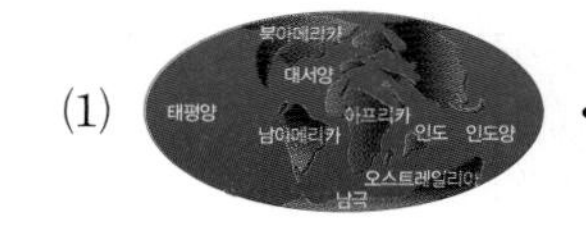

• • ㉠ 중생대 초

(2) 

• • ㉡ 중생대 말

(3) 

• • ㉢ 현재

정답 1. ① 편각 ② 복각 2. ① $+90°$ ② $-90°$ 3. ① 남반구 ② 적도 4. ① 인도 ② 유라시아 5. 판게아 6. 신생대 7. (1) ㉡ (2) ㉠ (3) ㉢

02 맨틀 대류와 플룸 구조론

THE 알기

❶ 에너지 전달 방식
에너지가 전달되는 방식은 맨틀, 고체 등 중간 물질을 통해 이동하는 전도, 에너지가 매질을 통하지 않고 이동하는 복사, 대류가 있다.

❷ 플룸
영어 단어로는 연속적으로 배출되는 연기의 모양을 의미하지만, 플룸 구조론에서는 기둥 모양의 맨틀 물질을 의미한다.

1 맨틀 대류

(1) 대류 : ❶에너지 전달 방식의 하나로 유체의 경우 온도 차이가 생기면 상대적으로 온도가 높은 부분은 밀도가 작아져 위로 올라가고, 상대적으로 온도가 낮은 부분은 밀도가 커져 아래로 내려가면서 유체가 이동하는 현상이다.

(2) 맨틀 대류 : 맨틀은 고체이지만 온도가 높아 유동성을 띠고 있으며, 지구 중심으로 갈수록 온도가 높아져 대류 현상이 발생한다.

① 연약권 위에 떠 있는 암석권이 맨틀 대류로 인해 이동하면서 판이 움직인다.
② 맨틀 대류의 상승부에는 발산형 경계가 위치하며 해령이 만들어진다.
③ 맨틀 대류의 하강부에는 수렴형 경계가 위치하며 해구가 만들어진다.

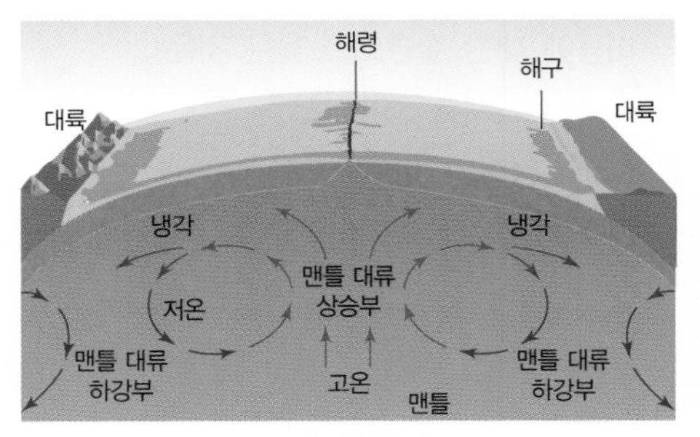

맨틀 대류

(3) 판 이동의 원동력 : 판 이동의 원동력으로는 맨틀 대류, 해령에서 판을 밀어내는 힘, 해구에서 섭입하는 판이 잡아당기는 힘이 있다.

2 ❷플룸 구조론

(1) 판 구조론의 한계 : 판 구조론은 판의 경계에서 발생하는 지각 변동은 효과적으로 설명할 수 있지만, 하와이와 같이 판의 내부에서 일어나는 화산 활동은 설명하기 어렵다. 또한 맨틀 대류설이 안고 있는 문제점과 지구 내부의 운동을 설명하기에는 한계가 있다. 이러한 한계를 설명하기 위해 제시된 이론이 플룸 구조론이다.

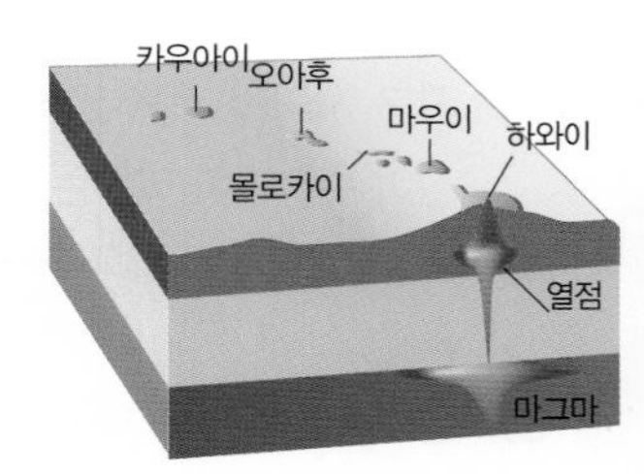

하와이 열도

THE 들여다보기 하와이 열도

- 하와이 열도는 하와이 섬 근처에 있는 열점에서 분출한 용암에 의해 형성된 화산섬이다.
- 열점에서 멀리 있는 섬일수록 나이가 많다.
- 약 4340만 년 전을 기준으로 섬들의 배열이 달라지는데, 이는 이 시기를 기준으로 태평양판의 이동 방향이 달라졌음을 의미한다.
- 하와이 열도의 배열을 이용하면 태평양판의 이동 방향을 추정할 수 있다.

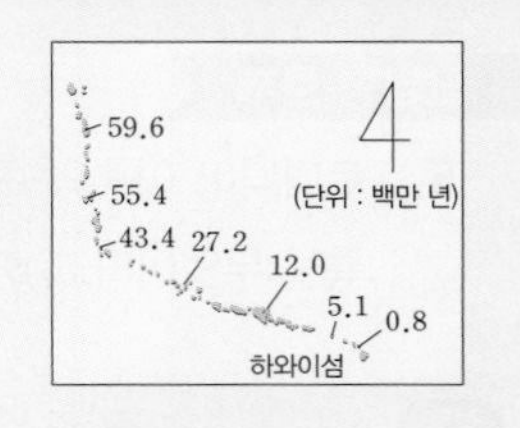

(2) 플룸 구조론

① 지구 내부의 온도 분포는 불균질하며, 이러한 ❶온도 차이로 인해 밀도 변화가 생기고 이로 인해 고온의 맨틀 물질은 상승하고, 저온의 맨틀 물질은 하강한다.

② 차가운 플룸 : 하강하는 저온의 맨틀 물질로, 주로 해구에서 섭입하는 물질이 상부 맨틀과 하부 맨틀의 경계 부근에 쌓여 있다가 가라앉으면서 생성된다.

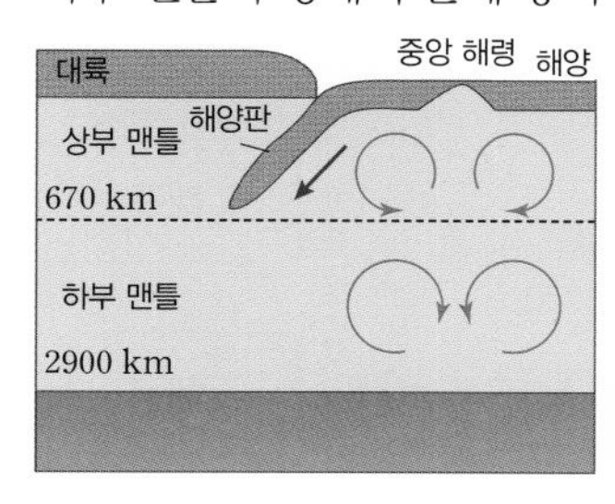

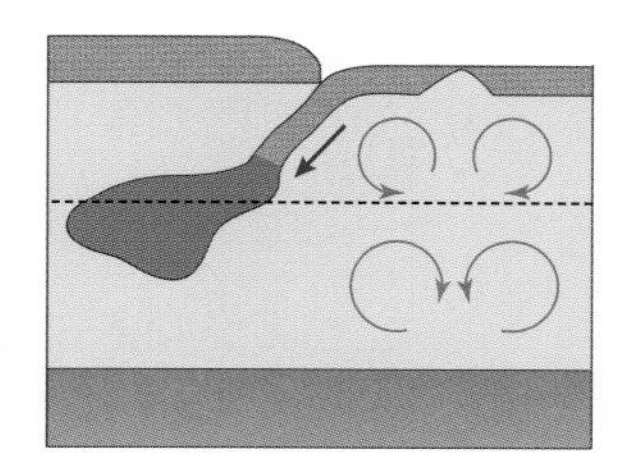
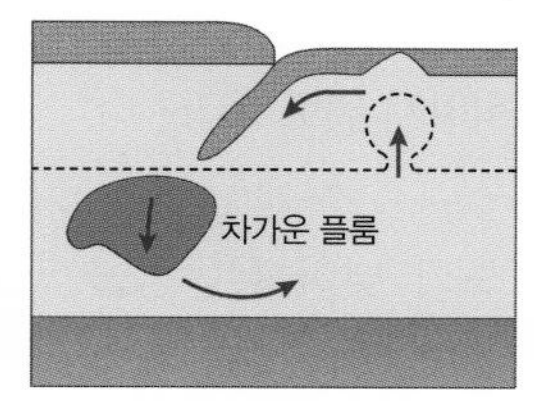

차가운 플룸 형성 과정

③ 뜨거운 플룸 : 상승하는 고온의 맨틀 물질로, 차가운 플룸이 핵과 맨틀의 경계에 도달하면 핵은 차가운 플룸에 대해 열적 반응을 일으키고, 핵과 맨틀 경계면의 온도 구조가 교란되어 뜨거운 플룸이 생성된다.

④ 열점 : 뜨거운 플룸이 지표면과 만나는 지점 아래 마그마가 생성되는 곳이다.

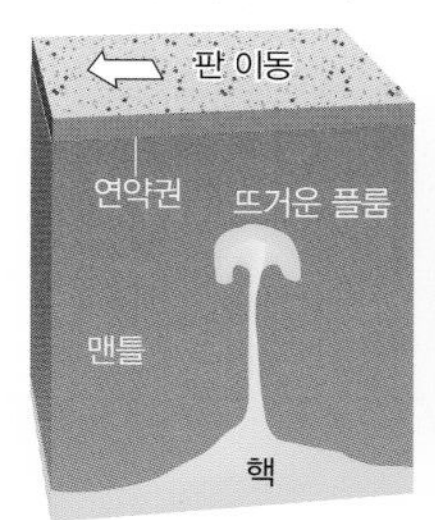

열점의 형성 과정

❶ 온도 차이로 인한 밀도 변화
물질의 경우 온도가 상승하면 부피가 증가하므로 밀도가 감소하고, 온도가 하강하면 부피가 감소하므로 밀도가 증가한다.

(3) 플룸 구조론의 모식도

① 아시아 중앙부에 형성된 거대한 분지는 차가운 플룸의 하강에 의한 것이라고 추정하고 있으며, 이 차가운 플룸은 약 3억 년 전에 생성된 것으로 추정하고 있다.

② 아프리카와 남태평양의 뜨거운 플룸을 수퍼 플룸이라고 하며, 약 2억 년 전 아프리카의 수퍼 플룸은 아프리카 대륙을 분열시켰고, 남태평양의 수퍼 플룸은 곤드와나 대륙을 분열시켰다. 현재 ❷동아프리카 열곡대와 하와이 부근의 열점을 생성시킨 플룸도 이 수퍼 플룸일 것으로 추정하고 있다.

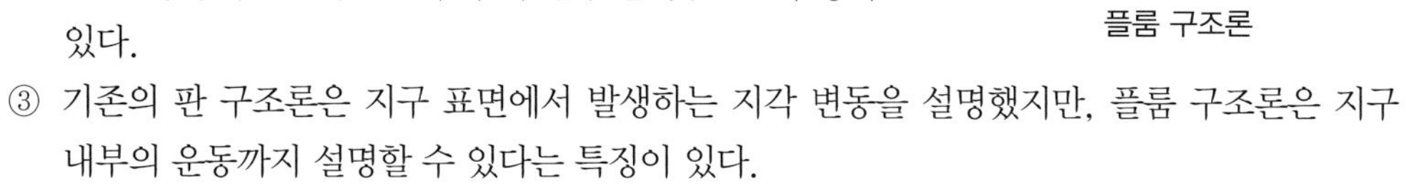

일본
하와이
아시아
타히티
차가운 플룸
뜨거운 플룸
내핵
뜨거운 플룸
외핵
하부 맨틀
아프리카
상부 맨틀
대서양 중앙 해령

플룸 구조론

③ 기존의 판 구조론은 지구 표면에서 발생하는 지각 변동을 설명했지만, 플룸 구조론은 지구 내부의 운동까지 설명할 수 있다는 특징이 있다.

❷ 동아프리카 열곡대
아프리카의 동쪽 지역에 위치한 열곡대로서 판과 판이 서로 멀어지는 경계로 화산 활동이 활발하고 주로 천발 지진이 발생한다.

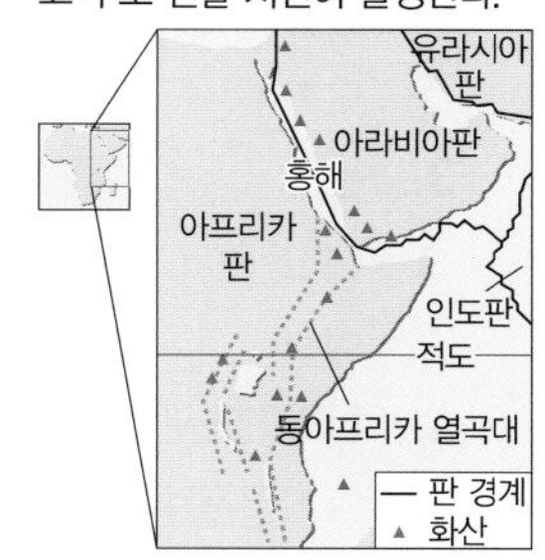

개념체크

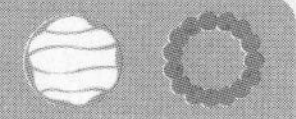

○X 문제

1. 맨들 대류에 대한 설명으로 옳은 것은 ○, 옳지 않은 것은 ×로 표시하시오.

(1) 유체의 경우 온도 차이가 생기면 상대적으로 온도가 높은 부분은 밀도가 작아져 위로 올라간다. (　　)

(2) 맨틀은 고체이지만 온도가 낮아 유동성을 띠고 있다. (　　)

(3) 맨틀 대류는 판 이동의 원동력이다. (　　)

2. 플룸 구조론에 대한 설명으로 옳은 것은 ○, 옳지 않은 것은 ×로 표시하시오.

(1) 뜨거운 플룸은 주로 섭입대 부근에서 생성된다. (　　)

(2) 차가운 플룸이 있는 곳은 지진파의 속도가 주변보다 빠르다. (　　)

(3) 차가운 플룸에 의해 열점이 생성된다. (　　)

바르게 연결하기

3. 맨틀 대류와 각 맨틀이 대류하는 부근에서 생성되는 지형을 바르게 연결하시오.

(1) 맨틀 대류 상승부 • 　　• ㉠ 해구

(2) 맨틀 대류 하강부 • 　　• ㉡ 해령

4. 차가운 플룸과 뜨거운 플룸의 이동에 의해 형성된 지역을 바르게 연결하시오.

(1) 차가운 플룸 • 　　• ㉠ 하와이

(2) 뜨거운 플룸 • 　　• ㉡ 아시아 중앙의 거대 분지

정답 1. (1) ○ (2) × (3) ○ 2. (1) × (2) ○ (3) × 3. (1) ㉡ (2) ㉠ 4. (1) ㉡ (2) ㉠

빈칸 완성

1. 연약권 위에 떠있는 ① (　　　)이 ② (　　　)에 의해 움직이면서 판이 이동한다.

2. 유체에 온도 차이가 발생할 때 온도가 낮은 부분은 밀도가 (　　　) 아래로 내려간다.

3. ① (　　　) 플룸은 내부 고온의 물질이 상승하는 것이고, ② (　　　) 플룸은 하강하는 저온의 맨틀 물질이다.

4. 하와이에서의 화산 활동은 (　　　)으로 설명할 수 없다.

5. 뜨거운 플룸이 지표면과 만나는 지점 아래 마그마가 생성되는 장소를 (　　　)이라고 한다.

단답형 문제

6. 뜨거운 플룸과 차가운 플룸의 이동에 의해 지각 변동이 발생한다고 설명하는 이론은 무엇인지 쓰시오.

7. 판 이동의 원동력이 무엇인지 쓰시오.

8. 아프리카 동쪽 지역에 위치한 열곡대로서 화산 활동과 천발 지진이 발생하는 곳은 어디인지 쓰시오.

9. 태평양 중앙에 위치한 화산섬으로 열점에서의 화산 분출로 형성된 화산 열도는 무엇인지 쓰시오.

정답 1. ① 암석권 ② 맨틀 대류 2. 커져 3. ① 뜨거운 ② 차가운 4. 판 구조론 5. 열점 6. 플룸 구조론 7. 맨틀 대류 8. 동아프리카 열곡대 9. 하와이

탐구 활동 태평양판의 이동 방향과 이동 속도 구하기

정답과 해설 7쪽

목표

하와이 열도의 배열과 나이를 이용하여 태평양판의 이동 방향을 설명할 수 있다.

과정

그림 (가)는 열점에서 생성된 각 섬들의 나이를, (나)는 각 섬들의 거리를 나타낸 것이다.

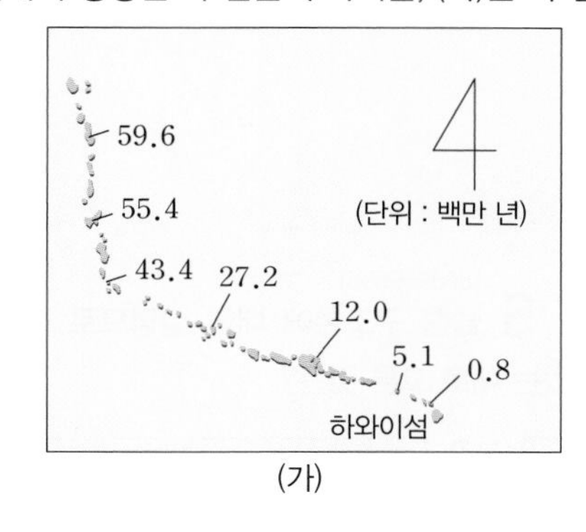

(가)

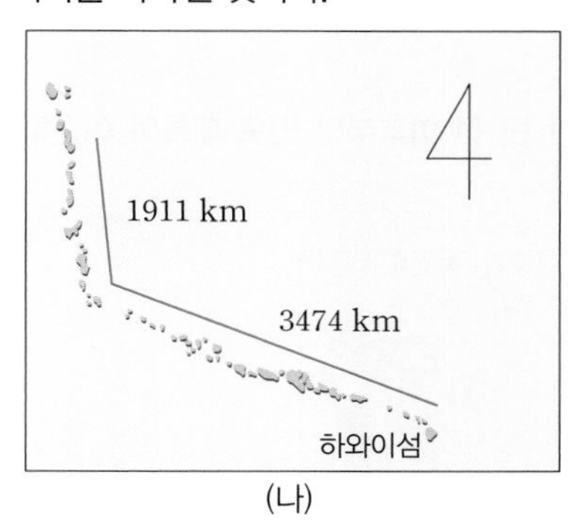

(나)

(가)를 이용하여 태평양판의 이동 방향을 설명하시오.

결과 정리 및 해석

(가)에서 하와이섬에서 멀리 있는 섬일수록 나이가 많은데 이는 하와이 근처에 있는 열점에서 분출한 용암에 의해 화산섬들이 만들어졌기 때문이다. 그런데 43.4백만 년을 기준으로 화산섬의 배열이 달라진다. 이는 43.4백만 년을 기준으로 태평양판의 이동 방향이 달라졌기 때문이다. 43.4백만 년 전부터 현재까지 생성된 화산섬들은 북서서 방향으로 배열되어 있다. 이는 고정된 열점에서 분출된 용암에 의해 형성되었다는 것을 고려하면 태평양판은 서북서 방향으로 이동했다는 것을 알 수 있다. 또한 59.6백만 년 전부터 43.4백만 년 전까지 화산섬 배열은 북북서 방향으로 배열되어 있는 것을 고려하면 태평양판은 북북서 방향으로 이동했다는 것을 알 수 있다. 따라서 태평양판의 이동 방향은 다음과 같다.

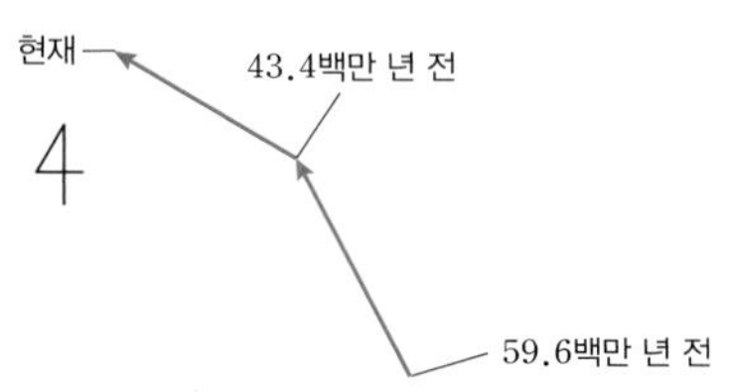

탐구 분석

1. 그림 (가)와 (나)를 이용하여 태평양판의 평균 이동 속도를 구하시오.
2. 하와이의 생성을 플룸 구조론과 관련하여 설명하시오.

내신 기초 문제

정답과 해설 7쪽

[8589-0031]

01 빈칸에 공통으로 들어갈 알맞은 말을 쓰시오.

> 자침이 수평면과 이루는 각을 (   )이라고 하며, (   )을 이용하면 암석이 생성될 당시의 위도를 알 수 있다.

[8589-0032]

02 그림은 약 7100만 년 전 이후부터 인도 대륙이 이동하는 모습을 나타낸 것이다.

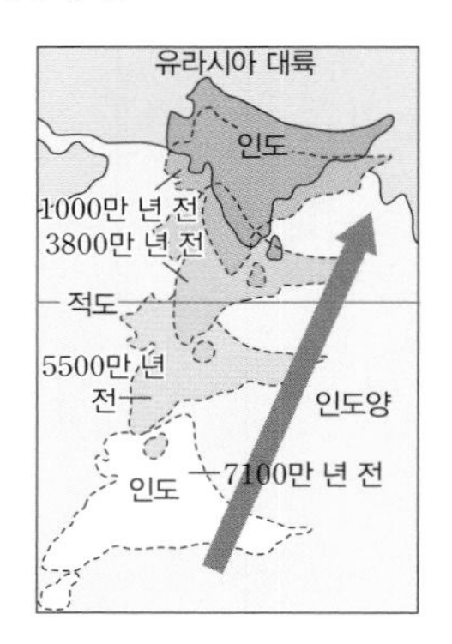

이에 대한 설명으로 옳은 것만을 〈보기〉에서 있는 대로 고른 것은? (단, 지질 시대 동안 지자기 북극과 지리상 북극은 일치한다.)

> 보기
> ㄱ. 약 7100만 년 전 인도는 남반구에 있었다.
> ㄴ. 약 3800만 년 전 이후 인도에서의 복각은 증가했다.
> ㄷ. 인도 대륙과 유라시아 대륙의 충돌로 히말라야산맥이 형성되었다.

① ㄱ ② ㄷ ③ ㄱ, ㄴ
④ ㄴ, ㄷ ⑤ ㄱ, ㄴ, ㄷ

[8589-0033]

03 고생대 말에 형성된 초대륙으로 중생대 초기부터 분열되기 시작한 대륙은?

① 우르 ② 판게아
③ 발바라 ④ 로디니아
⑤ 파노시아

[8589-0034]

04 판 구조론으로 설명할 수 있는 지질 현상으로 옳지 않은 것은?

① 하와이 화산 활동
② 히말라야산맥의 형성
③ 페루–칠레 해구의 형성
④ 대서양 중앙 해령의 형성
⑤ 산안드레아스 단층의 형성

[8589-0035]

05 플룸 구조론에 대한 설명으로 옳은 것만을 〈보기〉에서 있는 대로 고른 것은?

> 보기
> ㄱ. 하와이에서의 화산 활동을 효과적으로 설명할 수 있다.
> ㄴ. 하강하는 차가운 맨틀 물질을 차가운 플룸이라고 한다.
> ㄷ. 밀도는 차가운 플룸이 뜨거운 플룸보다 크다.

① ㄱ ② ㄷ ③ ㄱ, ㄴ
④ ㄴ, ㄷ ⑤ ㄱ, ㄴ, ㄷ

[8589-0036]

06 그림은 하와이 열도의 모습과 태평양판의 이동 방향을 나타낸 것이다.

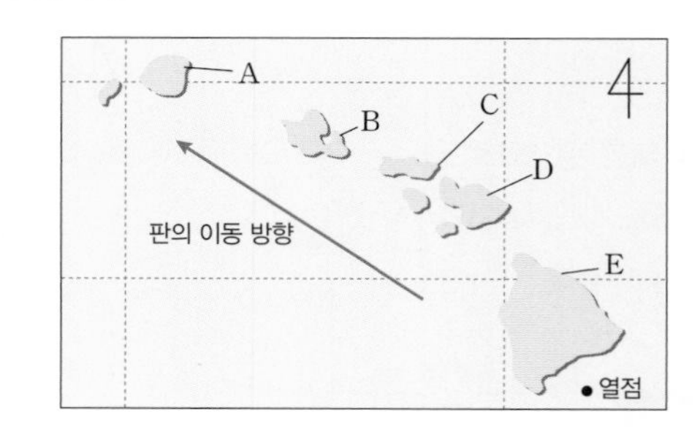

A~E 중 나이가 가장 많은 섬은?

① A ② B ③ C
④ D ⑤ E

실력 향상 문제

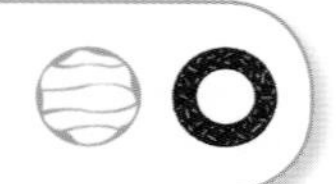

정답과 해설 8쪽

[8589-0037]

01 그림은 서로 다른 위도에 위치한 A와 B 지역의 자기력선의 모습을 나타낸 것이다.

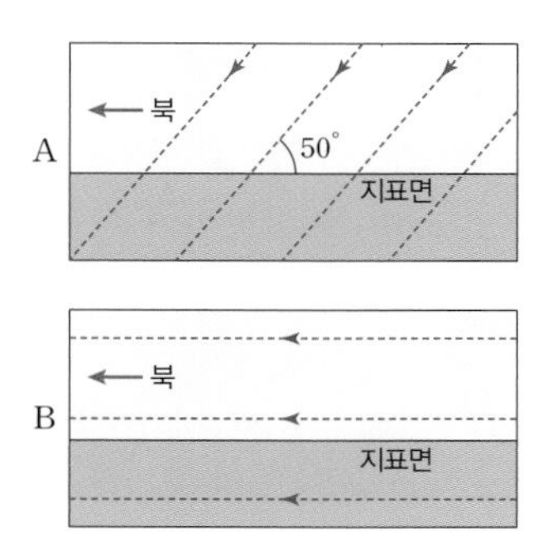

이에 대한 설명으로 옳은 것만을 〈보기〉에서 있는 대로 고른 것은?

보기

ㄱ. 나침반의 자침이 지표면과 이루는 각은 A 지역이 B 지역보다 크다.
ㄴ. A에서의 복각은 +50°이다.
ㄷ. A는 B보다 고위도 지역이다.

① ㄱ ② ㄴ ③ ㄱ, ㄷ
④ ㄴ, ㄷ ⑤ ㄱ, ㄴ, ㄷ

[8589-0038]

02 표는 대륙의 이동을 알아보기 위해 어느 지괴의 암석에 기록된 지질 시대별 고지자기 복각을 나타낸 것이다.

지질 시대	쥐라기	전기 백악기	후기 백악기	팔레오기
고지자기 복각	+25°	+36°	+44°	+50°

이 지괴에 대한 설명으로 옳은 것만을 〈보기〉에서 있는 대로 고른 것은? (단, 지구 자기장의 역전은 없었다.)

보기

ㄱ. 이 기간 동안 북반구에 위치하였다.
ㄴ. 백악기 동안 저위도로 이동하였다.
ㄷ. 가장 고위도에 위치한 시기는 팔레오기이다.

① ㄱ ② ㄴ ③ ㄷ
④ ㄱ, ㄴ ⑤ ㄱ, ㄷ

[8589-0039]

03 그림은 인도 대륙이 이동하는 과정과 히말라야산맥의 모습을 나타낸 것이다.

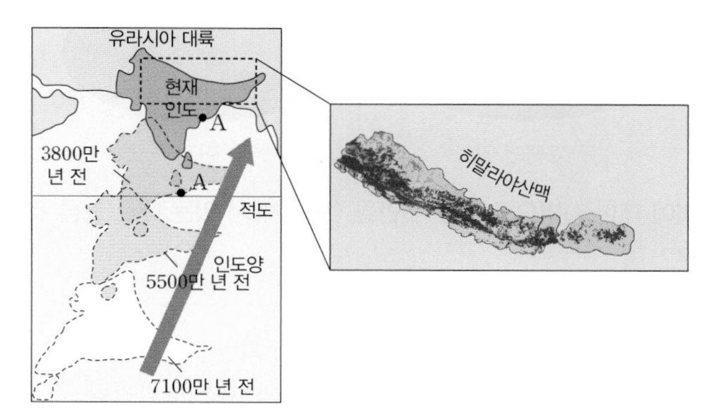

이에 대한 설명으로 옳은 것만을 〈보기〉에서 있는 대로 고른 것은? (단, 지질 시대 동안 지자기 북극과 지리상 북극은 일치한다.)

보기

ㄱ. 히말라야산맥은 수렴형 경계에서 생성되었다.
ㄴ. A 지역에서의 복각은 현재가 3800만 년 전보다 작다.
ㄷ. 히말라야산맥에서는 해양 생물의 화석이 발견될 수 있다.

① ㄱ ② ㄴ ③ ㄷ
④ ㄱ, ㄷ ⑤ ㄴ, ㄷ

[8589-0040]

04 그림은 고생대 말 이후 대륙이 이동하는 모습을 순서 없이 나타낸 것이다.

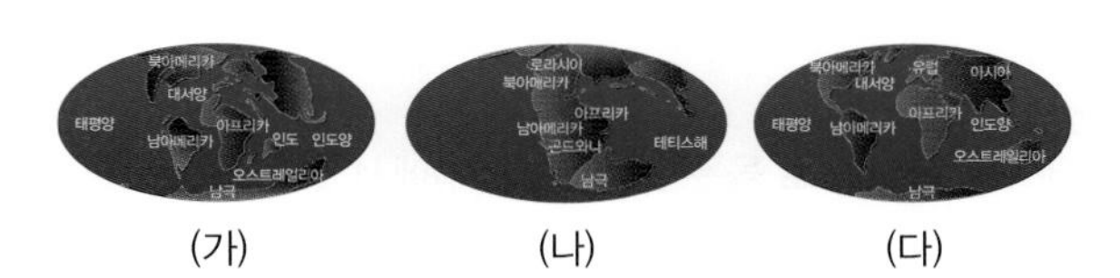

(가) (나) (다)

(가)~(다)를 시간 순서대로 옳게 나열한 것은?

① (가) — (나) — (다)
② (가) — (다) — (나)
③ (나) — (가) — (다)
④ (나) — (다) — (가)
⑤ (다) — (가) — (나)

[8589-0041]
05 그림은 서로 다른 시기의 대륙 분포를 나타낸 것이다.

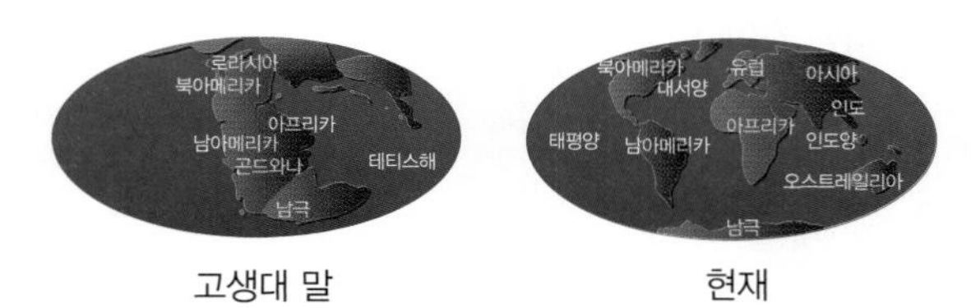

고생대 말 현재

이에 대한 설명으로 옳은 것만을 〈보기〉에서 있는 대로 고른 것은?

보기
ㄱ. 히말라야산맥은 고생대 말에 형성되었다.
ㄴ. 현재 아프리카 대륙에서는 빙하의 흔적이 발견될 수 있다.
ㄷ. 고생대 말 이후부터 현재까지 대서양의 면적은 넓어졌다.

① ㄱ ② ㄴ ③ ㄷ
④ ㄱ, ㄷ ⑤ ㄴ, ㄷ

[8589-0042]
06 그림은 맨틀 대류의 원리를 알아보기 위해 냄비에 물을 넣고 끓일 때 나타나는 현상을 나타낸 모식도이다.

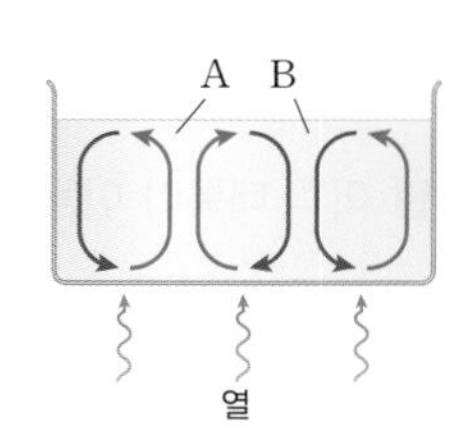

이에 대한 설명으로 옳은 것만을 〈보기〉에서 있는 대로 고른 것은?

보기
ㄱ. 물의 온도가 높으면 밀도가 작아진다.
ㄴ. 온도는 A가 B보다 높다.
ㄷ. A는 수렴형 경계, B는 발산형 경계에 해당한다.

① ㄱ ② ㄷ ③ ㄱ, ㄴ
④ ㄴ, ㄷ ⑤ ㄱ, ㄴ, ㄷ

[8589-0043]
07 그림은 맨틀 대류가 발생하는 어느 지역의 단면을 나타낸 것이다.

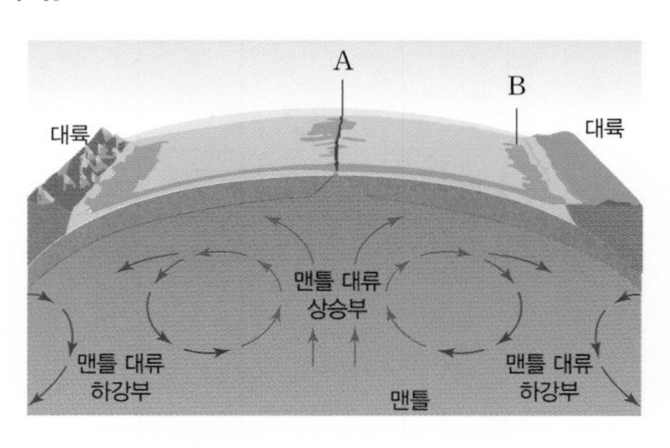

A와 B 지역에 발달하는 지형을 각각 쓰시오.

[8589-0044]
08 그림은 어느 지역에서 열점에 의해 생성된 화산의 위치를 나타낸 것이다.

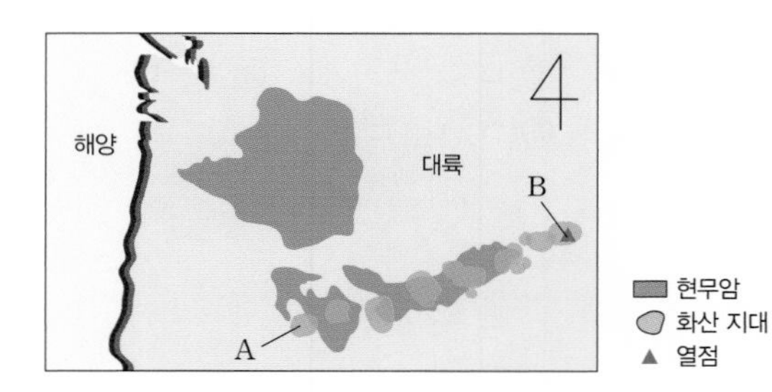

이에 대한 설명으로 옳은 것만을 〈보기〉에서 있는 대로 고른 것은?

보기
ㄱ. A와 B를 구성하는 암석의 화학 조성은 비슷할 것이다.
ㄴ. 암석의 나이는 A 지역이 B 지역보다 많다.
ㄷ. 판의 이동 방향은 동쪽 방향이다.

① ㄱ ② ㄴ ③ ㄷ
④ ㄱ, ㄴ ⑤ ㄱ, ㄷ

서술형 [8589-0045]
09 판 구조론으로 설명하지 못하는 현상을 한 가지만 서술하시오.

[8589-0046]
10 그림 (가)는 현재 수륙 분포에 고생대 말 빙하의 흔적을, (나)는 고생대 말의 수륙 분포를 나타낸 것이다.

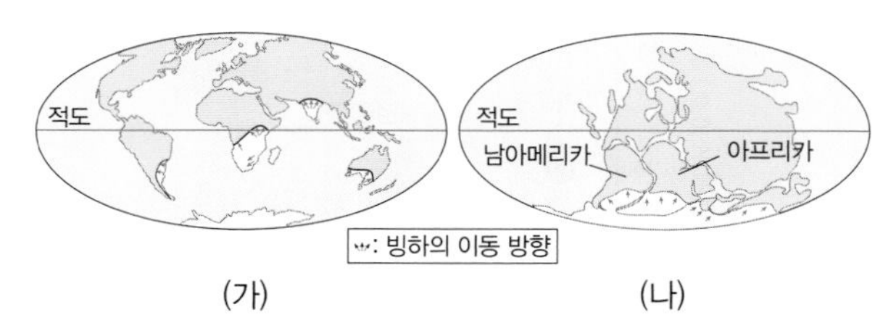

(가) (나)

이에 대한 설명으로 옳은 것만을 〈보기〉에서 있는 대로 고른 것은?

보기
ㄱ. 고생대 말 적도 지역은 한랭한 기후였다.
ㄴ. 남아메리카와 아프리카에서는 같은 종류의 고생대 생물의 화석이 발견될 수 있다.
ㄷ. 대서양에서는 고생대 초기 생물의 화석이 발견될 수 있다.

① ㄱ ② ㄴ ③ ㄷ
④ ㄱ, ㄴ ⑤ ㄱ, ㄷ

[8589-0047]
11 그림은 전 세계 주요 판의 경계와 이동 방향을 나타낸 것이다.

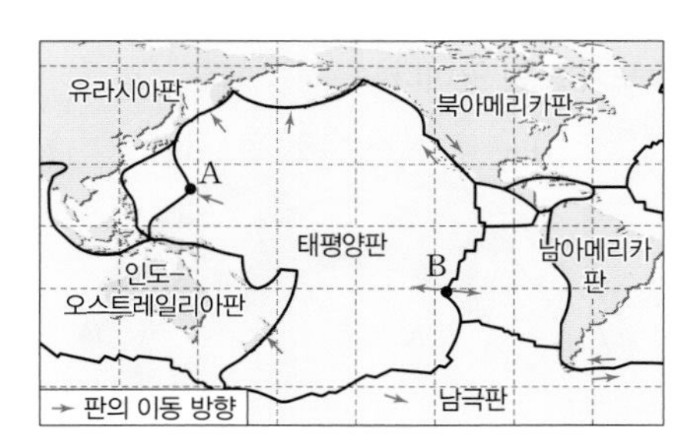

A, B 지역에 대한 설명으로 옳은 것만을 〈보기〉에서 있는 대로 고른 것은?

보기
ㄱ. A는 수렴형 경계에 위치한다.
ㄴ. B에는 해령과 열곡이 발달한다.
ㄷ. 맨틀 대류의 상승부에 위치하는 지역은 B이다.

① ㄱ ② ㄴ ③ ㄱ, ㄷ
④ ㄴ, ㄷ ⑤ ㄱ, ㄴ, ㄷ

[8589-0048]
12 그림은 판의 경계와 지형 A～C를 나타낸 것이다.

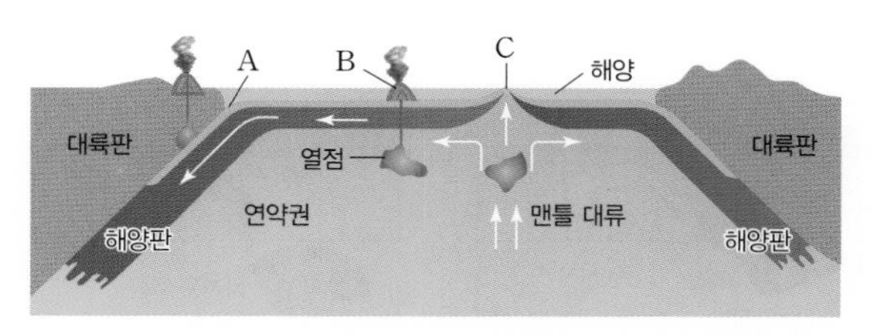

이에 대한 설명으로 옳은 것만을 〈보기〉에서 있는 대로 고른 것은?

보기
ㄱ. A는 해구이다.
ㄴ. B는 판의 경계에 위치한다.
ㄷ. C는 맨틀 대류의 상승부에 위치한다.

① ㄱ ② ㄴ ③ ㄱ, ㄷ
④ ㄴ, ㄷ ⑤ ㄱ, ㄴ, ㄷ

[8589-0049]
13 플룸 구조론에 대한 설명으로 옳은 것만을 〈보기〉에서 있는 대로 고른 것은?

보기
ㄱ. 열점은 판과 함께 이동한다.
ㄴ. 차가운 플룸은 주변보다 밀도가 크다.
ㄷ. 판의 내부에서 일어나는 화산 활동을 설명할 수 있다.

① ㄱ ② ㄷ ③ ㄱ, ㄴ
④ ㄴ, ㄷ ⑤ ㄱ, ㄴ, ㄷ

서술형
[8589-0050]
14 그림은 하와이 열도를 이루는 각 섬들의 나이를 나타낸 것이다.

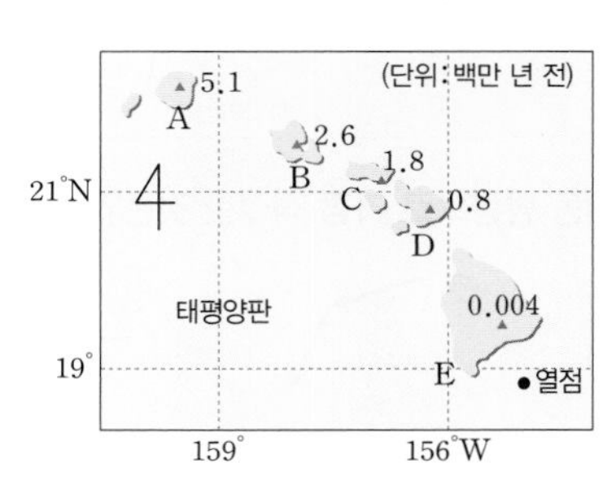

섬 A～E의 연령을 이용하여 태평양판의 이동 방향을 서술하시오.

정답과 해설 8쪽

[8589-0051]

15 그림 (가)와 (나)는 차가운 플룸이 형성되는 과정을 순서대로 나타낸 것이다.

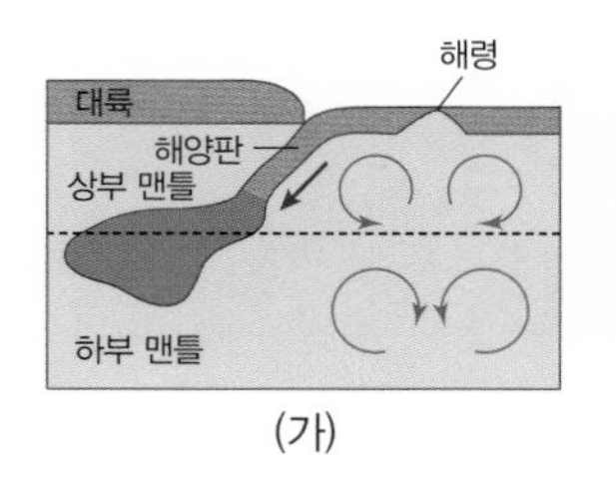

(가)

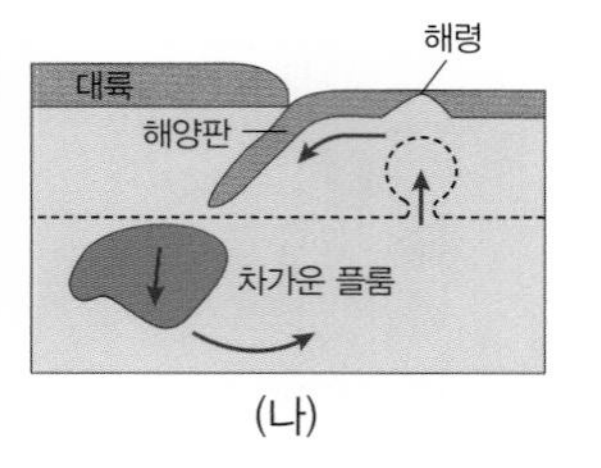

(나)

이에 대한 설명으로 옳은 것만을 〈보기〉에서 있는 대로 고른 것은?

보기
ㄱ. 차가운 플룸은 주로 수렴형 경계 부근에서 생성된다.
ㄴ. 차가운 플룸 지역은 지진파의 속도가 느릴 것이다.
ㄷ. 차가운 플룸 낙하의 영향으로 뜨거운 플룸이 생성된다.

① ㄱ ② ㄴ ③ ㄱ, ㄷ
④ ㄴ, ㄷ ⑤ ㄱ, ㄴ, ㄷ

[8589-0052]

16 그림은 하와이 열도와 그 부근의 섬의 위치와 각 섬의 나이를 나타낸 것이다.

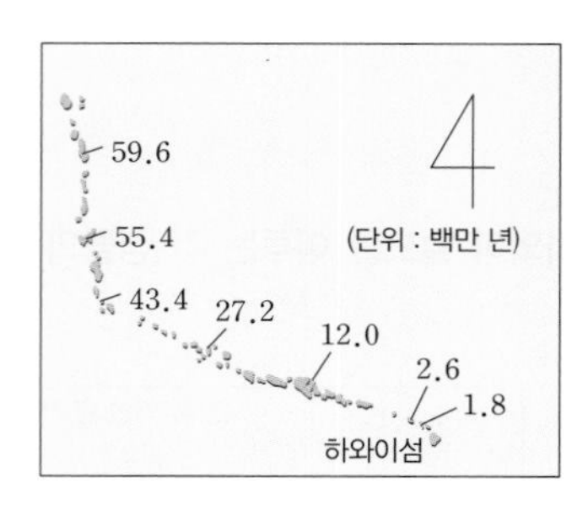

태평양판의 이동 방향으로 가장 적절한 것은?

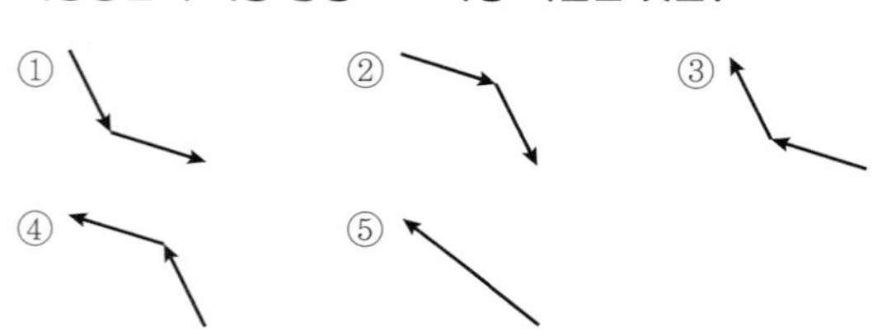

[8589-0053]

17 그림은 핵으로부터 높이에 따른 등온선의 분포를 나타낸 것이다.

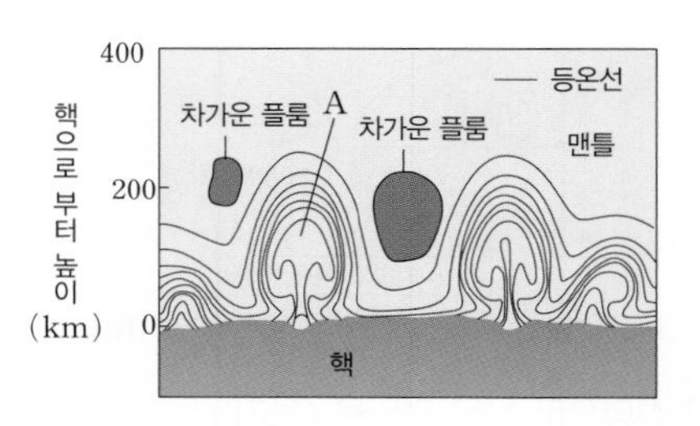

이에 대한 설명으로 옳은 것만을 〈보기〉에서 있는 대로 고른 것은?

보기
ㄱ. 핵에 가까울수록 대체로 온도가 높다.
ㄴ. A는 뜨거운 플룸이다.
ㄷ. 차가운 플룸이 맨틀과 핵의 경계까지 하강하면 A가 생성되고 상승하기 시작한다.

① ㄱ ② ㄴ ③ ㄷ
④ ㄱ, ㄴ ⑤ ㄱ, ㄴ, ㄷ

[8589-0054]

18 그림은 어느 지역의 깊이에 따른 지진파의 속도를 나타낸 것이다. 파란색은 지진파의 속도가 빠른 곳이고, 붉은색은 지진파의 속도가 느린 곳이다.

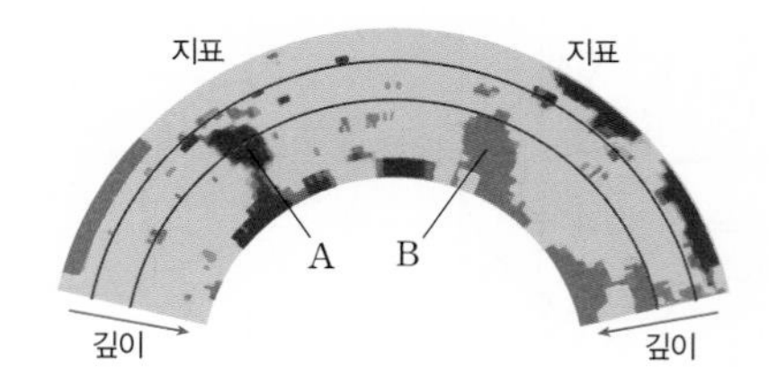

이에 대한 설명으로 옳은 것만을 〈보기〉에서 있는 대로 고른 것은?

보기
ㄱ. 밀도가 큰 지역은 지진파의 속도가 빠르다.
ㄴ. 지진파의 속도는 A가 B보다 빠르다.
ㄷ. 온도는 A가 B보다 높다.

① ㄱ ② ㄷ ③ ㄱ, ㄴ
④ ㄴ, ㄷ ⑤ ㄱ, ㄴ, ㄷ

신유형·수능 열기

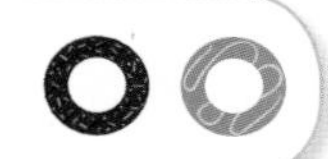

정답과 해설 11쪽

[8589-0055]

01 그림은 40°N에 위치한 어느 해령 부근의 고지자기 분포를 나타낸 것이다.

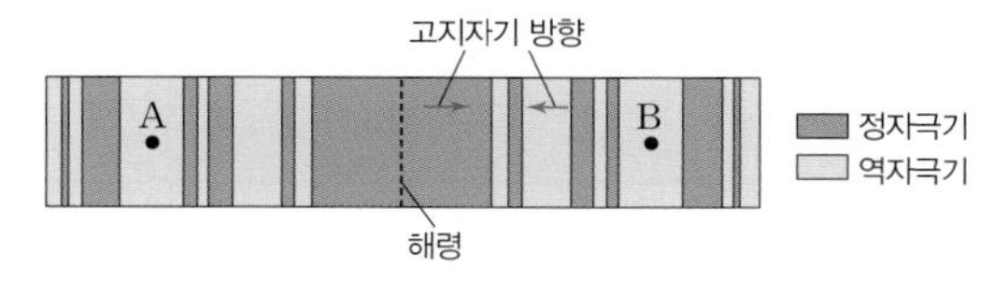

이에 대한 설명으로 옳은 것만을 <보기>에서 있는 대로 고른 것은? (단, 해령에서 A, B까지의 거리는 서로 같다.)

보기
ㄱ. A에서 고지자기 방향은 현재 자기장의 방향과 반대이다.
ㄴ. 고지자기 복각은 B가 A보다 크다.
ㄷ. A와 B의 이동 방향은 서로 같다.

① ㄱ ② ㄴ ③ ㄷ
④ ㄱ, ㄴ ⑤ ㄱ, ㄷ

[8589-0056]

02 그림은 플룸 구조론의 모식도를 나타낸 것이다.

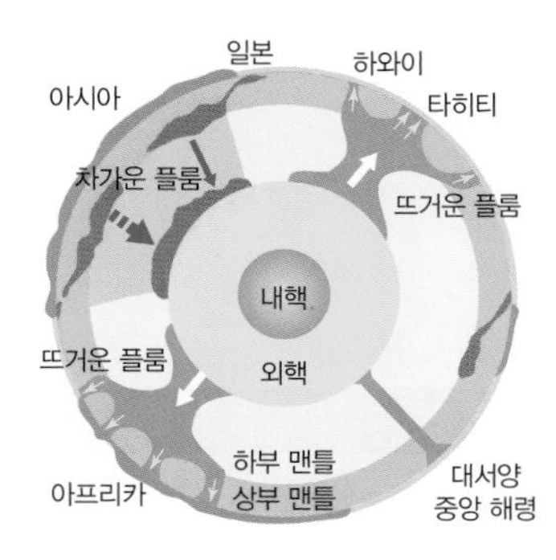

이에 대한 설명으로 옳은 것만을 <보기>에서 있는 대로 고른 것은?

보기
ㄱ. 플룸의 상승과 하강은 맨틀 전체에서 발생한다.
ㄴ. 뜨거운 플룸은 주변보다 지진파의 속도가 빠르다.
ㄷ. 하와이의 열점은 뜨거운 플룸의 상승으로 설명할 수 있다.

① ㄱ ② ㄴ ③ ㄷ
④ ㄱ, ㄷ ⑤ ㄴ, ㄷ

[8589-0057]

03 그림은 맨틀 대류에 의해 인도 대륙과 유라시아 대륙이 충돌하는 과정을 나타낸 것이다.

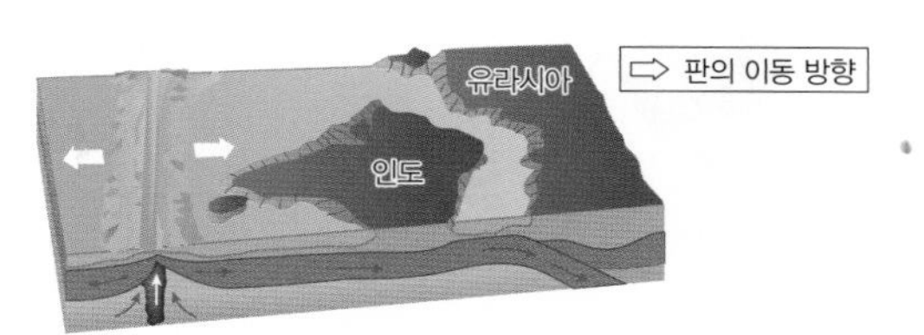

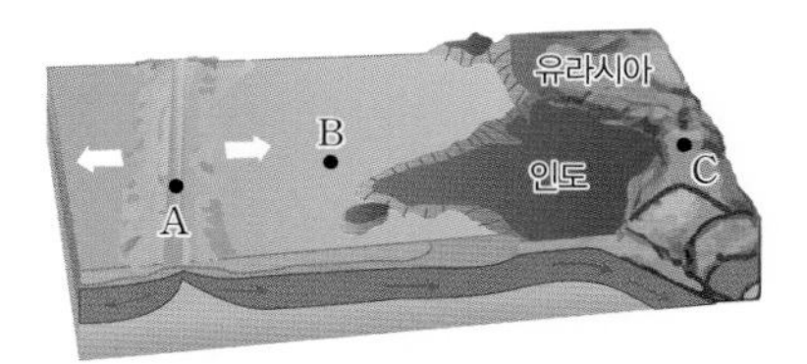

이에 대한 설명으로 옳은 것만을 <보기>에서 있는 대로 고른 것은?

보기
ㄱ. A는 맨틀 대류의 상승부에 위치하여 해령이 발달한다.
ㄴ. C에서는 해양 생물의 화석이 발견될 수 있다.
ㄷ. 해양 지각의 나이는 A보다 B가 많다.

① ㄱ ② ㄴ ③ ㄱ, ㄷ ④ ㄴ, ㄷ ⑤ ㄱ, ㄴ, ㄷ

[8589-0058]

04 그림은 맨틀의 온도 분포를 나타낸 것이다. A와 B는 각각 뜨거운 플룸과 차가운 플룸 중 하나이다. 이에 대한 설명으로 옳은 것만을 <보기>에서 있는 대로 고른 것은? (단, 흰색 부분이 고온이고, 청색 부분이 저온이다.)

보기
ㄱ. A는 주변보다 밀도가 크다.
ㄴ. B는 맨틀과 핵의 경계까지 하강한다.
ㄷ. 해구에서 섭입하는 물질에 의해 생성되는 플룸은 A이다.

① ㄱ ② ㄴ ③ ㄷ ④ ㄱ, ㄴ ⑤ ㄴ, ㄷ

3 마그마의 생성과 화성암

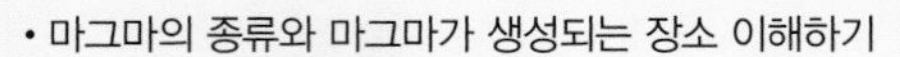

- 마그마의 종류와 마그마가 생성되는 장소 이해하기
- 화성암의 종류와 특징 이해하기

한눈에 단원 파악, 이것이 핵심!

마그마의 종류에 따른 생성 장소는 어떻게 다를까?

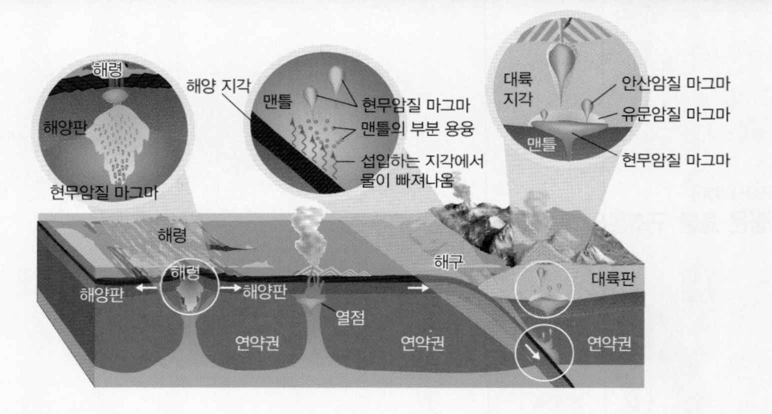

화성암의 종류는 무엇이 있을까?

조직에 의한 분류 \ 화학 조성에 의한 분류	성질: 조직	냉각 속도	염기성암	중성암	산성암
	SiO_2 함량		적다 ← 52 %	— 63 % —	→ 많다
	색		어두운색 ←	중간	→ 밝은색
	밀도		크다 ←		→ 작다
화산암	세립질 조직	빠르다	현무암	안산암	유문암
심성암	조립질 조직	느리다	반려암	섬록암	화강암

- 화산암 : 마그마나 용암이 지표 근처에서 급격히 냉각되어 생성된 암석
- 심성암 : 마그마가 지하 깊은 곳에서 천천히 냉각되어 생성된 암석
- 세립질 조직 : 암석을 이루는 광물 입자의 크기가 작은 조직
- 조립질 조직 : 암석을 이루는 광물 입자의 크기가 큰 조직

마그마의 생성

1 지진대와 화산대

(1) **지진대** : 지진이 자주 발생하는 띠 모양의 지역이다.

예 환태평양 지진대, 해령 지진대, 알프스－히말라야 지진대 등

(2) **화산대** : 화산이 밀집되어 있는 지역이다. 대표적인 화산대는 불의 고리라고 알려져 있는 환태평양 지역이다. 환태평양 지역은 전 세계 화산의 약 80 %가 밀집되어 있다.

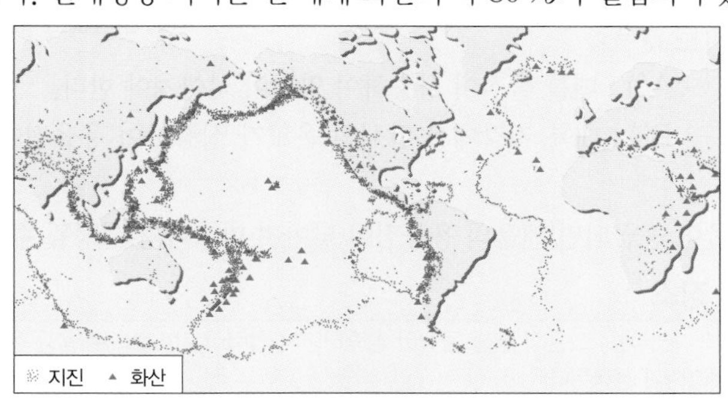

전 세계의 지진대와 화산대

2 마그마의 생성

(1) ❶**마그마의 종류** : 마그마는 구성 성분에 따라 현무암질 마그마, 안산암질 마그마, 유문암질 마그마로 분류한다.

구분	현무암질 마그마	안산암질 마그마	유문암질 마그마
SiO_2 함량	52 % 이하	52~63 %	63 % 이상
온도	높다	중간	낮다
점성	작다	중간	크다
유동성	크다	중간	작다
화산 가스의 함량	적다	중간	많다

① 현무암질 마그마가 분출하면 유동성이 크고 점성이 작기 때문에 주로 용암 대지나 ❷순상 화산이 형성된다.

② 유문암질 마그마가 분출하면 유동성이 작고 점성이 크기 때문에 주로 종상 화산이나 용암돔이 형성된다.

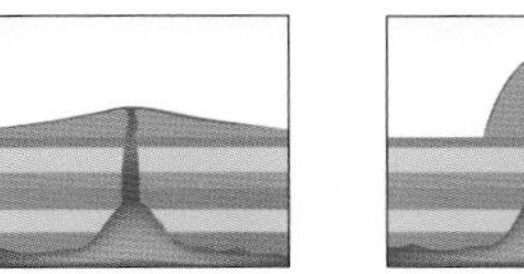

순상 화산　　종상 화산

THE 들여다보기　변동대와 순상지

- 변동대 : 지진과 화산 활동, ❸조산 운동 등 지각 변동이 활발하게 발생하는 지역으로 화산대, 조산대, 지진대 등이 이에 해당한다.
  ① 고기 변동대 : 현재는 지각 변동이 일어나지 않지만 과거에는 지각 변동이 활발했던 곳으로 과거에 형성된 습곡 산맥이 분포하는 곳이다.
  ② 신기 변동대 : 현재 지각 변동이 활발하게 발생하는 변동대로 지진대와 화산대, 조산대를 형성하는 곳이다.
- 순상지 : ❹선캄브리아 시대의 암석이 넓게 분포하고 있으며, 고생대 이후 지각 변동을 거의 받지 않아 안정한 지역을 순상지라고 한다. 순상지는 주로 대륙의 내부에 존재한다.

THE 알기

❶ 마그마
지하의 온도가 지하 물질의 용융점보다 높아서 지하 물질이 녹아 생성된 물질을 마그마라고 하며, 이 마그마가 지표로 분출하여 가스가 빠져나간 상태를 용암이라고 한다.

❷ 순상 화산
경사가 완만한 방패 모양의 화산체로 주로 유동성이 큰 현무암질 용암이 분출하여 생성된다.

❸ 조산 운동
지각이 수평 방향의 힘을 받아 대규모의 습곡 산맥을 형성하는 지각 변동을 의미한다.

❹ 선캄브리아 시대
선캄브리아 시대는 암석 속에서 화석이 거의 발견되지 않거나 원시적인 단세포 생물의 화석만이 발견되는 시기를 총칭하며, 시기상으로 약 46억 년 전부터 약 5억 4천만 년 전까지가 이에 해당한다. 선캄브리아 시대는 시생 누대, 원생 누대로 구분된다.

THE 알기

❶ **대륙 지각, 해양 지각**
대륙 지각은 주로 화강암질 암석으로 이루어져 있으며, 해양 지각은 주로 현무암질 암석으로 이루어져 있다. 현무암이 화강암보다 밀도가 크기 때문에 밀도는 해양 지각이 대륙 지각보다 크다. 맨틀은 주로 감람암질 암석으로 이루어져 있다.

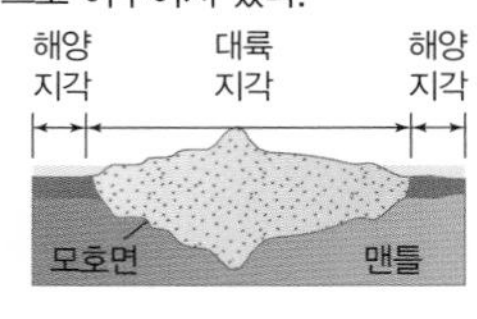

(2) 마그마의 생성

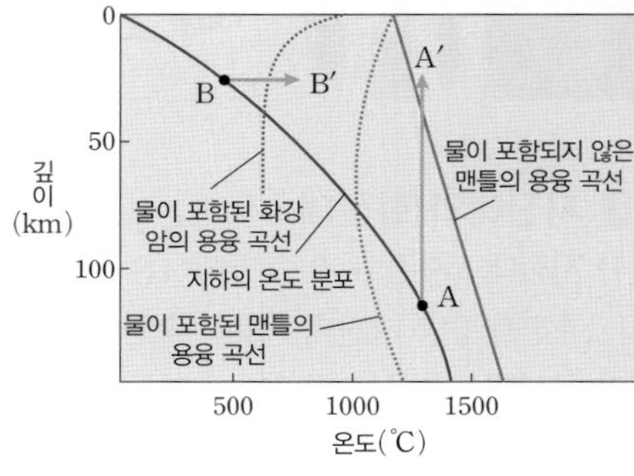

마그마의 생성 과정

① 깊이가 깊어질수록 지하의 온도는 높아지며, 맨틀의 용융점도 높아진다.

② 물이 포함된 맨틀의 용융점은 물이 포함되지 않은 맨틀의 용융점보다 낮다.

③ 지하의 온도 분포와 맨틀의 용융 곡선은 지하에서 만나지 않으므로 마그마는 자연적으로 생성되기 어렵다.

④ 마그마가 생성되는 경우

- 압력 감소(A → A′) : 맨틀 물질이 상승하여 압력이 낮아져야 한다.
- 온도 상승(B → B′) : 대륙 지각에서 암석의 온도가 상승하여 용융점에 도달하면 마그마가 생성된다.
- 물의 공급 : 물이 공급되면 맨틀의 용융점이 낮아져 마그마가 생성될 수 있다.

(3) 마그마의 생성 장소

해령 하부	해령의 하부에서 고온의 맨틀 물질이 상승하면서 압력이 감소하므로 용융 온도에 도달하여 현무암질 마그마가 생성된다.
열점	지하 깊은 곳에서 맨틀 물질의 상승으로 압력이 감소하여 현무암질 마그마가 생성된다.
섭입대 부근	판이 섭입하면서 온도와 압력이 상승하여 해양 지각에서 물이 빠져나온다. → 해양 지각에서 빠져나온 물이 연약권 속으로 들어가 암석의 용융점을 내려 부분 용융시키고 용융된 물질이 현무암질 마그마가 된다. → 이 현무암질 마그마가 상승하면서 지각 하부를 용융시켜 화강암질 마그마가 생성된다. → 이 화강암질 마그마와 현무암질 마그마가 혼합되어 안산암질 마그마가 생성된다.

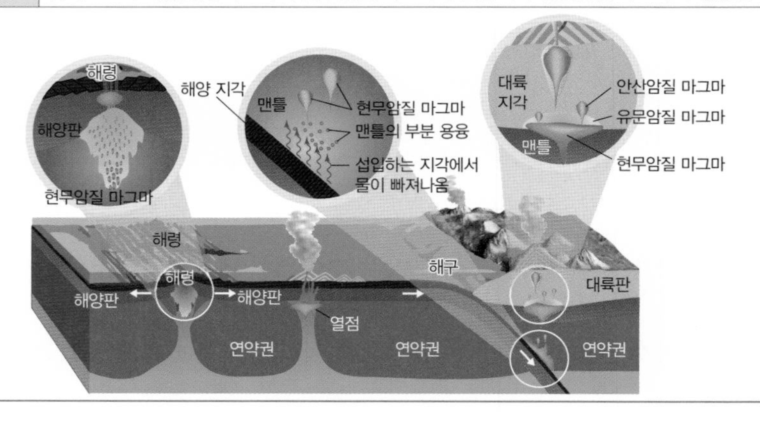

THE 들여다보기 **퇴적암**

- 퇴적암 : 풍화 · 침식으로 인한 퇴적물이 퇴적되어 만들어진 암석이다.
- 퇴적암의 생성 과정
  ① 압축 작용 : 퇴적물이 쌓이면 퇴적물의 무게에 의해 아랫부분의 퇴적물 사이의 간격이 줄어 치밀하게 다져지는 작용이다.
  ② 교결 작용 : 물에 녹아 있던 석회질 물질 등에 의해 퇴적물들이 단단히 연결되는 과정이다.
- 퇴적암의 종류 : 퇴적암의 종류는 만들어진 방식과 퇴적물의 종류에 따라 다음과 같이 분류된다.

생성 방식	퇴적암 – 퇴적물
화학적 퇴적암	암염 – NaCl, 석회암 – $CaCO_3$
유기적 퇴적암	석회암 – $CaCO_3$, 석탄 – 식물체
쇄설성 퇴적암	역암 – 자갈, 사암 – 모래, 셰일 – 진흙, 응회암 – 화산재

개념체크

○X 문제

1. 마그마의 종류에 대한 설명으로 옳은 것은 ○, 옳지 않은 것은 ×로 표시하시오.

(1) 현무암질 마그마는 SiO_2 함량이 63 % 이상이다. (　　)

(2) 해령에서는 주로 화강암질 마그마가 분출된다. (　　)

(3) 점성은 유문암질 마그마가 현무암질 마그마보다 크다. (　　)

(4) 현무암질 마그마는 화산 가스의 양이 많다. (　　)

(5) 안산암질 마그마는 SiO_2 함량이 52 % 이하이다. (　　)

2. 지진대와 화산대에 대한 설명으로 옳은 것은 ○, 옳지 않은 것은 ×로 표시하시오.

(1) 태평양에서 지진대는 주로 태평양의 주변에 위치한다. (　　)

(2) 지진대와 화산대의 위치는 대체로 일치한다. (　　)

(3) 전 세계 화산의 약 80 %가 밀집한 화산대는 환태평양 화산대이다. (　　)

바르게 연결하기

3. 마그마가 생성되는 장소와 마그마의 종류를 바르게 연결하시오.

(1) 해령 하부 • 　　　• ㉠ 현무암질 마그마

(2) 열점 • 　　　• ㉡ 안산암질 마그마

(3) 섭입대 부근 • 　　　• ㉢ 화강암질 마그마

4. 대륙 지각과 해양 지각을 구성하는 암석을 바르게 연결하시오.

(1) 대륙 지각 • 　　　• ㉠ 화강암질 암석

(2) 해양 지각 • 　　　• ㉡ 현무암질 암석

정답 1. (1) × (2) × (3) ○ (4) × (5) × 2. (1) ○ (2) ○ (3) ○ 3. (1) ㉠ (2) ㉠ (3) ㉠, ㉡, ㉢ 4. (1) ㉠ (2) ㉡

빈칸 완성

1. 지진이나 화산 활동 등 지각 변동이나 조산 운동이 활발하게 발생하는 지역을 (　　　)라고 한다.

2. 지진이 자주 발생하는 지역을 ① (　　　), 화산이 밀집되어 있는 지역을 ② (　　　)라고 한다.

3. 현무암질 마그마가 분출하면 주로 ① (　　　) 화산이 생성되고, 유문암질 마그마가 분출하면 주로 ② (　　　) 화산이 생성된다.

4. 물이 포함된 화강암의 용융 온도는 물이 포함된 맨틀 물질의 용융 온도보다 (　　　).

단답형 문제

5. 선캄브리아 시대의 암석이 분포하고 있으며, 고생대 이후 지각 변동을 거의 받지 않아 안정한 지역을 무엇이라고 하는지 쓰시오.

6. 태평양 주변에 위치한 화산대로서 전 세계 화산의 약 80 %가 위치한 화산대를 쓰시오.

7. 지하 온도가 지하 물질의 용융 온도보다 높아 지하 물질이 녹아서 생성된 물질을 무엇이라고 하는지 쓰시오.

정답 1. 변동대 2. ① 지진대 ② 화산대 3. ① 순상 ② 종상 4. 낮다 5. 순상지 6. 환태평양 화산대 7. 마그마

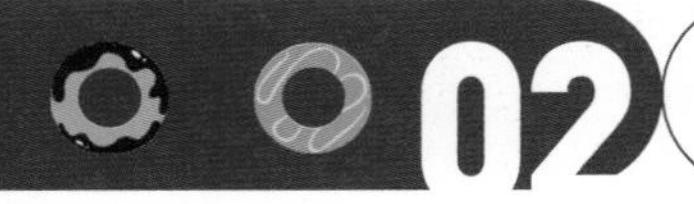

화성암과 우리나라의 화성암 지형

❶ 사장석
규산염 광물의 일종이며 칼슘, 나트륨 두 가지 성분이 여러 가지 비율로 섞인 광물이다.

❷ 반정과 석기
반정은 화성암에서 세립질의 석기 속에 있는 큰 결정으로 마그마가 서서히 냉각될 때 생성된다. 석기는 입자의 크기가 작은 결정으로 반정을 둘러싸고 있으며, 마그마가 급격히 냉각되어 생성된다. 반정과 석기로 이루어진 조직을 반상 조직이라고 하고, 이러한 반상 조직을 갖는 암석을 반암이라고 한다.

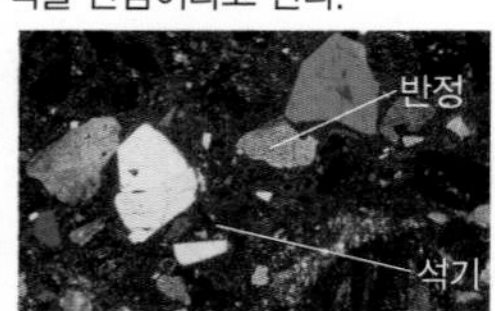

1 화성암

용암이나 마그마가 냉각되어 만들어진 암석이다.

(1) 화성암의 조직 : 마그마의 냉각 속도에 따라 광물 입자의 크기가 달라진다.

세립질 조직	• 암석을 이루는 광물 입자의 크기가 작은 조직이다. • 마그마가 급격히 냉각되었을 때 만들어진다.
유리질 조직	마그마가 지표 근처에서 급격히 냉각되어 결정을 형성하지 못한 조직이다.
조립질 조직	• 암석을 이루는 광물 입자의 크기가 큰 조직이다. • 마그마가 지하에서 천천히 냉각되었을 때 만들어진다.

(2) 화성암의 분류

화학 조성에 따른 분류		
염기성암	중성암	산성암
• SiO_2 함량이 52 % 이하인 현무암질 마그마가 냉각되어 만들어진다. • 감람석, 휘석, 각섬석과 같은 어두운색 광물이 많아 어두운색을 띤다.	SiO_2 함량이 52~63 %인 안산암질 마그마가 냉각되어 만들어진다.	• SiO_2 함량이 63% 이상인 유문암질 마그마가 냉각되어 만들어진다. • ❶사장석, 정장석, 석영과 같은 밝은색 광물이 많아 밝은색을 띤다.
생성 장소에 따른 분류		
화산암	반심성암	심성암
• 마그마가 지표로 분출하여 급격히 냉각되어 만들어진다. • 마그마가 급격히 냉각되므로 결정이 성장하지 못하여 결정의 크기가 작은 세립질 조직을 이룬다.	• 마그마가 지표 근처에서 냉각되어 만들어진다. • ❷반정과 석기로 이루어진 반상 조직이 나타난다.	• 마그마가 지하 깊은 곳에서 천천히 냉각되어 만들어진다. • 마그마가 천천히 냉각되므로 결정이 크게 성장하여 조립질 조직을 이룬다.

화학 조성에 의한 분류 / 조직에 의한 분류		성질	염기성암	중성암	산성암
		SiO_2 함량	적다 ← 52 %	63 %	→ 많다
		색	어두운색 ←	중간	→ 밝은색
	조직	냉각 속도 / 밀도	크다 ←		→ 작다
화산암	세립질 조직	빠르다	현무암	안산암	유문암
심성암	조립질 조직	느리다	반려암	섬록암	화강암

조암 광물의 부피비(%)
□ 무색(밝은색) 광물
□ 유색(어두운색) 광물
80, 60, 40, 20
감람석, 휘석, 사장석, 흑운모, 각섬석, 석영, 정장석

THE 들여다보기 변성암

• 변성암 : 변성암은 기존의 암석이 열과 압력에 의한 변성 작용으로 만들어진 암석이다.
• 변성 작용
① 접촉 변성 작용 : 주로 마그마의 관입에 의해 일어나는 변성 작용으로 열에 의해 발생한다.
 - 혼펠스 조직 : 입자의 방향성이 없으며, 치밀하고 균질하게 이루어진 조직이다.
 - 입상 변정질 조직 : 크기가 비슷하고 비교적 굵은 광물로 이루어진 조직이다.
② 광역 변성 작용 : 조산 운동과 같이 대규모 지각 변동에 의해 일어나는 변성 작용으로 열과 압력에 의해 발생한다. 광역 변성 작용을 받으면 기존의 암석을 이루는 광물 입자가 재배열되어 엽리 구조가 나타난다.

2 우리나라의 화성암 지형

현무암은 주로 제주도, 강원도 철원 일대에서 산출된다. 화강암은 주로 북한산, 설악산 등에서 산출된다.

구분	지역	특징
현무암 지형	제주도	• 신생대에 형성된 화산섬으로 여러 차례의 격렬한 화산 활동으로 용암이 분출하여 이루어진 현무암과 화산 분출로 인해 방출된 화산 쇄설물로 이루어진 응회암, 육각 기둥 모양의 ❶주상 절리가 나타난다. • 한라산은 화산체의 경사가 완만한 순상 화산의 형태를 이루고 있다. 또한 유동성이 큰 용암이 흐를 때 발생한 용암이 빠져나가서 생성된 용암 동굴도 있다. 한라산 / 지삿개 주상 절리
	강원도 철원 지역	신생대 시기인 약 27만 년 전에 분출한 현무암질 용암이 철원 일대를 덮어 용암 대지를 형성하였다. 이 지역에 있는 한탄강에서는 현무암질 용암에 의해 형성된 베개 용암, 주상 절리 등이 많이 발견된다.
화강암 지형	북한산	• 중생대 시기인 약 1억 8천만 년 전~1억 6천만 년 전에 지하 깊은 곳에서 화강암질 마그마가 냉각되어 형성되었다. • 오랜 시간이 지나면서 화강암을 덮고 있던 상부의 암석이 풍화와 침식 작용으로 깎여 나갔고, 화강암체를 누르던 압력이 감소하고 화강암체가 서서히 융기하여 지표에 노출되었다. • 산 정상 부근에는 압력 감소로 인해 생성된 ❷판상 절리가 관찰된다.
	설악산	약 1억 2천만 년 전 중생대 지하 깊은 곳에서 형성된 화강암이 상부 지층의 침식 작용으로 융기하여 지표에 노출되었다.
		북한산 / 설악산

THE 알기

❶ 주상 절리
주상 절리는 주로 용암이 급격하게 냉각될 때 기둥 모양으로 형성되는 절리로, 현무암 등 화산암에서 주로 나타난다.

❷ 판상 절리
판상 절리는 지하 깊은 곳에서 생성된 암석이 지표 부근으로 융기하면서 압력의 감소로 인해 얇은 판 모양으로 갈라져 형성되는 절리로 주로 화강암 등 심성암에서 나타난다.

THE 들여다보기 우리나라의 퇴적암 지형, 변성암 지형

• 퇴적암 지형
① 진안 마이산 : 중생대에 생성된 퇴적암으로 이루어진 산으로 주로 역암으로 이루어져 있으며, 산의 표면에 풍화 작용으로 형성된 벌집 모양의 타포니가 발달해 있다.
② 태백 구문소 : 고생대에 생성된 석회암 지형으로 삼엽충, 완족류 화석이 많이 산출되며, 연흔이나 건열 등의 퇴적 구조가 나타난다.

• 변성암 지형
① 인천 대이작도 : 약 25억 년 전에 형성된 변성암으로 되어 있으며, 우리나라에서 가장 오래된 암석이 분포한다.
② 전북 고군산군도 : 사암층이 변성된 규암으로 이루어져 있으며, 규암층이 횡압력을 받아 습곡 구조를 이루고 있다.

마이산

대이작도

개념체크

○X 문제

1. 화성암에 대한 설명으로 옳은 것은 ○, 옳지 않은 것은 ×로 표시하시오.

(1) 현무암은 세립질 조직이다. ( )
(2) 화강암은 심성암이다. ( )
(3) 제주도 한라산은 주로 화강암으로 이루어져 있다. ( )
(4) 주상 절리는 주로 화강암에서 나타난다. ( )
(5) 북한산의 화강암은 화강암질 마그마가 냉각되어 형성되었다. ( )
(6) 밀도는 반려암이 화강암보다 크다. ( )
(7) 암석의 밝기는 현무암이 유문암보다 밝다. ( )
(8) SiO_2 함량은 현무암이 화강암보다 많다. ( )
(9) 광물 입자의 크기는 유문암이 화강암보다 작다. ( )

바르게 연결하기

2. 화성암과 화성암의 종류를 바르게 연결하시오.

(1)	현무암	㉠	산성암
(2)	안산암	㉡	염기성암
(3)	화강암	㉢	중성암

3. 우리나라의 지역과 그 지역을 이루는 주된 암석을 바르게 연결하시오.

(1)	설악산	㉠	현무암
(2)	철원 한탄강	㉡	화강암

정답 1. (1) ○ (2) ○ (3) × (4) × (5) ○ (6) ○ (7) × (8) × (9) ○ 2. (1) ㉡ (2) ㉢ (3) ㉠ 3. (1) ㉡ (2) ㉠

빈칸 완성

1. 화성암은 화학 조성에 따라 SiO_2 함량이 52 % 이하인 암석을 ① ( ), 52~63 %인 암석을 ② ( ), 63 % 이상인 암석을 ③ ( )이라고 한다.

2. 화성암은 생성 장소에 따라 지표에서 생성된 암석을 ① ( ), 지하 깊은 곳에서 생성된 암석을 ② ( )이라고 한다.

3. 심성암은 마그마가 천천히 냉각되어 만들어진 암석으로 ( )질 조직을 갖는다.

4. 반심성암은 ① ( )과 ② ( )로 이루어진 반상 조직을 갖는다.

5. 강원도 철원 지역에 주로 분포하는 화성암은 ① ( )이고, 설악산의 정상부는 주로 ② ( )으로 이루어져 있다.

둘 중에 고르기

6. 마그마의 냉각 속도가 빠를수록 ① (세립, 조립)질 조직을, 마그마의 냉각 속도가 느릴수록 ② (세립, 조립)질 조직을 갖는다.

7. SiO_2 함량이 많을수록 (밝은, 어두운)색 광물의 함량이 많다.

8. 화산암은 마그마가 (천천히, 급격히) 냉각되어 만들어진 암석이다.

단답형 문제

9. 마그마나 용암이 냉각되어 만들어진 암석을 무엇이라고 하는지 쓰시오.

10. 제주도의 현무암은 주로 어느 지질 시대에 생성된 것인지 쓰시오.

11. 화성암 중 화산암 3가지를 쓰시오.

정답 1. ① 염기성암 ② 중성암 ③ 산성암 2. ① 화산암 ② 심성암 3. 조립 4. ① 반정 ② 석기 5. ① 현무암 ② 화강암 6. ① 세립 ② 조립 7. 밝은 8. 급격히 9. 화성암 10. 신생대 11. 현무암, 안산암, 유문암

화성암의 분류

정답과 해설 11쪽

목표

화성암의 특징을 이용하여 화성암을 분류할 수 있다.

과정

표는 여러 화성암들을 편광 현미경으로 관찰한 모습과 주요 조암 광물을 나타낸 것이다.(단, 편광 현미경의 배율은 모두 같다.)

암석	A	B	C
편광 현미경으로 관찰한 모습			
주요 조암 광물	감람석, 휘석, 사장석	정장석, 석영, 사장석, 흑운모	감람석, 휘석, 사장석

암석 A~C가 어떤 화성암인지 분류하시오.

결과 정리 및 해석

화성암은 조직과 SiO_2 함량에 따라 다음과 같이 분류할 수 있다. 화산암은 지표 근처에서 마그마나 용암이 급격히 냉각되어 생성된 암석으로 광물 입자의 크기가 작다. 심성암은 지하 깊은 곳에서 마그마가 천천히 냉각되어 생성된 암석으로 광물 입자의 크기가 크다. 또한 SiO_2 함량이 52 % 이하, 52~63 %, 63 % 이상의 암석으로 분류할 수 있다. 또한 조암 광물의 부피비에 따라 암석의 밝기가 달라진다.

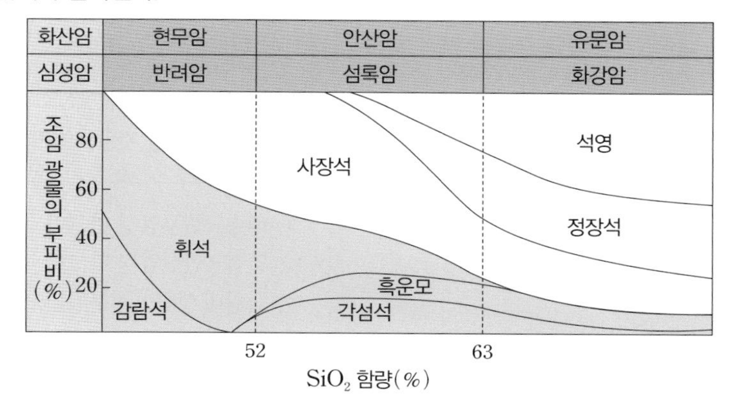

암석 A는 광물 입자의 크기가 작고, 유색 광물인 감람석, 휘석이 많고 무색 광물인 사장석으로 이루어져 있으므로 현무암이다. 암석 B는 광물 입자의 크기가 크고, 무색 광물인 정장석, 석영, 사장석이 많고 유색 광물인 흑운모로 이루어져 있으므로 화강암이다. 암석 C는 광물 입자의 크기가 크고, 유색 광물인 감람석과 휘석, 무색 광물인 사장석으로 이루어져 있으므로 반려암이다.

탐구 분석

1. 암석 A~C에 발달한 조직을 설명하시오.
2. 암석 A~C를 화산암과 심성암으로 구분하시오.

내신 기초 문제

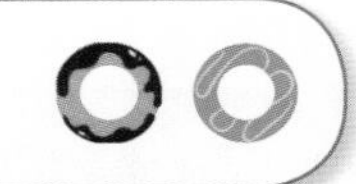

정답과 해설 11쪽

[8589-0059]

01 지진이 자주 발생하는 지역을 지진대라고 한다. 대표적인 지진대 3곳을 쓰시오.

[8589-0060]

02 그림은 현무암질 마그마와 유문암질 마그마를 특징에 따라 구분한 것이다.

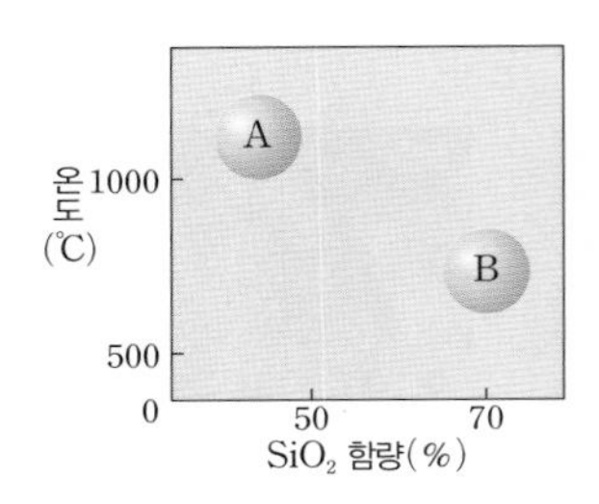

이에 대한 설명으로 옳은 것만을 〈보기〉에서 있는 대로 고른 것은?

보기

ㄱ. A는 현무암질 마그마이다.
ㄴ. 유동성은 A가 B보다 크다.
ㄷ. 화산 가스의 양은 A가 B보다 적다.

① ㄱ ② ㄷ ③ ㄱ, ㄴ
④ ㄴ, ㄷ ⑤ ㄱ, ㄴ, ㄷ

[8589-0061]

03 화성암의 종류와 이에 해당하는 암석을 옳게 짝 지은 것은?

① 화산암 – 현무암 ② 화산암 – 반려암
③ 심성암 – 안산암 ④ 염기성암 – 섬록암
⑤ 중성암 – 유문암

[8589-0062]

04 화강암과 비교한 현무암의 특징으로 옳은 것을 〈보기〉에서 고른 것은?

보기

ㄱ. 암석의 색이 밝다.
ㄴ. 밀도가 크다.
ㄷ. 구성 광물 입자의 크기가 크다.
ㄹ. 감람석과 휘석의 함량이 많다.

① ㄱ, ㄴ ② ㄱ, ㄷ ③ ㄴ, ㄷ
④ ㄴ, ㄹ ⑤ ㄷ, ㄹ

[8589-0063]

05 그림은 지하의 온도 분포와 맨틀의 용융 곡선 A, B를 나타낸 것이다. A와 B는 물을 포함한 맨틀과 물을 포함하지 않은 맨틀 중 각각 하나이다.

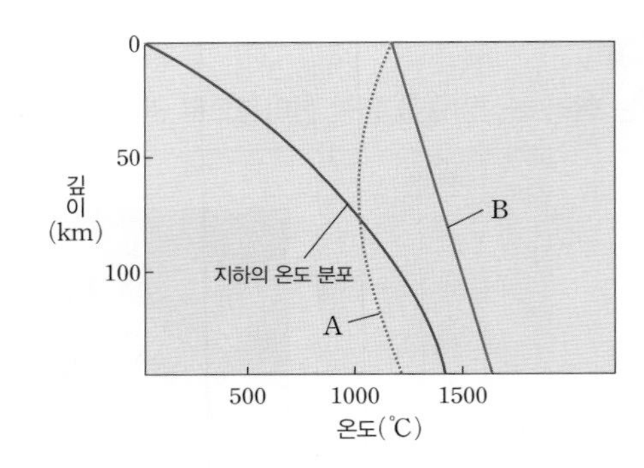

A와 B를 물을 포함한 맨틀과 물을 포함하지 않은 맨틀로 각각 구분하시오.

[8589-0064]

06 마그마가 생성되는 장소와 그곳에서 생성되는 마그마의 종류를 옳게 연결한 것만을 〈보기〉에서 있는 대로 고른 것은?

보기

ㄱ. 해령 – 현무암질 마그마
ㄴ. 열점 – 안산암질 마그마
ㄷ. 섭입대 부근 – 현무암질, 안산암질, 화강암질 마그마

① ㄱ ② ㄴ ③ ㄱ, ㄷ
④ ㄴ, ㄷ ⑤ ㄱ, ㄴ, ㄷ

[8589-0065]

07 우리나라의 대표적인 화산섬으로 신생대에 대규모 화산 활동으로 인해 생성된 섬은 무엇인지 쓰시오.

실력 향상 문제

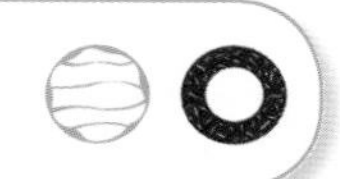

정답과 해설 12쪽

[8589-0066]

01 그림은 전 세계의 지진대와 화산대의 위치를 나타낸 것이다.

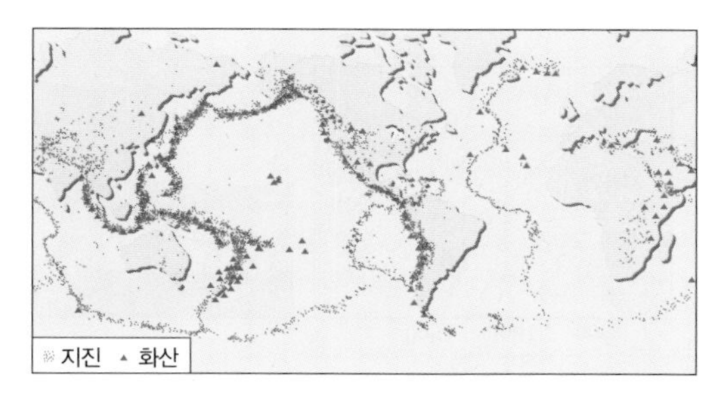

이에 대한 설명으로 옳은 것만을 〈보기〉에서 있는 대로 고른 것은?

보기
ㄱ. 지진은 주로 대륙의 중앙에서 발생한다.
ㄴ. 지진이 발생하는 곳에는 항상 화산 활동이 활발하다.
ㄷ. 화산대와 지진대의 위치는 판의 경계와 대체로 일치한다.

① ㄱ　② ㄷ　③ ㄱ, ㄴ　④ ㄴ, ㄷ　⑤ ㄱ, ㄴ, ㄷ

[8589-0067]

02 그림은 전 세계의 주요 지진대 A~C를 나타낸 것이다.

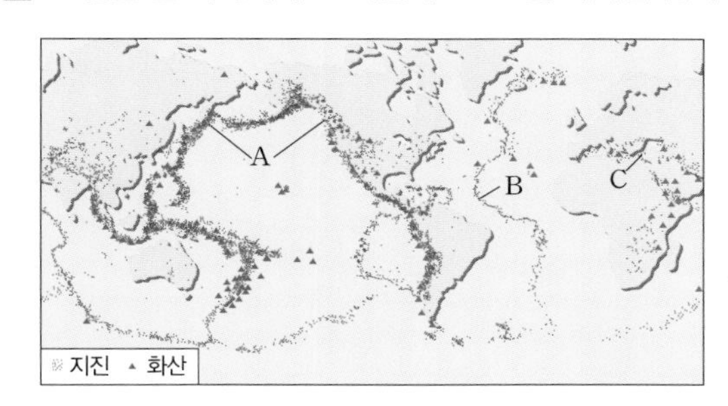

이에 대한 설명으로 옳은 것만을 〈보기〉에서 있는 대로 고른 것은?

보기
ㄱ. A는 환태평양 지진대이다.
ㄴ. B는 발산형 경계에 위치한 지진대이다.
ㄷ. A~C 중 화산 활동이 가장 활발한 곳은 C이다.

① ㄱ　② ㄷ　③ ㄱ, ㄴ　④ ㄴ, ㄷ　⑤ ㄱ, ㄴ, ㄷ

서술형

[8589-0068]

03 지진대와 화산대의 위치는 대체로 판의 경계와 일치한다. 그 이유를 서술하시오.

[8589-0069]

04 그림은 지하의 온도 분포와 암석의 용융 온도를 나타낸 것이다.

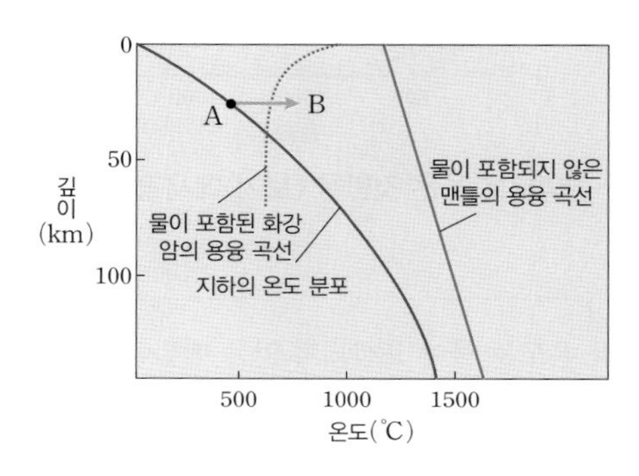

이에 대한 설명으로 옳은 것만을 〈보기〉에서 있는 대로 고른 것은?

보기
ㄱ. 지구 내부로 갈수록 지하의 온도는 상승한다.
ㄴ. 압력이 증가하면 물이 포함된 화강암의 용융 온도는 낮아진다.
ㄷ. 해령에서는 A → B의 과정으로 마그마가 생성된다.

① ㄱ　② ㄷ　③ ㄱ, ㄴ　④ ㄴ, ㄷ　⑤ ㄱ, ㄴ, ㄷ

서술형

[8589-0070]

05 그림은 섭입대 부근의 단면을 나타낸 것이다.

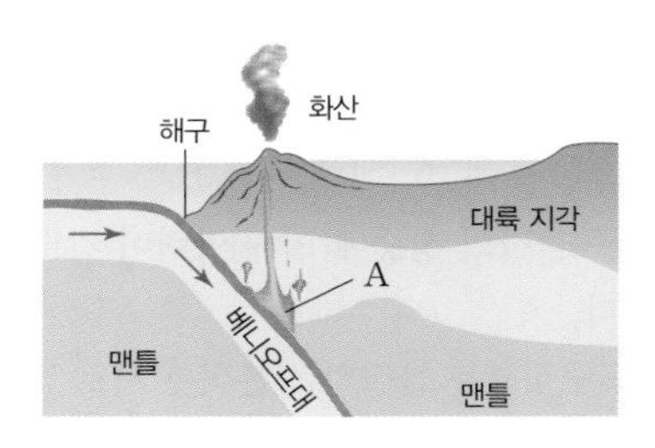

A에서 마그마가 생성되는 과정을 서술하시오.

[8589-0071]

06 그림은 지구 내부에서 깊이에 따른 암석의 용융 곡선을 나타낸 것이다.

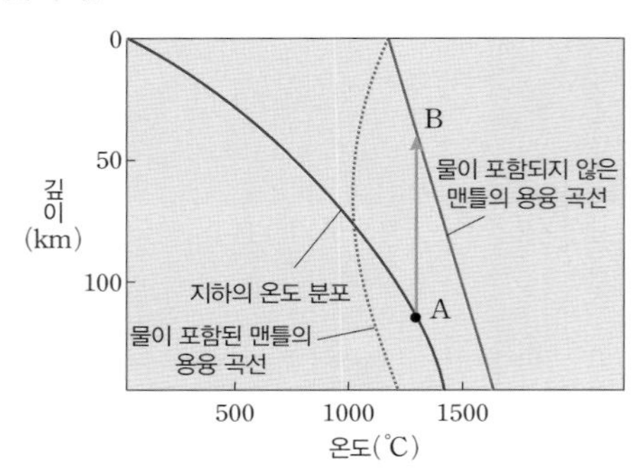

이에 대한 설명으로 옳은 것만을 〈보기〉에서 있는 대로 고른 것은?

> 보기
> ㄱ. 용융 온도는 물이 포함되지 않은 맨틀이 물이 포함된 맨틀보다 높다.
> ㄴ. 압력이 증가하면 물이 포함되지 않은 맨틀의 용융 온도는 증가한다.
> ㄷ. 해령 하부에서는 A → B 과정에 의해 마그마가 생성된다.

① ㄱ ② ㄷ ③ ㄱ, ㄴ ④ ㄴ, ㄷ ⑤ ㄱ, ㄴ, ㄷ

[8589-0072]

07 그림은 서로 다른 장소에서 생성된 마그마 A~C를 나타낸 것이다.

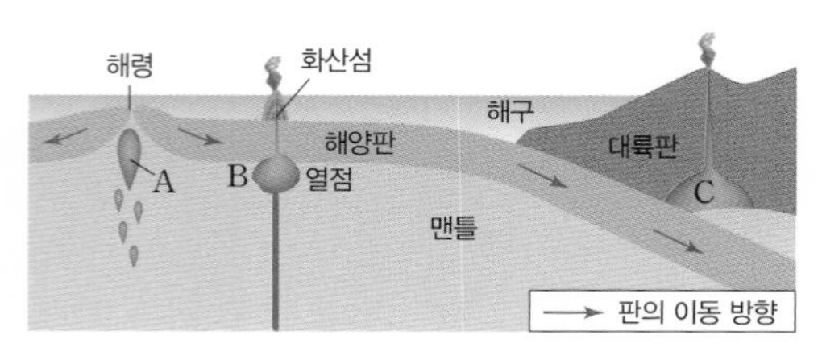

이에 대한 설명으로 옳은 것만을 〈보기〉에서 있는 대로 고른 것은?

> 보기
> ㄱ. A는 현무암질 마그마이다.
> ㄴ. B는 맨틀 물질의 상승에 의해 압력이 감소하여 생성된 것이다.
> ㄷ. A~C를 구성하는 물질의 성분비는 서로 같다.

① ㄱ ② ㄷ ③ ㄱ, ㄴ ④ ㄴ, ㄷ ⑤ ㄱ, ㄴ, ㄷ

[8589-0073]

08 그림 (가)는 지하의 온도 분포와 암석의 용융 곡선을, (나)는 마그마가 분출하는 어느 지역의 단면을 나타낸 것이다.

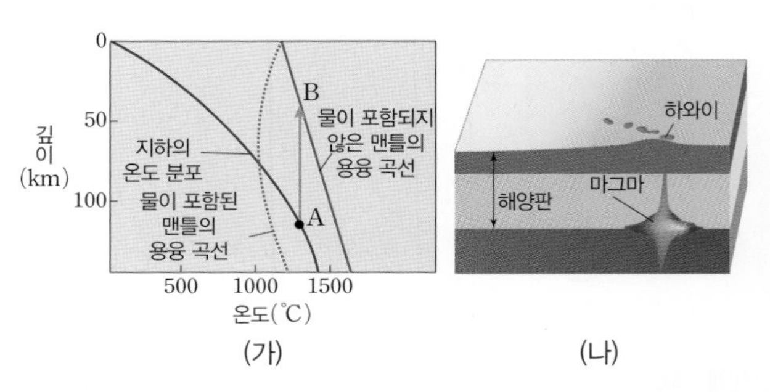

(가) (나)

이에 대한 설명으로 옳은 것만을 〈보기〉에서 있는 대로 고른 것은?

> 보기
> ㄱ. (가)에서 물은 암석의 용융점을 낮추는 역할을 한다.
> ㄴ. (나)는 판의 경계 지역에 위치한다.
> ㄷ. (나)의 마그마는 A → B 과정에 의해 생성된다.

① ㄱ ② ㄴ ③ ㄱ, ㄷ
④ ㄴ, ㄷ ⑤ ㄱ, ㄴ, ㄷ

[8589-0074]

09 현무암질 마그마와 유문암질 마그마의 특징을 비교한 것으로 옳지 않은 것은?

	현무암질 마그마	유문암질 마그마
① SiO_2 함량	적다	많다
② 온도	높다	낮다
③ 점성	크다	작다
④ 유동성	크다	작다
⑤ 화산 가스의 양	적다	많다

서술형
[8589-0075]
10 그림 (가)와 (나)는 서로 다른 화산의 모습을 나타낸 것이다.

(가)

(나)

(가)와 (나)를 이루는 마그마의 점성과 온도를 비교하여 서술하시오.

[8589-0076]
11 화성암 중 산성암과 염기성암의 특징을 비교한 것으로 옳은 것만을 〈보기〉에서 있는 대로 고른 것은?

보기
ㄱ. 밀도는 염기성암이 산성암보다 크다.
ㄴ. 암석의 색은 산성암이 염기성암보다 밝다.
ㄷ. SiO_2 함량은 산성암이 염기성암보다 많다.

① ㄱ ② ㄴ ③ ㄱ, ㄷ
④ ㄴ, ㄷ ⑤ ㄱ, ㄴ, ㄷ

[8589-0077]
12 다음은 어느 화성암에 대한 설명이다.

전체적으로 어두운색을 띠고 있으며 구성 광물 입자의 크기가 커서 눈에 보일 정도이다.

이 암석에 대한 설명으로 옳은 것만을 〈보기〉에서 있는 대로 고른 것은?

보기
ㄱ. 화석이 산출될 수 있다.
ㄴ. 지하 깊은 곳에서 생성된 암석이다.
ㄷ. 기존 암석이 높은 열과 압력을 받아 생성되었다.

① ㄱ ② ㄴ ③ ㄱ, ㄷ ④ ㄴ, ㄷ ⑤ ㄱ, ㄴ, ㄷ

[8589-0078]
13 그림은 화성암의 종류와 화성암을 구성하는 조암 광물의 부피비를 나타낸 것이다.

화산암	현무암	안산암	유문암
심성암	반려암	섬록암	화강암

조암 광물의 부피비(%)
80
60
40
20
사장석
석영
정장석
휘석
흑운모
각섬석
감람석
52
63
SiO 함량(%)

이를 이용하여 다음 설명에 해당하는 암석을 옳게 짝 지은 것은?

• 암석의 SiO_2 함량은 69.5 %이다.
• 주요 구성 광물은 정장석, 석영, 사장석이다.

① 현무암, 반려암 ② 안산암, 섬록암
③ 유문암, 화강암 ④ 현무암, 안산암
⑤ 반려암, 유문암

[8589-0079]
14 그림은 화성암을 구분하는 과정을 나타낸 것이다.

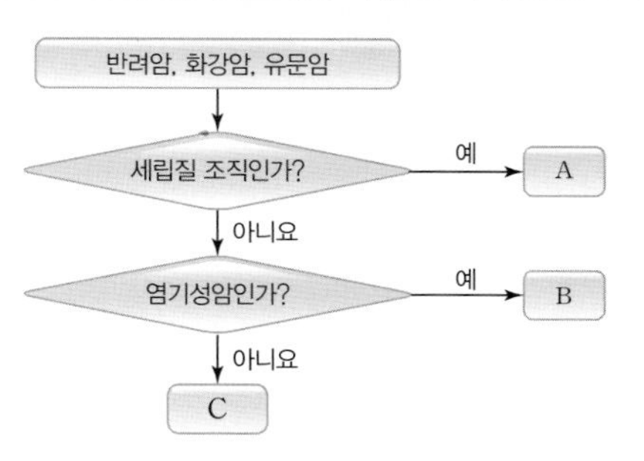

A~C에 해당하는 것으로 옳게 짝 지은 것은?

	A	B	C
①	반려암	유문암	화강암
②	반려암	화강암	유문암
③	유문암	반려암	화강암
④	유문암	화강암	반려암
⑤	화강암	반려암	유문암

[8589-0080]
15 **그림은 화강암과 반려암을 순서 없이 나타낸 것이다.**

(가) (나)

이에 대한 설명으로 옳은 것만을 〈보기〉에서 있는 대로 고른 것은?

보기
ㄱ. 어두운색 광물의 함량은 (가)가 (나)보다 많다.
ㄴ. (가)는 반려암이다.
ㄷ. (가)와 (나)는 마그마가 지하 깊은 곳에서 천천히 냉각되어 생성된 암석이다.

① ㄱ ② ㄴ ③ ㄱ, ㄷ ④ ㄴ, ㄷ ⑤ ㄱ, ㄴ, ㄷ

[8589-0081]
16 **다음은 어느 지역을 탐사한 후 작성한 보고서의 일부이다.**

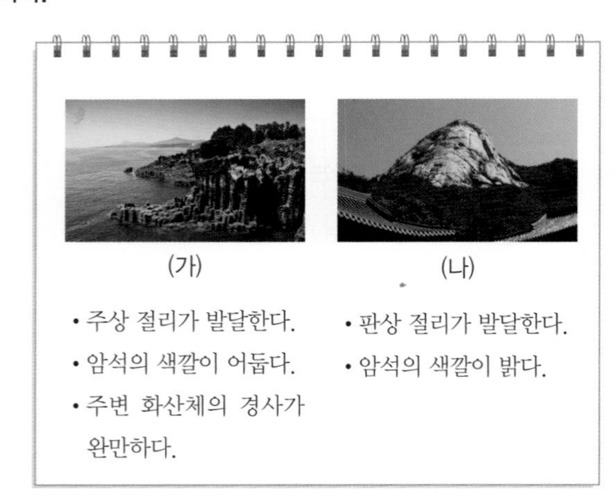

이에 대한 설명으로 옳은 것만을 〈보기〉에서 있는 대로 고른 것은?

보기
ㄱ. (가)의 암석은 주로 현무암이다.
ㄴ. 광물 입자의 크기는 (나)의 암석이 (가)의 암석보다 크다.
ㄷ. 감람석의 함량은 (가)가 (나)보다 적다.

① ㄱ ② ㄷ ③ ㄱ, ㄴ ④ ㄴ, ㄷ ⑤ ㄱ, ㄴ, ㄷ

[8589-0082]
17 **화강암과 현무암에 대한 설명으로 옳은 것은?**

① 현무암은 심성암이다.
② 화강암은 염기성암이다.
③ 밀도는 화강암이 현무암보다 크다.
④ 암석의 색은 화강암이 현무암보다 어둡다.
⑤ 광물 입자의 크기는 화강암이 현무암보다 크다.

[8589-0083]
18 **다음은 어느 지역에 대한 설명이다.**

이 지역은 ㉠ 육각기둥 모양의 절리가 주변을 둘러싸고 있으며 폭포 아래에는 ㉡ 구성 광물 입자의 크기가 작고 구멍이 뚫린 어두운색 암석이 분포한다.

이에 대한 설명으로 옳은 것만을 〈보기〉에서 있는 대로 고른 것은?

보기
ㄱ. ㉠은 주상 절리이다.
ㄴ. ㉡은 마그마가 천천히 냉각될 때 생성될 수 있다.
ㄷ. 이 지역에는 과거에 화산이 분출한 적이 있다.

① ㄱ ② ㄴ ③ ㄱ, ㄷ
④ ㄴ, ㄷ ⑤ ㄱ, ㄴ, ㄷ

[8589-0084]
19 **제주도에 대한 설명으로 옳은 것만을 〈보기〉에서 있는 대로 고른 것은?**

보기
ㄱ. 신생대에 생성된 화산섬이다.
ㄴ. 크고 작은 기생 화산이 분포한다.
ㄷ. 주로 현무암으로 이루어져 있다.

① ㄱ ② ㄴ ③ ㄱ, ㄷ
④ ㄴ, ㄷ ⑤ ㄱ, ㄴ, ㄷ

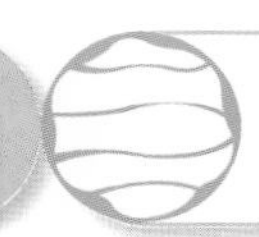

신유형·수능 열기

정답과 해설 15쪽

[8589-0085]

01 그림 (가)는 지하의 온도 분포와 암석의 용융 곡선을, (나)는 해령 부근의 단면을 나타낸 것이다.

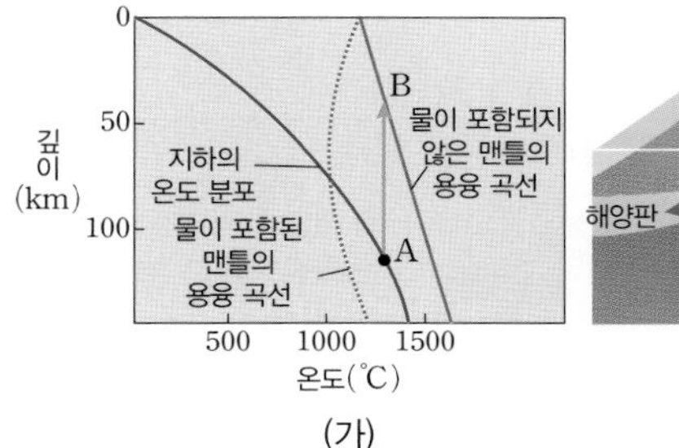

(가)

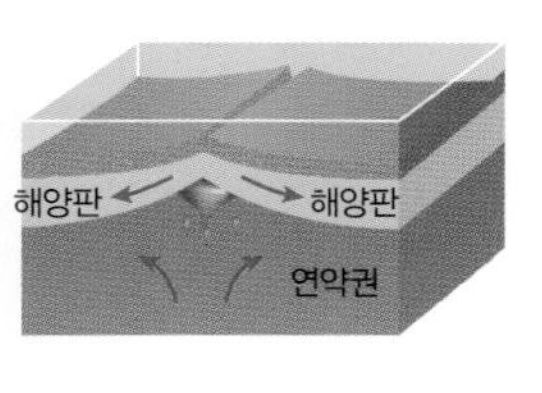

(나)

이에 대한 설명으로 옳은 것만을 〈보기〉에서 있는 대로 고른 것은?

> **보기**
> ㄱ. 용융점은 물을 포함한 맨틀이 물을 포함하지 않은 맨틀보다 높다.
> ㄴ. (나)에서는 현무암질 마그마가 생성된다.
> ㄷ. (나)에서는 (가)의 A → B와 같은 과정으로 마그마가 생성된다.

① ㄱ ② ㄴ ③ ㄱ, ㄷ
④ ㄴ, ㄷ ⑤ ㄱ, ㄴ, ㄷ

[8589-0086]

02 그림은 판의 경계와 마그마가 분출되는 지역 A～C를 나타낸 것이다.

이에 대한 설명으로 옳은 것만을 〈보기〉에서 있는 대로 고른 것은?

> **보기**
> ㄱ. A의 하부에서는 압력 감소로 인해 마그마가 생성된다.
> ㄴ. B에서는 화강암질 마그마가 분출한다.
> ㄷ. 분출하는 마그마의 SiO_2 함량은 C가 B보다 많다.

① ㄱ ② ㄴ ③ ㄱ, ㄷ
④ ㄴ, ㄷ ⑤ ㄱ, ㄴ, ㄷ

[8589-0087]

03 그림은 화강암과 현무암을 편광 현미경으로 관찰한 모습을 순서 없이 나타낸 것이다.

(가)

(나)

이에 대한 설명으로 옳은 것만을 〈보기〉에서 있는 대로 고른 것은?

> **보기**
> ㄱ. 광물 입자의 크기는 (가)가 (나)보다 크다.
> ㄴ. (가)는 화강암, (나)는 현무암이다.
> ㄷ. 밝은색 광물의 함량은 (가)가 (나)보다 많다.

① ㄱ ② ㄷ ③ ㄱ, ㄴ
④ ㄴ, ㄷ ⑤ ㄱ, ㄴ, ㄷ

[8589-0088]

04 그림은 제주도의 지삿개와 북한산의 모습을 나타낸 것이다.

(가) 제주도 지삿개

(나) 북한산

이에 대한 설명으로 옳은 것만을 〈보기〉에서 있는 대로 고른 것은?

> **보기**
> ㄱ. (가)에서는 주상 절리가 관찰된다.
> ㄴ. (나)의 암석은 마그마가 지하 깊은 곳에서 냉각되어 생성된 것이다.
> ㄷ. 암석의 생성 시기는 (가)가 (나)보다 먼저이다.

① ㄱ ② ㄷ ③ ㄱ, ㄴ
④ ㄴ, ㄷ ⑤ ㄱ, ㄴ, ㄷ

단원 정리

1 대륙 이동설

(1) 대륙 이동설 : 베게너는 판게아가 분리되어 오늘날과 같은 대륙 분포를 이루었다고 하였다.

(2) 대륙 이동의 증거 : 대서양 양쪽 대륙 해안선 굴곡의 유사성, 고생대 화석 분포의 연속성, 빙하 퇴적층의 분포, 빙하 이동 흔적의 연속성, 지질 구조의 연속성

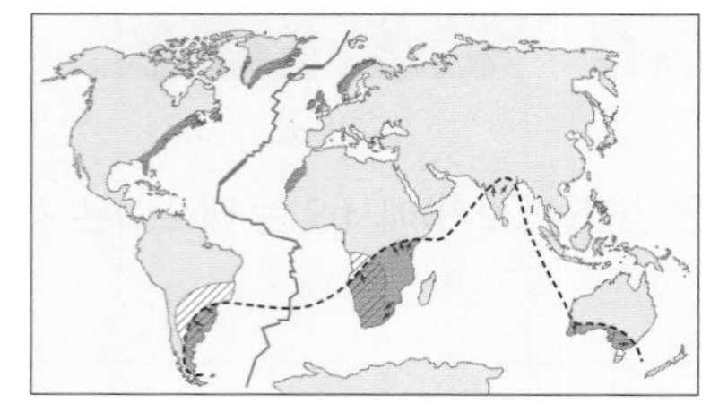

2 맨틀 대류설

홈스는 지구 내부의 온도 차이로 인해 맨틀 물질이 대류하면서 대륙을 이동시킨다고 주장하였다.

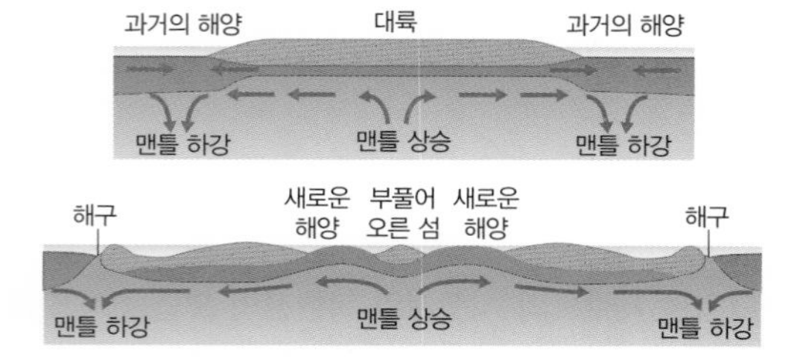

3 해양저 확장설

(1) 해양저 확장설 : 해령에서 새로운 해양 지각이 생성되고, 해령을 중심으로 양쪽으로 멀어짐에 따라 해저가 확장된다는 이론이다.

(2) 해양저 확정설의 증거

① 해양 지각의 나이와 해저 퇴적물의 두께가 해령에서 멀어질수록 증가한다.

② 고지자기 줄무늬는 해령을 축으로 대칭을 이룬다.

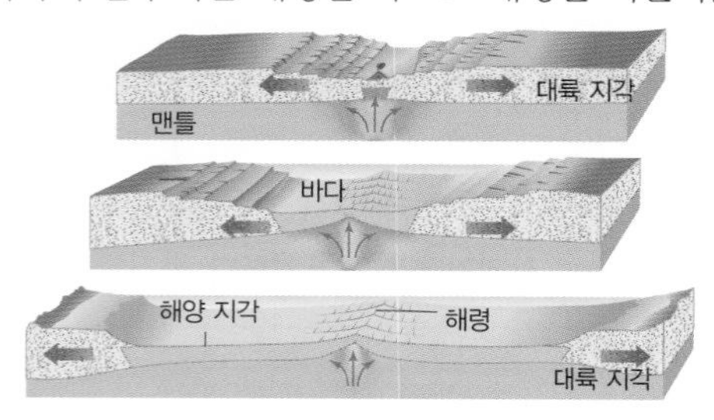

4 판 구조론

(1) 판 구조론 : 지구 표면은 크고 작은 판으로 이루어져 있으며 각 판의 이동 방향과 속력이 서로 달라 판의 경계에서 지각 변동이 발생한다는 이론이다.

(2) 판 경계의 종류

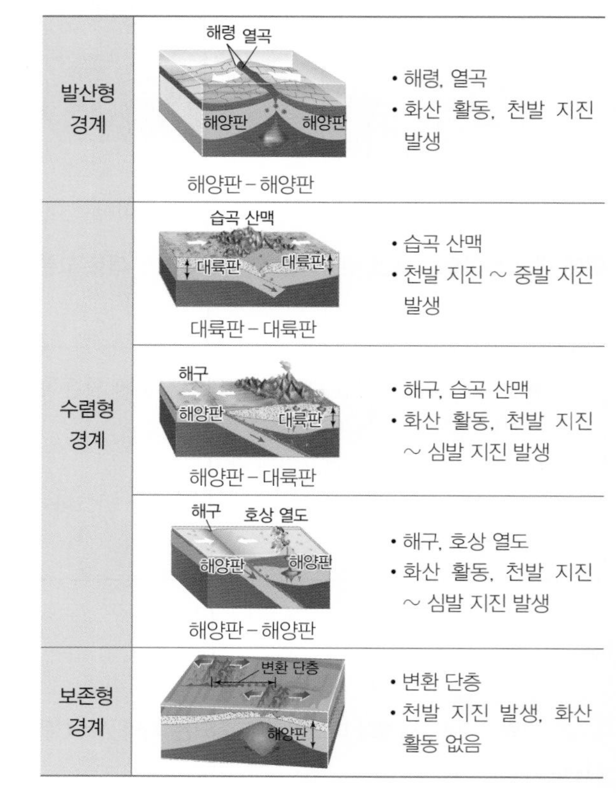

발산형 경계	해령 열곡 / 해양판 해양판 / 해양판 – 해양판	• 해령, 열곡 • 화산 활동, 천발 지진 발생
수렴형 경계	습곡 산맥 / 대륙판 대륙판 / 대륙판 – 대륙판	• 습곡 산맥 • 천발 지진 ~ 중발 지진 발생
	해구 / 해양판 대륙판 / 해양판 – 대륙판	• 해구, 습곡 산맥 • 화산 활동, 천발 지진 ~ 심발 지진 발생
	해구 호상 열도 / 해양판 해양판 / 해양판 – 해양판	• 해구, 호상 열도 • 화산 활동, 천발 지진 ~ 심발 지진 발생
보존형 경계	변환 단층 / 해양판	• 변환 단층 • 천발 지진 발생, 화산 활동 없음

5 고지자기 분석을 통한 대륙 분포의 변화

(1) 복각과 편각

① 복각 : 지구 자기장의 방향이 수평면과 이루는 각이다.

② 편각 : 지구 표면의 한 지점에서 진북과 자북 사이의 각이다.

(2) 복각의 측정을 통해 알아낸 인도 대륙의 이동

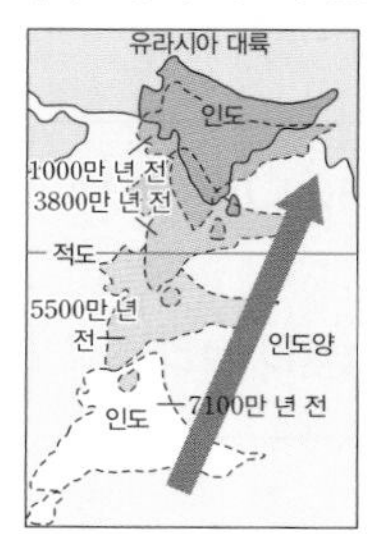

약 7100만 년 전에 남반구에 위치했던 인도 대륙은 계속 북쪽으로 이동하였다.

단원 정리

(3) 판게아 이후 대륙 분포의 변화

쥐라기 초기

백악기 말기

현재

6 플룸 구조론

(1) 판 구조론의 한계 : 열점 등 판의 내부에서의 지각 변동을 설명할 수 없다.

(2) 플룸 구조론 : 지구 내부의 온도 차이로 인해 밀도가 작은 뜨거운 플룸이 상승하고, 밀도가 큰 차가운 플룸이 하강하면서 지각 변동이 발생한다는 이론이다.

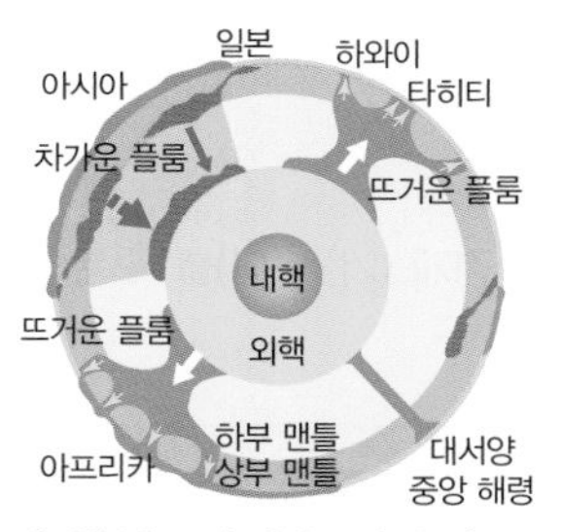

(3) 하와이 열도의 생성 : 열점은 맨틀에 고정되어 있고, 판이 이동하며 용암이 분출하여 화산섬이 생성되므로 열점에서 멀리 있는 섬일수록 나이가 많다.

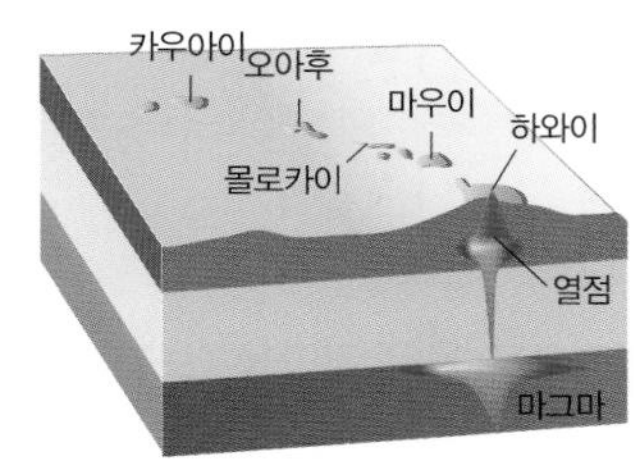

7 화산대와 지진대

(1) 화산대 : 화산이 밀집되어 있는 지역으로 대표적인 화산대는 환태평양 지역이다.

(2) 지진대 : 지진이 자주 발생하는 띠 모양의 지역으로 환태평양 지진대, 해령 지진대, 알프스－히말라야 지진대 등이 있다.

8 마그마의 종류

구분	현무암질 마그마	안산암질 마그마	유문암질 마그마
SiO_2 함량	52 % 이하	52~63 %	63 % 이상
온도	높다	중간	낮다
점성	작다	중간	크다
유동성	크다	중간	작다
화산 가스의 양	적다	중간	많다

9 마그마의 생성

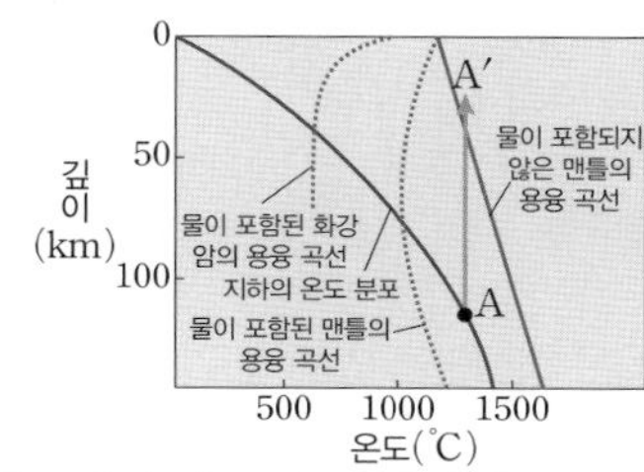

(1) 열점, 해령 : 압력 감소에 의해 용융 온도가 낮아서 현무암질 마그마가 생성된다.(A→A′)

(2) 섭입대 부근 : 판이 섭입되는 과정에서 빠져나온 물이 암석의 용융 온도를 낮추어 현무암질 마그마, 안산암질 마그마, 유문암질 마그마가 생성된다.

10 화성암

(1) 화산암 : 용암이나 마그마가 지표 부근에서 급격히 냉각되어 생성된 암석이다. → 세립질, 유리질 조직

(2) 심성암 : 마그마가 지하 깊은 곳에서 천천히 냉각되어 생성된 암석이다. → 조립질 조직

(3) SiO_2 함량에 따라 52 %보다 적으면 염기성암, 52~63 %이면 중성암, 63 % 이상이면 산성암으로 분류된다.

화학 조성에 의한 분류			염기성암	중성암	산성암
조직에 의한 분류	성질	SiO_2 함량	적다 ← 52 %	— 63 % —	→ 많다
		색	어두운색 ←	중간	→ 밝은색
	조직	냉각 속도 / 밀도	크다 ←		→ 작다
화산암	세립질 조직	빠르다	현무암	안산암	유문암
심성암	조립질 조직	느리다	반려암	섬록암	화강암

11 우리나라의 화성암 지형

제주도	• 신생대에 생성된 현무암 지형 • 용암의 급격한 냉각에 의해 생성된 주상 절리가 나타난다.
북한산	• 중생대에 생성된 화강암 지형 • 압력 감소로 인해 생성된 판상 절리가 나타난다.

단원 마무리 문제

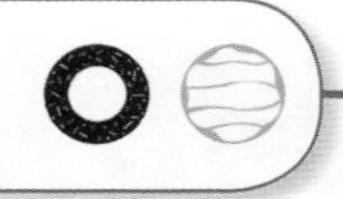

[8589-0089]

01 다음은 베게너가 주장한 대륙 이동설에 대하여 세 학생이 나눈 대화를 나타낸 것이다.

제시한 내용이 옳은 학생만을 있는 대로 고른 것은?

① 영희 ② 철수 ③ 영희, 순이
④ 철수, 순이 ⑤ 영희, 철수, 순이

[8589-0090]

02 그림은 해령이 존재하는 어느 해양에서 해안으로부터 거리에 따른 해저 퇴적물의 두께를 나타낸 것이다.

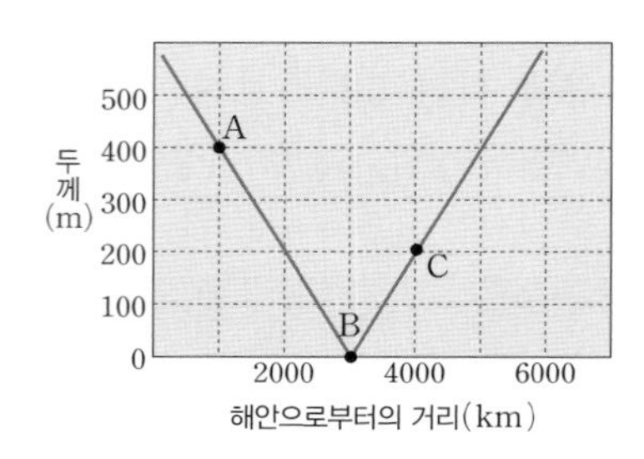

A～C 지역에 대한 설명으로 옳은 것만을 〈보기〉에서 있는 대로 고른 것은?

보기
ㄱ. A의 해저 퇴적물의 두께가 가장 두껍다.
ㄴ. B는 해령에 위치한다.
ㄷ. 해양 지각의 나이는 A가 C보다 많다.

① ㄱ ② ㄴ ③ ㄱ, ㄷ
④ ㄴ, ㄷ ⑤ ㄱ, ㄴ, ㄷ

[8589-0091]

03 그림은 태평양 주변 주요 판의 경계를 나타낸 것이다.

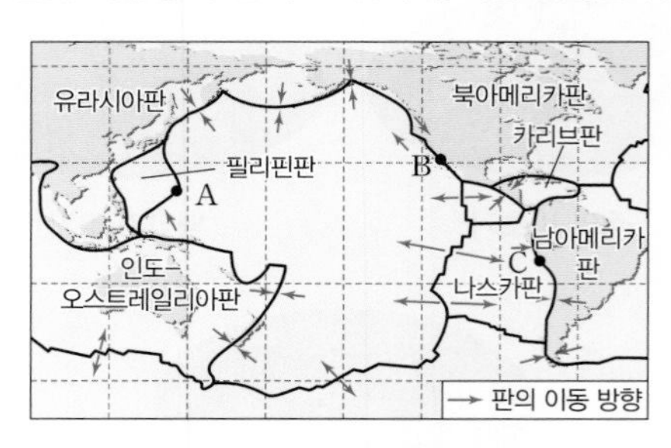

이에 대한 설명으로 옳은 것만을 〈보기〉에서 있는 대로 고른 것은?

보기
ㄱ. A에서는 해령이 발달한다.
ㄴ. B에는 주로 천발 지진이 발생한다.
ㄷ. C에서 대륙으로 갈수록 진원의 깊이는 얕아진다.

① ㄱ ② ㄴ ③ ㄱ, ㄷ
④ ㄴ, ㄷ ⑤ ㄱ, ㄴ, ㄷ

[8589-0092]

04 그림은 판의 경계 (가)~(다)를 구분하는 과정을 나타낸 것이다.

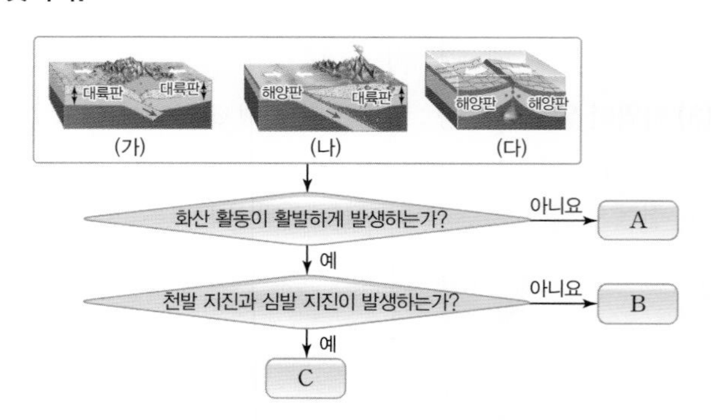

A~C에 대한 설명으로 옳은 것만을 〈보기〉에서 있는 대로 고른 것은?

보기
ㄱ. A는 (가)이다.
ㄴ. B에서는 해구가 발달한다.
ㄷ. 인접한 판의 밀도 차이가 가장 큰 판의 경계는 C이다.

① ㄱ ② ㄴ ③ ㄱ, ㄷ
④ ㄴ, ㄷ ⑤ ㄱ, ㄴ, ㄷ

[8589-0093]

05 표는 고지자기 복각을 이용하여 알아낸 인도 대륙의 각 시기별 대략적인 위치를 나타낸 것이다.

시기 (만 년 전)	7100	5500	3800	1000	현재
대략적인 당시 위치	약 30°S	약 11°S	약 3°N	약 16°N	약 20°N

이에 대한 설명으로 옳은 것만을 〈보기〉에서 있는 대로 고른 것은?

보기
ㄱ. 7100만 년 전 인도 대륙은 남반구에 있었다.
ㄴ. 인도 대륙에서 복각의 크기는 5500만 년 전이 현재보다 크다.
ㄷ. 인도 대륙과 유라시아 대륙의 충돌 시기는 신생대이다.

① ㄱ ② ㄴ ③ ㄱ, ㄷ
④ ㄴ, ㄷ ⑤ ㄱ, ㄴ, ㄷ

[8589-0094]

06 그림은 고생대 말과 현재의 수륙 분포를 나타낸 것이다.

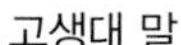
고생대 말

현재

이에 대한 설명으로 옳은 것만을 〈보기〉에서 있는 대로 고른 것은?

보기
ㄱ. 고생대 말 이후부터 현재까지 대서양의 면적은 넓어졌다.
ㄴ. 현재 인도에서는 빙하의 흔적이 발견된다.
ㄷ. 유럽과 북아메리카에서는 연속적인 지질 구조가 관찰될 것이다.

① ㄱ ② ㄴ ③ ㄱ, ㄷ
④ ㄴ, ㄷ ⑤ ㄱ, ㄴ, ㄷ

[8589-0095]

07 그림은 플룸 구조론의 모식도를 나타낸 것이다. A와 B는 각각 뜨거운 플룸과 차가운 플룸 중 하나이다.

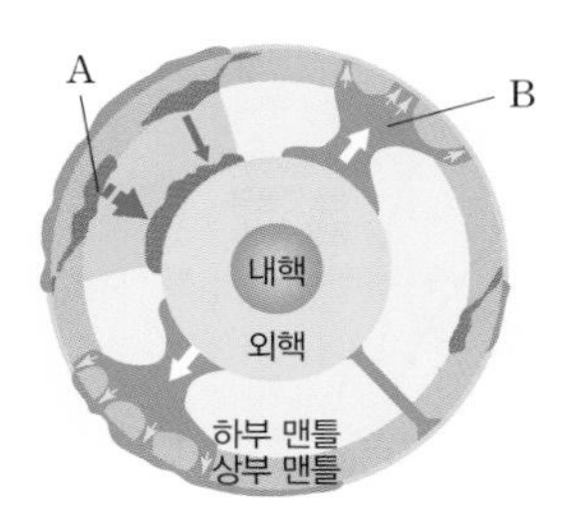

이에 대한 설명으로 옳은 것만을 〈보기〉에서 있는 대로 고른 것은?

보기
ㄱ. 차가운 플룸은 맨틀과 외핵의 경계까지 이동한다.
ㄴ. 밀도는 B가 A보다 크다.
ㄷ. 하와이의 화산 활동은 A를 통해 설명할 수 있다.

① ㄱ ② ㄴ ③ ㄱ, ㄷ
④ ㄴ, ㄷ ⑤ ㄱ, ㄴ, ㄷ

[8589-0096]

08 그림은 서로 다른 용암이 분출하는 모습을 나타낸 것이다.

(가)

(나)

(가)와 비교했을 때 (나)에서 더 큰 값을 갖는 것만을 〈보기〉에서 있는 대로 고른 것은?

보기
ㄱ. 분출하는 용암의 SiO_2 함량
ㄴ. 분출되는 화산 가스의 양
ㄷ. 형성된 화산체의 경사

① ㄱ ② ㄴ ③ ㄱ, ㄷ
④ ㄴ, ㄷ ⑤ ㄱ, ㄴ, ㄷ

정답과 해설 16쪽

[8589-0097]

09 그림 (가)는 마그마가 생성되는 조건을, (나)는 마그마가 생성되는 장소 X, Y를 나타낸 것이다.

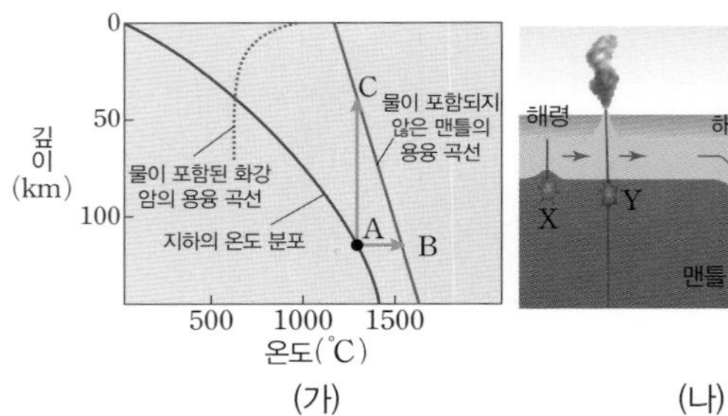

이에 대한 설명으로 옳은 것만을 〈보기〉에서 있는 대로 고른 것은?

보기
ㄱ. 물은 암석의 용융 온도를 낮추는 역할을 한다.
ㄴ. A → B 과정으로 마그마가 생성되는 곳은 X이다.
ㄷ. A → C 과정으로 마그마가 생성되는 곳은 Y이다.

① ㄱ ② ㄴ ③ ㄱ, ㄷ ④ ㄴ, ㄷ ⑤ ㄱ, ㄴ, ㄷ

[8589-0098]

10 다음은 어느 암석에 대한 설명이다.

- 생성 과정 : 용암이나 마그마가 굳어서 생성되었다.
- SiO_2 함량 : 60.2 %
- 생성 장소 : 지표 근처

이에 해당하는 암석은?

① 셰일 ② 석회암 ③ 반려암 ④ 안산암 ⑤ 편마암

[8589-0099]

11 다음은 국가 지질 공원으로 선정된 한탄강에 대한 신문 기사의 일부이다.

최근 국가 지질 공원으로 선정된 한탄강은 ㉠ 과거 화산 분출에 의한 현무암 절벽이 있으며, 특히 ㉡ 육각기둥 모양의 절리가 발달해 있는 것이 특징이다.

-○○신문-

이에 대한 설명으로 옳은 것만을 〈보기〉에서 있는 대로 고른 것은?

보기
ㄱ. ㉠은 신생대에 발생했다.
ㄴ. ㉡은 주상 절리이다.
ㄷ. 과거 이 지역에 분출한 용암은 유문암질 용암이다.

① ㄱ ② ㄷ ③ ㄱ, ㄴ ④ ㄴ, ㄷ ⑤ ㄱ, ㄴ, ㄷ

[8589-0100]

12 다음은 철수가 화성암으로 이루어진 어느 지역을 탐사한 후 작성한 보고서의 일부이다.

주요 특징
- 중생대 암석으로 이루어져 있다.
- 주로 화강암으로 이루어져 있다.
- 화강암에 갈라진 틈이 많으며, 이틈에서 풀이나 꽃이 자라고 있다.

이 지역의 암석에 대한 설명으로 옳은 것만을 〈보기〉에서 있는 대로 모두 고른 것은?

보기
ㄱ. 공룡 화석이 발견될 수 있다.
ㄴ. 유색 광물의 부피비가 무색 광물의 부피비보다 많다.
ㄷ. 판상 절리가 발달한다.

① ㄱ ② ㄷ ③ ㄱ, ㄴ ④ ㄴ, ㄷ ⑤ ㄱ, ㄴ, ㄷ

빅 아이디어로 생각하기

역사 속에서 백두산 폭발

"… 때때로 황적색의 불꽃 연기와 같으면서 비린내가 방에 가득하여 마치 화로 가운데 있는 듯하여 사람들이 훈열을 견딜 수가 없었는데, 4경 후에야 사라졌다. 아침이 되어 보니 들판 가득히 재가 내려 있었는데, 흡사 조개 껍질을 태워 놓은 듯 했다." – 숙종실록 –

현재 백두산은 활동을 하지 않고 있지만, 역사 속에서 백두산은 여러 번 분출한 것으로 나온다. 1403년, 1654년, 1668년에도 폭발했다는 기록이 있고, 1702년 백두산이 폭발했을 때는 백두산에서 150 km떨어져 있는 함경도 부령과 경성 지역에서 벌어진 일이 조선 왕조 실록에 기록되어 있다.

가장 대규모로 폭발했던 시기는 946년이며, 이 폭발은 화산 폭발 지수 7에 달하는 역사적으로 강력했던 화산 폭발로 알려졌다. 이 폭발로 45메가 톤의 황이 대기 중에 분출되었고, 화산재와 화산 가스 등이 대기 상층 25 km 이상 치솟았으며 화산재는 일본 홋카이도와 혼슈 북부까지 이동하여 화산재 지층을 남겼다. 또한 그린란드 빙하 속에서도 백두산 화산재의 흔적이 발견된다.

정리하기

백두산 지하에는 마그마가 모여 있는 마그마 방이 있으며, 이는 백두산의 화산 활동이 아직 끝나지 않았다는 것을 의미한다. 2002년 이후 백두산에서 발생한 지진의 횟수가 240회에 이를 정도로 많아졌으며, 백두산 지하의 마그마가 성장하면서 정상부가 매년 약 3 mm씩 부풀어 오르는 것이 관측되고 있다.

만약 백두산이 폭발하면 어떤 일이 벌어질까?

백두산이 폭발하면 백두산 주변 지역의 가옥이나 마을은 분출된 용암이나 화산재나 화산암괴와 같은 화산 쇄설물에 매몰될 수 있으며, 화산 가스로 인해 많은 주민들이 질병을 앓게 될 것이다. 더 큰 피해를 주는 것은 화산재이다. 화산재는 크기가 작기 때문에 대기 중에 분출되면 오랫동안 대기 중에 머물게 되고 멀리까지 이동할 수 있다. 마그마가 20억 톤에 해당하는 백두산 천지의 물과 만나면 급격히 식으면서 화산재로 만들어져 엄청난 속도로 대기 중에 쏟아져 들어간다. 이 화산재가 편서풍을 타고 동해, 일본 등으로 날아가고 이로 인해 첨단 장비가 작동을 멈추게 되면 국가 기간 시설이 피해를 입게 될 것이다. 또한 대기 중의 화산재로 인해 기온이 낮아지면 농작물이 냉해를 입게 될 것이고 곡식이 줄면서 사회·경제적인 혼란이 발생할 수도 있다. 그러나 백두산의 폭발 시기를 정확하게 알아내는 것은 불가능하다. 따라서 백두산에 대한 지속적인 관찰과 연구가 필요할 것이다.

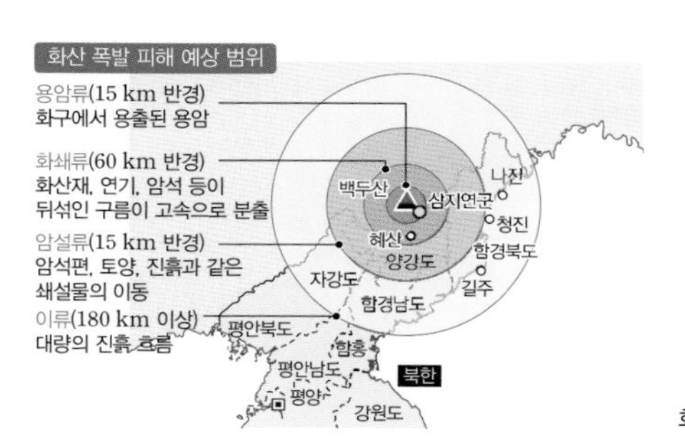

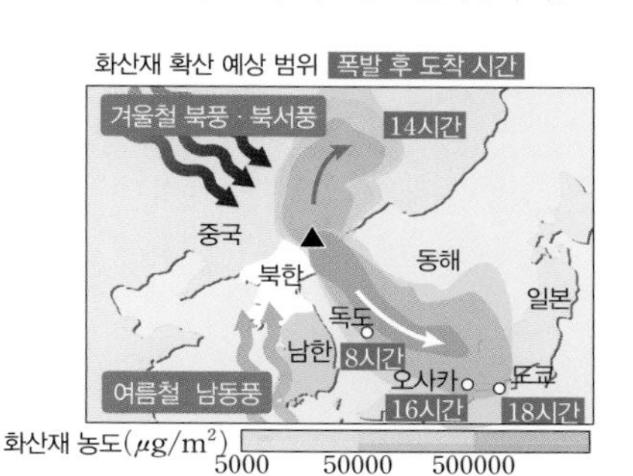

Ⅱ 지구의 역사

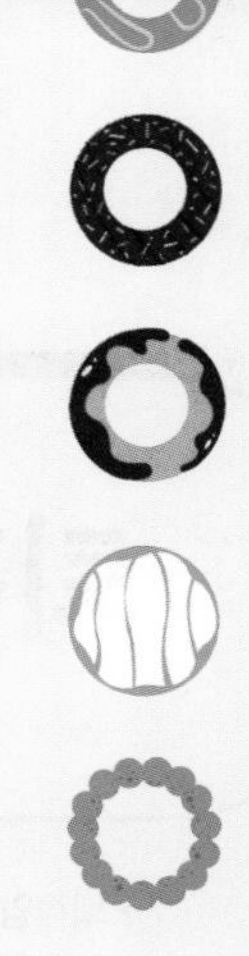

퇴적암과 지질 구조

- 퇴적암이 만들어지는 과정 설명하기
- 다양한 퇴적 구조에 따른 퇴적 환경 설명하기
- 다양한 지질 구조의 생성 과정과 특징 설명하기

한눈에 단원 파악, 이것이 핵심!

퇴적암은 어떻게 만들어지는 것일까?

퇴적암은 퇴적물이 쌓인 후 속성 작용을 받아 생성된다.

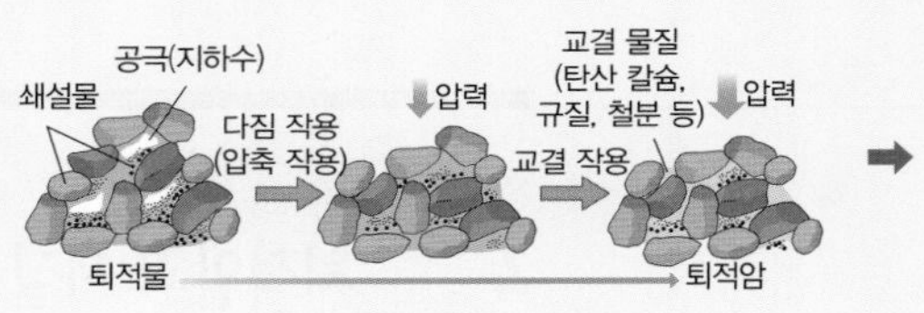

퇴적암의 종류		
구분	생성 원인	퇴적암
쇄설성 퇴적암	쇄설물 퇴적	역암, 사암, 셰일, 응회암 등
화학적 퇴적암	증발이나 침전	석회암, 암염 등
유기적 퇴적암	유기물 퇴적	석회암, 석탄 등

퇴적 구조에는 어떤 것들이 있을까?

구분	사층리	점이 층리	연흔	건열
형태				
생성 원인	바람, 흐르는 물	퇴적물의 침강 속도 차이	흐르는 물, 사막의 바람	건조한 환경에 노출
생성 환경	사막, 삼각주	유속이 느려지는 대륙대	바닷가, 호숫가, 사막	건조한 시기

지질 구조에는 어떤 것들이 있을까?

구분	습곡	단층	부정합	절리
구조	배사, 향사, 배사 축면, 향사 축면, 수평면	단층면, 하반, 상반	기저 역암	
종류	정습곡, 경사 습곡, 횡와 습곡	정단층, 역단층, 주향 이동 단층	평행 부정합, 경사 부정합, 난정합	주상 절리, 판상 절리

퇴적암과 퇴적 환경

1 퇴적암

❶퇴적물이 쌓인 후 굳어져 만들어진 암석이다.

(1) 퇴적암의 생성 : 지표에 노출된 암석이 풍화 · 침식을 받아 생성된 쇄설물, 물에 용해된 물질, 생물의 유해 등이 유수, 바람, 빙하 등에 의해 운반되어 호수나 바다 밑에 쌓인 후 다져지고 굳어져서 생성된다.

쇄설물 생성		퇴적물 생성		다져짐		퇴적암 생성
암석의 풍화 · 침식에 의한 쇄설물, 물에 용해된 물질의 침전물, 생물의 유해 등이 생성된다.	➡	퇴적물이 유수, 바람, 빙하 등에 의해 운반되어 바다나 호수 밑바닥에 쌓여 퇴적물이 생성된다.	➡	퇴적물이 압력을 받아 압축되면서 퇴적물 사이의 공극이 줄어들고 밀도가 증가한다.	➡	퇴적물 사이의 공극에 다른 물질이 채워지고 굳어서 퇴적암이 생성된다.

(2) 속성 작용 : 퇴적물이 물리적, 화학적, 생화학적 변화를 받아 퇴적암이 되기까지의 모든 과정으로, 다짐 작용(압축 작용)과 교결 작용이 있다.

다짐 작용(압축 작용)	교결 작용
퇴적물이 쌓이면서 아랫부분의 퇴적물이 압력을 받아 퇴적물 사이에 있던 물이 빠져나가고 입자들 사이의 ❷공극이 줄어들면서 치밀하고 단단하게 되는 과정이다.	퇴적물 속의 수분이나 지하수에 녹아 있던 탄산 칼슘, 규산염 물질, 철분 등이 침전되면서 퇴적물 입자 사이의 간격을 메우고 입자들을 서로 붙여주는 과정이다.

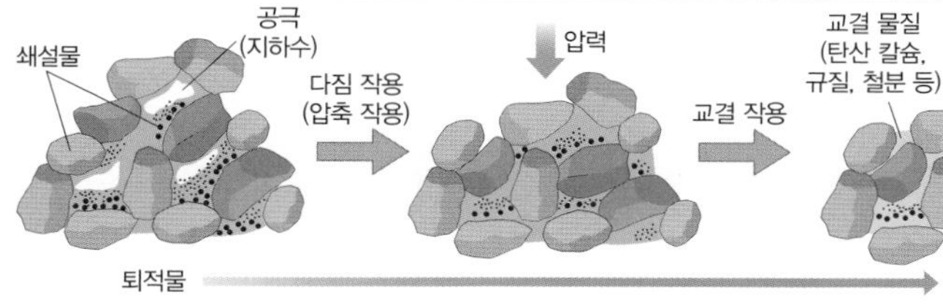

(3) 퇴적암의 분류 : 생성 원인에 따라 쇄설성 퇴적암, 화학적 퇴적암, 유기적 퇴적암으로 분류된다.

구분	생성 원인	주요 구성 물질	퇴적암
쇄설성 퇴적암	기존의 암석이 풍화와 침식을 받아 생성된 점토, 모래, 자갈 등의 쇄설물이나 화산 활동으로 분출된 ❸화산 쇄설물이 퇴적된 후 속성 작용에 의해 형성	자갈	역암, 각력암
		모래	사암
		실트, 점토	❹이암, 셰일
		화산탄, 화산암괴	집괴암
		화산재	응회암
화학적 퇴적암	호숫물이나 바닷물 등에 녹아 있던 광물질이 화학적으로 침전하거나 물이 증발하면서 침전하여 형성	$CaCO_3$	석회암
		$NaCl$	암염
		$CaSO_4 \cdot 2H_2O$	석고
유기적 퇴적암	동식물이나 미생물의 유해 등의 유기물이 쌓여 형성	석회질 생물체(산호, 유공충 등)	석회암
		규질 생물체(방산충 등)	처트
		식물체	석탄

THE 알기

❶ 퇴적물의 원마도와 분급

- 원마도 : 퇴적물이 운반 도중 모서리가 마모된 정도로, 기원암의 종류, 기원지의 기복, 운반 작용 및 운반 거리, 입자의 광물 성분, 풍화 정도에 따라 다르게 나타난다. 일반적으로 퇴적물의 입자는 상류에서 하류로 이동되어 감에 따라 모서리가 많이 마모되어 입자의 크기가 감소하고 원마도가 증가한다.

작다 ⟵ ⟶ 크다

- 분급 : 퇴적 입자의 크기의 균질성을 나타내는 정도로, 입자의 크기가 고르면 분급이 양호하다고 하며, 다양한 크기의 입자들이 섞여 있으면 분급이 불량하다고 한다.

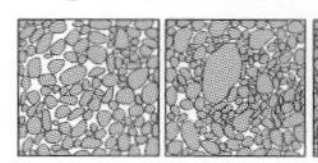
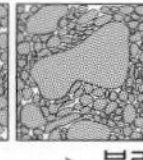

양호 ⟵ ⟶ 불량

❷ 공극과 공극률

퇴적물 입자 사이의 틈을 공극, 퇴적물 전체 부피 중에서 공극이 차지하는 부피비를 공극률이라고 한다.

❸ 화산 쇄설물

화산 활동으로 분출되는 고체 물질로, 입자의 크기가 64 mm 이상인 화산암괴, 2~64 mm인 화산력, 2 mm 이하인 화산재 등이 있다.

❹ 셰일과 이암

셰일은 진흙으로 된 암석으로 미사암과 합하여 전체 퇴적암의 약 55 %를 차지한다. 눈으로 보아서는 광물 입자를 구별하기 어렵지만 층리가 잘 발달되어 있다. 층리가 잘 나타나지 않는 것은 이암이라고 한다.

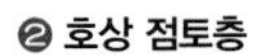

❶ 석회암
해수 중에 녹아 있던 탄산 칼슘의 침전물이나 산호, 유공충 등 해양 생물의 석회질 유해가 쌓여서 만들어진다. 석회암을 구성하는 광물은 주로 방해석이다.

❷ 호상 점토층
여름철에 쌓인 밝은색의 작은 모래 알갱이로 이루어진 층과 겨울철에 쌓인 어두운색의 점토로 이루어진 층이 교대로 쌓여 형성된다.

❸ 삼각주 퇴적물
삼각주는 점차 바다 쪽으로 확장되므로 위로 갈수록 퇴적물 입자의 크기가 커지는 경향을 보인다.

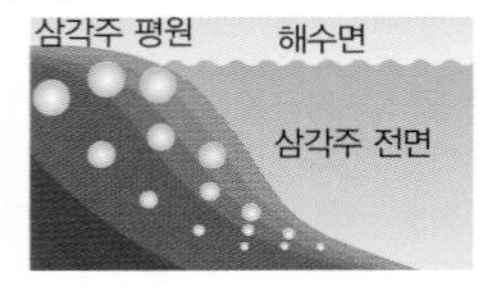

❹ 대륙붕
해안의 육지가 바다 쪽으로 연장되어 있는 부분으로, 일반적으로 수심 200 m까지의 평탄한 해저 지형이다.

2 퇴적 환경

퇴적 환경은 크게 육상 환경, 연안 환경, 해양 환경으로 구분할 수 있으며, 육상 환경과 해양 환경 사이에 연안 환경이 있다.

육상 환경	• 선상지, 하천, 호수, 사막 등 • 경사가 급한 골짜기에서 평지로 이어지는 선상지에서는 대체로 분급이 불량한 퇴적층이 형성된다. • 호수에서는 계절 변화가 심한 경우나 빙하에 의해 퇴적물이 공급되는 경우 ❷호상 점토층이 발달하기도 한다. • 사막에서는 모래 언덕이 발달하며, 내부에 작은 호수나 하천이 간혹 생성되기도 하기 때문에 다양한 퇴적물이 나타날 수도 있다. • 하천이나 호수가 사라지면서 증발암이 생성되기도 한다.
연안 환경	• ❸삼각주, 석호, 모래톱(사주) 등 • 강이 바다와 만나는 삼각주의 퇴적물은 위로 갈수록 입자의 크기가 점차 증가하는 경향이 나타난다. • 담수와 해수가 섞이는 석호는 염분의 변화가 커서 생물이 살기 어렵기 때문에 화석이 드물다.
해양 환경	• ❹대륙붕, 대륙 사면, 대륙대, 심해저 등 • 대륙붕에서는 퇴적암의 60 % 정도가 형성되며, 열대나 아열대 바다에서는 생물체의 유해가 쌓여 석회암층이 형성된다. • 대륙대에는 대륙 사면을 타고 흘러내리는 저탁류에 의해 저탁암이 형성된다. • 심해저 평원에는 육지에서 공급된 점토질 물질이나 해양 생물의 유해가 퇴적된 연니가 형성된다.

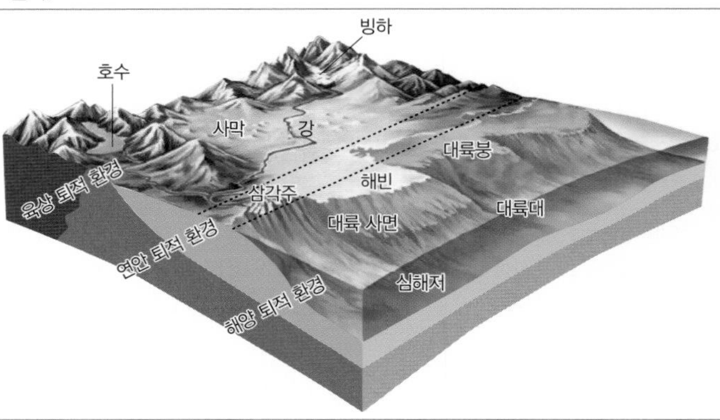

개념체크

빈칸 완성

1. 퇴적물이 물리적, 화학적, 생화학적 변화를 받아 퇴적암이 되기까지의 모든 과정을 (　　　) 작용이라고 한다.

2. 퇴적물이 쌓이면서 아래 부분의 퇴적물이 압력을 받아 다져지는 과정을 ① (　　　) 작용, 물에 녹아 있던 물질이 침전되면서 입자들을 서로 붙여 주는 과정을 ② (　　　) 작용이라고 한다.

3. 퇴적 환경은 크게 육상 환경, (　　　) 환경, 해양 환경으로 구분한다.

4. 계절 변화가 심하거나 빙하에 의해 퇴적물이 공급되는 호수에서는 (　　　)이 발달하기도 한다.

5. 심해저 평원에는 육지에서 공급된 점토질 물질이나 해양 생물의 유해가 퇴적된 (　　　)가 형성된다.

바르게 연결하기

6. 퇴적암과 퇴적암의 주요 구성 물질을 바르게 연결하시오.

	퇴적암			구성 물질
(1)	역암	•	• ㉠	모래
(2)	사암	•	• ㉡	점토
(3)	셰일	•	• ㉢	자갈
(4)	응회암	•	• ㉣	화산재
(5)	석회암	•	• ㉤	NaCl
(6)	암염	•	• ㉥	$CaCO_3$

정답 **1.** 속성 **2.** ① 다짐(압축) ② 교결 **3.** 연안 **4.** 호상 점토층 **5.** 연니 **6.** (1) ㉢ (2) ㉠ (3) ㉡ (4) ㉣ (5) ㉥ (6) ㉤

둘 중에 고르기

1. 퇴적물은 다짐 작용에 의해 입자들 사이의 공극은 ① (증가, 감소)하고, 밀도는 ② (증가, 감소)한다.

2. 쇄설성 퇴적암은 구성 입자의 (크기, 성분)에 따라 역암, 사암, 셰일 등으로 구분한다.

3. 지표의 암석이 풍화 · 침식을 받아 생성된 암석 조각이나, 화산 분출물이 쌓여서 형성된 퇴적암은 (쇄설성, 화학적, 유기적) 퇴적암이다.

4. 선상지에서는 대체로 분급이 (양호, 불량)한 퇴적층이 형성된다.

5. 삼각주의 퇴적물은 위로 갈수록 입자의 크기가 점차 (증가, 감소)하는 경향이 나타난다.

6. 석호는 염분의 변화가 (커서, 작아서) 생물이 살기 어렵기 때문에 화석이 드물다.

7. 해양 환경에는 ① (하천, 대륙붕)이 있고, 연안 환경에는 ② (삼각주, 사막)이/가 있다.

○X 문제

8. 퇴적암에 대한 설명으로 옳은 것은 ○, 옳지 않은 것은 ×로 표시하시오.

(1) 산호나 유공충 등의 유해가 쌓여 형성된 퇴적암은 유기적 퇴적암이다. (　　)

(2) 물에 녹아 있던 광물질이 침전되어 생성된 퇴적암은 화학적 퇴적암이다. (　　)

9. 퇴적 환경에 대한 설명으로 옳은 것은 ○, 옳지 않은 것은 ×로 표시하시오.

(1) 사막에서는 퇴적 작용이 일어나지 않는다. (　　)

(2) 하천이나 호수가 사라지면서 증발암이 생성될 수 있다. (　　)

(3) 열대나 아열대 바다에서는 생물체의 유해가 쌓여 암염층이 형성된다. (　　)

정답 **1.** ① 감소 ② 증가 **2.** 크기 **3.** 쇄설성 **4.** 불량 **5.** 증가 **6.** 커서 **7.** ① 대륙붕 ② 삼각주 **8.** (1) ○ (2) ○ **9.** (1) × (2) ○ (3) ×

02 퇴적 구조와 지질 구조

THE 알기

❶ 지층과 층리
퇴적물이 쌓여서 생긴 암석의 층을 지층이라고 한다. 퇴적암이 생성되는 과정에서 입자의 크기, 색, 모양 등이 다른 퇴적물이 쌓여 나타나는 줄무늬를 층리라고 하며, 각 층의 경계면은 층리면이라고 한다.

❷ 사층리
사층리는 지층의 역전 여부뿐만 아니라 퇴적물이 공급될 당시 바람이 분 방향이나 물이 흐른 방향을 지시해 준다.

❸ 점이 층리
대륙붕에 퇴적되었던 육성 기원의 퇴적물이 해저 사태로 흘러내리는 저탁류에 의해 대륙대에 퇴적된 저탁암에 점이 층리가 발달한다.

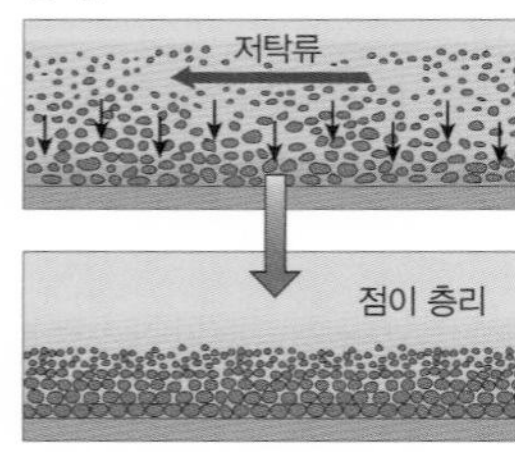

1 퇴적 구조

퇴적 당시의 환경에 따라 퇴적암에 나타나는 다양한 구조적 특징으로, 퇴적 환경을 추정하고 ❶지층의 역전 여부를 판단하는 데 좋은 기준이 된다.

❷사층리	• 층리가 나란하지 않고 기울어져 나타나는 퇴적 구조로 수심이 얕은 물밑이나 사막에서 잘 생성된다. ➡ 퇴적물이 공급된 방향을 알 수 있다. • 생성 원인 : 바람, 흐르는 물 • 생성 환경 : 사막, 삼각주 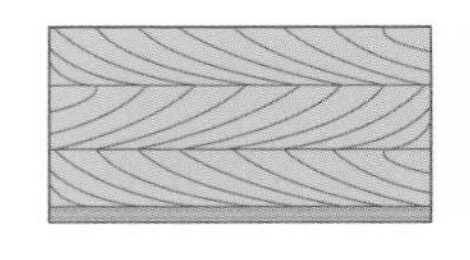 
❸점이 층리	• 한 지층 내에서 위로 갈수록 입자의 크기가 점점 작아지는 퇴적 구조로 대륙대와 같은 조용한 퇴적 환경에서 다양한 크기의 퇴적물이 한꺼번에 퇴적될 때, 큰 입자가 밑바닥에 먼저 가라앉고 작은 입자는 천천히 가라앉아 생성된다. • 생성 원인 : 퇴적물의 침강 속도 차이 • 생성 환경 : 유속이 느려지는 대륙대 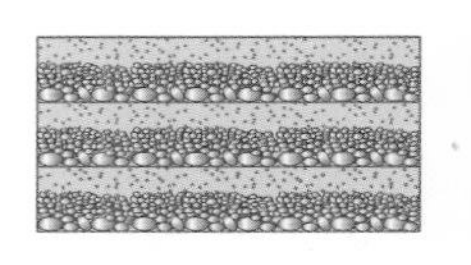 
연흔	• 물결 모양의 흔적이 지층에 남아 있는 퇴적 구조로, 수심이 얕은 물밑에서 퇴적물이 퇴적될 때 물결의 영향을 받아 생성된다. • 생성 원인 : 흐르는 물, 사막의 바람 • 생성 환경 : 바닷가, 호숫가, 사막 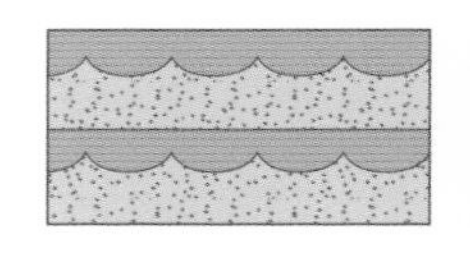 
건열	• 퇴적층의 표면이 갈라져서 쐐기 모양의 틈이 생긴 퇴적 구조로, 수심이 얕은 물밑에 점토질 물질이 쌓인 후 퇴적물의 표면이 대기에 노출되어 건조되면서 갈라져 생성된다. • 생성 원인 : 건조한 환경에 노출 • 생성 환경 : 건조한 시기 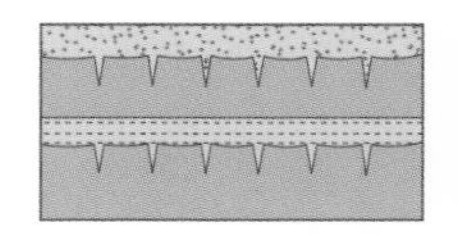 

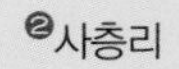

THE 들여다보기 사층리의 생성 과정

사층리는 주로 사암층에 나타나며 퇴적물이 쌓일 당시 바람의 방향이나 물이 흐른 방향을 알려준다. 일반적으로 사층리는 평행한 지층에 대하여 경사져 있는데, 윗부분이 잘린 형태를 띠며, 아랫부분은 윗부분에 비해 경사가 완만하다. 사층리가 형성될 당시 바람이나 물에 의해 퇴적물이 이동한 방향은 기울기가 큰 쪽에서 작은 쪽 방향이다.

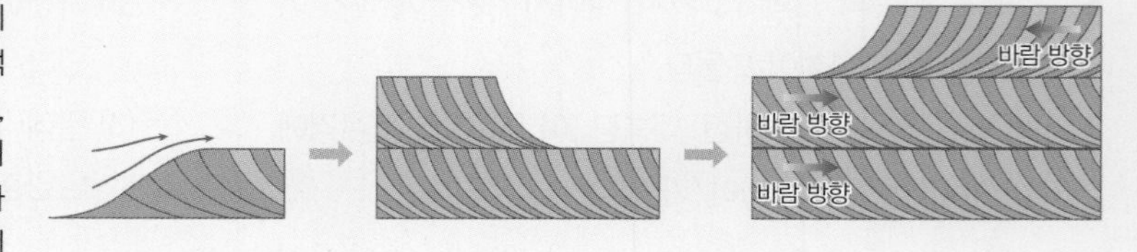

2 지질 구조

(1) 습곡 : 암석이 지하 깊은 곳에서 횡압력을 받아 휘어진 지질 구조이다.

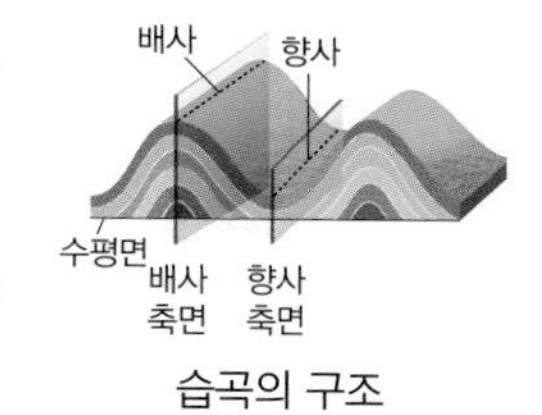

습곡의 구조

① 습곡의 구조 : 가장 많이 휘어진 부분을 습곡축, 습곡축 양쪽의 경사면을 날개, 위로 볼록한 부분을 배사, 아래로 볼록한 부분을 향사라고 한다.

② 습곡의 종류 : 습곡축면이 수평면에 대하여 거의 수직인 정습곡, 기울어진 경사 습곡, 거의 수평으로 누운 횡와 습곡 등이 있다.

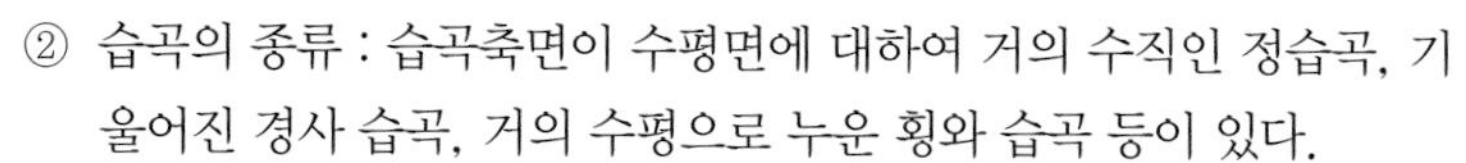

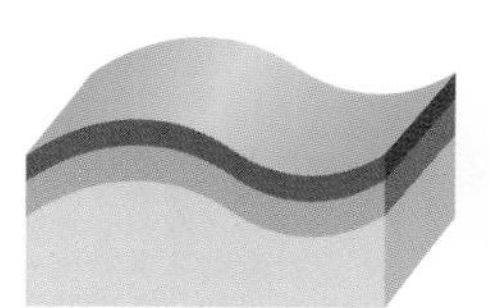
정습곡

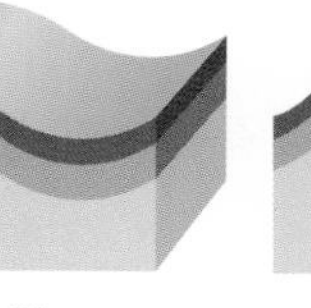

경사 습곡

횡와 습곡

❶ 오버트러스트
단층면의 경사가 수평에 가까운 역단층으로 조산 운동의 절정기에 대규모의 횡와 습곡과 함께 발달하며, 이동 거리가 큰 것이 특징이다.

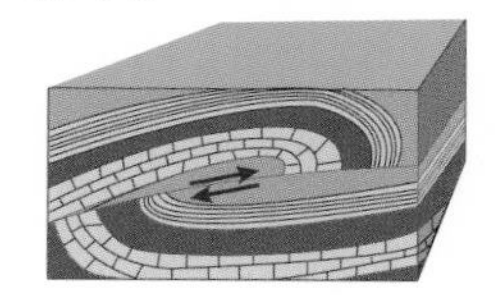

(2) 단층 : 암석이 깨져 생긴 면을 경계로 양쪽의 암석이 상대적으로 이동하여 서로 어긋나 있는 지질 구조이다.

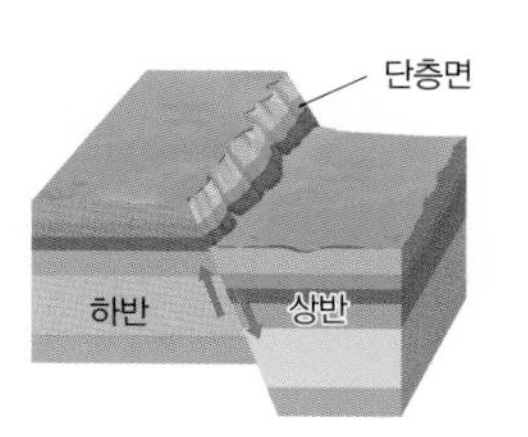

단층의 구조

① 단층의 구조 : 단층면이 경사져 있을 때 그 윗부분을 상반, 아랫부분을 하반이라고 한다.

② ❶단층의 종류 : 장력을 받아 상반이 하반에 대해 아래로 이동한 정단층, 횡압력을 받아 상반이 하반에 대해 위로 이동한 역단층, ❷전단 응력을 받아 수평 방향으로 이동한 주향 이동 단층 등이 있다.

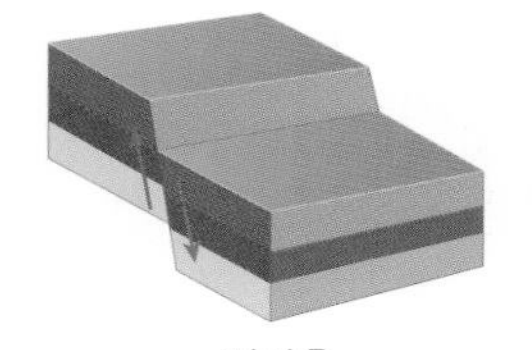
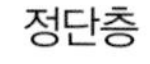
정단층

역단층

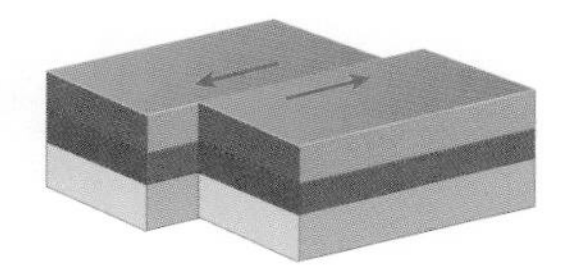
주향 이동 단층

❷ 전단 응력
물체의 어떤 면에서 어긋남의 변형이 일어날 때 그 면에 평행인 방향으로 작용하여 원형을 지키려는 힘이다.

(3) ❸부정합 : 퇴적이 오랫동안 중단된 후 다시 퇴적이 일어나면 지층 사이에 퇴적 시간의 공백이 생기는데, 이처럼 시간적으로 불연속적인 상하 두 지층 사이의 관계를 부정합이라 하고, 그 경계면을 부정합면이라고 한다.

① 부정합의 형성 과정 : 퇴적 → 융기 → 풍화 · 침식 → 침강 → 퇴적

바다나 호수 밑바닥에서 퇴적물이 쌓여 지층을 형성한다.

지층이 지각 변동을 받아 융기한 후 풍화 작용과 침식 작용을 받아 표면이 깎인다.

부정합면

지층이 침강한 후 물밑에 잠긴 지층 위에 새로운 지층이 퇴적된다.

부정합의 생성 과정

❸ 부정합의 특징
부정합면을 경계로 상하 두 지층 사이의 화석의 종류가 크게 다르고, 부정합면 위에는 기저 역암이 쌓이는 경우가 많다.

THE 알기

❶ 준정합
부정합면이 층리면과 평행하고 침식된 흔적을 찾을 수 없으나, 아래층과 위층의 퇴적 시기가 현저한 차이가 나는 것을 준정합이라고 한다.

② [1]부정합의 종류 : 부정합면을 경계로 상하 지층의 경사가 서로 다른 경사 부정합, 상하 지층이 나란한 평행 부정합, 부정합면 아래 지층이 화성암이나 변성암으로 이루어진 난정합 등이 있다.

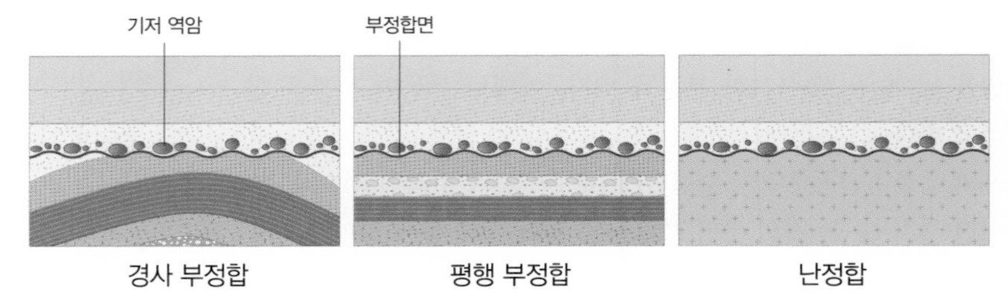

경사 부정합 평행 부정합 난정합

(4) 절리 : 암석에 생긴 틈이나 균열을 말하며, 단층과 달리 틈을 따라 양쪽 암석의 상대적인 이동이 없다.

① 절리의 형성 과정 : 지각 변동에 의해 암석에 가해지는 압력이 변하거나 화성암의 냉각 · 수축 등에 의해 암석에 틈이나 균열이 생긴다.

② 절리의 종류 : 지표로 분출한 용암이 식을 때 부피가 수축하여 오각형이나 육각형의 긴 기둥 모양으로 갈라진 [2]주상 절리, 지하 깊은 곳에 있던 암석이 융기할 때 압력이 감소하면서 부피가 팽창하여 수평 방향으로 갈라진 판상 절리 등이 있다.

❷ 주상 절리
화성암이 냉각되고 수축성 단열이 발달하면서 가늘고 긴 육각기둥 모양으로 형성된 절리로, 현무암과 같이 용암이 급격하게 냉각되어 형성된 화산암에서 잘 나타난다.

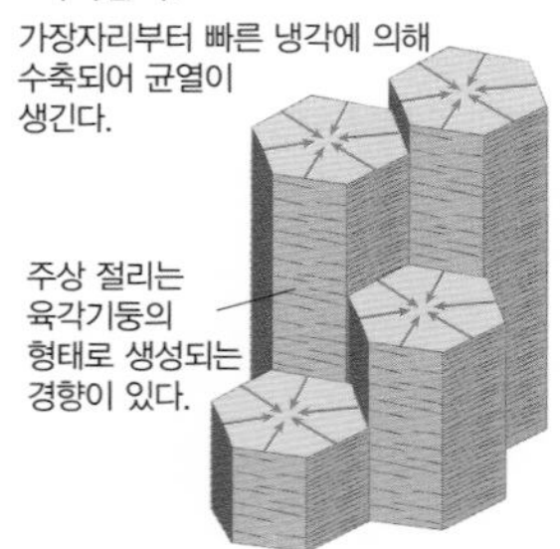

주상 절리
판상 절리

(5) 관입과 포획

① 관입 : 마그마가 기존 암석의 약한 틈을 뚫고 들어가는 과정이다. ➡ 마그마는 주변의 암석에 비해 온도가 높으므로 주변의 암석이 열을 받아 [3]변성 작용이 일어난다.

② 포획 : 마그마가 관입할 때 주변 암석의 일부가 떨어져 나와 마그마 속에 암편으로 들어있는 것을 말한다. ➡ 포획암을 관찰하면 화성암과 주변 암석의 생성 순서를 판별할 수 있다.

관입 포획

❸ 변성 작용
암석이 열이나 압력에 의해 고체 상태에서 광물의 조성이나 조직이 달라지는 과정으로 광역 변성 작용과 접촉 변성 작용이 있다. 광역 변성 작용은 조산 운동과 같이 대규모 지각 변동이 일어나는 곳에서 열과 압력에 의해 넓은 범위에 걸쳐 일어나며, 접촉 변성 작용은 마그마가 관입하는 주변부에서 열에 의해 비교적 좁은 영역에서 일어난다.

개념체크

빈칸 완성

1. 층리가 나란하지 않고 기울어져 나타나는 퇴적 구조를 (　　　)라고 한다.

2. 한 지층 내에서 위로 갈수록 입자의 크기가 점점 작아지는 퇴적 구조를 (　　　)라고 한다.

3. 물결 모양의 흔적이 지층에 남아 있는 퇴적 구조를 (　　　)이라고 한다.

4. 퇴적층의 표면이 갈라져서 퇴적암 표면에 쐐기 모양의 틈이 생긴 퇴적 구조를 (　　　)이라고 한다.

5. 암석이 지하 깊은 곳에서 횡압력을 받아 휘어진 지질 구조를 (　　　)이라고 한다.

6. 암석이 깨져 생긴 면을 경계로 양쪽의 암석이 서로 어긋나 있는 지질 구조를 (　　　)이라고 한다.

7. 부정합은 퇴적 → (　　　) → 풍화 · 침식 → 침강 → 퇴적의 과정을 거쳐 생성된다.

8. 지각 변동에 의한 압력의 변화와 화성암의 냉각 및 수축 등에 의해 암석에 생긴 균열을 (　　　)라고 한다.

○X 문제

9. 퇴적 구조에 대한 설명으로 옳은 것은 ○, 옳지 않은 것은 ×로 표시하시오.

(1) 퇴적 구조를 이용하여 지층의 역전 여부를 판단할 수 있다. (　　)

(2) 사층리는 일반적으로 아랫부분이 윗부분보다 경사가 완만하다. (　　)

(3) 점이 층리는 파도가 심한 환경에서 퇴적물이 물결의 영향을 받아서 생성된다. (　　)

(4) 건열은 물밑에 쌓인 점토질의 퇴적물이 대기에 노출되어 생성된다. (　　)

10. 지질 구조에 대한 설명으로 옳은 것은 ○, 옳지 않은 것은 ×로 표시하시오.

(1) 습곡 구조에서 위로 볼록한 부분을 배사, 아래로 볼록한 부분을 향사라고 하다. (　　)

(2) 장력을 받아 상반이 하반에 대해 아래로 이동한 단층을 역단층이라고 한다. (　　)

(3) 다각형의 긴 기둥 모양으로 갈라진 절리를 판상 절리라고 한다. (　　)

정답 **1.** 사층리 **2.** 점이 층리 **3.** 연흔 **4.** 건열 **5.** 습곡 **6.** 단층 **7.** 융기 **8.** 절리 **9.** (1) ○ (2) ○ (3) × (4) ○ **10.** (1) ○ (2) × (3) ×

둘 중에 고르기

1. 연흔은 주로 수심이 (얕은, 깊은) 물밑에서 생성된다.

2. 점이 층리는 퇴적물이 쌓일 때 큰 입자가 작은 입자보다 밑바닥에 (먼저, 나중에) 가라앉아 생성된다.

3. 단층면이 경사져 있을 때 단층면의 윗부분을 (상반, 하반)이라고 한다.

4. 부정합면 아래 지층이 화성암이나 변성암으로 이루어진 것을 (경사 부정합, 난정합)이라고 한다.

단답형 문제

5. 수심이 얕은 물밑에 점토질 물질이 쌓인 후 퇴적물의 표면이 대기에 노출되어 건조되면서 갈라져 생성된 퇴적 구조를 무엇이라고 하는지 쓰시오.

6. 오랫동안 퇴적이 중단되어 시간적으로 불연속적인 상하 두 지층 사이의 관계를 무엇이라고 하는지 쓰시오.

7. 마그마가 관입할 때 주변 암석의 일부가 떨어져 나와 마그마 속에 암편으로 들어있는 것을 무엇이라고 하는지 쓰시오.

정답 **1.** 얕은 **2.** 먼저 **3.** 상반 **4.** 난정합 **5.** 건열 **6.** 부정합 **7.** 포획암

탐구 활동 퇴적 구조

정답과 해설 18쪽

목표

퇴적암에 나타나는 퇴적 구조의 특징을 해석하고 생성 당시의 환경을 유추할 수 있다.

과정

그림은 퇴적암에서 볼 수 있는 여러 가지 특징적인 구조를 나타낸 것이다.

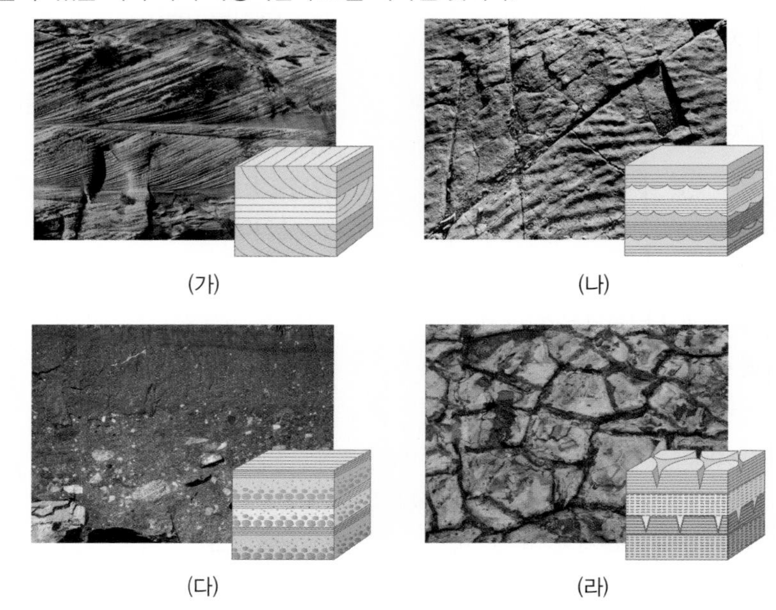

(가) (나)

(다) (라)

1. 각 퇴적 구조의 단면에 나타나는 특징을 설명하시오.
2. 각 퇴적 구조는 어떤 환경에서 만들어지는지 설명하시오.

결과 정리 및 해석

1. (가)는 사층리, (나)는 연흔, (다)는 점이 층리, (라)는 건열이다. 사층리는 하부에서 상부로 갈수록 경사가 크고, 연흔은 뾰족한 부분이 상부를 향하고 있다. 점이 층리는 하부에서 상부로 갈수록 입자의 크기가 작아지며, 건열은 쐐기 모양으로 갈라진 부분이 하부로 갈수록 점점 좁아진다.
2. 사층리는 수심이 얕은 해안이나 강, 모래가 쌓여 있는 사막 등에서 형성된다. 연흔은 주로 수심이 얕은 물밑에서 퇴적물이 퇴적될 때 물결의 영향을 받아 생성된다. 점이 층리는 대륙대 같은 조용한 퇴적 환경에서 다양한 크기의 퇴적물이 한꺼번에 퇴적되거나 홍수가 일어나 퇴적물이 호수로 유입될 때 형성된다. 건열은 수심이 얕은 물밑에 점토질 물질이 쌓인 후 퇴적물의 표면이 대기에 노출되어 건조되면서 갈라져 생성된다.

탐구 분석

1. 층리면에서 관찰한 것과 단면에서 관찰한 것은 각각 어느 것인가?
2. 퇴적 구조가 형성될 당시 바람이나 물의 이동 방향을 추정할 수 있는 것은 어느 것인가?

내신 기초 문제

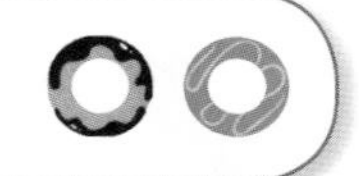

정답과 해설 18쪽

[8589-0101]

01 그림은 퇴적암이 만들어지는 주요 과정을 나타낸 것이다.

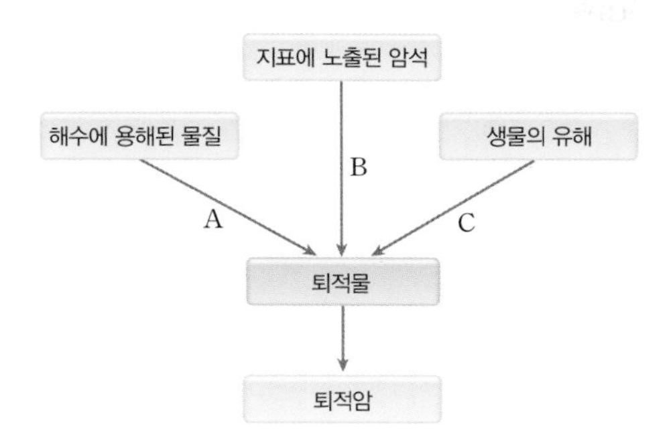

이에 대한 설명으로 옳은 것만을 〈보기〉에서 있는 대로 고른 것은?

보기
ㄱ. A 과정에서는 침전이 일어난다.
ㄴ. B 과정에서는 교결 작용이 일어난다.
ㄷ. C 과정을 거쳐 만들어지는 암석에는 석회암이 있다.

① ㄱ ② ㄴ ③ ㄱ, ㄷ
④ ㄴ, ㄷ ⑤ ㄱ, ㄴ, ㄷ

[8589-0102]

02 그림은 퇴적암이 생성되는 환경을 장소에 따라 세 가지로 분류한 것이다.

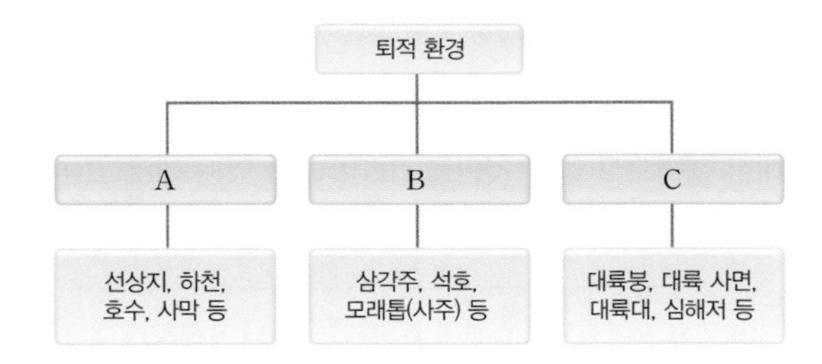

A, B, C에 해당하는 퇴적 환경을 옳게 짝 지은 것은?

	A	B	C
①	육상 환경	연안 환경	해양 환경
②	육상 환경	해양 한경	연안 환경
③	해양 환경	육상 환경	연안 환경
④	해양 환경	연안 환경	육상 환경
⑤	연안 환경	육상 환경	해양 환경

[03~04] 그림 (가)~(라)는 퇴적암에서 관찰되는 퇴적 구조를 나타낸 것이다.

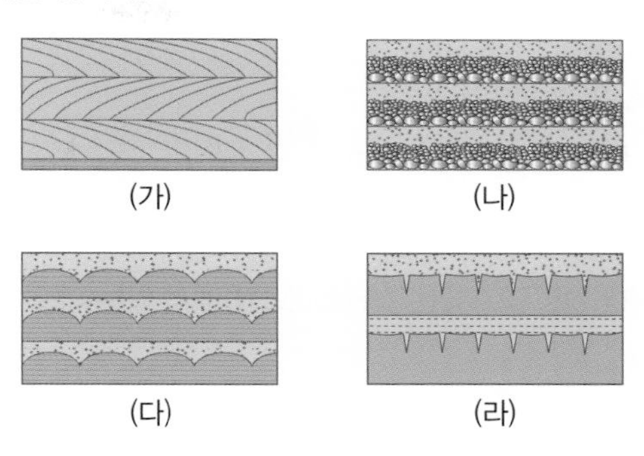

[8589-0103]

03 (가)~(라)의 퇴적 구조를 각각 무엇이라고 하는지 쓰시오.

[8589-0104]

04 (가)~(라) 중 상하의 지층이 역전된 것을 모두 고르시오.

[8589-0105]

05 그림 (가)~(라)는 여러 가지 지질 구조를 나타낸 것이다.

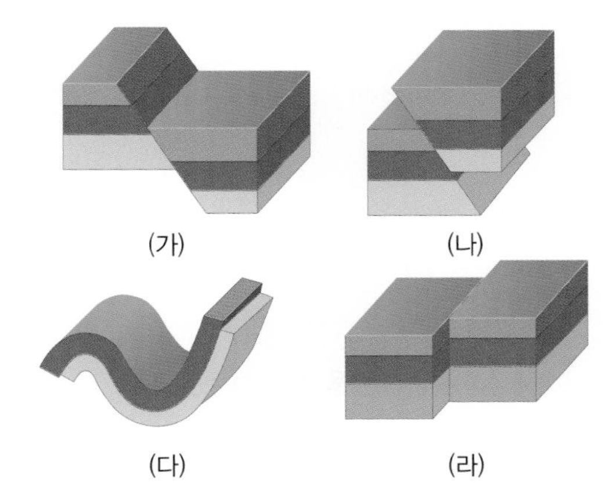

지층이 수평 방향으로 미는 횡압력을 받을 때 생성될 수 있는 지질 구조를 있는 대로 고른 것은?

① (가), (나) ② (나), (다) ③ (다), (라)
④ (가), (나), (다) ⑤ (나), (다), (라)

실력 향상 문제

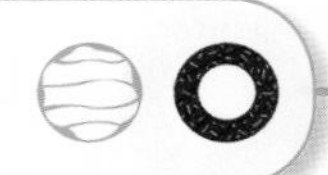

[8589-0106]

01 그림은 어느 퇴적암이 만들어지는 과정을 나타낸 것이다.

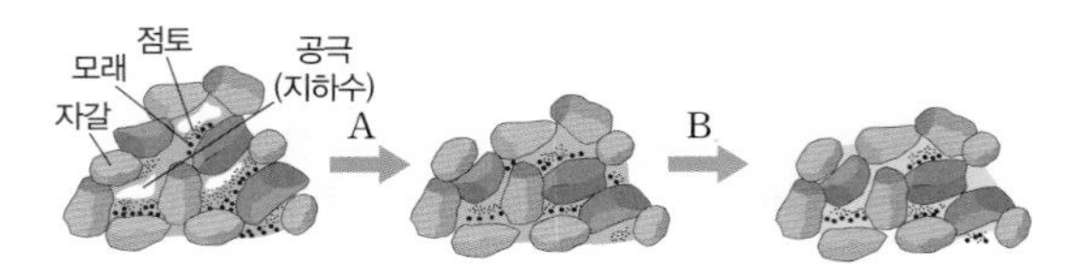

이에 대한 설명으로 옳은 것만을 <보기>에서 있는 대로 고른 것은?

보기

ㄱ. A 과정에서 퇴적물 사이의 공극이 줄어든다.
ㄴ. B 과정에서 지하수에 녹아 있던 물질이 침전된다.
ㄷ. 이러한 과정을 거쳐 만들어진 퇴적암을 사암이라고 한다.

① ㄱ　② ㄷ　③ ㄱ, ㄴ　④ ㄴ, ㄷ　⑤ ㄱ, ㄴ, ㄷ

[8589-0107]

02 그림은 몇 가지 퇴적암을 분류하는 과정을 나타낸 것이다.

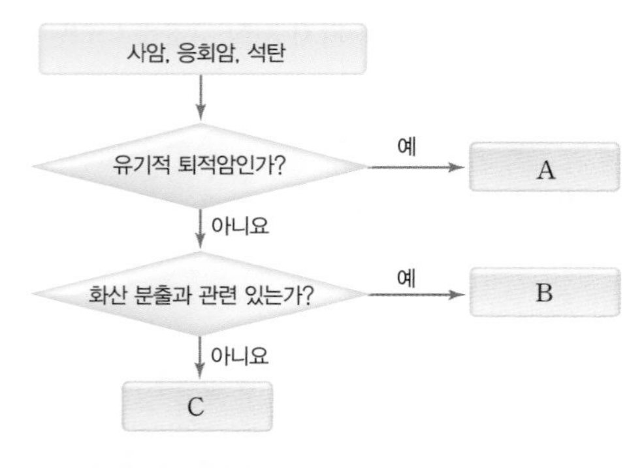

A, B, C에 해당하는 암석을 옳게 짝 지은 것은?

	A	B	C
①	사암	응회암	석탄
②	사암	석탄	응회암
③	응회암	사암	석탄
④	응회암	석탄	사암
⑤	석탄	응회암	사암

[8589-0108]

03 그림 (가)와 (나)는 두 종류의 퇴적암을 나타낸 것이다.

(가) 셰일

(나) 역암

이에 대한 설명으로 옳은 것만을 <보기>에서 있는 대로 고른 것은?

보기

ㄱ. (가)는 주로 모래가 쌓여서 만들어진다.
ㄴ. (나)는 주로 석회질 물질이 침전되어 생성된다.
ㄷ. (가)와 (나)는 모두 쇄설성 퇴적암이다.

① ㄱ　② ㄷ　③ ㄱ, ㄴ　④ ㄴ, ㄷ　⑤ ㄱ, ㄴ, ㄷ

[8589-0109]

04 그림은 여러 가지 퇴적 환경을 나타낸 것이다.

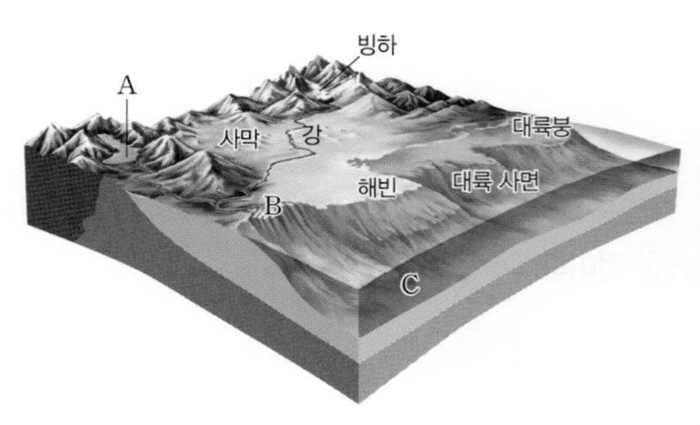

이에 대한 설명으로 옳은 것만을 <보기>에서 있는 대로 고른 것은?

보기

ㄱ. A에서는 계절 변화가 심한 경우 호상 점토층이 형성될 수 있다.
ㄴ. B의 퇴적물을 수직으로 관찰하면 위로 갈수록 입자의 크기가 작아지는 경향을 보인다.
ㄷ. C에서는 대륙붕 끝에 쌓여 있던 퇴적물이 흘러내려 저탁암이 생성될 수 있다.

① ㄱ　② ㄴ　③ ㄱ, ㄷ　④ ㄴ, ㄷ　⑤ ㄱ, ㄴ, ㄷ

[8589-0110]
05 그림은 어느 지역의 지층에서 발견된 퇴적 구조를 나타낸 것이다.

연흔

이에 대한 설명으로 옳은 것만을 〈보기〉에서 있는 대로 고른 것은?

보기
ㄱ. 퇴적물의 표면에 흐르는 물이나 파도의 흔적이다.
ㄴ. 지층이 쌓인 후 횡압력을 받았다.
ㄷ. 지층의 역전 여부를 판단하는 데 이용될 수 있다.

① ㄱ ② ㄴ ③ ㄱ, ㄷ
④ ㄴ, ㄷ ⑤ ㄱ, ㄴ, ㄷ

[8589-0111]
06 그림 (가)와 (나)는 서로 다른 지역에서 나타나는 퇴적 구조를 나타낸 것이다.

(가) 점이 층리

(나) 건열

이에 대한 설명으로 옳은 것만을 〈보기〉에서 있는 대로 고른 것은?

보기
ㄱ. (가)와 (나)는 모두 층리면에서 관찰한 것이다.
ㄴ. (가)는 퇴적물의 침강 속도 차이로 형성된 것이다.
ㄷ. (나)는 생성 과정에서 건조한 환경에 노출된 적이 있었다.

① ㄱ ② ㄴ ③ ㄱ, ㄷ
④ ㄴ, ㄷ ⑤ ㄱ, ㄴ, ㄷ

[8589-0112]
07 그림 (가)와 (나)는 서로 다른 퇴적 구조의 단면을 나타낸 것이다.

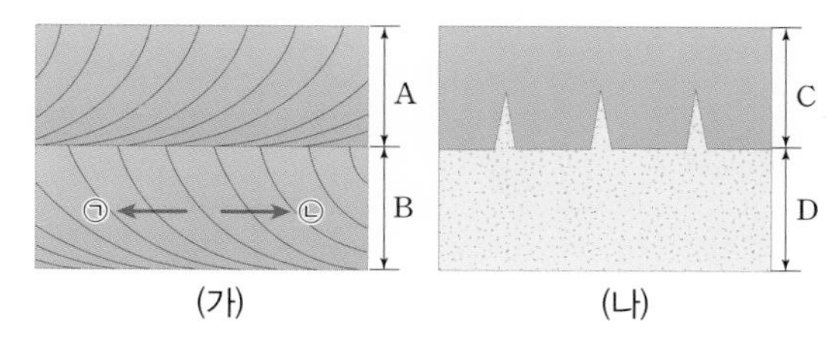

(가) (나)

이에 대한 설명으로 옳은 것만을 〈보기〉에서 있는 대로 고른 것은?

보기
ㄱ. A층은 B층보다 나중에 퇴적되었다.
ㄴ. C층은 D층보다 먼저 퇴적되었다.
ㄷ. B층이 퇴적될 당시 퇴적물이 공급된 방향은 ㉡이다.

① ㄱ ② ㄷ ③ ㄱ, ㄴ
④ ㄴ, ㄷ ⑤ ㄱ, ㄴ, ㄷ

[8589-0113]
08 그림 (가)와 (나)는 단층과 습곡의 구조를 나타낸 것이다.

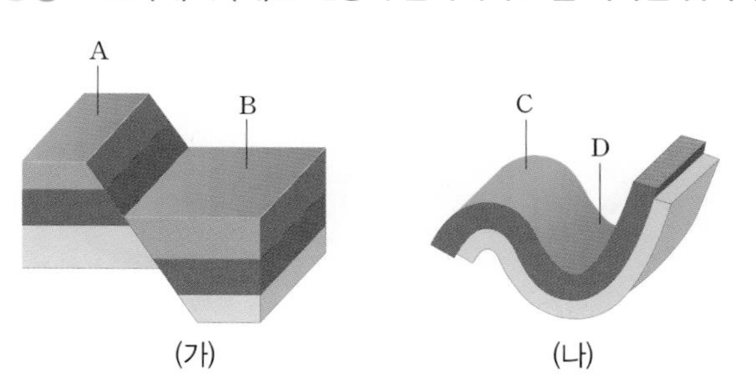

(가) (나)

이에 대한 설명으로 옳은 것만을 〈보기〉에서 있는 대로 고른 것은?

보기
ㄱ. A는 상반, B는 하반이다.
ㄴ. C는 배사, D는 향사이다.
ㄷ. (가)와 (나)는 모두 장력을 받아 생성되었다.

① ㄱ ② ㄴ ③ ㄱ, ㄷ
④ ㄴ, ㄷ ⑤ ㄱ, ㄴ, ㄷ

정답과 해설 18쪽

[8589-0114]
09 그림 (가)와 (나)는 서로 다른 단층을 나타낸 것이다.

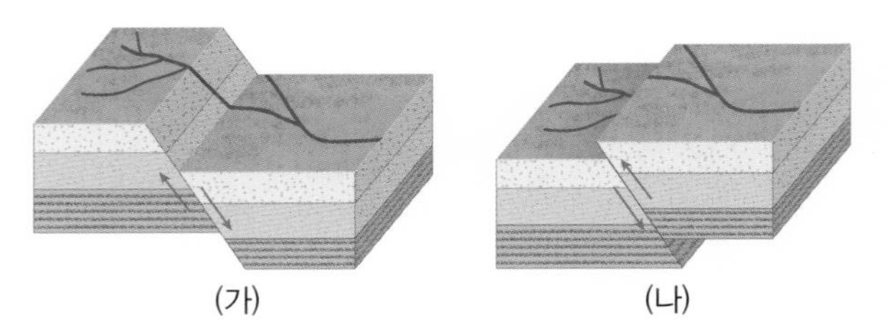
(가) (나)

이에 대한 설명으로 옳은 것만을 〈보기〉에서 있는 대로 고른 것은?

보기
ㄱ. (가)는 상반이 위로 이동했다.
ㄴ. (나)는 횡압력을 받아 생성되었다.
ㄷ. (가)는 정단층, (나)는 역단층이다.

① ㄱ ② ㄴ ③ ㄱ, ㄷ
④ ㄴ, ㄷ ⑤ ㄱ, ㄴ, ㄷ

[8589-0115]
10 그림은 부정합이 만들어지는 과정을 순서대로 나타낸 것이다.

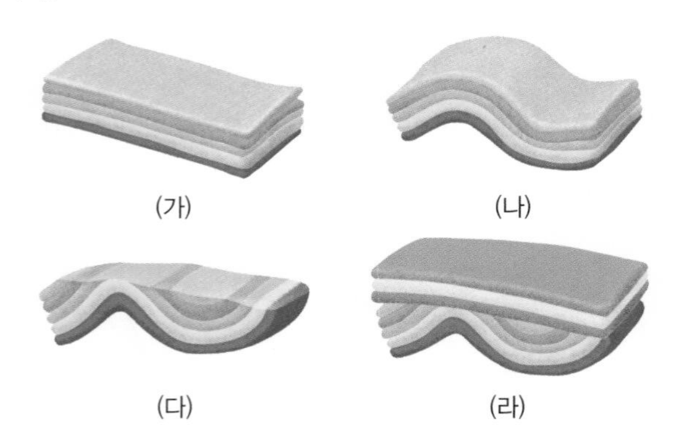
(가) (나) (다) (라)

이에 대한 설명으로 옳은 것만을 〈보기〉에서 있는 대로 고른 것은?

보기
ㄱ. (가) → (나) 과정은 조산 운동 과정에서 잘 일어난다.
ㄴ. (다)는 주로 해수면 아래에서 일어난다.
ㄷ. (라)의 모형에 나타난 부정합을 경사 부정합이라고 한다.

① ㄱ ② ㄴ ③ ㄱ, ㄷ
④ ㄴ, ㄷ ⑤ ㄱ, ㄴ, ㄷ

[8589-0116]
11 그림 (가)와 (나)는 화성암으로 이루어진 지역에서 관찰되는 절리의 모습을 나타낸 것이다.

(가) (나)

이에 대한 설명으로 옳은 것만을 〈보기〉에서 있는 대로 고른 것은?

보기
ㄱ. (가)에는 주상 절리가 발달해 있다.
ㄴ. (나)의 절리는 암석에 가해지는 압력이 감소하여 생성된 것이다.
ㄷ. (가)의 암석은 (나)의 암석보다 깊은 곳에서 생성되었다.

① ㄱ ② ㄷ ③ ㄱ, ㄴ
④ ㄴ, ㄷ ⑤ ㄱ, ㄴ, ㄷ

[8589-0117]
12 그림은 마그마가 관입한 어느 지역에 분포하는 지층을 나타낸 것이다.

이에 대한 설명으로 옳은 것만을 〈보기〉에서 있는 대로 고른 것은?

보기
ㄱ. ㉠은 관입암이다.
ㄴ. ㉡은 포획암이다.
ㄷ. A층과 B층 사이에는 오랫동안 퇴적이 중단된 시기가 있었다.

① ㄱ ② ㄴ ③ ㄱ, ㄷ
④ ㄴ, ㄷ ⑤ ㄱ, ㄴ, ㄷ

신유형·수능 열기

정답과 해설 21쪽

[8589-0118]

01 그림 (가), (나), (다)는 생성 원인이 서로 다른 퇴적암을 나타낸 것이다.

(가) 석회암

(나) 응회암

(다) 역암

이에 대한 설명으로 옳은 것만을 <보기>에서 있는 대로 고른 것은?

보기

ㄱ. (가)는 쇄설성 퇴적암이다.
ㄴ. (나)는 화산 활동으로 생성된 것이다.
ㄷ. (다)는 물에 녹아 있는 물질이 침전되어 생성된 것이다.

① ㄱ ② ㄴ ③ ㄱ, ㄷ
④ ㄴ, ㄷ ⑤ ㄱ, ㄴ, ㄷ

[8589-0119]

02 그림은 어느 지층의 퇴적 구조를 나타낸 것이다.

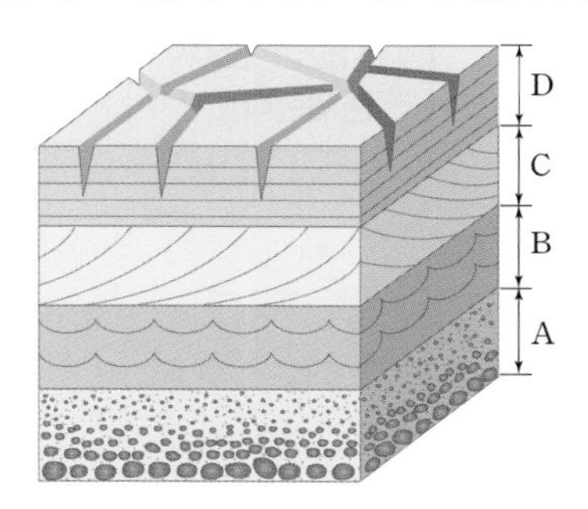

이에 대한 설명으로 옳은 것만을 <보기>에서 있는 대로 고른 것은?

보기

ㄱ. D층은 생성 당시 대기에 노출된 적이 있었다.
ㄴ. C층으로 물이 흘렀거나 바람이 불었던 방향을 추정할 수 있다.
ㄷ. B층은 A층보다 먼저 생성되었다.

① ㄱ ② ㄷ ③ ㄱ, ㄴ
④ ㄴ, ㄷ ⑤ ㄱ, ㄴ, ㄷ

[8589-0120]

03 그림은 어느 지역에 발달한 지질 구조의 모습을 나타낸 것이다.

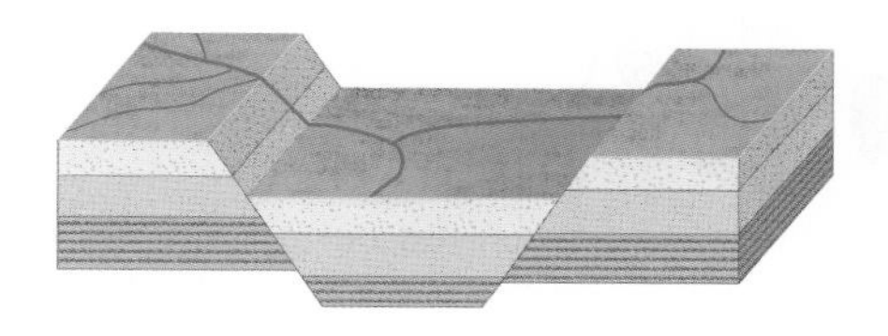

이에 대한 설명으로 옳은 것만을 <보기>에서 있는 대로 고른 것은?

보기

ㄱ. 상반이 하반에 대하여 아래로 이동했다.
ㄴ. 횡압력이 작용하여 형성된 지질 구조이다.
ㄷ. 이러한 지질 구조는 두 판이 충돌하는 과정에서 잘 형성된다.

① ㄱ ② ㄴ ③ ㄱ, ㄷ
④ ㄴ, ㄷ ⑤ ㄱ, ㄴ, ㄷ

[8589-0121]

04 그림은 어느 지역에 분포하는 지층의 단면을 나타낸 것이다.

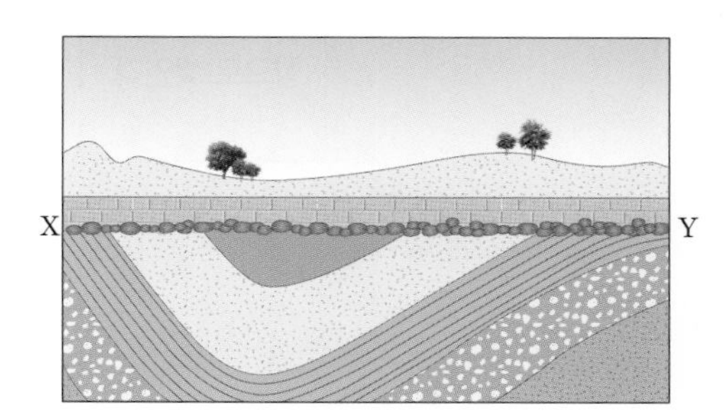

이에 대한 설명으로 옳은 것만을 <보기>에서 있는 대로 고른 것은?

보기

ㄱ. X−Y 아래의 지층에는 향사 구조가 나타난다.
ㄴ. X−Y 아래의 지층은 융기하여 풍화·침식 작용을 받은 적이 있다.
ㄷ. X−Y 아래의 지층과 위의 지층은 연속적으로 퇴적되었다.

① ㄱ ② ㄷ ③ ㄱ, ㄴ
④ ㄴ, ㄷ ⑤ ㄱ, ㄴ, ㄷ

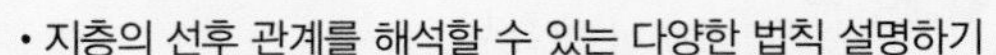

5 지사학의 원리와 지질 연대

• 지층의 선후 관계를 해석할 수 있는 다양한 법칙 설명하기
• 지층의 생성 순서를 결정하고 지구의 역사 추론하기
• 암석의 상대 연령과 절대 연령을 구하는 원리 설명하기

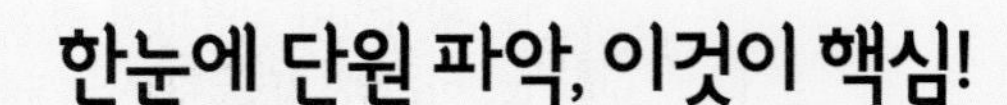

한눈에 단원 파악, 이것이 핵심!

지구의 역사를 해석하는 원리에는 어떤 것이 있을까?

현재 지구상에서 일어나고 있는 지질 현상을 이해하면 지구의 역사를 해석할 수 있다.

수평 퇴적의 법칙	지층 누중의 법칙	동물군 천이의 법칙	부정합의 법칙	관입의 법칙
퇴적물이 퇴적될 때는 중력의 영향으로 수평면과 나란한 방향으로 쌓인다.	지층이 역전되지 않았다면 아래에 있는 지층은 위에 있는 지층보다 먼저 생성되었다.	새로운 지층일수록 더욱 진화된 생물의 화석군이 산출된다.	부정합면을 경계로 상하 지층의 퇴적 시기 사이에 큰 시간적 간격이 존재한다.	관입 당한 암석은 관입한 화성암보다 먼저 생성되었다.

지질학적 사건이 일어난 시기는 어떻게 알 수 있을까?

상대 연령과 절대 연령으로 지질 연대를 알 수 있다.

상대 연령	절대 연령
• 과거에 일어난 지질학적 사건의 발생 순서나 지층과 암석의 생성 시기를 상대적으로 나타낸 것이다. • 지사 연구의 원리, 화석, 퇴적 구조를 이용한다.	• 암석의 생성 또는 지질학적 사건의 발생 시기를 연 단위의 절대적인 수치로 나타낸 것이다. • 방사성 동위 원소의 반감기를 이용한다. • 방사성 동위 원소 반감기 : 방사성 동위 원소가 붕괴하여 처음 양의 반으로 줄어드는 데 걸리는 시간이다. • 절대 연령＝반감기 횟수×반감기

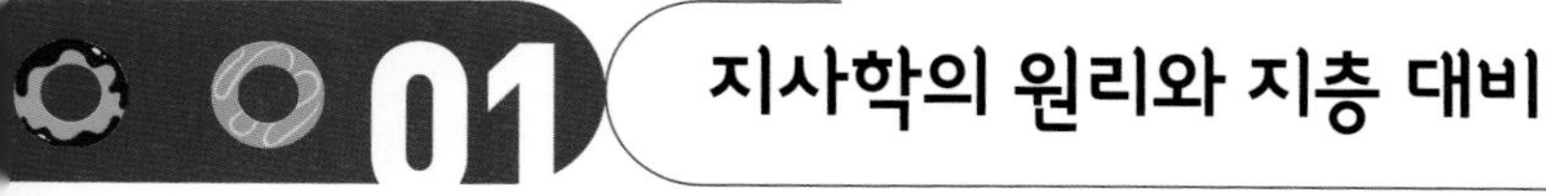

01 지사학의 원리와 지층 대비

1 지사학의 원리

암석과 지층에 기록되어 있는 지구의 역사를 해석하는 데에는 동일 과정설, 지층 누중의 법칙, 동물군 천이의 법칙, 부정합의 법칙, 관입의 법칙 등이 적용된다.

❶동일 과정설	현재 지구상에서 일어나는 지질학적 변화 과정은 과거에도 동일한 과정과 속도로 일어났기 때문에 현재 지구상에서 일어나고 있는 지질 현상을 이해하면 과거의 지구 역사를 해석할 수 있다.
수평 퇴적의 법칙	• 물속에서 퇴적물이 퇴적될 때는 중력의 영향으로 수평면과 나란한 방향으로 쌓여 지층이 형성된다. • 현재 관찰되는 지층이 기울어져 있다면 이 지층은 생성된 후 지각 변동을 받았음을 알 수 있다.
❷지층 누중의 법칙	• 지층이 역전되지 않았다면 아래에 있는 지층은 위에 있는 지층보다 먼저 퇴적되었다. • 지층의 역전 여부는 사층리, 점이 층리, 연흔, 건열 등의 퇴적 구조와 지층 속에 보존되어 있는 화석을 이용하여 판단할 수 있다.
❸동물군 천이의 법칙	• 오래된 지층에서 새로운 지층으로 갈수록 더욱 진화된 생물의 화석군이 산출된다. • 지층에서 산출되는 화석군의 변화를 이용하여 지층의 선후 관계를 파악할 수 있다. 새로운 지층 오래된 지층
부정합의 법칙	• 부정합면을 경계로 상부 지층과 하부 지층의 퇴적 시기 사이에 큰 시간적 간격이 존재한다. • 정합과 부정합 : 퇴적이 연속으로 일어난 경우 상하 두 지층의 관계를 정합, 퇴적이 중단되면서 상하 두 지층 사이의 시간적 간격이 큰 경우 두 지층의 관계를 부정합이라고 한다. • 부정합의 판단 : 부정합면 위에는 ❹기저 역암이 나타나기도 하며, 상하 두 지층에서 산출되는 화석군이 급격하게 달라진다.
❺관입의 법칙	• 마그마가 주변의 암석을 뚫고 들어가 화성암이 생성되었을 때, 관입 당한 암석은 관입한 화성암보다 먼저 생성되었다. • 화성암이 관입한 경우에는 지층 누중의 법칙이 적용되지 않는다. 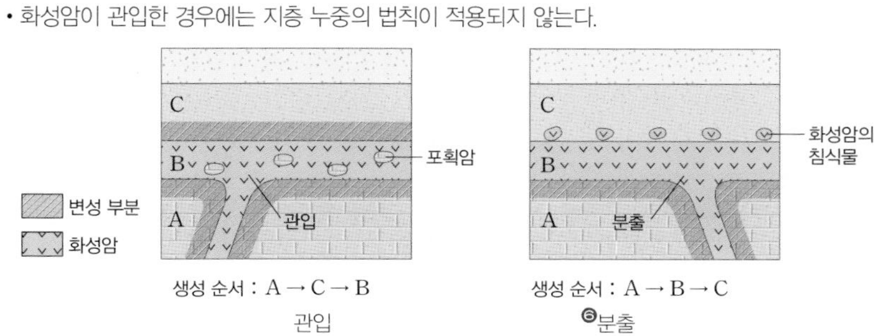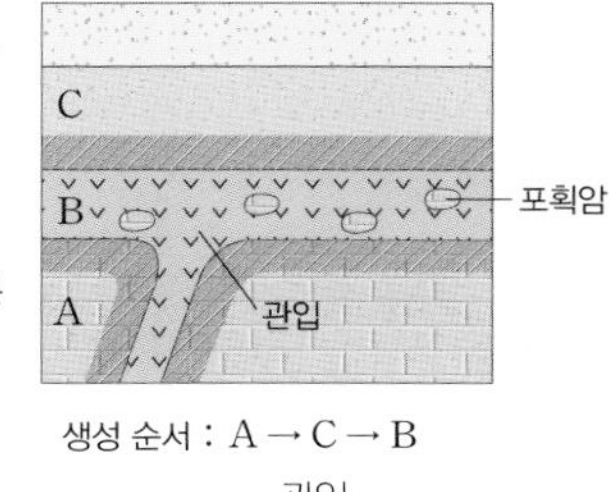 관입 ❻분출

THE 알기

❶ 동일 과정설
영국의 지질학자 허턴에 의하여 제창되었으며 라이엘에 의하여 계승, 발전된 것으로 지구의 역사는 현재 관찰되는 과정으로 해석할 수 있다는 것이다. 즉, 현재는 과거를 아는 열쇠라는 것이다.

❷ 지층 누중의 법칙
변형되지 않은 퇴적층에서 어떤 지층은 그 위에 놓인 지층보다 오래되었으며, 그 아래에 놓인 지층보다는 젊다.

❸ 동물군 천이의 법칙
화석으로 남아 있는 생명체들은 명확하게 순서를 결정할 수 있을 정도로 연속성을 가지며, 지층 속에 포함된 화석으로부터 특정한 시기를 규명할 수 있다는 것이다. 즉, 지층 속에 보존되어 있는 화석의 기록은 시간을 통한 생명체의 변화 과정을 보여준다는 것이다.

❹ 기저 역암
지표에 드러난 암석이 풍화, 침식 작용을 받아 잘게 부서진 후 다른 지역으로 이동하지 않고 침식면 위에 남겨진 퇴적물에 의해 만들어진 퇴적층이다. 따라서 부정합면은 기저 역암층의 바로 아래쪽 지층 경계면이다.

❺ 관입
마그마가 주변의 지층을 관입할 때는 주변의 암석 조각이 포획암으로 들어올 수 있으며, 열을 받아 변성 작용이 일어난다. 따라서 화성암체 내에 포획암이 존재하는지 여부와 화성암체와 주변 암석의 접촉부에 변성 부분이 있는지를 관찰하면 관입 여부를 판단할 수 있다.

❻ 분출
마그마가 지표로 분출한 후 그 위에 새로운 퇴적층이 쌓인 경우 화성암 위쪽에는 변성 부분이 없고, 침식을 받은 흔적이 나타난다.

THE 알기

❶ 암상에 의한 대비
지층의 선후 관계를 밝혀 지층이 쌓인 순서대로 아래부터 위로 기둥 모양으로 그린 것을 지질 주상도라고 한다. 지질 주상도는 암석의 종류, 지층의 두께, 지층 사이의 관계, 포함된 화석, 퇴적 구조 등의 정보를 포함하기도 한다.

❷ 표준 화석
퇴적층이 퇴적된 시기를 지시해 주는 화석으로, 지리적으로 넓은 지역에 분포하며, 비교적 생존 기간이 짧고 개체 수가 많은 생물의 화석이다. 표준 화석은 지층을 대비하고 지질 시대를 결정하는 데 매우 유용하다.
- 고생대 : 삼엽충, 필석, 갑주어, 방추충
- 중생대 : 암모나이트, 공룡
- 신생대 : 화폐석, 매머드

2 지층 대비

멀리 떨어져 있는 여러 지역에 분포하는 지층들을 서로 비교하여 생성 시대나 퇴적 시기의 선후 관계를 밝히는 것이다.

❶암상에 의한 대비	화석에 의한 대비
• 비교적 가까운 지역의 지층을 구성하는 암석의 종류, 조직, 지질 구조 등의 특징을 대비하여 지층의 선후 관계를 판단한다. • 건층 : 지층의 대비에 기준이 되는 지층으로 열쇠층이라고도 한다. ➡ 비교적 짧은 시기 동안 퇴적되었으면서도 넓은 지역에 걸쳐 분포하는 응회암층, 석탄층, 석회암층 등은 좋은 건층이 될 가능성이 높다.	• 같은 종류의 ❷표준 화석이 산출되는 지층은 같은 시기에 쌓여 생성된 지층이라고 할 수 있으므로 같은 종류의 표준 화석이 산출되는 지층을 연결하여 지층의 선후 관계를 판단한다. • 진화 계통이 잘 알려진 생물의 화석을 이용하여 대비한다. ➡ 화석에 의한 대비는 가까운 거리뿐만 아니라 멀리 떨어져 있는 지층의 대비에도 이용된다.
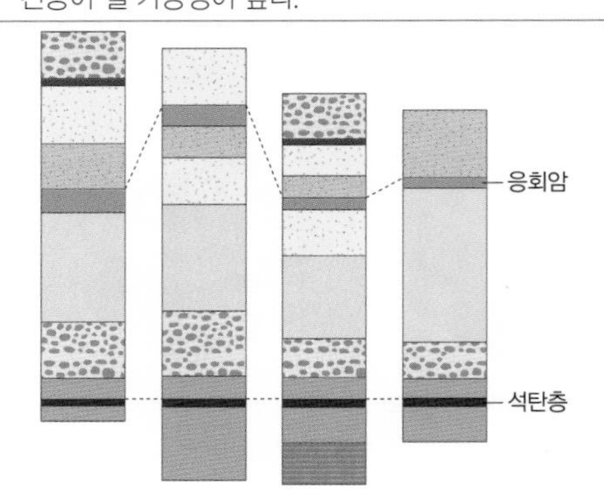 	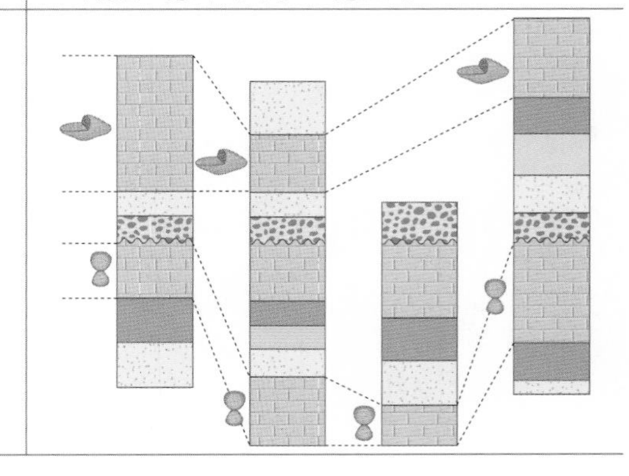

THE 들여다보기 **단절 관계의 원리와 횡적 연속성의 원리**

- 단절 관계의 원리 : 화성암의 관입이나 단층과 같이 암석을 끊고 지나간 지질학적 사건은 이들이 끊고 지나간 암석이나 지층보다 나중에 발생했다.
- 횡적 연속성의 법칙 : 퇴적물들은 넓은 지역에 하나의 연속된 층으로 퇴적된다. 퇴적암의 지층은 연속적인 층들로 모든 방향으로 확장되면서 결국에는 다른 형태의 퇴적물로 점진적으로 변화되거나 퇴적 분지의 경계부에서 얇아지면서 없어진다. 이 법칙을 이용하여 서로 떨어진 지점의 노두를 연결하여 지층을 대비할 수 있다.

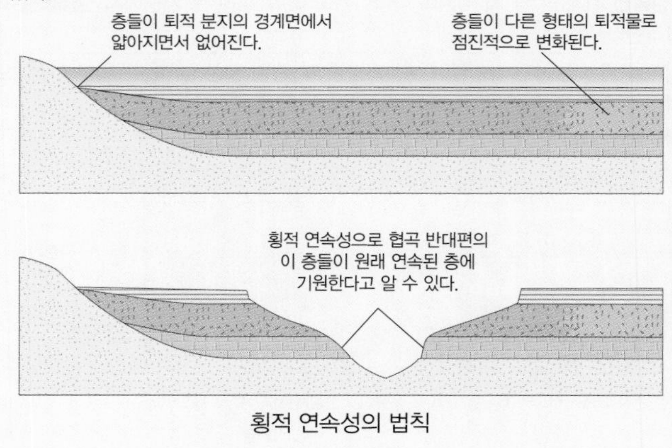

횡적 연속성의 법칙

개념체크

빈칸 완성

1. 현재 지구상에서 일어나는 지질학적 변화 과정은 과거에도 동일한 (   )과 속도로 일어났다.

2. 오래된 지층에서 새로운 지층으로 갈수록 더욱 (   )된 생물의 화석군이 산출된다.

3. 서로 떨어져 있는 여러 지역에 분포하는 지층들을 비교하여 생성 시대나 퇴적 시기의 선후 관계를 밝히는 것을 (   )라고 한다.

4. 암석의 종류나 특징을 이용하여 지층을 대비할 때 기준이 되는 층을 (   )이라고 한다.

5. 화석을 이용하여 지층을 대비할 때는 (   ) 계통이 잘 알려진 생물의 화석을 이용한다.

단답형 문제

6. 지층이 역전되지 않았다면 아래에 있는 지층은 위에 있는 지층보다 먼저 퇴적되었다는 지사학의 원리는 무엇인지 쓰시오.

7. 부정합면을 경계로 상부 지층과 하부 지층의 퇴적 시기 사이에 큰 시간적 간격이 존재한다는 지사학의 원리는 무엇인지 쓰시오.

8. 지층을 대비할 때 건층으로 이용하기에 적합한 지층에는 어떤 것이 있는지 쓰시오.

정답 **1.** 과정 **2.** 진화 **3.** 지층 대비 **4.** 건층 **5.** 진화 **6.** 지층 누중의 법칙 **7.** 부정합의 법칙 **8.** 석탄층, 응회암층, 석회암층

둘 중에 고르기

1. 물속에서 퇴적물이 퇴적될 때에는 중력의 영향으로 수평면과 (나란한, 수직인) 방향으로 쌓여 지층이 형성된다.

2. 퇴적이 연속으로 일어난 경우 상하 두 지층의 관계를 (정합, 부정합)이라고 한다.

3. 관입 당한 암석은 관입한 화성암보다 (먼저, 나중에) 생성되었다.

4. 멀리 떨어진 두 지역의 지층의 선후 관계를 비교할 때는 (화석, 암상)에 의한 대비를 한다.

5. 비교적 거리가 (가까운, 먼) 지역의 지층은 구성하는 암석의 종류, 조직, 지질 구조 등의 특징을 대비하여 지층의 선후 관계를 판단한다.

6. 건층은 비교적 ① (짧은, 긴) 시기 동안 퇴적되었으면서도 ② (좁은, 넓은) 지역에 걸쳐 분포하는 지층일수록 유용하다.

○X 문제

7. 지사학의 원리에 대한 설명으로 옳은 것은 ○, 옳지 않은 것은 ×로 표시하시오.

(1) 현재 관찰되는 지층이 기울어져 있다면 이 지층은 생성된 후 지각 변동을 받았다. (   )

(2) 지층에서 산출되는 화석군의 변화를 이용하면 지층의 선후 관계를 파악할 수 있다. (   )

(3) 화성암이 관입한 경우에는 지층 누중의 법칙이 적용된다. (   )

8. 지층 대비에 대한 설명으로 옳은 것은 ○, 옳지 않은 것은 ×로 표시하시오.

(1) 같은 종류의 표준 화석이 산출되는 지층은 서로 멀리 떨어져 있어도 같은 시기에 생성된 것으로 볼 수 있다. (   )

(2) 건층은 다른 지층과 잘 구분되고 쉽게 식별할 수 있는 특징이 있다. (   )

정답 **1.** 나란한 **2.** 정합 **3.** 먼저 **4.** 화석 **5.** 가까운 **6.** ① 짧은 ② 넓은 **7.** (1) ○ (2) ○ (3) × **8.** (1) ○ (2) ○

02 지질 연대

THE 알기

❶ 방사성 동위 원소
원자핵 내의 양성자 수는 같지만 중성자 수가 달라 질량수가 다른 원소를 동위 원소라고 한다. 동위 원소 중에는 자연적으로 붕괴하여 방사선을 방출하면서 안정한 원소로 변해가는 것이 있는데, 이를 방사성 동위 원소라고 한다.

1 상대 연령

(1) 상대 연령 : 과거에 일어난 지질학적 사건의 발생 순서나 지층과 암석의 생성 시기를 상대적으로 나타낸 것이다.

(2) 지층 누중의 법칙, 동물군 천이의 법칙, 관입의 법칙, 부정합의 법칙 등 지사 연구의 여러 원리들을 적용하여 판단한다.

① 화석, 퇴적 구조, 지질 구조 등을 종합적으로 분석하여 결정한다.

② 특정 지질학적 사건이 얼마나 오래전에 일어났으며, 지층이나 암석이 언제 생성되었는지는 알 수 없다.

2 절대 연령

(1) 절대 연령 : 암석의 생성 또는 지질학적 사건의 발생 시기를 연 단위의 절대적인 수치로 나타낸 것이다.

(2) 암석 속에 포함되어 있는 ❶방사성 동위 원소의 반감기를 이용하여 구한다.

① 반감기

- 방사성 동위 원소는 온도나 압력 등의 외부 환경에 관계없이 일정한 속도로 붕괴하여 다른 안정한 원소로 변한다.
- 모원소와 자원소 : 붕괴하는 방사성 동위 원소를 모원소, 방사성 동위 원소가 붕괴하여 생성되는 원소를 자원소라고 한다.
- 방사성 동위 원소의 반감기 : 방사성 동위 원소가 붕괴하여 처음 양의 절반으로 줄어드는 데 걸리는 시간이다.
- 반감기는 방사성 동위 원소의 종류에 따라 다르며, 한 종류의 방사성 원소에서는 시간의 경과에 관계없이 항상 일정하다.

② 반감기와 절대 연령 사이의 관계

- 시간이 경과함에 따라 모원소의 양은 지속적으로 감소하고, 자원소의 양은 지속적으로 증가한다.
- 암석이나 광물에 포함된 방사성 동위 원소의 모원소와 자원소의 비율, 반감기를 알면 그 암석이나 광물이 생성된 시기를 측정할 수 있다.

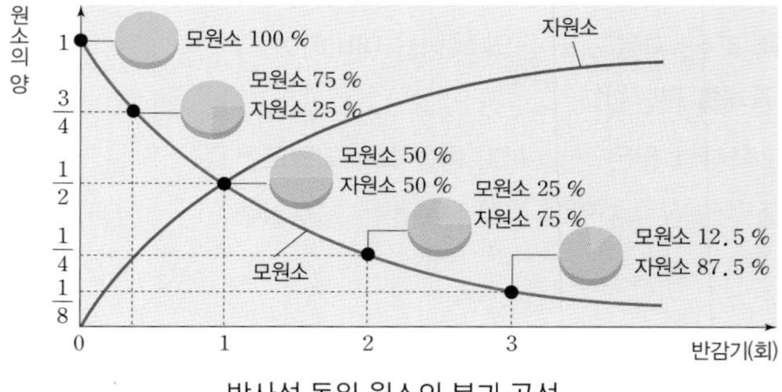

방사성 동위 원소의 붕괴 곡선

• ❶방사성 동위 원소의 반감기와 절대 연령 사이의 관계

$$M = M_0\left(\frac{1}{2}\right)^{\frac{t}{T}}$$
$$t = nT$$

• M : t년 후에 남아 있는 방사성 동위 원소의 양
• M_0 : 방사성 동위 원소의 처음 양
• T : 방사성 동위 원소의 반감기
• t : 절대 연령
• n : 반감기 횟수

(3) ❷암석의 절대 연령

① 화성암 : 마그마에서 광물이 정출되어 화성암이 생성된 시기를 알 수 있다.
② 변성암 : 고온에서 변성 작용에 의해 재결정 작용이 일어난 시기를 알 수 있다.
③ 퇴적암 : 여러 시기의 퇴적물이 섞여 있으므로 절대 연령을 정확히 측정하기는 어렵다.
➡ 화성암이나 변성암의 절대 연령을 측정한 후 이들과의 생성 순서를 비교하여 간접적으로 알아낸다.

(4) 절대 연령 측정에 이용되는 방사성 동위 원소 선택

① 절대 연령을 측정하려는 시료가 생성될 때 모원소를 많이 가질수록, 자원소를 적게 포함할수록 절대 연령 측정에 유리하다.
② 측정하려는 암석의 나이에 비해 모원소의 반감기가 너무 길면 붕괴한 양이 너무 적고, 암석의 나이에 비해 모원소의 반감기가 너무 짧으면 오래전에 대부분 붕괴되어 절대 연령을 측정하기 어렵다.
③ 오래전에 생성된 암석의 절대 연령은 반감기가 긴 방사성 동위 원소를 이용하여 측정하고, 비교적 최근에 생성된 암석이나 유물의 절대 연령은 반감기가 짧은 방사성 동위 원소를 이용하여 측정한다.
④ 주요 방사성 동위 원소의 반감기

모원소	자원소	반감기	포함된 광물 및 물질
^{238}U	^{206}Pb	약 45억 년	저어콘, 우라니나이트, 피치블랜드
^{235}U	^{207}Pb	약 7.1억 년	저어콘, 우라니나이트, 피치블랜드
^{232}Th	^{208}Pb	약 140억 년	저어콘, 우라니나이트
^{40}K	^{40}Ar	약 13억 년	휘석, 흑운모, 백운모, 정장석
^{87}Rb	^{87}Sr	약 470억 년	흑운모, 백운모, 정장석, 각섬석
^{14}C	^{14}N	약 5700년	뼈, 나무 등 탄소를 포함한 유기물

THE 알기

❶ 반감기와 절대 연령
반감기가 n번 지났을 때 자원소의 양을 D라고 하면
$D = M_0 - M$
$= M(2^{\frac{t}{T}} - 1)$
$= M(2^n - 1)$
이다. D와 M은 현재 자원소와 모원소의 양이므로 암석 또는 광물 속에 포함된 자원소와 모원소의 양을 측정하면 반감기를 아는 경우 암석 또는 광물의 나이를 계산할 수 있다.

❷ 암석의 절대 연령
방사성 동위 원소를 이용한 절대 연령 측정은 주로 화성암이나 변성암의 절대 연령을 측정하는 데 이용된다. 퇴적암의 경우 구성 입자의 나이가 다양하기 때문에 방사성 동위 원소를 이용하여 절대 연령을 측정하지 않는다.

THE 들여다보기 방사성 탄소(^{14}C)를 이용한 절대 연령 측정

방사성 탄소(^{14}C)는 반감기가 짧아서 비교적 젊은 지층이나 고고학 연구에 이용된다.
• 방사성 탄소인 ^{14}C는 붕괴하여 ^{14}N가 되지만 우주로부터 날아온 고에너지의 입자와 반응하여 ^{14}N가 ^{14}C로 되는 과정이 반복되므로 대기 중의 ^{14}C 양은 거의 일정하게 유지된다.
• 살아 있는 생물은 호흡과 광합성 작용으로 방사성 탄소인 ^{14}C와 보통의 탄소인 ^{12}C 비율이 대기와 같게 유지된다.
• 생물이 죽으면 물질대사가 정지되고 생물체 내의 ^{14}C가 붕괴하여 ^{14}N가 되므로 ^{14}C와 ^{14}N의 비율이 달라진다.
• 대기 중의 ^{14}C와 ^{12}C의 비율과 죽은 생물체 내의 ^{14}C와 ^{12}C의 비율을 비교하면 그 생물이 죽은 후 경과한 시간을 알 수 있다.
• 지층 속에 들어있는 동물의 뼈, 조개껍데기, 나무, 꽃가루 등 과거 생물체의 절대 연령을 측정하는 데 이용된다.

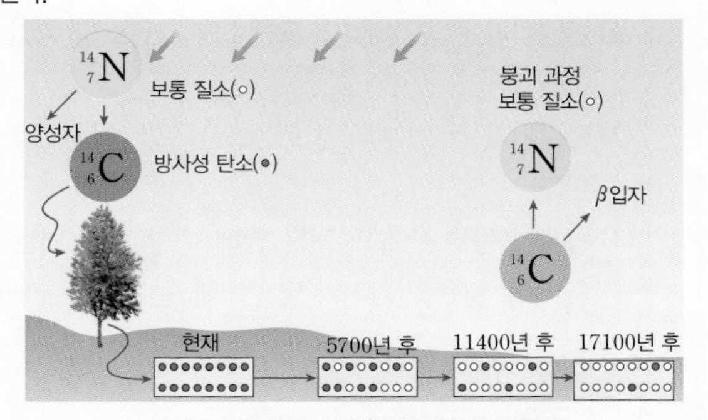

방사성 탄소를 이용한 절대 연령 측정

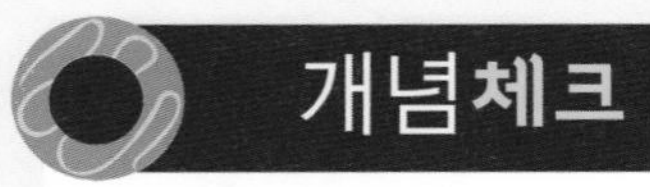

개념체크

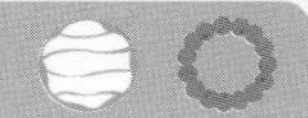

빈칸 완성

1. 과거에 일어난 지질학적 사건의 발생 순서나 지층과 암석의 생성 시기를 상대적으로 나타낸 것을 (　　　) 연령이라고 한다.

2. 암석 또는 지질학적 사건의 발생 시기를 연 단위의 절대적인 수치로 나타낸 것을 (　　　) 연령이라고 한다.

3. 붕괴하는 방사성 동위 원소를 ① (　　　)라 하고, 방사성 동위 원소가 붕괴하여 생성되는 원소를 ② (　　　)라고 한다.

4. 방사성 동위 원소가 붕괴하여 처음 양의 절반으로 줄어드는 데 걸리는 시간을 (　　　)라고 한다.

둘 중에 고르기

5. 시간이 경과함에 따라 암석 속에 들어 있는 모원소의 양은 지속적으로 (증가, 감소)한다.

6. 비교적 최근에 생성된 암석의 절대 연령은 반감기가 (긴, 짧은) 방사성 동위 원소를 이용하여 측정하는 것이 좋다.

7. 절대 연령을 측정하려는 시료가 생성될 때 모원소를 ① (많이, 적게), 자원소를 ② (많이, 적게) 포함할수록 절대 연령 측정에 유리하다.

8. 퇴적암은 여러 시기의 퇴적물이 섞여 있으므로 절대 연령을 정확히 측정하기가 (쉽다, 어렵다).

정답 **1.** 상대 **2.** 절대 **3.** ① 모원소 ② 자원소 **4.** 반감기 **5.** 감소 **6.** 짧은 **7.** ① 많이 ② 적게 **8.** 어렵다

○X 문제

1. 방사성 동위 원소에 대한 설명으로 옳은 것은 ○, 옳지 않은 것은 ×로 표시하시오.

(1) 자연적으로 붕괴하여 방사선을 방출하면서 불안정한 원소로 변한다. (　　)

(2) 외부의 온도나 압력의 변화에 관계없이 일정한 속도로 붕괴한다. (　　)

2. 방사성 동위 원소의 반감기에 대한 설명으로 옳은 것은 ○, 옳지 않은 것은 ×로 표시하시오.

(1) 암석 속에 들어 있는 자원소의 양은 시간이 경과함에 따라 점점 증가한다. (　　)

(2) 반감기가 한 번 지나면 모원소와 자원소의 양이 같아진다. (　　)

(3) 반감기가 두 번 지나면 모원소는 모두 자원소로 변한다. (　　)

(4) 방사성 동위 원소의 처음 양에 대한 남아 있는 양의 비를 알면 반감기가 몇 번 지났는지 알 수 있다. (　　)

단답형 문제

3. 어떤 암석 속에 들어 있는 방사성 동위 원소가 처음 양의 $\frac{1}{8}$이었다면, 이 방사성 동위 원소의 반감기는 몇 번 지났는지 구하시오.

4. 방사성 동위 원소를 이용한 절대 연령 측정은 화성암, 퇴적암, 변성암 중 주로 어떤 암석에 이용되는지 쓰시오.

바르게 연결하기

5. 절대 연령 측정 대상과 절대 연령 측정에 이용되는 원소를 바르게 연결하시오.

	측정 대상		원소
(1)	오래된 지질 시대의 암석이나 지구의 나이 •	• ㉠	탄소(^{14}C)
(2)	유기물의 나이 •	• ㉡	우라늄(^{235}U)

정답 **1.** (1) × (2) ○ **2.** (1) ○ (2) ○ (3) × (4) ○ **3.** 3번 **4.** 화성암과 변성암 **5.** (1) ㉡ (2) ㉠

지층의 선후 관계 알기

정답과 해설 22쪽

목표

지사 연구의 여러 법칙과 방사성 동위 원소의 반감기를 이용하여 지층의 선후 관계를 알 수 있다.

과정

그림 (가)는 어느 지역을 지질 조사하여 작성한 지층의 단면을, (나)는 이 지역에 분포하는 화성암 P와 Q에 들어 있는 방사성 동위 원소 X의 붕괴 곡선을 나타낸 것이다. P와 Q에는 방사성 동위 원소 X와 X가 붕괴하여 생성된 자원소의 비율이 각각 1:3, 1:1로 들어 있었으며, 지층의 역전은 없었다.

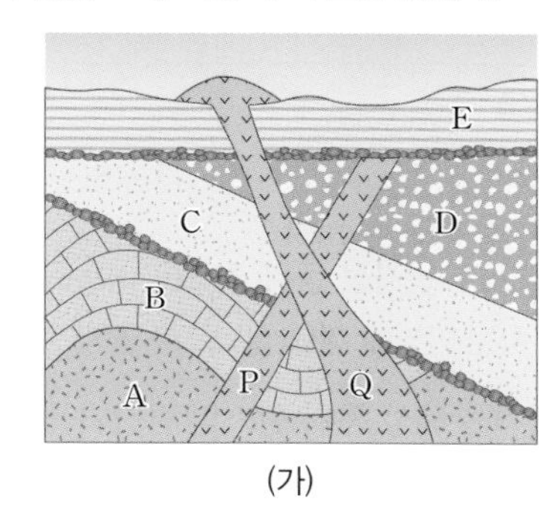

(가)

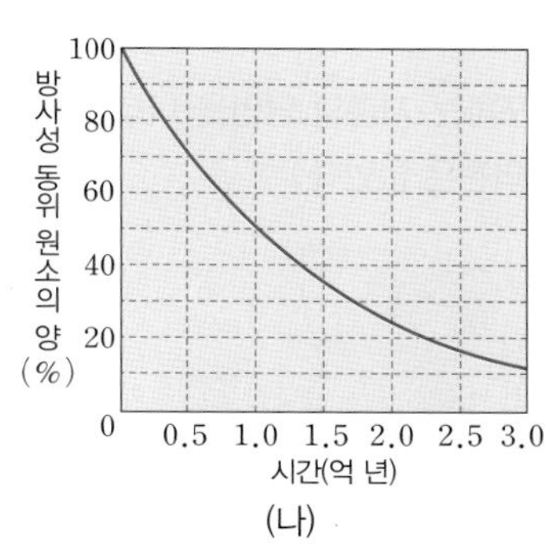

(나)

1. 이 지역에 분포하는 암석을 생성 시기가 오래된 것부터 순서대로 나열하시오.
2. 화성암 P와 Q의 절대 연령을 구하시오.
3. E가 생성된 시기를 화성암 P, Q를 이용하여 추정하시오.
4. 이 지역에서 오랫동안 퇴적이 중단되었던 시기는 몇 번 있었는지 구하시오.

결과 정리 및 해석

1. 지층 누중의 법칙에 의하면 지층이 역전되지 않았다면 아래에 있는 지층은 위에 있는 지층보다 먼저 생성되었다. 따라서 가장 아래에 있는 A가 가장 먼저 생성되었으며, 이후 B, C, D, E 순으로 생성되었다. 한편 관입의 법칙에 의하면 관입당한 암석은 관입한 화성암보다 먼저 생성되었다. P는 A, B, C, D를 관입하였으므로, P는 D보다 나중에 생성되었으며, Q는 다른 모든 암석을 관입하였으므로 가장 나중에 생성되었다. 따라서 이 지역에서 암석은 A－B－C－D－P－E－Q 순으로 생성되었다.
2. 화성암 P와 Q에 들어 있는 방사성 동위 원소 X와 X가 붕괴하여 생성된 자원소의 비율이 각각 1:3, 1:1이므로 P와 Q에 남아 있는 X의 함량은 각각 처음의 25 %, 50 %이다. 따라서 화성암 P의 절대 연령은 2억 년이고, Q의 절대 연령은 1억 년이다.
3. E는 P가 생성된 이후, Q가 생성되기 이전에 생성되었다. 따라서 E는 약 2억 년 전~1억 년 전 사이에 생성되었다.
4. 오랫동안 퇴적이 중단되어 상하 지층의 퇴적 시기 사이에 큰 시간적 간격이 존재하는 것을 부정합이라고 한다. 이 지역에서는 부정합이 2개 나타나고 현재 지표면이 융기된 상태이므로 오랫동안 퇴적이 중단된 시기는 3번 있었다.

탐구 분석

1. 화성암 P와 Q가 관입할 때 변성 작용을 받은 지층은 각각 어느 것인가?
2. 앞으로 1억 년 후 화성암 P와 Q에 남아 있는 방사성 동위 원소 X의 함량은 각각 생성 당시의 몇 %가 되겠는가?

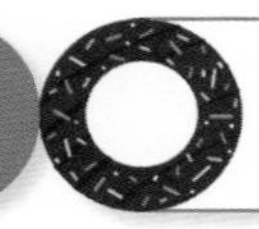

내신 기초 문제

정답과 해설 22쪽

[8589-0122]

01 다음에서 설명하고 있는 지사학의 원리를 쓰시오.

> 현재 지구상에서 일어나는 지질학적 변화 과정은 과거에도 동일한 과정과 속도로 일어났기 때문에 현재 지구상에서 일어나고 있는 지질 현상을 이해하면 과거의 지구 역사를 해석할 수 있다.

[8589-0123]

02 그림은 어느 지역에 분포하는 지층의 단면을 나타낸 것이다. (단, 이 지역에서 지층의 역전은 없었다.)

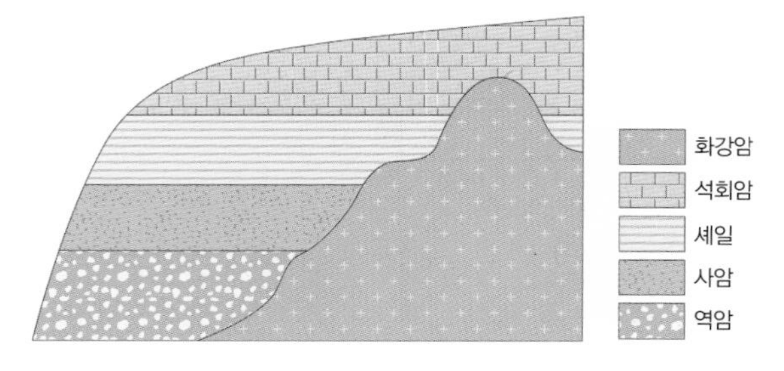

(1) 이 지역에 분포하는 퇴적암들의 생성 순서를 결정하는 데 이용되는 지사학의 원리를 쓰시오.

(2) 화강암과 다른 암석 사이의 생성 순서를 결정하는 데 이용되는 지사학의 원리를 쓰시오.

(3) 이 지역에 분포하는 암석을 생성 시기가 오래된 것부터 순서대로 나열하시오.

[8589-0124]

03 지층 대비에 대한 설명으로 옳지 않은 것은?

① 비교적 가까운 지역의 지층은 암상에 의한 대비를 한다.
② 서로 멀리 떨어진 지역의 지층을 대비할 때는 표준 화석을 이용한다.
③ 화석에 의한 대비를 할 때는 진화 계통이 잘 알려진 화석을 이용한다.
④ 암상에 의한 대비를 할 때는 좁은 지역에 분포하는 지층을 건층으로 이용한다.
⑤ 같은 종류의 표준 화석이 산출되는 지층은 같은 시기에 생성된 것으로 볼 수 있다.

[8589-0125]

04 지질 연대에 대한 설명으로 옳은 것만을 〈보기〉에서 있는 대로 고른 것은?

> 보기
> ㄱ. 상대 연령은 지사 연구의 여러 법칙을 이용하여 알아낸다.
> ㄴ. 관입한 화성암은 상대 연령을 알아낼 수 없다.
> ㄷ. 절대 연령은 지질학적 사건의 발생 순서나 선후 관계를 나타낸 것이다.

① ㄱ　② ㄴ　③ ㄱ, ㄷ　④ ㄴ, ㄷ　⑤ ㄱ, ㄴ, ㄷ

[8589-0126]

05 방사성 동위 원소를 이용하여 암석의 절대 연령을 측정하는 방법에 대한 설명으로 옳지 않은 것은?

① 방사성 동위 원소의 반감기를 이용한다.
② 암석이 생성된 정확한 시기를 알 수 있다.
③ 퇴적암의 절대 연령 측정에는 적합하지 않다.
④ 암석이 생성된 후 온도와 압력이 변하지 않아야 한다.
⑤ 최근에 생성된 암석의 절대 연령은 반감기가 짧은 방사성 동위 원소를 이용한다.

[8589-0127]

06 그림은 방사성 동위 원소 X와 X가 붕괴하여 생성된 원소의 양을 시간에 따라 나타낸 것이다.

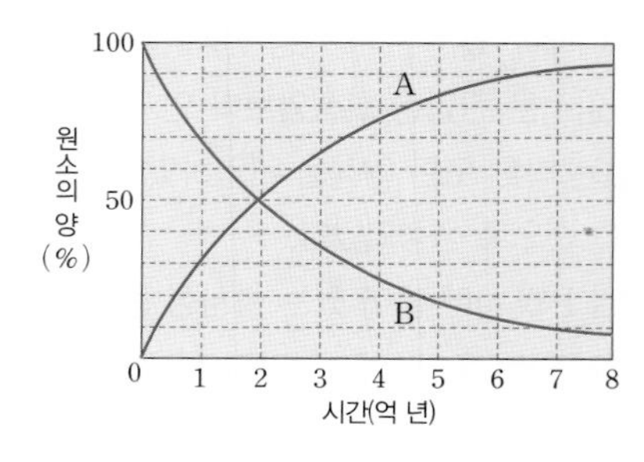

(1) A와 B 중 방사성 동위 원소 X의 붕괴 곡선은 어느 것인지 쓰시오.

(2) 방사성 동위 원소 X의 반감기는 몇 년인지 구하시오.

(3) 어느 화성암 속에 X와 X가 붕괴하여 생성된 자원소의 양이 1:3의 비율로 들어 있다면 이 암석의 나이는 몇 년인지 구하시오.

실력 향상 문제

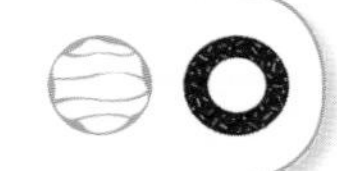

정답과 해설 24쪽

[8589-0128]

01 그림은 어느 지역에 분포하는 지층의 단면을 나타낸 것이다.

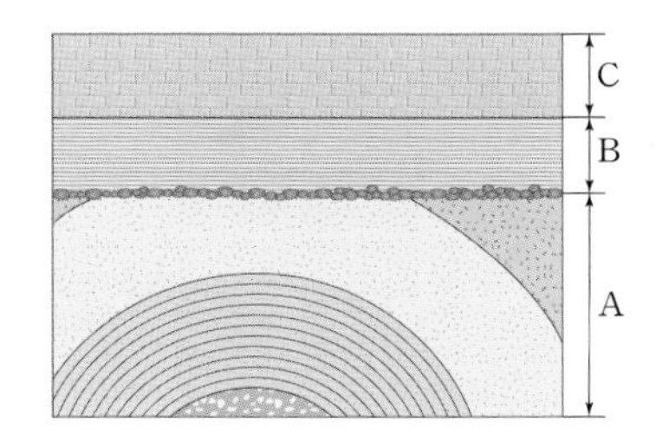

이 지역의 지층에 대하여 학생들이 나눈 대화 중 옳은 것만을 〈보기〉에서 있는 대로 고른 것은? (단, 지층의 역전은 없었다.)

보기
- 철수 : 지층 누중의 법칙에 의하면 A층은 생성된 후 바로 지각 변동을 받았어.
- 영희 : 부정합의 법칙에 의하면 A층과 B층의 생성 시기는 큰 차이가 날 거야.
- 수민 : B층과 C층의 선후 관계는 관입의 법칙을 이용하여 결정할 수 있어.

① 철수 ② 영희 ③ 철수, 수민
④ 영희, 수민 ⑤ 철수, 영희, 수민

[8589-0129]

02 그림 (가)와 (나)는 서로 다른 두 지역의 지질 단면을 나타낸 것이다.

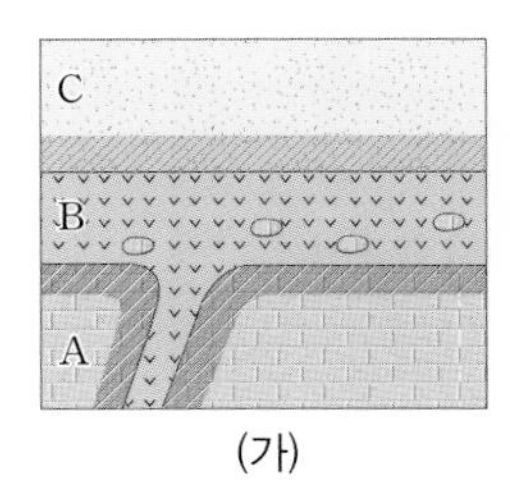

(가)

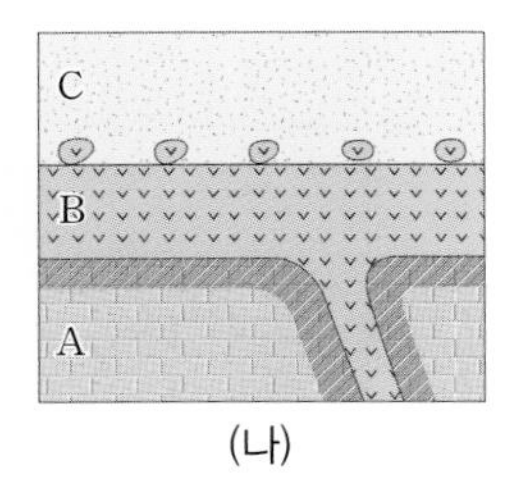

(나)

이에 대한 설명으로 옳은 것만을 〈보기〉에서 있는 대로 고른 것은? (단, 빗금친 부분은 변성 작용을 받은 부분이다.)

보기
- ㄱ. (가)에서 B는 A와 C를 관입하였다.
- ㄴ. (나)에서 가장 오래된 지층은 A이다.
- ㄷ. (가)와 (나)에서 B는 모두 침식 작용을 받았다.

① ㄱ ② ㄷ ③ ㄱ, ㄴ ④ ㄴ, ㄷ ⑤ ㄱ, ㄴ, ㄷ

[8589-0130]

03 그림 (가), (나), (다)는 서로 가까운 세 지역의 지질 단면을 나타낸 것이다.

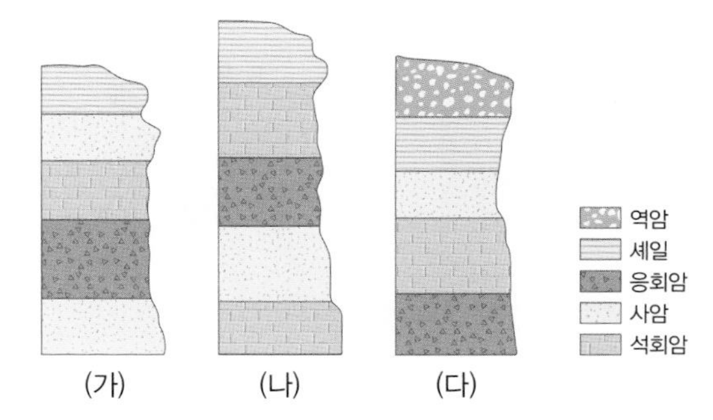

이에 대한 설명으로 옳은 것만을 〈보기〉에서 있는 대로 고른 것은? (단, 지층의 역전은 없었다.)

보기
- ㄱ. 가장 오래된 지층은 (가) 지역에 분포한다.
- ㄴ. (나) 지역에서는 퇴적이 중단된 시기가 있었다.
- ㄷ. (나)와 (다) 지역의 사암층은 같은 시기에 퇴적되었다.

① ㄱ ② ㄴ ③ ㄱ, ㄷ ④ ㄴ, ㄷ ⑤ ㄱ, ㄴ, ㄷ

[8589-0131]

04 그림 (가), (나), (다)는 서로 다른 지역에 지층이 쌓여 있는 순서와 각 지층에서 산출되는 표준 화석을 기호로 나타낸 것이다.

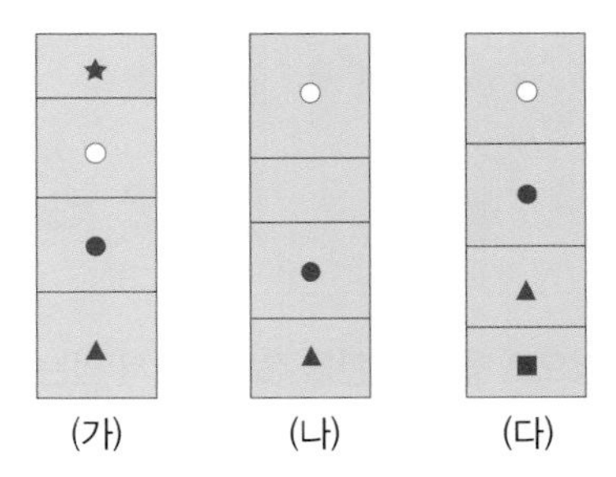

가장 오래된 지층과 가장 새로운 지층이 분포하는 지역을 옳게 짝 지은 것은? (단, 지층의 역전은 없었다.)

	오래된 지층	새로운 지층
①	(가)	(나)
②	(가)	(다)
③	(나)	(가)
④	(나)	(다)
⑤	(다)	(가)

[8589-0132]

05 그림 (가)와 (나)는 서로 다른 두 지역의 지층 단면과 산출되는 표준 화석 A, B를 나타낸 것이다.

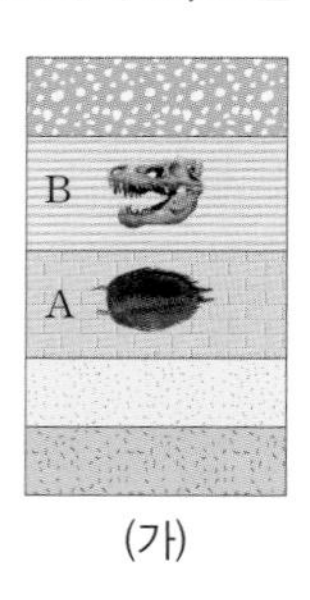

(가)

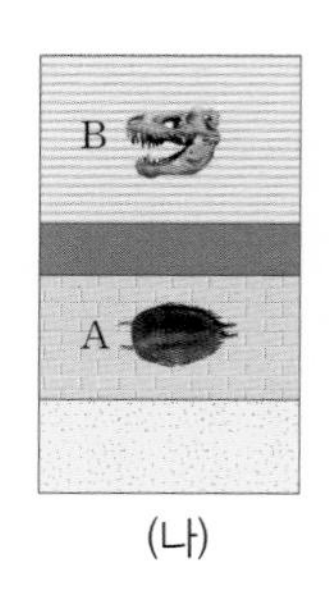

(나)

이에 대한 설명으로 옳은 것만을 〈보기〉에서 있는 대로 고른 것은? (단, 지층의 역전은 없었다.)

> 보기
> ㄱ. 화석 A는 화석 B보다 오래전에 생성되었다.
> ㄴ. (가) 지역은 해수면 위로 융기한 적이 있었다.
> ㄷ. 두 지역에서 가장 오래된 지층은 (나)에 분포한다.

① ㄱ ② ㄷ ③ ㄱ, ㄴ
④ ㄴ, ㄷ ⑤ ㄱ, ㄴ, ㄷ

[8589-0133]

06 그림 (가), (나), (다)는 멀리 떨어져 있는 세 지역의 지층과 산출되는 화석을 나타낸 것이다.

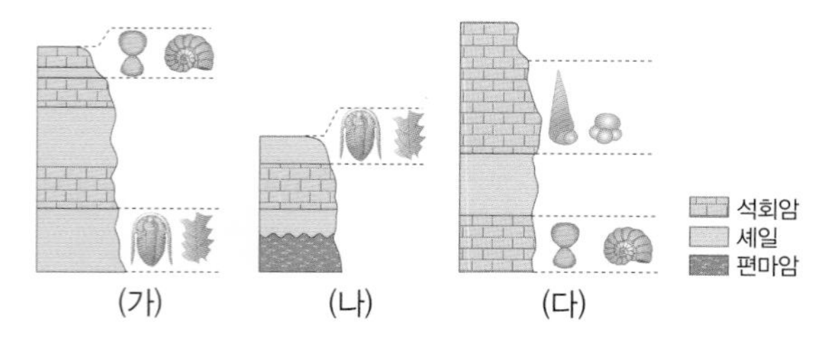

이에 대한 설명으로 옳은 것만을 〈보기〉에서 있는 대로 고른 것은? (단, 지층의 역전은 없었다.)

> 보기
> ㄱ. 가장 최근에 생성된 지층은 (가)에 분포한다.
> ㄴ. (나) 지역의 지층에는 (다) 지역의 지층과 같은 시기에 생성된 지층이 분포하지 않는다.
> ㄷ. 셰일층을 건층으로 사용하여 세 지역의 지층을 대비한다.

① ㄱ ② ㄴ ③ ㄱ, ㄷ
④ ㄴ, ㄷ ⑤ ㄱ, ㄴ, ㄷ

[8589-0134]

07 그림은 어느 지역의 지질 단면과 이 지역의 지층에서 발견되는 퇴적 구조를 나타낸 것이다.

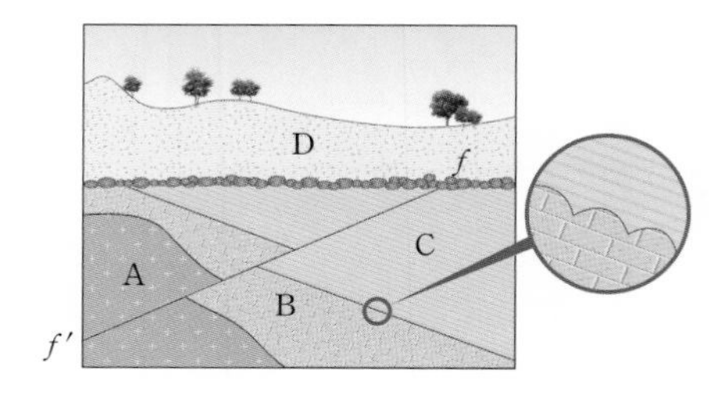

이에 대한 설명으로 옳은 것만을 〈보기〉에서 있는 대로 고른 것은?

> 보기
> ㄱ. 단층 $f-f'$는 A보다 먼저 생성되었다.
> ㄴ. B와 C는 융기하여 침식을 받은 적이 있다.
> ㄷ. B와 D 사이의 시간 간격은 C와 D 사이의 시간 간격보다 크다.

① ㄱ ② ㄴ ③ ㄱ, ㄷ
④ ㄴ, ㄷ ⑤ ㄱ, ㄴ, ㄷ

[08~09] 그림은 어느 지역의 지질 단면을 나타낸 것이다. (단, 이 지역에서 지층의 역전은 없었다.)

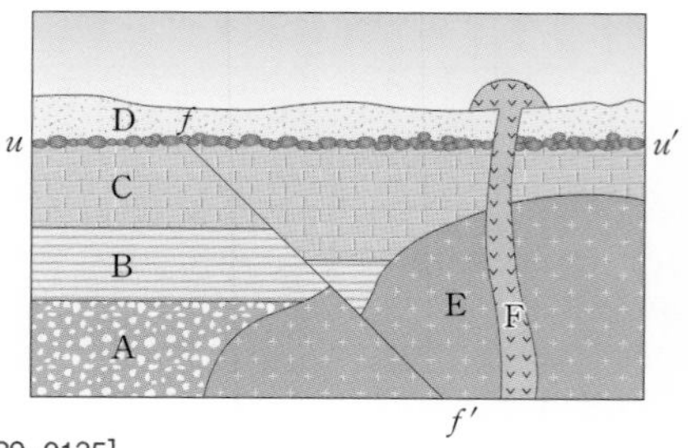

[8589-0135]

08 이 지역에 분포하는 암석과 지질 구조의 생성된 시기를 오래된 것부터 순서대로 나열하시오.

[8589-0136]

09 이 지역에 나타나는 단층과 부정합의 종류를 쓰시오.

[10~11] 표는 여러 가지 방사성 동위 원소의 자원소와 반감기를 나타낸 것이다.

모원소	자원소	반감기
^{238}U	^{206}Pb	약 45억 년
^{232}Th	^{208}Pb	약 140억 년
^{40}K	^{40}Ar	약 13억 년
^{87}Rb	^{87}Sr	약 470억 년
^{14}C	^{14}N	약 5700년

[8589-0137]
10 선사 시대의 유물이나 유기물의 나이를 측정하는 데 가장 적합한 방사성 동위 원소는?

① ^{238}U ② ^{232}Th ③ ^{40}K
④ ^{87}Rb ⑤ ^{14}C

[8589-0138]
11 어느 화성암 속에 ^{40}K과 ^{40}Ar의 비율이 1:3 이었다면 이 화성암의 나이는?

① 약 6.5억 년 ② 약 13억 년 ③ 약 19.5억년
④ 약 26억 년 ⑤ 약 39억 년

[8589-0139]
12 그림은 방사성 동위 원소 P와 Q의 붕괴 곡선을 나타낸 것이다.

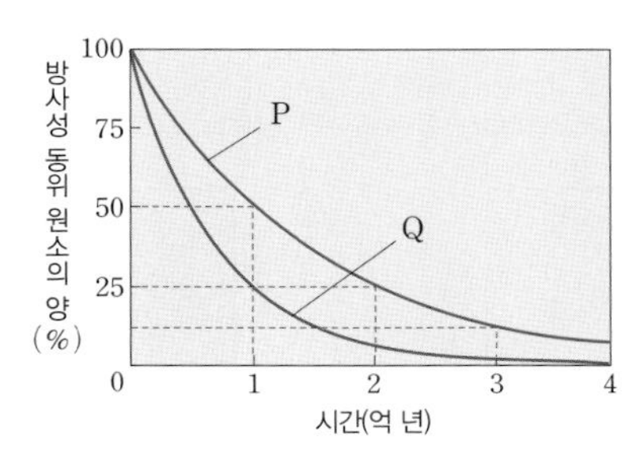

이에 대한 설명으로 옳은 것만을 〈보기〉에서 있는 대로 고른 것은?

보기
ㄱ. P는 Q보다 반감기가 길다.
ㄴ. P는 Q보다 붕괴 속도가 빠르다.
ㄷ. 2억 년 후 P의 자원소 함량은 P의 3배이다.

① ㄱ ② ㄴ ③ ㄱ, ㄷ
④ ㄴ, ㄷ ⑤ ㄱ, ㄴ, ㄷ

[13~14] 그림은 방사성 동위 원소 X와 X가 붕괴하여 생성된 원소 Y의 양을 시간에 따라 나타낸 것이다.

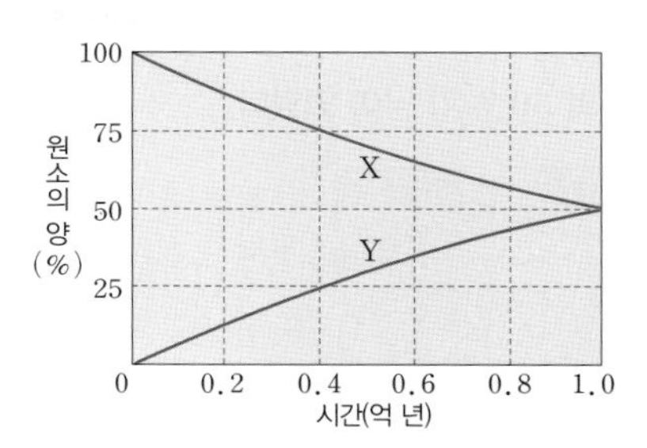

[8589-0140]
13 이에 대한 설명으로 옳은 것만을 〈보기〉에서 있는 대로 고른 것은?

보기
ㄱ. 시간에 따른 X의 감소량은 일정하다.
ㄴ. X가 줄어드는 양은 Y가 증가하는 양과 같다.
ㄷ. 1억 년 이후 X와 Y의 양은 일정하게 유지된다.

① ㄱ ② ㄴ ③ ㄱ, ㄷ
④ ㄴ, ㄷ ⑤ ㄱ, ㄴ, ㄷ

[8589-0141]
14 어떤 암석을 분석한 결과 X가 1.0×10^{-5} g, Y가 4.0×10^{-5} g이 포함되어 있었다. 이 암석이 생성될 당시 Y가 1.0×10^{-5} g이 포함되어 있었다면, 이 암석의 절대 연령은?

① 0.5억 년 ② 1억 년 ③ 2억 년
④ 4억 년 ⑤ 8억 년

[8589-0142]
15 표는 방사성 동위 원소 X와 Y의 반감기를 나타낸 것이다.

방사성 동위 원소	반감기
X	1억 년
Y	2억 년

어떤 암석이 생성될 당시 암석 속에 포함되어 있는 X와 Y의 함량이 같았다면 4억 년이 경과한 후 이 암석 속에 들어 있는 X의 함량은 Y의 함량의 몇 배가 되는가?

① $\frac{1}{4}$배 ② $\frac{1}{2}$배 ③ 2배
④ 4배 ⑤ 8배

정답과 해설 24쪽

[16~17] 그림 (가)는 어느 지역의 지질 단면을, (나)는 이 지역의 화성암 A, B에 들어 있는 방사성 동위 원소 X의 반감기 곡선이다. 암석 A와 B에는 각각 방사성 동위 원소 X가 처음 양의 12.5 %와 50 %가 남아 있었다.

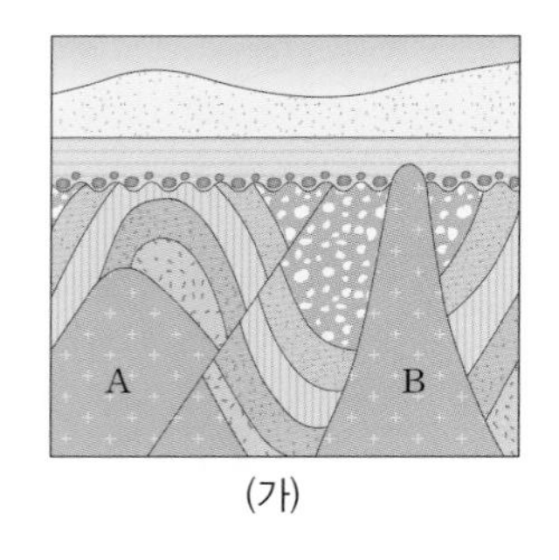

(가)

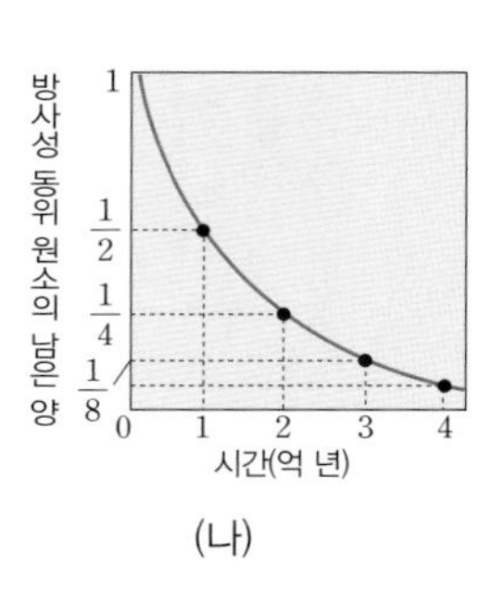

(나)

[8589-0143]

16 이 지역의 지사에 대한 설명으로 옳은 것만을 〈보기〉에서 있는 대로 고른 것은?

보기
ㄱ. A가 관입한 후에 습곡 작용이 있었다.
ㄴ. B가 관입하기 전에 침식 작용을 받은 적이 있다.
ㄷ. 단층이 생성된 시기는 3억 년 전~1억 년 전 사이이다.

① ㄱ ② ㄴ ③ ㄱ, ㄷ
④ ㄴ, ㄷ ⑤ ㄱ, ㄴ, ㄷ

서술형
[8589-0144]

17 이 지역에서 융기와 침강은 각각 최소 몇 번씩 있었는지 쓰고, 그렇게 판단한 이유를 서술하시오.

[8589-0145]

18 그림은 방사성 탄소 ^{14}C의 순환과 붕괴 과정을 모식적으로 나타낸 것이다.

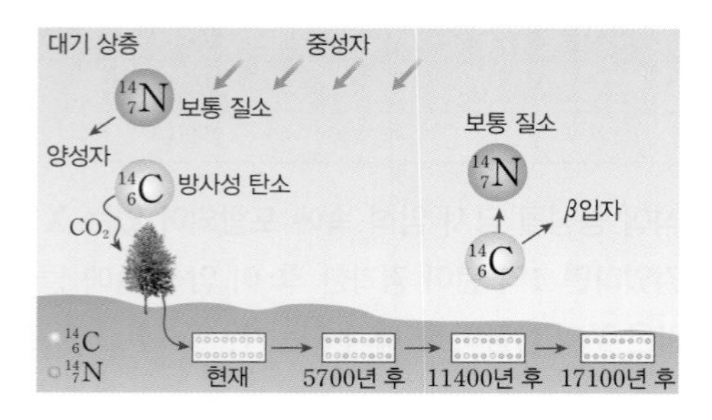

이에 대한 설명으로 옳은 것만을 〈보기〉에서 있는 대로 고른 것은?

보기
ㄱ. 대기 중의 ^{14}C 양은 거의 일정하게 유지된다.
ㄴ. 살아 있는 생물과 대기에서 ^{14}C와 ^{12}C의 비율은 같다.
ㄷ. 생물이 죽은 후 약 11400년이 경과하면 죽은 생물체 속의 ^{14}C의 양은 처음 양의 25 %가 남는다.

① ㄱ ② ㄴ ③ ㄱ, ㄷ
④ ㄴ, ㄷ ⑤ ㄱ, ㄴ, ㄷ

[8589-0146]

19 그림은 어느 지역의 지질 단면을 나타낸 것이다.

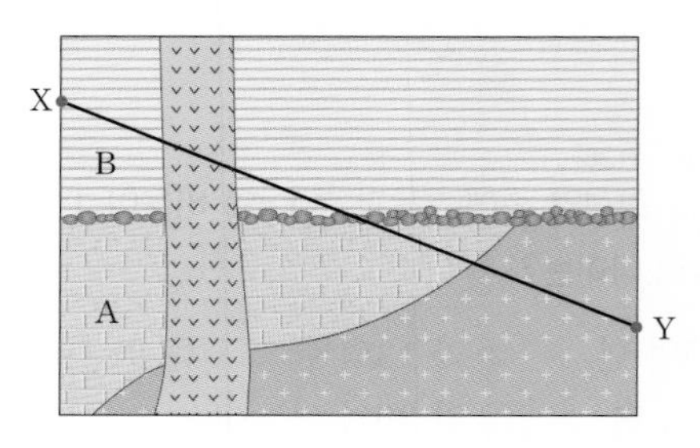

X-Y 구간에 나타나는 각 암석의 연령 분포로 가장 적절한 것은? (단, A와 B는 일정한 속도로 퇴적되어 형성되었다.)

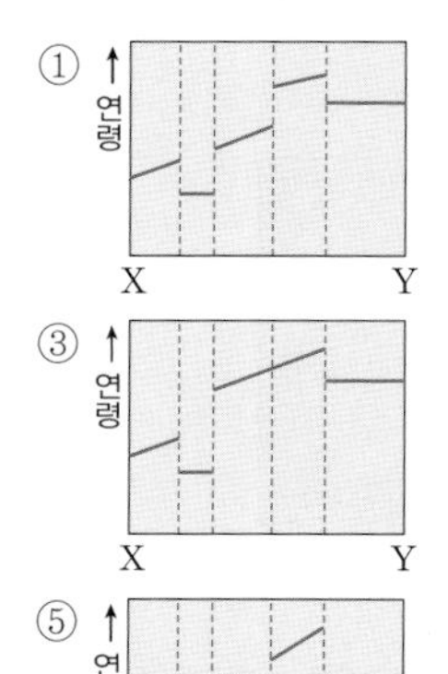

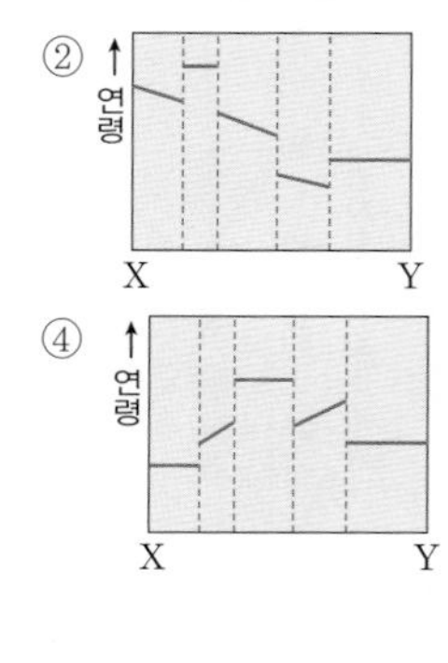

서술형
[8589-0147]

20 퇴적암은 방사성 동위 원소를 이용하여 절대 연령을 측정하기 어렵다. 그 이유를 서술하시오.

신유형·수능 열기

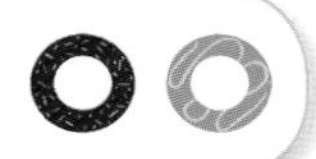

정답과 해설 28쪽

[8589-0148]

01 그림 (가)는 어느 지역의 지층 A～E에서 발견된 화석의 산출 범위를, (나)는 지층군 ㉠과 ㉡에서 발견된 화석을 나타낸 것이다.

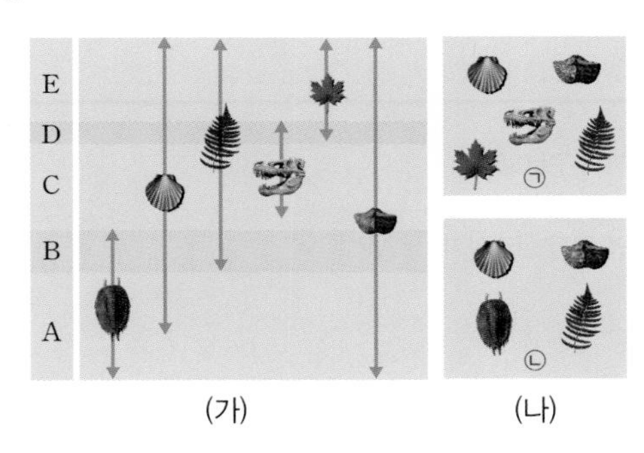

(가) (나)

이에 대한 설명으로 옳은 것만을 〈보기〉에서 있는 대로 고른 것은?

보기

ㄱ. ㉠은 D에 대비된다.

ㄴ. ㉡은 B에 대비된다.

ㄷ. ㉠은 ㉡보다 최근의 지층군이다.

① ㄱ ② ㄷ ③ ㄱ, ㄴ ④ ㄴ, ㄷ ⑤ ㄱ, ㄴ, ㄷ

[8589-0149]

02 그림 (가)와 (나)는 서로 다른 두 지역의 지질 단면을 나타낸 것이다.

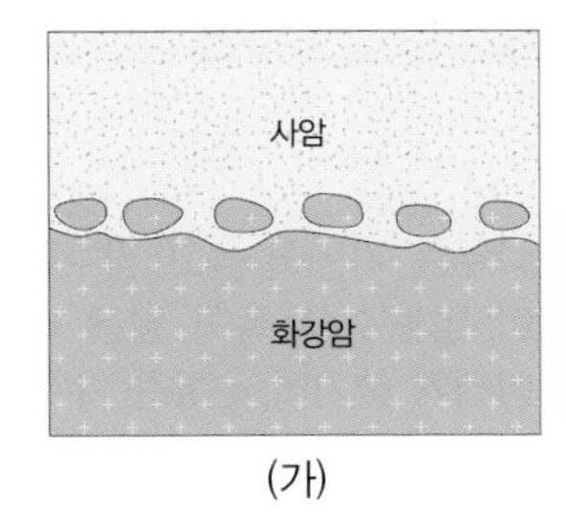

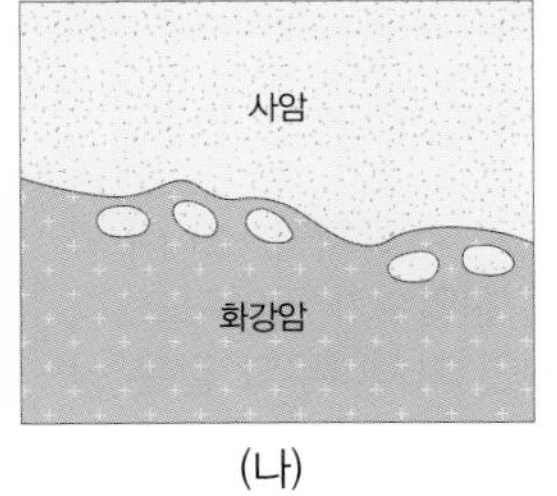

(가) (나)

이에 대한 설명으로 옳은 것만을 〈보기〉에서 있는 대로 고른 것은?

보기

ㄱ. (가)에서 화강암은 사암보다 먼저 생성되었다.

ㄴ. (나)에서 화강암은 사암보다 나중에 생성되었다.

ㄷ. (나)에서 화강암과 사암의 경계에서는 변성암이 나타난다.

① ㄱ ② ㄷ ③ ㄱ, ㄴ ④ ㄴ, ㄷ ⑤ ㄱ, ㄴ, ㄷ

[8589-0150]

03 그림은 어느 지역의 지질 단면을 나타낸 것이다.

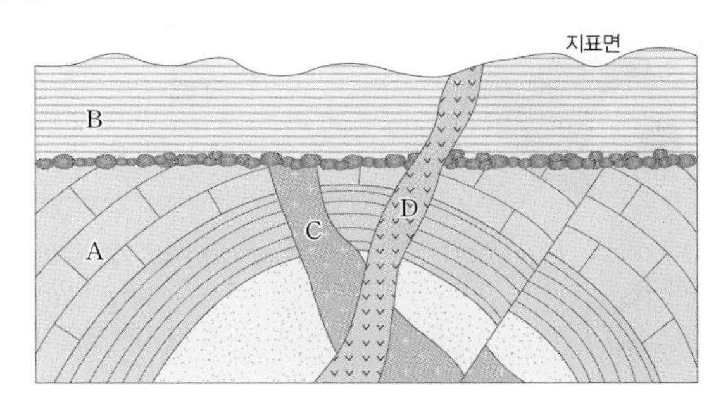

이에 대한 설명으로 옳은 것만을 〈보기〉에서 있는 대로 고른 것은?

보기

ㄱ. A와 B는 연속적으로 퇴적되었다.

ㄴ. 습곡은 C가 관입한 후에 생성되었다.

ㄷ. 단층은 D가 관입하기 전에 생성되었다.

① ㄱ ② ㄷ ③ ㄱ, ㄴ ④ ㄴ, ㄷ ⑤ ㄱ, ㄴ, ㄷ

[8589-0151]

04 그림 (가)는 어느 지역의 지질 단면을, (나)는 방사성 동위 원소 P와 Q의 붕괴 곡선을 나타낸 것이다. A에는 Q가 처음 양의 12.5 %, B에는 P가 처음 양의 50 %가 남아 있었다.

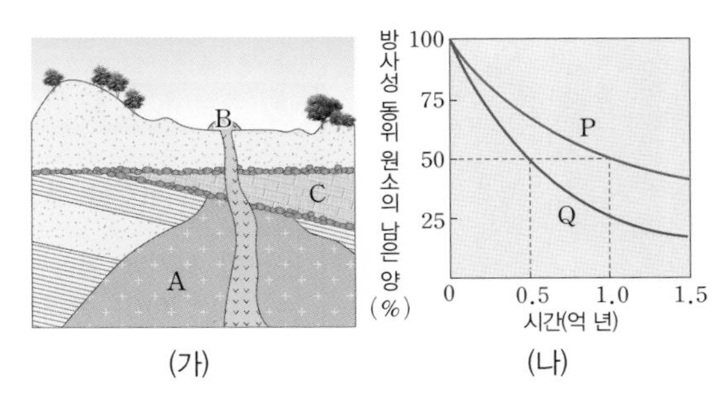

(가) (나)

이에 대한 설명으로 옳은 것만을 〈보기〉에서 있는 대로 고른 것은?

보기

ㄱ. A는 B보다 결정의 크기가 작은 광물로 이루어져 있다.

ㄴ. C는 1억 5000만 년 전~1억 년 전 사이에 생성되었다.

ㄷ. 이 지역에서는 과거에 적어도 3회 이상의 융기가 일어났다.

① ㄱ ② ㄷ ③ ㄱ, ㄴ ④ ㄴ, ㄷ ⑤ ㄱ, ㄴ, ㄷ

6

지질 시대의 환경과 생물

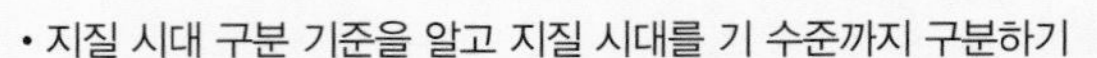

- 지질 시대 구분 기준을 알고 지질 시대를 기 수준까지 구분하기
- 고기후 연구 방법을 알고 지질 시대의 기후 변화 설명하기
- 화석 자료 및 지각 변동의 역사를 통해 지질 시대의 특징 설명하기

한눈에 단원 파악, 이것이 핵심!

화석에는 어떤 종류가 있을까?

화석은 지질 시대에 살았던 생물의 유해나 흔적이 지층 속에 보존되어 있는 것이다.

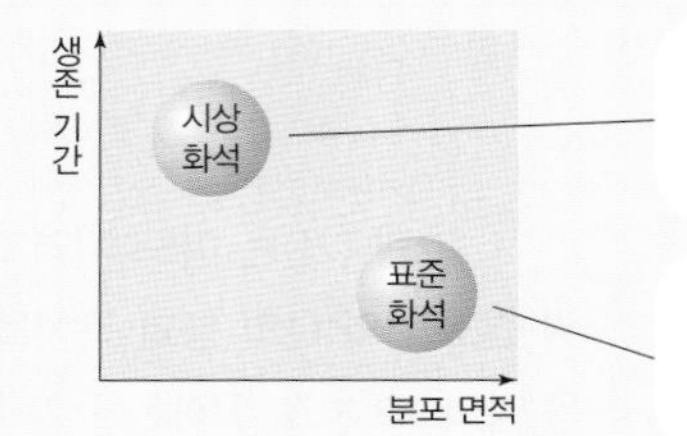

지층이 퇴적될 당시의 환경을 지시해 주는 화석이다.
예 고사리(따뜻하고 습한 육지), 산호(따뜻하고 얕은 바다)

지층이 생성된 시기를 판단하는 근거로 이용되는 화석이다.
예 삼엽충(고생대), 공룡(중생대), 화폐석(신생대)

고기후는 어떻게 알아낼까?

빙하 시추물 연구	지층의 퇴적물 연구	나이테 연구
온난한 시기에 형성된 빙하는 $^{18}O/^{16}O$이 상대적으로 높고, 한랭한 시기에 형성된 빙하는 $^{18}O/^{16}O$이 상대적으로 낮다.	날씨가 추워지면 소나무와 같은 침엽수가 많아지고, 더워지면 가시나무와 같은 상록활엽수가 많아진다.	나무는 기온이 높고 강수량이 많을수록 폭이 넓은 나이테가 생기며, 산호는 수온이 높을수록 성장 속도가 빠르다.

지질 시대에는 어떤 생물이 살았을까?

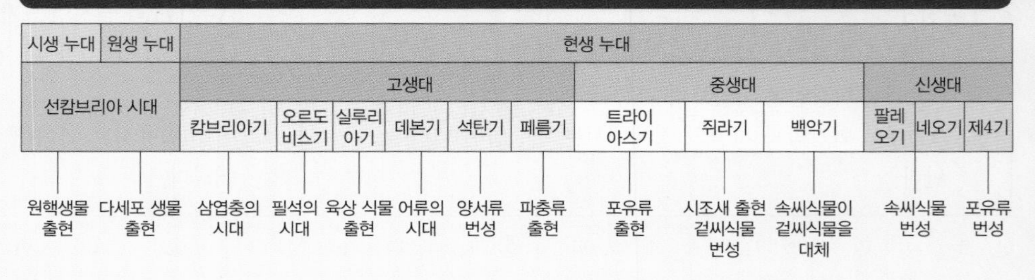

시생 누대	원생 누대	현생 누대											
선캄브리아 시대		고생대						중생대			신생대		
		캄브리아기	오르도비스기	실루리아기	데본기	석탄기	페름기	트라이아스기	쥐라기	백악기	팔레오기	네오기	제4기

화석과 고기후 연구

1 ❶화석

지질 시대에 살았던 생물의 유해나 활동 흔적이 지층 속에 보존되어 있는 것이다.

(1) 화석의 생성 조건

① 뼈, 줄기, 껍데기와 같은 단단한 부분이 있어야 한다.

② 생물이 죽은 후 분해되기 전에 퇴적물 속에 빨리 묻혀야 한다.

③ 재결정, 치환, 탄화 작용 등의 화석화 작용을 받아야 한다.

(2) 화석의 종류

❷표준 화석	• 특정 시기에 출현하여 일정 기간 번성하다가 멸종한 생물의 화석으로 지층이 생성된 시기를 판단하는 근거로 이용될 수 있다. • 생존 기간이 짧고, 분포 면적이 넓고, 개체 수가 많아야 한다. 예 삼엽충, 필석－고생대, 공룡－중생대, 화폐석, 매머드－신생대 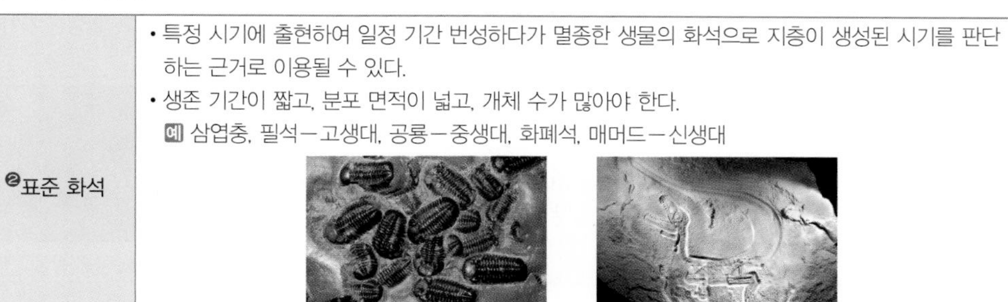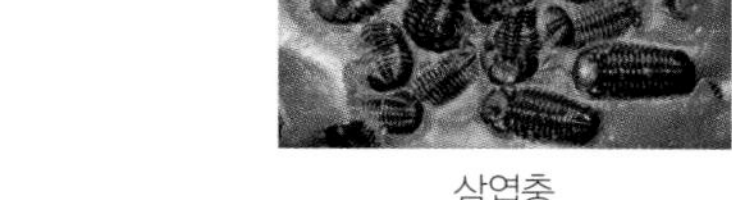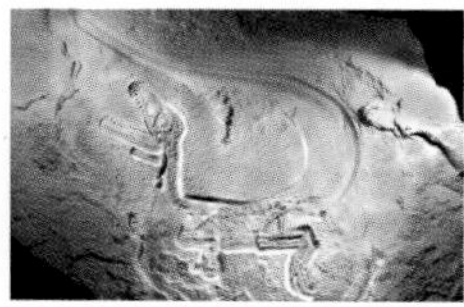 삼엽충 공룡
시상 화석	• 환경 변화에 민감하여 특정한 환경에서만 서식하는 생물의 화석으로 생물이 살았던 당시의 기후나 수륙 분포 등을 추정하는 데 이용될 수 있다. • 생존 기간이 길고, 분포 면적이 좁으며, 환경 변화에 민감해야 한다. 예 고사리－따뜻하고 습한 육지, 산호－따뜻하고 얕은 바다  고사리 산호
몰드와 캐스트	• 몰드 : 지층 속에 보존된 화석이 시간이 지나면서 지하수에 용해되어 없어지고 화석의 겉모양만 암석 속에 남아 있는 것이다. • 캐스트 : 용해되어 없어진 부분에 다른 물질이 채워져 원래의 화석과 같은 모양을 이룬 것이다. 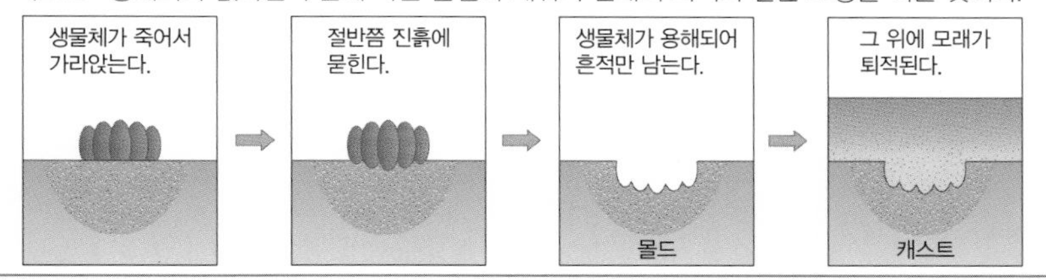

(3) 화석의 중요성

① ❸과거 지구상에 살았던 생물들의 종류와 발달 과정에 대한 정보를 제공해 준다.

② 과거 지구의 환경에 대한 다양한 정보를 제공해 준다. ➡ 시상 화석

③ 서로 멀리 떨어진 지층의 생성 시기를 대비하는 데 이용된다. ➡ 표준 화석

④ 과거의 기후와 수륙 분포를 재구성하는 데 필요한 정보를 제공해 준다.

⑤ 석탄, 석유, 천연가스 등의 지하자원을 탐사하고 개발하는 데 이용된다.

THE 알기

❶ 화석의 종류
생물의 껍데기, 뼈, 이빨 등과 같이 주로 골격으로 이루어진 것을 체화석, 고생물의 활동이 지층 속에 보존된 것을 생흔 화석이라고 한다. 생흔 화석에는 동물의 발자국이나 기어간 자국, 꼬리가 끌린 자국, 먹이를 섭취하거나 퇴적물 위에 앉아 있던 자국, 동물의 배설물 등이 있다. 생흔 화석은 화석을 만든 생물의 특징과 생물이 살았던 당시의 환경을 밝히는 데 매우 유용한 단서가 된다.

공룡의 배설물 화석

❷ 표준 화석과 시상 화석의 조건

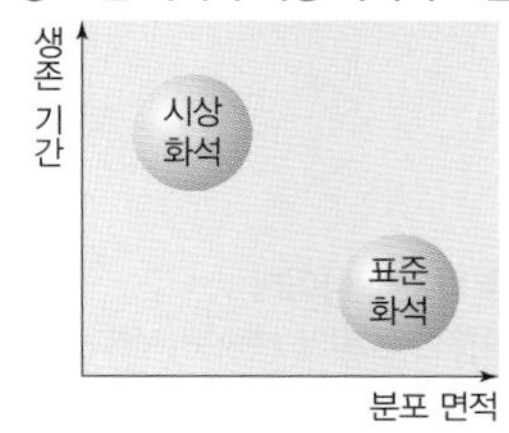

❸ 지질 시대의 환경과 생물계의 변천
지구 환경의 변화를 추정하는 데 이용되는 자료로는 동식물의 화석, 대륙의 분포, 석탄층, 빙퇴석 등이 있다.

THE 알기

❶ 빙하 시추물
빙하에 구멍을 뚫어 시추한 원통 모양의 얼음 기둥이다.

❷ 꽃가루 화석
꽃가루는 사람의 지문처럼 식물의 종류마다 외부 모양과 크기, 장식이 조금씩 다르다. 이 꽃가루를 통해 과거 생물의 분포도를 파악하면 기후 변화 추정이 가능하다.

❸ 나무의 나이테
따뜻한 날씨가 계속된 해에는 나이테가 넓고, 몹시 춥거나 가뭄이 심한 해에는 나무가 제대로 자라지 못해 나이테 간격이 좁아진다.

❹ 산호의 성장선
산호의 골격에 미세한 성장선이 매일 하나씩 더해지며, 계절에 따라 성장 속도가 변한다.

2 고기후 연구 방법

비교적 가까운 과거의 기후는 문헌이나 나이테 연구 등을 통해 알아낼 수 있으며, 먼 과거의 기후는 빙하나 화석, 지층의 퇴적물 연구 등을 통해 알아낼 수 있다.

(1) ❶빙하 시추물 연구 : 빙하를 시추하여 물 분자의 산소 동위 원소비($^{18}O/^{16}O$), 빙하에 포함되어 있는 공기 방울을 연구한다.

구분	내용
물 분자의 산소 동위 원소비 측정	^{18}O은 ^{16}O에 비해 무거우므로 ^{18}O은 상대적으로 증발은 잘 되지 않지만 쉽게 응결되는 반면, ^{16}O은 상대적으로 쉽게 증발되지만 응결이 잘 되지 않는다. 기후가 온난하면 ^{18}O의 증발이 활발해져 대기 중의 ^{18}O이 상대적으로 많아지고, 한랭하면 ^{18}O의 증발이 약해져 대기 중의 ^{18}O이 상대적으로 적어진다. ➡ 온난한 시기에 형성된 빙하는 산소 동위 원소비($^{18}O/^{16}O$)가 상대적으로 높고, 한랭한 시기에 형성된 빙하는 산소 동위 원소비 ($^{18}O/^{16}O$)가 상대적으로 낮다.
빙하에 포함된 공기 방울 분석	빙하 속에는 눈이 쌓일 당시의 공기가 들어 있다. ➡ 빙하 속에 들어 있는 공기 방울을 분석하면 빙하가 생성될 당시의 대기 조성을 알 수 있다. 빙하 속 공기 방울

(2) 지층의 퇴적물 연구 : 퇴적물 속에 들어있는 식물의 ❷꽃가루(화분) 화석과 화석에 포함된 산소 동위 원소비($^{18}O/^{16}O$)를 연구한다.

구분	내용
꽃가루 화석 연구	식물의 꽃가루는 종류에 따라 모양이나 크기 등이 다르며, 오랫동안 썩지 않고 지층 속에 보존된다. ➡ 날씨가 추워지면 소나무와 같은 침엽수가 많아지고, 더워지면 가시나무와 같은 상록활엽수가 많아진다. 꽃가루 화석
화석의 산소 동위 원소비 연구	지층 속에 포함되어 있는 화석의 산소 동위 원소 비율이 온도에 따라 다르게 나타난다. ➡ 산소 동위 원소의 비율을 알면 퇴적 당시의 온도를 추정할 수 있다.

(3) 생물체의 성장률 기록 : ❸나무의 나이테와 ❹산호의 성장률을 연구한다.

구분	내용
나무의 나이테 연구	나무는 일반적으로 기후 조건이 좋을수록(기온이 높고 강수량이 많을수록) 잘 성장하여 폭이 넓은 나이테가 생긴다. ➡ 나이테 사이의 폭과 밀도를 측정하여 그 지역의 기온과 강수량 변화를 추정할 수 있다. 나무의 나이테
산호의 성장률 연구	산호는 하루에 하나씩 성장선을 만드는 데, 수온이 높을수록 산호의 성장 속도가 빠르다. ➡ 산호의 성장률을 조사하면 과거의 수온을 추정할 수 있다. 산호 화석

개념체크

빈칸 완성

1. 특정 시기에 출현하여 일정 기간 번성하다가 멸종한 생물의 화석으로 지층이 생성된 시기를 판단하는 근거로 이용되는 화석을 (　　　) 화석이라고 한다.

2. 환경 변화에 민감하여 특정한 환경에서만 서식하는 생물의 화석으로 생물이 살았던 지질 시대의 환경을 추정하는 데 이용되는 화석을 (　　　) 화석이라고 한다.

3. 지층 속에 보존된 화석이 지하수에 용해되어 없어지고 화석의 겉모양만 암석 속에 남아 있는 것을 ① (　　　)라 하고, 용해되어 없어진 부분에 다른 물질이 채워져 원래의 화석과 같은 모양을 이룬 것을 ② (　　　)라고 한다.

4. 기후는 식생의 분포에 영향을 주므로 퇴적물 속에 보존되어 있는 식물의 (　　　)를 분석하면 과거의 기후 변화를 추정할 수 있다.

○X 문제

5. 화석이 생성되기 위한 조건에 대한 설명으로 옳은 것은 ○, 옳지 않은 것은 ×로 표시하시오.

(1) 생물에 뼈, 줄기, 껍데기 등 단단한 부분이 있어야 한다. (　　)

(2) 생물이 죽은 후 오랫동안 지표에 노출되어 있어야 하다. (　　)

(3) 재결정, 치환, 탄화 작용 등의 화석화 작용을 받아야 한다. (　　)

6. 고기후 연구 방법에 대한 설명으로 옳은 것은 ○, 옳지 않은 것은 ×로 표시하시오.

(1) ^{18}O은 ^{16}O에 비하여 증발은 잘 되지만 쉽게 응결되지 않는다. (　　)

(2) 빙하 속의 공기 방울을 분석하면 빙하가 생성될 당시의 대기 조성을 알 수 있다. (　　)

정답 1. 표준 2. 시상 3. ① 몰드 ② 캐스트 4. 꽃가루 5. (1) ○ (2) × (3) ○ 6. (1) × (2) ○

둘 중에 고르기

1. 표준 화석은 일반적으로 생존 기간이 ① (짧고, 길고), 분포 면적이 ② (좁고, 넓고), 개체 수가 ③ (적은, 많은) 생물을 이용한다.

2. 산호는 수온이 ① (낮고, 높고), 수심이 ② (얕은, 깊은) 바다에서 서식한다.

3. 온난한 시기에 형성된 빙하는 한랭한 시기에 형성된 빙하보다 산소 동위 원소비($^{18}O/^{16}O$)가 상대적으로 (높다, 낮다).

4. 나무는 일반적으로 기온이 ① (낮고, 높고), 강수량이 ② (적을수록, 많을수록) 잘 성장하므로 기후 조건이 좋을수록 나이테의 폭이 넓다.

바르게 연결하기

5. 기후에 따라 상대적으로 잘 자라는 나무의 종류를 바르게 연결하시오.

(1)	온난한 기후 •	• ㉠	침엽수
(2)	한랭한 기후 •	• ㉡	상록활엽수

6. 지금으로부터 비교적 가까운 과거와 먼 과거의 고기후 연구 방법을 바르게 연결하시오.

(1)	가까운 과거 •	• ㉠	문헌이나 나이테 연구
(2)	먼 과거 •	• ㉡	빙하나 화석, 지층 퇴적물 연구

정답 1. ① 짧고 ② 넓고 ③ 많은 2. ① 높고 ② 얕은 3. 높다 4. ① 높고, ② 많을수록 5. (1) ㉡ (2) ㉠ 6. (1) ㉠ (2) ㉡

02 지질 시대의 환경과 생물

THE 알기

❶ 지질 시대의 기의 명칭
지질 시대의 기의 명칭은 각 기에 해당하는 지층이 발달한 지역의 지명이나 기에 해당하는 시기에 발달된 암석과 지층의 특징에 따라 붙인다. 캄브리아기는 웨일즈 지방을 뜻하는 로마 이름 '캄브리아'에서 유래되었고, 오르도비스기와 실루리아기는 옛 영국의 부족 '오르도비스족'과 '실루르족'에서 유래되었다. 데본기는 '데본셔 지방'의 지명으로부터, 석탄기는 그 지층에 석탄이 많이 포함되어 있어서, 페름기는 러시아의 페름 지방에서 유래되었다.

1 지질 시대 구분

(1) 지질 시대 : 지구가 탄생한 약 46억 년 전부터 현재까지를 말한다.

(2) 지질 시대 구분

① 지질 시대 구분 기준 : 생물계에 일어난 급격한 변화나 지각 변동, 기후 변화 등을 기준으로 구분한다.

② 지질 시대 구분 단위 : 누대(Eon) – 대(Era) – ❶기(Period) – 세(Epoch)로 구분한다.

③ ❷지질 시대의 구분

지질 시대		절대 연대(백만 년 전)
누대	대	
현생 누대	신생대	66.0
	중생대	252.2
	고생대	541.0
선캄브리아 시대 원생 누대		2500
선캄브리아 시대 시생 누대		4000
		4600

지질 시대		절대 연대(백만 년 전)
대	기	
신생대	제4기	2.58
	네오기	23.0
	팔레오기	66.0
중생대	백악기	145.0
	쥐라기	201.3
	트라이아스기	252.2
고생대	페름기	298.9
	석탄기	358.9
	데본기	419.2
	실루리아기	443.8
	오르도비스기	485.4
	캄브리아기	541.0

❷ 지질 시대의 길이
지구의 나이 46억 년을 24시간으로 간주하면, 1분은 약 319만 년에 해당한다.

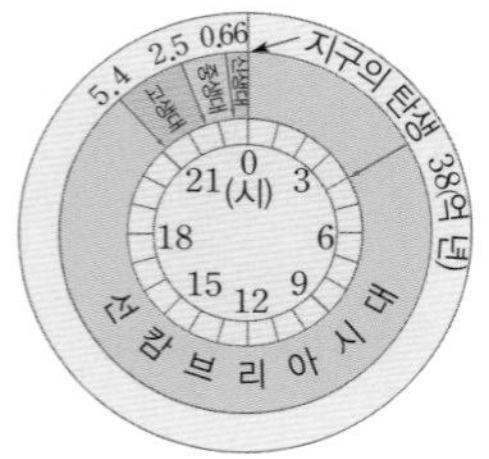

- 선캄브리아 시대 : 0시~21시 10분
- 고생대 : 21시 10분~22시 41분
- 중생대 : 22시 41분~23시 39분
- 신생대 : 23시 39분~자정
- 인류의 출현 : 23시 59분 57.2초

2 지질 시대의 기후 변화

선캄브리아 시대	기후 변화를 자세히 알기는 어렵지만, 석회암과 증발암이 형성된 것으로 보아 전반적으로 온난했으며, 빙하 퇴적물을 통해 추운 시기가 있었음을 추정할 수 있다.
고생대	• 초기에는 온난한 바다에서 형성되는 석회암이 많이 발견된다. • 중기에는 산호와 양치식물이 번성한 것으로 보아 비교적 온난했으나, 후기에는 빙하 퇴적물이 발견된 것으로 볼 때 빙하기가 있었음을 알 수 있다.
중생대	중생대 지층에서 적색 사암층이 많이 발견되고 따뜻한 바다에서 사는 산호초가 고위도 지역의 지층에서 발견될 정도로 지질 시대 중 가장 온난했으며 빙하기가 없었다.
신생대	중생대에서 연결되는 제3기에는 온난했으나 점차 한랭해져서 제4기에는 여러 번의 빙하기와 간빙기가 있었다.

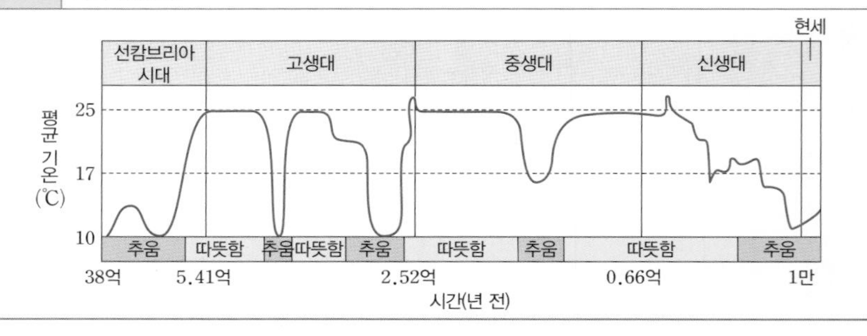

3 지질 시대의 환경과 생물

(1) 선캄브리아 시대와 고생대의 환경과 생물

시대	구분	내용
선캄브리아 시대	환경	• 여러 차례의 지각 변동을 받아 환경을 알기 어렵다. • 초기에는 온난하였다가 후기에 빙하기가 있었을 것으로 추정된다.
	생물	• 시생 누대 : 대기 중에 산소가 거의 없었으며, 원핵생물인 ❶시아노박테리아가 출현하였다. ➡ 얕은 바다에 ❷스트로마톨라이트를 형성하였다. • 원생 누대 : 시아노박테리아의 광합성으로 대기 중에 산소의 양이 점차 증가하였고, 후기에는 최초의 다세포 동물이 출현하였다. ➡ 일부는 ❸에디아카라 동물군 화석으로 남아 있다. 스트로마톨라이트 / 에디아카라 동물군 화석
고생대	환경	• 캄브리아기와 실루리아기에는 대체로 온난했으며, 오르도비스기에는 한랭하였고, 석탄기와 페름기에는 빙하기가 있었다. • 말기에는 초대륙 판게아를 형성하면서 대규모 조산 운동이 일어났다. 고생대 말 수륙 분포
	생물	• 캄브리아기(삼엽충의 시대) : 대기 중에 산소가 증가하면서 다양한 생물이 폭발적으로 증가하였다. ➡ 삼엽충, 완족류 등 해양 무척추동물이 번성하였다. • 오르도비스기(필석의 시대) : 삼엽충, 완족류, 필석류가 크게 번성하였으며, 최초의 척추동물인 어류가 출현하였다. • 실루리아기 : 필석류, 산호, 갑주어, 바다전갈 등이 번성하였으며, 대기 중에 형성된 오존층이 자외선을 차단하면서 최초의 육상 식물이 출현하였다. • 데본기(어류의 시대) : 갑주어, 폐어 등의 어류가 번성하였으며, 최초의 양서류가 출현하였다. • 석탄기 : 푸줄리나(방추충), 산호류, 유공충이 번성하였으며, 최초의 파충류가 출현하였다. 양서류가 전성기를 이루었으며, 양치식물이 거대한 삼림을 형성하였다. • 페름기 : 은행나무, 소철 등 겉씨식물이 출현하였으며, 바다전갈, 삼엽충 등 해양 생물이 절멸하였다. 삼엽충 / 필석 방추충 / 양치식물

THE 알기

❶ 시아노박테리아
광합성을 통해 이산화 탄소를 흡수하여 탄산 칼슘을 만들고 산소를 배출하는 원핵생물이다. 선캄브리아 시대 초기에 출현하여 바다에 산소를 공급하였다.

❷ 스트로마톨라이트
시아노박테리아에 의해 형성된 것으로 '층상 바위'라는 의미를 가지고 있으며, 보통 석회암에서 관찰되는데, 100년에 수 cm(연간 수 mm) 정도 성장하는 것으로 추측된다. 1 mm 이하의 얇은 층들이 모여 수 cm~수 m 두께의 지층을 형성한다.

❸ 에디아카라 동물군 화석
오스트레일리아 남부 에디아카라 언덕에서 산출되는 후기 원생 누대에 최초로 출현한 다세포 동물들의 화석이다. 해파리, 산호 등의 선조로 여겨진다.

에디아카라 동물군 복원도

THE 알기

❶ 시조새
독일 남부의 졸른호펜 지역에 분포하는 석회암에서 발견되었다. 이 시조새 화석은 파충류의 특징인 이빨, 4개의 다리, 꼬리뼈, 그리고 새의 특징인 깃털을 가지고 있다.

❷ 화폐석
신생대 팔레오기와 네오기에 번성했던 대형 유공충으로 껍질의 최대 지름은 약 10 cm에 달한다. 납작한 동전 모양으로 생겨서 라틴어로 '작은 동전'이라는 뜻인 Nummulites라고 불리워지게 되었다.

(3) 중생대와 신생대의 환경과 생물

중생대	환경	• 전반적으로 온난한 기후가 지속되었으며, 빙하기가 없었다. • 트라이아스기 말부터 판게아가 분리되기 시작하였고, 쥐라기 초에 대서양이 형성되기 시작하였다. 중생대 말 수륙 분포
	생물	• 트라이아스기 : 바다에 암모나이트가 번성하였으며, 육지에 공룡과 원시 포유류가 출현하였다. 은행류, 소철류 등의 겉씨식물이 번성하였다. • 쥐라기 : 공룡과 암모나이트가 크게 번성하였으며, 원시 조류인 ❶시조새가 출현하였다. 겉씨식물이 삼림을 이루며 번성하였다. • 백악기 : 말기에 공룡과 암모나이트가 멸종하였으며, 속씨식물이 겉씨식물을 대체하기 시작했다. 암모나이트 / 공룡 / 시조새
신생대	환경	• 팔레오기와 네오기는 대체로 온난하였으나 점차 한랭해지기 시작하여 제4기에는 여러 번의 빙하기와 간빙기가 있었다. • 판게아에서 분리된 인도 대륙과 아프리카 대륙이 유라시아 대륙과 충돌하여 히말라야산맥과 알프스산맥이 형성되었으며, 오늘날과 비슷한 수륙 분포를 이루었다. 신생대 수륙 분포
	생물	• 팔레오기, 네오기 : 대형 유공충인 ❷화폐석이 번성하였다. 겉씨식물이 쇠퇴하였으며, 속씨식물이 번성하여 초원을 형성하였다. • 제4기 : 인류의 조상이 출현하였고, 매머드 등의 대형 포유류가 번성하였다. 단풍나무, 참나무 등의 속씨식물이 번성하였다. 화폐석 / 매머드 / 단풍나무

4 생물의 대멸종

(1) 짧은 시간 동안에 많은 종의 생물들이 멸종한 사건을 대멸종이라고 한다.

(2) 지난 5억 년 동안 5차례(고생대 오르도비스기 말, 데본기 말, 페름기 말, 중생대 트라이아스기 말, 백악기 말)의 대멸종이 있었다.

(3) 대멸종은 지역적 또는 전 지구적으로 일어난 급격한 환경 변화에 의해서만 일어날 수 있다.

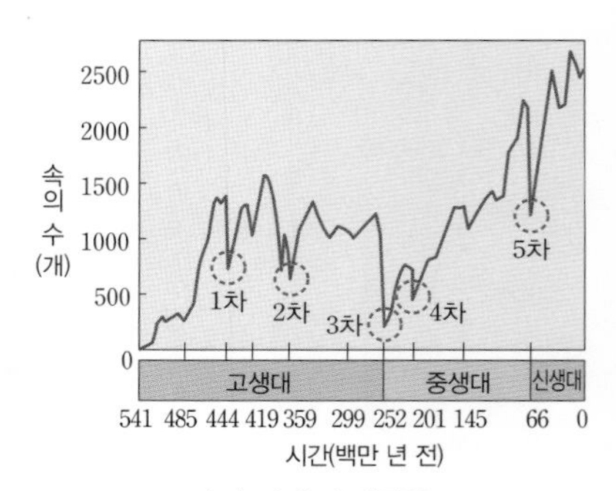

지질 시대의 대멸종

개념체크

○X 문제

1. 지질 시대에 설명으로 옳은 것은 ○, 옳지 않은 것은 ×로 표시하시오.

(1) 지질 시대는 생물계에 일어난 급격한 변화나 지각 변동, 기후 변화 등을 기준으로 구분한다. (　　)

(2) 원생 누대는 지구상에 생물이 출현하지 않아 화석이 발견되지 않는 시기이다. (　　)

(3) 고생대에는 초기의 캄브리아기와 말기의 석탄기, 페름기에 빙하기가 있었다. (　　)

(4) 중생대는 전반적으로 온난했지만, 말기에는 큰 빙하기가 있었다. (　　)

(5) 신생대의 팔레오기와 네오기는 대체로 온난하였으나 제4기에는 여러 번의 빙하기와 간빙기가 있었다. (　　)

(6) 선캄브리아 시대의 지층은 많은 지각 변동으로 대부분의 화석이 소실되었다. (　　)

(7) 고생대에는 오존층이 형성되지 않아 육지에 생물이 출현하지 않았다. (　　)

(8) 중생대에 육지에는 공룡과 원시 포유류가 출현하였으며, 겉씨식물이 번성하였다. (　　)

(9) 신생대에는 속씨식물이 쇠퇴하고 겉씨식물이 전성기를 이루었다. (　　)

정답 1. (1) ○ (2) × (3) × (4) × (5) ○ (6) ○ (7) × (8) ○ (9) ×

단답형 문제

1. 현생 누대를 고생대, 중생대, 신생대로 구분하는 기준을 쓰시오.

2. 시생 누대와 원생 누대를 합쳐 무엇이라고 하는지 쓰시오.

3. 다음은 지질 시대 중 어느 시기에 대한 것인지 쓰시오.

> • 약 252백만 년 전에 시작되었다.
> • 3개의 기로 세분한다.
> • 전반적으로 온난했으며, 빙하기가 없었다.

4. 원생 누대에 출현한 최초의 다세포 동물들의 화석을 무엇이라고 하는지 쓰시오.

5. 시조새가 처음으로 출현한 지질 시대를 쓰시오.

6. 인류의 조상이 출현하였고, 매머드와 같은 대형 포유류가 번성한 지질 시대를 쓰시오.

7. 지질 시대에 5차례에 걸쳐 생물들이 대규모로 멸종한 사건을 무엇이라고 하는지 쓰시오.

빈칸 완성

8. 누대는 지질 시대를 구분하는 가장 큰 시간 단위로, 시생 누대, 원생 누대, (　　　) 누대로 구분한다.

9. 대기 중에 산소가 거의 없었으며, 원핵생물인 시아노박테리아가 출현한 시기는 (　　　) 누대이다.

10. 고생대 말기에는 초대륙인 (　　　)가 형성되면서 대규모의 조산 운동이 일어났다.

11. 신생대에는 인도 대륙이 (　　　) 대륙과 충돌하여 히말라야산맥이 형성되었다.

바르게 연결하기

12. 지질 시대와 각 지질 시대의 표준 화석을 바르게 연결하시오.

(1) 고생대 • 　　• ㉠ 삼엽충

(2) 중생대 • 　　• ㉡ 화폐석

(3) 신생대 • 　　• ㉢ 암모나이트

정답 1. 생물계의 큰 변화 2. 선캄브리아 시대 3. 중생대 4. 에디아카라 동물군 5. 중생대 6. 신생대 7. 대멸종 8. 현생 9. 시생 10. 판게아 11. 유라시아 12. (1) ㉠ (2) ㉢ (3) ㉡

지질 시대 구분

정답과 해설 29쪽

목표

지층에서 산출되는 화석을 이용하여 지질 시대를 구분할 수 있다.

과정

그림은 어느 지역에서 지층이 쌓인 모습을, 표는 이 지역의 각 지층에서 산출되는 화석을 기호(●)로 나타낸 것이다.

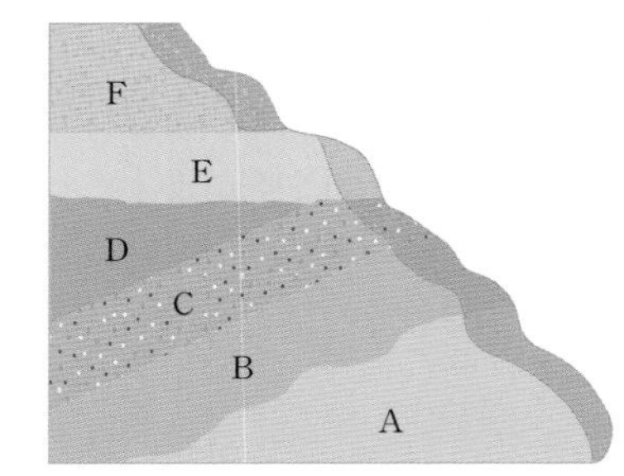

지층 \ 화석	(가)	(나)	(다)	(라)	(마)	(바)	(사)
F	●					●	●
E	●					●	●
D		●	●	●		●	
C		●	●	●	●	●	
B		●		●	●	●	
A				●		●	

1. 그림에서 부정합면으로 생각되는 지층의 경계는 어디인가?
2. 표에서 산출되는 화석의 변화가 뚜렷하게 나타나는 지층의 경계는 어디인가?
3. 지층 A～F가 쌓인 시기를 생물계에서 일어난 변화를 기준으로 크게 세 시기로 구분하시오.

결과 정리 및 해석

1. 부정합면은 일반적으로 울퉁불퉁하고, 그 위에 기저 역암이 나타난다. 또 부정합면을 경계로 위층과 아래층의 암석과 화석의 종류가 크게 변한다. 이 지역에서는 지층 A와 B 사이, 지층 D와 E 사이에 울퉁불퉁한 경계면이 있으므로 이 두 경계면이 부정합면이라는 것을 알 수 있다.
2. 지층 A와 B의 경계에서는 (나)와 (마) 화석의 생물이 새롭게 출현했으며, 지층 B와 C의 경계에서는 (다) 화석의 생물이 출현했다. 지층 C와 D의 경계에서는 (마) 화석의 생물이 멸종했으며, 지층 D와 E의 경계에서는 (나), (다), (라) 화석의 생물이 멸종하고, (가)와 (사) 화석의 생물이 새롭게 출현했다. 따라서 산출되는 화석의 변화가 가장 뚜렷하게 나타나는 지층의 경계는 D와 E 사이이고, 그 다음은 A와 B 사이이다.
3. 지층 A와 B 사이, 지층 D와 E 사이에서 생물계의 변화가 크게 나타나므로 지층 A～F가 쌓인 시기를 크게 세 시기로 구분하면, 지층 A가 퇴적된 시기, 지층 B, C, D가 퇴적된 시기, 지층 E, F가 퇴적된 시기로 구분할 수 있다.

탐구 분석

1. 화석 (가)～(사) 중 생존 기간이 가장 길었던 생물의 화석은 어느 것인가?
2. 표준 화석으로 적합한 화석을 있는 대로 고르고, 그 이유를 설명하시오.

내신 기초 문제

정답과 해설 29쪽

[8589-0152]
01 화석에 대한 설명으로 옳지 않은 것은?

① 대부분 유기물이 그대로 보존된다.
② 생물의 활동 흔적도 화석에 포함된다.
③ 재결정, 치환, 탄화 작용 등을 거쳐 생성된다.
④ 피부와 같은 연한 부분은 화석으로 보존되기 어렵다.
⑤ 생물이 죽은 후 신속하게 퇴적물 속에 매몰될수록 화석으로 보존되기 쉽다.

[8589-0153]
02 그림은 화석을 분포 면적과 생존 기간에 따라 표준 화석과 시상 화석으로 구분한 것이다.

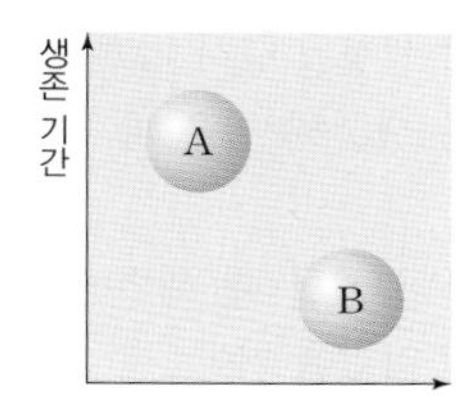

이에 대한 설명으로 옳은 것은?

① A는 표준 화석이다.
② B는 시상 화석이다.
③ A를 이용하여 지질 시대를 구분할 수 있다.
④ B는 대체로 환경 변화에 민감한 생물의 화석이다.
⑤ A는 B에 비하여 여러 지질 시대의 지층에서 산출된다.

[8589-0154]
03 지질 시대의 기후를 추정하는 데 이용되는 것이 아닌 것은?

① 오래된 나무의 나이테를 연구한다.
② 빙하에 포함되어 있는 공기 방울을 분석한다.
③ 변동대에 분포하는 화성암의 종류를 조사한다.
④ 퇴적물 속에 보존되어 있는 꽃가루 화석을 연구한다.
⑤ 빙하를 구성하는 물 분자의 산소 동위 원소비를 측정한다.

[8589-0155]
04 다음은 지질 시대를 구분하는 단위를 나타낸 것이다.

기 누대 대 세

큰 단위부터 작은 단위 순으로 나열하시오.

[8589-0156]
05 그림은 지구의 역사를 선캄브리아 시대, 고생대, 중생대, 신생대로 나누어 상대적인 넓이로 나타낸 것이다. 이에 대한 설명으로 옳지 않은 것은?

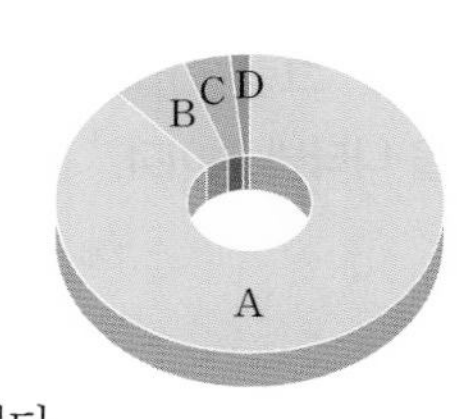

① A 시기에 다세포 동물이 출현하였다.
② B 시기 말에 판게아가 형성되었다.
③ C 시기에 육지에 동물이 처음으로 등장했다.
④ D 시기에 인류의 조상이 출현하였다.
⑤ C 시기 말은 D 시기 말보다 기온이 높았다.

[8589-0157]
06 그림 (가)와 (나)는 지질 시대의 화석을 나타낸 것이다.

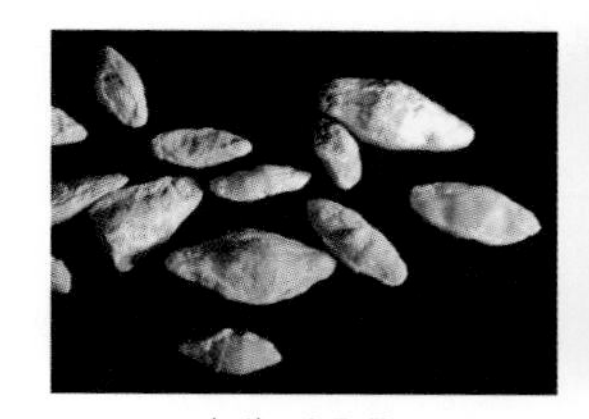
(가) 방추충

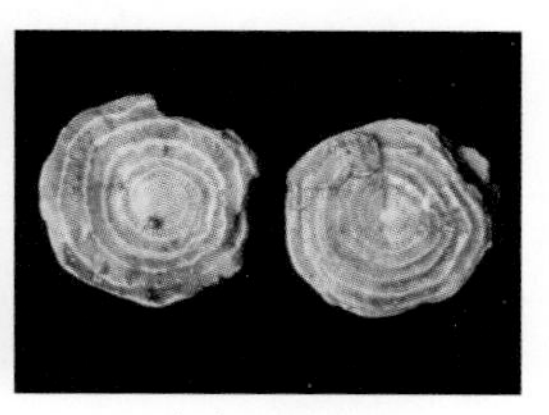
(나) 화폐석

이에 대한 설명으로 옳은 것만을 〈보기〉에서 있는 대로 고른 것은?

보기
ㄱ. (가)와 (나)는 모두 해양 생물의 화석이다. ㄴ. (가)와 (나)는 모두 고생대 지층에서 발견된다. ㄷ. (가)의 생물은 (나)의 생물보다 먼저 출현하였다.

① ㄱ ② ㄴ ③ ㄱ, ㄷ ④ ㄴ, ㄷ ⑤ ㄱ, ㄴ, ㄷ

[8589-0158]
07 다음은 어느 지질 시대의 환경을 정리한 것이다.

- 빙하기가 없었다.
- 겉씨식물이 번성하였다.
- 대서양과 인도양이 생성되기 시작했다.

이 시기의 표준 화석으로 옳은 것은?

① 삼엽충 ② 필석 ③ 갑주어
④ 공룡 ⑤ 매머드

실력 향상 문제

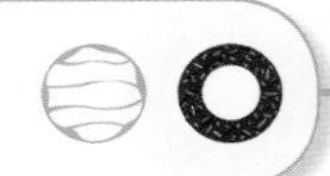

[8589-0159]

01 그림 (가)와 (나)는 지질 시대에 살았던 생물의 화석 특징을 나타낸 것이다.

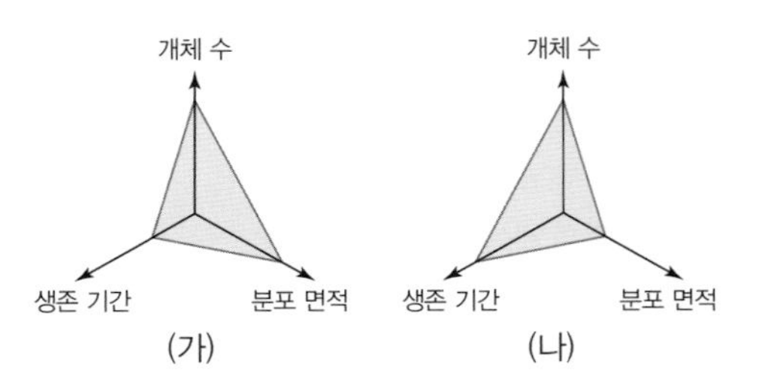

이에 대한 설명으로 옳은 것만을 ⟨보기⟩에서 있는 대로 고른 것은?

보기
ㄱ. (가)는 (나)보다 표준 화석으로 적합하다.
ㄴ. (가)는 (나)보다 여러 지질 시대의 지층에서 산출된다.
ㄷ. 환경 변화에 민감한 생물은 (가)보다 (나)와 같은 특징을 보인다.

① ㄱ ② ㄴ ③ ㄱ, ㄷ
④ ㄴ, ㄷ ⑤ ㄱ, ㄴ, ㄷ

[8589-0160]

02 그림 (가)와 (나)는 지질 시대의 기후를 연구하는 방법을 나타낸 것이다.

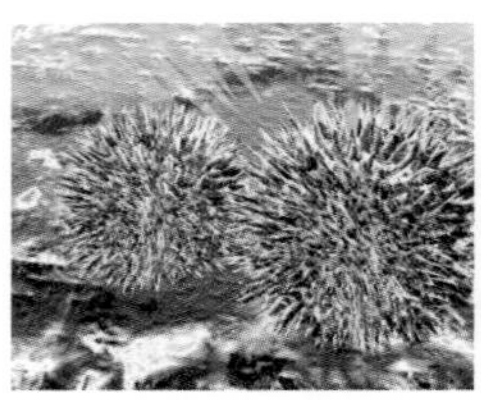
(가) 꽃가루 화석

(나) 빙하 시추물

이에 대한 설명으로 옳은 것만을 ⟨보기⟩에서 있는 대로 고른 것은?

보기
ㄱ. (가)를 분석하면 식생의 변화를 알 수 있다.
ㄴ. (나)는 주로 고생대의 기후 변화를 연구하는 데 이용된다.
ㄷ. (나)에 들어 있는 공기 방울을 분석하면 대기 조성 변화를 알 수 있다.

① ㄱ ② ㄴ ③ ㄱ, ㄷ
④ ㄴ, ㄷ ⑤ ㄱ, ㄴ, ㄷ

[8589-0161]

03 다음은 학생들이 과거의 기후를 알아보기 위해 세 지역 A, B, C의 자료를 조사한 결과이다.

A : 지층 속에서 상록활엽수의 꽃가루가 많이 발견된다.
B : 산호의 성장선 간격이 매우 넓게 나타난다.
C : 빙하 시추물의 물 분자 산소 동위 원소비($^{18}O/^{16}O$)가 높게 나타난다.

이에 대하여 학생들이 나눈 대화 중 적절한 것만을 ⟨보기⟩에서 있는 대로 고른 것은?

보기
철수 : A의 지층이 생성될 당시 기후가 온난했을 거야.
영희 : B의 산호가 생존해 있을 때 수온은 매우 낮았을 거야.
수민 : C의 빙하가 생성될 때 해수에서는 ^{18}O의 증발이 잘 일어나지 않았을 거야.

① 철수 ② 영희 ③ 철수, 수민
④ 영희, 수민 ⑤ 철수, 영희, 수민

[8589-0162]

04 그림은 고생대 이후 지질 시대의 기후 변화를 나타낸 것이다.

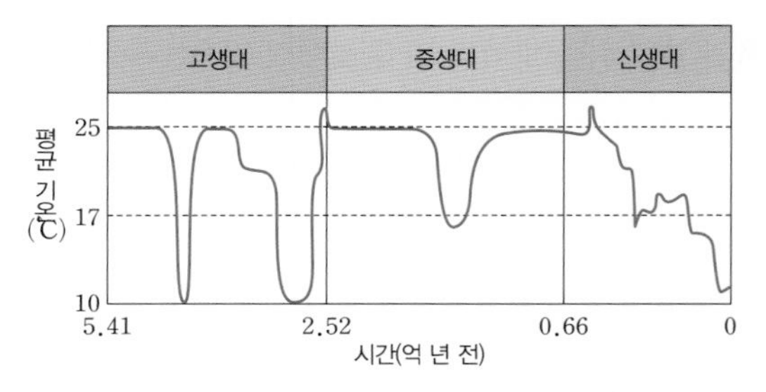

이에 대한 설명으로 옳은 것만을 ⟨보기⟩에서 있는 대로 고른 것은?

보기
ㄱ. 고생대 말에는 생물종의 큰 변화가 있었다.
ㄴ. 중생대 중기에는 빙하기가 있었다.
ㄷ. 신생대 후기는 초기에 비하여 산호가 고위도까지 분포했다.

① ㄱ ② ㄷ ③ ㄱ, ㄴ
④ ㄴ, ㄷ ⑤ ㄱ, ㄴ, ㄷ

[05~06] 표는 어느 지역의 지층 A~F에서 발견된 주요 화석 (가)~(바)의 산출 범위를 나타낸 것이다.

지층 \ 화석	(가)	(나)	(다)	(라)	(마)	(바)
F	●			●		●
E	●	●		●		●
D		●	●	●		
C		●	●	●		
B				●	●	
A				●	●	

[8589-0163]
05 지층 A~F를 세 지질 시대로 구분하고자 할 때, 지질 시대의 경계로 가장 적절한 지층의 경계를 쓰시오.

서술형
[8589-0164]
06 화석 (가)~(바) 중 지질 시대의 환경을 추정하는 데 이용될 수 있는 것으로 가장 적합한 것을 쓰고, 그 이유를 서술하시오.

[8589-0165]
07 그림은 어느 지질 시대의 화석을 나타낸 것이다.

(가)

(나)

이에 대한 설명으로 옳은 것만을 <보기>에서 있는 대로 고른 것은?

보기
ㄱ. (가)의 생물은 다세포 생물이다.
ㄴ. (나)의 생물은 육지에서 서식하였다.
ㄷ. (가)는 원생 누대, (나)는 현생 누대의 생물 화석이다.

① ㄱ ② ㄴ ③ ㄱ, ㄷ
④ ㄴ, ㄷ ⑤ ㄱ, ㄴ, ㄷ

[8589-0166]
08 그림은 현생 누대 동안 해양 무척추동물과 육상 식물의 과의 수 변화를 나타낸 것이다.

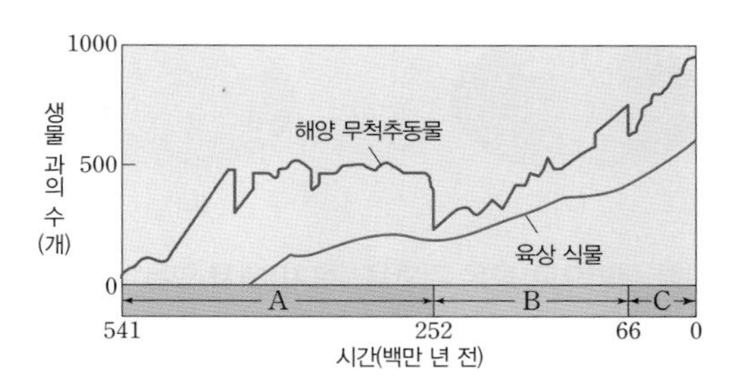

이에 대한 설명으로 옳은 것만을 <보기>에서 있는 대로 고른 것은?

보기
ㄱ. A 시기 말에는 해양 무척추동물의 대량 멸종이 있었다.
ㄴ. B 시기 말 생물 과의 수 변화는 해양 무척추동물이 육상 식물보다 크다.
ㄷ. C 시기에는 속씨식물이 쇠퇴하고 겉씨식물이 삼림을 이루며 번성하였다.

① ㄱ ② ㄷ ③ ㄱ, ㄴ ④ ㄴ, ㄷ ⑤ ㄱ, ㄴ, ㄷ

[8589-0167]
09 그림은 어느 지질 시대의 생물계의 모습을 나타낸 것이다.

이 지질 시대에 대한 설명으로 옳은 것만을 <보기>에서 있는 대로 고른 것은?

보기
ㄱ. 중생대의 생물계를 나타낸 것이다.
ㄴ. 양치식물이 출현하였다.
ㄷ. 이 시기에 바다에는 암모나이트가 번성하였다.

① ㄱ ② ㄴ ③ ㄱ, ㄷ
④ ㄴ, ㄷ ⑤ ㄱ, ㄴ, ㄷ

[8589-0168]
10 그림 (가)와 (나)는 각각 서로 다른 지질 시대의 수륙 분포를 나타낸 것이다.

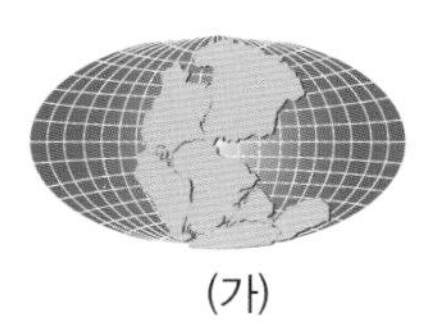
(가)

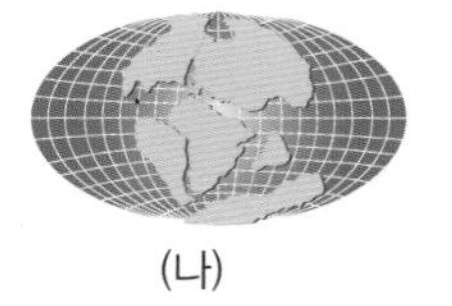
(나)

이에 대한 설명으로 옳은 것만을 〈보기〉에서 있는 대로 고른 것은?

보기
ㄱ. (가) 시기에 육지에는 속씨식물이 번성하였다.
ㄴ. (나) 시기에 양서류가 전성기를 이루었다.
ㄷ. (가)에서 (나) 시기 사이에 대서양이 형성되기 시작하였다.

① ㄱ ② ㄷ ③ ㄱ, ㄴ
④ ㄴ, ㄷ ⑤ ㄱ, ㄴ, ㄷ

[8589-0169]
11 그림 (가), (나), (다)는 지질 시대에 살았던 생물의 화석을 나타낸 것이다.

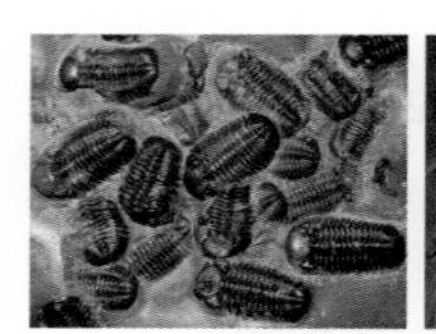
(가) 삼엽충

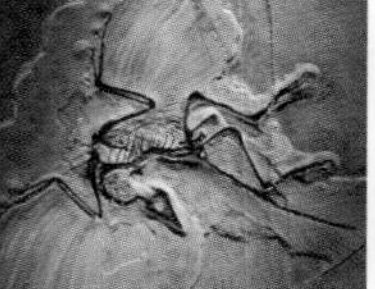
(나) 시조새

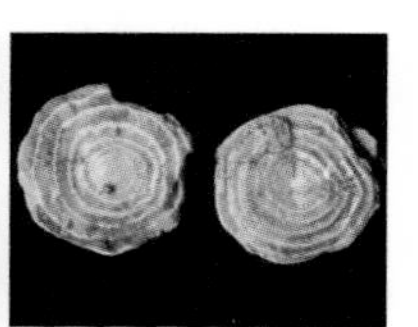
(다) 화폐석

이에 대한 설명으로 옳지 않은 것은?

① (가)는 고생대 표준 화석이다.
② (가)의 지층은 바다에서 퇴적되었다.
③ (다)가 퇴적될 당시 육지에는 공룡이 번성했다.
④ (나)는 대서양이 형성되는 시기에 출현하였다.
⑤ 생물이 번성했던 순서는 (가) → (나) → (다)이다.

서술형
[8589-0170]
12 어느 지역의 지층에서 공룡 발자국 화석과 고사리 화석이 발견되었다. 이 지층이 생성된 지질 시대와 퇴적 환경을 화석과 관련지어 서술하시오.

[8589-0171]
13 그림은 어느 지역의 지질 단면과 각 지층에서 산출되는 화석을 나타낸 것이다.

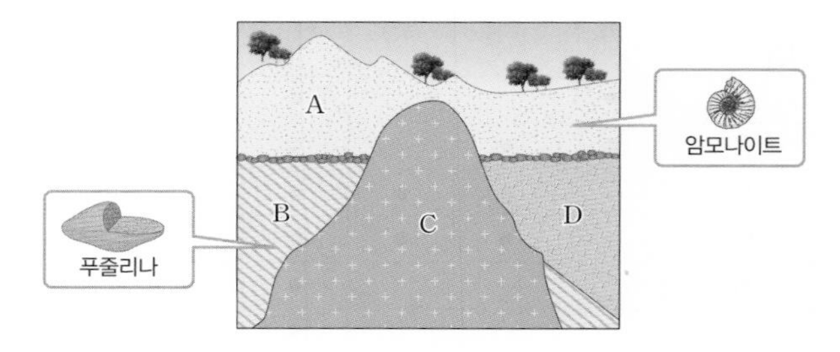

이에 대한 설명으로 옳은 것만을 〈보기〉에서 있는 대로 고른 것은?

보기
ㄱ. A와 B는 모두 바다에서 퇴적되었다.
ㄴ. C가 관입한 시기는 고생대 말이다.
ㄷ. D가 퇴적될 당시 히말라야산맥이 형성되었다.

① ㄱ ② ㄷ ③ ㄱ, ㄴ
④ ㄴ, ㄷ ⑤ ㄱ, ㄴ, ㄷ

[8589-0172]
14 그림은 현생 누대 동안 주요 생물종의 출현과 번성 정도를 나타낸 것이다.

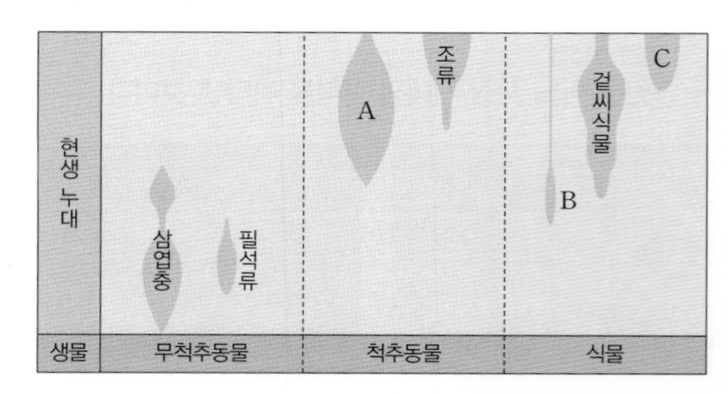

이에 대한 설명으로 옳은 것만을 〈보기〉에서 있는 대로 고른 것은?

보기
ㄱ. A가 전성기일 때 판게아가 형성되었다.
ㄴ. B는 양치식물, C는 속씨식물이다.
ㄷ. 대서양 해저 지층에서는 삼엽충의 화석이 발견되지 않는다.

① ㄱ ② ㄴ ③ ㄱ, ㄷ
④ ㄴ, ㄷ ⑤ ㄱ, ㄴ, ㄷ

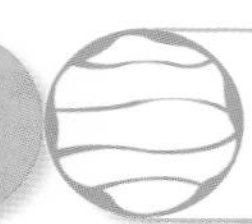

신유형·수능 열기

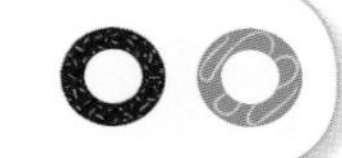

정답과 해설 33쪽

[8589-0173]

01 그림은 현생 누대 동안 대륙 빙하 분포 범위와 기후 변화를 나타낸 것이다.

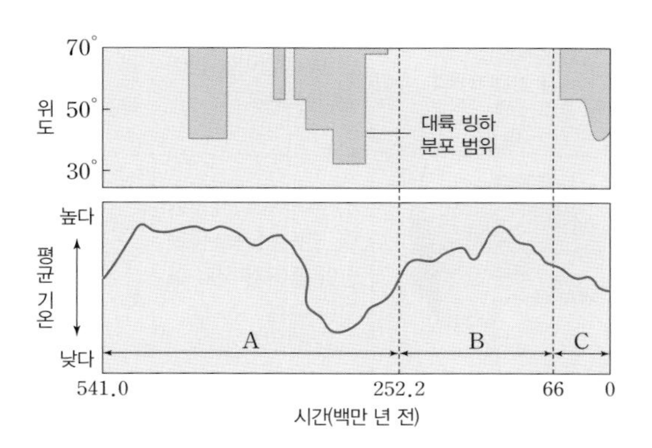

이에 대한 설명으로 옳은 것만을 〈보기〉에서 있는 대로 고른 것은?

보기

ㄱ. A 시기에는 2번의 큰 빙하기가 있었다.

ㄴ. 평균 해수면의 높이는 B 시기가 C 시기보다 높았다.

ㄷ. C 시기에 형성된 빙하의 물 분자 산소 동위 원소비 ($^{18}O/^{16}O$)는 전기가 후기보다 높다.

① ㄱ ② ㄷ ③ ㄱ, ㄴ ④ ㄴ, ㄷ ⑤ ㄱ, ㄴ, ㄷ

[8589-0174]

02 그림은 지질 시대를 시생 누대, 원생 누대, 현생 누대로 구분하고, 현생 누대를 고생대, 중생대, 신생대로 구분하여 나타낸 것이다.

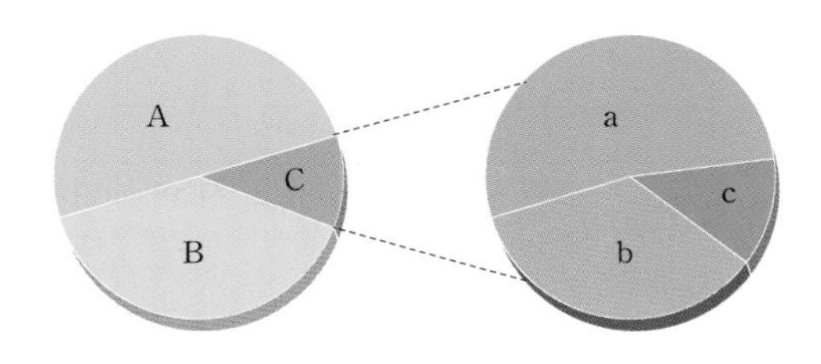

이에 대한 설명으로 옳지 않은 것은?

① A 시기의 화석에는 에디아카라 동물군 화석이 있다.

② B 시기에 오존층이 형성되었다.

③ a 시기 말에 석탄층이 형성되었다.

④ b 시기 바다에서는 암모나이트가 번성하였다.

⑤ c 시기 초에는 속씨식물이 번성하였으며, 초원이 형성되었다.

[8589-0175]

03 그림은 지구의 나이인 46억 년을 24시간의 지질 시계로 대비하여 나타낸 것이다.

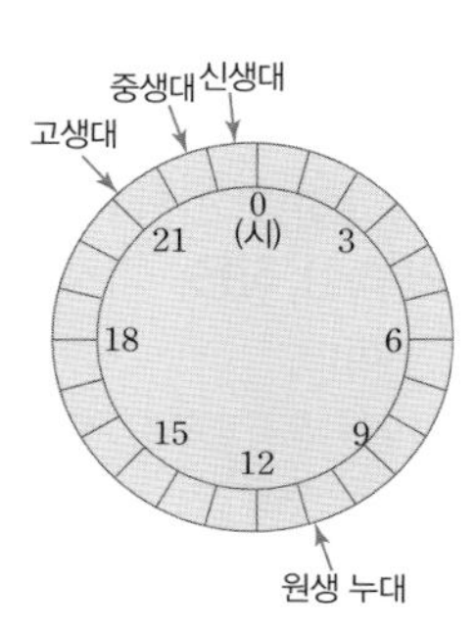

지질학적 사건을 지질 시계에 나타낼 때 옳은 것만을 〈보기〉에서 있는 대로 고른 것은?

보기

ㄱ. 12시 이전에는 생물이 존재하지 않았다.

ㄴ. 삼엽충이 출현한 시기는 21시 이후이다.

ㄷ. 공룡이 번성했던 기간은 1시간보다 짧다.

① ㄱ ② ㄴ ③ ㄱ, ㄷ

④ ㄴ, ㄷ ⑤ ㄱ, ㄴ, ㄷ

[8589-0176]

04 그림은 현생 누대 동안 생물 과의 멸종 비율을 나타낸 것이다.

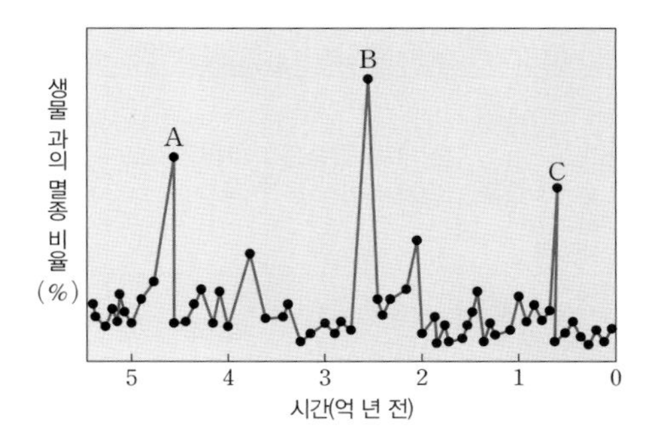

이에 대한 설명으로 옳은 것만을 〈보기〉에서 있는 대로 고른 것은?

보기

ㄱ. A 시기를 경계로 고생대와 중생대를 구분한다.

ㄴ. B 시기 생물의 대멸종은 판게아의 형성과 관련 있다.

ㄷ. C 시기에는 공룡과 암모나이트가 멸종하였다.

① ㄱ ② ㄴ ③ ㄱ, ㄷ

④ ㄴ, ㄷ ⑤ ㄱ, ㄴ, ㄷ

단원 정리

1 퇴적암 생성

(1) **퇴적암 생성 과정** : 퇴적물 퇴적 → 다짐 작용 → 교결 작용 → 퇴적암

(2) **속성 작용** : 퇴적물이 퇴적암이 되기까지의 모든 과정이다.

다짐 작용	퇴적물이 치밀하게 다져지는 작용 ➡ 공극 감소, 밀도 증가
교결 작용	교결 물질이 침전되어 입자들을 붙여주는 작용

2 퇴적암의 종류

구분	생성 원인	퇴적암
쇄설성 퇴적암	풍화 · 침식, 화산 활동으로 생성된 쇄설물이 퇴적	역암, 사암, 셰일, 응회암 등
화학적 퇴적암	물에 녹아 있던 광물질이 침전하거나 물이 증발하면서 침전	석회암, 암염 등
유기적 퇴적암	동식물이나 미생물의 유해가 퇴적	석회암, 석탄 등

3 퇴적 환경

구분	퇴적 환경
육상 환경	선상지, 하천, 호수, 사막 등
연안 환경	삼각주, 석호, 모래톱(사주) 등
해양 환경	대륙붕, 대륙 사면, 대륙대, 심해저 등

4 퇴적 구조

구분	특징	생성 원인	생성 환경
사층리	상부로 갈수록 경사 증가	바람, 흐르는 물	사막, 삼각주
점이 층리	상부로 갈수로 입자 크기 감소	퇴적물의 침강 속도 차이	유속이 느려지는 심해저
연흔	뾰족한 부분이 상부를 향한다.	흐르는 물, 사막의 바람	바닷가, 호숫가, 사막
건열	갈라진 부분이 하부를 향한다.	건조한 환경에 노출	건조한 시기

5 지질 구조

구분	정의	종류
배사 향사 배사 축면 향사 축면 수평면 습곡	지층이 수평으로 쌓인 후 횡압력을 받아 휘어진 구조	정습곡, 경사 습곡, 횡와 습곡 등
단층면 하반 상반 단층	지층이 횡압력, 장력, 전단 응력 등을 받아 끊어져 서로 어긋난 구조	정단층, 역단층, 주향 이동 단층 등
기저 역암 부정합	오랫동안 퇴적이 중단되어 상하 지층 사이에 시간 간격이 큰 구조	평행 부정합, 경사 부정합, 난정합 등
절리	용암의 냉각 수축, 압력의 감소 등에 의해 암석에 생긴 틈이나 균열	주상 절리, 판상 절리 등

6 관입과 분출

관입	분출
화성암 주변에 변성 부분이 있고, 화성암 속에 포획암이 들어 있을 수 있다.	화성암 윗부분에 변성 부분이 없고, 침식 흔적과 기저 역암이 있을 수 있다.

7 지사학의 원리

구분	내용
동일 과정설	현재 지구상에서 일어나는 지질학적 변화 과정은 과거에도 동일한 과정과 속도로 일어났다.
수평 퇴적의 법칙	퇴적물이 퇴적될 때는 중력의 영향으로 수평면과 나란한 방향으로 쌓인다.
지층 누중의 법칙	지층이 역전되지 않았다면 아래에 있는 지층은 위에 있는 지층보다 먼저 생성되었다.
동물군 천이의 법칙	새로운 지층일수록 더욱 진화된 생물의 화석군이 산출된다.
부정합의 법칙	부정합면을 경계로 상하 지층의 퇴적 시기 사이에 큰 시간적 간격이 존재한다.
관입의 법칙	관입 당한 암석은 관입한 화성암보다 먼저 생성되었다.

단원 정리

8 지층 대비

암상에 의한 대비	화석에 의한 대비
• 암석의 종류, 조직, 지질 구조 등의 특징을 이용하여 비교적 가까이 있는 지역의 지층 대비 • 건층(석탄층, 응회암층, 석회암층) 이용	• 같은 종류의 화석이 산출되는 지층을 연결하여 멀리 떨어져 있는 지역의 지층 대비 • 표준 화석 이용

9 지질 연대

구분	내용
상대 연령	지질학적 사건의 발생 순서나 지층과 암석의 생성 시기를 상대적으로 나타낸 것 ➡ 지사 연구의 법칙, 화석, 퇴적 구조 이용
절대 연령	암석 생성 또는 지질학적 사건의 발생 시기를 연 단위의 절대적인 수치로 나타낸 것 ➡ 방사성 동위 원소 반감기 이용 • 반감기 : 방사성 동위 원소가 붕괴하여 처음 양의 반으로 줄어드는 데 걸리는 시간 • 절대 연령=반감기 횟수×반감기

10 화석

구분	표준 화석	시상 화석
정의	지층의 생성 시기를 판단하는 근거로 이용되는 화석	지층이 퇴적될 당시의 환경을 지시해 주는 화석
조건	• 생존 기간이 짧다. • 분포 면적이 넓다. • 개체 수가 많다.	• 생존 기간이 길다. • 분포 면적이 좁다. • 환경 변화에 민감하다.
예	삼엽충(고생대), 공룡(중생대), 화폐석(신생대)	산호(따뜻하고 얕은 바다), 고사리(따뜻하고 습한 육지)

11 고기후 연구 방법

구분	온난한 시기	한랭한 시기
빙하 시추물 연구	$^{18}O/^{16}O$이 높다.	$^{18}O/^{16}O$이 낮다.
지층의 퇴적물 연구	상록활엽수의 꽃가루가 많다.	침엽수의 꽃가루가 많다.
나이테 연구	나무의 나이테 간격이 넓다.	나무의 나이테 간격이 좁다.

12 지질 시대 구분

(1) **구분 기준** : 생물계의 큰 변화나 대규모 지각 변동

(2) **지질 시대 길이** : 선캄브리아 시대＞고생대＞중생대＞신생대

13 지질 시대 기후 변화

(1) 선캄브리아 시대는 대체로 온난하였다.

(2) 고생대 말과 신생대 제4기에는 빙하기가 있었고, 중생대에는 빙하기가 없었다.

14 지질 시대의 환경과 생물

누대	대	기	주요 화석	주요 특징
현생 누대	신생대	제4기	매머드	포유류 번성
		네오기	화폐석	히말라야 산맥 형성, 속씨식물 번성
		팔레오기	화폐석	
	중생대	백악기	공룡, 암모나이트	속씨식물이 겉씨식물을 대체
		쥐라기	공룡, 암모나이트, 시조새	시조새 출현, 겉씨식물 번성
		트라이아스기	공룡, 암모나이트	포유류 출현
	고생대	페름기	삼엽충, 방추충	판게아 형성
		석탄기	삼엽충, 방추충	양서류 번성, 파충류 출현
		데본기	삼엽충, 갑주어	어류의 시대
		실루리아기	삼엽충, 필석	육상 식물 출현
		오르도비스기	삼엽충, 필석	필석의 시대
		캄브리아기	삼엽충	삼엽충의 시대
원생 누대	(선캄브리아 시대)		에디아카라 동물군	다세포 생물 출현
시생 누대	(선캄브리아 시대)		스트로마톨라이트	원핵생물 출현

단원 마무리 문제

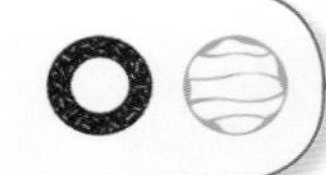

[8589-0177]

01 그림 (가), (나), (다)는 서로 다른 종류의 퇴적암을 나타낸 것이다.

(가) 응회암

(나) 석회암

(다) 암염

이에 대한 설명으로 옳은 것만을 〈보기〉에서 있는 대로 고른 것은?

보기
ㄱ. (가)는 용암이 굳어서 생성된 것이다.
ㄴ. (나)는 생물의 유해가 쌓여 생성될 수 있다.
ㄷ. (다)는 주로 강수량이 많은 환경에서 생성된다.

① ㄱ ② ㄴ ③ ㄱ, ㄷ
④ ㄴ, ㄷ ⑤ ㄱ, ㄴ, ㄷ

[8589-0178]

02 그림 (가)와 (나)는 퇴적 환경을 나타낸 것이다.

(가) 석호

(나) 선상지

이에 대한 설명으로 옳은 것만을 〈보기〉에서 있는 대로 고른 것은?

보기
ㄱ. (가)에서는 화석이 많이 산출된다.
ㄴ. (나)에서는 대체로 분급이 불량한 퇴적층이 형성된다.
ㄷ. (가)는 연안 환경, (나)는 육상 환경에 속한다.

① ㄱ ② ㄴ ③ ㄱ, ㄷ
④ ㄴ, ㄷ ⑤ ㄱ, ㄴ, ㄷ

[8589-0179]

03 그림 (가)와 (나)는 퇴적암에 나타나는 퇴적 구조를 나타낸 것이다.

(가) 건열

(나) 점이 층리

이에 대한 설명으로 옳은 것만을 〈보기〉에서 있는 대로 고른 것은?

보기
ㄱ. (가)는 지각 변동에 의해 지층이 갈라져서 생성된 것이다.
ㄴ. (나)는 저탁류에 의해 운반된 퇴적물이 해저에 쌓일 때 잘 생성된다.
ㄷ. (가)와 (나)를 통해 퇴적물이 공급된 방향을 알 수 있다.

① ㄱ ② ㄴ ③ ㄱ, ㄷ
④ ㄴ, ㄷ ⑤ ㄱ, ㄴ, ㄷ

[8589-0180]

04 그림 (가)와 (나)는 지질 구조를 나타낸 것이다.

(가) 습곡

(나) 주상 절리

이에 대한 설명으로 옳은 것만을 〈보기〉에서 있는 대로 고른 것은?

보기
ㄱ. (가)는 지층이 횡압력을 받아 생성된 것이다.
ㄴ. (나)는 용암이 식을 때 부피가 수축하여 생성된 것이다.
ㄷ. (가)는 주로 지표, (나)는 주로 지하 깊은 곳에서 생성된다.

① ㄱ ② ㄴ ③ ㄱ, ㄴ
④ ㄴ, ㄷ ⑤ ㄱ, ㄴ, ㄷ

[8589-0181]

05 그림은 어느 지역의 지질 단면을 나타낸 것이다.

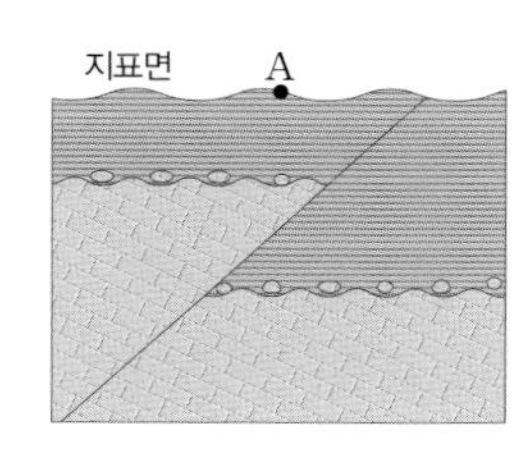

이에 대한 설명으로 옳은 것만을 〈보기〉에서 있는 대로 고른 것은?

> 보기
> ㄱ. 평행 부정합이 나타난다.
> ㄴ. 횡압력을 받아 생성된 단층이 나타난다.
> ㄷ. A에서 지표면에서 수직으로 깊이 들어가면 암석의 나이가 계속 증가한다.

① ㄱ ② ㄴ ③ ㄱ, ㄷ ④ ㄴ, ㄷ ⑤ ㄱ, ㄴ, ㄷ

[06~07] 그림은 어느 지역의 지질 단면을 나타낸 것이다.

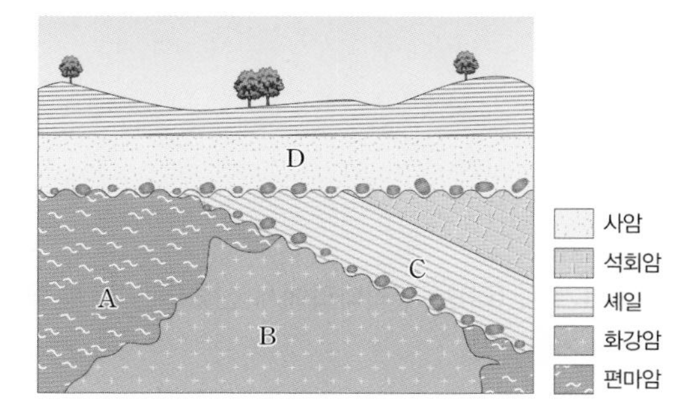

[8589-0182]

06 이 지역의 암석과 지층에 대한 설명으로 옳은 것만을 〈보기〉에서 있는 대로 고른 것은?

> 보기
> ㄱ. A와 C는 모두 B에 의해 변성 작용을 받았다.
> ㄴ. D의 하부에는 A와 C의 암석 조각이 들어 있을 수 있다.
> ㄷ. 이 지역에 분포하는 퇴적암은 모두 쇄설성 퇴적암이다.

① ㄱ ② ㄴ ③ ㄱ, ㄷ ④ ㄴ, ㄷ ⑤ ㄱ, ㄴ, ㄷ

서술형

[8589-0183]

07 A와 B 중 어느 것이 먼저 생성되었는지 쓰고, 그 이유를 지사 연구의 법칙과 관련지어 서술하시오.

[8589-0184]

08 그림은 (가), (나), (다)는 서로 가까운 세 지역에 분포하는 암석을 나타낸 것이다.

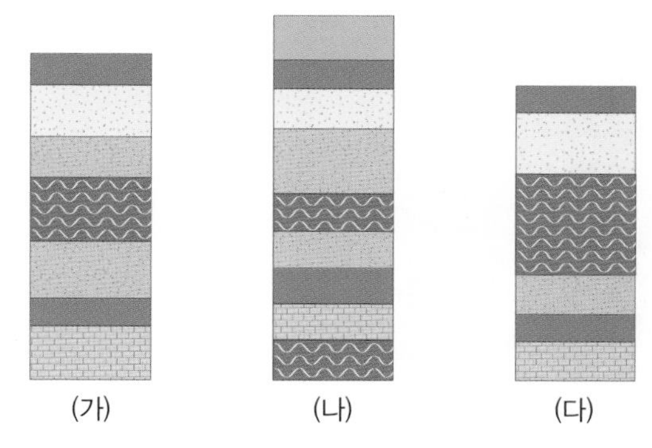

이에 대한 설명으로 옳은 것만을 〈보기〉에서 있는 대로 고른 것은?

> 보기
> ㄱ. 가장 젊은 지층은 (가)에서 나타난다.
> ㄴ. 가장 오래된 지층은 (나)에서 나타난다.
> ㄷ. 가장 오랜 기간에 걸쳐 퇴적된 지역은 (다)이다.

① ㄱ ② ㄴ ③ ㄱ, ㄷ ④ ㄴ, ㄷ ⑤ ㄱ, ㄴ, ㄷ

[8589-0185]

09 그림 (가)와 (나)는 고기후를 연구하는 방법을 나타낸 것이다.

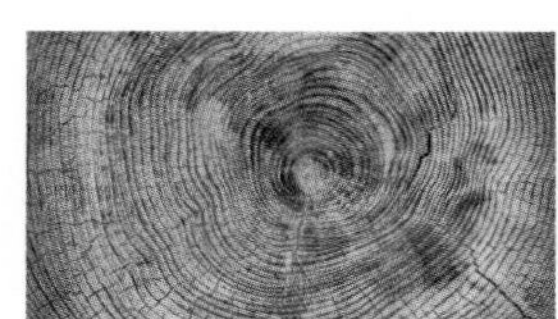
(가) 나무의 나이테

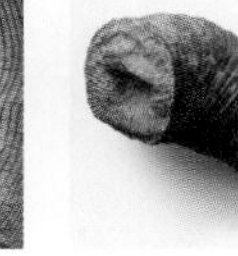
(나) 산호 화석

이에 대한 설명으로 옳은 것만을 〈보기〉에서 있는 대로 고른 것은?

> 보기
> ㄱ. (가)의 간격이 조밀할수록 한랭한 기후였다.
> ㄴ. (나)가 고위도 지역에 분포하는 시기일수록 온난한 기후였다.
> ㄷ. (가)는 (나)보다 오래 전 지질 시대의 기후를 추정하는 데 이용된다.

① ㄱ ② ㄷ ③ ㄱ, ㄴ ④ ㄴ, ㄷ ⑤ ㄱ, ㄴ, ㄷ

[8589-0186]

10 그림 (가)는 어느 지역의 지질 단면을, (나)는 방사성 동위 원소 X의 붕괴 곡선을 나타낸 것이다. 화성암 P와 Q에는 방사성 동위 원소 X가 각각 처음 양의 25 %와 50 %가 들어 있었다.

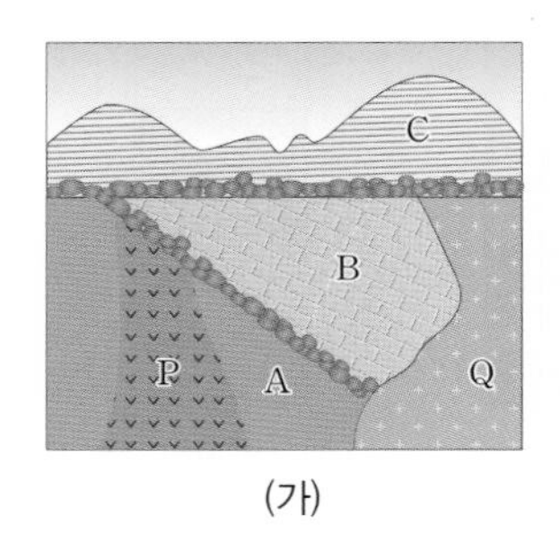

(가)

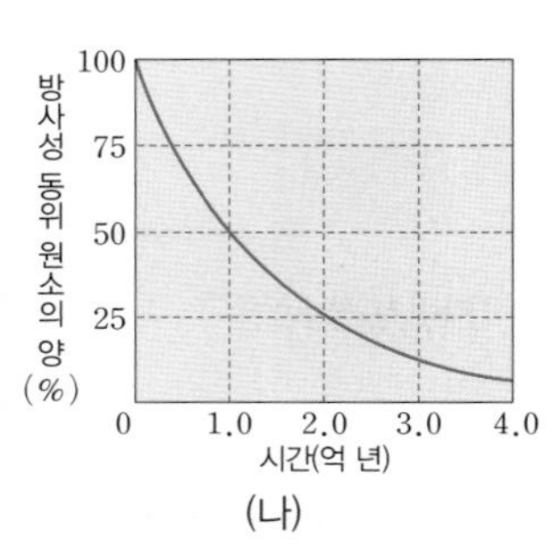

(나)

이 지역에서 일어난 지질학적 사건에 대한 설명으로 옳은 것만을 〈보기〉에서 있는 대로 고른 것은?

보기
ㄱ. A와 B 사이의 부정합은 P가 관입한 후에 생성되었다.
ㄴ. B는 중생대에 퇴적되었다.
ㄷ. 이 지역에서는 현재까지 적어도 3번의 융기가 있었다.

① ㄱ ② ㄴ ③ ㄱ, ㄷ ④ ㄴ, ㄷ ⑤ ㄱ, ㄴ, ㄷ

[8589-0187]

11 그림 (가)와 (나)는 서로 다른 두 지역의 지질 단면과 각 지층에서 산출되는 화석을 나타낸 것이다.

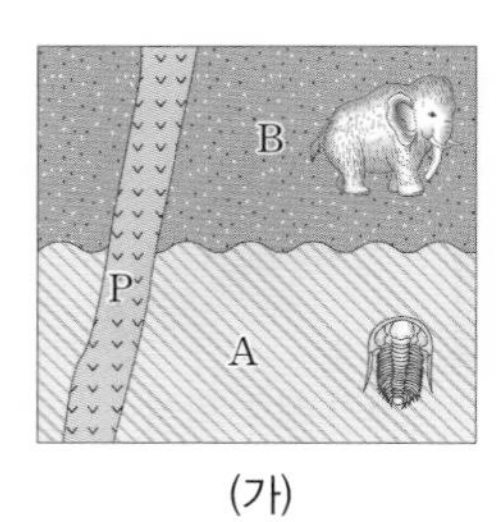

(가)

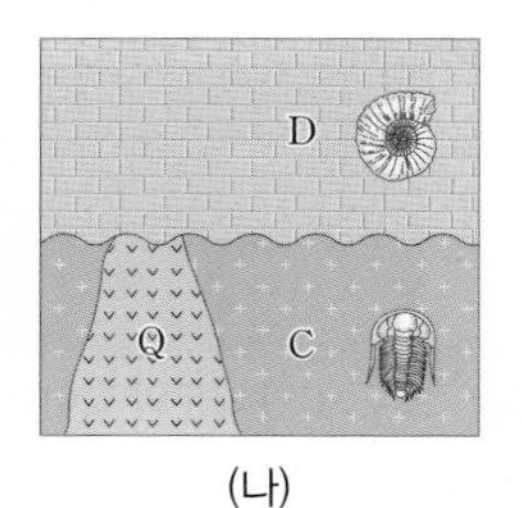

(나)

이에 대한 설명으로 옳은 것만을 〈보기〉에서 있는 대로 고른 것은?

보기
ㄱ. P는 Q보다 나중에 생성되었다.
ㄴ. A와 B 사이의 시간 간격은 C와 D 사이의 시간 간격보다 크다.
ㄷ. 이 지역의 지층은 모두 바다에서 생성되었다.

① ㄱ ② ㄷ ③ ㄱ, ㄴ ④ ㄴ, ㄷ ⑤ ㄱ, ㄴ, ㄷ

[8589-0188]

12 그림은 현생 누대 동안 해양 생물 과의 수 변화와 대륙 이동의 과정을 나타낸 것이다.

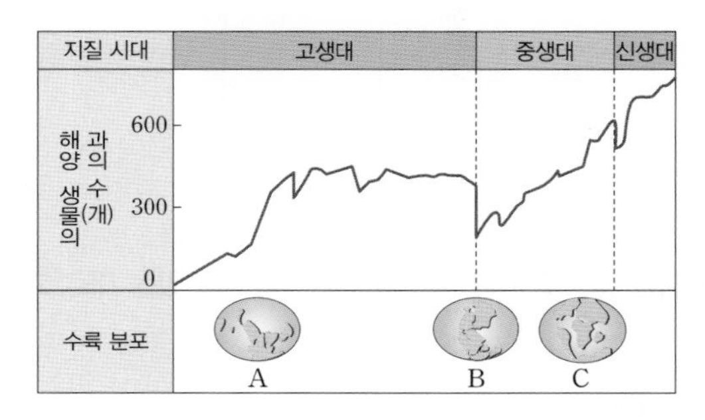

이에 대한 설명으로 옳은 것만을 〈보기〉에서 있는 대로 고른 것은?

보기
ㄱ. A 시기에 히말라야산맥이 형성되었다.
ㄴ. B 시기에 삼엽충과 방추충(푸줄리나)이 멸종하였다.
ㄷ. B에서 C 시기로 가면서 북반구에 분포하는 대륙의 면적이 넓어졌다.

① ㄱ ② ㄴ ③ ㄱ, ㄷ
④ ㄴ, ㄷ ⑤ ㄱ, ㄴ, ㄷ

[8589-0189]

13 그림 (가)와 (나)는 우리나라에서 산출되는 두 종류의 화석을 나타낸 것이다.

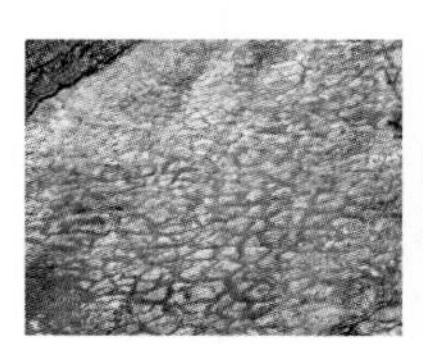
(가) 스트로마톨라이트

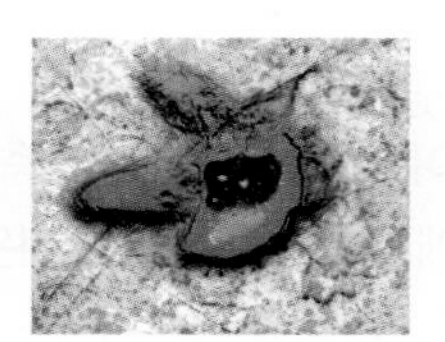
(나) 공룡 발자국

이에 대한 설명으로 옳은 것만을 〈보기〉에서 있는 대로 고른 것은?

보기
ㄱ. (가)는 광합성을 하는 생물에 의해 생성되었다.
ㄴ. (나)가 발견되는 지층은 중생대층이다.
ㄷ. (가)와 (나)의 지층은 모두 육지에서 퇴적되었다.

① ㄱ ② ㄷ ③ ㄱ, ㄴ
④ ㄴ, ㄷ ⑤ ㄱ, ㄴ, ㄷ

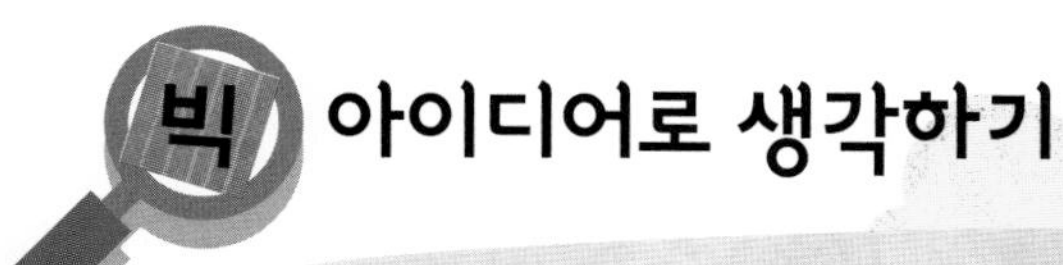

빅 아이디어로 생각하기

캄브리아기 대폭발

캄브리아기에 갑자기 다양한 종류의 동물 화석이 나타나는 사건을 캄브리아기 대폭발이라고 한다. 현재 생존하는 38가지의 동물 '문(門 , phylum)' 중 35가지가 이 시기에 출현하였다. 캄브리아기 대폭발이 나타난 이유를 설명하는 가설에는 여러 가지가 있는데, 그 중 하나는 눈의 탄생 때문이라는 것이다.
캄브리아기 초기에 삼엽충에게 최초의 눈이 생겼다. 그전까지 어둠에 묻혀 있던 동물들은 이제 주위의 다른 동물들을 볼 수 있게 되었다. 동물들은 다른 동물들에게 잡아먹히지 않기 위해서 보호색이나 위장색을 만들거나 단단한 갑옷을 만들거나 수영 실력을 갖추어야 했다. 한편 이런 동물들을 사냥하기 위해서 포식자들은 턱이나 이빨을 발달시켜야 했다. 이렇듯 동물이 눈을 갖게 되면서 급격한 진화가 일어났다는 것이다.

정리하기

캄브리아기 대폭발을 설명하는 가설은 여러 가지가 있다. 첫 번째는 그 기간의 전반적인 환경 조건이 생물이 진화하기에 잘 맞았다는 주장이다. 두 번째는 대기 중 산소 농도가 증가하고 이산화 탄소 농도가 감소했다는 것이다. 세 번째는 동물들이 인(P)을 얻게 되어 딱딱한 외피를 만들 수 있게 되었다는 것이다. 네 번째는 캄브리아기가 시작될 무렵 대륙붕이 증가했기 때문이라는 가설이다. 그리고 다섯 번째는 눈덩이 지구 가설과 연관되어 있는데, 선캄브리아 시대 말 지구 전체가 두꺼운 얼음으로 덮여 있었다가 지구가 온난해지면서 얼음이 녹고 생명체가 살기 적당한 환경이 되었다는 것이다.
영국의 앤드루 파커는 눈의 탄생으로 포식자로부터 도망을 가기에 적합하고, 다른 동물을 잡아먹기에 적합한 외형을 갖도록 진화가 일어났다고 말한다. 이 이론을 빛 스위치 이론이라고 한다. 처음 등장한 삼엽충의 눈은 우리의 눈과는 많이 달랐다. 삼엽충은 겹눈을 가지고 있었고, 수정체는 방해석(탄산 칼슘)으로 이루어져 있었다. 그럼 삼엽충은 이런 원시적인 눈으로 제대로 볼 수 있었을까? 1972년 미국 스미소니언 협회에서 방해석으로 삼엽충의 눈을 흉내내어 렌즈를 만든 후 사진을 찍어 보았다. 상이 만들어지기는 했지만, 현재 곤충이 볼 수 있는 곤충의 겹눈에 비해 성능이 많이 떨어졌다.

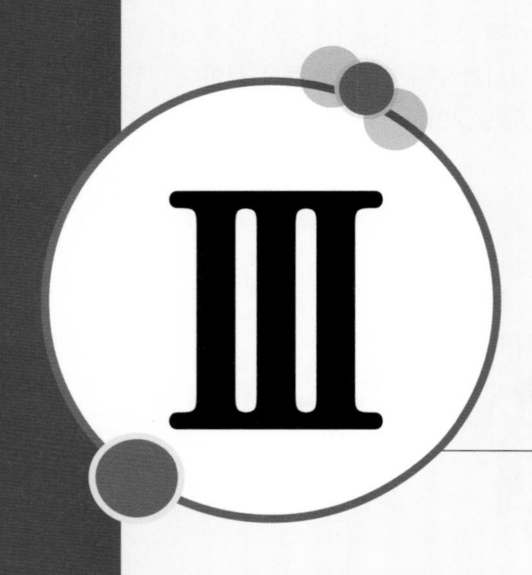

Ⅲ 대기와 해양의 변화

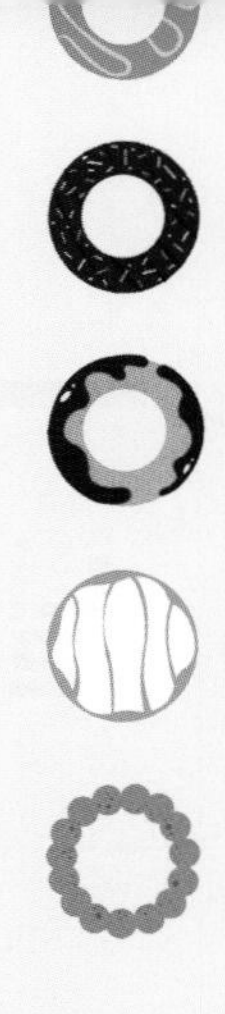

7 날씨의 변화

- 우리나라에 영향을 주는 기단의 특징 이해하기
- 전선과 날씨의 관계 설명하기
- 온대 저기압과 일기도 해석 방법 이해하기

한눈에 단원 파악, 이것이 핵심!

기단과 전선은 날씨에 어떤 영향을 줄까?

기단과 날씨

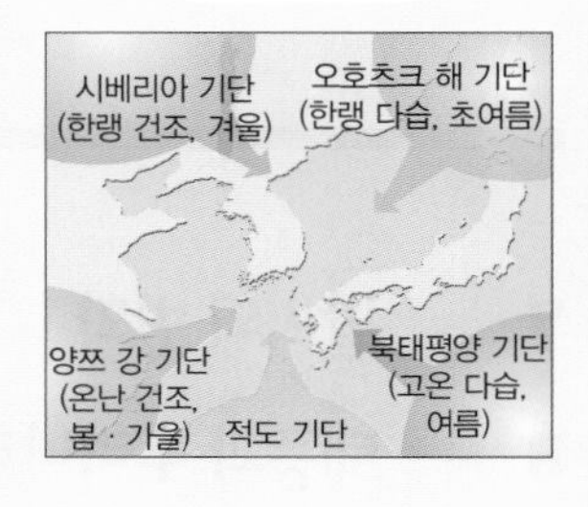

온난 전선과 날씨

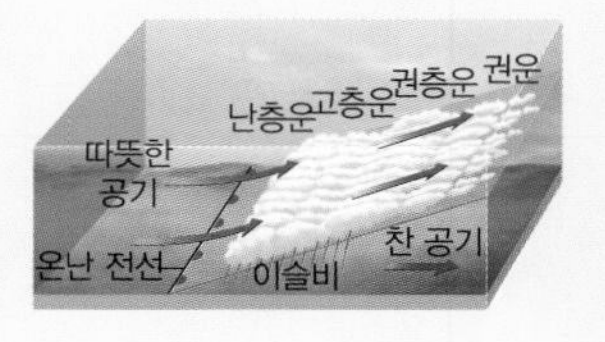

지속적인 비가 내리고 전선 통과 후 기온이 상승한다.

한랭 전선과 날씨

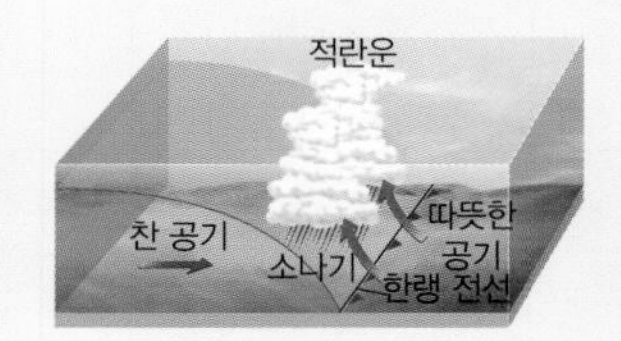

소나기가 내리고 전선 통과 후 기온이 하강한다.

온대 저기압 주변의 날씨는 어떠할까?

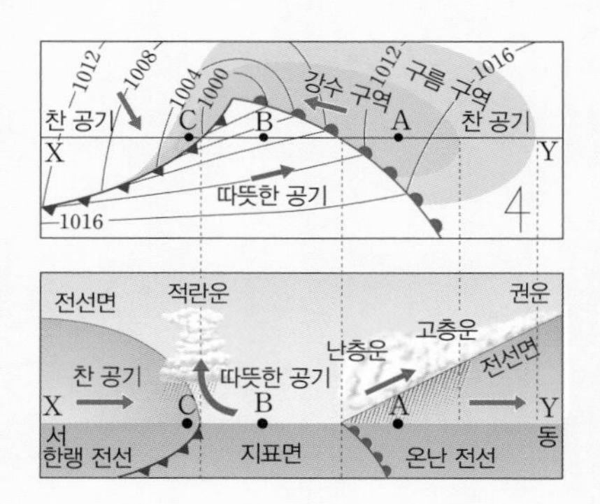

A : 온난 전선 앞쪽
- 층운형 구름이 발달하여 넓은 지역에 걸쳐 흐리거나 지속적인 비가 내린다.
- 기온이 낮다.

B : 온난 전선과 한랭 전선 사이
- 온난 전선 통과 후 맑은 날씨가 된다.
- 기온이 높다.

C : 한랭 전선의 뒤쪽
- 적운형 구름이 발달하여 좁은 지역에 걸쳐 소나기가 내린다.
- 기온이 낮다.

01 기단, 전선과 날씨

1 기단과 날씨

(1) 기단 : 지표면의 성질이 균일한 넓은 지역에서 공기가 오랫동안 머물면서 형성되어 기온과 습도가 균일한 큰 공기 덩어리이다.

① 기단의 발원지 : 넓은 바다나 평원, 사막 등이며, 기단의 지름은 보통 1000 km 이상이다.

② 기단의 성질 : ❶기단은 지표면의 성질을 닮기 때문에 생성 장소에 따라 성질이 다르다.

- 일반적으로 대륙에서 생긴 기단은 건조하고, 해양에서 생긴 기단은 다습하다.
- 저위도에서 생긴 기단은 따뜻하고, 고위도에서 생긴 기단은 차다.

③ ❷우리나라에 영향을 미치는 기단 : 계절에 따라 영향을 미치는 기단이 달라진다.

기단	성질	발달 계절	날씨 특징
시베리아 기단	한랭 건조	겨울	북서풍, 한파
북태평양 기단	고온 다습	여름	무더위, 소나기, 장마
오호츠크 해 기단	한랭 다습	초여름(장마철)	장마 전선
양쯔 강 기단	온난 건조	봄, 가을	날씨 변화가 심함, 황사
적도 기단	고온 다습	여름, 초가을	태풍, 호우

(2) 기단의 변질 : 기단이 발원지로부터 이동하면 성질이 다른 지면이나 수면을 만나 열과 수증기를 교환하면서 원래의 성질이 변하게 된다.

① 한랭한 기단이 따뜻한 지역으로 이동할 때 : 하층 가열로 기층이 불안정해지며, 적란운이 발달하여 소나기가 내린다. 예 겨울철에 시베리아 기단이 황해를 건너 우리나라로 이동해 오면 두꺼운 구름이 발달하여 서해안 지역에 폭설이 내리는 경우가 많다.

② 온난한 기단이 찬 지역으로 이동할 때 : 하층 냉각으로 기층이 안정해지며, 안개나 층운이 발생한다. 예 여름철에 북태평양 기단이 북상하여 우리나라로 이동해 오면 남동 해안에는 안개나 층운이 발생하는 경우가 있다.

THE 알기

❶ 기단의 분류
온도에 따라 적도 기단, 열대 기단, 한대 기단, 극기단으로 분류한다. 수증기 함량에 따라 해양성 기단, 대륙성 기단으로 분류한다.

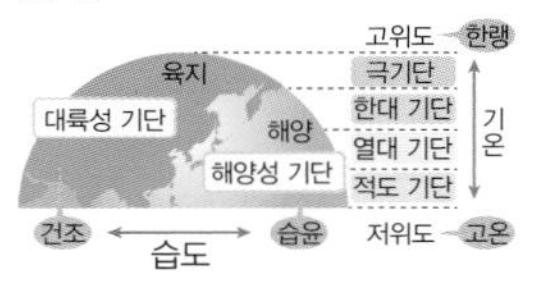

❷ 우리나라 주변의 기단

❸ 적운형 구름
연직으로 높게 발달한 구름으로 기층이 불안정한 지역에서 공기의 연직 운동이 활발할 때 생성된다.

❹ 층운형 구름
수평 방향으로 넓게 퍼진 구름으로 기층이 안정한 지역에서 공기의 연직 운동이 약할 때 생성된다.

THE 들여다보기 기단의 변질

기단은 언제까지나 발원지에 머물러 있는 것이 아니라 기상 상황에 따라 발원지를 떠나 다른 지역으로 이동한다. 그러면 기단은 하층에서부터 점차 이동해 온 지표면의 영향을 받아 성질이 변해 간다.

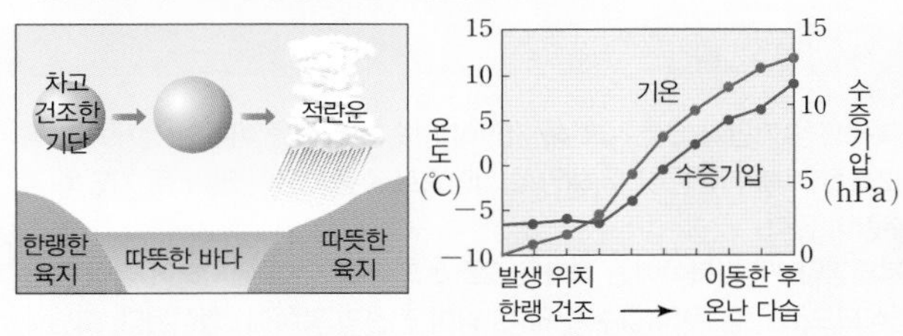

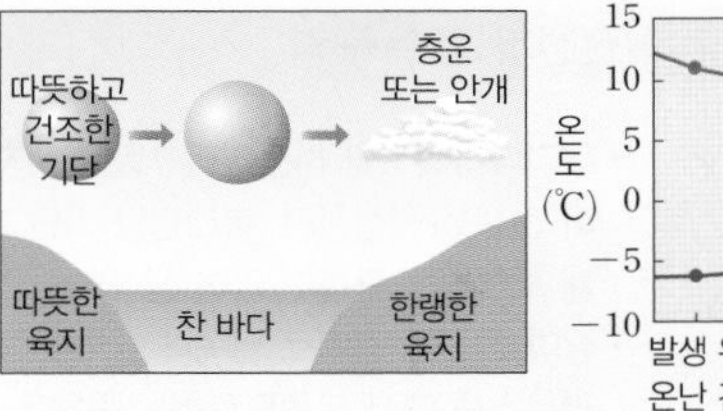

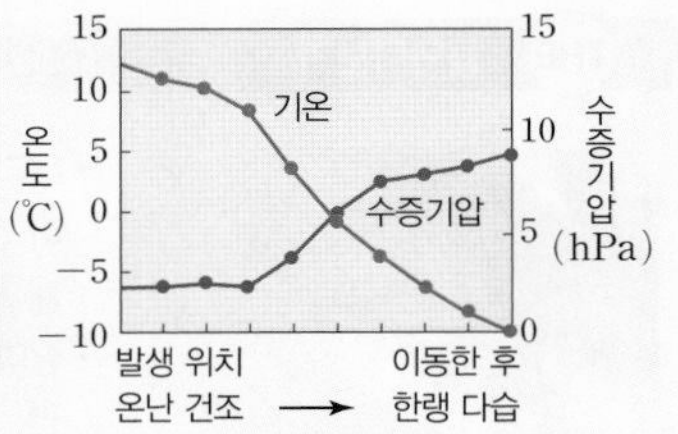

- 따뜻한 바다에서 수증기가 공급되어 수증기압이 높아진다.
- 따뜻한 바다에 의해 기단 하층이 가열되어 상승 기류가 발달 ➡ ❸적운형 구름이 발달한다.

- 찬 바다에서 수증기가 공급되어 수증기압이 높아진다.
- 찬 바다에 의해 기단 하층이 냉각되어 상승 운동이 일어나지 않는다. ➡ ❹층운형 구름이 발달한다.

THE 암기

❶ 전선면과 전선

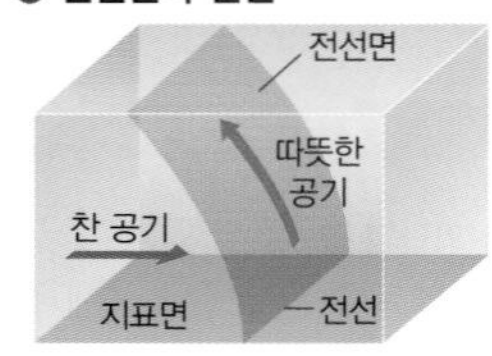

❷ 전선의 표시와 강수 구역

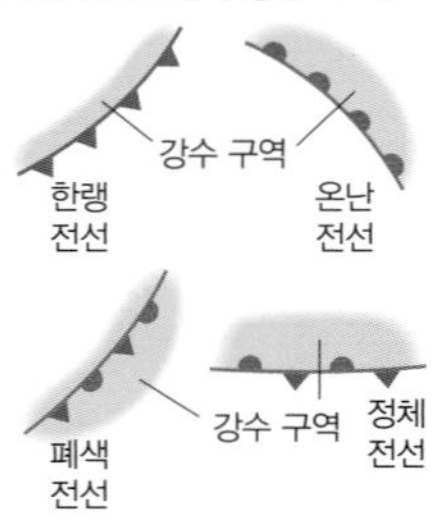

온난 전선은 전선의 앞쪽 넓은 지역에, 한랭 전선은 전선의 뒤쪽 좁은 지역에 비가 내린다. 폐색 전선은 전선이 위치한 구역에, 정체 전선 부근에서는 찬 공기가 위치하는 곳(북반구에서는 주로 북쪽)에 비가 내린다.

❸ 장마 전선

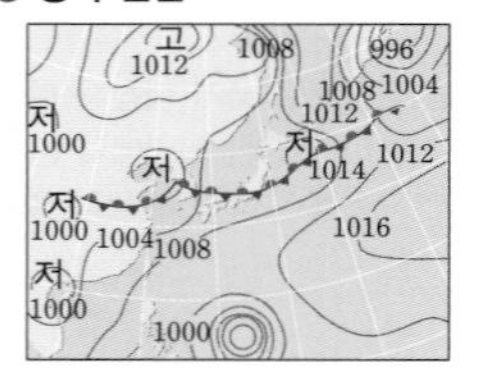

장마 전선은 북태평양 기단의 세력이 강해지면 북상하고, 오호츠크 해 기단의 세력이 강해지면 남하한다.

2 전선과 날씨

(1) ❶전선면과 전선

① 성질(기온, 습도 등)이 크게 다른 두 기단의 경계면을 전선면이라 하고, 전선면과 지표면의 교선을 전선이라고 한다.

② 전선을 경계로 기온, 습도, 바람 등의 일기 요소가 크게 달라지며, 구름의 생성과 강수 현상 등과 같은 기상 현상이 집중적으로 나타난다.

(2) 전선의 종류

① 온난 전선과 한랭 전선 : 온난 전선은 따뜻한 공기가 찬 공기를 밀면서 이동할 때, 따뜻한 공기가 찬 공기 위로 타고 올라가면서 형성된다. 한랭 전선은 찬 공기가 따뜻한 공기를 밀면서 이동할 때, 찬 공기가 따뜻한 공기 밑으로 파고들어 밀어 올리면서 형성된다.

구분	온난 전선	한랭 전선
모식도		
전선면의 기울기	완만하다	급하다
이동 속도	느리다	빠르다
구름의 변화	층운형(권운 → 권층운 → 고층운 → 난층운)	적운형(적란운, 적운)
❷강수 구역 및 형태	전선 앞쪽의 넓은 범위, 지속적 강우	전선 뒤쪽의 좁은 범위, 소나기성 강우
전선 통과 후의 변화	기온 상승, 기압 하강, 남동풍 → 남서풍	기온 하강, 기압 상승, 남서풍 → 북서풍

② 정체 전선 : 전선을 경계로 찬 기단과 따뜻한 기단의 세력이 비슷하여 전선의 이동이 거의 없이 한 곳에 오래 머무르게 되는 전선이다. 정체 전선은 동서 방향으로 길게 구름 띠를 형성하여 많은 양의 비를 내린다. 예 우리나라에서 초여름에 나타나는 ❸장마 전선

③ 폐색 전선 : 이동 속도가 빠른 한랭 전선이 온난 전선을 따라잡아 두 전선이 겹쳐질 때 형성된다. 전선의 앞뒤 넓은 지역에 구름이 많이 형성되고 강수량도 많아진다.

- 온난형 폐색 전선 : 온난 전선 앞쪽의 공기가 한랭 전선 뒤쪽의 찬 공기보다 더 차가울 때 형성된다.
- 한랭형 폐색 전선 : 한랭 전선 뒤쪽의 찬 공기가 온난 전선 앞쪽의 공기보다 더 차가울 때 형성된다.

THE 들여다보기 장마 전선과 강수 구역

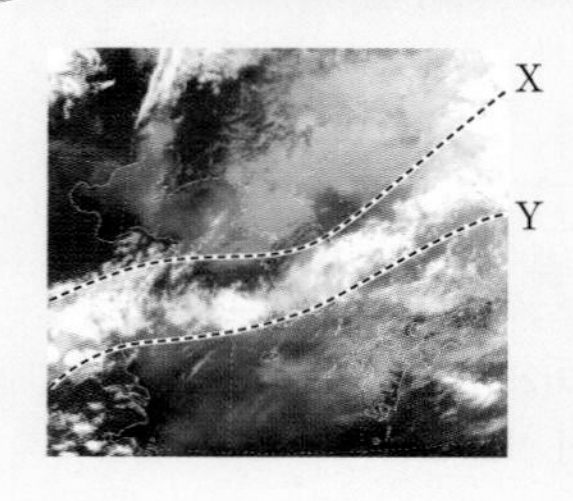

- 우리나라의 6월 하순부터 7월 말까지 북태평양 기단과 오호츠크 해 기단이 비슷한 세력을 이루어 정체하며 장마 전선을 형성한다. 북태평양 기단과 오호츠크 해 기단은 모두 해양성 기단으로 수증기량이 많아 두 기단의 경계 지역에는 구름이 많이 생성되고 강수량이 많다.
- 장마 전선을 경계로 남쪽에는 따뜻한 북태평양 기단, 북쪽에는 차가운 오호츠크 해 기단이 위치하여 장마 전선면은 남쪽에서 북쪽으로 비스듬하게 형성되므로 구름 구역(강수 구역)은 장마 전선의 북쪽에 형성된다. 그림에서 장마 전선은 X보다는 Y에 가깝게 위치한다.
- 7월 말경 북태평양 기단의 세력이 커짐에 따라 장마 전선이 북상하여 소멸되면 우리나라는 북태평양 기단의 영향을 받아 열대야 등 무더운 날씨를 보인다.

개념체크

○X 문제

1. 기단에 대한 설명으로 옳은 것은 ○, 옳지 않은 것은 ×로 표시하시오.

(1) 고위도에서 형성된 기단은 따뜻하다. (　　)

(2) 기단의 습도는 발원지의 위도에 따라 결정된다. (　　)

(3) 기단은 기온과 습도가 균일한 큰 공기 덩어리이다. (　　)

(4) 해양에서 형성된 기단이 대륙에서 형성된 기단보다 습도가 높다. (　　)

(5) 한랭한 기단이 따뜻한 바다 위를 통과하면 기층이 불안정해져서 적란운이 잘 발달한다. (　　)

2. 전선에 대한 설명으로 옳은 것은 ○, 옳지 않은 것은 ×로 표시하시오.

(1) 전선은 성질이 다른 두 기단이 만나는 곳에 형성된다. (　　)

(2) 온난 전선면을 따라 층운형 구름이 잘 발달한다. (　　)

(3) 한랭 전선은 온난 전선보다 전선면의 기울기가 완만하다. (　　)

(4) 한랭 전선이 통과하고 나면 기온과 기압이 내려간다. (　　)

(5) 온난 전선은 따뜻한 공기가 찬 공기 위로 타고 올라갈 때 생긴다. (　　)

(6) 온난 전선이 통과하기 전에는 흐리거나 비가 오며, 통과 후에는 날씨가 맑아진다. (　　)

정답 **1.** (1) × (2) × (3) ○ (4) ○ (5) ○ **2.** (1) ○ (2) ○ (3) × (4) × (5) ○ (6) ○

둘 중에 고르기

1. 우리나라의 겨울철에는 ① (시베리아, 북태평양) 기단의 영향을 받아 ② (고온 다습, 한랭 건조)한 날씨가 나타난다.

2. 한랭한 기단이 따뜻한 수면 위로 이동하면 기층이 (안정, 불안정)해진다.

3. 한랭 전선의 후면에서는 (층운, 적운)형 구름이 발달한다.

4. 어느 지역에 온난 전선이 통과하면 기온이 ① (높아, 낮아)지고, 기압은 ② (높아, 낮아)진다.

5. 한랭 전선은 온난 전선보다 이동 속도가 (빠르다, 느리다).

6. 우리나라에서 초여름에 나타나는 장마 전선은 (정체, 폐색) 전선이다.

선다형 문제

7. 기단에 대한 설명으로 옳지 않은 것은?

① 대륙에서 만들어진 기단은 건조하다.
② 고위도에서 만들어진 기단은 차갑다.
③ 공기가 지표의 한 장소에 오래 머물러 있어야 생성된다.
④ 기단은 습도와 온도 등의 성질이 비슷한 공기 덩어리이다.
⑤ 기단은 만들어져서 소멸할 때까지 성질이 변하지 않고 유지된다.

8. 한랭한 기단이 따뜻한 해양 위를 지날 때 나타날 수 있는 현상이 아닌 것은?

① 불안정해진다.　② 수증기량이 증가한다.
③ 기온이 상승한다.　④ 상승 기류가 발생한다.
⑤ 안개가 발생한다.

정답 **1.** ① 시베리아 ② 한랭 건조 **2.** 불안정 **3.** 적운 **4.** ① 높아 ② 낮아 **5.** 빠르다 **6.** 정체 **7.** ⑤ **8.** ⑤

기압과 날씨, 일기 예보

THE 알기

❶ 온대 저기압의 에너지원
찬 공기는 따뜻한 공기보다 밀도가 크므로 두 공기가 접해 있으면 따뜻한 공기는 위로 올라가고 찬 공기는 아래로 내려온다. 이때 전체 공기의 무게 중심이 아래쪽으로 이동함에 따라 감소한 위치 에너지가 운동 에너지로 전환되면서 온대 저기압이 발달한다.

온대 저기압의 에너지 생성

1 고기압과 저기압에서의 날씨

구분	고기압	저기압
정의	주위보다 기압이 높은 곳	주위보다 기압이 낮은 곳
날씨	하강 기류 → 구름 소멸 → 맑음	상승 기류 → 구름 형성 → 흐리거나 비
풍향(북반구)	바람이 시계 방향으로 불어 나간다. 하강 기류 / 고 / 바람	바람이 시계 반대 방향으로 불어 들어온다. 상승 기류 / 저

2 온대 저기압과 날씨

(1) ❶온대 저기압의 발생과 소멸

① 발생 : 찬 기단과 따뜻한 기단이 만나는 중위도의 정체 전선상의 파동으로부터 발생하며, 북반구에서는 찬 공기가 내려오는 남서쪽으로 한랭 전선이, 따뜻한 공기가 북상하는 남동쪽으로 온난 전선이 형성되면서 온대 저기압이 발달한다.

② 소멸 : 온대 저기압은 편서풍을 따라 서쪽에서 동쪽으로 이동해 가는데, 이동 속도가 빠른 한랭 전선이 온난 전선과 겹쳐져 폐색 전선이 만들어지면 따뜻한 공기는 위쪽으로, 찬 공기는 아래쪽으로 분리되면서 온대 저기압이 소멸된다. 그 결과 남북 간의 열 교환이 일어난다.

북쪽의 찬 공기와 남쪽의 따뜻한 공기가 만나 정체 전선 형성

공기의 온도 차이가 커짐에 따라 파동 형성

온난 전선과 한랭 전선이 발달하여 온대 저기압 발달

이동 속도가 빠른 한랭 전선이 온난 전선과 겹쳐지면서 폐색 전선 발달

따뜻한 공기는 위쪽으로, 찬 공기는 아래쪽으로 놓이면서 온대 저기압 소멸

온대 저기압의 일생

❷ 온대 저기압 통과 시 풍향 변화

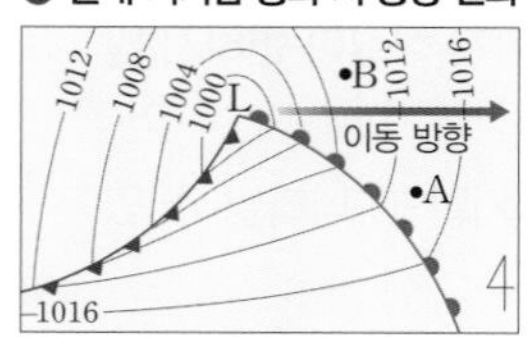

북반구의 저기압에서 바람은 시계 반대 방향으로 불어 들어간다. 따라서 저기압 중심 이동 방향의 왼쪽(B 지점)에서는 시계 반대 방향, 오른쪽(A 지점)에서는 시계 방향으로 풍향이 변한다.

(2) 온대 저기압 주변의 날씨와 구조 : 전선 통과 전후에 날씨가 급변한다.

지역	날씨(기온, 강수 형태 및 ❷풍향)	구조
온난 전선의 앞쪽(A)	층운형 구름이 발달해 넓은 지역에 걸쳐 흐리거나 지속적으로 비가 내리며, 기온이 낮고 남동풍이 분다.	1012 / 1008 / 1004 / 1000 / 1012 / 1016 / 강수 구역 / 구름 구역 / 찬 공기 / C / B / A / X / Y / 따뜻한 공기 / 1016
온난 전선과 한랭 전선 사이(B)	날씨가 맑으며, 기온이 높고 남서풍이 분다.	
한랭 전선의 뒤쪽(C)	적운형 구름이 발달해 좁은 지역에 소나기가 내리며, 기온이 낮고 북서풍이 분다. 우박이나 천둥, 번개를 동반하기도 한다.	전선면 / 적란운 / 권운 / 고층운 / 난층운 / 전선면 / 찬 공기 / 따뜻한 공기 / X / C / B / A / Y / 서 / 동 / 한랭 전선 / 지표면 / 온난 전선

3 일기 예보

(1) 일기 예보 과정

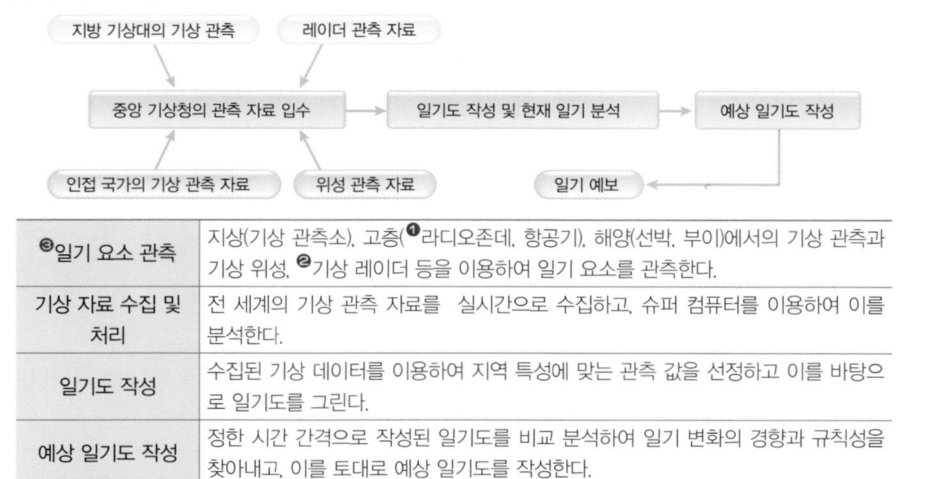

[3]일기 요소 관측	지상(기상 관측소), 고층([1]라디오존데, 항공기), 해양(선박, 부이)에서의 기상 관측과 기상 위성, [2]기상 레이더 등을 이용하여 일기 요소를 관측한다.
기상 자료 수집 및 처리	전 세계의 기상 관측 자료를 실시간으로 수집하고, 슈퍼 컴퓨터를 이용하여 이를 분석한다.
일기도 작성	수집된 기상 데이터를 이용하여 지역 특성에 맞는 관측 값을 선정하고 이를 바탕으로 일기도를 그린다.
예상 일기도 작성	정한 시간 간격으로 작성된 일기도를 비교 분석하여 일기 변화의 경향과 규칙성을 찾아내고, 이를 토대로 예상 일기도를 작성한다.
[4]일기 예보	방송, 인터넷 등 다양한 매체를 이용하여 일기 예보를 제공한다.

(2) 일기 기호와 일기도 분석

① 일기 기호 : 어느 지점의 현재 일기 상태 및 변화 경향을 알 수 있도록 일기 요소를 기호로 표시한 것이다.

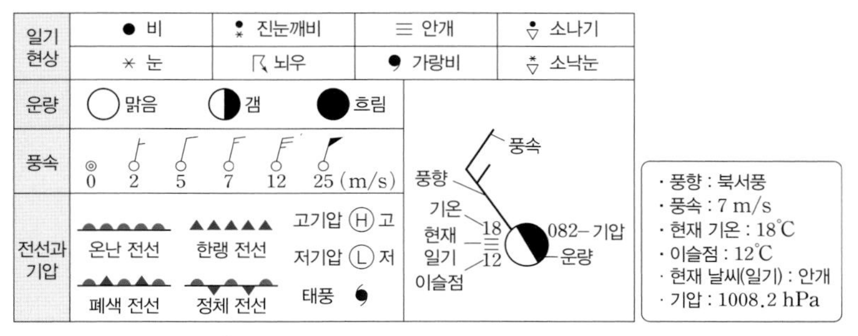

- 기압은 천의 자리와 백의 자리는 생략하고 십의 자리와 일의 자리, 소수 첫째자리의 세 자리수로 나타낸다. 이때 십의 자리수가 0~4이면 1000을, 5~9이면 900을 더하여 준다.
  예 142 → 1014.2 hPa, 996 → 999.6 hPa
- 이슬점 : 불포화된 공기를 서서히 냉각시켜 어떤 온도에 다다르면 공기 중의 수증기가 응결하여 이슬이 생기는데, 이때의 온도를 이슬점이라고 한다.
- 풍향은 바람이 불어오는 곳의 방향으로 나타내며, 관측 지점에서 바람이 불어오는 방향으로 그은 직선으로 표시한다.

② 일기도 분석

- 바람은 등압선과 10°~30°의 각을 이루면서 기압이 높은 곳에서 낮은 곳으로 불며, 등압선의 간격이 좁을수록 바람이 강하다.
- 전선 부근에서는 풍향, 풍속, 기온, 기압 등의 일기 요소가 급변한다.
- 고기압에서는 날씨가 맑고, 저기압이나 전선 부근에서는 날씨가 흐리다.
- 편서풍대에 속한 우리나라에서는 날씨가 서에서 동으로 이동한다.
  ➡ 앞으로의 날씨를 알아보려면 서쪽의 일기 상태를 관측해야 한다.

1 라디오존데
고층 기상 관측 기기로, 수소나 헬륨을 넣은 풍선에 존데를 달아 상공에 띄우면 약 30 km 높이까지 올라가면서 기온, 기압, 습도, 풍향, 풍속 등을 측정하여 지상으로 송신한다.

2 기상 레이더
대기 중에 전파를 발사하여 구름이나 물방울에 반사 및 산란해서 돌아온 전파를 수신하여 구름의 상태를 관측하는 장비이다. 수신되는 신호는 물방울이 크거나 많으면 강하게 나타나는데, 이 신호를 분석하여 비구름에 포함되어 있는 강우량을 추정한다.

3 일기 요소
일기를 나타내는 기온, 기압, 풍향, 풍속, 강수량, 구름의 양 등을 말한다.

4 일기 예보의 종류
- 단기 예보 : 1~3일의 기상 상태를 예보한다.
  - 단시간 예보 : 예보 시각으로부터 12시간 이내의 예보이다.
  - 일일 예보 : 예보 당일부터 3일간 이내의 예보이다.
- 중기 예보 : 일주일~한 달 이내의 기상 상태를 예보한다.
- 장기 예보 : 월별 또는 계절별 기상 전망을 예보한다.
- 기상 특보 : 태풍, 홍수, 폭풍우 등으로 인해 재해가 예상될 때 발표하는 주의보와 심각한 재해가 발생할 것으로 예상될 때 발표하는 경보가 있다.
- 확률 예보 : 단정적인 것이 아니고, 확률로 나타내는 예보이다.(우리나라에서는 1987년부터 정착되었다.)

개념체크

빈칸 완성

1. 고기압에서는 (　　　) 기류가 발달한다.

2. 온대 저기압 중심의 남동쪽에는 ① (　　　) 전선이, 남서쪽에는 ② (　　　) 전선이 발달한다.

3. 우리나라 부근에서 온대 저기압은 (　　　)의 영향으로 서쪽에서 동쪽으로 이동한다.

4. 온대 저기압은 한랭 전선과 온난 전선이 겹쳐져 (　　　) 전선이 형성되면서 소멸된다.

5. 일기를 나타내는 기온, 기압, 풍향, 풍속, 강수량, 구름의 양 등을 (　　　)라고 한다.

6. (　　　)이나 전선 부근에서는 날씨가 흐리다.

7. 편서풍대에 속한 우리나라는 (　　　)쪽의 날씨가 앞으로 다가올 날씨이다.

8. 일기 예보가 이루어지는 과정은 ① (　　　) 관측 → 자료 수집 및 처리 → ② (　　　) 작성 → 일기 예보이다.

단답형 문제

9. 그림은 온대 저기압의 발생 과정을 순서 없이 나타낸 것이다.

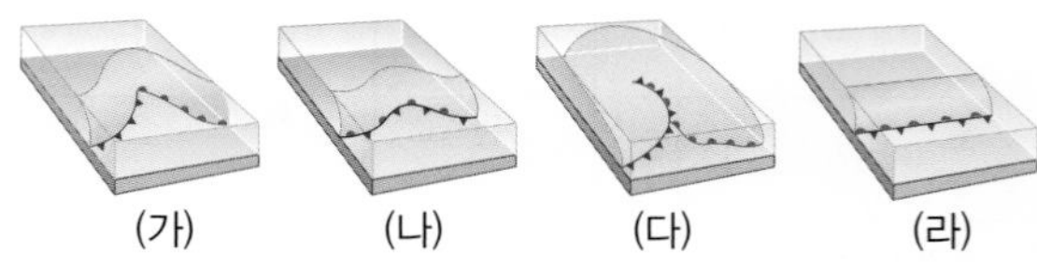

시간 순서대로 나열하시오.

10. 다음은 온대 저기압이 어느 지역을 통과할 때 나타나는 날씨의 변화를 나타낸 것이다.

> (가) 넓은 지역에 걸쳐 약한 비가 지속적으로 내렸다.
> (나) 날씨가 맑고 따뜻하며 남서풍이 불었다.
> (다) 천둥과 번개를 동반한 소나기가 내리고 기온이 서늘해졌다.

시간 순서대로 나열하시오.

정답 1. 하강 2. ① 온난 ② 한랭 3. 편서풍 4. 폐색 5. 일기 요소 6. 저기압 7. 서 8. ① 일기 요소 ② 예상 일기도 9. (라)—(나)—(가)—(다) 10. (가)—(나)—(다)

○X 문제

1. 그림은 북반구 어느 지역의 온대 저기압을 나타낸 것이다.

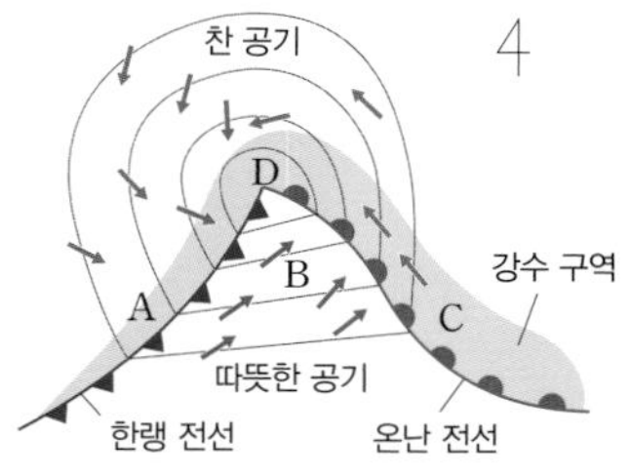

이에 대한 설명 중 옳은 것은 ○, 옳지 않은 것은 ×로 표시하시오.

(1) 저기압 중심으로는 바람이 시계 반대 방향으로 회전하면서 불어 들어간다. (　　　)

(2) A 지역에는 층운형 구름이 잘 발달한다. (　　　)

(3) B 지역의 날씨는 대체로 맑다. (　　　)

(4) C 지역은 남동풍이 우세하게 분다. (　　　)

(5) 온대 저기압이 통과할 때 온난 전선이 한랭 전선보다 먼저 통과하면서 영향을 준다. (　　　)

2. 일기도 분석에 대한 설명으로 옳은 것은 ○, 옳지 않은 것은 ×로 표시하시오.

(1) 등압선의 간격이 좁을수록 바람이 약하게 분다. (　　　)

(2) 전선 부근에서는 풍향, 풍속, 기온, 기압이 급변한다. (　　　)

(3) 편서풍대에 속한 우리나라는 일기 상태가 서 → 동으로 이동한다. (　　　)

정답 1. (1) ○ (2) × (3) ○ (4) ○ (5) ○ 2. (1) × (2) ○ (3) ○

일기도 분석

정답과 해설 36쪽

목표

일정 시간 간격으로 작성된 일기도를 해석하고, 앞으로의 날씨를 예측할 수 있다.

과정

그림 (가)와 (나)는 12시간 간격으로 작성된 우리나라 부근의 일기도를 나타낸 것이다.

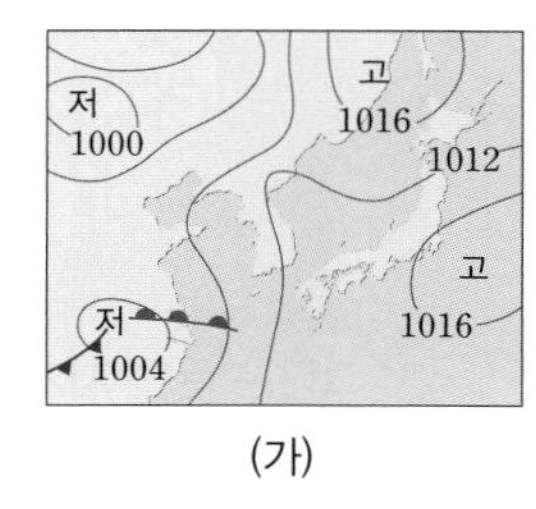

(가)

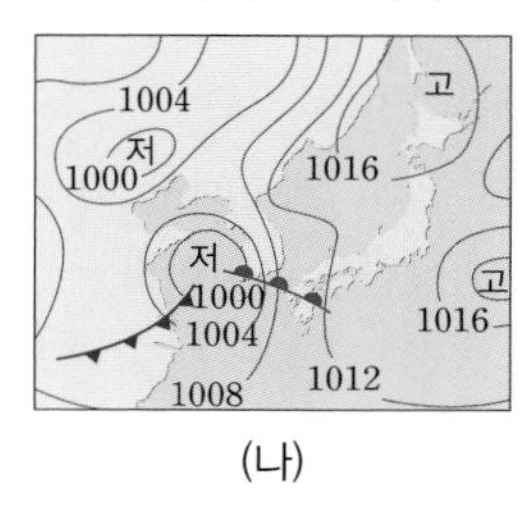

(나)

1. (가)와 (나)의 일기도에서 나타나는 우리나라의 날씨를 설명하시오.
2. 주어진 일기도를 바탕으로 12시간 후의 예상 일기도를 작성하시오.
3. 예상 일기도를 바탕으로 약 12시간 후에 나타날 우리나라의 날씨를 예측하시오.

결과 정리 및 해석

1. (가)에서 우리나라의 날씨는 맑고, (나)에서 중국 쪽의 온대 저기압이 우리나라 쪽으로 이동해 와서 넓은 지역에 지속적인 비가 내린다.
2. 예상 일기도를 작성한 결과는 다음과 같다.

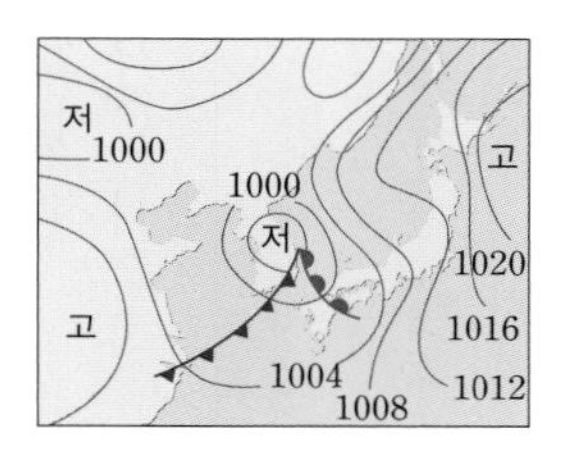

3. 우리나라는 중위도 편서풍 지역이므로 온대 저기압이 동쪽으로 이동할 것이며 그에 따라 앞으로 날씨는 맑아질 것이다.

탐구 분석

1. 우리나라의 앞으로의 날씨를 알려면 어느 쪽 하늘의 일기 상황을 관측해야 하는지 쓰고, 그 이유를 설명하시오.
2. 위 (가), (나)의 일기도를 보고, 이 기간 동안 제주도의 날씨와 풍향 변화에 대해 설명하시오.

내신 기초 문제

정답과 해설 36쪽

[8589-0190]

01 기단에 대한 설명으로 옳지 않은 것은?

① 대륙에서 만들어진 기단은 대체로 건조한 성질을 띠고 있다.
② 넓은 지역에 걸쳐 기온, 습도 등이 거의 균일한 커다란 공기 덩어리를 기단이라고 한다.
③ 바다 위에서 만들어진 기단은 대체로 수증기를 많이 포함하여 습윤한 성질을 띠고 있다.
④ 넓은 지역에 걸쳐 성질이 균일한 지표면이나 바다 위에 공기가 오랫동안 머물러 있을 때 만들어진다.
⑤ 기단은 만들어진 장소에서 이동하지 않고 계속해서 머물러 있으므로 소멸할 때까지 일정한 성질을 유지한다.

[8589-0191]

02 그림은 차고 건조한 기단이 화살표 방향으로 이동하는 모습을 나타낸 것이다.

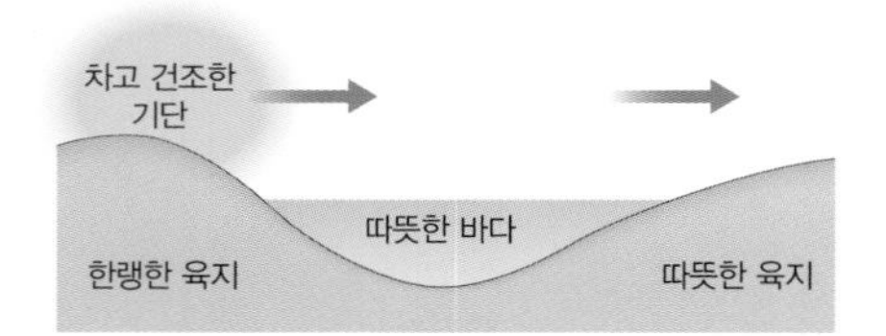

앞으로 일어날 기단의 변화와 기상 현상에 대한 설명으로 옳은 것은?

① 하강 기류가 생기고 돌풍이 분다.
② 기층이 안정해지고 상승 기류가 생긴다.
③ 기층이 안정해지고 층운이나 안개가 낀다.
④ 기층이 불안정해지고 강한 비나 눈이 온다.
⑤ 기층이 불안정해지고 구름이 없어지면서 맑아진다.

[8589-0192]

03 한랭 전선과 온난 전선을 비교한 것으로 옳은 것은?

	한랭 전선	온난 전선
① 강수 형태	소나기	지속적인 비
② 구름의 종류	층운형	적운형
③ 전선의 이동 속도	느리다	빠르다
④ 전선면의 기울기	완만하다	급하다
⑤ 통과 후 기온 변화	상승	하강

[8589-0193]

04 고기압에 대한 설명으로 옳은 것만을 <보기>에서 있는 대로 고른 것은?

보기
ㄱ. 중심부에서 하강 기류가 발달한다.
ㄴ. 북반구 지표에서는 바람이 중심부에서 시계 방향으로 불어 나간다.
ㄷ. 고기압의 영향을 받을 때는 흐리거나 비가 내린다.

① ㄱ　② ㄴ　③ ㄷ　④ ㄱ, ㄴ　⑤ ㄴ, ㄷ

[8589-0194]

05 그림은 온대 저기압에 동반된 전선의 모습을 나타낸 것이다.

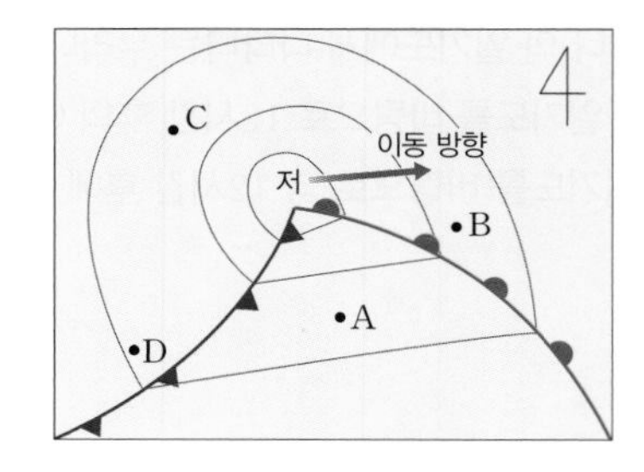

이에 대한 설명으로 옳지 않은 것은?

① 기온이 가장 높은 지역은 A이다.
② A 지역에서는 남서풍이 불고 있다.
③ B 지역의 기온은 점점 낮아질 것이다.
④ C 지역의 기압은 점점 높아질 것이다.
⑤ D 지역은 흐리며 소나기가 내리고 있다.

[8589-0195]

06 그림의 일기 기호에 대한 설명으로 옳지 않은 것은?

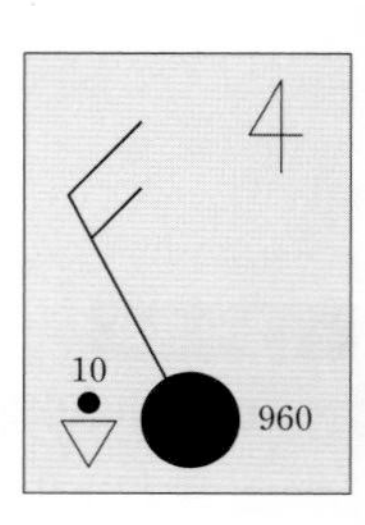

① 북서풍이 분다.
② 소나기가 내린다.
③ 구름이 많이 나타난다.
④ 기압은 960hPa이다.
⑤ 풍속은 약 7 m/s이다.

실력 향상 문제

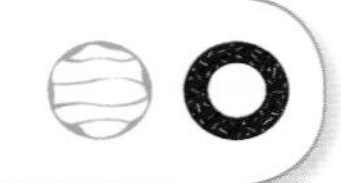

정답과 해설 37쪽

[8589-0196]

01 그림은 우리나라에 영향을 주는 기단을 나타낸 것이다.

이에 대한 설명으로 옳은 것은?

① A는 다습한 시베리아 기단으로, 겨울에 영향을 준다.
② B는 온난한 오호츠크 해 기단으로, 초여름에 영향을 준다.
③ C는 건조한 적도 기단으로, 봄과 가을에 영향을 준다.
④ D는 다습한 북태평양 기단으로, 여름에 영향을 준다.
⑤ 기단은 지표면의 성질을 닮으며, 이동하더라도 그 성질이 변하지 않는다.

[8589-0197]

02 그림은 어느 기단이 이동하는 동안 시간에 따른 기온과 수증기압의 변화를 나타낸 것이다.

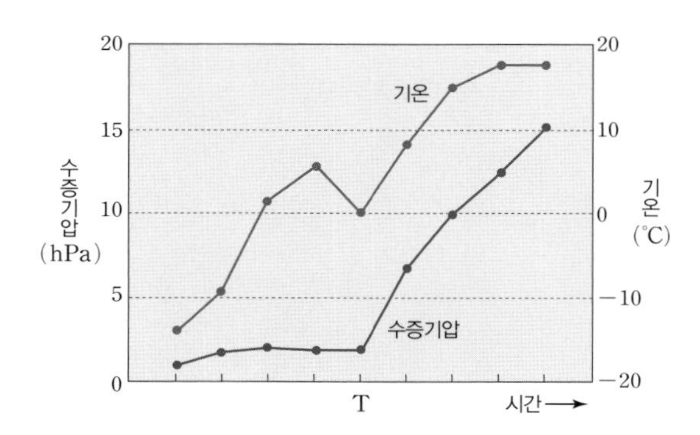

이 기단이 시각 T 이후 이동한 곳으로 추정되는 지역은?

① 사막 ② 찬 바다 ③ 찬 대륙
④ 따뜻한 대륙 ⑤ 따뜻한 바다

[8589-0198]

03 그림 (가)와 (나)는 우리나라에 접근하는 온대 저기압에 동반된 두 종류의 전선을 나타낸 것이다.

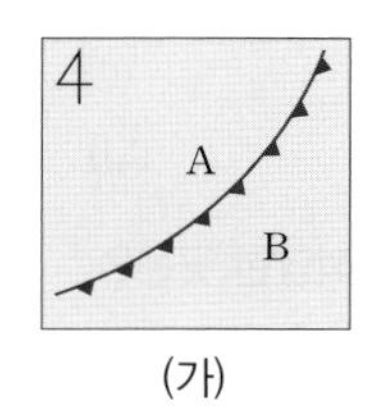

(가)

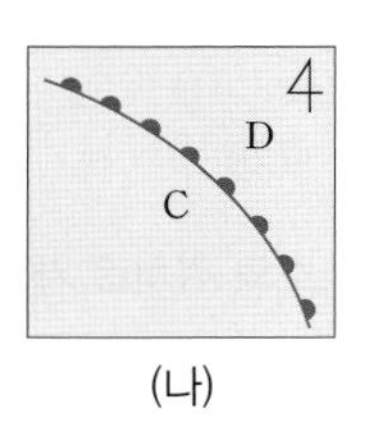

(나)

이에 대한 설명으로 옳은 것만을 ⟨보기⟩에서 있는 대로 고른 것은?

> 보기
> ㄱ. 강수 현상이 있는 곳은 B와 C이다.
> ㄴ. (가)가 (나)보다 먼저 도착한다.
> ㄷ. 시간이 지남에 따라 (가)와 (나)의 간격은 점점 좁아진다.

① ㄱ ② ㄷ ③ ㄱ, ㄴ ④ ㄴ, ㄷ ⑤ ㄱ, ㄴ, ㄷ

서술형

[8589-0199]

04 그림은 어느 해 7월 우리나라 부근에 전선 A가 위치할 때의 일기도를 나타낸 것이다.

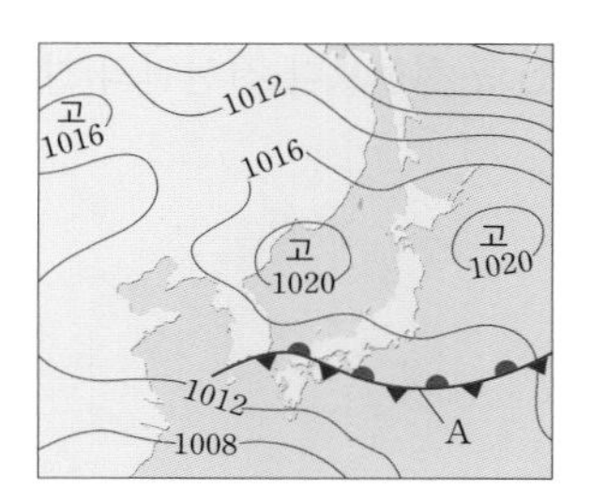

(1) A 전선이 남하하거나 북상하는 이유를 서술하시오.
(2) A 전선의 남쪽보다 북쪽에서 강수량이 많은 이유를 서술하시오.
(3) A 전선이 소멸한 이후 우리나라 날씨는 어떠하겠는지 서술하시오.

[8589-0200]

05 그림은 온난 전선과 한랭 전선을 동반한 온대 저기압의 단면을 나타낸 것이다.

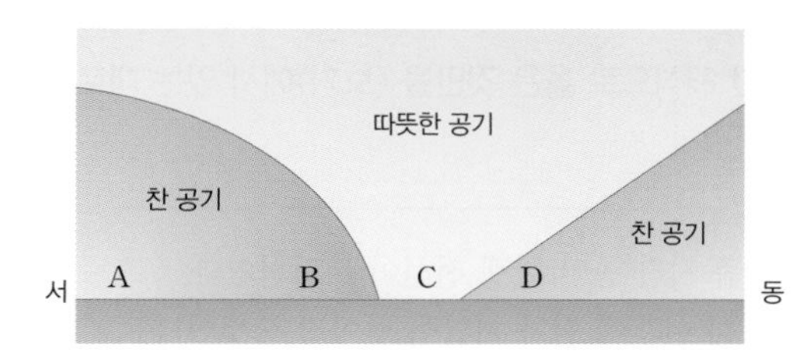

A~D 중 비가 내리고 있을 가능성이 가장 높은 지역을 고른 것은?

① A, B ② A, C ③ A, D
④ B, C ⑤ B, D

[8589-0201]
06 그림은 한랭 전선과 온난 전선을 동반하는 온대 저기압의 단면을 나타낸 것이다.

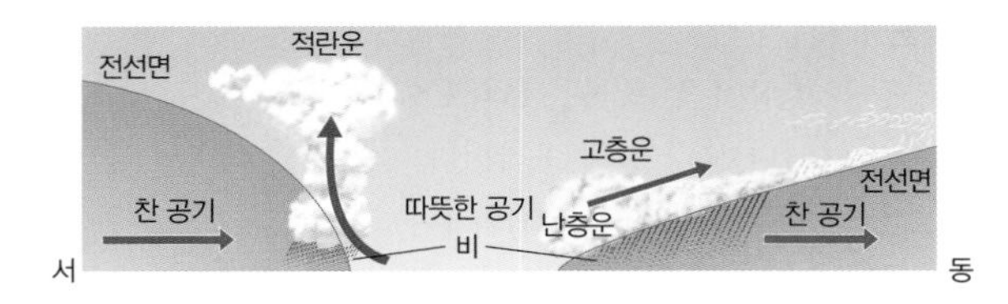

이에 대한 설명으로 옳지 않은 것은?

① 온대 저기압은 서쪽에서 동쪽으로 이동한다.
② 소나기가 내린 후에는 대체로 기온이 높아진다.
③ 온난 전선은 한랭 전선보다 이동 속도가 느리다.
④ 온난 전선이 접근하면 구름의 높이가 점차 낮아진다.
⑤ 온난 전선이 한랭 전선보다 전선면의 경사가 완만하다.

[8589-0202]
07 그림은 어느 지역에 전선이 통과하는 동안 측정한 기온과 풍향 변화를 나타낸 것이다.

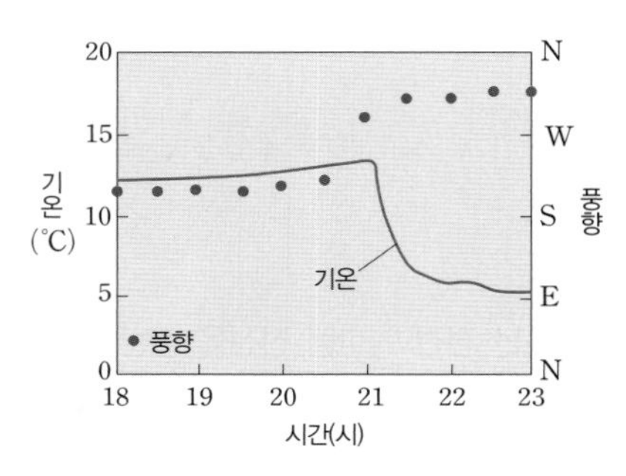

이에 대한 해석으로 옳은 것만을 〈보기〉에서 있는 대로 고른 것은?

보기
ㄱ. 관측 시간 동안 한랭 전선이 통과하였다.
ㄴ. 21시 이후에 점차 기압이 낮아졌을 것이다.
ㄷ. 18시에서 21시 사이에 넓은 지역에 걸쳐 강수 현상이 있었을 것이다.

① ㄱ ② ㄷ ③ ㄱ, ㄴ
④ ㄴ, ㄷ ⑤ ㄱ, ㄴ, ㄷ

[8589-0203]
08 그림 (가)와 (나)는 온대 저기압의 일생 중 서로 다른 시기의 모습을 순서 없이 나타낸 것이다.

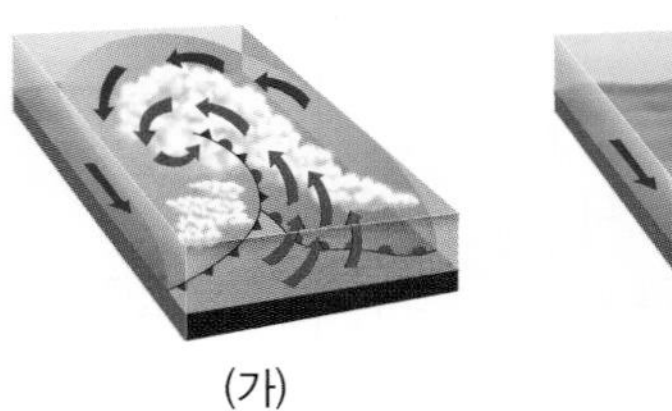
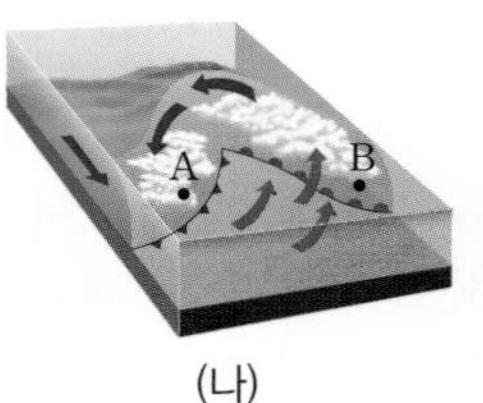

(가) (나)

이에 대한 설명으로 옳은 것만을 〈보기〉에서 있는 대로 고른 것은?

보기
ㄱ. (가)에는 폐색 전선이 나타난다.
ㄴ. 온대 저기압은 (가)에서 (나)로 발달한다.
ㄷ. A에는 소나기성 강수가, B에는 지속적인 강수가 나타난다.

① ㄱ ② ㄴ ③ ㄱ, ㄷ
④ ㄴ, ㄷ ⑤ ㄱ, ㄴ, ㄷ

[8589-0204]
09 그림 (가)는 어느 시각의 일기도를, (나)는 같은 시각에 관측소 A~E 중 한 곳에서의 풍향계 모습을 나타낸 것이다.

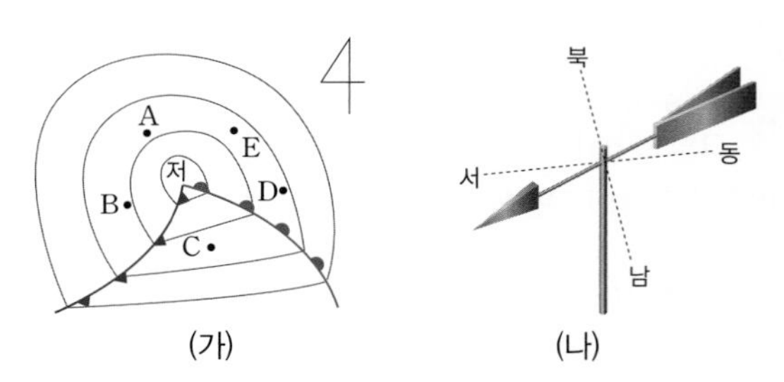

(가) (나)

A~E 중 관측소의 위치로 가장 적당한 곳은?

① A ② B ③ C ④ D ⑤ E

[8589-0205]
10 그림은 우리나라 부근의 일기도에 나타난 저기압의 모습을 나타낸 것이다.

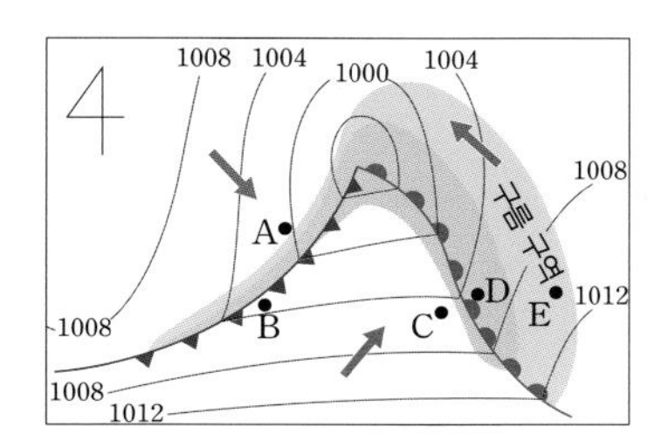

A~E 지역의 날씨에 대한 설명으로 옳지 않은 것만을 있는 대로 고르면? (정답 2개)

① A : 소나기가 그치고 서쪽으로부터 개기 시작하였다.
② B : 서쪽으로부터 구름이 몰려오기 시작하였다.
③ C : 맑았던 날씨가 흐려지면서 소나기가 내렸다.
④ D : 남동풍이 불고 이슬비가 내렸다.
⑤ E : 점차 기압이 높아지고, 동쪽으로부터 구름이 몰려오기 시작하였다.

[8589-0206]
11 그림은 4일 동안 우리나라 부근을 지나는 온대 저기압의 이동 경로를 나타낸 것이다.

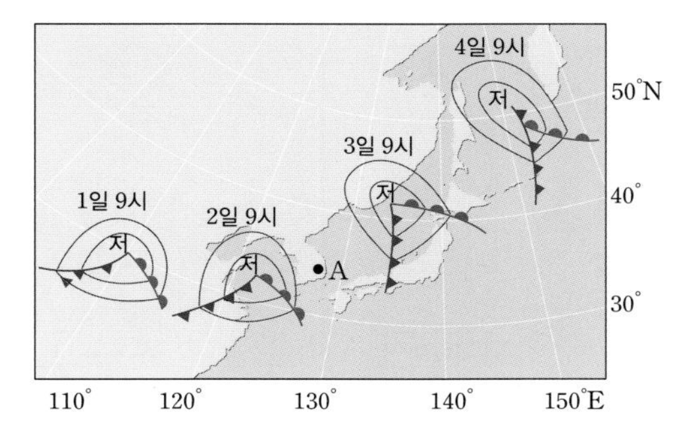

이에 대한 설명으로 옳은 것만을 ⟨보기⟩에서 있는 대로 고른 것은?

보기
ㄱ. 온대 저기압의 이동은 편서풍의 영향을 받았다.
ㄴ. A 지점의 풍향은 시계 방향으로 변하였다.
ㄷ. 온난 전선이 한랭 전선보다 이동 속도가 빠르다.

① ㄱ ② ㄴ ③ ㄱ, ㄴ
④ ㄱ, ㄷ ⑤ ㄴ, ㄷ

[8589-0207]
12 그림은 기압 배치에 따른 대기의 운동을 나타낸 것이다

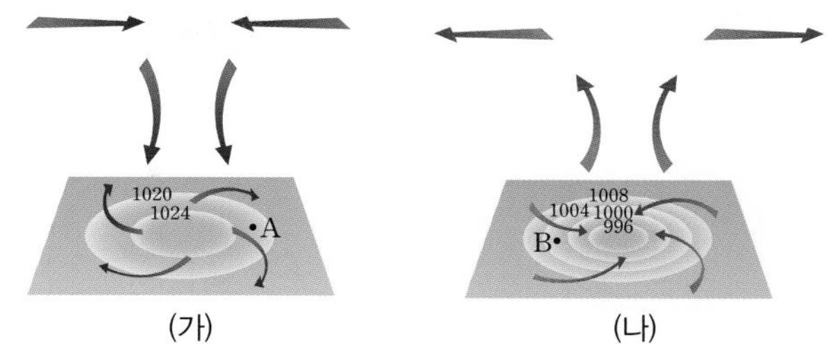

이에 대한 설명으로 옳지 않은 것은?

① 이 지역은 북반구이다.
② (가)는 저기압, (나)는 고기압이다.
③ A 지역보다 B 지역의 풍속이 크다.
④ A 지역은 하강 기류에 의해 날씨가 맑다.
⑤ B 지역은 구름이 끼어 흐리거나 비가 온다.

[8589-0208]
13 그림은 어느 지역에서 전선이 통과하기 전후의 시간에 따른 일기 변화를 일기 기호로 나타낸 것이다.

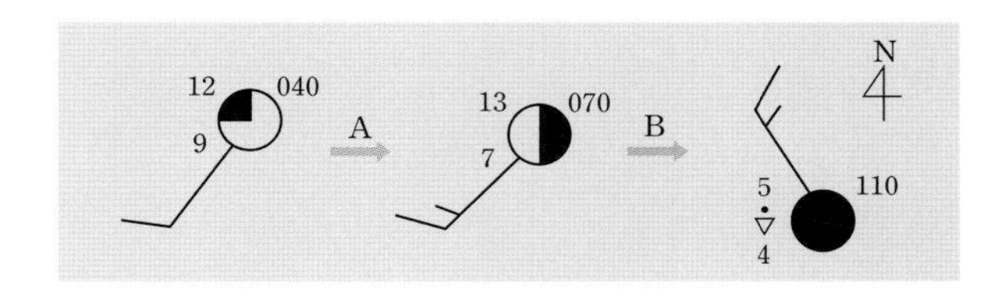

관측 기간 동안 이 지역의 일기 변화에 대한 설명으로 옳지 않은 것은?

① A와 B에서 기압이 상승하였다.
② B에서 한랭 전선이 통과하였다.
③ A와 B에서 구름의 양이 많아졌다.
④ A와 B에서 상대 습도가 높아졌다.
⑤ A에서는 기온이 상승하였고, B에서는 기온이 하강하였다.

정답과 해설 37쪽

[8589-0209]

14 그림은 어느 지역의 온대 저기압과 A 지점의 날씨를 기호로 나타낸 것이다.

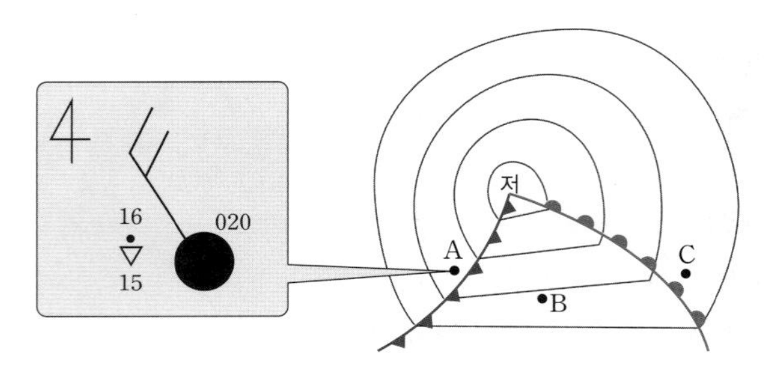

A~C 지점의 날씨에 대한 설명으로 옳은 것만을 <보기>에서 있는 대로 고른 것은?

보기
ㄱ. A의 기압은 1020 hPa이다.
ㄴ. B의 기온은 16℃ 보다 높을 것이다.
ㄷ. C의 풍속은 10 m/s보다 작을 것이다.
ㄹ. 시간당 강수량은 B에서 가장 많을 것이다.

① ㄱ, ㄴ ② ㄴ, ㄷ ③ ㄷ, ㄹ
④ ㄱ, ㄴ, ㄷ ⑤ ㄴ, ㄷ, ㄹ

서술형
[8589-0210]

15 그림은 온대 저기압이 통과하는 북반구 어느 지점에서 관측한 일기 요소를 시간 순서대로 나타낸 것이다.

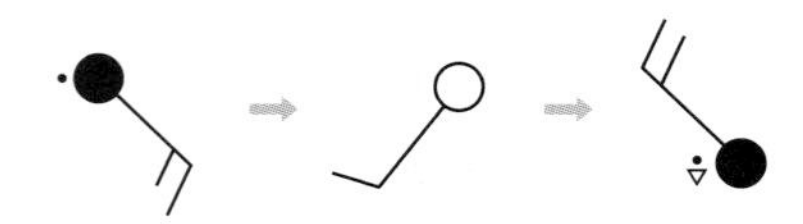

이 지점은 온대 저기압 진행 방향의 어느 쪽(왼쪽, 오른쪽)에 위치하는지를 그렇게 판단한 근거와 함께 서술하시오.

[8589-0211]

16 그림 (가)와 (나)는 12시간 간격으로 작성된 우리나라 부근의 일기도를 순서 없이 나타낸 것이다.

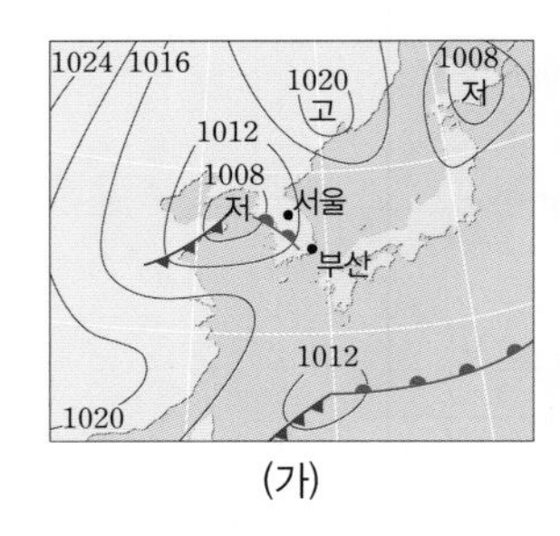

(가)

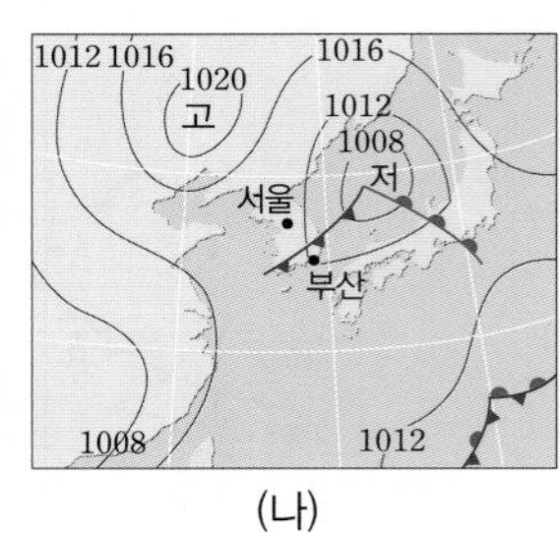

(나)

이에 대한 설명으로 옳은 것만을 <보기>에서 있는 대로 고른 것은?

보기
ㄱ. (가)는 (나)보다 먼저 작성된 것이다.
ㄴ. (가)에서 서울에는 소나기가 내릴 것이다.
ㄷ. (나)에서 서울은 부산보다 온도가 높다.

① ㄱ ② ㄷ ③ ㄱ, ㄴ ④ ㄴ, ㄷ ⑤ ㄱ, ㄴ, ㄷ

[8589-0212]

17 그림은 어느 해 5월 14일 09시와 21시 우리나라 주변의 일기도를 나타낸 것이다.

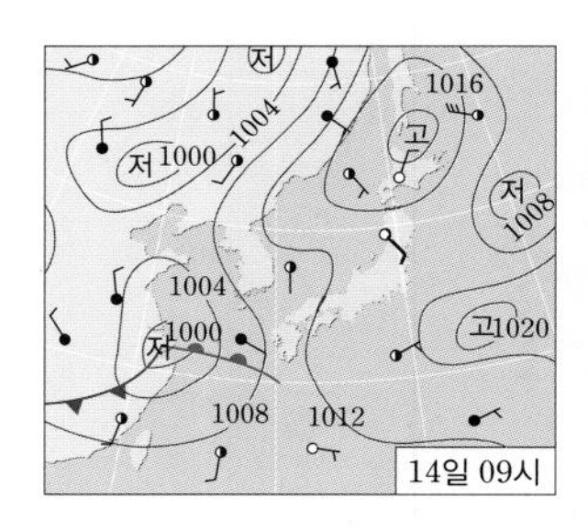

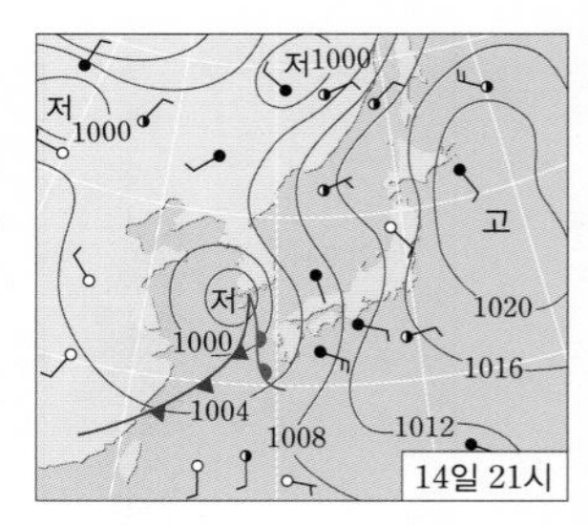

이 기간 동안 우리나라의 날씨 변화에 대한 설명으로 옳은 것만을 <보기>에서 있는 대로 고른 것은?

보기
ㄱ. 우리나라는 14일 오전보다 오후에 바람이 강해졌다.
ㄴ. 서울에서는 14일 오전보다 14일 오후에 기압이 낮아졌다.
ㄷ. 15일 09시 무렵에는 우리나라의 서해안 지방에 강한 소나기가 내릴 것이다.

① ㄱ ② ㄷ ③ ㄱ, ㄴ ④ ㄴ, ㄷ ⑤ ㄱ, ㄴ, ㄷ

신유형·수능 열기

정답과 해설 39쪽

[8589-0213]

01 그림 (가)는 우리나라에 영향을 미치는 기단을, (나)는 겨울철 어느 날 우리나라 서해안에 폭설이 내릴 때의 구름 사진을 나타낸 것이다.

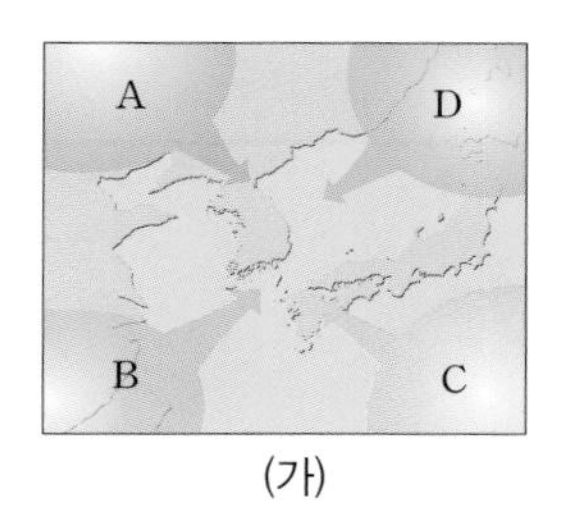

(가)

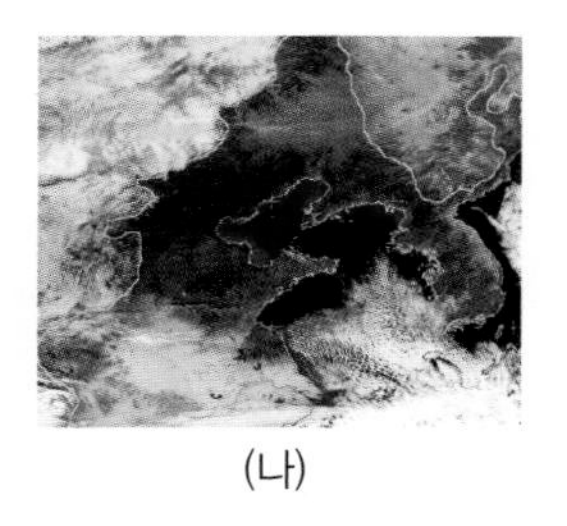

(나)

이에 대한 설명으로 옳은 것만을 〈보기〉에서 있는 대로 고른 것은?

보기
ㄱ. 이날 서해안의 구름 형성에 가장 큰 영향을 미친 기단은 (가)의 A이다.
ㄴ. 이날 서해안에 구름을 형성하는 공기는 서해를 지나면서 점차 불안정해진다.
ㄷ. 이날 우리나라 서해안에 보이는 구름은 대부분 층운형 구름이다.

① ㄱ ② ㄷ ③ ㄱ, ㄴ ④ ㄴ, ㄷ ⑤ ㄱ, ㄴ, ㄷ

[8589-0214]

02 그림은 온대 저기압에 동반되는 온난 전선과 한랭 전선의 수직 단면과 전선의 이동 속도를 나타낸 모식도이다.

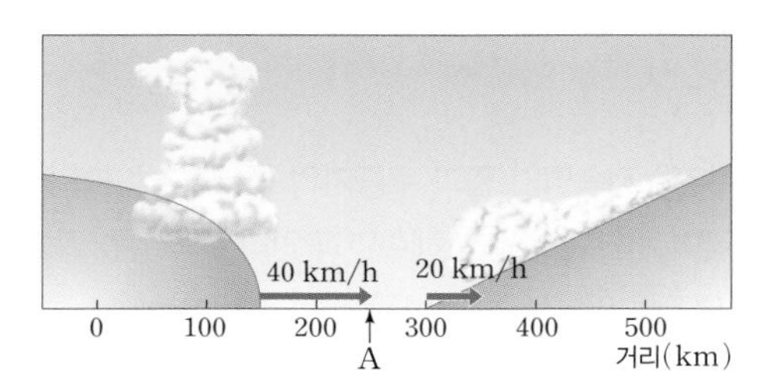

이에 대한 설명으로 옳은 것만을 〈보기〉에서 있는 대로 고른 것은?

보기
ㄱ. 현재 A 지역은 날씨가 맑고 남풍 계열의 바람이 분다.
ㄴ. 5시간 후에는 폐색 전선이 형성될 것이다.
ㄷ. 전선을 경계로 기온, 습도, 바람 등의 일기 요소가 급변한다.

① ㄱ ② ㄴ ③ ㄱ, ㄷ ④ ㄴ, ㄷ ⑤ ㄱ, ㄴ, ㄷ

[8589-0215]

03 그림 (가)는 어느 날 13시의 우리나라 부근의 일기도를, (나)는 이 날 관측소 A~C 중 한 관측소에서 측정한 일기 요소의 변화를 시각에 따라 나타낸 것이다.

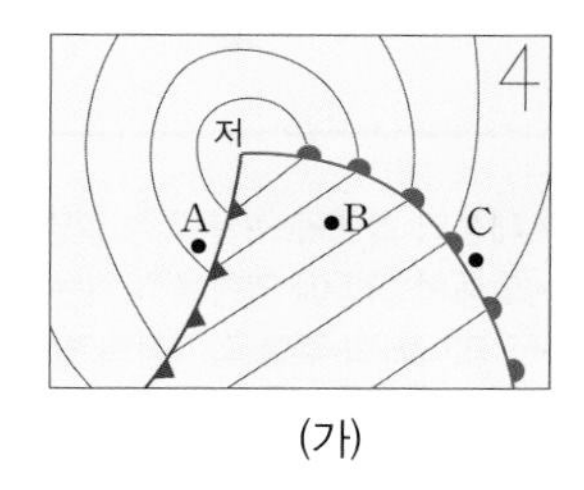

(가)

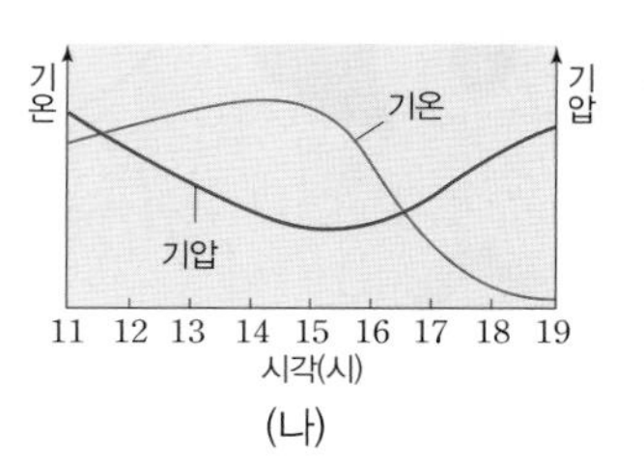

(나)

이에 대한 설명으로 옳은 것만을 〈보기〉에서 있는 대로 고른 것은?

보기
ㄱ. (가)의 C 부근에는 층운형 구름이 발달한다.
ㄴ. (나)에서 전선이 통과한 시각은 약 18시경이다.
ㄷ. (나)의 측정값을 얻은 관측소는 A이다.

① ㄱ ② ㄷ ③ ㄱ, ㄴ ④ ㄱ, ㄷ ⑤ ㄴ, ㄷ

[8589-0216]

04 그림은 2014년 7월 어느 날 9시에 관측한 우리나라 부근의 기상 레이더 영상과 전선을 나타낸 것이다.

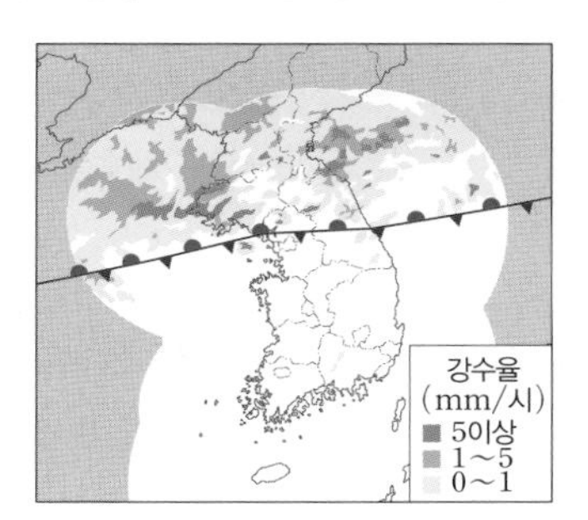

이날 우리나라의 날씨에 대한 설명으로 옳은 것만을 〈보기〉에서 있는 대로 고른 것은?

보기
ㄱ. 강수량은 전선의 남쪽보다 북쪽에서 많다.
ㄴ. 우리나라에는 동서 방향으로 폐색 전선이 형성되어 있다.
ㄷ. 제주 지방은 고온 다습한 기단의 영향을 받는다.

① ㄱ ② ㄴ ③ ㄷ ④ ㄱ, ㄷ ⑤ ㄴ, ㄷ

8 태풍과 우리나라의 주요 악기상

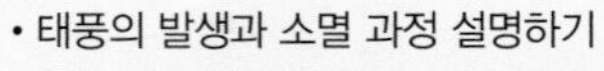

- 태풍의 발생과 소멸 과정 설명하기
- 태풍의 이동에 영향을 미치는 요소와 태풍 통과에 따른 피해의 정도 이해하기
- 우리나라의 주요 악기상의 발생 원인과 피해 파악하기

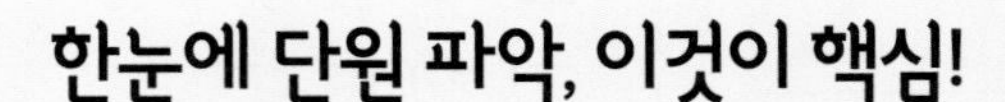
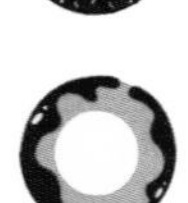

한눈에 단원 파악, 이것이 핵심!

태풍의 일생은 어떠할까?

태풍의 발생

수증기의 공급이 충분하고 전향력이 작용하는 위도 5°~25°, 수온이 26 ℃ 이상인 열대 해상에서 발생한다.

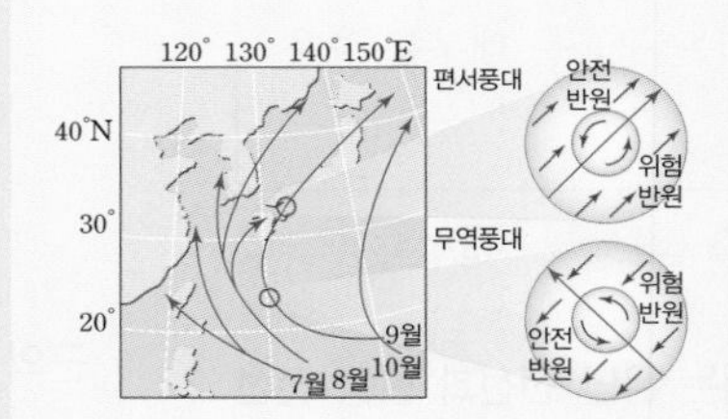

태풍의 이동과 피해

- 태풍의 이동 : 포물선 궤도를 그리며 고위도로 북상한다.
- 위험 반원 : 태풍 진행 방향의 오른쪽 반원
- 안전 반원 : 태풍 진행 방향의 왼쪽 반원

태풍의 소멸

태풍이 유지되거나 성장하려면 해수면으로부터 지속적인 열과 수증기의 공급을 받아야 하기 때문에 태풍이 육지에 상륙하여 수증기의 공급이 차단되거나 찬 해수면과 만나 수증기를 많이 공급받을 수 없게 되면 응결열이 감소하여 태풍의 세력이 급속히 약화된다.

우리나라의 주요 악기상에는 어떤 것들이 있을까?

뇌우	황사
• 번개를 동반한 폭풍우로, 잘 발달한 적란운에서 발생한다. • 소나기, 번개, 천둥, 우박, 돌풍 등을 동반하기 때문에 인명 피해, 농작물 파손, 가옥 파괴 등의 막대한 재산 피해를 가져온다.	• 중국 북서부와 몽골의 건조한 황토 지대에서 바람에 날려 올라간 모래 먼지가 대기 중에 퍼졌다가 서서히 낙하하는 현상이다. • 대부분 봄철(3~5월)에 발생하지만, 최근에는 겨울철(12~2월)에도 발생하고 있다.

태풍

1 열대 저기압(태풍)의 발생과 소멸

❶발생	표층 수온이 26 ℃ 이상인 위도 5°~25°의 열대 해상에서 발생한다.
❷발달	• 열대 저기압이 발달하여 중심 부근의 최대 풍속이 17 m/s 이상인 것을 태풍이라고 한다. • 태풍은 일기도상에서 등압선이 조밀한 동심원 모양이고, 전선을 동반하지 않는다.
이동	• 발생 초기에는 무역풍의 영향으로 북서쪽으로 진행하다가 위도 25°~30° 부근에서 편서풍의 영향으로 진로를 바꾸어 북동쪽으로 진행하는 포물선 궤도를 그린다. • 전향점(태풍이 진로를 바꾸는 위치)을 지난 후에는 태풍의 진행 방향과 편서풍의 방향이 일치하므로 이동 속도가 대체로 빨라진다. 40°N 30° 20° 120° 130° 140°E 7월 8월 9월 10월 태풍의 이동
소멸	북상하여 육지에 상륙하면 수증기의 공급이 차단되고 지표면과의 마찰과 냉각에 의해 세력이 약해지면서 소멸한다.

2 열대 저기압의 명칭

(1) 열대 저기압은 발생 장소에 따라 각기 다른 이름으로 불린다.

(2) 북서 태평양에서 발생한 것은 태풍, 북미 연안에서 발생한 것은 허리케인, 인도양, 호주 북부 해상에서 발생한 것은 사이클론이라고 부른다.

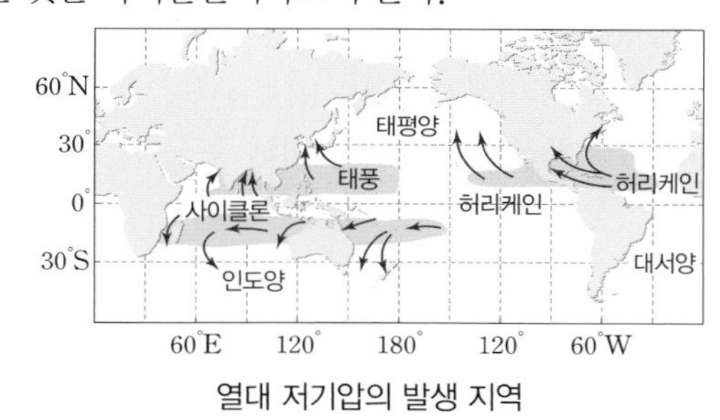

열대 저기압의 발생 지역

(3) 태풍은 연평균 약 26개가 발생하며, 그 중 약 75 %는 7~10월에 발생한다.

3 태풍의 구조와 날씨

(1) 태풍의 구조와 태풍의 눈

① 태풍의 구조 : 반지름이 약 500 km에 이르고, 전체적으로 상승 기류가 발달하여 중심으로 갈수록 두꺼운 적운형 구름이 발달한다.

② 태풍의 눈 : 태풍 중심으로부터 반지름이 약 50 km에 이르는 지역으로, ❸하강 기류가 나타나 날씨가 맑고 바람이 약하다.

(2) 태풍과 날씨

① 태풍의 눈 주위에서 크게 발달한 적란운과 강한 상승 기류로 인해 많은 비가 내리고, 풍속이 매우 빠르다.

② 태풍의 가장자리에서 중심부로 갈수록 바람이 강해진다. ➡ 태풍의 눈 주변에서 가장 강하다.

THE 알기

❶ 태풍의 발생 지역
적도로부터 5° 이내의 해역에서는 전향력이 약하여 태풍이 회전 운동을 하는 데 필요한 힘을 얻지 못하므로 태풍이 발생되기 어렵다.

❷ 태풍의 발달
열대 해상의 공기는 따뜻한 바다로부터 열과 수증기를 지속적으로 공급받는데, 이때 따뜻해진 공기는 상승하여 구름을 만든다. 구름은 공기 중의 수증기가 물방울로 응결한 것으로, 이 과정에서 잠열(숨은열)을 방출한다. 따라서 구름이 생성될수록 공기는 기온이 더욱 높아지며 상승 기류도 점점 강해진다. 그 결과, 거대한 적란운을 형성하며, 강한 바람과 많은 비를 동반한 강력한 태풍으로 발달한다.

❸ 태풍의 눈에 하강 기류가 생기는 이유
태풍은 강한 회전에 의한 원심력 때문에 공기가 바깥으로 밀려나서 중심부가 비어 있다. 그것을 채우기 위해 상공에서 공기가 하강하게 된다.

THE 알기

❶ **온대 저기압과 열대 저기압(태풍)의 비교**

구분	온대 저기압	열대 저기압
발생 장소	온대 지방(한대 전선대)	열대 해상(위도 5°~25°)
에너지원	기층의 위치 에너지 감소	수증기 응결에 의한 잠열
전선	동반	동반하지 않는다.
이동	서 → 동	포물선 궤도
등압선 모양	타원형	동심원 모양으로 조밀

③ 태풍은 일종의 ❶저기압이므로 중심부로 갈수록 기압이 낮아진다. ➡ 중심 기압이 낮을수록 태풍의 세력이 강하다.

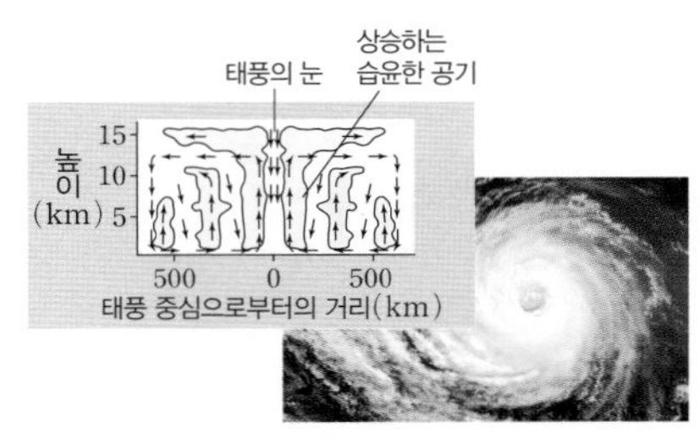

태풍의 구조

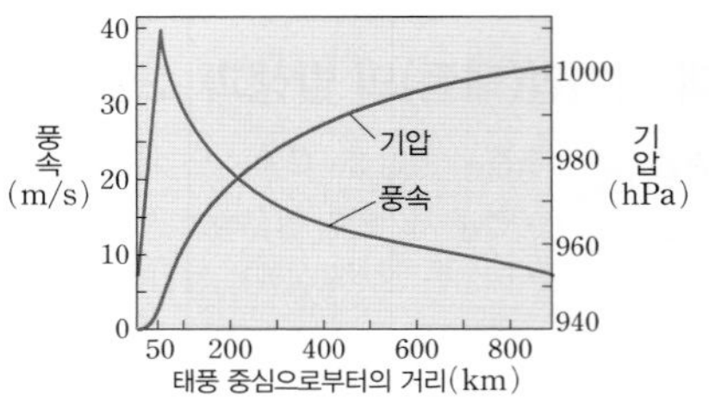

태풍의 기압과 풍속 분포

4 태풍의 피해

(1) 위험 반원과 안전 반원 : 북반구에서 태풍이 이동할 때 태풍 진행 방향의 오른쪽 반원에서는 저기압 중심으로 불어 들어가는 바람과 태풍의 이동 방향이 같아 왼쪽 반원에 비해 바람이 강하다. 따라서 태풍 진행 방향의 오른쪽 반원을 위험 반원이라고 하며, 그 반대쪽은 바람이 상대적으로 약하므로 안전 반원이라고 한다.

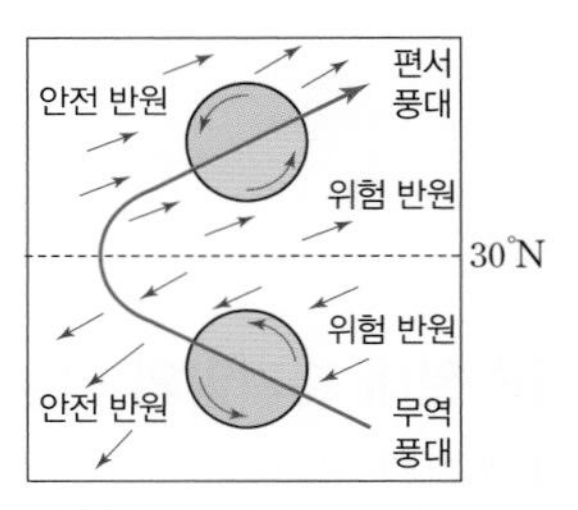

위험 반원과 안전 반원

(2) ❷태풍의 피해 : 홍수, 침수 및 강풍에 의한 피해가 발생한다. 또한, 태풍에 의해 발생한 폭풍 해일이 만조와 겹치면 해안 지역의 침수 피해가 커진다.

① 육지 : 농경지 침수, 가옥 붕괴, 홍수 등

② 바다 : 양식장 파괴, 높은 파도로 어선 파손 등

② 해안가 : 침수 피해, 용승이나 폭풍 해일에 의한 피해 등

❷ **태풍의 역할**

태풍은 홍수, 강풍, 폭풍 해일 등의 피해를 주기도 하지만 짧은 시간 동안 많은 양의 열을 고위도로 수송해 주며, 여름철 가뭄과 더위를 해소시켜 주기도 한다. 또한, 해수의 용승을 일으켜 산소와 영양 염류를 공급해줌으로써 바다 생태계를 활성화시키는 역할을 한다.

5 태풍의 에너지원

(1) 태풍의 에너지원은 수증기가 응결될 때 방출하는 숨은열이다.

(2) 열대 저기압 중심에서 상승 기류가 발생하여 수증기의 응결이 일어나면 숨은열이 방출되어 공기가 데워지며, 이로 인해 상승 기류가 더 강해진다. 그 결과 지표면 근처의 기압은 더 낮아지고 주변으로부터 공기가 더 빠르게 유입되면서 열대 저기압이 점차 태풍으로 발달한다.

(3) 태풍이 육지에 상륙하면 수증기의 공급이 줄어들고 지표면과의 마찰이 증가하여 세력이 급격히 약해진다.

THE 들여다보기 북반구에서 저기압(태풍)이 통과할 때 풍향 변화

- 저기압 진행 방향의 오른쪽 : 처음에는 ①과 같이 바람이 불다가 시간이 지나면서 ②와 같이 바람의 방향이 변하게 되고, 다음으로 ③과 같이 변하면서 풍향은 시계 방향으로 변한다.
- 저기압 진행 방향의 왼쪽 : 풍향이 ①′ → ②′ → ③′으로 변하면서 시계 반대 방향으로 변한다.
- 태풍은 북반구에서 발생한 저기압이므로 태풍 진행 방향의 왼쪽 지역에서는 풍향이 시계 반대 방향으로 변하고, 오른쪽 지역에서는 풍향이 시계 방향으로 변한다.

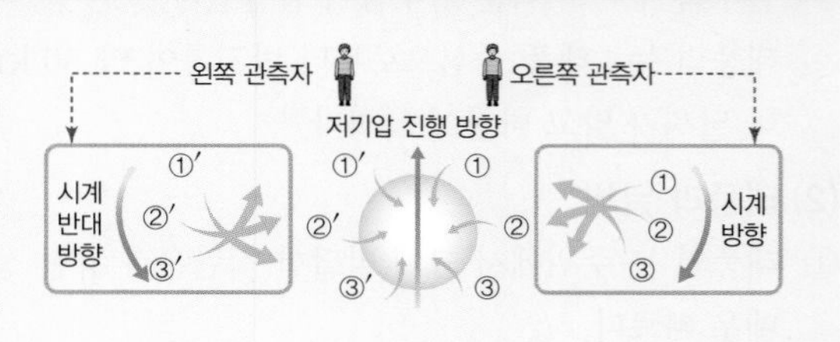

개념체크

○X 문제

1. 태풍에 대한 설명으로 옳은 것은 ○, 옳지 않은 것은 ×로 표시하시오.

(1) 수온이 높은 열대 해상에서 주로 발생한다.( )

(2) 온대 저기압과 달리 전선을 동반하지 않는다. ( )

(3) 우리나라에는 주로 7～9월에 영향을 준다. ( )

(4) 중심부에는 약한 상승 기류가 나타난다. ( )

(5) 포물선 궤도를 그리며 이동한다. ( )

(6) 중심부로 갈수록 기압이 낮아진다. ( )

(7) 태풍 진행 방향의 오른쪽에 위치한 위험 반원은 풍속이 상대적으로 약하다. ( )

(8) 태풍의 풍속은 태풍의 눈에서 가장 강하다.( )

빈칸 완성

2. 태풍은 수증기가 응결할 때 방출되는 ( )을 에너지원으로 하여 발달한다.

3. 태풍의 가장자리에서 중심부로 갈수록 바람이 ( )진다.

4. 태풍의 진로에서 오른쪽 반원은 풍속이 상대적으로 강하므로 ( ) 반원이라고 한다.

5. 태풍이 육지에 상륙하면 ( ) 공급이 감소하여 세력이 약화된다.

6. 태풍의 기압은 태풍의 눈에서 가장 ( ).

7. 태풍은 처음에 북서쪽으로 향하다가 위도 30°N 부근에서 ( )의 영향으로 북동쪽으로 휘어져 북상한다.

정답 1. (1) ○ (2) ○ (3) ○ (4) × (5) ○ (6) ○ (7) × (8) × 2. 잠열(숨은열) 3. 강해 4. 위험 5. 수증기 6. 낮다 7. 편서풍

단답형 문제

1. 북서 태평양 해상에서 발생한 열대 저기압 중 중심 부근 최대 풍속이 17 m/s 이상이며 폭풍우를 동반하는 기상 현상을 무엇이라고 하는지 쓰시오.

2. 태풍의 중심부에 나타나며 약한 하강 기류가 존재하고, 바람이 약하며, 구름도 거의 없는 맑은 날씨를 보이는 구역을 무엇이라고 하는지 쓰시오.

3. 태풍의 에너지원을 쓰시오.

4. 태풍에서 풍속이 가장 빠른 곳을 쓰시오.

5. 태풍의 이동 속도가 가장 느린 지점을 쓰시오.

6. 태풍 진행 방향의 왼쪽 반원을 무엇이라고 하는지 쓰시오.

선다형 문제

7. 태풍이 육지에 상륙하면 그 세력이 급격히 약화되는 원인은?

① 비를 많이 내리기 때문이다.
② 육지의 기온이 높기 때문이다.
③ 하강 기류가 발달하기 때문이다.
④ 지면의 마찰력이 작아지기 때문이다.
⑤ 수증기의 공급이 급격히 줄기 때문이다.

8. 그림은 태풍의 이동 경로를 나타낸 것이다. 태풍이 통과하는 A～D 위치에서 위험 반원에 해당하는 곳만을 고른 것은?

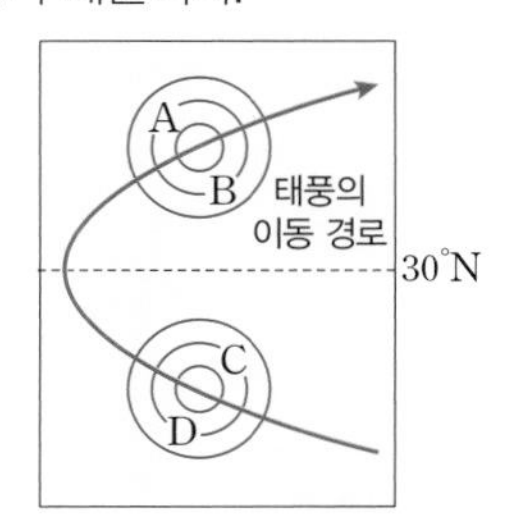

① A, B ② A, C
③ A, D ④ B, C
⑤ C, D

정답 1. 태풍 2. 태풍의 눈 3. 수증기의 응결열(숨은열) 4. 태풍의 눈 주변 5. 전향점 부근 6. 안전 반원 7. ⑤ 8. ④

02 우리나라의 주요 악기상

THE 알기

❶ 낙뢰(벼락)
번개와 천둥을 동반하는 급격한 방전 현상을 말한다. 뇌운 내에서 분리된 양전하와 음전하가 구름 속에 쌓이면 구름과 구름 사이, 구름과 지표면 사이의 전압이 높아짐에 따라 방전이 일어나 번개가 발생하고 그로 인한 갑작스런 온도 상승으로 주위 공기의 부피가 팽창하면서 천둥이 친다.

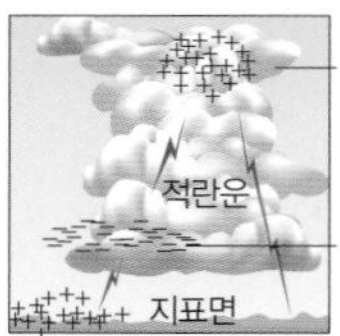

뇌운에서의 전하 분포

❷ 우박
우박은 주로 5~6월, 9~10월에 내린다. 한여름에는 우박이 떨어지는 도중에 녹기 쉽고, 겨울에는 기온이 낮고 대기 중의 수증기 양이 적어서 우박이 커지기 어렵다.

❸ 호우와 집중 호우
- 호우 : 시간과 공간 규모에 관계없이 많은 비가 연속적으로 내리는 것이다.
- 집중 호우 : 짧은 시간 동안 좁은 지역에 많은 비가 집중적으로 내리는 것이다.

1 뇌우

강한 상승 기류에 의해 적란운이 발달하면서 천둥과 번개를 동반한 소나기가 내리는 현상으로, 뇌우를 일으키는 구름을 뇌운이라고 한다. ➡ 뇌우는 일기도상에 나타나지 않는 국지적인 현상이기 때문에 예측하기가 어렵다.

(1) 발생 조건 : 대기가 불안정할 때 잘 발생한다.

① 강한 햇빛을 받아 국지적으로 가열된 공기가 빠르게 상승할 때
② 한랭 전선에서 찬 공기 위로 따뜻한 공기가 빠르게 상승할 때
③ 온대 저기압이나 태풍에 의해 강한 상승 기류가 발달할 때

(2) 발달 과정 : 적운 단계 → 성숙 단계 → 소멸 단계를 거친다.

적운 단계	구름 내부의 온도가 주변 공기의 온도보다 높기 때문에 강한 상승 기류가 발생하여 적운이 급격하게 성장하는 단계로, 강수 현상은 미약하다.
성숙 단계	뇌운의 상층과 하층으로 전하가 분리되며, 따뜻한 공기의 상승 기류와 함께 찬 공기의 하강 기류가 공존한다. 이때 하강하는 찬 공기는 지표면을 따라 이동하면서 강한 돌풍과 함께 천둥, 번개, 소나기, 우박 등을 동반하게 된다.
소멸 단계	구름 하부에서 상승 기류를 형성하는 따뜻한 공기의 유입이 줄어들면, 구름 내부에는 전체적으로 하강 기류만 남게 되어 구름이 소멸된다.

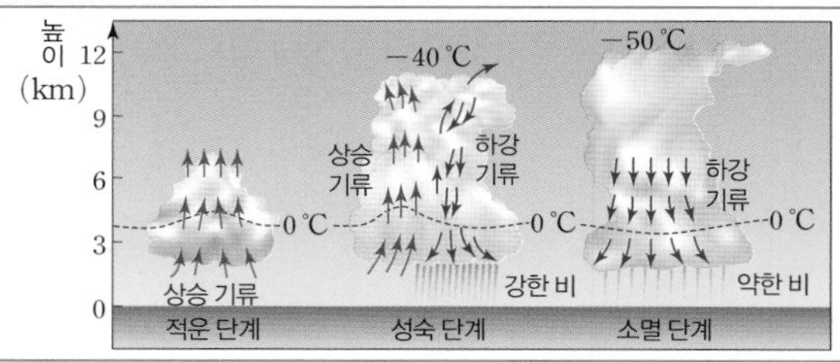

(3) 뇌우의 피해 : 뇌우는 집중 호우, 우박, 돌풍, 번개 등을 동반하기 때문에 순식간에 인명 피해를 내거나 농작물 피해, 가옥 파괴 등 막대한 재산 피해를 가져온다.

① ❶낙뢰 : 번개 중 구름과 지표면 사이에서 발생하는 방전 현상으로, 천둥을 동반하며 등산객이 맞아 피해를 입거나 산불의 원인이 되기도 한다.

② ❷우박 : 눈의 결정 주위에 차가운 물방울이 얼어붙어 땅 위로 떨어지는 얼음 덩어리이다.
- 뇌운(적란운) 내에서 상승과 하강을 반복하며 성장하여 층상 구조를 나타낸다.
- 농작물 등에 피해를 입힌다.

2 ❸집중 호우

짧은 시간 동안에 좁은 지역에 일정량 이상의 비가 집중적으로 내리는 현상이다.

(1) 발생 : 주로 강한 상승 기류에 의해 적란운이 생성될 때, 장마 전선, 태풍, 저기압의 가장자리에서 대기가 불안정할 때, 태풍이 북상하여 북쪽의 찬 공기와 만날 때 잘 발생한다.

(2) 지속 시간과 규모 : 수십 분 ~ 수 시간 정도 지속되며, 보통 반경 10~20 km인 비교적 좁은 지역에 내리기 때문에 국지성 호우라고도 한다.

(3) 피해 : 보통 홍수나 산사태 등을 일으켜 많은 인명과 재산 피해를 수반한다.

3 폭설

짧은 시간에 많은 양의 눈이 오는 기상 현상이다.

(1) 발생 : 겨울철에 저기압이 통과할 때, 시베리아 고기압이 남하하면서 해수면으로부터 열과 수증기를 공급받아 눈구름이 만들어질 때 잘 발생한다.

(2) 피해 : 폭설이 내리면 도로 교통의 마비와 교통사고, 시설물 붕괴, 눈사태 등의 재산 및 인명 피해가 발생한다.

4 강풍

10분 간 평균 풍속이 14 m/s 이상인 바람을 말한다.

(1) 발생 : 겨울철에 발달한 시베리아 고기압의 영향을 받을 때, 여름철에 태풍의 영향을 받을 때 주로 발생한다.

(2) 피해 : 강풍이 불면 여러 가지 시설물이 파손되며, 바다에서는 높은 파도로 인해 선박이 파괴되거나 좌초되기도 하며 해안 양식장이 많은 피해를 입기도 한다.

5 황사

건조한 [1]사막 지대에서 바람에 날려 올라간 미세한 토양 입자가 상층의 편서풍을 타고 이동하다가 낙하하는 현상이다.

(1) 발원지 : 우리나라에 영향을 미치는 황사의 주요 발원지는 중국과 몽골의 사막 지대와 황하 중류의 황토 지대이다.

(2) 발생 조건 : 강한 바람과 함께 상승 기류가 나타나고, 지표면의 토양은 건조해야 하며, 토양의 구성 입자는 미세해야 한다. 또한, 지표면에 식물 군락이 형성되어 있지 않아서 토양의 일부가 쉽게 공중으로 떠오를 수 있어야 한다.

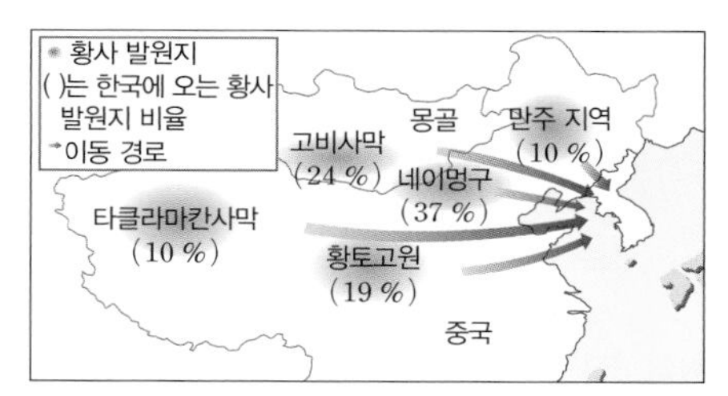

황사의 발원지와 이동

(3) 발생 시기 : 주로 봄철에 많이 발생하며, 상공의 강한 편서풍을 타고 우리나라를 거쳐 일본, 태평양, 북아메리카까지 날아간다.

(4) [2]피해 : 일사량을 감소시키고, 폐호흡기 환자가 증가하며, 항공, 운수, 정밀산업 등에 손실을 준다. 황사가 발생하면 시정 거리가 짧아지며, 기관지 자극이나 천식 등 건강에 위협을 준다.

THE 알기

❶ 사막화와 황사
기후 변화와 인간의 과도한 개발로 사막화가 진행될수록 황사의 발생과 피해가 증가한다.

❷ 황사의 긍정적 영향과 근본 대책
- 긍정적 영향 : 황사 속에 섞여 있는 석회 등의 알칼리 성분이 산성비를 중화시킴으로써 토양과 호수의 산성화를 방지하고 식물과 바다의 플랑크톤에 유기 염류를 제공하는 등의 장점이 있다.
- 근본적인 대책 : 중국과 몽골의 사막화를 막아야 한다.

THE 들여다보기 그 밖의 우리나라의 주요 악기상

- 한파 : 겨울철에 나타나는 이례적인 저온 현상으로 시베리아 기단의 영향이 크다. 우리나라 겨울철 삼한 사온일 때의 주기적인 추위는 한파 내습 때문인 것으로 볼 수 있다. 시설 농작물 냉해, 양식 어류 동사, 상수도관 파열 등의 피해가 발생한다.
- 폭염과 열대야 : 폭염은 낮 최고 기온이 33 ℃ 이상인 경우이고, 열대야는 밤의 최저 기온이 25 ℃ 이상일 때를 말한다. 우리나라의 6～9월에는 북태평양 기단의 영향을 주로 받아 폭염이나 열대야가 발생한다. 폭염과 열대야는 건강과 생활에 큰 지장을 주며, 냉방기 사용이 많아져 전력 사용량이 크게 증가한다.
- 가뭄 : 습도가 낮은 상태가 지속되는 경우이다. 우리나라에서는 시베리아 기단과 양쯔 강 기단의 영향을 받는 겨울과 봄에 주로 나타나며, 산불 발생, 농작물 성장 저해와 물 부족 등의 피해가 발생한다.

개념체크

○X 문제

1. 뇌우에 대한 설명으로 옳은 것은 ○, 옳지 않은 것은 × 로 표시하시오.

(1) 강한 상승 기류가 발달한 곳에 나타난다. ( )

(2) 성숙 단계에서는 상승 기류만 나타난다. ( )

(3) 천둥, 번개를 동반한 강한 소나기가 내리며 강한 돌풍이 일어나기도 한다. ( )

2. 집중 호우에 대한 설명으로 옳은 것은 ○, 옳지 않은 것은 ×로 표시하시오.

(1) 시간과 공간 규모에 관계없이 많은 비가 연속적으로 내리는 기상 현상이다. ( )

(2) 주로 강한 상승 기류에 의해 적란운이 생성될 때 잘 발생한다. ( )

(3) 보통 홍수나 산사태 등을 일으켜 많은 인명과 재산 피해를 수반한다. ( )

빈칸 완성

3. 집중 호우가 발생하기 쉬운 경우는 강한 ① ( ) 기류에 의해 적란운이 생성될 때, 저기압의 가장자리에서 대기가 ② ( )할 때, 태풍이 북상하면서 북쪽의 ③ ( ) 공기와 만날 때이다.

4. 뇌우의 일생은 적운 단계 → ( ) 단계 → 소멸 단계를 거친다.

5. 강한 상승 기류가 있는 적란운 속에서 눈 결정이 상승과 하강을 반복하며 크게 성장한 얼음 덩어리를 ( )이라고 한다.

6. 강풍은 겨울철에 발달한 시베리아 고기압의 영향으로 10분 간 평균 풍속이 ( ) 이상으로 부는 바람이다.

7. 황사는 주로 ( )철에 많이 발생한다.

정답 **1.** (1) ○ (2) × (3) ○ **2.** (1) × (2) ○ (3) ○ **3.** ① 상승 ② 불안정 ③ 찬 **4.** 성숙 **5.** 우박 **6.** 14 m/s **7.** 봄

단답형 문제

1. 다음은 뇌우의 발달 과정을 순서 없이 나타낸 것이다.

> (가) 강한 상승 기류에 의해 구름이 탑 모양으로 발달한다.
> (나) 하강 기류가 우세하고 비가 약해진다.
> (다) 상승 기류와 하강 기류가 함께 나타나며 천둥, 번개, 소나기, 우박 등이 나타난다.

발달 순서대로 나열하시오.

2. 강한 상승 기류로 적란운이 발달하면서 천둥, 번개가 치고 소나기가 내리는 현상을 무엇이라고 하는지 쓰시오.

3. 짧은 시간 동안 좁은 영역에 비가 일정량 이상 많이 내리는 현상을 무엇이라고 하는지 쓰시오.

4. 건조한 사막 지대에서 바람에 날려 올라간 미세한 토양 입자가 상층의 편서풍을 타고 이동하다가 낙하하는 현상을 무엇이라고 하는지 쓰시오.

선다형 문제

5. 뇌우가 발생할 수 있는 대기 상태가 아닌 것은?

① 태풍이 통과하는 경우
② 한랭 전선이 발달하는 경우
③ 하강 기류가 발달하는 경우
④ 온대 저기압이 발달하는 경우
⑤ 지표가 국지적으로 강하게 가열된 경우

6. 여러 가지 기상 현상에 대한 설명으로 옳은 것만을 <보기>에서 있는 대로 고른 것은?

> **보기**
> ㄱ. 뇌우는 대기의 불안정이 심해질 때 잘 발생한다.
> ㄴ. 집중 호우는 강한 상승 기류가 발달할 때 발생한다.
> ㄷ. 우리나라 서해안의 폭설은 북태평양 고기압의 영향을 받을 때 발생한다.

① ㄱ ② ㄷ ③ ㄱ, ㄴ
④ ㄴ, ㄷ ⑤ ㄱ, ㄴ, ㄷ

정답 **1.** (가)-(다)-(나) **2.** 뇌우 **3.** 집중 호우 **4.** 황사 **5.** ③ **6.** ③

태풍의 진로와 세력 변화

정답과 해설 40쪽

목표

태풍이 이동할 때 진로와 세력의 변화를 설명할 수 있다.

과정

그림은 2003년 9월 우리나라에 큰 피해를 준 태풍 매미의 이동 경로를 하루 간격으로 나타낸 것이다. (단, 괄호 안의 자료는 중심 기압과 중심 부근의 최대 풍속이다.)

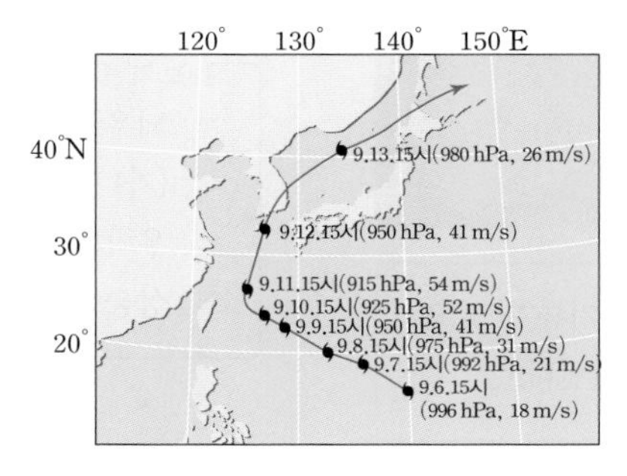

1. 태풍 매미의 이동 방향과 이동 속도의 변화에 대하여 설명하시오.
2. 태풍 매미의 세력이 가장 강했던 때는 언제이며, 서울과 부산 중 태풍으로 인한 피해가 더 컸을 지역은 어느 곳인지 설명하시오.
3. 태풍 매미가 우리나라를 통과하는 동안 서울 지방에서 풍향의 변화에 대하여 설명하시오.

결과 정리 및 해석

1. 태풍 매미는 북위 26° 부근까지는 북서쪽으로 이동하다가 그 후로는 북동쪽으로 이동하였다. 그리고 태풍 발생 직후 북서진하면서 전향점에 이를 때까지 속도가 조금씩 느려지다가 전향점에서 이동 속도가 가장 느려졌다가 전향점을 지나고 나서 북동진하면서 이동 속도가 빨라졌다.
2. 태풍은 중심 기압이 낮을수록 중심 부근의 풍속이 빠르므로 세력이 강하다. 따라서 매미는 전향점 부근인 9월 11일에 중심 기압은 915 hPa, 중심 부근의 최대 풍속은 54 m/s로 세력이 가장 강했다. 따라서 태풍 매미가 우리나라를 통과할 때 부산은 태풍 진행 방향의 오른쪽인 위험 반원에 속하므로 안전 반원에 속한 서울보다 피해가 더 컸다.
3. 안전 반원에 속한 서울 지방에서의 풍향은 시계 반대 방향으로 변했다.

탐구 분석

1. 만일 북태평양 고기압 세력이 더 약했다면 태풍 매미의 진로는 어떻게 변했을까?
2. 만일 일본 남쪽 해상의 수온이 더 높았더라면 우리나라에 상륙한 태풍 매미의 세력은 어떠했을까?

내신 기초 문제

정답과 해설 40쪽

[8589-0217]

01 **태풍에 대한 설명으로 옳은 것은?**

① 온난 전선과 한랭 전선을 동반한다.
② 태풍은 적도 해상에서 주로 발생한다.
③ 태풍의 눈에서는 고기압이 형성된다.
④ 태풍의 에너지원은 수증기의 응결열이다.
⑤ 태풍은 온대 저기압이 발달하여 발생한다.

[8589-0218]

02 **그림은 기상 위성에서 찍은 구름 사진이다.**
A 지역에 대한 다음 설명의 빈칸에 들어갈 알맞은 말을 쓰시오.

태풍의 중심에 위치한 A 지역은 (㉠) 기류가 있고, 바람이 (㉡)하며, (㉢) 날씨가 나타난다.

[8589-0219]

03 **그림은 태풍의 기압과 풍속의 분포를 나타낸 것이다.**
A와 B에 해당하는 것을 쓰시오.

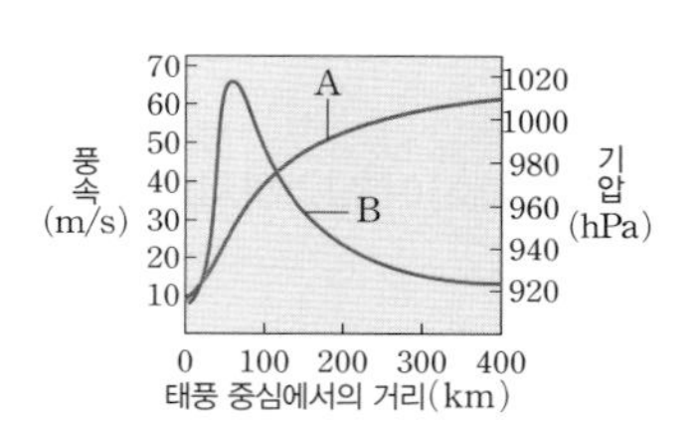

[8589-0220]

04 **그림 (가)는 우리나라를 통과하는 태풍 A, B, C의 이동 경로를, (나)는 ㉠~㉤ 중 어느 한 지점에서 각각의 태풍이 지날 때의 풍향과 풍속의 변화를 나타낸 것이다.**

(가)

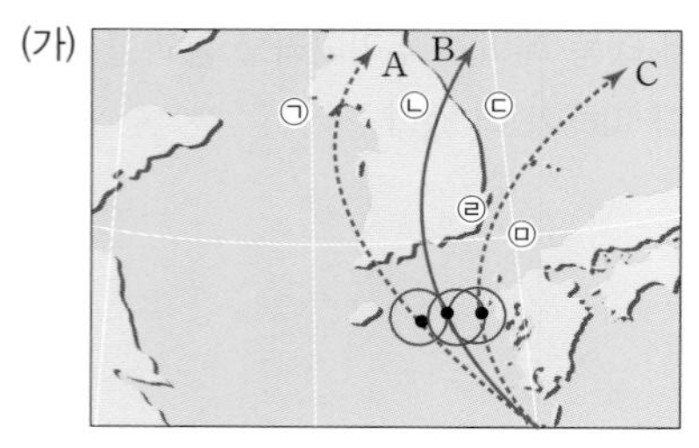

(나)

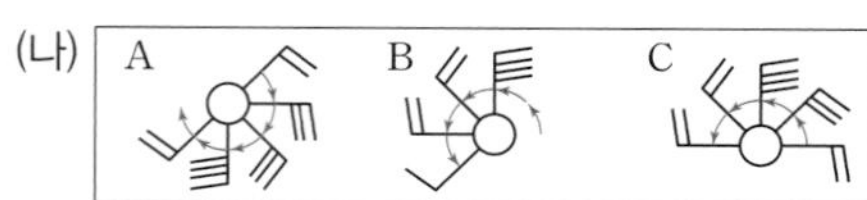

(나)를 관측한 지점을 ㉠~㉤ 중에서 골라 쓰시오.

[8589-0221]

05 **그림은 뇌우의 발달 단계를 나타낸 것이다.**

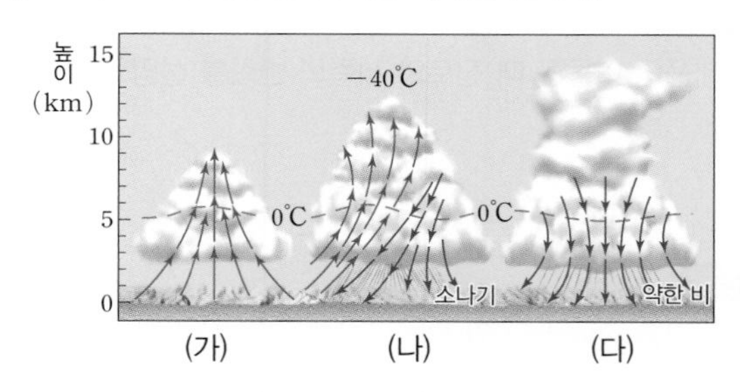

이에 대한 설명으로 옳은 것을 〈보기〉에서 고른 것은?

보기

ㄱ. 뇌우는 대기의 불안정이 심할 때 잘 나타난다.
ㄴ. (가) 단계에서는 강한 강수 현상이 나타난다.
ㄷ. 우박은 (다) 단계에서 잘 발생한다.
ㄹ. 상승 기류와 하강 기류가 공존하는 것은 (나) 단계이다.

① ㄱ, ㄴ ② ㄱ, ㄹ ③ ㄴ, ㄷ
④ ㄴ, ㄹ ⑤ ㄷ, ㄹ

[06~07] 그림은 우리나라의 주요 악기상을 나타낸 것이다.

(가) (나) (다)

[8589-0222]

06 **(가), (나), (다)에서 나타나는 기상 현상의 이름을 쓰시오.**

[8589-0223]

07 **이에 대한 설명으로 옳은 것만을 〈보기〉에서 있는 대로 고른 것은?**

보기

ㄱ. (가)는 주로 층운이 형성되는 지역에서 발생한다.
ㄴ. (나)는 시베리아 고기압이 남하할 때 서해안 지역에서 발생할 수 있다.
ㄷ. (다)의 발생 횟수는 점점 증가하고 있다.

① ㄱ ② ㄷ ③ ㄱ, ㄴ
④ ㄴ, ㄷ ⑤ ㄱ, ㄴ, ㄷ

실력 향상 문제

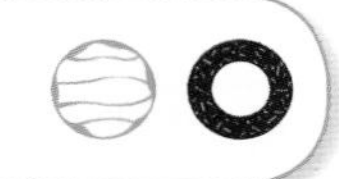

정답과 해설 41쪽

[8589-0224]
01 그림은 태풍의 단면을 나타낸 것이다.

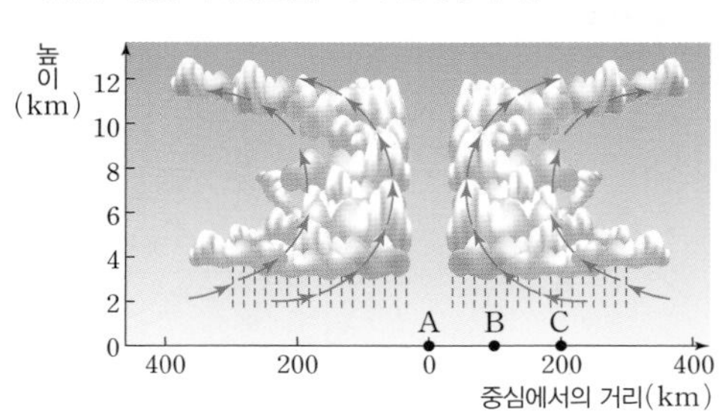

A~C 중 (가) 기압이 가장 낮은 지점과 (나) 풍속이 가장 빠른 지점을 옳게 짝 지은 것은?

	(가)	(나)		(가)	(나)
①	A	A	②	A	B
③	B	A	④	B	B
⑤	C	A			

[8589-0225]
02 그림은 우리나라 부근에서 이동하고 있는 태풍의 구름과 지표상의 A~D 지점의 풍속 분포를 나타낸 것이다.

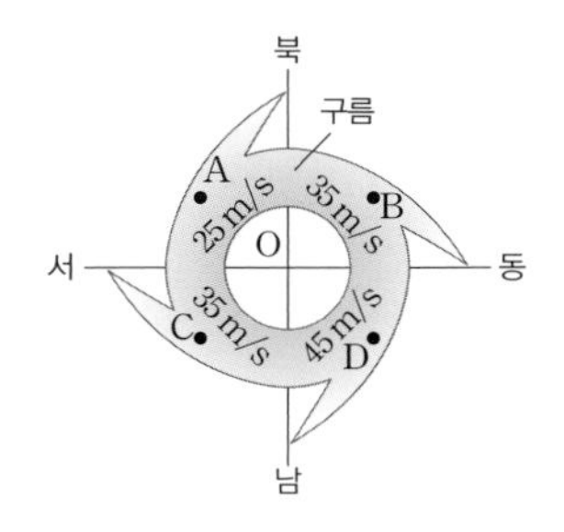

이에 대한 설명으로 옳은 것은? (단, 중심 O에서 A~D 각 지점까지의 거리는 같다.)

① 태풍은 북서쪽으로 이동하고 있다.
② 태풍이 이동하는 속도는 35 m/s이다.
③ A 지점은 태풍의 위험 반원에 속해 있다.
④ 태풍의 이동에 따라 A 지점의 풍향은 점차 시계 방향으로 바뀐다.
⑤ A 지점에는 북풍 계열, D 지점에는 남풍 계열의 바람이 불고 있다.

[8589-0226]
03 그림은 어느 해 우리나라를 지나간 태풍의 진행 경로를 일정한 시간 간격으로 나타낸 것이다.

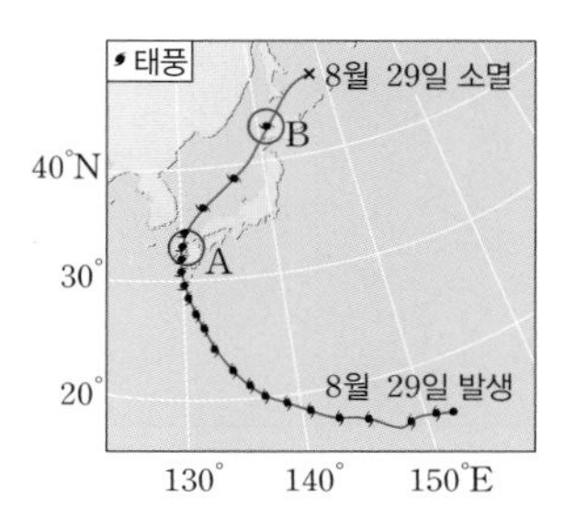

이에 대한 설명으로 옳은 것만을 〈보기〉에서 있는 대로 고른 것은?

보기
ㄱ. 이 태풍의 풍속은 일본보다 우리나라에서 더 빠르게 관측되었을 것이다.
ㄴ. 태풍이 지나가는 동안 부산에서는 풍향이 시계 반대 방향으로 변했을 것이다.
ㄷ. 북태평양 기단의 세력이 더 강했다면 태풍의 이동 경로는 동쪽으로 더 치우쳤을 것이다.

① ㄴ ② ㄷ ③ ㄱ, ㄴ ④ ㄱ, ㄷ ⑤ ㄱ, ㄴ, ㄷ

[8589-0227]
04 그림은 어느 해 태풍이 A 지역을 거쳐 B 지역을 지나서 우리나라를 통과한 이동 경로를 나타낸 것이다.

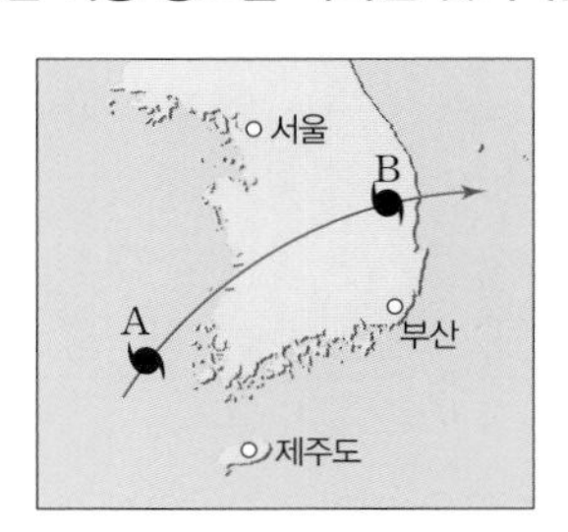

태풍이 지나가는 동안 우리나라의 날씨 변화로 옳은 것만을 〈보기〉에서 있는 대로 고른 것은?

보기
ㄱ. 태풍의 세력은 A 지역보다 B 지역에서 강했을 것이다.
ㄴ. 태풍에 의한 피해는 서울보다 부산이 심했을 것이다.
ㄷ. 태풍이 지나가는 동안 제주도에서는 풍향이 시계 방향으로 변했을 것이다.

① ㄱ ② ㄴ ③ ㄷ ④ ㄱ, ㄴ ⑤ ㄴ, ㄷ

[8589-0228]

05 그림은 두 종류의 저기압이 나타난 우리나라 부근의 일기도를 나타낸 것이다.

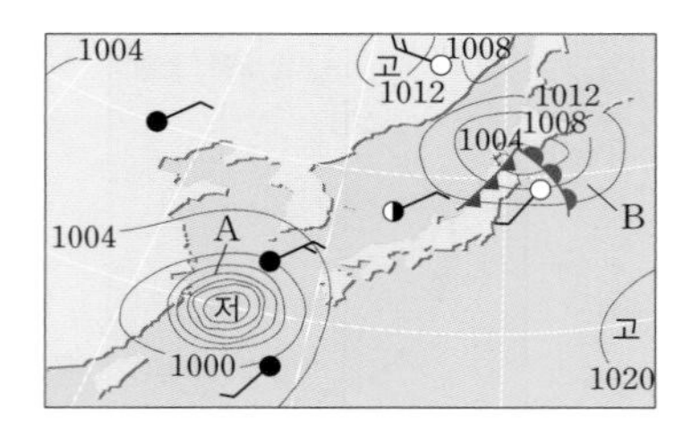

이에 대한 설명으로 옳은 것만을 ⟨보기⟩에서 있는 대로 고른 것은?

> 보기
> ㄱ. A의 에너지원은 수증기의 잠열이다.
> ㄴ. B는 전선을 동반한다.
> ㄷ. A와 B는 발생 지역이 서로 같다.

① ㄱ ② ㄴ ③ ㄱ, ㄴ ④ ㄱ, ㄷ ⑤ ㄴ, ㄷ

[8589-0229]

06 그림은 북상하고 있는 어느 태풍의 동서 방향 단면을 나타낸 모식도이다.

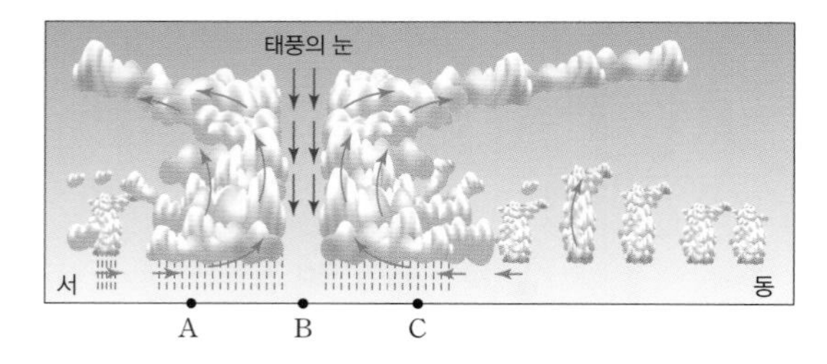

이에 대한 설명으로 옳은 것만을 ⟨보기⟩에서 있는 대로 고른 것은? (단, A와 C는 B로부터 같은 거리에 있다.)

> 보기
> ㄱ. 태풍의 눈에서는 적란운이 발달하여 강한 소나기가 내린다.
> ㄴ. 하강 기류가 나타나는 것으로 보아 B 지역은 A나 C 지역보다 기압이 높다.
> ㄷ. A~C 지역의 풍속을 비교하면 B<A<C 이다.

① ㄱ ② ㄷ ③ ㄱ, ㄴ ④ ㄱ, ㄷ ⑤ ㄴ, ㄷ

서술형

[8589-0230]

07 그림은 북반구 중위도에서 어느 태풍의 이동 경로와 등압선(hPa)을 나타낸 것이다.

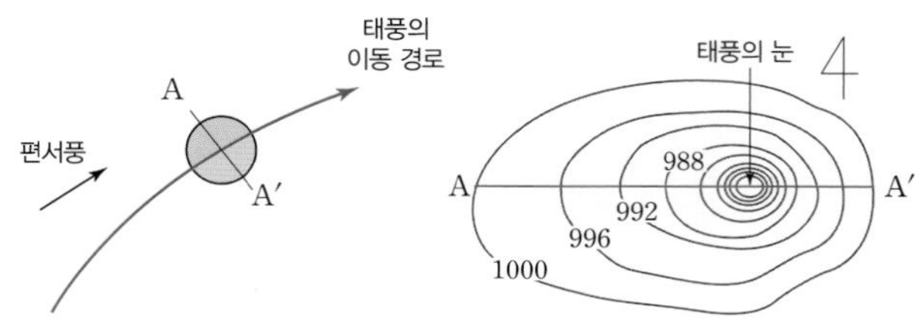

A-A′ 지역에서 관측된 풍속 변화의 개형을 그래프에 나타내시오.

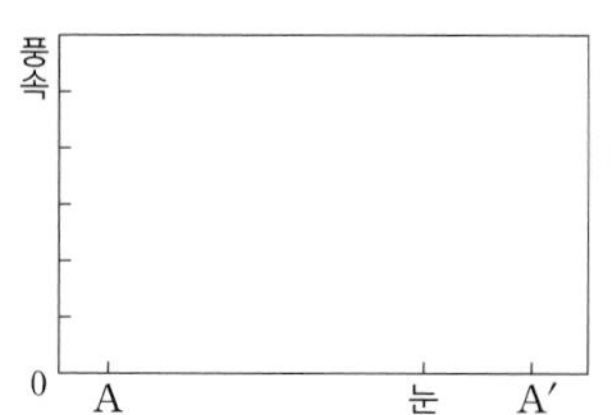

[8589-0231]

08 그림은 어떤 태풍의 발생에서 소멸까지 시간에 따른 중심 기압과 중심 부근 풍속을 나타낸 것이다. 이 태풍은 바다에서 생성되어 육지에 상륙한 후 약화되어 소멸되었다.

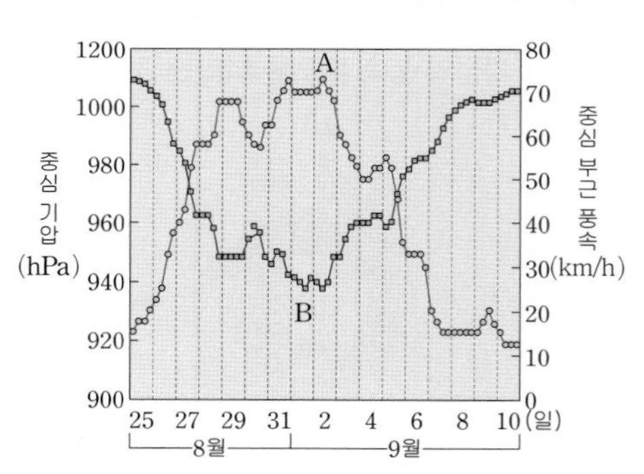

이에 대한 설명으로 옳은 것만을 ⟨보기⟩에서 있는 대로 고른 것은?

> 보기
> ㄱ. A는 중심 부근 풍속을, B는 중심 기압을 나타낸 것이다.
> ㄴ. 이 태풍의 세력은 8월 30일보다 9월 2일에 더 강했다.
> ㄷ. 9월 7일과 9월 10일 사이에 이 태풍은 육지에 있었을 것이다.

① ㄱ ② ㄴ ③ ㄱ, ㄷ ④ ㄴ, ㄷ ⑤ ㄱ, ㄴ, ㄷ

[8589-0232]
09 그림은 우리나라로 향해 북상하는 태풍의 중심을 지나는 직선을 따라 측정한 지상 풍속을 모식적으로 나타낸 것이다.

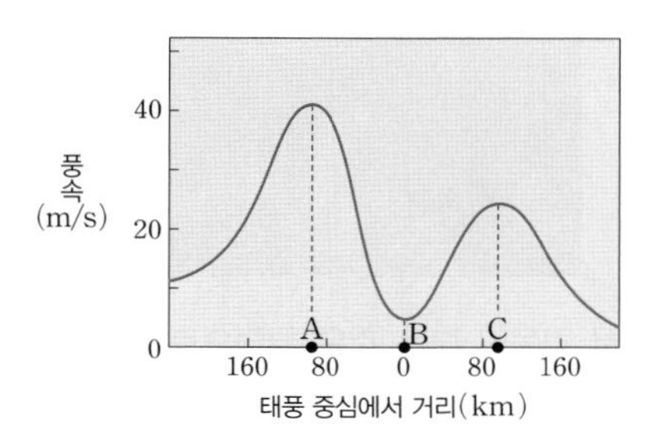

이에 대한 설명으로 옳은 것만을 <보기>에서 있는 대로 고른 것은?

보기
ㄱ. A 지점은 태풍 진행 방향의 오른쪽에 위치한다.
ㄴ. B 지점에서 적란운이 가장 두껍게 발달한다.
ㄷ. C 지점에서 기압이 가장 낮다.

① ㄱ ② ㄴ ③ ㄷ ④ ㄱ, ㄴ ⑤ ㄴ, ㄷ

[8589-0233]
10 그림은 태풍의 발생 해역과 월별 평균 이동 경로를 나타낸 것이다.

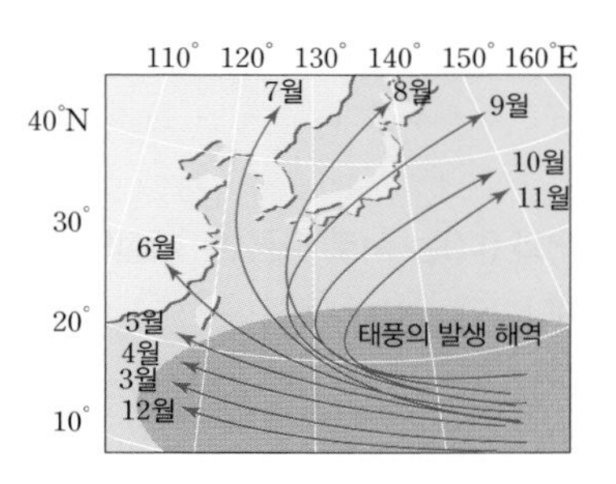

이에 대한 설명으로 옳은 것만을 <보기>에서 있는 대로 고른 것은?

보기
ㄱ. 태풍은 무역풍대에서 발생하여 편서풍대로 이동한다.
ㄴ. 우리나라에서 태풍에 의한 피해는 주로 7~8월에 발생한다.
ㄷ. 북위 25° 이상의 해역에서 태풍이 발생하기 어려운 이유는 수온이 낮기 때문이다.

① ㄱ ② ㄷ ③ ㄱ, ㄴ ④ ㄴ, ㄷ ⑤ ㄱ, ㄴ, ㄷ

[8589-0234]
11 그림 (가), (나), (다)는 뇌우가 발생하여 소멸하는 단계를 순서 없이 나타낸 것이다.

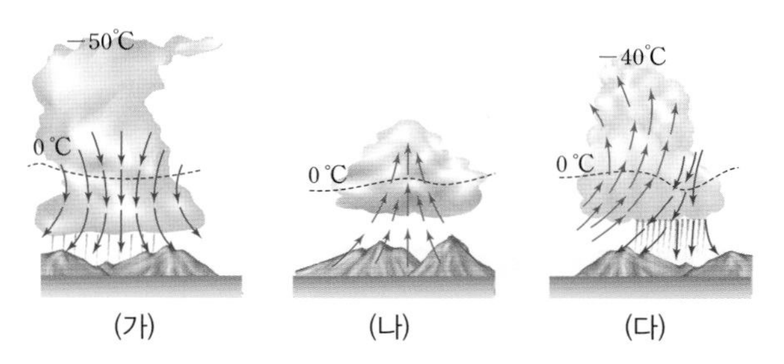

이에 대한 설명으로 옳은 것만을 <보기>에서 있는 대로 고른 것은?

보기
ㄱ. 강수량이 가장 많은 단계는 (가)이다.
ㄴ. 천둥과 번개는 (가)보다 (다)에서 자주 발생한다.
ㄷ. 뇌우가 소멸하는 단계는 (나)이다.

① ㄱ ② ㄴ ③ ㄱ, ㄷ
④ ㄴ, ㄷ ⑤ ㄱ, ㄴ, ㄷ

[8589-0235]
12 그림은 2009년에 발생한 낙뢰 현황을 월별로 나타낸 것이다.

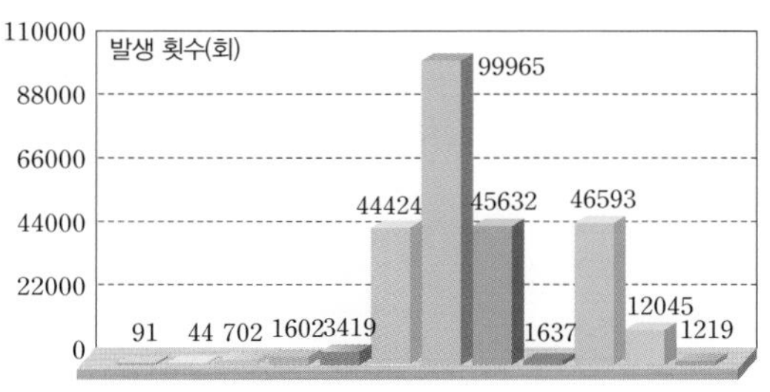

이에 대한 설명으로 옳은 것만을 <보기>에서 있는 대로 고른 것은?

보기
ㄱ. 낙뢰는 겨울철보다 여름철에 많이 발생한다.
ㄴ. 건물 등에 설치된 피뢰침은 낙뢰를 방지하기 위한 것이다.
ㄷ. 야외에서 낙뢰가 치면 키 큰 나무 밑으로 대피한다.

① ㄱ ② ㄷ ③ ㄱ, ㄴ
④ ㄴ, ㄷ ⑤ ㄱ, ㄴ, ㄷ

[8589-0236]
13 그림은 집중 호우로 인해 도로가 침수된 모습이다.

이에 대한 설명으로 옳은 것만을 〈보기〉에서 있는 대로 고른 것은?

보기
ㄱ. 강한 상승 기류에 의해 적란운이 형성될 때 잘 발생한다.
ㄴ. 천둥과 번개를 동반하는 경우가 많다.
ㄷ. 반지름 수백 km의 넓은 지역에서 일어난다.

① ㄱ ② ㄷ ③ ㄱ, ㄴ
④ ㄴ, ㄷ ⑤ ㄱ, ㄴ, ㄷ

[8589-0237]
14 그림은 최근 10년 동안 우리나라에 영향을 준 황사의 발원지와 이동 경로를 나타낸 것이다.

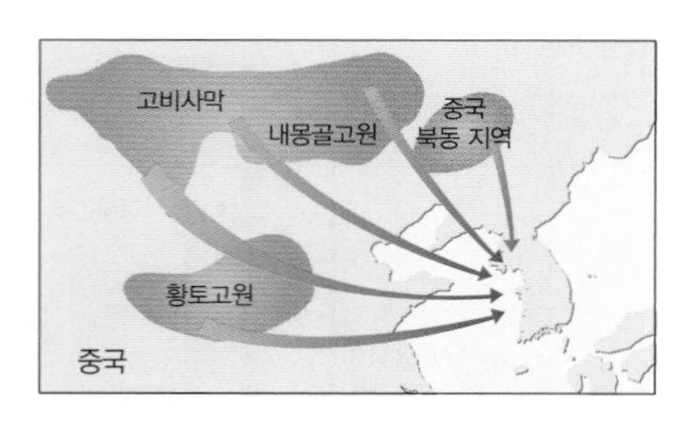

우리나라에서의 황사 현상에 대한 설명으로 옳은 것만을 〈보기〉에서 있는 대로 고른 것은?

보기
ㄱ. 주로 여름철에 발생한다.
ㄴ. 편서풍의 영향을 받는다.
ㄷ. 중국과 몽골의 사막화가 진행될수록 심해진다.
ㄹ. 황사는 산성비를 중화시키고 토양의 산성화를 방지하기도 한다.

① ㄱ, ㄴ ② ㄴ, ㄷ ③ ㄷ, ㄹ
④ ㄱ, ㄴ, ㄷ ⑤ ㄴ, ㄷ, ㄹ

[8589-0238]
15 그림은 강풍에 의한 피해 모습이다.

우리나라에서 강풍이 부는 주요 원인으로 옳은 것만을 〈보기〉에서 있는 대로 고른 것은?

보기
ㄱ. 겨울철 시베리아 고기압의 영향을 받아 계절풍이 강하게 불 때
ㄴ. 여름철 태풍에 따른 강한 바람이 불 때
ㄷ. 토네이도가 발생할 때

① ㄱ ② ㄷ ③ ㄱ, ㄴ
④ ㄴ, ㄷ ⑤ ㄱ, ㄴ, ㄷ

[8589-0239]
16 그림 (가)와 (나)는 서로 다른 두 계절의 전형적인 일기도를 나타낸 것이다.

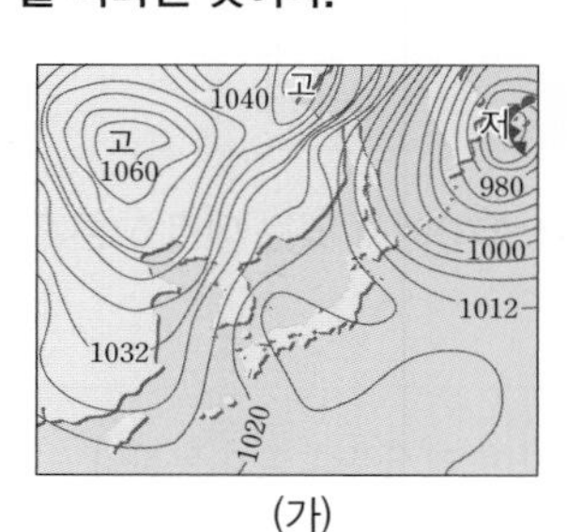

(가)

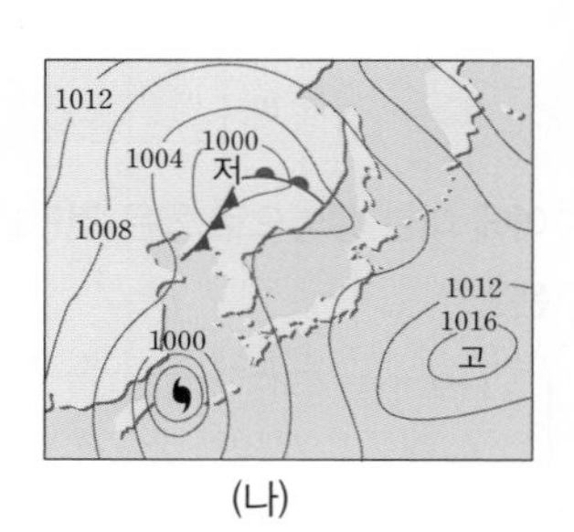

(나)

(가)와 (나)의 계절에 각각 우리나라에서 잘 나타나는 기상 현상을 다음에서 골라 쓰시오.

열대야 황사 한파와 폭설

신유형·수능 열기

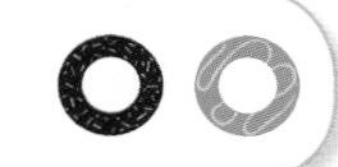

정답과 해설 45쪽

[8589-0240]

01 그림은 어느 해 우리나라를 통과한 태풍의 이동 경로를 나타낸 것이다.

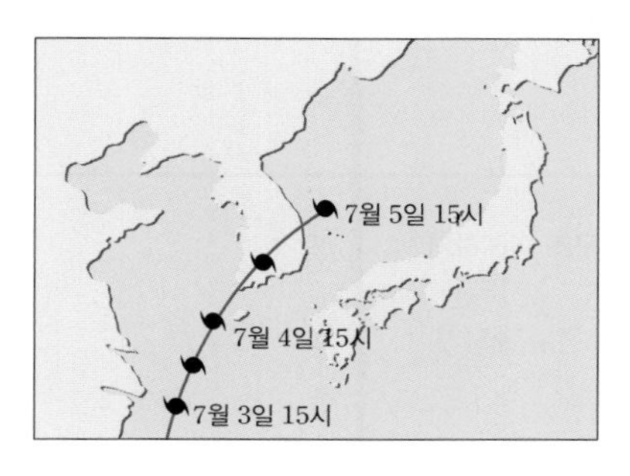

태풍이 이동함에 따라 발생하는 현상에 대한 설명으로 옳은 것만을 〈보기〉에서 있는 대로 고른 것은?

보기

ㄱ. 태풍이 육지에 상륙하면 지표 복사열을 공급받아 세력이 강해진다.

ㄴ. 7월 3일부터 5일 사이에 제주도의 풍향은 시계 방향으로 변하였다.

ㄷ. 태풍의 상륙 시간이 만조일 때와 겹치면 해안 지역의 침수 피해는 더 커진다.

① ㄱ ② ㄷ ③ ㄱ, ㄴ ④ ㄴ, ㄷ ⑤ ㄱ, ㄴ, ㄷ

[8589-0241]

02 그림은 우리나라 어느 지역에서 태풍이 지나가는 동안 측정한 풍향과 풍속 변화를 나타낸 것이다.

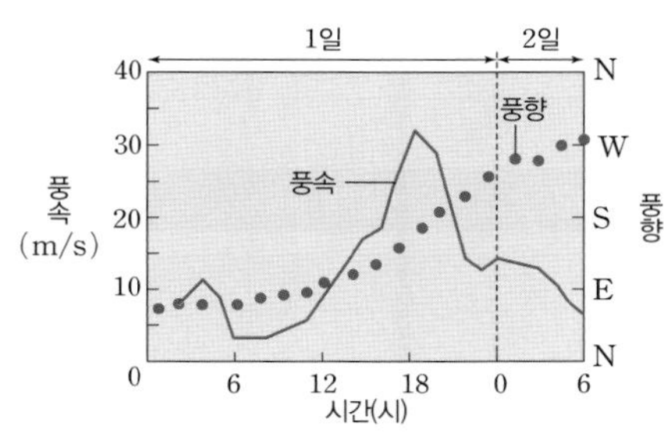

이에 대한 설명으로 옳은 것만을 〈보기〉에서 있는 대로 고른 것은?

보기

ㄱ. 1일 6시경 태풍은 관측 지역의 동쪽에 있다.

ㄴ. 관측 지점의 기압은 1일 18시경에 가장 높았다.

ㄷ. 이 지역은 태풍 진행 경로의 오른쪽에 위치하였다.

① ㄱ ② ㄷ ③ ㄱ, ㄴ ④ ㄴ, ㄷ ⑤ ㄱ, ㄴ, ㄷ

[8589-0242]

03 그림 (가), (나), (다)는 뇌우의 일생을 순서대로 나타낸 것이다.

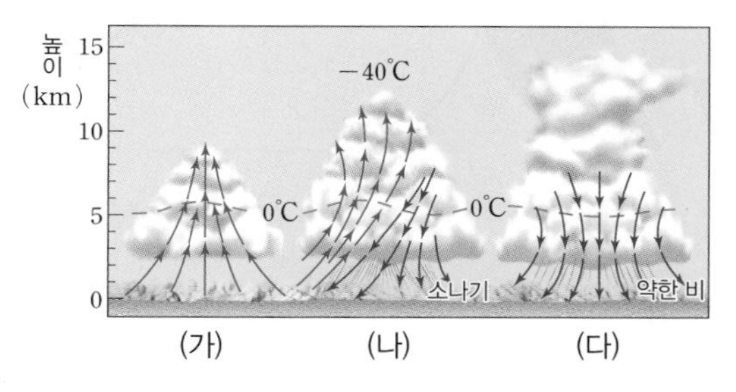

이에 대한 설명으로 옳은 것만을 〈보기〉에서 있는 대로 고른 것은?

보기

ㄱ. (가)와 같은 공기의 연직 운동은 대기가 안정할 때 잘 일어난다.

ㄴ. 천둥과 번개는 주로 (나) 단계에서 나타난다.

ㄷ. 강수 현상은 (가)보다 (다)에서 잘 일어난다.

① ㄱ ② ㄷ ③ ㄱ, ㄴ
④ ㄴ, ㄷ ⑤ ㄱ, ㄴ, ㄷ

[8589-0243]

04 그림은 어느 해 있었던 집중 호우에 의한 피해 모습이다.

이에 대한 설명으로 옳은 것만을 〈보기〉에서 있는 대로 고른 것은?

보기

ㄱ. 집중 호우의 지속 시간은 수십 분에서 수 시간 정도이다.

ㄴ. 보통 반경 수백 km의 범위에서 집중 호우가 내려 많은 지역이 침수된다.

ㄷ. 강한 상승 기류에 의해 형성되는 적란운에서 발생되며 천둥이나 번개를 동반하기도 한다.

① ㄱ ② ㄷ ③ ㄱ, ㄴ
④ ㄱ, ㄷ ⑤ ㄴ, ㄷ

9 해수의 성질

- 깊이에 따른 수온 분포를 기준으로 나눈 해수의 층상 구조 이해하기
- 표층 해수의 염분 변화에 영향을 주는 요인 파악하기
- 수온과 염분에 따라 달라지는 해수의 밀도와 용존 산소량 이해하기

한눈에 단원 파악, 이것이 핵심!

해수의 온도와 용존 산소량 사이에는 어떤 관계가 있을까?

해수의 온도

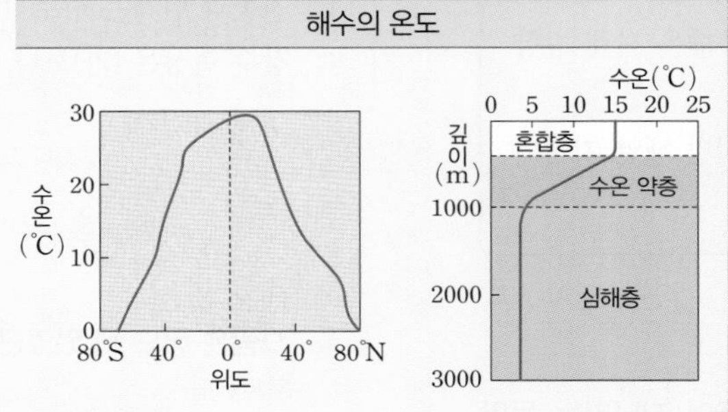

- 위도별 표층 수온 분포 : 일사량이 많은 저위도로 갈수록 표층 수온이 높아진다.
- 연직 수온 분포 : 바람의 혼합 작용으로 생긴 혼합층, 대류 현상이 억제된 수온 약층, 수온이 연중 일정한 심해층이 있다.

용존 산소량

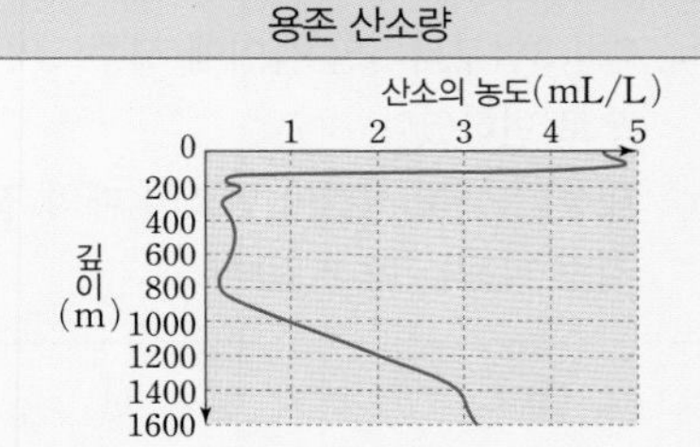

- 수온이 낮을수록 용존 산소량이 많다.
- 식물성 플랑크톤의 광합성과 대기로부터의 산소 공급으로 인해 해수 표층에서 용존 산소량에 가장 많다.
- 심해에서는 극지방에서 침강한 찬 해수로 인해 용존 산소량이 약간 높게 나타난다.

해수의 염분과 밀도 사이에는 어떤 관계가 있을까?

해수의 표층 염분

위도별 (증발량－강수량) 및 염분 분포

- 해수의 표층 염분 분포는 (증발량－강수량)의 분포와 거의 일치한다.
- 중위도 해역은 염분이 높고, 저위도 해역과 고위도 해역은 염분이 낮다.

해수의 밀도

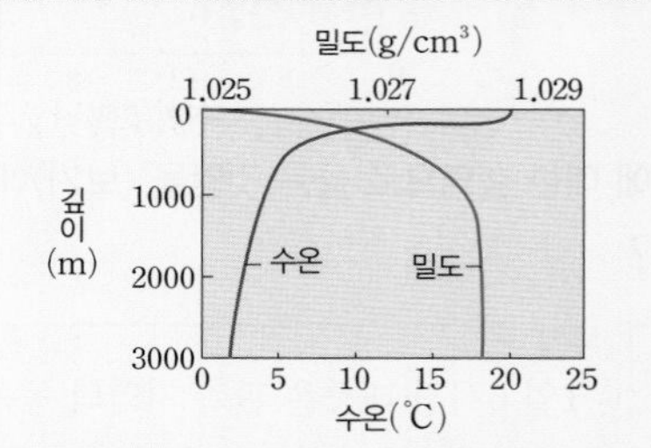

- 해수의 밀도는 수온과 염분에 따라 다르며, 수심이 깊어질수록 밀도가 증가한다.
- 저위도에서 고위도로 갈수록 표층 수온이 낮아지므로 표층 해수의 밀도는 증가한다.

01 해수의 온도와 용존 산소량

1 표층 수온의 분포

(1) 표층 수온에 영향을 주는 요인

① 태양 복사 에너지 : 표층 수온의 주된 변화 요인으로, 적도에서 가장 많고 고위도로 갈수록 적어진다. ➡ 적도 부근에서 표층 수온이 가장 높고, 고위도로 갈수록 낮아진다.

② 대륙의 분포 : 대륙은 ❶비열이 작아서 해양보다 빨리 데워지고, 빨리 식는다. ➡ 육지가 많은 북반구의 표층 수온이 육지가 비교적 적은 남반구보다 높다.

③ 해류의 영향 : ❷난류가 흐르는 해역의 수온은 높고, ❸한류가 흐르는 해역의 수온은 낮다.

(2) 표층 수온의 위도별 분포 : 주로 태양 복사 에너지의 영향으로 적도 지방에서는 약 30 ℃, 고위도로 갈수록 수온이 낮아져 극지방에서는 −2 ℃까지 나타난다.

① 등수온선은 대체로 위도와 나란하게 나타난다.

② 등수온선이 위도와 나란하지 않은 곳은 해류나 용승의 영향을 받는 곳이다.

③ 아열대 해양에서는 해류의 영향으로 동쪽 연안보다 서쪽 연안에서 수온이 높다.

④ 계절에 따른 수온 변화의 폭은 연안보다 대양의 중심부에서 작다.

⑤ 표층 해수의 수온 분포는 부근 지역의 기후에 영향을 미친다.

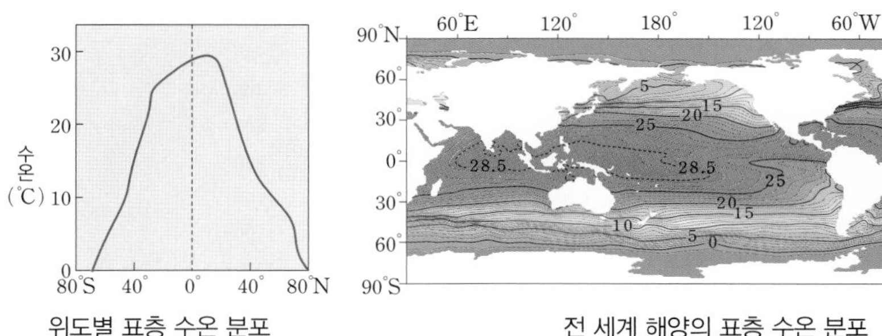

위도별 표층 수온 분포 전 세계 해양의 표층 수온 분포

2 수온의 연직 분포

(1) 수온의 연직 분포

구분	특징
혼합층	• 바람에 의해 혼합되어 깊이에 관계없이 수온이 일정한 층 • 바람의 세기가 강할수록 혼합층의 두께가 두꺼워진다.
수온 약층	• 수심이 깊어짐에 따라 수온이 급격하게 낮아지는 층 • 해수의 연직 혼합이 일어나지 않는 안정한 층으로, 혼합층과 심해층 사이의 물질과 에너지 교환을 차단한다.
❹심해층	• 수온이 낮고, 수심에 따른 수온 변화가 거의 없는 층 • 위도나 계절에 관계없이 수온이 거의 일정하다.

수온(℃) 0 5 10 15 20 25 / 깊이(m) 1000 2000 3000 / 혼합층 / 수온 약층 / 심해층

(2) 위도별 해양의 층상 구조

① 혼합층의 두께는 바람이 약한 저위도 지방보다 바람이 강한 중위도 지방에서 두껍다.

② 수온 약층의 깊이는 중위도 지방에서 가장 깊게 나타난다.

③ 위도 60° 이상의 고위도 지방에서는 혼합층과 수온 약층이 나타나지 않는다.

THE 알기

❶ 비열
질량이 1 g인 물체의 온도를 1℃ 높이는 데 필요한 열량

❷ 난류
저위도에서 고위도로 흐르는 따뜻한 해수의 흐름으로, 아열대 해양의 서쪽 연안에 주로 형성되어 있다.

❸ 한류
고위도에서 저위도로 흐르는 찬 해수의 흐름으로, 아열대 해양의 동쪽 연안에 주로 형성되어 있다.

❹ 심해층의 수온이 연중 일정한 까닭
해수면에 도달한 전체 태양 복사 에너지 중에서 수심 1 m 이내에 약 50 %가, 수심 10 m 이내에 약 85 %가, 수심 100 m 이내에는 약 98 %가 흡수된다. 즉, 수심 200 m 이상의 깊은 바다 속에 위치한 심해층 해수는 태양 복사 에너지를 거의 흡수할 수 없다. 따라서 심해층의 수온은 연중 일정한 것이다.

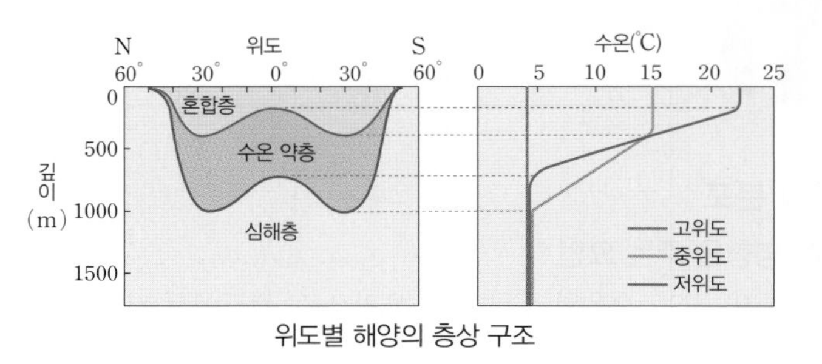

위도별 해양의 층상 구조

THE 알기

❶ 기체의 용해도
물의 온도가 높을수록 커피나 설탕이 잘 녹는 것처럼 고체의 용해도는 물의 온도가 높을수록 커진다. 반면에 찬 탄산 음료에는 이산화 탄소가 많이 녹아 있어 톡 쏘는 맛이 강하듯이 기체의 용해도는 물의 온도가 낮을수록 커진다. 따라서 해양 생물의 생존에 매우 큰 영향을 미치는 용존 산소량은 수온이 낮을수록 많다.

❷ 심층 순환
심층 순환이란 깊은 바다 속의 해수가 쉬지 않고 계속 돌아가는 현상을 말한다. 즉, 극지방에서 가라앉은 해수가 심층수를 이루고, 심층수는 표층 해수와 컨베이어 벨트처럼 연결되어 다시 극지방으로 되돌아가는 과정이 반복되는데, 이러한 해수의 순환을 심층 순환이라 한다.

3 용존 산소량

(1) 해수의 ❶용존 기체 : 해수 중에는 CO_2, O_2, N_2 등의 기체가 녹아 있으며, 수온이 낮을수록 이러한 기체가 잘 녹는다. 용존 기체는 바닷속 생물의 생존에 매우 중요한 역할을 한다.

(2) 용존 산소량 : 물속에 녹아 있는 산소의 양으로, 수온이 낮을수록 용존 산소량이 많다.

① 저위도에서 고위도로 이동하는 난류 : 용존 산소량이 적다.

② 고위도에서 저위도로 이동하는 한류 : 용존 산소량이 많다.

(3) 위도별 용존 산소량 : 적도에서 고위도로 갈수록 해수의 용존 산소량이 증가하는 경향을 보인다.

(4) 수심에 따른 용존 산소량

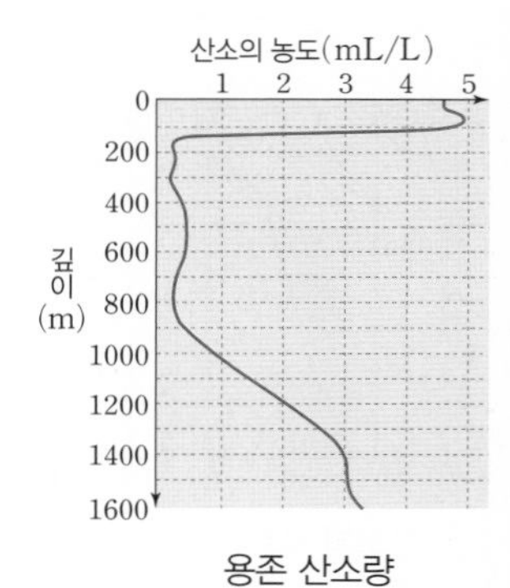

용존 산소량

① 표층 : 수심 약 100 m까지의 해수에는 대기 중의 산소가 직접 녹아 들어가고, 식물성 플랑크톤의 광합성이 활발하게 일어나기 때문에 용존 산소량이 가장 많다. ➡ 빛이 도달할 수 있는 최고 깊이인 100 m 정도까지 용존 산소량이 많게 나타난다.

② 중층 : 수심 약 150 m ~ 800 m 정도의 깊이에서는 광합성에 의해 공급되는 산소가 거의 없지만 동 · 식물의 호흡이나 유기물의 분해 등으로 용존 산소는 급격히 감소해 매우 적은 값을 나타낸다.

③ ❷심층 : 수심 약 1000 m 이상에서는 용존 산소가 풍부한 극지방의 찬 해수가 오랜 세월을 두고 가라앉아 형성된 심해층이 분포하고 있어 용존 산소량이 많다. 여기에는 플랑크톤의 먹이가 되는 영양 염류도 풍부하기 때문에 용승류 등에 의해 이 지역의 물이 상승하게 되면 용존 산소와 영양 염류가 풍부해 좋은 어장을 형성하게 된다.

THE 들여다보기 용존 이산화 탄소량

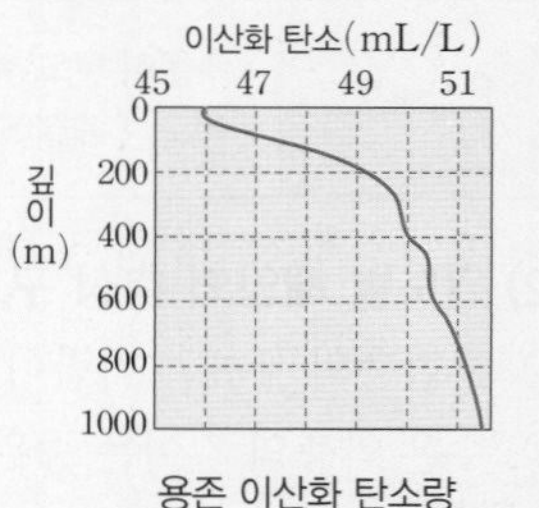

용존 이산화 탄소량

- 해수에 녹아 있는 기체는 이산화 탄소 > 질소 > 산소 등의 순서이며, 이산화 탄소는 대기의 60 배 정도로 가장 많이 녹아 있다.
- 이산화 탄소는 산소보다 기체의 용해도가 크므로 용존 이산화 탄소량은 용존 산소량보다 전체적으로 많다.
- 해수 표층에서는 광합성 때문에 용존 이산화 탄소량이 적지만 수심이 깊어질수록 증가한다.
- 심해에서는 광합성이 일어나지 않고 동물의 호흡으로 이산화 탄소가 누적되며, 수심이 깊어질수록 수온이 낮아지고 수압이 높아지므로 이산화 탄소의 용해도가 증가한다.

개념체크

○X 문제

1. 다음 설명 중 옳은 것은 ○, 옳지 않은 것은 ×로 표시하시오.

(1) 태양 복사 에너지가 많이 도달하는 저위도에서는 해수의 표층 수온이 높고, 고위도에서는 낮다. ( )

(2) 육지의 비율이 높은 북반구가 남반구보다 해수의 표층 수온이 낮다. ( )

(3) 혼합층의 두께는 바람이 강할수록 두꺼워진다. ( )

(4) 표층 수온이 낮은 해역일수록 수온 약층이 뚜렷하게 발달한다. ( )

(5) 기체의 용해도는 수온이 낮을수록 증가하므로 용존 산소량은 난류보다는 한류에서 많다. ( )

단답형 문제

2. 그림은 해수의 깊이에 따른 수온 분포를 나타낸 것이다. 각 설명에 해당하는 층의 기호를 쓰시오.

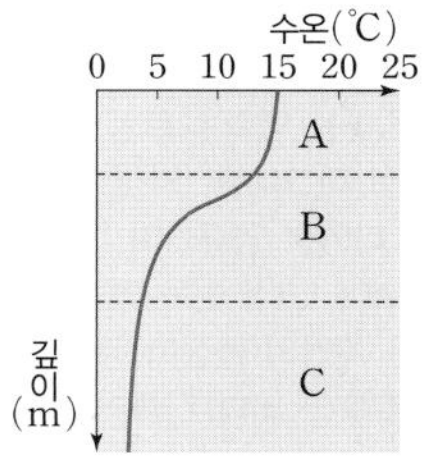

(1) 바람이 강하게 불수록 두께가 두꺼워지는 층 ( )

(2) 가장 안정한 층 ( )

(3) 계절에 따른 수온 변화가 가장 큰 층 ( )

(4) 계절에 따른 수온 변화가 가장 작은 층 ( )

3. 중위도 해역에서 흐르고 있는 한류와 난류의 용존 산소량을 비교하여 부등호로 표시하시오.

정답 1. (1) ○ (2) × (3) ○ (4) × (5) ○ 2. (1) A (2) B (3) A (4) C 3. 난류 < 한류

빈칸 완성

1. 해수의 표층 수온을 결정하는 가장 중요한 요인은 ( ) 에너지이다.

2. 아열대 해역에서 해양의 동쪽이 서쪽에 비해 온도가 낮은 것은 동쪽 해안을 따라 ( )가 흐르기 때문이다.

3. 해수에서 아래로 갈수록 수온이 급격히 낮아져 매우 안정한 층을 ( )이라고 한다.

4. 일반적으로 적도에서 고위도로 갈수록 해수의 용존 산소량이 ( )하는 경향이 있다.

5. 해수의 용존 산소량이 표층에서 많은 이유는 대기로부터의 산소 공급과 식물성 플랑크톤의 ( ) 때문이다.

6. 수심 약 150～800 m 깊이에서 용존 산소량이 급격히 감소하는 이유는 ( )이나 유기물의 분해 등으로 산소가 소모되기 때문이다.

7. 심해층에서 용존 산소량이 증가하는 것은 ( )지방에서 침강한 차가운 심층수 때문이다.

선다형 문제

8. 해수의 수온 약층에 대한 설명으로 옳은 것은?

① 깊이에 따른 수온 변화가 거의 없고, 안정한 상태이다.
② 깊이에 따른 수온 변화가 거의 없고, 불안정한 상태이다.
③ 수심이 깊어질수록 수온이 급격히 낮아지며, 안정한 상태이다.
④ 수심이 깊어질수록 수온이 급격히 높아지며, 안정한 상태이다.
⑤ 수심이 깊어질수록 수온이 급격히 낮아지며, 불안정한 상태이다.

9. 적도 해역에서 북극을 향해 움직이면서 각 해역에서 표층 해수의 용존 산소량을 측정하였다고 할 때, 다음의 여러 해역 중 용존 산소량이 가장 많을 것으로 예상되는 곳은?(단, 생물에 의한 용존 산소의 소비는 무시한다.)

① 10°N 해역 ② 30°N 해역 ③ 50°N 해역
④ 60°N 해역 ⑤ 70°N 해역

정답 1. 태양 복사 2. 한류 3. 수온 약층 4. 증가 5. 광합성 6. 동 · 식물의 호흡 7. 극(고위도) 8. ③ 9. ⑤

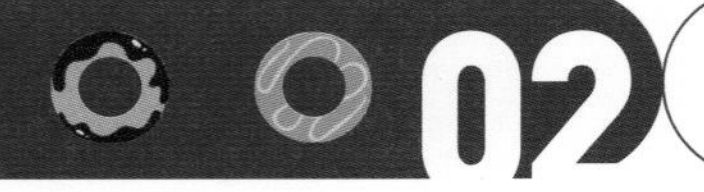

02 해수의 염분과 밀도

1 해수의 염분

(1) 염분 : 해수 1 kg 속에 녹아 있는 [1]염류의 양을 g 수로 나타낸 것을 염분이라고 하며, 염분의 단위는 [2]psu를 사용한다. 전 세계 해수의 평균 염분은 약 35 psu이지만 강수량과 증발량, 강물의 유입, 해수의 결빙, 빙하의 융해 등에 의해 해역별로 해수의 염분이 달라진다.

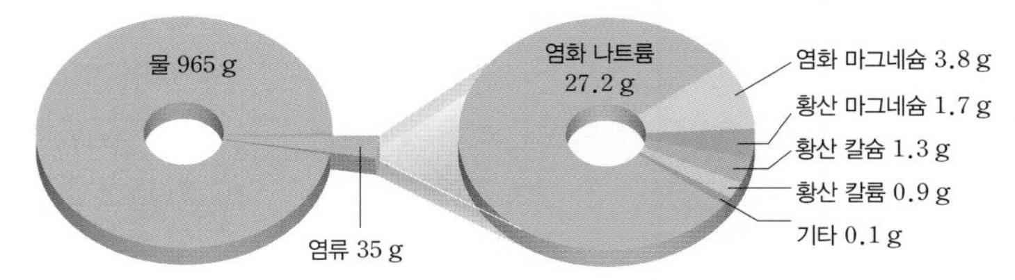

염분이 35 psu일 때 염류의 구성(바닷물 1000 g 기준)

(2) 염분비 일정 법칙 : 염분은 장소나 계절에 따라 다르지만 염류들 상호 간의 비율은 항상 일정하다. 따라서 염류 중 한 가지 성분의 양만 알면 염분을 구할 수 있다.

(3) 표층 염분의 변화 : 표층 염분에 가장 큰 영향을 주는 요인은 증발량과 강수량이다. ➡ 표층 염분은 (증발량−강수량) 값에 비례한다.

① 염분의 증가 요인 : 증발, 극지방에서 일어나는 해수의 결빙

② 염분의 감소 요인 : 강수, 육지로부터 담수의 유입, 극지방에서 일어나는 해빙

(4) [3]표층 염분의 위도별 분포 : 위도별 표층 염분 분포는 위도별 (증발량−강수량) 값과 유사한 양상을 나타낸다. ➡ 증발량이 많고 강수량이 적은 중위도 고압대의 해양에서 표층 염분이 가장 높게 나타난다.

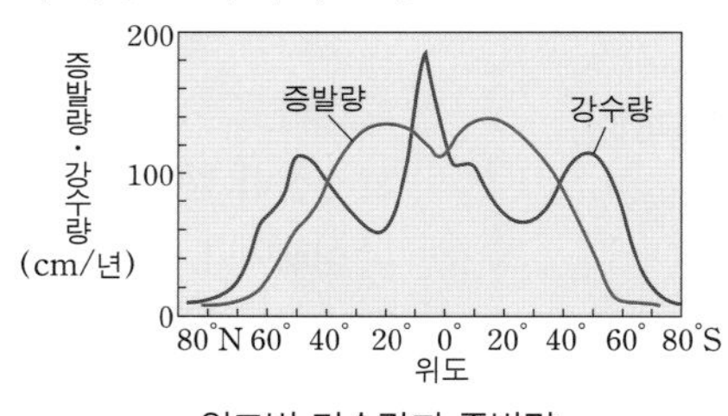

위도별 강수량과 증발량

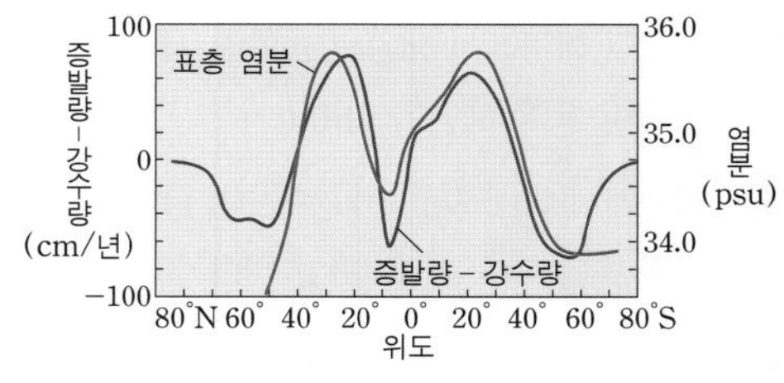

표층 염분의 분포

THE 알기

[1] 염류
해수 중에는 염화 나트륨 이외에도 염화 마그네슘, 황산 마그네슘 등 다양한 염류들이 이온 형태로 녹아 있다. 이들 염류의 대부분은 지각의 물질이 강물이나 빗물에 녹아 바다로 흘러들어간 것이며, 일부는 해저 화산 활동이나 대기로부터 공급된 원소들이다.

[2] 염분의 단위 psu
염분은 수십 년 동안 천분율인 퍼밀(‰)을 사용했으나 현재는 psu를 사용한다. psu는 액체의 전기 전도도를 측정한 단위이다. 전기 전도도와 염분 사이에는 일정한 관계가 있으므로 전기 전도도를 이용하면 해수의 성분을 분석하지 않아도 염분을 알아낼 수 있다.

[3] 표층 염분의 위도별 분포

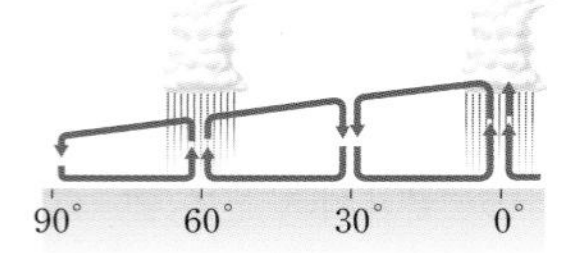

중위도 지역(위도 30° 부근)은 고압대가 형성되어 있어서 염분이 높고, 적도 지역(위도 0°)과 한대 전선대 부근(위도 60° 부근)은 저압대가 형성되어 있어서 강수량이 많기 때문에 염분이 낮다.

THE 들여다보기 밀도 약층

- 일반적으로 해수의 밀도는 수온이 낮아지거나, 염분이 높아질 때 증가한다. 그런데 수온에 의한 밀도 변화가 염분에 의한 밀도 변화보다 크다.
- 깊이에 따라 밀도가 급격히 증가하는 층을 밀도 약층이라고 한다. 밀도 약층에서 밀도가 급격하게 증가하는 이유는 주로 수온이 급격하게 낮아지기 때문이며, 밀도 약층은 대체로 수온 약층과 일치한다.

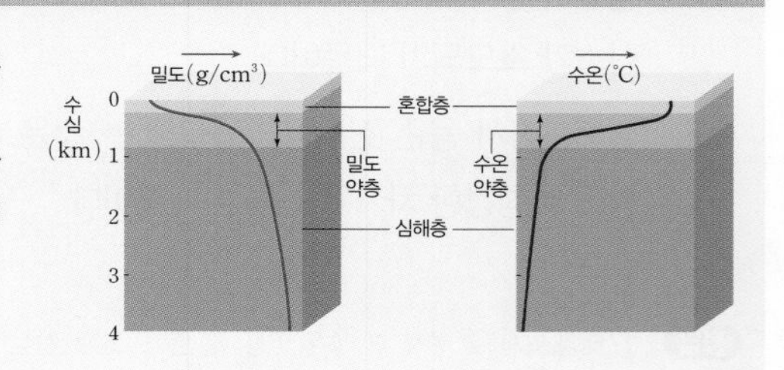

① 적도 지방은 대기 대순환에서 저기압대가 위치하므로 강수량이 많아 표층 염분이 중위도 지방보다 낮다.

② 극지방은 기온이 낮아 증발량이 적고 빙하가 융해되어 표층 염분이 낮다. 하지만 결빙이 일어나는 지역에서는 표층 염분이 높게 나타난다.

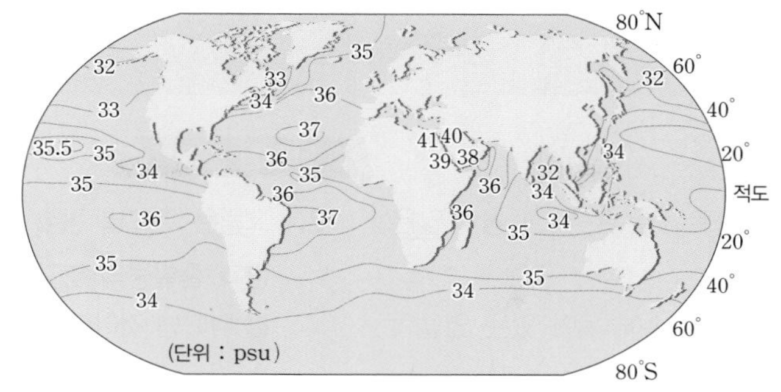

전 세계 해양의 표층 염분 분포

③ 육지에서 담수가 흘러나오는 연안보다는 대양의 중심부에서 표층 염분이 높다.

④ 대서양이 태평양보다 대체로 표층 염분이 높다.

2 해수의 밀도

(1) 해수의 밀도 : 수온이 낮을수록, 염분이 높을수록, 수압이 높을수록 해수의 밀도는 커진다. 일반적으로 해수의 밀도에 가장 큰 영향을 미치는 변수는 수온이며, 해수의 밀도는 심층 순환과 같은 해수의 연직 순환을 일으키는 원인이 된다.

(2) 해수의 밀도 분포 : 해수의 밀도는 약 $1.025 \sim 1.028 \text{ g/cm}^3$로 순수한 물보다 약간 높다.

① 해수 밀도의 수평 분포

- 적도 지역 : 수온이 높고, 염분이 낮아 밀도가 가장 작은 곳이다.
- 고위도 지역 : 위도가 높아질수록 수온이 낮아지므로 밀도가 커지는 경향을 나타내는데, 북반구에서는 위도 50°~60°에서 최댓값을 보이다가 한대 전선대 부근부터 북극으로 접근할수록 밀도가 작아지는 경향을 보인다.
- 북극 부근은 염분이 낮은 해수가 분포하기 때문에 남극 부근의 해수보다 밀도가 작은 값을 나타낸다.

위도별 표층 해수의 온도와 밀도

② [1]해수 밀도의 연직 분포 : 모든 유체는 항상 밀도가 큰 것이 작은 것보다 아래에 놓이게 되는데 해수의 연직 분포도 마찬가지로 아래로 갈수록 밀도가 큰 해수들이 분포하고 있다. 이는 수심이 깊어질수록 온도가 낮아지므로 밀도는 반대로 수심이 깊어질수록 증가한다고 볼 수 있다.

❶ 해수 밀도의 연직 분포

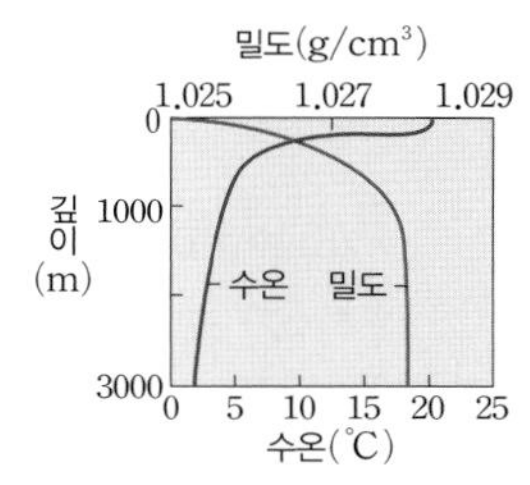

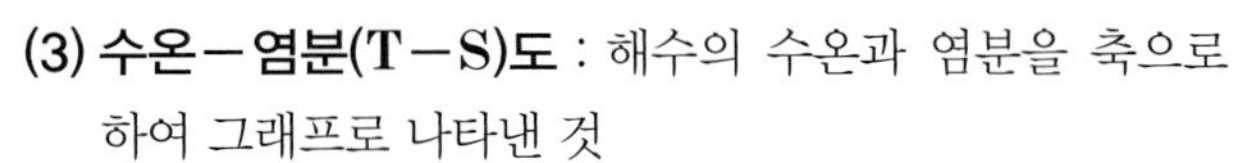

(3) 수온-염분(T-S)도 : 해수의 수온과 염분을 축으로 하여 그래프로 나타낸 것

① 같은 등밀도선 위에 놓인 두 점은 수온과 염분이 다르더라도 밀도가 같은 해수를 의미한다.

② [2]수온-염분도에서 해수의 밀도를 찾는 방법 : 먼저 주어진 수온과 염분이 만나는 점을 찾은 후, 그 점과 만나는 등밀도선의 값을 읽는다.

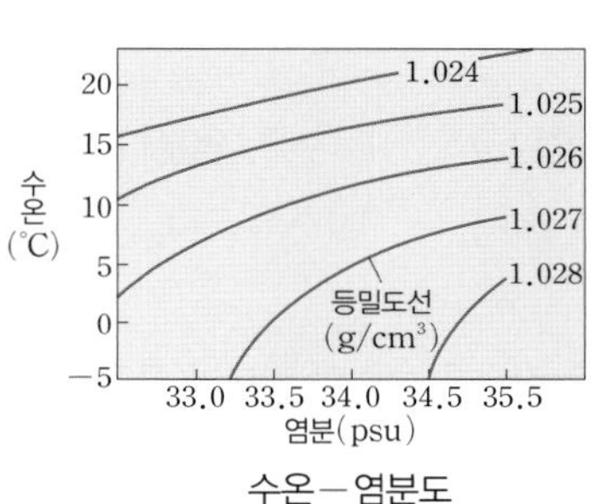

수온-염분도

❷ 수온 - 염분도 보는 요령

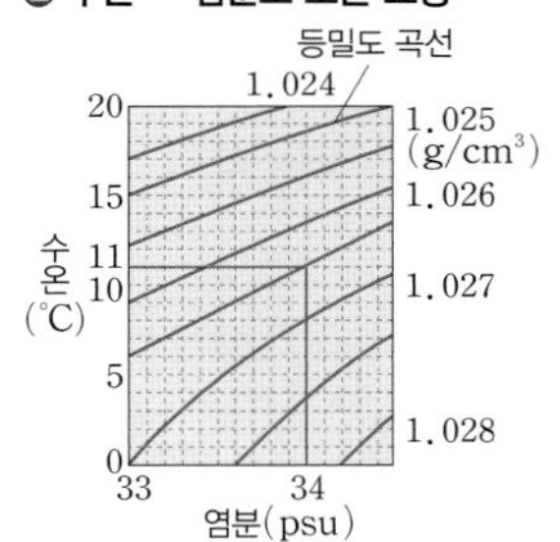

염분이 34 psu이고, 수온이 11 ℃인 해수의 밀도는 1.026 g/cm^3이다.

개념체크

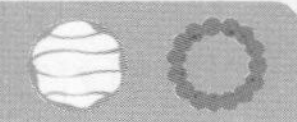

○X 문제

1. 해수의 염분에 대한 설명으로 옳은 것은 ○, 옳지 않은 것은 ×로 표시하시오.

(1) 해수의 염분은 해수 1 kg 속에 녹아 있는 염류의 총량을 g수로 나타낸 것이다. (　　)

(2) 장소와 계절에 따라 해수의 염분은 달라지더라도 염류 상호 간의 비는 일정하다. (　　)

(3) 해수의 표층 염분에 가장 큰 영향을 주는 요인은 해수의 결빙이다. (　　)

(4) 염분이 같은 표층의 한류는 난류보다 밀도가 크다. (　　)

(5) 수온이 같은 표층의 해수는 염분이 높을수록 밀도가 크다. (　　)

단답형 문제

2. 그림은 위도별 강수량과 증발량의 분포를 나타낸 것이다. A~E 해역 중에서 표층 염분이 가장 높게 나타날 것으로 예상되는 곳을 쓰시오.

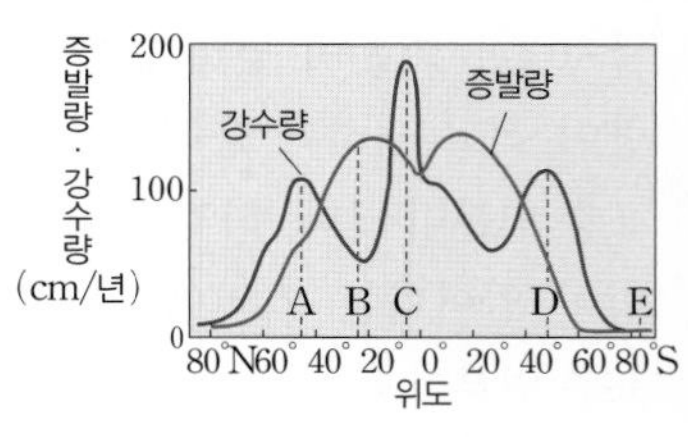

3. 표층 해수의 염분을 증가시키는 요인만을 <보기>에서 있는 대로 고르시오.

> **보기**
> ㄱ. 강수량 증가　ㄴ. 증발량 증가　ㄷ. 해수의 결빙
> ㄹ. 빙하의 해빙　ㅁ. 하천수의 유입

4. 해수의 층상 구조를 혼합층, 수온 약층, 심해층으로 구분할 때 수심에 따른 밀도의 변화가 가장 심한 해수층을 쓰시오.

정답 1. (1) ○ (2) ○ (3) × (4) ○ (5) ○ 2. B 해역 3. ㄴ, ㄷ 4. 수온 약층

빈칸 완성

1. 중위도 지역은 증발량이 ① (　　　), 강수량이 ② (　　　)서 표층 염분이 ③ (　　　) 나타난다.

2. 육지에서 하천수가 흘러나오는 연안은 대양의 중심부보다 표층 염분이 (　　　)다.

3. 극지방에서 결빙이 일어나면 표층 해수의 염분은 (　　　)진다.

4. 해수의 밀도는 수온이 ① (　　　)을수록, 염분이 ② (　　　)을수록, 수압이 ③ (　　　)을수록 크다.

5. 수온 약층에서는 아래로 갈수록 해수의 밀도가 급격히 (　　　)진다.

선다형 문제

6. 다음 중 해수의 표층 염분이 가장 낮게 나타나는 곳은?

① 건조한 기후 지역의 바다
② 강물이 많이 유입되는 바다
③ 해수의 결빙이 일어나는 바다
④ 증발량이 강수량보다 많은 바다
⑤ 해수의 순환이 잘 일어나지 않는 바다

7. 그림은 수온-염분도를 나타낸 것이다. 어느 해역에서 채취한 해수의 수온과 염분이 각각 16 ℃, 34 psu이면, 이 해수의 밀도는?

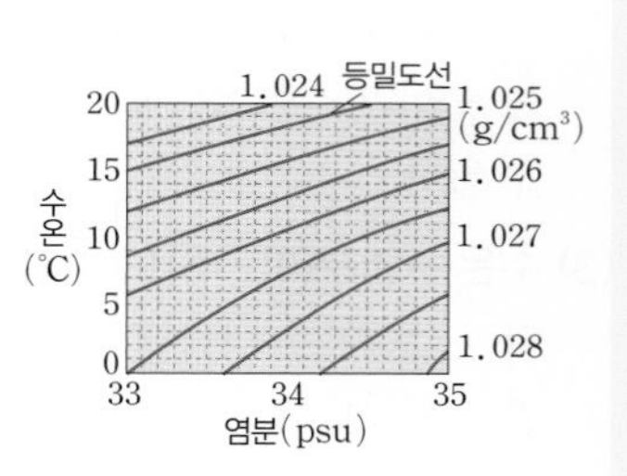

① 1.024 g/cm³　② 1.025 g/cm³
③ 1.026 g/cm³　④ 1.027 g/cm³
⑤ 1.028 g/cm³

정답 1. ① 많고 ② 적어 ③ 높게 2. 낮 3. 높아 4. ① 낮 ② 높 ③ 높 5. 커 6. ② 7. ②

탐구 활동 우리나라 주변 바다의 수온과 염분 분포

정답과 해설 46쪽

목표

우리나라 주변 바다의 관측 자료로부터 수온과 염분 분포의 특징을 설명할 수 있다.

과정

그림은 겨울(2월)과 여름(8월) 우리나라 주변 해수의 수온과 염분 분포를 나타낸 것이다.

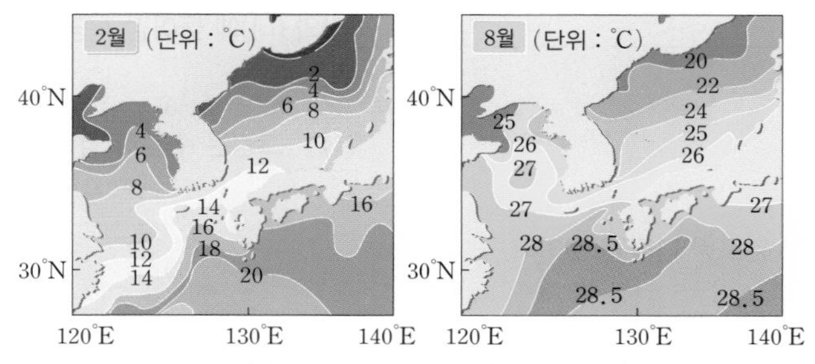

우리나라 주변 해수의 표층 수온 분포

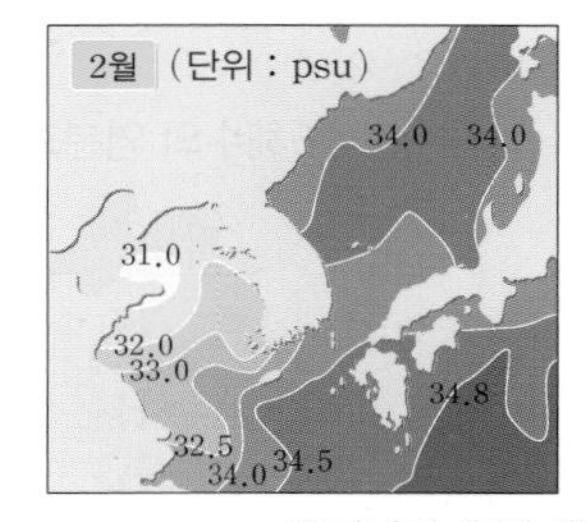

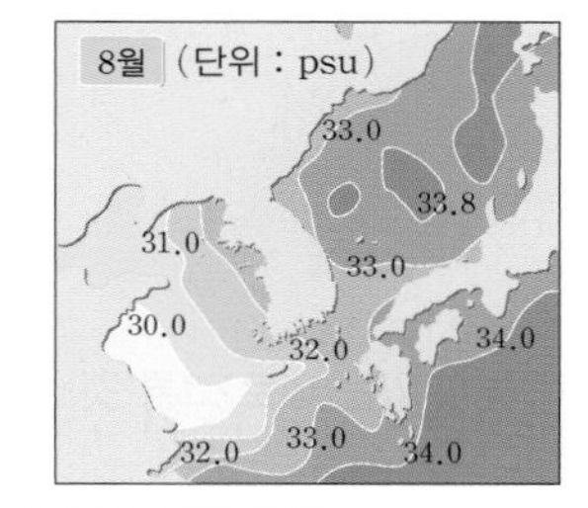

우리나라 주변 해수의 표층 염분 분포

1. 황해와 동해 중 수온의 연교차가 더 큰 곳을 쓰시오.
2. 겨울(2월)과 여름(8월) 중 남북 간 수온 차가 더 큰 때는 언제인지 쓰시오.
3. 황해와 동해 중 표층 염분이 낮은 곳은 어디인지 쓰시오.
4. 겨울(2월)과 여름(8월) 중 표층 염분이 더 낮은 때는 언제인지 쓰시오.

결과 정리 및 해석

1. 수온의 연교차는 황해는 약 20 ℃, 동해는 약 15 ℃이므로 황해가 동해보다 수온의 연교차가 크다.
2. 여름보다 겨울에 남북 간 수온 차가 크다.
3. 황해의 표층 염분은 평균 약 32 psu이고, 동해의 표층 염분은 평균 약 33 psu이므로 황해가 동해보다 표층 염분이 낮다.
4. 강수량이 많은 여름철이 겨울철보다 표층 염분이 낮다.

탐구 분석

1. 황해가 동해보다 수온의 연교차가 더 큰 이유는 무엇인가?
2. 우리나라 해수의 염분이 동해보다 황해에서 더 낮게 나타나는 이유는 무엇인가?

내신 기초 문제

정답과 해설 46쪽

[8589-0244]

01 혼합층에 대한 설명으로 옳은 것만을 〈보기〉에서 있는 대로 고르시오.

보기
ㄱ. 계절의 영향을 적게 받는다.
ㄴ. 바람이 강한 지역에서 잘 발달한다.
ㄷ. 중위도 지역에서 가장 두껍게 나타난다.

[8589-0245]

02 그림은 어느 해역의 연직 수온 분포를 나타낸 것이다.

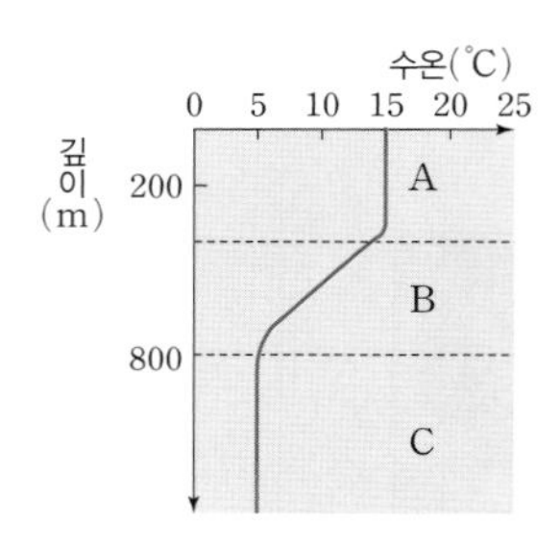

이에 대한 설명으로 옳은 것만을 〈보기〉에서 있는 대로 고른 것은?

보기
ㄱ. A층에서 태양 복사 에너지가 대부분 흡수된다.
ㄴ. B층은 바람이 강할수록 깊은 곳에 발달한다.
ㄷ. C층은 바람에 의한 혼합 작용으로 수온이 일정하다.

① ㄱ ② ㄷ ③ ㄱ, ㄴ ④ ㄴ, ㄷ ⑤ ㄱ, ㄴ, ㄷ

[8589-0246]

03 그림은 수심에 따른 용존 산소량을 나타낸 것이다. 표층 해수에서 용존 산소량이 많아진 까닭으로 가장 적당한 것은?

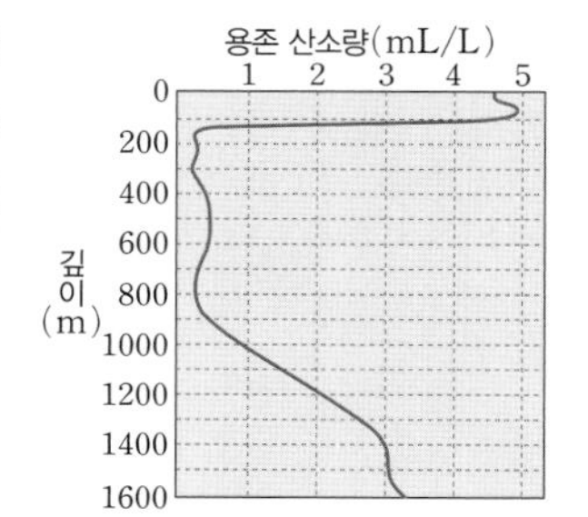

① 식물성 플랑크톤 때문이다.
② 생물의 호흡 활동 때문이다.
③ 유기 물질의 분해 때문이다.
④ 화산 가스가 녹기 때문이다.
⑤ 많은 수의 양식장 때문이다.

[8589-0247]

04 표는 염분이 35 psu인 평균 해수 1 kg에 포함되어 있는 염류의 함량을 분석한 자료이다.

염류	염화 나트륨	염화 마그네슘	황산 마그네슘	황산 칼슘	황산 칼륨	기타	계
함량(g)	(가)	3.81	1.66	1.26	0.86	0.20	(나)

(가)와 (나)에 들어갈 적당한 값을 쓰시오.

[8589-0248]

05 그림은 수온과 염분 및 밀도의 관계를 나타낸 것이다.

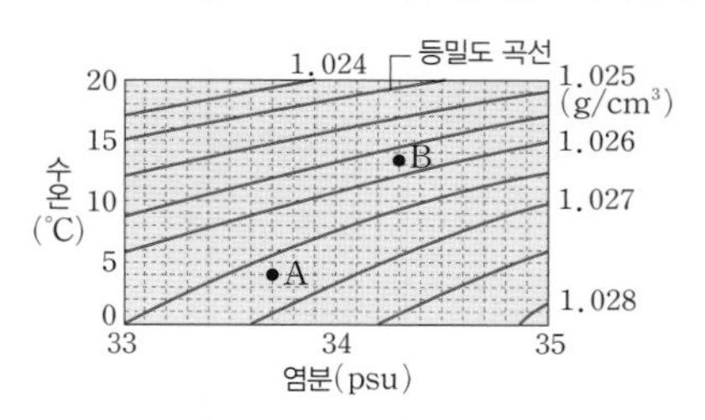

A 해수와 B 해수의 염분과 밀도를 옳게 비교한 것은?

	염분	밀도		염분	밀도
①	A>B	A>B	②	A>B	A<B
③	A<B	A>B	④	A<B	A<B
⑤	A<B	A=B			

[8589-0249]

06 중위도 해역과 고위도 해역 해수의 물리량을 비교할 때, 중위도 해역에서 더 큰 값을 갖는 것만을 〈보기〉에서 있는 대로 고른 것은?

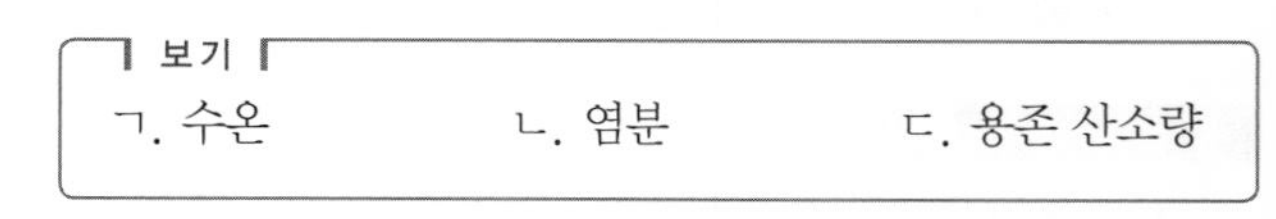
보기
ㄱ. 수온 ㄴ. 염분 ㄷ. 용존 산소량

① ㄱ ② ㄷ ③ ㄱ, ㄴ ④ ㄴ, ㄷ ⑤ ㄱ, ㄴ, ㄷ

[8589-0250]

07 해수의 밀도에 대한 설명으로 옳은 것만을 〈보기〉에서 있는 대로 고른 것은?

보기
ㄱ. 혼합층은 심해층보다 해수의 밀도가 작다.
ㄴ. 적도 해역은 극 해역보다 해수의 밀도가 크다.
ㄷ. 수온이 낮을수록, 염분이 높을수록 해수의 밀도가 커진다.

① ㄱ ② ㄴ ③ ㄱ, ㄷ ④ ㄴ, ㄷ ⑤ ㄱ, ㄴ, ㄷ

실력 향상 문제

정답과 해설 47쪽

[8589-0251]

01 해수의 온도에 대한 설명으로 옳지 않은 것은?

① 심해층의 수온은 위도에 관계없이 거의 일정하다.
② 바람이 많이 부는 지역의 해양은 혼합층이 두껍게 형성된다.
③ 표층 수온이 높은 곳일수록 수온 약층이 뚜렷하게 발달한다.
④ 표층 수온에 가장 큰 영향을 주는 것은 태양 복사 에너지이다.
⑤ 수온 약층은 수심에 따른 온도 변화가 심하여 대류가 활발하다.

[8589-0252]

02 그림은 전 세계 해양의 표층 수온 분포를 나타낸 것이다.

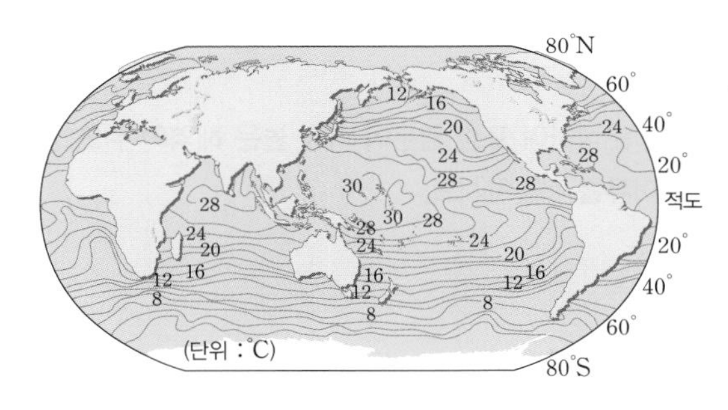

이에 대한 해석으로 옳은 것만을 〈보기〉에서 있는 대로 고른 것은?

보기
ㄱ. 남반구에서 등수온선은 대체로 위도와 나란하다. ㄴ. 태평양 적도 해역의 수온은 서쪽이 동쪽보다 높다. ㄷ. 표층 수온 분포에 가장 큰 영향을 미치는 것은 지구 복사 에너지이다.

① ㄱ ② ㄷ ③ ㄱ, ㄴ ④ ㄴ, ㄷ ⑤ ㄱ, ㄴ, ㄷ

[8589-0253]

03 그림은 위도별 연직 수온 분포를 나타낸 것이다.

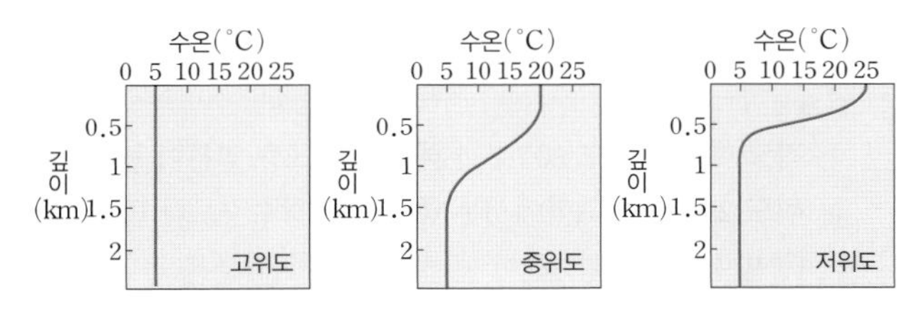

이에 대한 설명으로 옳은 것만을 〈보기〉에서 있는 대로 고른 것은?

보기
ㄱ. 바람은 저위도보다 중위도 해역에서 더 강하다. ㄴ. 수온 약층은 저위도에서 가장 잘 발달한다. ㄷ. 고위도 해역일수록 수심에 따른 수온의 차가 크다.

① ㄱ ② ㄷ ③ ㄱ, ㄴ ④ ㄴ, ㄷ ⑤ ㄱ, ㄴ, ㄷ

서술형

[8589-0254]

04 중위도 해역에서는 다른 해역보다 혼합층의 두께가 두껍게 나타난다. 그 이유를 간략하게 서술하시오.

[8589-0255]

05 그림은 어느 해역에서 측정한 수온의 연직 분포를 나타낸 것이다.

O 수온(°C) A B 깊이(m)

수온의 연직 분포가 A에서 B로 변했을 때, 이에 대한 설명으로 옳은 것만을 〈보기〉에서 있는 대로 고른 것은?

보기
ㄱ. 해수 표면에 부는 바람이 약해졌다. ㄴ. 수온 약층이 시작되는 깊이가 깊어졌다. ㄷ. 태양 복사 에너지의 입사량이 증가하였다.

① ㄱ ② ㄴ ③ ㄱ, ㄷ ④ ㄴ, ㄷ ⑤ ㄱ, ㄴ, ㄷ

[8589-0256]

06 그림은 수심에 따른 용존 산소량을 나타낸 것이다. 이에 대한 설명으로 옳은 것만을 〈보기〉에서 있는 대로 고른 것은?

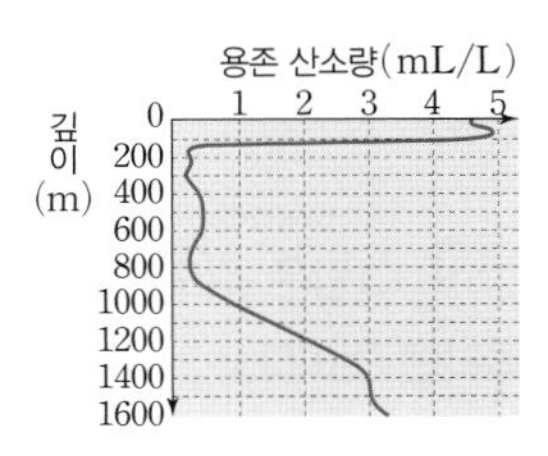

보기
ㄱ. 용존 산소량은 표층에서 가장 많다. ㄴ. 광합성은 표층보다 1000 m 깊이에서 더 활발하게 일어난다. ㄷ. 수심 1000 m보다 깊은 곳에서는 수심이 깊어질수록 용존 산소량이 증가한다.

① ㄱ ② ㄴ ③ ㄱ, ㄷ ④ ㄴ, ㄷ ⑤ ㄱ, ㄴ, ㄷ

[8589-0257]
07 표층 해수의 염분에 대한 설명으로 옳은 것은?

① 염분은 해수에 녹아 있는 NaCl의 양을 말한다
② 염분은 (증발량－강수량) 값이 큰 해역에서 높다.
③ 염분이 높은 해역일수록 NaCl이 차지하는 비율이 크다.
④ 아열대 해역은 상대적으로 염분이 낮은 곳이다
⑤ 수온이 높은 적도 해역은 표층 염분이 매우 높다.

[8589-0258]
08 표는 A 해역과 B 해역에서 채취한 해수에 포함된 주요 이온들의 함량을 나타낸 것이다.

이온	A 해역 해수(psu)	B 해역 해수(psu)
Na^+	9.1	12.1
Mg^{2+}	1.1	1.5
Cl^-	16.3	21.7
기타	3.5	4.7

이에 대한 해석으로 옳은 것만을 〈보기〉에서 있는 대로 고른 것은?

보기
ㄱ. 두 해역 해수의 염분은 같다.
ㄴ. A와 B 해수를 혼합해도 이온 상호 간의 비율은 변하지 않는다.
ㄷ. A와 B 해수를 같은 양으로 혼합한 해수 1 kg 중에는 Na^+ 이온이 약 21.2 g 들어 있다.

① ㄱ ② ㄴ ③ ㄱ, ㄷ ④ ㄴ, ㄷ ⑤ ㄱ, ㄴ, ㄷ

[8589-0259]
09 그림은 위도에 따른 연평균 강수량과 증발량의 분포를 나타낸 것이다.

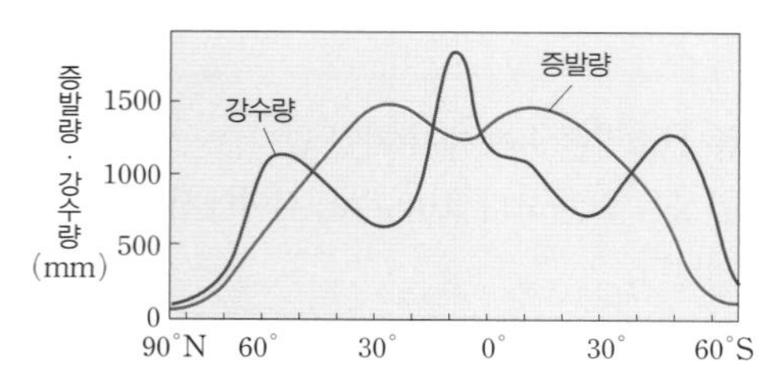

이에 대한 설명으로 옳은 것만을 〈보기〉에서 있는 대로 고른 것은?

보기
ㄱ. 증발량이 가장 많은 곳은 적도이다.
ㄴ. 위도 20°~30°에서는 건조한 기후가 잘 나타난다.
ㄷ. 표층 염분은 5°N 부근 해역에서 가장 높을 것이다.

① ㄱ ② ㄴ ③ ㄱ, ㄷ ④ ㄴ, ㄷ ⑤ ㄱ, ㄴ, ㄷ

서술형
[8589-0260]
10 그림은 위도별 (증발량－강수량) 값을 나타낸 것이다.

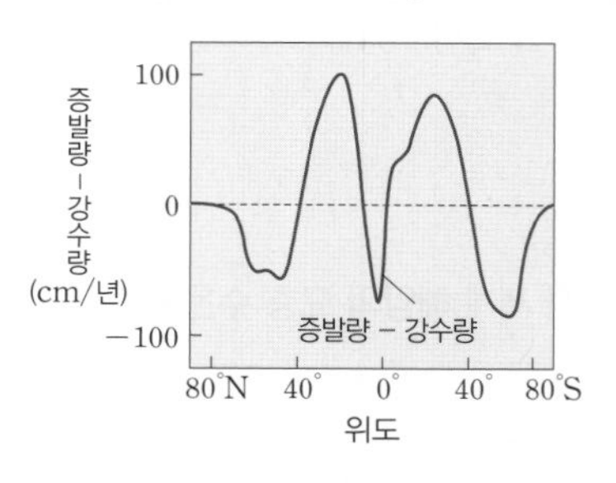

위 자료를 분석하여 표층 염분이 가장 높은 해역의 위도 범위를 쓰고 그 이유를 서술하시오.

[8589-0261]
11 그림 (가)는 전 세계 해양의 표층 염분 분포를, (나)는 위도별 연 증발량 및 강수량의 분포를 나타낸 것이다.

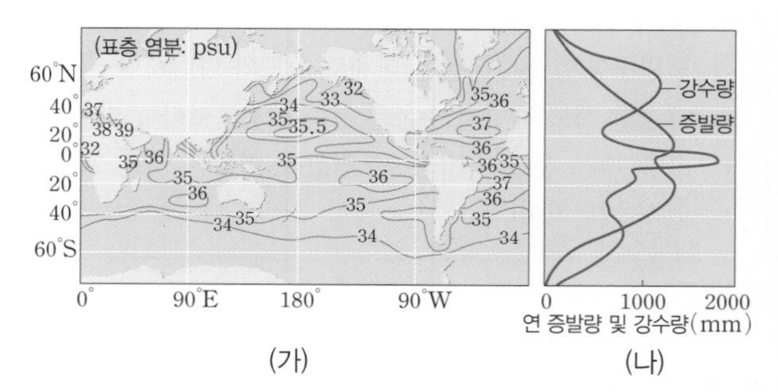

(가) (나)

이에 대한 설명으로 옳은 것만을 〈보기〉에서 있는 대로 고른 것은?

보기
ㄱ. 적도 해역은 위도 20° 부근 해역보다 표층 염분이 높다.
ㄴ. 위도 20° 부근 해역에서는 증발량이 강수량보다 많다.
ㄷ. (증발량－강수량) 값이 큰 해역일수록 염분은 높다.

① ㄱ ② ㄴ ③ ㄱ, ㄷ ④ ㄴ, ㄷ ⑤ ㄱ, ㄴ, ㄷ

[8589-0262]
12 그림은 북태평양에서 (증발량－강수량) 값의 분포를 나타낸 것이다.

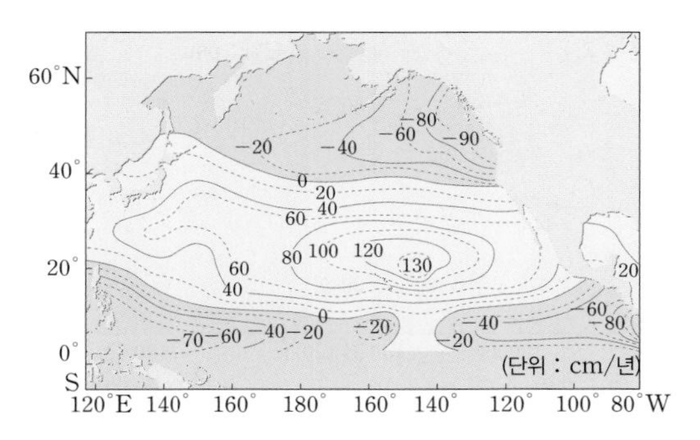

이에 대한 해석으로 옳은 것만을 〈보기〉에서 있는 대로 고른 것은?

보기
ㄱ. 표층 염분은 적도 해역에서 가장 높을 것이다.
ㄴ. 사막은 20°N~40°N 지역에 주로 분포할 것이다.
ㄷ. 적도에서 고위도로 갈수록 (증발량－강수량) 값이 작아진다.

① ㄱ ② ㄴ ③ ㄱ, ㄷ ④ ㄴ, ㄷ ⑤ ㄱ, ㄴ, ㄷ

[8589-0263]
13 그림은 태평양과 대서양의 표층 염분 분포를 위도에 따라 나타낸 것이다.

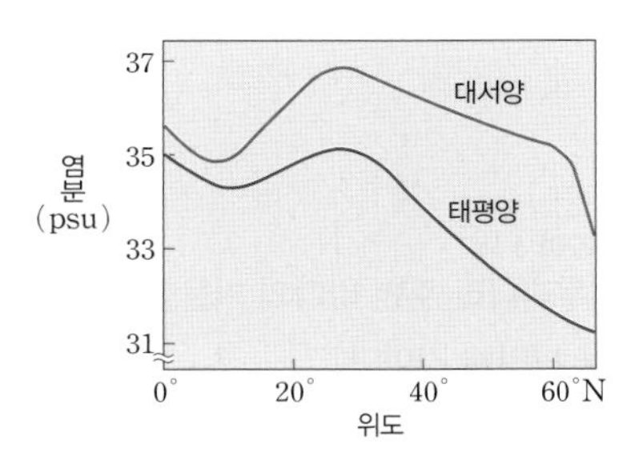

이에 대한 설명으로 옳은 것만을 〈보기〉에서 있는 대로 고른 것은?

보기
ㄱ. (증발량－강수량) 값이 최대인 곳은 60°N 부근이다.
ㄴ. 같은 위도에서 표층 염분은 대서양이 태평양보다 높다.
ㄷ. 전체 염류 중 NaCl의 비율은 대서양이 태평양보다 크다.

① ㄴ ② ㄷ ③ ㄱ, ㄴ ④ ㄱ, ㄷ ⑤ ㄴ, ㄷ

[8589-0264]
14 그림은 세 해역의 표층 수온과 염분, 밀도 분포를 나타낸 것이다.

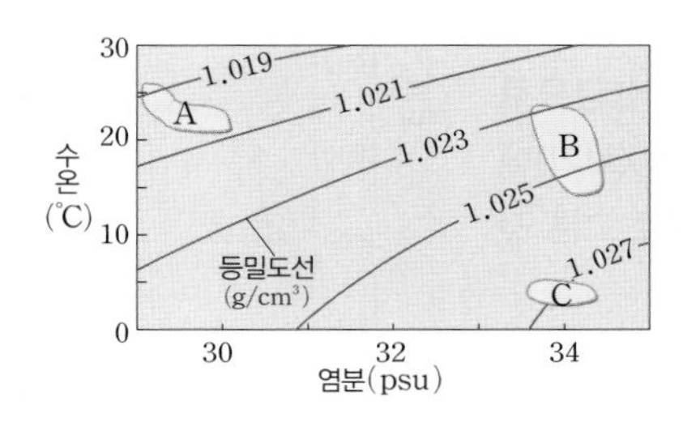

이에 대한 설명으로 옳은 것만을 〈보기〉에서 있는 대로 고른 것은?

보기
ㄱ. A는 수온과 염분이 가장 높다.
ㄴ. C가 B보다 밀도가 큰 이유는 수온이 낮기 때문이다.
ㄷ. 해수의 밀도는 수온이 낮고 염분이 높을수록 크게 나타난다.

① ㄱ ② ㄷ ③ ㄱ, ㄴ ④ ㄴ, ㄷ ⑤ ㄱ, ㄴ, ㄷ

[8589-0265]
15 그림은 어느 해역에서 측정한 수심에 따른 수온과 염분을 수온-염분도에 나타낸 것이다.

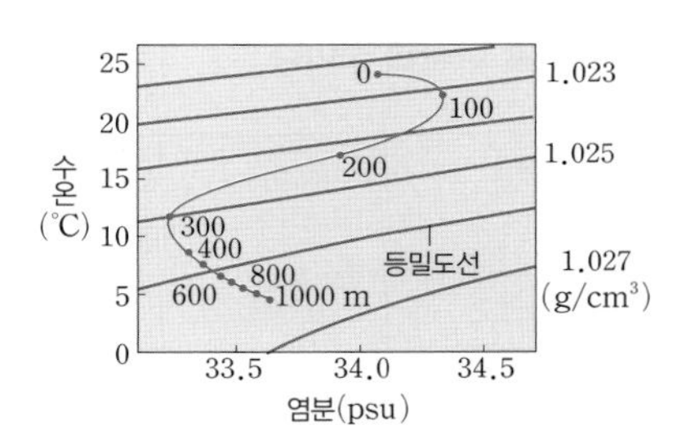

이에 대한 설명으로 옳은 것만을 〈보기〉에서 있는 대로 고른 것은?

보기
ㄱ. 0~100 m 구간은 100~200 m 구간보다 온도 변화량이 크다.
ㄴ. 100~300 m 구간에서는 수심이 깊어질수록 염분이 높아진다.
ㄷ. 수심이 깊어질수록 밀도는 커진다.

① ㄴ ② ㄷ ③ ㄱ, ㄴ ④ ㄱ, ㄷ ⑤ ㄴ, ㄷ

[8589-0266]
16 그림은 수심에 따른 수온과 밀도 분포를 나타낸 것이다. 이에 대한 설명으로 옳은 것만을 〈보기〉에서 있는 대로 고른 것은?

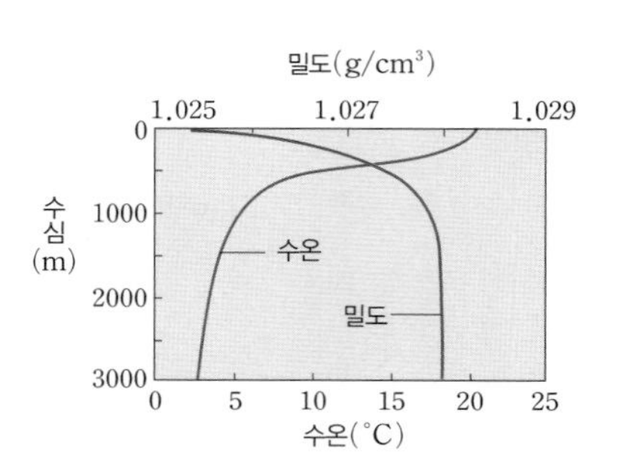

보기
ㄱ. 수온 약층에서는 수심이 깊어짐에 따라 밀도가 급격히 증가한다.
ㄴ. 심해층은 수심이 달라지더라도 밀도의 차이가 거의 생기지 않는다.
ㄷ. 표층 해수보다 수심 1000 m의 깊이에 있는 해수의 밀도가 크다.

① ㄱ ② ㄷ ③ ㄱ, ㄴ ④ ㄴ, ㄷ ⑤ ㄱ, ㄴ, ㄷ

서술형
[8589-0267]
17 적도와 위도 50° 사이의 해역에서 표층 해수의 밀도에 가장 큰 영향을 미치는 요인은 무엇인지 서술하시오.

[8589-0268]
18 그림은 동해에서 2월과 8월에 수심 0 m와 300 m에서 측정한 수온과 염분을 나타낸 것이다.

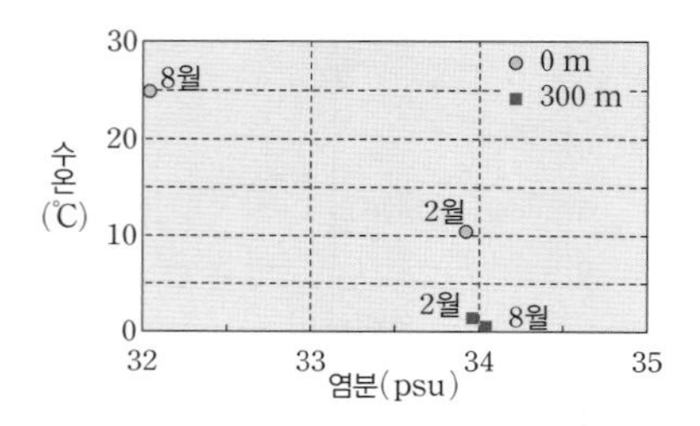

이에 대한 설명으로 옳은 것만을 〈보기〉에서 있는 대로 고른 것은?

보기
ㄱ. 표층 해수의 밀도는 8월보다 2월에 크다.
ㄴ. 수온 약층은 2월보다 8월에 뚜렷하게 발달한다.
ㄷ. 계절에 따른 염분 차이는 수심 0 m보다 300 m에서 크다.

① ㄴ ② ㄷ ③ ㄱ, ㄴ ④ ㄱ, ㄷ ⑤ ㄱ, ㄴ, ㄷ

[8589-0269]
19 그림 (가)와 (나)는 겨울철 우리나라 주변 바다의 표층 수온과 표층 염분 분포를 나타낸 것이다.

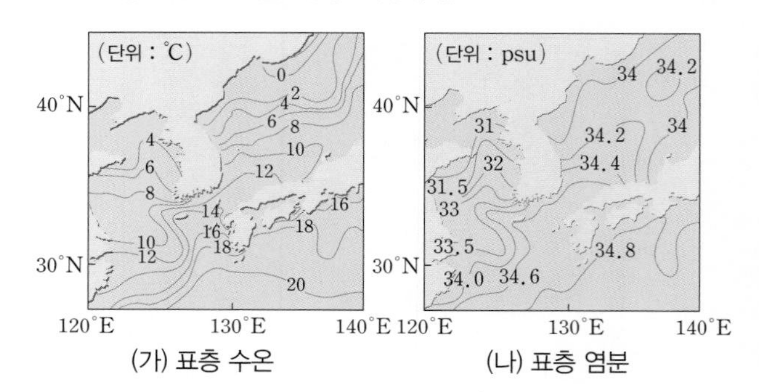

(가) 표층 수온 (나) 표층 염분

이에 대한 해석으로 옳은 것만을 〈보기〉에서 있는 대로 고른 것은?

보기
ㄱ. 표층 수온과 표층 염분의 남북 간 차이는 동해가 황해보다 크다.
ㄴ. 황해의 수온은 수심이 얕고 대륙의 영향을 크게 받기 때문에 동해보다 낮다.
ㄷ. 동해의 염분은 담수의 유입이 적고 난류의 영향을 받기 때문에 황해보다 높다.

① ㄱ ② ㄴ ③ ㄱ, ㄴ ④ ㄴ, ㄷ ⑤ ㄱ, ㄴ, ㄷ

서술형
[8589-0270]
20 그림은 우리나라 주변 바다의 겨울철(2월)과 여름철(8월)의 표층 수온을 나타낸 것이다.

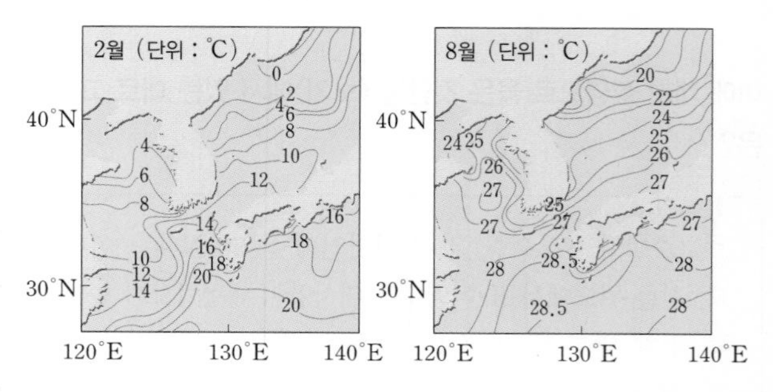

동해, 황해, 남해 바다 중 수온의 연교차가 가장 큰 바다를 쓰고, 그 이유를 서술하시오.

신유형·수능 열기

정답과 해설 50쪽

[8589-0271]

01 그림 (가)는 위도에 따른 표층 수온 분포를, (나)는 위도에 따른 연평균 강수량과 증발량의 분포를 나타낸 것이다.

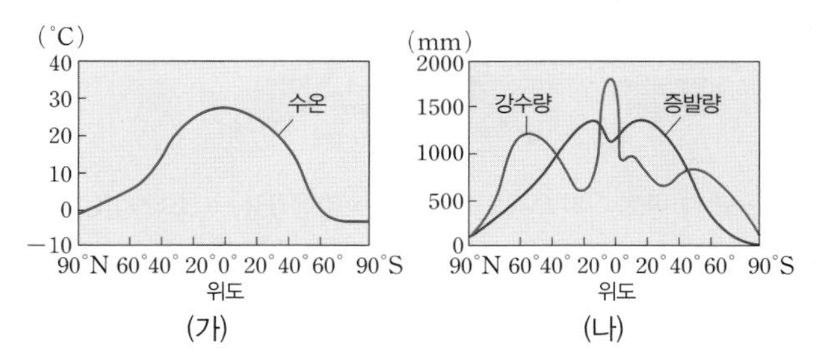

(가) (나)

이에 대한 설명으로 옳은 것만을 〈보기〉에서 있는 대로 고른 것은?

보기
ㄱ. 표층 해수의 밀도는 적도 부근이 위도 30° 부근보다 크다.
ㄴ. 표층 해수와 심해층의 수온 차이는 적도가 위도 30°보다 크다.
ㄷ. 해수 1 kg 속에 들어 있는 염류의 총량은 어느 위도에서나 같다.

① ㄱ ② ㄴ ③ ㄱ, ㄷ ④ ㄴ, ㄷ ⑤ ㄱ, ㄴ, ㄷ

[8589-0272]

02 그림은 북반구 어느 해역에서 1년 동안 측정한 수심별 수온을 나타낸 것이다.

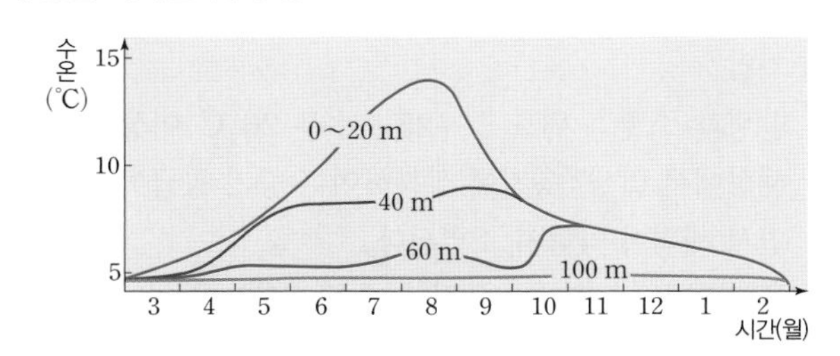

이에 대한 설명으로 옳은 것만을 〈보기〉에서 있는 대로 고른 것은?

보기
ㄱ. 혼합층은 5월보다 7월에 더 두껍게 형성된다.
ㄴ. 수온 약층은 8월경에 가장 뚜렷하게 나타난다.
ㄷ. 수심 100 m에서는 계절에 따른 수온 변화가 거의 없다.

① ㄱ ② ㄷ ③ ㄱ, ㄴ ④ ㄴ, ㄷ ⑤ ㄱ, ㄴ, ㄷ

[8589-0273]

03 그림은 해수의 깊이에 따른 용존 산소량의 변화를 나타낸 것이다.

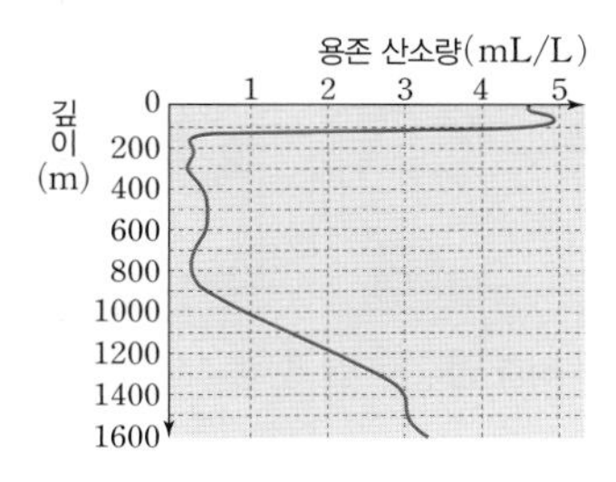

이에 대한 해석으로 옳은 것만을 〈보기〉에서 있는 대로 고른 것은?

보기
ㄱ. 수심 100 m까지 용존 산소량이 많은 이유는 대기에서 직접 녹아 들어간 것과 광합성 때문이다.
ㄴ. 수심 200 m보다 깊은 곳에서는 햇빛이 잘 도달하지 않는다.
ㄷ. 수심 800 m 이상에서 용존 산소량이 증가한 것은 해저 화산 활동 때문이다.

① ㄱ ② ㄱ, ㄴ ③ ㄱ, ㄷ ④ ㄴ, ㄷ ⑤ ㄱ, ㄴ, ㄷ

[8589-0274]

04 그림은 어느 해역에서 수심에 따라 수온과 염분을 측정하여 수온-염분도에 나타낸 것이다.

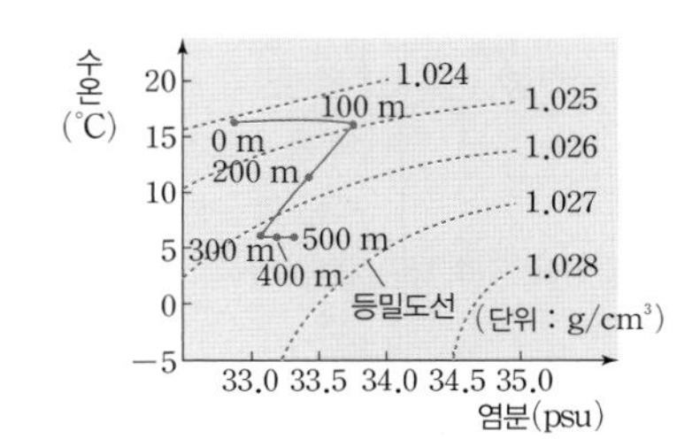

이에 대한 설명으로 옳은 것을 〈보기〉에서 모두 고른 것은?

보기
ㄱ. 수온 약층이 혼합층보다 두껍다.
ㄴ. 수심에 따른 염분의 변화는 혼합층에서 가장 크다.
ㄷ. 수심 200 m 부근에서는 해수의 연직 운동이 활발하다.
ㄹ. 수심 300~500 m 구간에서는 해수의 밀도가 일정하다.

① ㄱ, ㄴ ② ㄱ, ㄹ ③ ㄴ, ㄷ ④ ㄴ, ㄹ ⑤ ㄷ, ㄹ

단원 정리

1 기단과 날씨

(1) 기단의 변질

온난 기단의 변질	한랭 기단의 변질
따뜻하고 건조한 기단 → 안정 → 층운 또는 안개 / 따뜻한 육지, 찬 바다, 찬 육지	차고 건조한 기단 → 불안정 → 적란운, 강우 / 찬 육지, 따뜻한 바다, 따뜻한 육지
온난 기단 북상 → 하층 냉각 → 안정 → 층운, 안개 예 북태평양 기단의 북상	한랭 기단 남하 → 하층 가열 → 상승 기류 발달 → 불안정 → 적란운 예 시베리아 기단의 남하

(2) 우리나라에 영향을 주는 기단

기단	발생시기	성질	특징
북태평양 기단	여름	고온 다습	남동 계절풍, 폭염
시베리아 기단	겨울	한랭 건조	북서 계절풍, 폭설, 한파
양쯔 강 기단	봄, 가을	온난 건조	황사
오호츠크 해 기단	초여름	한랭 다습	장마 전선 형성

2 전선과 날씨

(1) 기상 요소의 변화 : 전선을 경계로 기온, 습도, 바람 등의 기상 요소가 크게 달라진다.

(2) 온난 전선과 한랭 전선

온난 전선	한랭 전선
권운, 권층운, 고층운, 난층운, 따뜻한 공기, 온난 전선, 이슬비, 찬 공기	적란운, 찬 공기, 소나기, 따뜻한 공기, 한랭 전선
전선면의 기울기가 완만함	전선면의 기울기가 급함
이동 속도 느림	이동 속도 빠름
층운형 구름	적운형 구름
전선 앞쪽 넓은 지역에 지속적인 비	전선 뒤쪽 좁은 지역에 소나기성 비

(3) 정체 전선 : 두 기단의 세력이 비슷해 이동이 거의 없는 전선

(4) 폐색 전선 : 한랭 전선과 온난 전선이 겹쳐지면서 형성

3 기압과 날씨 (북반구)

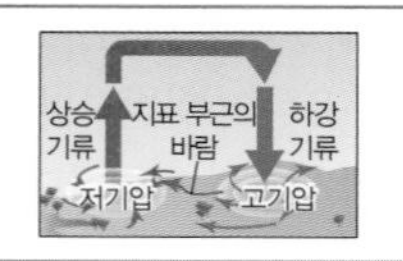

- 고기압 : 시계 방향으로 바람이 불어 나감, 맑은 날씨
- 저기압 : 시계 반대 방향으로 바람이 불어 들어옴, 흐리거나 비

4 온대 저기압과 날씨

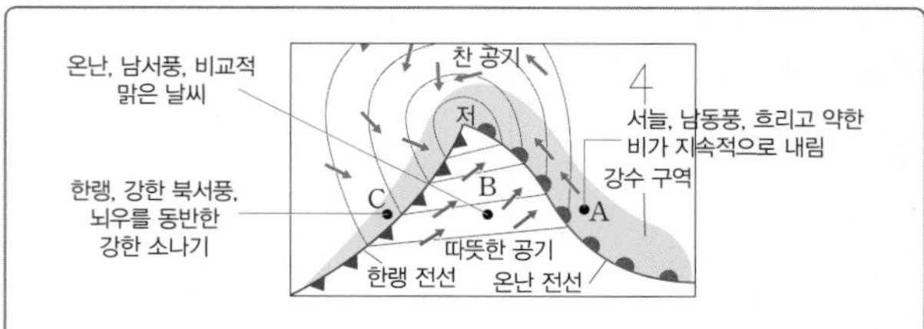

- 날씨 변화 : 지속적인 비(A) → 맑음(B) → 소나기(C)
- 기압 변화 : 온난 전선 통과 후 하강, 한랭 전선 통과 후 상승
- 기온 변화 : 온난 전선 통과 후 상승, 한랭 전선 통과 후 하강
- 풍향 변화 : 남동풍(A) → 남서풍(B) → 북서풍(C)

5 일기 예보와 일기 기호

(1) 일기 요소 : 기온, 기압, 풍향, 풍속, 이슬점, 강수량, 구름의 양 등 대기의 상태를 나타내는 요소

(2) 일기 예보 : 기상 관측 자료 수집 → 현재 일기도 작성 및 분석 → 예상 일기도 작성 → 일기 예보

(3) 일기 기호

풍향, 풍속, 구름의 양	풍속			일기					한랭 전선	온난 전선	저기압	고기압
	맑음	갬	흐림	비	소나기	눈	안개	뇌우				
	○	◑	●	•	▽	✳	≡	ㄸ	▲	●	㉶	㉷

6 태풍과 날씨

(1) 태풍 : 중심 부근 최대 풍속이 17 m/s 이상인 열대 저기압

① 발생과 소멸 : 위도 5°~25°, 수온 26 ℃ 이상인 열대 해상에서 발생, 육지에 상륙하여 수증기 공급이 줄어들면서 세력이 약해져 소멸된다.

② 에너지원 : 수증기가 응결할 때 발생하는 잠열

③ 특징 : 전선을 동반하지 않음, 포물선 궤도로 북상

(2) 태풍의 구조와 날씨

① 태풍의 구조 : 반지름이 약 500 km이고, 상승 기류가 강하여 중심부로 갈수록 두꺼운 적운형 구름이 발달

② 태풍의 눈 : 태풍 중심으로부터 반지름이 약 50 km에 이르는 지역으로, 하강 기류가 나타나 구름이 없고 바람이 약하다.

③ 기압은 중심부로 갈수록 계속 낮아지고, 바람은 태풍의 눈 주변에서 가장 강하다.

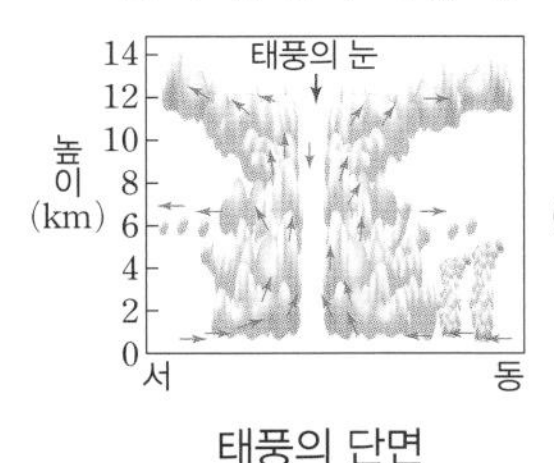

태풍의 단면

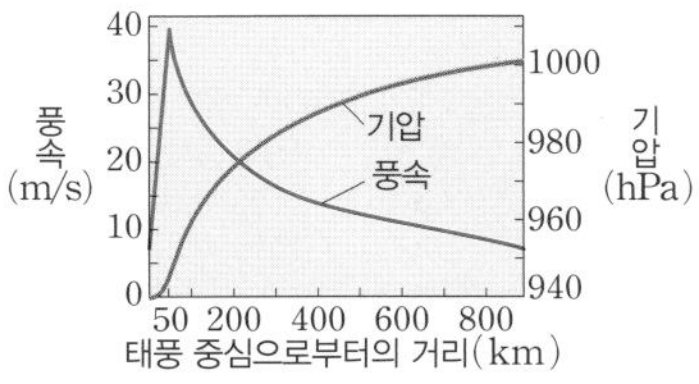

태풍의 기압과 풍속 분포

(3) 태풍의 이동과 피해

① 이동 : 태풍은 발생 초기에는 무역풍의 영향으로 북서쪽으로 진행하다가 위도 30° 부근에서 편서풍의 영향으로 북동쪽으로 진행한다(포물선 궤도).

② 피해

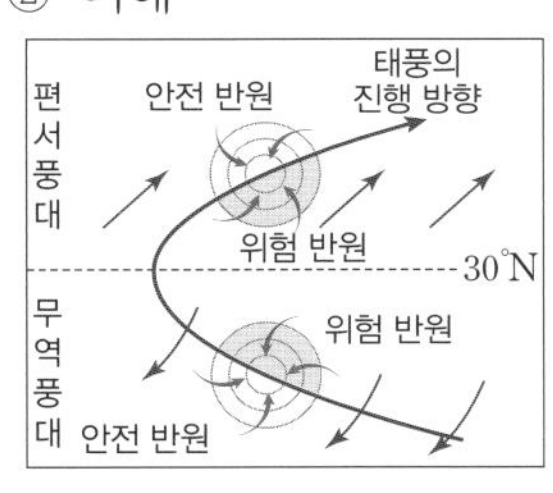

- 위험 반원 : 진행 방향의 오른쪽 반원 ➡ 태풍의 풍향과 이동 방향이 같아 피해가 크다.
- 안전 반원 : 진행 방향의 왼쪽 반원 ➡ 태풍의 풍향과 이동 방향이 반대여서 피해가 비교적 작다.

7 우리나라의 주요 악기상

(1) 뇌우

① 발생 : 대기가 불안정할 때 잘 발생한다.

② 발달 단계 : 적운 단계 → 성숙 단계 → 소멸 단계

적운 단계	성숙 단계	소멸 단계
0 ℃	0 ℃ 강한비	0 ℃ 약한비
강한 상승 기류에 의해 적운 형성	상승 기류와 하강 기류가 공존하며, 소나기, 우박, 낙뢰 등을 동반함	하강 기류가 우세하고 비가 약해짐

(2) 집중 호우 : 짧은 시간에 좁은 지역에서 많은 양의 비가 집중적으로 내리는 현상이다. ➡ 강한 상승 기류에 의해 형성된 적란운에서 발생한다.

(3) 황사 : 건조한 사막 지대에서 미세한 토양 입자가 상층 바람을 타고 날아와 떨어지는 현상이다. ➡ 주로 바람이 강하고, 지표면 토양이 건조한 봄철에 많이 발생한다.

8 해수의 온도와 용존 산소량

(1) 위도별 표층 수온 분포 : 적도 부근에서 높고, 극으로 갈수록 낮아진다.

(2) 수온의 연직 분포

혼합층	바람의 혼합 작용으로 수온이 일정한 층 ➡ 바람이 강할수록 혼합층의 두께는 두껍다.
수온 약층	수온이 급격히 낮아지는 매우 안정한 층 ➡ 혼합층과 심해층 사이의 물질과 에너지 교환을 차단
심해층	수온이 낮고 연중 변화가 없이 일정한 층 ➡ 극지방의 저온 · 고밀도의 해수가 해저를 따라 침강한 층

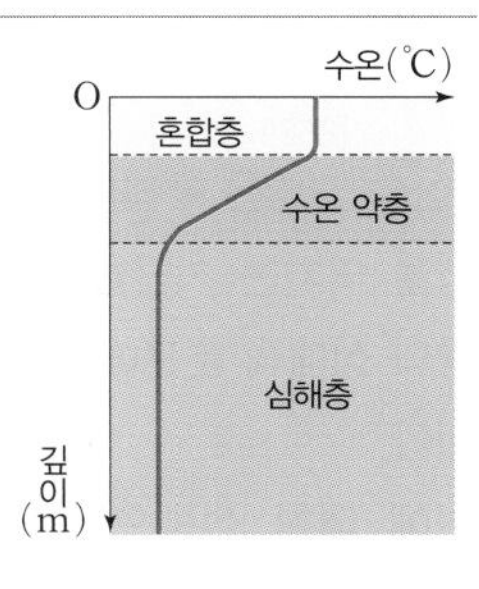

(3) 용존 산소량

① 수온이 낮을수록 용존 산소량이 많다.

② 대기 중의 산소가 직접 녹아 들어가고, 식물성 플랑크톤의 광합성 작용으로 해수 표층에 용존 산소량이 가장 많다.

9 해수의 염분과 밀도

(1) 해수의 염분

염분	해수 1 kg 속에 용해된 염류의 양(단위 : psu)
염분비 일정 법칙	염분은 장소나 계절에 따라 다르지만 염류들 상호간의 비율은 항상 일정하다.
염분의 변화	증발량－강수량 (cm/년) 100 0 −100 / 표층 염분 (psu) 36 35 34 / 표층 염분 / 증발량 – 강수량 / 80°N 40° 0° 40° 80°S 위도 • 염분 : (증발량－강수량) 값에 대체로 비례 • 염분 최대 지역 : 위도 30° 부근의 중위도 해역 • 염분 증가 요인 : 증발, 결빙 등 • 염분 감소 요인 : 강수, 해빙, 육수의 유입 등

(2) 해수의 밀도 : 수온이 낮을수록, 염분이 높을수록 해수의 밀도가 커진다.

단원 마무리 문제

[8589-0275]

01 다음 중 기단에 대한 설명으로 옳지 않은 것은?

① 기단은 습도와 온도 등의 성질이 비슷한 공기 덩어리이다.
② 공기가 지표의 한 장소에 오래 머물러 있어야 생성된다.
③ 대륙에서 만들어진 기단은 건조하다.
④ 고위도에서 만들어진 기단은 차갑다.
⑤ 기단은 만들어져서 소멸할 때까지 성질이 변하지 않고 유지된다.

[8589-0276]

02 그림은 우리나라의 날씨에 영향을 미치는 기단을 기온과 수증기량의 상대적 분포에 따라 나타낸 것이다.

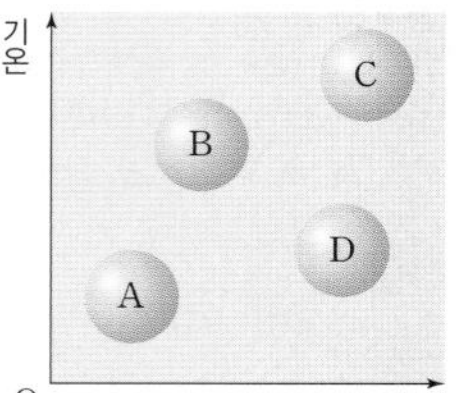

이에 대한 설명으로 옳은 것만을 〈보기〉에서 있는 대로 고른 것은?

보기
ㄱ. A 기단의 영향을 크게 받을 때는 한파와 폭설이 나타날 수 있다.
ㄴ. B 기단과 C 기단은 초여름에 만나 장마 전선을 형성한다.
ㄷ. D 기단의 영향으로 여름철에 고온 다습한 날씨가 나타난다.

① ㄱ ② ㄷ ③ ㄱ, ㄴ ④ ㄴ, ㄷ ⑤ ㄱ, ㄴ, ㄷ

[8589-0277]

03 그림은 차고 건조한 기단이 따뜻한 바다 위를 지나는 모습을 나타낸 것이다.

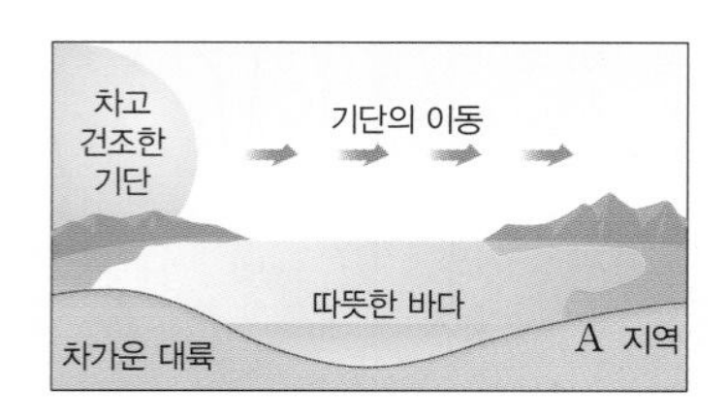

이에 대한 설명으로 옳은 것만을 〈보기〉에서 있는 대로 고른 것은?

보기
ㄱ. 기단이 바다를 지나는 동안 열과 수증기를 공급받는다.
ㄴ. 기단의 하층부는 점점 안정해진다.
ㄷ. A 지역에는 층운형의 구름이 발달한다.

① ㄱ ② ㄴ ③ ㄱ, ㄷ ④ ㄴ, ㄷ ⑤ ㄱ, ㄴ, ㄷ

[8589-0278]

04 그림 (가)와 (나)는 어느 해 7월 우리나라 부근에 전선 A가 위치할 때의 일기도와 위성 사진이다.

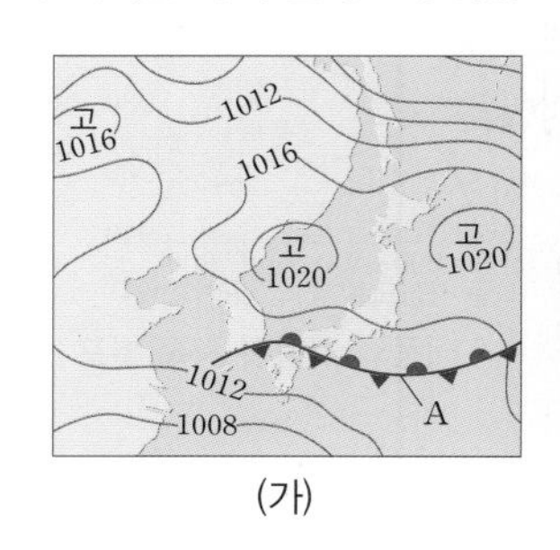

(가)

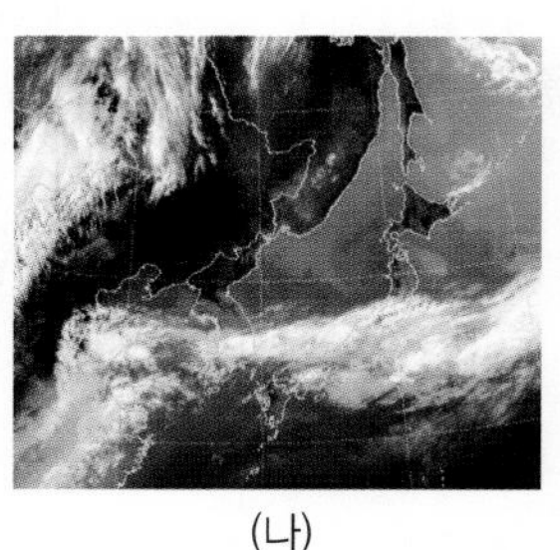
(나)

이에 대한 설명으로 옳은 것만을 〈보기〉에서 있는 대로 고른 것은?

보기
ㄱ. A는 정체 전선이다.
ㄴ. 강수량은 A의 북쪽이 남쪽보다 많다.
ㄷ. 북태평양 기단의 세력이 강해지면 A는 북상할 것이다.

① ㄱ ② ㄷ ③ ㄱ, ㄴ ④ ㄴ, ㄷ ⑤ ㄱ, ㄴ, ㄷ

[8589-0279]

05 그림 (가)는 어느 날 우리나라 주변의 지상 일기도를, (나)는 이날 관측소 A에서 측정한 기온과 풍향을 나타낸 것이다.

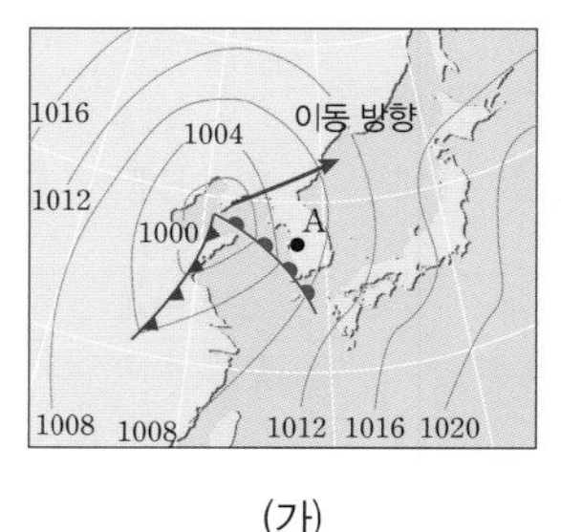

(가)

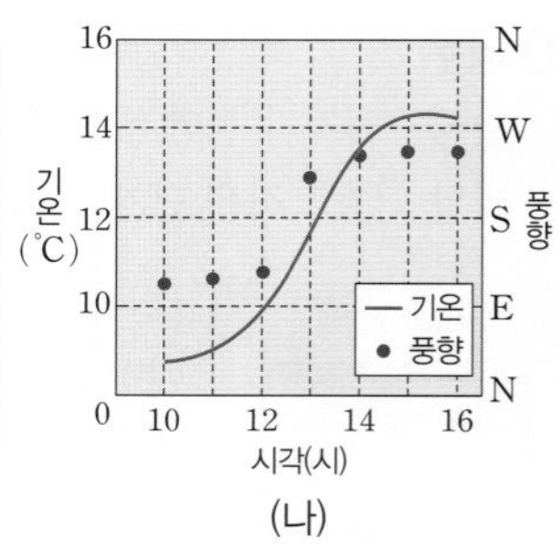

(나)

이에 대한 설명으로 옳은 것만을 〈보기〉에서 있는 대로 고른 것은?

보기
ㄱ. 전선이 통과할 때 기온과 풍향은 급변한다.
ㄴ. (가)와 같은 일기도를 보이는 시각은 15시경이다.
ㄷ. 온대 저기압이 통과하는 동안 A에서의 풍향은 시계 반대 방향으로 변한다.

① ㄱ ② ㄴ ③ ㄱ, ㄷ ④ ㄴ, ㄷ ⑤ ㄱ, ㄴ, ㄷ

[8589-0280]
06 그림은 태풍의 발생 지역과 월별 평균 진로를 나타낸 것이다.

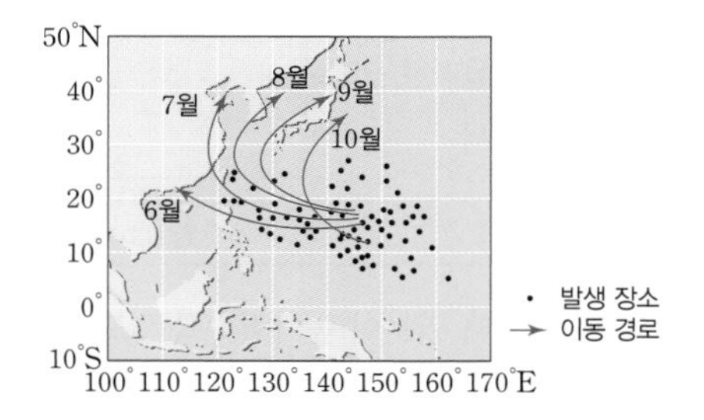

이에 대한 설명으로 옳은 것만을 〈보기〉에서 있는 대로 고른 것은?

보기
ㄱ. 적도 해상에서 태풍이 발생하지 않는 이유는 해수면의 온도가 높기 때문이다.
ㄴ. 태풍의 이동 경로를 볼 때 북태평양 고기압의 세력은 7월보다 10월에 더 강할 것이다.
ㄷ. 태풍은 일반적으로 전향점을 지나면서 이동 속력이 빨라진다.
ㄹ. 지구 온난화가 지속되면 태풍의 발생 지역은 북쪽으로 확장될 것이다.

① ㄱ, ㄴ ② ㄷ, ㄹ ③ ㄱ, ㄴ, ㄷ
④ ㄱ, ㄷ, ㄹ ⑤ ㄴ, ㄷ, ㄹ

[8589-0281]
07 그림은 북쪽으로 진행하고 있는 어느 태풍의 단면과 관측값을 나타낸 것이다.

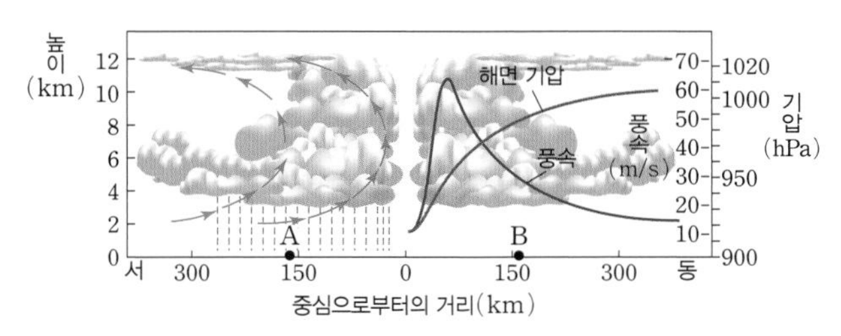

이에 대한 설명으로 옳지 않은 것은?

① 태풍의 풍속은 중심에서 최대이다.
② 태풍은 육지에 상륙하면 세력이 약해진다.
③ 태풍의 풍속은 A 지역보다 B 지역에서 크다.
④ 태풍 중심부는 가장자리보다 해수면의 높이가 높다.
⑤ 태풍의 중심에는 하강 기류가 있어서 맑은 날씨가 나타난다.

[8589-0282]
08 그림은 뇌우가 나타날 때의 모습이다.

뇌우에 대한 설명으로 옳은 것만을 〈보기〉에서 있는 대로 고른 것은?

보기
ㄱ. 강한 상승 기류가 발달하는 곳에 주로 나타난다.
ㄴ. 성숙 단계에서는 상승 기류만 나타난다.
ㄷ. 천둥, 번개와 함께 우박이 내리기도 한다.
ㄹ. 집중 호우나 낙뢰가 발생하여 막대한 피해를 가져오기도 한다.

① ㄱ, ㄴ ② ㄷ, ㄹ ③ ㄱ, ㄴ, ㄷ
④ ㄱ, ㄷ, ㄹ ⑤ ㄴ, ㄷ, ㄹ

[8589-0283]
09 그림은 우리나라에 영향을 미치는 황사의 발원지와 이동 경로를 나타낸 것이다.

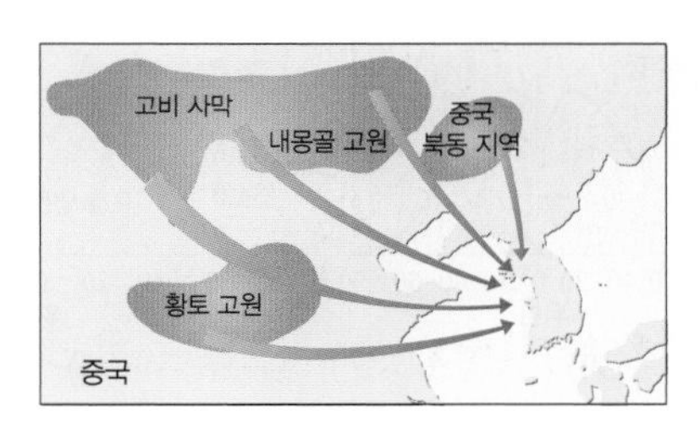

이에 대한 설명으로 옳은 것만을 〈보기〉에서 있는 대로 고른 것은?

보기
ㄱ. 황사는 주로 봄철에 발생한다.
ㄴ. 황사는 무역풍을 타고 우리나라로 이동해 온다.
ㄷ. 지구 온난화로 인한 사막 지대의 확대는 황사 현상을 심화시킨다.

① ㄱ ② ㄷ ③ ㄱ, ㄴ ④ ㄱ, ㄷ ⑤ ㄴ, ㄷ

서술형
[8589-0284]
10 태풍이 육지에 상륙하거나 수온이 낮은 해수면 위로 이동하면 세력이 약해지는 이유를 태풍의 에너지원과 관련지어 서술하시오.

[8589-0285]
11 그림은 북반구 어느 해양의 월별 수온 분포 자료이다.

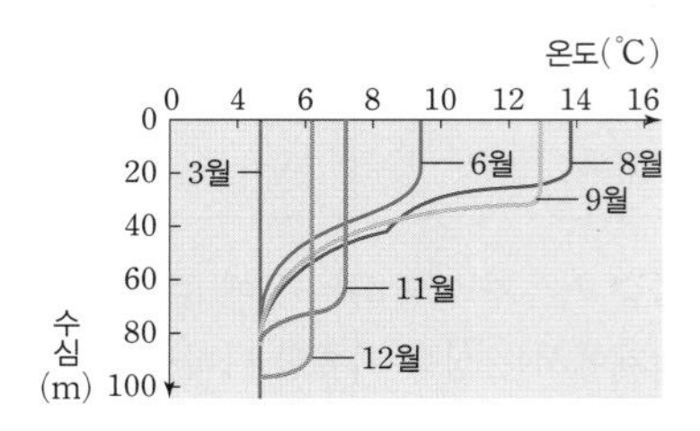

위 자료에 대한 설명 중 옳지 않은 것은?

① 표층 수온은 겨울보다 여름이 높다.
② 수심이 깊을수록 수온의 연교차가 커진다.
③ 8월에 수온 약층이 가장 잘 발달한다.
④ 3월에 깊이에 따른 수온 변화가 가장 적다.
⑤ 8월보다 9월에 바람이 강하게 분다.

[8589-0286]
12 그림 (가)는 위도에 따른 증발량과 강수량의 분포를, (나)는 표층 염분의 분포를 나타낸 것이다.

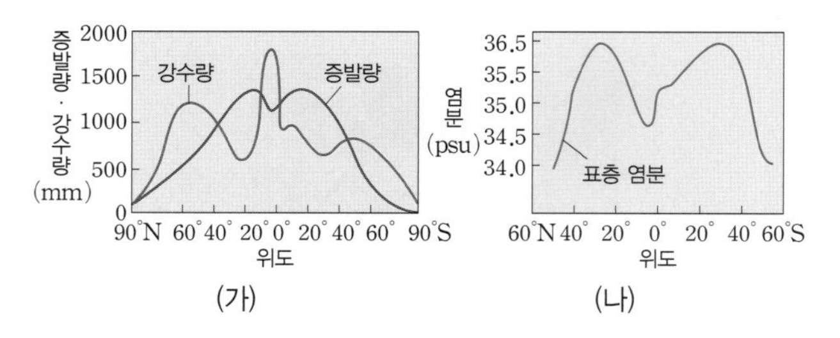

이에 대한 해석으로 옳은 것만을 〈보기〉에서 있는 대로 고른 것은?

보기
ㄱ. 적도 지역은 강수량보다 증발량이 많다.
ㄴ. 표층 염분은 강수량이 적고 증발량이 많을수록 높다.
ㄷ. 표층 염분이 가장 높은 위도에는 저압대가 발달해 있다.

① ㄱ ② ㄴ ③ ㄷ ④ ㄱ, ㄴ ⑤ ㄴ, ㄷ

[8589-0287]
13 그림은 해수의 수온과 염분에 따른 밀도 변화를 나타낸 것이다. 이에 대한 설명으로 옳은 것만을 〈보기〉에서 있는 대로 고른 것은?

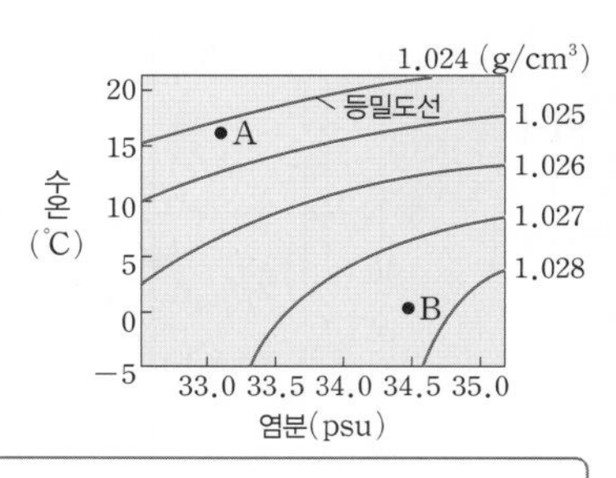

보기
ㄱ. 수온이 일정할 때 염분이 높아질수록 밀도가 크다.
ㄴ. 염분이 일정할 때 수온이 낮아질수록 밀도가 크다.
ㄷ. 해수 A와 B가 만날 경우 A가 B 아래로 가라앉는다.

① ㄱ ② ㄷ ③ ㄱ, ㄴ ④ ㄴ, ㄷ ⑤ ㄱ, ㄴ, ㄷ

[8589-0288]
14 그림 (가)는 우리나라 주변의 2월 해수면 수온 분포를, (나)는 수심 분포를 나타낸 것이다.

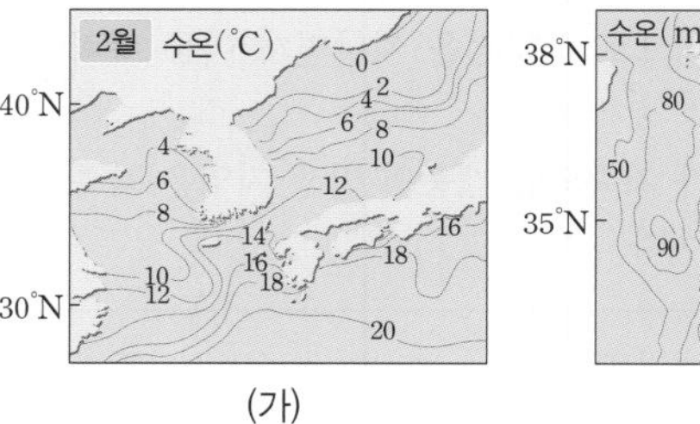

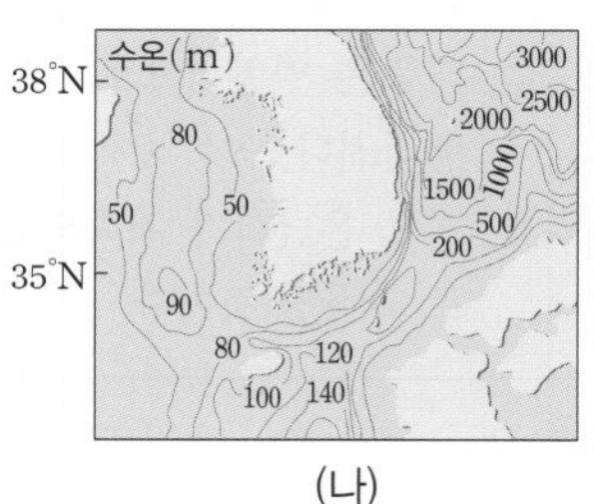

(가) (나)

이에 대한 설명으로 옳은 것만을 〈보기〉에서 있는 대로 고른 것은?

보기
ㄱ. 동해는 황해에 비해 등수온선이 위도와 나란한 경향을 보인다.
ㄴ. 남해의 수온 분포는 난류의 영향을 받는다.
ㄷ. 황해는 수심이 얕고 대륙의 영향을 더 많이 받아 동해보다 낮은 수온 분포를 보인다.

① ㄱ ② ㄴ ③ ㄱ, ㄷ ④ ㄴ, ㄷ ⑤ ㄱ, ㄴ, ㄷ

서술형
[8589-0289]
15 그림은 해수면에 입사한 햇빛이 수심에 따라 도달하는 비율을 나타낸 것이다. 이 자료를 근거로 해수의 용존 산소량이 수심 100 m 이내에 많은 이유를 서술하시오.

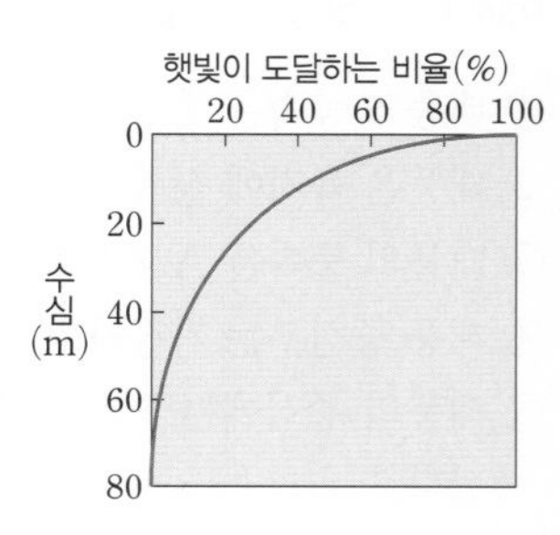

빅 아이디어로 생각하기

태풍의 이름은 어떻게 정해질까?

2017년 생긴 제5호 태풍의 이름은 '노루'다. 원자 폭탄의 1만 배에 달하는 강력한 위력을 지닌 태풍에 왜 노루라는 이름이 붙게 됐을까?

맨 처음 태풍에 이름을 붙인 이는 1900년대 초 오스트레일리아의 예보관 클레멘트 래기였다. 태풍은 일주일 이상 지속될 수 있고, 같은 지역에 동시에 하나 이상의 태풍이 있을 수 있기 때문에 태풍 예보를 혼동하지 않으려 한 것이다. 그는 난폭한 폭풍우에 평소 자신이 싫어하는 정치인이나 사람의 이름을 붙였다.

태풍이 공식적인 이름을 갖게 된 건 제2차 세계대전 이후이다. 태평양에서 발생하는 열대 폭풍을 감시하던 미군은 보고 싶은 부인이나 애인의 이름을 붙이곤 했다. 시간이 흐르면서 여성 차별 논란이 일자 1978년부터는 여성과 남성 이름을 번갈아 사용하게 됐다.

국제우주정거장에서 본 태풍 '노루'의 눈

지금과 같은 방식으로 태풍 이름을 부르게 된 건 2000년 열린 제32차 태풍위원회 총회 이후이다. 한국과 북한, 미국, 중국, 일본 등 아시아 태풍위원회 소속 14개국이 10개씩 제출한 140개의 태풍 이름을 28개씩 5개 조로 나눠 각 국가의 영문 알파벳 순서로 그해 발생하는 태풍에 순차적으로 붙인다. 140개를 모두 사용하고 나면 다시 1번으로 돌아온다. 태풍은 보통 한해 30여 개쯤 발생하므로 모두 사용되려면 4~5년 가량 걸린다.

한국이 제출한 나비, 개미, 제비, 나리, 너구리, 장미, 고니, 수달, 메기, 노루 등은 주로 아름답고 부드러운 동식물의 이름이다. 여기에는 특별한 이유가 있다. 태풍은 한번 발생하면 어디로 지나갈지, 얼마 만큼의 강도를 지닐지 예측하기 쉽지 않다. 그래서 순하고 작은 동식물의 이름을 붙여 큰 피해없이 지나가 주길 바라는 염원을 담은 것이다. 북한은 우리나라와 비슷하게 기러기, 소나무, 도라지, 버들, 갈매기, 봉선화, 매미 등 동식물 이름을 제출했다.

태풍의 이름은 인간에 끼친 피해 결과에 따라 운명이 갈린다. 매년 열리는 태풍위원회 총회에서 그 해 막대한 피해를 준 태풍의 경우, 회원국의 요청을 받아 가차없이 퇴출시킨다.

대표적으로 2003년 발생한 태풍 '수달'은 미크로네시아의 요청으로 '미리내'로, 2005년 발생한 태풍 '나비'는 일본의 요청으로 '독수리'로 바뀌었다. 우리나라의 경우, 2003년 막대한 피해를 가져왔던 태풍 '매미'의 이름을 바꿔 달라고 요청해 '무지개'로 바뀌었다.

수많은 인명과 재산을 잃은 국가의 입장을 고려한 결정이자 장차 비슷한 피해가 발생하지 않기를 바라는 기원이 담겼다고 볼 수 있다.

지금까지 모두 31개의 태풍 이름이 퇴출당했고, 한번 퇴출당한 태풍 이름은 다시 사용할 수 없으며 다른 이름으로 교체된다.

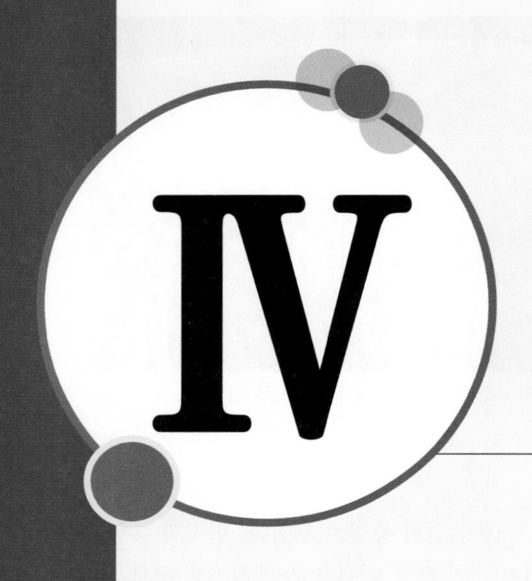

IV 대기와 해양의 상호 작용

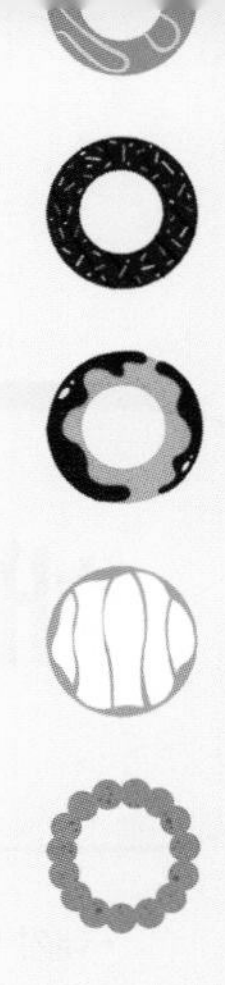

10 해수의 순환

- 대기 대순환에 의한 해수의 표층 순환 형성 과정 이해하기
- 해수의 밀도 변화에 의한 심층 순환 형성 과정 이해하기
- 표층 순환과 심층 순환의 차이점을 이해하고 상호 관련성 파악하기

한눈에 단원 파악, 이것이 핵심!

바다의 표면에서 해수의 흐름은 어떻게 나타날까?

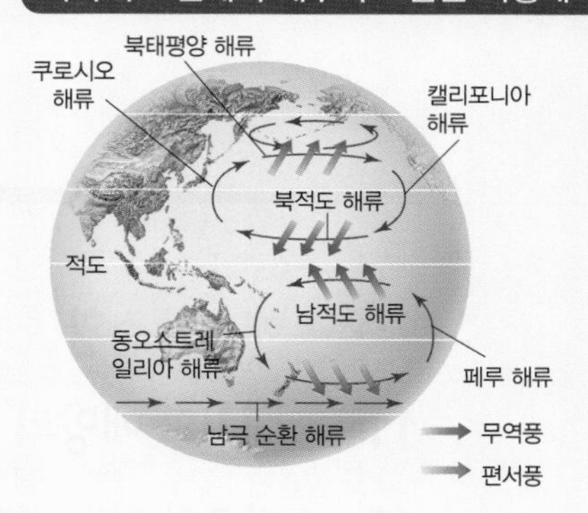

- 표층 해류의 형성에 영향을 미치는 요인

① 대기 대순환에 의한 바람

② 수륙 분포

- 지구 환경에서 표층 해류의 역할

저위도의 남는 에너지를 에너지가 부족한 고위도로 운반하여 지구의 위도별 에너지 불균형을 해소한다.

바다의 깊은 곳에서도 해수의 흐름이 존재할까?

- 표층 해수의 밀도가 커지면 가라앉으면서 심층 순환이 형성된다.

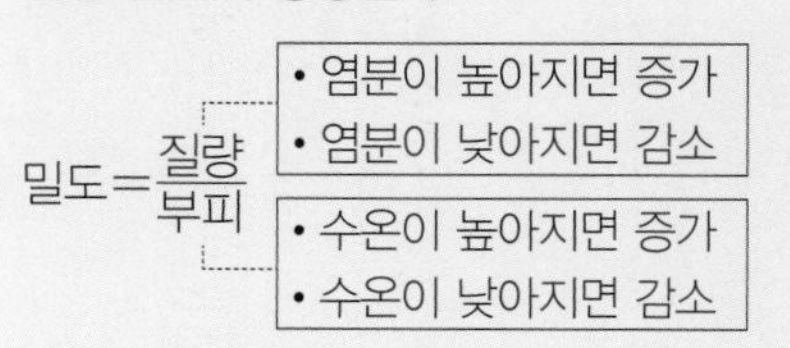

- 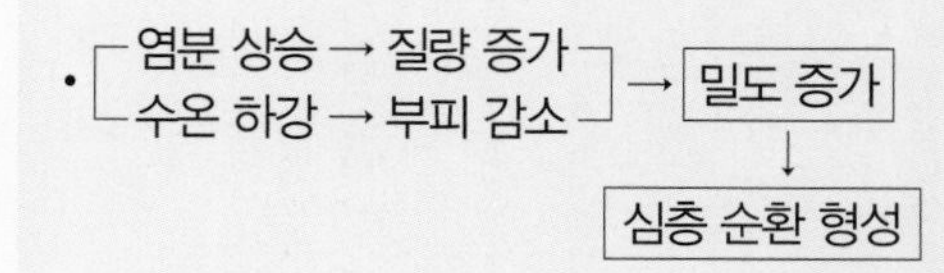

- 표층 순환과 심층 순환의 상호 관련

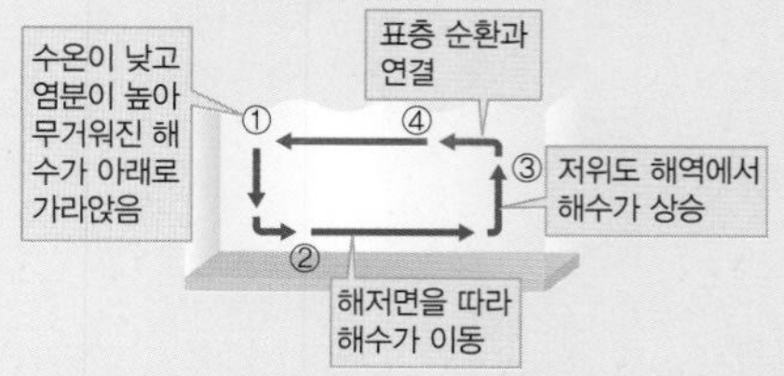

심층 순환은 표층 해수의 용존 산소를 심해층으로 운반하고 표층 순환과 연결되어 저위도의 남는 에너지를 에너지가 부족한 고위도로 운반한다.

대기 대순환과 표층 해류

1 대기 대순환

(1) **지구의 위도별 열수지** : 지구 전체적으로는 에너지 출입이 서로 균형을 이루는 복사 평형 상태이지만, 위도에 따라 에너지 불균형이 나타난다. ➡ ❶위도별 에너지 불균형에 의해 대기와 해수의 순환이 일어나면서 저위도의 남는 에너지가 고위도로 전달된다.

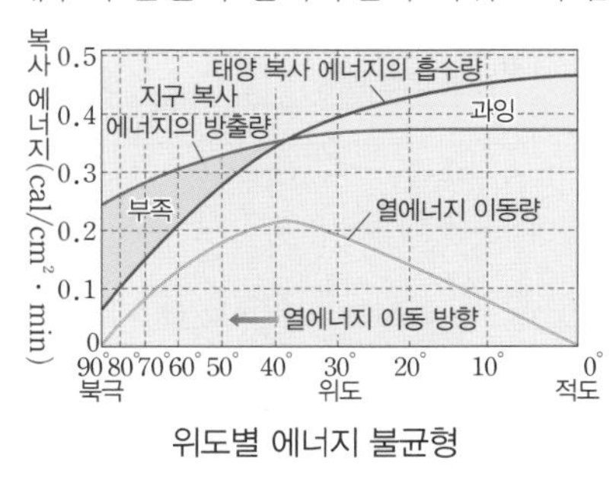

위도별 에너지 불균형

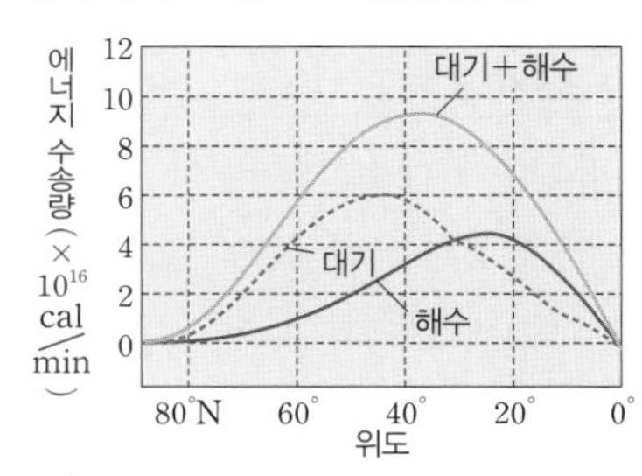

대기와 해양의 에너지 수송량

(2) ❷**대기 대순환**

① 자전하지 않는 지구에서의 대기 대순환 : 적도 지역에서는 가열된 뜨거운 공기가 상승하여 극으로 이동하고, 극 지역에서는 차가운 공기가 하강하여 지표면을 따라 적도로 이동한다. ➡ 북반구와 남반구에 각각 1개의 대류 순환 세포가 형성된다.

② 자전하는 지구에서의 대기 대순환 : 기압 차이에 의해 남북 방향으로 각각 이동하던 공기가 ❸지구 자전의 영향을 받아 동서 방향으로 편향되어 이동한다. ➡ 북반구와 남반구에 각각 3개의 대류 순환 세포가 형성된다.

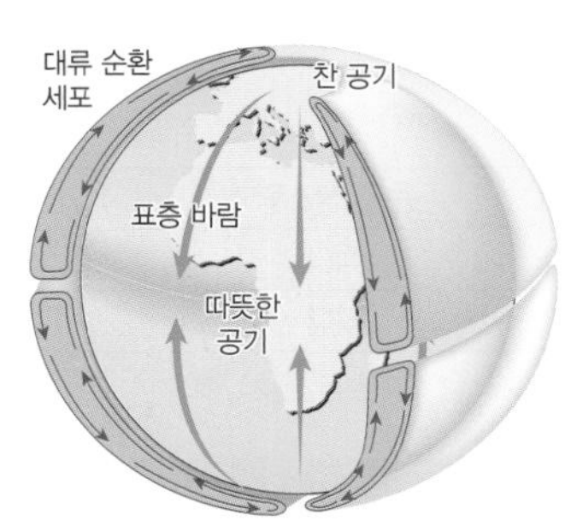

지구가 자전하지 않는 경우

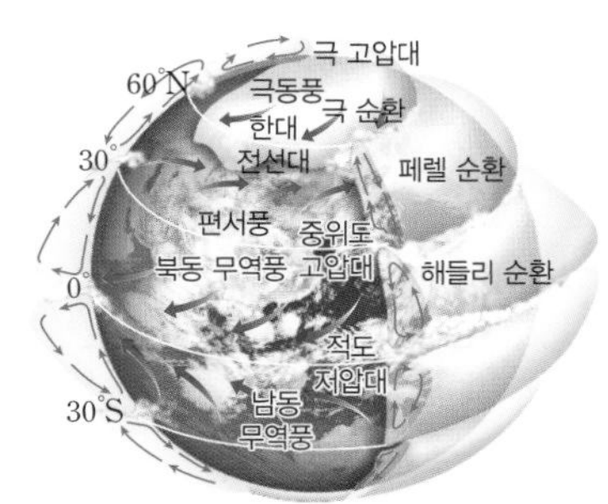

지구가 자전하는 경우

해들리 순환 (위도 0°~30°)	적도 지역에서 가열된 공기가 상승하여 고위도로 이동하다가 위도 30° 부근에서 하강하여 형성되는 순환 세포 ➡ ❹직접 순환
페렐 순환 (위도 30°~60°)	위도 30° 지역(중위도 고압대)의 하강 기류와 위도 60° 지역(한대 전선대)의 상승 기류에 의해 형성되는 순환 세포 ➡ ❹간접 순환
극 순환 (위도 60°~90°)	극 지역의 상공에서 냉각된 공기가 하강하여 지표면을 따라 저위도로 이동하다가 위도 60° 부근에서 고위도로 이동하는 공기를 만나 상승하면서 형성되는 순환 세포 ➡ ❹직접 순환

③ 실제 대기 대순환 : 지구의 실제 대기 대순환은 대륙과 해양이 분포하고, 대륙과 해양의 비열 차이에 의해 계절별로 기압 배치가 다르게 형성되는 등 이론적인 대기 대순환보다 훨씬 복잡한 형태로 나타난다.

THE 알기

❶ 위도별 에너지 불균형
지구는 구형이기 때문에 지표면의 단위 면적당 입사되는 태양 복사 에너지양은 고위도 지역보다 저위도 지역에서 많다.

❷ 대기 대순환
전 지구적인 규모에서 오랜 기간에 걸쳐 일어나는 대기의 움직임을 대기 대순환이라고 하며, 기후와 날씨 변화, 표층 해류의 형성과 관련이 깊다.

❸ 지구 자전의 영향(전향력)

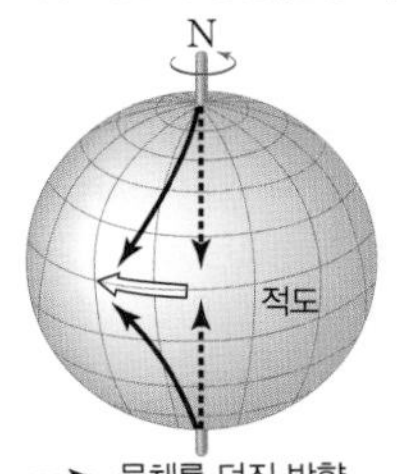

지구 상에서 날아가는 물체는 지구 자전의 영향을 받게 되는데 이를 관찰하는 사람은 지구의 자전을 인식하지 못하기 때문에 물체에 힘이 작용하여 운동 방향이 바뀌는 것으로 인식한다. 즉, 북반구에서는 운동하는 물체를 진행 방향의 오른쪽으로 휘어지게 하는 힘이 작용하고, 남반구에서는 물체를 진행 방향의 왼쪽으로 휘어지게 하는 힘이 작용하는 것으로 느껴진다. 이처럼 지구 자전의 영향을 설명하는 가상의 힘을 전향력이라고 한다.

❹ 직접 순환과 간접 순환
직접 순환은 지표면의 가열과 냉각에 따른 공기의 열적 대류 현상에 의해 형성되며, 간접 순환은 직접 순환 세포 사이에서 공기의 상승과 하강에 의해 형성된다.

THE 알기

적도 반류
북적도 해류와 남적도 해류에 의해 해수가 대양의 서쪽으로 이동하여 생긴 해수면 경사를 따라 북적도 해류와 남적도 해류 사이의 적도 해역에서 동쪽으로 흐르는 해류이다.

❶ 남극 순환 해류(서풍 피류)

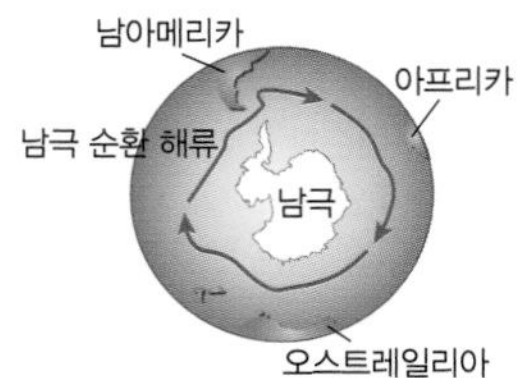

남반구에서 편서풍에 의해 생기는 해류로 남극 주변의 바다는 대륙에 의해 막혀 있지 않기 때문에 남극 주변을 완전히 한 바퀴 순환하는 해류가 형성된다.

❷ 표층 순환
표층 순환은 수평 방향으로 일어나며, 형성되는 해역의 위도에 따라 열대 순환, 아열대 순환, 아한대 순환이 있다.

❸ 영양 염류
식물성 플랑크톤의 활동에 영향을 주는 인산염과 질산염 등과 같은 물질로, 영양 염류가 많은 해역은 플랑크톤이 풍부해져서 좋은 어장이 형성된다.

2 대기 대순환과 표층 해류

(1) 표층 해류

① 대기 대순환과 표층 해류 : 대기 대순환은 지구적인 규모에서 일정한 방향으로 바람이 지속적으로 불기 때문에 표층 해류를 발생시킨다.

이론적인 위도 범위	대기 대순환의 바람	대표적인 표층 해류	해류의 방향
30°N 부근~60°N 부근	편서풍	북태평양 해류	서 → 동
적도 부근~30°N 부근	무역풍	북적도 해류	동 → 서
적도 부근~30°S 부근	무역풍	남적도 해류	동 → 서
30°S 부근~60°S 부근	편서풍	❶남극 순환 해류	서 → 동

② 표층 순환 : 대기 대순환의 바람에 의해 형성되는 표층 해수의 흐름은 대체로 동서 방향으로 바다를 가로지르는 해류를 형성하며, 대륙에 막히면 남북 방향으로 갈라진다. 이때 대륙의 연안을 따라 저위도에서 고위도로 이동하는 난류와 고위도에서 저위도로 이동하는 한류가 형성되면서 동서 방향의 해류와 연결되어 표층 해류는 대양 내에서 둥글게 돌아가는 커다란 ❷표층 순환을 형성한다.

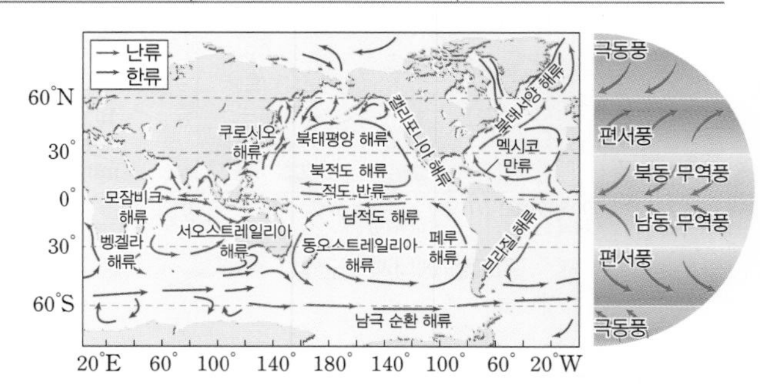

세계의 주요 해류와 표층 순환

북반구의 아열대 순환	북적도 해류 → 쿠로시오 해류 → 북태평양 해류 → 캘리포니아 해류 (무역풍) (난류) (편서풍) (한류)
남반구의 아열대 순환	남적도 해류 → 동오스트레일리아 해류 → 남극 순환 해류 → 페루 해류 (무역풍) (난류) (편서풍) (한류)

(2) 난류와 한류

구분	수온	염분	용존 산소량	❸영양 염류
난류	높다	높다	적다	적다
한류	낮다	낮다	많다	많다

THE 들여다보기 우리나라 주변의 해류

- 한류 : 오호츠크 해에서 기원한 연해주한류는 북한의 동쪽 연안을 따라 내려오면서 북한한류를 이룬다.
- 난류 : 우리나라 부근에서 나타나는 난류의 근원은 쿠로시오 해류이다.
  ① 동한난류 : 동해에서 북한한류와 만나서 조경 수역을 형성한다.
  ② 황해난류 : 황해는 수심이 얕고 바닷물의 양이 적으며, 조류의 영향이 강하기 때문에 황해난류는 그 흐름이 약하고, 특히 겨울철에는 잘 나타나지 않는다.
- 조경 수역 : 동해에서 난류와 한류가 만나는 곳으로 여름철에는 동한난류가 우세하여 조경 수역이 함경도 먼 바다에서 형성되며, 겨울철에는 북한한류가 우세하여 조경 수역이 경북 울진의 죽변과 울릉도 주변의 주문진 먼 바다에서 형성된다. 최근에는 지구 온난화의 영향으로 수온이 상승하여 조경 수역도 점차 북상하고 있다.
- 해류와 기후 : 난류의 영향을 받는 동해안 지역이 같은 위도의 서해안 지역보다 겨울철에 더 따뜻하며, 남해안은 연중 난류의 영향을 받아 기후가 온난하고, 수온 변화가 적어서 양식장 설치에 적합하다.

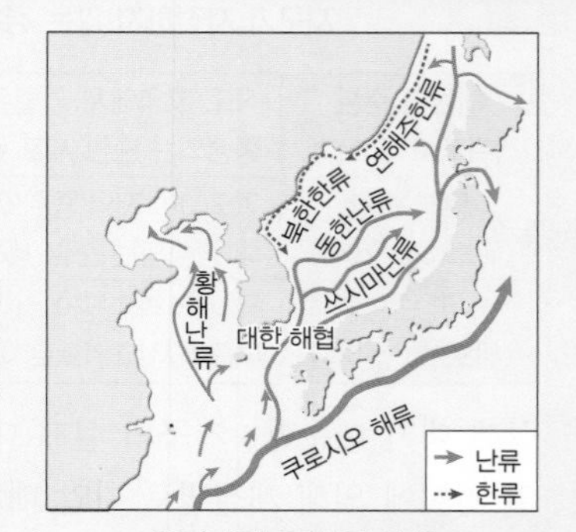

우리나라 주변의 해류

개념체크

○X 문제

1. 대기 대순환에 대한 설명으로 옳은 것은 ○, 옳지 않은 것은 ×로 표시하시오.

(1) 적도 지역에서는 가열된 공기에 의해 상승 기류가 형성된다. (　　)

(2) 지구가 자전하지 않는다면 북반구에서 대기의 순환 세포는 1개가 형성된다. (　　)

(3) 페렐 순환은 열적 대류에 의해 형성되는 직접 순환이다. (　　)

2. 우리나라 주변 해류에 대한 설명으로 옳은 것은 ○, 옳지 않은 것은 ×로 표시하시오.

(1) 우리나라 주변에 분포하는 난류의 근원은 쿠로시오 해류이다. (　　)

(2) 쿠로시오 해류는 대한 해협을 지나 동한난류와 황해난류로 나누어진다. (　　)

(3) 북한한류는 동해에서 동한난류와 만난다. (　　)

(4) 난류와 한류가 만나는 조경 수역은 계절에 따라 위치가 달라진다. (　　)

바르게 연결하기

3. 대기 대순환의 대류 순환 세포와 이로 인해 지표 부근에서 부는 바람을 바르게 연결하시오.

(1)	해들리 순환 •	• ㉠	편서풍
(2)	페렐 순환 •	• ㉡	극동풍
(3)	극 순환 •	• ㉢	무역풍

4. 북태평양의 아열대 순환을 구성하는 해류와 그 특징을 바르게 연결하시오.

(1)	북태평양 해류 •	• ㉠	무역풍에 의해 형성
(2)	북적도 해류 •	• ㉡	편서풍에 의해 형성
(3)	쿠로시오 해류 •	• ㉢	고위도에서 저위도로 이동
(4)	캘리포니아 해류 •	• ㉣	저위도에서 고위도로 이동

정답 **1.** (1) ○ (2) ○ (3) × **2.** (1) ○ (2) × (3) ○ (4) ○ **3.** (1) ㉢ (2) ㉠ (3) ㉡ **4.** (1) ㉡ (2) ㉠ (3) ㉣ (4) ㉢

빈칸 완성

1. 지구는 전체적으로 에너지 출입이 균형을 이루는 ① (　　　) 상태이지만, 위도별로는 에너지 불균형 상태이다. ② (　　　)와 ③ (　　　)의 순환은 이러한 에너지 불균형 상태를 해소하는 역할을 한다.

2. 북반구의 바다에서 형성되는 아열대 순환은 ① (　　　) 방향으로 흐르며, 남반구의 바다에서 형성되는 아열대 순환은 ② (　　　) 방향으로 흐른다.

3. 대기 대순환에 의한 표층 해류에서 북적도 해류와 남적도 해류는 ① (　　　)풍에 의해 형성되고, 북태평양 해류와 남극 순환 해류는 ② (　　　)풍에 의해 형성된다.

단답형 문제

4. 남극 대륙 주변 해역에서 편서풍에 의해 형성되는 해류의 이름을 쓰시오.

5. 저위도 해역에서 고위도 해역으로 이동하는 따뜻한 바닷물의 흐름을 무엇이라고 하는지 쓰시오.

6. 대기 대순환의 바람과 해수 사이의 마찰력에 의해 형성되는 표층 해수의 흐름을 무엇이라고 하는지 쓰시오.

7. 북적도 해류와 남적도 해류에 의해 해수가 대양의 서쪽으로 이동하여 생긴 해수면의 경사에 의해 북적도 해류와 남적도 해류 사이의 적도 해역에서 동쪽으로 흐르는 해류를 무엇이라고 하는지 쓰시오.

정답 **1.** ① 복사 평형 ② 대기 ③ 해류(또는 해수) **2.** ① 시계 ② 시계 반대 **3.** ① 무역 ② 편서 **4.** 남극 순환 해류 **5.** 난류 **6.** 표층 해류 **7.** 적도 반류

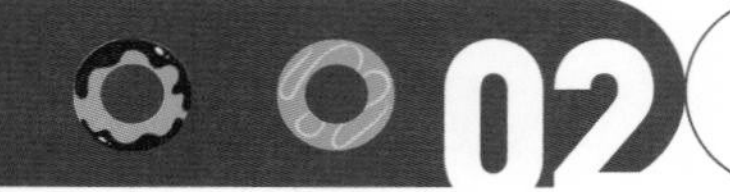

해수의 심층 순환

1 밀도류와 표층 해수의 침강

(1) ❶**밀도류** : 해수의 수온과 염분 변화로 인한 밀도 차이로 발생된다. ➡ 밀도가 서로 다른 해수가 만나면 밀도가 큰 ❷수괴가 밀도가 작은 수괴를 밀어 올리면서 해수의 흐름이 생긴다.

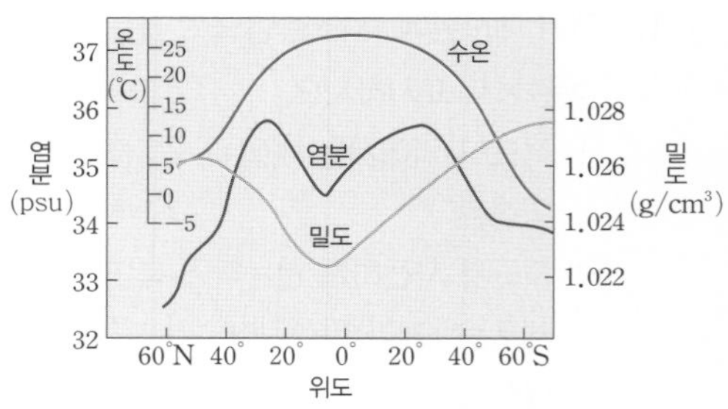

위도별 해수의 수온, 염분, 밀도 분포

(2) **표층 해수의 침강** : 표층 해수의 수온이 낮아지거나 염분이 높아져서 밀도가 커지면 표층 해수는 아래로 침강하여 ❸심층 해수가 형성된다. ➡ 그린란드 주변 해역이나 남극의 웨델해 등과 같이 수온이 낮은 고위도 해역에서 표층 해수의 침강이 잘 일어난다.

2 해수의 심층 순환

(1) 심층 순환의 발생

① 심층 순환 : 수온 약층 아래의 심해층에서 밀도 차이에 의해 일어나는 순환으로, 해수의 밀도를 결정하는 주된 요인이 수온과 염분이기 때문에 심층 순환을 열염 순환이라고도 한다.

② 심층 순환의 발생 모형 : 해양의 가장자리에서 가라앉는 무거운 물은 다른 해양에서 같은 양만큼 상승하는 물로 대체된다.

❹심층 순환의 이론적인 모형에서는 물이 가라앉는 현상은 매우 좁은 극 지방의 차가운 바다에서 일어나지만 물이 상승하는 것은 따뜻한 온대 및 열대 지역의 넓은 바다에서 아주 천천히 일어난다.

⬇

상승한 물은 표층 해류를 따라 다시 극지방으로 이동하여 냉각되면 침강하는 작용을 반복하게 된다.

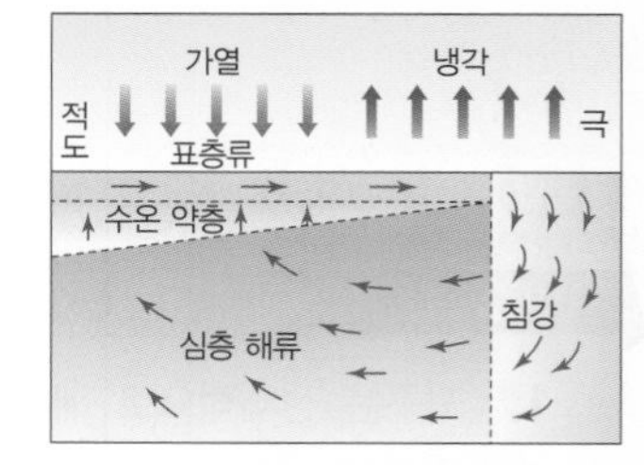

심층 순환의 발생 모형

③ 대서양의 심층 순환 : 대서양은 태평양에 비해 염분이 높아서 심층 순환이 잘 형성된다.

남극 저층수	• 남극 주변의 웨델해에서 수온이 낮은 해수가 ❺결빙되면서 염분이 높아지고, 밀도가 커지면서 가라앉아 형성되며, 전 세계 해수 중에서 수온이 가장 낮고 밀도가 가장 크다. • 웨델해에서 가라앉은 해수는 대서양, 태평양, 인도양에서 수심이 4000 m보다 낮은 곳을 채우며 해저 지형을 따라 북쪽으로 이동한다.
북대서양 심층수	• 그린란드 주변 해역에서 겨울철에 염분이 높은 해수가 냉각되면서 밀도가 증가하여 심층으로 가라앉아 형성되며, 북대서양으로 유입되어 남극 저층수와 만난다. • 남극 저층수보다 밀도가 작기 때문에 수심 1500∼4000 m 범위에서 넓게 퍼진다.
남극 중층수	• 남위 60° 부근의 해역에서 냉각되어 가라앉아 형성된 심층수이다. • 수심 1000 m 부근에서 북쪽으로 이동한다.

THE 알기

해수의 보존성
해수가 침강하면 대기와 상호 작용이 일어나지 않고 성질이 다른 수괴는 잘 섞이지 않으므로 수괴의 수온과 염분이 거의 변하지 않는다. 따라서 수괴의 수온과 염분을 조사하면 그 기원과 이동 경로를 추정할 수 있다.

❶ 밀도류
밀도 분포가 균일하지 않은 곳에서 발생하는 해수의 흐름을 밀도류라고 하며, 심층 해수의 이동은 주로 밀도류에 의해 일어난다.

❷ 수괴
수온, 염분, 밀도가 비슷한 해수 덩어리를 수괴라고 한다.

❸ 심층 해수
수온 약층 아래에는 깊이에 따라 밀도가 다른 해수가 존재하며, 이는 수온과 염분이 각각 다르게 나타나는 것을 통해 알 수 있다.

❹ 심층 순환의 관측
심층 순환의 속도는 매우 느리기 때문에 직접 관측하기는 어렵다. 일반적으로 해수가 표층에서 침강한 후 심층 순환을 거쳐 다시 표층으로 되돌아오는 데 약 1000년 정도 걸린다. 따라서 심층 순환은 수온, 염분, 밀도, 용존 산소량 등을 관측하여 간접적으로 알아낸다.

❺ 결빙에 의한 해수의 밀도 증가
극지방에서는 해수가 결빙되어 빙산이 형성될 때 염류가 빠져나오므로 빙산 주변의 해수는 수온이 낮고 염분이 높아져 밀도가 상승하므로 침강하여 심층 순환을 형성한다.

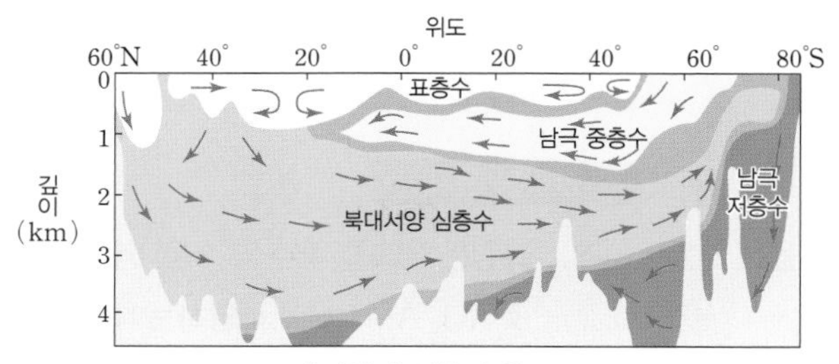

대서양의 심층 순환

(2) 세계 해수의 순환

북대서양 ❶그린란드 주변 해역(A)에서 냉각되어 침강한 물은 대서양의 서쪽 해안을 따라 남쪽으로 흐르다가 남극 주변의 웨델해(B)에서 결빙에 의해 침강한 물과 함께 인도양과 태평양으로 퍼져 나간다.

➡

이러한 물은 매우 느린 속도로 ❷용승하게 되고, 상승한 물은 표층 해류를 따라 웨델해로 다시 유입되거나 대서양을 거쳐 그린란드 주변 해역으로 유입되면서 ❸표층 순환과 심층 순환이 연결된 큰 순환을 이루게 된다.

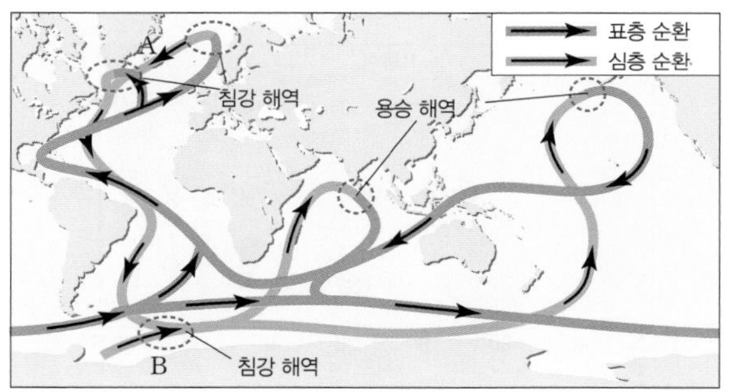

세계 해수의 순환

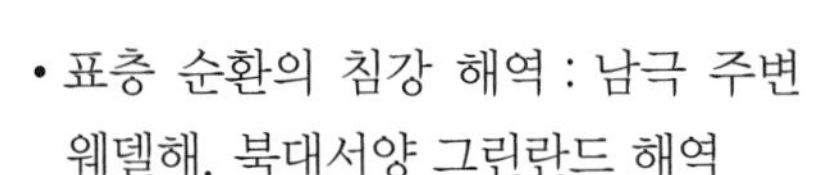

- 표층 순환의 침강 해역 : 남극 주변 웨델해, 북대서양 그린란드 해역
- 심층 순환의 용승 해역 : 인도양, 북태평양 해역

(3) 심층 순환이 지구 환경에 미치는 영향

① 용존 산소가 풍부한 표층 해수를 심해로 운반하여 심해층에 산소를 공급한다.
② 바다의 전체 수심에 걸쳐서 일어나기 때문에 지구 전체의 해수를 순환시키는 역할을 한다.
③ 표층 순환과 연결되어 저위도의 과잉 에너지를 고위도로 운반하여 위도별 에너지 불균형을 해소한다.

THE 알기

❶ 그린란드 주변 해역의 냉각
멕시코 만류를 통해 북대서양의 그린란드 해역까지 이동한 따뜻한 해수가 극지방의 찬 공기와 만나면 해수의 온도가 낮아지고, 이 과정에서 찬 공기는 해수로부터 열과 수증기를 공급받는다. 이 공기가 유럽까지 이동하여 겨울에도 비교적 온화한 기후가 나타난다.

❷ 심층 순환의 용승
심층 순환을 이루는 해류는 저위도 해역으로 이동하면서 수온이 상승하고, 표층 해수의 발산에 의한 영향으로 서서히 용승한다.

❸ 표층 순환과 심층 순환의 연결
북대서양의 그린란드 주변 해역은 표층 해류인 북대서양 해류가 유입되어 냉각되면서 밀도가 커져서 침강하며 심층 순환이 형성된다. 따라서 심층 순환이 강해지면 이와 연결된 표층 해류인 북대서양 해류도 강해진다.

THE 들여다보기 　수온-염분도와 수괴 분석

어느 해역에서 오른쪽 그림과 같이 수심에 따라 수온과 염분이 변화하였다면 밀도 변화는 다음과 같다.

- 수심 150 m에서 800 m까지는 주로 수온이 낮아져서 밀도가 증가한다. 염분도 낮아져서 밀도가 감소할 수도 있지만, 염분의 변화에 의한 영향보다는 수온의 변화에 의한 영향이 더 크기 때문에 밀도 변화는 수온의 영향을 더 많이 받은 것으로 추정된다.
- 수심 800 m에서 2000 m까지는 수온은 거의 일정하고 염분이 증가하면서 밀도가 증가하였다.
- 수심 2000 m에서 5000 m까지는 수온-염분 변화선이 등밀도 곡선과 거의 나란하므로 밀도 변화가 매우 작다.

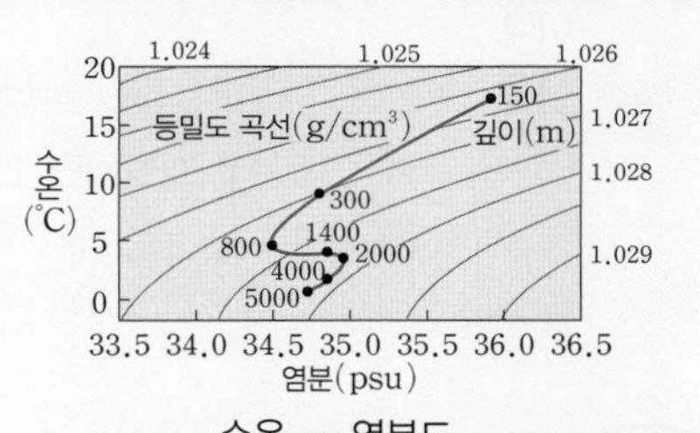

수온 - 염분도

개념체크

○X 문제

1. 밀도류와 심층 해수의 이동에 대한 설명으로 옳은 것은 ○, 옳지 않은 것은 ×로 표시하시오.

(1) 심층 해수의 이동은 주로 대기 대순환에 의해 일어난다. ( )

(2) 밀도류의 가장 주요한 발생 원인은 수압의 차이이다. ( )

(3) 밀도가 서로 다른 해수가 만나면 밀도가 큰 수괴가 밀도가 작은 수괴를 밀어 올리면서 해수의 흐름이 생긴다. ( )

2. 해수의 심층 순환에 대한 설명으로 옳은 것은 ○, 옳지 않은 것은 ×로 표시하시오.

(1) 심층 순환은 해수의 밀도 차이에 의해 일어나는 순환으로 열염 순환이라고도 한다. ( )

(2) 심층 순환의 속도는 표층 순환에 비해 매우 빠르다. ( )

(3) 해수가 침강하면 주변 해수와 혼합되어 수온과 염분은 빠르게 변한다. ( )

(4) 심층 순환은 용존 산소량이 풍부한 표층 해수를 심해로 운반한다. ( )

단답형 문제

3. 그림은 위도별 해수의 수온, 염분, 밀도 분포를 나타낸 것이다. A, B, C에 해당하는 내용을 각각 쓰시오.

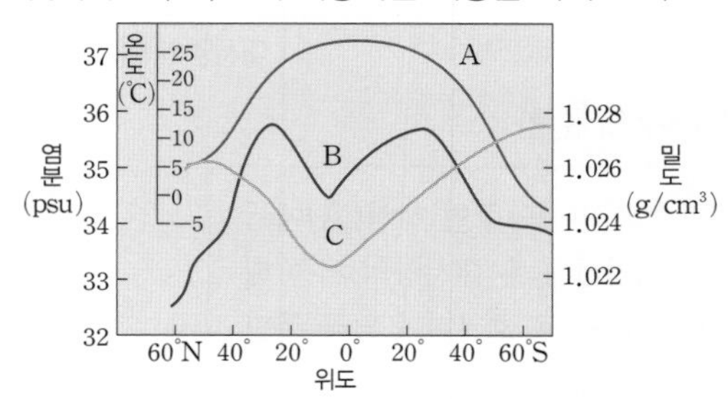

4. 그림은 북대서양의 심층 순환을 나타낸 것이다. 이 중에서 가장 밀도가 큰 해수의 이름을 쓰시오.

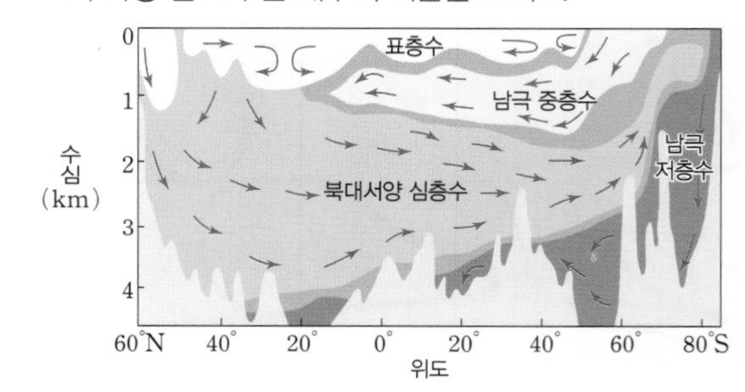

정답 1. (1) × (2) × (3) ○ 2. (1) ○ (2) × (3) × (4) ○ 3. A : 수온, B : 염분, C : 밀도 4. 남극 저층수

빈칸 완성

1. 심층 순환은 해수의 ( ) 차이에 의해 일어나는 연직 순환이다.

2. 해수의 밀도는 수온이 ① ( )을수록, 염분이 ② ( )을수록 커진다.

3. 해수가 결빙되면 주변 해역의 염분은 ( )할 것이다.

4. 심층 순환은 독립적으로 나타나는 것이 아니라 ( )과 컨베이어 벨트처럼 연결되어 저위도의 과잉 에너지를 고위도로 운반하여 위도별 에너지 불균형을 해소한다.

5. 대서양의 심층 순환 중 남극 주변의 웨델해에서 수온이 낮은 해수가 결빙되면서 염분이 높아지고, 밀도가 커지면서 침강하여 형성된 심층 해수는 ( )이다.

6. 그린란드 주변 해역에서 겨울철에 염분이 높은 해수가 냉각되면서 밀도가 증가하여 심층으로 가라앉아 형성된 심층 해수는 ( )이다.

7. 남위 60° 부근의 해역에서 냉각되어 가라앉아 형성된 심층 해수는 ( )이다.

정답 1. 밀도 2. ① 낮 ② 높 3. 상승(증가) 4. 표층 순환 5. 남극 저층수 6. 북대서양 심층수 7. 남극 중층수

대기 대순환과 해류의 표층 순환

정답과 해설 53쪽

목표

대기 대순환으로 인해 해류의 표층 순환이 형성되는 과정과 그 특징을 파악한다.

과정

그림 (가)는 대기 대순환에 의해 형성되는 이론적인 표층 순환의 모습을, (나)는 실제 바다에서 형성되는 표층 순환의 모습을 나타낸 것이다.

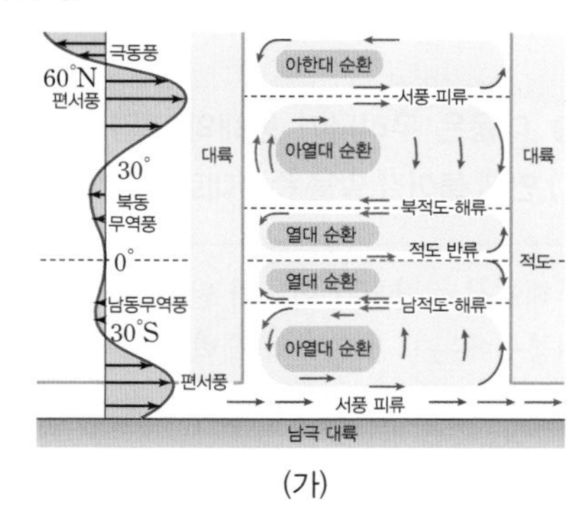

(가)

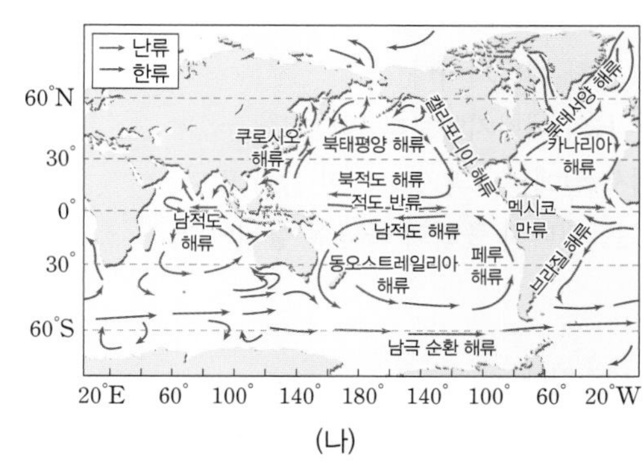

(나)

1. 그림 (가)에서 동서 방향으로 흐르는 해류와 남북 방향으로 흐르는 해류의 형성 과정을 설명하시오.
2. 그림 (나)에서 태평양(또는 대서양)의 동쪽과 서쪽에서 대양의 가장자리를 따라 흐르는 해류의 특징을 설명하시오.
3. 태평양의 북반구와 남반구 해역에서 형성되는 표층 순환의 특징을 설명하시오.

결과 정리 및 해석

1. 그림 (가)에서 동서 방향으로 흐르는 북적도 해류와 남적도 해류는 각각 북동 무역풍과 남동 무역풍에 의해, 서풍 피류는 편서풍에 의해 형성된다. 그림 (가)의 서풍 피류는 그림 (나)에서 북태평양 해류와 북대서양 해류, 남극 순환 해류로 나타난다. 동서 방향의 해류가 대륙에 막히면 남북 방향으로 갈라져서 흐르며, 태평양에서는 난류인 쿠로시오 해류와 한류인 캘리포니아 해류를, 대서양에서는 난류인 멕시코 만류와 한류인 카나리아 해류를 형성한다.
2. 태평양(또는 대서양)의 서쪽에서 대양의 가장자리를 따라 고위도로 흐르는 해류는 난류인 쿠로시오 해류(또는 멕시코 만류)로 수온과 염분이 높으며, 동쪽에서 대양의 가장자리를 따라 저위도로 흐르는 해류는 한류인 캘리포니아 해류(또는 카나리아 해류)로 용존 산소와 영양 염류가 풍부하다. 한류가 지나는 해역은 같은 위도의 태평양(또는 대서양) 서쪽 해역보다 상대적으로 서늘하고 건조한 기후가 나타난다.
3. 태평양의 북반구 해역에서 아열대 순환은 시계 방향의 흐름이고, 남반구 해역에서 아열대 순환은 시계 반대 방향의 흐름이다. 반면, 열대 순환은 북적도 해류와 남적도 해류 사이에 있는 적도 반류와 연결된 표층 순환으로 북반구에서는 시계 반대 방향으로, 남반구에서는 시계 방향으로 흐른다. 한편, 아한대 순환은 북반구에서만 극동풍과 편서풍의 영향을 받는 고위도 해역에서 시계 반대 방향으로 흐르고, 바다 전체가 연결된 남반구의 고위도 해역에서는 나타나지 않는다.

탐구 분석

1. 북적도 해류와 남적도 해류 사이에서 흐르는 적도 반류의 생성 원인은 무엇인가?
2. 아열대 순환의 서쪽과 동쪽에서 형성되는 해류의 수온이 서로 다른 이유는 무엇인가?

내신 기초 문제

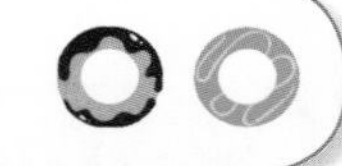

정답과 해설 53쪽

[8589-0290]

01 **그림은 연평균 태양 복사 에너지의 흡수량과 지구 복사 에너지의 방출량을 위도별로 나타낸 것이다.**
이에 대한 설명으로 옳은 것은?

복사 에너지(cal/cm²·min)
0.5 0.4 0.3 0.2 0.1 0
태양 복사 에너지의 흡수량
지구 복사 에너지의 방출량
열에너지 이동량
A
B
90 80 70 60 50 40° 30° 20° 10° 0°
북극 위도 적도

① A는 고위도의 남는 에너지이다.
② B는 저위도의 부족한 에너지이다.
③ A의 에너지양은 B의 에너지양보다 많다.
④ 위도 38° 부근에서 열에너지의 이동량이 가장 많다.
⑤ 지구 전체적으로는 에너지 출입이 불균형 상태이다.

[8589-0291]

02 **그림은 대기 대순환에 의해 북반구에서 형성되는 세 개의 대류 순환 세포를 나타낸 것이다.**

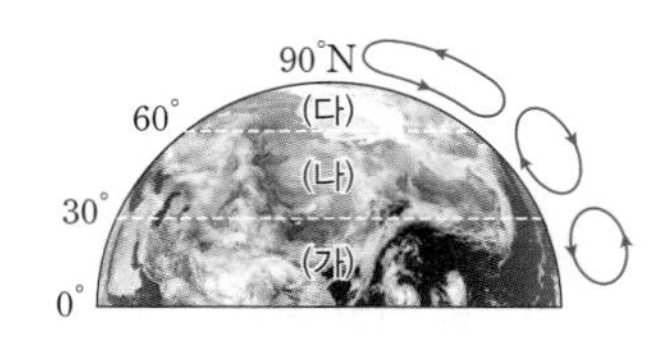

이 순환 세포에 의해 (가), (나), (다)의 지표 부근에서 나타나는 바람으로 옳은 것은?

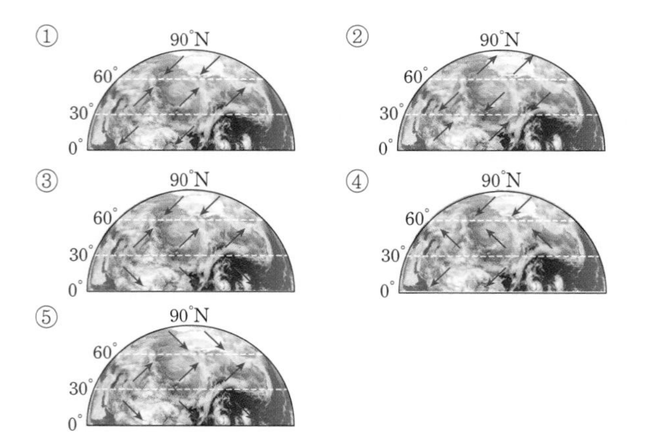

[8589-0292]

03 **대기 대순환의 바람과 이로 인해 형성되는 표층 해류를 옳게 짝 지은 것은?**

① 무역풍 – 남적도 해류
② 편서풍 – 북적도 해류
③ 편서풍 – 쿠로시오 해류
④ 무역풍 – 북태평양 해류
⑤ 극동풍 – 남극 순환 해류

[8589-0293]

04 **난류와 비교하였을 때 한류에서 큰 값으로 나타나는 항목을 〈보기〉에서 모두 고른 것은?**

보기
ㄱ. 수온
ㄴ. 염분
ㄷ. 용존 산소량
ㄹ. 영양 염류

① ㄱ, ㄴ ② ㄱ, ㄷ ③ ㄴ, ㄷ ④ ㄴ, ㄹ ⑤ ㄷ, ㄹ

[8589-0294]

05 **다음은 우리나라 동해의 조경 수역에 대한 설명이다. ( ) 안에 들어갈 말을 순서대로 쓰시오.**

동해에서는 난류와 한류가 만나는 조경 수역이 형성된다. 여름철에는 (㉠)의 세력이 강해져서 조경 수역의 위치가 북쪽으로 치우치며, 겨울철에는 (㉡)의 세력이 강해져서 조경 수역의 위치가 남쪽으로 치우친다. 최근에는 지구 온난화의 영향으로 조경 수역의 위치가 점차 (㉢)쪽으로 치우치고 있다.

[8589-0295]

06 **심층 순환은 수온 약층 아래의 심해층에서 수온과 염분 변화에 따른 밀도 차이에 의해 형성된다. 이러한 심층 순환의 또 다른 이름은 무엇인지 쓰시오.**

[8589-0296]

07 **그림은 대서양에서 일어나는 심층 순환을 나타낸 것이다.**

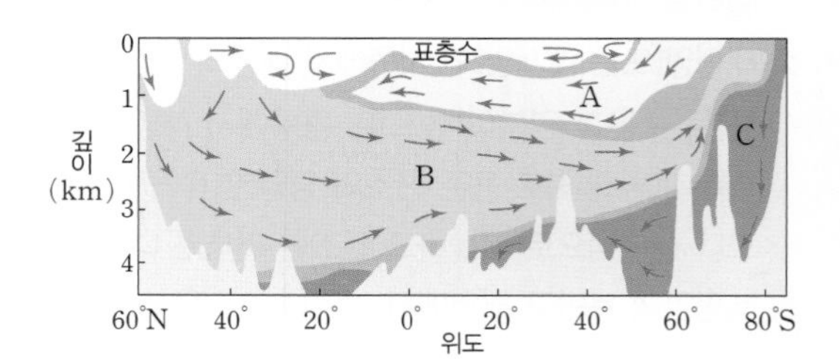

A, B, C의 이름을 옳게 짝 지은 것은?

	A	B	C
①	남극 중층수	북대서양 저층수	남극 심층수
②	남극 중층수	북대서양 심층수	남극 저층수
③	남극 표층수	북대서양 심층수	남극 심층수
④	남극 표층수	북대서양 중층수	남극 저층수
⑤	남극 심층수	북대서양 심층수	남극 중층수

실력 향상 문제

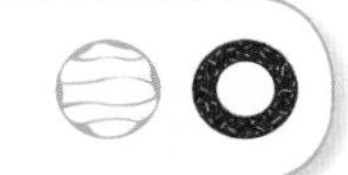

정답과 해설 54쪽

[8589-0297]

01 그림은 위도에 따른 연평균 태양 복사 에너지의 입사량과 지구 복사 에너지의 방출량을 나타낸 것이다.

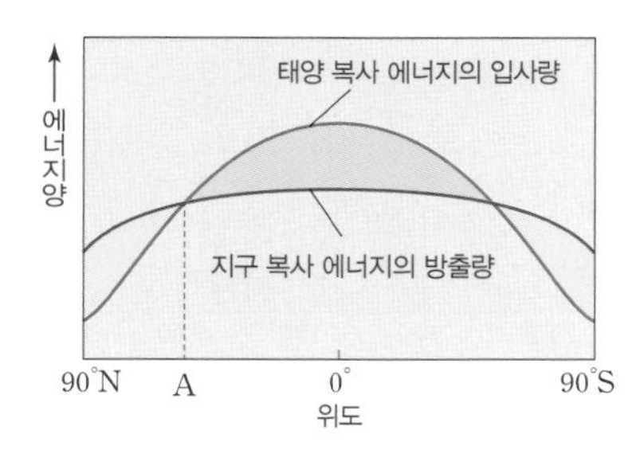

이에 대한 설명으로 옳은 것만을 〈보기〉에서 있는 대로 고른 것은?

보기
ㄱ. A 지역에서는 에너지 이동이 일어나지 않는다.
ㄴ. 적도 지역은 에너지 부족, 극 지역은 에너지 과잉 상태이다.
ㄷ. 지구가 구형이기 때문에 위도별로 태양 복사 에너지의 입사량이 달라진다.

① ㄱ ② ㄷ ③ ㄱ, ㄴ ④ ㄱ, ㄷ ⑤ ㄴ, ㄷ

[8589-0298]

02 그림은 지구가 자전하지 않는 경우의 대기 대순환을 나타낸 것이다.

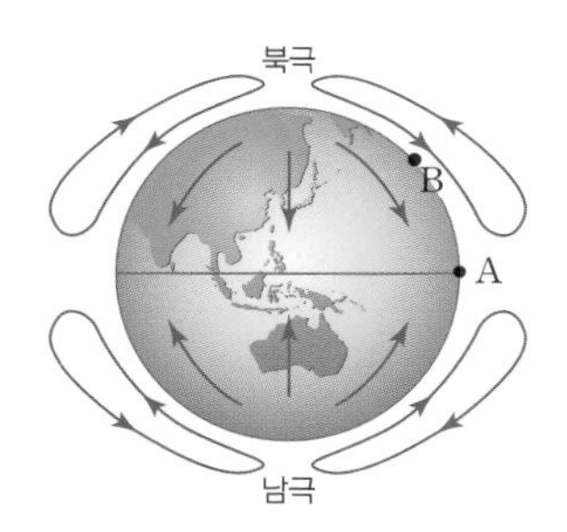

이에 대한 설명으로 옳은 것만을 〈보기〉에서 있는 대로 고른 것은?

보기
ㄱ. A 지역에서는 주로 상승 기류가 발생한다.
ㄴ. B 지역의 지표 부근에서 부는 바람은 북풍이다.
ㄷ. 대기 순환을 따라 극으로 이동하는 공기는 밀도가 증가한다.

① ㄱ ② ㄴ ③ ㄱ, ㄷ ④ ㄴ, ㄷ ⑤ ㄱ, ㄴ, ㄷ

서술형 [8589-0299]

03 저위도 지역은 입사되는 태양 복사 에너지가 방출되는 지구 복사 에너지보다 많은 에너지 과잉 상태이다. 그런데 저위도 지역의 온도가 지속적으로 상승하지는 않는다. 그 이유를 서술하시오.

[8589-0300]

04 그림은 북반구에서 형성되는 대기 대순환을 모식적으로 나타낸 것이다.

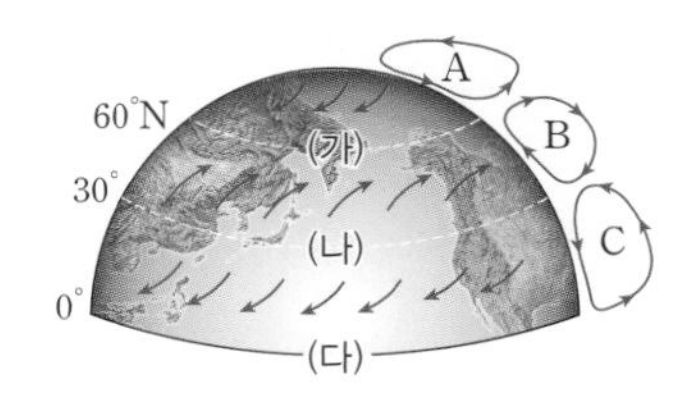

이에 대한 설명으로 옳지 않은 것은?

① A에 의해 지표 부근에서는 극동풍이 분다.
② B는 A와 C에 의해 형성되는 간접 순환이다.
③ C는 적도 지역의 상승 기류에 의해 형성된다.
④ (가) 지역은 (나) 지역보다 대체로 기압이 높다.
⑤ (다) 지역은 (나) 지역보다 연평균 강수량이 많다.

[8589-0301]

05 그림은 지구의 남북 방향 단면에서 보이는 대기 대순환을 나타낸 것이다.

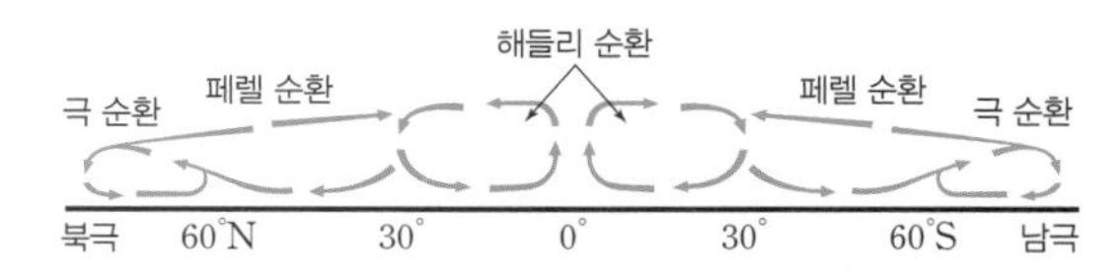

이에 대한 설명으로 옳은 것만을 〈보기〉에서 있는 대로 고른 것은?

보기
ㄱ. 대기 대순환은 북반구와 남반구가 대칭적이다.
ㄴ. 적도와 북위 30° 사이의 지표면에서는 남풍 계열의 바람이 분다.
ㄷ. 위도 60° 부근에서는 공기의 가열에 의한 상승 기류가 나타난다.

① ㄱ ② ㄴ ③ ㄷ ④ ㄱ, ㄴ ⑤ ㄱ, ㄷ

[8589-0302]
06 다음은 대기 대순환에 의해 형성되는 대류 순환 세포를 그 특징에 따라 구분하는 과정을 나타낸 것이다. A, B, C에 적합한 대류 순환 세포의 이름을 각각 쓰시오.

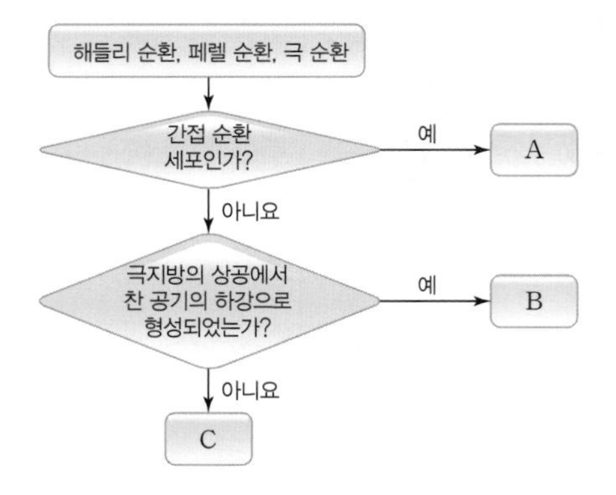

서술형
[8589-0303]
07 바다에서 표층 순환을 이루는 해류와 심층 순환을 이루는 해류의 차이점을 발생 원인과 관련지어 서술하시오.

[8589-0304]
08 그림은 표층 순환 A, B, C와 대기 대순환에 의한 바람의 방향을 간략하게 나타낸 것이다.

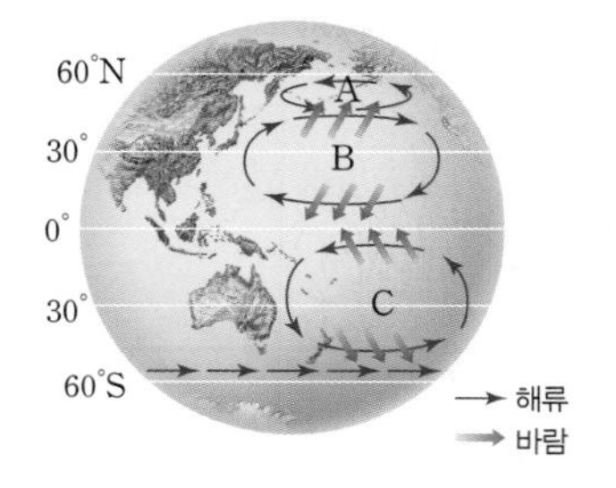

A, B, C에 대한 설명으로 옳은 것만을 〈보기〉에서 있는 대로 고른 것은?

보기
ㄱ. A는 북반구에서만 나타난다.
ㄴ. B는 아열대 순환, C는 열대 순환이다.
ㄷ. 적도를 기준으로 B와 C는 서로 대칭적이다.

① ㄱ ② ㄷ ③ ㄱ, ㄴ
④ ㄱ, ㄷ ⑤ ㄴ, ㄷ

[8589-0305]
09 그림은 표층 해류의 분포를 나타낸 것이다.

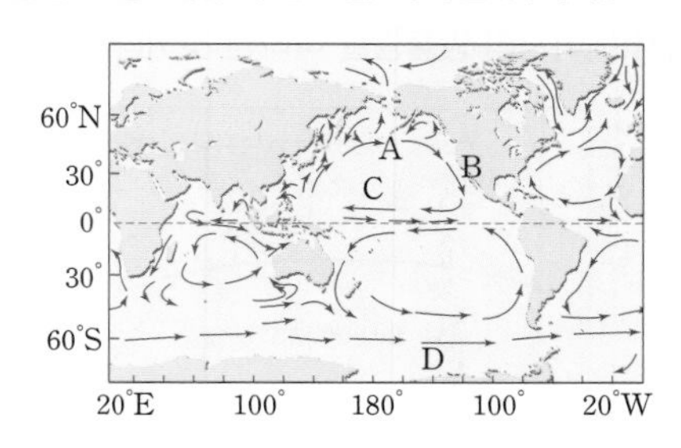

해류 A~D에 대한 설명으로 옳지 않은 것은?

① A는 편서풍에 의해 형성된 북태평양 해류이다.
② B는 난류에 비해 영양 염류가 풍부한 한류이다.
③ C는 적도 반류와 함께 아열대 순환을 형성한다.
④ D는 남극 대륙 주변을 서에서 동으로 돌면서 흐른다.
⑤ A, B, C 중에서 수온이 가장 낮은 해역을 흐르는 해류는 A이다.

[8589-0306]
10 그림은 북대서양에서 용존 산소량의 분포를 나타낸 것이다.

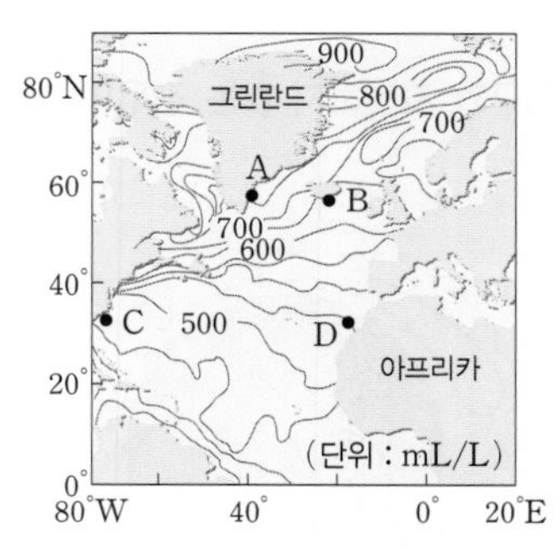

이에 대한 설명으로 옳은 것만을 〈보기〉에서 있는 대로 고른 것은?

보기
ㄱ. A 해역은 B 해역보다 수온이 낮을 것이다.
ㄴ. C 해역에는 한류가, D 해역에는 난류가 흐른다.
ㄷ. C와 D 해역 사이에 형성되는 표층 순환은 시계 반대 방향이다.

① ㄱ ② ㄴ ③ ㄷ
④ ㄱ, ㄷ ⑤ ㄴ, ㄷ

[8589-0307]
11 **그림은 대기 대순환에 의해 지표 부근에서 부는 바람과 이론적인 해수의 표층 순환 모형을 나타낸 것이다.**

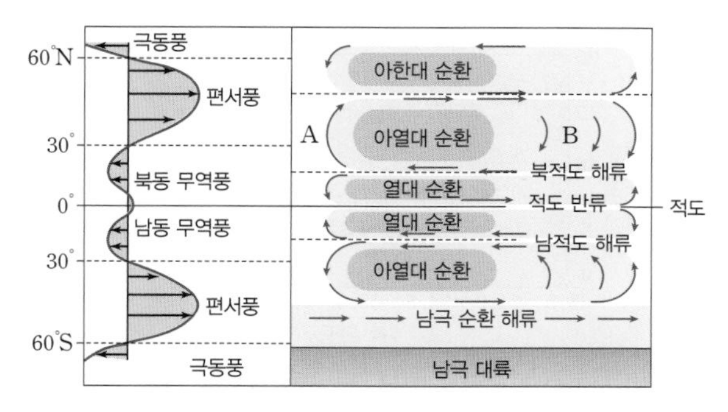

이에 대한 설명으로 옳은 것만을 ⟨보기⟩에서 있는 대로 고른 것은?

보기

ㄱ. 대기 대순환에 의해 형성되는 해류는 주로 동서 방향으로 흐른다.
ㄴ. 지구에 대륙이 없다면 표층 해류는 대체로 위도와 나란하게 형성될 것이다.
ㄷ. A와 B 중에서 저위도의 남는 에너지를 고위도로 운반하는 해류는 B이다.

① ㄱ ② ㄷ ③ ㄱ, ㄴ ④ ㄴ, ㄷ ⑤ ㄱ, ㄴ, ㄷ

[8589-0308]
12 **그림은 여름철의 어느 날에 측정한 우리나라 주변 해역의 표층 수온 분포를 나타낸 것이다.**

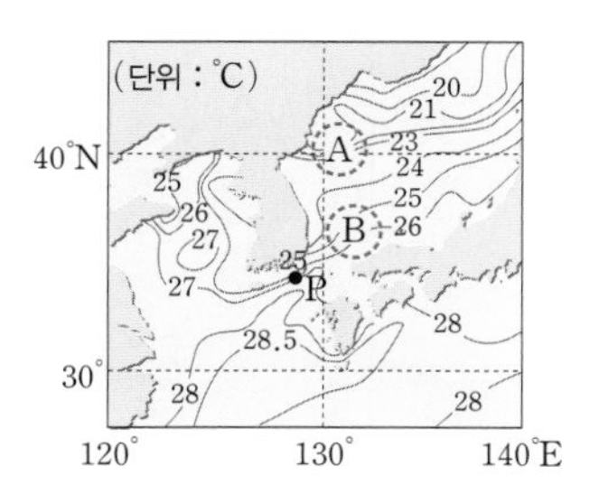

이에 대한 설명으로 옳은 것만을 ⟨보기⟩에서 있는 대로 고른 것은?

보기

ㄱ. 남해는 동해보다 난류의 영향을 더 많이 받는다.
ㄴ. 동해에서 조경 수역은 A보다 B에서 형성되었을 것이다.
ㄷ. P 지점에서 기름 유출 사고가 발생했다면 기름띠는 황해보다 동해로 퍼졌을 것이다.

① ㄱ ② ㄴ ③ ㄱ, ㄷ ④ ㄴ, ㄷ ⑤ ㄱ, ㄴ, ㄷ

[8589-0309]
13 **그림 (가)와 (나)는 우리나라 주변에서 여름철과 겨울철의 해류 분포를 순서 없이 나타낸 것이다.**

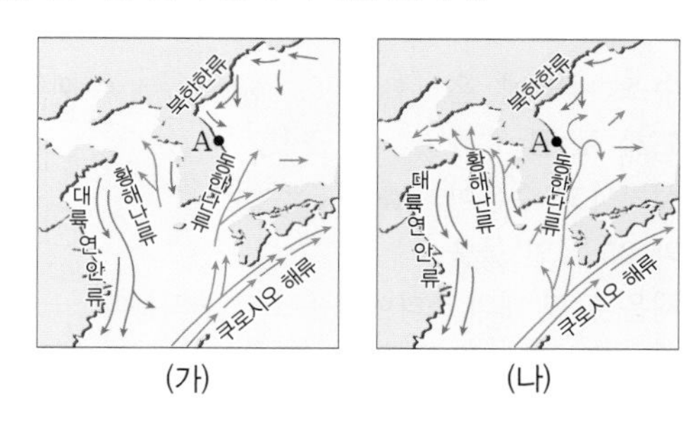

이에 대한 설명으로 옳은 것은?

① 남해는 수온의 연교차가 크게 나타난다.
② (가)는 겨울철, (나)는 여름철의 해류 분포이다.
③ A 해역은 (가)보다 (나)에서 표층 수온이 더 낮다.
④ 황해난류는 여름철보다 겨울철에 세력이 강하다.
⑤ 동해에서 형성되는 조경 수역의 위치는 계절에 관계없이 일정하다.

서술형
[8589-0310]
14 **심층 순환은 밀도가 커진 표층 해수가 침강하면서 형성된다. 이때 표층 해수의 침강이 잘 일어나는 경우를 염분과 수온의 변화와 관련지어 서술하시오.**

[8589-0311]
15 **그림은 바다에서 형성되는 심층 순환을 모식적으로 나타낸 것이다.**

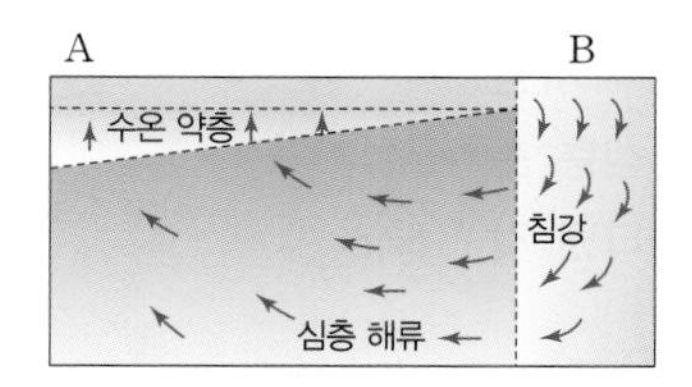

이에 대한 설명으로 옳은 것만을 ⟨보기⟩에서 있는 대로 고른 것은?

보기

ㄱ. 밀도 차이에 의해 일어나는 순환이다.
ㄴ. A 해역은 B 해역보다 고위도에 위치한다.
ㄷ. B 해역의 염분이 감소하면 침강이 활발해진다.

① ㄱ ② ㄴ ③ ㄷ ④ ㄱ, ㄷ ⑤ ㄴ, ㄷ

[8589-0312]

16 다음은 어느 해류의 발생 원리를 알아보기 위한 실험 과정이다.

(가) 수조 바닥에 온도계 A, B, C를 설치하고 수온이 약 25 ℃인 물을 채운 후 몇 개의 스타이로폼 조각을 띄운다.

(나) 종이컵 바닥에 작은 구멍을 뚫어 수조의 한쪽에 고정시키고 얼음을 채운다.

(다) 색소를 녹인 물을 준비하여, ㉠ 얼음을 채운 종이컵에 천천히 부으면서 수조 바닥의 온도 변화와 스타이로폼 조각의 움직임을 관찰한다.

이에 대한 설명으로 옳은 것만을 <보기>에서 있는 대로 고른 것은?

보기

ㄱ. ㉠에서 색소를 녹인 물의 밀도가 감소한다.

ㄴ. 온도계 A, B, C 중에서 온도가 가장 먼저 내려가는 것은 A이다.

ㄷ. 스타이로폼 조각은 얼음이 담긴 종이컵이 있는 쪽으로 이동한다.

① ㄱ ② ㄷ ③ ㄱ, ㄴ ④ ㄴ, ㄷ ⑤ ㄱ, ㄴ, ㄷ

[8589-0313]

17 그림은 대서양에서 일어나는 심층 순환의 단면을 나타낸 것이다.

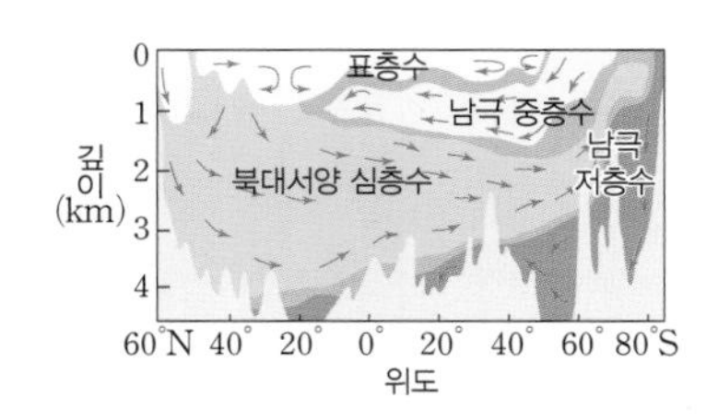

이에 대한 설명으로 옳은 것은?

① 북위 60° 부근의 해역에서는 용승이 일어난다.
② 남극 중층수는 북대서양 심층수보다 밀도가 크다.
③ 심층 순환은 대기 대순환의 바람에 의해 일어난다.
④ 남극의 빙하가 녹으면 남극 저층수의 흐름이 강해진다.
⑤ 심층 순환은 위도별 에너지 불균형을 해소하는 역할을 한다.

[8589-0314]

18 그림은 어느 해역에서 수심에 따라 수온과 염분을 측정하여 수온-염분도에 나타낸 것이다.

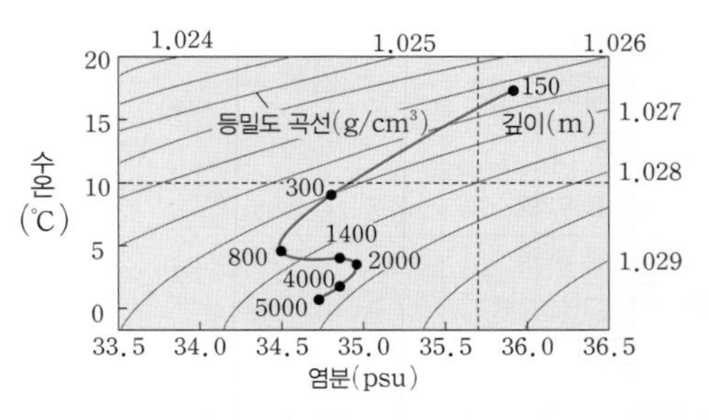

이에 대한 설명으로 옳은 것만을 <보기>에서 있는 대로 고른 것은?

보기

ㄱ. 수심이 깊어질수록 염분은 지속적으로 감소한다.

ㄴ. 수심 800 m~2000 m에서 해수의 밀도는 변하지 않는다.

ㄷ. 이 해역에 수온 10 ℃, 염분 35.7 psu인 해수가 유입되면 수심 800 m~1400 m 사이에 위치하게 된다.

① ㄱ ② ㄴ ③ ㄷ ④ ㄱ, ㄷ ⑤ ㄴ, ㄷ

[8589-0315]

19 그림은 전 세계 해양에서 형성되는 해수의 순환을 나타낸 것이다.

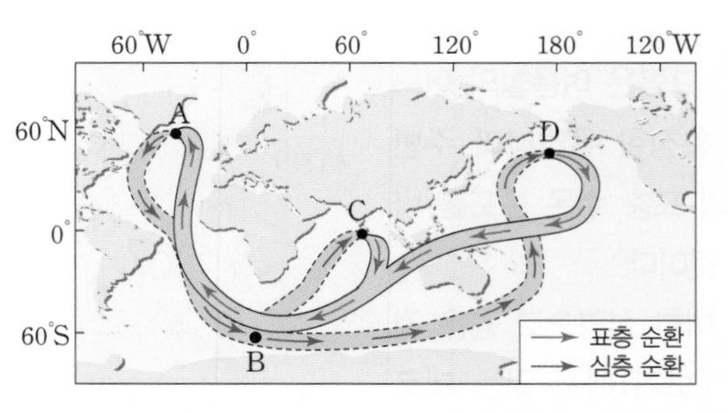

A ~ D 해역에 대한 설명으로 옳은 것만을 <보기>에서 있는 대로 고른 것은?

보기

ㄱ. A에서 표층 해수의 산소가 심해로 공급된다.

ㄴ. B의 표층 해수는 다른 해역에 비해 밀도가 크다.

ㄷ. C와 D에서 형성되는 표층 순환은 열에너지를 고위도로 운반한다.

① ㄱ ② ㄴ ③ ㄱ, ㄷ ④ ㄴ, ㄷ ⑤ ㄱ, ㄴ, ㄷ

신유형·수능 열기

정답과 해설 58쪽

[8589-0316]

01 그림은 북반구의 대기 대순환에서 형성되는 대류 순환 세포를 모식적으로 나타낸 것이다.

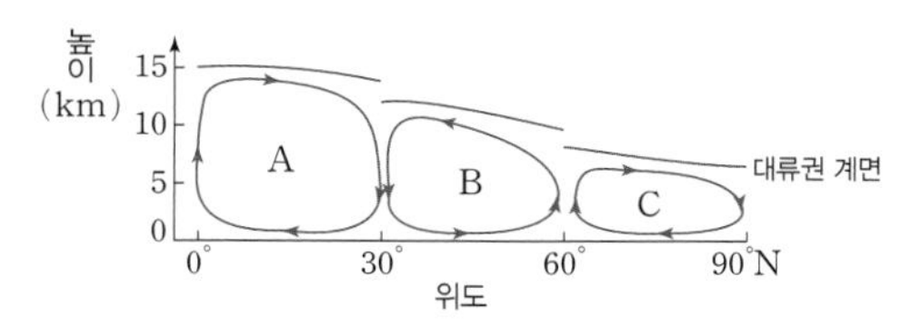

이에 대한 설명으로 옳은 것만을 〈보기〉에서 있는 대로 고른 것은?

보기
ㄱ. A와 B는 직접 순환 세포이다.
ㄴ. C에 의해 지표 부근에서는 북풍 계열의 바람이 분다.
ㄷ. 위도 60° 지역은 위도 30° 지역보다 연평균 강수량이 많다.

① ㄱ ② ㄷ ③ ㄱ, ㄴ ④ ㄴ, ㄷ ⑤ ㄱ, ㄴ, ㄷ

[8589-0317]

02 그림 (가)는 남태평양의 아열대 순환을, (나)는 A와 C 해역에서 측정한 수온과 용존 산소량을 순서 없이 나타낸 것이다.

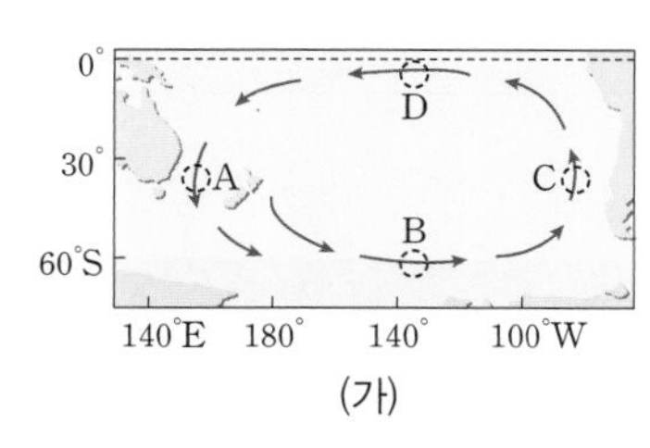

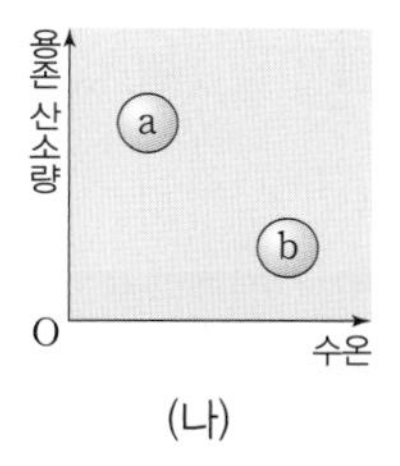

(가) (나)

이에 대한 설명으로 옳은 것만을 〈보기〉에서 있는 대로 고른 것은?

보기
ㄱ. D의 해류는 무역풍에 의해, B의 해류는 편서풍에 의해 형성된다.
ㄴ. C에서 측정한 수온과 용존 산소량은 a이다.
ㄷ. 북태평양의 아열대 순환은 시계 방향으로 형성된다.

① ㄱ ② ㄴ ③ ㄱ, ㄷ ④ ㄴ, ㄷ ⑤ ㄱ, ㄴ, ㄷ

[8589-0318]

03 그림은 북태평양의 표층 수온 분포를 나타낸 것이다.

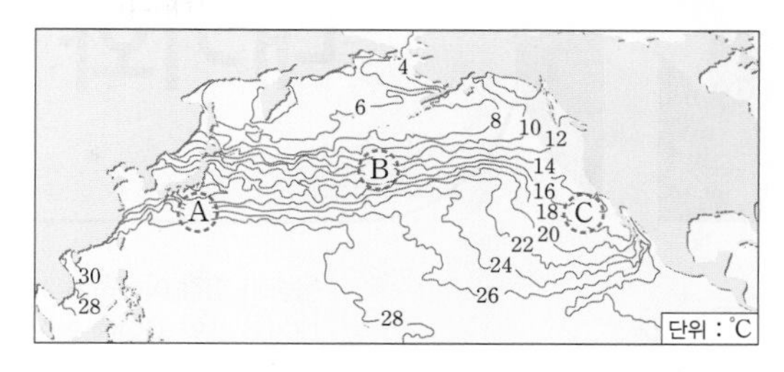

해역 A, B, C에 대한 설명으로 옳은 것만을 〈보기〉에서 있는 대로 고른 것은?

보기
ㄱ. 염분은 A보다 C에서 높게 나타난다.
ㄴ. B에서 표층 해류는 서에서 동으로 흐른다.
ㄷ. C를 지나는 해류는 A를 지나는 해류보다 더 많은 에너지를 운반한다.

① ㄱ ② ㄴ ③ ㄷ ④ ㄱ, ㄷ ⑤ ㄴ, ㄷ

[8589-0319]

04 그림 (가)는 북대서양에서의 표층 순환과 심층 순환의 일부를, (나)는 과거 약 30년 동안 A, B 두 해역의 표층 염분 변화를 나타낸 것이다.

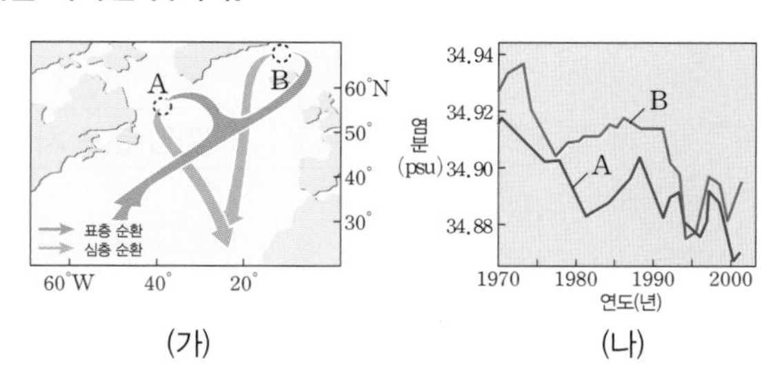

(가) (나)

이에 대한 설명으로 옳은 것만을 〈보기〉에서 있는 대로 고른 것은?

보기
ㄱ. A 해역에서는 용승이, B 해역에서는 침강이 일어난다.
ㄴ. 관측 기간 동안 A, B 해역에서 해수의 밀도는 감소하였을 것이다.
ㄷ. 관측 기간 동안 북대서양에서 심층 순환은 강해졌을 것이다.

① ㄱ ② ㄴ ③ ㄱ, ㄷ ④ ㄴ, ㄷ ⑤ ㄱ, ㄴ, ㄷ

11

대기와 해양의 상호 작용

- 용승과 침강 이해하기
- 대기와 해양 사이에 일어나는 상호 작용 설명하기
- 대기와 해양의 상호 작용 과정에서 기후 변화가 발생함을 이해하기

한눈에 단원 파악, 이것이 핵심!

대기와 해양의 상호 작용은 어떻게 나타날까?

기압 차이에 의한 대기의 움직임(바람) 변화
↓
표층 해수의 움직임(표층 해류) 변화
↓
표층 수온의 변화
↓
표층 수온 분포에 따른 상승 기류와 하강 기류 형성 위치 변화
↓
기압 분포 차이 발생

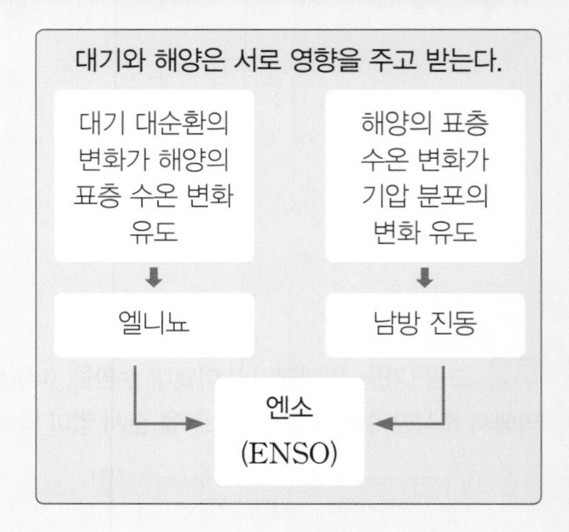

엘니뇨와 라니냐는 어떤 현상일까?

엘니뇨	라니냐
• 무역풍이 약할 때 발생 • 동에서 서로 흐르는 표층 해류 약화 • 동태평양 용승 약화 ➡ 동태평양 표층 수온 상승, 서태평양 표층 수온 하강	• 무역풍이 강할 때 발생 • 동에서 서로 흐르는 표층 해류 강화 • 동태평양 용승 강화 ➡ 동태평양 표층 수온 하강, 서태평양 표층 수온 상승
엘니뇨와 라니냐의 공통점 ➡ 대기와 해양의 상호 작용으로 발생, 전 지구적인 기후 변화의 원인	

01 대기와 해수의 상호 작용

1 해수의 용승과 침강

(1) 용승과 침강의 발생

① 용승 : 어느 해역에서 표층 해수가 빠져나가면 이를 보충하기 위해 심층의 해수가 표층으로 상승하는 흐름이 발생하게 되는데 이를 ❶용승이라고 한다.

② 침강 : 표층 해수가 모이는 해역에서는 해수가 표층에서 심층으로 이동하는 흐름이 발생하게 되는데 이를 침강이라고 한다.

(2) 연안 용승과 침강

해안가에서 일정한 방향으로 바람이 지속적으로 불면 ❷에크만 수송에 의해 표층 해수가 이동하면서 용승이나 침강이 일어난다. ➡ 북반구에서 에크만 수송은 바람 방향의 오른쪽 직각 방향으로 나타나므로, 동쪽 해안에서는 남풍이 불면 용승이, 북풍이 불면 침강 현상이 발생한다.

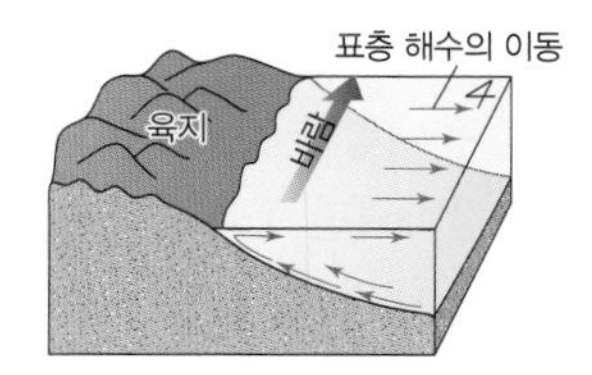

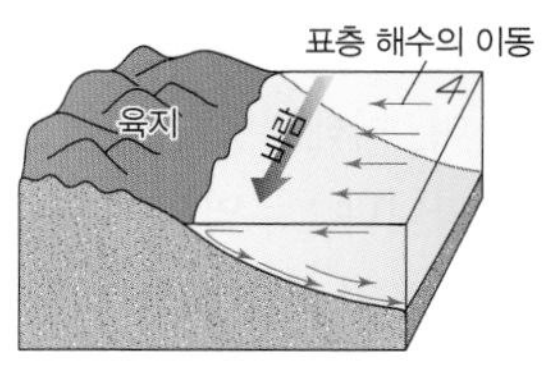

연안 용승과 침강(북반구, 동쪽 해안)

(3) 기압 변화에 따른 용승과 침강

① 저기압에서의 용승 : 북반구의 저기압에서는 시계 반대 방향으로 부는 바람에 의해 표층 해수가 저기압의 주변부로 이동하므로 저기압의 중심 해역에서는 용승이 일어난다.

② 고기압에서의 침강 : 북반구의 고기압에서는 시계 방향으로 부는 바람에 의해 표층 해수가 고기압의 중심부로 모여들므로 고기압의 중심 해역에서는 침강이 일어난다.

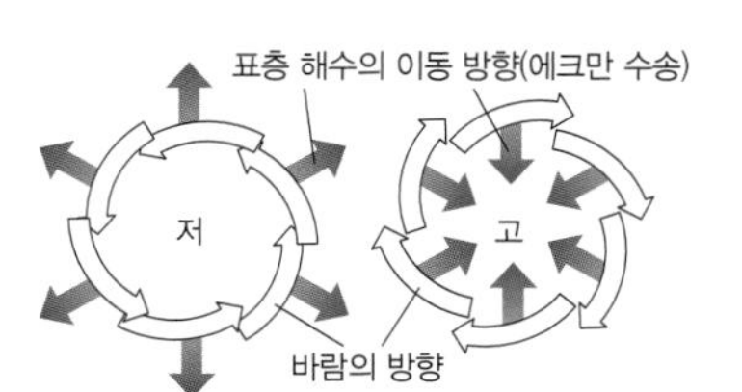

저기압에서의 용승(북반구)　　고기압에서의 침강(북반구)

(4) 적도 용승

무역풍에 의해 적도의 북쪽 해역에서는 표층 해수가 북쪽으로, 적도의 남쪽 해역에서는 표층 해수가 남쪽으로 이동하므로 적도 부근의 해역에서는 표층 해수의 발산으로 인해 심층의 해수가 표층으로 올라오는 용승이 나타난다.

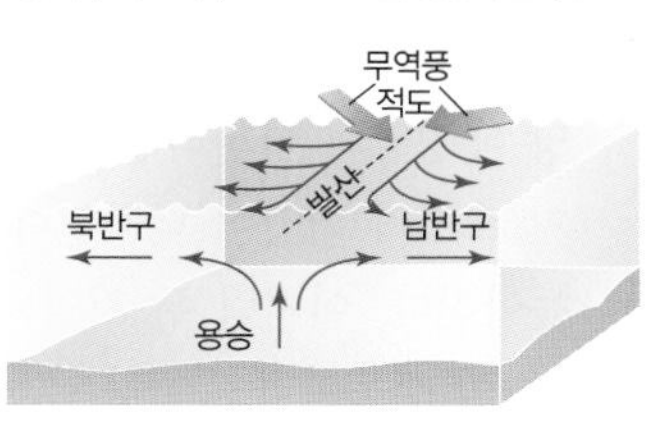

무역풍에 의한 적도 용승

THE 알기

❶ 용승

용승이 일어나는 해역에서는 심층에 존재하던 질산염과 인산염 같은 영양 염류가 표층으로 운반되면서 플랑크톤의 성장이 활발해지고 어류가 모이게 되어 좋은 어장이 형성되는 경우가 많다.

❷ 에크만 수송

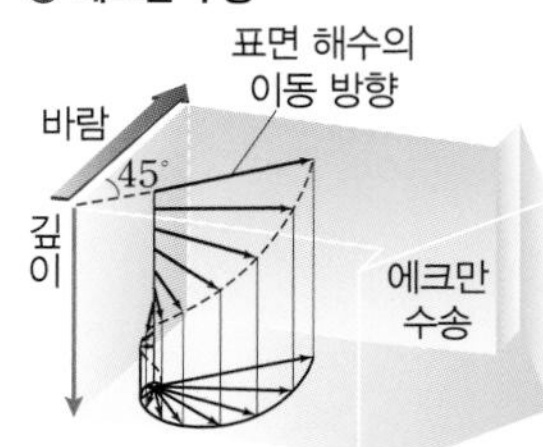

바람이 일정한 방향으로 불면 대기와 해수 사이의 마찰과 지구 자전의 영향으로 북반구의 표면 해수는 바람이 부는 방향의 오른쪽 45° 방향으로 이동한다. 또한, 수심이 깊어질수록 해수의 흐름이 점점 오른쪽으로 편향되고 유속은 느려진다. 해수의 이동 방향이 표면 해수의 이동 방향과 정반대가 되는 깊이까지를 에크만층이라고 한다. 에크만층에서 평균적인 해수의 이동은 북반구에서는 바람이 부는 방향의 오른쪽 90° 방향으로 나타나며 이를 에크만 수송이라고 한다. 남반구에서는 북반구와 반대로 나타난다.

THE 들여다보기　전 세계 주요 용승 해역

- 용승이 일어나는 대표적인 지역
  - ① 적도 해역 : 무역풍에 의해 적도 근처 해역의 표층 해수가 적도를 기준으로 북쪽과 남쪽으로 이동하면서 발산하므로 심층 해수의 용승이 일어난다.
  - ② 페루－칠레 연안 : 무역풍의 영향으로 형성된 남적도 해류에 의해 표층 해수가 서태평양 해역으로 빠져나가면서 이를 보충하기 위해 심층 해수의 용승이 일어난다.
- 용승의 영향 : 용승이 일어나는 해역 근처는 수온이 낮아 연중 서늘하고 안개가 자주 발생한다. 또한, 용승과 함께 영양 염류가 올라와서 플랑크톤이 번식하여 좋은 어장이 형성되기도 한다.

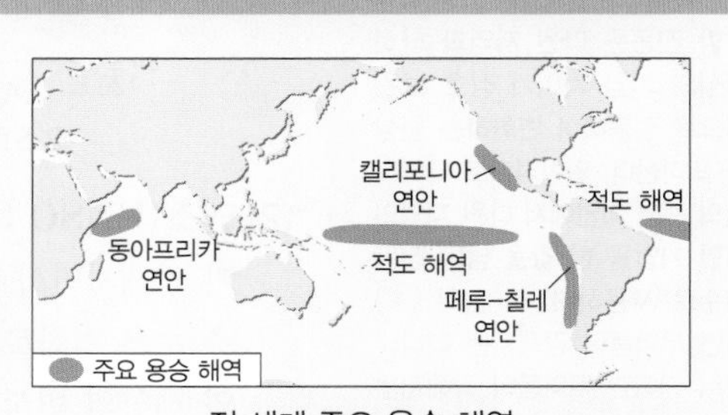

전 세계 주요 용승 해역

THE 알기

❶ 적도 부근 태평양의 연직 수온 분포

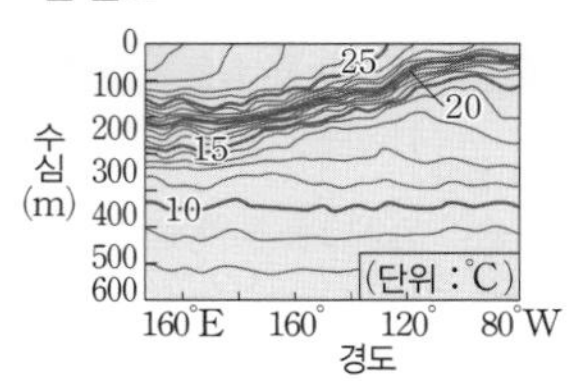

용승이 활발하게 일어나는 동태평양은 표층 수온이 낮고 수온 약층이 형성되는 깊이가 얕다. 반면에 표층 수온이 높은 서태평양은 난수층이 두껍고 수온 약층이 형성되는 수심이 더 깊기 때문에 수온 약층이 동서 방향으로 기울어져 나타난다. 엘니뇨 시기에는 용승이 약화되어 수온 약층의 기울기가 감소한다.

❷ 용승 약화와 어장 변화

동태평양의 페루 연안에는 평상시 용승에 의해 영양 염류가 공급되면서 좋은 어장이 형성되지만, 엘니뇨가 발생하면 용승이 사라지면서 어장이 황폐화되고 어획량도 감소하게 된다.

❸ 남방 진동 지수

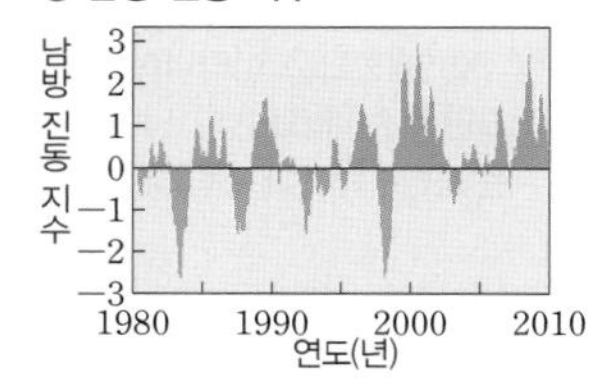

남방 진동은 다윈 지역과 타히티섬의 기압 차이가 상호 보완적으로 진동하며 변화하는 현상을 의미한다. 일반적으로 타히티섬의 해면 기압에서 다윈 지역의 해면 기압을 뺀 값을 남방 진동 지수로 사용하며, 이 값이 (+)이면 무역풍이 강해지는 라니냐가, (−)이면 무역풍이 약해지는 엘니뇨가 발생했다는 것을 의미한다.

2 엘니뇨와 라니냐

(1) 평상시 ❶적도 부근 태평양의 수온 분포와 대기의 순환 : 무역풍에 의해 표층 해수가 동에서 서로 이동하여 서태평양 해역이 동태평양 해역보다 수온이 높다. 수온이 높은 서태평양 해역에서는 상승 기류가 생기고, 수온이 낮은 동태평양 해역에서는 하강 기류가 생기면서 태평양 지역에서 동서 방향으로 대기의 순환이 나타나는데, 이를 워커 순환이라고 한다.

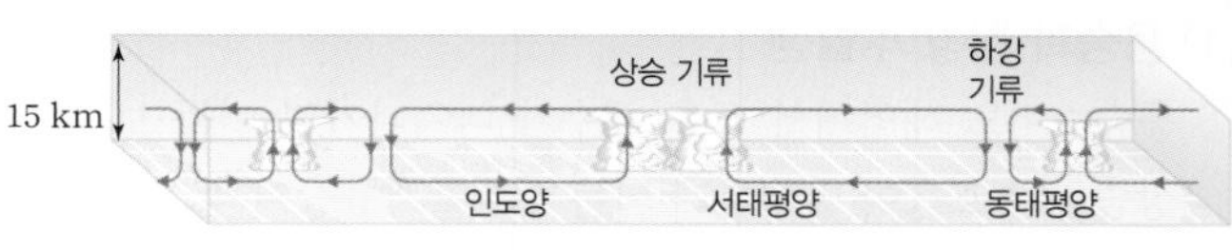

평상시 워커 순환

(2) 엘니뇨와 라니냐

① 엘니뇨 : 무역풍이 평상시보다 약해지면 동태평양 해역의 ❷용승이 약화되어 수온이 상승하며, 서태평양 지역에는 가뭄이, 동태평양 지역에는 홍수 등의 기상 이변이 일어나는 현상

② 라니냐 : 무역풍이 평상시보다 강화되면 동태평양 해역의 용승이 강화되어 동태평양 해역의 수온이 평상시보다 낮아지므로 서태평양 지역은 홍수와 폭우가, 동태평양 지역은 가뭄 등의 기상 이변이 발생하는 현상

구분	수온 분포	구분	수온 분포	해수면 높이	기압 분포
평상시		동태평양	저온	낮다	고기압
		서태평양	고온	높다	저기압
엘니뇨 발생 시		동태평양	평상시보다 상승	평상시보다 상승	평상시보다 하강
		서태평양	평상시보다 하강	평상시보다 하강	평상시보다 상승
라니냐 발생 시		동태평양	평상시보다 하강	평상시보다 하강	평상시보다 상승
		서태평양	평상시보다 상승	평상시보다 상승	평상시보다 하강

3 남방 진동과 엔소(ENSO)

(1) 남방 진동 (Southern Oscillation) : 서태평양에 위치한 다윈 지역(D)의 해면 기압과 중앙 태평양의 타히티섬(T)의 해면 기압을 관측하면, 엘니뇨 발생 시에는 D의 기압이 높아지고 T의 기압이 낮아진다. 반면, 라니냐 발생 시에는 D의 기압이 낮아지고 T의 기압이 높아진다. 이처럼 두 지역의 기압이 마치 시소처럼 서로 반대로 진동하며 변화하는 현상을 ❸남방 진동이라고 한다.

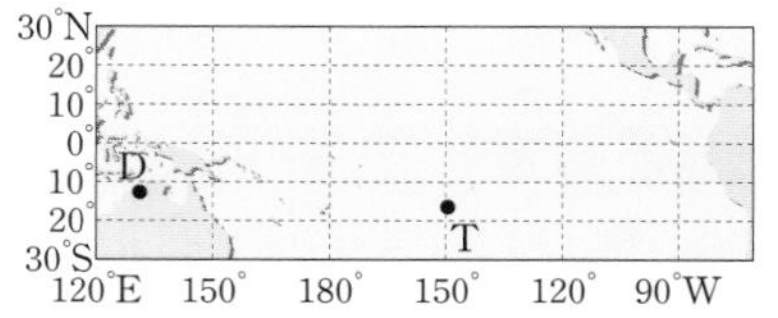

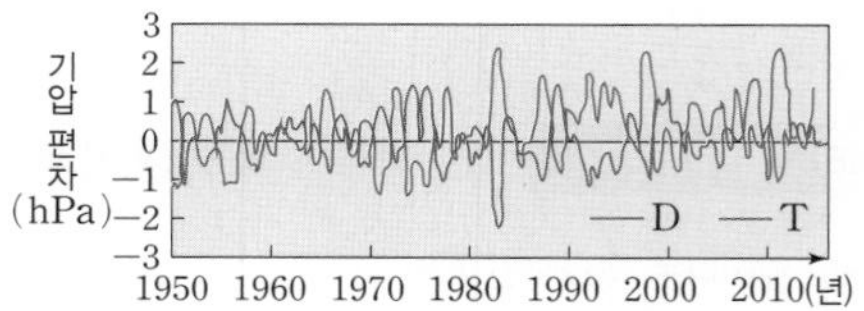

오스트레일리아의 다윈 지역(D)과 타히티섬(T)의 기압 변동으로 본 남방 진동

(2) 엔소(ENSO : El Niño−Southern Oscillation) : 엘니뇨는 무역풍의 약화로 해류가 약해지면서 나타나는 해수의 표층 수온 변화와 관련된 현상이며, 남방 진동은 해수의 표층 수온 변화로 인해 나타나는 적도 부근 태평양 해역에서 대기 순환의 변화이다. 즉, 대기와 해양의 변화가 서로 영향을 주고받으면서 나타나는 현상이기 때문에 이 두 가지 현상을 묶어서 엔소(ENSO)라고 부른다.

개념체크

○X 문제

1. 해수의 용승과 침강에 대한 설명으로 옳은 것은 ○, 옳지 않은 것은 ×로 표시하시오.

(1) 표층 해수가 수렴하는 해역에서는 용승이 일어난다. (　　)

(2) 북반구 지역의 동쪽 해안에서 남풍이 지속적으로 불면 용승이 일어난다. (　　)

(3) 적도 해역의 용승은 무역풍에 의해 일어난다. (　　)

2. 엘니뇨와 라니냐에 대한 설명으로 옳은 것은 ○, 옳지 않은 것은 ×로 표시하시오.

(1) 엘니뇨는 무역풍이 강한 시기에 발생한다. (　　)

(2) 라니냐가 발생하면 동태평양 해역에서 침강이 강해진다. (　　)

(3) 엘니뇨와 라니냐는 해양과 대기의 상호 작용으로 나타나는 현상이다. (　　)

단답형 문제

3. 어느 해역에서 표층 해수가 다른 곳으로 이동하면 이를 보충하기 위해 심층의 찬 해수가 표층으로 상승하는 흐름이 발생한다. 이와 같은 흐름을 무엇이라고 하는지 쓰시오.

4. 평상시 적도 부근 태평양에서는 동쪽과 서쪽 해역의 수온 차이로 인해 서태평양에서는 상승 기류가, 동태평양에서는 하강 기류가 형성되어 동서 방향으로 대기의 순환이 나타난다. 이와 같은 대기 순환을 무엇이라고 하는지 쓰시오.

5. 적도 부근의 열대 태평양에서 동 · 서 해역의 기압은 한쪽에서 상승하면 다른 쪽에서 하강하는 양상을 보인다. 이와 같이 두 지역의 기압이 시소처럼 진동하는 형태로 변화하는 현상을 무엇이라고 하는지 쓰시오.

정답 1. (1) × (2) ○ (3) ○ 2. (1) × (2) × (3) ○ 3. 용승 4. 워커 순환 5. 남방 진동

빈칸 완성

1. 북반구의 바다에서 바람이 일정한 방향으로 지속적으로 불면 표면 해수는 바람 방향의 오른쪽 ① (　　) 방향으로 이동한다. 또한, 해수 표면에서부터 표면 해수가 이동하는 방향과 정반대 방향으로 해수가 이동하는 층까지 위치한 해수의 평균적인 이동 방향은 바람 방향의 오른쪽 90°인데 이를 ② (　　)이라고 한다.

2. 저기압의 중심 해역에서는 ① (　　)이 일어나고, 고기압의 중심 해역에서는 ② (　　)이 일어난다.

3. 엘니뇨와 남방 진동 현상은 대기와 해양의 상호 작용으로 밀접하게 관련되어 있기 때문에 이 둘을 합쳐서 (　　)라고 한다.

둘 중에 고르기

4. 엘니뇨가 발생하면 평상시에 비해 서태평양 해역의 수온은 ① (상승, 하강)하고, 동태평양 해역의 수온은 ② (상승, 하강)한다.

5. 라니냐 발생 시기에는 태평양의 동쪽 해역에서 서쪽 해역으로 이동하는 해수의 양이 ① (많아, 적어)지므로 동태평양 해역의 용승이 ② (강, 약)해지고, 태평양에서 동서 방향의 해수면 경사는 평소보다 더 ③ (커, 작아)진다.

6. 평상시에는 동태평양에 ① (고, 저)기압, 서태평양에 ② (고, 저)기압이 형성되는데, 엘니뇨 발생 시기에는 동태평양에 ③ (고, 저)기압, 서태평양에 ④ (고, 저)기압이 형성된다.

정답 1. ① 45° ② 에크만 수송 2. ① 용승 ② 침강 3. 엔소(ENSO) 4. ① 하강 ② 상승 5. ① 많아 ② 강 ③ 커 6. ① 고 ② 저 ③ 저 ④ 고

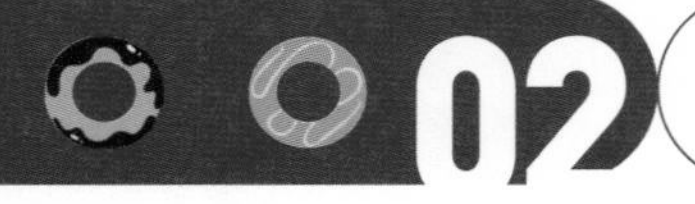

02 해양의 변화와 기후 변화

THE 알기

❶ 엘니뇨에 의한 기후 변화
엘니뇨 시기에는 동태평양의 대류가 활발해져 워커 순환의 상승 지역이 동쪽으로 치우치게 되면서 고기압과 저기압이 번갈아 나타나는 파동이 발생한다. 이를 PNA 패턴이라고 하며 엘니뇨로 인한 기후 변화 현상을 고위도로 전파시킨다. 또한, 강수대가 동쪽으로 이동하여 인도와 동남아시아, 오스트레일리아의 강수량이 감소한다. 반대로 미국 서부, 페루 등에서는 강수량이 증가한다. 또한, 엘니뇨에 의해 변화된 해수면 온도와 대기의 순환은 태풍과 같은 열대 저기압의 발생 위치와 이동 경로를 바꾸어 해일, 홍수와 같은 피해를 일으킨다.

1 해수면의 온도 변화와 대기의 파동

(1) 엘니뇨와 기후 변화 : 엘니뇨가 발생하게 되면 워커 순환이 동쪽으로 이동하면서 적도 지역의 기온과 강수량 분포가 달라지며 동시에 고위도의 대기 순환에도 영향을 미쳐 ❶전 지구적인 기후 변화가 나타난다.

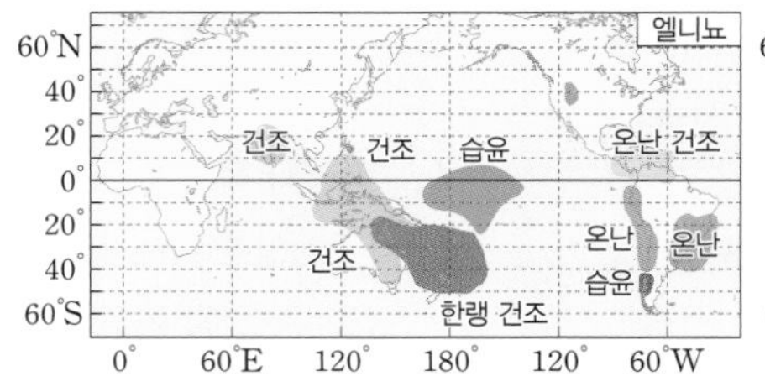

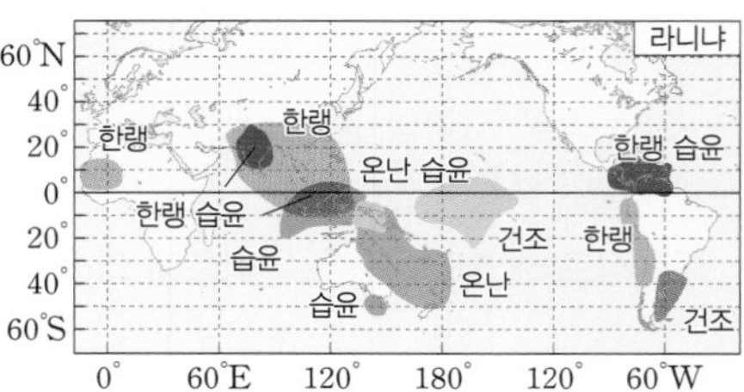

엘니뇨와 라니냐 시기에 나타나는 전 지구적인 기후 변화

(2) 필리핀 해역의 대류 활동과 우리나라의 기후 : 필리핀 해역의 해수면 온도가 상승하면 대류 활동이 활발해져서 강한 저기압이 발생하고, 상승한 공기 덩어리는 대기의 파동을 통해 전파되어 우리나라에도 영향을 미치게 된다. 이로 인해 우리나라에서는 고기압이 발달하고 강수량이 감소하며 기온이 높아지는 변화가 나타난다.

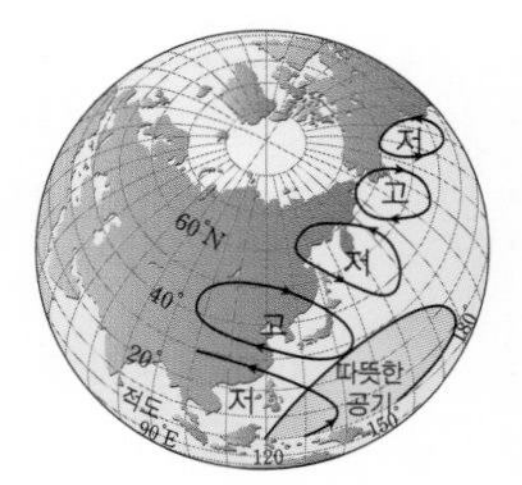

필리핀 해역 수온 상승 시 기압 배치

2 수륙 분포의 변화에 따른 해류와 기후 변화

(1) 판게아의 형성과 분리에 따른 기후 변화

① 판게아 형성 시기 : 고생대 말에 대륙이 ❷판게아로 합쳐져 있어서 적도 해류는 대륙 주변을 따라 고위도 해역까지 이동하므로 저위도와 고위도의 온도 차이가 작았다.

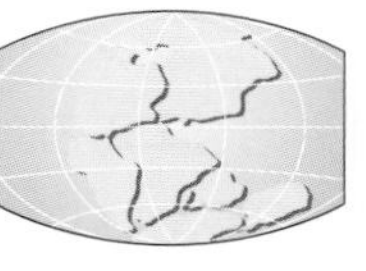
고생대 말 (판게아 형성)

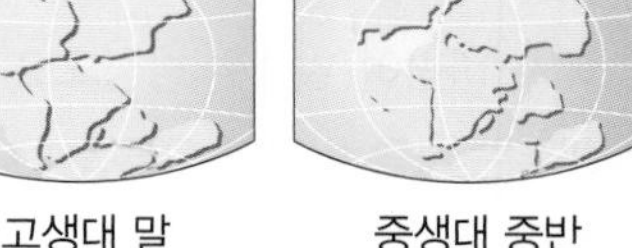
중생대 중반

현재

② 판게아 분리 이후 : 중생대 중반에 판게아가 분리된 이후 대륙 이동에 따라 해류의 흐름이 바뀌고 대륙의 분포 범위가 넓어지면서 다양한 기후대가 형성되었다. 신생대에는 오스트레일리아와 남아메리카 대륙이 남극에서 분리되면서 남극 주변을 순환하는 해류가 형성되어 난류의 유입이 차단되고 남극 대륙에 대규모의 빙하가 형성되기 시작하였다.

❷ 판게아

판게아는 약 3억 년 전에 존재했던 대륙으로 1912년 베게너가 대륙 이동과 함께 주장하였다. 판게아의 어원은 '모든 육지'라는 뜻을 지닌 그리스어에서 유래했다.

(2) 북아메리카 대륙과 남아메리카 대륙의 연결에 따른 기후 변화 : 신생대 후반에 북아메리카 대륙과 남아메리카 대륙이 연결되면서 북극해 주변에 빙하가 형성되었다. 이는 두 대륙이 연결되어 해류의 흐름이 바뀌는 과정에서 북극해로 유입되는 따뜻한 표층 해수가 감소하였기 때문에 나타난 변화로 설명할 수 있다.

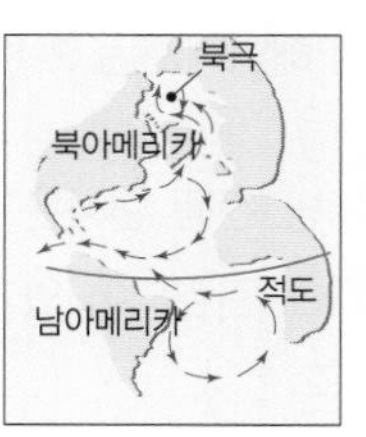

남북 아메리카 대륙의 연결 이전

남북 아메리카 대륙의 연결 이후

3 심층 순환과 기후 변화

(1) 심층 순환과 기후 : 북대서양에서 염분이 높고 수온이 낮아 밀도가 큰 해수가 심해로 가라앉아 대서양의 심해저를 거쳐 아프리카 주변과 인도양 및 태평양까지 이동하는 ❶심층 순환이 형성된다. 이 과정에서 침강이 일어나는 북대서양 해역까지 이동하는 멕시코 만류(또는 북대서양 해류)에 의해 저위도의 따뜻한 표층 해수가 유입되면서 유럽의 기후를 온난하게 유지시키는 열이 공급된다.

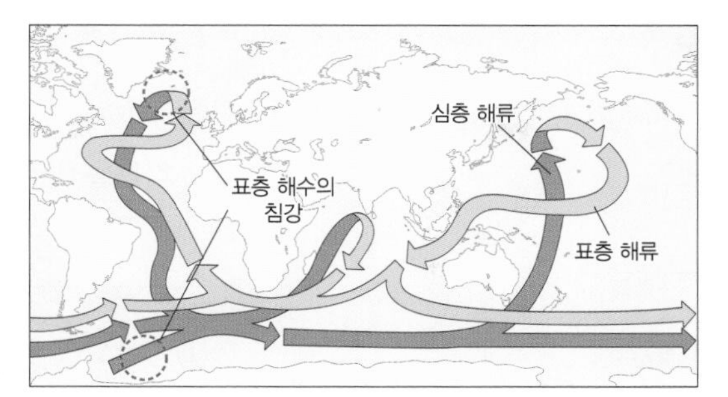

표층 해수의 침강과 심층 순환의 형성

(2) 심층 순환의 변동과 기후 변화

① 영거 드라이아스기 : 약 2만 년 전에 있었던 마지막 빙하기가 끝날 무렵에 갑자기 기온이 낮아지고 강설량이 감소한 시기가 있었는데, 이를 ❷영거 드라이아스기라고 한다.

② 영거 드라이아스기의 발생 과정 : 약 13000년 전에 빙하기가 끝나가면서 지구가 따뜻해짐에 따라 북아메리카 대륙의 빙하가 녹기 시작하였다. → 빙하가 녹은 물이 호수를 채우고 넘쳐서 북대서양으로 유입되었다. → 많은 양의 담수가 섞여서 염분이 낮아지고 해수의 밀도가 작아졌다. → 북대서양의 침강(심층 순환)이 약해지면서 멕시코 만류(표층 순환)의 북상이 약해졌다. → 북대서양 지역에 표층 해류에 의한 열 공급이 감소하여 유럽의 겨울철 평균 기온은 −25 °C까지 낮아지면서 다시 빙하기처럼 추워졌고, 그린란드는 강설량이 감소하였음에도 불구하고 빙하의 면적이 더 넓어졌다.

(3) 지구 온난화와 심층 순환의 변화

지구 온난화로 북극 지역의 ❸빙하가 녹는다.

⬇

빙하가 녹은 물이 해수로 유입되면 표층 해수의 염분이 낮아진다.

⬇

염분이 낮아진 해수는 밀도가 작아져서 잘 가라앉지 않는다.

⬇

심층 순환이 약해지고, 이와 연결된 표층 순환도 약해진다.

⬇

저위도에서 고위도로 이동하는 표층 해류가 약해지면서 열 공급이 줄어든다.

⬇

해류에서 열에너지를 공급받던 고위도 지역의 기온은 내려간다.

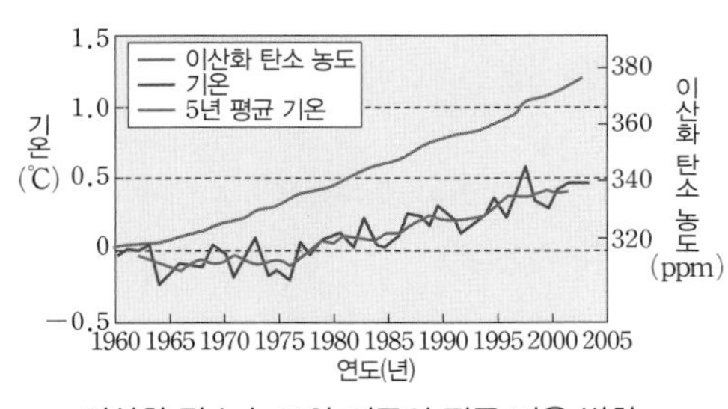

이산화 탄소 농도와 지구의 평균 기온 변화

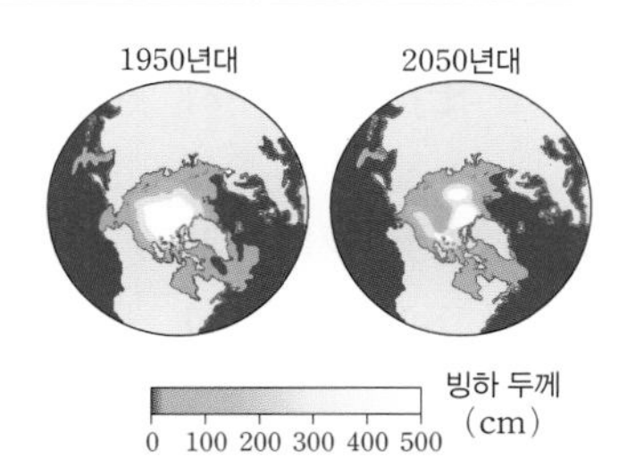

북극 빙하의 두께(10년 평균) 변화

THE 알기

❶ 심층 순환과 열에너지 이동
심층 순환이 약해지면 이와 연결되는 표층 순환이 약해지면서 고위도로 운반되는 열에너지가 감소하여 저위도와 고위도의 기온 차이가 커진다.

❷ 영거 드라이아스(Younger Dryas)기의 그린란드 기온과 강설량 변화

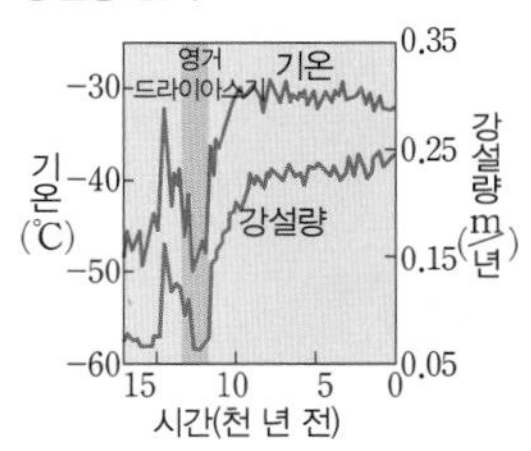

드라이아스는 추운 지방에 사는 담자리꽃의 영어 이름이다. 드라이아스기는 약 2만 년 전에 빙하기가 서서히 끝날 무렵 기온이 일시적으로 낮아진 시기로, 지구가 따뜻해지면서 고위도와 고산 지대로 물러나던 이 꽃이 갑자기 번성하여 붙여진 이름이다.

❸ 빙하 면적 감소와 기후 변화
빙하는 반사율이 커서 태양 복사 에너지를 많이 반사한다. 따라서 지구 온난화로 인해 빙하의 면적이 감소하면 지표면과 해수면에 흡수되는 태양 복사 에너지가 많아져서 기후 변화가 일어난다.

개념체크

바르게 연결하기

1. 다음을 바르게 연결하시오.

(1)

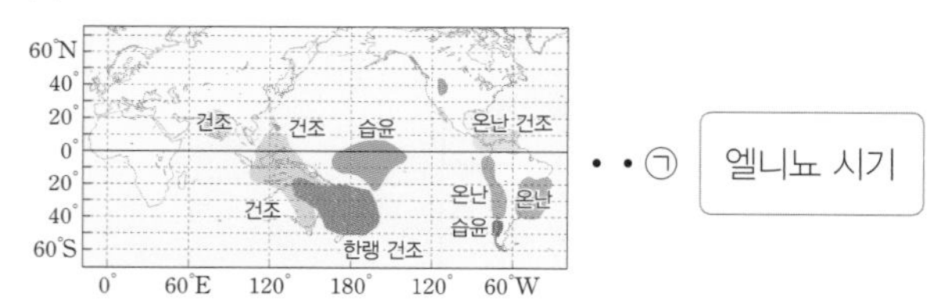

• • ㉠ 엘니뇨 시기

(2)

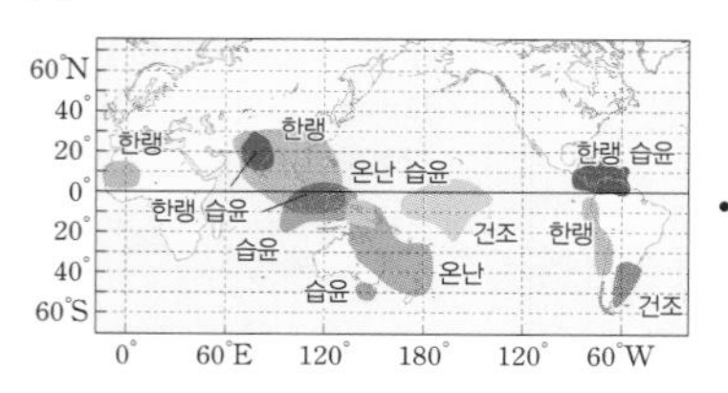

• • ㉡ 라니냐 시기

2. 다음을 바르게 연결하시오.

(1)

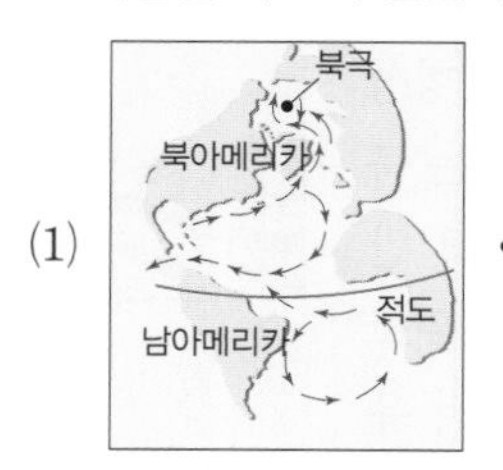

• • ㉠ 남북 아메리카 대륙 연결 이전

(2)

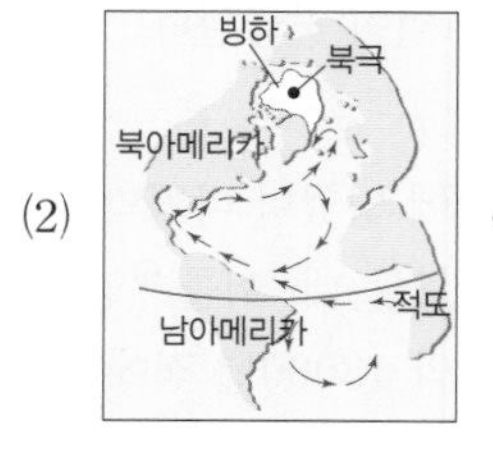

• • ㉡ 남북 아메리카 대륙 연결 이후

정답 1. (1) ㉠ (2) ㉡ 2. (1) ㉠ (2) ㉡

○X 문제

1. 해양의 변화와 그에 따른 기후 변화에 대한 설명으로 옳은 것은 ○, 옳지 않은 것은 ×로 표시하시오.

(1) 엘니뇨는 전 지구적인 기후 변화를 일으키는 원인이 되기도 한다. ( )

(2) 고생대 말에는 남극 주변을 순환하는 해류가 형성되었다. ( )

(3) 심층 순환이 약화되면 표층 해류에 의해 고위도로 운반되는 열에너지가 증가한다. ( )

2. 판게아의 분리에 따른 변화에 대한 설명으로 옳은 것은 ○, 옳지 않은 것은 ×로 표시하시오.

(1) 대륙 이동은 해류의 흐름에는 별다른 영향을 주지 않는다. ( )

(2) 대륙의 분포 범위가 넓어지면서 다양한 기후대가 형성될 수 있다. ( )

둘 중에 고르기

3. 평상시에 비해 엘니뇨 발생 시기에는 워커 순환에서 상승 기류가 형성되는 곳이 (동, 서)쪽으로 이동하면서 적도 지역의 기온과 강수량 분포가 달라진다.

4. 필리핀 해역의 수온이 높아지면서 강한 ① (상승, 하강) 기류가 형성되면 상층 대기의 파동을 유발하여 우리나라에서는 ② (고, 저)기압이 형성될 수 있다.

5. 빙하가 녹은 물이 해수로 유입되면 표층 해수의 염분이 ① (높아져서, 낮아져서) 밀도가 감소하므로 심층 순환이 ② (강화, 약화)되고, 이와 연결된 표층 순환도 ③ (강화, 약화)된다.

6. 심층 순환이 약화되면 고위도와 저위도 간의 기온 차이가 (작아진다, 커진다).

정답 1. (1) ○ (2) × (3) × 2. (1) × (2) ○ 3. 동 4. ① 상승 ② 고 5. ① 낮아져서 ② 약화 ③ 약화 6. 커진다

엘니뇨 발생 시기에 나타나는 해양과 대기의 변화

정답과 해설 59쪽

목표

엘니뇨가 발생하였을 때 대기와 해양의 변화를 이해하고 상호 작용을 파악한다.

과정

그림 (가)는 평상시, (나)는 엘니뇨 발생 시에 형성되는 대기 순환의 모습을 나타낸 것이다.

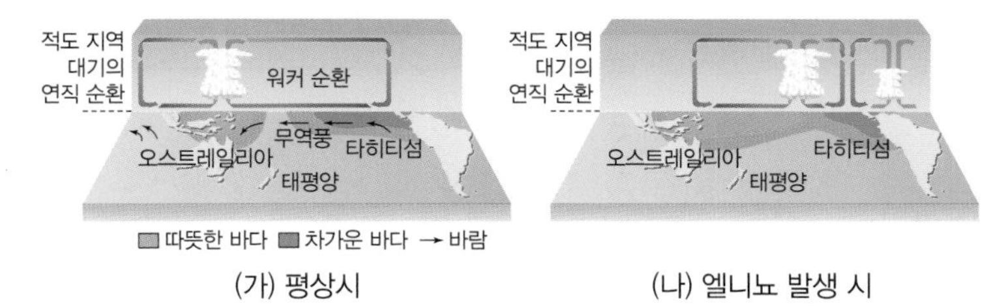

(가) 평상시 (나) 엘니뇨 발생 시

1. 엘니뇨 발생 시 워커 순환에서 상승 기류가 발달하는 지역이 동쪽으로 이동하는 이유를 대기와 해양의 상호 작용과 관련지어 설명하시오.
2. 대기 순환의 변화에 따라 적도 부근의 서태평양 해역과 동태평양 해역의 기압 분포와 강수 형태는 어떻게 달라지는지 설명하시오.
3. 평상시와 엘니뇨 발생 시 해수면과 수온 약층의 동서 방향 기울기는 어떤 차이가 있는지 설명하시오.

결과 정리 및 해석

1. 평상시에 무역풍은 따뜻한 표층 해수를 동쪽에서 서쪽으로 이동시키기 때문에 서태평양 해역은 난수층이 두꺼워지고 수온이 높다. 반면에 동태평양 해역에서는 용승이 일어나기 때문에 서태평양 해역에 비해 수온이 낮다. 그러나 무역풍이 약화되어 엘니뇨가 발생하면 북적도 해류와 남적도 해류가 약해지므로 서쪽의 난수층은 평상시보다 얇아지고 동쪽의 난수층은 두꺼워진다. 이 때문에 용승 효과가 약화되고 따뜻한 표층 해수가 동쪽으로 이동함에 따라 적도 부근의 중앙 태평양과 동태평양의 해수면 온도는 점차 상승하게 된다. 온난한 수역이 동쪽으로 이동함에 따라 상승 기류가 나타나는 지역도 동쪽으로 이동하게 된다. 즉, 무역풍의 약화는 해류를 변화시키고, 해류의 변화는 대기의 순환을 변화시키는 상호 작용이 일어난다.
2. 엘니뇨가 발생하면 동태평양 해역의 수온이 상승하므로 워커 순환에서 상승 기류가 나타나는 지역도 평상시보다 동쪽으로 치우쳐 나타난다. 따라서 서태평양 해역은 평상시보다 기압이 높아지고 동태평양 해역은 낮아진다. 이로 인해 서태평양 해역에서는 고기압이 발달하며 강수량이 감소하여 건조한 날씨가 나타나고, 동태평양 해역에서는 저기압이 발달하며 평년보다 많은 비가 내리는 날씨가 나타난다.
3. 평상시에 무역풍은 따뜻한 표층 해수를 서태평양 해역으로 운반하기 때문에 난수층의 두께는 서쪽에서 두껍고 동쪽에서 얇다. 그러나 엘니뇨 발생 시기가 되면 무역풍이 약해지므로 동쪽에서 서쪽으로 따뜻한 표층 해수의 운반이 약화되어 해수면의 동서 방향 기울기가 완만해진다. 또한, 서태평양의 난수층은 평상시보다 얇아지고 동태평양의 난수층은 두꺼워져서 수온 약층의 동서 방향 기울기도 평상시보다 엘니뇨 발생 시기에 더 완만해진다.

탐구 분석

1. 엘니뇨 발생 시 적도 부근 태평양의 동쪽에서 서쪽으로 이동하는 표층 해수의 양이 감소하는 이유는 무엇인가?
2. 평상시에 비해 엘니뇨 발생 시 서태평양 해역의 기압이 높아지는 이유는 무엇인가?

내신 기초 문제

정답과 해설 59쪽

[8589-0320]

01 용승 현상에 대한 설명으로 옳은 것은?

① 해수는 표층에서 심층으로 이동한다.
② 표층으로 영양 염류의 공급이 차단된다.
③ 용승이 일어나는 해역의 수온이 낮아진다.
④ 표층 해수가 모이는 해역에서 잘 일어난다.
⑤ 플랑크톤의 성장이 억제되어 어장이 황폐화된다.

[8589-0321]

02 그림은 우리나라의 동해안에서 침강이 일어나는 모습을 나타낸 것이다. 이때 바람의 방향을 (가)와 (나) 중에서 고르고, 표층 해수의 이동 방향을 A와 B 중에서 골라 각각 기호로 쓰시오.

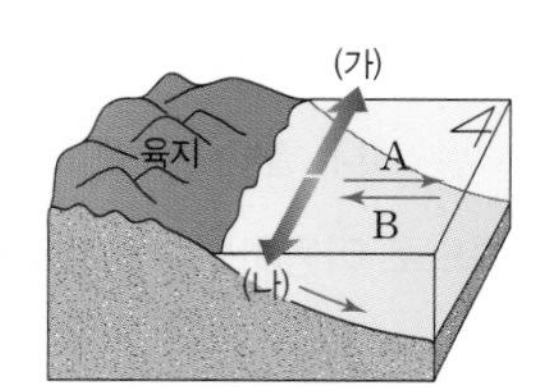

[8589-0322]

03 다음은 적도 부근 해역에 나타나는 해수의 이동에 대한 설명이다. (　) 안에 들어갈 알맞은 말을 각각 쓰시오.

> 적도 부근의 해역에서는 주로 (㉠)에 의해 표층 해수의 이동이 나타난다. 즉, 적도의 북쪽 해역에서는 표층 해수가 북쪽으로 이동하고, 적도의 남쪽 해역에서는 남쪽으로 이동하므로 적도 부근 해역에서는 표층 해수의 발산으로 인해 (㉡)이 일어난다.

[8589-0323]

04 표는 평상시에 비하여 엘니뇨와 라니냐가 발생했을 때 적도 부근 태평양에서 나타나는 수온 변화를 나타낸 것이다.

구분	서태평양 표층 수온	동태평양 표층 수온
엘니뇨 발생 시	A	B
라니냐 발생 시	C	D

A～D에 들어갈 표층 수온의 변화를 옳게 짝 지은 것은?

	A	B	C	D
①	하강	상승	하강	상승
②	하강	상승	상승	하강
③	하강	하강	상승	하강
④	상승	하강	상승	하강
⑤	상승	하강	하강	상승

[8589-0324]

05 무역풍이 매우 약해지는 시기에 동태평양의 페루 연안에서 나타날 수 있는 현상으로 옳은 것만을 〈보기〉에서 있는 대로 고른 것은?

> 보기
> ㄱ. 용승 약화　　ㄴ. 강수량 증가
> ㄷ. 영양 염류 감소　　ㄹ. 어획량 증가

① ㄱ, ㄷ　② ㄴ, ㄹ　③ ㄷ, ㄹ
④ ㄱ, ㄴ, ㄷ　⑤ ㄱ, ㄴ, ㄹ

[8589-0325]

06 다음은 엘니뇨와 라니냐 발생 시 적도 부근 태평양에서 나타나는 기압 변화에 대한 설명이다. (　) 안에 들어갈 이 현상의 이름을 쓰시오.

> 엘니뇨 발생 시에는 서태평양의 기압이 높아지고 동태평양의 기압이 낮아지는 반면, 라니냐 발생 시에는 서태평양의 기압이 낮아지고 동태평양의 기압이 높아진다. 이처럼 서태평양과 동태평양의 기압이 마치 시소처럼 서로 반대로 진동하며 변화하는 현상을 (　　)이라고 한다.

[8589-0326]

07 그림은 해수의 순환을 나타낸 것이다.

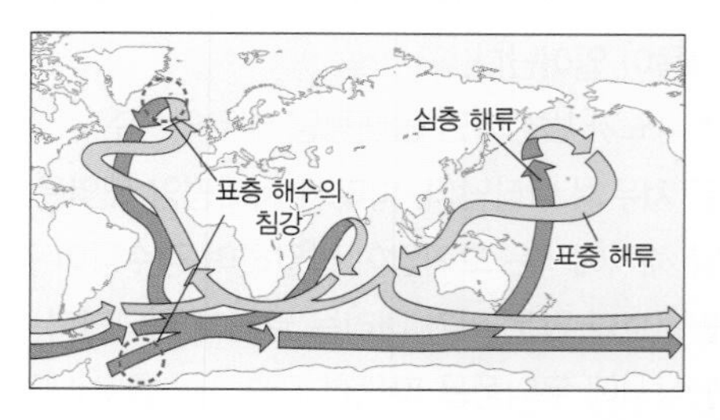

대서양에서 표층 해수의 침강이 나타나는 해역의 공통점을 〈보기〉에서 모두 고른 것은?

> 보기
> ㄱ. 수온이 낮다.　ㄴ. 염분이 높다.
> ㄷ. 밀도가 작다.　ㄹ. 해수가 표층으로 이동한다.

① ㄱ, ㄴ　② ㄱ, ㄷ　③ ㄱ, ㄹ
④ ㄴ, ㄷ　⑤ ㄷ, ㄹ

실력 향상 문제

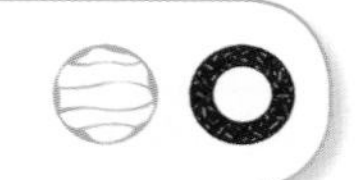

정답과 해설 60쪽

[8589-0327]

01 그림은 북반구의 어느 해역에서 지속적으로 부는 바람의 방향과 등수온선의 분포를 나타낸 것이다.

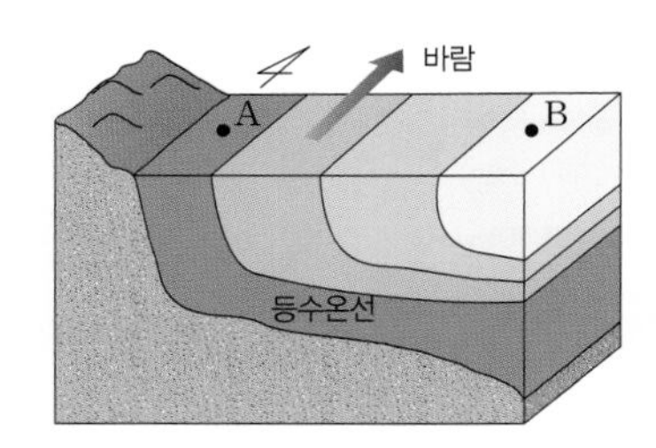

이에 대한 설명으로 옳은 것만을 〈보기〉에서 있는 대로 고른 것은?

보기
ㄱ. 표층 수온은 A가 B보다 높다.
ㄴ. 영양 염류는 A가 B보다 많다.
ㄷ. 해수면은 A가 B보다 높다.

① ㄱ ② ㄴ ③ ㄷ ④ ㄱ, ㄷ ⑤ ㄴ, ㄷ

[8589-0328]

02 그림은 어느 해 여름철에 동해에서 관측한 표층 수온의 분포를 나타낸 것이다.

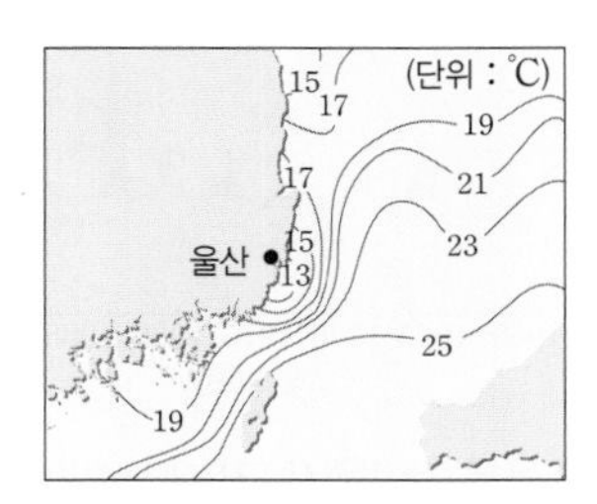

이에 대한 설명으로 옳은 것만을 〈보기〉에서 있는 대로 고른 것은?

보기
ㄱ. 북풍 계열의 바람이 지속적으로 불고 있다.
ㄴ. 울산 연안 해역에서는 용승이 일어난다.
ㄷ. 울산 연안 해역의 표층 해수는 연안에서 먼 바다 쪽으로 이동한다.

① ㄱ ② ㄴ ③ ㄷ ④ ㄱ, ㄷ ⑤ ㄴ, ㄷ

[8589-0329]

03 그림 (가)와 (나)는 어느 해역에 형성된 고기압과 저기압 주변에서 바람의 방향과 표층 해수의 이동 방향을 순서 없이 나타낸 것이다.

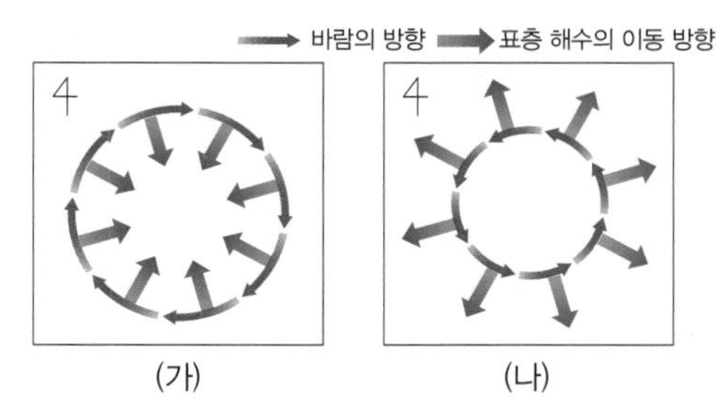

(가) (나)

이에 대한 설명으로 옳은 것만을 〈보기〉에서 있는 대로 고른 것은?

보기
ㄱ. 이 해역은 북반구에 위치한 곳이다.
ㄴ. (가)의 중심부 해역에서는 용승이 일어난다.
ㄷ. (가)의 중심부는 저기압, (나)의 중심부는 고기압이다.

① ㄱ ② ㄴ ③ ㄷ ④ ㄱ, ㄷ ⑤ ㄴ, ㄷ

서술형 [8589-0330]

04 그림은 대기 대순환에 의해 적도 부근 해역에서 형성되는 바람의 방향을 나타낸 것이다.

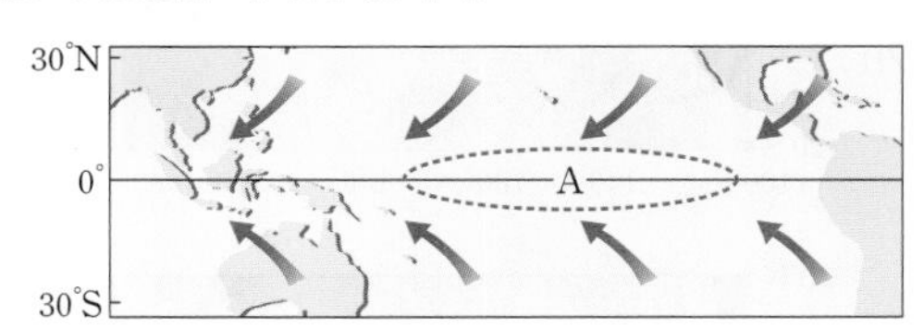

A 해역에서 주로 용승이 일어나는 이유를 대기 대순환에 의한 표층 해수의 이동과 관련지어 서술하시오.

[8589-0331]

05 용승이 일어나는 해역에서 나타나는 현상으로 옳지 않은 것은?

① 표층 수온이 내려간다.
② 서늘한 기후가 나타난다.
③ 플랑크톤 번식이 억제된다.
④ 안개가 발생하는 경우가 많다.
⑤ 심층의 영양 염류가 표층으로 운반된다.

[8589-0332]

06 그림은 라니냐가 발생하였을 때 적도 부근 태평양의 기후를 나타낸 것이다.

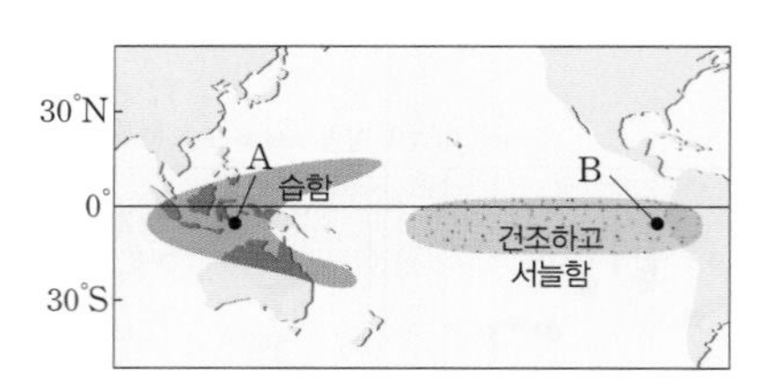

평상시에 비해 라니냐 발생 시기에 나타나는 현상으로 옳지 않은 것은?

① 무역풍이 강하게 분다.
② A 해역의 표층 수온이 상승한다.
③ A 해역의 하강 기류가 강해진다.
④ B 해역의 해수면 높이가 낮아진다.
⑤ B 해역의 용존 산소량과 영양 염류가 증가한다.

[8589-0333]

07 그림 (가)와 (나)는 각각 태평양에서 평상시와 엘니뇨 발생 시 표층 수온의 분포를 나타낸 것이다.

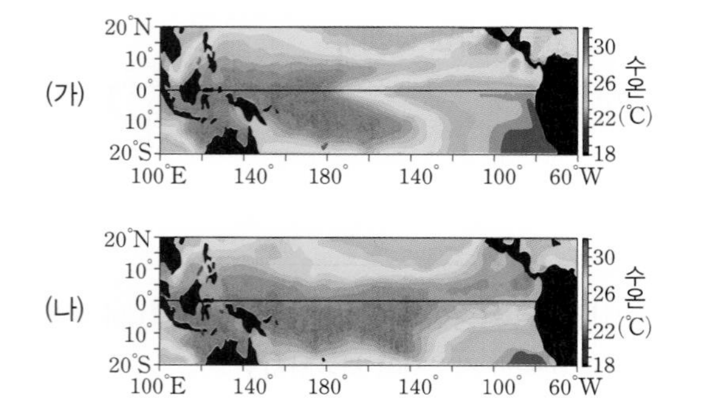

이에 대한 설명으로 옳은 것만을 〈보기〉에서 있는 대로 고른 것은?

보기
ㄱ. 동태평양 해역의 강수량은 (가)보다 (나)에서 많다.
ㄴ. 서태평양의 따뜻한 해수층은 (가)보다 (나)에서 두껍다.
ㄷ. 동에서 서로 이동하는 표층 해수의 흐름은 (가)보다 (나)에서 강하다.

① ㄱ ② ㄷ ③ ㄱ, ㄴ ④ ㄴ, ㄷ ⑤ ㄱ, ㄴ, ㄷ

[8589-0334]

08 그림 (가)와 (나)는 평상시와 엘니뇨 발생 시 적도 부근 태평양에서 대기 순환과 수온 약층의 모습을 순서 없이 나타낸 것이다.

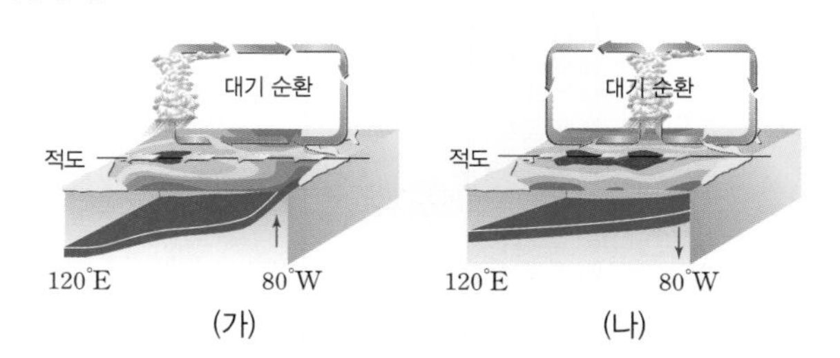

이에 대한 설명으로 옳지 않은 것은?

① 서태평양의 기압은 (가)보다 (나)에서 높다.
② 서태평양의 강수량은 (가)보다 (나)에서 많다.
③ (가)에서 서태평양은 동태평양보다 수온이 높다.
④ 무역풍이 약해지면 대기 순환은 (가)에서 (나)로 변한다.
⑤ 엘니뇨가 발생하면 평상시보다 수온 약층의 동서 방향 경사가 작아진다.

[8589-0335]

09 그림은 1950년부터 2000년까지 적도 부근 동태평양의 어느 해역에서 측정한 해수면의 수온 편차 (관측 수온－평균 수온)를 나타낸 것이다.

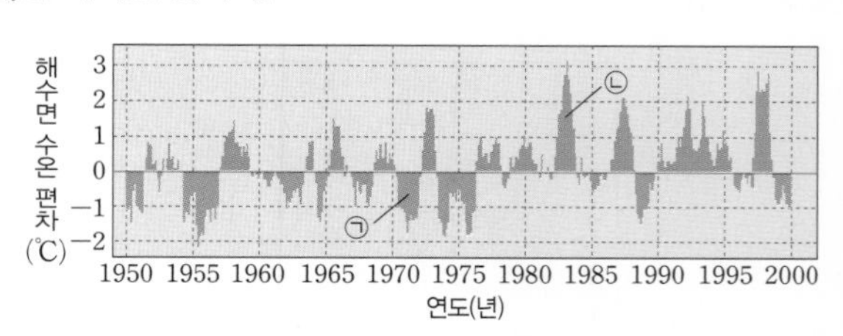

이에 대한 설명으로 옳은 것만을 〈보기〉에서 있는 대로 고른 것은?

보기
ㄱ. 무역풍은 ㉠ 시기보다 ㉡ 시기에 강하게 불었다.
ㄴ. 1980년 이후에는 라니냐보다 엘니뇨가 자주 발생하였다.
ㄷ. 1990년에서 1995년 사이에 인도네시아에서는 홍수로 인한 피해가 많았을 것이다.

① ㄱ ② ㄴ ③ ㄷ
④ ㄱ, ㄴ ⑤ ㄴ, ㄷ

[8589-0336]

10 다음은 평상시와 비교하여 엘니뇨가 발생하였을 때 동태평양에서 일어나는 변화를 정리한 것이다.

태평양의 동쪽에서 서쪽으로 이동하는 해수의 양이 (A)한다.
⬇
동태평양 해역의 (B)이 약해진다.
⬇
동태평양의 표층 수온이 (C)한다.

( ) 안에 들어갈 내용을 옳게 짝 지은 것은?

	A	B	C
①	감소	침강	하강
②	증가	침강	상승
③	감소	용승	상승
④	증가	용승	상승
⑤	감소	용승	하강

[8589-0337]

11 그림 (가)는 태평양에서 다윈(D)과 타히티섬(T)의 위치를, (나)는 두 지역에서 측정한 기압 편차를 나타낸 것이다.

(가)

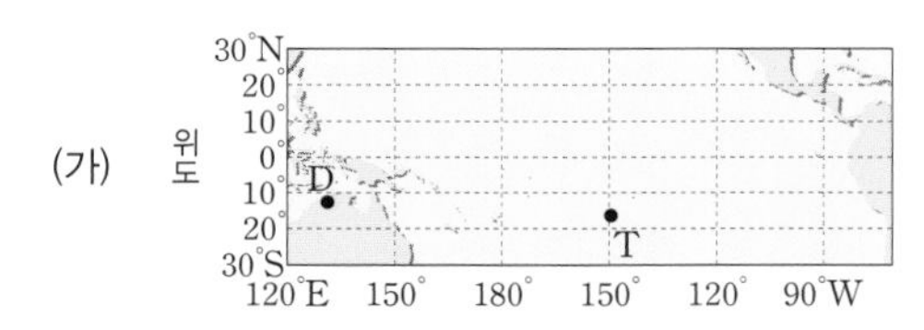

(나)

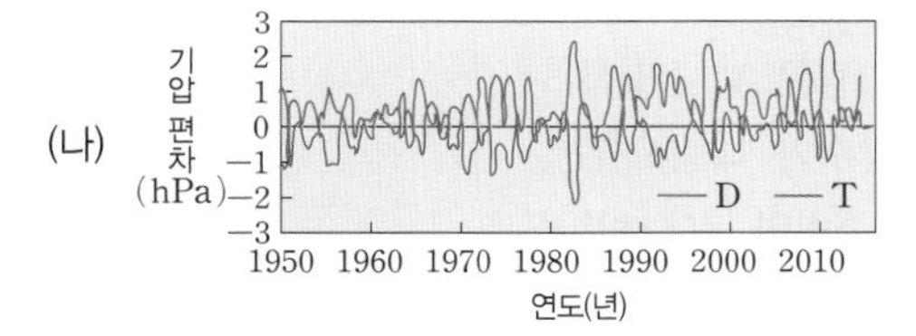

이에 대한 설명으로 옳은 것만을 〈보기〉에서 있는 대로 고른 것은? (단, 기압 편차는 관측 기압에서 평년 기압을 뺀 값이다.)

보기

ㄱ. D의 기압이 평년보다 높은 시기에는 무역풍이 강하게 분다.

ㄴ. T의 기압이 평년보다 낮은 시기에는 엘니뇨가 발생했을 것이다.

ㄷ. (나)에서 D와 T 지역의 기압이 서로 반대로 진동하며 변화하는 현상을 남방 진동이라고 한다.

① ㄱ ② ㄷ ③ ㄱ, ㄴ ④ ㄴ, ㄷ ⑤ ㄱ, ㄴ, ㄷ

[8589-0338]

12 그림은 평상시 적도 부근 태평양에서 수온의 연직 분포를 나타낸 것이다.

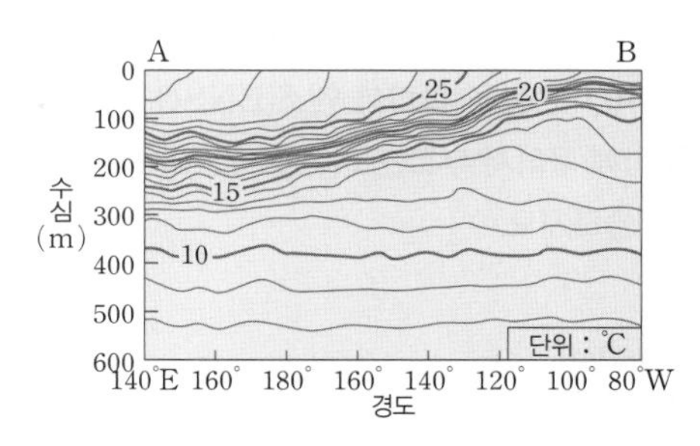

이에 대한 설명으로 옳은 것만을 〈보기〉에서 있는 대로 고른 것은?

보기

ㄱ. 용승은 A 해역보다 B 해역에서 강하게 일어난다.

ㄴ. 수온 약층이 형성되는 위치는 A 해역보다 B 해역에서 더 깊다.

ㄷ. 무역풍이 강해지면 15 ℃를 지시하는 등수온선의 경사가 커진다.

① ㄱ ② ㄴ ③ ㄷ ④ ㄱ, ㄷ ⑤ ㄴ, ㄷ

[8589-0339]

13 그림은 어느 해 여름에 필리핀 근처 A 해역의 수온 변화로 인해 형성된 기압 배치를 나타낸 것이다.

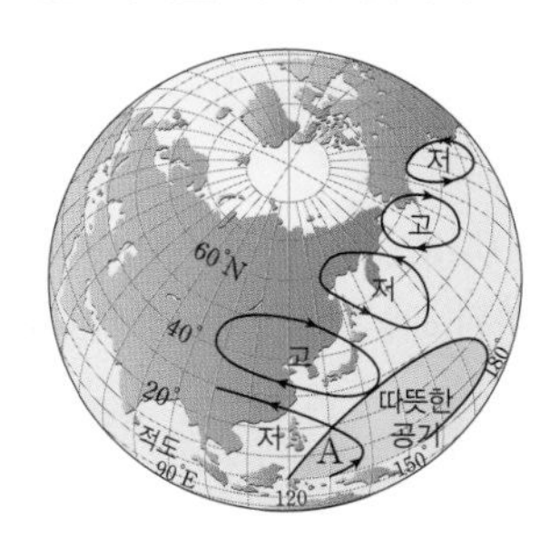

이에 대한 설명으로 옳은 것만을 〈보기〉에서 있는 대로 고른 것은?

보기

ㄱ. A 해역의 수온이 상승하였다.

ㄴ. 우리나라에서는 강수량이 증가한다.

ㄷ. 해수의 수온 변화가 기압 배치에 영향을 주었다.

① ㄱ ② ㄴ ③ ㄱ, ㄷ ④ ㄴ, ㄷ ⑤ ㄱ, ㄴ, ㄷ

서술형 [8589-0340]

14 동태평양의 수온이 평년보다 상승하는 엘니뇨(El Niño) 현상과 적도 부근 태평양의 동쪽과 서쪽 해역에서 기압이 서로 시소처럼 진동하며 변화하는 남방 진동(Southern Oscillation) 현상을 합쳐서 엔소(ENSO)라고 부른다. 이 두 현상을 함께 묶어서 부르는 이유를 대기와 해양의 상호 작용 관점에서 서술하시오.

[8589-0341]

15 그림 (가)와 (나)는 각각 고생대 말과 현재의 수륙 분포를 나타낸 것이다.

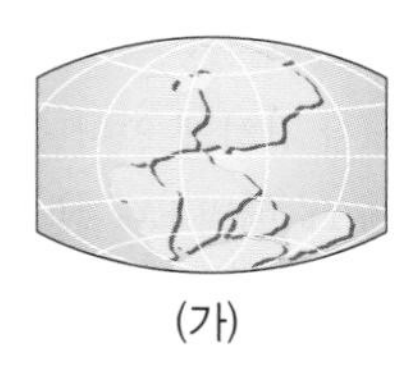
(가)

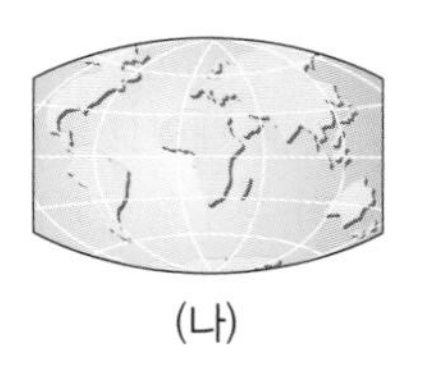
(나)

이에 대한 설명으로 옳은 것만을 〈보기〉에서 있는 대로 고른 것은?

보기
ㄱ. (가)에서 대륙은 하나로 합쳐져 있었다.
ㄴ. (나)에서 남극 대륙과 다른 대륙이 분리되어 남극 주변을 순환하는 해류가 형성되었다.
ㄷ. (가)보다 (나)에서 더 다양한 기후가 나타날 수 있다.

① ㄱ ② ㄴ ③ ㄱ, ㄷ
④ ㄴ, ㄷ ⑤ ㄱ, ㄴ, ㄷ

서술형 [8589-0342]

16 그림 (가)와 (나)는 북아메리카 대륙과 남아메리카 대륙이 연결되면서 변화된 해류의 흐름을 나타낸 것이다.

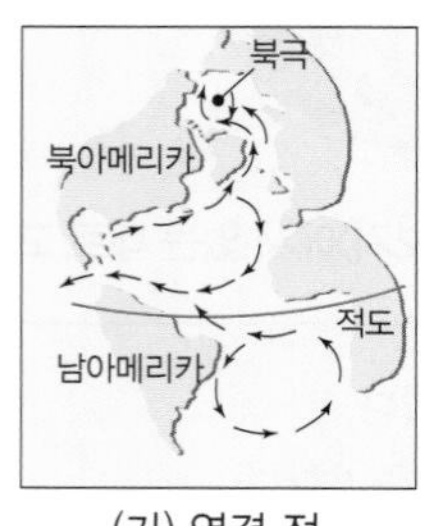

(가) 연결 전

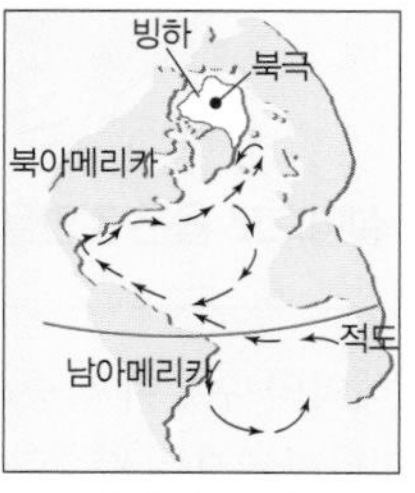

(나) 연결 후

대륙이 연결된 후 북극해에 빙하가 생성되었다. 그 이유를 수륙 분포에 따른 해류의 변화와 관련지어 서술하시오.

[8589-0343]

17 그림 (가)는 해수의 순환을, (나)는 서울과 런던의 월평균 기온을 비교한 것이다.

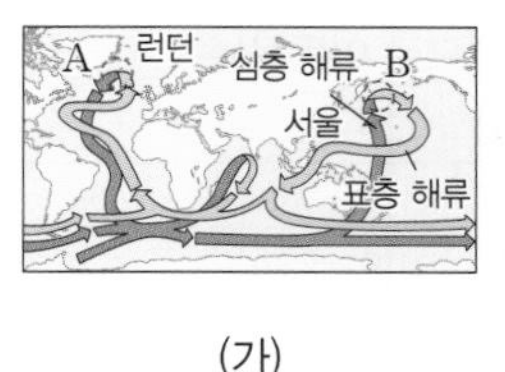

(가)

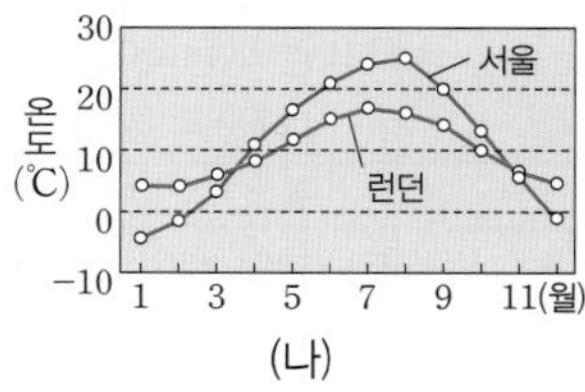

(나)

이에 대한 설명으로 옳은 것만을 〈보기〉에서 있는 대로 고른 것은?

보기
ㄱ. A 해역까지 이동하는 표층 해류의 영향으로 런던은 서울보다 겨울철 월평균 기온이 높다.
ㄴ. A 해역에서는 심층수가 상승하여 표층 해류와 연결된다.
ㄷ. 표층 해수의 밀도는 A 해역보다 B 해역에서 크다.

① ㄱ ② ㄷ ③ ㄱ, ㄴ ④ ㄴ, ㄷ ⑤ ㄱ, ㄴ, ㄷ

[8589-0344]

18 그림은 A 시기 직전에 담수가 대량으로 북극해 주변의 북대서양으로 유입되었을 때 그린란드 지역의 기온과 강설량의 변화를 나타낸 것이다.

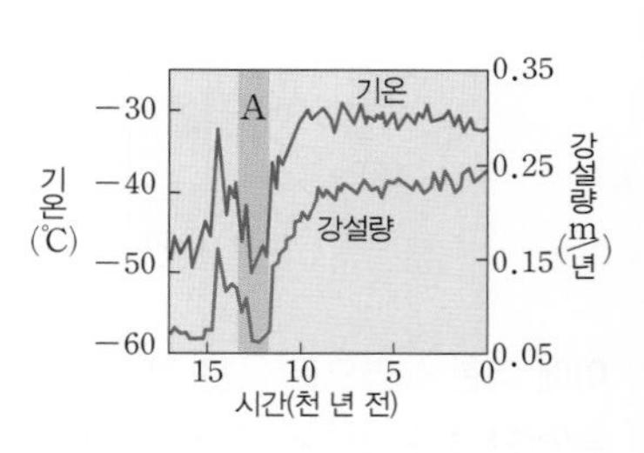

현재와 비교할 때 A 시기에 대한 설명으로 옳은 것만을 〈보기〉에서 있는 대로 고른 것은?

보기
ㄱ. 그린란드의 빙하 면적이 더 넓었다.
ㄴ. 북극해 주변 북대서양의 수온이 높았다.
ㄷ. 북극해 근처까지 북상하는 표층 해류가 강했다.

① ㄱ ② ㄴ ③ ㄷ ④ ㄱ, ㄷ ⑤ ㄴ, ㄷ

신유형·수능 열기

정답과 해설 63쪽

[8589-0345]

01 그림은 북반구 어느 해역의 표층 수온 분포를 나타낸 것이다.

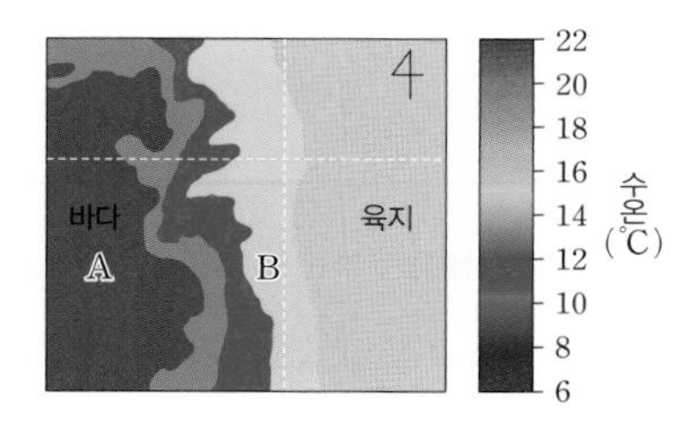

이에 대한 설명으로 옳은 것만을 〈보기〉에서 있는 대로 고른 것은?

보기
ㄱ. 표층 해수는 A에서 B로 이동하였다.
ㄴ. B 해역에서는 침강이 일어난다.
ㄷ. 남풍이 지속적으로 부는 계절의 수온 분포이다.

① ㄱ ② ㄴ ③ ㄱ, ㄷ
④ ㄴ, ㄷ ⑤ ㄱ, ㄴ, ㄷ

[8589-0346]

02 그림 (가)와 (나)는 평상시와 엘니뇨 발생 시 적도 부근 태평양의 동서 방향 단면을 순서 없이 나타낸 것이다.

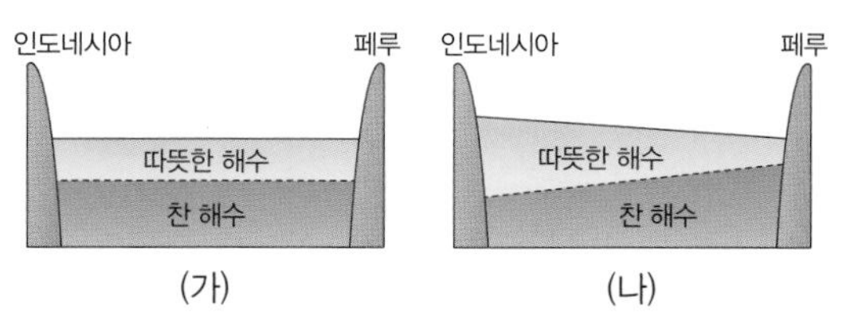

(가) (나)

이에 대한 설명으로 옳은 것만을 〈보기〉에서 있는 대로 고른 것은?

보기
ㄱ. 페루 연안의 용승은 (가)보다 (나)에서 강하다.
ㄴ. 페루 연안의 표층 수온은 (가)보다 (나)에서 높다.
ㄷ. 인도네시아 연안의 해수면은 (가)보다 (나)에서 높다.

① ㄱ ② ㄴ ③ ㄱ, ㄷ
④ ㄴ, ㄷ ⑤ ㄱ, ㄴ, ㄷ

[8589-0347]

03 그림 (가)와 (나)는 각각 엘니뇨와 라니냐 발생 시 적도 부근 태평양의 대기 순환 모습을 나타낸 것이다.

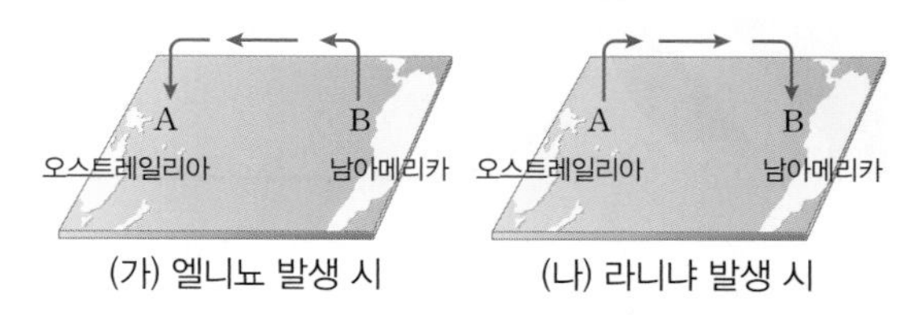

(가) 엘니뇨 발생 시 (나) 라니냐 발생 시

(가) 시기에 비해서 (나) 시기에 큰 값으로 나타나는 것을 〈보기〉에서 있는 대로 고른 것은?

보기
ㄱ. 무역풍의 세기
ㄴ. A와 B 사이의 해수면 경사
ㄷ. B에서 A로 흐르는 표층 해류의 속도

① ㄱ ② ㄷ ③ ㄱ, ㄴ
④ ㄴ, ㄷ ⑤ ㄱ, ㄴ, ㄷ

[8589-0348]

04 그림 (가)는 북극 지방에서 1950년대에 관측한 빙하의 두께와 2050년대에 예상되는 빙하의 두께를, (나)는 대서양에서 해수의 순환을 나타낸 것이다.

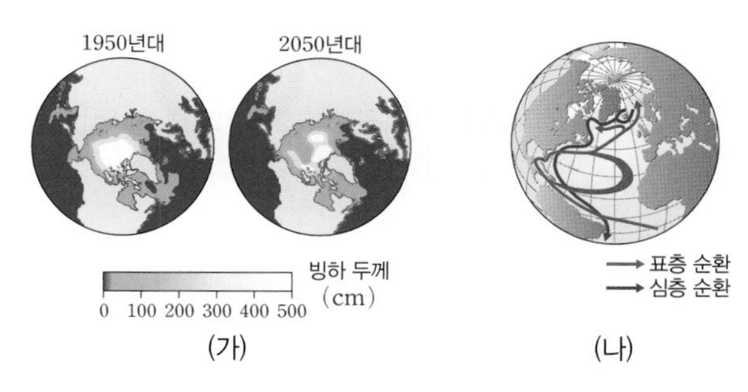

(가) (나)

1950년대와 비교할 때 2050년대에 나타날 수 있는 변화에 대한 설명으로 옳은 것만을 〈보기〉에서 있는 대로 고른 것은?

보기
ㄱ. 해수면이 상승할 것이다.
ㄴ. 북극해 주변 표층 해수의 염분이 증가할 것이다.
ㄷ. 북대서양에서 심층 순환의 흐름이 강해질 것이다.

① ㄱ ② ㄴ ③ ㄷ
④ ㄱ, ㄴ ⑤ ㄴ, ㄷ

12 지구의 기후 변화

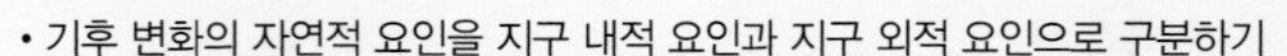

- 기후 변화의 자연적 요인을 지구 내적 요인과 지구 외적 요인으로 구분하기
- 지구의 복사 평형과 대기에 의한 온실 효과의 원리 이해하기
- 인간이 기후 변화에 미치는 영향을 알고, 기후 변화로 발생된 문제 해결 방안 파악하기

한눈에 단원 파악, 이것이 핵심!

기후 변화의 자연적 요인은 무엇이 있을까?

지구 내적 요인
① 수륙 분포의 변화 : 판의 운동 → 수륙 분포 변화 → 대기 · 해수 순환 변화 → 기후 변화
② 지표면의 반사율 변화 : 지표면 상태 변화 → 태양 에너지 반사율 변화 → 기후 변화
③ 대기의 에너지 투과율 변화 : 구름과 화산재 등에 의한 에너지 투과율 변화 → 기후 변화
④ 기권과 수권의 상호 작용 : 대기와 해양의 상호 작용으로 발생하는 엘니뇨 · 라니냐 → 기후 변화

지구 외적 요인		
① 세차 운동	② 공전 궤도 이심률 변화	③ 자전축 기울기 변화
N, S, 근일점(겨울), 원일점(여름), 현재, 근일점(여름), 원일점(겨울), 약 13000년 후 (북반구 기준)	원 궤도, 지구, 태양, 원일점, 여름 (북반구), 근일점, 겨울 (북반구), 타원 궤도	24.5°, 23.5°, 21.5°

지구의 평균 기온은 어떻게 변화하고 있으며, 그 변화의 원인은 무엇일까?

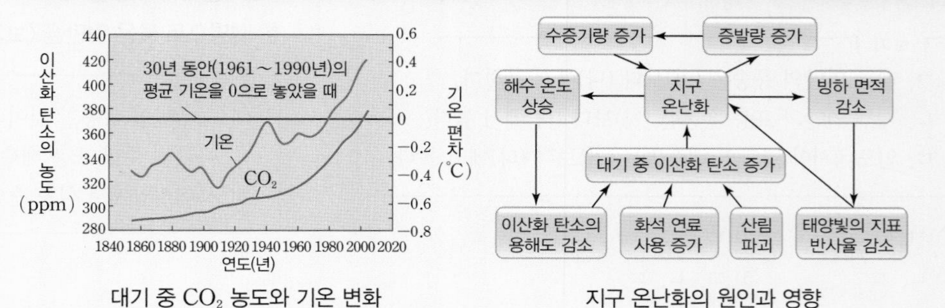

대기 중 CO_2 농도와 기온 변화

지구 온난화의 원인과 영향

기후 변화의 자연적 요인

1 지구 내적 요인

수륙 분포의 변화	• 육지와 해양의 비열 차이 때문에 수륙 분포의 변화는 기압 배치의 변화를 가져와 강수량과 증발량의 변화를 일으킨다. • 지질 시대 동안 판의 운동에 의해 수륙 분포가 변하고, 이로 인한 기후 변화가 나타났다. • 고생대 후반에는 대륙이 판게아로 합쳐지면서 대륙 안쪽에 건조 기후가 발달하였으며, 이후 판게아가 분리되면서 대륙이 분포하는 범위가 넓어지고 해양의 영향을 받는 기후가 나타나는 지역이 많아졌다. 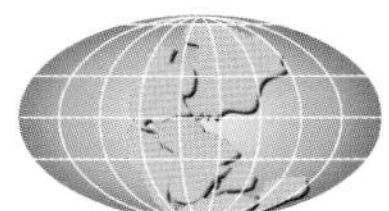 고생대 후반 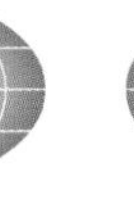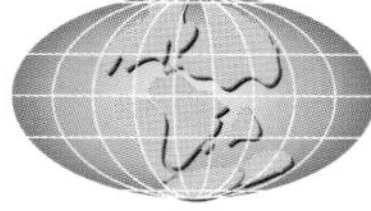 중생대 중반 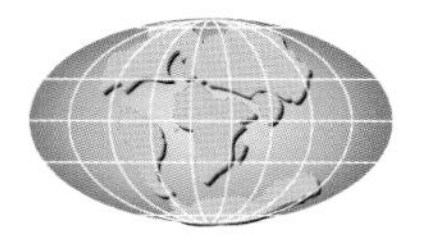 신생대 초반
지표면의 상태에 따른 반사율 변화	• 빙하의 감소, 사막화 현상, 삼림 파괴 등으로 인해 지표면의 태양 에너지 ❶반사율이 변하여 기후 변화가 일어난다. • 지표면의 반사율이 증가하면 지구의 평균 기온이 하강하고, 반사율이 감소하면 지구의 평균 기온이 상승한다.
대기의 에너지 투과율 변화	• 구름은 태양 복사 에너지를 흡수하거나 반사하며, 지구 복사 에너지를 흡수하여 지표면으로 재복사한다. 따라서 구름의 양이 변하면 기후 변화가 나타날 수 있다. • 화산 폭발 과정에서 방출되는 화산재는 지표로 들어오는 햇빛을 산란·반사시키므로 대기의 태양 에너지 투과율이 낮아지고 한동안 지구의 평균 기온이 하강한다.
수권과 기권의 상호 작용	• 수권과 기권은 물을 매개로 하여 상호 작용하면서 기후 변화에 영향을 미친다. • 대기 순환과 해류의 변화로 인해 발생하는 엘니뇨와 라니냐 현상이 전 지구적인 기후 변화를 일으키기도 한다.

지표면의 상태 변화	지표면의 반사율 변화	지표면에 흡수되는 태양 복사 에너지양
빙하 면적 감소	감소	증가
빙하 면적 증가	증가	감소

기온 하강
기온 편차(℃) 0.8, 0.6, 0.4, 0.2, 0, −0.2
연도(년) 1984, 1988, 1992, 1996, 2000, 2004, 2008

❷피나투보 화산 폭발(1991년)의 영향

THE 알기

❶ 지표면의 특성에 따른 반사율

구분	반사율(%)
아스팔트	4~12
침엽수림	8~15
토양	17
녹색 잔디	25
사막 모래	40
콘크리트	55
빙하	50~70
눈	80~90

❷ 피나투보 화산

1991년 필리핀에서 일어난 피나투보 화산 폭발에 의해 100억 톤의 마그마가 분출했으며, 화산재는 지상에서 40 km 높이까지 퍼져 나갔다. 이 화산재는 8500 km 떨어진 아프리카 동부 해안에서도 발견될 정도였으며, 대기 중에서 햇빛을 차단하여 지구의 평균 기온이 낮아지는 효과가 나타났다.

THE 들여다보기 수륙 분포의 변화와 기후 변화

• 대륙이 적도 부근에서 하나로 합쳐져 있을 때
① 대륙이 분포하는 위도 범위가 좁다.
② 저위도의 따뜻한 바다에서 형성된 해류가 고위도의 찬 바다까지 이동하면서 에너지를 전달한다.
③ 대륙에 분포하는 기후가 비교적 단순하다.
④ 대륙붕의 면적이 좁다.

• 대륙이 분리되어 흩어져 있을 때
① 대륙이 분포하는 위도 범위가 넓다.
② 저위도의 따뜻한 바다에서 형성된 해류가 고위도로 이동하기 어렵다.
③ 대륙에 분포하는 기후가 다양하게 나타난다.
④ 대륙붕의 면적이 넓다.

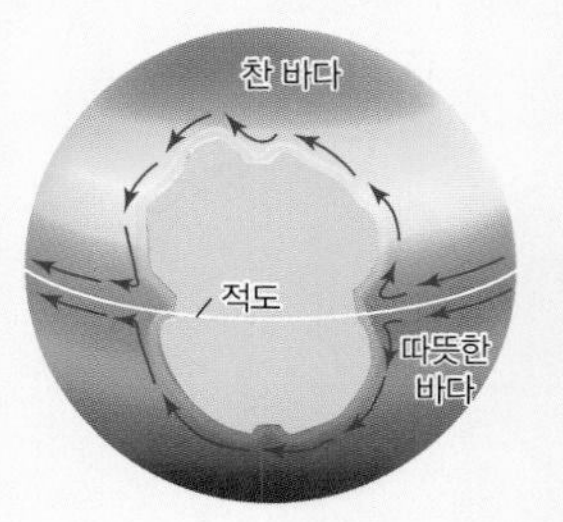

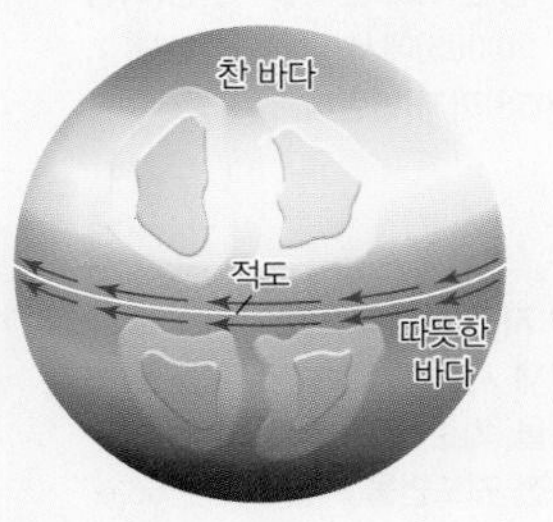

수륙 분포의 변화에 따른 해류의 변화

2 [1]지구 외적 요인(천문학적 요인)

(1) 세차 운동 : 지구의 자전축이 천구의 고정된 점을 중심으로 원뿔 모양을 그리면서 26000년을 주기로 회전하는데 이를 [2]세차 운동이라고 한다. ➡ 자전축의 경사 방향이 반대가 되면, 공전 궤도 상에서 여름과 겨울이 나타나는 위치가 바뀌면서 기온의 연교차가 변한다.

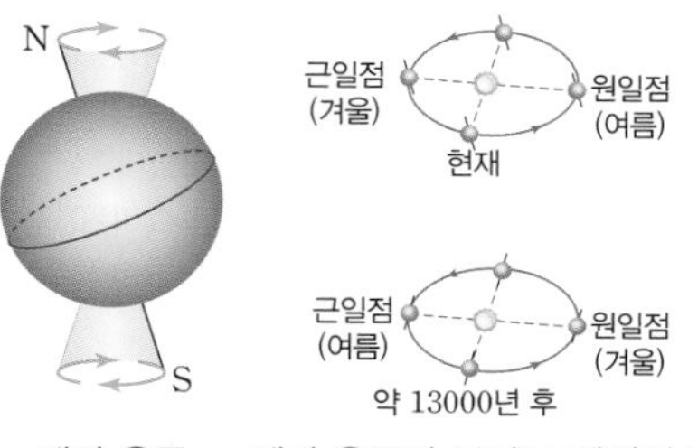

세차 운동 세차 운동과 북반구 계절의 변화

구분		현재	13000년 후	기온의 연교차
북반구	근일점	겨울	여름	증가
	원일점	여름	겨울	
남반구	근일점	여름	겨울	감소
	원일점	겨울	여름	

(2) 지구 공전 궤도 이심률 변화 : 지구의 공전 궤도는 태양이 초점에 위치하는 타원 궤도이며, 약 10만 년을 주기로 이심률이 증감한다.

① 지구 공전 궤도의 [3]이심률이 감소하여 타원형에서 원형에 가깝게 변하면 근일점은 태양과 멀어지고, 원일점은 태양과 가까워진다.

② 원형 공전 궤도에 비해 타원형 공전 궤도에서는 원일점과 근일점에 있을 때 태양까지의 거리 차이가 커지므로, 지구 전체로 입사되는 태양 복사 에너지양의 차이도 커진다.

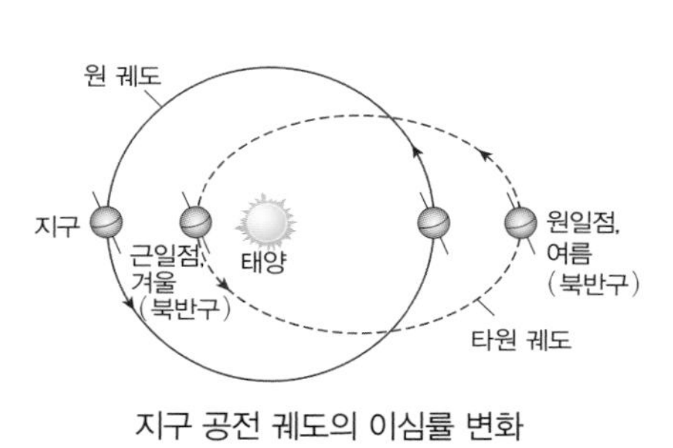

지구 공전 궤도의 이심률 변화

구분		지구 공전 궤도 타원형 → 원형	기온 변화	기온의 연교차
북반구	여름	원일점 거리 감소 (태양과 가까워짐)	상승	증가
	겨울	근일점 거리 증가 (태양에서 멀어짐)	하강	
남반구	여름	근일점 거리 증가 (태양에서 멀어짐)	하강	감소
	겨울	원일점 거리 감소 (태양과 가까워짐)	상승	

(3) 지구 자전축 기울기 변화 : 현재 지구의 자전축은 23.5° 기울어져 있는데, 이 기울기는 약 41000년을 주기로 21.5°에서 24.5° 사이에서 변화한다. ➡ 지구 [4]자전축의 기울기가 변화하면 계절별 태양의 남중 고도가 바뀌면서 기온의 연교차가 변한다.

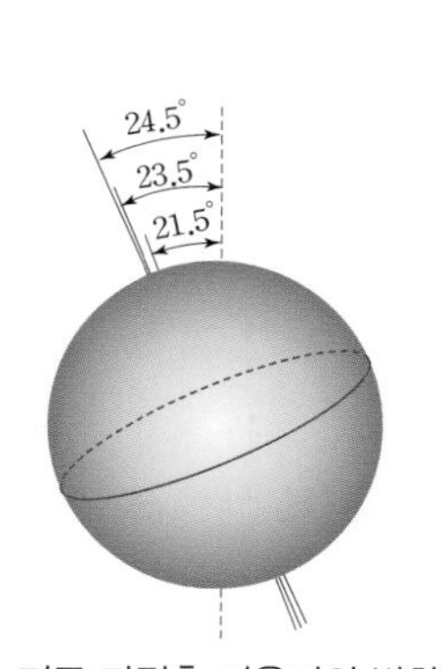

지구 자전축 기울기의 변화

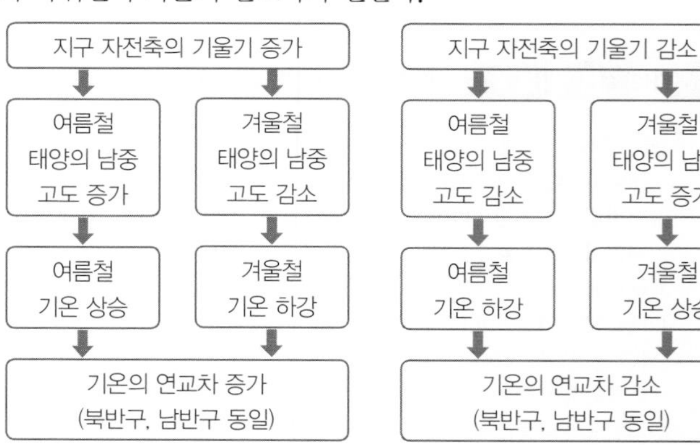

우리나라와 위도가 비슷한 중위도 지역에서 기온의 연교차 변화

THE 알기

❶ 기후 변화의 지구 외적 요인
기후 변화의 지구 외적 요인에는 주기적으로 나타나는 천문학적 요인(지구의 공전 궤도와 자전축의 변화)과 태양의 활동 변화가 있다. 20세기 초 세르비아의 천문학자인 밀란코비치는 천문학적 요인들의 상호 작용에 따라 일사량이 달라지면서 빙하기와 간빙기가 반복되는 기후 변화가 나타난다고 주장하였다.

❷ 세차 운동

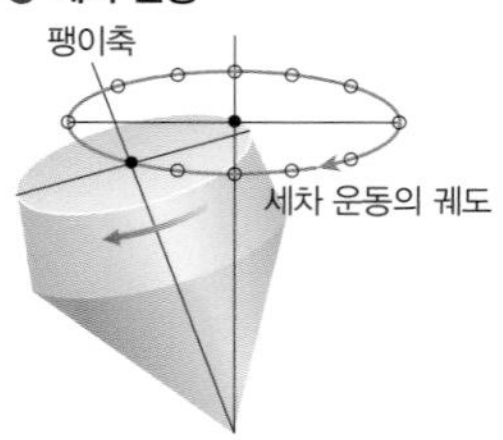

세차 운동은 회전하고 있는 물체에 돌림 힘이 작용할 때 회전하는 물체가 이리저리 흔들리며 움직이는 현상이다. 팽이를 돌릴 때 회전 속도가 줄어들면 팽이의 회전축이 원뿔 모양을 그리면서 움찔거리며 흔들리는 세차 운동이 나타난다.

❸ 이심률
이심률은 타원의 납작한 정도를 의미한다. 원은 이심률이 0이며, 타원은 이심률이 1에 가까울수록 납작한 모양이 된다. 지구의 공전 궤도는 거의 원형(이심률 : 0.005)에서 타원형(이심률 : 0.058)까지 변한다.

❹ 지구 자전축 기울기
현재 지구 자전축 기울기는 공전축을 기준으로 23.5°이다. 지구 공전 궤도면을 기준으로는 66.5° 기울어져 있지만 일반적으로 지구 자전축 기울기는 공전축을 기준으로 기울어진 정도를 의미한다.

개념체크

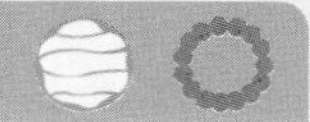

단답형 문제

1. 지표면의 반사율이 증가하면 지구의 평균 기온은 어떻게 되는지 쓰시오.

2. 화산 폭발 과정에서 화산재가 많이 방출되면 지표면에 도달하는 태양 에너지양은 어떻게 되는지 쓰시오.

3. 지구 공전 궤도의 이심률이 작을수록 공전 궤도는 어떤 모양에 가까워지는지 쓰시오.

4. 현재 지구 자전축은 공전축을 기준으로 약 몇 ° 기운 채 공전하는지 쓰시오.

5. 지구 공전 궤도 이심률이 지금보다 커지면 북반구의 기온의 연교차는 현재와 비교했을 때 어떻게 되는지 쓰시오.

○X 문제

6. 기후 변화의 자연적 요인에 대한 설명으로 옳은 것은 ○, 옳지 않은 것은 ×로 표시하시오.

(1) 대기의 에너지 투과율 변화는 기후 변화의 지구 외적 요인이다. (　　)

(2) 사막의 면적이 증가하면 지표면의 태양 에너지 반사율이 감소한다. (　　)

(3) 지구 공전 궤도의 이심률이 증가하면 더 납작한 타원형으로 바뀐다. (　　)

7. 적도 부근에 하나로 합쳐진 대륙이 분리될 때 나타나는 변화에 대한 설명으로 옳은 것은 ○, 옳지 않은 것은 ×로 표시하시오.

(1) 대륙에 분포하는 기후가 단순해진다. (　　)

(2) 대륙붕의 면적이 넓어진다. (　　)

정답 1. 낮아진다. 2. 감소한다. 3. 원 4. 23.5° 5. 감소 6. (1) × (2) × (3) ○ 7. (1) × (2) ○

둘 중에 고르기

1. 빙하의 면적이 증가하면 지표면의 반사율이 ① (증가, 감소)하여 지표면이 흡수하는 태양 복사 에너지의 양이 ② (증가, 감소)하고 지구의 평균 기온은 ③ (상승, 하강)한다.

2. 지구의 공전 궤도가 원형에서 타원형으로 바뀌면 원일점 거리와 근일점 거리의 차이가 ① (커지고, 작아지고), 원일점과 근일점에서 지구 전체로 입사되는 태양 복사 에너지양의 차이가 ② (커진다, 작아진다).

3. 판게아가 분리되면서 대륙이 분포하는 범위가 ① (넓어, 좁아)지고, 해양의 영향을 받는 기후가 나타나는 지역이 ② (많아, 적어)졌다.

4. 우리나라의 경우 지구 자전축 기울기가 증가하면 태양의 남중 고도가 여름철에는 ① (증가, 감소)하고, 겨울철에는 ② (증가, 감소)한다. 따라서 기온의 연교차는 ③ (증가, 감소)한다.

빈칸 완성

5. 기후 변화의 자연적 요인 중 지구 내적 요인에는 수륙 분포의 변화, 지표면의 ① (　　　) 변화, 대기의 에너지 ② (　　　) 변화, 기권과 ③ (　　　)의 상호 작용 등이 있다.

6. 기후 변화의 자연적 요인 중 지구 외적 요인에는 세차 운동, 지구 ① (　　　)의 기울기 변화, 지구 공전 궤도의 ② (　　　) 변화 등이 있다.

7. 현재 북반구의 계절은 공전 궤도 상에서 지구가 원일점 부근에 있을 때 ① (　　　)철이고, 근일점 부근에 있을 때 ② (　　　)철이다.

8. 세차 운동의 주기는 약 ① (　　　)년이고, 자전축 기울기 변화의 주기는 약 ② (　　　)년이며, 지구의 공전 궤도 이심률 변화의 주기는 약 ③ (　　　)년이다.

정답 1. ① 증가 ② 감소 ③ 하강 2. ① 커지고 ② 커진다 3. ① 넓어 ② 많아 4. ① 증가 ② 감소 ③ 증가 5. ① 반사율 ② 투과율 ③ 수권 6. ① 자전축 ② 이심률 7. ① 여름 ② 겨울 8. ① 26000 ② 41000 ③ 10만

02 인간 활동에 의한 기후 변화

THE 알기

❶ 지구의 열수지

구분	흡수량	방출량
우주	지표와 대기 방출 70	지표와 대기 흡수 70
대기	태양 복사 25, 지표 방출 129	우주 흡수 66 지표 흡수 88
지표	태양 복사 45 대기 복사 88	대류 · 전도 · 숨은열 29, 장파 복사 104

우주, 대기, 지표에서 각각 흡수량과 방출량이 평형을 이룬다. (지구의 반사율 : 30 %)

❷ 대기에 의한 지구 복사 에너지 흡수

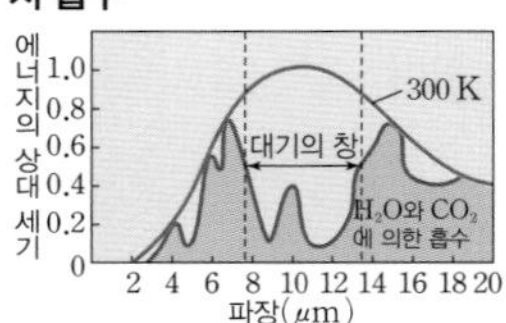

지구 복사 에너지는 대부분 적외선 영역으로 수증기와 이산화 탄소에 의해 흡수되지만 일부 파장에서는 흡수율이 낮아서 우주 공간으로 빠져 나가는데 이 파장 영역을 대기의 창이라고 한다.

❸ 온실 효과의 역할

만일 대기가 없는 상태에서 지구가 복사 평형에 도달한다면 평균 온도는 −18 ℃ 정도가 되며, 지표면의 일교차도 매우 커서 현재와 같이 다양한 생명체가 살 수 없다.

1 지구의 복사 평형과 온실 효과

(1) 복사 평형과 지구의 열수지

① 복사 평형 : 지구로 입사되는 태양 복사 에너지양과 지구에서 방출하는 지구 복사 에너지양이 같아서 지구의 온도가 일정하게 유지되는 상태를 복사 평형이라고 한다.

② 지구의 열수지 : 복사 평형 상태에서 1년 동안 지구로 흡수된 에너지와 지구에서 방출된 에너지 사이의 출입 관계를 ❶지구의 열수지라고 한다.

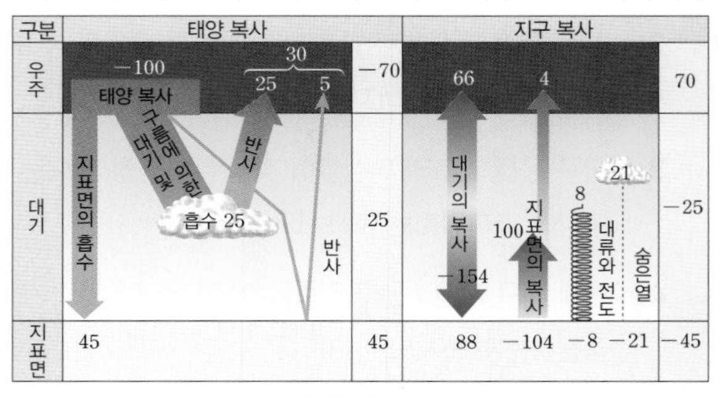

지구의 열수지

(2) 온실 효과

① 온실 효과 : 지구의 대기가 파장이 짧은 태양 복사 에너지는 통과시키지만, 파장이 긴 지구 복사 에너지는 흡수했다가 재방출하여 지표면의 온도를 상승시키는 효과이다.

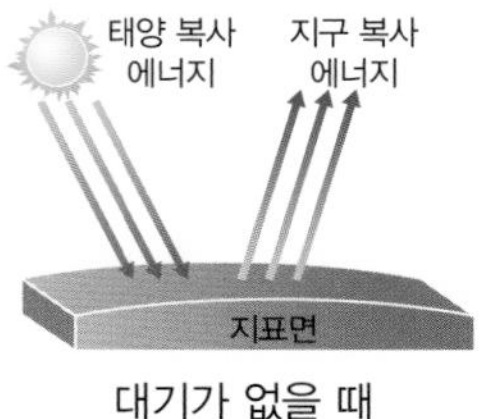

대기가 없을 때 대기가 있을 때

② 온실 기체 : 대기 중에서 온실 효과를 일으키는 기체를 말한다. 온실 기체에는 ❷적외선 형태로 방출되는 지구 복사 에너지를 잘 흡수하는 수증기, 이산화 탄소, 메테인, 일산화 이질소, 프레온 가스 등이 있다.

③ ❸온실 효과의 역할 : 온실 효과로 인해 지구의 평균 온도가 생명체가 살기에 적당한 수준에서 유지되며 기온 변화도 작게 나타난다.

THE 들여다보기 대기에 의한 태양 복사 에너지의 선택적 흡수

- 태양 복사 스펙트럼 : 태양 복사 에너지는 파장이 짧은 γ선부터 X선, 자외선, 가시광선, 적외선, 전파의 순서대로 파장이 길어지는 다양한 전자기파로 이루어져 있다.
- 대기에 의한 태양 복사 에너지의 선택적 흡수 : 태양 복사 에너지는 대기를 통과하면서 자외선 영역은 주로 오존에 의해, 적외선 영역은 주로 수증기와 이산화 탄소에 의해 선택적으로 흡수되므로 지표면에 도달하는 태양 복사 에너지는 대기 밖에서 측정한 것보다 그 양이 적다.
- 장파 복사와 단파 복사 : 지표면에 도달하는 태양 복사 에너지는 주로 가시광선과 일부 적외선으로, 지표면에서 방출되는 지구 복사 에너지는 대부분 적외선으로 이루어져 있다. 적외선보다 가시광선의 파장이 더 짧기 때문에 태양 복사 에너지는 단파 복사 에너지, 지구 복사 에너지는 장파 복사 에너지라고 부르기도 한다.

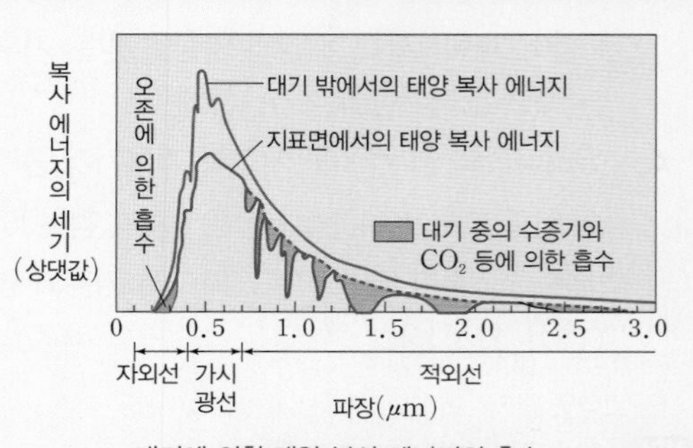

대기에 의한 태양 복사 에너지의 흡수

2 지구 온난화와 기후 변화

지구 온난화의 발생 원인

- 지구 온난화 : 대기 중 온실 기체의 양이 증가하여 대기가 더 많은 지구 복사 에너지를 흡수하고 재방출함에 따라 지구의 평균 기온이 상승하는 현상이다.
- 지구 온난화의 원인 : 산업 혁명 이후 화석 연료의 사용량 증가에 따른 대기 중의 온실 기체 농도 증가가 가장 큰 원인이다.

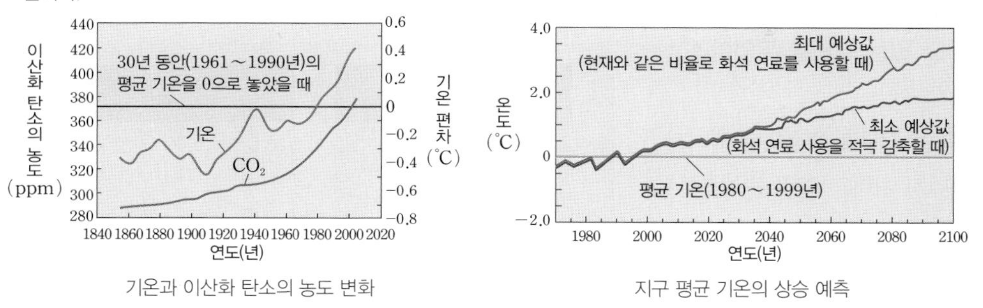

기온과 이산화 탄소의 농도 변화　　　　지구 평균 기온의 상승 예측

지구 온난화와 기후 변화의 영향

- 해수면 상승 : 해수의 온도가 상승하여 [1]열팽창이 일어나고, 대륙 빙하가 녹아서 해수면의 높이가 상승하며, 해안 저지대가 침수된다.
- 이상 기후 : 위도별 에너지 불균형이 심화되며 가뭄, 홍수, 한파 등의 기상 이변이 많아지고, 기온 상승에 따라 증발량이 많아지면서 물 부족 현상도 심화된다.
- 생태계 변화 : [2]생물종의 멸종, 삼림의 [3]식생대 변화, 어류의 이동 경로 변화 및 바다 생태계 변화 등이 나타나고, 식량 생산량이 감소한다.

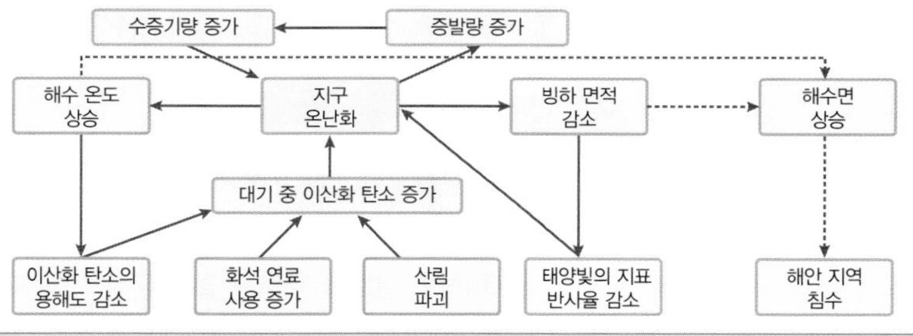

지구 온난화로 인한 한반도의 기후 변화

- 지난 100년 동안 기온은 1.5 ℃ 정도 상승하였는데, 이는 지구의 평균 기온 변화의 약 2배에 달하는 수치이다.
- 한반도 주변 해역의 수온은 지난 40년 동안 평균적으로 약 1 ℃ 정도 상승하였으며, 아열대 어종이 증가하였다.
- 1920년대에 비하여 겨울은 짧아지고, 여름은 길어지고 있다. 주요 도시의 열대야 발생 일수도 증가하고 있다.

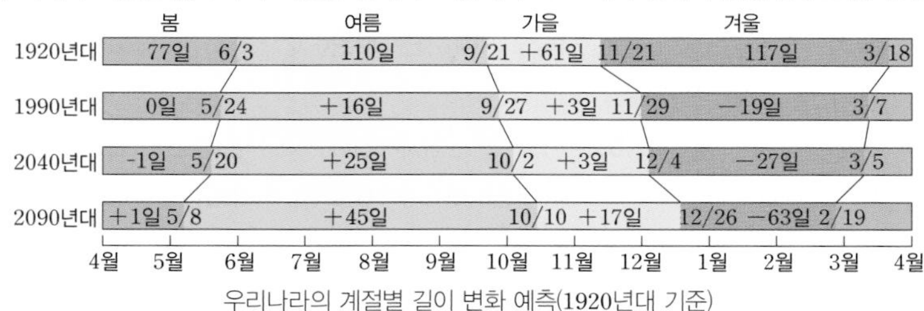

우리나라의 계절별 길이 변화 예측(1920년대 기준)

지구 온난화와 기후 변화 방지 대책

- 지구 온난화에 대한 대책 : 화석 연료의 소비를 줄이는 것이 가장 중요하며, 이를 위해 풍력이나 태양 에너지와 같은 친환경적인 신재생 에너지의 개발과 사용을 확대해야 한다. 또한, 삼림 벌채와 가축의 방목을 줄여서 숲을 보호하고 해양 오염을 방지하여 대기 중 온실 기체 방출량을 줄인다.
- 기후 변화 방지를 위한 [4]국제 사회의 노력 : 유엔기후변화협약(1992년, 브라질 리우데자네이루), 교토의정서(1997년, 일본 교토), 파리기후협정(2015년, 프랑스 파리) 등이 있다.

THE 알기

❶ 열팽창
물질이 열을 받았을 때 부피가 커지는 현상으로, 물질을 구성하는 입자들이 열을 받으면 분자 운동이 활발해지기 때문에 일어난다.

❷ 생물종의 멸종
2007년 기후 변화에 관한 정부 간 협의체(IPCC)는 앞으로 30여 년 뒤에는 양서류를 포함한 지구 상의 생물 종 가운데 20～30 % 정도가 멸종 위기에 놓이게 될 것으로 예측하였다.

❸ 식생대 변화
지구 온난화로 인해 삼림의 식생대가 중위도 기준으로 점점 북상하여 열대림의 분포 면적이 증가하고 냉대림의 분포 면적이 감소하여 삼림의 평형이 깨질 것으로 예상된다.

❹ 기후 변화 방지를 위한 국제 사회의 노력
① 유엔기후변화협약 : 화석 연료 사용에 따른 지구 온난화 현상을 방지하기 위한 협약으로 온실 기체 배출량 감축 의무를 부과하고 있다.
② 교토의정서 : 제3차 유엔기후변화협약 당사국총회(COP3)에서 채택한 온실 기체 배출량 감축 협정으로 국가별로 감축량을 정하고, 이를 이행하지 않을 경우 제재 방안을 적용하는 등 감축 의무 준수를 강조하였으나, 개발도상국은 예외로 하였다.
③ 파리기후협정 : 2020년으로 효력이 끝나는 교토의정서를 대체하기 위해 제21차 유엔기후변화협약 당사국총회(COP21)에서 채택된 새로운 기후 변화 체제로 선진국과 개발도상국 모두 자국의 상황에 맞는 감축 목표량을 스스로 설정하여 준수하도록 하였다.

개념체크

단답형 문제

1. 지구 전체적으로 볼 때 입사되는 태양 복사 에너지양과 방출되는 지구 복사 에너지양이 같아서 지구의 에너지 출입이 열적 평형을 이루고 있는 상태를 무엇이라고 하는지 쓰시오.

2. 복사 평형 상태에서 1년 동안 지구로 흡수되는 에너지와 지구에서 방출되는 에너지 사이의 출입 관계를 무엇이라고 하는지 쓰시오.

3. 산업 혁명 이후 화석 연료의 사용량 증가에 따라 그 양이 증가했으며 지구 온난화의 가장 큰 원인으로 추정되는 기체는 무엇인지 쓰시오.

4. 지구 온난화를 방지하기 위해 온실 기체 배출량 감축을 주요 내용으로 하여 1992년 브라질의 리우데자네이루에서 채택된 국제 협약은 무엇인지 쓰시오.

5. 지구로 입사되는 태양 복사 에너지를 100이라고 할 때 지구의 열수지와 관련된 다음 물음에 답하시오.

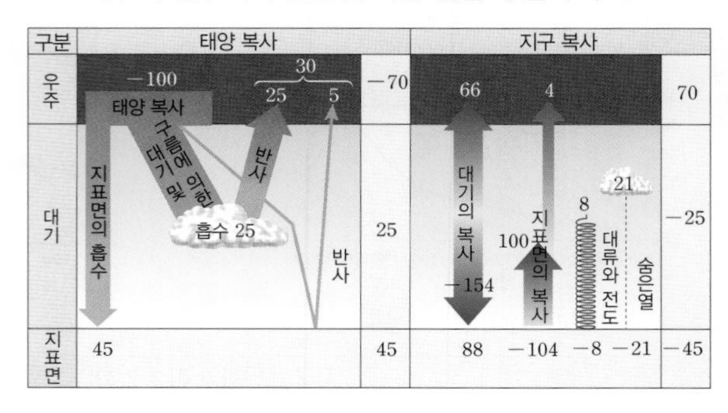

(1) 지표면이 흡수하는 태양 복사 에너지양은 얼마인지 쓰시오.

(2) 지표면이 대기로부터 흡수하는 에너지양은 얼마인지 쓰시오.

정답 1. 복사 평형 2. 지구의 열수지 3. 이산화 탄소 4. 유엔기후변화협약 5. (1) 45 (2) 88

○X 문제

1. 온실 효과에 대한 설명으로 옳은 것은 ○, 옳지 않은 것은 ×로 표시하시오.

(1) 온실 효과가 없으면 지구의 온도는 더 높아진다. ( )

(2) 지구의 대기는 파장이 짧은 태양 복사 에너지는 흡수하지만, 파장이 긴 지구 복사 에너지는 투과시킨다. ( )

(3) 만일 지구에 대기가 없는 상태에서 복사 평형에 도달한다면 지구의 평균 온도는 현재보다 훨씬 낮아질 것이다. ( )

2. 지구 온난화에 대한 설명으로 옳은 것은 ○, 옳지 않은 것은 ×로 표시하시오.

(1) 화석 연료 사용의 증가는 지구 온난화의 원인이 된다. ( )

(2) 지구 온난화는 물 부족 문제 해결에 도움이 된다. ( )

빈칸 완성

3. 지구로 입사되는 태양 복사 에너지 중에서 주로 성층권의 오존에 의해 흡수되는 영역은 ① ( )이고, 주로 이산화 탄소와 수증기 같은 온실 기체에 의해 흡수되는 영역은 ② ( )이다.

4. 지표면에 도달하는 태양 복사 에너지는 주로 ① ( )과 일부 적외선으로, 지표면에서 방출되는 지구 복사 에너지는 대부분 ② ( )으로 이루어져 있다.

5. 지구 온난화로 인해 지구의 평균 기온이 높아지면 바닷물의 수온이 상승하여 부피가 ① ( )하고 ② ( ) 빙하가 녹아서, 해수면이 ③ ( )한다.

6. 지구 복사 에너지를 이루는 파장 중에서 수증기와 이산화 탄소 등에 의한 흡수율이 낮아 우주 공간으로 빠져나가는 영역을 ( )이라고 한다.

정답 1. (1) × (2) × (3) ○ 2. (1) ○ (2) × 3. ① 자외선 ② 적외선 4. ① 가시광선 ② 적외선 5. ① 팽창 ② 대륙 ③ 상승 6. 대기의 창

탐구 활동 온실 효과

정답과 해설 64쪽

목표

온실 효과가 발생하는 원리와 지구 환경 변화에 미치는 영향을 설명할 수 있다.

과정

다음은 온실 효과의 원리를 알아보기 위한 실험 과정이다.

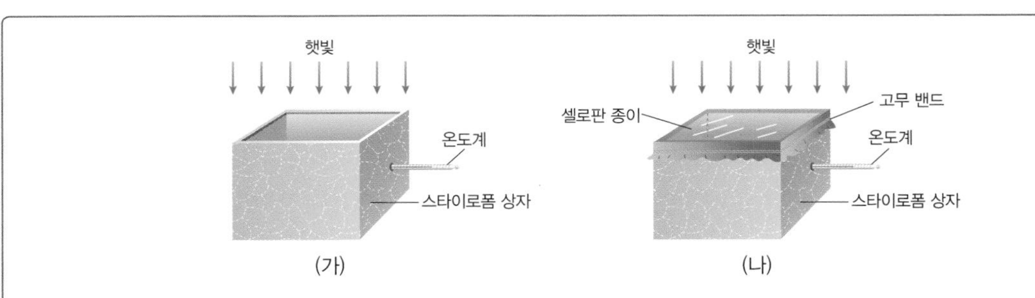

Ⅰ. 상자의 바닥과 안쪽을 검게 칠한 2개의 동일한 스타이로폼 상자를 준비한 후 하나는 (가)와 같이 상자에 아무 것도 덮지 않은 상태로, 나머지 하나는 (나)와 같이 상자의 윗부분을 셀로판 종이로 덮은 상태로 하여 온도계를 설치한다.

Ⅱ. 상자의 밑바닥까지 고르게 햇빛이 비치게 하여 두 상자에 같은 양의 태양 복사 에너지가 도달하도록 한다.

Ⅲ. (가)와 (나) 상자의 내부 온도를 2분마다 측정하여 기록한다.

시간(분) / 온도(℃)	0	2	4	6	8	10	12	14	16
(가)	28.0	32.8	34.5	35.0	35.5	35.9	35.9	36.0	36.0
(나)	28.0	33.5	36.7	39.3	40.7	42.0	43.5	43.5	43.5

1. 상자 (가)와 (나)에서 일정한 시간이 경과한 후 온도 변화가 일어나지 않는 이유를 설명하시오.
2. 복사 평형에 도달했을 때의 온도는 어느 상자가 높으며, 복사 평형 온도가 차이나는 이유를 설명하시오.

결과 정리 및 해석

1. 상자 (가)는 약 10분 후에, 상자 (나)는 약 12분 후에 일정한 온도에 도달한다. 이는 상자로 들어오는 에너지와 상자에서 방출되는 에너지가 서로 그 양이 같아지는 복사 평형 상태에 도달했기 때문이다.
2. 복사 평형 상태에 도달했을 때의 온도는 셀로판 종이를 덮은 상자 (나)의 경우가 아무 것도 덮지 않은 상자 (가)보다 더 높게 올라간다. 이는 셀로판 종이가 태양 복사 에너지와 같이 파장이 짧은 가시광선은 통과시키지만, 태양 복사 에너지로 인해 온도가 올라간 상자의 안쪽에서 방출되는 파장이 긴 적외선은 차단하고 상자 내부의 따뜻해진 공기가 빠져나가지 못하게 하므로 상자 (가)에 비해 상자 (나)의 공기가 더 많이 가열되기 때문이다.

탐구 분석

1. 실험에서 두 상자 모두 일정한 온도 이상 올라가지 않는 이유는 무엇인가?
2. 상자의 바닥과 안쪽을 검게 칠하여 실험한 이유는 무엇인가?

내신 기초 문제

정답과 해설 64쪽

[8589-0349]

01 기후 변화의 자연적 요인 중 지구 내적 요인을 〈보기〉에서 모두 고른 것은?

보기
ㄱ. 자전축 기울기 변화　　ㄴ. 공전 궤도 이심률 변화
ㄷ. 대기 중 구름의 양 변화　ㄹ. 수륙 분포의 변화

① ㄱ, ㄴ　② ㄱ, ㄷ　③ ㄱ, ㄹ
④ ㄴ, ㄷ　⑤ ㄷ, ㄹ

[8589-0350]

02 다음은 지표면의 상태에 따른 반사율과 기후 변화의 관계를 설명한 것이다.

- 사막화 현상으로 인해 사막의 면적이 증가하면 지표면의 반사율이 (　　　)하고, 지표면이 흡수하는 태양 복사 에너지양은 (　　　)한다.
- 지구 온난화 현상으로 인해 빙하의 면적이 감소하면 지표면의 반사율이 (　　　)하고, 지구의 평균 기온은 (　　　)한다.

(　　) 안에 들어갈 말을 순서대로 옳게 짝 지은 것은?

① 감소, 증가, 증가, 상승
② 감소, 감소, 증가, 하강
③ 증가, 감소, 증가, 상승
④ 증가, 증가, 감소, 하강
⑤ 증가, 감소, 감소, 상승

[8589-0351]

03 팽이의 회전 속도가 느려지면 회전축이 원뿔 궤적을 그리면서 흔들리는 것처럼 태양과 달의 인력에 의해 지구의 자전축이 약 26000년을 주기로 회전한다. 이러한 현상을 무엇이라고 하는지 쓰시오.

[8589-0352]

04 그림은 지구에 대기가 있는 상태에서 복사 에너지의 출입을 나타낸 것이다.

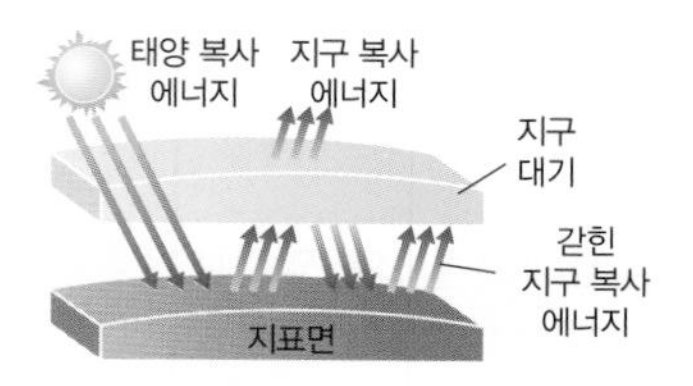

이에 대한 설명으로 옳은 것만을 〈보기〉에서 있는 대로 고른 것은?

보기
ㄱ. 대기가 없을 때보다 지표면의 일교차가 크다.
ㄴ. 대기 중의 이산화 탄소가 많아질수록 갇힌 지구 복사 에너지의 양은 증가한다.
ㄷ. 지구의 대기는 파장이 짧은 가시광선보다 파장이 긴 적외선을 잘 흡수한다.

① ㄱ　② ㄴ　③ ㄱ, ㄷ　④ ㄴ, ㄷ　⑤ ㄱ, ㄴ, ㄷ

[8589-0353]

05 그림은 1993년부터 2009년까지 평균 해수면의 높이 변화를 나타낸 것이다.

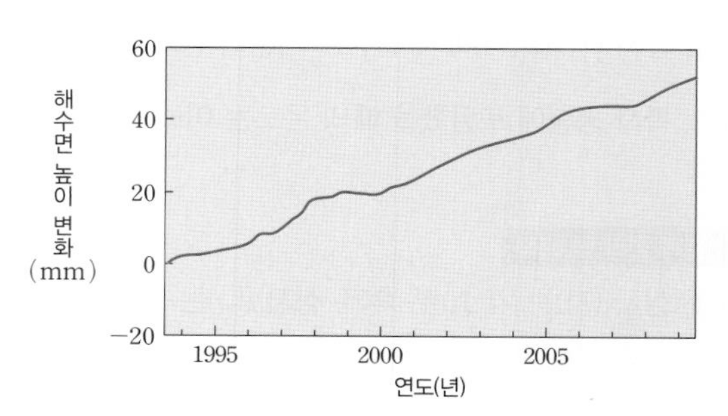

위와 같은 현상과 관련이 있는 것만을 〈보기〉에서 있는 대로 고른 것은?

보기
ㄱ. 지구 온난화로 인한 해수의 수온 상승
ㄴ. 화산 폭발로 인한 다량의 화산재 방출
ㄷ. 빙하의 증가로 인한 지표면의 반사율 변화

① ㄱ　② ㄴ　③ ㄷ
④ ㄱ, ㄴ　⑤ ㄱ, ㄷ

실력 향상 문제

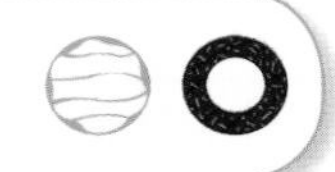

정답과 해설 64쪽

[8589-0354]

01 다음은 기후 변화 요인을 각각의 특징에 따라 구분하는 과정을 나타낸 것이다.

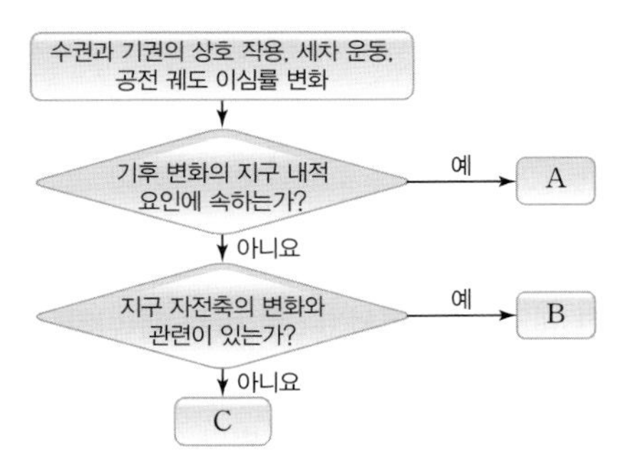

이에 대한 설명으로 옳은 것만을 〈보기〉에서 있는 대로 고른 것은?

보기

ㄱ. A의 대표적인 경우는 엘니뇨와 라니냐 현상이 있다.
ㄴ. B는 지구 자전축 기울기의 크기가 변화하는 현상이다.
ㄷ. C에 의해 지구와 태양 사이의 거리가 항상 일정하게 유지된다.

① ㄱ ② ㄴ ③ ㄱ, ㄷ ④ ㄴ, ㄷ ⑤ ㄱ, ㄴ, ㄷ

서술형 [8589-0355]

02 그림은 1979년과 2005년 9월에 관측한 북극 지방의 빙하 분포를 나타낸 것이다. 빙하의 면적과 지표면의 태양 에너지 반사율 사이의 관계를 이용하여 관측 기간 동안 북극 지방의 평균 기온은 어떻게 변화하였을지 서술하시오.

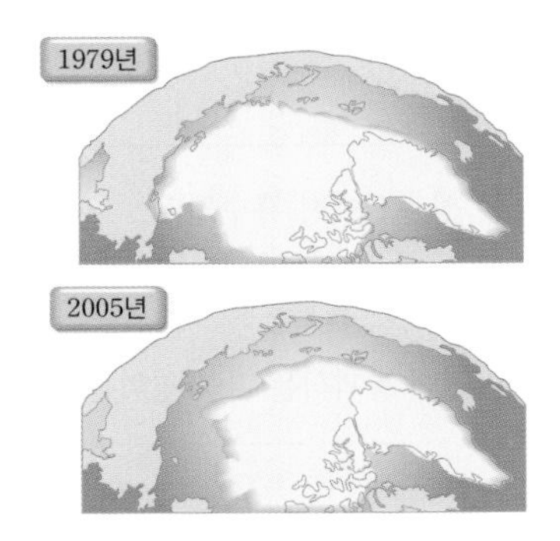

[8589-0356]

03 그림 (가)는 1991년에 피나투보 화산이 폭발적으로 분출하는 모습을, (나)는 화산 분출 전후의 지구 평균 기온 변화를 나타낸 것이다.

(가)

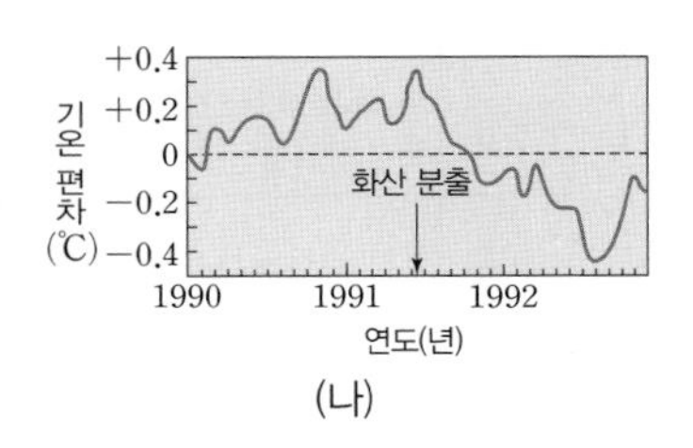

(나)

화산 분출 이후에 나타난 현상에 대한 설명으로 옳은 것만을 〈보기〉에서 있는 대로 고른 것은?

보기

ㄱ. 지구의 평균 기온은 하강하였다.
ㄴ. 대기의 태양 복사 에너지 투과율이 증가하였다.
ㄷ. 기온 변화의 주요인은 화산 폭발 과정에서 분출된 용암이다.

① ㄱ ② ㄴ ③ ㄷ ④ ㄱ, ㄴ ⑤ ㄱ, ㄷ

[8589-0357]

04 그림 (가)와 (나)는 수륙 분포에 따른 해류의 모습을 나타낸 것이다.

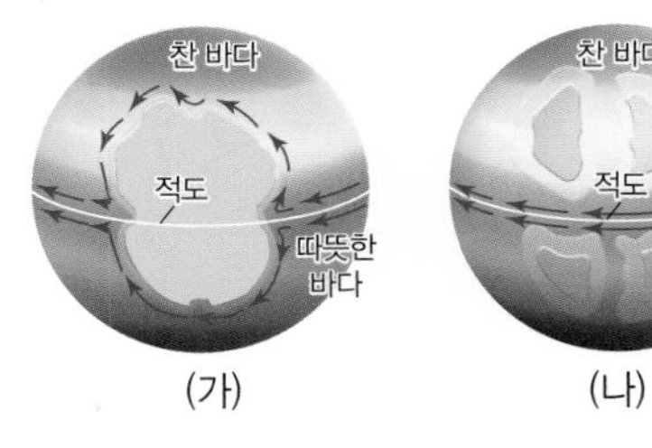

(가) (나)

수륙 분포가 (가)에서 (나)로 변할 때 나타나는 현상에 대한 설명으로 옳은 것만을 〈보기〉에서 있는 대로 고른 것은?

보기

ㄱ. 대륙에서 더 다양한 기후가 나타날 수 있다.
ㄴ. 대륙의 고위도 지역에서 연평균 기온이 하강한다.
ㄷ. 저위도의 해류가 고위도 지역까지 이동하기 쉽다.

① ㄱ ② ㄴ ③ ㄷ
④ ㄱ, ㄴ ⑤ ㄱ, ㄷ

[8589-0358]
05 표는 지구의 기후 변화 요인과 그 영향을 정리한 것이다.

	기후 변화 요인	영향
(가)	화산 폭발로 대기 중 화산재 증가	햇빛의 산란과 반사
(나)	대륙 이동으로 인한 수륙 분포의 변화	A
(다)	B	북반구 중위도 지역에서 기온의 연교차 감소

이에 대한 설명으로 옳은 것만을 〈보기〉에서 있는 대로 고른 것은? (단, 각각의 기후 변화 요인에 따른 영향 이외의 다른 요인은 고려하지 않는다.)

보기
ㄱ. (가)는 기후 변화의 지구 내적 요인이다.
ㄴ. "표층 해류의 흐름 변화"는 A로 적절하다.
ㄷ. "지구 자전축의 기울기 감소"는 B로 적절하다.

① ㄱ ② ㄴ ③ ㄱ, ㄷ ④ ㄴ, ㄷ ⑤ ㄱ, ㄴ, ㄷ

[8589-0359]
06 그림은 지구 자전축 경사 방향의 변화를 나타낸 것이다.

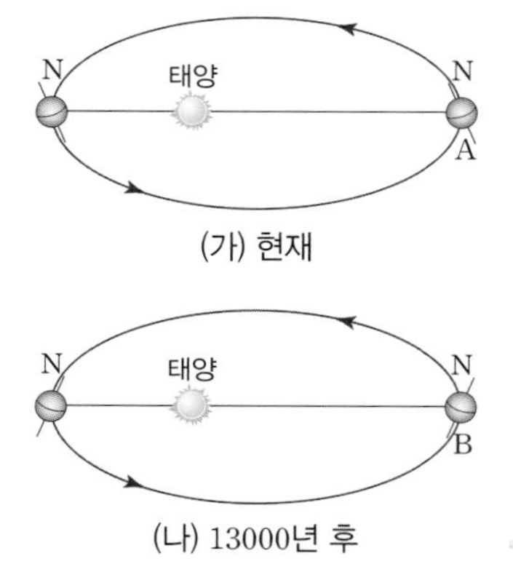

이에 대한 설명으로 옳지 않은 것은? (단, 지구 자전축 경사 방향 이외의 요인은 고려하지 않는다.)

① 우리나라는 A에서 여름, B에서 겨울이다.
② 북반구의 겨울철 기온은 (가)보다 (나)에서 높다.
③ 남반구의 여름철 기온은 (가)보다 (나)에서 낮다.
④ 북반구의 기온의 연교차는 (가)보다 (나)에서 크다.
⑤ 13000년 후 우리나라의 북쪽 하늘에 보이는 별자리는 현재와 다르다.

[8589-0360]
07 그림 (가)와 (나)는 지구 공전 궤도의 이심률이 변한 것을 나타낸 모식도이다.

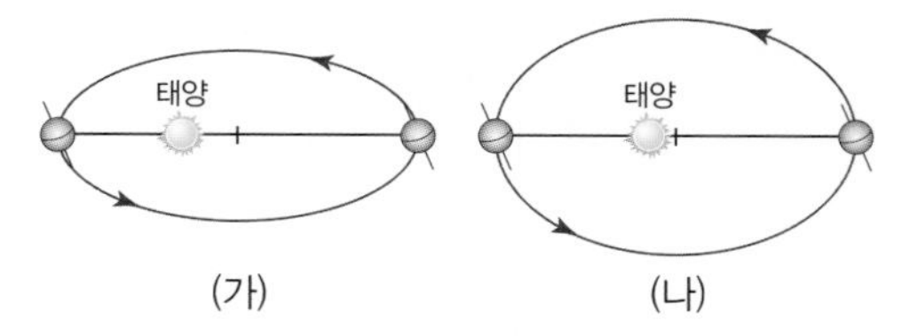

지구의 공전 궤도가 (가)에서 (나)로 바뀔 때 나타나는 지구 환경의 변화에 대한 설명으로 옳은 것만을 〈보기〉에서 있는 대로 고른 것은? (단, 공전 궤도 이심률 변화 이외의 요인은 고려하지 않는다.)

보기
ㄱ. 북반구에서 기온의 연교차가 커진다.
ㄴ. 근일점과 원일점에서 나타나는 계절이 바뀐다.
ㄷ. 근일점과 원일점에서 지구 전체로 입사되는 태양 에너지양의 차이가 작아진다.

① ㄱ ② ㄴ ③ ㄱ, ㄷ ④ ㄴ, ㄷ ⑤ ㄱ, ㄴ, ㄷ

[8589-0361]
08 그림은 지구에 입사되는 태양 복사 에너지의 세기를 파장에 따라 나타낸 것이다.

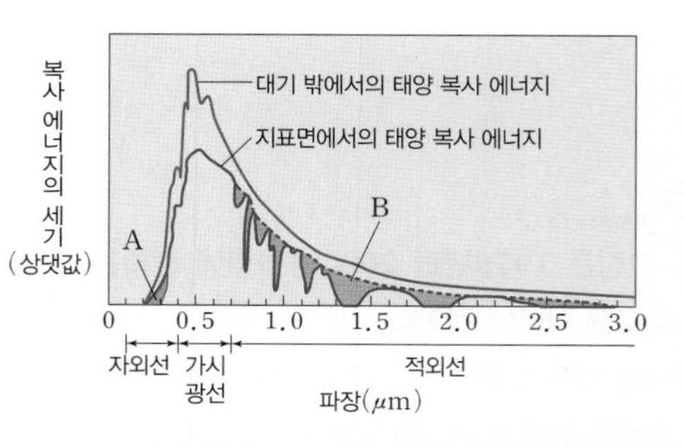

이에 대한 설명으로 옳은 것만을 〈보기〉에서 있는 대로 고른 것은?

보기
ㄱ. A는 대부분 성층권에서 흡수된다.
ㄴ. B는 주로 대기 중의 이산화 탄소와 수증기에 의해 흡수된다.
ㄷ. 대기를 가장 많이 통과하는 파장 영역은 가시광선이다.

① ㄱ ② ㄷ ③ ㄱ, ㄴ ④ ㄴ, ㄷ ⑤ ㄱ, ㄴ, ㄷ

[8589-0362]
09 **그림은 지구에 도달하는 태양 복사 에너지를 100이라고 할 때 지구의 열수지를 나타낸 것이다.**

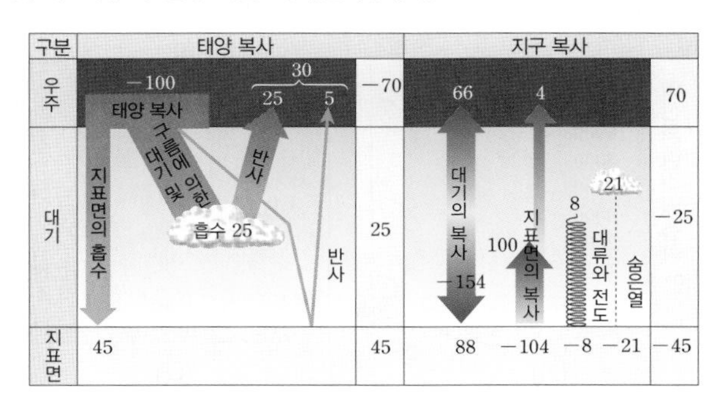

이에 대한 설명으로 옳은 것만을 〈보기〉에서 있는 대로 고른 것은?

보기
ㄱ. 지구의 반사율은 30 %이다.
ㄴ. 지표면이 흡수하는 총 에너지양은 45이다.
ㄷ. 대기는 흡수하는 에너지양보다 방출하는 에너지양이 더 많다.

① ㄱ ② ㄴ ③ ㄱ, ㄷ ④ ㄴ, ㄷ ⑤ ㄱ, ㄴ, ㄷ

서술형
[8589-0363]
10 **표는 2001년을 기준으로 주요 온실 기체의 지구 온난화 지수(GWP)와 온실 효과 기여도를 나타낸 것이다.**

구분	지구 온난화 지수	온실 효과 기여도(%)
이산화 탄소	1	55
메테인	21	15
일산화 이질소	310	6
프레온 가스	1300～23900	24

(*지구 온난화 지수(GWP)란 이산화 탄소를 기준으로 같은 농도의 온실 기체가 온실 효과를 일으키는 정도를 의미한다.)

이산화 탄소의 경우 다른 온실 기체보다 지구 온난화 지수는 작지만 온실 효과 기여도는 크다. 그 이유를 주어진 자료를 이용하여 서술하시오.

[8589-0364]
11 **다음은 온실 효과를 알아보기 위한 탐구 과정이다.**

[실험 과정]
1. 상자의 바닥과 안쪽을 검게 칠한 2개의 동일한 스타이로폼 상자를 준비한다.
2. 하나는 (가)와 같이 아무것도 덮지 않은 상태로, 나머지 하나는 (나)와 같이 윗부분을 셀로판 종이로 덮은 상태로 하여 온도계를 설치한다.
3. 상자의 밑바닥까지 고르게 햇빛이 비치게 하여 두 상자에 같은 양의 태양 복사 에너지가 도달하도록 한다.
4. (가)와 (나) 상자의 온도를 2분마다 측정하여 기록한다.

(가)

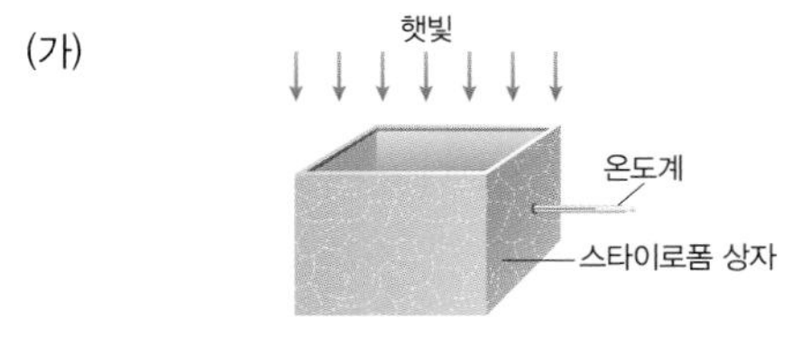

(나)

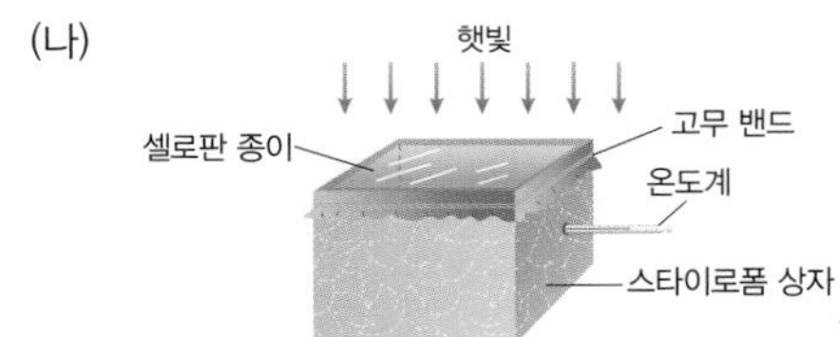

[실험 결과]
1. 상자 (가)는 t분이 지난 후에 T ℃로 온도가 일정해졌다.
2. 상자 (나)는 일정한 시간이 지난 후에 ㉠ 일정한 온도에 도달하였다.

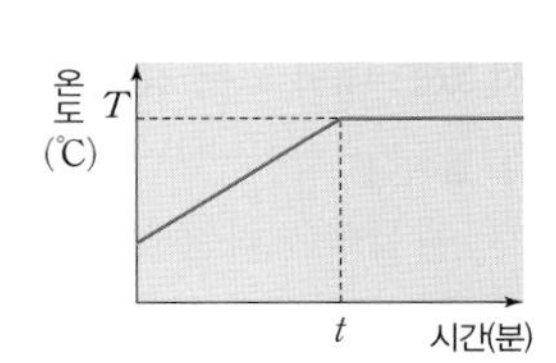

보기
ㄱ. 상자 (가)에서 시간 t 이후에는 흡수되는 에너지양과 방출되는 에너지양이 동일하다.
ㄴ. 상자 (나)에서 셀로판 종이는 지구의 대기와 같은 역할을 한다.
ㄷ. 상자 (나)의 ㉠은 T ℃보다 낮을 것이다.

① ㄱ ② ㄴ ③ ㄷ
④ ㄱ, ㄴ ⑤ ㄴ, ㄷ

[8589-0365]

12 그림 (가)와 (나)는 복사 평형 상태에서 대기가 없을 때와 대기가 있을 때 지구의 에너지 출입을 모식적으로 나타낸 것이다.

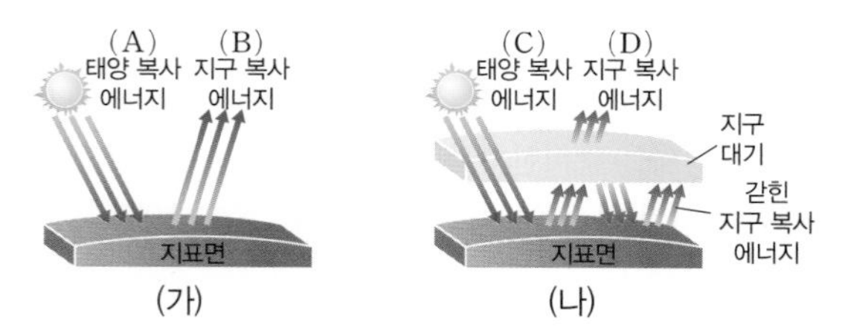

이에 대한 설명으로 옳은 것만을 〈보기〉에서 있는 대로 고른 것은? (단, A와 C는 서로 같은 양이며, 지표면과 대기에 의한 반사는 고려하지 않는다.)

보기
ㄱ. (가)에서 A는 B보다 많다.
ㄴ. (나)에서 C는 D보다 적다.
ㄷ. 지표면의 평균 온도는 (가)보다 (나)에서 높다.

① ㄱ ② ㄴ ③ ㄷ ④ ㄱ, ㄷ ⑤ ㄴ, ㄷ

[8589-0366]

13 그림은 1850년 이후에 대기 중 이산화 탄소의 농도와 지구의 평균 기온 변화를 나타낸 것이다. 이와 같은 변화의 원인이 될 수 있는 현상만을 〈보기〉에서 있는 대로 고른 것은?

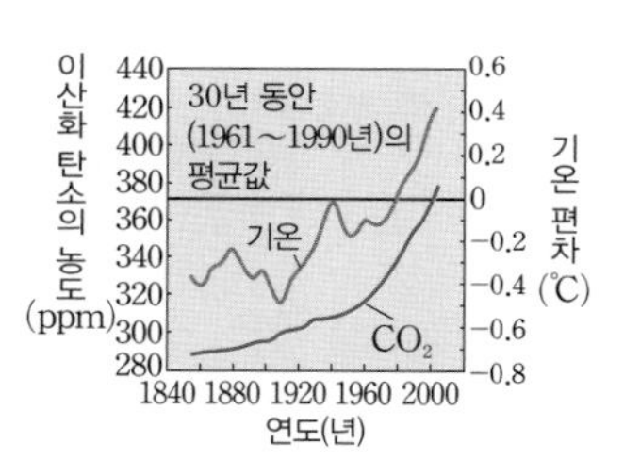

보기
ㄱ. 광합성을 하는 생물의 개체수 증가
ㄴ. 인간 활동에 따른 화석 연료 사용량 증가
ㄷ. 해수의 수온 상승에 따른 기체의 용해도 감소

① ㄱ ② ㄴ ③ ㄱ, ㄷ
④ ㄴ, ㄷ ⑤ ㄱ, ㄴ, ㄷ

서술형

[8589-0367]

14 북반구의 고위도 지역에는 2년 이상 토양의 온도가 0 ℃ 이하로 유지되는 영구 동토층이 분포한다. 영구 동토층은 다량의 유기물 형태로 탄소가 저장되어 있으며 이 유기물이 부패되면 메테인을 방출한다. 영구 동토층의 면적 감소가 지구 온난화에 미치는 영향을 서술하시오.

[8589-0368]

15 그림 (가)는 1970년에서 2000년까지 우리나라의 연평균 이산화 탄소 배출량을, (나)는 우리나라 주변 해역에서 과거 40년 동안의 평균 해수면 상승률을 나타낸 것이다.

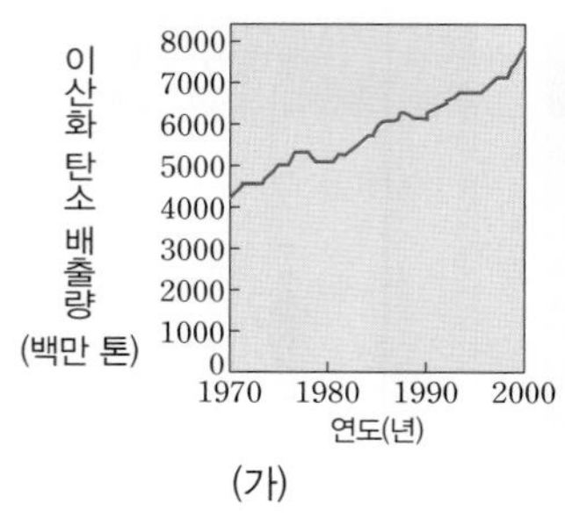

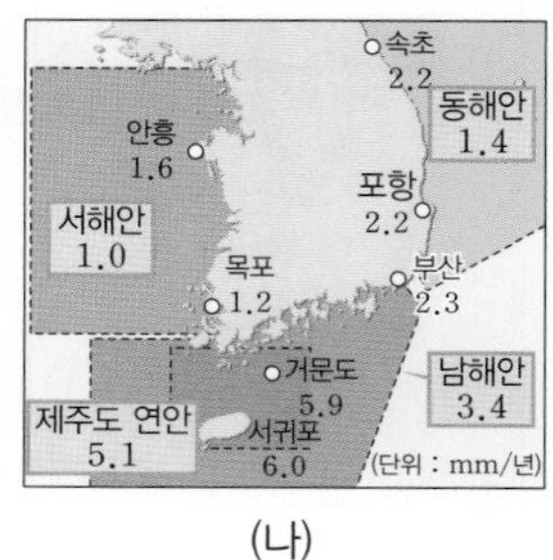

이에 대한 설명으로 옳은 것만을 〈보기〉에서 있는 대로 고른 것은?

보기
ㄱ. 우리나라의 연평균 기온은 대체로 상승하였을 것이다.
ㄴ. 난류의 영향을 많이 받는 해역일수록 해수면 상승폭이 크다.
ㄷ. 해수면 상승의 주요 원인은 지구 온난화로 인한 강수량의 증가이다.

① ㄱ ② ㄷ ③ ㄱ, ㄴ ④ ㄴ, ㄷ ⑤ ㄱ, ㄴ, ㄷ

[8589-0369]

16 그림은 1920년대를 기준으로 2090년대까지 우리나라의 계절별 길이 변화를 나타낸 것이다.

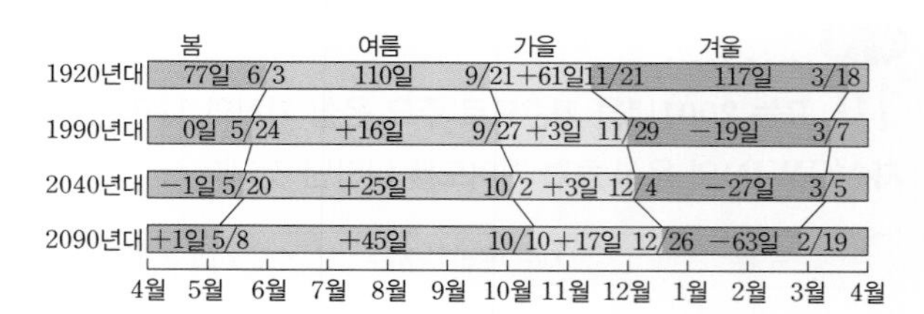

이에 대한 설명으로 옳은 것만을 〈보기〉에서 있는 대로 고른 것은?

보기
ㄱ. 봄이 시작되는 시기가 빨라지고 있다.
ㄴ. 계절별 길이 변화는 여름이 가장 크다.
ㄷ. 아열대 과일의 재배 가능 면적이 증가할 것이다.

① ㄱ ② ㄴ ③ ㄱ, ㄷ ④ ㄴ, ㄷ ⑤ ㄱ, ㄴ, ㄷ

신유형·수능 열기

정답과 해설 67쪽

[8589-0370]

01 그림 (가)는 13000년 전과 현재의 지구 자전축의 경사 방향을, (나)는 공전 궤도 이심률의 변화를 나타낸 것이다.

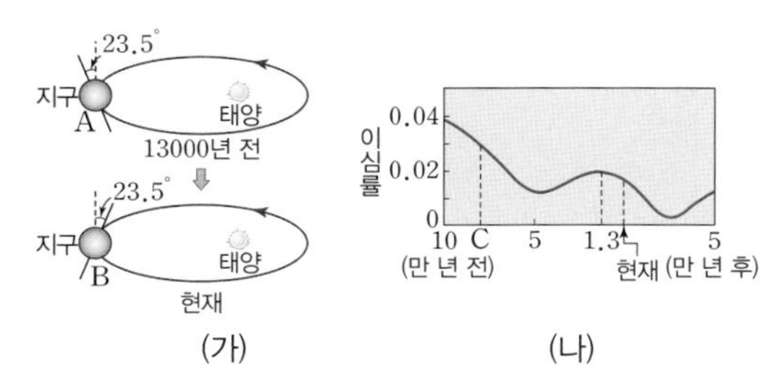

(가) (나)

이에 대한 설명으로 옳은 것만을 〈보기〉에서 있는 대로 고른 것은?

보기

ㄱ. A와 B에서 우리나라의 계절은 같다.
ㄴ. 지구 공전 궤도의 모양은 현재보다 C일 때 원형에 가까웠다.
ㄷ. 13000년 전 우리나라에서 기온의 연교차는 현재보다 컸다.

① ㄱ ② ㄴ ③ ㄷ ④ ㄱ, ㄴ ⑤ ㄱ, ㄷ

[8589-0371]

02 그림 (가)는 현재의 지구 공전 궤도와 위도 값이 40°로 동일한 북반구와 남반구의 두 지역 A, B를, (나)는 지구 자전축 기울기의 변화를 나타낸 것이다.

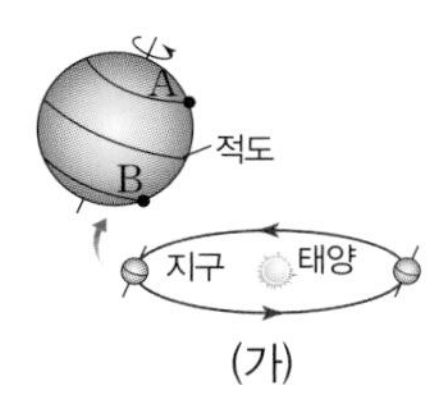

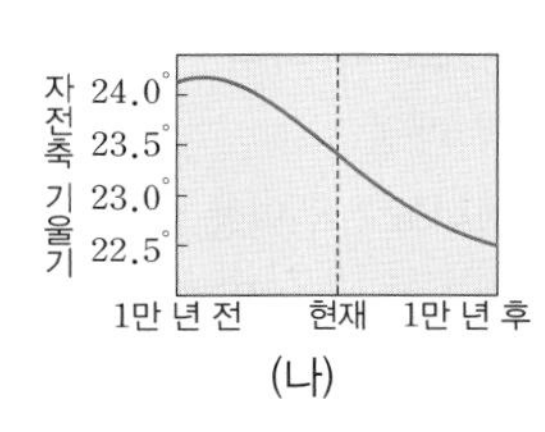

(가) (나)

이에 대한 설명으로 옳은 것만을 〈보기〉에서 있는 대로 고른 것은? (단, 자전축 기울기 변화 이외의 요인은 고려하지 않는다.)

보기

ㄱ. 1만 년 전 A의 겨울철 평균 기온은 현재보다 낮다.
ㄴ. 1만 년 후 A에서 기온의 연교차는 현재보다 커진다
ㄷ. 1만 년 후 B에서 여름철 태양의 남중 고도는 현재보다 높아진다.

① ㄱ ② ㄴ ③ ㄱ, ㄷ ④ ㄴ, ㄷ ⑤ ㄱ, ㄴ, ㄷ

[8589-0372]

03 그림은 복사 평형을 이루고 있는 지구의 에너지 출입을 나타낸 것이다.

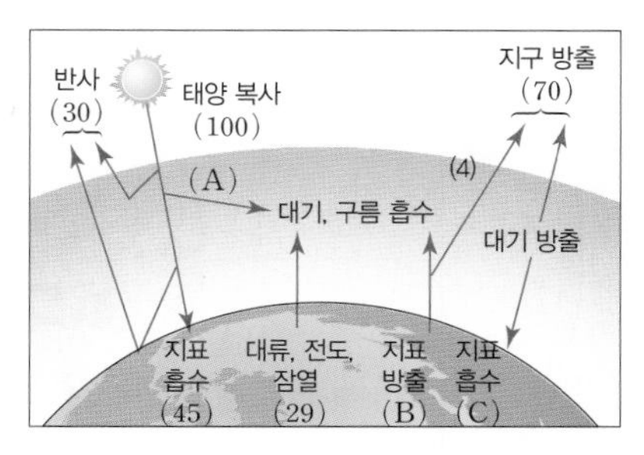

이에 대한 설명으로 옳은 것만을 〈보기〉에서 있는 대로 고른 것은?

보기

ㄱ. A는 25이다.
ㄴ. (B+29)와 (C+45)는 서로 같다.
ㄷ. 지구 온난화의 영향으로 B와 C는 모두 증가한다.

① ㄱ ② ㄴ ③ ㄱ, ㄷ ④ ㄴ, ㄷ ⑤ ㄱ, ㄴ, ㄷ

[8589-0373]

04 그림은 IPCC(정부간 기후변화협의체)가 제시한 2100년까지 대기 중 이산화 탄소의 농도(빨간색)와 지표면 온도의 변화량(파란색)을 나타낸 것이다.

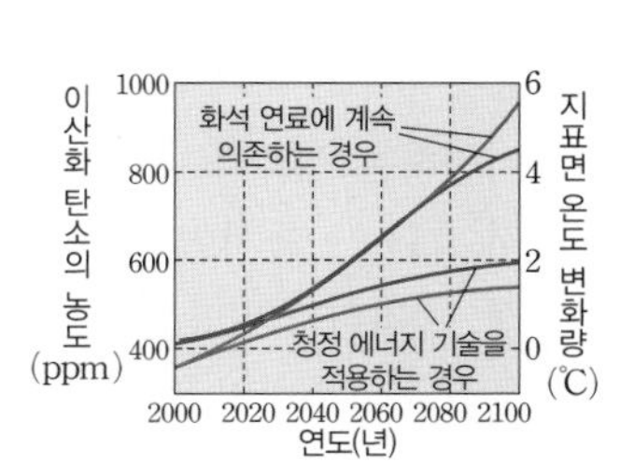

이에 대한 설명으로 옳은 것만을 〈보기〉에서 있는 대로 고른 것은? (단, 지표면 온도 변화량은 해당 연도의 온도에서 1990년의 온도를 뺀 값이다.)

보기

ㄱ. 대기 중 이산화 탄소 농도 증가의 주요 원인은 화석 연료의 사용량 증가이다.
ㄴ. 청정 에너지 기술은 화석 연료 사용보다 이산화 탄소 배출량이 적다.
ㄷ. 청정 에너지 기술을 적용하면 2100년에 지구의 평균 온도는 현재보다 낮아질 것이다.

① ㄱ ② ㄴ ③ ㄷ ④ ㄱ, ㄴ ⑤ ㄴ, ㄷ

단원 정리

1 대기 대순환

① 발생 원인과 역할 : 위도별 에너지 불균형에 의해 발생하며, 저위도의 남는 에너지를 고위도로 운반한다.

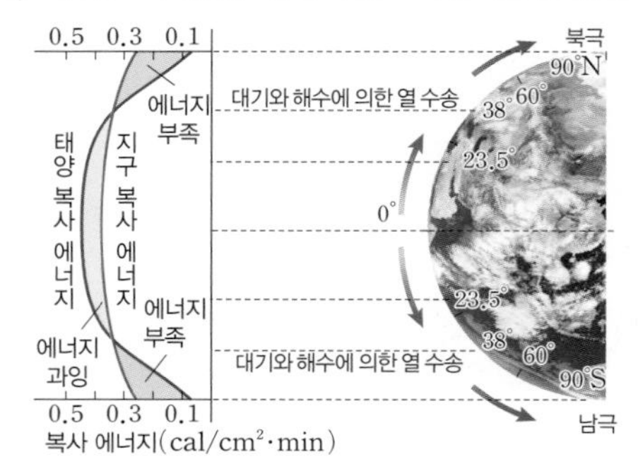

② 지구의 대기 대순환 모형

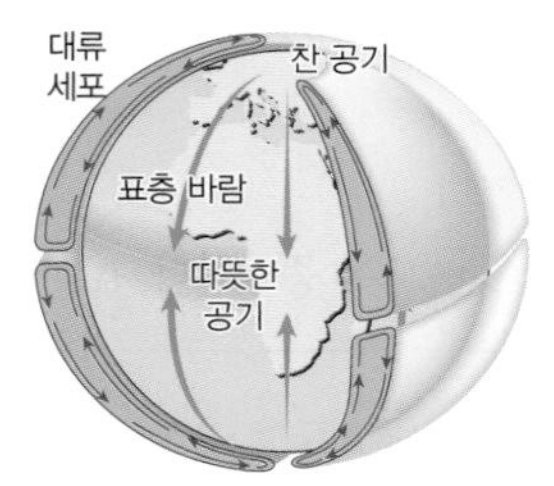

지구가 자전하지 않을 때 (단일 순환 형성)

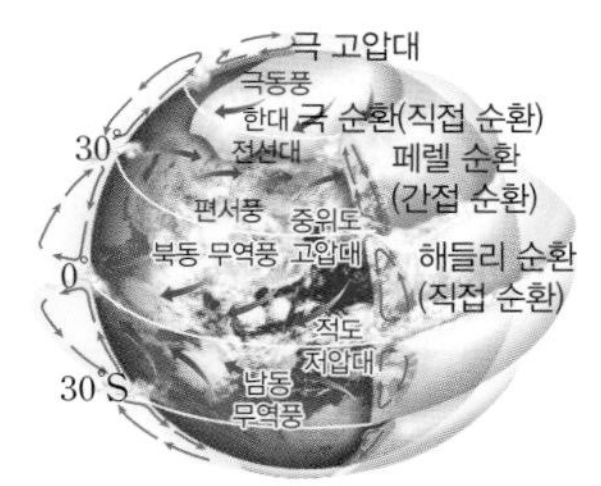

지구가 자전할 때 (3개의 순환 형성)

2 대기 대순환과 해류

① 표층 순환 : 대기 대순환의 바람에 의해 동서 방향으로 이동하는 해류가 대륙을 만나서 남북 방향으로 갈라져서 흐름 → 동서 방향의 해류와 연결되어 표층 순환 형성 → 저위도의 남는 에너지를 고위도로 운반

② 우리나라 주변의 해류

- 난류 : 쿠로시오 해류, 동한난류, 황해난류
- 한류 : 연해주한류, 북한한류
- 조경 수역 : 동해에서 동한난류와 북한한류가 만나서 형성

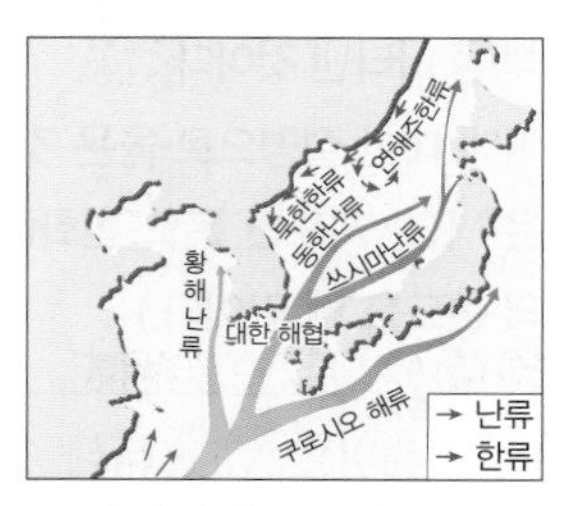

우리나라 주변의 해류

3 심층 순환

① 심층 순환 모형 : 고위도의 차가운 바다에서 표층수가 침강하여 해저에서 이동하는 심층 해류 형성 → 이동된 해수는 중위도와 저위도 해역에서 상승 → 표층 해류와 연결되어 다시 고위도의 바다로 이동 → 저위도의 남는 에너지를 고위도로 운반

② 대서양의 주요 심층 순환

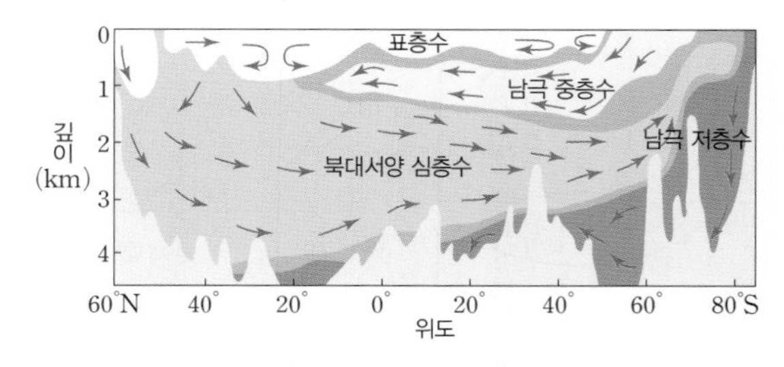

4 용승과 침강

① 연안 용승과 침강 : 해안에 나란하게 부는 바람에 의해 표층 해수가 이동하면 연안에서는 용승이나 침강이 발생

② 저기압과 고기압에서 용승과 침강(북반구)

- 저기압 : 시계 반대 방향 바람 → 표층 해수 발산 → 용승
- 고기압 : 시계 방향 바람 → 표층 해수 수렴 → 침강

③ 적도 용승 : 적도 부근 해역에서 무역풍에 의해 표층 해수가 발산하여 용승이 나타난다.

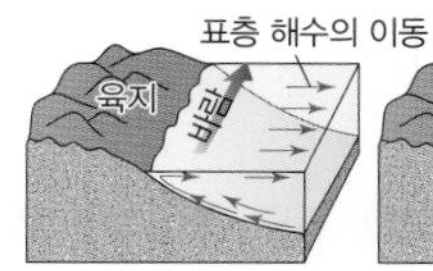

연안 용승과 침강(북반구, 동쪽 해안)

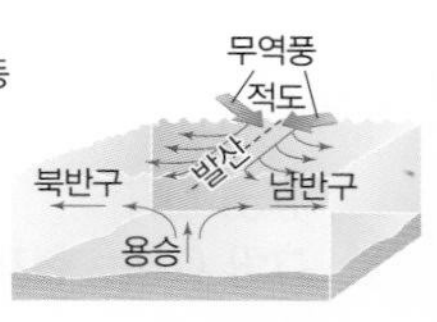

적도 용승

5 엘니뇨와 라니냐

① 발생 과정

- 엘니뇨 : 무역풍 약화 → 북 · 남적도 해류 약화 → 동태평양 용승 약화 → 동 · 중앙 태평양 수온 상승
- 라니냐 : 무역풍 강화 → 북 · 남적도 해류 강화 → 동태평양 용승 강화 → 동 · 중앙 태평양 수온 하강

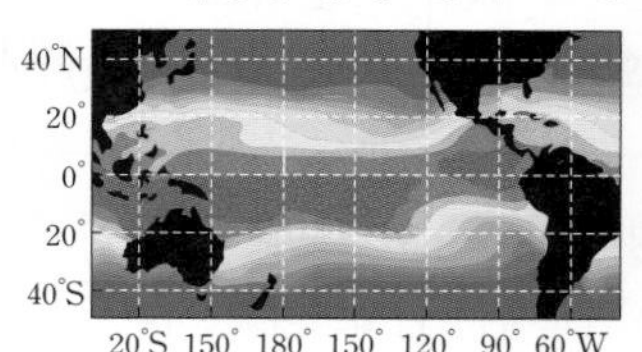

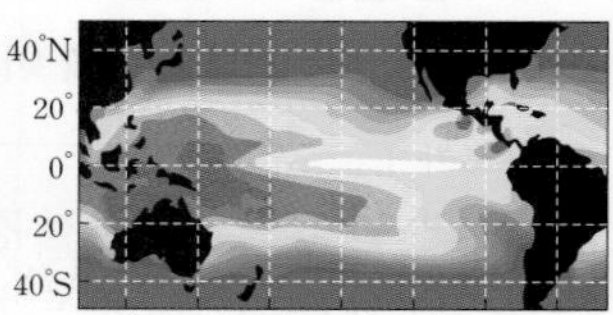

18 19 20 21 22 23 24 25 26 27 28 29 30 수온(°C)

엘니뇨 발생 시 표층 수온　　리니냐 발생 시 표층 수온

단원 정리

② 대기 순환의 변화 : 평상시 서태평양에서는 상승 기류가, 동태평양에서는 하강 기류가 형성되지만 엘니뇨 발생 시기에는 상승 기류가 나타나는 위치가 중앙 또는 동태평양 쪽으로 이동하며 대기 순환의 형태와 기압 배치가 변한다.

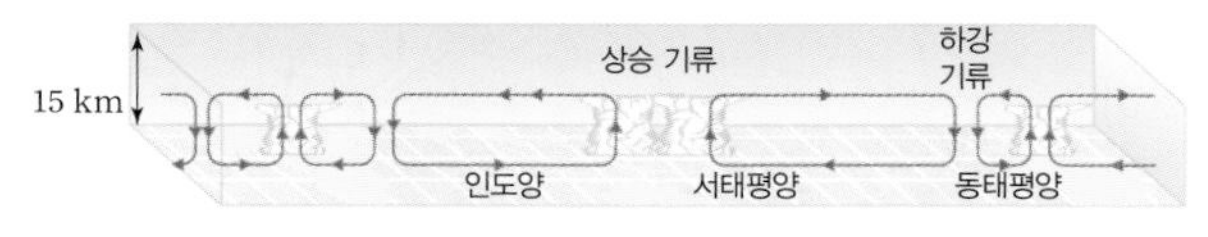

평상 시 워커 순환

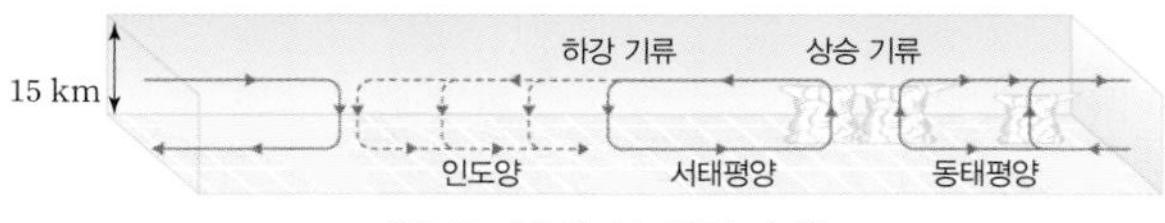

엘니뇨 발생 시 워커 순환

③ 남방 진동 : 엘니뇨와 라니냐에 의해 적도 부근 태평양에서 동쪽과 서쪽 해역의 기압이 시소처럼 진동하며 서로 반대로 변화하는 현상

구분	서태평양 해역		동태평양 해역	
	표층 수온	해면 기압	표층 수온	해면 기압
엘니뇨 발생 시	평상시 보다 하강	평상시 보다 상승	평상시 보다 상승	평상시 보다 하강
라니냐 발생 시	평상시 보다 상승	평상시 보다 하강	평상시 보다 하강	평상시 보다 상승

④ 엔소(ENSO) : 엘니뇨(또는 라니냐)에 의한 표층 수온 변화와 대기의 기압 분포가 변화하는 남방 진동은 대기와 해양이 서로 상호 작용하면서 나타나므로, 두 가지 현상을 하나로 묶어서 엔소(ENSO)라고 부른다.

6 해양의 변화와 기후 변화

① 엘니뇨와 대기 순환 변화 : 엘니뇨에 의해 대기 순환이 변화하면서 서태평양 지역은 평소보다 건조해지고, 동태평양 지역은 평소보다 강수량 증가한다.

② 수륙 분포와 해류 변화 : 대륙 이동에 의해 수륙 분포가 바뀌면 해류와 기후 변화가 나타난다.

③ 심층 순환과 해류 변화 : 극 지역의 해빙이나 결빙에 의해 표층 해수의 밀도가 변화하고, 심층 순환과 연결된 표층 해류가 바뀌면서 기후 변화가 나타난다.

7 기후 변화의 자연적 요인

① 지구 내적 요인
- 수륙 분포의 변화
- 대기의 에너지 투과율 변화
- 지표면의 태양 에너지 반사율 변화
- 엘니뇨 · 라니냐와 같은 대기와 해양의 상호 작용

② 지구 외적 요인(천문학적 요인)

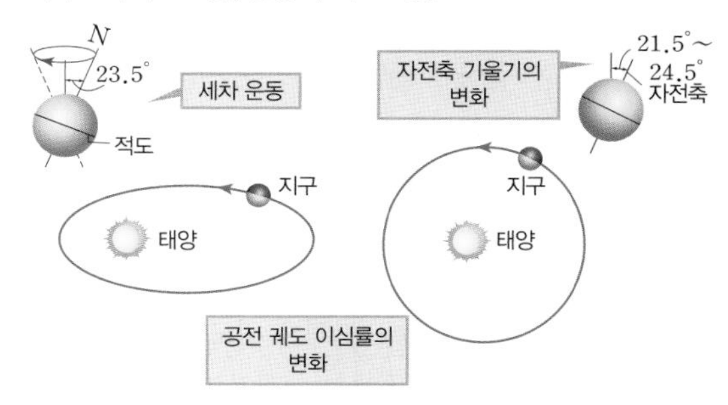

8 온실 효과와 지구 온난화

① 온실 효과 : 지구의 대기가 태양에서 입사되는 파장이 짧은 가시광선은 통과시키지만, 지구에서 방출되는 파장인 긴 적외선은 흡수하였다가 지표로 재방출하여 지구의 평균 기온이 상승하는 현상이다.

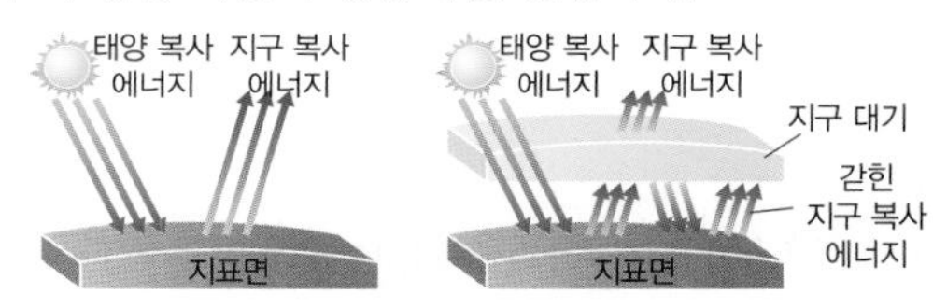

② 지구 온난화 : 인류의 산업 활동 → 대기 중 CO_2 증가 → 온실 효과 증가 → 지구의 평균 기온 상승

③ 지구 온난화의 영향과 피해 : 기후 변화, 해안 저지대 침수, 생태계 변화 등

9 기후 변화에 대한 대처 방안

① 국제 사회의 노력
- 유엔기후변화협약(리우환경협약)
- 교토의정서 : COP3에서 채택한 온실 기체 감축 협약
- 파리협정 : COP21에서 채택한 온실 기체 감축 협약

② 기후 변화 방지 대책
- 자원 절약 및 재활용, 대체 에너지 개발
- 화석 연료 사용량과 온실 기체 배출량 감축
- 자연 환경과 생태계와 조화를 이루는 인간 활동 추구

[8589-0374]

01 그림은 북반구에서 대기와 해수의 에너지 수송량을 나타낸 것이다.

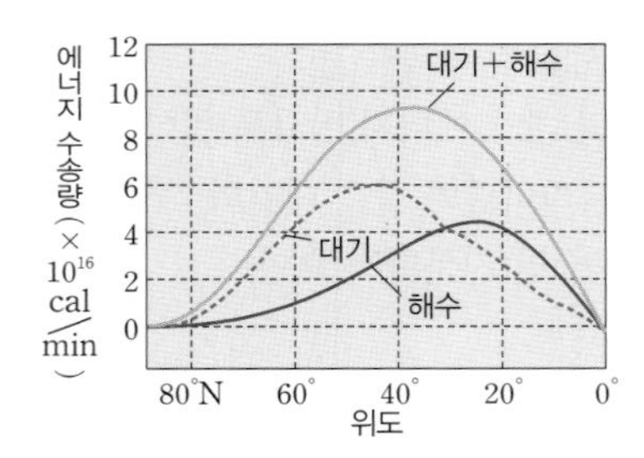

이에 대한 설명으로 옳은 것만을 〈보기〉에서 있는 대로 고른 것은?

보기

ㄱ. 에너지가 가장 많이 남는 지역은 위도 38° 부근이다.

ㄴ. 위도 30° 이하의 저위도에서는 대기보다 해수에 의해 수송되는 에너지가 많다.

ㄷ. 대기와 해수의 에너지 수송은 지구의 위도별 에너지 불균형으로 인해 나타난다.

① ㄱ ② ㄷ ③ ㄱ, ㄴ
④ ㄴ, ㄷ ⑤ ㄱ, ㄴ, ㄷ

[8589-0375]

02 우리나라 주변과 태평양에 분포하는 해류에 대한 설명으로 옳지 않은 것은?

① 우리나라의 동해에서는 난류와 한류가 만나는 조경 수역이 형성된다.

② 우리나라의 남해는 쿠로시오 해류의 영향으로 수온의 연교차가 크다.

③ 북적도 해류는 주로 무역풍의 영향을 받아 형성된다.

④ 북태평양의 아열대 해역에서는 시계 방향의 표층 순환이 나타난다.

⑤ 쿠로시오 해류가 흐르는 해역은 캘리포니아 해류가 흐르는 해역보다 염분이 높다.

서술형

[8589-0376]

03 그림은 대기 대순환에 의해 북반구에서 형성되는 대류 순환 세포를 나타낸 것이고, 표는 각 대류 순환 세포의 형성 과정을 정리한 것이다.

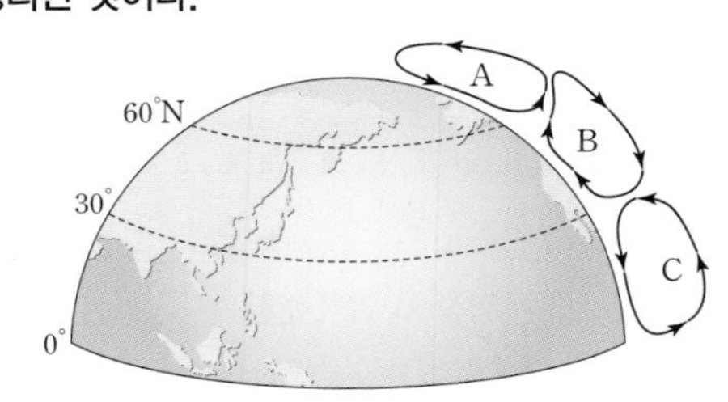

대류 순환 세포	형성 과정
A	(가)
B	(나)
C	적도 지역의 가열된 공기가 상승하면서 형성되었다.

(가)와 (나)에 들어갈 형성 과정을 서술하시오.

[8589-0377]

04 그림은 대서양에서 수온과 염분의 연직 분포를 나타낸 것이다.

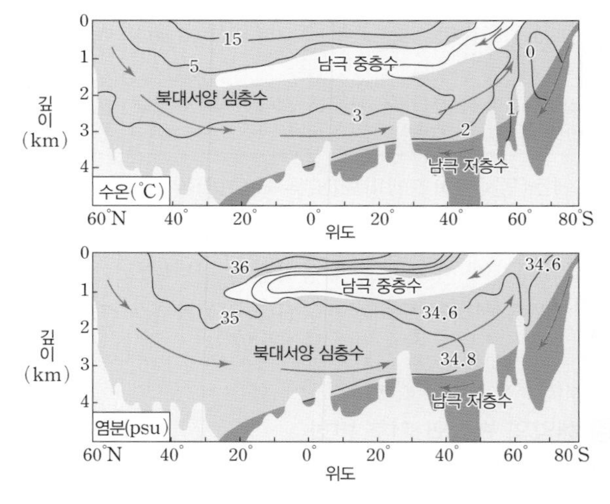

이에 대한 설명으로 옳은 것만을 〈보기〉에서 있는 대로 고른 것은?

보기

ㄱ. 수심이 깊어질수록 수온은 대체로 낮아진다.

ㄴ. 남극 저층수의 밀도는 수온보다 염분의 영향이 크다.

ㄷ. 심층 순환은 고위도 해역에서 표층 해수가 침강하여 형성된다.

① ㄱ ② ㄴ ③ ㄷ ④ ㄱ, ㄷ ⑤ ㄴ, ㄷ

[8589-0378]

05 그림은 A와 B 해역에서 수심에 따른 수온과 염분의 변화를 수온-염분도를 이용하여 나타낸 것이다.

이에 대한 설명으로 옳지 않은 것은?

35 30 25 20 15 10 5 0
수온(℃)
1.020
1.022
1.024
1.026
1.028
등밀도선 (g/cm³)
A 0 m
50 m
B 0 m
50 m
100 m
100 m
500 m
500 m
4000 m
4000 m
33.0 33.5 34.0 34.5 35.0 35.5 36.0
염분(psu)

① 표층 수온은 A가 B보다 높다.
② 표층에서 수심 50 m까지 수온 변화는 A가 B보다 작다.
③ A의 표층 해수가 B로 이동한다면 침강이 일어난다.
④ A, B 두 해역에서 수심이 깊어질수록 밀도가 대체로 증가한다.
⑤ A, B 두 해역의 수심 500 m 이하에서는 수온과 염분이 거의 비슷하다.

[8589-0379]

06 그림 (가)와 (나)는 북반구의 어느 해역에서 부는 바람의 방향을 나타낸 것이다.

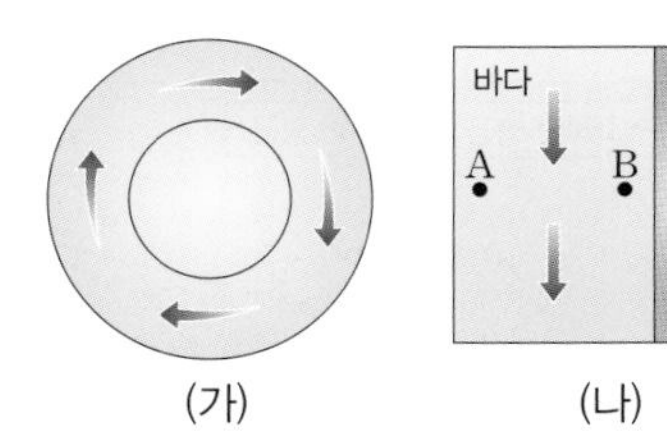

(가) (나)

이에 대한 설명으로 옳은 것만을 〈보기〉에서 있는 대로 고른 것은?

보기
ㄱ. (가)의 중심부에서는 용승이 일어난다.
ㄴ. (나)에서 표층 해수는 A에서 B로 이동한다.
ㄷ. (나)에서 용승은 A보다 B에서 우세하게 일어난다.

① ㄱ ② ㄴ ③ ㄷ ④ ㄱ, ㄴ ⑤ ㄴ, ㄷ

서술형 [8589-0380]

07 엘니뇨가 발생하였을 때 동태평양 해역에서 용승이 약해지는 이유와 이로 인해 발생하는 어획량의 변화를 서술하시오.

[8589-0381]

08 그림 (가)와 (나)는 평상시와 엘니뇨 발생 시 적도 부근 태평양 해역의 대기 순환 모습을 순서 없이 나타낸 것이다.

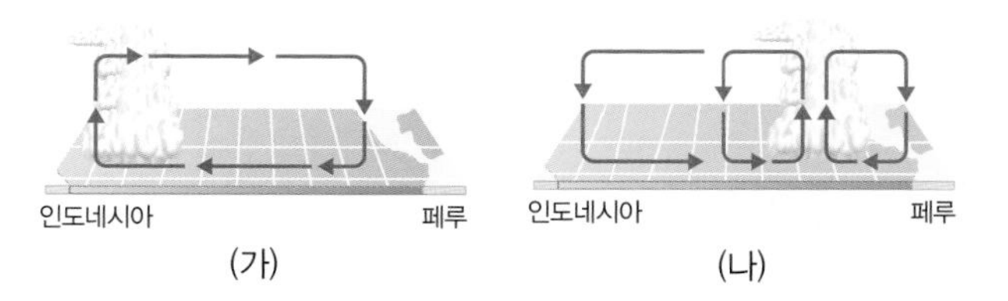

(가) (나)

이에 대한 설명으로 옳은 것만을 〈보기〉에서 있는 대로 고른 것은?

보기
ㄱ. (가)는 평상시, (나)는 엘니뇨 발생 시이다.
ㄴ. 무역풍의 세기는 (가) 시기보다 (나) 시기에 강하다.
ㄷ. 동태평양 해역의 표층 수온은 (가) 시기보다 (나) 시기에 높다.

① ㄱ ② ㄴ ③ ㄱ, ㄷ ④ ㄴ, ㄷ ⑤ ㄱ, ㄴ, ㄷ

[8589-0382]

09 그림 (가)와 (나)는 각각 약 5000만 년 전과 현재의 남극 주변에서 대륙과 표층 해류의 분포를 나타낸 것이다.

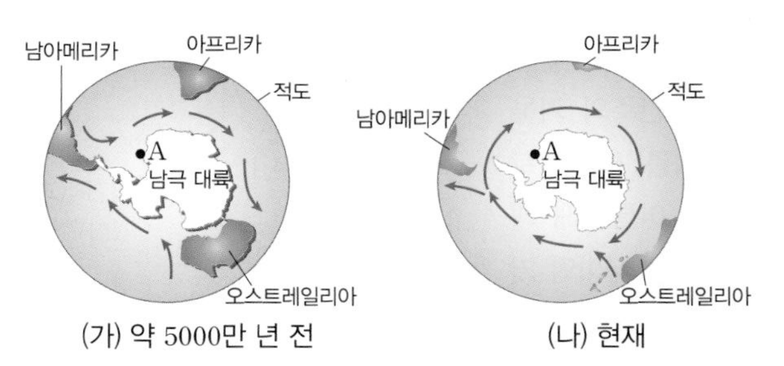

(가) 약 5000만 년 전 (나) 현재

이에 대한 설명으로 옳은 것만을 〈보기〉에서 있는 대로 고른 것은?

보기
ㄱ. 수륙 분포의 변화는 표층 해류의 흐름에 영향을 미친다.
ㄴ. A 해역으로 유입되는 난류는 (가)보다 (나)에서 증가할 것이다.
ㄷ. (나)에서 남극 대륙 주변을 순환하는 해류는 극동풍에 의해 형성된다.

① ㄱ ② ㄴ ③ ㄷ ④ ㄱ, ㄴ ⑤ ㄱ, ㄷ

정답과 해설 68쪽

[8589-0383]
10 그림은 북아메리카 지역에서 빙하 분포 면적의 변화를 나타낸 것이다.

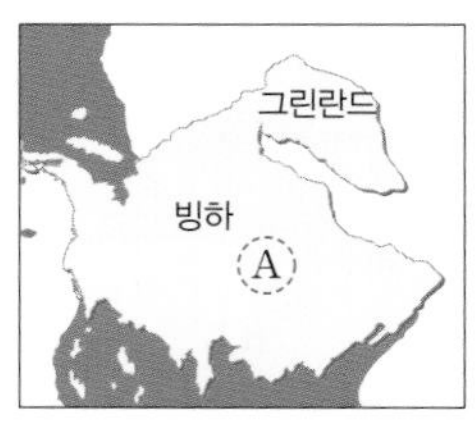

(가) 21000년 전

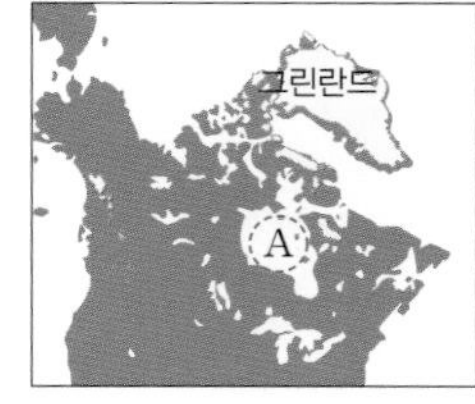

(나) 5700년 전

(가) 시기에 비해서 (나) 시기에 나타난 지구 환경의 변화에 대한 설명으로 옳은 것만을 <보기>에서 있는 대로 고른 것은?

보기
ㄱ. 지구의 평균 기온은 상승하였다.
ㄴ. A 지역의 태양 에너지 흡수율이 감소하였다.
ㄷ. 그린란드 주변 해역에서 표층 해수의 침강이 강해졌다.

① ㄱ ② ㄷ ③ ㄱ, ㄴ ④ ㄴ, ㄷ ⑤ ㄱ, ㄴ, ㄷ

[8589-0384]
11 그림 (가)는 현재를 기준으로 5만 년 전~5만 년 후의 지구 자전축의 기울기 변화를, (나)는 북반구의 여름철에 태양과 지구 사이의 거리 변화를 나타낸 것이다.

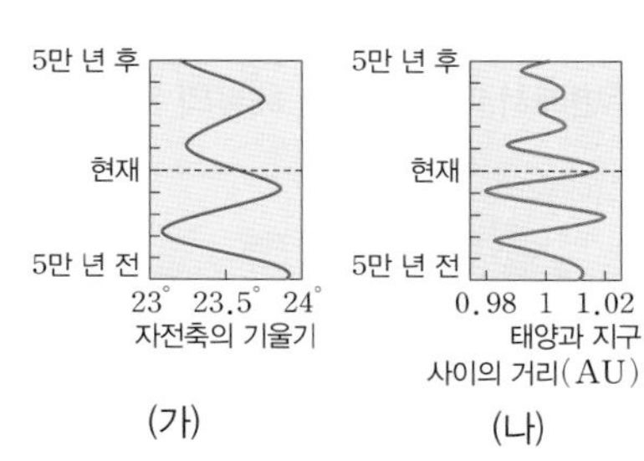

(가) (나)

이 자료를 근거로 판단한 한반도의 기후 변화에 대한 설명으로 옳은 것만을 <보기>에서 있는 대로 고른 것은?

보기
ㄱ. (가)만을 고려했을 때, 1만 년 전의 겨울철 기온은 현재보다 낮았을 것이다.
ㄴ. (나)만을 고려했을 때, 1만 년 후의 여름철 기온은 현재보다 높아질 것이다.
ㄷ. (가)와 (나)를 모두 고려할 때, 3만 년 후의 기온의 연교차는 현재보다 커질 것이다.

① ㄱ ② ㄷ ③ ㄱ, ㄴ ④ ㄴ, ㄷ ⑤ ㄱ, ㄴ, ㄷ

[8589-0385]
12 그림은 지구에 도달하는 태양 복사 에너지를 100이라고 할 때 복사 평형 상태에 있는 지구의 열수지를 나타낸 것이다.

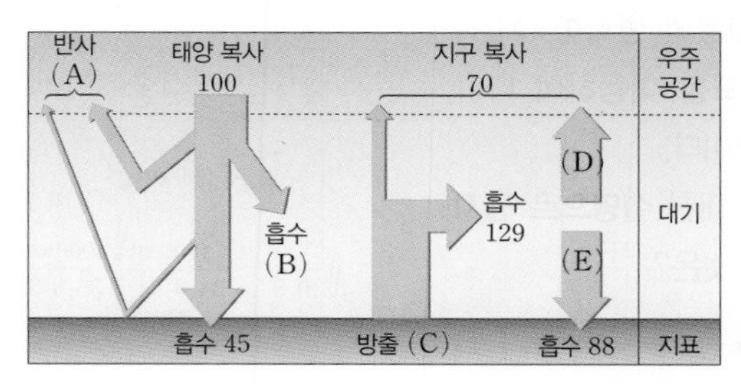

이에 대한 설명으로 옳지 않은 것은?

① A는 B보다 크다.
② C는 133이다.
③ D는 주로 적외선이다.
④ 대기에서 방출되는 총 에너지양은 129이다.
⑤ 대기 중 이산화 탄소의 농도가 증가하면 E가 커진다.

[8589-0386]
13 그림은 1850~2005년의 지구 연평균 기온 변화를 나타낸 것이다.

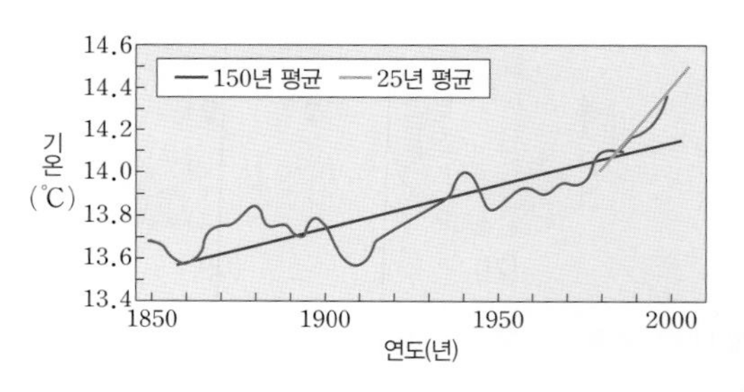

이에 대한 설명으로 옳은 것만을 <보기>에서 있는 대로 고른 것은?

보기
ㄱ. 대기 중 이산화 탄소의 농도가 증가하여 나타나는 현상이다.
ㄴ. 1850년 이후 극지방에서 지표면의 반사율은 대체로 증가하였을 것이다.
ㄷ. 최근 25년 동안의 연평균 기온 증가율은 과거 150년 동안의 증가율보다 작다.

① ㄱ ② ㄷ ③ ㄱ, ㄴ ④ ㄴ, ㄷ ⑤ ㄱ, ㄴ, ㄷ

빅 아이디어로 생각하기

유엔기후변화협약

지구 온난화로 인해 발생하고 있는 기후 변화에 대처하기 위해 국제 사회는 유엔기후변화협약을 중심으로 여러 가지 노력을 하고 있다. 유엔기후변화협약의 정확한 명칭은 “기후 변화에 관한 유엔 기본 협약(The United Nations Framework Convention on Climate Change 약칭 UNFCCC)”이며, 온실 기체에 의해 발생하는 지구 온난화에 국제 사회가 공동으로 대처하기 위해 1992년 브라질 리우데자네이루에서 채택되었다. 유엔기후변화협약의 주요 목표는 선진국들이 이산화 탄소를 비롯한 각종 온실 기체의 배출량을 감축하여 지구 온난화를 방지하는 것이다. 하지만, 협약 자체는 각국의 온실 가스 배출에 대한 어떤 제약을 가하거나 강제성이 없다는 점에서 법적인 구속력은 없으며, 협약의 시행령에 해당하는 의정서(protocol)를 통해 의무적인 배출량 제한을 규정하고 있다.

유엔기후변화협약에 참여하는 국가들은 1995년 독일 회의를 시작으로 해마다 ‘Conference of the Parties’, 줄여서 ‘COP’라고 하는 ‘유엔기후변화협약 당사국 총회’를 열어 기후 변화를 막기 위한 실제적인 방안을 강구하고 있다. 각 나라의 입장 차이로 인해 큰 진전을 이루지 못한 경우도 많지만, 1997년 12월 일본 교토에서 열린 제3차 유엔기후변화협약 당사국 총회(COP3)에서는 ‘교토의정서’를 채택하여 구체적인 온실 기체 감축 목표를 설정하였다. 교토의정서는 선진국에 감축 의무를 부여하는 대신 온실 기체 배출권 거래 제도, 공동 이행 제도, 청정 개발 체제 등의 제도를 통해 선진국이 개발도상국을 도와주고, 그만큼 온실 가스 배출을 허용하는 등 국제 사회의 공동 노력으로 기후 변화에 대처하기 위한 내용으로 이루어져 있다. 하지만, 개발도상국은 의무적인 온실 기체 배출량 감축에서 예외로 하여 실제로 온실 기체 배출량이 많은 중국이나 인도는 제외되었으며, 이에 반발한 미국은 참여를 거부하여 온실 기체 감축 목표를 달성하기 어렵게 되었다.

2015년 파리에서 개최된 제21차 유엔기후변화협약 당사국 총회(COP21)에서는 2020년에 효력이 만료되는 교토의정서를 대체하기 위한 '파리협정'을 채택하였다. 교토의정서에서는 선진국에만 의무적인 배출량 감축 기준을 제시하였다면, 파리협정에서는 유엔기후변화협약에 참여하는 모든 당사국이 자발적으로 감축 목표를 정하고 이를 이행한다는 것이 가장 큰 특징이다. 미국은 2025년까지 2005년 기준 대비 26~28 % 감축을, 중국은 2030년까지 온실 가스 배출량을 2005년보다 적어도 60 % 이상 줄이겠다는 목표를 제시하였다. 하지만 미국의 트럼트 대통령은 파리협정 불참을 선언하는 등 여전히 세계 각국은 자국의 이익에 따라 기후 변화 협정 참여 여부를 결정하고 있다.

지구의 기온이 지속적으로 상승할 경우 인간은 물론 생태계에도 심각한 피해가 발생되며, 지구 환경에도 큰 변화가 생기는 만큼 국제 사회의 협력이 절실하게 필요하다.

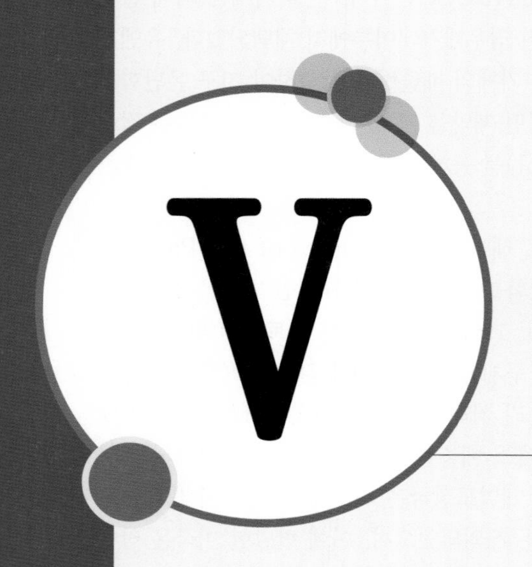

별과 외계 행성계

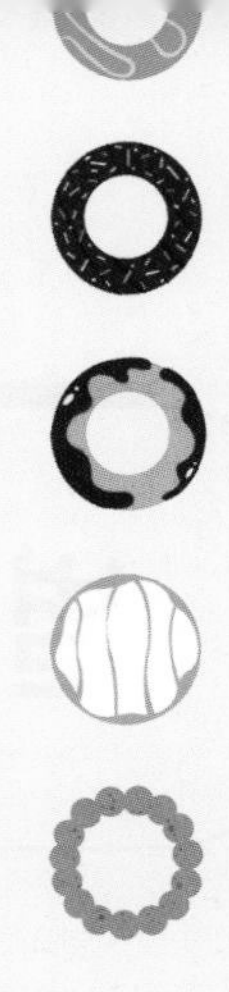

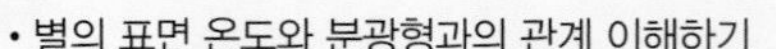

13 별의 물리량과 H-R도

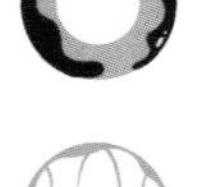

- 별의 표면 온도와 분광형과의 관계 이해하기
- 별의 표면 온도, 광도, 크기와의 관계 이해하기
- 별의 표면 온도, 광도에 따라 별을 분류하고 H－R도에서 별의 물리량 이해하기

한눈에 단원 파악, 이것이 핵심!

별의 표면 온도는 어떻게 알 수 있을까?

구분							
색깔	청색	청백색	백색	황백색	황색	주황색	적색
분광형	O형	B형	A형	F형	G형	K형	M형
표면 온도 (K)	20000∼ 35000	15000	9000	7000	5500	4000	3000

- 흡수 스펙트럼 : 별은 표면 온도에 따라 고유의 흡수 스펙트럼이 나타난다.
- 분광형 : 별의 표면 온도에 따라 스펙트럼에 나타나는 흡수선의 종류와 세기가 달라지는 것을 이용하여 별을 표면 온도에 따라 분류한 것

별들을 표면 온도, 광도를 축으로 하는 그래프에 나타내면 무엇을 알 수 있을까?

별의 표면 온도, 크기, 광도 사이의 관계	H－R도와 별의 분류
• 단위 시간, 단위 면적에서 방출하는 에너지(E) ➡ $E=\sigma \cdot T^4$ (σ : 슈테판－볼츠만 상수, T : 표면 온도) • 광도(L) : 단위 시간, 별 전체 면적에서 방출하는 에너지 ➡ $L=\sigma \cdot T^4 \times 4\pi R^2$($R$: 별의 반지름) 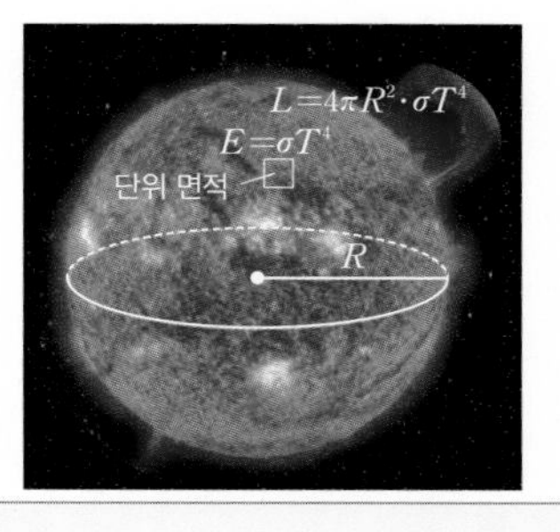 	H－R도 : 가로축을 별의 분광형(표면 온도), 세로축을 광도(절대 등급)로 하여 별들의 분포를 나타낸 그래프 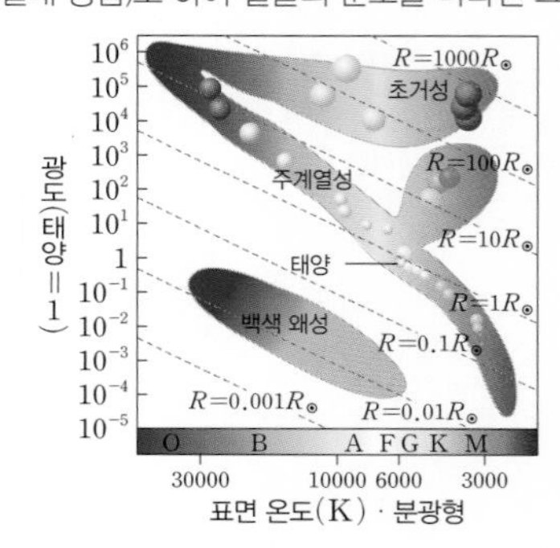

01 별의 표면 온도와 별의 크기

1 별의 표면 온도

(1) 스펙트럼의 종류

① 연속 스펙트럼 : 태양 광선이나 고온, 고밀도 상태에서 가열된 물체가 내는 빛은 전 파장에 대해 연속적으로 펼쳐진 스펙트럼이 나타난다.

② [1]선스펙트럼 : 기체의 종류에 따라 각각 고유한 파장의 빛을 흡수하거나 방출하기 때문에 스펙트럼 상에 지문과도 같은 독특한 선스펙트럼이 나타난다.

종류		스펙트럼을 형성하는 대상	스펙트럼 특징	예
연속 스펙트럼		고온·고밀도의 가스, 또는 고온의 고체	연속적인 스펙트럼	광원, 슬릿, 연속 스펙트럼
선스펙트럼	흡수 스펙트럼	연속 스펙트럼을 만드는 물체와 관측자 사이의 저온·저밀도의 가스	연속 스펙트럼을 배경으로 검은색 흡수선	저온의 기체, 광원, 슬릿, 흡수 스펙트럼
	방출 스펙트럼	고온·저밀도의 가스	밝은 색 방출선	고온의 기체, 슬릿, 방출 스펙트럼

➡ 기체의 종류가 같을 경우 흡수 스펙트럼과 방출 스펙트럼의 선의 위치(파장)와 형태가 같다.

(2) 별의 분광형과 표면 온도 : 별빛을 분광기로 분산시키면 별의 표면 온도에 따라 원소들이 각각 특정한 흡수선을 형성하기 때문에 별들마다 다양한 흡수 스펙트럼이 나타난다. 따라서 별의 스펙트럼을 분석하면 별의 표면 온도, 화학 조성 등을 알아낼 수 있다.

① [2]분광형 : 별의 표면 온도에 따라 나타나는 흡수선의 기본 패턴을 기준으로 별을 분류한 것

분광형	O	B	A	F	G	K	M
색깔	청색	청백색	백색	황백색	황색	주황색	적색
표면 온도	＞ 28000	10000～ 28000	7500～ 10000	6000～ 7500	5000～ 6000	3500～ 5000	＜ 3500
예	나오스	리겔, 스피카	시리우스, 직녀성	카노푸스, 프로키온	태양, 카펠라	아크투루스, 알데바란	베텔게우스, 안타레스

② 분광형과 흡수선의 특징 : 별의 표면 온도에 따라 별을 이루는 원소들이 각각 가능한 [3]이온화 단계에서 스펙트럼에 특정한 흡수선을 형성한다.

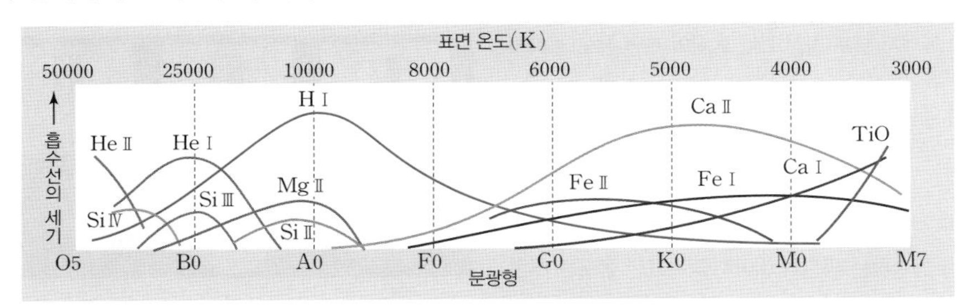

분광형에 따른 원소들의 흡수선 종류와 세기

THE 알기

❶ 키르히호프 법칙
1860년 독일의 키르히호프와 분젠은 '모든 원소는 고유의 스펙트럼을 만들고, 이는 손가락의 지문과 같아서 스펙트럼선을 형성한 원소를 확인할 수 있다.'는 제안을 하였다. 키르히호프는 스펙트럼선의 형성을 세 가지 법칙으로 설명하였는데, 이를 키르히호프 법칙이라고 한다.

❷ 분광형과 스펙트럼 특징
20세기 초반 미국 하버드 천문대의 피커링과 캐넌은 별의 스펙트럼에 나타나는 수소 원자의 흡수선($H\alpha$선) 세기에 따라 별의 스펙트럼을 A, B, ..., P형의 16가지로 구분하였다가 후에 표면 온도 순으로 O, B, A, ..., M형으로 재분류한 것이 오늘날 쓰이는 하버드 분류법의 분광형이다.

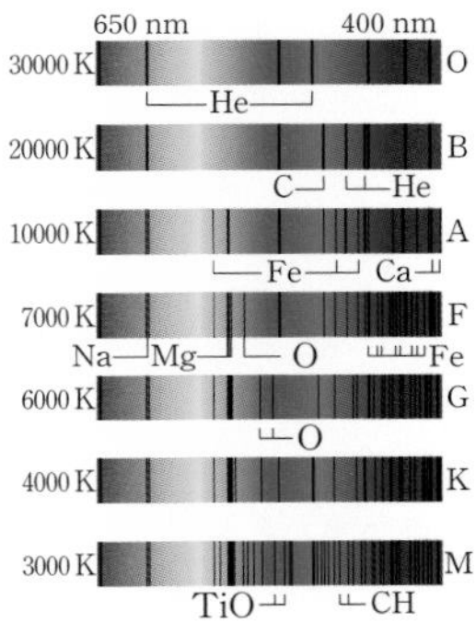

❸ 천문학에서 중성 원자와 이온 표시 방법
• 중성 원자 : 이온화되지 않은 원자는 원소 기호 뒤에 로마자 Ⅰ을 붙여 표시한다.
예 He Ⅰ(중성 헬륨), H Ⅰ(중성 수소)
• 이온 : 원소 기호 뒤에 로마자 Ⅱ, Ⅲ, ... 등을 붙여 이온화 단계에 따라 다르게 표현한다.
예 Ca Ⅱ(Ca^{+}), Si Ⅲ(Si^{2+})

THE 알기

❶ 흑체
입사된 모든 에너지를 흡수하고, 흡수된 에너지에 의해 가열된 후 그만큼의 에너지를 완전히 방출하는 물체, 즉, 흡수율은 100 %이고 반사율은 0 %인 이상적인 물체

❷ 광도 계급(luminosity class)
동일한 분광형의 별들을 광도에 따라 분류한 것을 광도 계급이라고 한다.

2 별의 크기

(1) 슈테판-볼츠만 법칙 : 흑체가 단위 시간 동안 단위 면적에서 방출하는 복사 에너지(E)는 표면 온도(T)의 네제곱에 비례한다는 법칙 ➡ 별은 거의 ❶흑체와 같이 복사하므로 별이 방출하는 에너지도 흑체처럼 취급한다.

$$E=\sigma T^4 \text{(슈테판 · 볼츠만 상수 } \sigma=5.67\times10^{-8}\ \mathrm{Wm^{-2}K^{-4}})$$

(2) 별의 광도(L) : 별이 단위 시간에 방출하는 총 에너지 ➡ 광도는 별의 표면적($4\pi R^2$)과 별이 단위 시간 동안 단위 면적에서 내보내는 에너지양(σT^4)을 곱하여 얻을 수 있다.

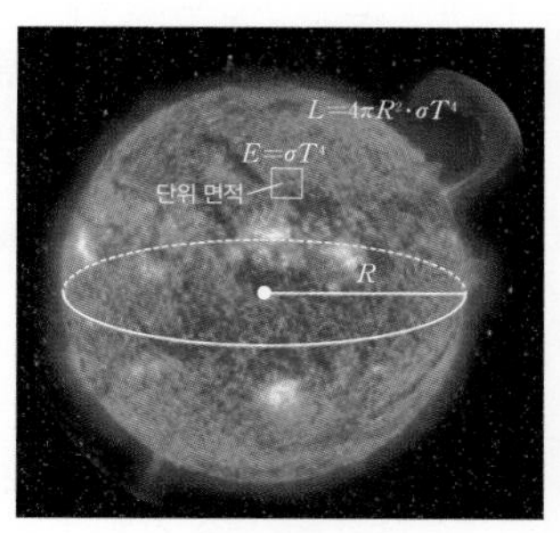

$$L=4\pi R^2\cdot\sigma T^4$$

(3) 모건-키넌의 ❷광도 계급 : 같은 분광형을 가진 별들을 광도에 따라 분류한 것을 M-K(모건-키넌)의 광도 계급이라고 한다. ➡ 여키스 천문대의 모건, 키넌, 켈먼은 같은 분광형이라도 별의 광도가 클수록 흡수선의 폭이 좁아지는 것을 발견하였다. 따라서 같은 분광형을 가지는 별들의 스펙트럼에 나타나는 흡수선의 폭을 비교하여 별의 광도를 알 수 있고, 이를 이용하여 별의 반지름을 결정할 수 있다.

광도 계급	2차 계급	반지름	별의 종류
Ⅰ	Ⅰa, Ⅰab, Ⅰb	↑	초거성
Ⅱ	Ⅱa, Ⅱab, Ⅱb	크다	밝은 거성
Ⅲ	Ⅲa, Ⅲab, Ⅲb		거성
Ⅳ	Ⅳa, Ⅳab, Ⅳb		준거성
Ⅴ	Ⅴa, Ⅴab, Ⅴb	작다	주계열성
Ⅵ	Ⅵa, Ⅵab, Ⅵb	↓	준왜성

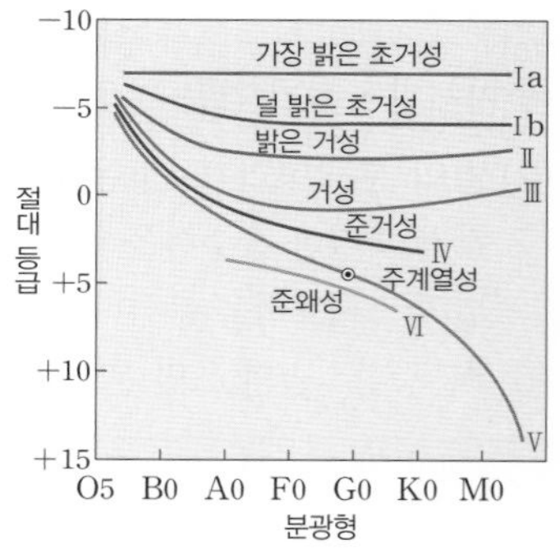

(4) 별의 크기(R) : 분광형으로 별의 표면 온도를 알고, 스펙트럼을 분석하여 광도 계급을 알면 별의 반지름을 구할 수 있다.

$$R=\frac{\sqrt{L}}{\sqrt{4\pi\sigma}\cdot T^2}$$

THE 들여다보기 흑체 복사와 별의 표면 온도

- 플랑크 곡선 : 흑체의 파장에 따른 복사 에너지 분포 곡선으로, 흑체의 표면 온도에 따라 최대 에너지가 나타나는 파장이 달라진다.
- 빈의 변위 법칙 : 흑체가 방출하는 복사 에너지의 파장에 따른 세기는 표면 온도에 따라 달라지는데, 표면 온도(T)가 높을수록 최대 에너지를 방출하는 파장(λ_{max})이 짧아진다. 이것을 빈의 변위 법칙이라고 한다.

$$\lambda_{max}=\frac{a}{T}\text{(빈의 상수 } a=2.898\times10^{-3}\ \mathrm{m\cdot K})$$

➡ 표면 온도가 높을수록 최대 에너지를 방출하는 파장이 짧아지므로 표면 온도는 푸른색 별이 붉은색 별보다 높다.

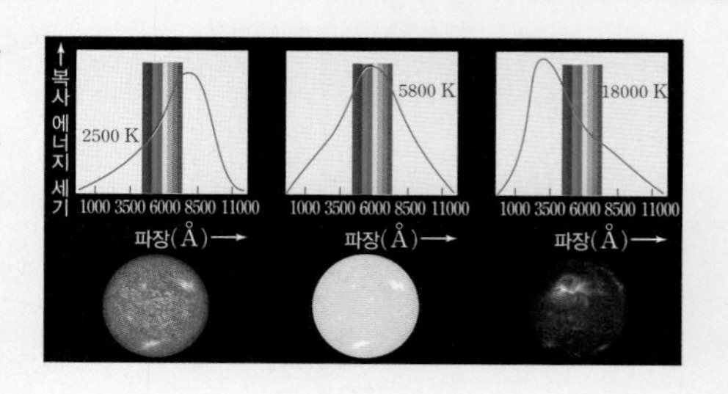

개념체크

둘 중에 고르기

1. 별의 표면 온도가 높을수록 최대 에너지를 방출하는 파장이 (짧아진다, 길어진다).

2. 푸른색 별은 붉은색 별보다 표면 온도가 (높다, 낮다).

3. 별빛을 분광기로 관찰하면 (방출, 흡수) 스펙트럼이 나타난다.

4. 별빛을 분광기로 분산시키면 별의 ① (반지름, 표면 온도)에 따라 원소들이 각각 특정한 ② (방출선, 흡수선)을 형성하기 때문에 별들마다 다양한 선스펙트럼이 나타난다.

5. 별의 광도는 표면 온도의 (제곱, 네제곱)에 비례한다.

6. 별의 광도는 반지름의 (제곱, 네제곱)에 비례한다.

바르게 연결하기

7. 광원의 상태에 따라 나타나는 스펙트럼의 종류를 바르게 연결하시오.

(1)	연속 •	• ㉠	고온 · 저밀도의 가스
(2)	흡수 •	• ㉡	고온 · 고밀도의 가스, 또는 고온의 고체
(3)	방출 •	• ㉢	연속 스펙트럼을 만드는 물체와 관측자 사이의 저온 · 저밀도의 가스

8. 광도 계급과 별의 종류를 바르게 연결하시오.

(1) Ⅰ •   • ㉠ 초거성
(2) Ⅲ •   • ㉡ 주계열성
(3) Ⅴ •   • ㉢ 거성

정답 1. 짧아진다 2. 높다 3. 흡수 4. ① 표면 온도 ② 흡수선 5. 네제곱 6. 제곱 7. (1) ㉡ (2) ㉢ (3) ㉠ 8. (1) ㉠ (2) ㉢ (3) ㉡

단답형 문제

1. 별의 단위 면적당 단위 시간 동안 방출하는 에너지양(E)을 구하는 식을 쓰시오.

2. 별들마다 흡수선의 종류와 세기가 다르게 나타나는 현상과 밀접하게 관련된 별의 물리량을 쓰시오.

3. 다음 분광형을 별의 표면 온도(고온 → 저온) 순으로 나열하시오.

> A형, B형, F형, G형, K형, M형, O형

4. 동일한 분광형의 별을 광도에 따라 분류한 것을 무엇이라고 하는지 쓰시오.

선다형 문항

5. 별빛 스펙트럼에 나타난 흡수선의 종류와 세기로 알 수 있는 물리량은 무엇인가?

① 표면 온도 ② 별의 거리 ③ 별의 나이
④ 별의 위성 수 ⑤ 별의 공전 주기

6. 별의 광도에 대한 설명으로 옳지 않은 것은?

① 단위 시간 동안 별의 표면에서 방출하는 총 에너지양이다.
② 크기가 동일하다면 별의 표면 온도가 높을수록 광도가 크다.
③ 표면 온도가 동일하다면 별의 반지름이 클수록 광도가 크다.
④ 표면 온도가 2배가 되면 광도는 4배가 된다.
⑤ 반지름이 $\frac{1}{2}$배가 되면 광도는 $\frac{1}{4}$배가 된다.

정답 1. $E=\sigma T^4$(σ : 슈테판-볼츠만 상수, T : 표면 온도) 2. 표면 온도 3. O형 → B형 → A형 → F형 → G형 → K형 → M형 4. 광도 계급 5. ① 6. ④

02 별의 분류와 H-R도

THE 알기

❶ H−R도
20세기 초 덴마크의 헤르츠스프룽(E. Hertzsprung)과 미국의 러셀(H. N. Russell)이 각각 독자적으로 그린 것인데, 오늘날 이 두 작품을 하나로 묶어 H−R도라고 부른다. 이 그래프가 만들어지기 전까지는 별들의 밝기(또는 등급)와 분광형을 별개의 것으로 생각하다가 이 그래프를 통해 두 물리량을 연관지으면서 별들의 물리적인 성질은 물론 별들의 진화 과정을 체계적으로 파악하게 되었다.

❷ 오리온자리의 초거성

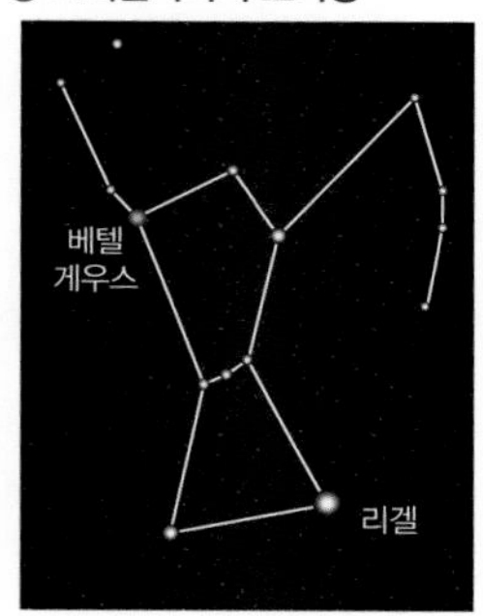

구분	베텔게우스	리겔
겉보기 등급	0.4	0.1
절대 등급	−6	−8
분광형	M형 (붉은색)	B형 (청백색)
반지름	$800R_\odot$	$80R_\odot$
종류	적색 초거성	청색 초거성

($R_\odot$: 태양의 반지름)

1 ❶H−R도(Hertzsprung Russell Diagram)

(1) H−R도 : 별들의 물리량을 조사하여 가로축을 별의 분광형(표면 온도), 세로축을 별의 절대 등급(광도)으로 하여 별들의 분포를 나타낸 그래프

구분	물리량	물리량의 변화
가로축	표면 온도	오른쪽으로 갈수록 낮다.
	분광형	O−B−A−F−G−K−M 순
세로축	광도	위로 갈수록 크다.
	절대 등급	위로 갈수록 작다.

H−R도에서 별의 특징
• 표면 온도 : 가로축의 왼쪽으로 갈수록 높다. • 광도 : 세로축의 위로 갈수록 크다. • 반지름 : 오른쪽 위로 갈수록 크다. • 밀도 : 왼쪽 아래로 갈수록 크다.

(2) H−R도에 나타난 별의 집단

① 주계열성
- H−R도의 왼쪽 위에서 오른쪽 아래로 이어지는 좁은 띠 모양으로 분포
- 별의 약 90 %가 이에 속한다.
- 예 태양, 스피카, 시리우스 A 등

② 적색 거성
- 주계열의 오른쪽 위에 분포
- 표면 온도가 낮아 대부분 붉은색을 띤다.
- 반지름이 커서 같은 분광형의 주계열성보다 훨씬 밝다.
- 예 카펠라, 아크투루스, 알데바란 등

③ 초거성
- 주계열성 오른쪽 위, 적색 거성보다 더 위쪽에 드문드문 분포
- 적색 거성보다 광도가 더 크다.
- 고온의 청색 초거성과 저온의 적색 초거성이 있다.
- 예 ❷리겔(청색 초거성), 베텔게우스(적색 초거성)

④ 백색 왜성
- 주계열 왼쪽 아래에 분포
- 표면 온도는 높지만 크기가 작아 같은 분광형의 주계열성보다 훨씬 어둡다.
- 예 시리우스 B

THE 들여다보기 시리우스 A와 시리우스 B

- 밤하늘에서 가장 밝은 별인 시리우스는 단독성처럼 보이지만 주계열성인 시리우스 A와 백색 왜성인 시리우스 B로 이루어진 쌍성계이다.
- 질량은 시리우스 A가 태양의 두 배, 시리우스 B는 태양과 비슷하다.
- 표면 온도는 시리우스 A는 10000 K인데 비해 시리우스 B는 25000 K에 이른다.

시리우스 A, B

2 별의 분류와 물리적 특징

(1) 주계열성

① 반지름 : 왼쪽 위에 있는 고온의 밝은 별일수록 반지름도 크다.

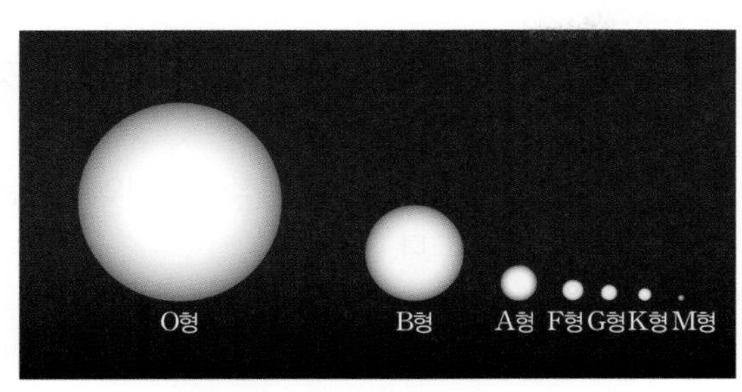

분광형에 따른 주계열성의 상대적 크기

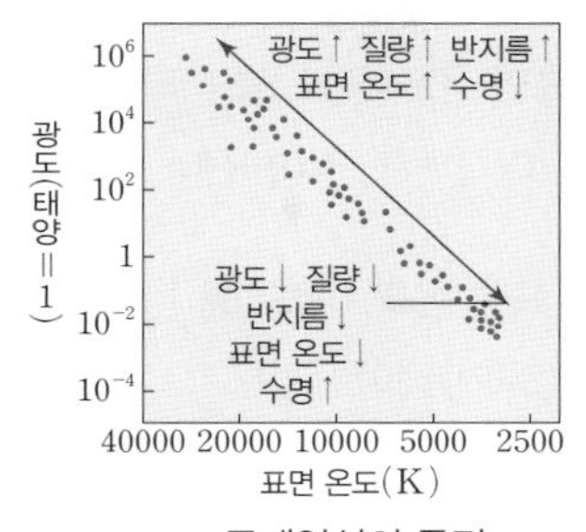

주계열성의 특징

② [1]질량 : 왼쪽 위에 있는 고온의 밝은 별일수록 질량이 크다.

③ [2]수명 : 왼쪽 위에 있는 고온의 밝고 질량이 큰 별일수록 수명이 짧다.

(2) 적색 거성과 초거성

① 표면 온도가 낮아 붉은색을 띤다.

② 표면 온도는 낮으나 반지름이 커서 광도가 크다.

➡ 적색 거성의 경우 반지름이 태양보다 10~100배 정도 크고, 초거성은 30~500배 정도 커서 같은 분광형의 주계열성보다 훨씬 밝게 보인다.

③ 밀도가 작다. ➡ 일반적으로 주계열성보다 반지름이 훨씬 커서 밀도가 작다.

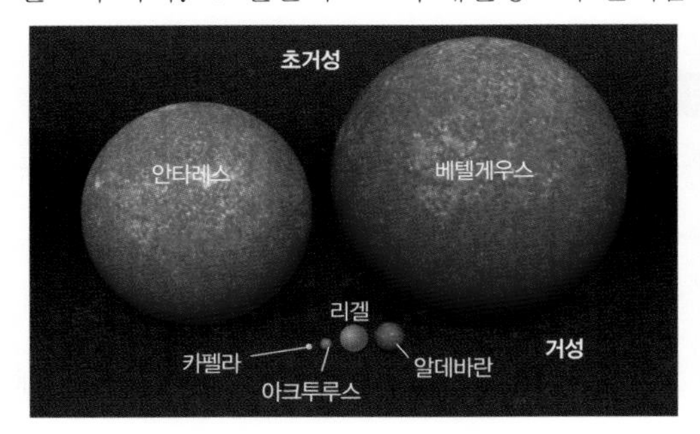

초거성과 거성의 크기 비교

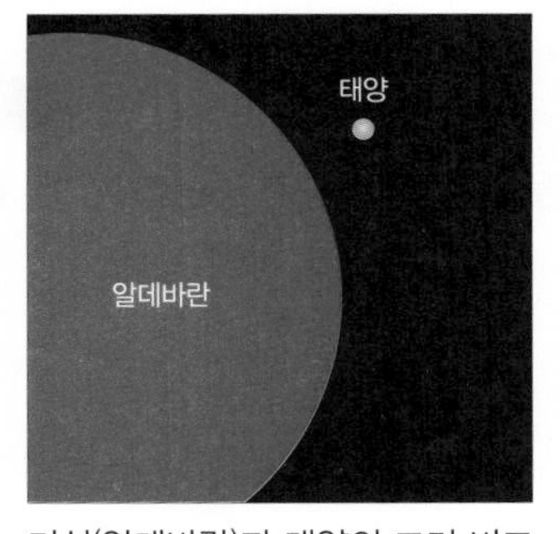

거성(알데바란)과 태양의 크기 비교

(3) 백색 왜성

① 표면 온도가 높아 청백색을 띤다.

② 표면 온도가 높지만 반지름이 작아 광도가 작다.

➡ 반지름이 태양보다 수 십 분의 일 정도로 작아 같은 분광형의 주계열성보다 훨씬 어둡다.

③ 밀도가 크다.

THE 알기

❶ 질량-광도 관계

주계열성의 광도와 질량은 다음과 같은 관계가 성립한다.

$$\frac{L_\star}{L_\odot}=\left(\frac{M_\star}{M_\odot}\right)^{1.8\sim4}\approx\left(\frac{M_\star}{M_\odot}\right)^3$$

❷ 별의 질량(M)과 별의 수명(t)의 관계

별의 수명 $t\propto\frac{\text{별의 연료}}{\text{광도}}=\frac{M_\star}{L_\star}$

$$\frac{t_\star}{t_\odot}=\frac{\frac{M_\star}{L_\star}}{\frac{M_\odot}{L_\odot}}=\frac{L_\odot}{L_\star}\cdot\frac{M_\star}{M_\odot}$$

$\frac{L_\odot}{L_\star}\approx\left(\frac{M_\odot}{M_\star}\right)^3$이므로

$$\therefore \frac{t_\star}{t_\odot}\approx\left(\frac{M_\odot}{M_\star}\right)^2$$

➡ $t_\star\propto\frac{1}{M_\star^2}$

THE 들여다보기 중성자별과 블랙홀

- 중성자별 : 별의 중심핵 질량이 태양 질량의 약 1.4~3배가 되면 초신성 폭발 후 전하를 띠지 않는 중성자로만 구성된 별이 되는데 이를 중성자별이라고 한다. 중성자별의 반지름은 약 12~13 km이다.
- 블랙홀 : 별의 중심핵 질량이 태양 질량의 3배 이상이 되면 초신성 폭발 후 그 어떠한 힘도 중력 수축을 저지할 수 없어 중력 붕괴가 일어나므로 빛조차 빠져나올 수 없게 되는데 이를 블랙홀이라 한다.

개념체크

둘 중에 고르기

1. H－R도의 가로축에는 ① (표면 온도, 광도)를 나타내는데, 오른쪽으로 갈수록 그 값이 ② (커 , 작아)진다.

2. H－R도의 세로축에는 ① (표면 온도, 광도)를 나타내는데, 위로 갈수록 그 값이 ② (커, 작아)진다.

3. 주계열성은 광도가 큰 별일수록 질량이 (작다, 크다).

4. 주계열성은 질량이 클수록 수명이 (짧다, 길다).

5. 적색 거성은 주계열성에 비해 표면 온도는 ① (낮고, 높고), 반지름은 ② (작다, 크다).

○X 문제

6. 별의 특성에 대한 설명으로 옳은 것은 ○, 옳지 않은 것은 ×로 표시하시오.

(1) 분광형이 동일한 주계열성과 적색 거성의 광도는 적색 거성이 더 크다. (　　)

(2) 주계열성보다 백색 왜성의 밀도가 더 크다.(　　)

(3) 주계열성은 표면 온도가 높을수록 질량도 크다. (　　)

(4) 적색 거성의 표면 온도는 백색 왜성의 표면 온도보다 높다. (　　)

(5) 적색 거성이 주계열성보다 광도가 큰 것은 표면 온도가 더 높기 때문이다. (　　)

정답 1. ① 표면 온도 ② 작아 2. ① 광도 ② 커 3. 크다 4. 짧다 5. ① 낮고 ② 크다 6. (1) ○ (2) ○ (3) ○ (4) × (5) ×

단답형 문제

1. H－R도에서 90 % 이상을 차지하며, 왼쪽 상단에서 오른쪽 하단으로 이어지는 대각선 상에 분포하는 별의 집단은 무엇인지 쓰시오.

2. H－R도에 나타난 별의 집단 중에서 태양과 베텔게우스는 각각 어느 집단에 속한 별인지 쓰시오.

3. H－R도에서 표면 온도는 높지만 반지름이 작아 광도가 작고 밀도가 큰 별의 집단은 무엇인지 쓰시오.

4. 주계열성의 수명에 가장 큰 영향을 주는 물리량은 무엇인지 쓰시오.

5. 동일한 분광형의 주계열성과 백색 왜성의 반지름을 비교하시오.

선다형 문항

6. H－R도의 가로축에 놓일 수 있는 별의 물리량을 모두 고르시오.

① 표면 온도　② 분광형　③ 광도
④ 절대 등급　⑤ 질량

7. H－R도에서 좌측 상단에 있는 주계열성이 우측 하단에 있는 주계열성보다 큰 값을 갖는 물리량이 아닌 것은?

① 광도　② 질량　③ 표면 온도
④ 별의 수명　⑤ 반지름

8. 적색 거성과 백색 왜성의 물리량을 비교한 것 중 옳지 않은 것은?

① 광도는 적색 거성이 백색 왜성보다 크다.
② 반지름은 적색 거성이 백색 왜성보다 크다.
③ 표면 온도는 백색 왜성이 적색 거성보다 높다.
④ 밀도는 백색 왜성이 적색 거성보다 크다.
⑤ 적색 거성의 분광형은 주로 O형, B형, 백색 왜성의 분광형은 주로 M형이다.

정답 1. 주계열성 2. 태양은 주계열성, 베텔게우스는 적색 초거성 3. 백색 왜성 4. 별의 질량 5. 주계열성＞백색 왜성 6. ①, ② 7. ④ 8. ⑤

별의 분류와 H－R도

정답과 해설 71쪽

목표

분광형(표면 온도)과 절대 등급(광도)을 축으로 하는 그래프에 각 별의 위치를 표시하여 별의 물리적 특징을 이해하고 몇 개의 집단으로 분류할 수 있다.

과정

1. 표는 태양계 주변에 위치한 별들의 분광형과 절대 등급을 나타낸 것이다. 가로축을 분광형, 세로축을 절대 등급으로 하는 H－R도에 각 별들의 위치를 나타내 보자.

별 이름	절대 등급	분광형	별 이름	절대 등급	분광형	별 이름	절대 등급	분광형
태양	+4.8	G2	크리거B	+11.9	M4	카프타인 별	+10.8	M0
시리우스 A	+1.4	A1	카펠라	−0.7	G2	로이덴별 A	+15.3	M6
시리우스 B	+11.6	A1	알데바란	−0.2	K2	로이덴별 B	+15.8	M5
바너드별	+13.2	M5	리겔	−7.8	B8	알타이르(견우)	+2.3	A7
북극성	−4.5	G0	베텔게우스	−5.5	M2	카노푸스	−4.6	F0
센타우루스 A	+4.4	G2	레굴루스	−0.6	B7	포말하우트	+2.1	A3
센타우루스 B	+5.8	K5	수하일	−4.3	K4	데네브	−6.9	A2
센타우루스 C	+15.4	M5	에니프	−4.5	B1	황소자리17	−2.2	B6
프로키온 A	+2.7	F5	스피카	−3.6	B1	황소자리20	−2.0	B7
프로키온 B	+13.3	F5	아크투루스	−0.3	K2	벨라트릭스	−3.6	B2
백조자리 A	+7.5	K5	안타레스	−4.5	M1	로스128	+13.5	M5
백조자리 B	+8.3	K7	베가(직녀)	+0.5	A0	민타카	−6.0	O9

2. 별들을 몇 개의 집단으로 분류하고, 각 집단의 물리적 특징(표면 온도, 반지름, 광도 등)을 비교해 보자.

결과 정리 및 해석

1.

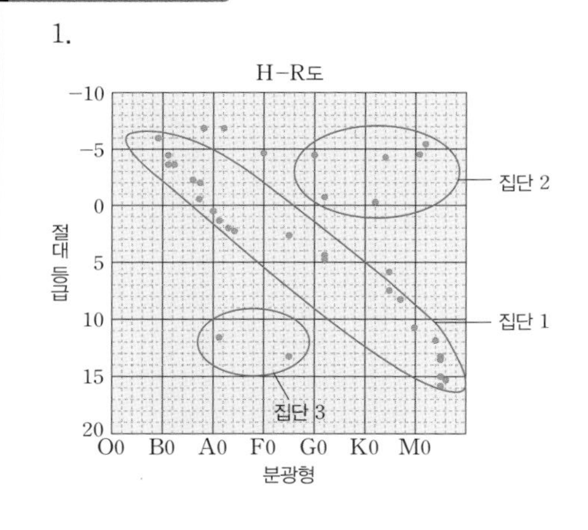

2.

- 집단1 : 왼쪽 위에서 오른쪽 아래로 이어지는 대각선 상에 있는 별들 ➡ 표면 온도가 높은 별일수록 절대 등급이 작으므로 광도가 크다. ➡ 주계열성
- 집단2 : 그래프의 상단에 있는 별들 ➡ 절대 등급이 작으므로 광도가 크며, 반지름이 집단1에 비해 큰 집단이다. ➡ 적색 거성
- 집단3 : 그래프의 왼쪽 하단에 있는 별 ➡ 표면 온도는 높으나 절대 등급이 크므로 광도는 작으며, 반지름이 제일 작은 집단이다. ➡ 백색 왜성

탐구 분석

1. 위에서 구한 H－R도 상에서 별들의 분포를 보면 주계열성이 가장 많다. 그 까닭은 무엇인가?
2. 백색 왜성은 표면 온도가 매우 높음에도 불구하고 절대 등급이 크고 광도가 매우 작다. 그 까닭은 무엇인가?
3. 주계열성, 거성, 백색 왜성 중 밀도가 가장 큰 천체는 무엇인가?

내신 기초 문제

정답과 해설 71쪽

[8589-0387]

01 그림은 어느 별의 스펙트럼을 나타낸 것이다.

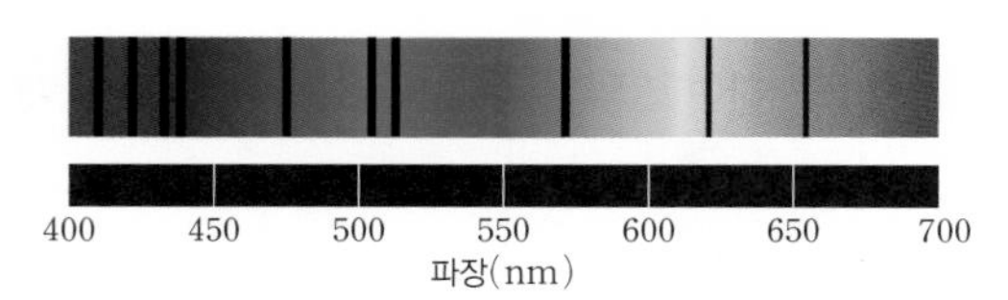

이에 대한 설명으로 옳은 것은?

① 방출 스펙트럼이다.

② 고온의 고체가 방출하는 빛을 분광할 때 나타나는 스펙트럼과 같은 종류의 스펙트럼이다.

③ 검은 선의 위치와 종류는 별의 표면 온도에 따라 다르게 나타난다.

④ 별의 질량이 달라지면 선스펙트럼의 위치가 달라진다.

⑤ 고온·저밀도의 기체가 방출하는 빛을 분광할 때 나타나는 스펙트럼과 같은 종류의 스펙트럼이다.

[8589-0388]

02 별의 광도에 대한 설명으로 옳지 않은 것은?

① 별의 광도가 클수록 절대 등급은 작다.

② 광도가 같으면 별의 겉보기 밝기도 같다.

③ 광도는 별의 표면 온도의 네제곱에 비례한다.

④ 광도는 별의 반지름의 제곱에 비례한다.

⑤ 광도는 단위 시간에 별의 표면에서 방출하는 총 에너지양이다.

[8589-0389]

03 H−R도에 대한 설명으로 옳지 않은 것은?

① 세로축의 물리량은 별의 절대 등급이다.

② 별의 개수가 가장 많은 별의 집단은 주계열성이다.

③ 분광형이 동일할 때 적색 거성은 주계열성보다 밝다.

④ 가로축에서 오른쪽으로 갈수록 별의 표면 온도가 높아진다.

⑤ H−R도에 나타나는 별들 중에서 반지름이 평균적으로 가장 작은 별의 집단은 백색 왜성이다.

[8589-0390]

04 H−R도에서 가로축과 세로축의 별의 물리량을 각각 쓰시오.

[8589-0391]

05 그림은 H−R도 상에 표시된 별들을 물리적 특성에 따라 (가), (나), 다) 세 집단으로 분류한 것이다.

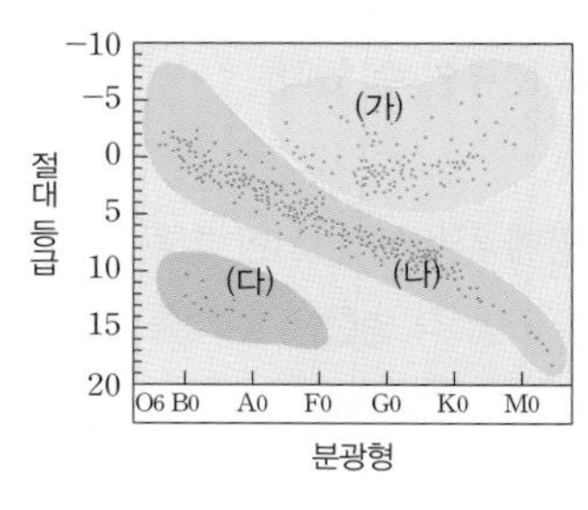

이에 대한 설명으로 옳지 않은 것은?

① (가) 집단은 (나) 집단에 비해 평균적으로 반지름이 크다.

② (나) 집단에서 질량이 클수록 광도가 크다.

③ (나) 집단에서 표면 온도가 낮을수록 수명이 짧다.

④ (다) 집단은 밀도가 가장 크다.

⑤ (다) 집단은 (가) 집단에 비해 대체로 표면 온도가 높다.

[8589-0392]

06 그림은 태양 근처 별들을 H−R도에 나타낸 것이다. A, B, C의 반지름을 바르게 비교한 것은?

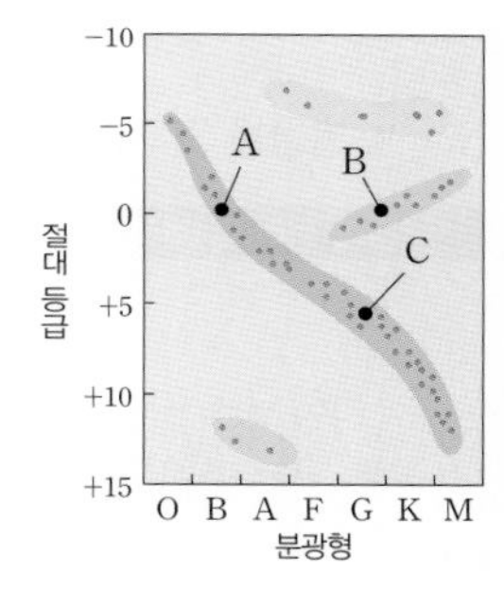

① A>B>C

② A>C>B

③ B>A>C

④ B>C>A

⑤ C>B>A

[8589-0393]

07 광도 계급에 대한 설명으로 옳지 않은 것은?

① 광도 계급의 숫자가 클수록 밝은 별이다.

② 광도 계급이 Ⅰ인 별은 초거성이다.

③ 광도 계급이 Ⅰ인 별은 Ⅵ인 별보다 반지름이 크다.

④ 광도 계급이 Ⅴ인 별들은 주계열성이다.

⑤ 분광형이 같은데도 광도 계급이 다른 별은 반지름이 다르기 때문이다.

실력 향상 문제

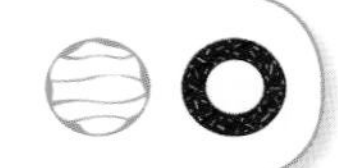

정답과 해설 72쪽

[8589-0394]
01 그림의 A, B, C는 종류가 다른 스펙트럼을 나타낸 것이다.

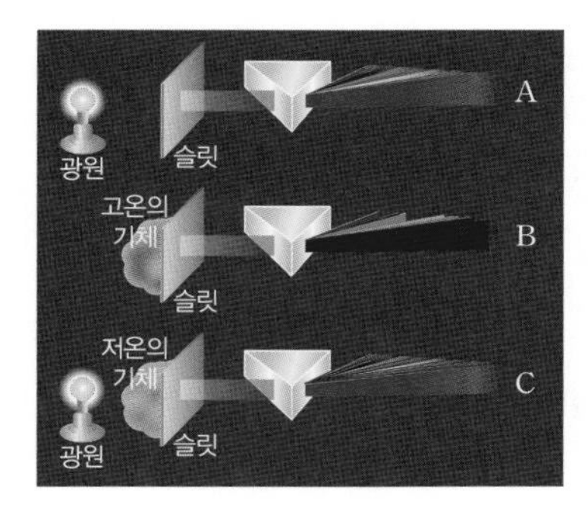

이에 대한 설명으로 옳은 것만을 <보기>에서 있는 대로 고른 것은?

보기
ㄱ. 고온의 고체는 A와 같은 스펙트럼이 나타난다.
ㄴ. 별의 분광형은 C와 같은 종류의 스펙트럼이다.
ㄷ. 기체의 종류가 동일할 경우 B와 C에 나타나는 선의 위치가 동일하다.

① ㄱ ② ㄴ ③ ㄱ, ㄷ ④ ㄴ, ㄷ ⑤ ㄱ, ㄴ, ㄷ

[8589-0395]
02 표는 태양과 별 A, B의 물리량을 비교한 것이다.

구분	반지름(태양=1)	표면 온도(K)
태양	1	6000
A	0.5	12000
B	10	3000

이에 대한 설명으로 옳은 것만을 <보기>에서 있는 대로 고른 것은?

보기
ㄱ. A의 광도는 태양의 4배이다.
ㄴ. 광도는 B>A>태양 순이다.
ㄷ. 태양이 단위 시간 동안 단위 면적에서 방출하는 에너지는 B의 16배이다.

① ㄱ ② ㄴ ③ ㄱ, ㄷ ④ ㄴ, ㄷ ⑤ ㄱ, ㄴ, ㄷ

[03~04] 그림은 별의 분광형에 따른 흡수선의 세기를 나타낸 것이다.

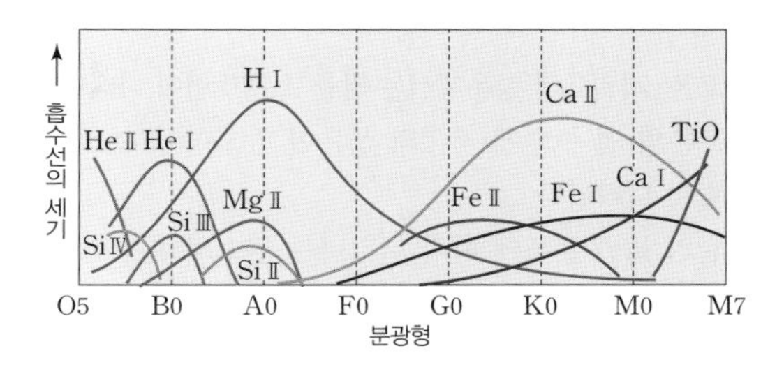

[8589-0396]
03 별의 분광형에 따른 스펙트럼의 특징에 대한 설명으로 옳은 것만을 <보기>에서 있는 대로 고른 것은?

보기
ㄱ. 중성 수소의 흡수선이 가장 강하게 나타나는 분광형은 A0형이다.
ㄴ. 태양의 스펙트럼에서는 중성 헬륨에 의한 흡수선이 가장 강하게 나타날 것이다.
ㄷ. 표면 온도가 높은 별일수록 다양한 금속 원소의 흡수선이 강하게 나타난다.

① ㄱ ② ㄴ ③ ㄱ, ㄷ ④ ㄴ, ㄷ ⑤ ㄱ, ㄴ, ㄷ

[8589-0397]
04 그림은 오리온자리의 천체 사진이고, 표는 오리온 자리의 별 A, B의 물리량을 나타낸 것이다.

구분	A	B
절대 등급	−6	−8
분광형	M2	B8

이에 대한 설명으로 옳은 것만을 <보기>에서 있는 대로 고른 것은?

보기
ㄱ. 광도는 A가 B보다 크다.
ㄴ. A의 스펙트럼에는 이온화된 마그네슘의 흡수선이 나타나지 않는다.
ㄷ. B의 스펙트럼에는 중성 헬륨 흡수선이 가장 강하게 나타난다.

① ㄱ ② ㄴ ③ ㄱ, ㄷ ④ ㄴ, ㄷ ⑤ ㄱ, ㄴ, ㄷ

[8589-0398]

05 천체의 스펙트럼에 대한 설명으로 옳은 것만을 〈보기〉에서 있는 대로 고른 것은?

보기

ㄱ. 고온·저밀도의 성운에서는 방출 스펙트럼이 나타난다.
ㄴ. 고온의 별 주변에 저온의 성운이 있으면 흡수 스펙트럼이 나타난다.
ㄷ. 별의 표면 온도에 따라 나타나는 원소의 흡수선이 달라진다.

① ㄱ ② ㄴ ③ ㄱ, ㄷ
④ ㄴ, ㄷ ⑤ ㄱ, ㄴ, ㄷ

[8589-0399]

06 그림 ㉠~㉥은 별의 광도 계급을 H-R도에 순서 없이 나타낸 것이다.

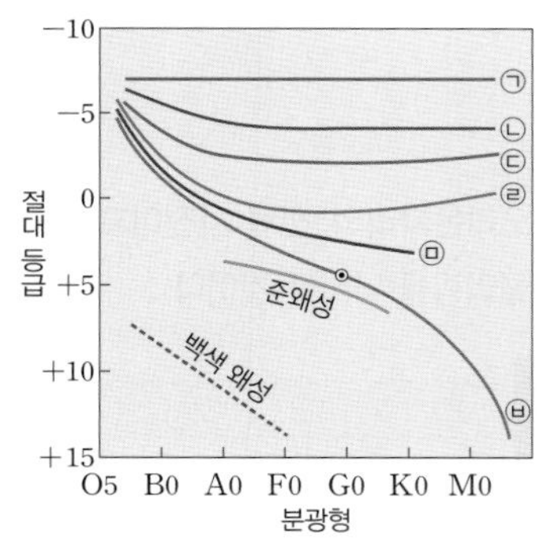

이에 대한 설명으로 옳은 것은?

① ㉠은 광도 계급 Ⅰ, ㉡은 광도 계급 Ⅱ이다.
② ㉠의 광도 계급에 포함된 별들 중 오른쪽에 있는 별일수록 반지름이 작다.
③ 분광형이 G0인 ㉡의 별의 반지름은 동일한 분광형의 ㉣ 별의 100배이다.
④ 주계열성은 광도 계급 ㉤에 해당된다.
⑤ 광도 계급을 이용하면 별의 표면 온도, 광도, 반지름 등을 비교할 수 있다.

[8589-0400]

07 표는 별의 분광형에 따른 표면 온도와 색깔을 나타낸 것이다.

분광형	표면 온도(K)	색깔
A0	(　　)	백색
B0	30000	(　　)
F0	(　　)	황백색
G0	6000	(　　)
M0	(　　)	적색

이에 대한 설명으로 옳은 것만을 〈보기〉에서 있는 대로 고른 것은?

보기

ㄱ. A0형은 B0형보다 표면 온도가 높다.
ㄴ. G0형 별의 색깔은 노란색이다.
ㄷ. M0형 별에서는 중성 수소 흡수선이 강하게 나타난다.

① ㄱ ② ㄴ ③ ㄱ, ㄷ
④ ㄴ, ㄷ ⑤ ㄱ, ㄴ, ㄷ

[8589-0401]

08 그림은 주계열성의 질량-광도 관계를 나타낸 것이다.

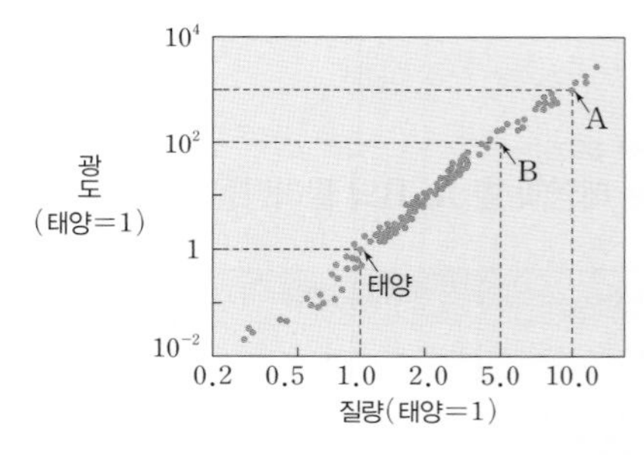

태양과 별 A, B의 물리량에 대한 설명으로 옳은 것만을 〈보기〉에서 있는 대로 고른 것은?

보기

ㄱ. 반지름은 A가 가장 크다.
ㄴ. 표면 온도는 태양이 가장 높다.
ㄷ. 별의 수명은 태양이 가장 짧다.
ㄹ. B의 절대 등급은 태양보다 5등급 작다.

① ㄱ, ㄷ ② ㄱ, ㄹ ③ ㄴ, ㄹ
④ ㄱ, ㄴ, ㄷ ⑤ ㄴ, ㄷ, ㄹ

[8589-0402]
09 그림은 H-R도이고, 표는 태양과 포말하우트의 절대 등급과 분광형을 나타낸 것이다.

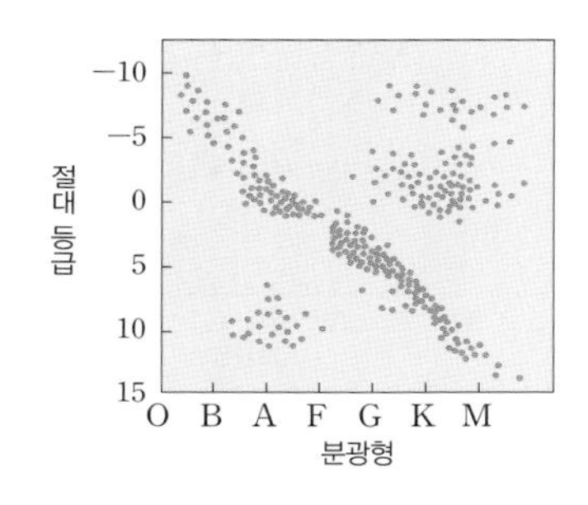

별	절대 등급	분광형
태양	4.8	G
포말하우트	1.7	A

다음 물리량 중 포말하우트가 태양보다 작은 값을 갖는 것은?

① 광도 ② 질량 ③ 표면 온도
④ 반지름 ⑤ 별의 수명

[8589-0403]
10 다음은 태양의 광도($L_\odot$)를 구하는 관계식을 나타낸 것이다.

$$L_\odot = 4\pi R_\odot^2 \cdot \sigma T_\odot^4$$

- $R_\odot$: 태양의 반지름
- σ : 슈테판-볼츠만 상수
- $T_\odot$: 태양의 표면 온도

이 관계식을 이용하여 태양의 표면 온도를 구하고자 할 때 반드시 알아야 할 물리량만을 <보기>에서 있는 대로 고른 것은? (단, σ는 알고 있다고 가정한다.)

보기
ㄱ. 지구의 반지름
ㄴ. 태양의 각지름
ㄷ. 지구와 태양 사이의 평균 거리
ㄹ. 지구 대기권 상공의 단위 면적에 단위 시간 동안 입사하는 태양 복사 에너지양

① ㄱ, ㄹ ② ㄴ, ㄷ ③ ㄷ, ㄹ
④ ㄱ, ㄴ, ㄷ ⑤ ㄴ, ㄷ, ㄹ

[8589-0404]
11 반지름이 태양의 8배이고, 표면 온도는 태양의 $\frac{1}{2}$배인 별의 광도는 태양의 몇 배인가?

① $\frac{1}{2}$배 ② 1배 ③ 2배
④ 4배 ⑤ 8배

[8589-0405]
12 표는 태양과 오리온자리의 베텔게우스와 리겔의 물리량을 나타낸 것이다.

별	태양	베텔게우스	리겔
겉보기 등급	-26.7	0.4	0.1
절대 등급	4.8	-6	-8
분광형	G형	M형	B형
표면 온도(K)	6000	3500	12000

별의 물리량을 비교한 것으로 옳은 것은?

① 광도가 가장 큰 별은 태양이다.
② 리겔은 태양보다 반지름이 작다.
③ 베텔게우스는 푸른색으로 보인다.
④ 베텔게우스는 리겔보다 멀리 있다.
⑤ 반지름이 가장 큰 것은 베텔게우스이다.

[8589-0406]
13 그림은 여러 별들을 H-R도에 나타낸 것이다.

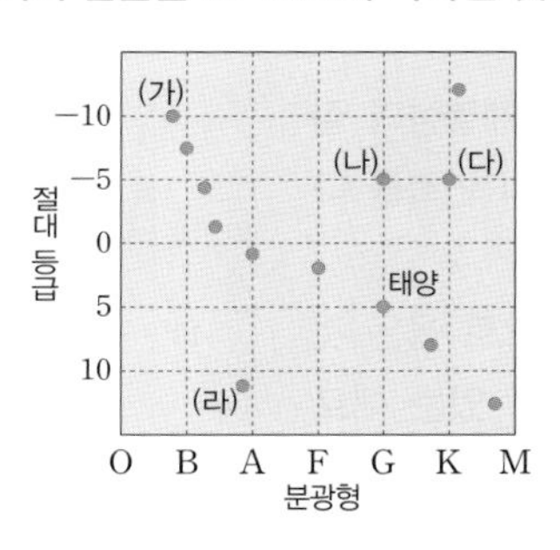

별 (가)~(라)에 대한 설명으로 옳지 않은 것은?

① 표면 온도는 (가)가 가장 높다.
② (가)의 광도는 (나)의 100배이다.
③ (나)의 반지름은 태양의 10배이다.
④ (나)는 (다)보다 표면 온도는 높지만 반지름은 작다.
⑤ 밀도가 가장 큰 별은 (라)이다.

정답과 해설 72쪽

[8589-0407]

14 그림은 H-R도를, 표는 태양 부근 별들의 물리량을 나타낸 것이다.

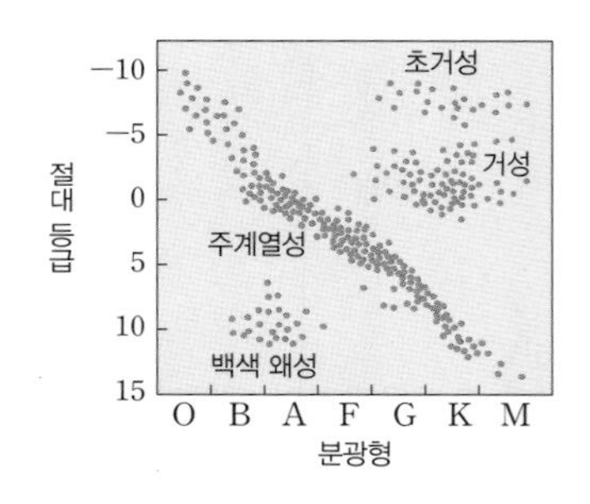

별	분광형	절대 등급
베가	A0	0.5
태양	G2	4.8
안타레스	M1	−4.5
시리우스B	A1	11.6

이에 대한 설명으로 옳지 않은 것은?

① 베가와 태양은 주계열성이다.
② 광도가 가장 큰 별은 베가이다.
③ 밀도가 가장 큰 별은 시리우스B이다.
④ 반지름이 가장 큰 별은 안타레스이다.
⑤ 표면 온도가 가장 높은 별은 베가이다.

[8589-0408]

15 그림은 주계열성의 질량에 따른 수명의 변화를 나타낸 것이다.
이에 대한 설명으로 옳은 것만을 〈보기〉에서 있는 대로 고른 것은?

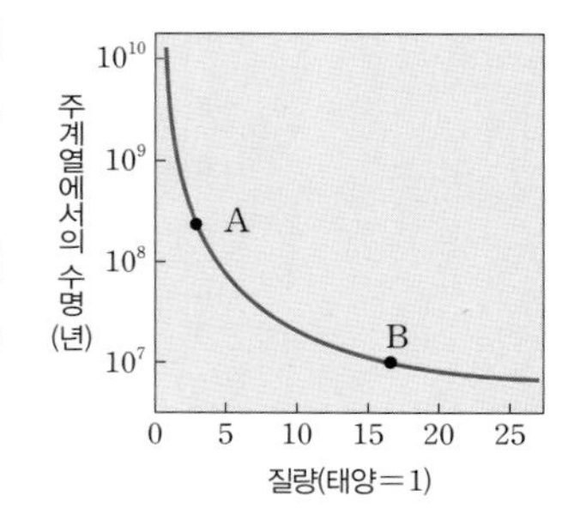

보기
ㄱ. 광도는 A가 B보다 크다.
ㄴ. 표면 온도는 B가 A보다 높다.
ㄷ. 질량이 클수록 주계열성의 수명은 짧다.

① ㄱ ② ㄴ ③ ㄱ, ㄷ ④ ㄴ, ㄷ ⑤ ㄱ, ㄴ, ㄷ

[8589-0409]

16 그림은 H-R도 상에 별 (가)~(라)를 표시한 것이다.

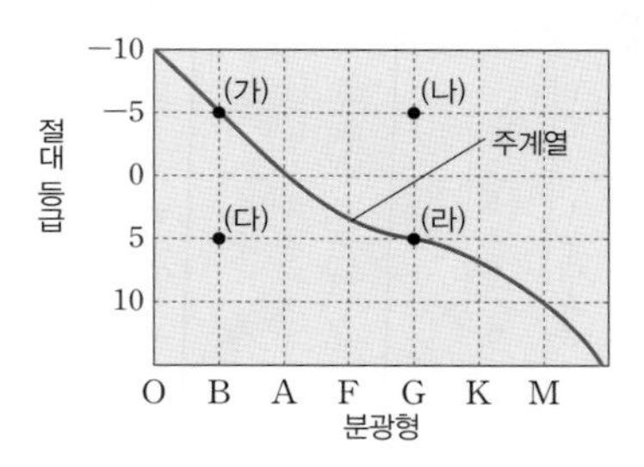

이에 대한 설명으로 옳은 것만을 〈보기〉에서 있는 대로 고른 것은?

보기
ㄱ. (가)는 (나)보다 푸른색 빛을 더 많이 방출한다.
ㄴ. (가)는 (다)보다 반지름이 10배 크다.
ㄷ. (라)는 (다)보다 반지름이 크다.

① ㄱ ② ㄴ ③ ㄱ, ㄷ
④ ㄴ, ㄷ ⑤ ㄱ, ㄴ, ㄷ

[8589-0410]

17 그림은 주계열성의 질량에 따른 비율이고, A와 B는 각 해당 질량의 집단에 속한 별을 나타낸 것이다.

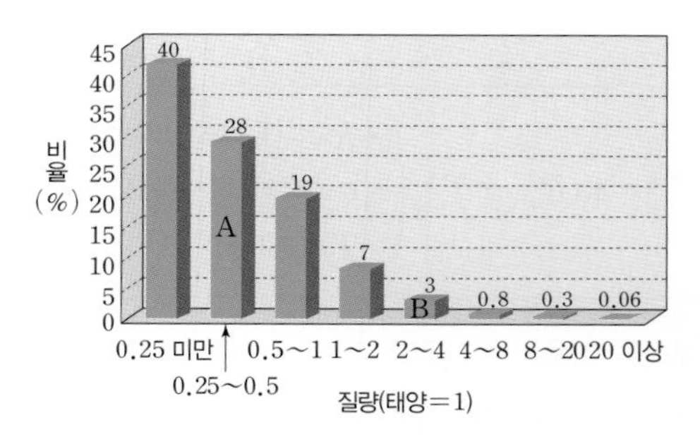

이에 대한 설명으로 옳은 것만을 〈보기〉에서 있는 대로 고른 것은?

보기
ㄱ. A보다 B의 광도가 작다.
ㄴ. A보다 B의 표면 온도가 높다.
ㄷ. 질량이 클수록 주계열성의 비율이 작은 것은 질량이 클수록 수명이 짧기 때문이다.

① ㄱ ② ㄴ ③ ㄱ, ㄷ
④ ㄴ, ㄷ ⑤ ㄱ, ㄴ, ㄷ

신유형·수능 열기

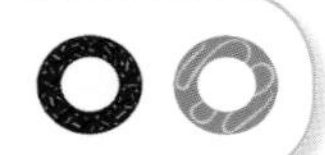

정답과 해설 75쪽

[8589-0411]

01 그림은 표면 온도가 다른 별의 파장에 따른 복사 에너지 세기를 나타낸 것이다.

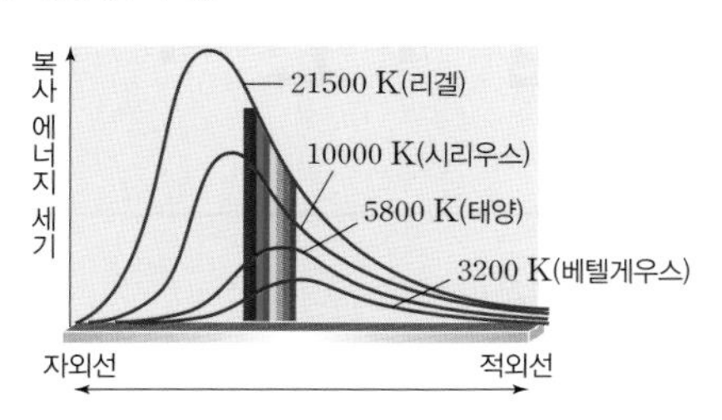

이에 대한 설명으로 옳은 것만을 ⟨보기⟩에서 있는 대로 고른 것은?

> 보기
> ㄱ. 표면 온도가 높은 별일수록 모든 파장대에서 방출하는 복사 에너지 강도가 크다.
> ㄴ. 리겔은 가시광선 중 푸른색에서 가장 많은 에너지를 방출한다.
> ㄷ. 복사 에너지 세기가 최대인 파장이 짧을수록 별의 표면 온도가 낮다.

① ㄱ ② ㄷ ③ ㄱ, ㄴ ④ ㄴ, ㄷ ⑤ ㄱ, ㄴ, ㄷ

[8589-0412]

02 그림 (가)는 주계열성의 질량-광도 관계를, (나)는 H-R도에서 주계열성을 나타낸 것이다.

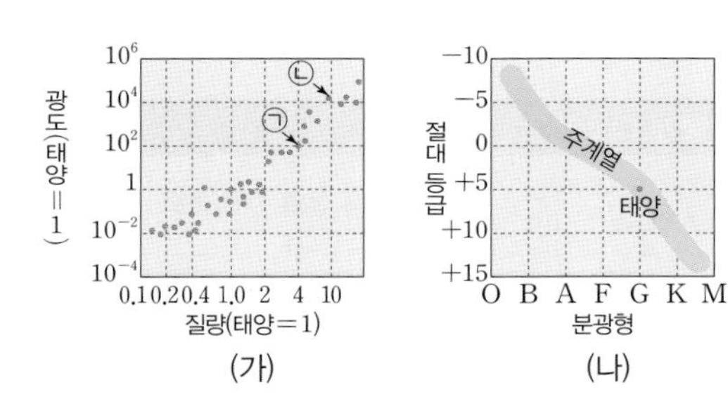

별 ㉠, ㉡과 태양에 대한 설명으로 옳은 것만을 ⟨보기⟩에서 있는 대로 고른 것은?

> 보기
> ㄱ. 별 ㉠의 분광형은 A형이다.
> ㄴ. 별 ㉡의 절대 등급은 −5등급이다.
> ㄷ. 별의 수명은 태양이 가장 길다.

① ㄱ ② ㄴ ③ ㄱ, ㄷ ④ ㄴ, ㄷ ⑤ ㄱ, ㄴ, ㄷ

[8589-0413]

03 그림 (가)는 H-R도에 여러 별들을 표시한 것이고, (나)는 분광형에 따른 흡수선의 상대적 세기를 나타낸 것이다.

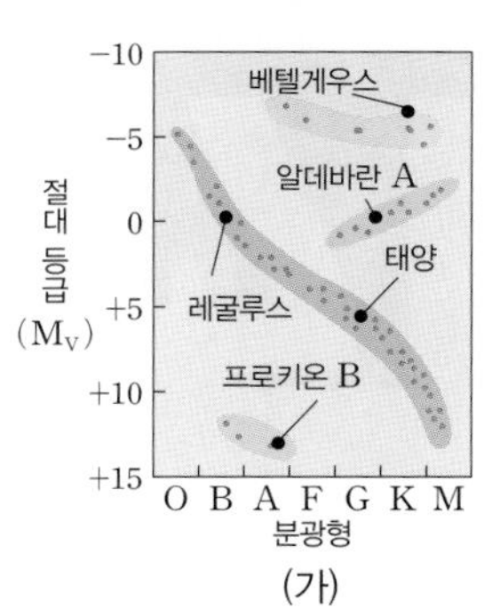

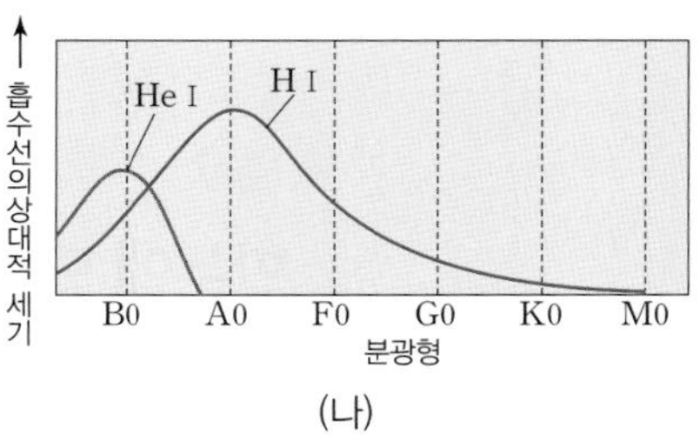

이에 대한 설명으로 옳은 것만을 ⟨보기⟩에서 있는 대로 고른 것은?

> 보기
> ㄱ. 레굴루스에는 중성 헬륨과 중성 수소의 흡수선이 나타난다.
> ㄴ. 프로키온 B에서는 중성 헬륨의 흡수선보다 중성 수소의 흡수선이 더 강하게 나타난다.
> ㄷ. 중성 헬륨의 흡수선이 태양, 알데바란A, 베텔게우스에서는 나타나지 않는다.

① ㄱ ② ㄴ ③ ㄱ, ㄷ ④ ㄴ, ㄷ ⑤ ㄱ, ㄴ, ㄷ

[8589-0414]

04 그림은 항성 목록에 있는 주요 별들의 물리량 A와 절대 등급을 나타낸 H-R도이다.
이에 대한 설명으로 옳은 것만을 ⟨보기⟩에서 있는 대로 고른 것은?

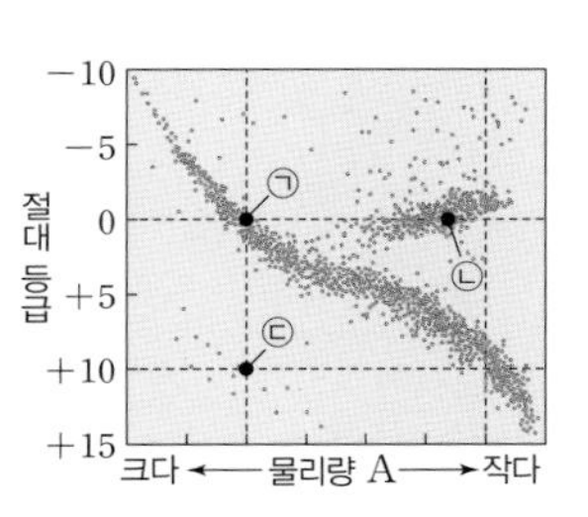

> 보기
> ㄱ. 물리량 A는 표면 온도이다.
> ㄴ. ㉡은 ㉠보다 반지름이 크다.
> ㄷ. 평균 밀도는 ㉢이 가장 크다.

① ㄱ ② ㄴ ③ ㄱ, ㄷ ④ ㄴ, ㄷ ⑤ ㄱ, ㄴ, ㄷ

14 별의 에너지원과 별의 진화

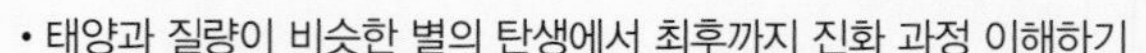

- 태양과 질량이 비슷한 별의 탄생에서 최후까지 진화 과정 이해하기
- 별의 질량에 따라 별의 진화 과정과 최후가 달라짐을 이해하기
- 별의 에너지원과 주계열성의 에너지 생성 과정 이해하기
- 정역학 평형 상태인 별의 내부 구조를 별의 질량에 따른 에너지 전달 방식과 관련지어 이해하기

한눈에 단원 파악, 이것이 핵심!

별이 밝게 빛날 수 있는 에너지원은 무엇일까?

원시별의 에너지원	주계열성의 에너지원
중력 수축 에너지 : 저온 · 고밀도의 성운이 중력에 의해 수축할 때 방출되는 에너지	수소 핵융합 에너지 : 수소 원자핵 4개가 헬륨 원자핵 1개로 융합될 때 방출되는 에너지
$\Delta E=\frac{1}{2}\frac{GM^2}{R}$ (ΔE : 중력 수축에 의해 전환된 에너지양, G : 만유인력 상수, M : 별의 질량, R : 별의 반지름)	수소 원자핵 4개 (H H H H), 질량 합 : 4.0312u → 에너지 발생 $E=\Delta mc^2$ → 헬륨 원자핵 1개 (He), 질량 : 4.0026u

별은 질량에 따라 내부 구조와 최후가 어떻게 다를까?

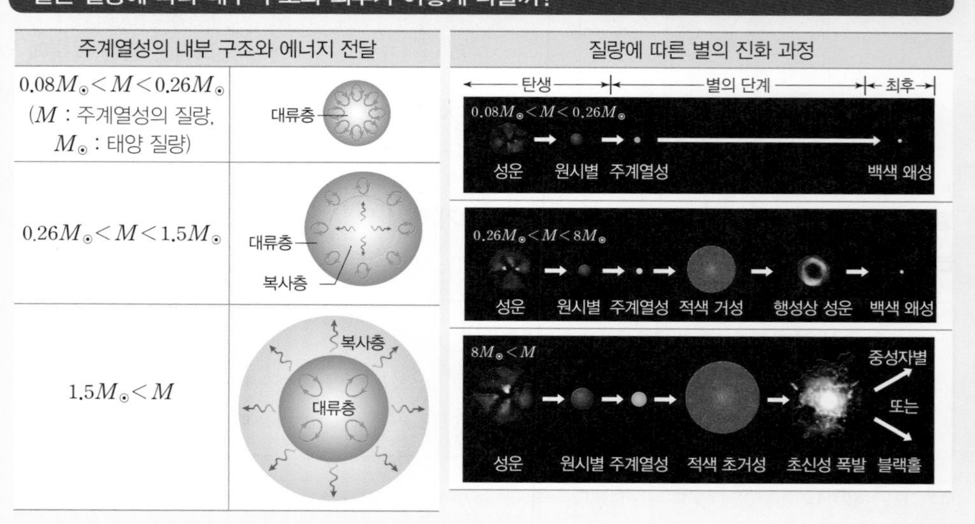

01 별의 에너지원

1 원시별의 에너지원—중력 수축 에너지

(1) 중력 수축 : 우주 공간에 있는 저온의 성운을 이루는 물질들은 중력에 의해 서로 끌어당기며 수축하는데, 이를 중력 수축이라고 한다.

(2) 중력 수축 에너지 : 중력 수축 시 복사 에너지로 전환되어 방출되는 에너지

질량을 가진 성운 ➡ 중력에 의한 수축 ➡ 위치 에너지 감소 ➡ 운동 에너지와 복사 에너지로 전환 ➡ • 운동 에너지 → 별의 내부가 뜨거워짐. • 복사 에너지 → 별이 밝게 빛나기 시작

(초기 성운의 반지름 R_0 → 중력 수축 후 별의 반지름 R)

➡ 중력 수축에 의해 복사 에너지로 전환된 에너지양(ΔE)

$\Delta E=\frac{1}{2}GM^2\left(\frac{1}{R}-\frac{1}{R_0}\right)$($G$: 만유인력 상수, M : 별의 질량)

➡ $R_0 \gg R$인 경우

$\Delta E=\frac{1}{2}\frac{GM^2}{R}$

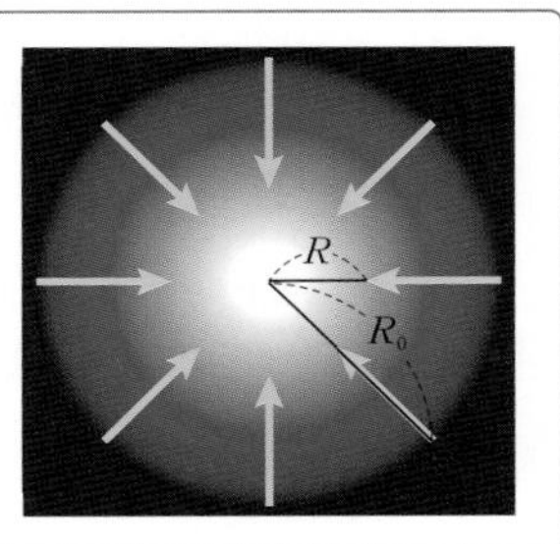

(3) 중력 수축 에너지의 역할

① 일부는 성운 내부의 온도를 상승시킴으로써 별의 내부가 뜨거워진다.

② 일부는 복사 에너지로 방출됨으로써 별이 빛나기 시작한다.

2 주계열성의 에너지원 – 핵융합 에너지

(1) 중력 수축 에너지와 ❶태양의 광도 : 중력 수축 에너지로는 태양의 광도와 나이를 동시에 설명할 수 없다. ➡ 태양의 에너지원을 다른 에너지원으로 설명해야 한다.

(2) 질량—에너지 등가 원리 : 질량도 에너지의 한 형태이며 에너지로 전환 가능하다는 원리로, 아인슈타인이 상대성 이론을 전개하면서 질량—에너지 등가 원리를 제시하였다.

$$E=\Delta mc^2(E : \text{에너지}, \Delta m : \text{감소한 질량}, c : \text{광속})$$

(3) 수소 핵융합 에너지 : 4개의 수소 원자핵이 융합하여 1개의 헬륨 원자핵을 만들 때 생기는 ❷질량 차이가 에너지로 전환된다. ➡ $4\,^1\text{H} \rightarrow {}^4\text{He}$

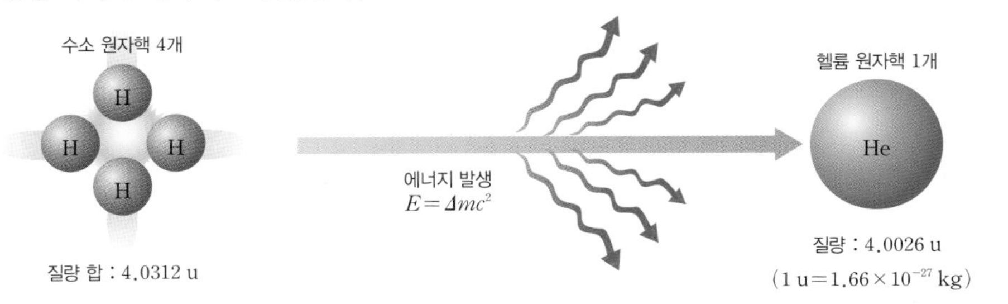

THE 알기

❶ 태양의 중력 수축 에너지

- 질량 $M_\odot=2\times10^{30}$ kg
- 반지름 $R_\odot=7\times10^8$ m
- 태양이 중력 수축으로 우주로 방출할 수 있는 총 에너지양
  $\Delta E=\frac{1}{2}\frac{GM_\odot^2}{R_\odot}\approx1.9\times10^{41}$ J
- 태양의 광도(L) $=4\times10^{26}$ J/s
- 중력 수축 에너지로 태양의 광도를 유지할 수 있는 시간(t)
  $t=\frac{\Delta E}{L}=\frac{1.9\times10^{41}\text{ J}}{4\times10^{26}\text{ J/s}}$ $\approx$1600만 년
- 태양의 나이는 현재 약 50억 년으로 추정됨

➡ 중력 수축 에너지만으로는 현재까지 태양의 광도를 유지할 수 없으므로 태양의 에너지원은 중력 수축 에너지가 아닌 다른 에너지로 설명해야 한다.

❷ 수소 핵융합 반응에서의 질량 결손율

- 수소 원자핵 4개의 질량 : $4\times1.6864\times10^{-27}$(kg) $=6.7456\times10^{-27}$(kg)
- 헬륨 원자핵 1개의 질량 : $=6.6954\times10^{-27}$(kg)
- 반응에 참여한 수소의 질량 결손률$\left(\frac{\Delta m_H}{m_H}\right)$
  $=\frac{(6.7456-6.6954)\times10^{-27}}{6.7456\times10^{-27}}$ ≈0.0074

➡ ∴ 수소 핵융합 반응에 소요된 수소 전체 질량의 약 0.7 %만큼의 질량 결손이 생기며, 질량 결손에 비례하여 에너지가 생성된다.

THE 알기

태양의 광도와 태양의 질량 결손
수소 핵융합에 소요된 전체 질량의 0.7 %만큼 질량 결손이 생기므로, 수소 1 kg이 핵융합할 때 방출되는 에너지양(E)은 다음과 같다.

$E = \Delta mc^2$
$= 1 \times 0.007 \times (3 \times 10^8)^2$
$= 6.3 \times 10^{14}$ J/kg

매초 당 태양이 방출하는 에너지인 광도(L)는 4×10^{26} J/s이므로,

$\frac{4 \times 10^{26} \text{ J/s}}{6.3 \times 10^{14} \text{ J/kg}} \fallingdotseq 6.1 \times 10^{11}$ kg/s이다.

즉, 매초 태양 중심핵에서 약 6억 톤의 수소가 핵융합을 통해 헬륨으로 전환되고 있다.

① 주계열성의 에너지원이다.
② 수소 핵융합 에너지는 중심부의 온도가 1000만 K 이상에서 일어나는 핵융합 반응
③ 별 중심부의 온도에 따라 다른 과정[양성자－양성자 연쇄 반응(p－p 연쇄 반응)과 탄소－질소－산소 순환 반응(CNO 순환 반응)]으로 나타난다.

(4) 수소 핵융합 반응의 종류

① ❶양성자－양성자 연쇄 반응(p－p 연쇄 반응)
- 수소 원자핵 즉, 양성자 4개가 융합하여 헬륨 원자핵 1개를 만드는 반응
- 중심부의 온도가 1000만~1800만 K이고, 질량이 태양의 1.5배보다 작은 주계열성에서 주로 일어나는 수소 핵융합 반응

② 탄소－질소－산소 순환 반응(CNO 순환 반응)
- 탄소 원자핵과 수소 원자핵의 충돌로 시작되어 질소 원자핵과 산소 원자핵을 거쳐 최종적으로 헬륨 원자핵이 생성되는 반응
- 중심핵의 온도가 1800만 K보다 높고, 질량이 태양의 1.5배보다 큰 주계열성에서 우세하게 일어나는 수소 핵융합 반응
- 탄소 원자핵은 수소 원자핵(양성자) 4개가 융합하여 헬륨 원자핵 1개가 만들어지는 데 촉매 역할을 한다.

❶ p－p 연쇄 반응과 태양의 수명
(1) $^1H + ^1H \Rightarrow ^2H + e^+ + \nu$
$^1H + ^1H + e^- \Rightarrow ^2H + \nu$
(2) $^2H + ^1H \Rightarrow ^3He + \gamma$
(3) $^3He + ^3He \Rightarrow ^4He + 2^1H$

헬륨 원자핵 1개가 만들어지기 위해서는 (1)번 반응이 두 번씩 일어나야 한다.
그러나 태양 중심의 밀도와 온도 상황에서 (1)번 반응이 일어나는 데 평균 100억 년이나 걸린다. (1)번 반응이 이렇게 느리게 일어나기 때문에 태양이 지금까지 오랫동안 빛날 수 있었던 것이다. 만약 (1)번 반응이 빠르게 진행된다면 태양은 수소 핵융합 반응을 끝내고 이미 어두워지고 식어버렸을 것이다.

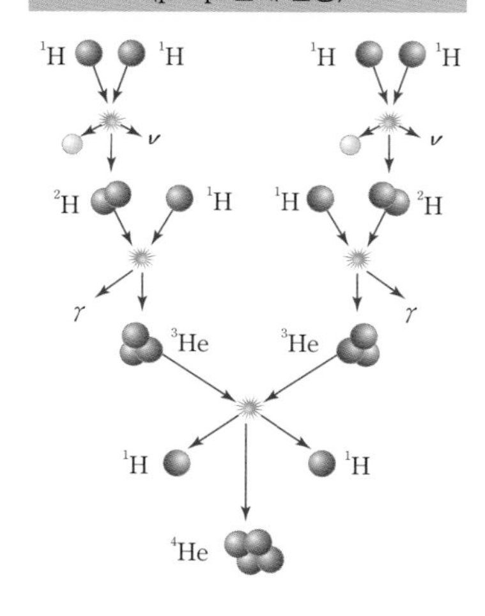

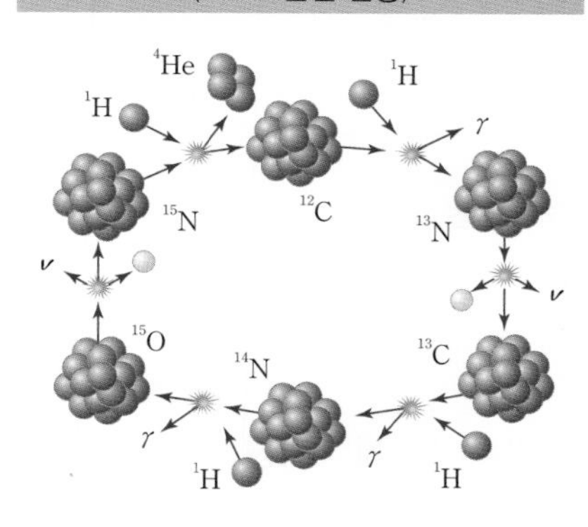

THE 들여다보기 **p－p 연쇄 반응과 CNO 순환 반응**

- 별의 중심부에서 수소 핵융합이 일어나는 방식은 p－p 연쇄 반응과 CNO 순환 반응이 있다.
- 중심부의 온도가 1800만 K일 때 p－p 연쇄 반응과 CNO 순환 반응에서의 에너지 생성률은 동일하다.
- 중심부의 온도가 1800만 K 미만에서는 p－p 연쇄 반응이, 1800만 K를 초과할 때는 CNO 순환 반응이 에너지 생성에 더 효율적이다.
- CNO 순환 반응이 p－p 연쇄 반응보다 더 높은 온도에서 효율적인 이유는 양성자와 헬륨핵에 비해 탄소와 질소 원자핵의 쿨롱 장벽이 더 높기 때문이다.
- 중심부의 온도가 1800만 K인 별의 질량은 대략 태양 질량의 1.5배이다. 별의 질량이 클수록 별의 중심부 온도가 높으므로 별의 질량이 태양의 1.5배보다 큰 별들에서는 CNO 순환 반응이 우세하다.
- 별의 질량이 크더라도 별의 중심부에 촉매 역할을 할 수 있는 탄소가 없다면 CNO 순환 반응이 일어날 수 없다.

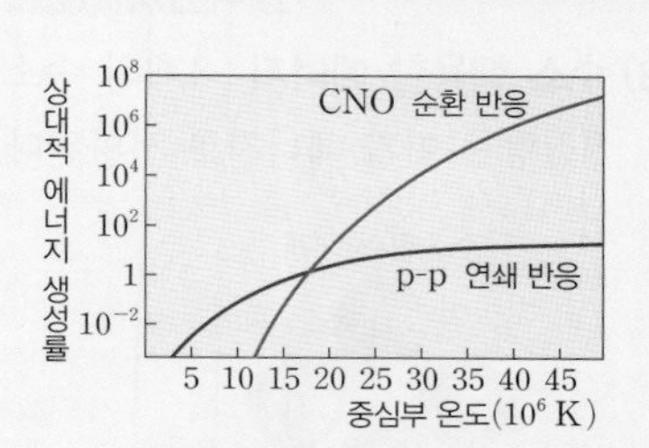

중심부 온도에 따른 상대적 에너지 생성률

3 주계열 단계 이후의 핵융합

THE 알기

(1) 헬륨 핵융합 반응 (3α 반응)

① 헬륨 원자핵(α 입자) 3개가 융합하여 1개의 탄소 원자핵을 만드는 핵융합 반응

② 별의 중심부에서 수소가 모두 소진되어 수소 핵융합 반응이 끝난 이후에 일어나는 반응

③ 중심부에서 수소 핵융합이 멈추면 중심핵이 다시 중력 수축함으로써 중심부 온도가 상승하여 중심부 온도가 1억 K 이상이 될 때 일어나는 핵반응

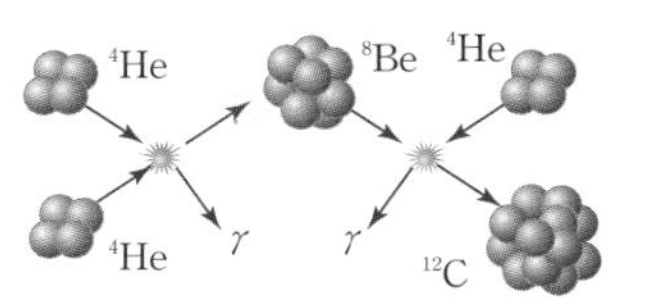

헬륨 핵융합 반응

④ 태양과 질량이 비슷한 별의 중심에서 최종적으로 일어날 수 있는 핵융합 반응

(2) 탄소 핵융합 반응

① 중심부에서 헬륨 핵융합 반응이 멈추면 중심핵이 다시 중력 수축함으로써 중심부의 온도가 상승하여 약 8억 K 이상이 되면 일어나는 핵반응

② 핵융합 산물은 산소, 네온, 나트륨, 마그네슘 등

③ 별의 질량이 최소 태양의 1.4배 이상인 별의 중심에서 일어날 수 있는 반응

(3) 별의 핵융합 에너지 생성 단계

과정	연료	주요 생성물	반응 온도(K)
수소 연소	수소	헬륨	$1 \sim 3 \times 10^7$
헬륨 연소	헬륨	탄소	2×10^8
탄소 연소	탄소	산소, 네온, 나트륨, 마그네슘	8×10^8
네온 연소	네온	산소, 마그네슘	1.5×10^9
산소 연소	산소	마그네슘에서 황까지	2×10^9
규소 연소	마그네슘 ~ 황	철	3×10^9

(4) 주요 핵융합 반응 순서 : ❶질량이 큰 별일수록 중력 수축에 의해 중심부의 온도가 더 높아지므로 헬륨 이후에 더 무거운 원소들의 핵융합 반응이 일어날 수 있다.

$$\mathrm{H \rightarrow He \rightarrow C \rightarrow Ne \rightarrow O \rightarrow Si}$$

❶ 별의 질량과 핵융합

별의 중심에서 핵융합 반응으로 원소들이 만들어질 수 있는 한계 질량은 $0.08\,M_\odot \sim 150\,M_\odot$이다.

- 별의 질량이 $0.08\,M_\odot$보다 작은 경우는 중력 수축으로 중심부의 온도가 1000만 K에 이르지 못하여 핵융합 반응이 일어나지 못한다.
- 질량이 $150\,M_\odot$보다 큰 경우는 한꺼번에 폭발적으로 에너지가 발생하여 별이 안정적으로 존재할 수 없다.
- 질량이 큰 별일수록 중력 수축에 의해 중심부가 더 높은 온도까지 상승할 수 있으므로 원자량이 큰 원자들의 핵융합 반응이 일어날 수 있다.

THE 들여다보기 핵융합과 핵분열

- 가벼운 원자핵이 서로 뭉쳐서 보다 무거운 원자핵이 형성되는 것을 핵융합이라 하며, 무거운 원자핵이 깨져서 보다 가벼운 원자핵이 형성되는 것을 핵분열이라고 한다.
- 원자핵을 구성하는 핵자들을 각각 분리하는 데 필요한 에너지를 핵자 간 결합 에너지라고 하며, 이러한 핵자 간 결합 에너지가 클수록 핵자들이 결합하면서 질량 결손에 의해 방출하는 에너지가 크다는 뜻이다.
- 핵자 간 결합 에너지가 최대인 원소는 철이므로 철의 핵자가 가장 안정한 형태이다.
- 철 이전의 원자들은 핵융합을 할 때 에너지를 방출하지만, 철보다 원자량이 큰 핵들은 핵융합을 하려면 에너지를 흡수해야 하므로 자연적으로 핵융합이 발생할 수 없다. 반면, 철보다 무거운 핵은 분열할 때 에너지를 방출한다. 핵분열은 자연 방사능 물질에서 일어나고 있으며 원자력 발전의 에너지원이기도 한다.
- 별의 중심에서 핵융합을 통해 만들어질 수 있는 가장 무거운 원소는 철이다.

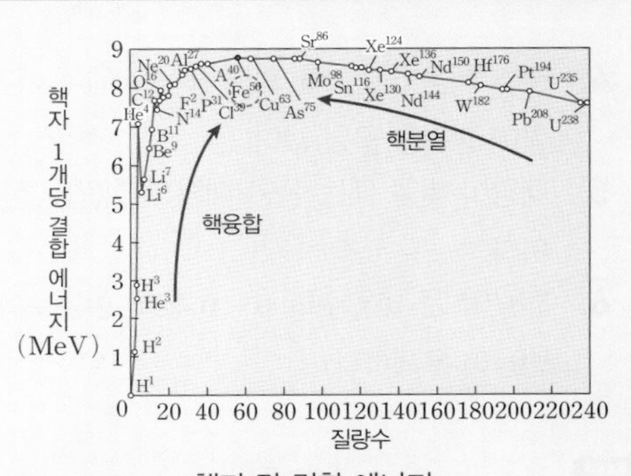

핵자 간 결합 에너지

개념체크

빈칸 완성

1. 원시별의 에너지원은 (   ) 에너지이다.
2. 주계열성의 에너지원은 (   ) 반응에 의해 발생하는 에너지이다.
3. 성운이 중력 수축할 때 ① (   ) 에너지가 ② (   ) 에너지로 전환되어 별의 내부 온도가 상승한다.
4. 주계열성의 에너지원은 ① (   ) 원자핵 ② (   )개가 핵융합하여 ③ (   ) 원자핵 ④ (   )개가 형성될 때 질량이 감소한 만큼 방출되는 에너지이다.
5. 아인슈타인의 (   ) 원리는 결손된 질량이 에너지로 전환된다는 원리이다.
6. 수소 핵융합 반응이 일어나기 위해서 별의 중심부 온도가 최소 (   ) K 이상이 되어야 한다.
7. 수소 원자핵 4개가 융합하여 헬륨 원자핵 1개가 생성될 때, 결손된 질량은 반응에 참여한 수소 원자핵 질량의 약 (   ) %이다.
8. 수소 핵융합 반응 중 별의 질량이 태양 질량의 1.5배 미만인 별의 중심에서는 ① (   ) 반응이 우세하고, 별의 질량이 태양 질량의 1.5배 초과인 별의 중심에서는 ② (   ) 반응이 우세하다.
9. 수소 핵융합 반응이 종료되고 중력 수축에 의해 중심부의 온도가 ① (   ) K에 이르면 ② (   ) 핵융합 반응이 일어난다.
10. 태양 정도의 질량을 가진 별이 중심부에서 핵융합을 통해 만들 수 있는 최종 원소는 (   )이다.

정답 1. 중력 수축 2. 수소 핵융합 3. ① 위치 ② 열 4. ① 수소 ② 4 ③ 헬륨 ④ 1 5. 질량 − 에너지 등가 6. 1000만 7. 0.7 8. ① p−p 연쇄 ② CNO 순환 9. ① 1억 ② 헬륨 10. 탄소

○X 문제

다음 설명 중 옳은 것은 ○, 옳지 않은 것은 ×로 표시 하시오.

1. 태양의 주된 에너지원은 중력 수축에 의한 에너지이다. (   )
2. 성운이 중력 수축할 때 기체의 위치 에너지가 감소한다. (   )
3. 수소 핵융합 반응이 일어날 때 반응에 참여한 수소 원자핵의 총 질량과 생성된 헬륨 원자핵의 질량은 같다. (   )
4. 수소 핵융합 반응에 의해 생성된 에너지양은 질량 결손량에 광속을 곱한 값이다. (   )
5. 태양이 빛을 내는 동안 태양의 질량은 점차 감소할 것이다. (   )
6. 질량이 큰 별일수록 p−p 연쇄 반응보다 CNO 순환 반응이 우세하다. (   )

둘 중에 고르기

7. 밀도가 ① (큰, 작은), ② (저온, 고온)의 성운이 원시별이 될 때의 에너지원은 ③ (중력 수축 에너지, 수소 핵융합 에너지)이고, 주계열성의 에너지원은 ④ (중력 수축 에너지, 수소 핵융합 에너지)이다.
8. 수소 원자핵이 융합하여 ① (헬륨, 탄소) 원자핵이 생성될 때, 반응에 참여한 수소 원자핵의 총 질량은 생성된 헬륨 원자핵의 질량보다 ② (작고, 크고), 생성된 에너지양은 ③ (감소, 증가)한 질량에 광속의 ④ (제곱, 네제곱)을 곱한 만큼이다.
9. 수소 핵융합 반응은 별의 중심부 온도가 ① (1000만 K, 1800만 K) 이상일 때 일어날 수 있으며, 별의 질량이 태양 질량의 1.5배보다 커서 중심부 온도가 ② (1000만 K, 1800만 K)보다 높을 때 ③ (p−p 연쇄 반응, CNO 순환 반응)이 우세해진다.

정답 1. × 2. ○ 3. × 4. × 5. ○ 6. ○ 7. ① 큰 ② 저온 ③ 중력 수축 에너지 ④ 수소 핵융합 에너지 8. ① 헬륨 ② 크고 ③ 감소 ④ 제곱 9. ① 1000만 K ② 1800만 K ③ CNO 순환 반응

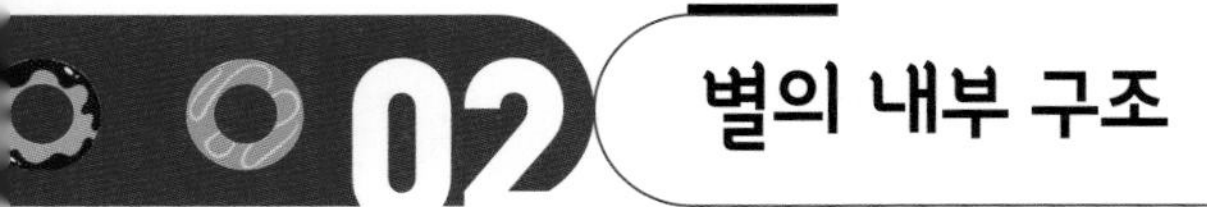

02 별의 내부 구조

1 별의 내부 구조

(1) 별의 중심핵 구조 : 질량이 큰 별일수록 중력이 커서 별 내부 온도가 높기 때문에 중심핵에서 원자량이 큰 원자들의 핵융합 반응이 일어날 수 있으므로 중심에 더 무거운 원소가 생성된다.

(2) 양파 껍질 구조 : 별의 질량이 태양 질량의 8배가 넘는 경우 중심부에서는 수소 핵융합 반응 이후에 헬륨, 탄소, 네온, 산소, 규소의 핵융합 반응이 순차적으로 일어나며 최종적으로 철의 핵을 생성하고 핵융합 반응을 마친다.

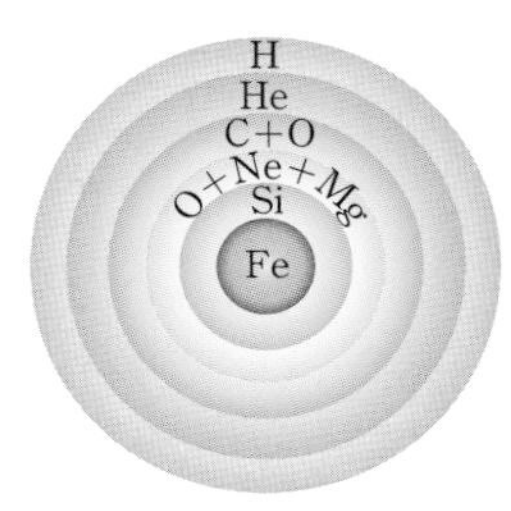

양파 껍질 구조

2 에너지 전달 방식

(1) 온도 경사와 불투명도에 따른 에너지 전달 방식 : ❶별 내부의 온도 경사가 크고 물질의 ❷불투명도가 큰 경우에는 대류의 방식으로 에너지가 전달되고, 온도 경사가 작고 물질의 불투명도가 작은 경우에는 복사의 형태로 에너지가 전달된다.

(2) 질량에 따른 주계열성의 내부 구조와 에너지 전달 방식

$0.08M_⊙ < M < 0.26M_⊙$인 경우 (M : 별의 질량, $M_⊙$: 태양의 질량)

- 별의 온도가 낮고 기체의 밀도가 비교적 높아 불투명도가 크다.
  ➡ 별 내부 전체가 대류 운동을 한다.
- 대류에 의해 별 내부의 화학 조성이 균일하다.

대류층

$0.26M_⊙ < M < 1.5M_⊙$인 경우

- 주로 p−p 연쇄 반응으로 에너지를 생성한다.
- 중심부 : 중심핵은 온도가 높고 불투명도가 낮다.
  ➡ 복사로 에너지를 전달한다.
- 외곽층 : 외곽층은 온도가 급격히 낮아지면서 온도 경사가 커지고 물질의 불투명도가 증가한다.
  ➡ 대류로 에너지를 전달한다.

대류층
복사층

$M > 1.5M_⊙$인 경우

- 주로 CNO 순환 반응으로 에너지를 생성한다.
- 중심부 : 질량이 큰 별의 중심부에서 일어나는 핵융합 반응인 CNO 순환 반응의 에너지 생성률은 온도 변화에 매우 민감하여 중심부에서 바깥으로 갈수록 온도 경사가 매우 크다.
  ➡ 대류로 에너지를 전달한다.
- 외곽층 : 외곽층도 비교적 온도가 높고 기체의 밀도가 낮으며 불투명도가 낮다.
  ➡ 복사로 에너지를 전달한다.

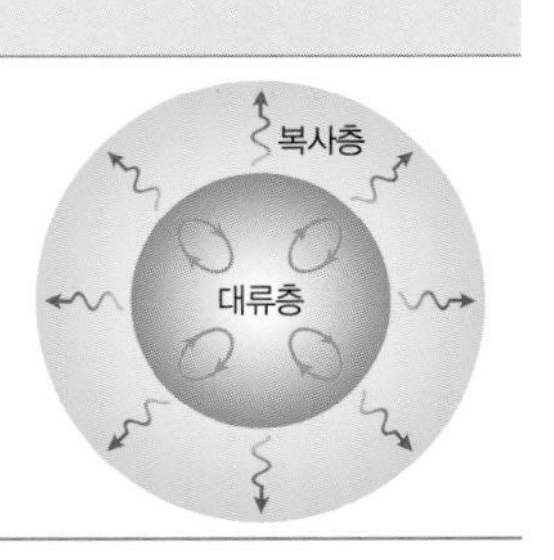

THE 알기

❶ 별 내부의 온도 경사
중심으로부터 거리에 따라 온도가 어떻게 변하는가를 나타내는 것으로, 별의 중심부에서 에너지가 생성되므로 온도 경사 $\frac{dT}{dr}$는 음수이다. 만약 복사 평형이 이루어지고 있다면 온도 경사는 0이고, 복사에 의해 에너지가 제대로 전달되지 않는다면 온도 경사는 점점 커지게 되며, 온도 경사가 커지면 물질이 직접 움직여서 에너지를 전달하는 대류 현상이 일어나기 시작한다.

❷ 별 내부의 불투명도
복사가 그 기체를 통과하기가 얼마나 어려운가를 나타내는 척도이다. 대기의 불투명도는 기체의 온도, 밀도, 화학 조성에 의해 결정된다. 온도가 낮아 기체의 밀도가 클수록 불투명도가 커진다. 불투명도가 클수록 별 내부에서는 복사보다 대류에 의해 에너지가 전달된다.

THE 들여다보기 철보다 무거운 원소의 생성

철보다 원자 번호가 큰 원소일수록 핵자 간 결합 에너지는 감소한다. 따라서 철보다 무거운 원소의 원자핵이 만들어지기 위해서는 에너지를 흡수해야 한다. 자연적인 상태에서 철보다 무거운 원소가 생성되기 어렵다. 그러나 초신성 폭발 시 나오는 고에너지 중성자들은 전하를 띠지 않으므로 상대적으로 쉽게 원자핵을 뚫고 들어가 원자핵과 융합하여 철보다 무거운 원자핵을 형성할 수 있다. 따라서 우주에 존재하는 철보다 무거운 원소들은 초신성 폭발 시 형성된 것이라 할 수 있다.

개념체크

빈칸 완성

1. 태양의 중심부는 ① (   )의 방식으로 에너지가 전달되고, 외곽층은 ② (   )의 방식으로 에너지가 전달된다.

2. 별의 중심부에서 핵융합 반응으로 만들어질 수 있는 원소 중 원자량이 가장 큰 원소는 (   )이다.

3. 수소 핵융합 반응이 일어날 수 있는 주계열성이 되기 위한 최소 질량은 태양 질량의 약 (   )배이다.

4. 별의 중심부 온도 경사가 클수록 (   ) 방식으로 에너지가 전달된다.

5. 별 중심부의 불투명도가 낮고 온도 경사가 낮을 때 별의 내부에서 에너지는 주로 (   )의 방식으로 전달된다.

6. 별의 질량이 태양 질량의 ① (   )배 이하인 별의 내부는 모두 ② (   )의 방식으로만 에너지가 전달되어 별의 화학 조성이 균일하다.

7. 별의 질량이 태양 질량의 1.5배보다 큰 별의 내부에서 일어나는 수소 핵융합 반응은 ① (   ) 반응이 우세하며, 중심부는 ② (   )의 방식으로 에너지가 전달되고 외곽층은 ③ (   )의 방식으로 에너지가 전달된다.

정답 **1.** ① 복사 ② 대류 **2.** 철 **3.** 0.08 **4.** 대류 **5.** 복사 **6.** ① 0.26 ② 대류 **7.** ① CNO 순환 ② 대류 ③ 복사

○X 문제

다음 설명 중 옳은 것은 ○, 옳지 않은 것은 ×로 표시 하시오.

1. 별의 질량이 클수록 별의 중심에서 만들어질 수 있는 원소의 원자량이 크다. (   )

2. 태양의 중심부는 핵융합 반응으로 최종적으로 헬륨핵이 생성된다. (   )

3. 별은 물질의 밀도가 매우 낮으므로 전도를 통한 에너지 전달이 잘 일어난다. (   )

4. 온도 경사가 클수록 별의 내부에서는 복사의 방식으로 에너지가 전달된다. (   )

5. 별의 온도가 낮으면 기체의 밀도가 비교적 높아 불투명도가 작다. (   )

6. 태양의 중심부는 대류의 방식으로, 외곽층은 복사의 방식으로 에너지가 전달된다. (   )

둘 중에 고르기

7. 모든 원소 중에서 철은 핵자 간 결합 에너지가 가장 (크다, 작다).

8. 질량이 큰 별일수록 중심핵에서 핵융합 반응으로 원자량이 ① (큰, 작은) 원소가 만들어지며, 별의 중심에서 핵융합으로 만들어질 수 있는 최종 원소는 ② (탄소, 철)이다.

9. 별의 내부에서 온도 경사가 ① (클, 작을)수록 대류로, 불투명도가 ② (클, 작을)수록 복사의 방식으로 에너지가 전달된다.

10. 별의 질량이 태양의 0.26배보다 작을 경우 별의 내부는 모두 (대류, 복사)의 방식으로 전달된다.

11. 별의 질량이 태양 질량의 1.5배보다 큰 별의 중심부는 ① (대류, 복사)의 방식으로 에너지가 전달되고 외곽층은 ② (대류, 복사)의 방식으로 에너지가 전달된다.

정답 **1.** ○ **2.** × **3.** × **4.** × **5.** × **6.** × **7.** 크다 **8.** ① 큰 ② 철 **9.** ① 클 ② 작을 **10.** 대류 **11.** ① 대류 ② 복사

03 별의 생성과 진화

1 별의 탄생(전주계열 단계)

❶성간 물질과 성운	• 별과 별 사이에는 가스와 티끌이 엷게 퍼져 있는데, 이를 성간 물질이라고 한다. • 온도가 낮은 지역에 성간 물질이 밀집되어 있는 것을 성운이라고 하며, 이러한 저온 · 고밀도의 암흑 성운에서 ❷별이 탄생한다.
원시별의 탄생	• 질량이 크고 온도가 낮은 성운이 회전하면서 중력 수축하면 중심부에는 구형이고 고밀도인 중심부가 만들어지기 시작하며, 고밀도의 중심핵을 이루면서 회전하기 시작하는데, 이를 원시별이라고 한다. • 회전하는 원시별은 주위 물질을 끌어당기면서 질량이 증가하는 동시에 밀도와 온도가 상승한다.
전주계열성	• 원시별이 계속 수축하여 표면 온도가 1000 K에 이르면 가시광선을 방출하기 시작하는데, 이 단계의 별을 전주계열성이라고 한다. ➡ 중력 수축으로 중심부의 온도는 계속 상승하지만 핵융합 반응이 일어날 정도에는 아직 미치지 못한다.

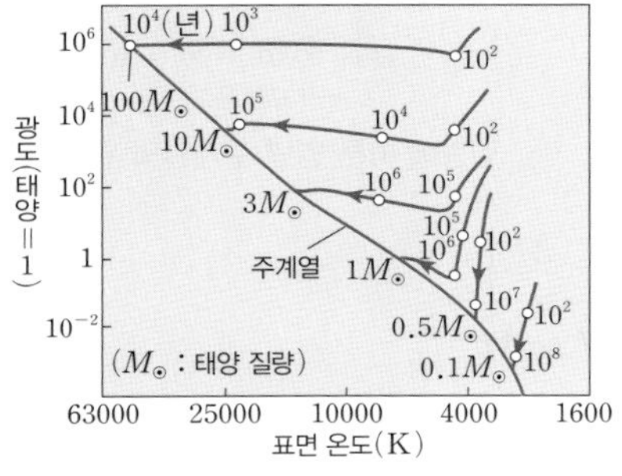

전주계열 단계의 진화 경로

• 태양보다 질량이 큰 별은 수평 방향으로 진화하여 주계열성이 되고, 질량이 작은 별은 수직 방향으로 진화하여 주계열성이 된다.
• 질량이 큰 별일수록 원시별에서 주계열성으로 진화하는 데 걸리는 시간이 짧다.
• 전주계열성 단계의 별은 계속 수축하고 있다.

THE 알기

❶ 성간 물질의 조성
성간 물질의 99 %는 기체 상태의 성간 가스이다. 성간 가스의 70 %는 수소이고 나머지는 거의 헬륨이 차지한다. 성간 티끌은 성간 물질의 1 % 정도이며 대체로 얼음이나 규산염, 흑연 등의 고체로 이루어져 있다.

❷ 저온의 성운에서 별이 탄생하는 이유
성운에서 별이 탄생하기 위해서는 성운의 물질이 중력 수축하여 중심부의 온도가 핵융합 반응이 일어날 수 있을 만큼 상승해야 한다. 별은 중력과 기체압이 평형을 이루는 정역학적 평형 상태를 유지하므로 성운의 온도가 높으면 기체압이 높아 중력 수축하기 어렵다. 따라서 저온 · 고밀도의 성운일수록 중력 수축이 일어나기 쉽다.

THE 들여다보기 성운의 종류

① 성운의 종류
• 암흑 성운 : 먼지를 포함한 성간운이 구름 같이 밀집되어 있어서 배경에서 오는 별빛을 차단하여 어둡게 보이는 성운
예 말머리 성운
• 반사 성운 : 먼지를 포함한 성간운이 관측자와 별을 연결하는 시선 방향에서 약간 옆으로 벗어나 있는 경우 성간운의 먼지들이 별빛을 산란시켜 관측자에게 산란된 빛으로 관측되는 성운 ➡ 파장보다 크기가 작은 입자들은 짧은 파장의 빛을 긴 파장의 빛보다 더 잘 산란시키므로 성운의 색깔은 푸르게 보인다. 성운의 색깔 때문에 붉은색을 나타내는 발광 성운보다 온도가 더 높은 것처럼 생각될 수 있으나 반사 성운의 실제 온도는 발광 성운보다 훨씬 낮다. 예 플레이아데스 성운
• 발광 성운 : 성간 가스의 구름이 근처의 O형 별과 B형 별들에서 방출된 자외선 복사를 받아 이온화되었다가 다시 결합하면서 스스로 빛을 내는 성운 ➡ 주로 붉은색의 수소 발머선이 방출되어 붉게 보인다. 예 장미 성운

암흑 성운(말머리 성운)

반사 성운(플레이아데스 성운)

발광 성운(장미 성운)

② 반사 성운과 발광 성운의 원리

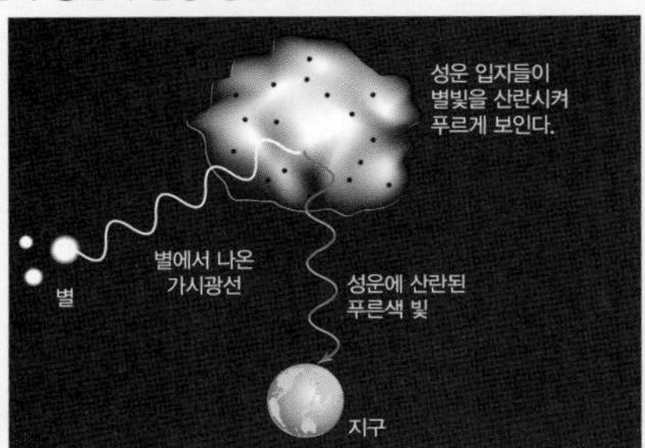

반사 성운의 원리

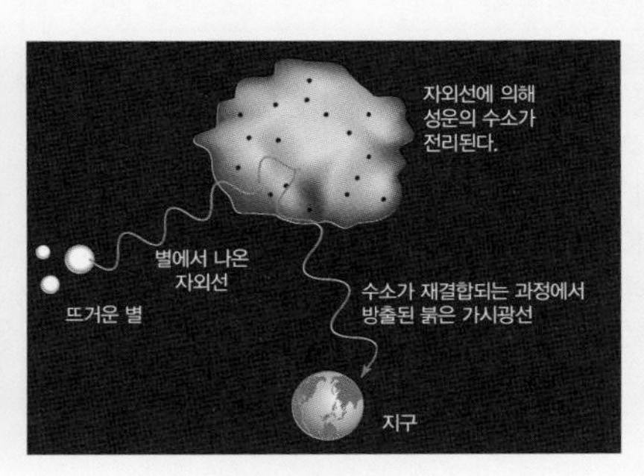

발광 성운의 원리

THE 알기

❶ **정역학적 평형**
기체 구면 A면에 있는 물질이 받는 힘은 기체의 압력 경도력(F)과 기체 자체의 중력(g)의 합력으로 결정된다. 이때 기체의 압력 경도력과 중력이 평형을 이루어 일정한 모양을 유지하고 있는 상태를 정역학적 평형 상태라고 한다.

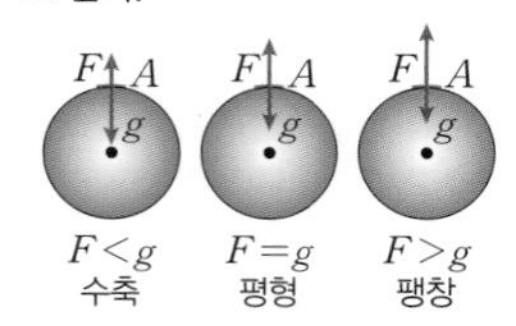

❷ **주계열성의 질량과 수명**

분광형	질량 (태양=1)	광도 (태양=1)	수명 (년)
O5	40	405000	100만
B0	16	13000	1000만
A0	3.3	80	5억
F0	1.7	6.4	27억
G0	1.1	1.4	90억
K0	0.8	0.46	140억
M0	0.4	0.08	200억

2 주계열 단계

(1) 주계열성 : 중력 수축에 의해 중심부의 온도가 약 1000만 K에 이르면 별의 중심핵에서 수소 핵융합 반응이 시작되는데, 수소 핵융합 반응으로 생산된 에너지에 의해 온도가 상승하여 정역학적 평형 상태를 이루므로 중력 수축이 멈추고 별의 반지름이 일정하게 유지된다. 이 단계의 별을 주계열성이라고 한다.

(2) 주계열성의 특징

① ❶정역학적 평형 상태 : 중력과 압력 경도력이 평형을 이뤄 반지름이 일정한 상태를 유지한다.

② 질량에 따른 영년 주계열성의 위치 : 별의 질량에 따라 새로 태어난 별(영년 주계열성)이 H−R도에서 주계열의 어느 곳에 위치하느냐가 결정된다. ➡ 질량이 큰 별일수록 H−R도 상의 왼쪽 상단에, 질량이 작은 별일수록 오른쪽 하단에 위치한다.

질량에 따른 영년 주계열의 위치

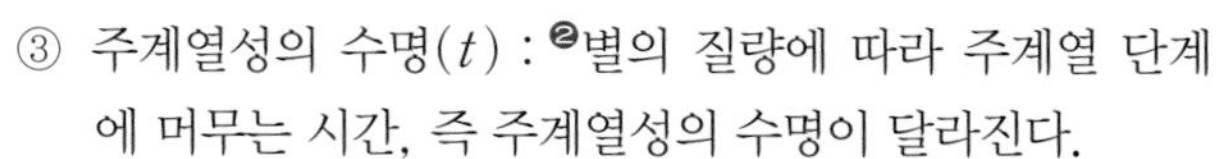
③ 주계열성의 수명(t) : ❷별의 질량에 따라 주계열 단계에 머무는 시간, 즉 주계열성의 수명이 달라진다.

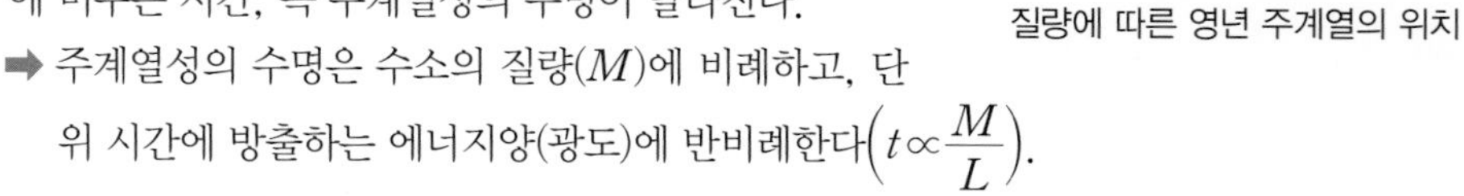
➡ 주계열성의 수명은 수소의 질량(M)에 비례하고, 단위 시간에 방출하는 에너지양(광도)에 반비례한다$\left(t \propto \frac{M}{L}\right)$.

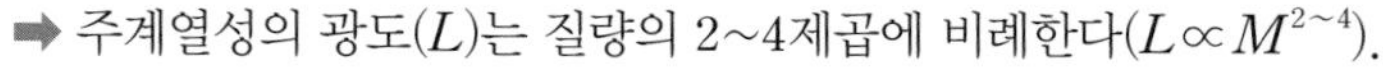
➡ 주계열성의 광도(L)는 질량의 2~4제곱에 비례한다($L \propto M^{2\sim4}$).

➡ $\therefore\ t \propto \frac{M}{L} = \frac{1}{M^{1\sim3}}$

➡ 질량이 큰 별일수록 에너지를 빨리 소모하여 주계열에 머무르는 시간(t)이 짧다.

❸ **주계열 이후의 진화**
H−R도 상에서 질량이 큰 주계열성은 수평 방향으로 진화하고, 질량이 작은 주계열성은 수직 방향으로 진화한다.

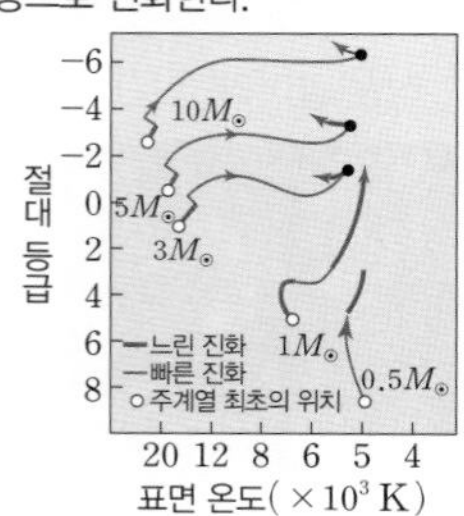

3 ❸주계열 이후의 단계

(1) 질량이 태양과 비슷한 별 : 별의 중심부에서 수소를 헬륨으로 바꾸는 핵융합 반응이 진행됨에 따라 수소핵은 헬륨핵으로 변화되어 간다. 마침내 중심부의 수소가 모두 고갈되고 헬륨핵이 남게 되면, 주계열성 상태를 벗어나게 된다.

적색 거성 단계로 진화하는 과정

① 적색 거성으로의 진화

헬륨핵 수축	➡	수소 껍질 연소	➡	외곽층 팽창	➡	적색 거성
별 중심부의 온도가 헬륨 핵융합 반응을 할 수 있을 만큼 높지 않기 때문에 압력 경도력이 중력보다 작아져 중심의 헬륨핵은 수축한다.		헬륨핵이 수축하면서 방출된 에너지가 핵 주변의 수소층으로 전달되어 핵융합 반응이 일어난다. ▶ H → He으로 변화		수소 껍질 연소로 압력 경도력이 증가하여 별의 외곽층이 급격히 팽창하면서 광도는 증가하고 표면 온도는 감소한다. ▶ ❸H−R도에서 오른쪽 위로 이동		반지름이 커서 광도는 크지만 표면 온도가 낮아져 붉게 보인다. ▶ 적색 거성

② 거성 단계 : 중심부의 중력 수축으로 온도가 1억 K에 이르게 되면 헬륨 핵융합 반응이 시작된다. 별의 외곽층에서는 수소 껍질 연소가 계속된다.

③ 거성 이후 단계 : 중심부의 헬륨핵이 모두 소모되고 탄소핵이 남게 되면 거성 단계를 벗어난다.

탄소핵 수축	헬륨 껍질 연소, 수소 껍질 연소	❶맥동 변광성	❷행성상 성운, 백색 왜성
별 중심부의 온도가 탄소 핵융합 반응을 할 수 있을 만큼 높지 않기 때문에 압력 경도력이 중력보다 작아져 중심의 탄소핵은 수축한다. ➡	탄소핵이 수축하는 동안 핵 주변의 헬륨 껍질과 수소 껍질에서 핵융합 반응이 동시에 일어난다. ▶He → C로 변화, H → He으로 변화 ➡	헬륨 껍질과 수소 껍질 연소로 별의 외곽층이 급격히 팽창한다. 이때 헬륨 껍질 연소가 불안정하여 별이 수축과 팽창을 반복하며 광도가 주기적으로 변한다. ➡	별이 팽창, 수축을 반복하는 과정에서 별의 외곽층이 우주 공간으로 흩어지면서 행성상 성운이 만들어진다. 중심의 탄소핵은 더욱 수축하여 백색 왜성이 된다.

(2) 질량이 태양보다 매우 큰 별의 주계열 이후 단계

① 질량이 매우 큰 별의 경우 중심핵에서 수소, 헬륨, 탄소, 네온, 산소 등 순차적으로 핵융합 반응이 일어난다.
➡ 양파 껍질 구조의 내부 구조

② 중심핵에서 핵융합 반응을 마치고 중력 수축하는 과정을 여러 번 거치면 별의 외곽 껍질에서의 핵융합 반응도 순차적으로 여러 번 일어난다.

③ 반지름은 적색 거성보다 훨씬 더 커지면서 광도도 더 큰 초거성이 된다.→ 주계열성 단계에 비해 거성이나 초거성으로 진화하는 단계는 매우 빠르게 진행되며, 거성이나 초거성 단계에서 머무는 기간도 주계열성 단계에 비해 매우 짧다.

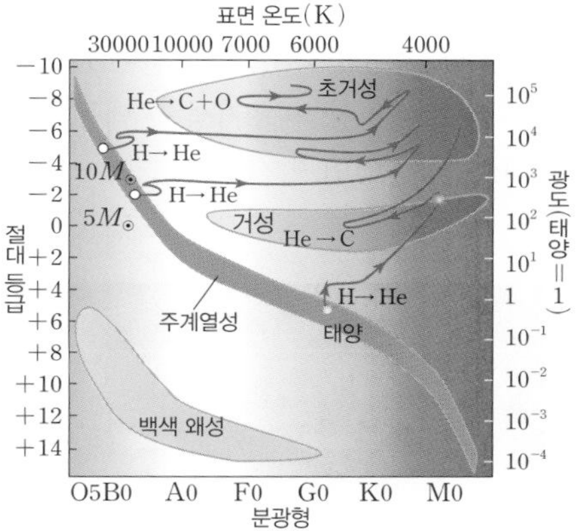

THE 알기

❶ 맥동 변광성
헬륨의 핵융합 반응(3α 과정)은 온도 변화에 매우 민감하여 별을 불안정하게 만든다.

> 별의 팽창 → 온도 감소 → 에너지 생성 감소 → 압력 경도력 < 중력 → 별의 수축 → 온도 증가 → 에너지 생성 증가 → 압력 경도력 > 중력 → 별의 팽창

이와 같은 과정으로 팽창과 수축을 반복하는 맥동 변광성이 된다.

❷ 행성상 성운
적색 거성이나 초거성 단계에서 별의 외곽 물질이 우주 공간으로 방출되어 만들어진 기체와 전리된 기체로 이루어진 성운으로, 성운의 중심에는 별의 최종 산물인 백색 왜성이 존재한다.

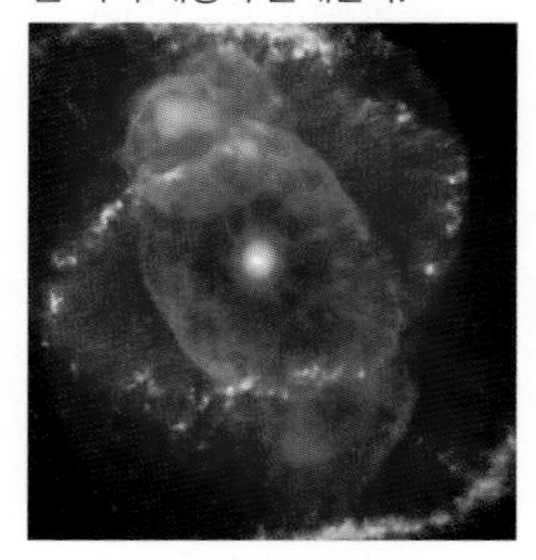

고양이눈 행성상 성운

THE 들여다보기 질량이 태양 정도인 별의 진화 : 단계별 내부 구조

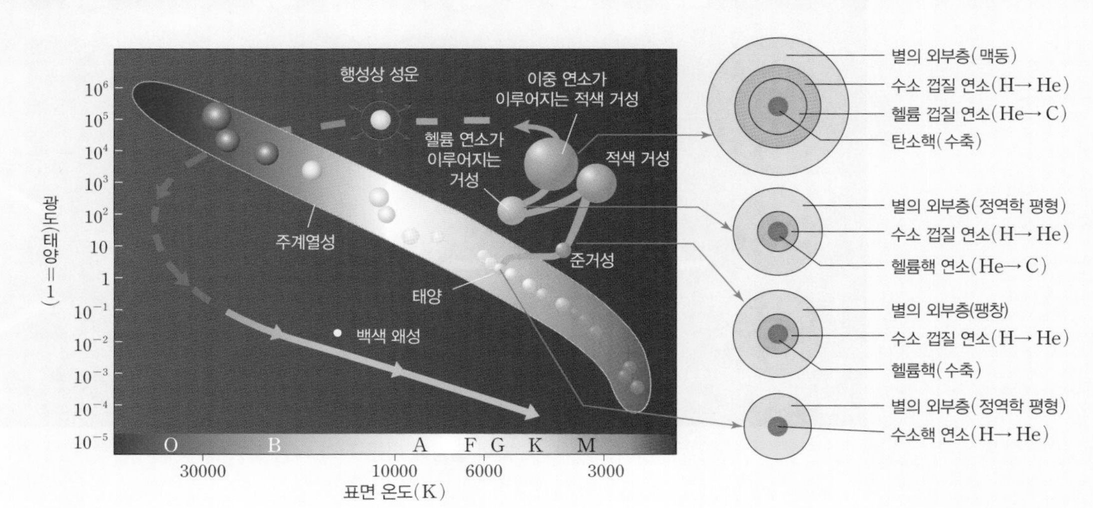

4 별의 질량(M)에 따른 최후

(1) $M < 0.08M_{\odot}$($M_{\odot}$: 태양 질량) : 별 내부의 온도가 수소 핵융합 반응을 일으키기에는 너무 낮아서 계속 수축하여 행성과 비슷한 갈색 왜성이 된다.

(2) $0.08M_{\odot} < M < 0.26M_{\odot}$: 주계열 단계에서 별 전체가 대류 상태에 있기 때문에 수소 핵융합 반응이 끝나면 별 전체가 헬륨으로 채워진 다음 수축하여 ❶백색 왜성이 된다.

(3) $0.26M_{\odot} < M < 8M_{\odot}$: 거성 단계 이후에 질량이 작은 별은 거문고자리RR형 변광성, 질량이 큰 별은 세페이드 변광성 단계를 거치며 맥동하다가 외곽층은 차츰 우주 공간으로 퍼져 나가며 행성상 성운을 만들고 중심핵은 수축하여 백색 왜성이 된다. ➡ 행성상 성운의 팽창 속도는 대체로 10~30 km/s이며 별의 전체 일생과 비교하면 하루살이에 불과한 짧은 단계이다.

(4) $M > 8M_{\odot}$: 지속적으로 핵을 연소하여 중심핵은 철로 채워지고 그 주위를 규소, 산소, 탄소, 헬륨, 수소의 순으로 여러 층이 둘러싸고 있다. 핵반응으로 더 이상 에너지를 생성해 내지 못하면 중심핵이 중력 붕괴하며 ❷초신성 폭발을 일으킨다. 그 결과 외곽층은 날아가고 중심핵은 중성자별이나 블랙홀이 된다.

① $1.4M_{\odot} < M_{핵} < 3M_{\odot}$인 별 ($M_{핵}$: 중심핵의 질량)
➡ 주계열성 → 초거성 → 맥동 변광성 → 초신성 폭발 → 중성자별

② $M_{핵} > 3M_{\odot}$인 별
➡ 주계열성 → 초거성 → 맥동 변광성 → 초신성 폭발 → 블랙홀

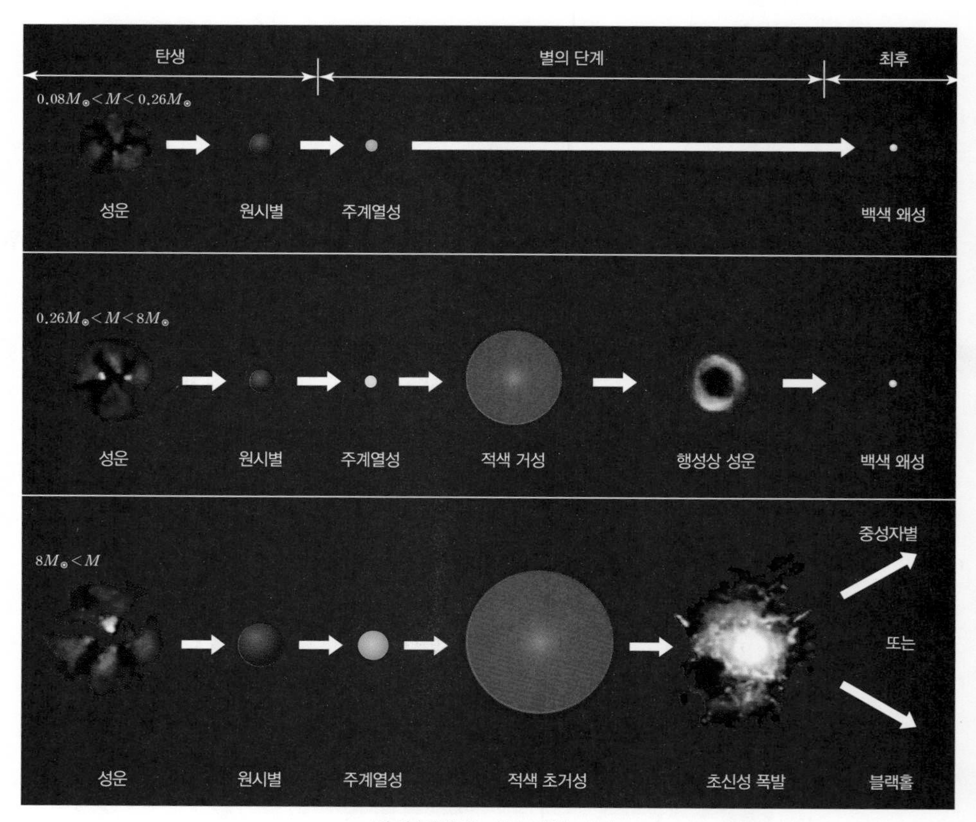

별의 질량에 따른 진화 과정

THE 알기

❶ 백색 왜성의 한계 질량
백색 왜성의 질량은 $1.4M_{\odot}$를 넘지 못한다. 만약, 별의 질량이 이보다 무거우면 별 자체의 질량에 의한 중력이 별 내부의 압력을 이기고 급격히 수축하여 중성자별이 된다.

❷ 초신성 폭발
폭발 시 엄청난 양의 항성 물질과 충격파를 주변으로 분출해 초신성 잔해를 형성하며, 일정 기간 동안 상당히 밝게 빛나는데, 이러한 천체를 초신성이라 한다. 초신성 폭발은 철보다 무거운 화학 원소의 주요 공급원이며, 무거운 원소들을 성간 매질에 공급한다. 또한, 폭발에 의한 충격파는 별 형성의 근간이 되는 분자 구름을 압축하여 별 탄생을 촉진시킨다.
초신성 폭발은 질량이 큰 별의 중심핵에서 핵융합 에너지 생성이 중단되어 자체 중력에 의해 중심부로 붕괴되는 경우나, 쌍성계에서 백색 왜성이 동반성으로부터 찬드라세카르 한계에 이를 때까지 물질을 공급받아 열핵 폭발을 하는 경우에 발생한다.

개념체크

빈칸 완성

1. 성운이 중력 수축하여 성운 내부의 온도가 1000 K에 이르러 가시광선을 방출하기 시작하는 단계의 별을 (　　　)이라고 한다.

2. 원시별이 중력 수축하여 중심핵의 온도가 ① (　　　) K에 이르면 수소 핵융합 반응을 시작하여 압력 경도력과 ② (　　　)이 평형을 이루는 ③ (　　　) 평형 상태가 되어 별의 반지름이 일정해지는데, 이 단계의 별을 ④ (　　　)이라고 한다.

3. 질량이 클수록 원시별에서 주계열성 단계에 이를 때 H－R도의 (　　　)에 위치한다.

4. 별의 중심핵에서 수소 핵융합 반응이 끝나고 중력 수축할 때 방출한 에너지에 의해 중심핵 주변의 수소 껍질에서 핵융합 반응이 일어난다. 이때 반지름은 ① (　　　), 광도는 ② (　　　)하지만, 표면 온도는 ③ (　　　)하여 붉은색을 띠는 ④ (　　　) 단계에 이르게 된다.

5. 적색 거성 단계를 지남에 따라 별의 외곽층이 불안정하여 수축과 팽창을 반복하는 단계의 별을 (　　　)이라고 한다.

6. 질량이 태양과 비슷한 별이 적색 거성 단계 이후 수축과 팽창을 반복하며 별의 외곽 물질을 우주 공간으로 방출하여 생긴 성운을 (　　　)이라고 한다.

7. 별의 중심핵의 질량이 태양의 1.4배보다 크고 3배보다 작은 별의 최후는 (　　　)이다.

8. 별의 중심핵의 질량이 태양의 3배보다 큰 별의 최후는 (　　　)이다.

정답 1. 전주계열성 2. ① 1000만 ② 중력 ③ 정역학적 ④ 주계열성 3. 좌측 상단 4. ① 커지고 ② 증가 ③ 하강 ④ 적색 거성 5. 맥동 변광성 6. 행성상 성운 7. 중성자별 8. 블랙홀

○X 문제

다음 설명 중 옳은 것은 ○, 옳지 않은 것은 ×로 표시하시오.

1. 정역학적 평형 상태는 중력과 압력 경도력이 평형을 이룬 상태이다. (　　)

2. 질량이 매우 큰 별은 주계열성 단계에 머무는 시간이 짧고, 주계열성 단계 이후 광도가 높은 초거성이 된다. (　　)

3. 주계열성 단계에서 적색 거성으로 진화할 때 별의 광도가 증가하는 것은 별의 표면 온도가 상승하기 때문이다. (　　)

4. 질량이 태양과 같은 별은 진화하여 백색 왜성으로 최후를 맞이한다. (　　)

5. 별 중심핵의 질량이 태양의 3배 이상인 별의 최후는 중성자별이다. (　　)

둘 중에 고르기

6. 원시별은 온도가 ① (낮고, 높고), 밀도가 ② (높은, 낮은) 암흑 성운에서 탄생하며, 원시별이 전주계열 단계에 이르는 동안의 에너지원은 ③ (중력 수축 에너지, 수소 핵융합 반응)이다.

7. 질량이 큰 원시별일수록 원시별에서 주계열성 단계에 이르는 속도가 ① (빠르고, 느리고), 광도가 ② (큰, 작은) 주계열성이 된다.

8. 주계열성 단계를 마치고 중심부의 헬륨핵이 수축하며 방출한 에너지에 의해 중심부 주변에 있는 수소가 핵융합 반응을 하게 되면 별의 반지름이 ① (증가, 감소)하고 별의 표면 온도는 ② (상승, 하강)하며, 별의 광도가 ③ (증가, 감소)한다.

정답 1. ○ 2. ○ 3. × 4. ○ 5. × 6. ① 낮고 ② 높은 ③ 중력 수축 에너지 7. ① 빠르고 ② 큰 8. ① 증가 ② 하강 ③ 증가

성단의 H－R도

1. 성단 : 동일한 성운에서 같은 시기에 탄생하여 중력으로 뭉쳐 있는 별들의 무리이다.

① 같은 성단의 별들은 화학 조성, 나이, 지구로부터의 거리가 거의 같다.

② 같은 성단의 별들은 질량이 서로 다르다. ➡ 같은 성단 내에 있는 별들의 탄생 시기는 같으나 질량이 다르므로 질량에 따라 별의 진화 단계가 다르다.

2. 성단의 종류

① 산개 성단 : 약 수백～수천 개 정도의 별들로 이루어져 있으며, 성단의 지름은 약 5～50광년 이내이고, 나이는 비교적 젊다. ➡ 주로 은하면이나 나선팔에서 발견된다.

② 구상 성단 : 약 1만 개～수백 만 개에 이르는 별들이 50～300광년 지름의 공 모양으로 빽빽하게 모여 있는 집단이다. ➡ 대부분 늙은 별들로 구성되어 있어 색깔이 노랗거나 붉으며, 우리 은하의 핵이나 헤일로에 주로 분포한다.

산개 성단

구상 성단

구분	산개 성단	구상 성단
질량($M_{\odot}$)	10^2～10^3	10^4～10^5
반지름(광년)	5～50	50～300
별의 색깔	적색～청백색	적색
밀도(/광년^3)	1	100
❶별의 종족	종족 Ⅰ	종족 Ⅱ
분포	은하면, 나선팔	은하 중심부, 헤일로

❶ 별의 종족
- 종족 Ⅰ : 핵융합 반응을 통해 생성된 금속 원소를 풍부하게 포함하는 나이가 젊은 별들
- 종족 Ⅱ : 수소와 헬륨 이외의 원소가 거의 없는 별들로, 금속 원소가 적고 나이가 많은 별들

➡ 종족 Ⅰ의 별들로 이루어진 산개 성단은 종족 Ⅱ의 별들로 이루어진 구상 성단보다 나이가 적다.

3. 성단의 H－R도

① 산개 성단의 H－R도
- 대부분의 별들이 주계열성이고, 거성과 초거성이 일부 있다.
- 주계열 우측에 별의 개수가 특히 적은 부분이 존재한다.
- ❷전향점이 낮을수록 성단의 나이는 많다.

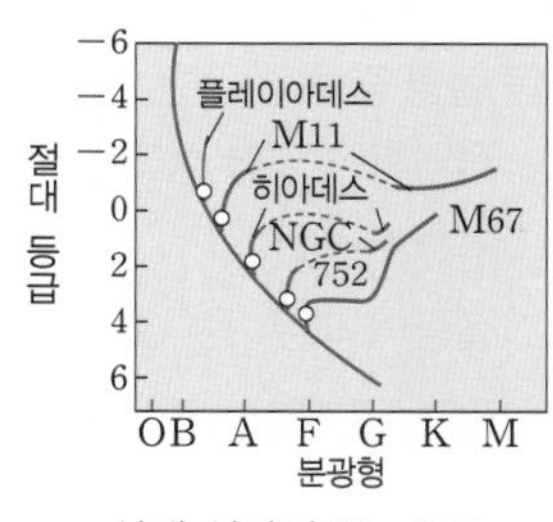

산개 성단의 H－R도

❷ 전향점
성단의 H－R도에서 가장 밝은 주계열성의 위치 즉, 이제 막 주계열성 단계를 떠나 거성 단계로 진화하려는 별의 위치이다. 전향점이 H－R도의 상단에 있다는 것은 질량이 큰 별들이 아직 주계열 단계에 머물고 있음을 의미하므로 나이가 젊은 성단이라는 것을 알 수 있다. 즉 성단의 전향점은 성단의 나이를 알려주는 단서이다.

② 구상 성단의 H－R도
- 주계열에는 광도가 작고 질량이 작은 별들이 약간 남아 있고 대부분 주계열을 떠났다.
- 여러 진화 단계의 별들이 나타난다. ➡ 주계열, ❸적색 거성열, ❹수평열, ❺점근 거성열
- 전향점의 절대 등급이 4등급으로 거의 일정하다. ➡ 나이가 100억 년 이상이다.

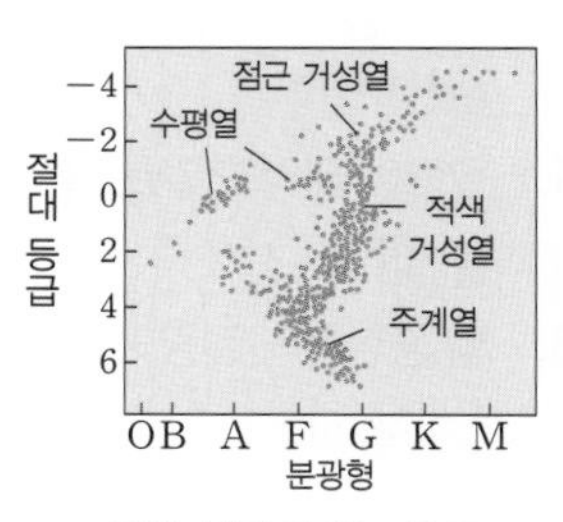

구상 성단의 H－R도

❸ 적색 거성열 : 수소 껍질을 연소하면서 적색 거성으로 진화하고 있는 단계
❹ 수평열 : 중심핵에서 헬륨이 연소되어 에너지를 생성하는 단계
❺ 점근 거성열 : 이중 껍질 연소가 진행되면서 적색 거성으로 진화하는 단계

내신 기초 문제

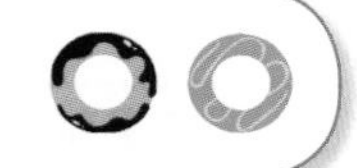

정답과 해설 76쪽

[8589-0415]
01 원시별이 탄생하기 적당한 성운의 조건으로 가장 알맞은 것은?

① 온도가 낮고, 밀도도 낮은 성운
② 온도가 낮고, 밀도는 높은 성운
③ 온도가 높고, 밀도는 낮은 성운
④ 온도가 높고, 밀도도 높은 성운
⑤ 온도가 높고, 질량이 작은 성운

[8589-0416]
02 원시별이 주계열성으로 진화했을 때, 원시별과 주계열성의 물리량을 비교한 것 중 옳지 않은 것은?

① 원시별보다 주계열성이 단위면적에서 더 많은 에너지를 방출한다.
② 원시별보다 주계열성의 밀도가 더 크다.
③ 원시별보다 주계열성의 반지름이 더 작다.
④ 원시별보다 주계열성의 표면 온도가 더 높다.
⑤ 원시별과 주계열성 모두 정역학적 평형 상태를 유지한다.

[8589-0417]
03 별의 진화 과정에 가장 큰 영향을 주는 물리량은 무엇인가?

① 질량 ② 화학 조성 ③ 생성 시기
④ 반지름 ④ 평균 밀도

[8589-0418]
04 다음 중 별의 중심에서 핵융합 반응에 의해 만들어질 수 있는 원소가 아닌 것은?

① 금 ② 탄소 ③ 산소
④ 철 ⑤ 마그네슘

[8589-0419]
05 그림은 주계열성 중심핵에서 일어나는 반응을 나타낸 것이다. 이 반응은 무엇인가?

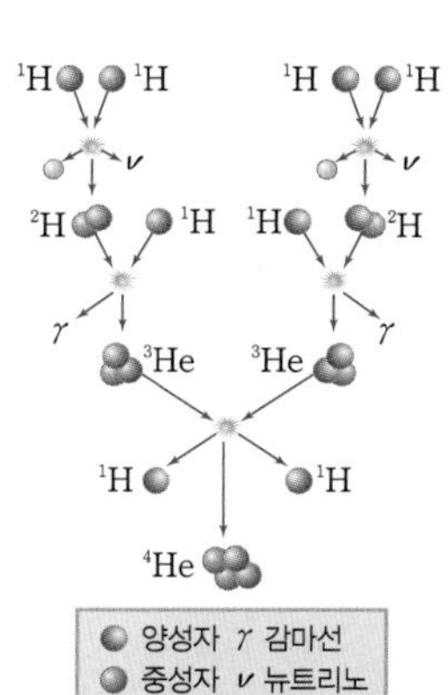

① p-p 연쇄 반응
② CNO 순환 반응
③ 3α 반응
④ 헬륨 핵융합 반응
⑤ 중력 수축 반응

[8589-0420]
06 주계열성의 중심에서 수소 핵융합 반응이 일어날 수 있는 최저 온도는?

① 1000 ℃ ② 1000 K ③ 1000만 K
④ 1억 K ⑤ 10억 K

[8589-0421]
07 그림은 질량이 태양과 비슷한 별의 내부 구조를 나타낸 것이다.

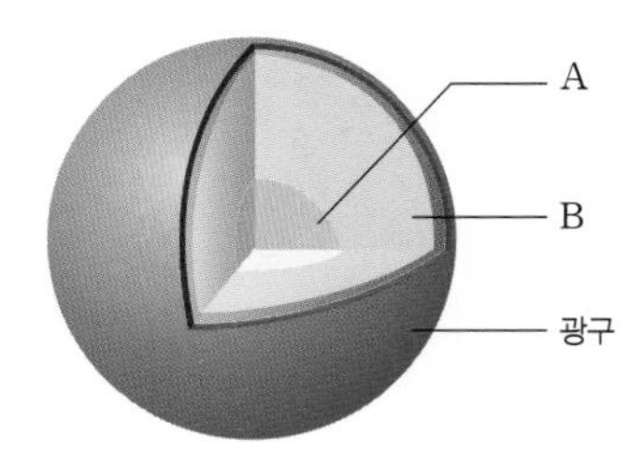

A 층과 B 층의 에너지 전달 방식을 옳게 짝 지은 것은?

	A 층	B 층
①	대류	복사
②	대류	전도
③	복사	대류
④	전도	대류
⑤	전도	복사

정답과 해설 76쪽

[8589-0422]
08 **별의 진화 단계에서 가장 오랜 시간 동안 머무는 단계는?**

① 원시별 단계 ② 주계열성 단계
③ 적색 거성 단계 ④ 맥동 변광성 단계
⑤ 행성상 성운 단계

[8589-0423]
09 **그림은 별의 진화 최종 단계에서 우주 공간으로 퍼져나가는 성운과 중심부에는 표면 온도가 높고 밀도가 큰 중심핵이 남은 모습이다. 이와 같은 천체를 무엇이라고 하는가?**

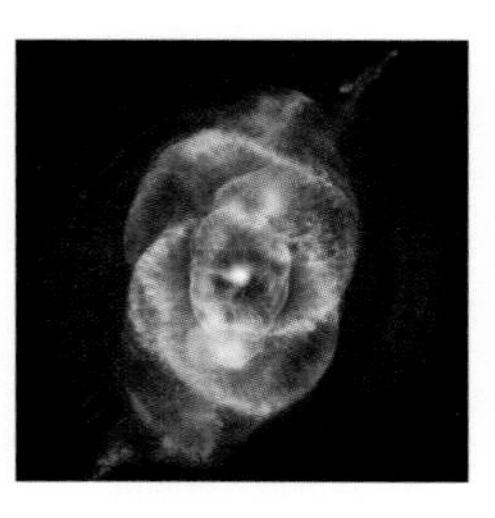

① 적색 거성 ② 청색 초거성
③ 맥동 변광성 ④ 행성상 성운
⑤ 초신성 잔해

[8589-0424]
10 **그림은 한 성운 내에서 거의 같은 시기에 탄생한 별들이 진화한 모습을 나타낸 것이다.**

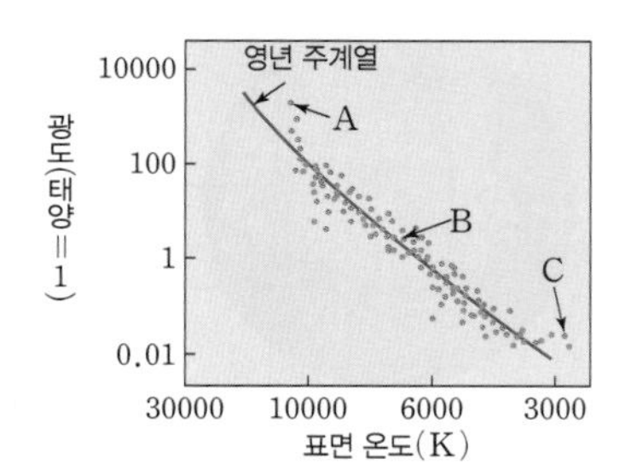

이에 대한 설명으로 옳은 것은?

① A는 주계열성이다.
② A는 B보다 반지름이 크다.
③ B는 중심핵에서 CNO 순환 반응이 우세하게 일어난다.
④ 진화 속도가 가장 빠른 것은 C이다.
⑤ C의 에너지원은 수소 핵융합 반응 에너지이다.

[8589-0425]
11 **그림은 질량이 태양과 비슷한 별의 진화 과정을 나타낸 것이다.**

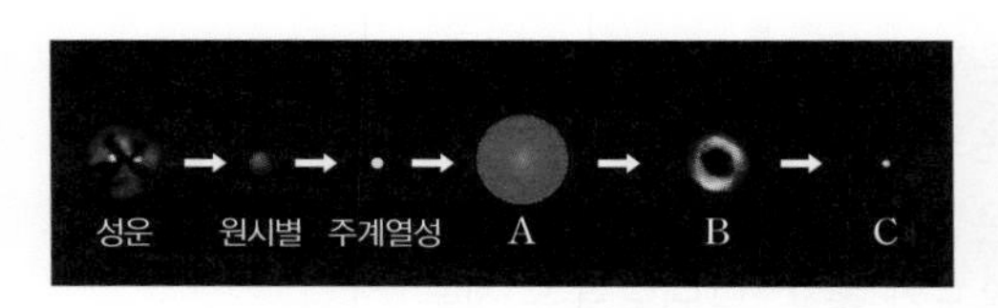

A, B, C에 들어갈 용어를 옳게 짝 지은 것은?

	A	B	C
①	적색 거성	행성상 성운	갈색 왜성
②	적색 거성	행성상 성운	백색 왜성
③	적색 거성	행성상 성운	중성자별
④	청색 거성	초신성	백색 왜성
⑤	청색 거성	초신성	중성자별

[8589-0426]
12 **그림은 질량이 태양과 같은 별의 진화 과정을 간단히 나타낸 것이다.**

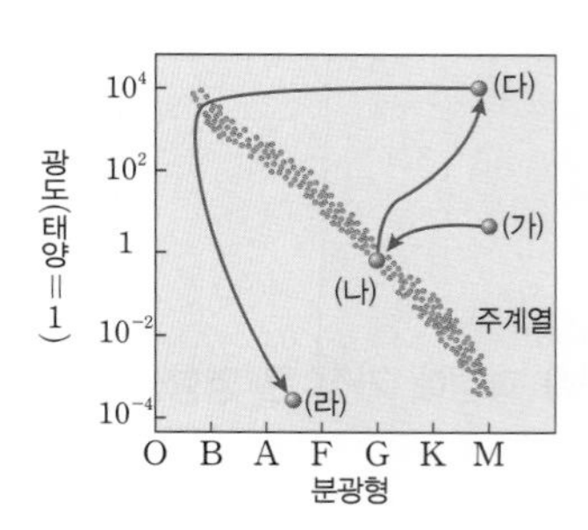

이에 대한 설명으로 옳은 것은?

① (가) 단계에서 (나) 단계로 진화하는 동안 반지름은 증가한다.
② (나) 단계는 중심핵에서 CNO 순환 반응으로 에너지가 생성된다.
③ (나) 단계에서 (다) 단계로 진행되는 동안 표면 온도는 상승한다.
④ (다) 단계는 (나) 단계에 비해 안정하여 가장 오랫동안 머문다.
⑤ (라) 단계에서 별의 밀도가 가장 크다.

실력 향상 문제

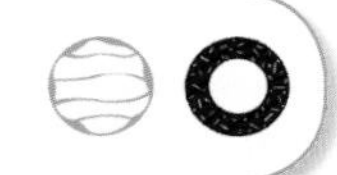

정답과 해설 77쪽

[8589-0427]

01 **원시별과 주계열성의 에너지원을 옳게 짝 지은 것은?**

	원시별	주계열성
①	중력 수축 에너지	중력 수축 에너지
②	중력 수축 에너지	수소 핵융합 에너지
③	중력 수축 에너지	헬륨 핵융합 에너지
④	수소 핵융합 에너지	중력 수축 에너지
⑤	수소 핵융합 에너지	수소 핵융합 에너지

[8589-0428]

02 **그림은 질량이 태양과 비슷한 원시별이 주계열성으로 진화하는 경로를 나타낸 것이다.**

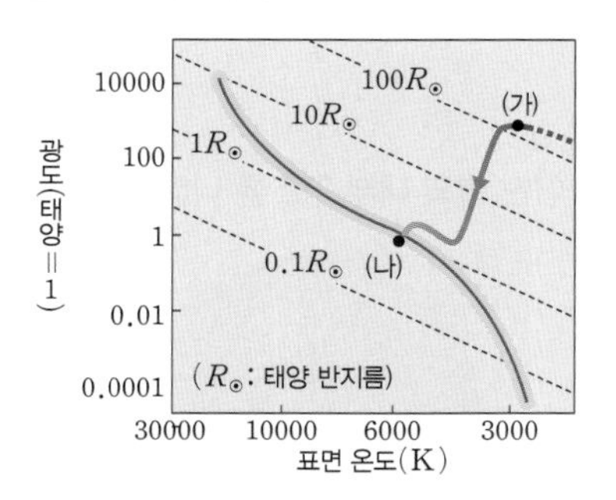

이에 대한 설명으로 옳지 않은 것은?

① (가)에서 (나)로 가는 과정의 에너지원은 중력 수축 에너지이다.

② 원시별의 질량이 클수록 주계열성에 도달하는 데 걸리는 시간이 길다.

③ 태양보다 질량이 큰 원시별은 (나)보다 광도가 더 큰 주계열성이 된다.

④ 태양보다 질량이 작은 원시별은 (나)보다 온도가 낮은 주계열성이 된다.

⑤ (나)에서는 주로 p−p 연쇄 반응에 의해 에너지가 생성된다.

[8589-0429]

03 **그림 (가)와 (나)는 주계열성 내부에서 일어날 수 있는 두 가지 수소 핵융합 반응을 나타낸 것이다.**

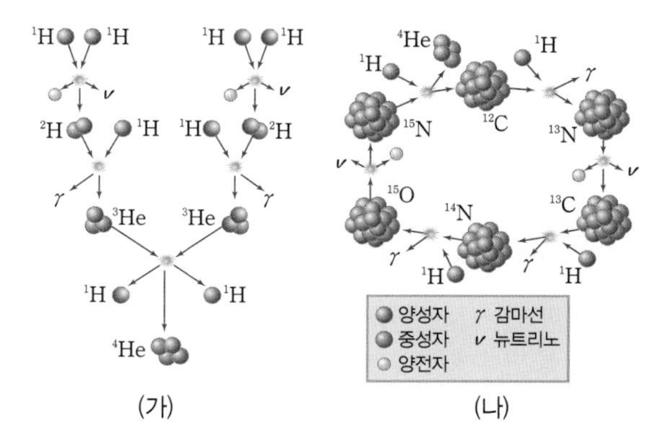

이에 대한 설명으로 옳은 것은?

① (가)는 p−p 연쇄 반응, (나)는 CNO 순환 반응이다.

② 질량이 태양의 2배인 별의 중심에서는 (가)의 반응이 우세하다.

③ (가) 반응이 (나) 반응보다 더 높은 온도에서 우세하게 일어난다.

④ (나)에서 탄소는 최종적으로 헬륨으로 변한다.

⑤ (가)와 (나)의 핵융합 반응에 의해 최종적으로 생성되는 원자핵의 종류는 다르다.

[8589-0430]

04 **태양의 중심부에서 일어나는 핵융합 반응에 대한 설명으로 옳지 않은 것은?**

① 중심핵의 온도는 1000만 K 이상이다.

② 중심핵에서 p−p 연쇄 반응이 우세하게 일어난다.

③ 처음 주계열성 단계에 도달했을 때의 질량은 현재보다 더 컸을 것이다.

④ 태양의 질량이 지금의 2배였다면 수소 핵융합 반응을 할 수 있는 시간은 2배가 될 것이다.

⑤ 수소 핵융합 반응이 일어날 때마다 반응에 참여하는 수소 전체 질량의 0.7 %씩 질량이 감소한다.

[8589-0431]
05 그림은 헬륨 핵융합 반응을 나타낸 것이다.

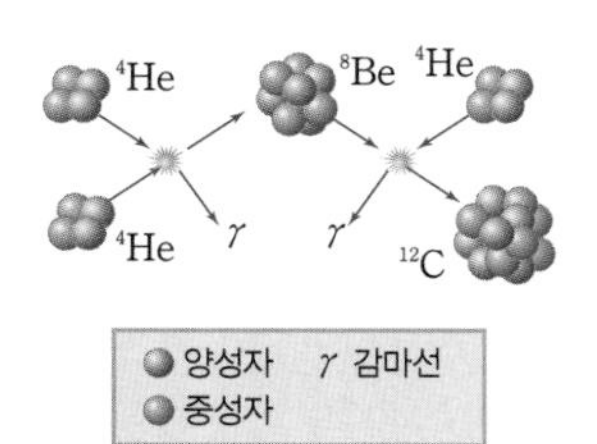

이에 대한 설명으로 옳지 않은 것은?

① 3중 알파 반응(3α 반응)을 나타낸 것이다.
② 주계열성 단계에서 일어나는 핵융합 반응이다.
③ 헬륨 원자핵 3개가 융합하여 탄소 원자핵이 만들어지는 과정이다.
④ 헬륨 원자핵 3개의 질량은 탄소 원자핵 1개의 질량보다 크다.
⑤ 태양과 비슷한 질량을 가진 별이 진화하는 동안 일어날 수 있는 반응이다.

[8589-0432]
06 그림은 다른 종류의 수소 핵융합 반응의 온도에 따른 상대적 에너지 생성률을 나타낸 것이다.

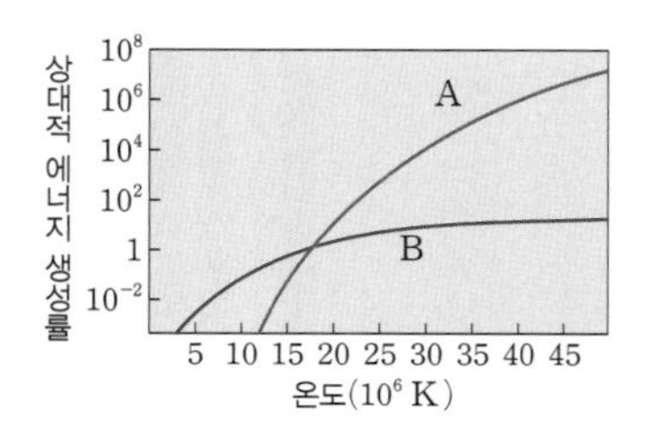

이에 대한 설명으로 옳은 것만을 〈보기〉에서 있는 대로 고른 것은?

보기
ㄱ. A는 p−p 연쇄 반응이다.
ㄴ. A는 B보다 질량이 큰 별에서 우세한 반응이다.
ㄷ. 태양의 내부에서는 주로 B 반응에 의해 에너지가 생성된다.

① ㄱ ② ㄴ ③ ㄱ, ㄷ
④ ㄴ, ㄷ ⑤ ㄱ, ㄴ, ㄷ

[8589-0433]
07 그림 (가)와 (나)는 물리량이 서로 다른 주계열성의 내부 구조를 나타낸 것이다.

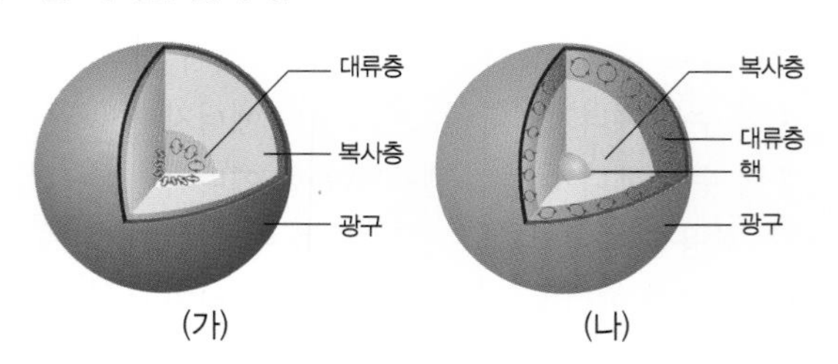

(가)가 (나)보다 큰 물리량을 갖는 것을 〈보기〉에서 있는 대로 고른 것은?

보기
ㄱ. 질량 ㄴ. 광도
ㄷ. 표면 온도 ㄹ. 별의 수명

① ㄱ, ㄴ ② ㄱ, ㄹ ③ ㄷ, ㄹ
④ ㄱ, ㄴ, ㄷ ⑤ ㄴ, ㄷ, ㄹ

[8589-0434]
08 그림은 어떤 별의 내부 구조를 나타낸 것이다.

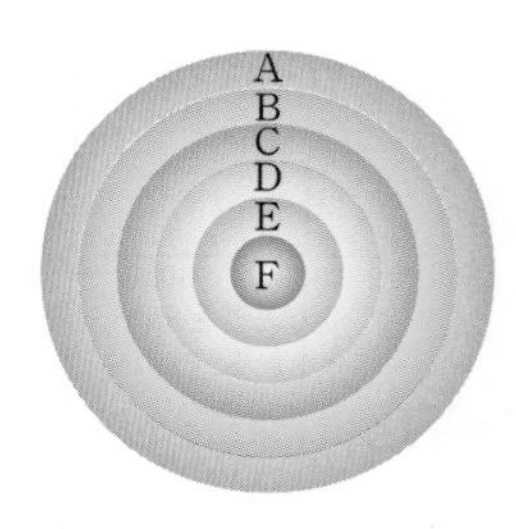

이에 대한 설명으로 옳은 것만을 〈보기〉에서 있는 대로 고른 것은? (단, A~F는 서로 다른 원소이다.)

보기
ㄱ. 최외곽층 A는 수소로 이루어져 있다.
ㄴ. 질량이 매우 큰 별은 E층에 철이 분포한다.
ㄷ. 질량이 태양과 비슷한 별이 진화하여 만들어진 내부 구조이다.

① ㄱ ② ㄴ ③ ㄱ, ㄷ
④ ㄴ, ㄷ ⑤ ㄱ, ㄴ, ㄷ

[8589-0435]
09 별의 내부에서 일어나는 핵융합 반응에 대한 설명으로 옳은 것만을 <보기>에서 있는 대로 고른 것은?

보기
ㄱ. 원자량이 큰 원자일수록 핵융합 반응이 일어날 수 있는 온도가 높다.
ㄴ. 질량이 큰 별일수록 원자량이 큰 원자핵의 핵융합 반응이 일어날 수 있다.
ㄷ. 별의 중심에서 핵융합 반응으로 만들 수 있는 원자량이 가장 큰 원자는 철이다.

① ㄱ ② ㄴ ③ ㄱ, ㄷ
④ ㄴ, ㄷ ⑤ ㄱ, ㄴ, ㄷ

[8589-0436]
10 표는 질량이 다른 세 별 A, B, C가 원시별 단계와 주계열성 단계에서 머무는 시간을 나타낸 것이다.

별	질량 (태양=1)	원시별 단계 (백만 년)	주계열성 단계 (백만 년)
A	0.1	500	10^7
B	1	50	10^4
C	30	0.02	4.9

이에 대한 설명으로 옳지 않은 것은?

① 질량이 클수록 원시별 단계에 머무는 시간이 짧다.
② 질량이 클수록 주계열성 단계에 머무는 시간이 짧다.
③ 원시별 단계보다 주계열성 단계에 머무는 시간이 더 길다.
④ 주계열성 단계에서 광도는 C가 가장 크다.
⑤ 주계열성 단계에서 C의 중심부에서는 p-p 연쇄 반응이 우세하게 일어날 것이다.

[8589-0437]
11 그림은 질량이 다른 두 별 A, B의 주계열성 단계 이후의 진화 경로를 나타낸 것이다.

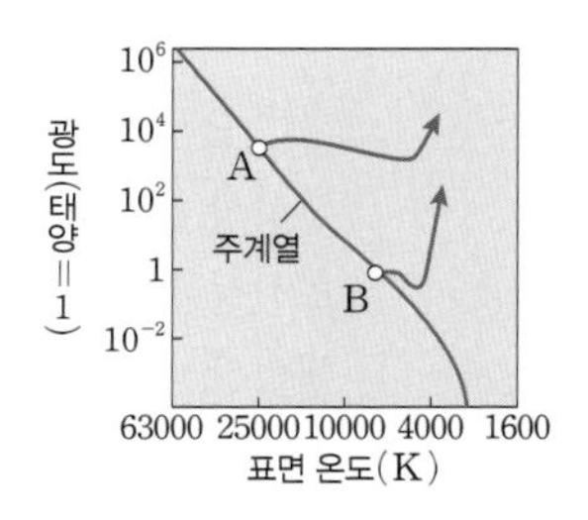

주계열성 단계 이후 증가하는 별의 물리량만을 <보기>에서 있는 대로 고른 것은?

보기
ㄱ. 질량 ㄴ. 광도
ㄷ. 반지름 ㄹ. 표면 온도

① ㄱ, ㄹ ② ㄴ, ㄷ ③ ㄷ, ㄹ
④ ㄱ, ㄴ, ㄷ ⑤ ㄴ, ㄷ, ㄹ

[8589-0438]
12 그림 (가)는 주계열성의 질량 – 광도 관계를, (나)는 별의 내부 구조를 나타낸 것이다.

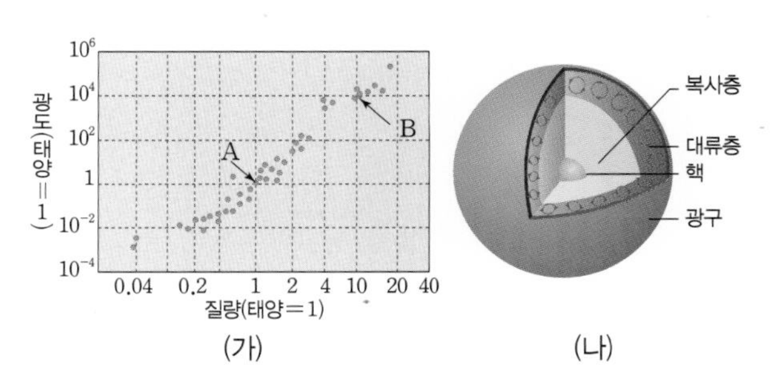

(가) (나)

이에 대한 설명으로 옳은 것만을 <보기>에서 있는 대로 고른 것은?

보기
ㄱ. A의 중심핵에서는 p-p 연쇄 반응이 우세하게 일어난다.
ㄴ. B는 A보다 빨리 거성 단계로 진화해간다.
ㄷ. (나)는 B의 내부 구조이다.

① ㄱ ② ㄷ ③ ㄱ, ㄴ
④ ㄴ, ㄷ ⑤ ㄱ, ㄴ, ㄷ

[8589-0439]

13 별의 중심에서 핵융합 반응으로 만들어질 수 있는 원소 중 원자량이 가장 큰 원소(A)와 우주에서 A보다 무거운 원소가 만들어질 수 있는 상황(B)으로 옳게 짝 지어진 것은?

	A	B
①	철	행성상 성운
②	철	초신성 폭발
③	탄소	행성상 성운
④	탄소	초신성 폭발
⑤	마그네슘	초신성 폭발

[8589-0440]

14 그림은 같은 성운에서 동시에 탄생한 별들을 H-R도에 나타낸 것이고, (가)와 (나)는 이 집단에 있는 별들 중 하나이다.

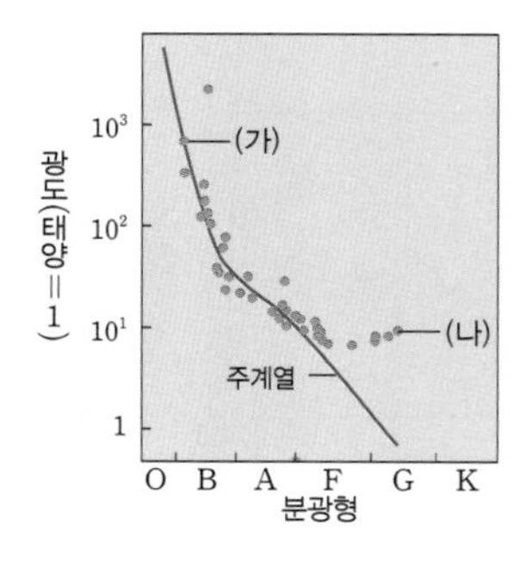

이에 대한 설명으로 옳지 않은 것은?

① (가)는 (나)보다 질량이 크다.
② (가)의 중심핵에서는 CNO 순환 반응이 우세하게 일어난다.
③ (나)의 에너지원은 p-p 연쇄 반응이다.
④ (나)가 주계열성 단계에 이르면 현재보다 표면 온도는 상승한다.
⑤ (나)가 주계열성 단계에 이르면 현재보다 반지름이 감소한다.

[8589-0441]

15 그림은 물리량이 다른 두 별 (가), (나)의 진화 경로를 나타낸 것이다.

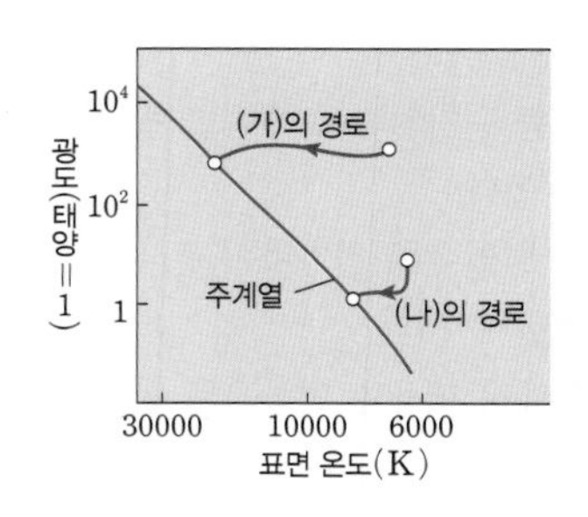

이에 대한 설명으로 옳지 않은 것은?

① (가)는 (나)보다 질량이 크다.
② 주계열성 단계에 머무는 시간은 (가)보다 (나)가 길다.
③ 주계열성 단계에 이를 때까지 걸리는 시간은 (가)가 (나)보다 길다.
④ 주계열성 단계에 이르기까지 (가)와 (나)의 반지름은 감소한다.
⑤ 주계열성 단계에 이르기까지의 에너지원은 중력 수축 에너지이다.

[8589-0442]

16 표는 주계열성 (가), (나), (다)가 적색 거성에서 외곽층이 분리되고 남은 중심핵 질량($M_{중}$)과 최종 진화 단계를 나타낸 것이다.

주계열성	중심핵 질량(태양=1)	최종 진화 단계
(가)	$M_{중} < 1.44$	A
(나)	$1.44 \leq M_{중} < 3$	B
(다)	$M_{중} \geq 3$	블랙홀

이에 대한 설명으로 옳지 않은 것은?

① 주계열성 단계에 머무는 시간은 (가)가 가장 길다.
② (나)의 중심부에서는 CNO 순환 반응이 우세하다.
③ (다)의 광도가 가장 크다.
④ A에 이르기 전에 초신성 폭발을 한다.
⑤ B는 중성자별이다.

[8589-0443]
17 그림은 별의 질량에 따른 진화 과정을 모식적으로 나타낸 것이다.

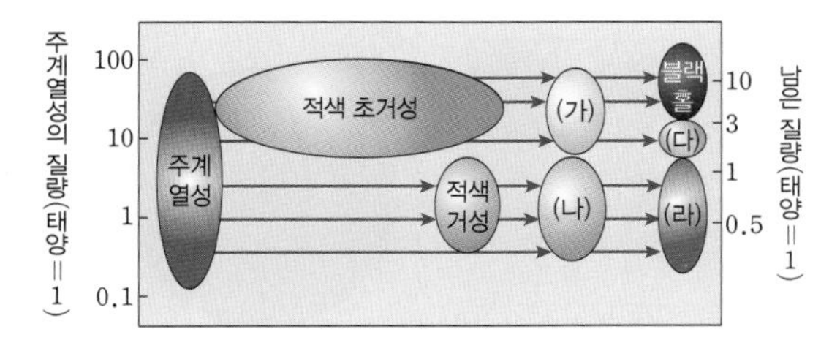

(가)~(라)에 들어갈 천체를 옳게 짝 지은 것은?

	(가)	(나)	(다)	(라)
①	초신성	행성상 성운	중성자별	백색 왜성
②	초신성	행성상 성운	백색 왜성	중성자별
③	행성상 성운	초신성	중성자별	백색 왜성
④	행성상 성운	초신성	백색 왜성	중성자별
⑤	신성	행성상 성운	백색 왜성	중성자별

[8589-0444]
18 그림은 태양과 질량이 같은 별의 진화 과정을 나타낸 것이다.

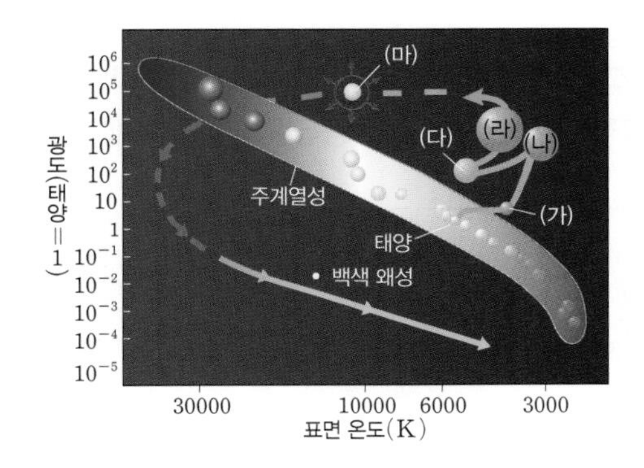

이에 대한 설명으로 옳은 것은?

① 주계열 단계에서 (가)로 진화하는 과정에서 표면 온도 상승으로 인해 광도가 증가한다.
② (가)에서 (나)로 진화하는 과정에서 중심핵에서 수소 핵융합 반응이 일어난다.
③ (다)에서는 별의 최외각에서 헬륨 핵융합 반응이 일어난다.
④ (라)에서는 정역학적 평형 상태를 유지한다.
⑤ (마)에서는 탄소로 된 중심핵이 있다.

서술형
[8589-0445]
19 주계열성의 반지름이 일정하게 유지되고 있는 이유는 별의 기체에 작용하는 힘들이 평형을 이루고 있기 때문이다. 이러한 상태를 무엇이라고 하며, 이 상태를 유지할 수 있는 이유를 힘의 평형으로 서술하시오.

[8589-0446]
20 그림은 수소 핵융합 반응에 의해 에너지가 발생하는 과정을 모식적으로 나타낸 것이다.

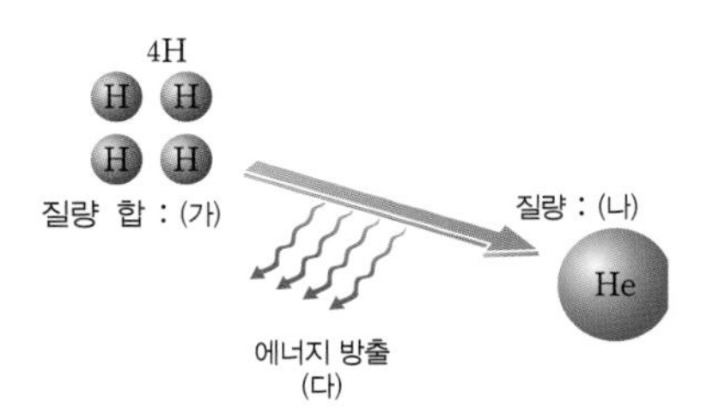

수소 원자핵 4개의 질량(가)과 헬륨 원자핵의 질량(나)을 비교하고, 이때 방출되는 에너지(다)의 크기를 나타내는 관계식을 쓰시오.

서술형
[8589-0447]
21 그림은 같은 성운에서 질량이 다른 별들이 동시에 탄생하여 진화하는 과정을 순서 없이 나타낸 것이다. 그림에서 실선은 영년 주계열을, 점은 성단에 있는 별들이다.

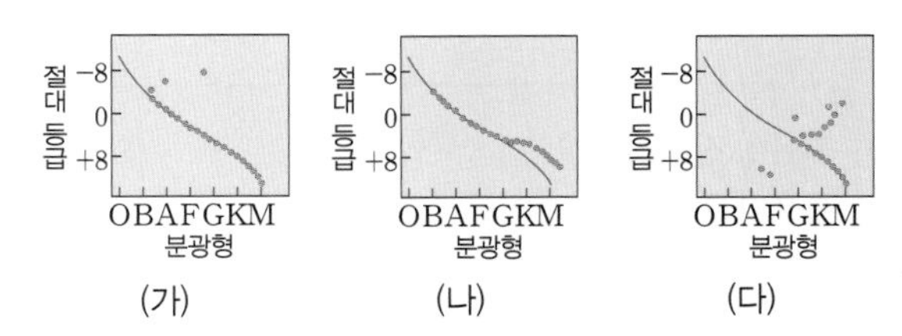

(가), (나), (다)를 시간 순서대로 바르게 나열하고 그렇게 나열한 이유를 별의 물리량과 관련지어 100자 내외로 서술하시오.

[8589-0448]
01 그림 (가)는 수소 핵융합 반응을, (나)는 H-R도에 스피카와 태양의 위치를 나타낸 것이다.

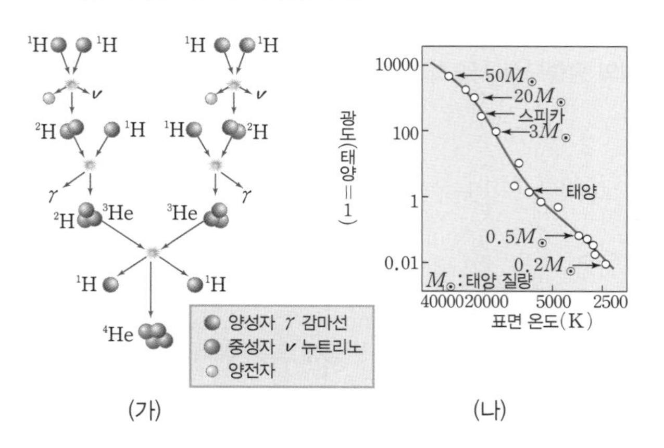

(가) (나)

이에 대한 설명으로 옳은 것만을 〈보기〉에서 있는 대로 고른 것은?

보기
ㄱ. (가)의 반응에서 탄소는 촉매로 이용된다.
ㄴ. 태양의 중심핵에서는 (가)의 반응이 일어난다.
ㄷ. 스피카는 태양에 비해 중심핵에서 수소 핵융합 반응이 빨리 종료된다.

① ㄱ ② ㄴ ③ ㄱ, ㄷ ④ ㄴ, ㄷ ⑤ ㄱ, ㄴ, ㄷ

[8589-0449]
02 그림은 1572년 티코 브라헤가 관측하고 기록한 천체로, 별의 진화 최종 단계에서 우주 공간으로 광속의 10 %에 이르는 속도로 물질을 분출하며 남긴 별의 잔해이다.

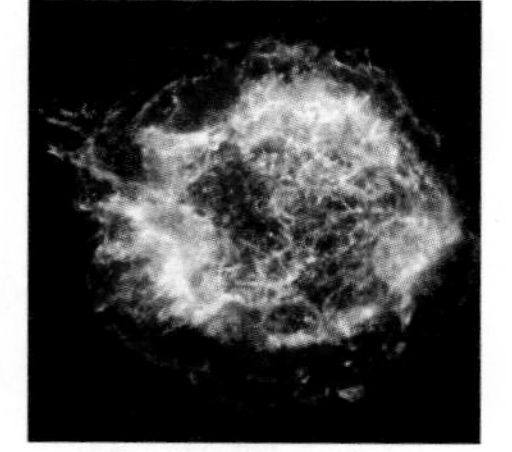

이에 대한 설명으로 옳은 것만을 〈보기〉에서 있는 대로 고른 것은?

보기
ㄱ. 초신성 잔해이다.
ㄴ. 성운의 중심에 백색 왜성이 있다.
ㄷ. 태양과 질량이 비슷한 별이 최후에 남기는 성운이다.

① ㄱ ② ㄴ ③ ㄱ, ㄷ ④ ㄴ, ㄷ ⑤ ㄱ, ㄴ, ㄷ

[8589-0450]
03 그림 (가)는 H-R도 상의 주계열성을, (나)는 주계열성의 내부 구조를 나타낸 것이다.

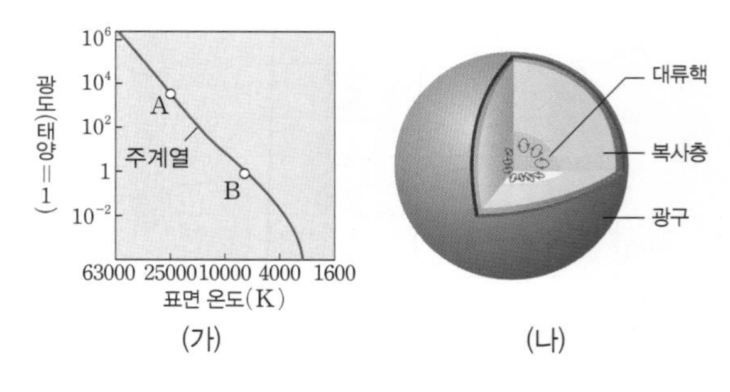

(가) (나)

이에 대한 설명으로 옳은 것만을 〈보기〉에서 있는 대로 고른 것은?

보기
ㄱ. A의 중심핵에서는 CNO 순환 반응이 우세하게 일어난다.
ㄴ. A는 B에 비해 주계열 단계에 머무는 시간이 짧다.
ㄷ. (나)는 B의 내부 구조이다.

① ㄱ ② ㄷ ③ ㄱ, ㄴ ④ ㄴ, ㄷ ⑤ ㄱ, ㄴ, ㄷ

[8589-0451]
04 그림은 주계열성의 질량-광도 관계를 나타낸 것이고, 표는 대표적인 주계열성의 절대 등급을 나타낸 것이다.

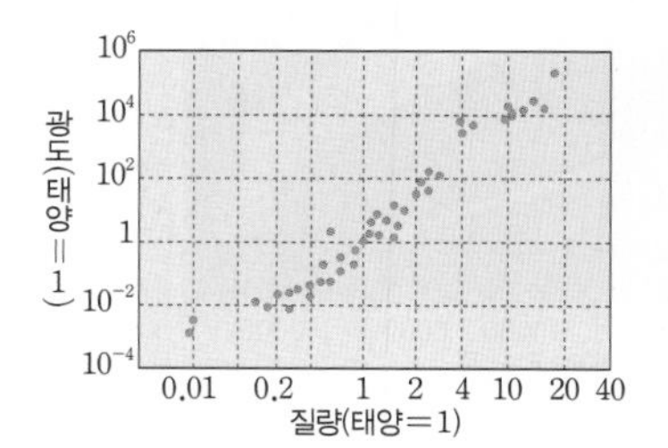

별	절대 등급
바너드별	13.2
태양	4.8
민타카	−6.0

이에 대한 설명으로 옳은 것만을 〈보기〉에서 있는 대로 고른 것은?

보기
ㄱ. 바너드별의 내부에서는 p-p 연쇄 반응이 우세하다.
ㄴ. 태양은 바너드별보다 주계열성 단계에 오래 머문다.
ㄷ. 민타카는 진화 최종 단계에서 백색 왜성으로 남는다.

① ㄱ ② ㄴ ③ ㄱ, ㄷ ④ ㄴ, ㄷ ⑤ ㄱ, ㄴ, ㄷ

[8589-0452]

05 그림 (가)는 태양과 질량이 같은 주계열성의 진화 과정을, (나)는 (가)의 진화 과정에 있는 별의 내부 구조를 나타낸 것이다.

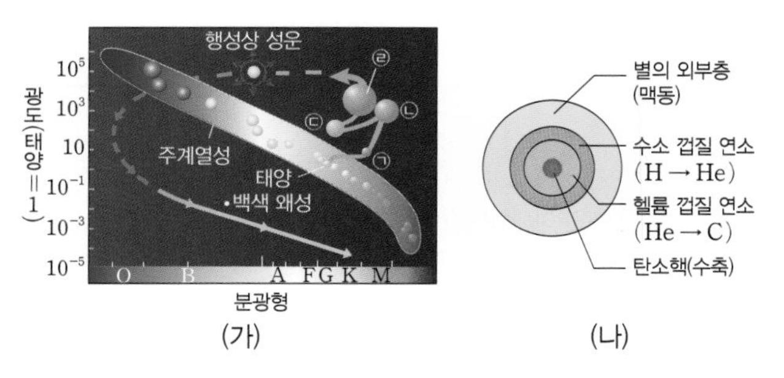

(가)

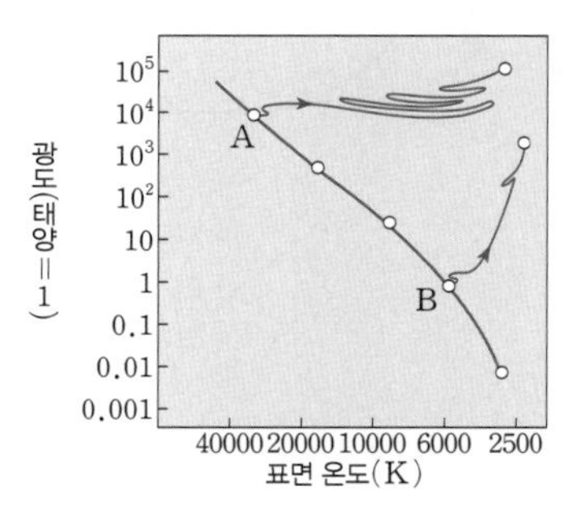

(나)

이에 대한 설명으로 옳은 것만을 <보기>에서 있는 대로 고른 것은?

보기

ㄱ. ㉠에서 ㉡으로 진화하는 동안 별의 반지름이 증가한다.
ㄴ. ㉢ 단계에서는 중심핵에서 헬륨 핵융합 반응이 일어난다.
ㄷ. (나)는 ㉣의 내부 구조이다.

① ㄱ ② ㄴ ③ ㄱ, ㄷ ④ ㄴ, ㄷ ⑤ ㄱ, ㄴ, ㄷ

[8589-0453]

06 그림은 물리량이 다른 두 별 A, B의 진화 경로를 나타낸 것이다.

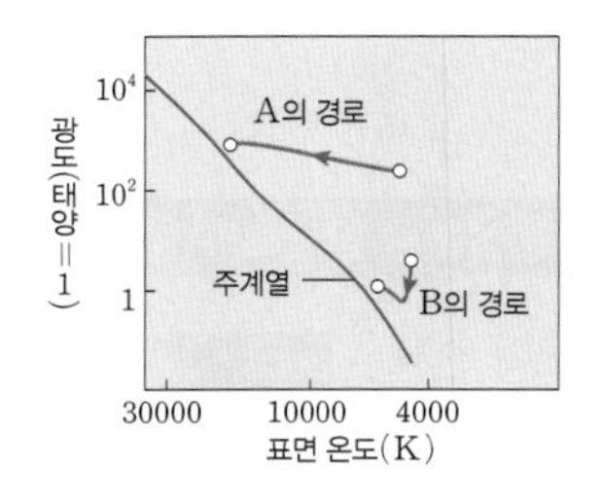

이에 대한 설명으로 옳은 것만을 <보기>에서 있는 대로 고른 것은?

보기

ㄱ. 주계열성에 도달한 이후 단위 시간 동안 A의 단위 면적에서 방출하는 에너지는 B의 10배 이상이다.
ㄴ. B는 진화하는 동안 반지름이 감소한다.
ㄷ. A, B가 주계열성이 되기 전까지 진화하는 동안의 에너지원은 중력 수축 에너지이다.

① ㄱ ② ㄴ ③ ㄱ, ㄷ ④ ㄴ, ㄷ ⑤ ㄱ, ㄴ, ㄷ

[8589-0454]

07 그림은 질량이 태양의 30배인 별(A)과 태양과 질량이 같은 별(B)의 주계열성 단계 이후의 진화 과정을 나타낸 것이다.

이에 대한 설명으로 옳은 것만을 <보기>에서 있는 대로 고른 것은?

보기

ㄱ. A는 최후에 초신성 잔해를 남긴다.
ㄴ. B의 최종 단계 중심에는 탄소핵이 만들어진다.
ㄷ. 거성 단계에 이르는 데 걸리는 시간은 A가 B보다 길다.

① ㄱ ② ㄷ ③ ㄱ, ㄴ ④ ㄴ, ㄷ ⑤ ㄱ, ㄴ, ㄷ

[8589-0455]

08 표는 주계열성 (가), (나), (다)의 중심핵 질량($M_{중}$)과 최종 진화 단계를 나타낸 것이다.

주계열성	중심핵 질량(태양=1)	최종 진화 단계
(가)	$M_{중} < 1.44$	A
(나)	$1.44 \leq M_{중} < 3$	중성자별
(다)	$M_{중} \geq 3$	블랙홀

이에 대한 설명으로 옳은 것만을 <보기>에서 있는 대로 고른 것은?

보기

ㄱ. A는 백색 왜성이다.
ㄴ. (나)의 중심부에서는 복사로 에너지가 전달된다.
ㄷ. (다)의 진화 최종 단계에서 일어나는 폭발에 의해 철보다 원자량이 큰 원소가 생성된다.

① ㄱ ② ㄴ ③ ㄱ, ㄷ ④ ㄴ, ㄷ ⑤ ㄱ, ㄴ, ㄷ

15 외계 행성계와 외계 생명체 탐사

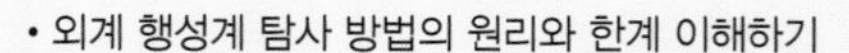

- 외계 행성계 탐사 방법의 원리와 한계 이해하기
- 지금까지 발견된 외계 행성계의 특징 이해하기
- 외계 생명체가 존재할 가능성이 있는 행성의 일반적인 조건 이해하기
- 외계 생명체 탐사의 의의 이해하기

한눈에 단원 파악, 이것이 핵심!

외계 행성계 탐사 방법

1. 중심별의 시선 속도 변화 관측
2. 식 현상에 의한 광도 변화 관측
3. 미세 중력 렌즈 현상에 의한 광도의 불규칙한 변화 관측
4. 기타 : 별의 이동 경로 관측, 직접 관측

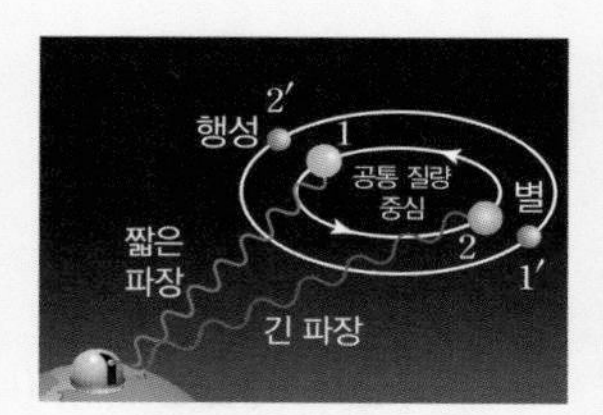

중심별의 시선 속도 변화

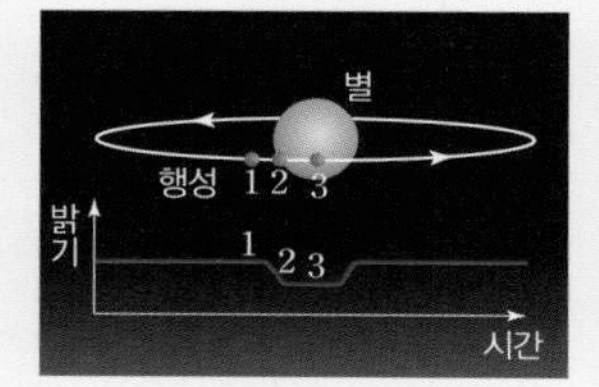

식 현상에 의한 광도 변화

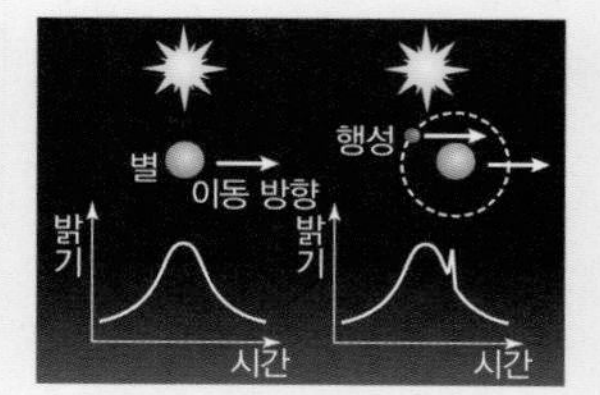

미세 중력 렌즈 현상에 의한 광도 변화

외계 생명체를 찾기 위해서는 어떤 행성들을 탐사해야 할까?

1. 생명 가능 지대 : 별의 주변에서 물이 액체 상태로 존재할 수 있는 영역
2. 외계 생명체가 존재하기 위한 조건

① 액체 상태의 물 존재

② 적당한 대기의 존재

③ 적당한 중력, 단단한 지각

④ 자기장의 존재

⑤ 적당한 자전축의 기울기

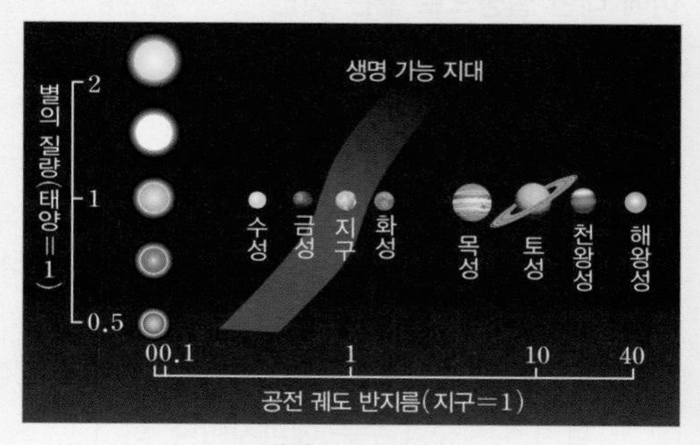

생명 가능 지대

외계 행성계 탐사 방법

1 중심별의 시선 속도 변화를 이용하는 방법 – 도플러 효과 이용

(1) ❶도플러 효과 : 파동의 발생원이 관측자에게 가까워지거나 멀어질 때 파장이 짧아지거나 길어지는 현상 ➡ 별이 관측자에게 가까워질 경우에는 별빛의 파장이 짧아지고(청색 편이), 멀어질 경우에는 별빛의 파장이 길어진다(적색 편이).

(2) 시선 속도

① 어떤 물체가 시선 방향으로 움직이고 있는 속도, 즉, 관측자 쪽으로 일직선 방향으로 접근하거나 후퇴하는 속도를 시선 속도라고 한다.

② 별의 ❷시선 속도는 별빛 스펙트럼 분석을 통해 알 수 있다. ➡ 별이 접근하거나 후퇴하는 속도가 클수록 흡수선의 파장 변화가 크게 나타난다.

(3) 중심별과 행성의 상대적 운동에 의한 중심별의 시선 속도 변화 : 중심별과 행성이 공통 질량 중심을 중심으로 공전함에 따라 별은 미세한 떨림이 일어나면서 도플러 효과에 의한 별빛의 파장 변화가 생긴다. ➡ 행성의 질량이 클수록, 행성의 공전 궤도 반지름이 작을수록 별빛의 도플러 효과가 커져서 행성의 존재를 확인하기 쉽다.

도플러 효과를 이용한 외계 행성 탐사

별과 행성의 운동	스펙트럼 변화	시선 속도 변화(Δv_r)
행성, 중심별, 공통 질량 중심, 관측자	짧다 ← 파장 → 길다 / 파장 변화 없음	$\Delta v_r = 0$ (변화 없음)
관측자	적색 편이	$\Delta v_r > 0$ (증가)
관측자	짧다 ← 파장 → 길다 / 파장 변화 없음	$\Delta v_r = 0$ (변화 없음)
관측자	청색 편이	$\Delta v_r < 0$ (감소)

2 식 현상을 이용하는 방법 – 횡단법

(1) 식 현상 : 행성의 공전 궤도면이 관측자의 시선 방향과 거의 나란할 때 행성이 별의 앞면을 지나면서 별의 밝기가 감소하는 현상

(2) ❸식 현상을 이용한 행성 탐사 : 별 주위를 공전하는 행성이 중심별 앞을 지날 때 별의 일부가 가려지며, 행성에 의해 별이 가려진 ❹면적만큼 광도가 감소한다.

➡ 행성의 반지름이 클수록, 공전 궤도 반지름이 작을수록 행성의 존재를 확인하기 쉽다.

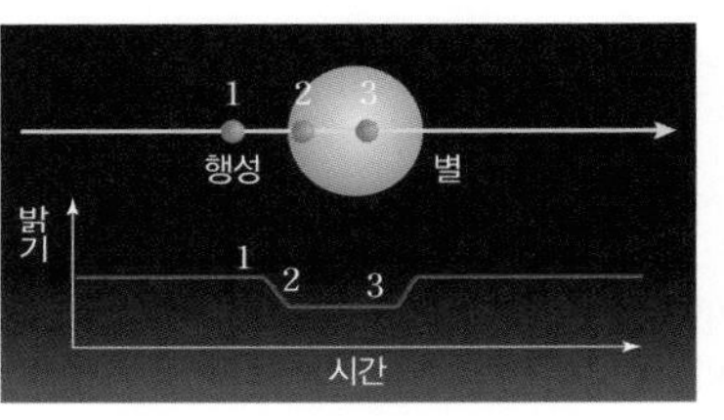

식 현상을 이용한 외계 행성 탐사

THE 알기

❶ 도플러 효과
- 적색 편이 : 선스펙트럼의 파장이 원래보다 긴(붉은색) 쪽으로 치우치는 현상
- 청색 편이 : 선스펙트럼의 파장이 원래보다 짧은(푸른색) 쪽으로 치우치는 현상

❷ 시선 속도

$$v_r = c \cdot \frac{\Delta\lambda}{\lambda_0} = c \cdot \frac{\lambda - \lambda_0}{\lambda_0}$$

(v_r : 시선 속도, λ : 관측 파장, λ_0 : 원래 파장, $\Delta\lambda$: 파장의 변화, c : 빛의 속도)

❸ 금성 태양면 통과

금성의 시직경은 태양의 $\frac{1}{30}$ 정도이기 때문에 태양의 광도는 0.1 % 정도 감소한다.

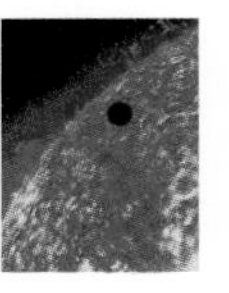

❹ 광도 곡선과 행성의 크기

B별이 가려짐 / A, B / 1, 2, 3, 4 / 밝기 / t_1 t_2 t_3 t_4 시간

$2r_A = v(t_2 - t_1) = v(t_4 - t_3)$

$2r_B = v(t_3 - t_1) = v(t_4 - t_2)$

$v = \frac{2\pi a}{P}$

$r_A = \frac{\pi a(t_2 - t_1)}{P}$

$r_B = \frac{\pi a(t_3 - t_1)}{P}$

(a : 행성의 공전 궤도 장반경, P : 공전 주기, v : B 별에 대한 행성 A의 상대 속도, r_A : 행성 A의 반지름, r_B : 별 B의 반지름)

➡ 광도 곡선으로 행성의 공전 주기와 공전 궤도 반지름을 알면 행성의 반지름도 구할 수 있다.

THE 알기

❶ **중력 렌즈 현상**
아인슈타인의 상대성 이론에 의하면, 중력은 공간을 휘게 한다. 먼 천체에서 오는 빛이 중력이 있는 천체 부근을 지나면 렌즈를 통과한 것처럼 빛의 경로가 굴절되어 광도가 원래보다 증가하거나 여러 개의 상이 관측되는 현상이 나타난다.

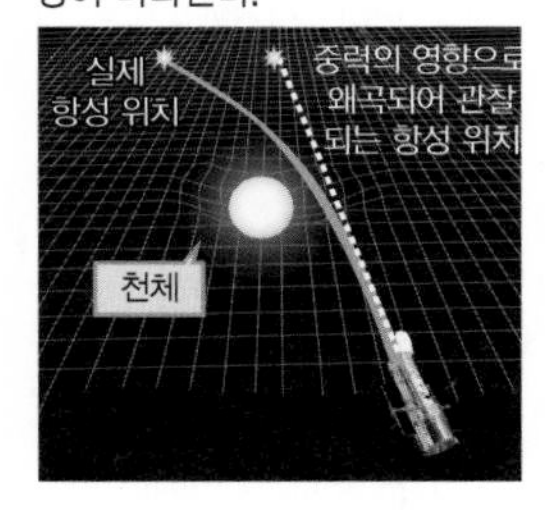

3 미세 ❶중력 렌즈 현상을 이용한 방법

(1) 중력 렌즈 현상 : 아주 먼 천체에서 나온 빛이 중간에 있는 질량이 큰 천체에 의해 휘어지는 현상

(2) 미세 중력 렌즈 현상

① 거리가 다른 2개의 별이 같은 방향에 있을 경우, 뒤쪽 별의 빛이 앞쪽 별의 중력에 의해 미세하게 굴절되어 뒤쪽 별의 밝기가 미세하게 증가하게 된다. 이때 앞쪽 별에 행성이 있다면 뒤쪽 별의 밝기 변화에 추가적인 밝기 변화가 나타난다.

② 행성의 질량이 클수록 추가적인 밝기 변화가 크다.

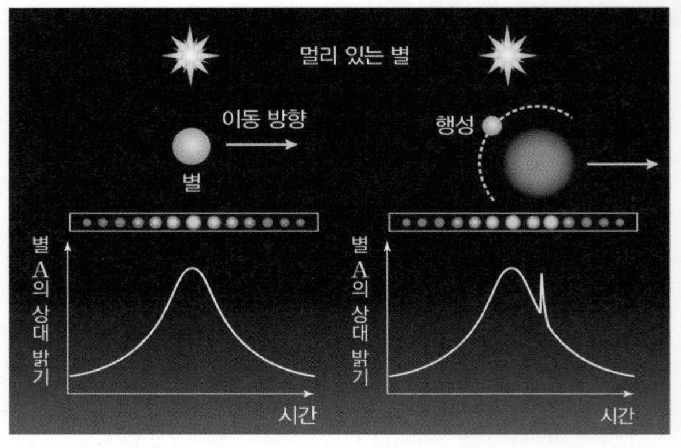

앞의 별에 행성이 없는 경우 앞의 별에 행성이 있는 경우

4 기타

(1) 별의 이동 경로를 분석하는 방법 : 별이 일정한 방향으로 움직일 때, 행성이 없는 경우 별의 이동 경로가 직선이지만, 행성이 있는 경우 별과 행성이 공통 질량 중심을 돌면서 이동하기 때문에 별의 이동 경로가 꼬불꼬불한 경로를 그린다. ➡ 별의 경로를 정확히 관측하면 보이지 않는 행성의 존재를 알 수가 있다.

(2) 직접 관측하는 방법 : 분해능이 매우 좋은 망원경으로 가까운 항성 주변을 공전하는 행성을 직접 관측하기도 한다.

(3) ❷펄서 신호의 주기 변화를 이용하는 방법 : 전파 신호를 주기적으로 방출하는 펄서 주위에 행성이 돌고 있으면 펄서의 주기가 달라진다. ➡ 펄서 신호 주기 변화를 통해 행성 발견이 가능하다.

행성이 없는 별의 움직임
행성을 거느린 별의 움직임

별의 이동 경로 관측

❷ **펄서**
초신성 폭발 후 남은 강하게 자화된 중성자별은 전파를 방출하는데, 중성자별의 자전으로 인해 중성자별이 방출하는 전파가 심장 박동처럼 지구에 규칙적으로 도달함으로써 붙여진 명칭이다.

THE 들여다보기 중력적으로 영향을 미치는 두 천체 사이의 역학 관계

오른쪽 그림과 같이 가까이 있는 두 천체 A, B는 공통 질량 중심(O)을 중심으로 서로 공전한다. 즉, 두 천체 사이의 만유인력과 공전함으로 인해 발생하는 원심력이 평형을 이루고 있다. 이때 두 천체 사이의 역학 관계는 다음과 같다.

- $a_1 : a_2 = m_2 : m_1$(a : 천체에서 공통 질량 중심까지의 거리, m : 천체의 질량)
- $v_1 : v_2 = a_1 : a_2 = m_2 : m_1$($v$: 천체의 공전 속도)
- $P_1 : P_2 = 1 : 1$(P : 공전 주기)

➡ 별과 행성이 이와 같이 가까이 있으면 서로의 공통 질량을 중심으로 공전하게 되는데 공전 궤도면이 시선 방향과 나란하면 행성이 접근할 때 별은 후퇴하므로 적색 편이가 나타나고, 행성이 후퇴하면 별은 접근하므로 청색 편이가 나타난다.

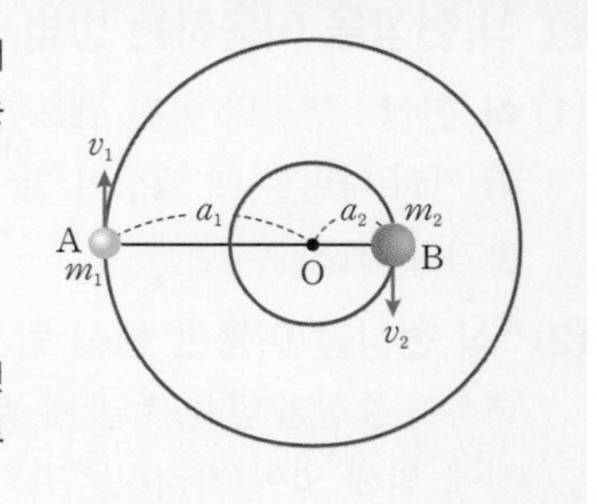

개념체크

○X 문제

외계 행성 탐사법과 관련된 설명으로 옳은 것은 ○, 옳지 않은 것은 ×를 표시하시오.

1. 관측자의 시선 방향으로 별이 멀어지면 별빛의 선스펙트럼은 파장이 긴 쪽으로 이동한다. ( )

2. 별의 시선 속도 변화가 클수록 별빛 스펙트럼에서 흡수선의 파장 변화가 크다. ( )

3. 행성의 질량이 클수록 중심별의 시선 속도 변화가 작다. ( )

4. 식 현상을 이용하여 외계 행성을 찾을 때, 행성의 공전 궤도 반지름이 클수록 탐사에 유리하다. ( )

5. 중심별에 대해 행성의 공전 궤도면이 시선 방향에 수직일 때 식 현상을 이용하여 외계 행성을 탐사할 수 있다. ( )

6. 미세 중력 렌즈 현상을 이용하여 외계 행성을 탐사할 때 행성의 질량이 클수록 탐사에 유리하다. ( )

바르게 연결하기

7. 그림으로 나타낸 외계 행성 탐사 원리에 적당한 탐사 방법을 〈보기〉에서 골라 쓰시오.

(1)

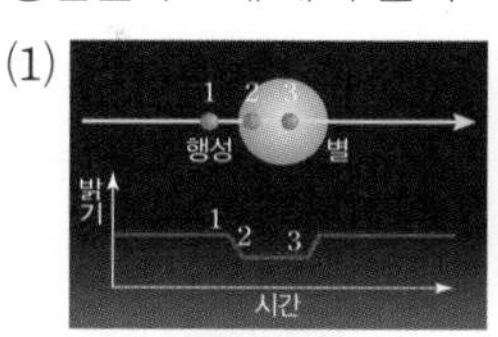

(2)

(3)

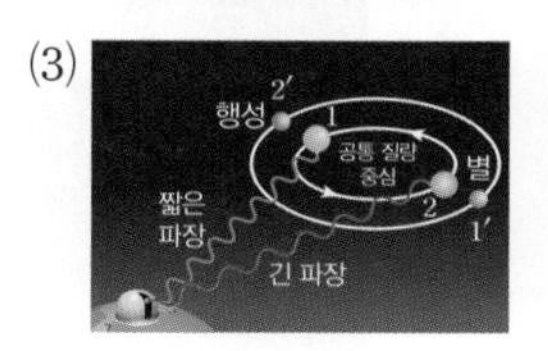

(4)

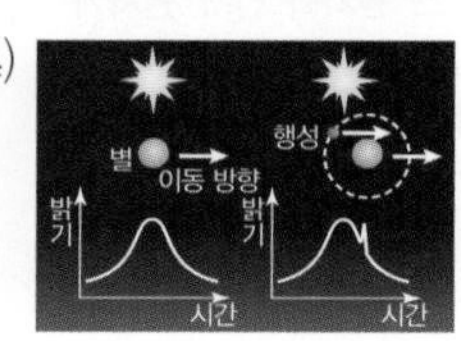

보기
㉠ 시선 속도의 변화를 이용한 방법
㉡ 식 현상을 이용한 방법
㉢ 미세 중력 렌즈 현상을 이용한 방법
㉣ 중심별의 이동 경로 관측

정답 1. ○ 2. ○ 3. × 4. × 5. × 6. ○ 7. (1) ㉡ (2) ㉣ (3) ㉠ (4) ㉢

둘 중에 고르기

1. 별이 시선 방향으로 가까워지면 별빛의 선스펙트럼은 파장이 ① (짧은, 긴) 쪽으로 이동하는데, 이러한 현상을 ② (청색 편이, 적색 편이)라고 한다.

2. 행성이 중심별 앞을 지나갈 때 별의 광도가 ① (감소, 증가)하는 현상을 이용하는 외계 행성 탐사 방법은 ② (식 현상, 미세 중력 렌즈 현상)을 이용한 것이다.

3. 식 현상을 이용하여 외계 행성을 발견할 수 있으려면 행성의 공전 궤도면이 시선 방향에 ① (수직, 나란)해야 하며, 행성의 궤도 반지름이 ② (클, 작을)수록 탐사에 유리하다.

4. 중심별에 대해 행성의 질량이 클수록 스펙트럼의 변화가 ① (작아서, 커서) 시선 속도의 차이가 ② (작게, 크게) 나타난다.

5. 먼 천체에서 온 빛이 ① (중력, 자기력)이 큰 천체 앞을 지날 때, 빛의 경로가 ② (굴절, 반사)되는 것을 ③ (중력 렌즈 현상, 질량－에너지 등가 원리)(이)라고 한다.

6. 거리가 다른 2개의 별이 같은 방향에 있을 경우, ① (앞쪽, 뒤쪽) 별빛이 ② (앞쪽, 뒤쪽) 별의 중력에 의해 굴절하는 현상이 일어나는데 이 현상을 미세 중력 렌즈 현상이라고 한다.

7. 미세 중력 렌즈 현상을 이용하여 행성을 탐사할 때, ① (앞쪽, 뒤쪽) 별에 있는 행성의 중력에 의해 ② (앞쪽, 뒤쪽) 별의 광도가 추가적으로 미세하게 ③ (감소, 증가)한다.

정답 1. ① 짧은 ② 청색 편이 2. ① 감소 ② 식 현상 3. ① 나란 ② 작을 4. ① 커서 ② 크게 5. ① 중력 ② 굴절 ③ 중력 렌즈 현상 6. ① 뒤쪽 ② 앞쪽 7. ① 앞쪽 ② 뒤쪽 ③ 증가

02 외계 생명체 탐사

THE 알기

❶ 생명 가능 지대
물이 액체 상태로 존재할 수 있을 만큼 중심별로부터 적당한 거리에 있어 행성의 표면 온도가 적당한 지대이다.

❷ 물의 특성과 생명체 존재
물은 수소 원자와 산소 원자가 극성 공유 결합을 하고 있어 분자들 사이의 전기적 힘으로 인해 여러 가지 특징을 갖는다.

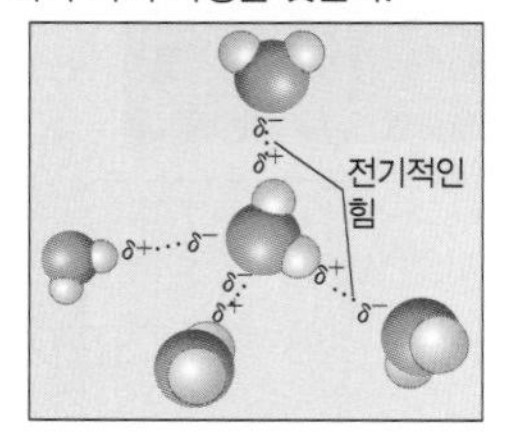

- 비열이 크다. ➡ 온도 변화가 작아 생명체의 온도 유지에 유리
- 극성 분자이다. ➡ 다양한 물질을 잘 녹이는 용매이므로 생명체의 구성 물질인 고분자 물질을 만드는 데 유리
- 물보다 얼음의 밀도가 작다. ➡ 표면부터 얼기 때문에 수중 생태계 유지에 유리

❸ 태양풍과 지구 자기장
지구 자기장에 의해 형성된 자기권의 경계면인 자기권계면은 태양풍 알갱이들을 흐트러뜨리고, 자기권 내에 전기를 띤 알갱이들을 붙잡아 둠으로써 지구로의 태양풍 진입을 방해한다.

1 ❶생명 가능 지대(생명체 거주 가능 영역, Habital Zone)

(1) 생명 가능 지대

① 중심별의 질량이 클수록 표면 온도와 광도는 크고, 수명은 짧다.
② 중심별의 광도에 따라 생명 가능 지대의 범위와 폭이 달라진다. ➡ 중심별의 광도가 커질수록 생명 가능 지대는 중심별로부터 멀리 형성되고, 생명 가능 지대의 폭도 넓어진다.
③ 태양계에서는 현재 지구가 생명 가능 지대에 있는 유일한 행성이다.

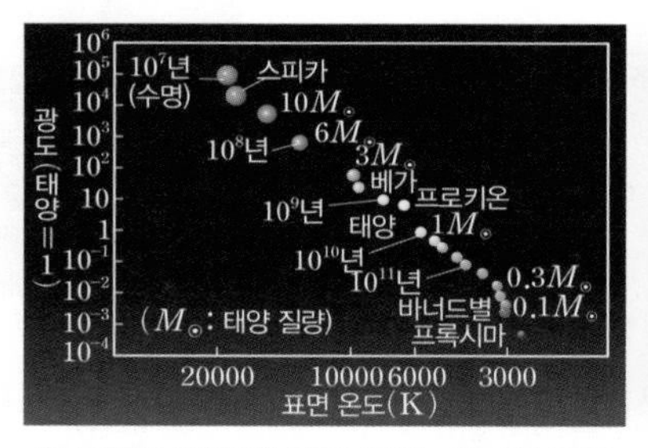

중심별의 질량에 따른 표면 온도와 광도

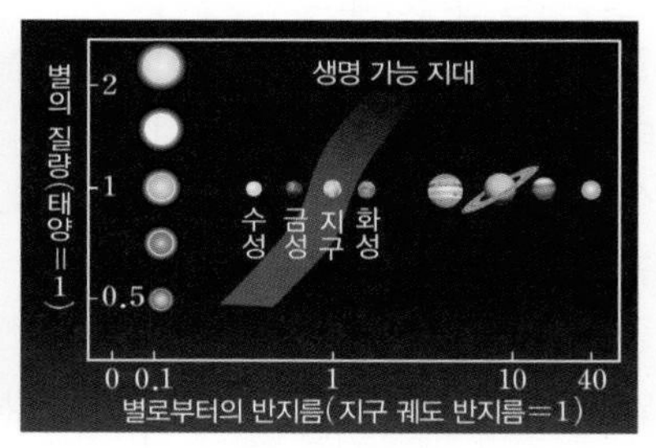

생명 가능 지대

(2) 생명체가 존재할 수 있는 행성의 조건

① 액체 상태의 ❷물이 있어야 한다.
② 중심별의 질량이 적당해야 한다.

구분	특성
중심별의 질량이 너무 클 경우	별의 진화 속도가 빨라 행성에 생명체가 생겨나기 전에 별이 소멸할 수 있다.
중심별의 질량이 너무 작을 경우	생명 가능 지대의 폭이 너무 좁아서 생명체가 탄생할 수 있는 행성의 수가 줄어든다. → 생명 가능 지대가 중심별에 매우 가까우므로 자전 주기와 공전 주기가 같아져 낮과 밤의 변화가 없어 생명체 생존에 불리하다.

③ 적당한 두께의 대기를 갖고 있어야 한다. ➡ 우주로부터 입사하는 유해한 자외선이나 우주선으로부터 생명체를 보호해 준다. 또한 대기에 의한 온실 효과는 낮과 밤의 온도 차를 줄여주고 행성 표면을 적당한 온도로 유지시켜 준다.
④ ❸자기장이 형성되어 있어야 한다.

THE 들여다보기 별의 질량에 따른 생명 가능 지대

- 주계열성은 별의 질량이 클수록 표면 온도와 광도가 크다.
- 별의 표면 온도가 높고, 광도가 클수록 물이 액체 상태로 존재할 수 있는 생명 가능 지대가 별로부터 멀어지고, 생명 가능 지대의 폭이 넓어진다. 만약 태양의 광도가 현재보다 크거나 더 작았다면 지구 표면에는 액체 상태의 물이 존재하기 어려웠을 것이다.
- 주계열성의 경우 질량이 클수록 온도가 높고 광도가 크지만 별의 수명이 짧아진다. ➡ 행성에 척추동물 같은 고등 생명체가 나타나려면 수십억 년에 해당하는 충분한 시간이 필요하다. 따라서 질량이 매우 큰 별은 진화 속도가 빨라 생명체가 진화하기 전에 별의 최후를 맞이할 수 있다.

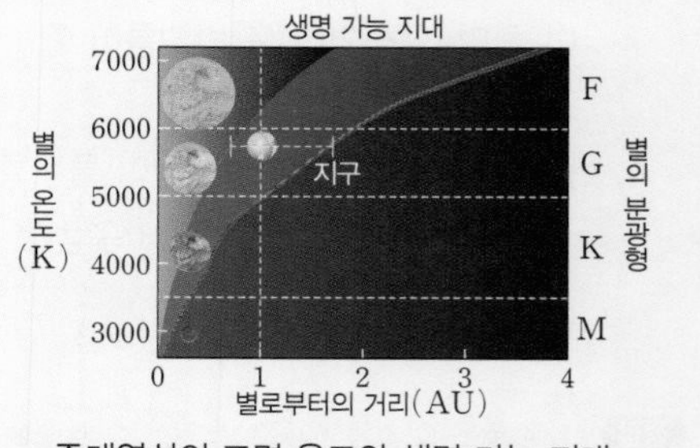

주계열성의 표면 온도와 생명 가능 지대

⑤ 지구의 달과 같은 위성이 있다. ➡ 자전축의 경사각을 안정적으로 유지시켜 주고, 소행성 충돌에 대해 방패 역할을 한다.

2 외계 생명체 탐사 프로젝트

(1) 태양계에서의 외계 생명체 탐사

① 대상 : 화성, 목성의 위성인 유로파, 토성의 위성인 타이탄

② 우주 탐사선을 이용한 태양계 천체 탐사 : 화성과 타이탄은 착륙선을 이용한 탐사가 이루어졌지만 아직은 시작 단계이며 토양 샘플을 지구 실험실에서 직접 분석하는 과정이 필요하다.

(2) 외계 행성계에서 생명체 탐사

① 생명 가능 지대에 있는 지구 규모의 외계 행성을 찾아 대기 중의 산소나 광합성의 흔적을 찾는다.

② 외계 고등 문명이 보내는 인공 신호를 탐색한다. ➡ [1]세티(SETI) 프로그램

(3) 외계 생명체 탐사의 현재와 미래 : 외계 생명체를 찾는 다양한 노력에도 불구하고 현재까지 외계 생명체를 발견하거나 그 증거를 찾지는 못했지만 우리 은하만 해도 수천억 개에 이르는 별들이 있어 생명체를 가진 행성계가 존재할 가능성이 있으므로 외계 생명체 탐사는 계속되고 있다.

SETI 프로그램에 이용된 아레시보 천문대의 전파 망원경

THE 알기

[1] 세티(SETI) (Search for Extraterrestrial Intelligence)
외계 지적 생명체 탐사 프로젝트는 외계의 지적 생명체들이 지구로 전파를 보낸다는 가정 아래 우주에서 들어오는 인공적인 신호를 찾는 작업이다. 1960년 탐사를 시작할 당시에는 정부의 지원을 받으며 진행되었으나 현재는 민간 중심으로 추진되고 있다. 최근 호킹 박사와 러시아 기업가가 사상 최대 규모 세티 프로젝트인 [2]브레이크스루 리슨(Breakthrough Listen)을 추진하고 있다.

[2] 브레이크스루 리슨
국립과학재단의 '그린뱅크 텔레스코프(Green Bank Telescope)에서 진행 중인 외계 지적 생명체의 신호를 찾기 위한 과학 탐사 프로그램이다.

THE 들여다보기 　태양계에서의 외계 생명체 탐사 대상 천체의 특성

태양계 천체	특성
화성	• 화성은 태양에서 약 1.5 AU의 거리에 있으므로 생명 가능 지대의 바깥 경계를 벗어나 있다. • 화성은 자전축이 지구와 비슷하게 기울어져 있어서 계절 변화가 나타난다. • 화성 표면에 물이 흐른 흔적이 있다. • 화성 극관에 드라이아이스와 얼음층이 있다. (공전 주기 687일 / 자전 주기 24시간 37분 / 자전축 기울기 25° / 태양으로부터의 거리 2억 2853만 km (약 1.5 AU) / 반지름 3396 km / 평균 기온 −62.78℃ / 중력(지구 기준) 0.375)
목성의 위성 유로파	• 현재 태양계 안에서 지구 다음으로 생명이 서식하고 있을 가능성이 가장 큰 곳으로 여겨지고 있다. • 유로파의 얼음 지각 아래에 약 100 km 깊이의 바다를 가지고 있을 것으로 추정된다. (유로파 / 유로파의 얼음 지각과 바다)
토성의 위성 타이탄	• 토성의 위성 중 가장 큰 위성이고, 태양계에서 목성의 위성 가니메데 다음으로 큰 위성이다. • 대기 성분이 주로 메테인으로 이루어져 있으며, 메테인이 비로 내려 호수와 강을 이루며 순환한다. ➡ 타이탄의 표면은 너무 추워서 액체 상태의 물이 존재할 수 없지만 물 대신 액체 메테인을 사용하는 생명체가 존재할 가능성은 있다. (타이탄 / 타이탄의 지각: 대기, 얼음 지각, 액체 상태의 물, 얼음, 규산염 핵)

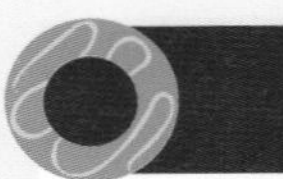

개념체크

OX 문제

외계 행성계와 외계 행성 탐사에 대한 설명으로 옳은 것은 ○, 옳지 않은 것은 ×로 표시하시오.

1. 중심별의 질량이 클수록 생명 가능 지대의 폭은 넓어진다. ( )

2. 중심별의 질량이 클수록 생명체가 진화하는 데 필요한 시간이 충분히 확보된다. ( )

3. 생명 가능 지대는 중심별로부터 액체 상태의 물이 존재할 수 있는 범위를 의미한다. ( )

4. 행성이 중심별에 가까이 있을수록 낮과 밤의 주기가 짧아 생명체가 진화하는 데 유리하다. ( )

5. SETI 프로젝트는 외계 고등 생명체가 보내는 인공 신호를 검출하는 프로젝트이다. ( )

둘 중에 고르기

6. 중심별의 질량이 클수록 생명 가능 지대는 중심별로부터 ① (멀고, 가깝고), 생명 가능 지대의 폭은 ② (좁다, 넓다).

7. 생명 가능 지대는 중심별로부터 거리가 적당하여 물이 ① (액체, 기체) 상태로 존재할 수 있는 ② (표면 온도, 기압) 조건이 되는 지대를 의미한다.

8. 주계열성은 광도가 큰 별일수록 별의 질량이 ① (작고, 크고) 진화 속도가 ② (빠르기, 느리기) 때문에 생명체가 진화하는 데 충분한 시간을 확보하기에 ③ (유리, 불리)하다.

9. 태양계 내에서 외계 생명체 존재 가능성이 가장 높은 행성은 (금성, 화성)이다.

정답 **1.** ○ **2.** × **3.** ○ **4.** × **5.** ○ **6.** ① 멀고 ② 넓다 **7.** ① 액체 ② 표면 온도 **8.** ① 크고 ② 빠르기 ③ 불리 **9.** 화성

단답형 문제

1. 물이 액체 상태로 존재할 수 있을 만큼 중심별로부터 적당한 거리에 있어 행성의 표면 온도가 적당한 지대를 무엇이라고 하는지 쓰시오.

2. 태양계에서 생명 가능 지대에 있는 행성을 쓰시오.

3. 외계 생명체가 존재하기 위한 조건 중 낮과 밤의 온도 차를 줄여주고 행성 표면을 적당한 온도로 유지시켜 주는 역할을 하는 것은 무엇인지 쓰시오.

4. 외계 생명체가 진화하기 위해 필요한 행성의 조건 중 중심별로부터 입사하는 고에너지 입자를 차단하기 위해 필요한 조건 2가지를 쓰시오.

5. 1960년대부터 시작된 외계 고등 문명이 보내는 인공 신호를 탐색하여 외계 생명체를 탐사하는 프로젝트는 무엇인지 쓰시오.

6. 태양계 천체 중 외계 생명체 탐사에 유력한 후보지인 목성과 토성의 위성을 각각 순서대로 쓰시오.

7. 외계 생명체가 진화하는 데 있어서 충분한 시간을 확보하는 데 결정적인 요인이 되는 중심별의 물리량을 쓰시오.

8. 물이 생명체를 이루는 고분자 화합물이 합성되도록 하는 용매의 역할을 할 수 있는 이유는 물 분자의 어떤 특성 때문인지 쓰시오.

정답 **1.** 생명 가능 지대 **2.** 지구 **3.** 대기 **4.** 자기장, 대기 **5.** SETI 프로젝트 **6.** 유로파, 타이탄 **7.** 질량 **8.** 전기적인 극성 분자

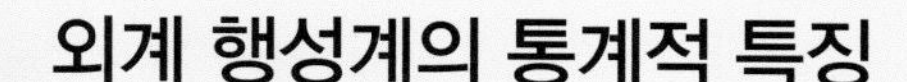

탐구 활동 외계 행성계의 통계적 특징

정답과 해설 82쪽

목표

지금까지 발견된 외계 행성계의 통계적 특징을 설명할 수 있다.

과정

다음은 외계 행성계 탐사 방법과 그 방법으로 발견한 외계 행성계에 대한 통계 자료를 나타낸 것이다(2016년 기준).

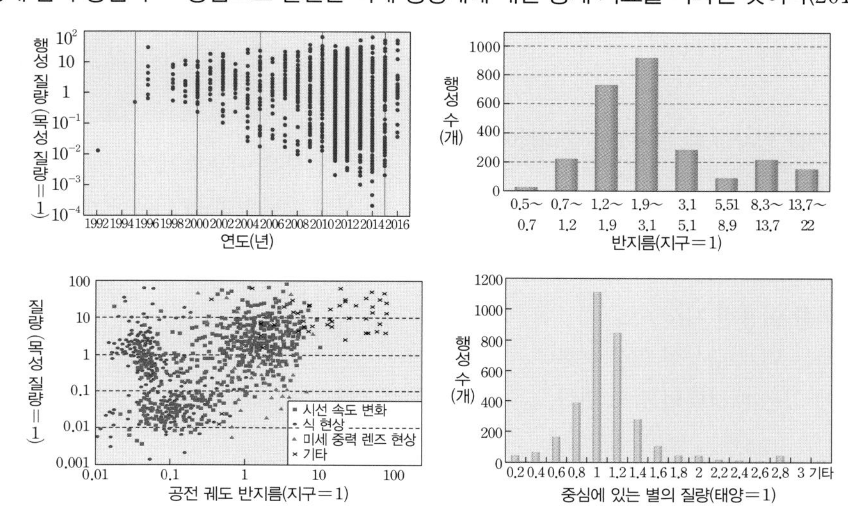

1. 최근으로 올수록 발견된 외계 행성의 질량은 어떠한지 설명하시오.
2. 발견된 외계 행성의 크기는 지구와 비교할 때 어떠한 것들이 더 많은지 설명하시오.
3. 발견된 외계 행성들의 질량과 공전 궤도 반지름은 어떤 관계가 있는지 설명하시오.
4. 외계 행성이 많이 발견되는 중심별의 질량은 어떠한지 설명하시오.

결과 정리 및 해석

1. 발견된 외계 행성은 2003년까지는 대부분 목성보다 질량이 큰 것만 발견되었지만 최근으로 올수록 예전에 비해 질량이 작은 것들이 많이 발견되고 있다.
2. 발견된 외계 행성의 크기는 지구 반지름의 1.9배~3.1배 정도인 것이 가장 많고, 그 다음으로 1.2배~1.9배이다. 발견된 외계 행성의 크기는 대략 지구 크기의 1.2배~3.1배인 행성이 전체의 절반이 넘는다.
3. 질량이 큰 외계 행성일수록 공전 궤도 반지름도 대체로 큰 것을 볼 수 있다. 즉, 외계 행성의 질량과 공전 궤도 반지름은 대체로 비례 관계가 성립한다. 이는 태양계에서도 공전 궤도 반지름이 큰 행성들은 질량이 큰 목성형 행성인 사실과 유사하다.
4. 외계 행성이 많이 발견되는 별의 질량은 태양의 질량과 비슷하다. 특히 현재까지 발견된 외계 행성은 중심별의 질량이 태양의 0.8배~1.4배인 것이 대부분을 차지한다.

탐구 분석

1. 최근으로 올수록 질량이 작은 외계 행성들이 많이 발견되는 이유는 무엇인가?

내신 기초 문제

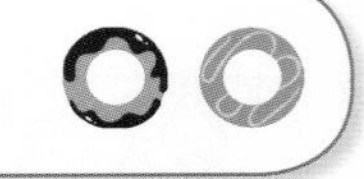

정답과 해설 82쪽

[8589-0456]

01 생명 가능 지대를 결정하는 기준으로 가장 알맞은 것은?

① 산소의 존재 유무
② 자기장의 존재 유무
③ 오존층의 존재 유무
④ 밤과 낮의 변화 유무
⑤ 액체 상태의 물의 유무

[8589-0457]

02 다음 중 외계 행성계를 탐사할 때 관측하는 물리량에 대한 설명으로 옳지 않은 것은?

① 중심별의 밝기 변화
② 중심별의 이동 경로
③ 중심별의 도플러 효과를 이용한 시선 속도
④ 중심별 둘레를 공전하는 외계 행성의 위상 변화
⑤ 이동하는 중심별 뒤에 있는 배경별의 광도 변화

[8589-0458]

03 그림은 여러 탐사 방법에 의해 최근까지 발견된 외계 행성의 질량과 행성의 공전 궤도 반지름의 관계를 나타낸 것이다.

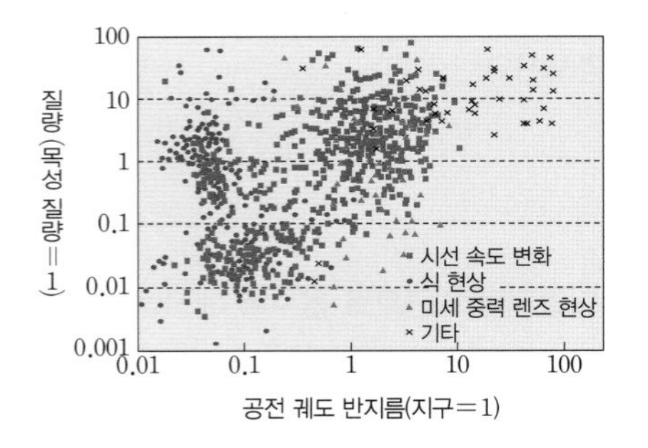

이에 대한 설명으로 옳은 것은?

① 질량이 큰 행성일수록 대체로 공전 궤도 반지름은 작다.
② 식 현상을 이용한 탐사 방법은 행성의 공전 궤도 반지름이 작을수록 유리하다.
③ 미세 중력 렌즈 현상을 이용해서 찾은 외계 행성이 가장 많다.
④ 공전 궤도 반지름이 1 AU보다 큰 외계 행성의 질량은 대부분 지구보다 작다.
⑤ 시선 속도 변화를 이용한 탐사 방법은 질량은 작고 공전 궤도 반지름은 큰 행성에 유리하다.

[8589-0459]

04 그림과 같은 원리를 이용하여 외계 행성을 탐사하는 방법은 무엇인가?

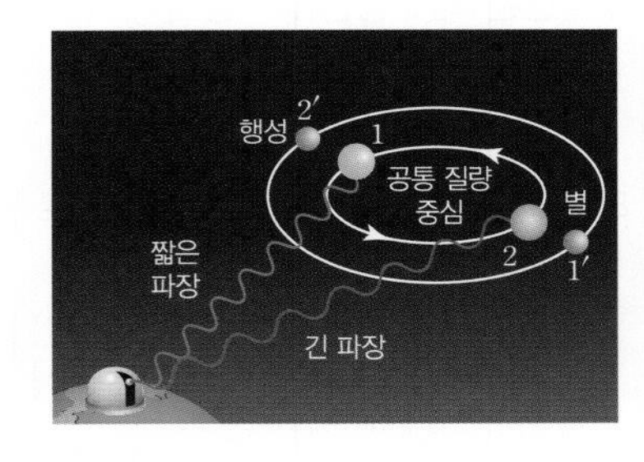

① 식 현상을 이용한 방법
② 시선 속도 변화를 이용한 방법
③ 별의 이동 경로를 추적하는 방법
④ 직접 관측을 통해 탐사하는 방법
⑤ 미세 중력 렌즈 현상을 이용한 방법

[8589-0460]

05 그림은 중심별의 질량에 따른 생명 가능 지대를 나타낸 것이다.

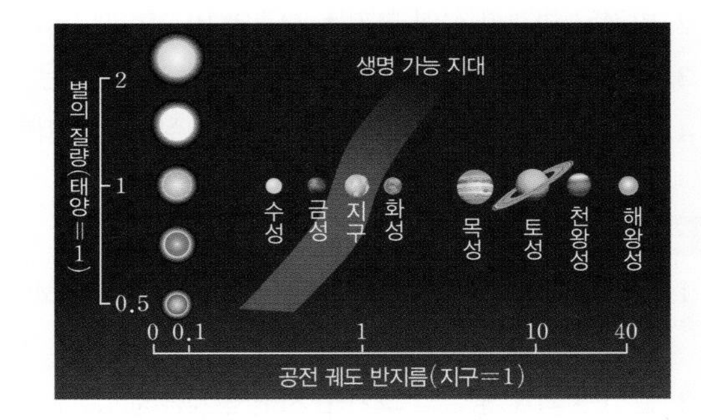

이에 대한 설명으로 옳지 않은 것은?

① 태양계에서 지구는 생명 가능 지대에 있다.
② 태양의 질량이 현재의 절반이었다면 금성과 지구가 생명 가능 지대에 포함될 것이다.
③ 태양의 질량이 현재의 1.5배였다면 화성은 생명 가능 지대에 포함될 것이다.
④ 태양의 질량이 현재보다 작다면 생명 가능 지대는 지금보다 태양에 더 가까이 분포할 것이다.
⑤ 태양의 질량이 현재보다 크다면 액체 상태의 물이 존재할 수 있는 범위가 현재보다 더 넓을 것이다.

실력 향상 문제

정답과 해설 83쪽

[8589-0461]

01 **다음 중 외계 행성 탐사에 대한 설명으로 옳은 것은?**

① 행성을 거느린 중심별의 이동 경로는 천구 상에서 직선이다.

② 행성의 질량이 작을수록 중심별의 시선 속도 변화가 크다.

③ 식 현상을 이용하여 외계 행성을 탐사할 때 외계 행성의 공전 궤도 반지름이 작을수록 유리하다.

④ 식 현상을 이용하여 외계 행성을 탐사할 때 행성의 반지름이 작을수록 중심별의 광도 변화가 크다.

⑤ 중력 렌즈로 작용하는 중심별과 행성의 질량이 작을수록 배경별의 밝기는 더 많이 증가한다.

[8589-0462]

02 **그림 (가)는 어느 외계 행성이 별 주위를 공전하는 모습을, (나)는 이 별의 겉보기 밝기를 시간에 따라 나타낸 것이다.**

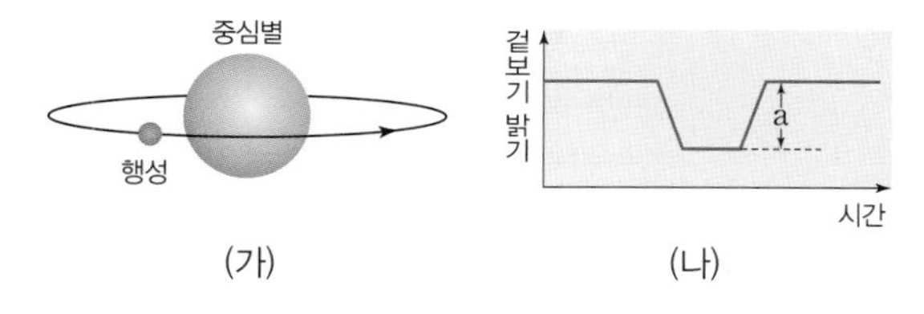

이에 대한 설명으로 옳지 않은 것은?

① 행성이 중심별 앞으로 지나갈 때 별의 광도가 감소한다.

② 행성의 반지름이 클수록 a의 크기가 커진다.

③ 중심별의 겉보기 밝기가 최소일 때 중심별의 스펙트럼 파장이 가장 짧게 관측된다.

④ 관측자의 시선 방향이 행성의 공전 궤도면과 나란할 때 (나)의 현상을 관측할 수 있다.

⑤ (나)와 같이 겉보기 밝기가 감소하는 현상은 주기적으로 나타난다.

[8589-0463]

03 **그림은 외계 행성계에서 중심별 A와 행성의 상대적 운동을 나타낸 것이다.**

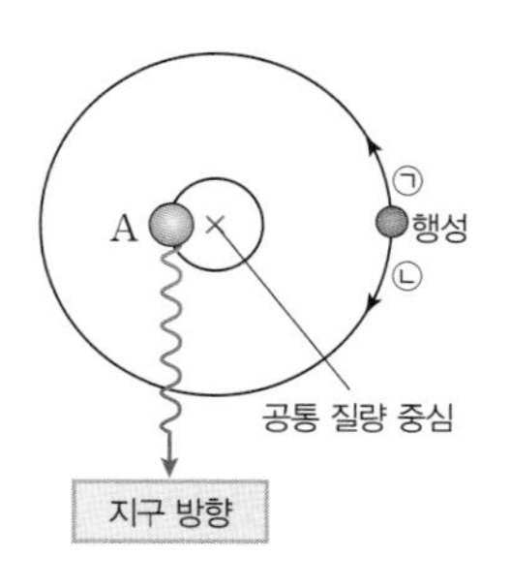

이에 대한 설명으로 옳지 않은 것은?

① A의 스펙트럼에서 도플러 효과가 관측된다.

② 행성이 ㉠ 방향으로 움직이면 A의 스펙트럼에서 청색 편이가 나타난다.

③ 행성이 ㉡ 방향으로 움직이면 A의 스펙트럼은 파장이 긴 쪽으로 이동한다.

④ 행성의 질량이 클수록 A의 스펙트럼의 변화가 크게 나타난다.

⑤ 행성의 공전 궤도면이 시선 방향과 나란하면 도플러 효과가 나타나지 않는다.

[8589-0464]

04 **그림은 배경별 A의 밝기 변화를 관측하여 별 B 주변의 외계 행성을 탐사하는 원리를 나타낸 것이다. 이와 같은 탐사 방법은 무엇인가?**

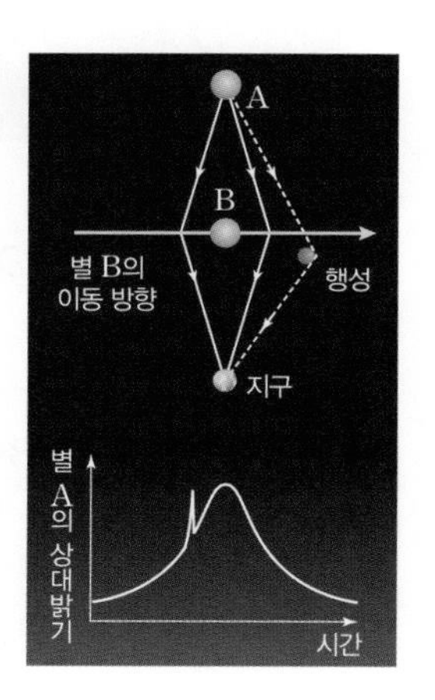

① 식 현상을 이용한 방법

② 시선 속도의 변화를 이용한 방법

③ 미세 중력 렌즈 현상을 이용한 방법

④ 직접 관측을 통해 탐사하는 방법

⑤ 별의 이동 경로를 추적하는 방법

[8589-0465]

05 그림은 어느 외계 행성에 의한 중심별의 밝기 변화를 나타낸 것이다.

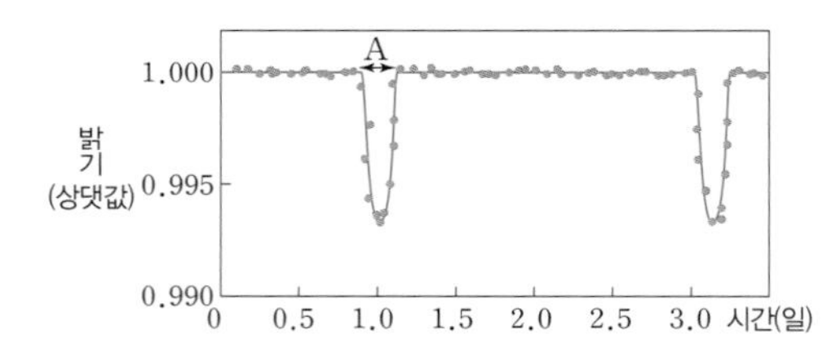

이에 대한 설명으로 옳지 않은 것은?

① 외계 행성의 공전 주기는 3일보다 짧다.
② 외계 행성의 공전 속도가 느릴수록 A의 폭은 커진다.
③ 외계 행성 탐사 방법 중 식 현상을 이용한 것이다.
④ 외계 행성의 공전 궤도면이 시선 방향에 대해 수직일 것이다.
⑤ 외계 행성이 지금보다 크다면 중심별의 밝기 변화는 더 크게 나타날 것이다.

[8589-0466]

06 그림 (가)는 배경별 A 앞에서 별 B가 이동하고 있는 모습을, (나)는 이때 배경별 A의 밝기 변화를 나타낸 것이다.

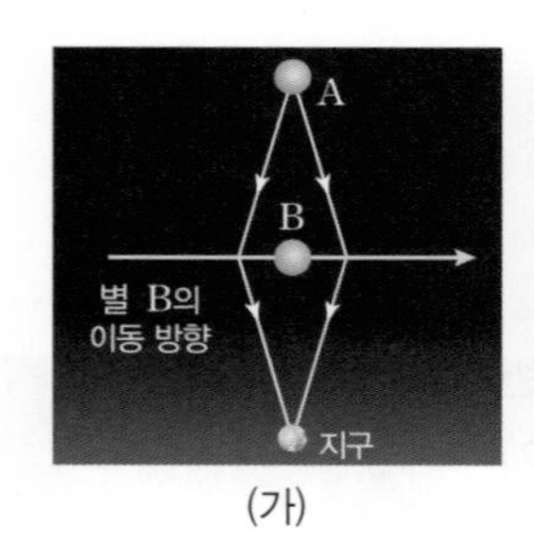

(가)

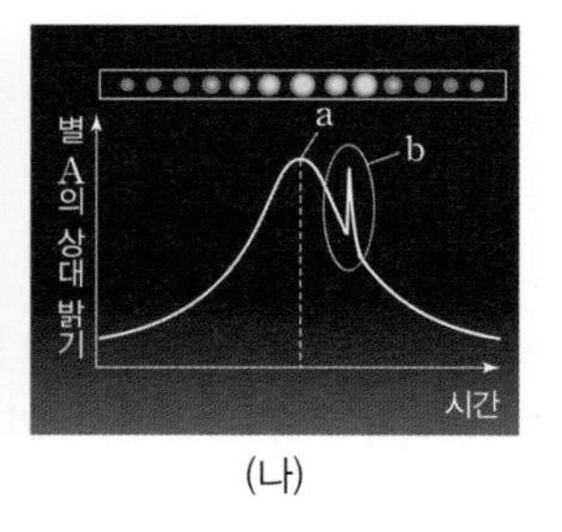

(나)

이에 대한 설명으로 옳은 것만을 〈보기〉에서 있는 대로 고른 것은?

보기
ㄱ. A의 밝기 변화는 B에 의한 중력 렌즈 현상 때문이다.
ㄴ. (나)에서 a는 A와 B가 시선 방향으로 일직선 상에 놓일 때이다.
ㄷ. B에 행성이 없다면 (나)에서 b의 현상이 나타나지 않을 것이다.

① ㄱ ② ㄷ ③ ㄱ, ㄴ ④ ㄴ, ㄷ ⑤ ㄱ, ㄴ, ㄷ

[8589-0467]

07 그림 (가)와 (나)는 외계 행성계 케플러-30에서 발견된 행성 케플러-30c와 케플러-30d에 의한 케플러-30의 상대 밝기 변화를 나타낸 것이다.

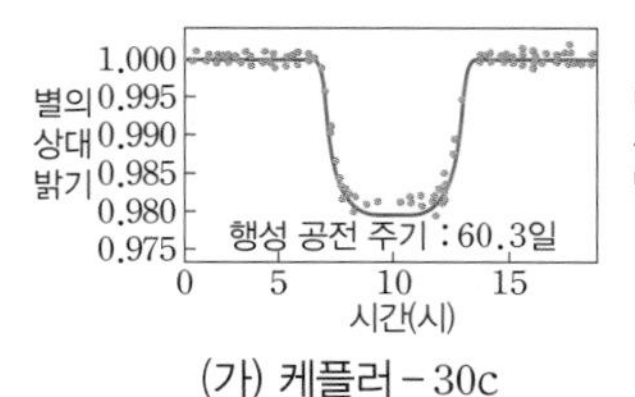

(가) 케플러-30c

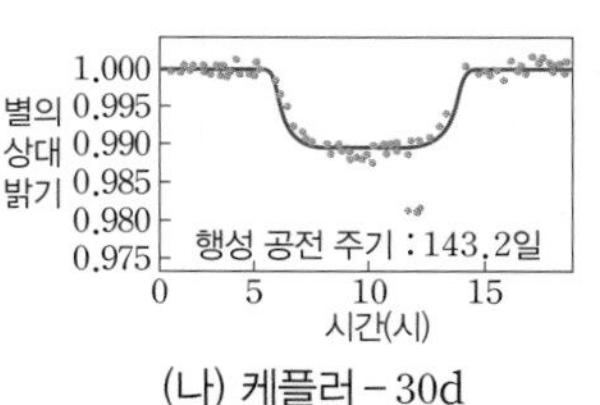

(나) 케플러-30d

이에 대한 설명으로 옳은 것만을 〈보기〉에서 있는 대로 고른 것은?

보기
ㄱ. 행성의 반지름은 케플러-30c가 더 크다.
ㄴ. 공전 궤도 반지름은 케플러-30d가 더 크다.
ㄷ. 식 현상이 지속되는 시간은 케플러-30c가 더 길다.

① ㄱ ② ㄷ ③ ㄱ, ㄴ ④ ㄴ, ㄷ ⑤ ㄱ, ㄴ, ㄷ

[8589-0468]

08 그림은 외계 행성계 탐사를 위한 중심별의 스펙트럼 관측 결과이다.

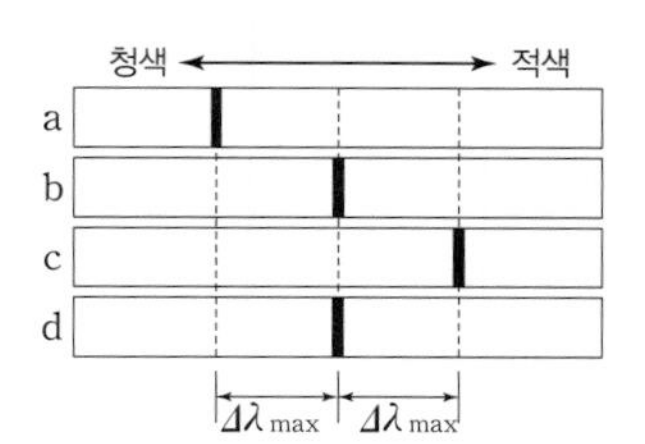

이에 대한 설명으로 옳은 것만을 〈보기〉에서 있는 대로 고른 것은?

보기
ㄱ. 미세 중력 렌즈 현상을 이용한 탐사 방법이다.
ㄴ. a는 중심별이 관측자의 시선 방향으로 멀어지는 경우이다.
ㄷ. 외계 행성의 질량이 클수록 파장의 변화량($\Delta\lambda_{max}$)이 커질 것이다.

① ㄱ ② ㄷ ③ ㄱ, ㄴ ④ ㄴ, ㄷ ⑤ ㄱ, ㄴ, ㄷ

[8589-0469]

09 **그림은 어느 외계 행성계 중심별의 시선 속도 변화를 나타낸 것이다.**

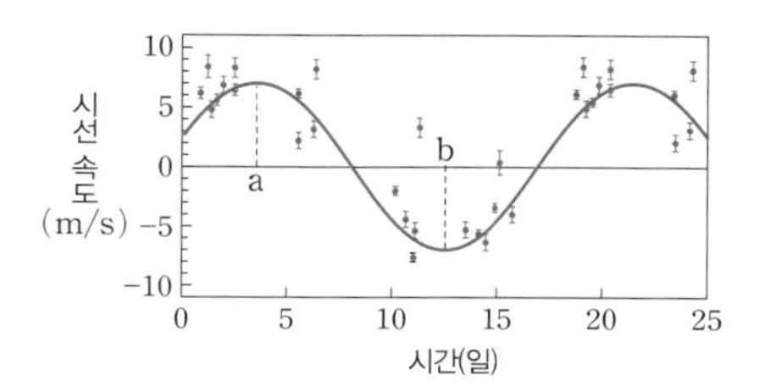

이에 대한 설명으로 옳은 것만을 〈보기〉에서 있는 대로 고른 것은?

보기

ㄱ. 중심별의 스펙트럼이 a에서는 청색 편이, b에서는 적색 편이가 나타난다.
ㄴ. 행성의 질량이 크면 시선 속도의 변화 폭이 더 크게 나타난다.
ㄷ. 행성의 공전 궤도 반지름이 더 크면 시선 속도 변화 주기가 더 길어진다.

① ㄱ ② ㄷ ③ ㄱ, ㄴ ④ ㄴ, ㄷ ⑤ ㄱ, ㄴ, ㄷ

[8589-0470]

10 **그림은 태양과 케플러-186의 표면 온도와 중심별 둘레를 공전하는 행성과 생명 가능 지대를 나타낸 것이다.**

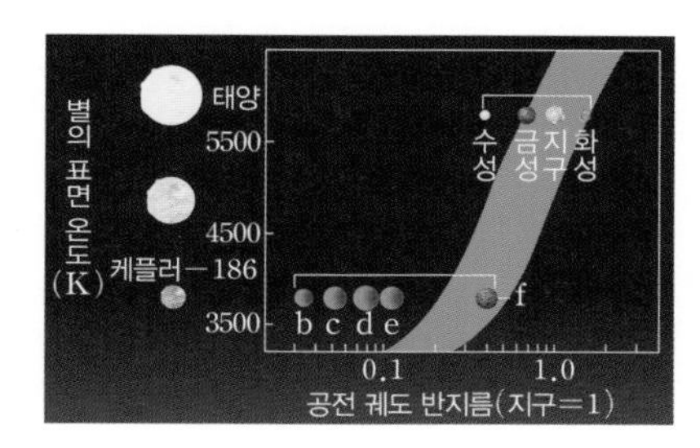

이에 대한 설명으로 옳지 않은 것은?

① 태양보다 케플러-186의 질량이 더 작다.
② 태양보다 케플러-186의 수명이 더 길다.
③ 태양보다 케플러-186의 광도가 더 크다.
④ 케플러-186f에는 액체 상태의 물이 존재할 수 있다.
⑤ 물이 액체 상태로 존재할 수 있는 영역은 케플러-186 행성계보다 태양계가 더 넓다.

[8589-0471]

11 **그림은 어느 주계열성의 진화에 따른 생명 가능 지대의 변화와 행성 A, B, C의 현재 위치를 나타낸 것이다.**

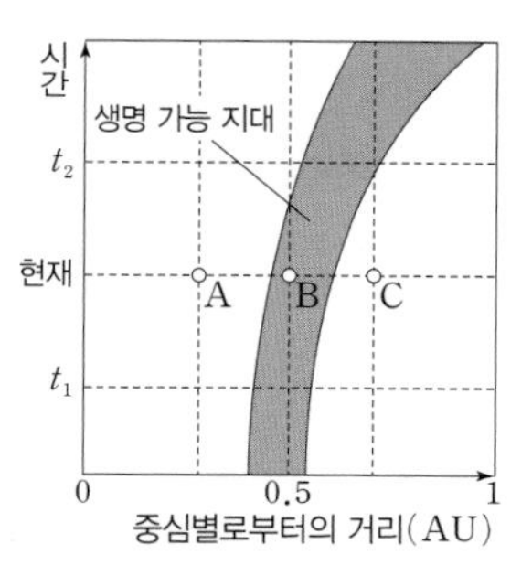

이에 대한 설명으로 옳은 것만을 〈보기〉에서 있는 대로 고른 것은?

보기

ㄱ. 이 별의 질량은 태양의 질량보다 작다.
ㄴ. 별의 광도는 t_1보다 t_2일 때 크다.
ㄷ. t_2일 때 생명 가능 지대에 위치하는 행성은 C이다.

① ㄱ ② ㄷ ③ ㄱ, ㄴ
④ ㄴ, ㄷ ⑤ ㄱ, ㄴ, ㄷ

[8589-0472]

12 **그림은 2014년까지 발견된 외계 행성의 물리량을 나타낸 것이다.**

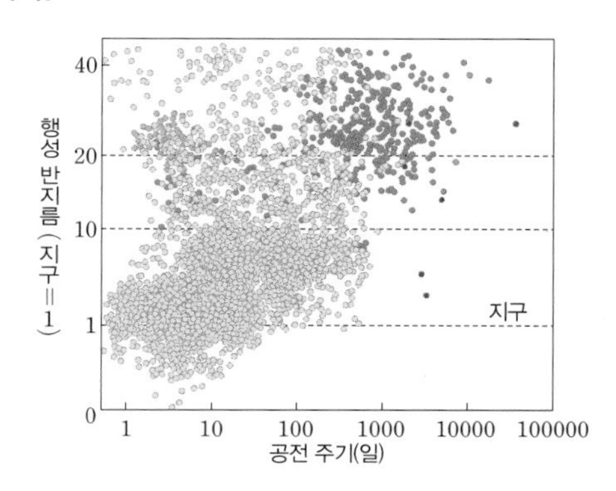

이에 대한 설명으로 옳은 것만을 〈보기〉에서 있는 대로 고른 것은?

보기

ㄱ. 지구보다 큰 행성들이 더 많이 발견되었다.
ㄴ. 대체로 큰 행성일수록 공전 주기가 길다.
ㄷ. 지구보다 작은 행성들의 공전 주기는 대부분 1년 미만이다.

① ㄱ ② ㄷ ③ ㄱ, ㄴ
④ ㄴ, ㄷ ⑤ ㄱ, ㄴ, ㄷ

정답과 해설 83쪽

[13~14] 그림 (가)는 연도별 발견된 외계 행성의 질량 분포를, (나)는 연도별 탐사 방법에 따라 발견된 외계 행성의 개수를 나타낸 것이다. 물음에 답하시오.

(가)

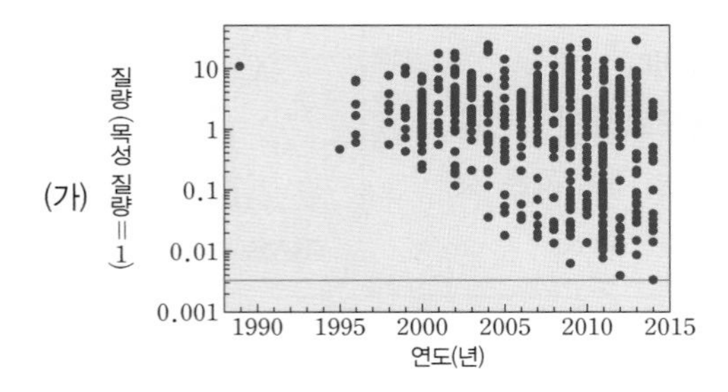

(나)

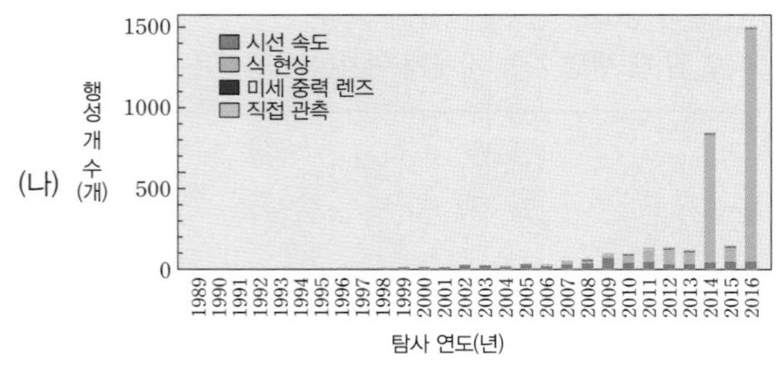

[8589-0473]

13 위 자료에 대한 설명으로 옳은 것만을 ⟨보기⟩에서 있는 대로 고른 것은?

> 보기
>
> ㄱ. 최근으로 올수록 목성보다 질량이 작은 행성의 발견 비율이 증가하였다.
>
> ㄴ. 식 현상을 이용한 방법으로 찾아낸 행성이 가장 많다.
>
> ㄷ. 시선 속도 변화를 이용하여 발견한 행성의 개수가 가장 많이 증가하였다.

① ㄱ ② ㄷ ③ ㄱ, ㄴ
④ ㄴ, ㄷ ⑤ ㄱ, ㄴ, ㄷ

서술형 [8589-0474]

14 외계 행성 탐사를 처음 시작할 때 발견한 외계 행성은 질량이 지구보다 큰 것이 대부분이었다.
외계 행성 탐사 방법 중 질량이 큰 행성일수록 탐사에 유리한 방법을 하나 골라서 쓰고 그 이유를 탐사 원리를 언급하여 서술하시오.

[15~16] 다음은 외계 행성 탐사와 관련한 2017년 2월 신문 기사의 일부이다. 물음에 답하시오.

> 지구에서 약 39광년 떨어진 물병자리에 위치하는 작고 희미한 별인 트라피스트-1에서 지구형 행성 7개가 발견되었다. 중심별인 트라피스트-1의 질량은 태양의 약 8 %, 지름은 태양의 약 11 %로 태양보다는 목성 크기에 더 가까운 별이다. 이 별에서 발견된 외계 행성 중 가장 작은 행성 트라피스트-1d는 지구 지름의 약 77 %, 질량의 약 41 %이고, 가장 큰 트라피스트-1 g는 지름이 지구의 1.13배, 질량은 1.34배 정도이며, 7개의 행성 모두 생명 가능 지대에 위치하고 있다고 밝혔다.
>
> 이 외계 행성계는 칠레 아타카마 라실라 천문대의 TRAPPIST 망원경이 찾았는데, 이 망원경은 행성이 별의 앞을 통과할 때 별빛이 흐려지는 현상을 이용하여 행성을 찾는 망원경이다.

[8589-0475]

15 트라피스트-1 행성계에 대한 설명으로 옳은 것만을 ⟨보기⟩에서 있는 대로 고른 것은?

> 보기
>
> ㄱ. 트라피스트-1의 표면 온도는 태양보다 낮을 것이다.
>
> ㄴ. 7개의 행성 모두 액체 상태의 물이 존재할 수 있다.
>
> ㄷ. 트라피스트-1d의 공전 궤도 반지름은 1 AU 미만일 것이다.

① ㄱ ② ㄷ ③ ㄱ, ㄴ
④ ㄴ, ㄷ ⑤ ㄱ, ㄴ, ㄷ

서술형 [8589-0476]

16 이 망원경이 외계 행성을 탐사하는 원리를 서술하시오.

[8589-0477]

01 그림 (가)는 어떤 외계 행성계의 모습을, (나)는 행성 A, B의 식 현상에 의한 중심별의 겉보기 밝기 변화를 나타낸 것이다.

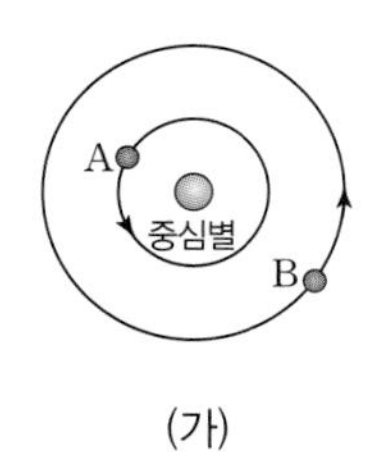

(가)

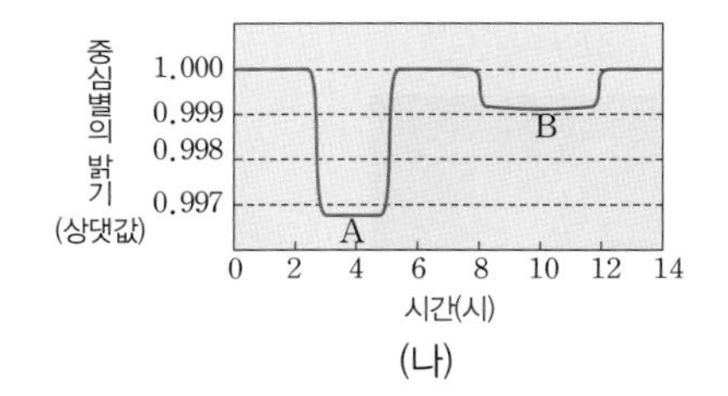

(나)

이에 대한 설명으로 옳은 것만을 〈보기〉에서 있는 대로 고른 것은? (단, 행성 A, B의 공전 궤도면은 관측자의 시선 방향과 나란하다.)

보기
ㄱ. 행성의 크기는 A가 B보다 크다.
ㄴ. 식 현상이 나타나는 주기는 A보다 B가 더 길다.
ㄷ. 식 현상이 지속되는 시간은 A보다 B가 더 길다.

① ㄱ ② ㄴ ③ ㄱ, ㄷ ④ ㄴ, ㄷ ⑤ ㄱ, ㄴ, ㄷ

[8589-0478]

02 그림은 최근까지 발견된 외계 행성의 물리량과 탐사 방법을 나타낸 것이다.

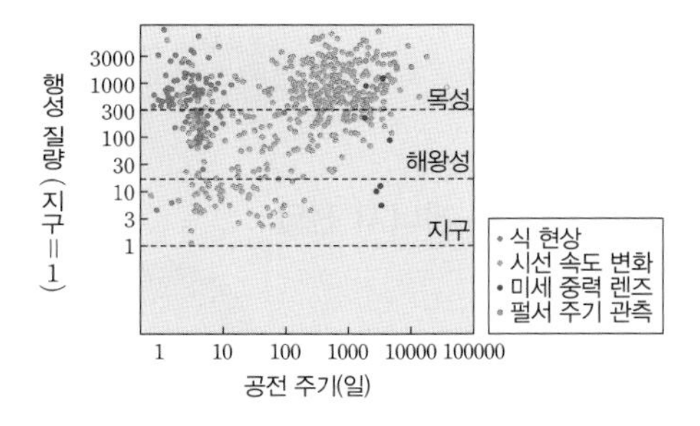

이에 대한 설명으로 옳은 것만을 〈보기〉에서 있는 대로 고른 것은?

보기
ㄱ. 질량이 큰 행성일수록 발견하기 쉽다.
ㄴ. 식 현상을 이용한 탐사 방법은 행성의 공전 궤도 반지름이 작을수록 유리하다.
ㄷ. 미세 중력 렌즈 현상을 이용한 탐사 방법은 공전 궤도 반지름이 작을수록 유리하다.

① ㄱ ② ㄷ ③ ㄱ, ㄴ ④ ㄴ, ㄷ ⑤ ㄱ, ㄴ, ㄷ

[8589-0479]

03 그림 (가)는 중심별 A 둘레를 공전하는 행성을, (나)는 A의 스펙트럼 변화를 나타낸 것이다.

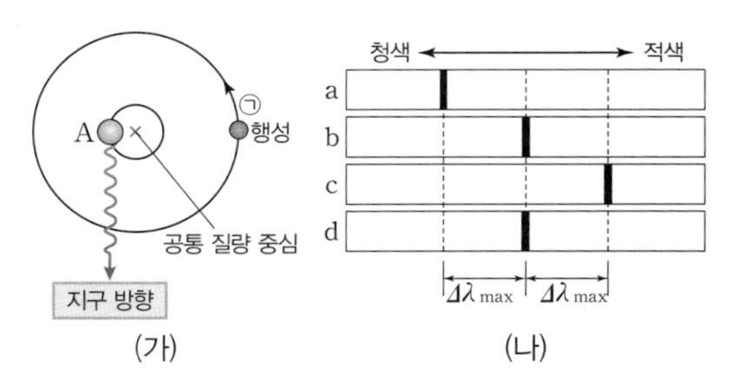

이에 대한 설명으로 옳은 것만을 〈보기〉에서 있는 대로 고른 것은?

보기
ㄱ. 도플러 효과를 이용한 방법이다.
ㄴ. 행성의 질량이 크면 $\Delta\lambda_{max}$가 증가할 것이다.
ㄷ. 행성이 ㉠에 있을 때, A의 스펙트럼은 c와 같이 나타난다.

① ㄱ ② ㄷ ③ ㄱ, ㄴ ④ ㄴ, ㄷ ⑤ ㄱ, ㄴ, ㄷ

[8589-0480]

04 그림은 태양계와 케플러-452, 케플러-186 행성계의 생명 가능 지대를 나타낸 것이다.

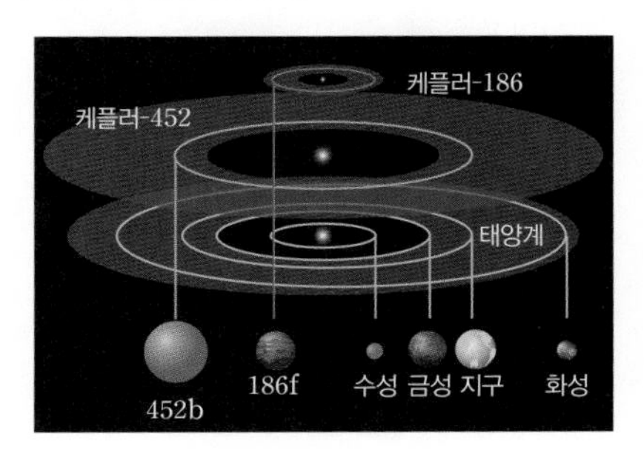

이에 대한 설명으로 옳은 것만을 〈보기〉에서 있는 대로 고른 것은?

보기
ㄱ. 수명이 가장 긴 항성은 케플러-186이다.
ㄴ. 표면 온도가 가장 높은 항성은 케플러-452이다.
ㄷ. 행성 케플러-186 f와 케플러-452 b에는 액체 상태의 물이 존재할 수 있다.

① ㄱ ② ㄷ ③ ㄱ, ㄴ ④ ㄴ, ㄷ ⑤ ㄱ, ㄴ, ㄷ

단원 정리

1 별의 표면 온도와 분광형

분광형	O	B	A	F	G	K	M
색깔	청색	청백색	백색	황백색	황색	주황색	적색
표면 온도(K)	> 28000	10000 ~ 28000	7500 ~ 10000	6000 ~ 7500	5000 ~ 6000	3500 ~ 5000	< 3500

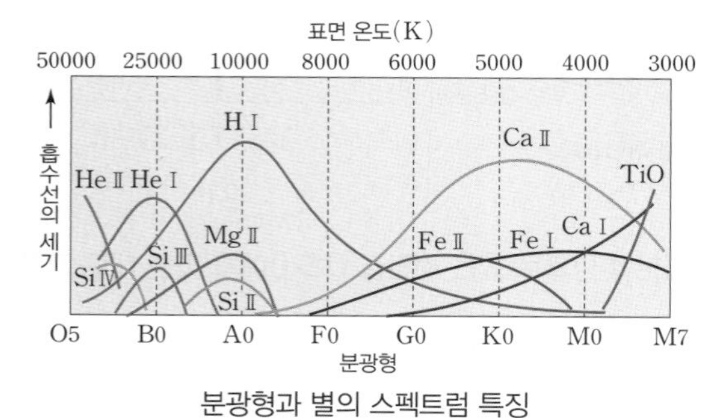

분광형과 별의 스펙트럼 특징

2 별의 광도(L)

L=단위 면적에서 방출하는 에너지(σT^4)×표면적($4\pi R^2$)

➡ $L=4\pi R^2 \cdot \sigma T^4$

3 H－R도와 별의 종류

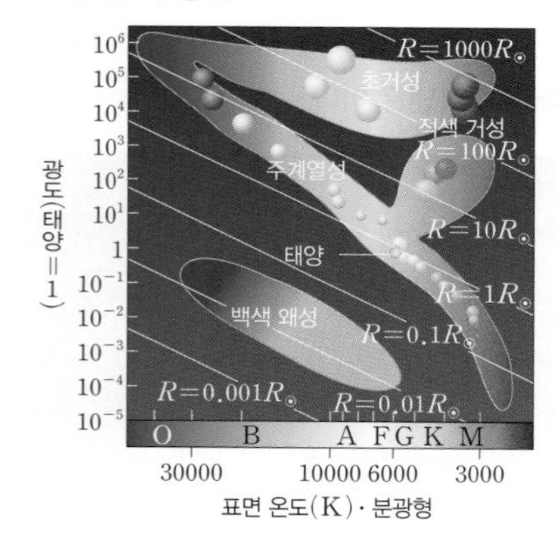

별의 종류	광도	표면 온도	크기	H－R도 상 위치
주계열성	다양	다양	다양	좌상에서 우 하로 이어지는 대각선 상에 분포
적색 거성	크다	낮다	크다	우상
초거성	매우 크다	낮다	매우 크다	우최상
백색 왜성	작다	높다	매우 작다	좌하

4 별의 에너지원

원시별의 에너지원	주계열성의 에너지원
중력 수축 에너지 $\Delta E=\frac{1}{2}\frac{GM^2}{R}$	수소 핵융합 에너지 $E=\Delta mc^2$ (Δm : 결손 질량, c : 광속) 수소 원자핵 4개, 질량 합 : 4.0312u 에너지 발생 $E=\Delta mc^2$ 헬륨 원자핵 1개, 질량 : 4.0026u

5 수소 핵융합 반응의 종류

종류	양성자－ 양성자 연쇄 반응 (p－p 연쇄 반응)	탄소－질소－산소 순환 반응 (CNO 순환 반응)
별의 질량	$M<1.5M_\odot$ 일 때 우세	$M>1.5M_\odot$ 일 때 우세
중심핵 온도	1000만 K$<T<$1800 만 K 일 때 우세	$T>$1800 만 K 일 때 우세
반응 과정	^1H + ^1H → ^2H (ν); ^2H + ^1H → ^3He (γ); ^3He + ^3He → ^4He + ^1H + ^1H	^{12}C, ^{13}N, ^{13}C, ^{14}N, ^{15}O, ^{15}N, ^1H, ^4He, γ, ν 양성자, 중성자, 양전자, γ 감마선, ν 뉴트리노

6 별의 내부 구조와 에너지 전달

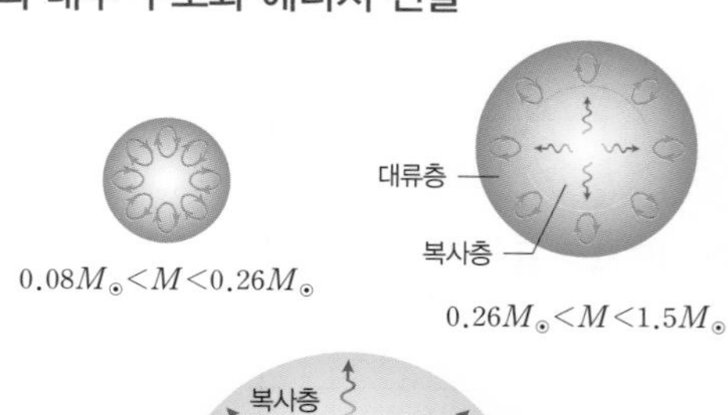

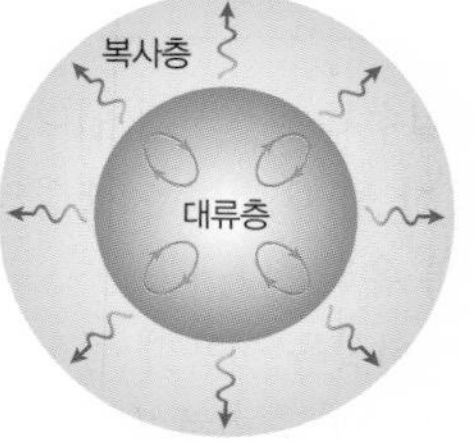

$1.5M_\odot<M$

단원 정리

7 별의 탄생과 진화

① 별의 탄생

- 질량이 큰 저온·고밀도 성운의 중력 수축 → 원시별 → 중심핵의 온도가 1000만 K에 이르면 수소 핵융합 시작 → 주계열성(정역학적 평형)
- 질량이 클수록 광도와 온도가 높은 주계열성이 되며, 진화 속도가 빠르다.

② 질량이 태양과 비슷한 별의 진화

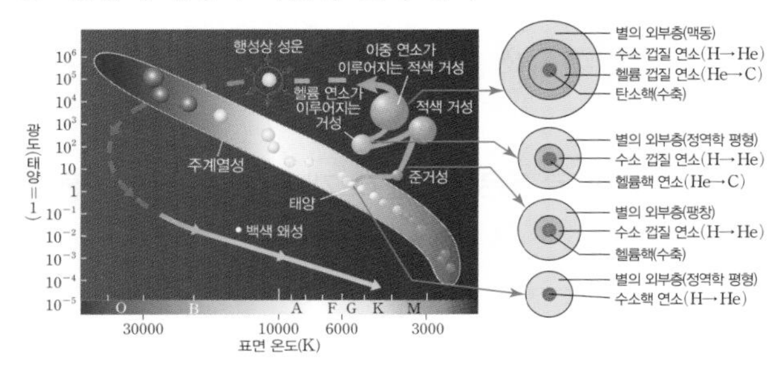

③ 질량에 따른 별의 진화 단계

초기 질량		중간 단계	최후
$M < 0.08M_{\odot}$		주계열성이 되지 못함	갈색 왜성
$0.08M_{\odot} < M < 0.26M_{\odot}$		주계열성(헬륨핵)	백색 왜성
$0.26M_{\odot} < M < 8M_{\odot}$		주계열성 → 적색 거성 → 행성상 성운	백색 왜성
$M > 8M_{\odot}$	$1.4M_{\odot} < M_{핵} < 3M_{\odot}$	주계열성 → 초거성 → 초신성 폭발	중성자별
	$M_{핵} > 3M_{\odot}$	주계열성 → 초거성 → 초신성 폭발	블랙홀

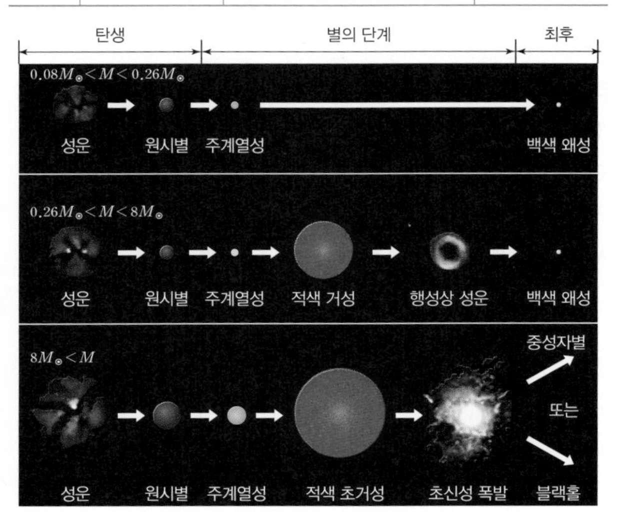

8 외계 행성계 탐사 방법

탐사 방법	관측	원리
시선 속도 변화 관측	스펙트럼의 도플러 효과 관측 • 접근 시 : 청색 편이 • 후퇴 시 : 적색 편이	
식 현상의 광도 변화 관측	중심별의 밝기 변화 관측 • 공전 궤도면이 시선 방향과 나란할 때 식 현상 • 행성의 반지름이 클수록 잘 발견	
미세 중력 렌즈 현상	배경별의 밝기 변화 관측 • 배경별의 밝기에 추가적인 미세한 변화 • 행성의 질량이 클수록 배경별의 밝기 변화에 추가적인 밝기 변화가 큼	
별의 이동 경로 관측	별의 이동 경로 관측 ➡ 별이 꼬불꼬불한 경로로 이동	
기타	• 적외선 망원경으로 직접 관측 • 펄서 신호의 변화 주기 관측	

9 외계 생명체 탐사

① 생명 가능 지대 : 중심별로부터 적당한 거리에 있어 액체 상태의 물이 존재할 수 있는 영역

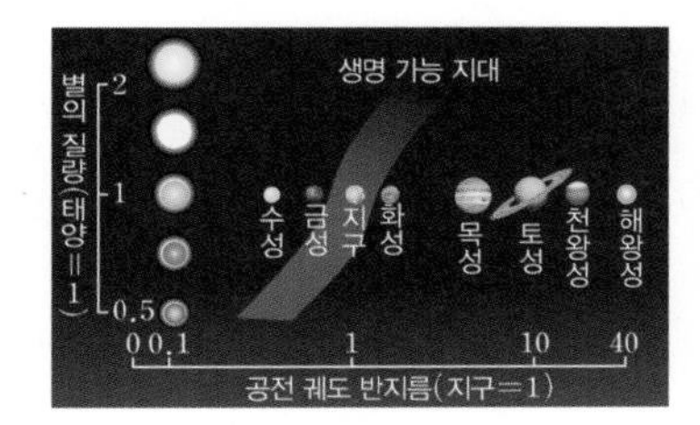

② 외계 생명체가 존재할 수 있는 조건

- 액체 상태의 물
- 적당한 질량의 중심별 : 별의 진화 속도가 적정해야 생명체가 진화할 수 있음
- 온실 효과 및 유해 전자기파 차단을 위한 적당한 두께의 대기
- 자기장 : 중심별로부터 입사하는 고에너지 입자를 차단
- 위성 : 위성은 행성 자전축의 적정한 기울기를 유지해줌.

단원 마무리 문제

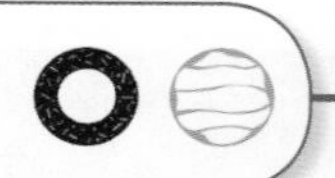

[8589-0481]

01 그림은 종류가 다른 스펙트럼을 나타낸 것이다.

이에 대한 설명으로 옳지 않은 것은?

① (가)는 연속 스펙트럼이다.
② 고온의 고체에서는 (가)와 같은 스펙트럼이 나타난다.
③ 고온의 별 주변에 저온의 성운이 있을 때는 (나)와 같은 스펙트럼이 나타난다.
④ (나)는 별의 표면 온도를 판별하는 데 이용하는 스펙트럼이다.
⑤ 고온 · 고밀도의 기체에서는 (다)와 같은 스펙트럼이 나타난다.

[8589-0482]

02 그림은 크기는 같고, 표면 온도가 다른 두 별 A와 B의 단위 면적에서 방출하는 복사 에너지의 세기를 파장에 따라 나타낸 것이다.

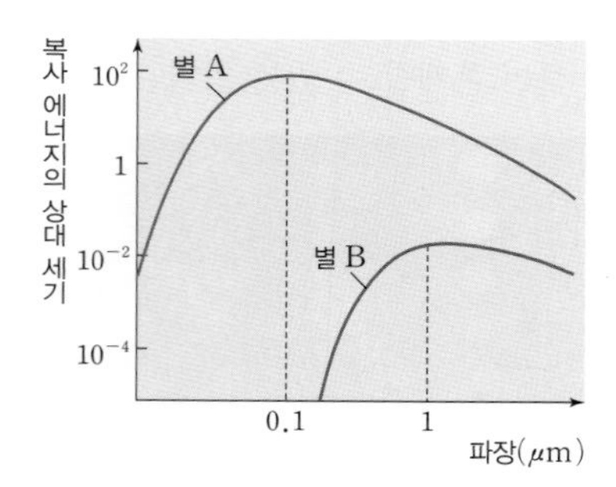

이에 대한 설명으로 옳은 것만을 〈보기〉에서 있는 대로 고른 것은?

보기

ㄱ. A의 표면 온도가 B의 표면 온도보다 높다.
ㄴ. B는 A보다 푸른색을 띨 것이다.
ㄷ. 푸른색 파장으로 구한 등급에서 노란색 파장으로 구한 등급을 뺀 값은 A가 더 크다.

① ㄱ ② ㄴ ③ ㄱ, ㄷ ④ ㄴ, ㄷ ⑤ ㄱ, ㄴ, ㄷ

[8589-0483]

03 그림 (가)는 대표적인 주계열성을 H-R도에 나타낸 것이고, (나)는 분광형에 따른 스펙트럼 흡수선의 특징을 나타낸 것이다.

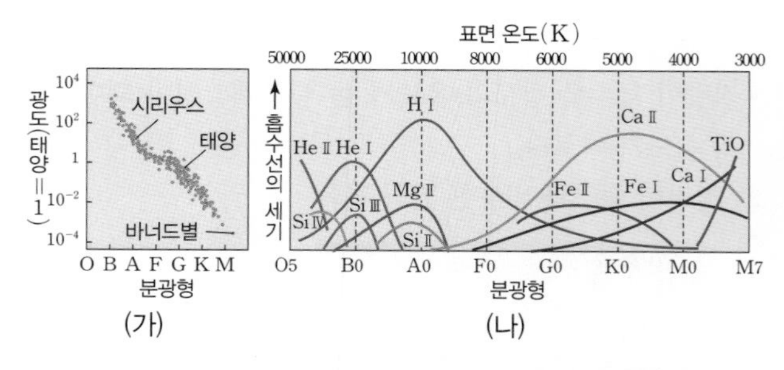

이에 대한 설명으로 옳은 것만을 〈보기〉에서 있는 대로 고른 것은?

보기

ㄱ. 중성 수소 흡수선이 가장 강하게 나타나는 별은 시리우스이다.
ㄴ. 태양에서는 이온화된 칼슘 흡수선이 가장 강하게 나타난다.
ㄷ. 시리우스, 태양, 바너드별 중에서 TiO 분자 흡수선이 나타나는 별은 바너드별 뿐이다.

① ㄱ ② ㄴ ③ ㄱ, ㄷ
④ ㄴ, ㄷ ⑤ ㄱ, ㄴ, ㄷ

[8589-0484]

04 그림은 H-R도에 물리량이 다른 별들을 나타낸 것이다.

표면 온도, 반지름, 밀도의 물리량이 가장 큰 별을 ㉠~㉣에서 골라 옳게 짝 지은 것은?

	표면 온도	반지름	밀도
①	㉠	㉡	㉢
②	㉠	㉢	㉣
③	㉢	㉠	㉣
④	㉣	㉡	㉠
⑤	㉣	㉢	㉠

[8589-0485]
05 표는 별 ㉠~㉣의 광도 계급과 분광형을 나타낸 것이다.

별	광도 계급	분광형
㉠	Ⅰ	M
㉡	Ⅲ	G
㉢	Ⅴ	G
㉣	Ⅴ	M

이에 대한 설명으로 옳지 않은 것은?

① 반지름이 가장 큰 별은 ㉠이다.
② 표면 온도는 ㉡이 ㉠보다 높다.
③ 광도는 ㉡이 ㉢보다 크다.
④ 질량은 ㉢보다 ㉣이 더 크다.
⑤ 중심핵에서 수소 핵융합 반응을 하고 있는 별은 ㉢과 ㉣이다.

[8589-0486]
06 표는 태양과 별 A, B의 물리량을 나타낸 것이다.

구분	태양	A	B
표면 온도(K)	6000	6000	3000
절대 등급	5	0	−5

별 A, B의 물리량을 바르게 비교한 것만을 <보기>에서 있는 대로 고른 것은?

보기
ㄱ. A의 광도는 태양의 100배이다.
ㄴ. B의 반지름은 A의 10배이다.
ㄷ. B의 중심핵에서는 수소 핵융합 반응이 일어난다.

① ㄱ ② ㄷ ③ ㄱ, ㄴ
④ ㄴ, ㄷ ⑤ ㄱ, ㄴ, ㄷ

[8589-0487]
07 그림 (가)는 주계열성의 질량-광도 관계를, (나)는 H-R도에서 주계열성을 나타낸 것이다.

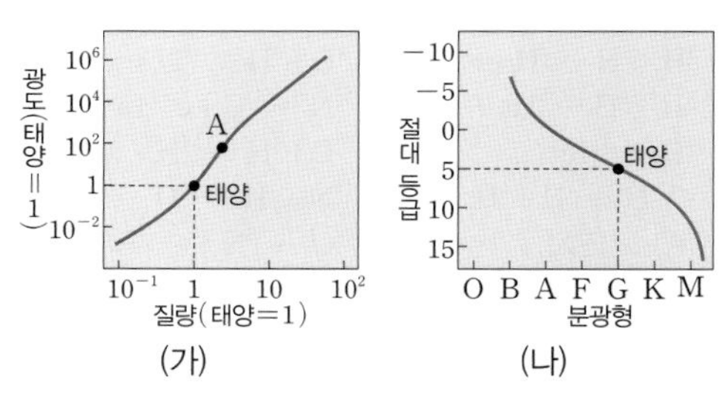

별 A와 태양의 물리량을 비교한 것으로 옳은 것만을 <보기>에서 있는 대로 고른 것은?

보기
ㄱ. A는 태양보다 수명이 길다.
ㄴ. A는 태양보다 반지름이 크다.
ㄷ. A는 태양보다 표면 온도가 높다.

① ㄱ ② ㄷ ③ ㄱ, ㄴ ④ ㄴ, ㄷ ⑤ ㄱ, ㄴ, ㄷ

[8589-0488]
08 그림은 분광형과 절대 등급에 따라 별들을 나타낸 H-R도 위에 별 A, B, C를 나타낸 것이다

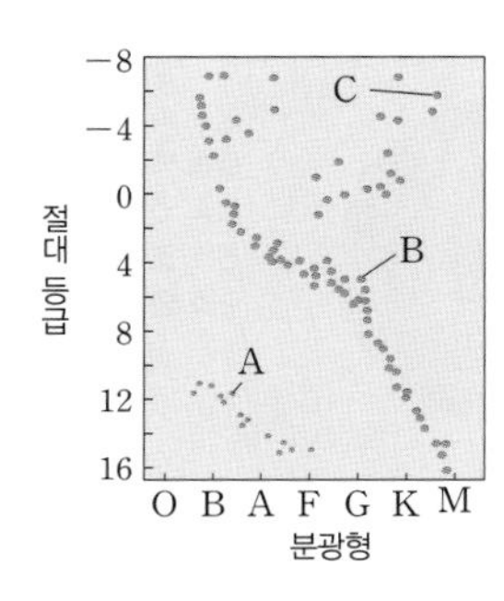

별 A, B, C에 대한 설명으로 옳은 것만을 <보기>에서 있는 대로 고른 것은?

보기
ㄱ. 밀도가 가장 큰 별은 A이다.
ㄴ. B는 진화하여 C와 같은 종류의 별이 된다.
ㄷ. 반지름이 가장 큰 별은 C이다.

① ㄱ ② ㄷ ③ ㄱ, ㄴ ④ ㄴ, ㄷ ⑤ ㄱ, ㄴ, ㄷ

[8589-0489]
09 다음은 별의 중심핵에서 일어날 수 있는 서로 다른 핵융합 반응을 나타낸 것이다.

(가)	(나)
$^{1}H+^{1}H \rightarrow ^{2}H+e^{+}+\nu$ $^{2}H+^{1}H \rightarrow ^{3}He+\gamma$ $^{3}He+^{3}He$ $\rightarrow ^{4}He+^{1}H+^{1}H$ (e^{+} : 양전자, ν : 뉴트리노, γ : 감마선)	$^{12}C+^{1}H \rightarrow ^{13}N+\gamma$ $^{13}N \rightarrow ^{13}C+e^{+}+\nu$ $^{13}C+^{1}H \rightarrow ^{14}N+\gamma$ $^{14}N+^{1}H \rightarrow ^{15}O+\gamma$ $^{15}O \rightarrow ^{15}N+e^{+}+\nu$ $^{15}N+^{1}H \rightarrow ^{12}C+^{4}He$

이에 대한 설명으로 옳은 것만을 <보기>에서 있는 대로 고른 것은?

보기
ㄱ. 반응이 일어나기 시작하는 온도는 (가)가 (나)보다 높다.
ㄴ. (가)의 반응보다 (나)의 반응이 우세하게 일어날 수 있는 별의 질량이 더 크다.
ㄷ. 반응에서 최종적으로 생성되는 알짜 생성물의 질량은 (나)가 더 크다.

① ㄱ ② ㄴ ③ ㄱ, ㄷ ④ ㄴ, ㄷ ⑤ ㄱ, ㄴ, ㄷ

[8589-0490]
10 그림 (가)와 (나)는 중심부의 핵융합 반응이 더 이상 일어나지 않는 별의 내부 구조를 나타낸 것이다.

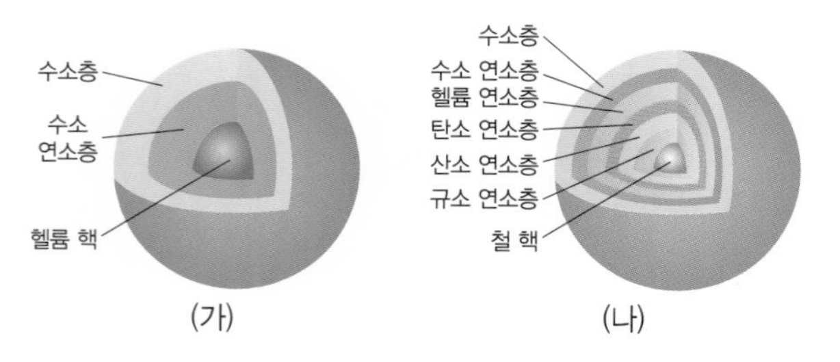

이에 대한 설명으로 옳은 것만을 <보기>에서 있는 대로 고른 것은?

보기
ㄱ. 별의 수명은 (가)가 (나)보다 길다.
ㄴ. 별의 질량은 (가)가 (나)보다 작다.
ㄷ. 주계열 단계에 있을 때 (나)의 중심핵에서는 p−p 연쇄 반응이 우세하게 일어난다.

① ㄱ ② ㄷ ③ ㄱ, ㄴ ④ ㄴ, ㄷ ⑤ ㄱ, ㄴ, ㄷ

[8589-0491]
11 그림은 태양과 질량이 같은 별의 진화 과정을 간단히 나타낸 것이다.

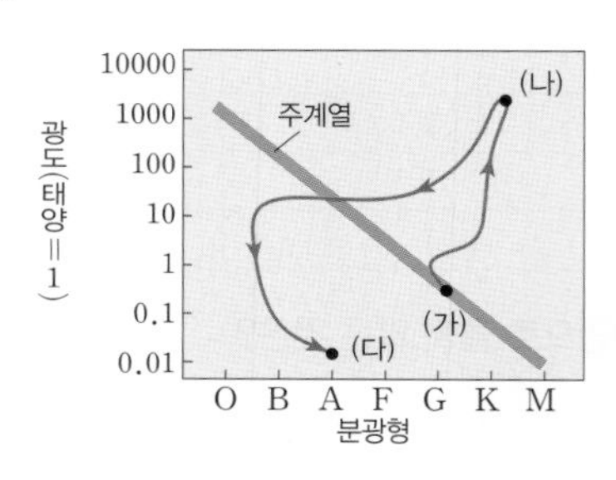

(가)~(다) 단계에 대한 설명으로 옳은 것만을 <보기>에서 있는 대로 고른 것은?

보기
ㄱ. (가) 단계의 중심핵에서는 CNO 순환 반응이 우세하게 일어난다.
ㄴ. (나) 단계에서 반지름이 가장 크다.
ㄷ. (다) 단계에서 밀도가 가장 크다.

① ㄱ ② ㄷ ③ ㄱ, ㄴ ④ ㄴ, ㄷ ⑤ ㄱ, ㄴ, ㄷ

[8589-0492]
12 그림은 질량이 다른 두 별 A, B의 진화 과정을 나타낸 것이다.

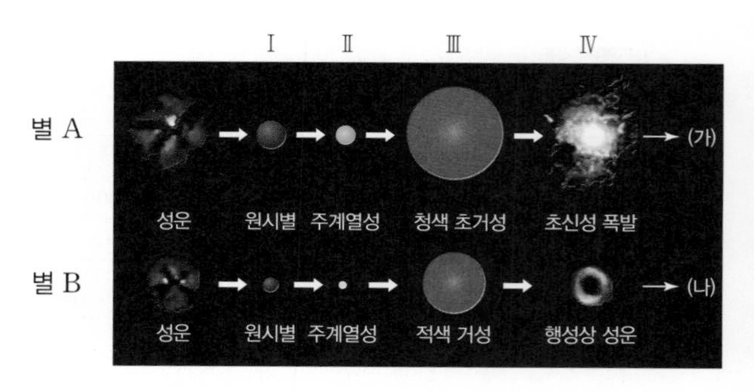

이에 대한 설명으로 옳지 않은 것은?

① 별 A의 질량이 별 B보다 크다.
② Ⅰ 단계의 에너지원은 중력 수축 에너지이다.
③ Ⅱ 단계의 중심핵에서는 수소 핵융합 반응이 일어난다.
④ Ⅲ 단계에서 표면 온도는 별 A가 별 B보다 낮다.
⑤ Ⅳ 단계의 중심부에서 생성된 (가)의 밀도는 (나)보다 크다.

[8589-0493]

13 표는 주계열성 A, B, C의 질량, 생명 가능 지대, 생명 가능 지대에 위치한 행성의 공전 궤도 반지름을 나타낸 것이다.

주계열성	질량 (태양=1)	생명 가능 지대 (AU)	공전 궤도 반지름 (AU)
A	(　　)	0.3~0.5	0.4
B	1.2	1.2~2.0	1.5
C	2.0	(　　)	3.0

이에 대한 설명으로 옳은 것만을 〈보기〉에서 있는 대로 고른 것은?

보기
ㄱ. 행성이 생명 가능 지대에 머무를 수 있는 기간은 A가 가장 길다.
ㄴ. B의 표면 온도는 A보다 높다.
ㄷ. C의 생명 가능 지대의 폭은 0.8 AU보다 넓다.

① ㄱ　② ㄷ　③ ㄱ, ㄴ　④ ㄴ, ㄷ　⑤ ㄱ, ㄴ, ㄷ

[8589-0494]

14 그림은 행성을 가진 별 A가 별 B의 앞쪽을 지나가는 모습을 나타낸 것이다.

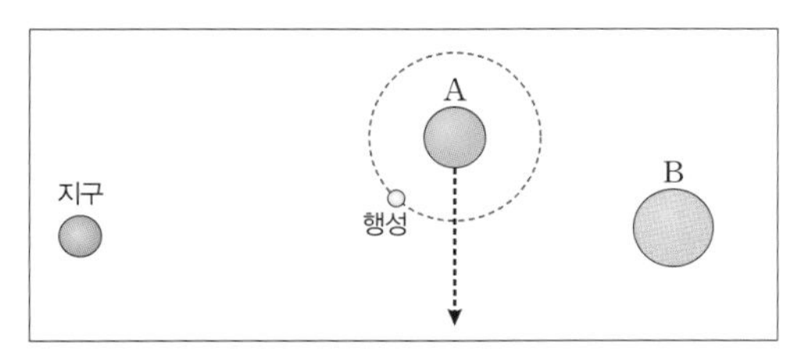

이에 대한 설명으로 옳은 것만을 〈보기〉에서 있는 대로 고른 것은? (단, 행성의 공전 궤도면은 관측자의 시선 방향과 나란하며, 행성의 공전 궤도 반경에 비해 별 A와 B 사이의 거리는 매우 멀다.)

보기
ㄱ. 별 A의 불규칙한 밝기 변화를 이용하여 행성의 존재를 확인한다.
ㄴ. 별 B의 스펙트럼 파장 변화를 이용하여 행성의 존재를 확인한다.
ㄷ. 행성의 질량이 클수록 별 B의 밝기 변화가 크게 나타난다.

① ㄱ　② ㄷ　③ ㄱ, ㄴ　④ ㄴ, ㄷ　⑤ ㄱ, ㄴ, ㄷ

[8589-0495]

15 그림 (가)와 (나)는 어느 외계 행성계에서 관측한 중심별의 시선 속도 변화와 스펙트럼 변화 자료를 나타낸 것이다.

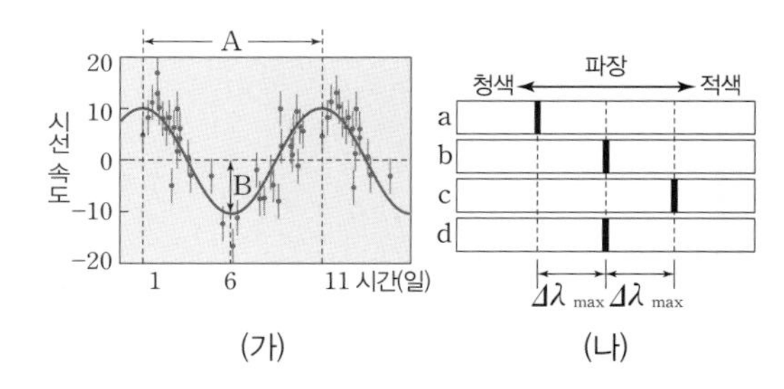

(가)　(나)

이에 대한 설명으로 옳은 것만을 〈보기〉에서 있는 대로 고른 것은?

보기
ㄱ. (가)의 A는 (나)의 b~d까지의 시간이다.
ㄴ. B가 클수록 $\Delta\lambda_{max}$가 크다.
ㄷ. 행성의 질량이 클수록 B가 커진다.

① ㄱ　② ㄷ　③ ㄱ, ㄴ　④ ㄴ, ㄷ　⑤ ㄱ, ㄴ, ㄷ

[8589-0496]

16 다음은 외계 행성 탐사 방법 (가), (나), (다)를 탐사 특징에 따라 구분하는 과정을 나타낸 것이다.

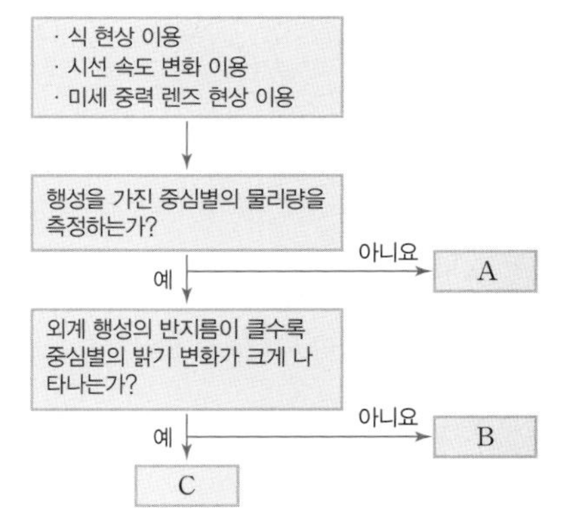

보기
(가) 식 현상 이용
(나) 시선 속도 변화 이용
(다) 미세 중력 렌즈 현상 이용

A, B, C에 해당하는 탐사 방법을 〈보기〉에서 골라 옳게 짝 지으시오.

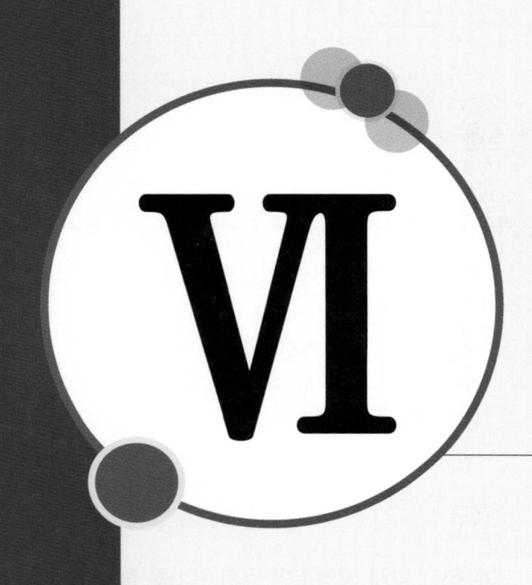

외부 은하와 우주 팽창

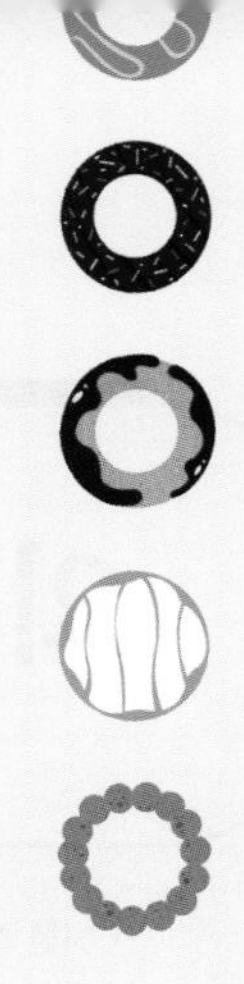

16 외부 은하

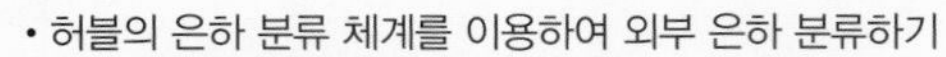

• 허블의 은하 분류 체계를 이용하여 외부 은하 분류하기
• 특이 은하와 충돌 은하의 특징 설명하기

한눈에 단원 파악, 이것이 핵심!

허블은 외부 은하를 어떻게 분류했을까?

허블은 외부 은하를 형태에 따라 구분하였다.

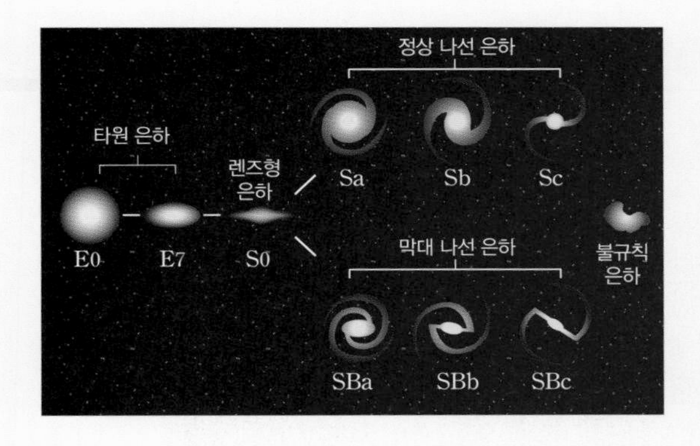

타원 은하 : 매끄러운 타원 모양이고, 나선팔이 없다.

나선 은하 : 나선팔이 있고, 중심부의 막대 구조 유무에 따라 정상 나선 은하와 막대 나선 은하로 나눈다.

불규칙 은하 : 규칙적인 형태가 없거나 구조가 명확하지 않다.

특이 은하에는 어떤 것들이 있을까?

전파 은하	세이퍼트은하	퀘이사
• 은하 중심부에서 강한 제트가 뻗어 나온다. • 전파 영역에서 매우 많은 에너지를 방출한다.  헤라클레스 A	• 형태는 나선 은하로 분류된다. • 은하 중심부의 광도가 매우 높다.  NGC 1097	• 적색 편이가 매우 크다. 즉, 매우 멀리 있다. • 우주 초기에 형성되었다.  3C 273

01 허블의 은하 분류

1 외부 은하의 발견

(1) **외부 은하** : 우주에는 대략 수천억 개의 은하가 존재하는데, ❶우리 은하 바깥에 존재하는 은하를 외부 은하라고 한다.

(2) 외부 은하는 각각 수천억 개의 별을 가지고 있다.

(3) **외부 은하 발견 과정** : 외부 은하는 그들의 거리가 알려지기 전까지는 우리 은하 내에 위치한 성운의 한 종류라고 여겨졌다. → 1923년 허블은 ❷세페이드 변광성을 이용하여 당시 ❸안드로메다 성운으로 알려져 있던 나선형 천체의 거리를 측정하였다. 그 결과 안드로메다 성운이 우리 은하의 지름보다 먼 거리에 있는 은하라는 것이 밝혀졌다. → 이후 관측 기술이 발달함에 따라 수많은 외부 은하들이 발견되었다.

안드로메다은하(M31)

2 허블의 은하 분류

(1) 허블은 윌슨산 천문대의 망원경을 이용하여 외부 은하를 형태에 따라 타원 은하, 나선 은하, 불규칙 은하로 분류하였다.

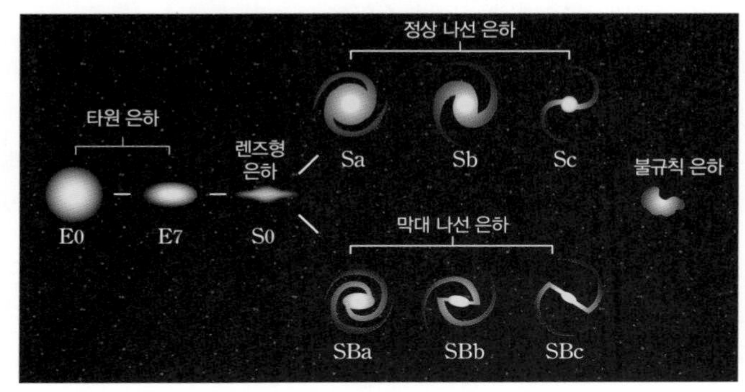

허블의 은하 분류 체계

(2) **허블의 은하 분류와 은하의 진화** : 허블은 은하를 분류하면서 은하의 모양이 일정한 방향 즉, 타원 은하에서 나선 은하로 진화한다고 생각하였다. 그러나 허블의 은하 분류는 형태적 분류일 뿐 은하의 진화 과정과 특별한 관계가 있는 것은 아니다.

[허블의 은하 분류가 은하의 진화와 관련이 없는 이유]

① 은하에서 나이가 많은 별들이 차지하는 비율은 나선 은하보다 타원 은하가 높다.

② 허블의 은하 분류는 가시광선으로 관측한 결과일 뿐이다. 다른 파장의 전자기파를 이용하여 은하를 관측하면 전혀 다른 모양을 볼 수 있다.

③ 인접한 은하의 영향으로 은하의 모양이 달라지거나 서로 충돌하기도 한다.

THE 알기

❶ 우리 은하
태양을 비롯한 수천억 개의 별이 중력적으로 묶여 있는 거대한 천체를 우리 은하라고 한다. 은하수는 우리 은하에 있는 별을 하늘에 투영하여 바라본 모습이다.

❷ 세페이드 변광성
별의 팽창과 수축으로 밝기가 변하는 맥동 변광성으로 변광 주기가 길수록 광도가 커지는 경향성이 있다.

❸ 안드로메다은하
우리 은하에 이웃한 나선 은하로, 크기나 모습이 우리 은하와 비슷하다.

(3) 외부 은하의 분류

타원 은하	분류	• 매끄러운 타원 모양이고, 나선팔이 없다. • ❶편평도에 따라서 E0부터 E7까지 분류한다.
	구성	• 성간 물질이 거의 없어 새로운 별의 탄생은 거의 없다. • 대부분의 별들이 질량이 작고 나이가 많아 대체로 붉은색을 띤다.
	예	처녀자리의 M87은 E1 은하이고, 안드로메다자리의 M110은 E5 은하이다. M87 M110
나선 은하	분류	• 은하 중심부를 나선팔이 감싸고 있다. • 은하 중심부에 막대 모양의 구조가 있느냐 없느냐에 따라 정상 나선 은하(S)와 막대 나선 은하(SB)로 분류한다. • 나선팔의 감긴 정도와 은하 전체에 대한 은하 중심부의 상대적 크기에 따라 정상 나선 은하는 Sa, Sb, Sc로, 막대 나선 은하는 SBa, SBb, SBc로 세분한다.
	구성	• 나선팔에는 성간 물질이 많아 새로운 별의 탄생이 활발해서 젊고 푸른 별들이 많이 분포한다. • 은하 중심부는 나선팔과 비교하여 나이가 많은 별들이 분포하기 때문에 상대적으로 붉은색을 띤다.
	예	• 안드로메다은하는 대표적인 정상 나선 은하이다. • 우리 은하는 2005년 ❷스피처 우주 망원경의 관측 결과 막대 나선 은하로 확인되었고 SBb 은하로 분류된다. 안드로메다은하(M31) 우리 은하 상상도
불규칙 은하	분류	타원 은하나 나선 은하와 같은 규칙적인 형태가 없거나 구조가 명확하지 않다.
	구성	성간 물질을 많이 포함하고 있어 새로운 별의 탄생 비율이 높아 젊은 별들이 많이 분포한다.
	예	우리 은하의 ❸위성 은하인 대마젤란은하와 많은 가스를 포함하는 M82 은하가 대표적인 불규칙 은하이다. 대마젤란은하 NGC 1313

THE 알기

❶ 편평도(e)

편평도는 타원체의 납작한 정도를 의미한다. 타원체의 긴 반지름을 a, 짧은 반지름을 b라고 할 때, 편평도는 $e=\frac{a-b}{a}$이다.

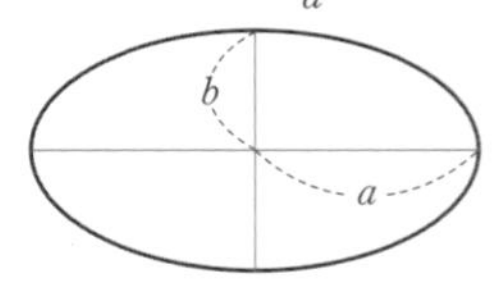

타원체의 편평도(e)는 $0 \le e \le 1$ 사이의 값이지만, 타원 은하의 분류에서는 편평도 값에 10을 곱한 값을 사용한다. 즉, 타원 은하의 편평도가 0.3이면 분류할 때 E3으로 표현한다. 현재까지 발견된 타원 은하 중 편평도가 가장 큰 값은 0.7이므로 타원은 E0에서 E7까지 분류한다.

❷ 스피처

2003년 발사된 스피처 우주 망원경은 적외선 영역을 관측하여 작은 별이나 멀리 있는 은하, 상대적으로 온도가 낮은 천체를 관측하는 데 적합하다.
우리 은하는 정상 나선 은하로 분류되어 왔으나 2005년 스피처 우주 망원경의 관측으로 막대 나선 은하라는 것이 확인되었다.

❸ 위성 은하

중력적인 상호 작용에 의해 더 큰 은하 주위를 공전하는 작은 은하를 말한다. 대마젤란은하는 우리 은하의 위성 은하로 약 140억 년 후에는 우리 은하와 합병될 것으로 예상된다.

개념체크

빈칸 완성

1. 허블은 은하의 (   )에 따라 외부 은하를 분류하였다.

2. 타원 모양이고 나선팔이 없는 은하를 (   ) 은하라고 한다.

3. 은하 중심부에 막대 구조가 있고 그 주변을 나선팔이 감싸고 있는 은하를 (   ) 은하라고 한다.

4. 나선팔에는 젊고 ① (   )색 별들이 많이 분포하고, 은하 중심부에는 나선팔과 비교하여 늙고 ② (   ) 색 별들이 많이 분포한다.

5. 규칙적인 형태가 없고 구조가 명확하지 않은 은하를 (   ) 은하라고 한다.

6. 대부분의 별들이 질량이 작고 나이가 많은 은하는 (   ) 은하이다.

7. 우리 은하는 (   ) 은하로 분류된다.

○X 문제

8. 외부 은하에 대한 설명으로 옳은 것은 ○, 옳지 않은 것은 ×로 표시하시오.

(1) 허블은 세페이드 변광성을 이용하여 안드로메다 성운이 우리 은하 밖에 있는 은하라는 것을 밝혔다. (   )

(2) 타원 은하에서 E0는 E7보다 편평도가 크다. (   )

(3) 막대 나선 은하의 분류 기호는 SB이다. (   )

(4) 늙고 붉은 별의 비율은 타원 은하보다 나선 은하에서 높다. (   )

(5) 성간 물질이 많은 은하일수록 젊은 별이 많이 분포한다. (   )

(6) 시간이 지나면 타원 은하는 나선 은하로 진화한다. (   )

정답 1. 형태 2. 타원 3. 막대 나선 4. ① 푸른 ② 붉은 5. 불규칙 6. 타원 7. 막대 나선 8. (1) ○ (2) × (3) ○ (4) × (5) ○ (6) ×

단답형 문제

1. 그림은 형태가 다른 네 종류의 은하를 나타낸 것이다.

㉠ 
㉡ 
㉢ 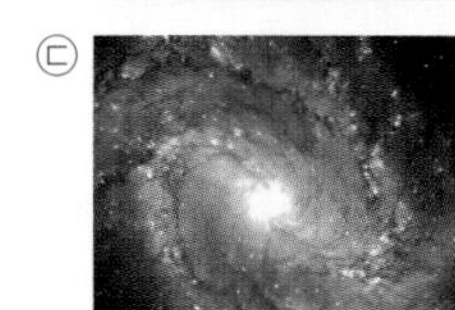
㉣ 

은하의 특징 설명에 해당하는 은하를 모두 골라 기호를 쓰시오.

(1) 나선팔이 없는 은하

(2) 은하 중심부에 막대 구조가 있는 은하

(3) 대칭적인 모양이 나타나는 은하

(4) 우리 은하의 모습과 가장 비슷한 은하

(5) 우리 은하 밖에 있는 은하

바르게 연결하기

2. 은하와 은하의 분류를 바르게 연결하시오.

(1)  •

(2)  •

(3)  •

(4)  •

(5) 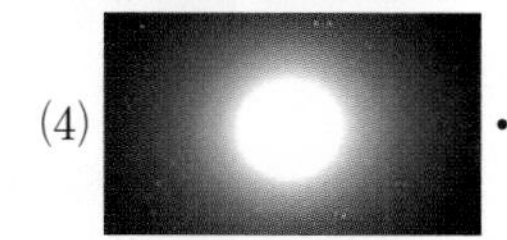 •

• ㉠ 타원 은하

• ㉡ 정상 나선 은하

• ㉢ 막대 나선 은하

• ㉣ 불규칙 은하

정답 1. (1) ㉠, ㉣ (2) ㉢ (3) ㉡, ㉢, ㉣ (4) ㉢ (5) ㉠, ㉡, ㉢, ㉣ 2. (1) ㉣ (2) ㉠ (3) ㉡ (4) ㉠ (5) ㉢

특이 은하와 충돌 은하

1 특이 은하

(1) [1]특이 은하 : 관측 기술의 발달로 다양한 은하들이 관측되면서 허블의 은하 분류 체계로 분류되지 않는 새로운 유형의 은하들이 발견되었는데, 이들을 특이 은하라고 한다.

(2) 특이 은하의 종류 : 전파 은하, 세이퍼트은하, 퀘이사 등이 있다.

구분	항목	내용
전파 은하	특징	• 일반 은하보다 수백~수백만 배 이상의 강한 전파를 방출한다. • 은하 중심부에서 뻗어 나오는 강력한 물질의 흐름인 [2]제트(jet)와 제트 끝에 연결된 로브(lobe)가 대칭적으로 나타나고 있다. 이는 은하 중심부에서 일어나는 폭발적인 에너지 생성과 관련이 있다. • 은하 중심부에 거대 블랙홀이 있는 것으로 추정된다. (그림: 로브, 중심핵, 제트, 로브)
	모양	가시광선 영역에서 대부분 타원 은하로 관측된다.
	예	타원 은하인 M87과 센타우루스 A라고 불리는 NGC 5128이 대표적인 전파 은하이다. (그림: 가시광선, 전파) M87 (그림: 합성, X선, 전파, 가시광선) NGC 5128
세이퍼트 은하	특징	• 미국의 천문학자 칼 세이퍼트가 발견한 은하의 일종으로 은하 중심부가 예외적으로 밝다. • 은하 전체에 대한 은하 중심부의 광도가 매우 크다. • 스펙트럼상에 넓은 [3]방출선이 보인다. • 넓은 방출선을 보인다는 것은 은하 중심부의 가스 구름이 매우 빠른 속도로 움직이고 있다는 것을 말해 준다. 이는 은하 중심부에 질량이 매우 큰 물체가 있다는 것을 의미하므로 세이퍼트은하의 중심부에 [4]거대 블랙홀이 있을 것으로 추정된다.
	모양	대부분 나선 은하로 관측되고, 전체 나선 은하들 중 약 1 %가 세이퍼트은하로 분류된다.
	예	NGC1068(M77), NGC 4151 등은 나선 은하로 관측되는 세이퍼트은하이다. NGC 1068(M77) (그래프: 강도(10^{-28} W m^{-2} Hz^{-1}), 파장(nm), O Ⅱ, O Ⅰ, N Ⅱ, H_α, S Ⅱ) NGC 1068의 방출선

THE 알기

❶ 특이 은하
특이 은하는 모양에 따른 분류가 아니다. 모양에 따른 분류는 가시광선 영역에서 관측한 모습을 형태학적으로 분류한 것이지만 특이 은하는 가시광선 이외의 파장 영역에서 관측하거나 스펙트럼 분석을 했을 때 특이한 특징이 나타나는 은하이기 때문이다.

❷ 제트
전파 은하, 퀘이사 등의 천체에서 좁은 영역으로 고속 분출되는 물질의 흐름이다.

❸ 방출선
분광기를 통과한 빛이 여러 가지 색의 밝은 선으로 나누어져 보이는 것이다.

❹ 거대 블랙홀
대부분 특이 은하의 중심부에는 질량이 태양의 수만~수십억 배인 거대한 블랙홀이 존재한다고 추정된다. 거대 블랙홀은 주변 물질을 끌어들이면서 막대한 양의 에너지를 방출한다.

[1]퀘이사	특징	• 매우 멀리 있어 별처럼 보이지만 일반 은하의 수백 배 정도의 에너지를 방출하는 은하이다. • [2]적색 편이가 매우 크며, 이를 이용해 거리를 계산해 보면 퀘이사까지의 거리가 100억 광년 이상인 것도 관측된다. 이로부터 퀘이사는 초기 우주에서 형성된 천체라는 것을 알 수 있다. • 가시광선뿐만 아니라 모든 파장 영역에서 매우 강한 에너지를 방출하며, 은하 전체의 광도에 대한 은하 중심부의 광도가 세이퍼트은하보다도 크다. • 막대한 양의 에너지가 방출되는 것으로 보아 퀘이사의 중심에 거대한 블랙홀이 있을 것으로 추정된다.
	모양	특징적인 형태는 잘 나타나지 않는다.
	예	3C 273은 별처럼 보이지만 매우 멀리 있는 퀘이사이다. 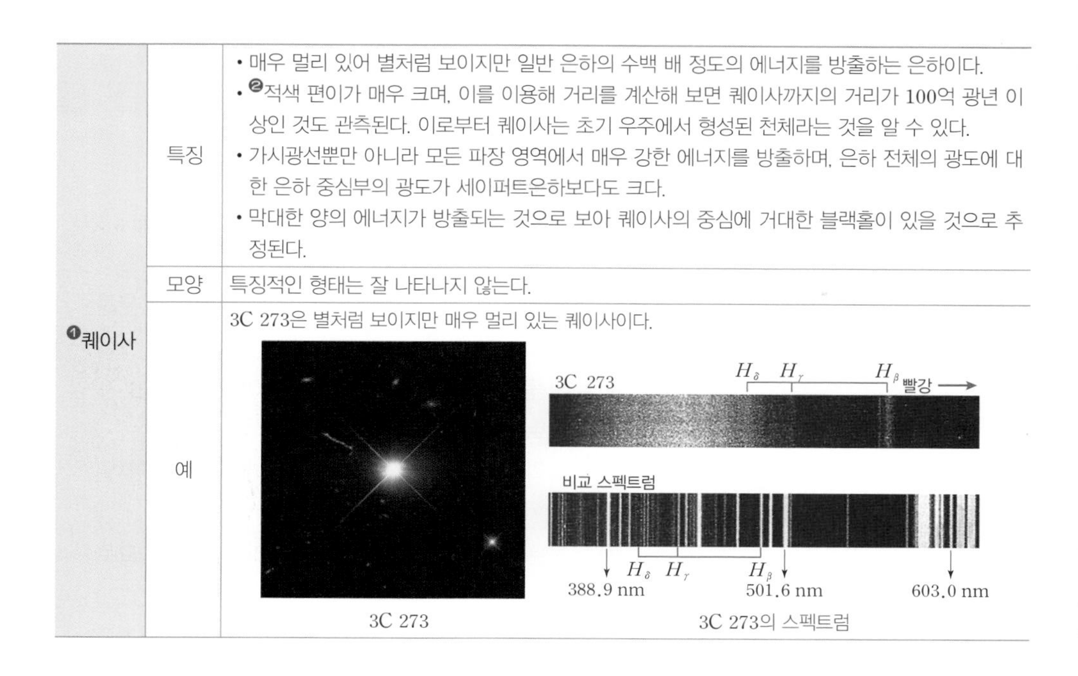

3C 273　　3C 273의 스펙트럼

THE 알기

[1] 퀘이사(Quasar)
처음 발견 당시 별처럼 관측되었기 때문에 항성과 비슷하다는 의미의 준항성(Quasi−stellar Object)이라는 이름을 붙였다.

[2] 적색 편이
관측자로부터 멀어지는 천체가 방출하는 빛은 파장이 길어져 붉은색 쪽으로 이동하는데, 이를 적색 편이라고 한다. 반대로 관측자를 향해 다가오는 천체가 방출하는 빛은 파장이 짧아져 파란색 쪽으로 이동하는데, 이를 청색 편이라고 한다.

2 충돌 은하

어떤 은하들은 은하와 은하의 상호 작용으로 형성되기도 한다. 그 중 은하가 충돌하는 과정에서 형성되는 은하를 충돌 은하라고 한다.

(1) 우주에서 은하들은 집단을 이루며 분포하고 있고 은하 집단 내의 은하들은 비교적 가까운 거리에 있어 한 은하가 다른 은하와 충돌할 확률은 무시할 수 없을 정도로 높다.

(2) 은하끼리 충돌할 때 한 은하가 다른 은하를 관통하여 큰 파문을 남기는가 하면, 작은 은하가 큰 은하에 끌려 들어가 큰 은하에 병합되기도 한다. 때로는 나선 은하들이 충돌하여 거대한 타원 은하가 만들어지기도 한다.

(3) 은하가 서로 충돌하는 과정에서 별들이 직접 충돌하는 일은 거의 없다. 별들 사이의 거리는 별들의 크기에 비해 훨씬 멀기 때문이다. 그러나 은하 내의 거대한 분자 구름은 서로 충돌하고 압축되면서 새로운 별들의 탄생을 촉진시킨다.

나선 은하인 NGC 2207과 IC 2163의 충돌

NGC 4038과 NGC 4039의 충돌로 만들어진 더듬이 은하

개념체크

빈칸 완성

1. 전파 영역에서 보통 은하보다 훨씬 강한 에너지를 방출하는 은하를 (　　　) 은하라고 한다.

2. 세이퍼트은하는 은하 전체에 대한 은하 중심부의 광도가 매우 (　　　)다.

3. (　　　)는 매우 멀리 있기 때문에 은하이지만 별처럼 보인다.

4. 우리 은하로부터 멀어지는 은하가 방출하는 빛은 파장이 ① (　　　)져 ② (　　　)색 쪽으로 이동하는데, 이를 ③ (　　　)라고 한다.

5. 퀘이사는 적색 편이가 매우 (　　　)고, 초기 우주에서 형성된 은하이다.

○X 문제

6. 특이 은하와 충돌 은하에 대한 설명으로 옳은 것은 ○, 옳지 않은 것은 ×로 표시하시오.

(1) 전파 은하는 가시광선 영역에서 대부분 나선 은하로 관측된다. (　　　)

(2) 은하 중심부에서 강한 제트가 나타나는 은하는 세이퍼트은하이다. (　　　)

(3) 은하의 적색 편이가 클수록 은하까지의 거리가 멀다. (　　　)

(4) 은하는 관측하는 파장 영역에 따라 다른 모습으로 보인다. (　　　)

(5) 은하는 진화하는 과정에서 충돌하거나 병합하기도 하는데, 이때 별들이 직접 충돌하는 일은 거의 없다. (　　　)

정답 1. 전파 2. 크 3. 퀘이사 4. ① 길어 ② 붉은 ③ 적색 편이 5. 크 6. (1) × (2) × (3) ○ (4) ○ (5) ○

단답형 문제

1. 그림은 전파 은하, 세이퍼트은하, 퀘이사, 충돌 은하를 순서 없이 나타낸 것이다.

㉠

㉡

㉢

㉣
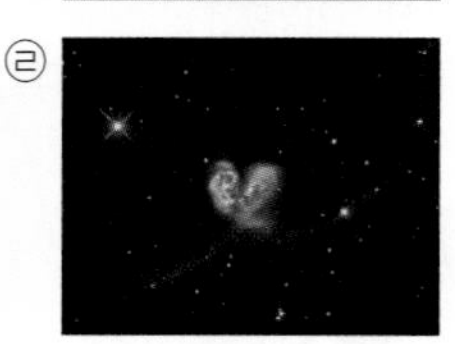

(1) 가장 멀리 있는 은하는 어느 것인가? (　　　)

(2) 전파 영역에서 제트가 나타나는 은하는 어느 것인가? (　　　)

(3) 나선팔 구조가 관찰되는 은하는 어느 것인가? (　　　)

(4) 형태상으로 불규칙 은하로 분류되는 은하는 어느 것인가? (　　　)

바르게 연결하기

2. 은하의 종류에 따른 은하의 모습과 특징을 바르게 연결하시오.

(1) 퀘이사 •　　• ㉠

스펙트럼에 예외적으로 넓은 방출선이 나타난다.

(2) 전파 은하 •　　• ㉡

일반 은하보다 훨씬 강한 전파를 방출한다.

(3) 세이퍼트은하 •　　• ㉢
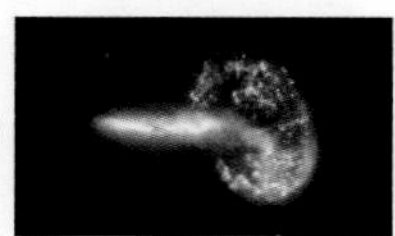
두 은하가 충돌한다.

(4) 충돌 은하 •　　• ㉣

적색 편이가 매우 크다.

정답 1. (1) ㉡ (2) ㉠ (3) ㉢ (4) ㉣ 2. (1) ㉣ (2) ㉡ (3) ㉠ (4) ㉢

탐구 활동 은하 사진을 이용하여 은하 분류하기

정답과 해설 89쪽

목표

여러 가지 외부 은하의 모습을 형태에 따라 분류할 수 있다.

과정

그림은 여러 가지 외부 은하의 모습을 나타낸 것이다.

(가) NGC 1313

(나) NGC 628(M74)

(다) NGC 3115

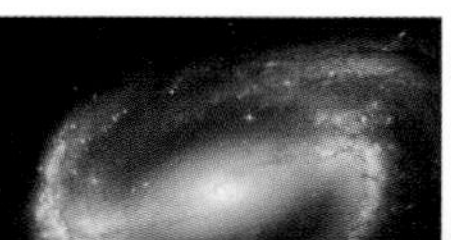

(라) NGC 1300

(마) NGC 205(M110)

(바) NGC 3031(M81)

(사) NGC 4552(M89)

(아) NGC 1569

(자) NGC 1672

(가) ~ (자)의 은하 형태를 관찰한 후 기준을 세워 비슷한 은하끼리 분류하시오.

결과 정리 및 해석

- 타원 은하(E) : (마), (사)
- 렌즈형 은하(S0) : (다)
- 정상 나선 은하(S) : (나), (바)
- 막대 나선 은하(SB) : (라), (자)
- 불규칙 은하(Irr) : (가), (아)

탐구 분석

1. 타원 은하를 세분하는 기준은 무엇인가? 그 기준에 따라 타원 은하들을 비교하시오.
2. 막대 나선 은하를 세분하는 기준은 무엇인가? 그 기준에 따라 막대 나선 은하들을 비교하시오.

내신 기초 문제

정답과 해설 89쪽

[8589-0497]

01 그림은 안드로메다은하의 모습이다.

이 천체에 대한 설명으로 옳은 것은?

① 나선팔 구조가 나타난다.
② 편평도에 따라 세분되는 은하이다.
③ 중심부에 막대 모양 구조가 보인다.
④ 이 은하가 진화하면 타원 은하가 된다.
⑤ 스피처 망원경의 관측으로 나선 은하임이 밝혀졌다.

[8589-0498]

02 그림은 허블이 외부 은하를 분류한 것을 나타낸 것이다.

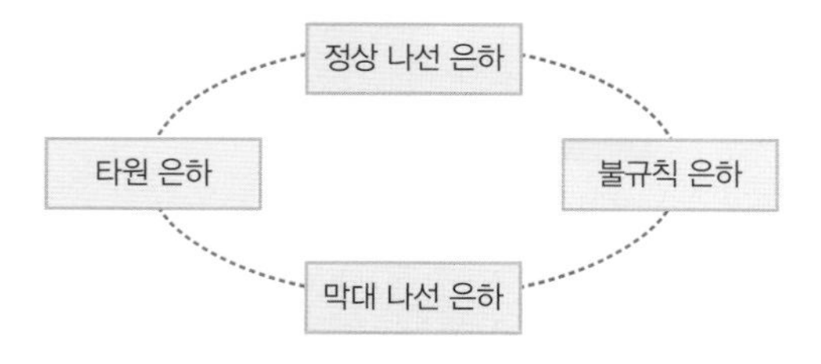

허블의 분류 기준으로 옳은 것은?

① 은하의 크기
② 은하의 나이
③ 은하의 형태
④ 은하까지의 거리
⑤ 은하 내 별의 수

서술형

[8589-0499]

03 그림은 서로 다른 유형의 은하 A~D를 분류 기준 (가), (나), (다)에 따라 분류한 것이다.

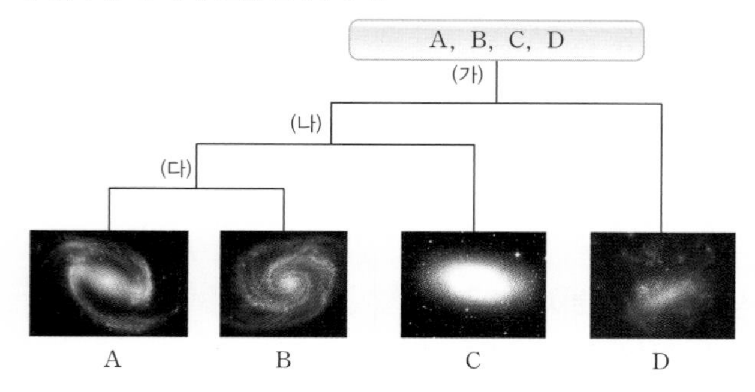

(가), (나), (다)에 알맞은 분류 기준을 서술하시오.

[8589-0500]

04 그림은 퀘이사 3C 273의 모습을 나타낸 것이다.

이 천체에 대한 설명으로 옳은 것은?

① 별이다.
② 적색 편이가 매우 크다.
③ 우리 은하 내에 위치한다.
④ 우리 은하보다 나이가 적다.
⑤ 우리 은하 중심으로 접근하고 있다.

[8589-0501]

05 그림 (가)와 (나)는 어떤 은하를 서로 다른 파장 영역에서 관측한 모습을 나타낸 것이다.

(가) 가시광선 (나) 전파

이 은하에 대한 설명으로 옳은 것은?

① 세이퍼트은하이다.
② (가)로 보아 나선 은하로 분류된다.
③ (나)에서 강한 제트가 관측된다.
④ 형태가 우리 은하와 비슷하다.
⑤ 우주 초기에 만들어졌다.

서술형

[8589-0502]

06 그림은 까마귀자리에 있는 은하로, 나선 은하였던 NGC 4038과 NGC 4039가 충돌하여 만들어진 은하이다.

(1) 이 은하를 허블의 은하 분류 기준에 따라 분류하시오.
(2) 이 은하 내에서 새로운 별들의 탄생 과정을 간단하게 서술하시오.

실력 향상 문제

정답과 해설 90쪽

[8589-0503]

01 그림은 허블이 외부 은하를 형태에 따라 분류한 것을 나타낸 것이다.

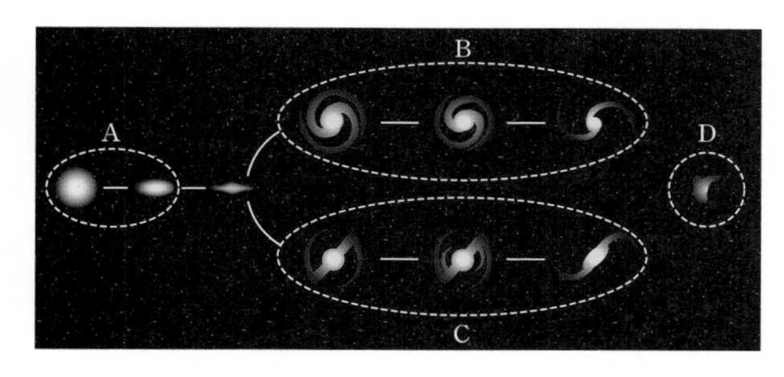

외부 은하를 분류하는 기준으로 옳은 것만을 <보기>에서 있는 대로 고른 것은?

보기
ㄱ. A, B, C : D → 모양의 규칙성 여부
ㄴ. A, D : B, C → 나선팔의 존재 여부
ㄷ. B : C → 은하 중심부의 편평도

① ㄱ ② ㄷ ③ ㄱ, ㄴ
④ ㄴ, ㄷ ⑤ ㄱ, ㄴ, ㄷ

[8589-0504]

02 그림 (가)와 (나)는 서로 다른 은하의 모습을 나타낸 것이다.

(가) (나)

이에 대한 설명으로 옳은 것만을 <보기>에서 있는 대로 고른 것은?

보기
ㄱ. 모두 타원 은하이다.
ㄴ. 편평도는 (나)가 (가)보다 크다.
ㄷ. (가)와 (나)의 분류 기준은 은하의 크기이다.

① ㄱ ② ㄴ ③ ㄷ
④ ㄱ, ㄴ ⑤ ㄱ, ㄷ

[8589-0505]

03 그림 (가)와 (나)는 서로 다른 은하의 모습을 나타낸 것이다.

(가) (나)

이에 대한 설명으로 옳은 것만을 <보기>에서 있는 대로 고른 것은?

보기
ㄱ. 은하 분류 기호가 (가)는 S, (나)는 SB이다.
ㄴ. 나선팔의 감긴 정도는 (가)가 (나)보다 느슨하다.
ㄷ. 은하 전체에 대한 은하 중심부의 크기 비는 (나)가 (가)보다 작다.

① ㄱ ② ㄴ ③ ㄷ ④ ㄱ, ㄴ ⑤ ㄴ, ㄷ

[8589-0506]

04 그림은 전파 은하인 헤라클레스 A(3C 348)를 가시광선과 전파 영역에서 관측한 모습과 이를 합성한 영상이다.

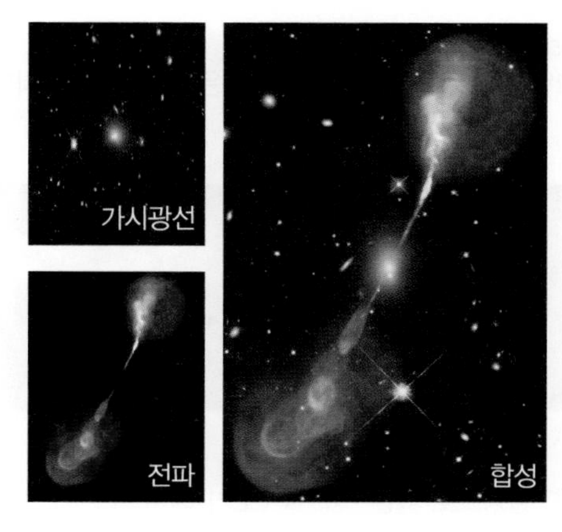

이 은하에 대한 설명으로 옳은 것만을 <보기>에서 있는 대로 고른 것은?

보기
ㄱ. 타원 은하이다.
ㄴ. 전파 영역에서 제트와 로브가 나타난다.
ㄷ. 은하 전체에서 강한 전파가 방출되고 있다.

① ㄱ ② ㄴ ③ ㄷ ④ ㄱ, ㄴ ⑤ ㄱ, ㄷ

[8589-0507]
05 그림은 은하를 형태에 따라 분류하는 과정을 나타낸 것이다.

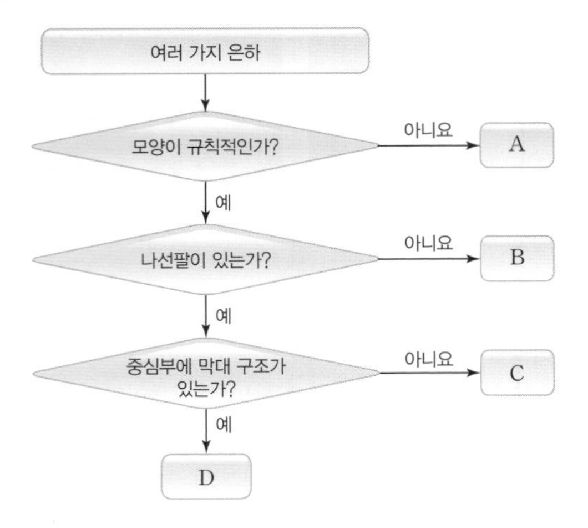

이에 대한 설명으로 옳지 않은 것은?

① A는 불규칙 은하이다.
② B는 편평도에 따라 세분한다.
③ C를 나타내는 기호는 SB이다.
④ 우리 은하는 D에 해당한다.
⑤ A는 B보다 젊은 별의 비율이 높다.

[8589-0508]
06 그림 (가)와 (나)는 서로 다른 은하의 모습을 나타낸 것이다.

(가) (나)

이에 대한 설명으로 옳은 것만을 〈보기〉에서 있는 대로 고른 것은?

보기
ㄱ. (가)는 타원 은하, (나)는 나선 은하이다.
ㄴ. 성간 물질의 비율은 (가)가 (나)보다 크다.
ㄷ. 붉은 별의 비율은 (나)가 (가)보다 크다.

① ㄱ ② ㄴ ③ ㄱ, ㄷ
④ ㄴ, ㄷ ⑤ ㄱ, ㄴ, ㄷ

[8589-0509]
07 그림은 전파 영역에서 제트가 나타나는 외부 은하 M87을 가시광선, 전파, X선 영역에서 관측한 모습을 나타낸 것이다.

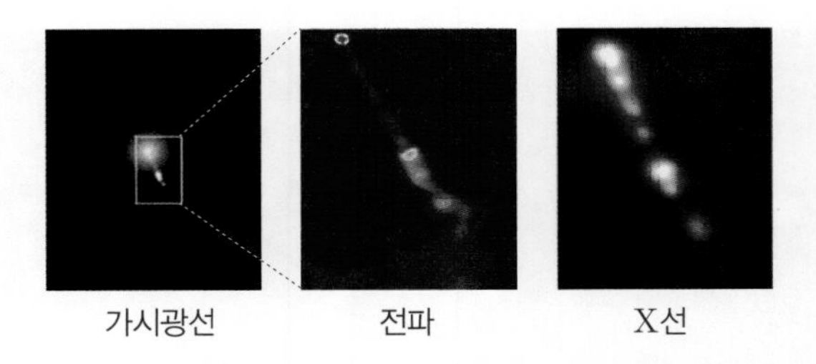
가시광선 전파 X선

이에 대한 설명으로 옳은 것만을 〈보기〉에서 있는 대로 고른 것은?

보기
ㄱ. 전파 은하이다.
ㄴ. 허블의 은하 분류 기호는 SB에 해당된다.
ㄷ. 은하 중심부와 제트에서 강한 X선이 방출된다.

① ㄱ ② ㄴ ③ ㄱ, ㄷ
④ ㄴ, ㄷ ⑤ ㄱ, ㄴ, ㄷ

[8589-0510]
08 그림 (가)는 세이퍼트은하 NGC 1566, (나)는 전파 은하 NGC 5128의 모습이다.

(가) (나)

이에 대한 설명으로 옳은 것만을 〈보기〉에서 있는 대로 고른 것은?

보기
ㄱ. (가)는 나선 은하이다.
ㄴ. (나)에서는 일반 은하보다 강한 전파가 방출되고 있다.
ㄷ. (가)와 (나) 모두 특이 은하에 해당된다.

① ㄱ ② ㄴ ③ ㄱ, ㄷ
④ ㄴ, ㄷ ⑤ ㄱ, ㄴ, ㄷ

[8589-0511]
09 그림 (가)는 퀘이사 3C 273을 가시광선 영역에서 관측한 모습을, (나)는 이 퀘이사의 스펙트럼을 나타낸 것이다. (나)에서 화살표는 비교 스펙트럼에 대한 방출선의 위치 변화를 나타낸 것이다.

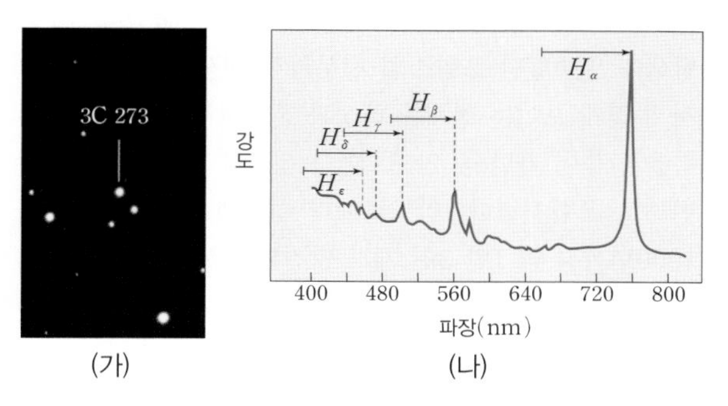

(가) (나)

퀘이사 3C 273에 대한 설명으로 옳은 것만을 〈보기〉에서 있는 대로 고른 것은?

보기
ㄱ. 멀리 있는 항성이다.
ㄴ. 적색 편이가 나타난다.
ㄷ. 우리 은하 밖에 있는 천체이다.

① ㄱ ② ㄴ ③ ㄱ, ㄷ ④ ㄴ, ㄷ ⑤ ㄱ, ㄴ, ㄷ

[8589-0512]
10 그림은 지구에서 관측되는 은하를 형태에 따라 분류하고 각각의 비율과 분류 기호를 나타낸 것이다.

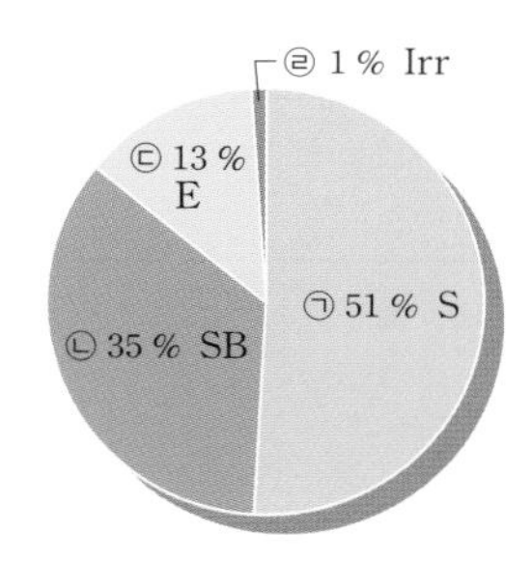

이에 대한 설명으로 옳지 않은 것을 있는 대로 고르면?(정답 2개)

① ㉠과 ㉡의 분류 기준은 나선팔의 유무이다.
② 우리 은하는 ㉡에 해당된다.
③ ㉢이 진화하면 ㉠ 또는 ㉡이 된다.
④ ㉣은 불규칙 은하이다.
⑤ 나선 은하가 차지하는 비율은 전체의 약 86 %이다.

[8589-0513]
11 그림은 형태에 따라 분류한 서로 다른 종류의 외부 은하의 모습을 나타낸 것이다.

(가) (나) (다)

이에 대한 설명으로 옳은 것만을 〈보기〉에서 있는 대로 고른 것은?

보기
ㄱ. (가)는 편평도에 따라 E0 은하로 분류된다.
ㄴ. (나)에서 젊은 별의 비율은 은하 중심부보다 나선팔에서 크다.
ㄷ. 성간 물질의 비율은 (다)가 (가)보다 크다.

① ㄱ ② ㄴ ③ ㄷ
④ ㄱ, ㄷ ⑤ ㄴ, ㄷ

[8589-0514]
12 그림은 두 은하 NGC 2207과 IC 2163이 충돌하고 있는 모습을 가시광선, 적외선, X선 영역에서 관측한 것이다.

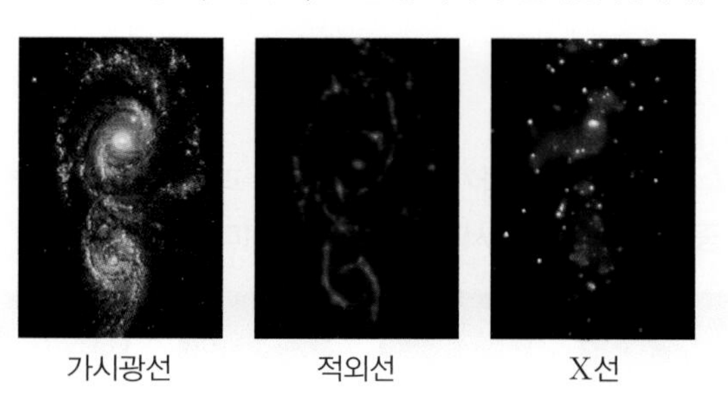
가시광선 적외선 X선

이에 대한 설명으로 옳은 것만을 〈보기〉에서 있는 대로 고른 것은?

보기
ㄱ. 두 은하 모두 정상 나선 은하이다.
ㄴ. 적외선을 방출하는 물질은 주로 나선팔에 분포한다.
ㄷ. 고온 물질의 분포는 적외선 영상보다 X선 영상에 더 잘 나타난다.

① ㄱ ② ㄴ ③ ㄱ, ㄷ
④ ㄴ, ㄷ ⑤ ㄱ, ㄴ, ㄷ

[8589-0515]

13 다음은 특이 은하 (가)와 (나)의 스펙트럼과 특징을 나타낸 것이다. (가)와 (나) 중 하나는 퀘이사이고, 다른 하나는 세이퍼트은하이다.

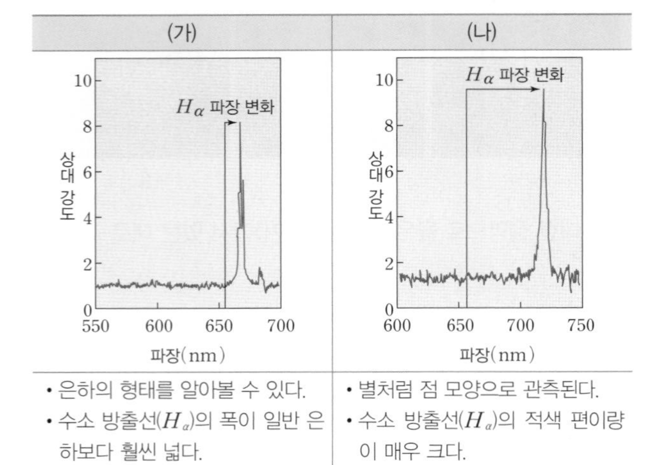

(가)	(나)
• 은하의 형태를 알아볼 수 있다. • 수소 방출선(H_α)의 폭이 일반 은하보다 훨씬 넓다.	• 별처럼 점 모양으로 관측된다. • 수소 방출선(H_α)의 적색 편이량이 매우 크다.

이에 대한 설명으로 옳은 것만을 〈보기〉에서 있는 대로 고른 것은?

보기
ㄱ. (가)는 세이퍼트은하이다.
ㄴ. (가)와 (나) 모두 적색 편이가 나타나고 있다.
ㄷ. 우리 은하로부터의 거리는 (가)가 (나)보다 더 멀다.

① ㄱ ② ㄷ ③ ㄱ, ㄴ ④ ㄴ, ㄷ ⑤ ㄱ, ㄴ, ㄷ

[8589-0516]

14 그림은 두 은하가 상호 작용하는 과정을 모의 실험한 결과 중 주요 장면을 순서대로 나타낸 것이다.

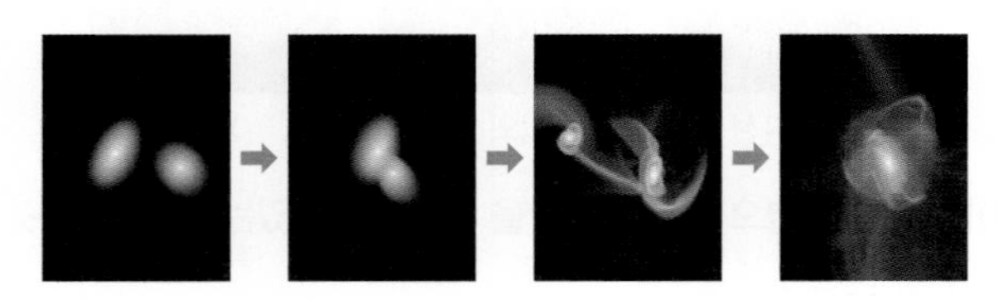

이에 대한 설명으로 옳은 것만을 〈보기〉에서 있는 대로 고른 것은?

보기
ㄱ. 상호 작용의 주된 원인은 만유인력이다.
ㄴ. 이 과정을 통해 더 큰 은하가 만들어질 수 있다.
ㄷ. 충돌하는 과정에서 새로운 별이 잘 만들어진다.

① ㄱ ② ㄴ ③ ㄱ, ㄷ ④ ㄴ, ㄷ ⑤ ㄱ, ㄴ, ㄷ

[15~16] 다음은 한때 성운으로 알려졌던 안드로메다은하가 외부 은하로 밝혀진 것과 관련된 글이다.

> 17세기 초에는 은하에 대한 개념이 없었으므로 망원경으로 뿌연 구름처럼 보이는 것을 성운이라고 불렀다. 혜성 탐색에 열중했던 프랑스의 천문학자 메시에는 밤하늘에서 뿌옇게 보이는 천체를 혜성과 혼동하지 않기 위해 목록을 만들어 가던 중 안드로메다 성운을 그의 목록에 31번째로 포함시켰다. 안드로메다 성운과 유사한 성운은 1900년까지 약 1만 3천 개가 발견되었으며, 이때까지도 많은 사람들은 이들이 우리 은하에 속해 있다고 생각했다. 그러나 1923년 허블은 안드로메다 성운의 가장자리에서 몇 개의 별들을 찾아내 이 성운이 가스와 먼지로만 이루어진 것이 아니라 별들이 모여 이루어진 천체라는 것을 확인했다. 또한, 사진 속에서 세페이드 변광성을 찾아내 이 천체가 우리 은하의 밖에 있음을 알아내었다. 이로써 '안드로메다 성운'은 '안드로메다은하'로 명칭이 바뀌게 되었다.

[8589-0517]

15 이에 대한 설명으로 옳은 것만을 〈보기〉에서 있는 대로 고른 것은?

보기
ㄱ. 성운은 별의 무리이다.
ㄴ. 세페이드 변광성을 이용해 그 변광성이 속한 외부 은하까지의 거리를 구할 수 있다.
ㄷ. 안드로메다은하까지의 거리는 우리 은하의 지름보다 멀다.

① ㄱ ② ㄴ ③ ㄱ, ㄷ
④ ㄴ, ㄷ ⑤ ㄱ, ㄴ, ㄷ

서술형

[8589-0518]

16 위 글에서 허블이 성운으로 알려져 있던 안드로메다 성운이 외부 은하임을 확인하는 바탕이 된 근거를 두 가지 찾아 서술하시오.

신유형·수능 열기

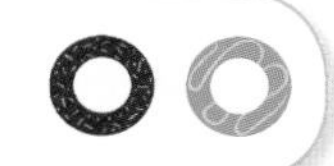

정답과 해설 94쪽

[8589-0519]

01 그림은 허블이 외부 은하들을 관측하고 형태에 따라 분류한 결과를 나타낸 것이다.

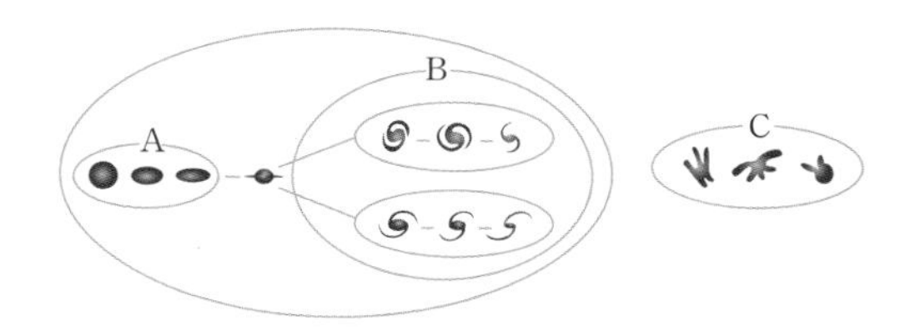

이에 대한 설명으로 옳은 것만을 〈보기〉에서 있는 대로 고른 것은?

보기
ㄱ. A와 B의 분류 기준은 나선팔의 유무이다.
ㄴ. C는 특이 은하이다.
ㄷ. 성간 물질의 비율은 A가 C보다 크다.

① ㄱ ② ㄷ ③ ㄱ, ㄴ
④ ㄴ, ㄷ ⑤ ㄱ, ㄴ, ㄷ

[8589-0520]

02 그림 (가)와 (나)는 서로 다른 은하의 모습을 나타낸 것이다.

(가) (나)

이에 대한 설명으로 옳은 것만을 〈보기〉에서 있는 대로 고른 것은?

보기
ㄱ. 나선 구조가 있는 은하는 (나)이다.
ㄴ. 은하 내 별들의 평균 연령은 (가)가 (나)보다 높다.
ㄷ. (가)와 (나) 모두 우리 은하 밖에 위치한다.

① ㄱ ② ㄴ ③ ㄱ, ㄷ
④ ㄴ, ㄷ ⑤ ㄱ, ㄴ, ㄷ

[8589-0521]

03 다음은 특이 은하 PG 1211+143과 NGC 1068의 가시광선 사진과 스펙트럼의 수소 방출선(H_α)을 나타낸 것이다. (가)와 (나) 중 하나는 퀘이사이고, 다른 하나는 세이퍼트은하이다.

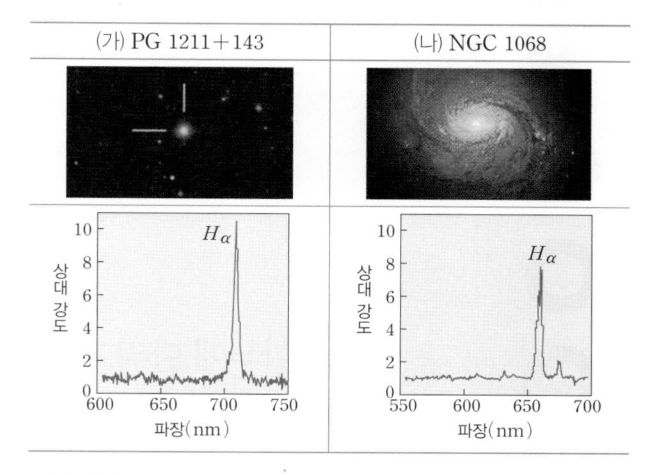

이에 대한 설명으로 옳은 것만을 〈보기〉에서 있는 대로 고른 것은?

보기
ㄱ. 퀘이사는 (가)이다.
ㄴ. 후퇴 속도는 (나)가 (가)보다 크다.
ㄷ. 허블의 은하 분류 체계에 의하면 (가)는 타원 은하, (나)는 나선 은하이다.

① ㄱ ② ㄴ ③ ㄷ ④ ㄱ, ㄴ ⑤ ㄱ, ㄷ

[8589-0522]

04 그림은 세이퍼트은하 NGC 4151을 X선과 전파 영역에서 관측한 모습과 이를 합성한 영상이다.

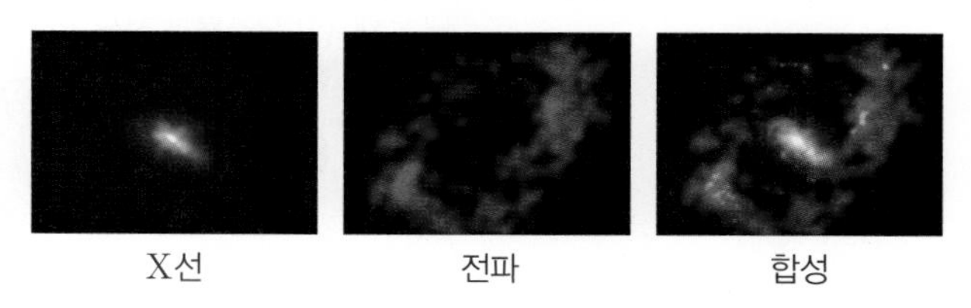

X선 전파 합성

이 은하에 대한 설명으로 옳은 것만을 〈보기〉에서 있는 대로 고른 것은?

보기
ㄱ. 나선팔 구조를 가진다.
ㄴ. 고온의 밝은 은하 중심부를 가진다.
ㄷ. 은하 전체에 물질이 균일하게 분포한다.

① ㄱ ② ㄷ ③ ㄱ, ㄴ ④ ㄴ, ㄷ ⑤ ㄱ, ㄴ, ㄷ

17 우주 팽창

- 허블 법칙을 이해하고 우주가 팽창하고 있음을 설명하기
- 급팽창 우주와 가속 팽창 우주를 포함한 대폭발 우주론 설명하기
- 우주의 대부분이 암흑 물질과 암흑 에너지로 이루어져 있음을 이해하기
- 표준 우주 모형의 특징 설명하기

한눈에 단원 파악, 이것이 핵심!

외부 은하까지의 거리와 후퇴 속도는 어떤 관계일까?

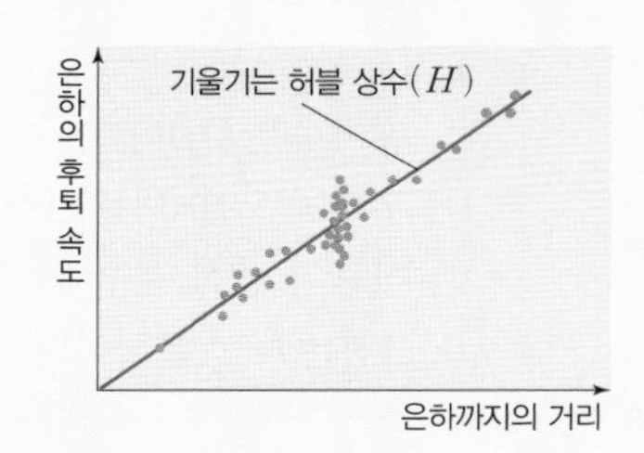

멀리 있는 은하일수록 더 빠른 속도로 멀어진다.
: 허블 법칙 ($v = H \cdot r$)

↓

- 우주는 팽창하고 있다. 그러나 팽창하는 우주의 중심은 없다.
- 우주가 등속 팽창해 왔다면 우주의 나이는 허블 상수의 역수$\left(\frac{1}{H}\right)$이다.

우주 모형은 어떻게 변화했을까?

대폭발 우주론과 정상 우주론의 경쟁

정상 우주론

대폭발 우주론

우주 배경 복사 관측,
우주의 수소와 헬륨의 질량비 확인

대폭발 우주론

지평선 문제,
편평성 문제 해결

급팽창 이론

우주의 크기

급팽창

시간

빅뱅

Ia형
초신성 관측

가속 팽창 우주

우주 척도

가속 팽창

빅뱅

현재

표준 우주 모형

암흑 물질
26.8 %

암흑 에너지
68.3 %

보통 물질
4.9 %

허블 법칙과 우주 팽창

1 허블 법칙

허블은 외부 은하의 스펙트럼을 관측하여 우주가 팽창하고 있음을 알아냈다.

(1) 외부 은하의 관측

① 은하까지의 거리 측정 : 외부 은하 내에서 발견되는 세페이드 변광성의 주기－광도 관계를 이용하면 외부 은하까지의 거리를 구할 수 있다.

② 은하의 [1]후퇴 속도 : 외부 은하의 스펙트럼에서는 대부분 적색 편이가 나타난다. 이는 외부 은하들이 우리 은하로부터 멀어지고 있음을 의미한다. 외부 은하가 우리의 시선 방향으로 멀어지는 후퇴 속도와 적색 편이량 사이에는 다음과 같은 관계가 성립한다.

$$v=c\times\frac{\Delta\lambda}{\lambda}$$

- v : 외부 은하의 후퇴 속도
- c : 빛의 속도
- λ : 흡수선의 원래 파장
- $\Delta\lambda$: 흡수선의 파장 변화량

(2) 허블 법칙

① 허블은 거리가 알려진 외부 은하의 [2]적색 편이를 측정하여 은하의 후퇴 속도와 거리와의 관계를 조사한 결과 대부분의 은하들이 우리 은하로부터 멀어지고 있고, 멀리 있는 은하가 가까이 있는 은하보다 지구로부터 더 빠르게 멀어지고 있다는 사실을 알아냈다.

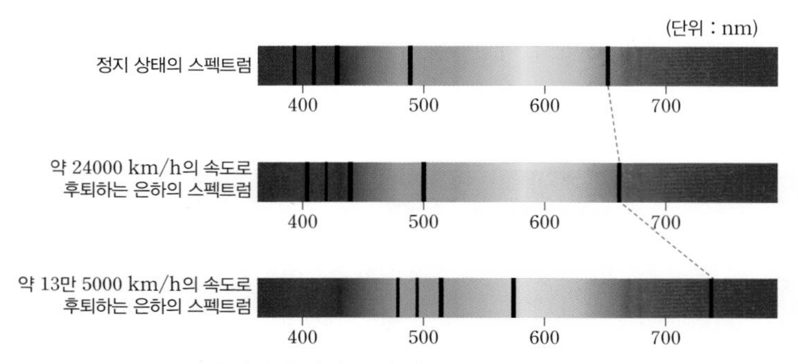

은하의 후퇴 속도에 따른 스펙트럼 비교

② 허블 법칙 : 은하의 후퇴 속도는 거리에 비례한다.

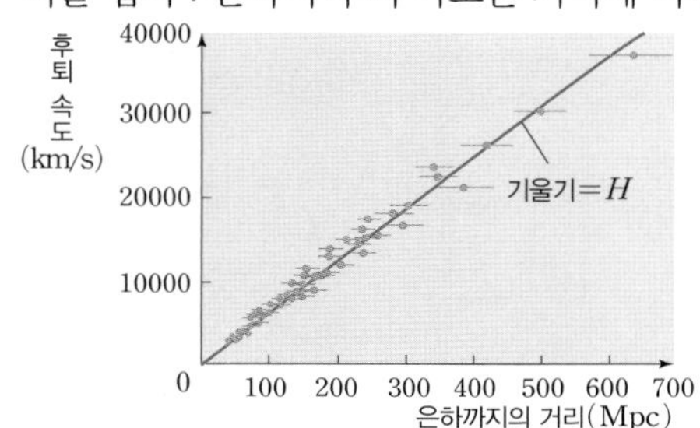

외부 은하의 거리와 후퇴 속도

$$v=H\cdot r$$

- v : 은하의 후퇴 속도
- H : 허블 상수
- r : 은하까지의 거리

- 은하까지의 거리와 후퇴 속도 그래프에서 그래프의 기울기는 허블 상수를 의미한다.
- 기울기가 클수록 허블 상수가 크다.

THE 알기

❶ 후퇴 속도
우주 공간에서 어떤 천체의 운동은 관측자의 시선 방향 운동과 관측자의 시선 방향에 수직인 천구상의 운동으로 나누어 볼 수 있다. 후퇴 속도는 관측자의 시선 방향으로 멀어지는 속도를 의미한다.

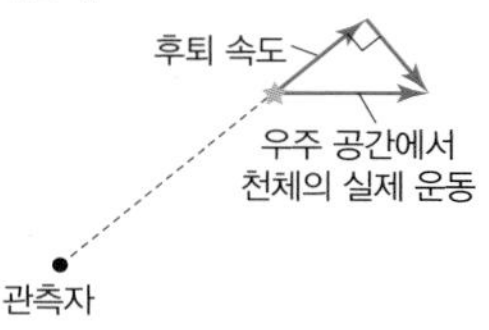

❷ 적색 편이
파동을 전달되는 빛, 소리, 물결 등의 파원이 관측자로부터 멀어질 때 파장이 길어지는 현상이다. 반대로 파원이 관측자에게 접근할 때는 파장이 짧아지는 청색 편이가 나타난다.

③ 허블 상수(H)

- 은하까지의 거리와 후퇴 속도가 비례한다는 것을 알려주는 값이다.
- ❶허블 상수의 측정값은 관측의 정확도에 따라 달라지는데, 최근 플랑크 위성의 관측 결과는 약 68 km/s/❷Mpc이다. 이는 1 Mpc 거리에 있는 은하는 약 68 km/s로 후퇴하고, 2 Mpc 거리에 있는 은하는 약 68 km/s×2=136 km/s로 후퇴하고, 10 Mpc 거리에 있는 은하는 약 68 km/s×10=680 km/s로 후퇴하고 있음을 의미한다.

(3) 우주의 팽창

① 허블 법칙에서 멀리 있는 은하일수록 후퇴 속도가 빠르다는 것은 우주가 팽창하고 있다는 것을 의미한다.

② 우주 팽창의 의미 : 우주가 팽창할 때 개개의 은하가 움직이는 것이 아니라 은하와 은하 사이의 ❸우주 공간이 팽창하면서 은하들 사이의 거리가 멀어지는 것이다. 즉, 우주의 팽창은 공간 자체의 팽창이다.

풍선이 부풀어 오르면 풍선 표면에서 두 지점 사이의 거리가 멀어지듯이 우주 공간이 팽창하면 은하가 직접 움직이지 않아도 은하 사이의 거리가 멀어진다.

③ 우주 팽창의 중심 : 우리 은하가 아닌 다른 은하에서 관측을 해도 은하들 사이의 거리에 비례해서 후퇴 속도가 커지므로 우리 은하가 우주 팽창의 중심은 아니며, 팽창하는 우주의 중심은 없다.

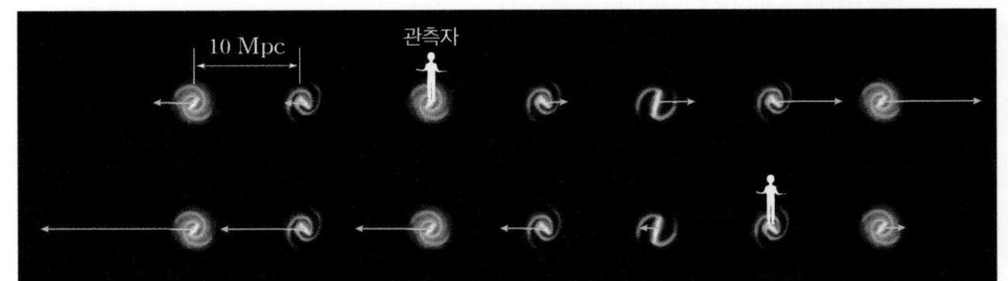

THE 알기

❶ 허블 상수의 측정값
1929년 허블이 구한 허블 상수의 값은 약 556 km/s/Mpc로 매우 컸다. 이후 여러 천문학자들이 노력했으나 1970년대 이후 2000년까지 천문학자들이 구한 허블 상수 값은 50~100 사이로 편차가 매우 컸다. 허블 우주 망원경을 띄운 대표적인 이유 중 하나는 허블 상수를 정밀하게 측정하기 위해서였고, 그 결과 62~72 사이로 좁혀졌다.

❷ Mpc
메가파섹의 줄임말로, 1 Mpc은 100만 pc(약 326만 광년, 1pc=3.26광년)이다.

❸ 우주 공간의 팽창
우주의 팽창은 특정 지점으로부터 물질이 폭발하듯이 퍼져나가는 것이 아니라 순수한 우주 공간의 팽창이다.
A와 B 중 우주의 팽창을 바르게 나타낸 것은 B이다.

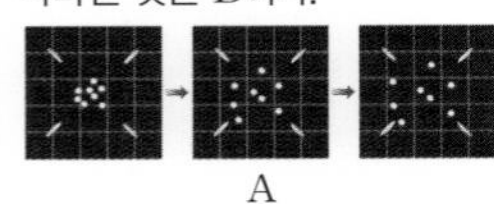

A

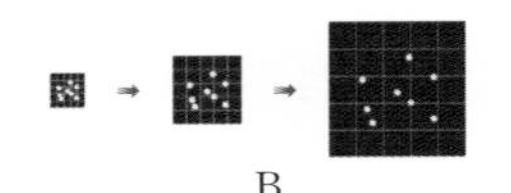

B

THE 들여다보기 | 외부 은하의 청색 편이

허블 법칙은 멀리 있는 은하일수록 후퇴 속도가 크다는 것이고, 이는 우주가 팽창하고 있음을 의미한다. 그러나 어떤 은하들은 우리 은하에 가까워지고 있어 스펙트럼에서 청색 편이가 나타나고 후퇴 속도는 음의 값으로 표현된다.
이러한 은하들은 대부분 국부 은하군에 속한 은하들로서 우리 은하와 가까워 공간이 팽창하는 정도에 비해 우리 은하와의 만유인력이 더 크기 때문에 가까워지는 것이다. 현재 우리 은하에 가까워지는 은하로는 안드로메다은하, 삼각형자리은하, M32, M110 등이 있다.
안드로메다은하는 현재 약 120 km/s의 속도로 우리 은하를 향해 접근하고 있으며, 약 24억 년 후에는 우리 은하와 충돌할 것으로 예상되고 있다.

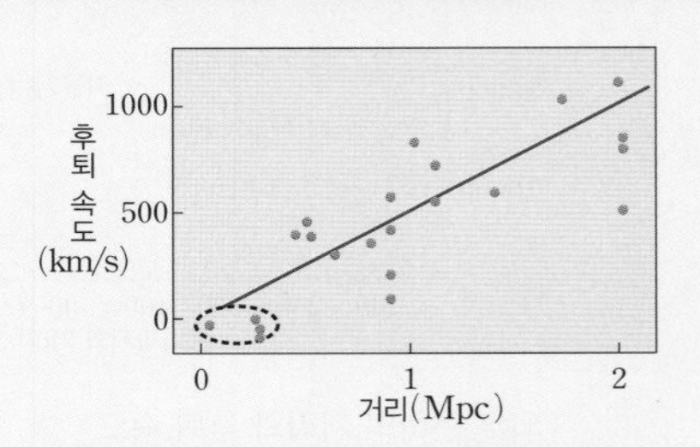

1929년 허블의 연구에 표현된 접근하는 은하들

2 우주의 나이와 크기

(1) 우주의 나이

① 우주가 일정한 속도(v)로 팽창해 왔다고 가정했을 때 거리 r만큼 떨어져 있는 두 은하가 v라는 상대 속도로 서로 가까워진다면 두 은하가 만나는 데 걸리는 시간 t는 우주의 나이와 같다.

② 우주의 나이(t)는 허블 법칙으로 구할 수 있다.

> • 시간$=\dfrac{\text{거리}}{\text{속력}} \rightarrow t=\dfrac{r}{v}$ (r : 은하까지의 거리, v : 은하의 후퇴 속도)
>
> • $t=\dfrac{r}{v}$에 $v=H\cdot r$를 대입하면 $t=\dfrac{r}{H\cdot r}=\dfrac{1}{H}$

따라서 우주의 나이(t)는 허블 상수의 역수이다.

③ 이렇게 계산된 우주의 나이를 허블 시간이라고 하며, 허블 상수의 값을 68 km/s/Mpc로 하여 구한 우주의 나이는 약 138억 년이다.

(2) 우주의 크기

① 은하까지의 거리가 멀수록 후퇴 속도가 크고, 아인슈타인의 상대성 이론에 따르면 광속보다 빠르게 전달되는 정보는 없으므로 관측할 수 있는 우주의 크기(r)는 빛의 속도로 멀어지는 은하까지의 거리에 해당한다.

> $$c=H\cdot r \rightarrow r=\frac{c}{H}$$
>
> • r : 은하까지의 거리 • c : 빛의 속도 • H : 허블 상수

② 우주의 나이가 약 138억 년이므로 빛이 이동한 거리만을 고려하면 현재 우리가 [1]관측할 수 있는 우주의 크기는 약 138억 광년이다.

③ 빛이 이동한 거리와 우주 공간의 팽창을 모두 고려하면 현재 우리가 관측할 수 있는 우주의 크기는 약 456억 광년이다.

④ 관측할 수 있는 우주 영역 너머를 포함하는 우주의 크기는 알 수 없다.

THE 알기

❶ 관측할 수 있는 우주의 크기
현재 우리가 관측할 수 있는 우주의 가장자리를 우주의 지평선이라고 한다. 우주의 지평선 너머에 있는 은하가 방출한 빛은 아직 우리에게 도달하지 못하였으므로 우리가 관측할 수 있는 우주 영역의 크기는 제한된다.

THE 들여다보기 우주론적 적색 편이

외부 은하에서 적색 편이가 나타나는 이유는 무엇일까? 은하 자체가 우주 공간에서 우리 은하로부터 멀어질 때 나타나는 도플러 효과 때문일까?

허블 법칙에 의하면 우주는 팽창하고 있다. 우주의 팽창으로 공간이 늘어나면 그림처럼 빛의 파장을 포함하여 우주에 있는 모든 것이 늘어난다. 빛의 속도가 유한하기 때문에 멀리 있는 은하의 모습은 현재의 모습이 아니라 거리에 해당하는 만큼의 과거 모습이다. 예를 들어 1억 광년 떨어진 은하의 모습은 1억 년 전의 모습이다. 따라서 멀리 있는 은하가 과거에(풍선의 크기가 작았던 때에) 방출한 빛의 파장보다 우리에게 도달했을 때(풍선이 커졌을 때)의 빛의 파장이 길다. 이것이 외부 은하에서 적색 편이가 나타나는 근본적인 이유이고, 이를 우주론적 적색 편이라고 한다.

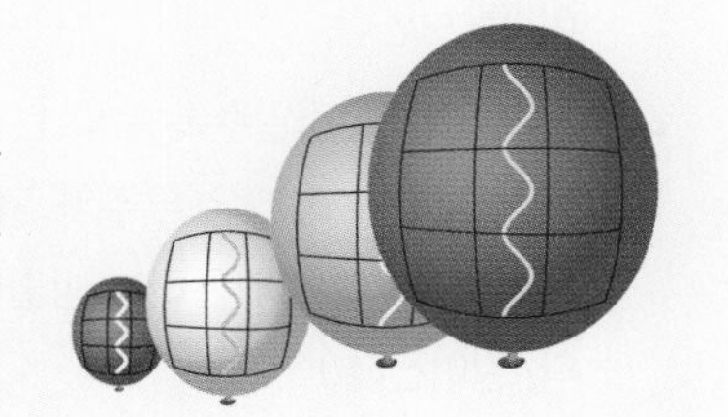
파장의 적색 편이

은하에서 나온 빛이 적색 편이된 정도를 '적색 편이량'이라고 하고, $z=\dfrac{\Delta\lambda}{\lambda}$($\lambda$: 흡수선의 원래 파장, $\Delta\lambda$: 흡수선의 파장 변화량)으로 정의한다. 은하의 적색 편이량에 1을 더한 값, 즉, $1+z$는 우리가 관측한 은하의 빛이 방출된 시점에 대한 현재 우주 크기의 비를 나타낸다.

예를 들어 어떤 은하의 스펙트럼을 관측하여 $z=0.2$의 값을 얻었다면, 그 은하가 빛을 방출한 시점의 우주의 크기는 지금의 $\dfrac{1}{1+z}=\dfrac{1}{1.2}$이었고, $z=3$인 은하가 빛을 방출한 시점의 우주의 크기는 지금의 $\dfrac{1}{4}$이었다.

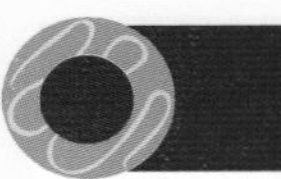

개념체크

빈칸 완성

1. 빛을 내는 물체가 관측자로부터 멀어질 때 스펙트럼이 붉은 빛 쪽으로 치우치는 현상을 (　　　)라고 한다.

2. 은하까지의 거리를 r, 후퇴 속도를 v, 허블 상수를 H라고 할 때, 허블 법칙을 식으로 나타내면 (　　　)이다.

3. 허블 법칙에 의하면 멀리 있는 은하일수록 후퇴 속도가 (　　　).

4. 외부 은하의 스펙트럼에서 적색 편이가 나타나는 주된 이유는 우주 (　　　)의 팽창 때문이다.

5. 팽창하는 우주의 중심은 (　　　).

○X 문제

6. 허블 법칙과 우주 팽창에 대한 설명으로 옳은 것은 ○, 옳지 않은 것은 ×로 표시하시오.

(1) 우주가 팽창하면 은하의 크기도 커진다. (　　　)

(2) 대부분의 외부 은하가 우리 은하로부터 멀어지는 것으로 보아 우리 은하는 팽창하는 우주의 중심에 있다. (　　　)

(3) 허블 상수가 클수록 우리가 관측할 수 있는 우주의 크기는 작아진다. (　　　)

(4) 우주 공간에서 외부 은하의 후퇴 속도는 광속을 넘을 수 있다. (　　　)

(5) 허블 법칙은 다른 은하에서 관측해도 성립한다. (　　　)

정답 **1.** 적색 편이 **2.** $v=H\cdot r$ **3.** 빠르다 **4.** 공간 **5.** 없다 **6.** (1) × (2) × (3) ○ (4) × (5) ○

둘 중에 고르기

1. 허블 상수가 증가하면 우주의 나이는 (증가한다, 감소한다).

2. 외부 은하의 스펙트럼에서 파장 변화량이 클수록 적색 편이량이 (크다, 작다).

3. 움직이는 물체가 방출하는 빛은 ① (속도, 파장)이/가 변하는데, 이를 도플러 효과라고 한다. 별의 스펙트럼은 관측자에게 가까워지는 경우 ② (적색 편이, 청색 편이)를 보인다.

4. 멀리 있는 은하일수록 우리 은하로부터 멀어지는 속도가 빠르다는 사실은 우주가 팽창하고 있다는 것을 의미하며, 이 때문에 은하가 방출한 빛의 파장이 (짧아진다, 길어진다).

5. 우리 은하가 ① (등속, 가속) 팽창해 왔다고 가정할 때, 우주의 ② (나이, 크기)는 허블 상수의 역수와 같다.

단답형 문제

6. 허블 상수를 결정하기 위해 필요한 자료 두 가지를 쓰시오.

7. 허블 상수가 71 km/s/Mpc이라고 할 때, 우리 은하로부터 3 Mpc 거리에 있는 은하의 후퇴 속도를 구하시오.

8. 우주의 팽창으로 인해 일직선상에 있는 세 은하 A, B, C 사이의 거리가 그림과 같이 변했다. (단, 거리의 단위는 Mpc이다.)

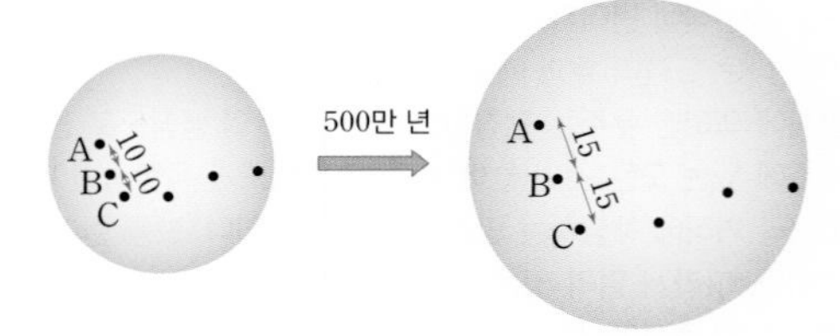

(1) A에서 관측한 B의 후퇴 속도를 구하시오.

(2) A에서 관측한 C의 후퇴 속도를 구하시오.

(3) A로부터의 거리가 C보다 3배 먼 은하를 A에서 관측할 때 은하의 후퇴 속도를 예측하시오.

정답 **1.** 감소한다 **2.** 크다 **3.** ① 파장 ② 청색 편이 **4.** 길어진다 **5.** ① 등속 ② 나이 **6.** 은하까지의 거리, 은하의 후퇴 속도 **7.** 213 km/s **8.** (1) 1Mpc/백만 년 (2) 2 Mpc/백만 년 (3) 6 Mpc/백만 년

우주론

1 대폭발 우주론과 정상 우주론

허블 법칙으로 우주가 팽창하고 있다는 것이 밝혀졌으므로 이후의 우주론은 우주 팽창의 개념을 포함한 대폭발 우주론과 정상 우주론으로 발전하였다.

(1) 대폭발 우주론과 정상 우주론의 비교

구분		대폭발 우주론	정상 우주론
내용		온도와 밀도가 매우 높은 한 점에서 대폭발(big bang)이 일어나 현재와 같은 우주가 형성되었다는 이론이다.	우주가 시작과 끝이 없이 시간에 따라 일정한 모습을 유지한다는 이론이다.
주창자		현재 가장 설득력 있는 우주론으로, 1948년 ❶가모가 발표하였다.	아인슈타인이 주장한 ❷정적 우주론에 우주 팽창의 개념이 포함된 이론으로, 호일, 골드 등이 구체화하였다.
특징	질량	대폭발 이후 우주가 팽창하는 과정에서 우주의 총 질량에는 변화가 없다.	우주가 팽창하면서 새로 생긴 공간에 물질이 계속 생성되어 우주의 총 질량이 증가한다.
	밀도	팽창을 통해 부피는 커지고 질량은 변화가 없으므로 우주의 평균 밀도는 감소한다.	평균 밀도는 일정하게 유지된다.
	온도	감소한다.	일정하다.
모형		시간	시간

(2) 대폭발 우주론의 증거

① 우주 배경 복사

- 초기 우주에서 방출된 복사 에너지가 우주 전체에 퍼져 있는 빛을 말한다.
- 1965년 펜지어스와 윌슨은 하늘의 모든 방향에서 약 7.3 cm 파장의 전파를 관측하였고, 이로부터 우주 배경 복사가 실제로 존재함이 확인되었다.
- 대폭발 우주론에 따르면 우주의 온도가 약 3000 K일 때 우주 배경 복사가 방출되었고, 우주가 팽창하면서 온도는 계속 낮아져 현재는 약 ❸2.7 K에 해당하는 전파가 우주 전역에서 균일하게 관측된다.

우주 배경 복사의 세기

- 우주 배경 복사는 다양한 우주 망원경으로 더욱 정밀하게 관측되었고, 초기 우주의 온도 분포는 약 $\frac{1}{10만}$ 정도의 미세한 차이가 있지만 거의 균일하다.

② 우주에 존재하는 수소와 헬륨의 질량비 : 대폭발 우주론에서는 초기에 빅뱅 핵융합을 통해 만들어진 수소와 헬륨의 질량비가 약 3 : 1이라고 계산하였다. 이 값은 최신 우주 망원경의 관측 결과와 잘 일치한다.

THE 알기

❶ 가모(Garmow G, 1904~1968)
우크라이나 출신의 미국 물리학자로, 대폭발 우주론을 주장하였고 우주 배경 복사의 존재를 예견하였다.

❷ 정적 우주론
우주는 수축도 팽창도 하지 않는 정적인 상태를 유지한다는 이론으로, 20세기 초반까지 아인슈타인을 비롯한 대부분의 사람들이 우주는 이와 같다고 생각하였다.

❸ 2.7K 우주 배경 복사
우주 배경 복사가 처음 방출되었을 당시 우주의 온도는 약 3000 K였고, 우주가 팽창하면서 온도는 계속 낮아져 현재는 약 2.7 K에 해당하는 전파가 우주 전역에서 관측된다.

THE 알기

❶ 우주의 팽창 속도
우주 공간 내에서 어떤 물체가 광속보다 빠르게 운동하는 것은 불가능하지만, 공간 자체의 팽창 속도는 광속을 넘을 수 있다.

❷ 우주의 지평선
우주가 광속으로 팽창한다고 가정할 때 우주의 크기이며, 우주의 지평선의 반지름은 광속과 우주의 나이를 곱한 값이다. 우주의 지평선 밖에서 방출된 빛은 지구에서 관측할 수 없다.

2 수정 · 보완된 대폭발 우주론

(1) 급팽창 이론(인플레이션 이론)

① 대폭발 우주론의 한계

- 우주의 지평선 문제 : 우주 배경 복사가 모든 방향에서 균일하게 관측된다는 것은 대폭발 직후 초기 우주의 에너지 밀도가 균일했다는 의미이다. 그러나 대폭발 우주론은 우주가 광속으로 팽창하고 우주의 크기는 우주 지평선의 크기와 같다고 설명하였기 때문에 서로 반대 방향에 있는 우주의 지평선상의 두 지점은 정보를 교환할 수 없게 되어 초기 우주의 에너지 밀도는 균일할 수 없다.
- 우주의 편평성 문제 : 관측 결과 우주는 기하학적으로 완벽할 정도로 편평하고, 그러기 위해서는 초기 우주의 에너지 밀도가 임계 밀도와 거의 정확하게 일치해야 한다. 하지만 대폭발 우주론에서는 그 이유를 설명하지 못한다.

② 급팽창 이론

- 우주가 탄생한 후 10^{-36}초~10^{-34}초 사이에 ❶빛보다 빠른 속도로 팽창(급팽창)하였다는 이론으로, 1980년 구스가 제시했다.
- 우주의 크기가 급팽창 이전에는 ❷우주의 지평선보다 작았고, 급팽창 이후에는 우주의 지평선보다 크다고 가정하여 지평선 문제와 편평성 문제를 해결했다.

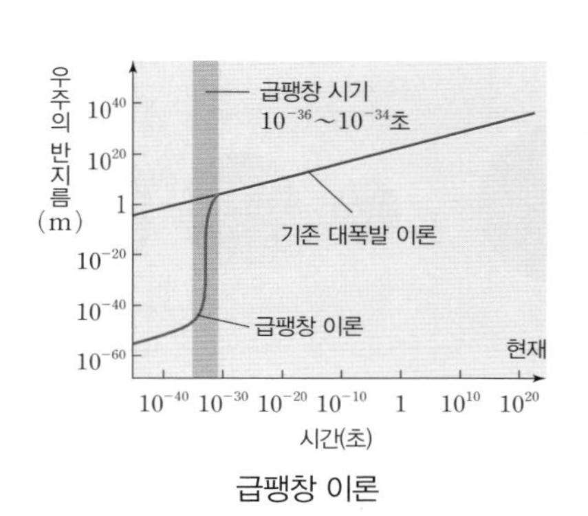

급팽창 이론

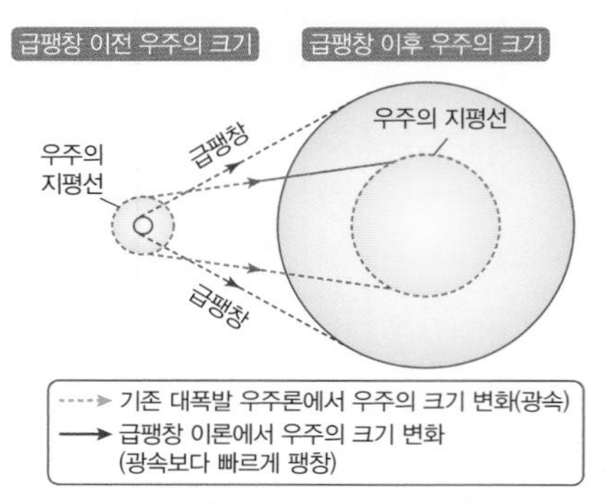

기존의 대폭발 우주론과 급팽창 이론의 우주 팽창 모형

THE 들여다보기 우주 배경 복사의 관측

- 펜지어스와 윌슨이 지상에서 우주 배경 복사를 확인한 이후 3대의 위성이 지구 대기권 밖에서 우주 배경 복사를 정밀하게 관측했다. 펜지어스와 윌슨이 관측했을 때는 우주 배경 복사가 약 3 K의 일정한 온도로 관측되었지만 COBE 위성의 정밀한 관측으로 우주 배경 복사의 온도는 약 2.7 K로 확인되었다.
- WMAP과 PLANK 위성의 관측으로는 약 $\frac{1}{10만}$ 정도의 미세한 온도 차이가 있음을 알게 되었는데, 이는 초기 우주에서 물질 분포의 미세한 차이가 있었음을 보여준다. 이와 같은 미세한 물질 분포의 차이로 인해 우주에서 은하와 별이 생성될 수 있었다.

펜지어스, 윌슨 관측(1965년)

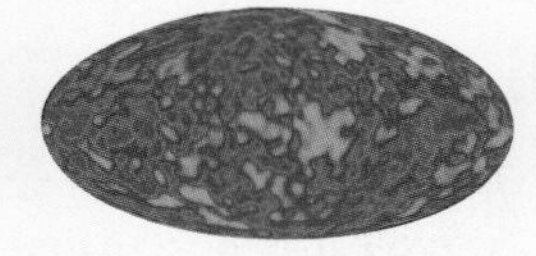
코비(COBE) 위성 관측(1992년)

더블유맵(WMAP) 위성 관측(2003년)

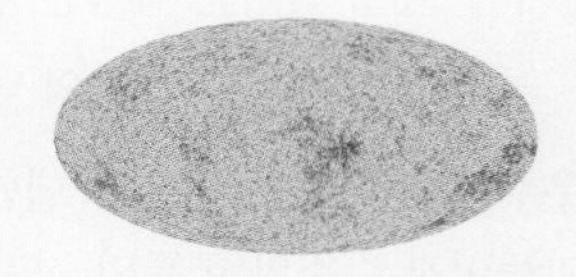
플랑크(PLANK) 위성 관측(2013년)

(2) 가속 팽창 우주

① 우주의 가속 팽창 : 우주를 구성하는 물질의 중력 때문에 시간에 따라 우주의 팽창 속도가 감소할 것이라고 예상하였으나, 1998년 수십 개의 초신성을 관측하여 분석한 결과 우주의 팽창 속도가 점점 빨라지고 있다는 것을 알게 되었다.

가속 팽창 우주

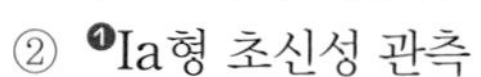

② ❶Ia형 초신성 관측

- 우주가 일정한 속도로 팽창하는 경우는 초신성들의 밝기가 거리에 따라 어떻게 변할지 예측할 수 있다.
- 우주가 감속 팽창한다면 멀리 있는 초신성은 일정한 속도로 팽창하는 우주보다 더 가까운 곳에 있을 것이므로 더 밝게 보여야 한다.
- 그러나 멀리 있는 Ia형 초신성의 관측 결과 예상보다 더 어둡게 보였다. 즉, 일정한 속도로 팽창하는 우주보다 더 멀리 있는 것으로 관측되었다. 이로부터 우주가 가속 팽창한다는 것을 알게 되었다.

> **THE 알기**
>
> **❶ Ia형 초신성**
> 초신성은 흡수선의 특징에 따라 Ia, Ib, Ic, Ⅱ형으로 분류한다. Ia형 초신성은 백색 왜성이 동반성에서 물질을 흡수하다가 질량이 태양 질량의 약 1.44배가 될 때 폭발한 것이다. 초신성의 밝기는 폭발 당시의 질량에 비례하기 때문에 Ia형 초신성들은 절대 등급이 거의 같다.

3 암흑 물질과 암흑 에너지

(1) 암흑 물질

① 빛을 방출하지 않아 보이지 않지만 질량이 있으므로 중력적인 방법으로 그 존재를 추정할 수 있는 물질을 말한다.

② 암흑 물질이 분포하는 곳에서 ❷중력 효과로 빛의 경로가 휘거나, 광학적 관측으로 추정한 은하의 질량이 역학적 방법으로 계산한 은하의 질량보다 작다는 사실 등을 통해 암흑 물질의 존재를 추정할 수 있다.

> **❷ 중력 렌즈 효과**
> 중력에 의해 빛이 굴절되는 현상이다.

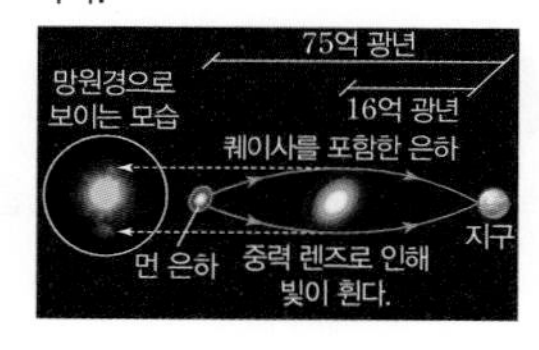

(2) 암흑 에너지 : 우주가 가속 팽창하기 위해서는 우주에 있는 물질의 중력과 반대 방향으로 작용하는 힘이 존재해야 한다. 우주 공간 자체의 에너지가 척력으로 작용한다고 여겨지고 있고, 이를 암흑 에너지라고 한다.

(3) 표준 우주 모형

① 급팽창 이론을 포함한 대폭발 우주론에 암흑 물질과 암흑 에너지의 개념까지 모두 포함한 최신의 우주 모형을 말한다.

② 2013년 발표된 플랑크 위성의 관측 결과 우주를 구성하는 요소들의 분포비는 별, 행성, 은하들과 같은 보통 물질이 4.9 %, 암흑 물질이 26.8 %, 암흑 에너지가 68.3 %이다.

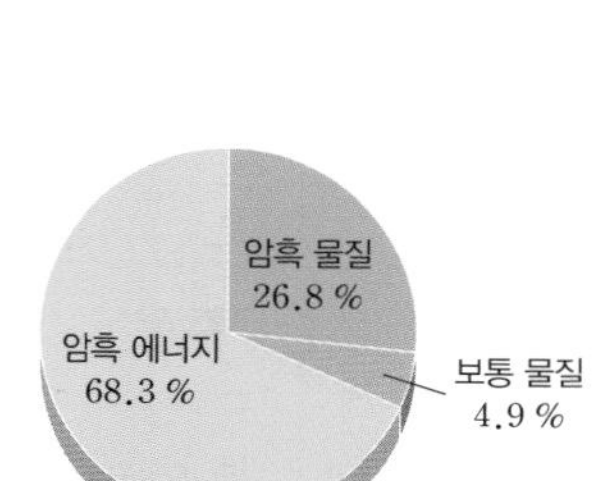

우주 구성 요소의 상대량

THE 들여다보기 아인슈타인의 우주 상수와 암흑 에너지

아인슈타인은 일반 상대성 이론을 우주에 적용하여 우주의 상태를 설명하고자 하였다. 그러나 일반 상대성 이론의 방정식을 우주에 적용하면 우주는 정적인 우주가 아니라 팽창하거나 수축하는 우주였다. 당시에 아인슈타인은 다른 대부분의 사람들과 마찬가지로 우주가 영원히 변함없는 정적인 상태라고 생각하였다. 아인슈타인은 우주의 수축을 막으면서 변함없는 우주를 만들기 위해 그의 방정식에 '우주 상수'라는 항을 추가하였다. 그의 방정식에서 우주 상수는 은하들 사이에 작용하는 중력에 맞서 우주의 균형을 잡고, 우주가 붕괴하지 않도록 하는 요소로 작용한다. 아인슈타인 본인도 우주 상수가 실제로 어떤 존재인지는 정확히 알지 못했다.
그러나 허블의 외부 은하 관측으로 우주가 팽창하고 있다는 사실이 밝혀지자 아인슈타인은 그의 방정식에 추가된 우주 상수를 철회하였다. 최근 초신성의 관측을 통해 우주가 가속 팽창하고 있다는 사실이 알려지면서 천문학자들은 우주의 가속 팽창을 설명하기 위하여 아인슈타인의 우주 상수를 다시 도입하였다. 이는 우주에 일종의 척력이 존재함을 의미하고, 천문학자들은 이러한 척력이 암흑 에너지 때문이라고 주장하고 있다.

개념체크

빈칸 완성

1. 대폭발 우주론에서 우주의 온도가 약 3000 K일 때 방출된 복사 에너지가 우주 전체에 퍼져 있는 빛을 (　　　)라고 한다.

2. 우주의 온도는 대폭발 이후 팽창하면서 계속 낮아져 현재는 약 (　　　) K으로 관측된다.

3. 대폭발 우주론에서 우주에 존재하는 수소와 헬륨의 질량비는 약 (　　　) : (　　　)이다.

4. 기존의 대폭발 우주론의 지평선 문제, 편평성 문제 등은 (　　　) 이론으로 해결되었다.

5. (　　　)는 우주에 있는 물질의 중력과 반대 방향으로 작용하여 우주를 가속 팽창시킨다.

○X 문제

6. 우주론에 대한 설명으로 옳은 것은 ○표, 옳지 않은 것은 ×로 표시 하시오.

(1) 우주 배경 복사는 우주 전역에서 거의 균일하게 관측된다. (　　)

(2) 급팽창 이론에 따르면 우주 공간이 팽창하는 속도는 광속을 넘을 수 없으므로 우주의 크기는 우주의 지평선의 크기와 같다. (　　)

(3) Ia형 초신성의 관측으로 우주가 가속 팽창하고 있다는 것을 알게 되었다. (　　)

(4) 물질의 중력 효과로 빛의 경로가 휘는 중력 렌즈 효과를 이용해 암흑 에너지의 존재를 확인할 수 있다. (　　)

정답 **1.** 우주 배경 복사 **2.** 2.7 **3.** 3, 1 **4.** 급팽창 **5.** 암흑 에너지 **6.** (1) ○ (2) × (3) ○ (4) ×

바르게 연결하기

1. 우주론과 그 내용을 바르게 연결하시오.

(1)	대폭발 우주론 •	• ㉠	우주 밀도 일정
		• ㉡	우주 질량 증가
(2)	정상 우주론 •	• ㉢	우주 온도 감소
		• ㉣	팽창하는 우주

2. 우주 모형에 대한 이론과 그 이론을 주장한 사람을 바르게 연결하시오.

(1)	대폭발 이론 •	• ㉠	아인슈타인
(2)	급팽창 이론 •	• ㉡	가모
(3)	정적 우주론 •	• ㉢	구스

단답형 문제

3. 허블 법칙 외에 대폭발 우주론을 뒷받침하는 관측적인 증거를 두가지 쓰시오.

4. 정상 우주론은 정적 우주론에 어떤 개념이 포함된 이론인지 쓰시오.

5. 그림은 최신 관측으로 얻어진 우주 구성 요소들의 상대량을 나타낸 것이다.

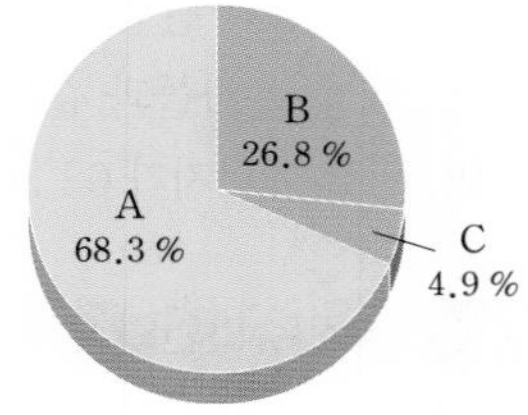

(1) A, B, C 중 광학적으로 관측 가능한 것은 무엇인가?

(2) A, B, C 중 우주의 가속 팽창의 원인으로 작용하는 것은 무엇인가?

정답 **1.** (1) ㉢, ㉣ (2) ㉠, ㉡, ㉣ **2.** (1) ㉡ (2) ㉢ (3) ㉠ **3.** 우주 배경 복사, 수소와 헬륨의 질량비 **4.** 팽창 우주 **5.** (1) C (2) A

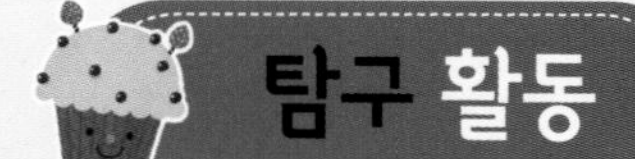

외부 은하의 적색 편이를 이용하여 우주의 나이 계산하기

정답과 해설 95쪽

목표

외부 은하의 후퇴 속도를 계산하고, 외부 은하의 거리와 후퇴 속도 사이의 관계를 설명할 수 있다.

과정

그림은 5개 외부 은하의 거리와 각 은하에서 관측한 칼슘의 흡수 스펙트럼(H+K)을 나타낸 것이다.

1. 외부 은하의 거리를 가로축, 후퇴 속도를 세로축으로 하여 그래프를 그리시오.
2. 그래프에서 5개의 은하를 연결한 직선의 기울기는 얼마이며, 이것은 무엇을 의미하는지 설명하시오.
3. 2에서 얻은 값을 이용하여 우주의 나이를 구하고, 이때 필요한 가정을 설명하시오.

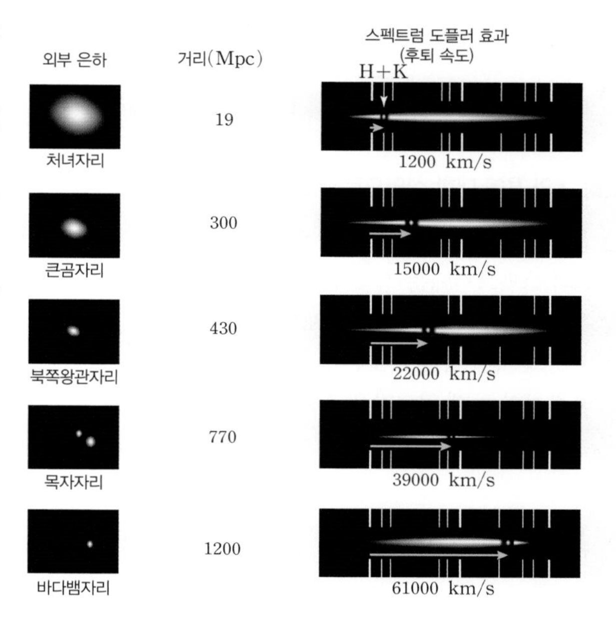

결과 정리 및 해석

1. 그래프는 외부 은하의 거리와 후퇴 속도가 비례하는 거의 직선의 형태로 그려진다.

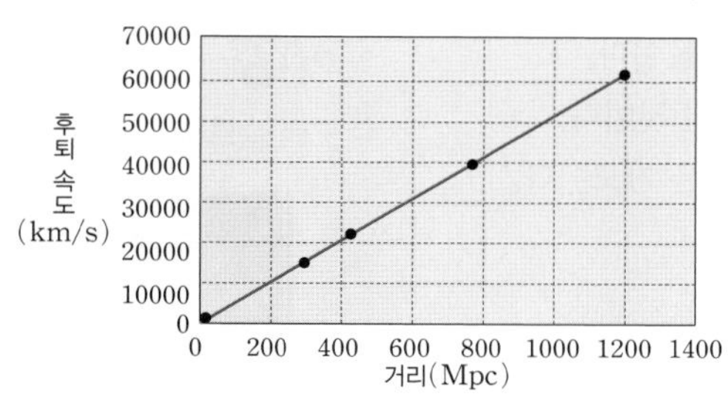

2. 직선의 기울기는 약 50 km/s/Mpc이며, 이 값은 허블 상수이다.
3. 우주의 팽창 속도가 일정하다고 가정할 때, 대략적인 우주의 나이(t)는 허블 상수의 역수와 같다.

$$t=\frac{1}{H}=\frac{1}{50\ \text{km/s/Mpc}}≒196억\ 년$$

탐구 분석

1. 위에서 구한 허블 상수와 우주의 나이를 최근 구해진 허블 상수와 우주의 나이와 비교하시오.
2. 허블 상수를 정확하게 측정하는 일이 중요한 이유를 설명하시오.

내신 기초 문제

[8589-0523]
01 그림은 은하 A와 은하 B의 스펙트럼을 정지 상태의 스펙트럼과 비교한 것이다.

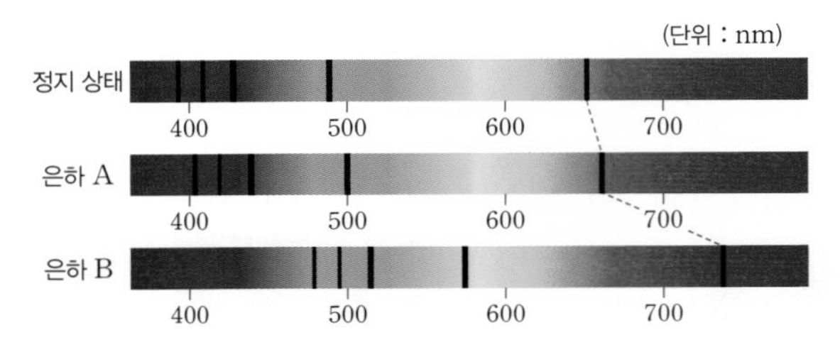

은하 A와 B에 대한 설명으로 옳은 것은?

① A는 우리 은하로 접근하고 있다.
② B의 스펙트럼에는 청색 편이가 나타난다.
③ 은하까지의 거리는 A가 B보다 가깝다.
④ 은하의 시선 방향 속도는 A가 B보다 크다.
⑤ 흡수선의 파장 변화량은 A가 B보다 크다.

[8589-0524]
02 우주 배경 복사에 대한 설명으로 옳지 않은 것은?

① 대폭발 우주론의 증거가 된다.
② 우주의 모든 방향에서 관측된다.
③ 현재 우주 배경 복사의 온도는 약 2.7 K이다.
④ 우주의 온도가 약 3000 K일 때 방출된 것이다.
⑤ 우주 배경 복사를 최초로 관측한 사람은 가모이다.

[8589-0525]
03 빅뱅 이후 일어난 우주의 변화에 대한 설명으로 옳은 것을 있는 대로 고르면?(정답 2개)

① 우주의 온도는 높아졌다.
② 우주의 밀도는 일정했다.
③ 우주의 질량은 증가했다.
④ 우주의 반지름은 증가했다.
⑤ 우주 배경 복사의 파장은 길어졌다.

[04~05] 그림은 외부 은하들의 거리와 후퇴 속도를 나타낸 것이다.

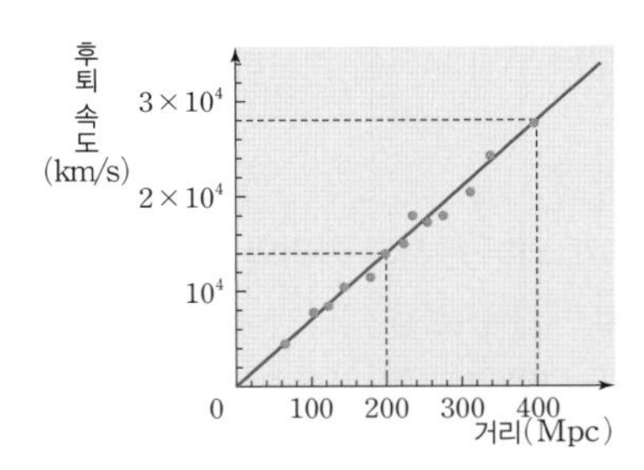

[8589-0526]
04 이 은하들에 대한 설명으로 옳지 않은 것은?

① 허블 법칙을 만족한다.
② 관측자로부터 멀어지고 있다.
③ 거리와 후퇴 속도는 비례한다.
④ 거리가 멀수록 적색 편이가 크게 나타난다.
⑤ 우주가 일정한 속도로 팽창하였다면 $\frac{\text{후퇴 속도}}{\text{거리}}$는 우주의 나이와 비례한다.

[8589-0527]
05 위 그래프에서 허블 상수를 구하시오.

[8589-0528]
06 그림은 은하 B에 관측자가 있을 때, 은하 A, C, D의 후퇴 속도를 나타낸 것이다. 은하 A~D는 같은 직선상에 있다.

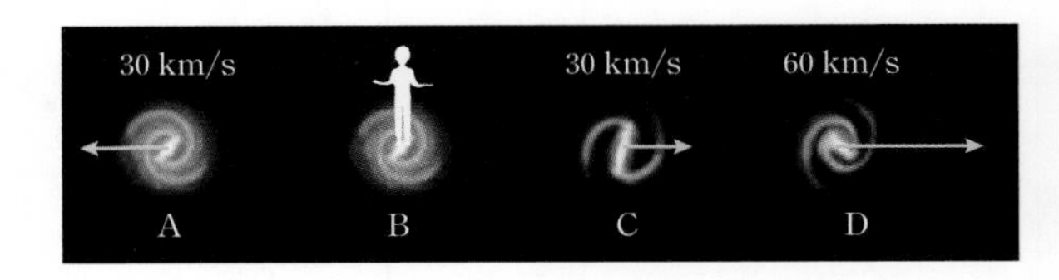

이에 대한 설명으로 옳은 것만을 〈보기〉에서 있는 대로 고른 것은?

보기
ㄱ. 우주의 중심은 B이다.
ㄴ. 적색 편이가 가장 크게 나타나는 것은 A이다.
ㄷ. C에서 D를 관측할 경우 후퇴 속도는 30 km/s이다.

① ㄱ ② ㄷ ③ ㄱ, ㄴ
④ ㄴ, ㄷ ⑤ ㄱ, ㄴ, ㄷ

[8589-0529]
07 그림은 서로 다른 두 천문대 A와 B에서 관측한 외부 은하의 거리와 후퇴 속도를 나타낸 것이다.

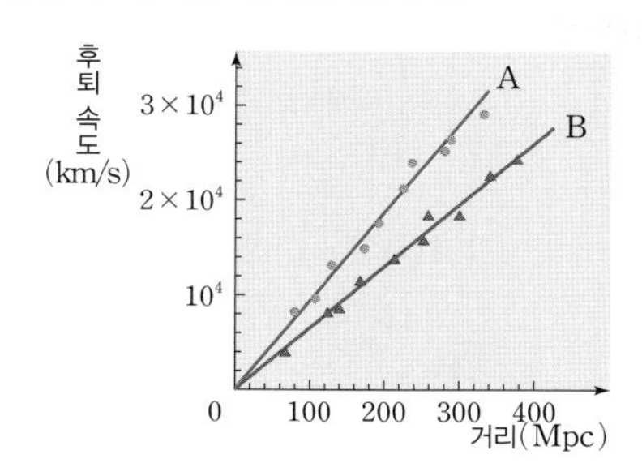

이를 이용하여 구한 값 중 B보다 A에서 더 큰 값을 가지는 것만을 〈보기〉에서 있는 대로 고른 것은?

보기
ㄱ. 허블 상수
ㄴ. 우주의 나이
ㄷ. 관측 가능한 우주의 크기
ㄹ. 우주의 팽창 속도

① ㄱ, ㄷ ② ㄱ, ㄹ ③ ㄴ, ㄷ
④ ㄱ, ㄴ, ㄹ ⑤ ㄴ, ㄷ, ㄹ

[8589-0530]
08 그림은 어떤 우주론에서 시간에 따른 우주의 변화를 나타낸 것이다.

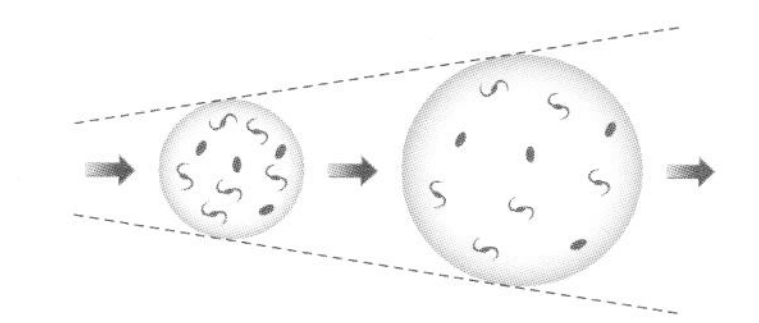

이에 대한 설명으로 옳은 것은?

① 정상 우주론이다.
② 허블 법칙을 만족한다.
③ 아인슈타인이 주장하였다.
④ 새로운 물질이 계속 생성된다.
⑤ 우주의 전체 질량이 증가한다.

[8589-0531]
09 그림은 어느 팽창 우주 모형에서 초기 우주의 시간에 따른 크기 변화를 나타낸 것이다.

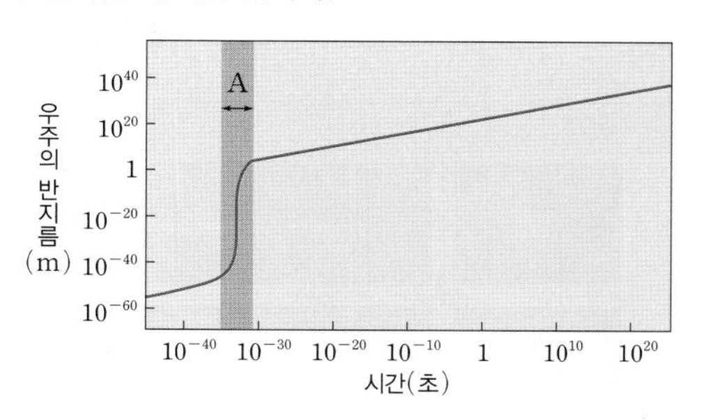

A 시기의 물리량 변화로 옳은 것만을 〈보기〉에서 있는 대로 고른 것은?

보기

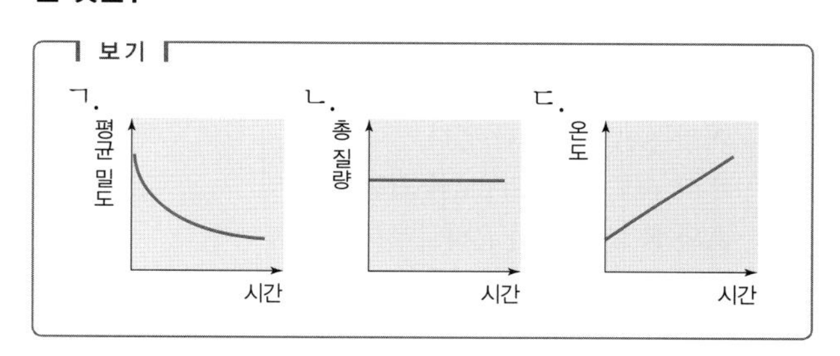

① ㄱ ② ㄷ ③ ㄱ, ㄴ
④ ㄴ, ㄷ ⑤ ㄱ, ㄴ, ㄷ

[8589-0532]
10 표는 우주를 구성하고 있는 물질과 에너지의 구성비를 나타낸 것이다.

구성 요소	구성비(%)
보통 물질	4.9
암흑 물질	A
(가)	B

이에 대한 설명으로 옳은 것만을 〈보기〉에서 있는 대로 고른 것은?

보기
ㄱ. (가)는 암흑 에너지이다.
ㄴ. A는 B보다 크다.
ㄷ. 암흑 물질은 우주를 가속 팽창시키는 원인이 된다.

① ㄱ ② ㄷ ③ ㄱ, ㄴ
④ ㄴ, ㄷ ⑤ ㄱ, ㄴ, ㄷ

실력 향상 문제

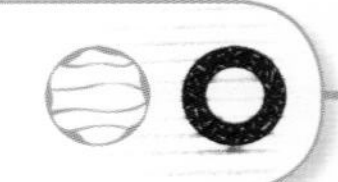

[8589-0533]

01 그림은 허블 법칙을 만족하는 외부 은하 A와 B의 사진과 스펙트럼을 나타낸 것이다. 스펙트럼에서 화살표는 칼슘에 의해 나타나는 흡수선의 적색 편이량을 나타낸 것이다.

은하		스펙트럼
A		
B		

은하 A와 B에 대한 설명으로 옳은 것만을 <보기>에서 있는 대로 고른 것은?

보기
ㄱ. 거리는 A가 B보다 멀다.
ㄴ. 후퇴 속도는 B가 A보다 크다.
ㄷ. A와 B 모두 우리 은하로부터 멀어지고 있다.

① ㄱ ② ㄴ ③ ㄱ, ㄷ
④ ㄴ, ㄷ ⑤ ㄱ, ㄴ, ㄷ

[8589-0534]

02 표는 같은 방향에서 관측되는 은하 A, B, C의 거리와 후퇴 속도를 나타낸 것이다.

은하	거리(Mpc)	후퇴 속도($\times 10^3$ km/s)
A	100	7.1
B	300	21.3
C	400	28.4

이에 대한 설명으로 옳은 것만을 <보기>에서 있는 대로 고른 것은?

보기
ㄱ. 허블 상수는 71 km/s/Mpc이다.
ㄴ. 적색 편이량은 C가 A보다 크다.
ㄷ. B에서 관측할 경우 후퇴 속도는 A가 C보다 크다.

① ㄱ ② ㄷ ③ ㄱ, ㄴ
④ ㄴ, ㄷ ⑤ ㄱ, ㄴ, ㄷ

[8589-0535]

03 그림은 은하 A에서 관측한 은하 B, C, D의 후퇴 속도를 나타낸 것이다.

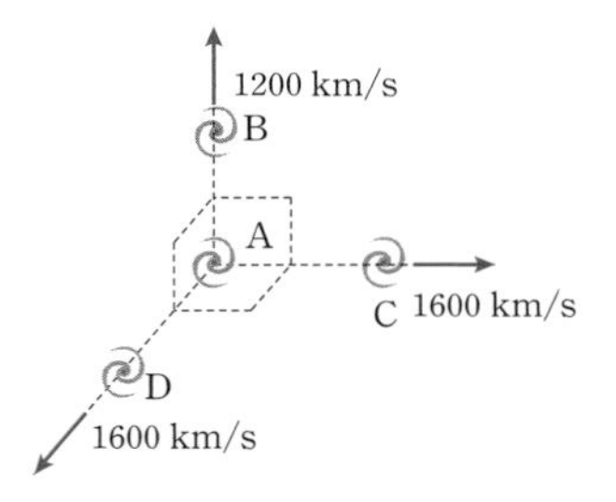

은하 A~D가 허블 법칙을 만족할 때, 이에 대한 설명으로 옳은 것만을 <보기>에서 있는 대로 고른 것은?

보기
ㄱ. 우주의 중심은 A이다.
ㄴ. A에서 측정한 적색 편이 값은 B가 C보다 작다.
ㄷ. C에서 측정한 후퇴 속도는 D가 A의 2배이다.

① ㄱ ② ㄴ ③ ㄱ, ㄷ ④ ㄴ, ㄷ ⑤ ㄱ, ㄴ, ㄷ

서술형

[8589-0536]

04 그림 (가)는 외부 은하의 거리와 후퇴 속도의 관계를 나타낸 것이고, (나)는 외부 은하 A를 분광 관측했을 때 파장이 410.0 nm인 흡수선이 418.2 nm에 나타난 것을 보여준 것이다.

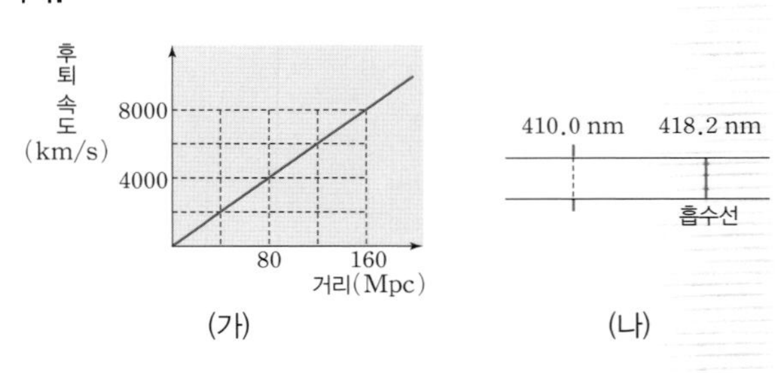

(가) (나)

(1) 허블 상수를 구하시오.

(2) 외부 은하 A까지의 거리를 구하시오. (단, 광속은 3×10^5 km/s이다.)

[8589-0537]
05 표는 우리 은하를 중심으로 서로 반대 방향에 있는 두 은하 A와 B의 거리와 후퇴 속도를 나타낸 것이다.

은하	거리(Mpc)	후퇴 속도(km/s)
A	30	2100
B	60	(가)

이에 대한 설명으로 옳은 것만을 〈보기〉에서 있는 대로 고른 것은?

보기
ㄱ. 허블 상수는 70 km/s/Mpc이다.
ㄴ. (가)는 2100 km/s보다 크다.
ㄷ. A에서 측정한 후퇴 속도는 B가 우리 은하의 2배이다.

① ㄱ ② ㄷ ③ ㄱ, ㄴ
④ ㄴ, ㄷ ⑤ ㄱ, ㄴ, ㄷ

[8589-0538]
06 그림은 어떤 우주론에서 시간에 따른 우주의 크기 변화를 나타낸 것이다.

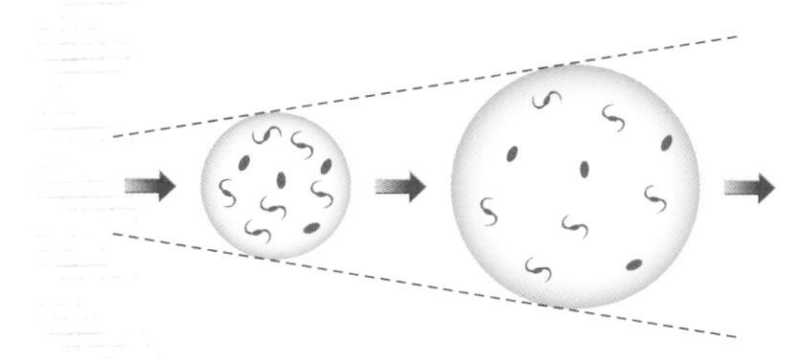

이 우주론을 뒷받침하는 증거를 〈보기〉에서 있는 대로 고른 것은?

보기
ㄱ. 우주에 존재하는 수소와 헬륨의 비율
ㄴ. 우주 배경 복사의 관측
ㄷ. 중력 렌즈 현상

① ㄱ ② ㄷ ③ ㄱ, ㄴ
④ ㄴ, ㄷ ⑤ ㄱ, ㄴ, ㄷ

[8589-0539]
07 그림 (가)와 (나)는 어떤 우주론을 근거로 하여 시간에 따른 우주의 전체 질량과 평균 밀도의 변화를 나타낸 것이다.

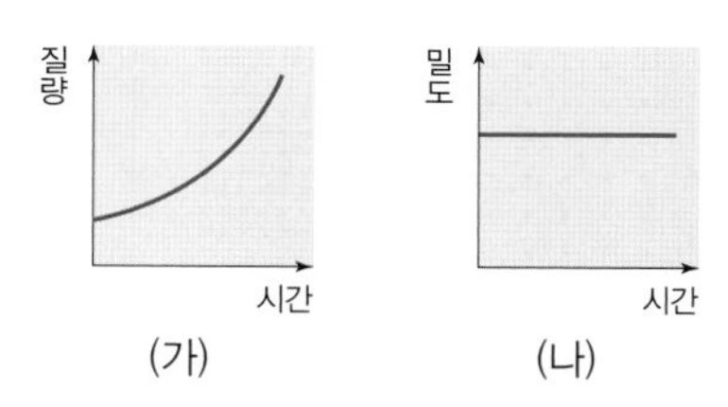

(가) (나)

이 우주론에 대한 설명으로 옳은 것만을 〈보기〉에서 있는 대로 고른 것은?

보기
ㄱ. 대폭발 우주론이다.
ㄴ. 우주 배경 복사는 이 우주론의 근거가 된다.
ㄷ. 서로 멀어지는 은하들 사이에 생겨난 빈 공간에 새로운 물질이 꾸준하게 만들어진다.

① ㄱ ② ㄷ ③ ㄱ, ㄴ
④ ㄴ, ㄷ ⑤ ㄱ, ㄴ, ㄷ

[8589-0540]
08 그림 (가)는 우주 배경 복사의 파장에 따른 복사 강도를, (나)는 WMAP 위성이 관측한 우주 배경 복사의 분포를 나타낸 것이다.

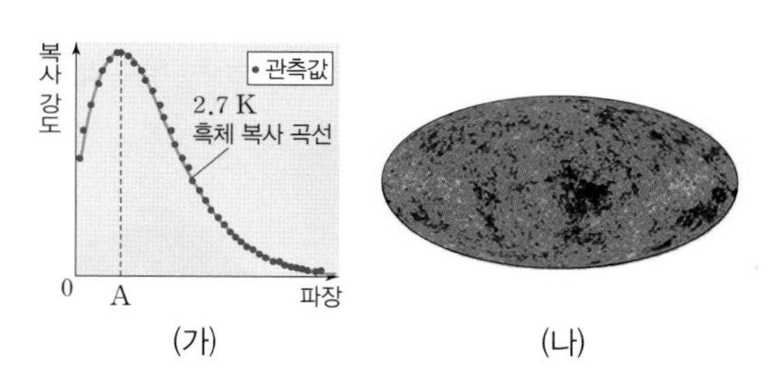

(가) (나)

이에 대한 설명으로 옳은 것만을 〈보기〉에서 있는 대로 고른 것은?

보기
ㄱ. (가)에서 A에 해당하는 값은 현재보다 우주 초기에 길었다.
ㄴ. (가)의 복사가 방출되었던 시기에 우주의 온도는 2.7 K였다.
ㄷ. (가)의 복사는 (나)에서 대체로 균일하게 나타난다.

① ㄱ ② ㄷ ③ ㄱ, ㄴ
④ ㄴ, ㄷ ⑤ ㄱ, ㄴ, ㄷ

[8589-0541]

09 그림 (가)와 (나)는 팽창하는 우주를 설명하는 서로 다른 모형을 나타낸 것이다.

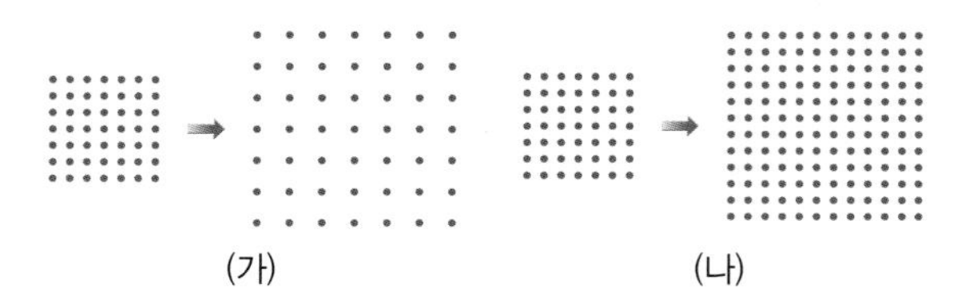

(가)에서만 설명 가능한 물리량 변화를 〈보기〉에서 있는 대로 고른 것은?

보기

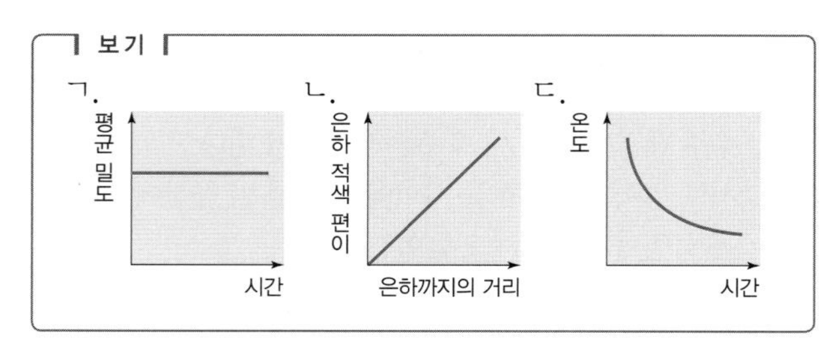

① ㄱ ② ㄴ ③ ㄷ
④ ㄱ, ㄴ ⑤ ㄴ, ㄷ

[8589-0542]

10 그림은 대폭발 우주론에 따라 팽창하는 우주의 모습을 나타낸 것이다.

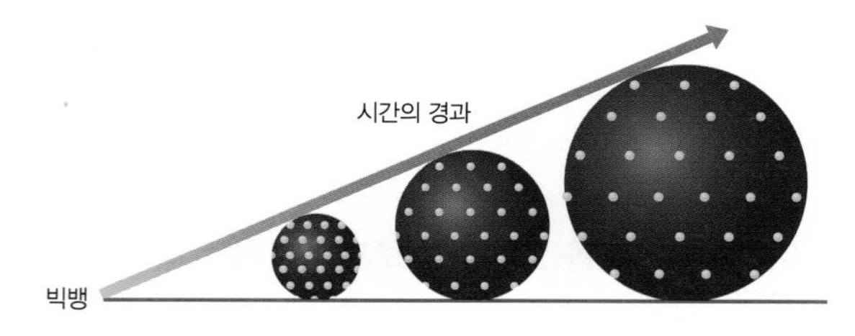

우주가 팽창하면서 그 값이 증가하는 것만을 〈보기〉에서 있는 대로 고른 것은?

보기
ㄱ. 허블 상수
ㄴ. 우주의 평균 밀도
ㄷ. 우주 배경 복사의 파장

① ㄱ ② ㄷ ③ ㄱ, ㄴ
④ ㄴ, ㄷ ⑤ ㄱ, ㄴ, ㄷ

[8589-0543]

11 그림은 팽창하는 우주에서 시간에 따른 어느 물리량 A의 변화를 나타낸 것이다.

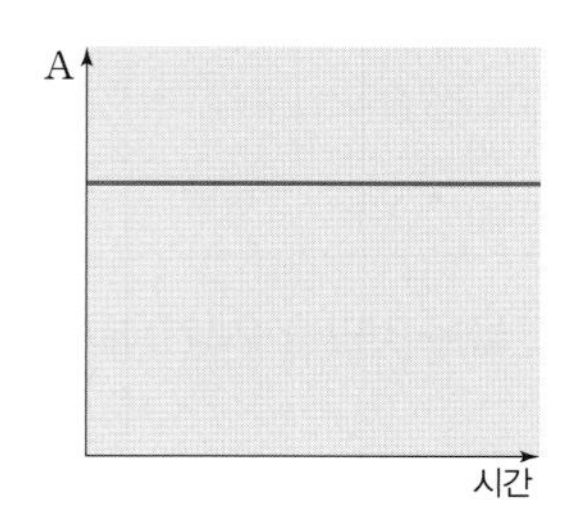

대폭발 우주론과 정상 우주론에서 A에 들어갈 수 있는 물리량을 각각 쓰시오.

[8589-0544]

12 그림은 기존의 대폭발 우주론과 급팽창 이론에서 시간에 따른 우주의 크기 변화를 나타낸 것이다.

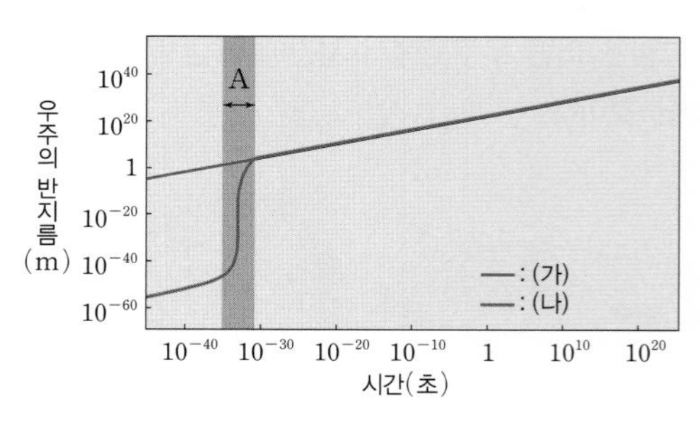

이에 대한 설명으로 옳은 것만을 〈보기〉에서 있는 대로 고른 것은?

보기
ㄱ. (가)는 급팽창 이론이다.
ㄴ. (나)는 A 시기에 우주의 밀도가 급격히 감소한다.
ㄷ. (나)는 우주의 지평선 문제를 해결할 수 있다.

① ㄱ ② ㄴ ③ ㄱ, ㄷ
④ ㄴ, ㄷ ⑤ ㄱ, ㄴ, ㄷ

정답과 해설 97쪽

[13~14] 다음은 2011년 노벨 물리학상과 관련된 기사의 일부이다.

> 초신성 관측을 통해 우주의 가속 팽창을 검증한 사울 펄뮤터, 브라이언 슈미트, 애덤 리스 등 3명이 2011년 노벨 물리학상 수상의 영예를 안았다.
> 스웨덴 왕립 과학아카데미는 ㉠약 137억 년 전 우주 팽창이 시작됐다는 것이 지난 약 백 년 동안의 지식이었으나, 이들이 50억 광년 이상 떨어진 ㉡초신성의 빛이 예상보다 약하다는 것을 발견했고, 이것은 ㉢현재 우주의 팽창 속도가 빨라지는 증거라고 밝혔다.
> 아카데미 측은 이들의 연구로 우주 팽창이 가속되고 있다는 사실이 밝혀졌다고 말했다. 우주가 이 연구가 밝힌 속도대로 계속 팽창하면 결국 우주는 차가운 공간으로 변하게 된다.

[8589-0545]
13 이에 대한 설명으로 옳은 것만을 〈보기〉에서 있는 대로 고른 것은?

> 보기
> ㄱ. ㉠은 허블 상수의 역수를 이용하여 근사적으로 구할 수 있다.
> ㄴ. ㉡은 초신성이 예상보다 멀리 있다는 것을 의미한다.
> ㄷ. ㉢의 주된 원인은 암흑 물질이다.

① ㄱ ② ㄴ ③ ㄷ
④ ㄱ, ㄴ ⑤ ㄱ, ㄷ

서술형 [8589-0546]
14 그림은 우주의 팽창 속도가 일정할 경우 시간에 따른 우주의 크기 변화를 나타낸 것이다. 이와 비교하여 ㉢에 나타나는 우주의 크기 변화 경향을 그래프로 나타내시오.

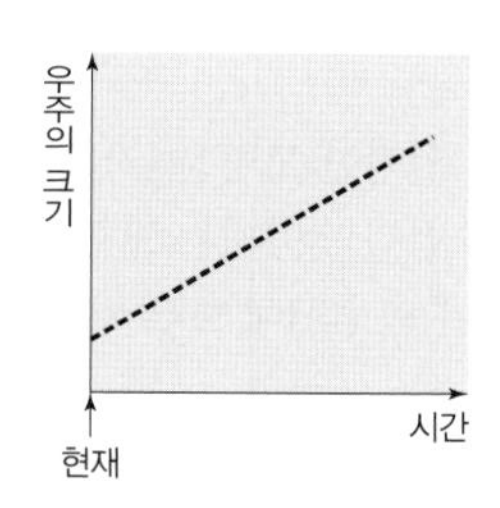

[8589-0547]
15 그림은 Ia형 초신성을 관측한 등급을 나타낸 것이다. 그림에서 점선(----)은 우주가 등속 팽창한다고 가정할 때 예상되는 Ia형 초신성의 겉보기 등급이다.

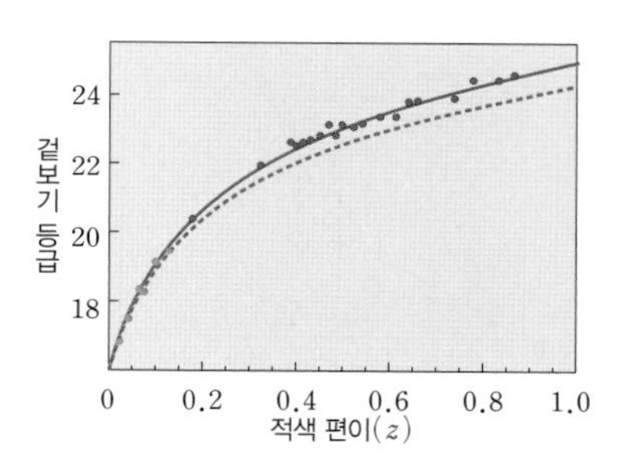

이에 대한 설명으로 옳은 것만을 〈보기〉에서 있는 대로 고른 것은?

> 보기
> ㄱ. Ia형 초신성은 후퇴 속도가 클수록 밝게 보인다.
> ㄴ. Ia형 초신성은 우주가 등속 팽창하는 경우보다 밝게 보인다.
> ㄷ. 우주가 가속 팽창한다는 증거이다.

① ㄱ ② ㄷ ③ ㄱ, ㄴ ④ ㄴ, ㄷ ⑤ ㄱ, ㄴ, ㄷ

[8589-0548]
16 그림은 어느 팽창 우주 모형에서 시간에 따른 우주의 크기를 나타낸 것이다.

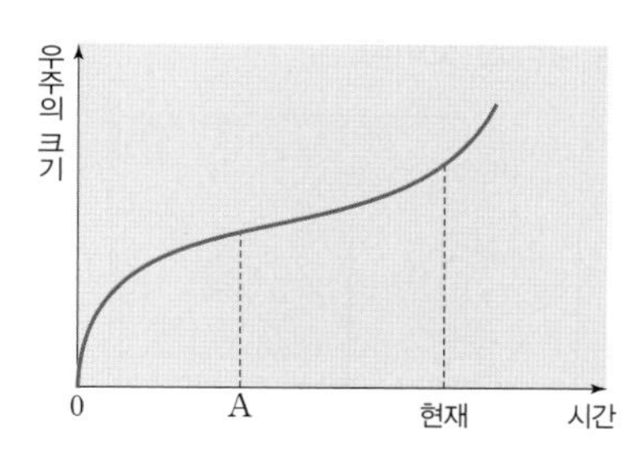

A 시기보다 현재 큰 값을 가지는 물리량으로 옳은 것만을 〈보기〉에서 있는 대로 고른 것은?

> 보기
> ㄱ. 우주의 팽창 속도
> ㄴ. 우주의 평균 밀도
> ㄷ. 우주 배경 복사의 최대 에너지 파장

① ㄱ ② ㄴ ③ ㄷ ④ ㄱ, ㄷ ⑤ ㄴ, ㄷ

신유형·수능 열기

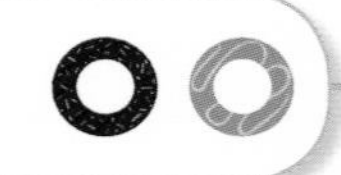

[8589-0549]

01 그림은 우리 은하에서 관측한 외부 은하 A, B, C의 거리에 따른 후퇴 속도를 나타낸 것이다. 세 은하의 절대 등급은 모두 같고, 같은 방향에서 관측된다.

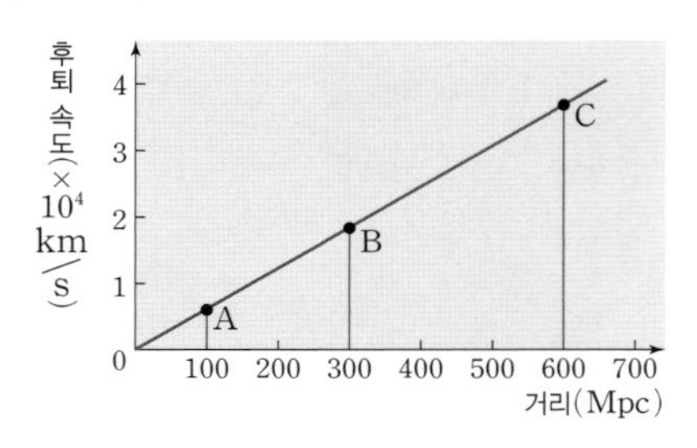

이에 대한 설명으로 옳은 것만을 〈보기〉에서 있는 대로 고른 것은?

보기
ㄱ. 외부 은하의 거리와 후퇴 속도는 비례한다.
ㄴ. 겉보기 밝기는 A가 B보다 약 9배 밝다.
ㄷ. B에서 관측하면 A와 C는 모두 후퇴한다.

① ㄱ ② ㄷ ③ ㄱ, ㄴ
④ ㄴ, ㄷ ⑤ ㄱ, ㄴ, ㄷ

[8589-0550]

02 그림은 빅뱅 이후 약 38만 년이 지났을 때와 현재의 복사 세기 분포를 나타낸 것이다.

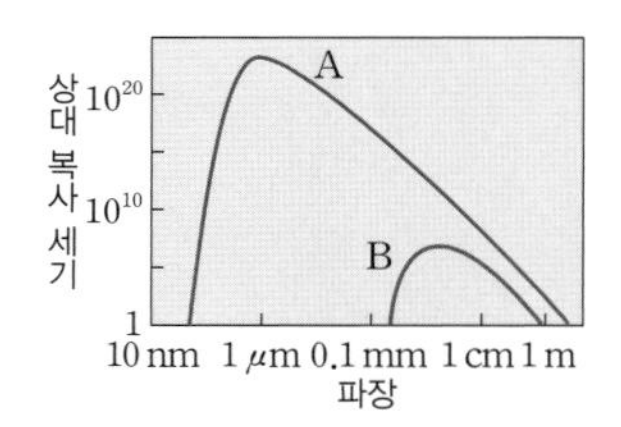

이에 대한 설명으로 옳은 것만을 〈보기〉에서 있는 대로 고른 것은?

보기
ㄱ. 현재의 복사 세기는 A이다.
ㄴ. 우주의 온도는 A가 B보다 높다.
ㄷ. 복사 세기가 최대인 파장은 현재가 과거보다 짧다.

① ㄱ ② ㄴ ③ ㄷ
④ ㄱ, ㄴ ⑤ ㄴ, ㄷ

[8589-0551]

03 다음은 팽창하는 우주의 특성을 알아보기 위한 실험이다.

[실험 과정]
(가) 균일한 재질의 풍선 표면에 세 단추 A, B, C를 고정시킨다.

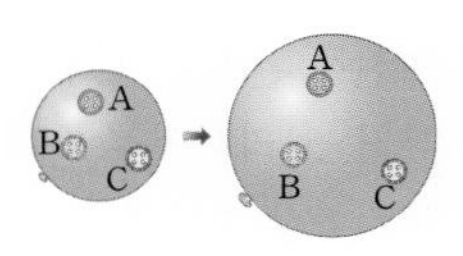

(나) 세 단추 사이의 거리를 측정한다.
(다) 풍선을 불어 팽창시킨 후, (나)를 반복한다.

[실험 결과]

구분	두 단추 사이의 거리(cm)		
	A−B	A−C	B−C
팽창 전	3	4	5
팽창 후	9	12	㉠

이에 대한 설명으로 옳은 것만을 〈보기〉에서 있는 대로 고른 것은?

보기
ㄱ. ㉠은 15이다.
ㄴ. 풍선이 팽창하는 동안 A로부터 멀어지는 속도는 B가 C보다 크다.
ㄷ. A, B, C 중 어느 단추를 기준으로 정하든지 항상 허블 법칙이 성립한다.

① ㄱ ② ㄴ ③ ㄱ, ㄷ ④ ㄴ, ㄷ ⑤ ㄱ, ㄴ, ㄷ

[8589-0552]

04 그림 (가)와 (나)는 서로 다른 우주 모형에서 시간에 따른 우주의 변화를 나타낸 것이다.

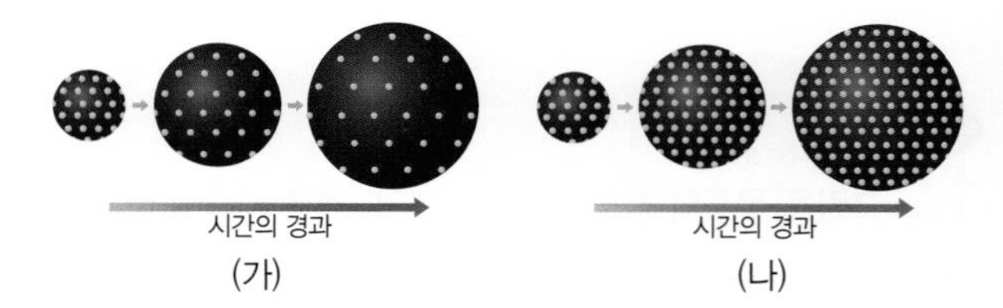

이에 대한 설명으로 옳은 것만을 〈보기〉에서 있는 대로 고른 것은?

보기
ㄱ. 우주의 질량이 일정한 모형은 (가)이다.
ㄴ. 우주의 온도가 점점 낮아지는 모형은 (나)이다.
ㄷ. 허블 법칙은 (가)와 (나)에 모두 적용된다.

① ㄱ ② ㄴ ③ ㄷ ④ ㄱ, ㄷ ⑤ ㄴ, ㄷ

[8589-0553]
05 다음은 2006년 노벨상을 받은 연구 내용의 일부이다.

미국의 두 과학자는 코비(COBE) 위성을 통해 대폭발 이론의 타당성을 확인한 업적을 인정받아 올해 노벨 물리학상 수상자로 선정되었다. 이들은 ㉠대폭발 이후 고온의 초기 우주에서 발생된 빛의 흔적을 정밀하게 측정했다. 그 결과 ㉡2.7 K의 흑체 복사에 해당하는 복사를 검출했다. 또한 이 복사는 ㉢관측 방향에 따라 10만 분의 1 K 정도의 미세한 온도 편차가 있음을 확인했다.

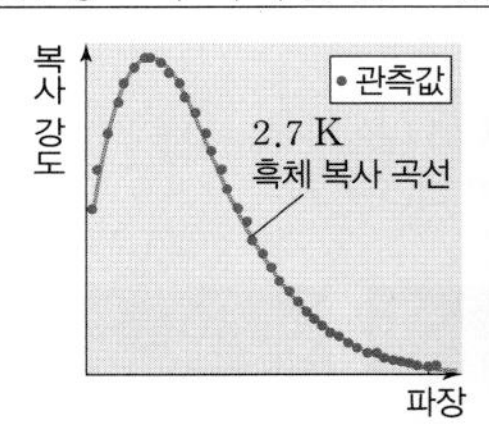

파장별 우주 배경 복사의 강도

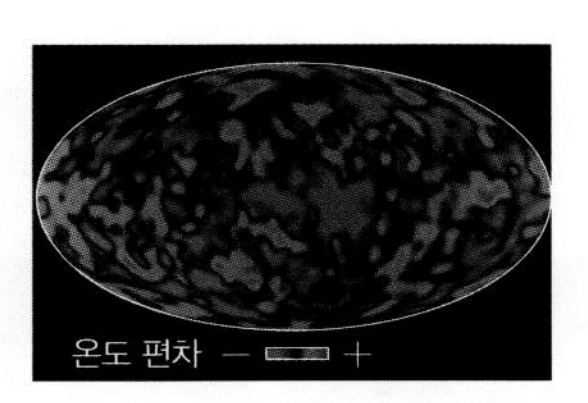

우주 배경 복사의 온도 분포

이에 대한 설명으로 옳은 것만을 〈보기〉에서 있는 대로 고른 것은?

보기
ㄱ. ㉠을 우주 배경 복사라고 한다.
ㄴ. ㉡으로부터 현재 우주의 온도는 약 2.7 K임을 알 수 있다.
ㄷ. ㉢은 우주 초기의 밀도 차이에 기인한다.

① ㄱ ② ㄴ ③ ㄱ, ㄷ ④ ㄴ, ㄷ ⑤ ㄱ, ㄴ, ㄷ

[8589-0554]
06 그림은 우주 초기의 어느 시기와 현재의 우주를 구성하는 요소의 구성비를 각각 나타낸 것이다.

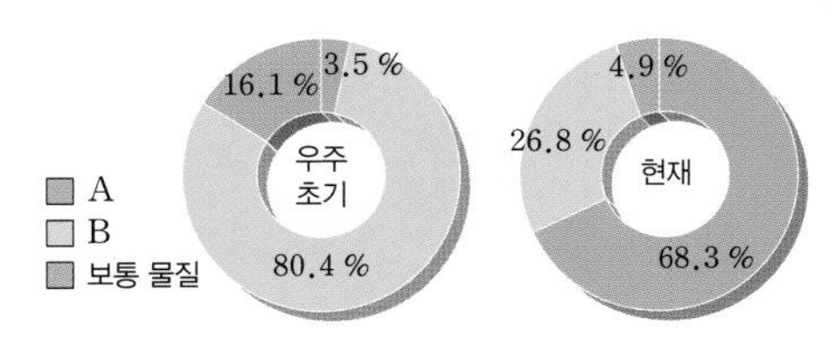

이에 대한 설명으로 옳은 것만을 〈보기〉에서 있는 대로 고른 것은?

보기
ㄱ. A는 암흑 에너지이다.
ㄴ. B의 존재는 중력 렌즈 현상으로 확인할 수 있다.
ㄷ. 우주를 팽창시키는 요소의 비율은 현재보다 우주 초기에 크다.

① ㄱ ② ㄷ ③ ㄱ, ㄴ ④ ㄴ, ㄷ ⑤ ㄱ, ㄴ, ㄷ

[8589-0555]
07 그림은 빅뱅 이후 우주의 팽창 속도 변화를 나타낸 것이다.

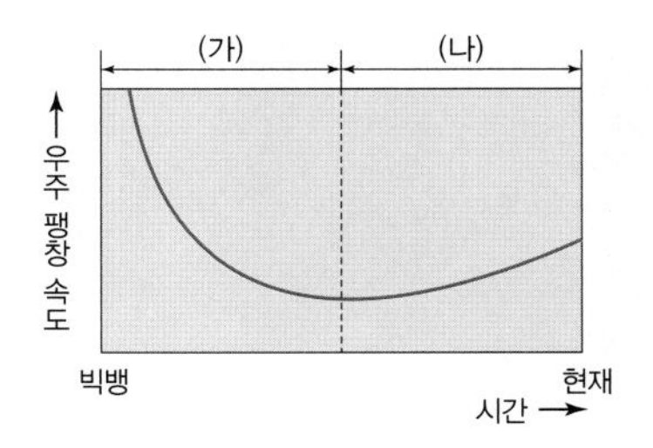

이에 대한 설명으로 옳은 것만을 〈보기〉에서 있는 대로 고른 것은?

보기
ㄱ. (가) 기간 동안 우주는 감속 팽창했다.
ㄴ. 암흑 에너지의 영향은 (가)보다 (나) 기간에 컸다.
ㄷ. (가) 기간 동안 우주의 평균 밀도는 증가했다.

① ㄱ ② ㄷ ③ ㄱ, ㄴ
④ ㄴ, ㄷ ⑤ ㄱ, ㄴ, ㄷ

[8589-0556]
08 그림은 외부 은하에서 발견된 Ia형 초신성 관측 자료와 우주 팽창을 설명하기 위해 모델 A와 B가 예상한 초신성의 적색 편이와 겉보기 등급의 관계를, 표는 A와 B의 특징을 나타낸 것이다.

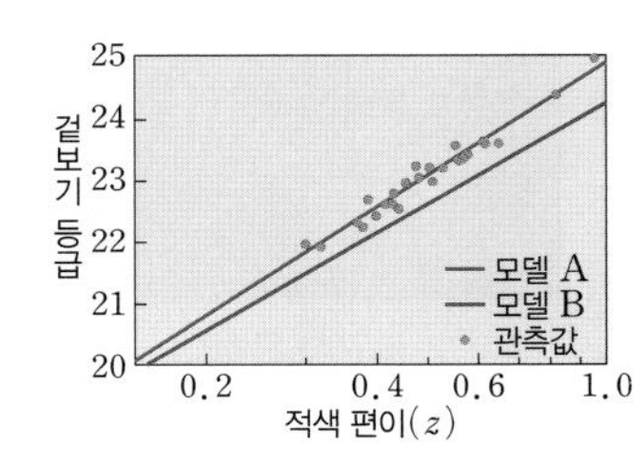

모델	우주 구성 요소
A	보통 물질 암흑 물질 암흑 에너지
B	보통 물질 암흑 물질

Ia형 초신성에 대한 설명으로 옳은 것만을 〈보기〉에서 있는 대로 고른 것은?

보기
ㄱ. 거리가 멀수록 절대 등급이 크다.
ㄴ. 겉보기 등급 예측 값은 A가 B보다 크다.
ㄷ. 관측 자료에 나타난 우주 팽창을 설명하기 위해서는 암흑 에너지를 고려해야 한다.

① ㄱ ② ㄷ ③ ㄱ, ㄴ
④ ㄴ, ㄷ ⑤ ㄱ, ㄴ, ㄷ

단원 정리

1 허블의 은하 분류

(1) 허블의 은하 분류 : 외부 은하의 형태에 따라 분류하였다.

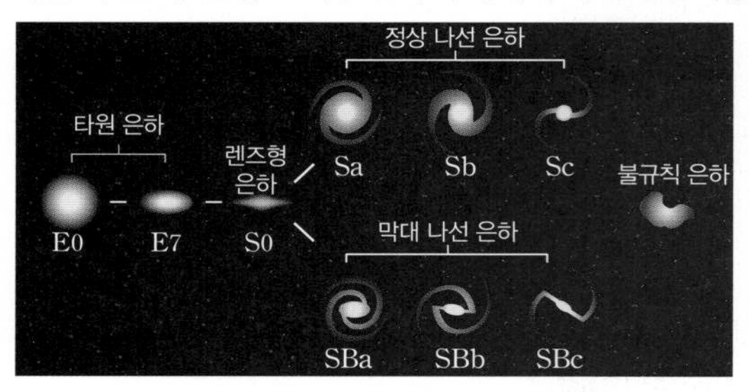

허블의 은하 분류 체계

(2) 외부 은하의 분류

구분	특징
타원 은하	• 나선팔이 없는 은하이다. • 편평도에 따라 E0부터 E7까지 세분한다. • 성간 물질이 적고, 늙고 붉은 별들이 많다.
나선 은하	• 은하 중심부를 나선팔이 감싸고 있는 은하이다. • 은하 중심부에 막대 모양 구조가 없으면 정상 나선 은하, 있으면 막대 나선 은하로 세분한다. • 나선팔이 감긴 정도와 은하 전체에 대한 은하 중심부의 상대적 크기에 따라 세분한다. • 나선팔에는 성간 물질이 많아 젊고 푸른 별들이 많다.
불규칙 은하	• 규칙적인 형태나 구조가 없다. • 성간 물질이 많고, 젊은 별들이 많다.

타원 은하

불규칙 은하

정상 나선 은하

막대 나선 은하

(3) 허블의 은하 분류는 가시광선 영역의 관측에 의한 형태적 분류일 뿐, 은하의 진화 과정과 특별한 관계는 없다.

2 특이 은하와 충돌 은하

(1) 특이 은하

구분	특징
전파 은하	• 보통 은하보다 수백 배 이상의 전파를 방출한다. • 은하 중심부에서 강한 물질의 흐름인 제트가 대칭적으로 나타난다. • 광학적으로는 대부분 타원 은하이다.
세이퍼트 은하	• 방출선의 폭이 보통 은하보다 매우 넓다. • 중심부에 거대한 블랙홀이 있을 것으로 추정된다. • 광학적으로는 대부분 나선 은하이다.
퀘이사	• 보통 은하보다 훨씬 작게 보이고 매우 멀리 있어 별처럼 관측된다. • 보통 은하보다 수백 배 이상의 에너지를 방출한다. • 매우 큰 적색 편이가 나타난다.

전파 은하 (헤라클레스 A)

세이퍼트은하 (NGC 1097)

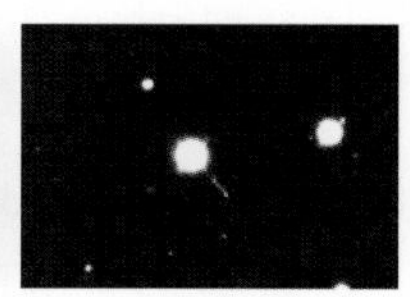

퀘이사 (3C 273)

(2) 충돌 은하 : 은하와 은하의 충돌에 의해 형성되는 은하로, 충돌 과정에서 은하 내 분자 구름의 충돌 · 압축으로 새로운 별이 탄생한다.

NGC 2207과 IC 2163의 충돌

NGC 4038과 4039의 충돌

3 허블 법칙

(1) 외부 은하의 스펙트럼에 나타난 흡수선의 파장 변화량이 클수록 후퇴 속도가 크다.

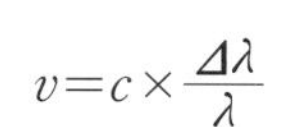

$$v=c\times\frac{\Delta\lambda}{\lambda}$$

- v : 외부 은하의 후퇴 속도
- c : 빛의 속도
- λ : 흡수선의 원래 파장
- $\Delta\lambda$: 흡수선의 파장 변화량

(2) 허블 법칙 : 은하까지의 거리가 멀수록 후퇴 속도가 크다.

$$v = H \cdot r$$

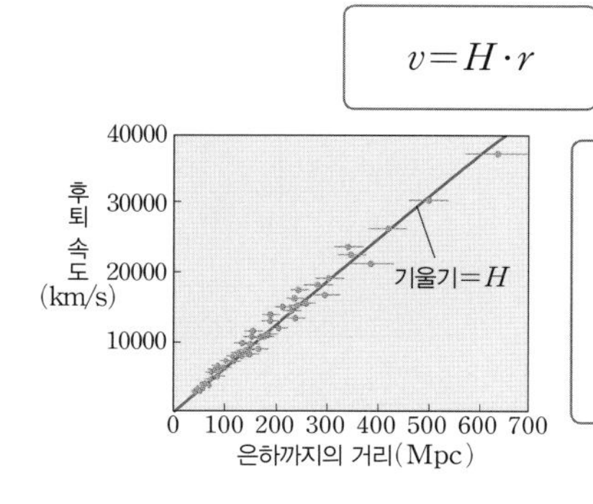

- 우주는 팽창하고 있다.
- 팽창하는 우주의 중심은 없다.

(3) 우주가 등속으로 팽창해 왔다면 허블 상수를 이용하여 우주의 나이와 관측 가능한 우주의 크기를 구할 수 있다.

- 우주의 나이$=\frac{1}{H}$
- 우주의 크기$=\frac{c}{H}$

- H : 허블 상수
- c : 광속

4 대폭발 우주론과 정상 우주론

(1) 대폭발 우주론 : 온도와 밀도가 매우 높은 한 점에서 대폭발이 일어나 현재와 같은 우주가 형성되었다는 이론이다.

(2) 정상 우주론 : 우주가 시작과 끝이 없이 시간에 따라 일정한 모습을 유지한다는 이론이다.

구분	대폭발 우주론	정상 우주론
우주의 팽창 여부	팽창한다	팽창한다
우주의 시작	있다	없다
우주의 질량	일정	증가
우주의 밀도	감소	일정
우주의 온도	감소	일정

(3) 대폭발 우주론의 증거

① 우주 배경 복사 : 우주 온도가 약 3000 K일 때 방출된 복사로, 우주가 팽창하면서 온도가 낮아져 현재는 약 2.7 K에 해당하는 전파로 우주 전역에서 균일하게 관측된다.

② 우주의 수소와 헬륨의 질량비(약 3 : 1)가 빅뱅 핵융합에 의한 계산값과 관측값이 일치한다.

5 수정 · 보완된 대폭발 우주론

(1) 급팽창 이론(인플레이션 이론)

① 빅뱅 이후 약 10^{-36}초~10^{-34}초 사이에 우주가 빛보다 빠른 속도로 팽창(급팽창)하였다는 이론이다.

② 대폭발 우주론의 지평선 문제, 편평성 문제를 해결하였다.

(2) 가속 팽창 우주

① 현재 우주의 팽창 속도는 점점 빨라지고 있다는 이론이다.

② Ia형 초신성 관측 : 우주가 등속 팽창하는 경우보다 더 어둡게 보인다. → 예상보다 더 멀리 있다. → 우주는 가속 팽창한다.

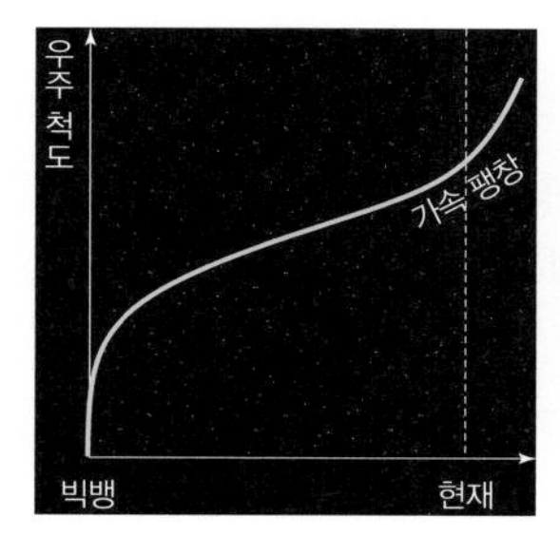

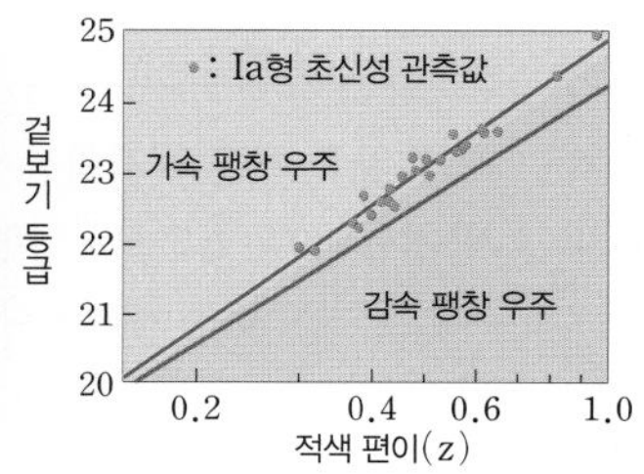

6 암흑 물질과 암흑 에너지

(1) 암흑 물질 : 빛을 방출하지 않아 보이지 않지만 질량이 있으므로 중력적인 방법으로 그 존재를 추정할 수 있는 물질이다.

(2) 암흑 에너지 : 우주 공간 자체의 에너지로, 우주에 있는 물질의 중력(인력)과 반대 방향(척력)으로 작용하여 우주를 가속 팽창시킨다.

(3) 표준 우주 모형

① 급팽창 이론을 포함한 대폭발 우주론에 암흑 물질과 암흑 에너지의 개념까지 모두 포함한 최신의 우주 모형이다.

② 최근의 관측 결과 우주를 구성하는 요소들의 비율은 별, 행성, 은하들과 같은 보통 물질이 4.9 %, 암흑 물질이 26.8 %, 암흑 에너지가 68.3 %이다.

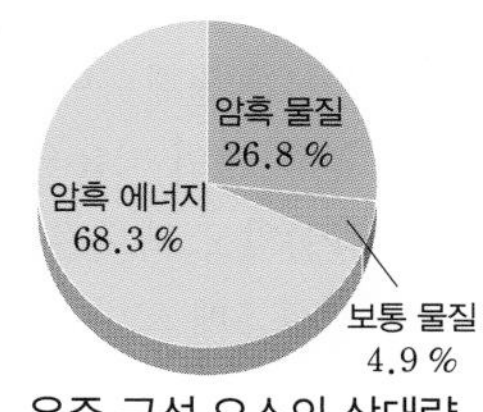

우주 구성 요소의 상대량

단원 마무리 문제

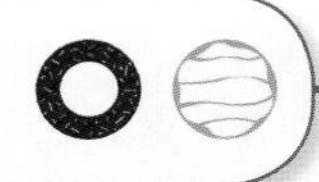

[8589-0557]

01 **그림 (가)는 은하의 형태에 따른 분류를, (나)는 우리 은하의 모식도를 나타낸 것이다.**

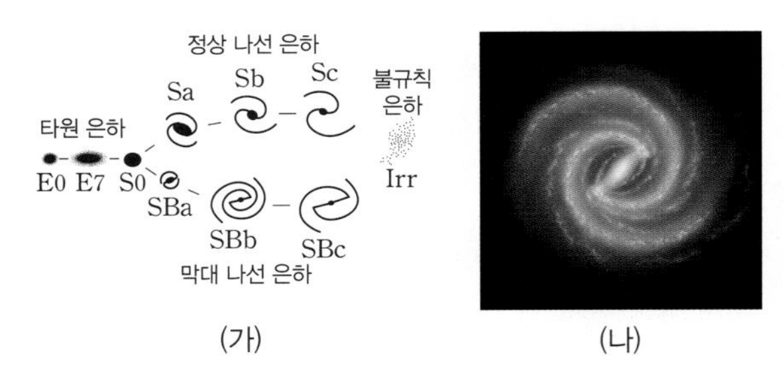

(가) (나)

이에 대한 설명으로 옳은 것만을 〈보기〉에서 있는 대로 고른 것은?

보기
ㄱ. (가)의 분류 기준은 적외선 영역에서의 형태이다.
ㄴ. (가)에서 E0은 E7보다 편평도가 작다.
ㄷ. 우리 은하는 Sa에 해당된다.

① ㄱ ② ㄴ ③ ㄷ
④ ㄱ, ㄴ ⑤ ㄴ, ㄷ

[8589-0558]

02 **표는 허블 법칙을 만족하는 서로 다른 두 은하 (가)와 (나)의 가시광선 영상과 지구로부터의 거리를 나타낸 것이다.**

은하	(가)	(나)
영상		
거리	15 Mpc	10 Mpc

이에 대한 설명으로 옳은 것만을 〈보기〉에서 있는 대로 고른 것은?

보기
ㄱ. (가)가 진화하면 나선팔이 형성된다.
ㄴ. 푸른 별의 비율은 (나)가 (가)보다 높다.
ㄷ. (가)의 스펙트럼에 나타나는 적색 편이량은 (나)보다 약 1.5배 크다.

① ㄱ ② ㄴ ③ ㄷ
④ ㄱ, ㄷ ⑤ ㄴ, ㄷ

[8589-0559]

03 **그림은 퀘이사 3C 279의 모습을, 표는 3C 279의 주요 물리량을 나타낸 것이다.**

거리(억 광년)	53
적색 편이($z=\frac{\Delta\lambda}{\lambda}$)	0.53
겉보기 등급	17.8

3C 279에 대한 설명으로 옳은 것만을 〈보기〉에서 있는 대로 고른 것은?

보기
ㄱ. 우리 은하 안에 있는 천체이다.
ㄴ. 후퇴 속도가 광속의 약 53 %이다.
ㄷ. 현재로부터 적어도 53억 년 이전에 생성되었다.

① ㄱ ② ㄷ ③ ㄱ, ㄴ
④ ㄴ, ㄷ ⑤ ㄱ, ㄴ, ㄷ

[8589-0560]

04 **다음은 전파 은하와 세이퍼트은하의 특징을 순서 없이 나타낸 것이다.**

(가)	• 방출선의 폭이 보통의 은하보다 매우 넓다. • 중심부에 거대한 블랙홀이 있을 것으로 추정된다.
(나)	• 보통의 은하보다 수백 배 이상 강한 전파를 방출한다. • 은하 중심부로부터 강한 제트가 대칭으로 나타난다.

이에 대한 설명으로 옳은 것만을 〈보기〉에서 있는 대로 고른 것은?

보기
ㄱ. (가)는 세이퍼트은하이다.
ㄴ. (나)는 가시광선 영역에서 대부분 타원 은하의 형태로 관측된다.
ㄷ. (가)와 (나) 모두 우주 탄생 초기에 만들어져 적색 편이가 매우 크다.

① ㄱ ② ㄷ ③ ㄱ, ㄴ
④ ㄴ, ㄷ ⑤ ㄱ, ㄴ, ㄷ

[8589-0561]

05 **그림은 나선 은하였던 NGC 4038과 NGC 4039가 충돌하여 만들어진 더듬이 은하의 모습을 나타낸 것이다.**

이에 대한 설명으로 옳은 것만을 〈보기〉에서 있는 대로 고른 것은?

보기
ㄱ. 형태로 보아 불규칙 은하이다.
ㄴ. 두 은하의 질량에 의한 상호 작용의 결과이다.
ㄷ. 두 은하 내의 별들이 직접 충돌하여 새로운 별이 만들어진다.

① ㄱ ② ㄷ ③ ㄱ, ㄴ
④ ㄴ, ㄷ ⑤ ㄱ, ㄴ, ㄷ

[8589-0562]

06 **표는 우리 은하를 기준으로 반대 방향에 위치한 두 은하 A와 B의 스펙트럼에 나타난 수소 흡수선(H_α)의 파장을 정지 상태의 스펙트럼과 비교한 것이다.**

구분	수소 흡수선(H_α)의 파장(nm)
정지 상태	656.3
A	666.3
B	716.3

이에 대한 설명으로 옳은 것만을 〈보기〉에서 있는 대로 고른 것은?

보기
ㄱ. 후퇴 속도는 B가 A의 5배이다.
ㄴ. A에서 B를 관측하면 수소 흡수선의 파장은 726.3 nm로 나타난다.
ㄷ. B에서 A를 관측하면 우리 은하에서 관측한 것보다 7배 빠르게 멀어진다.

① ㄱ ② ㄷ ③ ㄱ, ㄴ
④ ㄴ, ㄷ ⑤ ㄱ, ㄴ, ㄷ

서술형

[8589-0563]

07 **다음은 허블 상수를 이용해 우주의 크기와 나이를 구하는 과정을 간략하게 나타낸 것이다.**

우주가 (㉠)(라)고 가정할 때, 우주의 나이는 과거 우주가 만들어질 때 한 점에 모여 있던 은하가 현재의 속도(v)로 현재 우리 은하로부터 떨어진 거리(r)만큼 이동하는 데 걸린 시간(t)과 같다. 이렇게 구한 ㉡우주의 나이는 허블 상수(H)에 해당하는 값이다.
한편, ㉢은하까지의 거리가 멀수록 후퇴 속도가 크고, 광속보다 빠르게 전달되는 정보는 없으므로 관측할 수 있는 우주의 크기(r)는 빛의 속도로 멀어지는 은하까지의 거리에 해당된다. 허블 법칙에서 후퇴 속도 대신에 광속을 사용하면 관측할 수 있는 ㉣우주의 크기는 허블 상수를 광속으로 나눈 값으로 구할 수 있다.

(1) ㉠에 알맞은 가정을 쓰시오.

(2) ㉡, ㉢, ㉣ 중 잘못된 것을 찾고 바르게 고쳐 쓰시오.

[8589-0564]

08 **다음은 서로 다른 우주 모형 A와 B에 대한 내용이다.**

A	• 과거에 한 점에서 폭발이 일어나 현재와 같은 우주가 형성되었다. • 가모가 처음으로 제안하였다.
B	• 우주는 항상 일정한 모습을 유지한다. • 호일, 골드 등이 주장하였다.

두 모형에서 공통으로 설명 가능한 내용으로 옳은 것만을 〈보기〉에서 있는 대로 고른 것은?

보기
ㄱ. 우주가 팽창한다.
ㄴ. 우주 배경 복사의 파장이 길어진다.
ㄷ. 외부 은하의 거리와 후퇴 속도는 비례한다.

① ㄱ ② ㄴ ③ ㄱ, ㄷ
④ ㄴ, ㄷ ⑤ ㄱ, ㄴ, ㄷ

[8589-0565]
09 그림은 빅뱅 이후 시간에 따른 우주 구성 요소의 상대량을 나타낸 것이다.

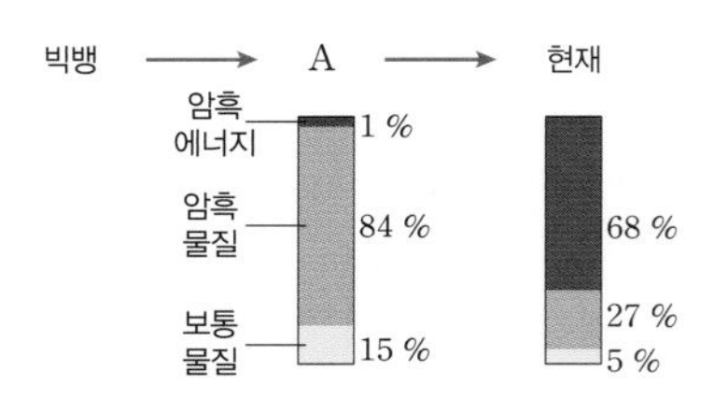

A 시점보다 현재에 큰 값을 가지는 것을 〈보기〉에서 있는 대로 고른 것은?

보기
ㄱ. 암흑 에너지의 비율
ㄴ. 우주의 평균 밀도
ㄷ. 우주의 온도

① ㄱ ② ㄴ ③ ㄱ, ㄷ
④ ㄴ, ㄷ ⑤ ㄱ, ㄴ, ㄷ

[8589-0566]
10 그림 (가)는 우주를 구성하는 요소의 상대량을, (나)는 시간에 따른 우주의 크기 변화를 나타낸 것이다.

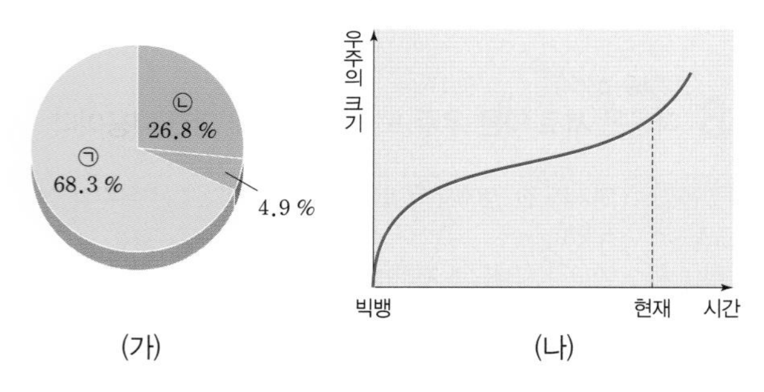

이에 대한 설명으로 옳은 것만을 〈보기〉에서 있는 대로 고른 것은?

보기
ㄱ. ㉠은 암흑 물질이다.
ㄴ. ㉡은 가시광선 영역에서 관측된다.
ㄷ. 현재 우주의 팽창 속도는 ㉠으로 인해 증가하고 있다.

① ㄱ ② ㄷ ③ ㄱ, ㄴ
④ ㄴ, ㄷ ⑤ ㄱ, ㄴ, ㄷ

[8589-0567]
11 그림은 어떤 우주 모형에서 시간에 따른 우주의 크기 변화를 나타낸 것이다.

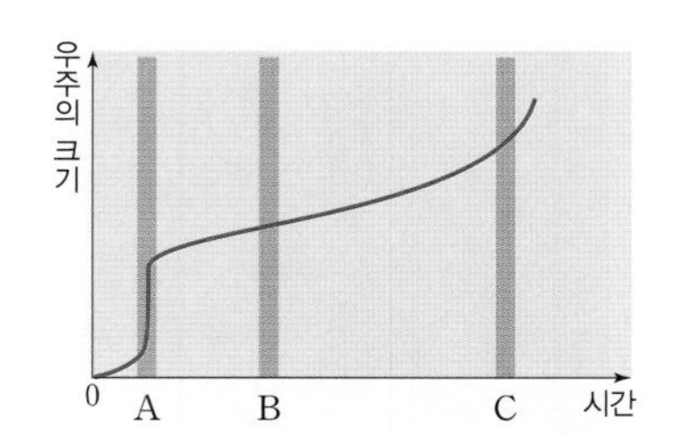

A, B, C 시기에 대한 설명으로 옳지 않은 것은?

① 정상 우주론보다 빅뱅 우주론에 가깝다.
② A 시기에 급팽창이 일어났다.
③ A 시기를 지나면서 우주의 곡률이 크게 작아졌다.
④ 우주의 팽창 속도 변화율은 B 시기가 C 시기보다 크다.
⑤ 우주의 팽창에 미치는 암흑 에너지의 영향은 C 시기가 B 시기보다 크다.

[8589-0568]
12 다음은 우주론이 수정되면서 발전한 과정을 나타낸 것이다.

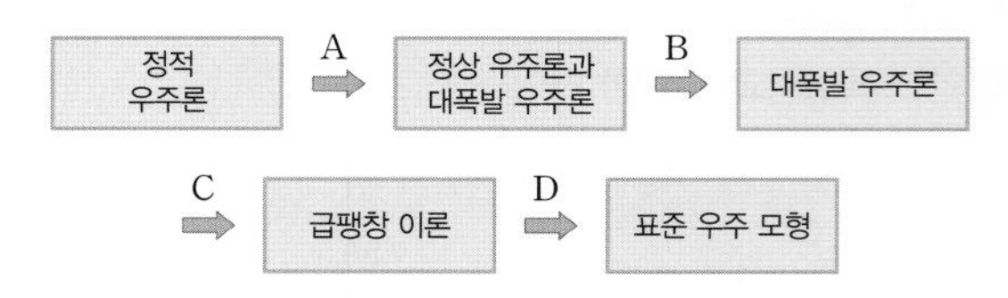

A~D에 알맞은 사건을 〈보기〉에서 찾아 옳게 짝 지은 것은?

보기
ㄱ. 허블 법칙 발견
ㄴ. 우주의 지평선 문제
ㄷ. 우주 배경 복사 발견
ㄹ. 우주의 가속 팽창 발견

	A	B	C	D
①	ㄱ	ㄴ	ㄷ	ㄹ
②	ㄱ	ㄷ	ㄴ	ㄹ
③	ㄱ	ㄷ	ㄹ	ㄴ
④	ㄷ	ㄱ	ㄹ	ㄴ
⑤	ㄷ	ㄴ	ㄱ	ㄹ

빅 아이디어로 생각하기

우주 비밀의 열쇠를 찾아 땅속으로

우주에서 우리가 볼 수 있고 확인할 수 있는 물질은 전체 우주를 구성하는 물질 중 약 4.9 %에 불과하다. 약 26.8 %가 암흑 물질이고, 나머지가 암흑 에너지로 채워져 있다. 이 중 암흑 물질의 존재는 중력 렌즈 현상 등을 이용하여 추정되지만 아직까지 직접 검출되지는 않았다. 암흑 물질은 전기적으로 중성이므로 전자기 상호 작용은 하지 않는다. 하지만 다른 물질과는 약한 상호 작용을 하기 때문에 이를 이용하면 지구상에서도 암흑 물질을 직접 검출할 수 있다. 암흑 물질을 검출하려는 시도는 1980년대부터 계속 되었으며, 대표적으로 이탈리아의 다마(DAMA: Dark Matter) 연구팀에서 연구를 하고 있다.

우리나라도 2003년부터 강원도 양양의 양수발전소 지하 700 m에 마련한 암흑 물질 탐색 연구단에서 연구를 수행하고 있다. 최근에는 2019년 완공 예정으로 강원도 정선에 있는 철광의 지하 1100 m에 새로운 우주 입자 연구 시설을 구축하고 있다. 암흑 물질 검출 실험은 주변의 잡음이 아주 적은 곳에서 수행해야 하므로 지하 깊은 곳에 연구실을 만든다. 현재 우리나라 연구단은 암흑 물질의 여러 후보 중 하나인 윔프(WIMP : Weekly Interacting Massive Particles)의 존재를 직접 검증하여 우주의 비밀을 풀기 위해 노력하고 있다.

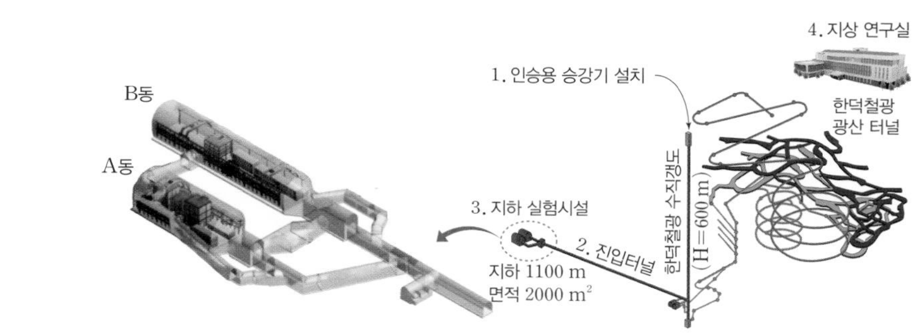

2019년 완공 예정인 우주 입자 연구 시설(강원도 정선) 조감도

정리하기

우주 구성 물질 중 약 28.6 %를 차지하는 암흑 물질은 중력 렌즈 현상을 이용하여 존재를 추정할 수 있지만 아직까지 직접 검증되지는 않았다. 암흑 물질이 다른 물질과 약한 상호 작용을 하는 성질을 이용하여 지하 깊은 곳에서 직접 검증을 위해 국내외의 과학자들이 노력하고 있다.

MEMO

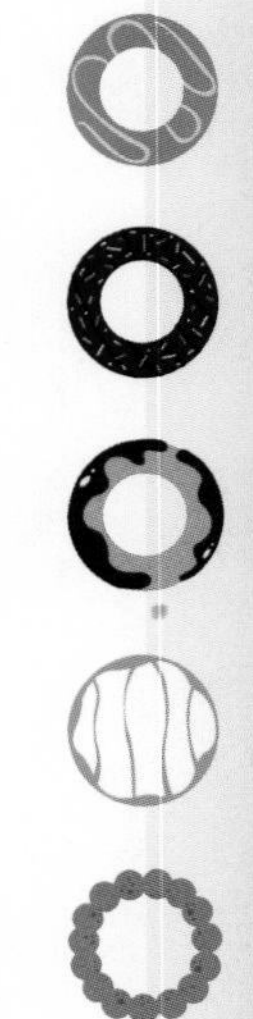

수행평가

연번	수행평가 과제별 사례	활동 유형	활동 개요
01	지구과학으로 해결한 실생활 문제 조사하기	개인별 발표 및 의견 교환	대기 오염이나 수질 오염, 해양 오염과 같은 환경 오염 문제 등의 다양한 실생활 문제를 지구과학으로 해결한 사례 찾기 → 4컷 만화로 표현하기 → 모둠 상호 간 평가하기
02	등압선, 전선, 기압 등을 표시하여 일기도 작성하기	모둠별 협동 활동 및 상호 평가 실시	일기도에 등압선 그리기 → 기압값 표시하기 → 전선 표시하기 → 일기 기호 기입하기 → 현재의 일기 해석하기 → 모둠별로 미래의 일기 예보 경연하기
03	판 구조론의 탄생 과정 조사하기	모둠별 협동 산출물 제작	판 구조론이 탄생하기까지의 과정 조사하기 → 시각적으로 표현(그림, 동영상 등)된 산출물 제작 계획 세우기 → 산출물 제작하기 → 모둠 상호 간 평가하기
04	화성암 암석 표본을 대상으로 과학 퀴즈 대회하기	모둠별로 학생들이 협동하여 활동	야외에서 화성암 표본 채집하기 → 인터넷이나 과학 서적을 통해 암석명, 구성 광물의 특징 등 학습하기 → 각 모둠별로 퀴즈 문제 작성하기 → 모둠별 대항 스피드 퀴즈 풀기
05	밀도 차에 의한 해류의 발생 실험하기	모둠별 실험 활동	밀도 차에 의한 해류의 발생 실험 장치 고안하기 → 해류 실험 수행하기 → 해류의 발생 및 해수 이동 과정 확인하기 → 실험 보고서 작성하기
06	간이 분광기 제작 및 스펙트럼 관찰하기	개인별 발표 및 의견 교환	간이 분광기 설계하기 → 간이 분광기 제작하기 → 제작한 간이 분광기로 태양의 스펙트럼 관찰 및 결과 기록하기 → 다른 항성의 스펙트럼과 비교하고 그 결과 발표하기 → 상호 간 의견 교환하기

날짜: ____________

수행평가 01　빅뱅 우주론의 확립 과정 알아보기

(　　)학년 (　　)반 (　　)번　　이름: ____________

STEP 1 모둠별로 우주의 기원과 진화를 연구한 과학자와 그 업적 조사하기

• 인터넷이나 과학 서적을 통해 우주의 기원과 진화를 연구한 과학자들을 조사하여 아래 표에 적어 보자.

과학자	주요 업적

STEP 2 연대 순으로 흐름도 작성하기

• 과학자들의 연구 성과를 바탕으로 연대 순으로 흐름도를 작성해 보자.

STEP 3 과학의 본성 알아보기

과학 지식을 확립하는 과정에서 올바른 과학자의 태도는 무엇인지 토의해 보고, 이 과정에서 알 수 있는 과학의 본성은 무엇인지 이야기해 보자.

점수	채점 영역				합계
	의사소통(5)	협력(5)	내용(5)	이해도(5)	

예시답안 모둠별로 우주의 기원과 진화를 연구한 과학자와 그 업적 조사하기

• 인터넷이나 과학 서적을 통해 우주의 기원과 진화를 연구한 과학자들을 조사하여 아래 표에 적어 보자.

펜지어스와 윌슨	최초로 우주 배경 복사를 발견하였다. 이것은 대폭발 우주론을 뒷받침하는 강력한 증거가 되었다.
호일	우주가 팽창함에 따라 넓어지는 은하 사이의 공간에 새로운 물질이 창조되어 팽창에 의한 밀도의 감소를 보상하게 된다는 정상 우주론을 주장하였다.
허블	은하들의 스펙트럼을 관측하여 프리드만과 르메트르의 우주 모델을 뒷받침하는 중요한 증거를 제공하였다. 그의 발견으로 아인슈타인은 그의 정적인 우주 모델을 폐기하였다.
아인슈타인	상대성 이론 방정식에 우주 상수를 도입하여 우주는 정적인 상태를 영원히 유지하게 된다고 주장하였다.
가모	앨퍼, 베테와 함께 우주는 대폭발로부터 시작되었고 우주 팽창으로 인해 냉각되어 현재의 우주가 되었다는 빅뱅 우주론(대폭발 우주론)을 발표하였다.
르메트르	우주는 원시 원자라고 하는 매우 작은 영역에서 바깥쪽으로 폭발하면서 시작되었고 시간이 지남에 따라 현재의 우주로 진화해 왔다고 주장하였다.
프리드만	아인슈타인의 우주 상수를 반대하고 3가지 우주 모델(열린 우주, 닫힌 우주, 평탄한 우주)을 제시하였다.

예시답안 연대 순으로 흐름도 작성하기

• 과학자들의 연구 성과를 바탕으로 연대 순으로 흐름도를 작성해 보자.

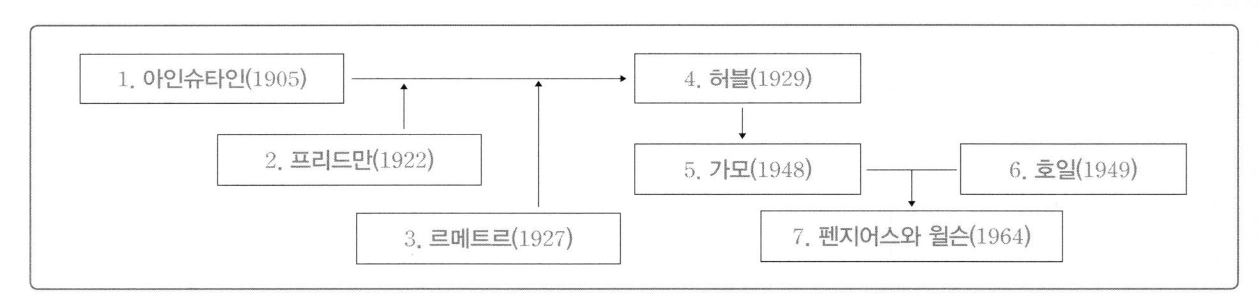

예시답안 과학의 본성 알아보기

• 과학 지식을 확립하는 과정에서 올바른 과학자의 태도는 무엇인지 토의해 보고, 이 과정에서 알 수 있는 과학의 본성은 무엇인지 이야기해 보자.

자연에 대한 깊은 고찰을 통해 새로운 가설이 나올 수 있으며, 이 과정에서 개인의 창의적인 아이디어가 크게 기여한다. 또, 자연 현상에 대한 새로운 가설은 실험이나 관찰로 얻은 증거나 논리적인 검증을 통해 뒷받침되는 동안에만 지속된다. 가설이 참으로 증명된다면 그 가설을 과학 이론으로 정립한다.

점수	채점 영역			
	의사소통	협력	내용	이해도
	학생들 간의 상호 작용이 활발하여 모둠원 모두가 발표에 참여	구성원 전체가 역할을 분담하여 산출물을 완성	과학자들의 업적과 과학의 본성에 대해 올바르게 파악	빅뱅 우주론의 확립에 기여한 여러 과학자들의 업적을 정확하게 파악

날짜: ____________________

수행평가 02 복사 강도가 최대인 파장과 별의 표면 온도 관계 해석하기

(　　)학년 (　　)반 (　　)번　　이름: ____________________

STEP 1 별의 표면 온도에 따른 복사 에너지 강도 자료로부터 플랑크 곡선 그리기

표는 별의 표면 온도에 따른 상대적인 복사 에너지 강도를 파장에 따라 나타낸 것이다.

파장(μm) / 별의 표면 온도(K)	파장에 따른 복사 에너지 강도													
	0.3	0.4	0.45	0.5	0.55	0.6	0.65	0.7	0.75	0.8	0.9	1.0	1.1	1.2
4000	1.5	5.0	7.5	9.0	11.0	12.0	12.8	13.3	13.2	13.0	12.0	11.0	9.5	7.5
5000	11.0	27.1	34.5	38.5	40.2	40.1	39.0	37.5	35.3	32.5	27.0	22.5	18.0	15.0
6000	56.1	93.1	100	100.5	97.3	91.0	83.5	75.0	67.5	60.0	47.5	37.0	28.5	22.5

• 표면 온도가 각각 다른 별의 파장에 따른 복사 에너지 강도를 그래프로 그려 보자.

• 별의 표면 온도에 따른 복사 에너지 강도가 최대인 파장을 비교하고, 최대인 점들을 선으로 이어 보자.

STEP 2 작성된 플랑크 곡선 해석하기

• 별의 온도에 따른 파장대별 복사 강도를 해석하고 그 의미를 설명해 보자.

점수	채점 영역				합계
	논리성(5)	정확성(5)	내용(5)	이해도(5)	

예시답안 별의 표면 온도에 따른 복사 에너지 강도 자료로부터 플랑크 곡선 그리기

표는 별의 표면 온도에 따른 상대적인 복사 에너지 강도를 파장에 따라 나타낸 것이다.

파장(μm) / 별의 온도(K)	파장에 따른 복사 에너지 강도													
	0.3	0.4	0.45	0.5	0.55	0.6	0.65	0.7	0.75	0.8	0.9	1.0	1.1	1.2
4000	1.5	5.0	7.5	9.0	11.0	12.0	12.8	13.3	13.2	13.0	12.0	11.0	9.5	7.5
5000	11.0	27.1	34.5	38.5	40.2	40.1	39.0	37.5	35.3	32.5	27.0	22.5	18.0	15.0
6000	56.1	93.1	100	100.5	97.3	91.0	83.5	75.0	67.5	60.0	47.5	37.0	28.5	22.5

• 표면 온도가 각각 다른 별의 파장에 따른 복사 에너지 강도를 그래프로 그려 보자.

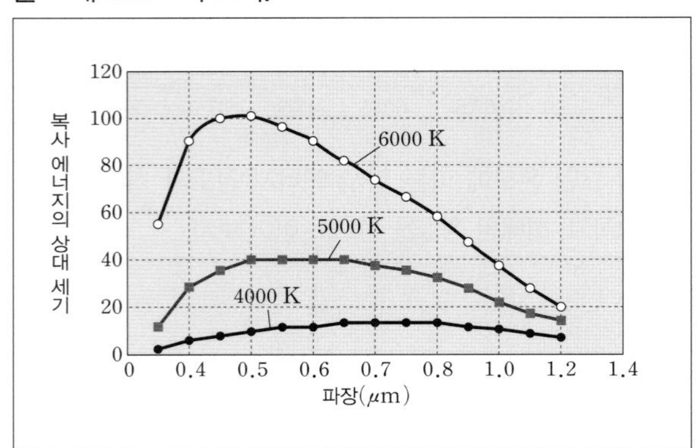

• 별의 표면 온도에 따른 복사 에너지 강도가 최대인 파장을 비교하고, 최대인 점들을 선으로 이어 보자.

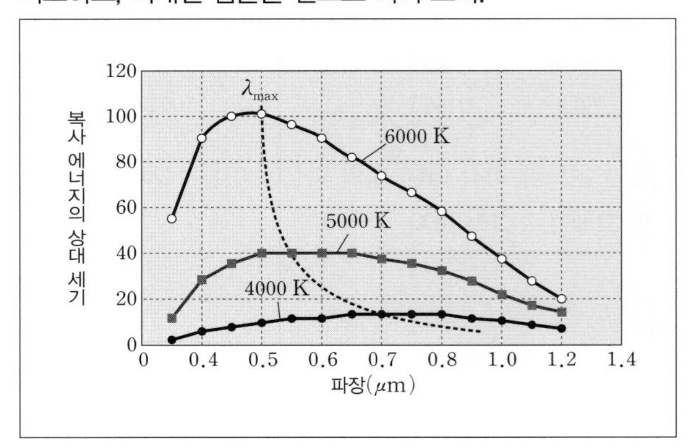

예시답안 작성된 플랑크 곡선 해석하기

• 별의 온도에 따른 파장대별 복사 강도를 해석하고 그 의미를 설명해 보자.

별의 복사 강도가 최대인 파장은 온도가 4000 K인 별은 0.7 μm이고, 온도가 5000 K인 별은 0.55 μm이며, 온도가 6000 K인 별은 0.5 μm이다. 즉, 표면 온도가 높은 별일수록 복사 강도가 최대인 파장이 짧아진다.

점수	채점 영역			
	논리성	정확성	내용	이해도
	작성된 그래프로부터 올바른 결론 도출	주어진 자료를 바탕으로 정확한 그래프 작성	작성된 그래프의 의미를 정확하게 진술	별의 복사 강도가 최대인 파장과 표면 온도의 관계를 정확하게 파악

날짜: ____________________

수행평가 03	일기도 해석

( )학년 ( )반 ( )번 이름: ____________________

STEP 1 주어진 일기도 해석하기

그림은 어느 해 하루 간격으로 4일 동안의 우리나라의 일기도를 나타낸 것이다.

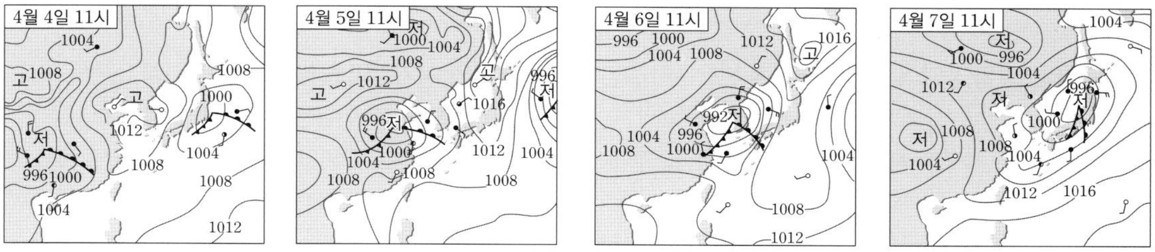

4월 4일 11시 / 4월 5일 11시 / 4월 6일 11시 / 4월 7일 11시

- 우리나라에 나타난 4일 동안의 일기는 어떻게 변했는지 설명해 보자.

- 4일 동안 저기압의 중심, 고기압의 중심, 전선은 어느 쪽으로 이동하였으며, 그 이유는 무엇인지 설명해 보자.

STEP 2 예상 일기도를 그리고, 날씨 예측하기

다음 날(4월 8일)의 예상 일기도를 그려 보고 날씨를 예측해 보자.

- 다음 날(4월 8일)의 예상 일기도를 그려 보자.

- 예상 일기도를 바탕으로 다음 날의 날씨를 예측해 보자.

점수	채점 영역				합계
	내용(5)	정확성(5)	완성도(5)	논리성(5)	

예시답안 주어진 일기도 해석하기

그림은 어느 해 하루 간격으로 4일 동안의 우리나라의 일기도를 나타낸 것이다.

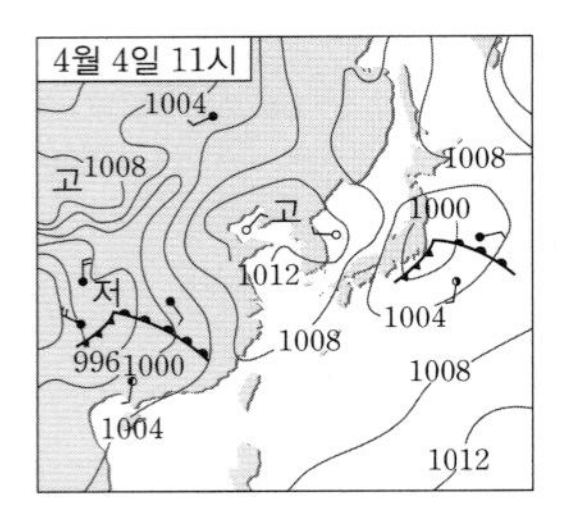

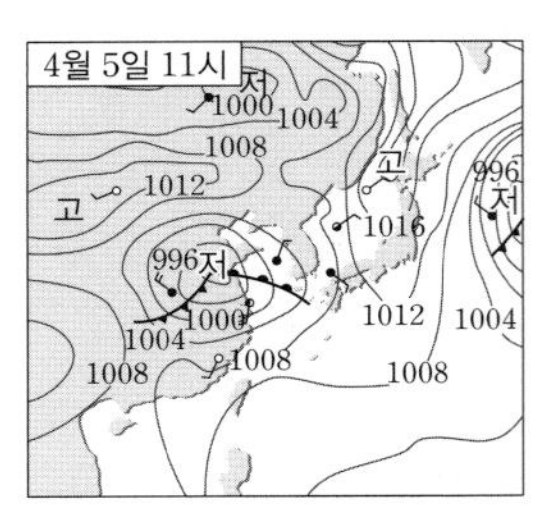

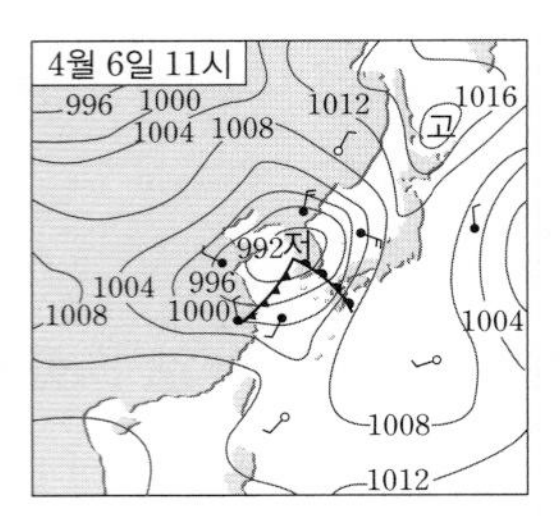

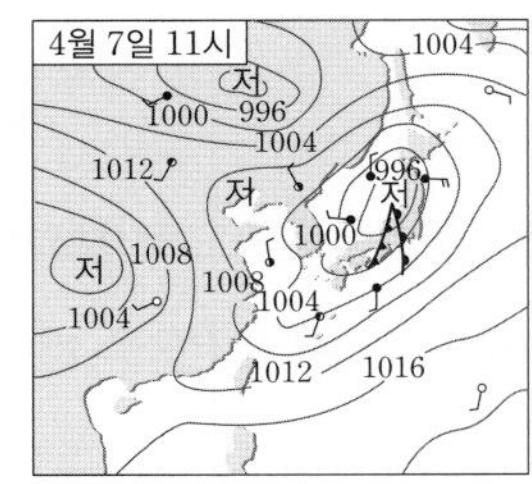

• 우리나라에 나타난 4일 동안의 일기는 어떻게 변했는지 설명해 보자.

4일 11시에는 한반도 북쪽에 자리잡은 고기압의 영향으로 맑은 날씨를 보이다가 5일 11시에는 중국에서 다가온 온난 전선의 영향권에 들어 층운형의 구름이 나타나고 흐린 날씨를 보인다. 6일 11시에는 서울이 온대 저기압의 중심에 들어섰으며 비가 내리고 등압선의 간격도 비교적 좁아 풍속도 세진다. 7일 11시에는 온대 저기압이 빠져나가면서 날씨가 개고 풍속도 약해진다.

• 4일 동안 저기압의 중심, 고기압의 중심, 전선은 어느 쪽으로 이동하였으며, 그 이유는 무엇인지 설명해 보자.

4일 동안 저기압, 고기압의 중심 및 한랭 전선, 온난 전선 모두 서쪽에서 동쪽으로 이동한다. 그 이유는 중위도에 위치한 우리나라는 편서풍의 영향을 받기 때문이다.

예시답안 예상 일기도를 그리고, 날씨 예측하기

다음 날(4월 8일)의 예상 일기도를 그려 보고 날씨를 예측해 보자.

• 다음 날(4월 8일)의 예상 일기도를 그려 보자.

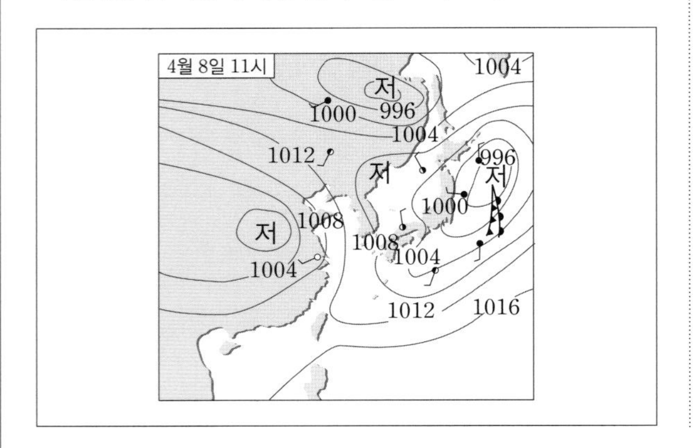

• 예상 일기도를 바탕으로 다음 날의 날씨를 예측해 보자.

다음 날은 약한 고기압이 우리나라를 통과한 후 중국 쪽에 위치한 저기압이 접근할 것이다. 그러므로 날씨는 맑은 후 흐릴 것이다. 중국 쪽에 위치한 저기압의 세력이 약하고 전선 또한 발달하지 않아 비는 내리지 않을 것이다.

점수	채점 영역			
	내용	정확성	완성도	논리성
	4일 간의 일기도를 옳게 해석하고 이를 바탕으로 날씨 판단	예상 일기도를 정확하게 작성	예상 일기도를 바탕으로 올바른 일기 예측	연속된 일기도로부터 날씨의 연속성 올바르게 파악

날짜: ____________________

수행평가 04	해양저 확장설의 증거
	( )학년 ( )반 ( )번 이름: ____________________

STEP 1 해양저 확장설에 관한 자료 분석하기

그림은 대서양 중앙 해령과 북아메리카 대륙 사이의 해저에서 퇴적물을 시추한 위치 및 시추 결과를 나타낸 자료이다.

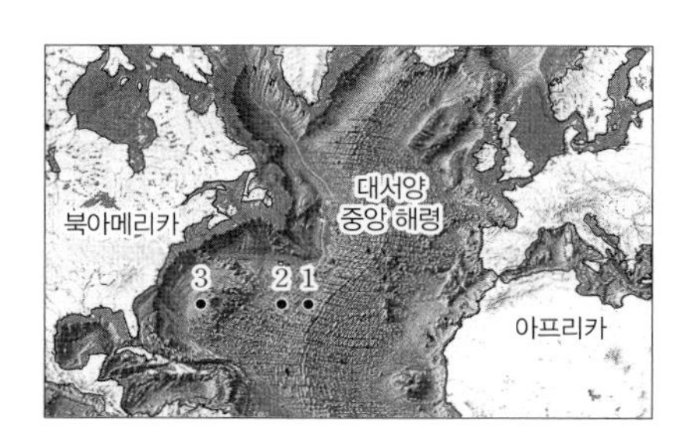

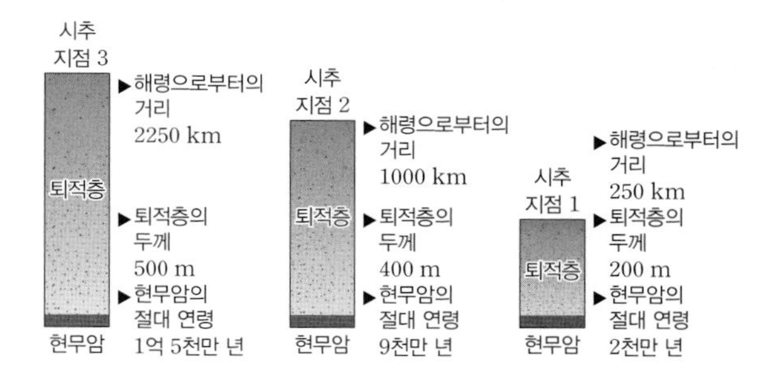

• 해령으로부터의 거리를 가로축, 퇴적층의 두께를 세로축으로 하는 그래프를 그려 보자.

• 해령으로부터의 거리를 가로축, 현무암의 연령을 세로축으로 하는 그래프를 그려 보자.

STEP 2 해양저 확장설의 자료로부터 결론 도출하기

• 해령으로부터의 거리에 따른 퇴적물의 두께 및 암석의 나이 관계

– 해령으로부터 멀어질수록 해저 퇴적물의 두께는 ( )진다.

– 해령으로부터 멀어질수록 해저 암석의 나이가 ( )진다.

• 해양 지각의 이동 방향 추정

– 해양 지각은 해령에서 생성되어 해령을 중심으로 ( )쪽으로 이동하였다.

STEP 3 또 다른 해양저 확장설의 증거 알아보기

• 또 다른 해양저 확장설의 증거에는 무엇이 있는지 이야기해 보자.

점수	채점 영역				합계
	내용(5)	정확성(5)	완성도(5)	논리성(5)	

예시답안 해양저 확장설에 관한 자료 분석하기

그림은 대서양 중앙 해령과 북아메리카 대륙 사이의 해저에서 퇴적물을 시추한 위치 및 시추 결과를 나타낸 자료이다.

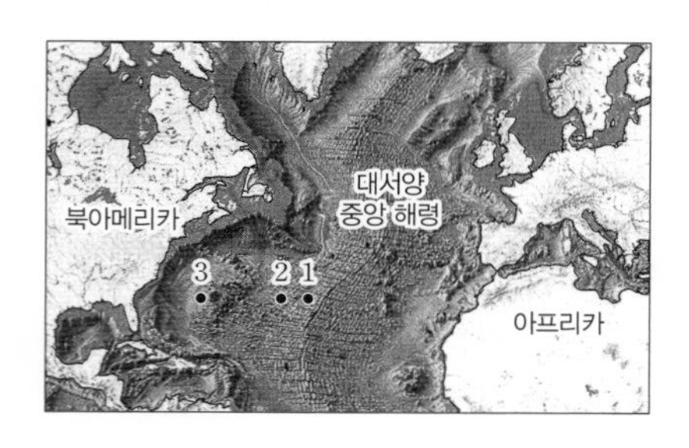

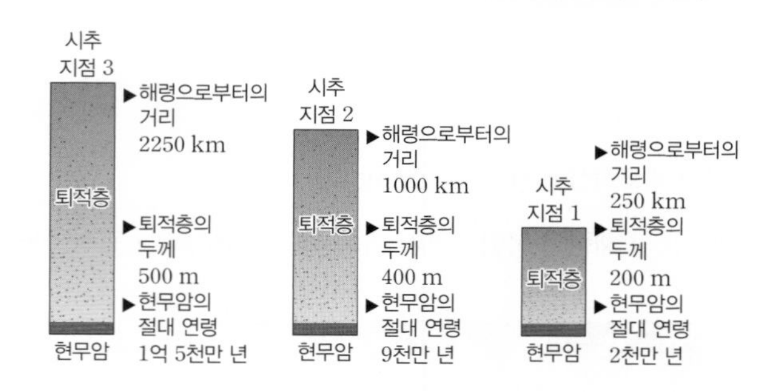

• 해령으로부터의 거리를 가로축, 퇴적층의 두께를 세로축으로 하는 그래프를 그려 보자.

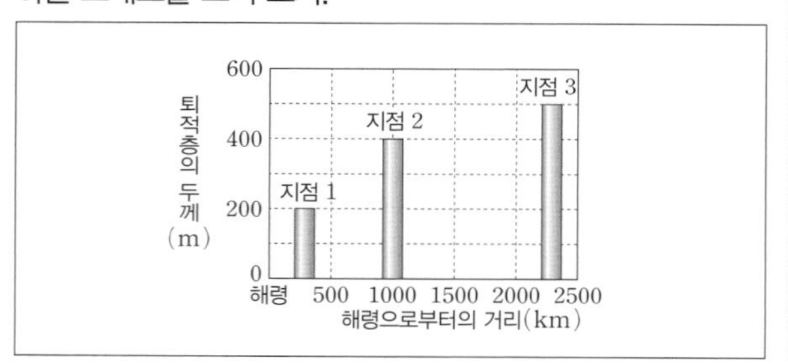

• 해령으로부터의 거리를 가로축, 현무암의 연령을 세로축으로 하는 그래프를 그려 보자.

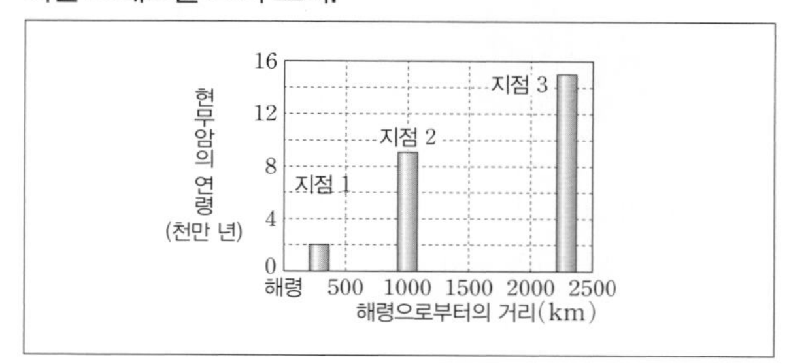

예시답안 해양저 확장설의 자료로부터 결론 도출하기

• 해령으로부터의 거리에 따른 퇴적물의 두께 및 암석의 나이 관계

— 해령으로부터 멀어질수록 해저 퇴적물의 두께는 (두꺼워)진다.

— 해령으로부터 멀어질수록 해저 암석의 나이가 (많아)진다.

• 해양 지각의 이동 방향 추정

— 해양 지각은 해령에서 생성되어 해령을 중심으로 (양)쪽으로 이동하였다.

예시답안 또 다른 해양저 확장설의 증거 알아보기

• 또 다른 해양저 확장설의 증거에는 무엇이 있는지 이야기해 보자.

해양저 확장설은 해령에서 해양 지각이 생성되어 양쪽으로 이동하여 해구에서 소멸된다는 이론이다. 그 증거로는 해령으로부터 멀어질수록 암석의 나이가 많아진다는 사실, 해령에서 판이 발산하는 속도 차이로 인한 변환 단층의 생성, 지구 자기 역전을 나타내는 줄무늬가 해령을 중심으로 대칭적이라는 사실 등이 있다.

점수	채점 영역			
	내용	정확성	완성도	논리성
	해저에서 생성된 해양 지각이 확장해간다는 증거에 대한 옳은 해석	해양저 확장설의 자료로부터 정확한 그래프 작성	해양저 확장설의 자료의 완전한 해석으로 올바른 결론 도출	해저의 퇴적물 시추 자료로부터 해양저 확장설의 개념 도출

날짜: ____________

수행평가 05 허블 법칙과 우주의 팽창

(　　)학년 (　　)반 (　　)번　　이름: ____________

STEP 1 외부 은하의 거리와 후퇴 속도와의 관계 파악하기

그림은 외부 은하 사진과 이들의 스펙트럼 사진에 나타나 있는 흡수선의 적색 이동을 이용하여 외부 은하들의 후퇴 속도를 계산한 것이다.

외부 은하	별자리	적색 이동을 보여 주는 스펙트럼	후퇴 속도	거리 (Mpc)
	처녀자리	H+K	1200 km/s	19
	큰곰자리		15000 km/s	300
	북쪽왕관자리		22000 km/s	430
	목자자리		39000 km/s	770
	히드라자리		61000 km/s	1200

• 거리는 가로축, 후퇴 속도는 세로축에 표시하여 각 은하들의 거리와 후퇴 속도를 그래프로 그려 보자.

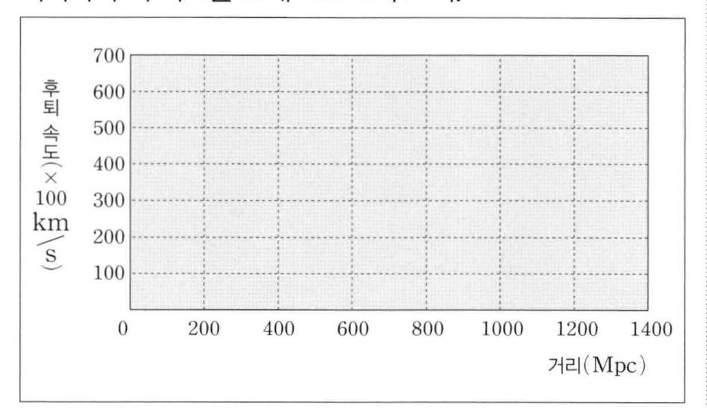

• 그래프의 기울기를 허블 상수라고 한다. 주어진 자료를 이용하여 허블 상수를 계산해 보자.

STEP 2 허블 법칙의 의미 해석하기

• 허블 법칙은 무엇을 의미하는지 이야기해 보자.

점수	채점 영역				합계
	내용(5)	정확성(5)	완성도(5)	논리성(5)	

예시답안 외부 은하의 거리와 후퇴 속도와의 관계 파악하기

그림은 외부 은하 사진과 이들의 스펙트럼 사진에 나타나 있는 흡수선의 적색 이동을 이용하여 외부 은하들의 후퇴 속도를 계산한 것이다.

외부 은하	별자리	적색 이동을 보여 주는 스펙트럼	후퇴 속도	거리 (Mpc)
	처녀자리	H+K	1200 km/s	19
	큰곰자리		15000 km/s	300
	북쪽왕관자리		22000 km/s	430
	목자자리		39000 km/s	770
	히드라자리		61000 km/s	1200

• 거리는 가로축, 후퇴 속도는 세로축에 표시하여 각 은하들의 거리와 후퇴 속도를 그래프로 그려 보자.

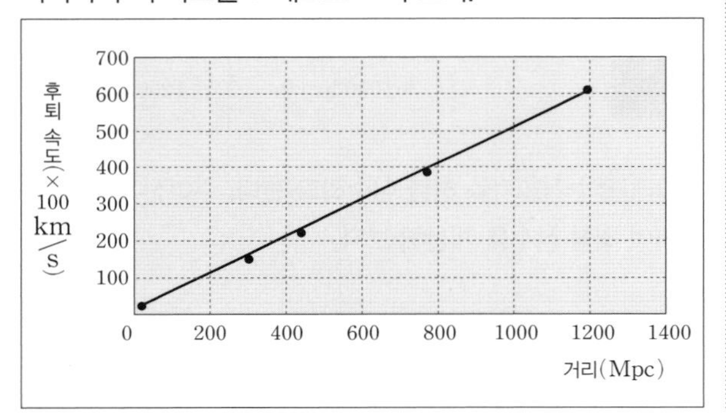

• 그래프의 기울기를 허블 상수라고 한다. 주어진 자료를 이용하여 허블 상수를 계산해 보자.

허블 상수는 은하의 후퇴 속도를 은하까지의 거리로 나누면 구할 수 있다.

$$\frac{61000 \text{ km/s}}{1200 \text{ Mpc}} \fallingdotseq 51 \text{ km/s/Mpc}$$

그래프의 기울기, 즉 허블 상수는 약 51 km/s/Mpc가 된다.

예시답안 허블 법칙의 의미 해석하기

• 허블 법칙은 무엇을 의미하는지 이야기해 보자.

허블 법칙은 우리 은하로부터 멀리 있는 은하일수록 빠르게 후퇴하고 있음을 나타내며, 이는 우주가 팽창하고 있음을 의미한다.

점수	채점 영역			
	내용	정확성	완성도	논리성
	외부 은하의 후퇴 속도와 거리의 관계를 올바르게 파악	허블 법칙의 의미를 정확하게 이해	그래프 작성에 있어 완성도가 높음	외부 은하의 후퇴 속도와 거리의 관계로부터 허블 법칙 유도

날짜: ____________

수행평가 06 지층의 연령 측정

( )학년 ( )반 ( )번 이름: ____________

STEP 1 지층의 상대 연령 측정하기

그림 (가)는 어느 지역의 지질 단면을, (나)는 방사성 동위 원소 X의 반감기 곡선을 나타낸 것이다.

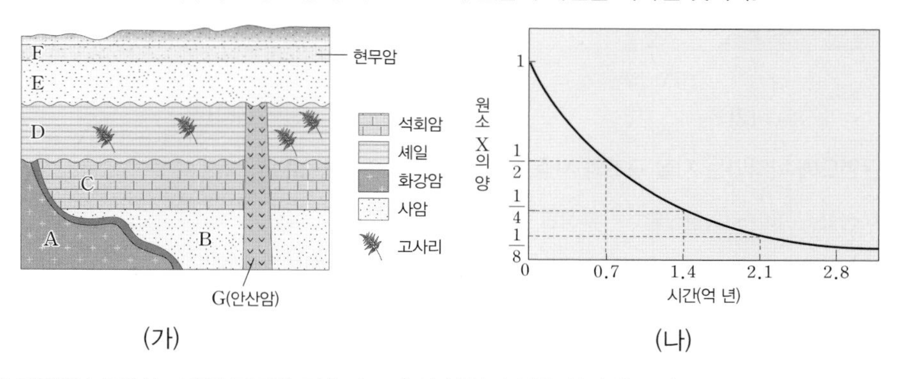

(가) (나)

- 그림 (가)의 지질 단면에 나타나는 지질 구조와 지층 A~G의 생성 순서를 설명해 보자.

- 지층이 역전되지 않았다면 지층이 쌓인 순서가 생성 순서가 된다. 지층이 역전된 경우에는 생성 순서를 어떻게 판단하는지 설명해 보자.

STEP 2 지층의 절대 연령 측정과 퇴적 환경 추정하기

- 그림 (가)의 안산암과 현무암에 들어 있는 방사성 동위 원소 X와 자원소의 비율이 각각 1 : 7, 1 : 1 일 때 (나)의 반감기 곡선을 이용하여 생성 시기를 구해 보자.

- 지층 E가 생성된 지질 시대와 지층 D의 퇴적 환경을 설명해 보자.

점수	채점 영역				합계
	내용(5)	정확성(5)	완성도(5)	논리성(5)	

예시답안 지층의 상대 연령 측정하기

그림 (가)는 어느 지역의 지질 단면을, (나)는 방사성 동위 원소 X의 반감기 곡선을 나타낸 것이다.

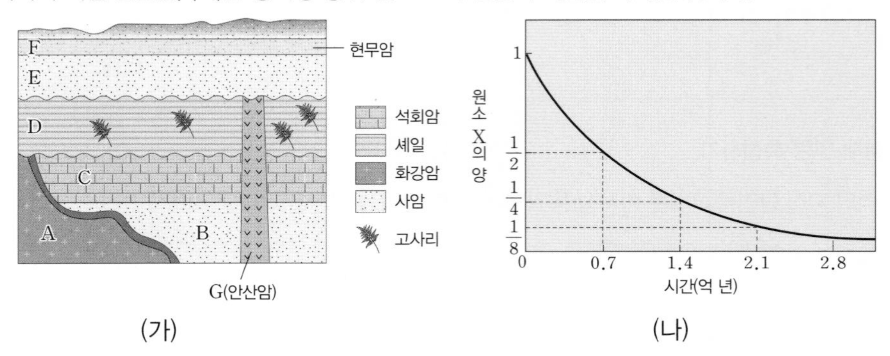

(가) (나)

• 그림 (가)의 지질 단면도에 나타나는 지질 구조와 지층 A~G의 생성 순서를 설명해 보자.

B → C → A → 부정합 → D → G(안산암) → 부정합 → E → F(현무암)

• 지층이 역전되지 않았다면 지층이 쌓인 순서가 생성 순서가 된다. 지층이 역전된 경우에는 생성 순서를 어떻게 판단하는지 설명해 보자.

지층이 역전되었다면 진화 계통이 알려진 표준 화석을 이용하거나, 건열, 사층리, 점이 층리, 연흔과 같은 퇴적 구조를 이용하여 지층의 생성 순서를 판단한다.

예시답안 지층의 절대 연령 측정과 퇴적 환경 추정하기

• 그림 (가)의 안산암과 현무암에 들어 있는 방사성 동위 원소 X와 자원소의 비율이 각각 1 : 7, 1 : 1 일 때 (나)의 반감기 곡선을 이용하여 생성 시기를 구해 보자.

안산암에 남아 있는 방사성 원소 X의 양이 처음의 $\frac{1}{8}$이므로, 생성 시기는 '반감기×3회=2.1억 년' 전이다. 현무암에 남아 있는 방사성 원소 X의 양이 처음의 $\frac{1}{2}$이므로, 생성 시기는 반감기에 해당하는 0.7억 년 전이다.

• 지층 E가 생성된 지질 시대와 지층 D의 퇴적 환경을 설명해 보자.

지층 E의 생성 시기는 2.1억 년 전 ~ 0.7억 년 전 사이이므로 중생대에 생성되었다. 지층 D에서는 고사리 화석이 산출되므로 따뜻하고 습한 육지 환경에서 퇴적되었다.

점수	채점 영역			
	내용	정확성	완성도	논리성
	지층의 상대 연령과 절대 연령, 퇴적 환경을 올바르게 이해	지층의 절대 연령을 반감기 곡선으로부터 정확히 측정	지층의 퇴적 환경을 시상 화석을 통해 올바르게 예측	지층의 상대 연령 측정 시 지사 연구의 법칙 적용

날짜: ____________

수행평가 07	온실 효과 실험 장치 설계하기
	( )학년 ( )반 ( )번 이름: ____________

STEP 1 온실 효과 실험 장치 설계하기

1. 그림과 같이 두 개의 스타이로폼 상자 A와 B에 온도계를 각각 꽂은 다음, 상자 A의 윗면을 셀로판종이로 덮는다.

2. 상자 A와 B를 각각 햇빛이 잘 비치는 곳에 놓고, 상자의 윗면이 햇빛에 수직이 되도록 막대의 그림자가 생기지 않도록 설치한다.
3. 상자 A와 B의 온도가 더 이상 올라가지 않을 때까지 2분 간격으로 온도를 측정하여 다음 표에 기록한다.

구분	시간(분)								
	0	2	4	6	8	10	12	14	16
상자 A의 온도(℃)									
상자 B의 온도(℃)									

STEP 2 실험 결과 해석하기

- 어느 상자의 온도가 더 높은지 쓰고, 그 이유를 설명해 보자.

- 어느 정도 시간이 지나면 상자의 온도는 계속 상승하지 않는다. 그 이유가 무엇인지 토의해 보자.

- 셀로판종이의 역할과 지구 대기의 역할을 비교하여 설명해 보자.

- 지구 표면의 온도가 달 표면의 온도보다 높은 이유를 설명해 보자.

점수	채점 영역				합계
	의사소통(5)	협력(5)	내용(5)	이해도(5)	

STEP 1 온실 효과 실험 장치 설계하기

1. 그림과 같이 두 개의 스타이로폼 상자 A와 B에 온도계를 각각 꽂은 다음, 상자 A의 윗면을 셀로판종이로 덮는다.

2. 상자 A와 B를 각각 햇빛이 잘 비치는 곳에 놓고, 상자의 윗면이 햇빛에 수직이 되도록 막대의 그림자가 생기지 않도록 설치한다.
3. 상자 A와 B의 온도가 더 이상 올라가지 않을 때까지 2분 간격으로 온도를 측정하여 다음 표에 기록한다.

구분	시간(분)								
	0	2	4	6	8	10	12	14	16
상자 A의 온도(℃)	28.0	33.5	36.7	39.3	40.7	42.0	43.0	43.5	43.5
상자 B의 온도(℃)	28.0	32.8	34.5	35.0	35.5	35.9	36.0	36.0	36.0

STEP 2 실험 결과 해석하기

- 어느 상자의 온도가 더 높은지 쓰고, 그 이유를 설명해 보자.

셀로판종이로 덮은 상자 A, 셀로판종이는 단파장(가시광선)은 잘 통과시키나 장파장(적외선)은 차단하여 온실 효과를 일으키기 때문이다.

- 어느 정도 시간이 지나면 상자의 온도는 계속 상승하지 않는다. 그 이유가 무엇인지 토의해 보자.

흡수 에너지와 방출 에너지가 같아 복사 평형에 도달하기 때문이다.

- 셀로판종이의 역할과 지구 대기의 역할을 비교하여 설명해 보자.

지구 대기 성분(CO_2, 수증기) 중에는 셀로판종이와 같은 역할을 하는 성분이 있어 온실 효과를 일으킨다.

- 지구 표면의 온도가 달 표면의 온도보다 높은 이유를 설명해 보자.

지구에는 대기가 존재하며, 달에는 대기가 존재하지 않기 때문이다.

점수	채점 영역			
	의사소통	협력	내용	이해도
	모둠원들이 문제 해결을 위해 다양한 주장과 비판이 이루어짐	모둠원 대부분이 강한 자신감을 가지고 참여	셀로판 종이와 지구 대기의 역할 비교	실험 결과를 통해 지구의 온실 효과를 올바르게 이해

2015 개정 교육과정

EBS

특별부록

개념완성

과학탐구영역

중간고사·기말고사 대비 4회분

범위별 비법 노트 + 모의 중간/기말고사 + 꼼꼼해설

지구과학 Ⅰ

지구과학 I 부록

EBS 개념완성

01 대륙 이동설

요기서 이거 꼭 나온다. 베게너는 대륙 이동설을 주장했어. 대륙 이동설의 증거에 대해 이렇게 정리해 보자.

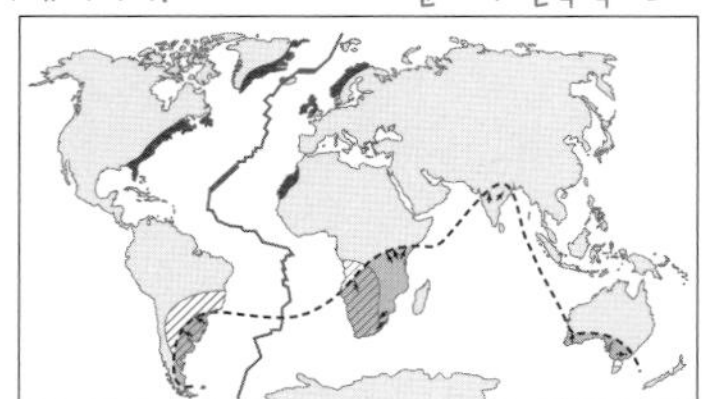

요기서 요것만은 꼭 체크!

- 고생대 말에 모든 대륙들이 한 덩어리로 모여 형성된 초대륙을 ① □□□라고 한다.
- 베게너는 대륙 이동의 증거로 대서양 양쪽 해안선 굴곡의 유사성, 지질 구조의 연속성, ② □□ 분포의 연속성, ③ □□의 흔적 분포 등을 제시하였다.

정답 ① 판게아 ② 화석 ③ 빙하

02 맨틀 대류설

요기서 이거 꼭 나온다. 홈스의 맨틀 대류설에 대해 이렇게 정리해 보자.

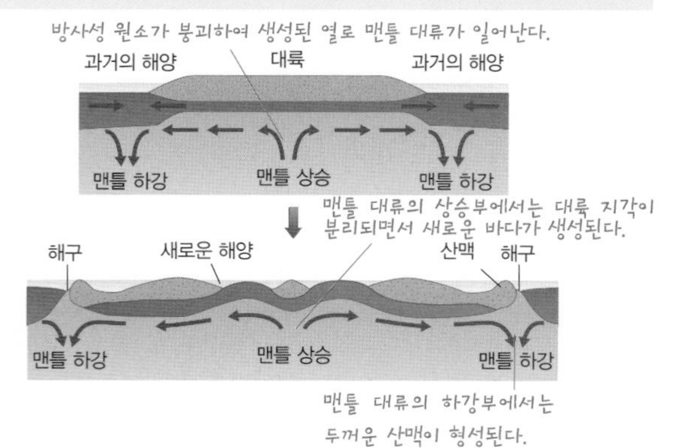

요기서 요것만은 꼭 체크!

- 맨틀 대류의 ① □□□에서는 대륙이 분리되어 이동하고, 맨틀 대류의 ② □□□에서는 지각이 맨틀 속으로 들어가며 소멸한다.
- 홈스는 지각 아래의 맨틀에서 방사성 원소가 붕괴하여 생성된 열로 열대류가 일어나며, 맨틀 대류가 ③ □□ □□의 원동력이라고 주장하였다.

정답 ① 상승부 ② 하강부 ③ 대륙 이동

03 해저 탐사

요기서 이거 꼭 나온다. 해저는 음향 측심법으로 탐사할 수 있지. 해저 탐사법과 해저 지형에 대해 이렇게 정리해 보자.

- 음향 측심법은 해저에 초음파를 발사한 후, 반사되어 되돌아오는 시간을 측정하여 수심(d)을 구한다.
- $d=\frac{1}{2}vt$ (v : 초음파의 속력, t : 초음파의 왕복 시간)

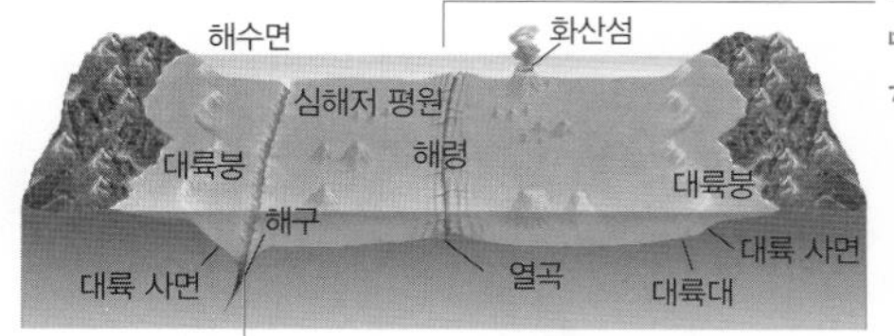

요기서 요것만은 꼭 체크!

- 수심이 깊을수록 해수면에서 발사한 초음파가 해저면에서 반사되어 되돌아오는 데 걸리는 시간이 ① □다.
- 대양에서 높이 솟아 있는 해저 산맥을 ② □□이라 하고, 대륙 주변의 해저에 발달한 수심이 깊고 좁은 골짜기를 ③ □□라고 한다.

정답 ① 길 ② 해령 ③ 해구

04 해양저 확장설

요기서 이거 꼭 나온다. 헤스와 디츠는 해령을 중심으로 해저가 확장된다고 했어. 해양저 확장설에 대해 이렇게 정리해 보자.

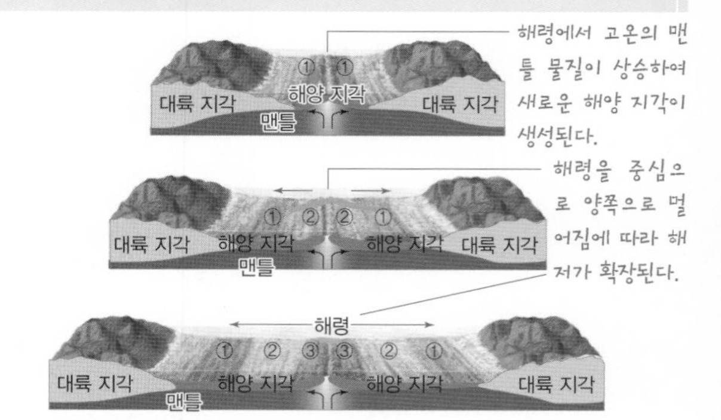

요기서 요것만은 꼭 체크!

- 해령에서 멀어질수록 해양 지각의 나이가 ① □□진다.
- 해령에서 멀어질수록 심해 퇴적물의 두께가 ② □□□진다.

정답 ① 많아 ② 두꺼워

05 해양 지각의 고지자기 줄무늬

요기서 이거 꼭 나온다. 해양 지각의 연령은 대륙 지각에서 알아낸 암석의 연령과 고지자기 줄무늬를 해양 지각의 고지자기 줄무늬와 비교하여 알아내지. 해양 지각의 고지자기 줄무늬에 대해 이렇게 정리해 보자.

지질 시대 동안 고지자기의 자북극과 자남극이 서로 역전되는 지구 자기의 역전 현상이 반복되었다.

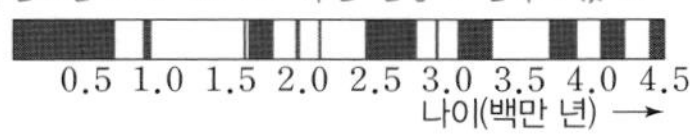

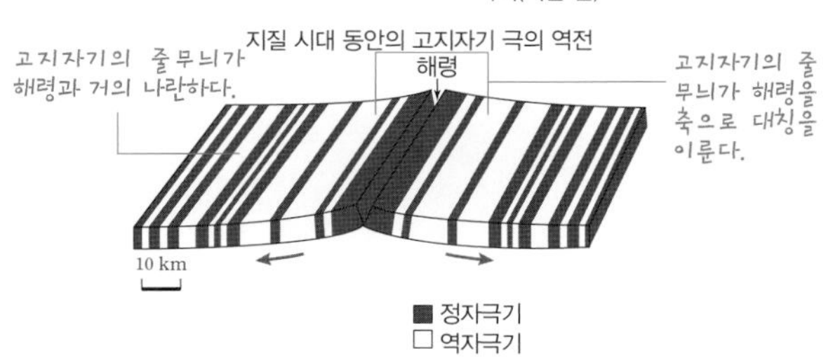

요기서 요것만은 꼭 체크!

- 지구 자기장의 방향이 현재와 같은 시기를 ① □□□□, 현재와 반대인 시기를 ② □□□□라고 한다.
- 해저 고지자기의 줄무늬는 해령과 거의 ③ □□하며, 해령을 축으로 ④ □□적인 분포를 보인다.

정답 ① 정자극기 ② 역자극기 ③ 나란 ④ 대칭

06 복각

요기서 이거 꼭 나온다. 복각에 대해 이렇게 정리해 보자.

자극에서 복각의 크기는 90°이다.

지구 자기력선의 방향과 수평면이 이루는 각도를 복각이라고 한다.

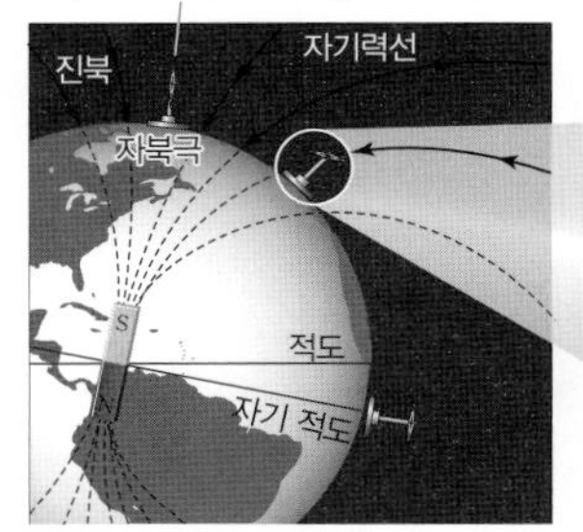

어느 대륙이 남북 방향으로 이동하였다면 그 대륙에서 만들어진 암석은 생성 시기에 따라 복각의 크기가 다르다.

요기서 요것만은 꼭 체크!

- 자기장을 나타내는 선을 ① □□□□이라 하고, 지구 자기력선의 방향과 수평면이 이루는 각도를 ② □□이라고 한다.
- 복각의 크기는 자극에서 가장 ③ □고, 자극에서 멀어질수록 점점 ④ □□진다.

정답 ① 자기력선 ② 복각 ③ 크 ④ 작아

07 판 구조론

요기서 이거 꼭 나온다. 판 구조론은 판과 판의 경계에서 지각 변동이 일어난다는 이론이야. 판 경계의 종류에 대해 이렇게 정리해 보자.

발산형 경계 : 판과 판이 확장되면서 서로 멀어지는 경계이다.

보존형 경계 : 판과 판이 서로 어긋나는 경계이다.

수렴형 경계 : 판과 판이 충돌하거나 섭입하는 경계이다.

북아메리카판
카리브판
아프리카판
코코스판
남아메리카판
유라시아판
나스카판
필리핀 판
태평양판
남극판
인도-오스트레일리아판
남극판
→ 판의 이동 방향
— 수렴형 경계
— 발산형 경계

요기서 요것만은 꼭 체크!

- 보존형 경계에서는 판과 판이 서로 ① □□□□ 경계이므로 지진이 자주 발생한다.
- 판과 판이 서로 멀어지는 경계는 ② □□형 경계이다.
- 수렴형 경계인 해구에서 대륙 쪽으로 갈수록 지진이 발생하는 깊이가 점차 ③ □□진다.

정답 ① 어긋나는 ② 발산 ③ 깊어

08 대륙 이동

요기서 이거 꼭 나온다. 판게아 이후 대륙은 계속 이동하고 있어. 대륙의 이동 과정에 대해 이렇게 정리해 보자.

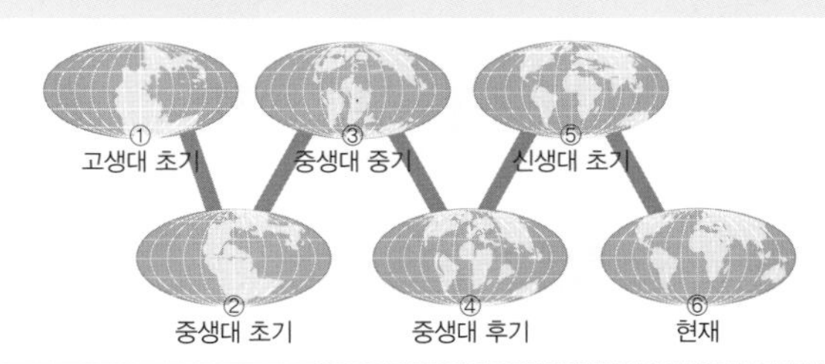

요기서 요것만은 꼭 체크!

- 약 12억 년 전 선캄브리아 시대에 형성되었던 초대륙을 ① □□□□라 하고, 약 2억 7천만 년 전 고생대 말에 형성되었던 초대륙을 ② □□□라고 한다.
- 약 1억 5천만 년 전에 ③ □□□이 부분적으로 열리면서 아프리카 대륙과 남아메리카 대륙이 분리되기 시작하였다.
- 현재 동아프리카 열곡대를 중심으로 아프리카 대륙이 분리되고 있으며, 미래에는 이곳에 ④ □□이 생성되면서 새로운 바다가 만들어질 것이다.

정답 ① 로디니아 ② 판게아 ③ 대서양 ④ 해령

09 플룸 구조론

요기서 이거 꼭 나온다. 플룸 구조론은 판 구조론의 한계로 인해 나온 이론이야. 플룸 구조론에 대해 이렇게 정리해 보자.

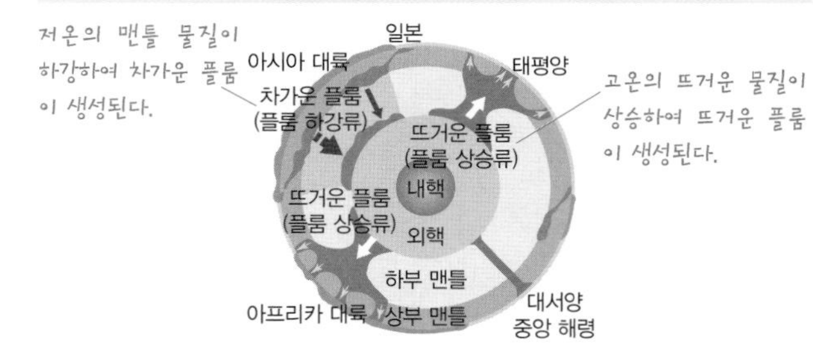

요기서 요것만은 꼭 체크!

- 플룸 상승류가 지표면과 만나는 지점 아래 마그마가 생성되는 곳을 ① ☐☐이라고 한다.
- 해구에서 섭입된 판은 주변의 맨틀보다 상대적으로 온도가 낮으므로 주변의 맨틀보다 지진파의 전파 속도가 ② ☐☐다.
- ③ ☐☐운 플룸은 수렴형 경계에서 섭입된 판의 물질이 상부 맨틀과 하부 맨틀의 경계 부근에 쌓여 있다가 가라앉아 생성되며, ④ ☐☐운 플룸이 맨틀과 외핵의 경계에 도달하면 그 영향으로 일부 맨틀 물질이 상승하여 ⑤ ☐☐운 플룸이 된다.

정답 ① 열점 ② 빠르 ③ 차가 ④ 차가 ⑤ 뜨거

10 마그마의 생성

요기서 이거 꼭 나온다. 마그마는 현무암질 마그마와 화강암질 마그마로 분류돼. 마그마 생성에 대해 이렇게 정리해 보자.

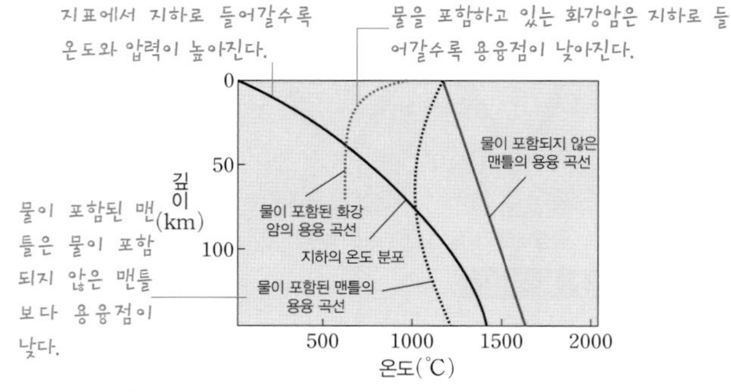

요기서 요것만은 꼭 체크!

- 마그마가 생성되려면 마그마가 생성되는 장소의 온도가 그 곳에 존재하는 암석의 ① ☐☐☐보다 높아야 한다.
- 물이 포함된 맨틀은 물이 포함되지 않은 맨틀보다 용융점이 ② ☐☐므로 비교적 쉽게 용융되어 마그마가 생성될 수 있다.

정답 ① 용융점 ② 낮으

11 마그마 생성 환경

요기서 이거 꼭 나온다. 마그마 생성 환경을 이렇게 정리해 보자.

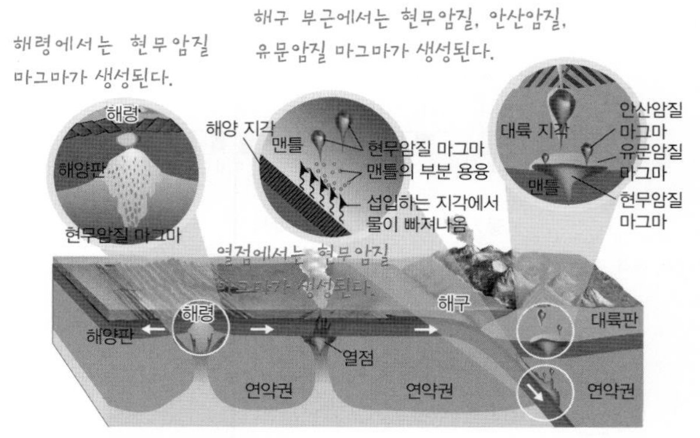

요기서 요것만은 꼭 체크!

- 열점, 발산형 경계에 위치한 해령에서는 고온의 맨틀 물질이 상승하면 압력이 ① ☐☐지므로 맨틀 물질이 용융되어 현무암질 마그마가 생성된다.
- 수렴형 경계인 해구에서는 해양 지각에서 빠져나온 물이 섭입하는 판 위의 연약권으로 유입되어 연약권을 구성하는 암석의 용융점이 낮아져 ② ☐☐☐질 마그마가 생성된다.

정답 ① 낮아 ② 현무암

12 화성암 생성과 분류

요기서 이거 꼭 나온다. 마그마가 냉각되어 만들어진 암석을 화성암이라고 하지. 화성암에 대해 이렇게 정리해 보자.

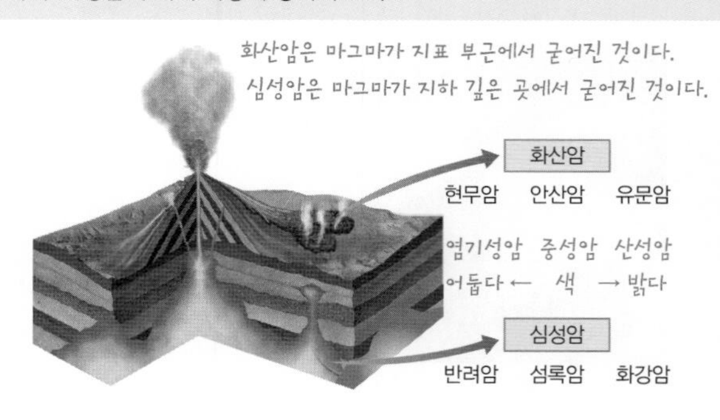

요기서 요것만은 꼭 체크!

- ① ☐☐☐암은 감람석, 휘석, 각섬석과 같은 어두운색 광물의 함량이 많고, ② ☐☐암은 사장석, 정장석, 석영 등의 밝은색 광물의 함량이 많다.
- 화산암은 마그마가 지표로 분출하여 빠르게 냉각되어 ③ ☐☐질이나 유리질 암석, 심성암은 마그마가 지하에서 천천히 냉각되어 ④ ☐☐질 암석이 된다.

정답 ① 염기성 ② 산성 ③ 세립 ④ 조립

13 퇴적암 생성

요기서 이거 꼭 나온다. 퇴적물이 쌓인 후 굳어져 만들어진 암석을 퇴적암이라고 하지. 퇴적암의 생성 과정에 대해 이렇게 정리해 보자.

퇴적물이 압력을 받아 퇴적물 사이에 있던 물이 빠져나가고 입자들 사이의 공극이 줄어들면서 치밀하고 단단해진다.

지하수에 녹아 있던 성분이 침전되면서 입자들 사이의 간격을 메우고 입자들을 서로 붙여 준다.

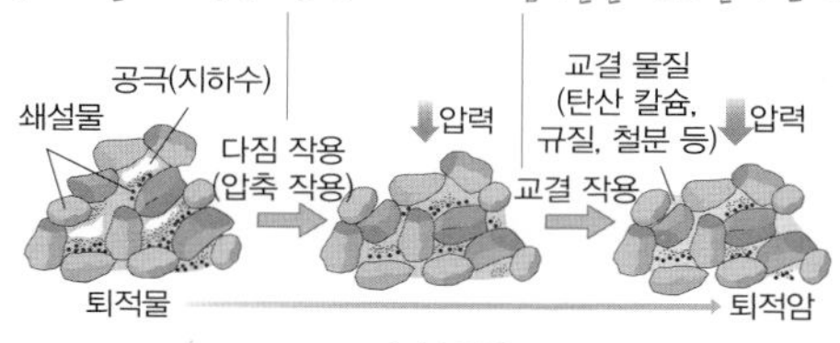

속성 작용

요기서 요것만은 꼭 체크!

- ① □□ 작용은 퇴적물이 물리적, 화학적, 생화학적 변화를 받아 퇴적암이 되기까지의 모든 과정으로, ② □□ 작용(압축 작용)과 교결 작용이 있다.
- ③ □□ 작용은 퇴적물 속의 수분이나 지하수에 녹아 있던 탄산 칼슘, 규산염 물질, 철분 등이 침전되면서 퇴적물 입자 사이의 간격을 메우고 입자들을 서로 붙여 주는 과정이다.

정답 ① 속성 ② 다짐 ③ 교결

15 퇴적 환경

요기서 이거 꼭 나온다. 퇴적 환경은 크게 육상 환경, 연안 환경, 해양 환경으로 구분해. 퇴적암의 생성 환경에 대해 이렇게 정리해보자.

육지 내에 주로 쇄설성 퇴적물이 퇴적된다.

육상 환경과 해양 환경 사이의 퇴적 환경이다.

가장 넓은 면적을 차지하는 퇴적 환경이다.

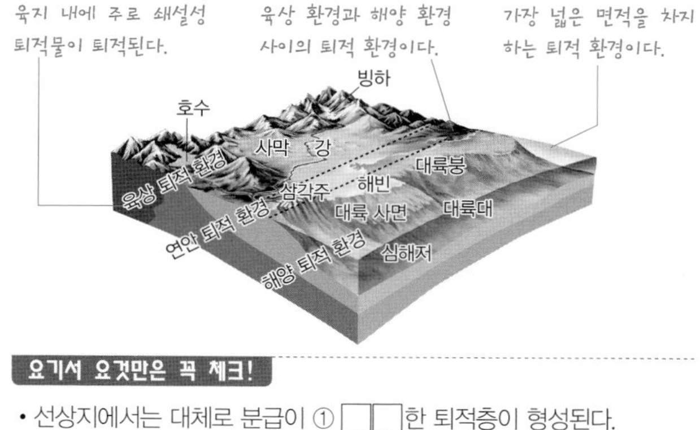

요기서 요것만은 꼭 체크!

- 선상지에서는 대체로 분급이 ① □□한 퇴적층이 형성된다.
- 강과 바다가 만나는 삼각주의 퇴적물은 위로 갈수록 입자의 크기가 점차 ② □□하는 경향을 보이며, 담수와 해수가 섞이는 ③ □□는 염분의 변화가 커서 화석이 많이 산출되지 않는다.
- 열대나 아열대 바다의 대륙붕에서는 생물체의 유해가 쌓여 ④ □□□이 형성된다.

정답 ① 불량 ② 증가 ③ 석호 ④ 석회암

14 퇴적암 분류

요기서 이거 꼭 나온다. 퇴적암은 생성 원인에 따라 쇄설성 퇴적암, 화학적 퇴적암, 유기적 퇴적암으로 분류돼. 퇴적암의 종류를 이렇게 정리해 보자.

구분	생성 원인	주요 구성 물질	퇴적암
쇄설성 퇴적암	쇄설물이 퇴적	자갈	역암, 각력암
		모래	사암
		실트, 점토	이암, 셰일
		화산탄, 화산암괴	집괴암
		화산재	응회암
화학적 퇴적암	물에 녹아 있던 광물질이 침전	$CaCO_3$	석회암
		$NaCl$	암염
		$CaSO_4 \cdot 2H_2O$	석고
유기적 퇴적암	생물체 유해 등의 유기물이 퇴적	석회질 생물체(산호, 유공충 등)	석회암
		규질 생물체(방산충 등)	처트
		식물체	석탄

요기서 요것만은 꼭 체크!

- 쇄설성 퇴적암은 입자의 크기에 따라 역암, ① □□, 셰일 등으로 구분한다.
- ② □□□은 물에 녹아 있던 탄산 칼슘 성분이 침전되거나 산호, 유공충 등 석회질 생명체의 유해가 쌓여 형성된다.

정답 ① 사암 ② 석회암

16 퇴적 구조

요기서 이거 꼭 나온다. 퇴적 당시의 환경에 따라 다양한 구조적 특징이 나타나지. 퇴적 구조에 대해 이렇게 정리해 보자.

층리가 나란하지 않고 기울어져 나타난다.

위로 갈수록 입자의 크기가 점점 작아진다.

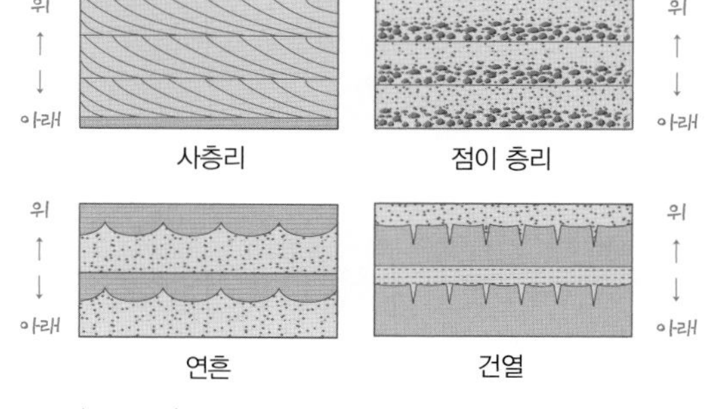

물결 모양의 흔적이 지층에 남아 있다.

표면에 쐐기 모양으로 갈라져 있다.

요기서 요것만은 꼭 체크!

- ① □□□는 퇴적물이 공급될 당시 바람이 분 방향이나 물이 흐른 방향을 지시해 준다. 점이 층리는 주로 수심이 ② □□ 곳에서, 물결 자국인 연흔은 주로 수심이 ③ □□ 곳에서 생성된다.
- 건열은 쐐기 모양으로 갈라진 부분이 하부로 갈수록 점점 ④ □□진다.

정답 ① 사층리 ② 깊은 ③ 얕은 ④ 좁아

17 지질 구조

요기서 이거 꼭 나온다. 지질 구조의 종류에 대해 이렇게 정리해 보자.

횡압력을 받아 물결모양으로 주름졌다.

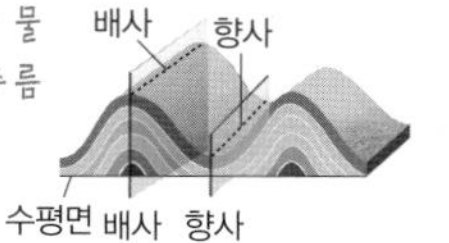

습곡

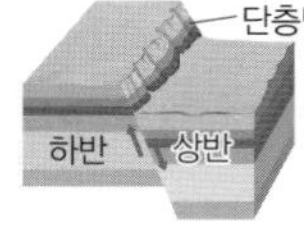

암석이 깨져 상대적으로 이동하여 어긋났다.

단층(정단층)

시간적으로 불연속적인 상하 두 지층 사이의 관계이다.

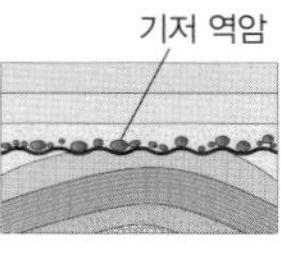

부정합(경사 부정합)

암석에 생긴 틈으로 지괴의 상대적인 이동이 없다.

절리(주상 절리)

요기서 요것만은 꼭 체크!

- 습곡 구조에서 위로 볼록한 부분을 ① □□, 아래로 볼록한 부분을 ② □□라고 한다.
- 정단층은 ③ □□이 작용하여 상반이 아래로 내려간 구조이고, 역단층은 ④ □□□이 작용하여 상반이 위로 밀려 올라간 구조이다.
- 다각형의 긴 기둥 모양으로 갈라진 절리를 ⑤ □□ 절리라고 하다.

정답 ① 배사 ② 향사 ③ 장력 ④ 횡압력 ⑤ 주상

18 부정합의 생성 과정

요기서 이거 꼭 나온다. 시간적으로 불연속적인 상하 두 지층 사이의 관계를 부정합이라고 하지. 부정합의 생성 과정과 특징에 대해 이렇게 정리해 보자.

퇴적이 중단된다.

상하 두 지층 사이에 시간 간격이 크다.

부정합면

바다나 호수 밑바닥에서 퇴적물이 쌓여 지층을 형성한다. → 지층이 지각 변동을 받아 융기한 후 풍화 작용과 침식 작용을 받아 표면이 깎인다. → 지층이 침강한 후 물밑에 잠긴 지층 위에 새로운 지층이 퇴적된다.

요기서 요것만은 꼭 체크!

- 부정합은 퇴적 → 융기 → 풍화 · 침식 → ① □□ → 퇴적의 과정을 거쳐 생성된다.
- 부정합면을 경계로 상하 두 지층 사이에 암석과 화석의 종류가 크게 다르고, 부정합면 위에는 ② □□ □□이 쌓이는 경우가 많다.

정답 ① 침강 ② 기저 역암

19 지사 연구의 원리

요기서 이거 꼭 나온다. 지사학 연구 원리로 지구의 역사를 해석할 수 있어. 지사학의 법칙에 대해 이렇게 정리해 보자.

구분	내용
동일 과정설	현재 지구에서 일어나는 지질학적 변화 과정은 과거에도 동일한 과정과 속도로 일어났다.
수평 퇴적의 법칙	퇴적물이 퇴적될 때는 중력의 영향으로 수평면과 나란한 방향으로 쌓인다.
지층 누중의 법칙	지층이 역전되지 않았다면 아래에 있는 지층은 위에 있는 지층보다 먼저 생성되었다.
동물군 천이의 법칙	새로운 지층일수록 더욱 진화된 생물의 화석군이 산출된다.
부정합의 법칙	부정합면을 경계로 상하 지층의 퇴적 시기 사이에 큰 시간적 간격이 존재한다.
관입의 법칙	관입 당한 암석은 관입한 화성암보다 먼저 생성되었다.

요기서 요것만은 꼭 체크!

- 물속에서 퇴적물이 퇴적될 때 지층은 ① □□의 영향으로 수평면과 나란한 방향으로 쌓인다.
- 지층의 역전 여부는 ② □□ □□나 진화 계통이 잘 알려진 화석 등을 이용하여 판단할 수 있다.
- 오래된 지층에서 새로운 지층으로 갈수록 더욱 ③ □□된 생물의 화석군이 산출된다.

정답 ① 중력 ② 퇴적 구조 ③ 진화

20 관입과 분출

요기서 이거 꼭 나온다. 마그마가 주변의 암석을 뚫고 들어가 화성암이 생성되었을 때, 관입 당한 암석은 관입한 화성암보다 먼저 생성된 거야. 관입과 분출에 대해 이렇게 정리해 보자.

주변 암석이 포획암으로 들어 있다.

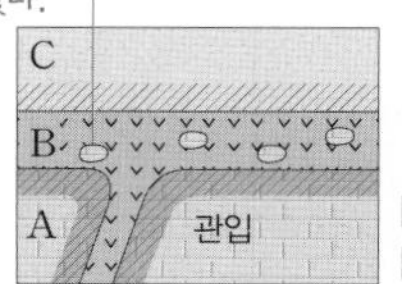

관입(A→C→B 순으로 생성)

화성암의 침식물이 들어 있다.

C
B
A
분출

분출(A→B→C 순으로 생성)

요기서 요것만은 꼭 체크!

- 마그마가 주변의 암석을 ① □□하여 화성암이 생성된 경우, 화성암체와 주변 암석의 접촉부에 모두 변성 부분이 나타난다.
- 마그마가 지표로 ② □□한 후 그 위에 새로운 퇴적층이 쌓인 경우, 화성암의 아래쪽에만 변성 부분이 나타나고, 위쪽에는 변성 부분이 나타나지 않는다.

정답 ① 관입 ② 분출

01 지층의 대비

요기서 이거 꼭 나온다. 서로 멀리 떨어져 있는 지층들을 비교하여 그 지층들의 시간적 선후 관계를 정하는 것을 지층의 대비라고 하지. 지층의 대비에 대해 정리해 보자.

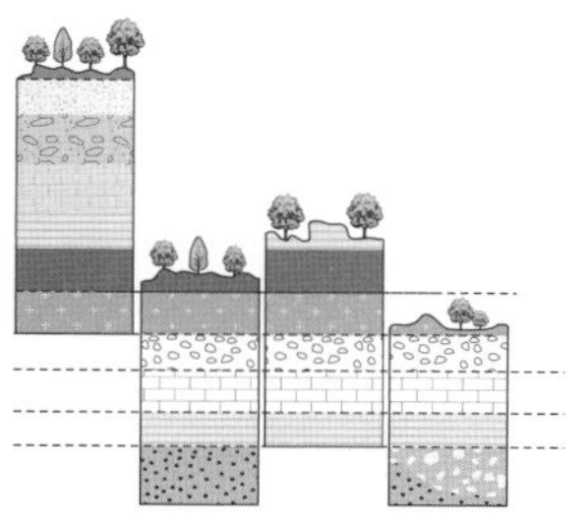

암상에 의한 대비

비교적 가까운 지역에 위치하고 있는 지층은 지층 속에서 발견되는 건층을 기준으로 상하 지층을 대비한다.

화석에 의한 대비

비교적 멀리 떨어져 있는 지역의 지층은 지층 속에서 발견되는 표준 화석의 종류가 같으면 같은 시기에 생성된 것으로 간주하여 상하 지층을 대비한다.

요기서 요것만은 꼭 체크!

비교적 가까운 거리에 있는 지층들은 ① □□을 이용하여, 서로 멀리 떨어져 있는 지층들은 ② □□을 이용하여 대비한다.

정답 ① 건층 ② 화석

02 지층의 상대 연령 측정

요기서 이거 꼭 나온다. 상대 연령은 지사 해석의 원리나 표준 화석 등을 이용하여 지질학적 사건의 발생 순서를 정하는 것이야. 상대 연령에 대해 이렇게 정리해 보자.

지층 A와 화성암 B는 관입의 원리에 의해 지층 A가 먼저 생성되었다.

화성암 C는 모든 지층과 암석을 관입하였으므로 가장 나중에 생성되었다.

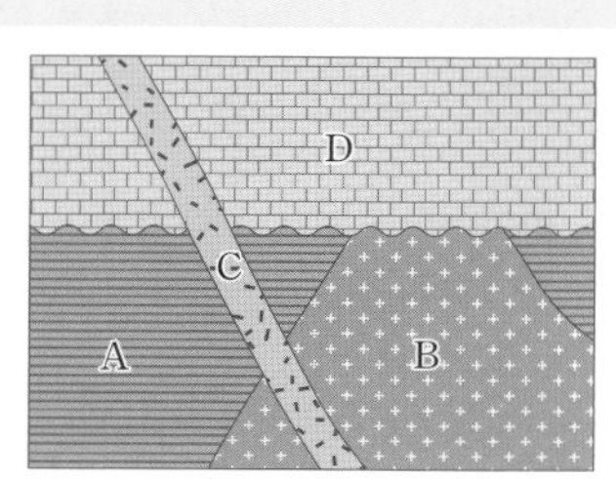

화성암 B와 지층 D는 부정합의 원리에 의해 지층 D가 나중에 생성되었다.

이 지역의 지층과 암석 및 지질학적 사건의 생성 순서는 지층 A → 화성암 B → 부정합 → 지층 D → 화성암 C 순이다.

요기서 요것만은 꼭 체크!

- 기존의 암석에 마그마가 관입하여 암체가 생겼을 경우 관입 당한 암석이 관입하여 들어간 암석보다 시간적으로 오래된 것이라는 지사 원리를 ① □□의 법칙이라고 한다.
- 부정합면을 기준으로 상하 두 지층 사이에는 시간적으로 차이가 난다. 이와 같이 부정합면을 기준으로 상하 두 지층의 생성 순서를 밝히는 지사학 원리를 ② □□□의 법칙이라고 한다.

정답 ① 관입 ② 부정합

03 암석의 절대 연령 측정

요기서 이거 꼭 나온다. 절대 연령은 방사성 동위 원소의 반감기를 이용해서 지질학적 사건이 발생한 시기 또는 암석의 생성 시기를 결정하는 것이야. 절대 연령에 대해 이렇게 정리해 보자.

반감기(T) : 방사성 동위 원소가 붕괴하여 처음 양의 절반으로 줄어드는 데 걸리는 시간으로 온도나 압력에 관계없이 일정하다.

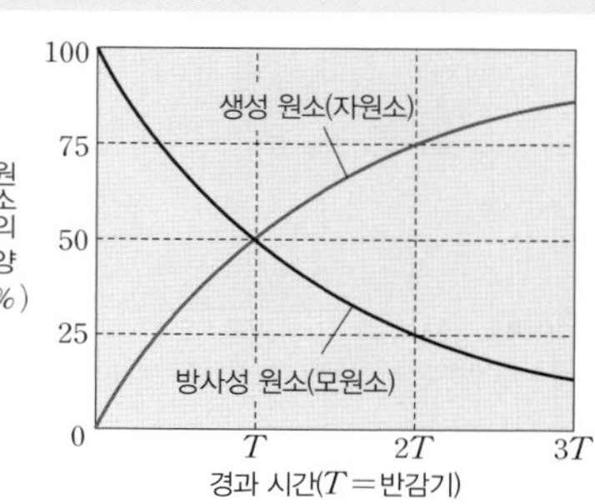

절대 연령 = 반감기 × 반감기 경과 횟수

요기서 요것만은 꼭 체크!

방사성 동위 원소가 붕괴하여 처음 양의 절반으로 줄어드는 데 걸리는 시간을 ① □□□라고 하며, ② □□나 ③ □□에 관계없이 일정하다.

정답 ① 반감기 ② 온도 ③ 압력

04 표준 화석과 시상 화석

요기서 이거 꼭 나온다. 표준 화석과 시상 화석이 되기 위한 조건은 무엇이고, 어떻게 이용되는지를 정리해 보자.

지질 시대를 결정하는 데 기준이 되는 화석으로, 생존 기간이 짧고 분포 면적이 넓어야 한다.

예 고생대(삼엽충, 필석, 갑주어 등), 중생대(암모나이트, 공룡 등), 신생대(화폐석, 매머드 등)

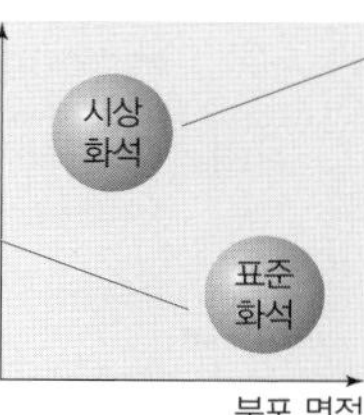

지질 시대의 환경(기후, 수륙 분포 등)을 알려주는 화석으로, 생존 기간이 길고, 분포 면적이 제한적이어야 한다.

예 고사리(따뜻하고 습한 육지), 산호(따뜻하고 얕은 바다)

요기서 요것만은 꼭 체크!

- 표준 화석은 지층의 생성 ① □□를 알려주고, 시상 화석은 지층의 생성 ② □□을 알려준다.
- 삼엽충, 필석은 ③ □□□의 표준 화석이다.
- 고사리 화석은 ④ □□ 화석이다.

정답 ① 시기 ② 환경 ③ 고생대 ④ 시상

05 지질 시대의 기후 및 고기후 연구 방법

요기서 이거 꼭 나온다. 지질 시대 동안의 기후 변화와 고기후 연구 방법에 대해 정리해 보자.

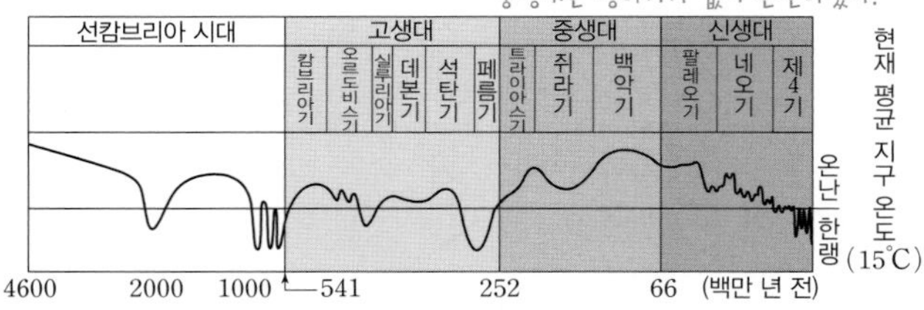

선캄브리아 시대 중기와 말기, 고생대 말기, 신생대 제 4기에는 빙하기가 도래했다.

- 고기후 연구 방법

① 빙하 시추물 연구 : 빙하 시추물의 줄무늬와 빙하에 포함된 공기 방울 속의 산소 동위 원소비($^{18}O/^{16}O$) 및 대기 성분 조사
② 생물의 성장률 기록 : 나무의 나이테나 산호의 성장 나이테 분석
③ 지층의 퇴적물 분석 : 지층 속의 꽃가루 및 미생물 분석

요기서 요것만은 꼭 체크!

- 선캄브리아 시대 중기와 말기, 고생대 ① □□, 신생대 제 4기에 ② □□□가 도래했다.
- 전 기간에 걸쳐 온난한 기후가 지속되었고, 빙하기가 없었던 지질 시대는 ③ □□□이다.

정답 ① 말기 ② 빙하기 ③ 중생대

06 지질 시대의 생물계 변화

요기서 이거 꼭 나온다. 지질 시대의 생물계 변화를 이렇게 정리해 보자.

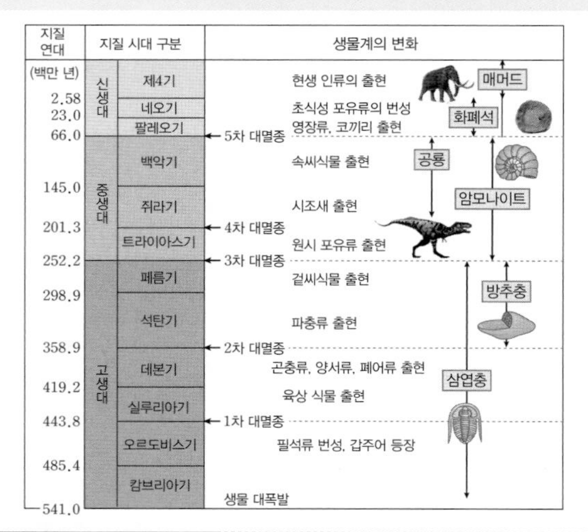

요기서 요것만은 꼭 체크!

고생대에 오존층의 형성으로 ① □□ □□이 출현하였고, 중생대에 육상에서는 공룡, 바다에서는 ② □□□□□가 번성하였다.

정답 ① 육상 식물 ② 암모나이트

07 우리나라 날씨에 영향을 미치는 기단

요기서 이거 꼭 나온다. 우리나라는 계절에 따라 각기 다른 기단의 영향을 받아 계절별로 특징적인 날씨가 나타나지. 기단의 종류와 특징에 대해 이렇게 정리해 보자.

기단	계절	특징
시베리아 기단	겨울	대륙성 한대 기단, 한랭 건조
북태평양 기단	여름	해양성 열대 기단, 고온 다습
양쯔 강 기단	봄, 가을	대륙성 온대 기단, 온난 건조
오호츠크 해 기단	초여름, 초가을, 장마철	해양성 한대 기단, 한랭 다습
적도 기단	태풍	해양성 적도 기단, 고온 다습

요기서 요것만은 꼭 체크!

- 북태평양 기단은 해양성 열대 기단으로 ① □□ □□하며, 오호츠크해 기단과 함께 ② □□ 전선을 형성한다.
- 시베리아 기단은 ③ □□철 날씨에 영향을 주며, ④ □□ □ 기단은 봄 · 가을 날씨에 영향을 준다.

정답 ① 고온 다습 ② 장마 ③ 겨울 ④ 양쯔 강

08 기단의 변질

요기서 이거 꼭 나온다. 기단이 발원지를 떠나 이동하면서 지표면의 성질을 닮아 성질이 변해. 기단의 변질에 대해 이렇게 정리해 보자.

겨울철 시베리아 기단의 남하 / 여름철 북태평양 기단의 북상

한랭한 기단의 변질	온난한 기단의 변질
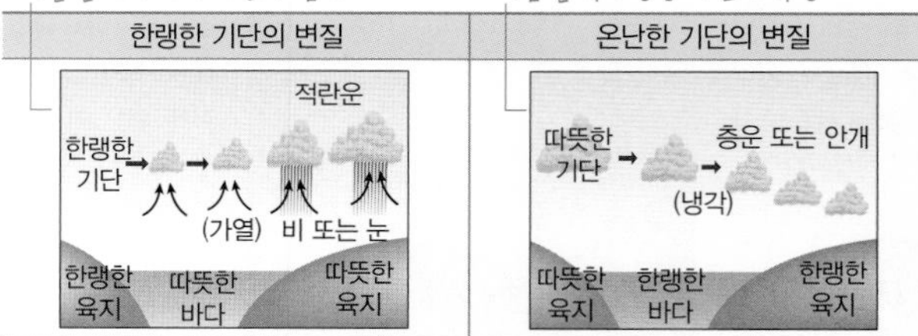	
기단 하층 가열과 수증기 공급 → 기층 불안정 → 상승 기류 발달 → 적운형 구름 발달 → 소나기 또는 눈	기단 하층 냉각 → 기층 안정 → 상승 기류 억제 → 층운형 구름 발달, 안개

요기서 요것만은 꼭 체크!

- 한랭한 기단이 따뜻한 바다 위를 통과해 가면 기단의 하층이 가열되고 수증기의 공급을 받아 ① □□□의 구름이 형성된다.
- 온난한 기단이 한랭한 바다 위를 통과해 가면 기단의 하층이 냉각되어 기층이 ② □□해지고 상승 기류가 억제되어 ③ □□□의 구름이나 안개가 형성된다.

정답 ① 적운형 ② 안정 ③ 층운형

중간·기말 비법노트

09 한랭, 온난 전선과 날씨

요기서 이거 꼭 나온다. 한랭 전선은 전선의 뒤쪽 좁은 지역에, 온난 전선은 전선의 앞쪽 넓은 지역에 비가 내리지. 한랭 전선과 온난 전선의 특징에 대해 이렇게 정리해 보자.

구분		한랭 전선	온난 전선
전선면의 기울기		급경사	완만
전선의 이동 속도		빠르다	느리다
강수 위치, 범위		전선 뒤쪽, 좁은 지역	전선 앞쪽, 넓은 지역
구름과 강수 형태		적운형, 짧은 시간 소나기	층운형, 오랜 시간 약한 비
전선 통과 후의 변화	기온	하강	상승
	기압	상승	하강
	풍향	남서풍 → 북서풍	남동풍 → 남서풍

요기서 요것만은 꼭 체크!

- 한랭 전선은 전선 ① □□의 좁은 구역에서 ② □□□의 구름으로부터 짧은 시간 소나기가 내린다.
- 온난 전선은 전선 ③ □□의 넓은 구역에서 ④ □□□의 구름으로부터 오랜 시간 약한 비가 내린다.

정답 ① 뒤쪽 ② 적운형 ③ 앞쪽 ④ 층운형

10 장마 전선과 날씨

요기서 이거 꼭 나온다. 장마 전선은 정체 전선의 일종으로, 장마 전선을 경계로 남쪽에는 따뜻한 북태평양 기단, 북쪽에는 차가운 오호츠크 해 기단이 위치하지.

북태평양 기단과 오호츠크 해 기단은 모두 해양에서 발생한 기단으로 수증기량이 많아 두 기단의 경계면에는 구름이 많이 생성되고 강수량이 많다.

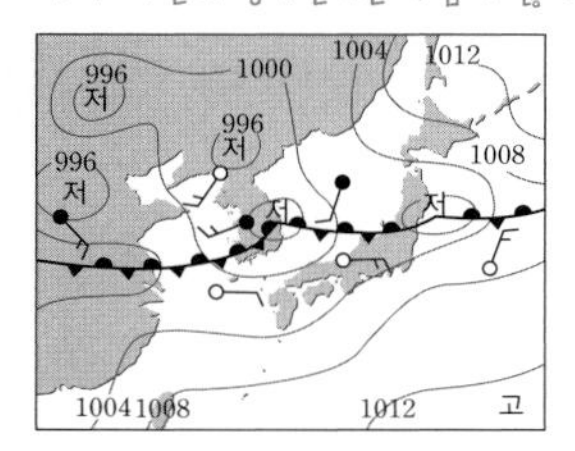

장마 전선면이 북쪽으로 기울어져 형성되므로 강수 지역은 장마 전선 남쪽보다 북쪽에 분포하게 된다.

장마 전선은 북태평양 기단의 세력이 강해지면 북상하고, 오호츠크 해 기단의 세력이 강해지면 남하한다.

요기서 요것만은 꼭 체크!

- 장마 전선의 남쪽보다 북쪽에서 강수량이 ① □다.
- 장마 전선은 북태평양 기단의 세력이 강해지면 ② □□하고, 오호츠크 해 기단의 세력이 강해지면 ③ □□한다.

정답 ① 많 ② 북상 ③ 남하

11 온대 저기압의 발생과 소멸

요기서 이거 꼭 나온다. 온대 저기압은 중위도의 온대 지방에서 찬 공기와 따뜻한 공기가 만나 발생하지. 온대 저기압의 일생에 대해 이렇게 정리해 보자.

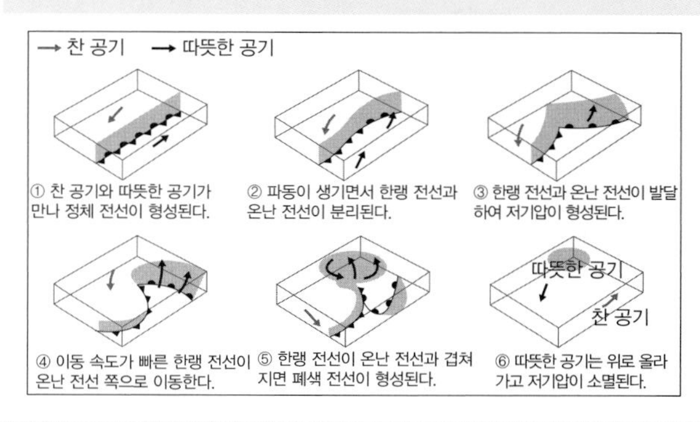

요기서 요것만은 꼭 체크!

- 온대 저기압의 남서쪽으로는 ① □□ 전선이, 남동쪽으로는 ② □□ 전선이 동반되어 ③ □□□의 영향으로 동쪽으로 이동한다.
- 이동 속도가 빠른 한랭 전선이 온난 전선과 겹쳐지면 ④ □□ 전선이 형성된다.

정답 ① 한랭 ② 온난 ③ 편서풍 ④ 폐색

12 온대 저기압과 날씨

요기서 이거 꼭 나온다. 온대 저기압이 통과하면서 나타나는 기상 변화를 정리해 보자. 특히 강수 구역은 한랭 전선에서는 전선 후면, 온난 전선에서는 전선 전면이고, 폐색 전선에서는 전선 주위임을 알아두자.

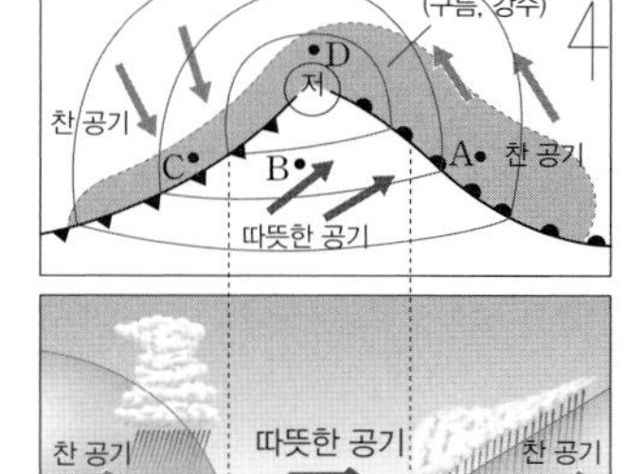

지역	A	B	C	D
날씨	약한 비	맑음	소나기	비
풍향	남동풍	남서풍	북서풍	북동풍
기온	상승 → 하강			
기압	하강 → 상승			

온대 저기압이 편서풍의 영향으로 서에서 동으로 진행함에 따라 날씨의 특징은 A → B → C 지역으로 이동하는 방향으로 나타난다.

요기서 요것만은 꼭 체크!

- 온대 저기압의 중심이 관측 지점의 북쪽을 통과하면 풍향은 남동풍 → 남서풍 → 북서풍으로 변하여 풍향이 ① □□ 방향으로 바뀐다.
- 온난 전선과 한랭 전선의 사이에서는 날씨가 ② □□, 바람은 ③ □□풍이 분다.

정답 ① 시계 ② 맑고 ③ 남서

13 태풍의 구조

요기서 이거 꼭 나온다. 태풍 중심부에 지름 **20～50 km**의 태풍의 눈이 있어. 태풍의 구조에 대해 이렇게 정리해 보자.

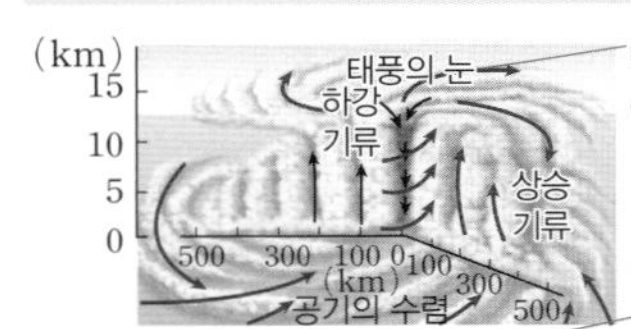

태풍의 눈에서는 약한 하강 기류가 발달하여 맑고 바람이 약하다.

태풍은 저기압이므로 중심에서 기압은 가장 낮지만, 풍속은 중심을 벗어난 부근에서 가장 강하다.

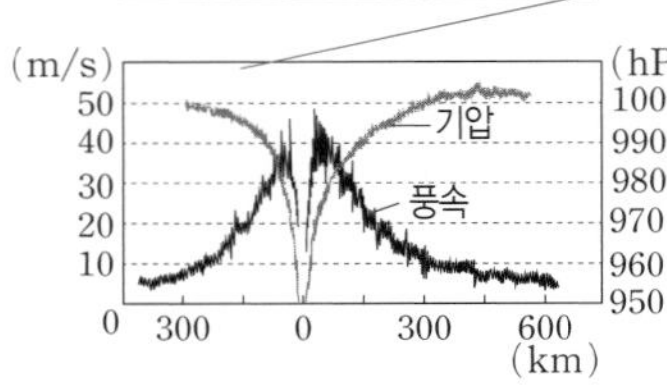

태풍의 눈 주변은 소용돌이치며 강하게 상승하는 기류에 의해 형성된 적운 또는 적란운의 구름벽이 회전하고 있으며 풍속이 가장 크다.

요기서 요것만은 꼭 체크!

- 태풍의 눈에서는 약한 ① □□ 기류가 발달하여 날씨가 ② □□.
- 태풍의 풍속은 태풍의 ③ □ □□에서 가장 강하다.

정답 ① 하강 ② 맑다 ③ 눈 주변

14 태풍의 피해

요기서 이거 꼭 나온다. 태풍의 위험 반원과 안전 반원에 대해 이렇게 정리해 보자.

태풍 진행 방향의 왼쪽 반원에 해당하는 부분 : 태풍 자체의 바람이 불어가는 방향과 태풍의 진행 방향이 반대이기 때문에 풍속이 약하고 피해가 작다.

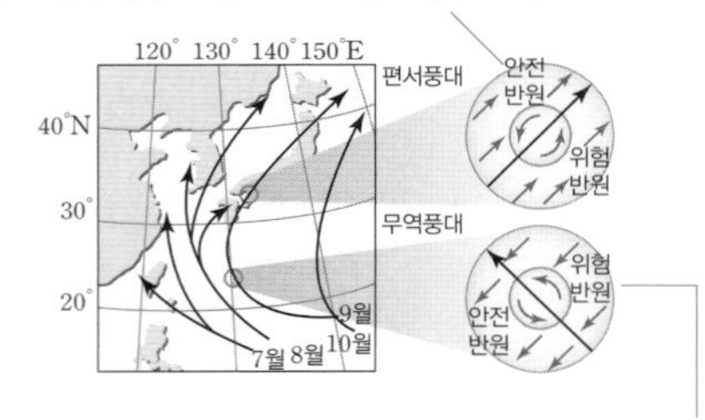

태풍 진행 방향의 오른쪽 반원에 해당하는 부분 : 태풍 자체의 바람이 불어가는 방향과 태풍의 진행 방향이 일치하기 때문에 풍속이 강하고 피해가 크다.

요기서 요것만은 꼭 체크!

태풍 진행 방향의 오른쪽 반원인 ① □□ 반원은 태풍 자체의 풍향과 태풍의 진행 방향이 ② □□하기 때문에 왼쪽 반원보다 풍속이 ③ □다.

정답 ① 위험 ② 일치(비슷) ③ 크

15 뇌우의 발달 단계

요기서 이거 꼭 나온다. 뇌우는 번개를 동반한 폭풍우로, 잘 발달한 적란운에서 발생하지. 뇌우의 발달 단계에 대해 이렇게 정리해 보자.

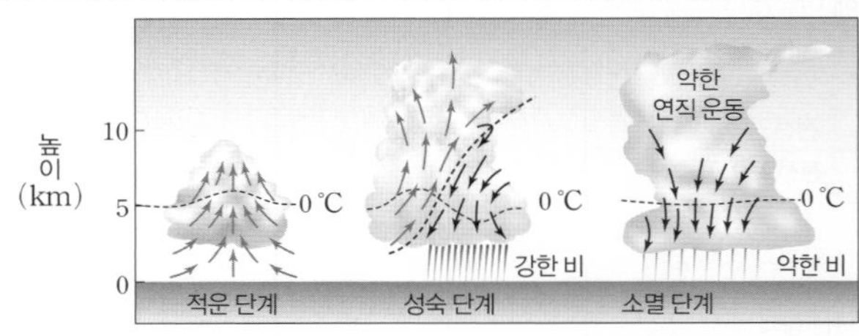

- 적운 단계 : 강한 상승 기류가 발생하여 적운이 급격하게 성장한다. 강수 현상은 미미하다.
- 성숙 단계 : 상승 기류와 하강 기류가 함께 나타나며 천둥, 번개, 소나기, 우박 등이 나타난다.
- 소멸 단계 : 하강 기류가 우세해지면서 뇌우가 소멸한다.

요기서 요것만은 꼭 체크!

- 뇌우는 ① □□ 단계 → ② □□ 단계 → 소멸 단계를 거친다.
- 뇌우의 발달 단계 중 상승 기류와 하강 기류가 공존하는 단계는 ③ □□ 단계이다.

정답 ① 적운 ② 성숙 ③ 성숙

16 황사의 발생

요기서 이거 꼭 나온다. 황사는 중국 북서부와 몽골의 건조한 황토 지대에서 바람에 날려 올라간 모래 먼지가 대기 중에 퍼졌다가 서서히 낙하하는 현상이야. 황사의 발생 원인과 영향에 대해 이렇게 정리해 보자.

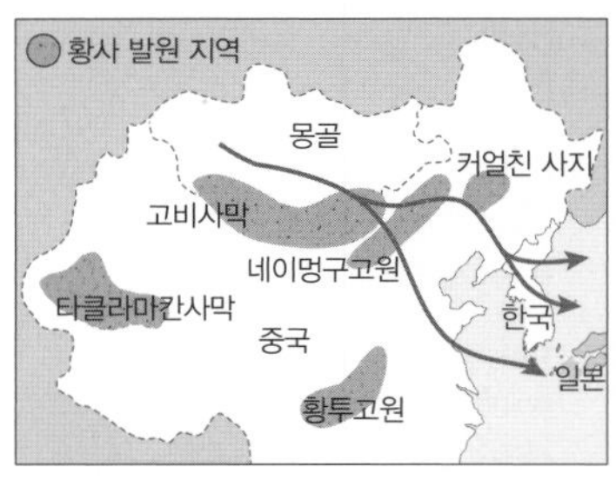

대부분 봄철(3~5월)에 발생하지만 1991년 이후에는 지구 온난화의 영향으로 겨울에도 종종 발생한다.

과정 : 몽골이나 중국 북부에 모래 먼지 발생 → 저기압 발달 → 미세 먼지 상승 → 편서풍 타고 이동 → 고기압 발달 → 미세 먼지 하강

- 영향 : 호흡기 질환 및 정밀 기기의 고장 발생 증가 등의 부정적 영향도 있으나, 태양 빛의 차단으로 지구 온난화 억제, 황사에 포함된 성분에 의한 대기 중의 산성 물질 중화(산성비 억제, 토양과 호수의 산성화 방지) 등의 긍정적 영향도 있다.

요기서 요것만은 꼭 체크!

- 황사는 ① □철에 가장 많이 발생한다.
- 호흡기 질환 증가 등의 부정적 영향도 있으나, 지구 온난화 억제, 산성비 억제, 토양과 호수의 ② □□□ 방지 등의 긍정적 영향도 있다.

정답 ① 봄 ② 산성화

17 해수의 연직 수온 분포

요기서 이거 꼭 나온다. 해수는 연직 수온 분포를 기준으로 혼합층, 수온 약층, 심해층으로 구분할 수 있어. 해수의 층상 구조에 대해 정리해 보자.

혼합층	• 수온이 높고 깊이에 따라 수온이 거의 일정한 층 • 혼합층의 두께는 바람이 강할수록 두껍게 나타난다. • 중위도 해역에서 가장 두껍고, 극해역에서는 형성되지 않는다.
수온 약층	• 깊이에 따라 수온이 급격히 낮아지는 층 • 매우 안정하여 혼합층과 심해층 사이의 물질과 에너지 교환을 차단한다. • 저위도 해역과 여름철에 뚜렷하게 발달한다.
심해층	수온이 낮고, 깊이와 계절에 따라 수온 변화가 거의 없는 층

위도 60° 이상의 고위도에서는 해수의 층상 구조가 형성되지 않는다.

요기서 요것만은 꼭 체크!

- 혼합층의 두께는 바람이 강할수록 ① □□다.
- 수온 약층은 매우 ② □□하여 혼합층과 심해층 사이의 물질과 에너지 교환을 ③ □□ 한다.
- ④ □□□은 계절에 따라 수온 변화가 거의 없다.

정답 ① 두껍 ② 안정 ③ 차단 ④ 심해층

18 해수의 염분 변화 요인

요기서 이거 꼭 나온다. 해수의 표층 염분은 증발량이 많을수록, 강수량이 적을수록 높아지지. 해수의 표층 염분을 변화시키는 요인에는 무엇이 있는지 정리해 보자.

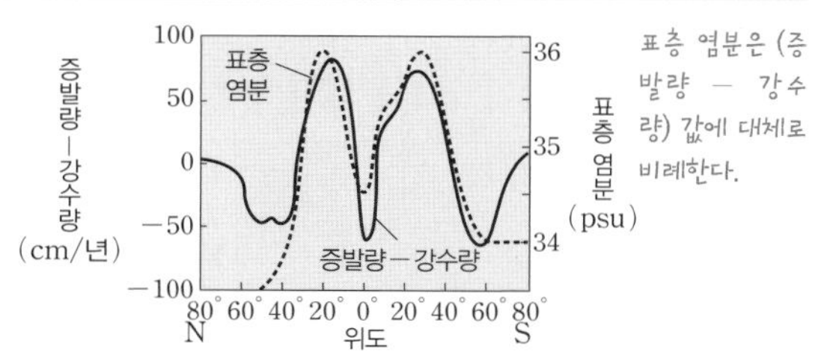

표층 염분은 (증발량 － 강수량) 값에 대체로 비례한다.

- 적도 해역, 위도 60° 부근 해역 : 염분이 낮게 나타난다. ➡ (증발량－강수량) 값이 작아서
- 위도 30° 부근 해역 : 염분이 높게 나타난다. ➡ (증발량－강수량) 값이 커서
- 극해역 : 염분이 낮게 나타난다. ➡ 빙하의 해빙으로

요기서 요것만은 꼭 체크!

위도 30°부근의 중위도 해역은 (증발량－강수량) 값이 ① □서 표층 염분이 ② □다.

정답 ① 커 ② 높

19 해수의 밀도 변화 요인

요기서 이거 꼭 나온다. 해수의 밀도는 수온이 낮을수록, 염분과 수압이 높을수록 커져. 해수 밀도의 위도별 분포 및 연직 분포에 대해 정리해 보자.

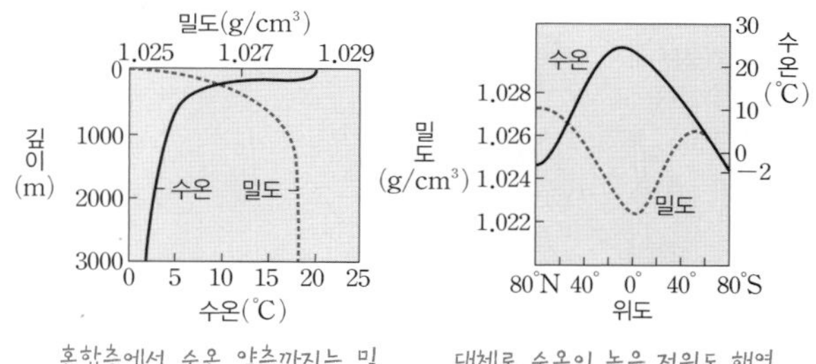

혼합층에서 수온 약층까지는 밀도가 급격히 증가하고 심해층에서는 거의 일정하다.

대체로 수온이 높은 저위도 해역에서 밀도가 작고, 수온이 낮은 고위도 해역에서 밀도가 크다.

요기서 요것만은 꼭 체크!

- 해수의 밀도는 수온과 대체로 ① □□□한다.
- 혼합층에서 수온 약층까지는 해수의 밀도가 급격히 ② □□하고, 심해층에서는 거의 ③ □□하다.

정답 ① 반비례 ② 증가 ③ 일정

20 수온－염분도 해석

요기서 이거 꼭 나온다. 수온－염분도를 통해 해수의 밀도 변화를 쉽게 파악할 수 있지. 수온－염분도 해석에 대해 이렇게 정리해 보자.

왼쪽 윗부분 : 온도가 높고 염분이 낮기 때문에 밀도가 작다.

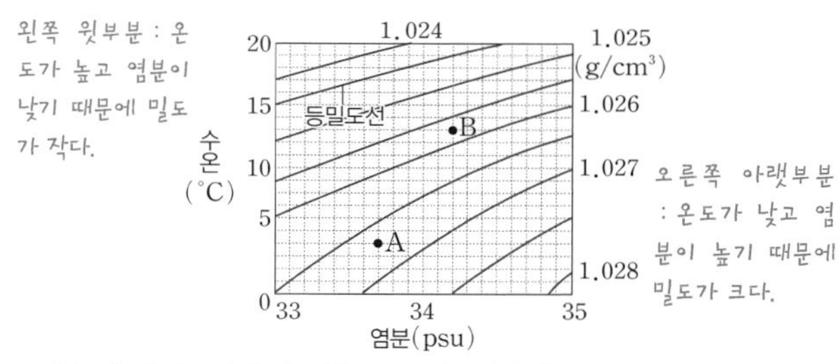

오른쪽 아랫부분 : 온도가 낮고 염분이 높기 때문에 밀도가 크다.

- 해수의 밀도는 수온이 낮을수록, 염분이 높을수록 크다. ➡ 수온－염분도의 좌측 상단에서 우측 하단으로 갈수록 해수의 밀도가 증가한다.
- A 해수는 B 해수보다 밀도가 크다. 따라서 A와 B 해수가 만나면 밀도가 큰 A 해수가 밀도가 작은 B 해수의 아래쪽으로 침강한다.

요기서 요것만은 꼭 체크!

- 해수의 밀도는 수온이 ① □□수록, 염분이 ② □□수록 크다.
- 해수의 밀도는 그 값의 차이가 매우 작지만 해수의 ③ □□ 운동(심층 순환)을 일으키는 중요한 역할을 한다.

정답 ① 낮을 ② 높을 ③ 연직

01 대기 대순환

요기서 이거 꼭 나온다. 대기 대순환을 구성하는 대류 순환 세포와 지표 부근에서 부는 바람에 대해 이렇게 정리해 보자.

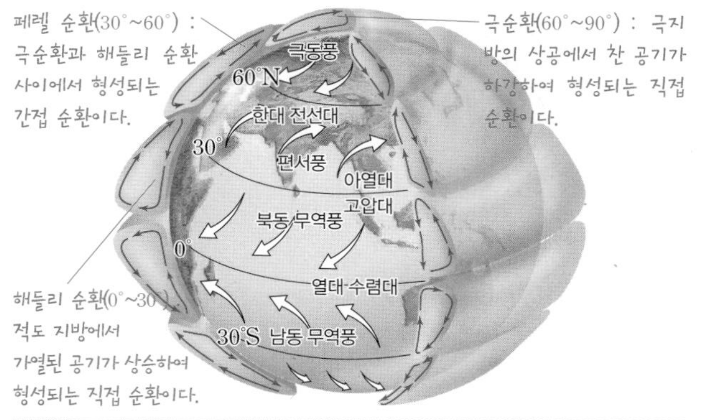

요기서 요것만은 꼭 체크!

- 대기 대순환의 발생 원인은 위도별 에너지의 ① □□□ 때문이다.
- 대기 대순환을 통해 ② □□□ 지역의 남는 에너지가 ③ □□□ 지역으로 이동하면서 위도별 에너지 ④ □□□이 해소된다.

정답 ① 불균형 ② 저위도 ③ 고위도 ④ 불균형

02 표층 해류의 형성

요기서 이거 꼭 나온다. 대기 대순환의 바람으로 인해 바다에서는 표층 해류가 형성되지. 대기 대순환과 표층 해류를 연계하여 특징을 정리해 보자.

북태평양의 아열대 순환은 시계 방향으로 형성된다.

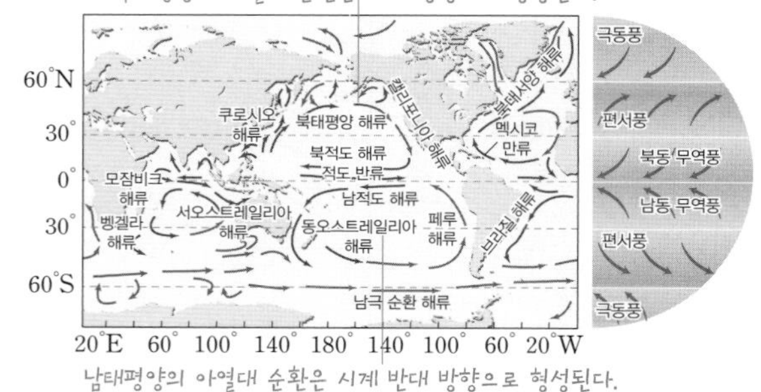

남태평양의 아열대 순환은 시계 반대 방향으로 형성된다.

요기서 요것만은 꼭 체크!

- 북태평양에서 북동 무역풍에 의해 형성되는 해류는 ① □□□ 해류이며, 편서풍에 의해 형성되는 해류는 ② □□□□ 해류이다.
- 남태평양에서 남동 무역풍에 의해 형성되는 해류는 ③ □□□ 해류이며, 편서풍에 의해 형성되는 해류는 ④ □□ □□ □□이다.

정답 ① 북적도 ② 북태평양 ③ 남적도 ④ 남극 순환 해류

03 우리나라 주변의 해류

요기서 이거 꼭 나온다. 우리나라 주변의 해류 분포와 특징을 난류와 한류의 성질과 연계하여 정리해 보자.

- 한류는 난류에 비해 수온과 염분이 낮고, 영양 염류와 용존 산소량이 많다.
- 난류는 한류에 비해 수온과 염분이 높고, 영양 염류와 용존 산소량이 적다.
- 쿠로시오 해류는 우리나라 주변에 분포하는 난류인 동한난류와 황해난류의 근원이다.

요기서 요것만은 꼭 체크!

- 우리나라 주변의 해류 중에서 난류는 ① □□□□ 해류, ② □□ 난류, 황해난류가 있으며, 한류에는 연해주한류와 ③ □□한류가 있다.
- 동해에서는 난류와 한류가 만나는 ④ □□ □□이 형성된다.

정답 ① 쿠로시오 ② 동한 ③ 북한 ④ 조경 수역

04 심층 순환 발생 모형

요기서 이거 꼭 나온다. 심층 순환은 수온과 염분 조건에 따라 표층 해수가 침강하여 형성되기 때문에 열염 순환이라고도 부르지. 심층 순환을 구성하는 해류의 특징을 이렇게 정리해 보자.

저위도에서 심층수의 용승이 일어나는 해역은 고위도에서 침강이 일어나는 해역보다 넓기 때문에 용승의 속도는 매우 느리다.

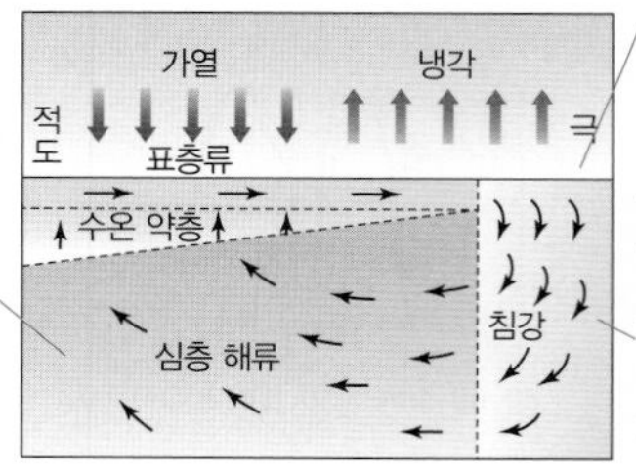

극지방 해역에서 표층 해수의 밀도가 커지면서 침강하여 심층 순환이 형성된다.

심층 순환을 이루는 해류는 표층 순환을 이루는 해류에 비해 유속이 매우 느리다.

요기서 요것만은 꼭 체크!

심층 순환은 ① □□이 낮고, ② □□이 높아서 밀도가 커진 표층 해수가 침강할 때 나타나므로 저위도보다는 ③ □지방 근처의 고위도 해역에서 주로 형성된다. 이때 표층 해수가 침강하면서 심해층에 용존 ④ □□가 공급된다.

정답 ① 수온 ② 염분 ③ 극 ④ 산소

05 표층 순환과 심층 순환의 연결

요기서 이거 꼭 나온다. 표층 순환과 심층 순환은 컨베이어 벨트처럼 서로 연결되어 있어. 심층 순환이 형성되는 해역의 특징을 이렇게 정리해 보자.

북대서양의 그린란드 주변 해역에서 표층수가 침강하여 북대서양 심층수가 형성된다.

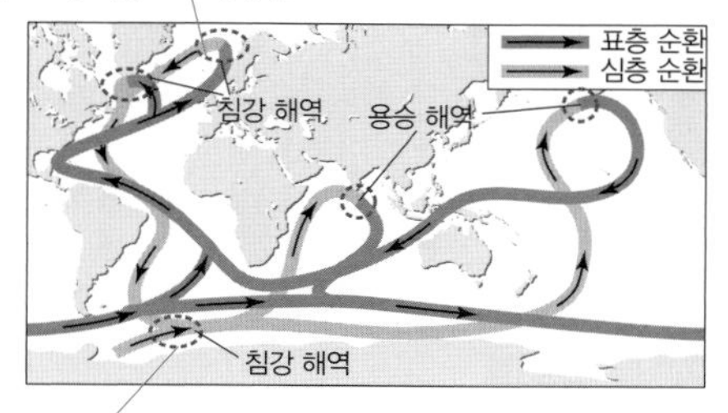

남극 대륙 주변의 웨델해에서 표층수가 침강하여 남극 저층수가 형성된다. 남극 저층수는 전 세계 바다에서 가장 밀도가 크다.

요기서 요것만은 꼭 체크!

고위도 해역에서 표층 해수의 침강으로 형성된 심층 순환은 저위도 해역으로 이동하면 ① □□하여 표층 순환과 연결된다. 표층 순환을 통해 해류는 다시 고위도 지역으로 이동한다. 이 과정에서 ② □□□ 지역의 남는 에너지가 ③ □□□ 지역으로 운반된다.

정답 ① 용승(상승) ② 저위도 ③ 고위도

06 용승과 침강

요기서 이거 꼭 나온다. 바람에 의해 표층 해수가 이동하면 용승이나 침강이 나타날 수 있어. 용승과 침강이 일어나는 조건과 해수의 변화를 이렇게 정리해 보자.

적도 해역에서는 무역풍에 의해 표층 해수의 발산이 일어나면서 용승이 나타난다.

연안 용승과 연안 침강(북반구, 동쪽 해안)

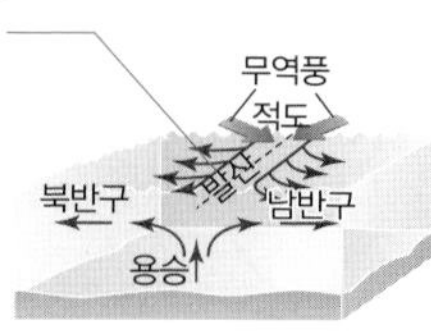

적도 용승

남풍이 불면 표층 해수가 해안에서 먼 바다 쪽으로 이동하여 연안에서는 용승이 일어난다.

북풍이 불면 표층 해수가 먼 바다에서 해안 쪽으로 이동하여 연안에서는 침강이 일어난다.

요기서 요것만은 꼭 체크!

지구 자전의 영향으로 북반구에서는 표층 해수가 바람이 부는 방향의 ① □□□으로 이동한다. 일반적으로 표층 해수가 발산하는 곳에서는 ② □□이 일어나고, 수렴하는 곳에서는 ③ □□이 일어난다.

정답 ① 오른쪽 ② 용승 ③ 침강

07 엘니뇨와 태평양의 표층 수온 변화

요기서 이거 꼭 나온다. 좁은 의미의 엘니뇨는 동태평양의 수온 상승을 말하지만 그 밖에도 다양한 기후 변화의 원인이 되지. 엘니뇨 발생 조건과 동·서 태평양의 수온 변화를 중심으로 관련 내용을 이렇게 정리해 보자.

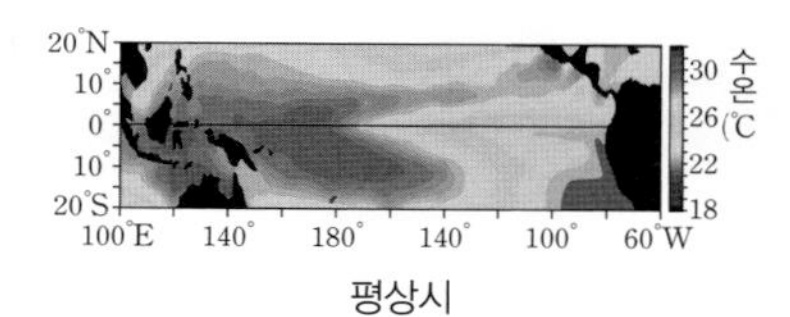

평상시

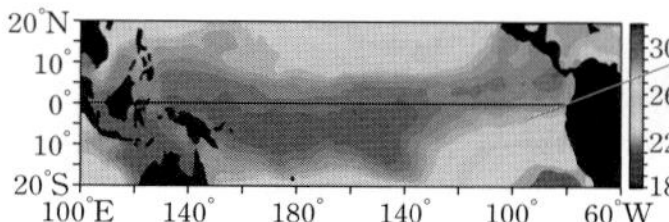

동태평양 해역은 용승이 약해지면서 수온이 높아진다.

엘니뇨 발생 시

요기서 요것만은 꼭 체크!

엘니뇨는 무역풍이 ① □해질 때 발생한다. 무역풍이 ① □해지면 동태평양에서 서태평양으로 이동하는 해류가 ② □해지고 동태평양 해역에 머무르는 표층 해수의 양이 증가한다. 따라서 동태평양 해역에서는 ③ □□이 약해지면서 표층 수온이 ④ □아지고, 서태평양 해역에서는 따뜻한 표층 해수의 유입이 감소하여 표층 수온이 ⑤ □아진다.

정답 ① 약 ② 약 ③ 용승 ④ 높 ⑤ 낮

08 엘니뇨와 대기 순환(워커 순환)의 변화

요기서 이거 꼭 나온다. 적도 부근 태평양 해역의 대기 순환을 워커 순환이라고 부르지. 수온 변화가 대기 순환에 어떤 영향을 미치는지 이렇게 정리해 보자.

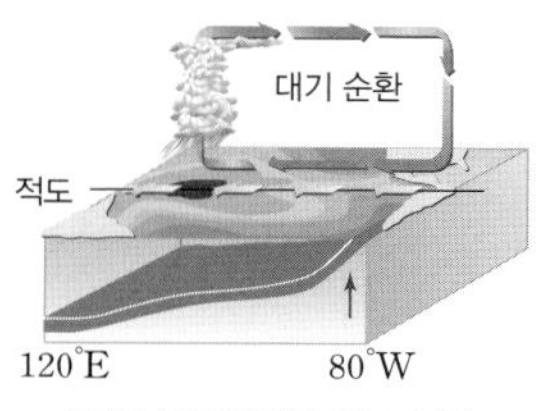

평상시의 태평양 적도 부근

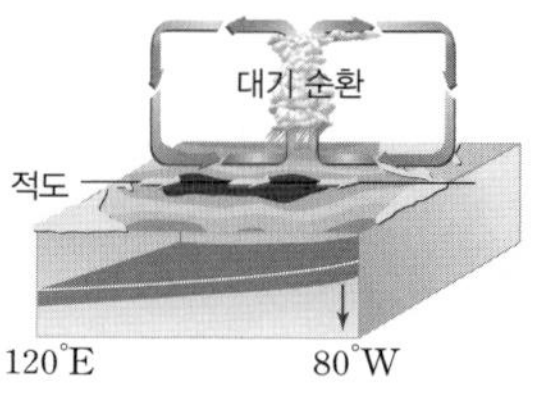

엘니뇨 발생 시의 태평양 적도 부근

요기서 요것만은 꼭 체크!

- 서태평양 해역은 평상시에는 ① □□ 기류에 의해 저기압이 형성되고 강수량이 많은 날씨가 나타나지만, 엘니뇨 발생 시에는 ② □□ 기류가 형성되면서 강수량이 감소한다.
- 동태평양 해역은 평상시에는 ③ □□ 기류에 의해 고기압이 형성되어 맑고 건조한 날씨가 나타나지만, 엘니뇨 발생 시에는 ④ □□ 기류가 형성되면서 강수량이 증가한다.

정답 ① 상승 ② 하강 ③ 하강 ④ 상승

09 엔소(ENSO)

요기서 이거 꼭 나온다. 엘니뇨 · 라니냐와 남방 진동은 기권과 수권의 상호 작용으로 일어나는 대표적인 현상이야. 두 현상의 상호 관련성을 정리해 보자.

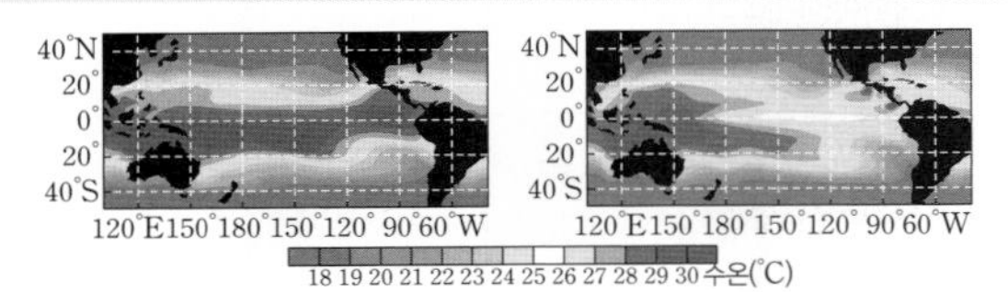

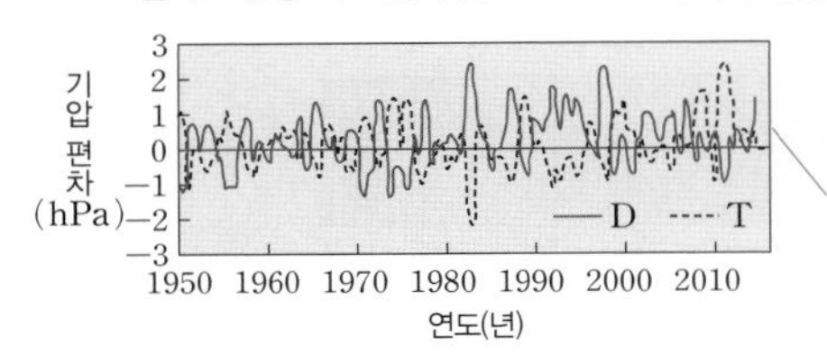

서태평양의 다윈(D)과 중앙 태평양 해역에 위치한 타히티섬(T)에서 기압 편차가 서로 반대로 진동하며 변하는 현상을 남방 진동이라고 한다.

요기서 요것만은 꼭 체크!

엘니뇨는 ① □□풍의 약화로 인한 해수의 표층 수온 변화와 관련된 현상이며, ② □□ □□은 해수의 표층 수온 변화로 인한 적도 부근 태평양 해역의 대기 순환과 기압의 변화와 관련된 현상이다. 그러므로 이 두 가지 현상은 대기와 해양이 서로 ③ □□ □□하는 과정에서 나타난 것으로 함께 묶어서 엔소(ENSO)라고 부른다.

정답 ① 무역 ② 남방 진동 ③ 상호 작용

10 기후 변화의 지구 외적 요인

요기서 이거 꼭 나온다. 지구 외적 요인에 의해 나타나는 북반구와 남반구의 여름철과 겨울철 기온 변화를 중심으로 기후 변화 요인을 정리해 보자.

세차 운동으로 지구 자전축의 기울어진 방향이 반대로 바뀌면 계절이 바뀌면서 북반구는 기온의 연교차가 증가하고, 남반구는 기온의 연교차가 감소한다.

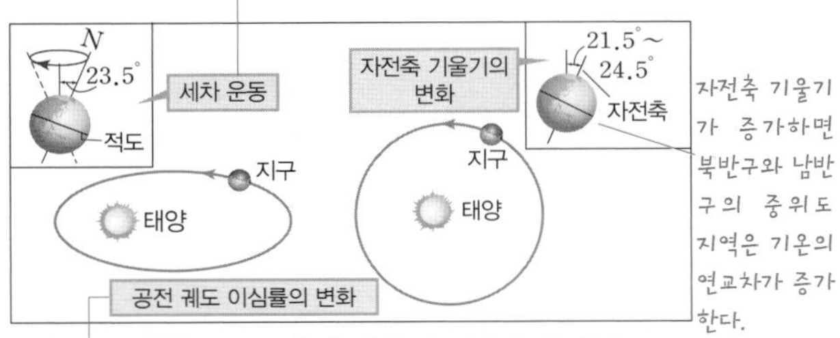

자전축 기울기가 증가하면 북반구와 남반구의 중위도 지역은 기온의 연교차가 증가한다.

공전 궤도가 원형에 가까워질수록 북반구는 기온의 연교차가 증가하고, 남반구는 기온의 연교차가 감소한다.

요기서 요것만은 꼭 체크!

현재 지구의 공전 궤도와 자전축의 기울기 및 방향을 고려하면, 북반구의 경우 근일점에서 계절은 ① □□철이고, 원일점에서 계절은 ② □□철이다. 남반구의 계절은 북반구와 반대이므로 근일점에서 ③ □□철, 원일점에서 ④ □□철이다.

정답 ① 겨울 ② 여름 ③ 여름 ④ 겨울

11 지구의 열수지

요기서 이거 꼭 나온다. 복사 평형 상태에서 지구에 출입하는 에너지를 정리한 것이 지구의 열수지야. 지구에 출입하는 에너지 관계를 정리해 보자.

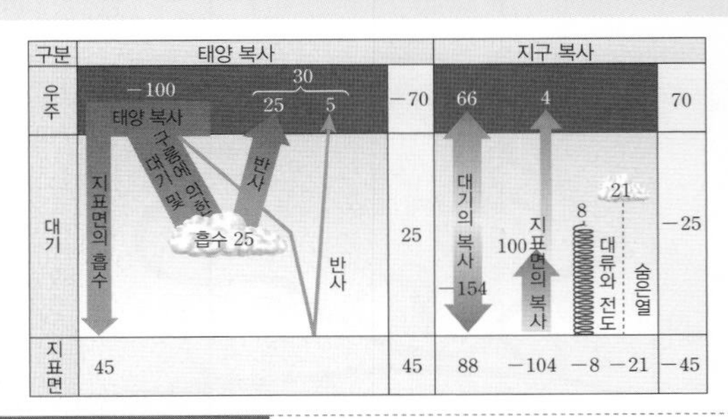

요기서 요것만은 꼭 체크!

지구는 전체적으로 볼 때 지구로 입사되는 ① □□ 복사 에너지와 지구에서 방출되는 지구 복사 에너지가 그 양이 서로 같은 ② □□ □□ 상태로 지구의 온도는 일정하게 유지된다. 이때 지구에 존재하는 대기가 지표면에서 방출되는 지구 복사 에너지를 흡수하여 재방출하기 때문에 대기가 없는 경우에 비해 지표면의 온도가 높아지며, 이러한 현상을 ③ □□ □□라고 한다.

정답 ① 태양 ② 복사 평형 ③ 온실 효과

12 지구 온난화

요기서 이거 꼭 나온다. 지구 온난화는 최근에 가장 이슈가 되고 있는 환경 문제야. 발생 원인과 지구 환경에 미치는 영향을 중심으로 정리해 보자.

수증기는 이산화 탄소처럼 대기 중에서 온실 효과를 일으킨다.

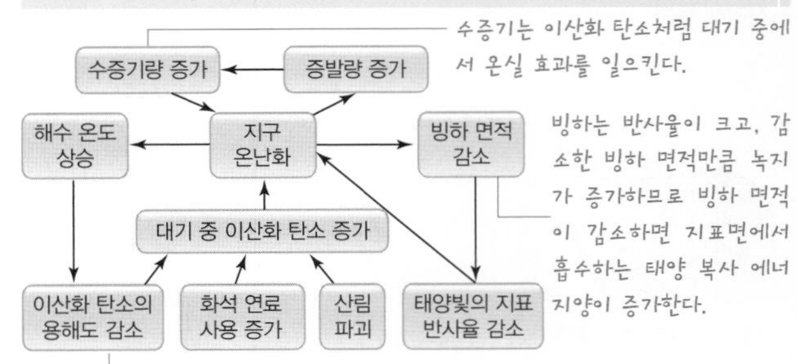

빙하는 반사율이 크고, 감소한 빙하 면적만큼 녹지가 증가하므로 빙하 면적이 감소하면 지표면에서 흡수하는 태양 복사 에너지양이 증가한다.

해수 중에 탄산 이온의 형태로 녹아 있던 이산화 탄소가 대기 중으로 방출된다.

요기서 요것만은 꼭 체크!

지구 온난화는 대기 중 이산화 탄소, 메테인 등과 같은 ① □□ □□의 양이 증가하여 지구의 평균 기온이 상승하는 현상을 말한다. 가장 주된 원인은 산업 혁명 이후 인간 활동에 따른 ② □□ □□의 사용량 증가이다. 또한 지구 온난화로 인해 발생하는 증발량 증가, 빙하 면적 감소, 해수 온도 상승은 다시 지구의 평균 기온을 ③ □□시키는 되먹임(피드백) 작용으로 연결되어 지구 온난화는 더욱 가속화되고 있다.

정답 ① 온실 기체 ② 화석 연료 ③ 상승

13 스펙트럼의 종류

요기서 이거 꼭 나온다. 연속·흡수·방출 스펙트럼의 발생 과정과 특징을 중심으로 각 스펙트럼의 차이점을 이렇게 정리해 보자.

연속 스펙트럼을 배경으로 검은색의 흡수선이 나타난다.

종류	대상	예
연속 스펙트럼	고온 · 고밀도의 기체 또는 고온의 고체	광원, 슬릿, 연속 스펙트럼
흡수 스펙트럼	연속 스펙트럼을 만드는 물체와 관측자 사이에 저온 · 저밀도의 기체가 있을 때	광원, 저온의 기체, 슬릿, 흡수 스펙트럼
방출 스펙트럼	고온 · 저밀도의 기체	고온의 기체, 슬릿, 방출 스펙트럼

밝은 선 스펙트럼으로 이루어져 있다.

요기서 요것만은 꼭 체크!

스펙트럼의 종류에는 고온 · 고밀도의 기체나 고온의 고체에서 나오는 ① □□ 스펙트럼, 저온 · 저밀도의 기체가 광원의 빛을 일부 흡수할 때 나타나는 ② □□ 스펙트럼, 고온 · 저밀도의 기체에서 나오는 ③ □□ 스펙트럼이 있다.

정답 ① 연속 ② 흡수 ③ 방출

14 별의 표면 온도와 분광형

요기서 이거 꼭 나온다. 별의 표면 온도와 분광형, 스펙트럼은 매우 밀접한 관련이 있어. 상호 관련성을 중심으로 스펙트럼의 흡수선을 연계하여 이렇게 정리해 보자.

분광형	O	B	A	F	G	K	M
색깔	청색	청백색	백색	황백색	황색	주황색	적색
표면 온도(K)	높다 ←						→ 낮다

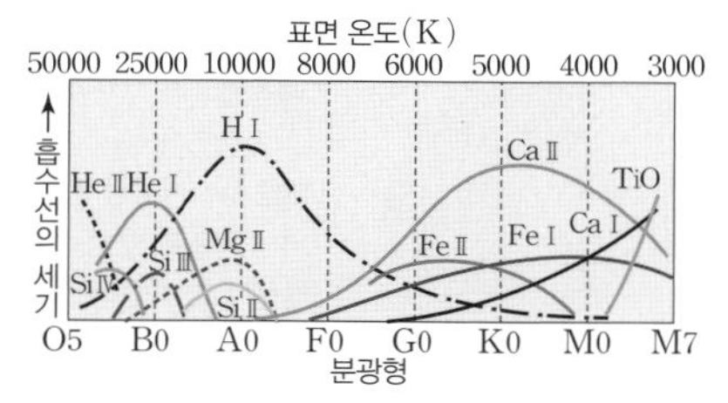

요기서 요것만은 꼭 체크!

- 분광형이 A0인 별에서는 중성 ① □□의 흡수선이, 분광형이 K0인 별에서는 ② □□ 이온의 흡수선이 강하게 나타난다.
- 중성 헬륨이나 헬륨 이온의 흡수선은 표면 온도가 ③ □□ 별에서, 분자의 흡수선은 표면 온도가 ④ □□ 별에서 잘 나타난다.

정답 ① 수소 ② 칼슘 ③ 높은 ④ 낮은

15 광도 계급

요기서 이거 꼭 나온다. 광도 계급은 분광형이 비슷한데 광도가 다른 별의 집단을 구분하기 위한 방법이야. 별의 반지름도 별의 밝기를 결정하는 요소가 된다는 점을 중심으로 정리해 보자.

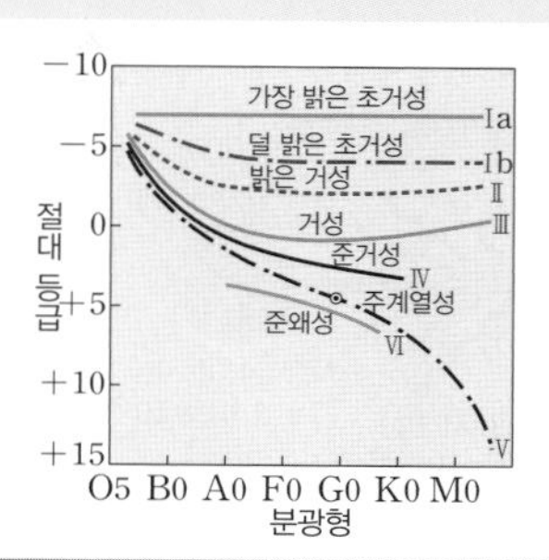

분광형이 같은 별이라도 반지름이 클수록 스펙트럼에서 흡수선의 폭이 좁아진다. 이를 이용하면 별의 광도 계급을 결정할 수 있다.

요기서 요것만은 꼭 체크!

- 분광형이 같은 별은 ① □□ □□가 비슷하지만, 광도는 다를 수 있다. 이는 별의 광도가 단위 면적당 방출되는 에너지와 별의 ② □□□을 곱한 값으로 나타나기 때문에 표면 온도는 같아도 반지름이 큰 별이 더 밝기 때문이다.
- 분광형으로 별의 표면 온도를 알아내고, 스펙트럼 분석을 통해 광도 계급을 알아내면 별의 ③ □□□을 구할 수 있다.

정답 ① 표면 온도 ② 표면적 ③ 반지름

16 H−R도와 별의 종류

요기서 이거 꼭 나온다. H−R도는 가로축에는 표면 온도나 분광형, 세로축에는 광도나 절대 등급을 기준으로 작성한다는 점을 중심으로 정리해 보자.

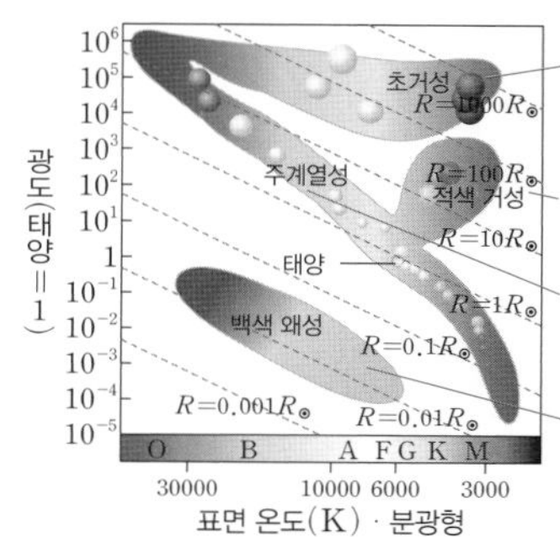

표면 온도에 비해 광도가 매우 높은 별로 반지름이 매우 크다.

같은 표면 온도의 주계열성에 비해 반지름이 커서 더 밝다.

표면 온도가 높을수록 광도가 증가한다.

같은 광도의 주계열성에 비해 표면 온도는 높지만 밝기가 어둡다.

요기서 요것만은 꼭 체크!

- H−R도상에서 주계열성은 표면 온도가 높을수록 ① □□가 증가하는 별의 집단을 의미하며, 적색 거성 또는 초거성은 같은 온도의 주계열성보다 ② □□□이 커서 밝은 별의 집단이다.
- 백색 왜성은 주계열성보다 표면 온도는 높지만 반지름이 작아서 밝기가 어둡고 ③ □□가 큰 별의 집단이다.

정답 ① 광도 ② 반지름 ③ 밀도

17 별의 에너지원(수소 핵융합 반응)

요기서 이거 꼭 나온다. 수소 핵융합 반응은 주계열에 속하는 별의 주요 에너지원이야. 수소 원자핵이 모여서 헬륨 원자핵이 될 때 에너지가 발생하는 원리를 이렇게 정리해 보자.

수소 원자핵 4개를 합친 질량보다 헬륨 원자핵 1개의 질량이 더 작으며, 핵융합 반응에서 감소한 질량은 에너지로 전환된다.

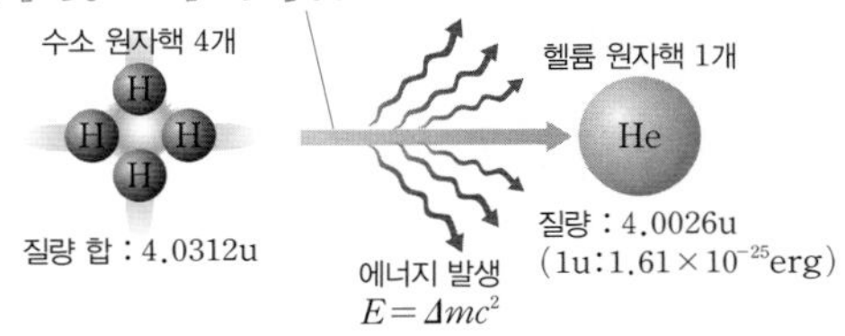

요기서 요것만은 꼭 체크!

수소 핵융합 반응에서는 ① ☐☐ 원자핵 4개가 융합하여 ② ☐☐ 원자핵 1개가 형성된다. 이 과정에서 감소한 질량이 에너지－질량 등가 원리에 의해 에너지로 전환되어 방출된다. 이 에너지가 별의 주요 에너지원이 되며, ③ ☐☐☐☐ 단계에 있는 별의 중심부에서 수소 핵융합 반응이 활발하게 일어난다.

정답 ① 수소 ② 헬륨 ③ 주계열성

18 수소 핵융합 반응의 종류

요기서 이거 꼭 나온다. 수소 핵융합 반응은 크게 **P－P** 연쇄 반응과 **CNO** 순환 반응이 있지. 각각의 반응이 일어나는 조건에 대해 정리해 보자.

수소 원자핵에 해당하는 양성자 4개가 연쇄적으로 반응하여 헬륨 원자핵 1개가 형성된다.

^{1}H, ^{2}H, ^{3}He, ^{4}He, γ, ν / ^{12}C, ^{13}N, ^{13}C, ^{14}N, ^{15}O, ^{15}N

양성자 γ 감마선 양전자 중성자 ν 뉴트리노

탄소 핵, 질소 핵, 산소 핵이 순서대로 만들어지는 순환 과정에서 헬륨 핵이 형성되는 수소 핵융합 반응으로, 탄소 핵은 핵융합 반응의 촉매 역할을 한다.

요기서 요것만은 꼭 체크!

- 질량이 태양의 1.5배 이하인 주계열성의 중심부에서 주로 일어나는 수소 핵융합 반응은 양성자 － 양성자 ① ☐☐ 반응이다.
- 질량이 태양의 1.5배 이상인 주계열성의 중심부에서는 탄소－질소－산소 ② ☐☐ 반응이 우세하게 일어난다.

정답 ① 연쇄 ② 순환

19 주계열성 이후의 핵융합 반응

요기서 이거 꼭 나온다. 주계열성 이후에도 다양한 핵융합 반응이 발생해. 핵융합 반응에 대해 이렇게 정리해 보자.

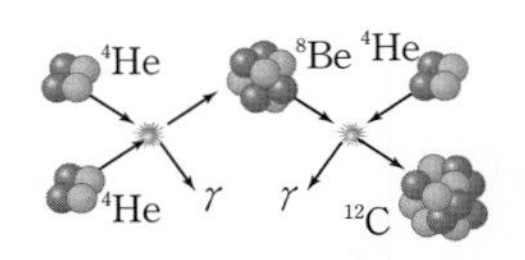

양성자 γ 감마선 중성자

별의 중심부 온도가 1억 K에 도달하면 헬륨 원자핵 3개가 결합하여 탄소 원자핵 1개가 형성되며, 질량이 태양과 비슷한 별에서는 최종적으로 일어나는 핵융합 반응이 된다.

과정	연료	주요 생성물
수소 핵융합	수소	헬륨
헬륨 핵융합	헬륨	탄소
탄소 핵융합	탄소	산소, 네온, 나트륨, 마그네슘
네온 핵융합	네온	산소, 마그네슘
산소 핵융합	산소	마그네슘에서 황까지
규소 핵융합	마그네슘 ~ 황	철 근처의 원소들

요기서 요것만은 꼭 체크!

별의 중심부에서 수소 핵융합 반응이 멈추면 중심핵이 다시 ① ☐☐ 수축하면서 온도가 상승하고 1억 K 이상이 되면 ② ☐☐ 원자핵 3개가 결합하여 1개의 탄소 원자핵이 형성되면서 에너지가 방출되는 헬륨 핵융합 반응이 시작된다.

정답 ① 중력 ② 헬륨

20 별의 질량에 따른 에너지 전달 방식

요기서 이거 꼭 나온다. 별의 질량에 따라 별 내부에서 에너지가 전달되는 방식이 달라져. 대류층과 복사층이 별의 질량에 따라 별 내부에 어떻게 분포하는지를 중심으로 정리해 보자.

$0.08M_{\odot}<M<0.26M_{\odot}$ 대류층

질량이 작은 경우에는 별 전체가 대류한다.

$0.26M_{\odot}<M<1.5M_{\odot}$ 대류층 복사층

태양과 질량이 비슷한 별에서 핵융합 반응이 일어나는 중심부는 온도가 높고 기체의 밀도가 낮아 불투명도가 작기 때문에 복사로 에너지가 전달된다.

$1.5M_{\odot}<M$ 복사층 대류층

태양보다 질량이 큰 별에서는 중심부에서 핵융합 반응이 일어나는 영역이 넓어서 한꺼번에 많은 에너지가 형성되고 온도 경사가 크기 때문에 대류를 통해 에너지가 전달된다.

요기서 요것만은 꼭 체크!

- 주계열성에서 질량이 태양 정도인 별의 경우 중심부에서는 ① ☐☐를 통해, 바깥층에서는 ② ☐☐를 통해 에너지가 전달된다.
- 주계열성에서 질량이 태양보다 큰 별의 경우 중심부에서는 ③ ☐☐를 통해, 바깥층에서는 ④ ☐☐를 통해 에너지가 전달된다.

정답 ① 복사 ② 대류 ③ 대류 ④ 복사

01 전주계열 단계와 후주계열 단계

요기서 이거 꼭 나온다. 별이 진화하는 경로를 정리해 보자.

질량이 큰 원시별은 왼쪽(온도가 높아지는 방향)으로 빠르게 진화한다.

질량이 큰 주계열성은 오른쪽(온도가 낮아지는 방향)으로 빠르게 진화한다.

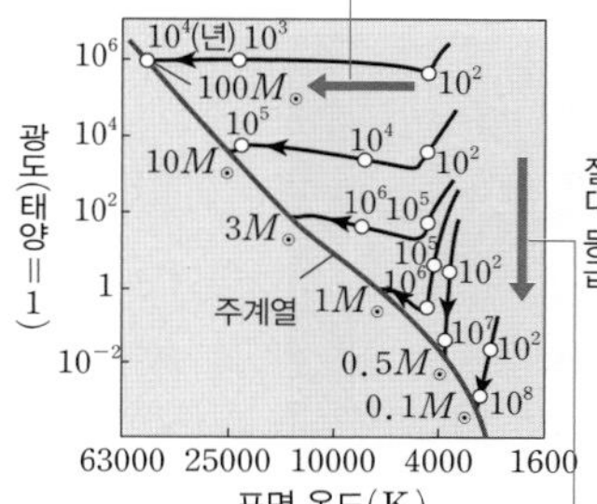

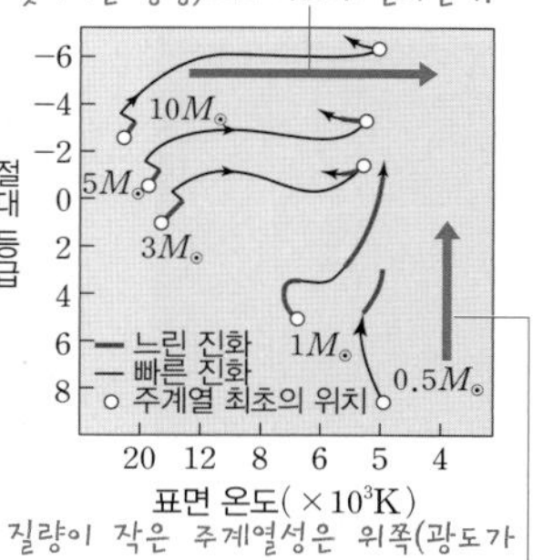

질량이 작은 원시별은 아래쪽(광도가 감소하는 방향)으로 느리게 진화한다.

질량이 작은 주계열성은 위쪽(광도가 증가하는 방향)으로 느리게 진화한다.

요기서 요것만은 꼭 체크!

- 원시별에서 주계열 단계로 진화할 때 질량이 클수록 H−R도의 ① □쪽 상단에 위치하고, 원시별이 주계열 단계로 진화할 때 걸리는 시간은 별의 질량이 클수록 ② □다.
- 원시별이 주계열 단계로 진화할 때 반지름이 ③ □□하고, 주계열에서 거성으로 진화할 때 반지름이 ④ □□한다.

정답 ① 왼 ② 짧 ③ 감소 ④ 증가

02 주계열 단계

요기서 이거 꼭 나온다. 주계열을 따라 별의 질량, 반지름, 광도, 표면 온도, 수명이 어떻게 달라지는지 정리해 두고 별의 질량에 따른 내부 구조 차이도 비교해 보자.

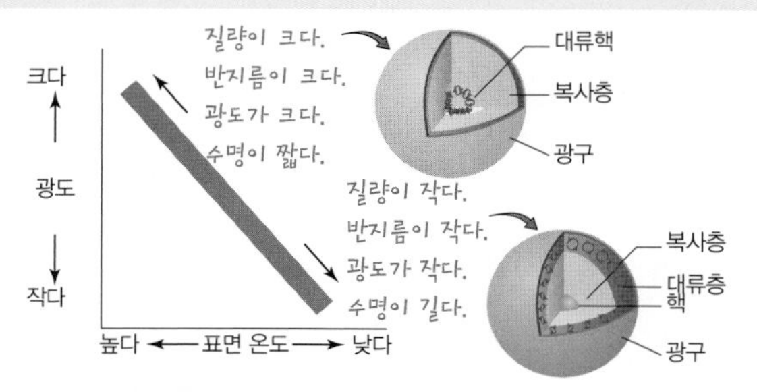

요기서 요것만은 꼭 체크!

- 주계열 단계에서는 ① □□ 핵융합 반응으로 에너지를 생성하고, ② □□□□ □□ 상태에 있어 별의 반지름이 일정하게 유지된다.
- 질량이 태양보다 1.5배 이상 무거운 별의 중심부에서는 ③ □□로 에너지를 전달한다.
- 별의 ④ □□에 따라 주계열에서의 위치, 수명이 달라진다.

정답 ① 수소 ② 정역학적 평형 ③ 대류 ④ 질량

03 질량이 태양 정도인 별의 진화

요기서 이거 꼭 나온다. 지금 주계열 단계에 있는 태양은 적색 거성→맥동 변광성→행성상 성운→백색 왜성을 거친 후 서서히 어두워져. 단계별로 별의 내부 구조를 이렇게 정리해 보자.

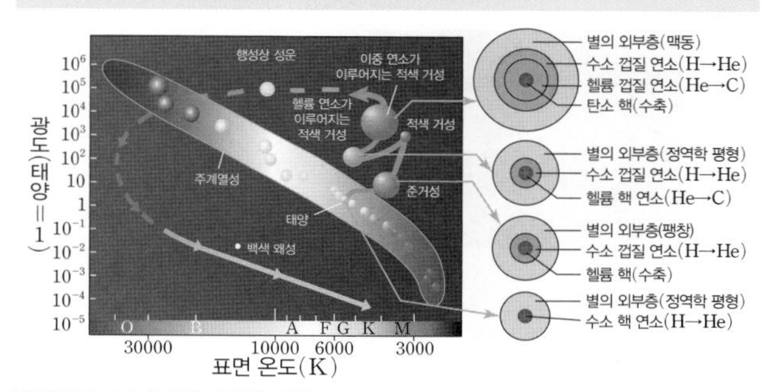

요기서 요것만은 꼭 체크!

- 별의 일생 중 가장 오래 머무는 단계는 ① □□□ 단계이다.
- 별의 중심부에서 수소 핵융합 반응이 끝나면 별의 외부층이 ② □□하면서 거성으로 진화한다. 이 과정에서 표면 온도는 ③ □□하고, 광도는 ④ □□한다.
- 주계열성의 중심부에서는 ⑤ □□ 핵융합 반응이 일어나고, 적색 거성의 중심부에서는 ⑥ □□ 핵융합 반응이 일어난다.

정답 ① 주계열 ② 팽창 ③ 감소 ④ 증가 ⑤ 수소 ⑥ 헬륨

04 별의 질량에 따른 최후

요기서 이거 꼭 나온다. 별의 질량에 따라 어떤 별은 백색 왜성이 되고 어떤 별은 블랙홀이 되지. 별의 질량에 따라 별이 어떻게 되는지 정리해 보자.

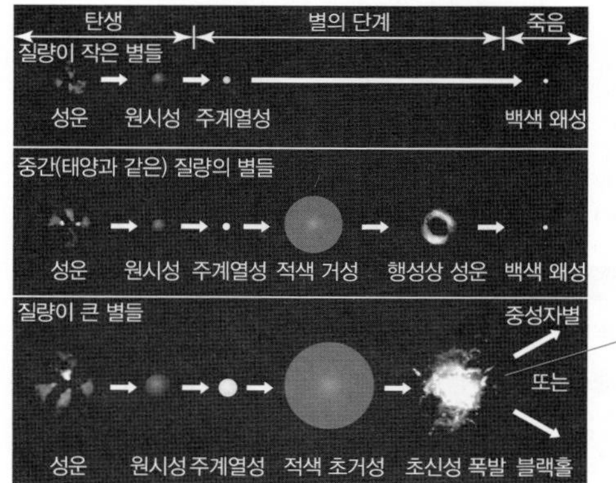

별의 최후는 세 종류가 있다.

이 과정에서 철보다 무거운 원소가 만들어진다.

요기서 요것만은 꼭 체크!

- 별의 최후는 별의 ① □□에 따라 달라진다.
- 초신성 폭발 과정에서 ② □보다 무거운 원소가 만들어진다.
- 별의 중심핵의 질량이 태양의 1.4배보다 크고 3배보다 작을 경우 별의 최후는 ③ □□□□이다.

정답 ① 질량 ② 철 ③ 중성자별

05 중심별의 시선 속도 변화

요기서 이거 꼭 나온다. 중심별이 행성과의 공통 질량 중심에 대해 공전하면서 접근했다 후퇴했다하므로 중심별의 시선 속도가 변해. 중심별의 시선 속도에 대해 이렇게 정리해 보자.

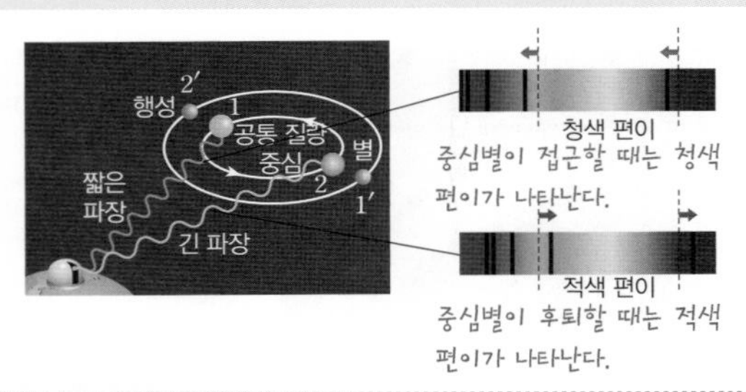

요기서 요것만은 꼭 체크!

- 별이 시선 방향으로 가까워지면 흡수선의 파장이 짧은 쪽으로 이동하고, 이를 ① □□ 편이라고 한다.
- 행성의 공전 궤도면이 시선 방향과 ② □□일 때는 시선 속도 변화가 없다.
- 중심별에 대해 행성의 질량이 클수록 중심별의 시선 속도 변화가 ③ □다.

정답 ① 청색 ② 수직 ③ 크

06 식현상

요기서 이거 꼭 나온다. 행성이 중심별 앞을 지날 때 행성에 의해 가려진 만큼 밝기가 변해. 식현상에 대해 이렇게 정리해 보자.

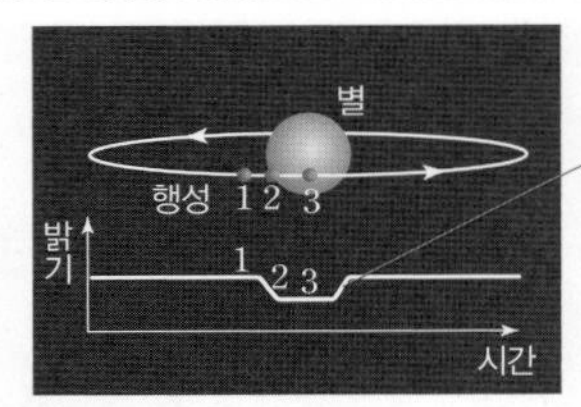

요기서 요것만은 꼭 체크!

- 행성이 중심별 앞을 지날 때 별의 광도가 ① □□한다.
- 행성의 공전 궤도면이 시선 방향과 이루는 각이 ② □°일 때 잘 나타난다.
- 행성의 반지름이 클수록 밝기 변화가 ③ □다.
- 행성의 공전 궤도 반경이 ④ □□수록 식현상을 관측하기 쉽다.

정답 ① 감소 ② 0 ③ 크 ④ 작을

07 미세 중력 렌즈 현상

요기서 이거 꼭 나온다. 미세 중력 렌즈 현상에 의한 광도의 불규칙한 변화 관측으로 외계 행성을 탐사할 수 있어. 미세 중력 렌즈 현상에 대해 이렇게 정리해 두자.

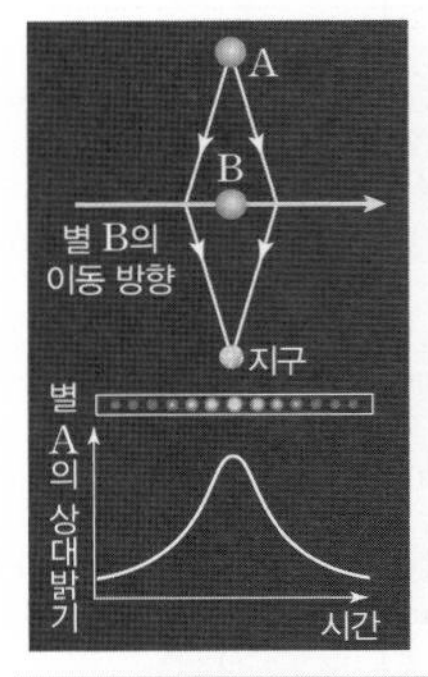

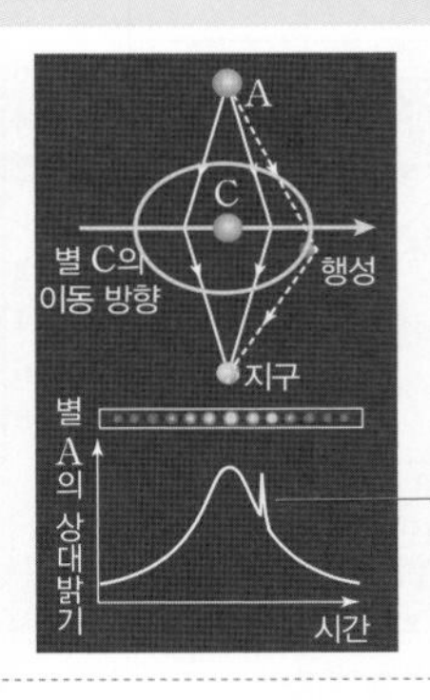

요기서 요것만은 꼭 체크!

- 미세 중력 렌즈 현상을 이용하여 외계 행성을 탐사할 때, ① □쪽 별에 있는 행성의 중력에 의해 ② □쪽 별의 광도가 추가적으로 미세하게 ③ □□한다.
- 미세 중력 렌즈 현상을 이용하여 외계 행성을 탐사할 때, 행성의 질량이 클수록 광도 변화가 ④ □다.

정답 ① 앞 ② 뒷 ③ 증가 ④ 크

08 생명 가능 지대

요기서 이거 꼭 나온다. 생명체가 거주 가능한 영역은 생명체에게 꼭 필요한 물이 액체 상태로 존재할 수 있어야 하지. 생명 가능 지대에 대해 이렇게 정리해 보자.

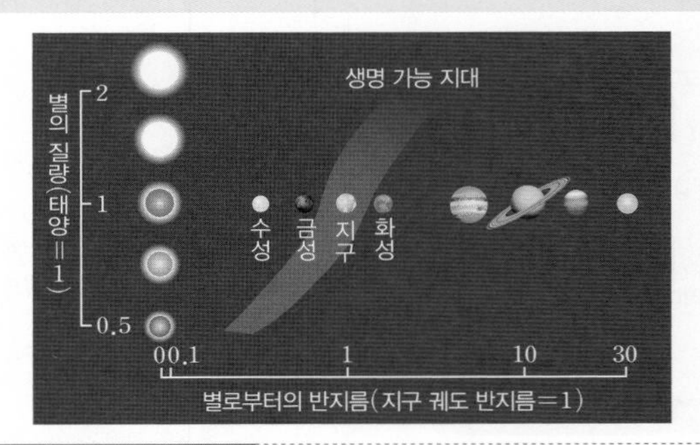

요기서 요것만은 꼭 체크!

- 중심별의 광도가 클수록 생명 가능 지대의 폭이 ① □다.
- 중심별의 질량이 클수록 중심별로부터 생명 가능 지대까지의 거리가 ② □다.
- 별의 질량이 작을수록 광도가 ③ □고 진화 속도가 ④ □□기 때문에 생명체가 진화하는 데 충분한 시간을 가질 수 있다.

정답 ① 넓 ② 멀 ③ 작 ④ 느리

09 허블 은하 분류

요기서 이거 꼭 나온다. 우리 은하 밖의 외부 은하는 종류가 많아. 허블이 분류한 외부 은하를 이렇게 정리해 보자.

타원 은하는 나선팔이 없다

정상 나선 은하는 나선팔이 있지만 중심부의 막대 구조는 없다.

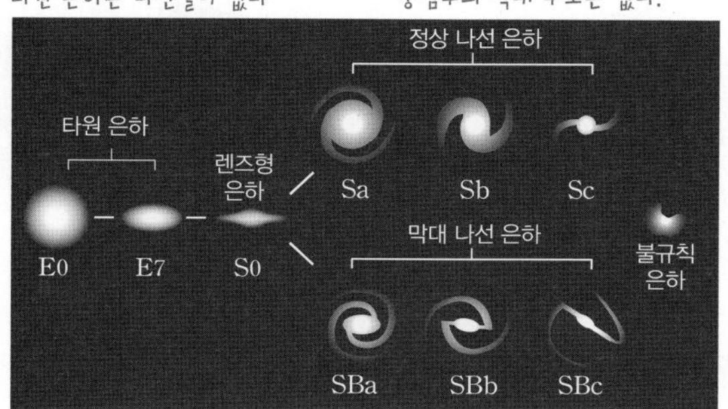

막대 나선 은하는 나선팔이 있고 중심부의 막대 구조도 있다.

불규칙 은하는 일정한 형태가 없다.

요기서 요것만은 꼭 체크!

- 타원 은하는 ① □□□에 따라 E0~E7으로 세분한다.
- 나선 은하는 ② □□□의 감긴 정도에 따라 정상 나선 은하는 Sa, Sb, Sc로, 막대 나선 은하는 SBa, SBb, SBc로 세분한다.
- 우리 은하는 ③ □□ □□ □□에 해당된다.

정답 ① 편평도 ② 나선팔 ③ 막대 나선 은하

10 전파 은하

요기서 이거 꼭 나온다. 전파 은하는 보통 은하에 비해 엄청나게 강한 전파를 방출하고 있어. 전파 은하에 대해 이렇게 정리해 보자.

가시광선 영역에서는 타원 은하 모양으로 보인다.

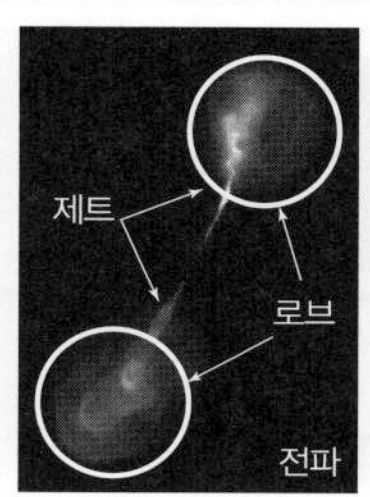

전파 영역에서는 은하 중심부에서 뻗어 나오는 강한 물질의 흐름인 제트와 제트 끝에 연결된 풍선 모양의 로브가 보인다.

가시광선 영상과 적외선 영상을 합성한 모습

요기서 요것만은 꼭 체크!

- 전파 은하는 가시광선 영역에서 ① □□ 은하로 관측된다.
- 전파 은하는 전파 영역에서 강한 물질의 흐름인 ② □□가 관측된다.
- 전파 은하는 허블의 은하 분류 체계에서 ③ □□ 은하로 분류한다.

정답 ① 타원 ② 제트 ③ 타원

11 세이퍼트은하

요기서 이거 꼭 나온다. 세이퍼트은하는 은하 중심부가 굉장히 밝고, 전체적으로 푸른색을 띠는 은하야. 세이퍼트은하에 대해 이렇게 정리해 보자.

세이퍼트은하는 가시광선 영역에서 나선팔 구조가 보인다. 따라서 나선 은하로 분류된다.

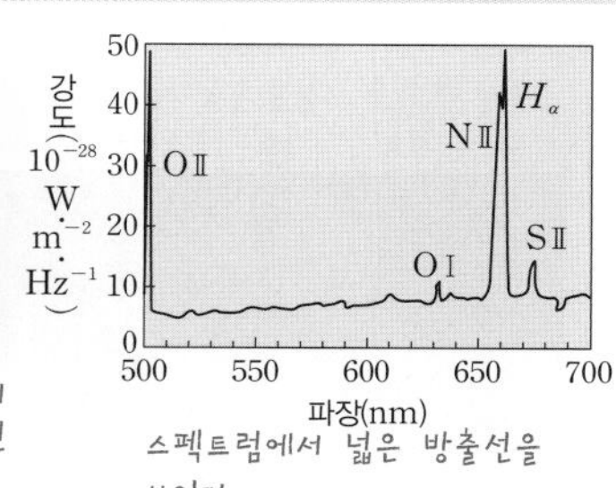

스펙트럼에서 넓은 방출선을 보인다.

요기서 요것만은 꼭 체크!

- 세이퍼트은하는 중심부가 매우 밝고, 스펙트럼에서 넓은 방출선이 보인다.
- 세이퍼트은하는 대부분 ① □□ 은하의 형태로 관측된다.
- 세이퍼트은하는 은하 전체에 대한 은하 중심부의 밝기 비가 ② □다.

정답 ① 나선 ② 크

12 퀘이사

요기서 이거 꼭 나온다. 퀘이사는 은하인데도 거리가 매우 멀기 때문에 사진을 찍으면 별처럼 점으로 보이지. 퀘이사에 대해 이렇게 정리해 보자.

가운데 밝은 점이 퀘이사 3C 273이다. 별처럼 보이지만 굉장히 멀리 있는 은하이다.

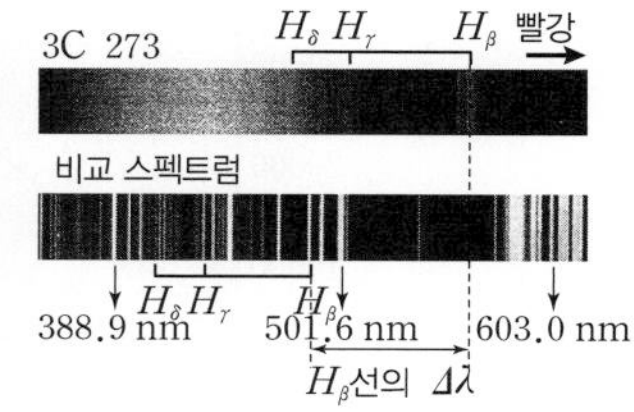

퀘이사 3C 273의 스펙트럼을 보면 적색 편이가 굉장히 크다. H_β선의 파장 변화량 77 nm로 거리를 계산해 보면 약 24억 4천만 광년이다.

요기서 요것만은 꼭 체크!

- 퀘이사는 별처럼 보이지만 외부 ① □□이다.
- 퀘이사는 적색 편이가 매우 크다. 따라서 후퇴 속도가 매우 ② □고, 거리가 매우 ③ □다.

정답 ① 은하 ② 크 ③ 멀

13 충돌 은하

요기서 이거 꼭 나온다. 가까이 있는 은하들은 자신의 질량에 해당하는 만큼의 만유인력으로 다른 은하를 끌어당기려고 하고, 이때 서로 충돌하는 경우도 생기지. 충돌 은하에 대해 이렇게 정리해 보자.

충돌할 때 별들이 직접 충돌하는 일은 거의 없다. 하지만 은하 내의 거대 성운들은 서로 충돌하고 압축되면서 새로운 별들이 태어나게 된다.

NGC 2207과 IC 2163의 충돌 모습

요기서 요것만은 꼭 체크!

- 은하들이 상호 작용하는 주된 원인은 ① □□□□이다.
- ② □□ 과정을 통해 새로운 별이 탄생하고, 더 큰 은하가 만들어지기도 한다.

정답 ① 만유인력 ② 충돌

14 허블 법칙과 우주의 팽창

요기서 이거 꼭 나온다. 허블 법칙은 정말 중요하니 꼭 정리해 두자.

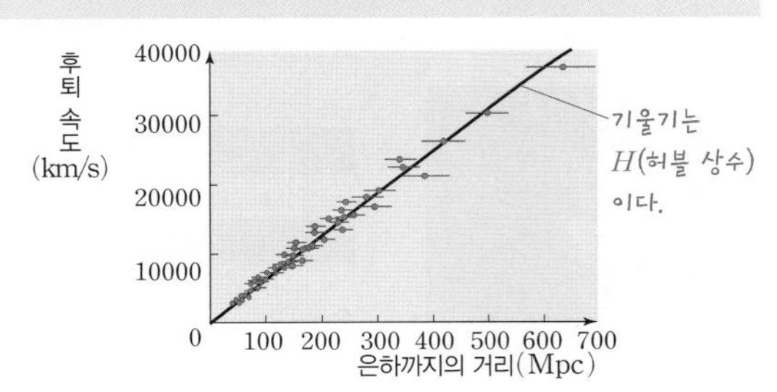

요기서 요것만은 꼭 체크!

- 외부 은하까지의 거리가 멀수록 은하의 후퇴 속도가 ① □다.
- 은하까지의 거리를 r, 후퇴 속도를 v라고 할 때, 허블 법칙을 식으로 나타내면 ② □=□×□이다.
- 허블 법칙으로부터 우리 우주가 ③ □□한다는 것을 알 수 있다.
- 우주가 팽창할 때 은하들 사이의 거리가 멀어지는 것은 은하와 은하 사이의 ④ □□이 팽창하기 때문이고, 우주 공간의 팽창 속도가 ⑤ □□ 상수이다.
- 팽창하는 우주의 중심은 ⑥ □다.

정답 ① 크 ② v, H(허블 상수), r ③ 팽창 ④ 공간 ⑤ 허블 ⑥ 없

15 우주의 나이와 크기

요기서 이거 꼭 나온다. 우주의 나이와 크기를 구할 때는 기본적으로 하는 가정이 있어. 그 가정에 대해 정리해 보자.

우주는 빅뱅 이후 등속 팽창해 왔다는 가정이 필요하다.

우주의 나이$=\frac{1}{H}$(H : 허블 상수)

우주의 크기$=\frac{c}{H}$(c : 빛의 속도)

여기에서 말하는 우주의 크기는 우리가 관측할 수 있는 우주 영역의 크기이다.

우주 지평선
관측할 수 있는 우주

이 영역을 '우주의 지평선'이라고 한다. 실제 우주는 이보다 더 클 수도 있는데, 알 수는 없다.

요기서 요것만은 꼭 체크!

- 우주가 빅뱅 이후 등속 팽창해 왔다고 할 때 우주의 나이는 ① □□ 상수의 역수이다.
- 우리가 관측할 수 있는 우주의 크기는 ② □□에 비례하고, 허블 상수에 반비례한다.
- 허블 상수가 클수록 우주의 나이는 ③ □□지고, 우주의 크기는 ④ □□진다.

정답 ① 허블 ② 광속 ③ 작아 ④ 작아

16 대폭발 우주론과 정상 우주론 비교

요기서 이거 꼭 나온다. 대폭발 우주론과 정상 우주론의 특징을 비교해서 이렇게 정리해 보자.

우주의 크기는 둘 다 커지고 있다.

시간의 경과
대폭발 우주론

시간의 경과
정상 우주론

요기서 요것만은 꼭 체크!

구분	대폭발 우주론	정상 우주론
우주의 팽창 여부	팽창	① □□
우주의 시작	있다	없다
우주의 총 질량	② □□	③ □□
우주의 평균 밀도	감소	일정
우주의 온도	④ □□	⑤ □□

정답 ① 팽창 ② 일정 ③ 증가 ④ 감소 ⑤ 일정

17 우주 배경 복사

요기서 이거 꼭 나온다. 우주 배경 복사는 대폭발 우주론을 지지하는 강력한 증거 중 하나이지. 우주 배경 복사에 대해 이렇게 정리해 보자.

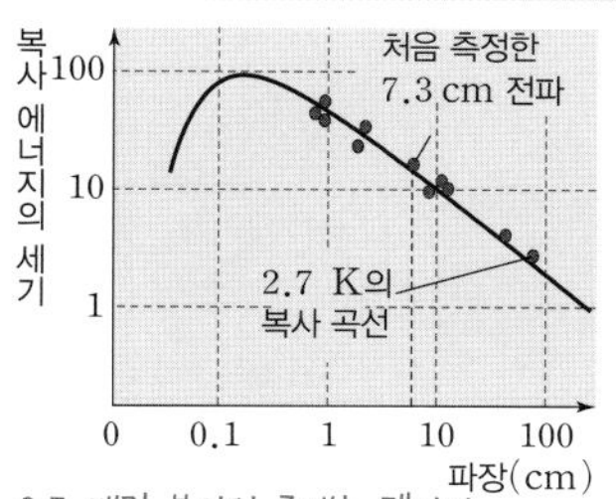

우주 배경 복사의 존재는 펜지어스와 윌슨이 하늘 전 영역에서 7.3 cm 전파로 처음 관측했다. 2.7 K인 흑체 복사와 잘 맞다.

2003년 WMAP 위성이 관측한 우주 배경 복사는 10^{-5} K 정도의 미세한 차이가 있을 뿐 거의 균일한 분포를 보인다.

요기서 요것만은 꼭 체크!

- 우주 배경 복사로부터 현재 우주의 온도는 약 ① □ K임을 알 수 있다.
- 우주 배경 복사는 하늘의 ② □□ 방향에서 관측된다.
- 처음 방출된 우주 배경 복사의 최대 세기 파장(λ_{max})은 지금보다 ③ □았다. 왜냐 하면 우주가 팽창하면서 우주의 온도는 ④ □아졌기 때문이다.

정답 ① 2.7 ② 모든 ③ 짧 ④ 낮

18 급팽창 이론

요기서 이거 꼭 나온다. 급팽창 이론으로 대폭발 우주론이 설명하지 못했던 문제들이 해결되었어. 급팽창 이론에 대해 이렇게 정리해 보자.

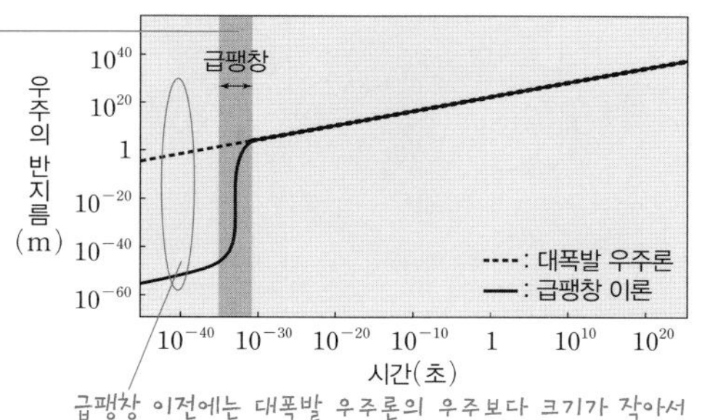

초기 우주에서 빛보다 빠른 속도로 급격한 팽창이 있었다.

급팽창 이전에는 대폭발 우주론의 우주보다 크기가 작아서 우주의 지평선에 있는 두 지점이 서로 정보를 교환할 수 있었다. 이것으로 우주의 지평선 문제를 해결했다.

요기서 요것만은 꼭 체크!

- 급팽창 시기에 우주의 밀도는 ① □□한다.
- 급팽창 이론은 우주의 ② □□□ 문제를 설명할 수 있다.

정답 ① 감소 ② 지평선

19 가속 팽창 우주

요기서 이거 꼭 나온다. 우주의 팽창 속도가 빨라진다는 걸 어떻게 알게 되었는지 정리해 보자.

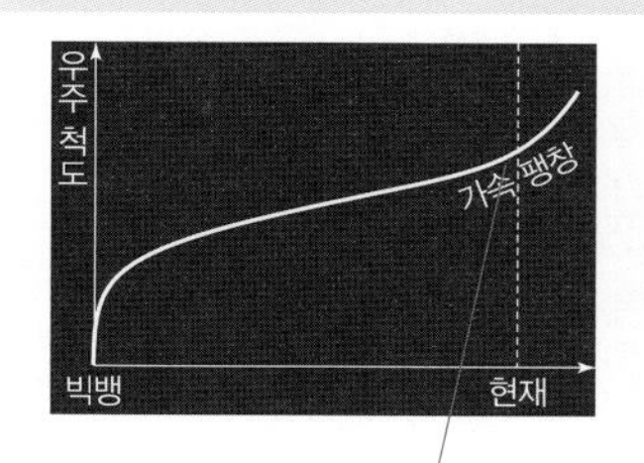

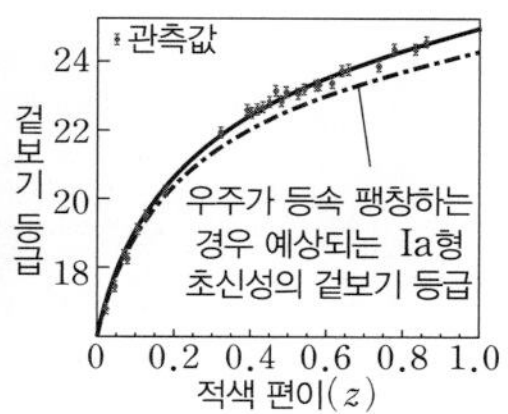

우주의 팽창 속도가 점점 빨라진다. Ia형 초신성을 관측해서 알게 되었다.

요기서 요것만은 꼭 체크!

- 별이 밝게 보일수록 겉보기 등급은 ① □다.
- Ia형 초신성의 겉보기 등급은 등속 팽창하는 우주에서 예상한 것보다 ② □다. 즉, 어둡게 보인다. 따라서 Ia형 초신성의 거리는 등속 팽창하는 우주에서 예상한 거리보다 ③ □다.
- 우주가 가속 팽창하면 허블 상수는 ④ □□한다.

정답 ① 작 ② 크 ③ 멀 ④ 증가

20 표준 우주 모형

요기서 이거 꼭 나온다. 표준 우주 모형은 대폭발 우주론에 급팽창 이론, 가속 팽창 우주가 모두 결합된 최신의 이론이야. 정리해 보자.

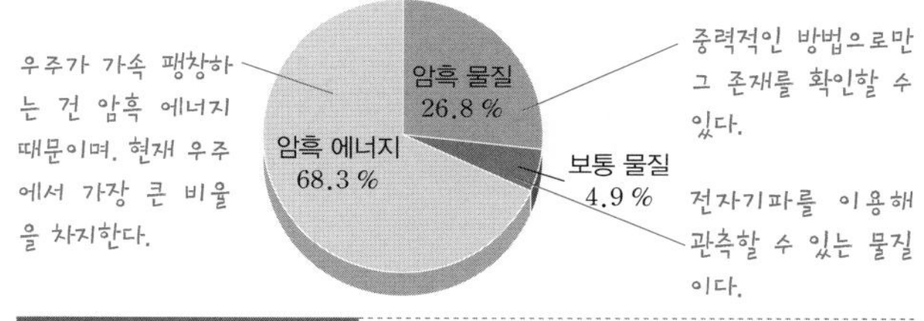

우주가 가속 팽창하는 건 암흑 에너지 때문이며, 현재 우주에서 가장 큰 비율을 차지한다.

중력적인 방법으로만 그 존재를 확인할 수 있다.

전자기파를 이용해 관측할 수 있는 물질이다.

요기서 요것만은 꼭 체크!

- 우주 구성 요소 중 광학적으로 검출 가능한 것은 ① □□ 물질이다.
- 우주 구성 요소 중 중력 렌즈 현상으로 존재를 확인할 수 있는 것은 ② □□ 물질이다.
- 암흑 에너지는 현재 우주의 팽창 속도를 ③ □□시킨다.

정답 ① 보통 ② 암흑 ③ 증가

1학기		지구과학 I	3교시	
고사구분	중간		학년	2

01 그림은 홈스가 주장한 맨틀 대류 및 대륙과 해양의 분포를 나타낸 것이다.

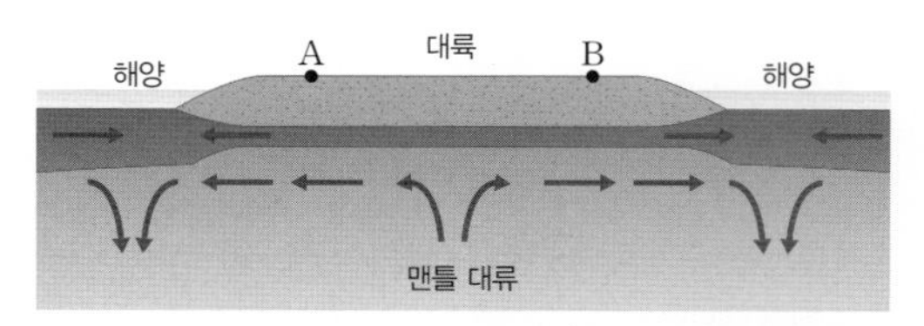

이에 대한 설명으로 옳은 것만을 〈보기〉에서 있는 대로 고른 것은?

보기
ㄱ. A와 B는 서로 반대 방향으로 이동한다.
ㄴ. A와 B 사이에는 두꺼운 산맥과 해구가 형성된다.
ㄷ. 맨틀 대류는 방사성 원소가 붕괴하여 생성된 열에 의해 일어난다.

① ㄱ ② ㄴ ③ ㄱ, ㄷ
④ ㄴ, ㄷ ⑤ ㄱ, ㄴ, ㄷ

02 그림은 어느 해안에서 출발한 해양 탐사선이 대양의 중심 쪽으로 이동하면서 해저면에 발사한 초음파가 반사되어 오는 데 걸리는 시간을 측정한 것이다.

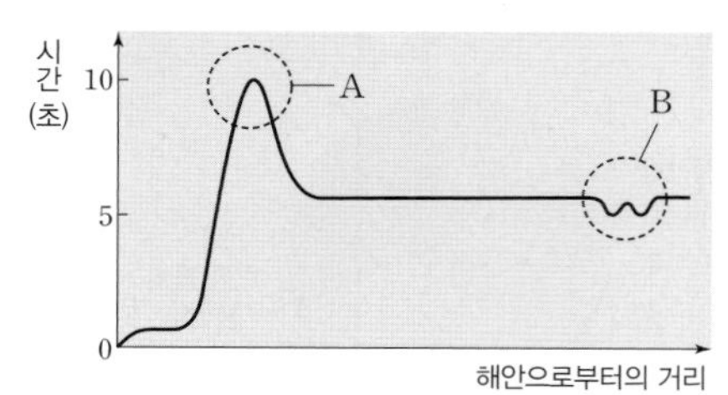

이에 대한 설명으로 옳은 것만을 〈보기〉에서 있는 대로 고른 것은? (단, 해수에서 초음파의 속도는 약 1500 m/s이다.)

보기
ㄱ. A는 해령이다.
ㄴ. B에는 수렴형 경계가 존재한다.
ㄷ. 탐사 지역에서 가장 깊은 곳의 수심은 약 7500 m이다.

① ㄱ ② ㄷ ③ ㄱ, ㄴ
④ ㄴ, ㄷ ⑤ ㄱ, ㄴ, ㄷ

03 그림 (가)는 여러 대륙에 남아 있는 고생대 말 빙하 흔적의 분포를, (나)는 고생대 말에 생존했던 육상 파충류인 메소사우루스 화석의 분포를 나타낸 것이다.

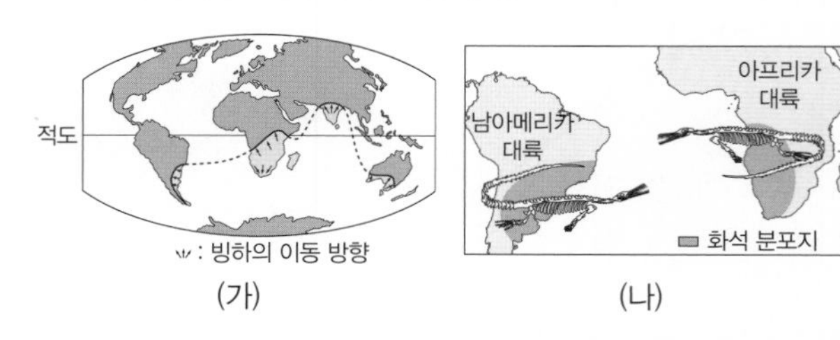

이에 대한 설명으로 옳은 것만을 〈보기〉에서 있는 대로 고른 것은?

보기
ㄱ. 고생대 말에는 적도 지방의 기온이 0 ℃보다 낮았다.
ㄴ. 아프리카와 남아메리카 대륙 사이의 해저에서는 메소사우루스 화석이 발견된다.
ㄷ. (가)와 (나)는 고생대 말에 하나로 모여 있던 대륙들이 분리되어 이동했다는 증거가 된다.

① ㄱ ② ㄷ ③ ㄱ, ㄴ ④ ㄴ, ㄷ ⑤ ㄱ, ㄴ, ㄷ

04 그림은 전 세계 해양 지각의 연령 분포를 나타낸 것이다.

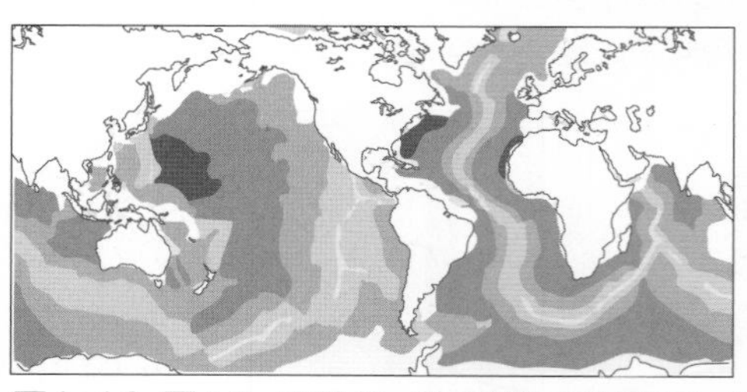

이에 대한 설명으로 옳은 것만을 〈보기〉에서 있는 대로 고른 것은?

보기
ㄱ. 등연령선은 대체로 해령과 나란하다.
ㄴ. 해령에서 멀어질수록 해양 지각의 연령이 증가한다.
ㄷ. 최근 약 6500만 년 동안 해양 지각의 평균 확장 속도는 태평양이 대서양보다 빨랐다.

① ㄱ ② ㄴ ③ ㄱ, ㄷ ④ ㄴ, ㄷ ⑤ ㄱ, ㄴ, ㄷ

05 그림은 서로 다른 두 해양 (가)와 (나)의 해령 부근에서 측정한 고지자기 분포를 나타낸 것이다.

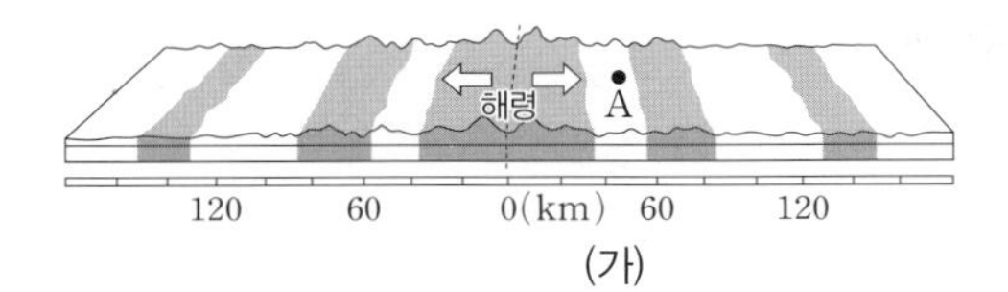

(가)

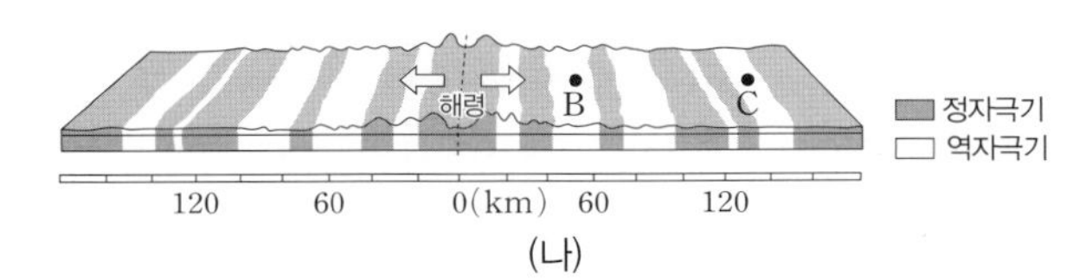

(나)

이에 대한 설명으로 옳은 것만을 〈보기〉에서 있는 대로 고른 것은? (단, A, B 지점의 해령으로부터의 거리는 같다.)

보기
ㄱ. A의 해양 지각이 생성될 당시 지구 자기장의 방향은 현재와 같았다.
ㄴ. 해저 퇴적물의 두께는 B보다 C에서 두껍다.
ㄷ. 해양 지각의 이동 속도는 (가)보다 (나)의 해양에서 빠르다.

① ㄱ ② ㄴ ③ ㄱ, ㄷ ④ ㄴ, ㄷ ⑤ ㄱ, ㄴ, ㄷ

06 그림은 해령과 변환 단층의 모습을 나타낸 것이다. 이에 대한 설명으로 옳은 것만을 〈보기〉에서 있는 대로 고른 것은?

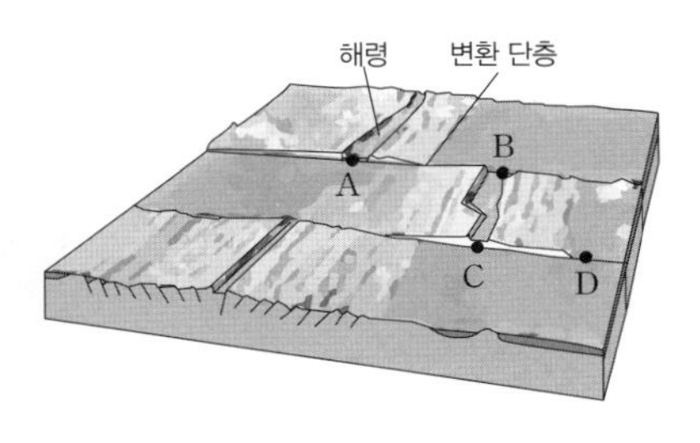

보기
ㄱ. 화산 활동은 A－B 구간보다 B－C 구간이 활발하다.
ㄴ. 지진은 B－C 구간보다 C－D 구간에서 자주 발생한다.
ㄷ. 이 지역에서 판은 변환 단층에 수직인 방향으로 이동한다.

① ㄱ ② ㄴ ③ ㄱ, ㄷ ④ ㄴ, ㄷ ⑤ ㄱ, ㄴ, ㄷ

07 그림은 지질 시대 동안 인도 대륙의 위도 변화를 나타낸 것이다.

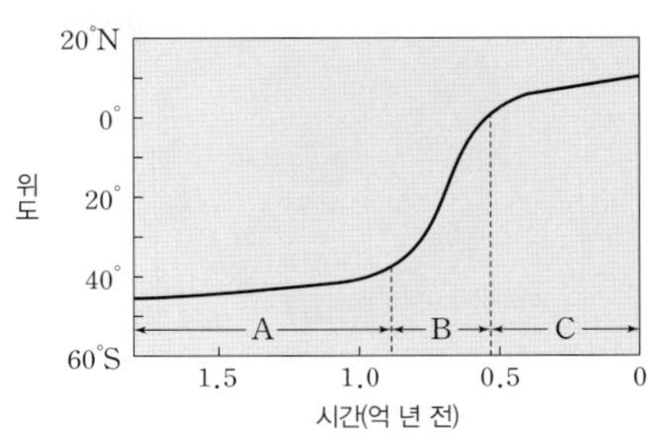

인도 대륙에 대한 설명으로 옳은 것만을 〈보기〉에서 있는 대로 고른 것은?

보기
ㄱ. A 기간에 남반구에 위치해 있었다.
ㄴ. 평균 이동 속도는 B 기간이 C 기간보다 빨랐다.
ㄷ. C 기간 동안 복각의 크기는 점점 증가했을 것이다.

① ㄱ ② ㄴ ③ ㄱ, ㄷ
④ ㄴ, ㄷ ⑤ ㄱ, ㄴ, ㄷ

08 그림 (가)와 (나)는 2억 년 전과 현재의 수륙 분포의 변화를 순서대로 나타낸 것이다.

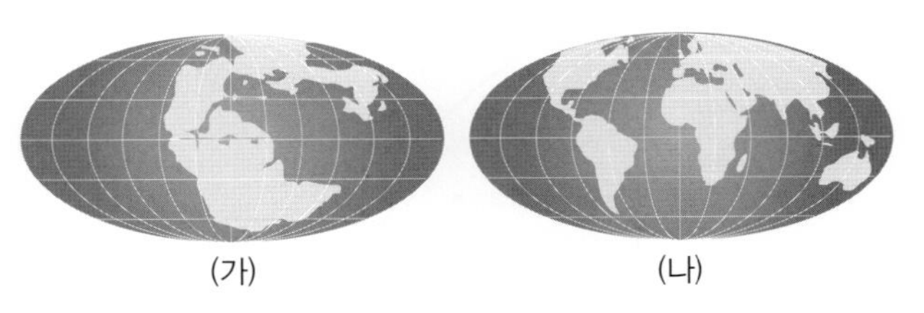
(가) (나)

이에 대한 설명으로 옳은 것만을 〈보기〉에서 있는 대로 고른 것은?

보기
ㄱ. (가) 시기에 형성된 초대륙을 로디니아라고 한다.
ㄴ. 아프리카 대륙의 남부에는 (가) 시기에 형성된 빙하의 흔적이 발견될 수 있다.
ㄷ. 북반구에 분포하는 대륙의 면적은 (가) 시기보다 (나) 시기가 넓다.

① ㄱ ② ㄴ ③ ㄱ, ㄷ
④ ㄴ, ㄷ ⑤ ㄱ, ㄴ, ㄷ

09 그림은 플룸 구조론을 나타낸 모식도이다.

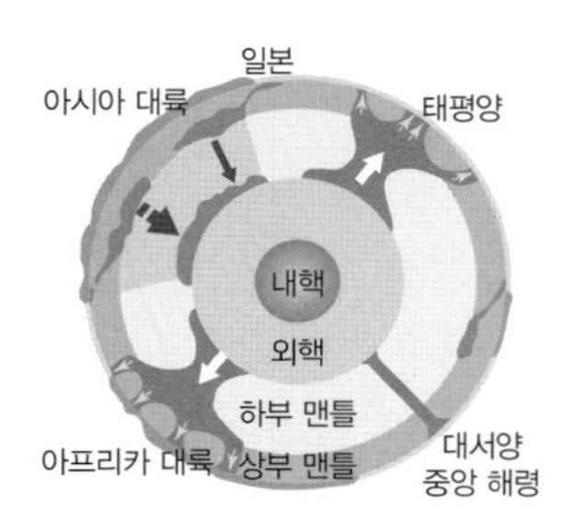

이에 대한 설명으로 옳은 것만을 〈보기〉에서 있는 대로 고른 것은?

보기
ㄱ. 뜨거운 플룸의 상승에 의해 차가운 플룸의 하강이 일어난다.
ㄴ. 아시아 대륙의 아래에는 뜨거운 플룸이 발달해 있다.
ㄷ. 태평양에는 열점에서 생성된 마그마에 의해 화산 활동이 일어난다.

① ㄱ ② ㄷ ③ ㄱ, ㄷ ④ ㄴ, ㄷ ⑤ ㄱ, ㄴ, ㄷ

10 그림은 지구 내부의 온도 분포와 화강암과 맨틀의 용융 곡선을 나타낸 것이다.

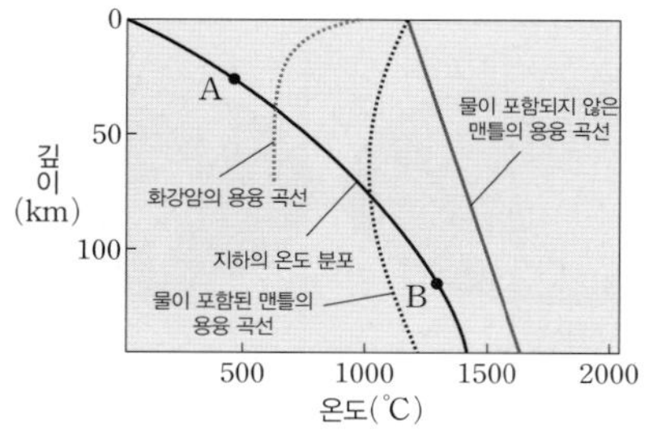

이에 대한 설명으로 옳은 것만을 〈보기〉에서 있는 대로 고른 것은?

보기
ㄱ. 화강암은 압력이 낮을수록 용융점이 높아진다.
ㄴ. A에서 온도가 증가하면 화강암이 용융되어 마그마가 생성될 수 있다.
ㄷ. B에서 압력이 낮아지면 물이 포함되지 않은 맨틀이 용융되어 마그마가 생성될 수 있다.

① ㄱ ② ㄴ ③ ㄱ, ㄷ ④ ㄴ, ㄷ ⑤ ㄱ, ㄴ, ㄷ

11 그림은 판의 운동과 마그마가 생성되는 장소 A~C를 나타낸 것이다.

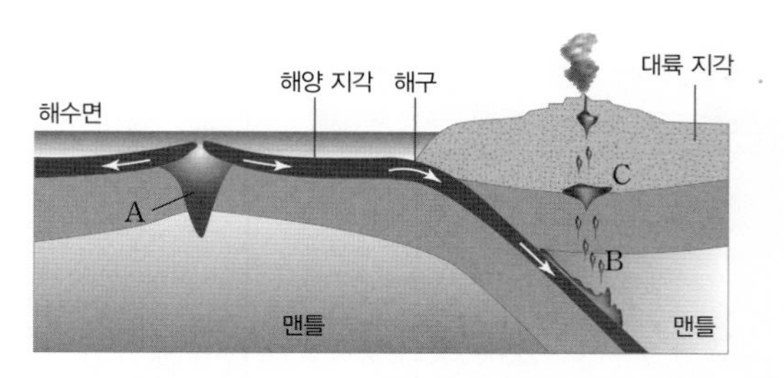

이에 대한 설명으로 옳은 것만을 〈보기〉에서 있는 대로 고른 것은?

보기
ㄱ. A에서는 압력 감소에 의해 마그마가 생성된다.
ㄴ. B에서는 연약권을 구성하는 암석의 용융점이 낮아져 마그마가 생성된다.
ㄷ. C에서 생성되는 마그마는 현무암질 마그마이다.

① ㄱ ② ㄷ ③ ㄱ, ㄴ
④ ㄴ, ㄷ ⑤ ㄱ, ㄴ, ㄷ

12 그림 (가)는 마그마 A와 B의 화학 조성을, (나)는 서울의 북한산을 이루는 암석을 나타낸 것이다.

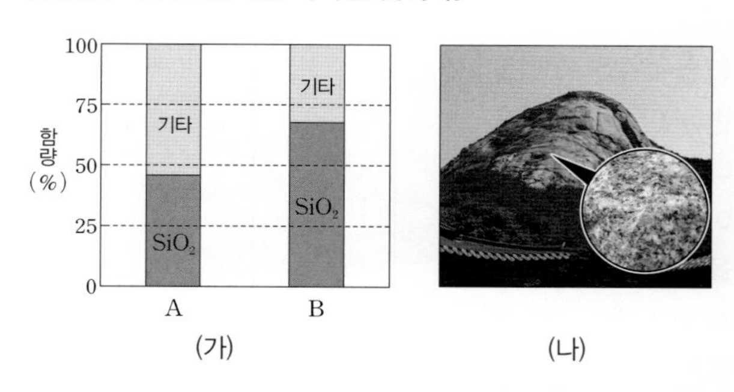

(가) (나)

이에 대한 설명으로 옳은 것만을 〈보기〉에서 있는 대로 고른 것은?

보기
ㄱ. A는 유문암질 마그마, B는 현무암질 마그마이다.
ㄴ. A는 B보다 온도가 높다.
ㄷ. (나)의 암석은 A가 분출하여 형성된 것이다.

① ㄱ ② ㄴ ③ ㄱ, ㄷ
④ ㄴ, ㄷ ⑤ ㄱ, ㄴ, ㄷ

13 그림은 퇴적암이 만들어지는 과정을 나타낸 것이다.

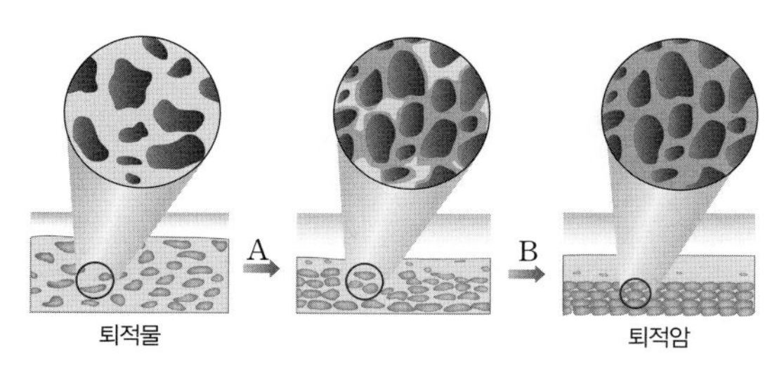

이에 대한 설명으로 옳은 것만을 〈보기〉에서 있는 대로 고른 것은?

보기
ㄱ. A 과정에서 퇴적물의 밀도가 증가한다.
ㄴ. B 과정을 교결 작용이라고 한다.
ㄷ. 점토로 이루어진 퇴적물이 A와 B의 과정을 거치면 암염이 생성된다.

① ㄱ ② ㄷ ③ ㄱ, ㄴ
④ ㄴ, ㄷ ⑤ ㄱ, ㄴ, ㄷ

14 그림은 퇴적암을 세 종류로 분류하여 나타낸 것이다.

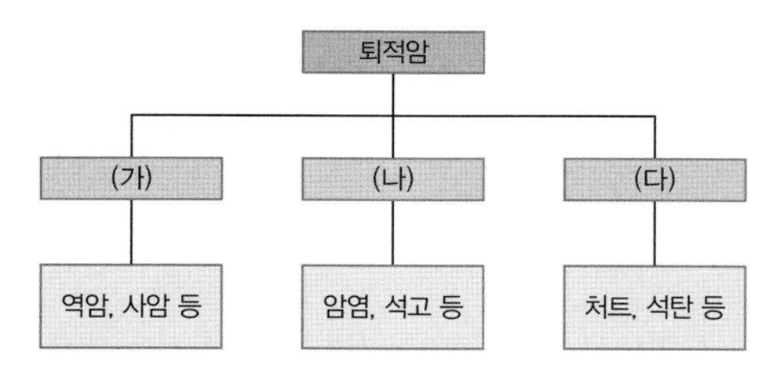

이에 대한 설명으로 옳은 것만을 〈보기〉에서 있는 대로 고른 것은?

보기
ㄱ. (가)는 쇄설성 퇴적암이다.
ㄴ. 석회암은 (나)와 (다)에 모두 속한다.
ㄷ. (가), (나), (다)로 분류하는 기준은 입자의 크기이다.

① ㄱ ② ㄷ ③ ㄱ, ㄴ
④ ㄴ, ㄷ ⑤ ㄱ, ㄴ, ㄷ

15 그림은 퇴적 환경에 대하여 학생들이 나눈 대화를 나타낸 것이다.

제시한 내용이 옳은 학생만을 있는 대로 고른 것은?

① 철수 ② 민수 ③ 철수, 영희
④ 영희, 민수 ⑤ 철수, 영희, 민수

16 그림 (가)와 (나)는 서로 다른 지역에서 보이는 퇴적 구조를 나타낸 것이다.

(가) 점이 층리

(나) 사층리

이에 대한 설명으로 옳은 것만을 〈보기〉에서 있는 대로 고른 것은?

보기
ㄱ. (가)는 주로 건조한 환경에서 생성된다.
ㄴ. (나)를 통해 퇴적물이 공급된 방향을 알 수 있다.
ㄷ. (가)와 (나)를 이용하면 지층의 역전 여부를 판단할 수 있다.

① ㄱ ② ㄴ ③ ㄱ, ㄷ
④ ㄴ, ㄷ ⑤ ㄱ, ㄴ, ㄷ

17 그림은 어느 지질 구조가 생성되는 과정을 나타낸 것이다.

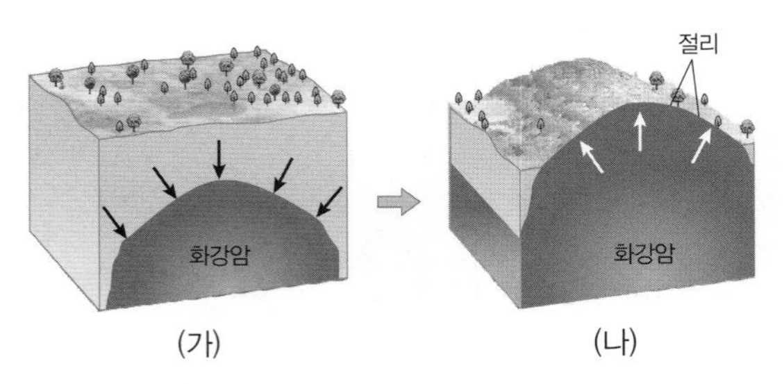

이에 대한 설명으로 옳은 것만을 〈보기〉에서 있는 대로 고른 것은?

보기
ㄱ. 화강암에 가해지는 압력은 (가)보다 (나)에서 크다.
ㄴ. (가) → (나) 과정에서 화강암의 부피가 팽창한다.
ㄷ. (나)의 화강암에 생성된 절리는 주상 절리이다.

① ㄱ ② ㄴ ③ ㄱ, ㄷ
④ ㄴ, ㄷ ⑤ ㄱ, ㄴ, ㄷ

18 그림은 어느 지역에서 관찰되는 지질 구조를 나타낸 것이다.

이에 대한 설명으로 옳은 것만을 〈보기〉에서 있는 대로 고른 것은?

보기
ㄱ. A층과 B층은 연속적으로 퇴적되었다.
ㄴ. B층은 해수면 위로 노출된 적이 있었다.
ㄷ. 이 지역에서는 경사 부정합이 나타난다.

① ㄱ ② ㄴ ③ ㄱ, ㄷ
④ ㄴ, ㄷ ⑤ ㄱ, ㄴ, ㄷ

19 그림은 어느 지역의 지질 단면을 나타낸 것이다.

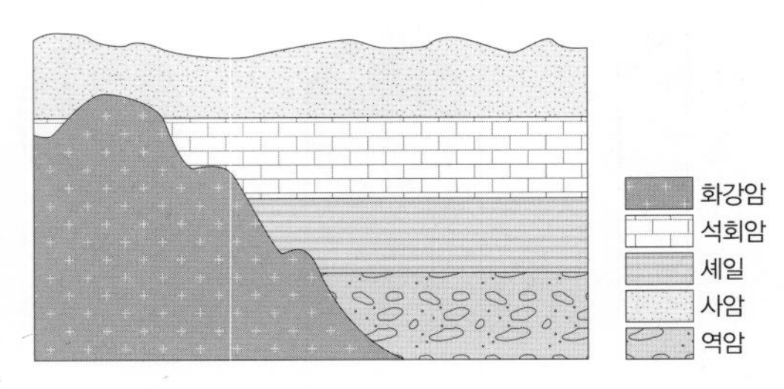

이에 대한 설명으로 옳은 것만을 〈보기〉에서 있는 대로 고른 것은?

보기
ㄱ. 화강암과 사암의 생성 순서는 관입의 법칙을 이용하여 정할 수 있다.
ㄴ. 석회암과 셰일의 생성 순서는 지층 누중의 법칙을 이용하여 정할 수 있다.
ㄷ. 이 지역에서 가장 먼저 생성된 암석은 역암이다.

① ㄱ ② ㄴ ③ ㄱ, ㄷ
④ ㄴ, ㄷ ⑤ ㄱ, ㄴ, ㄷ

20 그림 (가)와 (나)는 서로 다른 두 지역의 지질 단면을 나타낸 것이다.

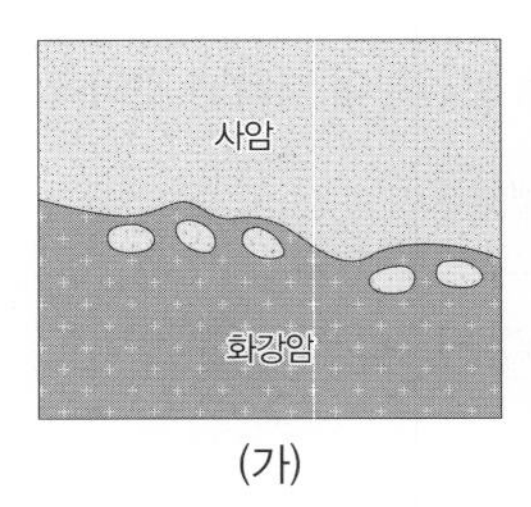

(가)

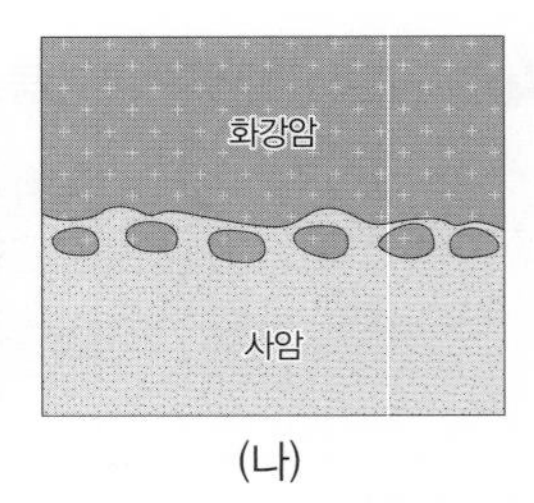

(나)

이에 대한 설명으로 옳은 것만을 〈보기〉에서 있는 대로 고른 것은?

보기
ㄱ. (가)에서 화강암에 들어 있는 사암은 포획암이다.
ㄴ. (나)에서 화강암은 사암보다 나중에 생성되었다.
ㄷ. (가)와 (나)에서 화강암과 사암의 경계에서는 모두 변성암이 나타난다.

① ㄱ ② ㄴ ③ ㄱ, ㄷ
④ ㄴ, ㄷ ⑤ ㄱ, ㄴ, ㄷ

서술형

21 베게너는 여러 가지 증거들을 들어 대륙 이동설을 주장하였지만, 당시 지질학자들의 지지를 받지는 못했다. 그 이유를 서술하시오.

서술형

22 그림은 아이슬란드 부근의 해령에서 측정한 고지자기 분포를 나타낸 것이다.

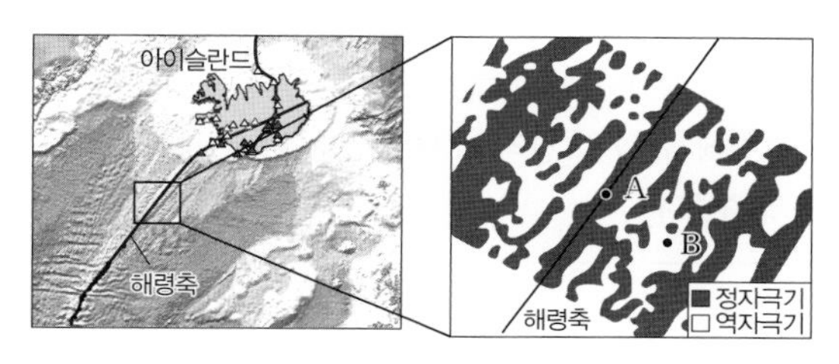

해령을 축으로 고지자기의 정자극기와 역자극기 분포가 대칭적으로 나타나는 이유를 서술하시오.

서술형

23 그림은 GPS 위성을 이용하여 측정한 어느 지역에 분포하는 판의 이동 속도를 나타낸 것이다.

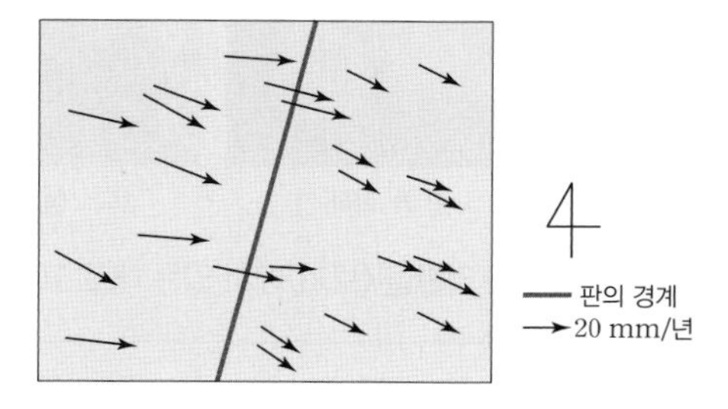

(1) 이 지역에 존재하는 판 경계의 유형을 쓰고 그렇게 판단한 이유를 판의 이동 속도와 관련지어 서술하시오.

(2) 이 지역의 판의 경계 부근에서 일어나는 맨틀의 운동을 (1)과 관련지어 서술하시오.

서술형

24 그림은 하와이 열도를 이루는 섬들의 위치와 각각의 섬에서 측정한 암석의 나이를 나타낸 것이다.

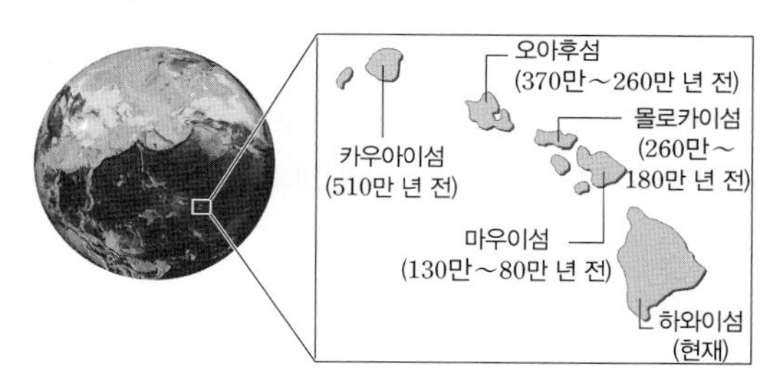

(1) 하와이 열도를 형성한 마그마의 생성 과정을 서술하시오.

(2) 하와이 열도를 이루는 섬들의 연령이 북서쪽으로 갈수록 증가하는 이유를 서술하시오.

서술형

25 그림은 어느 지역의 지질 단면과 이 지역의 지층에서 발견되는 퇴적 구조를 나타낸 것이다.

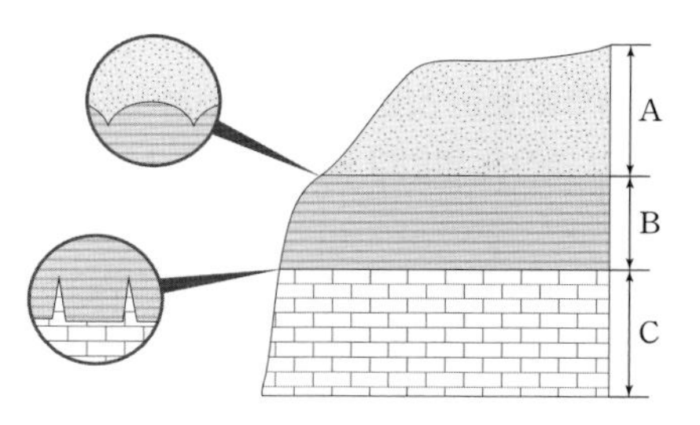

지층 A, B, C를 생성 시기가 오래된 것부터 순서대로 나열하고, 그렇게 판단한 근거를 함께 서술하시오.

1학기		지구과학 I	3교시	
고사구분	기말		학년	2

01 그림 (가)는 어느 지역의 지질 단면도를, (나)는 화성암 C와 D에 포함되어 있는 방사성 원소 X의 시간에 따른 함량 변화를 나타낸 것이다. 화성암 C와 D에 포함된 방사성 원소 X의 양은 각각 처음 양의 20 %와 70 %이다.

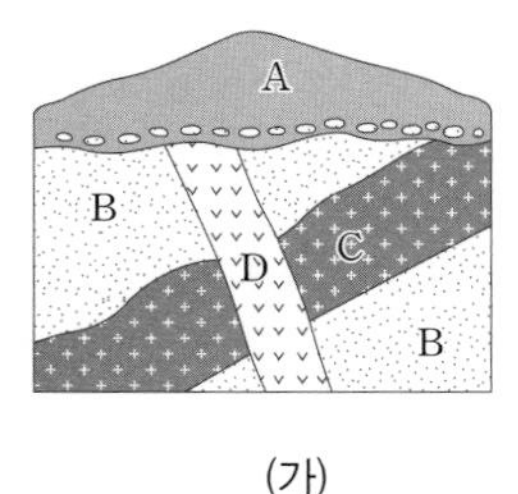

(가)

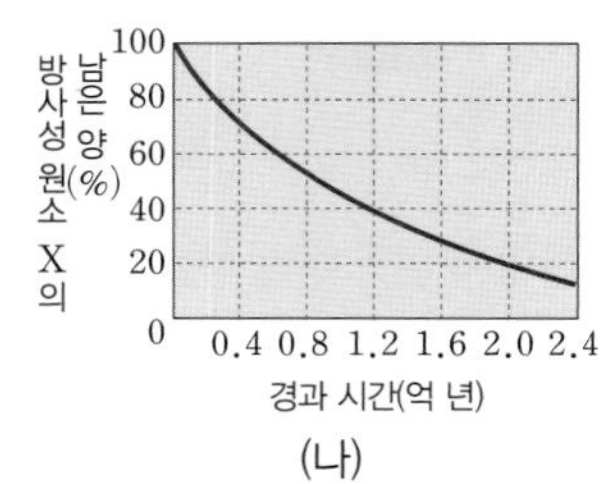

(나)

이에 대한 설명으로 옳은 것만을 〈보기〉에서 있는 대로 고른 것은?

보기
ㄱ. A는 신생대에 퇴적된 지층이다.
ㄴ. A와 B 사이에는 큰 시간 간격이 있었다.
ㄷ. B에서는 매머드 발자국이 발견될 수 있다.
ㄹ. 생성 순서는 C → B → D → A이다.

① ㄱ, ㄴ ② ㄱ, ㄹ ③ ㄷ, ㄹ
④ ㄱ, ㄴ, ㄷ ⑤ ㄴ, ㄷ, ㄹ

02 그림 (가)와 (나)는 서로 다른 두 지역의 지층 단면과 산출되는 화석 a, b를 나타낸 것이다.

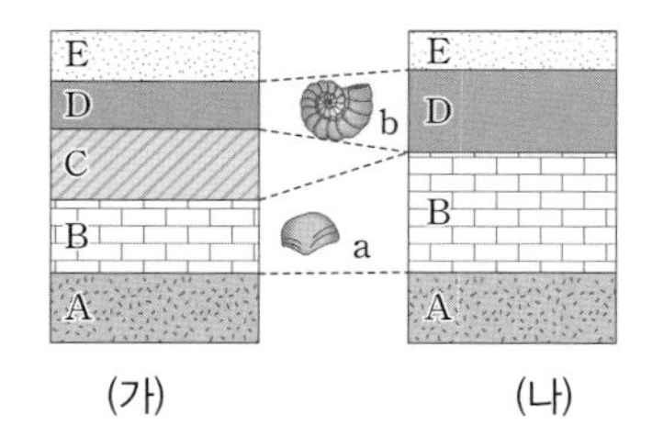

(가) (나)

이에 대한 설명으로 옳은 것만을 〈보기〉에서 있는 대로 고른 것은? (단, 지층의 역전은 없었다.)

보기
ㄱ. 화석 a가 화석 b보다 오래된 것이다.
ㄴ. (나) 지역은 과거에 해수면 위로 노출된 적이 있다.
ㄷ. 두 지역에서 가장 오래된 지층은 A이다.

① ㄱ ② ㄷ ③ ㄱ, ㄴ ④ ㄴ, ㄷ ⑤ ㄱ, ㄴ, ㄷ

03 그림 (가), (나), (다)는 고기후 연구 방법을 나타낸 것이다.

(가) 산호 화석

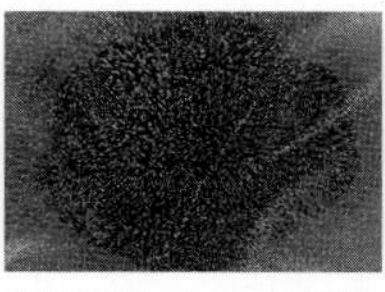
(나) 빙하 속 공기 방울

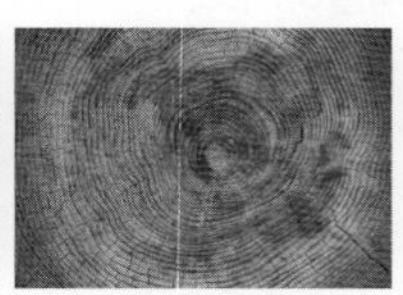
(다) 나무의 나이테

이에 대한 설명으로 옳은 것만을 〈보기〉에서 있는 대로 고른 것은?

보기
ㄱ. (가)가 발견되는 지역은 과거에 온난한 기후였음을 알 수 있다.
ㄴ. (나)를 통해 과거의 대기 조성을 알 수 있다.
ㄷ. (다)에서 넓은 간격의 나이테는 한랭한 기후였음을 알려준다.

① ㄱ ② ㄷ ③ ㄱ, ㄴ
④ ㄴ, ㄷ ⑤ ㄱ, ㄴ, ㄷ

04 그림 (가), (나), (다)는 과거 지질 시대에 번성했던 생물의 화석을 나타낸 것이다.

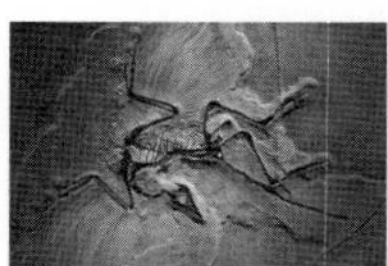
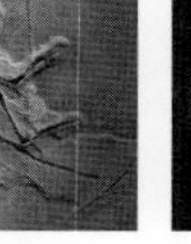
(가) 시조새

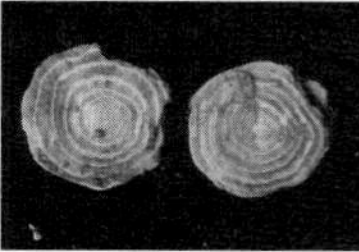
(나) 화폐석

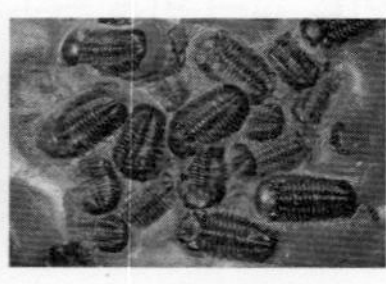
(다) 삼엽충

이에 대한 설명으로 옳은 것만을 〈보기〉에서 있는 대로 고른 것은?

보기
ㄱ. (가)는 해양에서, (나)와 (다)는 육지에서 번성했다.
ㄴ. (나)가 번성했던 지질 시대에 양치식물이 번성했다.
ㄷ. (가)~(다) 중 (다)가 가장 오래 전에 번성했다.

① ㄱ ② ㄴ ③ ㄷ
④ ㄱ, ㄴ ⑤ ㄴ, ㄷ

05 그림은 어느 지역의 지층 (가)~(라)에서 발견되는 서로 다른 종류의 화석 A~D의 산출 범위를 나타낸 것이다.

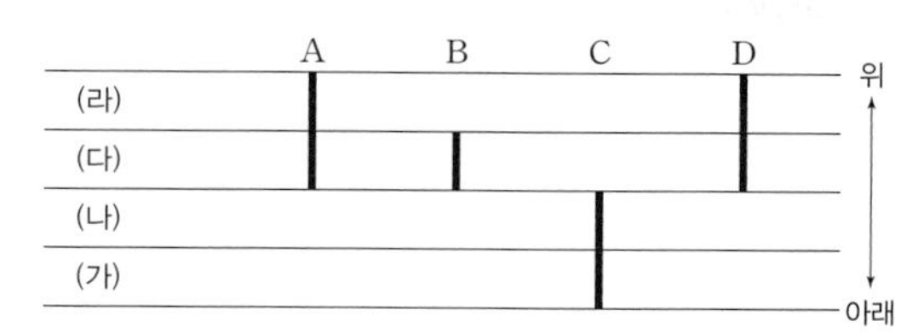

이에 대한 설명으로 옳은 것만을 〈보기〉에서 있는 대로 고른 것은? (단, 지층의 역전은 없었다.)

보기
ㄱ. A가 가장 오래된 생물의 화석이다.
ㄴ. B는 지층 대비에 가장 유용하다.
ㄷ. C는 D와 생존 시기가 다르다.
ㄹ. 지층 (나)와 (다)를 경계로 지질 시대를 구분할 수 있다.

① ㄱ, ㄴ ② ㄱ, ㄹ ③ ㄷ, ㄹ
④ ㄱ, ㄴ, ㄷ ⑤ ㄴ, ㄷ, ㄹ

06 그림 (가)와 (나)는 지질 시대의 환경을 복원한 모식도를 순서 없이 나타낸 것이다.

(가) (나)

이에 대한 설명으로 옳은 것만을 〈보기〉에서 있는 대로 고른 것은?

보기
ㄱ. (가)는 (나) 이후의 지질 시대이다.
ㄴ. (가) 시대에는 빙하기가 없었다.
ㄷ. (나) 시대에는 속씨식물이 번성하였다.

① ㄱ ② ㄴ ③ ㄱ, ㄷ
④ ㄴ, ㄷ ⑤ ㄱ, ㄴ, ㄷ

07 그림은 기단 A~D가 우리나라에 영향을 미치는 시기를 나타낸 것이다.

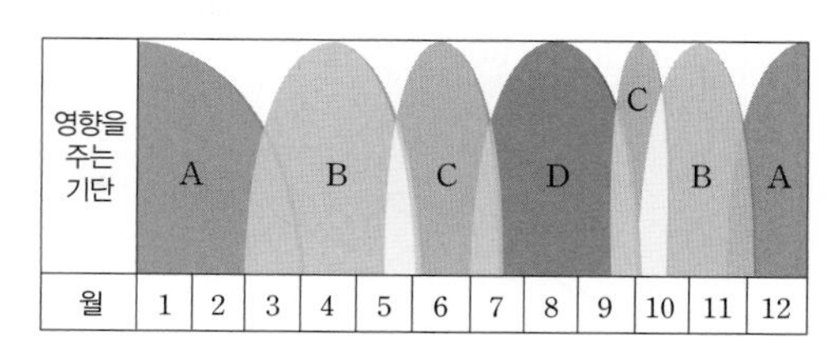

이에 대한 설명으로 옳은 것만을 〈보기〉에서 있는 대로 고른 것은?

보기
ㄱ. A 기단이 우리나라에 접근할 때 기단의 하층부는 대체로 안정해진다.
ㄴ. B 기단이 발달하면 영서 지방에 높새 바람이 분다.
ㄷ. 열대야는 D 기단의 발달과 관련이 있다.

① ㄱ ② ㄷ ③ ㄱ, ㄴ
④ ㄴ, ㄷ ⑤ ㄱ, ㄴ, ㄷ

08 그림은 성질이 다른 두 기단이 만나서 형성된 전선을 나타낸 것이다.

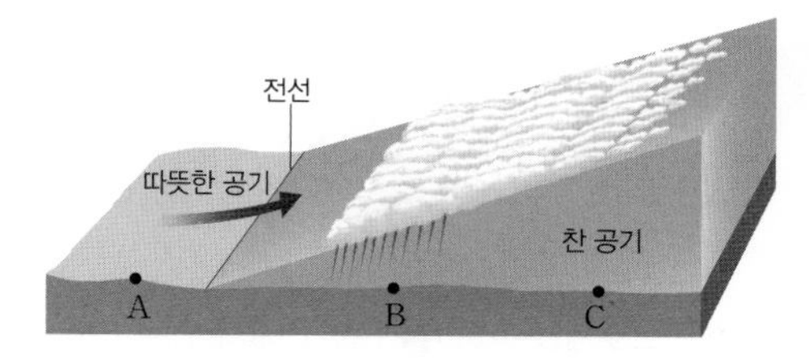

이에 대한 설명으로 옳은 것만을 〈보기〉에서 있는 대로 고른 것은?

보기
ㄱ. 전선은 A 방향으로 이동할 것이다.
ㄴ. B 지점의 상공에는 층운형 구름이 발달한다.
ㄷ. C 지점에서는 구름 밑면까지의 높이가 시간이 지남에 따라 높아진다.

① ㄱ ② ㄴ ③ ㄱ, ㄷ
④ ㄴ, ㄷ ⑤ ㄱ, ㄴ, ㄷ

09 그림은 북반구 중위도에 발달한 온대 저기압을 나타낸 것이다.

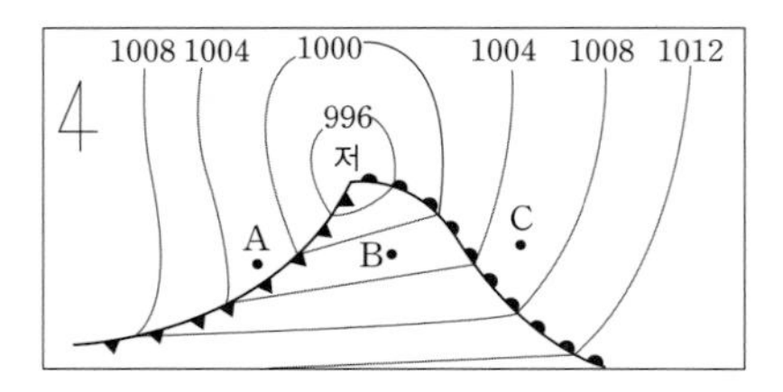

이에 대한 설명으로 옳은 것만을 〈보기〉에서 있는 대로 고른 것은?

보기
ㄱ. A 지역은 B 지역보다 기온이 낮다.
ㄴ. A 지역에는 층운형 구름이, C 지역에는 적운형 구름이 주로 형성된다.
ㄷ. B 지역은 C 지역보다 기압이 낮다.

① ㄴ ② ㄷ ③ ㄱ, ㄴ
④ ㄱ, ㄷ ⑤ ㄱ, ㄴ, ㄷ

10 그림 (가), (나), (다)는 온대 저기압이 발생하여 소멸하는 과정의 일부를 순서대로 나타낸 것이다.

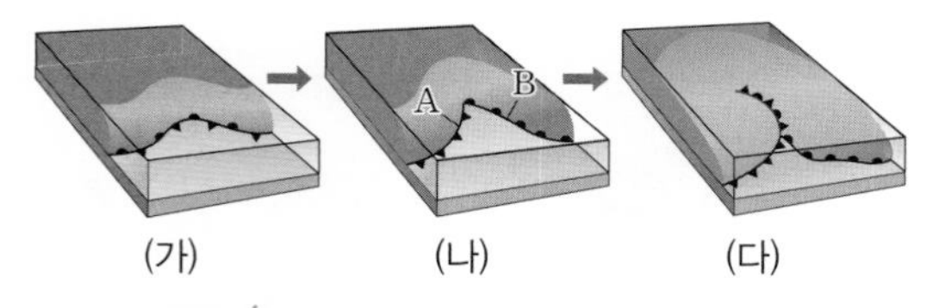

(가) (나) (다)

이에 대한 설명으로 옳은 것만을 〈보기〉에서 있는 대로 고른 것은?

보기
ㄱ. 전선면의 기울기는 A가 B보다 완만하다.
ㄴ. (다)에서는 정체 전선이 형성되어 많은 비가 내린다.
ㄷ. (가)~(다) 과정을 통해 남북 간의 열 교환이 일어난다.

① ㄱ ② ㄷ ③ ㄱ, ㄴ
④ ㄱ, ㄷ ⑤ ㄴ, ㄷ

11 그림 (가)와 (나)는 12시간 간격으로 작성된 우리나라 주변의 지상 일기도를 순서 없이 나타낸 것이다.

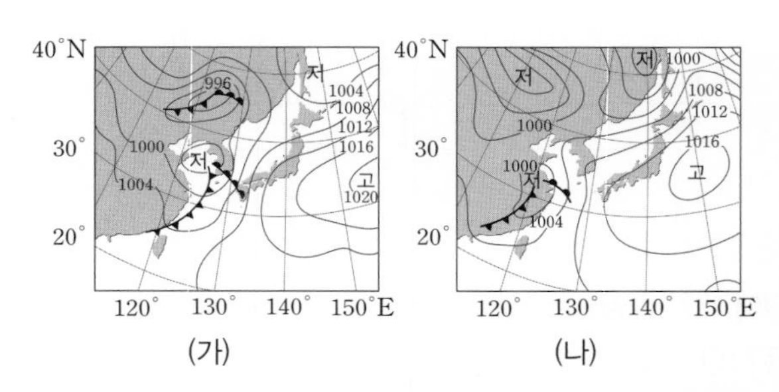

(가) (나)

이에 대한 설명으로 옳은 것만을 〈보기〉에서 있는 대로 고른 것은?

보기
ㄱ. (가)보다 (나)가 먼저 작성된 일기도이다.
ㄴ. 이 기간 동안 제주도는 풍향이 시계 반대 방향으로 변하였다.
ㄷ. 이 기간 동안 우리나라 중부 지방은 기압이 점점 높아지고 있다.

① ㄱ ② ㄴ ③ ㄱ, ㄷ
④ ㄴ, ㄷ ⑤ ㄱ, ㄴ, ㄷ

12 그림은 어느 날 우리나라 부근의 지상 일기도를 나타낸 것이다.

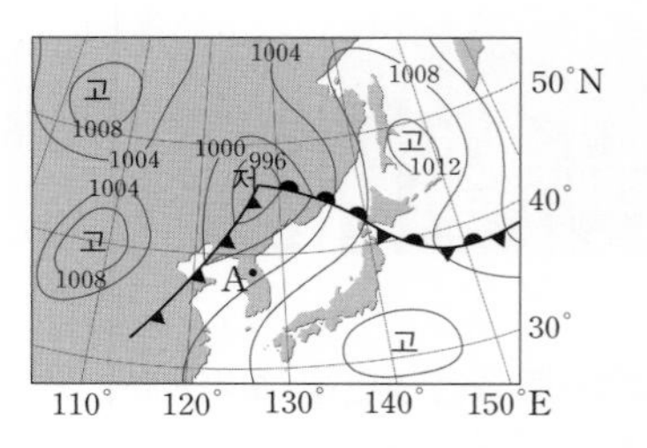

A 지역의 날씨를 일기 기호로 나타낼 때 가장 적절한 것은?

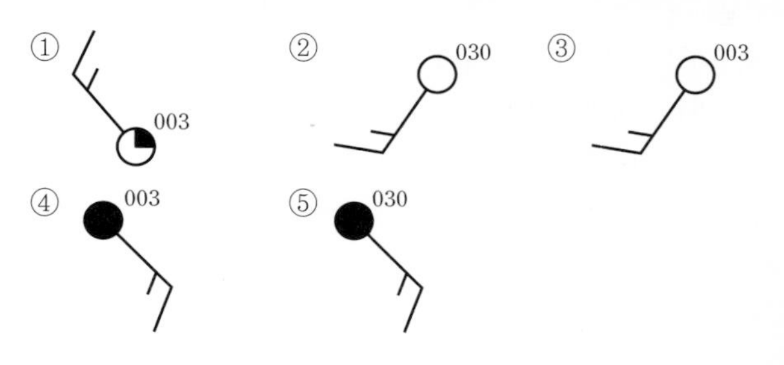

13 그림은 어느 태풍의 이동 경로와 태풍 중심 기압의 변화를 나타낸 것이다.

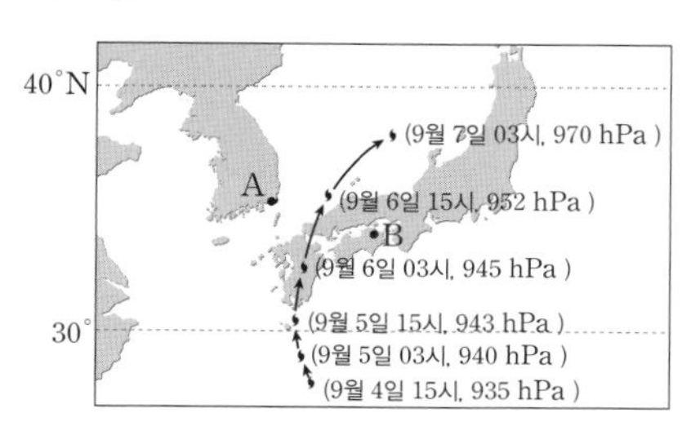

이에 대한 설명으로 옳은 것만을 〈보기〉에서 있는 대로 고른 것은?

보기
ㄱ. A 지역은 안전 반원, B 지역은 위험 반원에 해당한다.
ㄴ. 태풍이 이동하는 동안 태풍의 최대 풍속은 계속 빨라진다.
ㄷ. 태풍의 이동 속도는 무역풍대보다 편서풍대에서 더 느리다.

① ㄱ ② ㄷ ③ ㄱ, ㄴ ④ ㄴ, ㄷ ⑤ ㄱ, ㄴ, ㄷ

14 그림은 북반구 중위도에서 북상하는 태풍의 동서 방향 단면과 기상 요소의 변화를 나타낸 것이다.

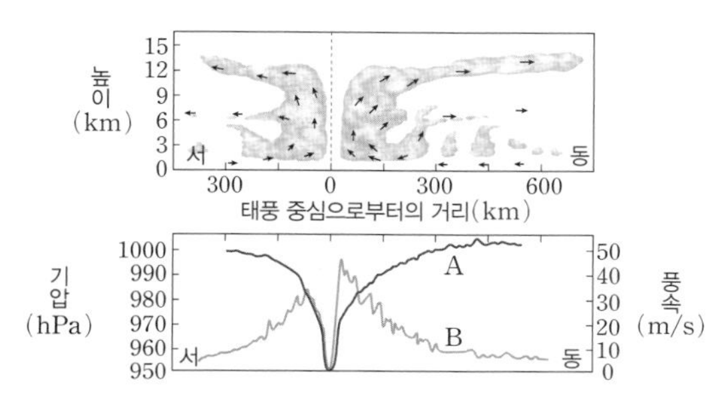

이에 대한 설명으로 옳은 것만을 〈보기〉에서 있는 대로 고른 것은?

보기
ㄱ. A는 기압, B는 풍속이다.
ㄴ. 태풍 중심에서 동쪽 지역은 위험 반원에 해당한다.
ㄷ. 태풍의 중심에서는 두꺼운 적란운의 영향으로 맑은 하늘을 볼 수 없다.

① ㄱ ② ㄷ ③ ㄱ, ㄴ ④ ㄴ, ㄷ ⑤ ㄱ, ㄴ, ㄷ

15 그림은 어느 날 우리나라 부근의 지상 일기도를 나타낸 것이다.

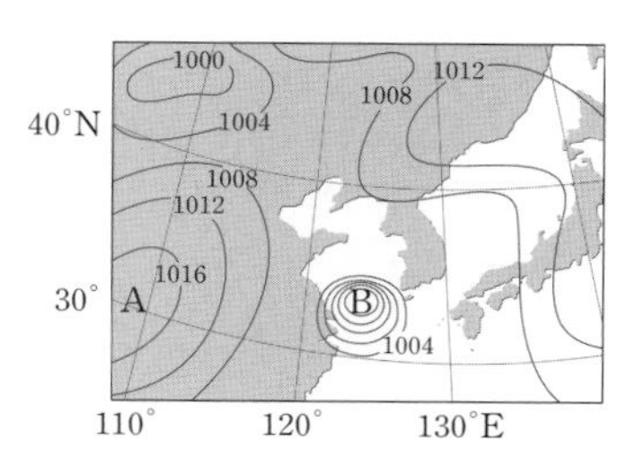

A와 B에 대한 설명으로 옳은 것만을 〈보기〉에서 있는 대로 고른 것은?

보기
ㄱ. A에서는 바람이 시계 방향으로 불어 나간다.
ㄴ. B는 수온이 높은 열대 해상에서 발생한다.
ㄷ. 이 시간 이후 B는 남동쪽으로 이동할 것이다.

① ㄱ ② ㄷ ③ ㄱ, ㄴ ④ ㄴ, ㄷ ⑤ ㄱ, ㄴ, ㄷ

16 그림 (가), (나), (다)는 뇌우의 일생을 순서대로 나타낸 것이다.

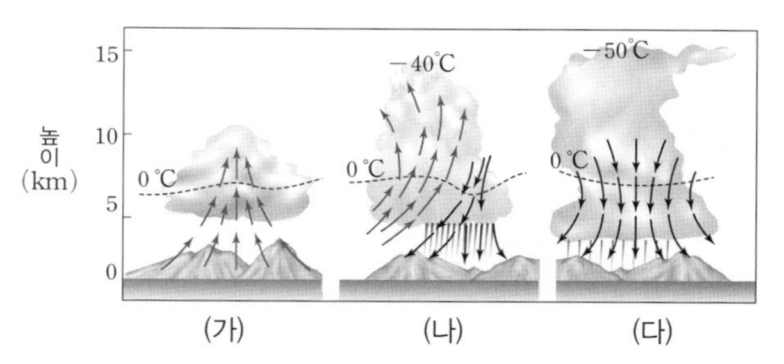

이에 대한 설명으로 옳은 것만을 〈보기〉에서 있는 대로 고른 것은?

보기
ㄱ. 뇌우가 발생할 때 집중 호우에 의한 피해가 나타날 수 있다.
ㄴ. 성숙 단계에서는 상승 기류만 나타난다.
ㄷ. 천둥 · 번개가 잘 발생하는 단계는 (다)이다.

① ㄱ ② ㄴ ③ ㄱ, ㄷ ④ ㄴ, ㄷ ⑤ ㄱ, ㄴ, ㄷ

17 그림은 어느 해역에서 측정한 연직 수온 분포의 계절 변화를 나타낸 것이다.

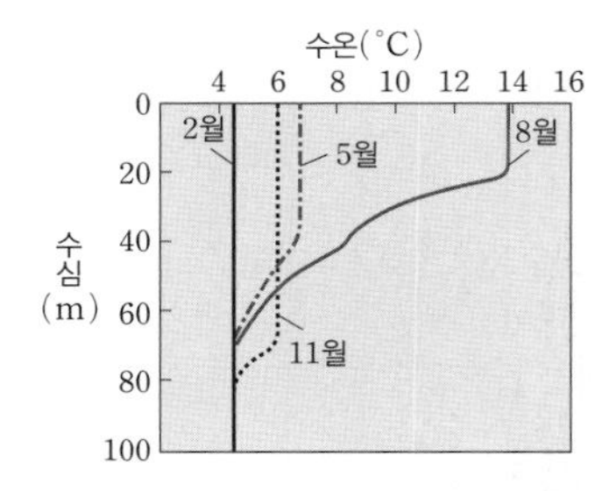

이에 대한 설명으로 옳은 것만을 〈보기〉에서 있는 대로 고른 것은?

보기
ㄱ. 바람은 5월보다 8월에 강하게 분다.
ㄴ. 수심 30 m 부근의 해수층은 11월보다 8월에 안정하다.
ㄷ. 표층 해수의 용존 산소량은 2월에 가장 적다.

① ㄱ ② ㄴ ③ ㄱ, ㄷ ④ ㄴ, ㄷ ⑤ ㄱ, ㄴ, ㄷ

18 그림 (가)는 위도에 따른 강수량과 증발량의 분포를, (나)는 표층 염분의 분포를 나타낸 것이다.

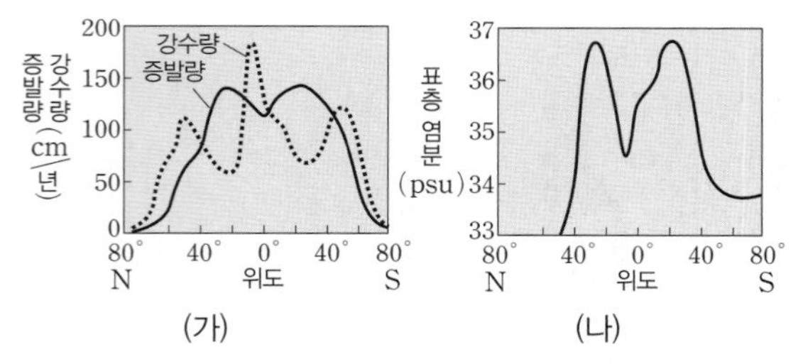

(가) (나)

이에 대한 설명으로 옳은 것만을 〈보기〉에서 있는 대로 고른 것은?

보기
ㄱ. 적도 부근에서는 고기압보다 저기압이 잘 발달한다.
ㄴ. 표층 염분은 강수량에 비례하는 경향이 있다.
ㄷ. 극지방의 평균 기온이 상승하면 극 부근 해역의 표층 염분은 낮아진다.

① ㄱ ② ㄴ ③ ㄱ, ㄷ ④ ㄴ, ㄷ ⑤ ㄱ, ㄴ, ㄷ

19 그림은 육지에서 멀리 떨어진 서로 다른 해역 A, B, C에서 측정한 표층 해수의 수온과 염분을 나타낸 것이다.

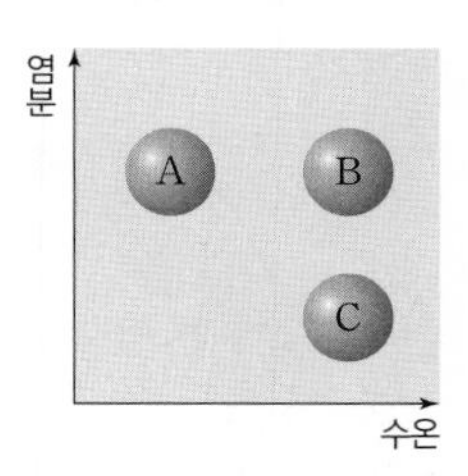

A, B, C 세 해역의 표층 해수에 대한 설명으로 옳은 것만을 〈보기〉에서 있는 대로 고른 것은?

보기
ㄱ. 밀도는 A가 가장 크다.
ㄴ. 용존 산소량은 B가 가장 많다.
ㄷ. 해수의 염류 중 Cl^-이 차지하는 비율은 C가 가장 작다.

① ㄱ ② ㄴ ③ ㄱ, ㄷ ④ ㄴ, ㄷ ⑤ ㄱ, ㄴ, ㄷ

20 그림은 동해 어느 지점의 해수면에서부터 수심 500 m까지 연직 방향으로 측정한 수온과 염분을 수온－염분도에 나타낸 것이다.

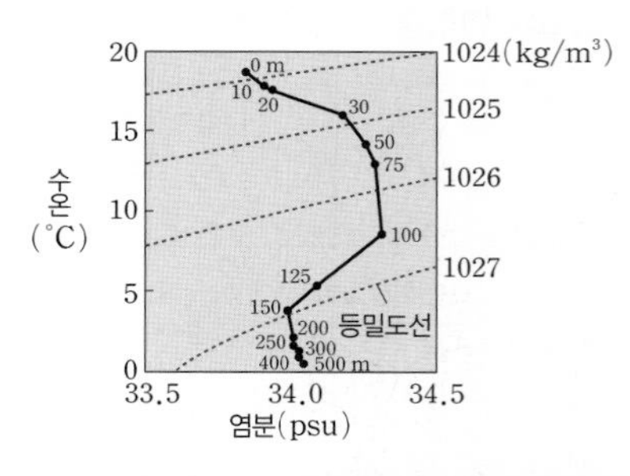

이에 대한 설명으로 옳은 것만을 〈보기〉에서 있는 대로 고른 것은?

보기
ㄱ. 수심이 깊어질수록 해수의 밀도는 커진다.
ㄴ. 수심이 깊어질수록 수온과 염분이 모두 낮아지는 구간이 있다.
ㄷ. 수심 75~100 m에서 밀도 변화는 염분보다 수온의 영향이 크다.

① ㄱ ② ㄷ ③ ㄱ, ㄴ ④ ㄴ, ㄷ ⑤ ㄱ, ㄴ, ㄷ

서술형

21 그림 (가)와 (나)의 화석을 그래프 (다)의 A와 B 위치에 알맞게 짝 짓고, 그 이유를 서술하시오.

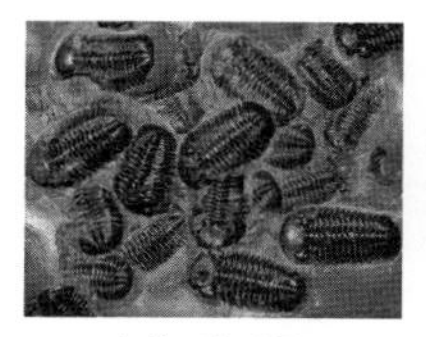

(가) 삼엽충

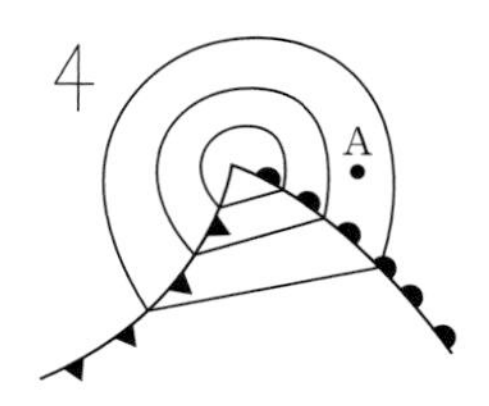

(나) 산호

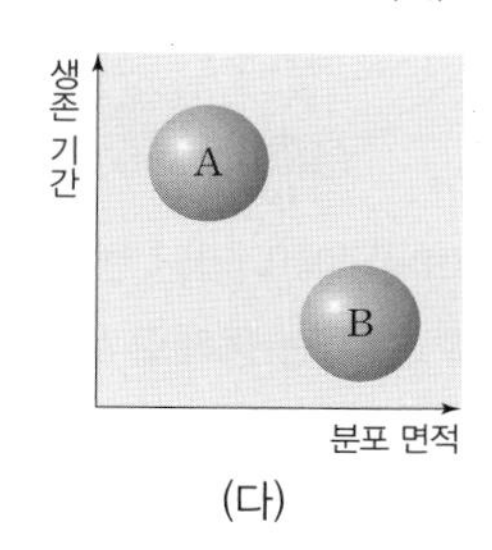

(다)

서술형

22 (가) 선캄브리아 시대의 화석이 적은 이유와 (나) 고생대에 생물종의 수가 급격히 증가한 이유를 각각 서술하시오.

서술형

23 그림은 우리나라에 영향을 주는 두 종류의 저기압 A, B의 이동 경로를 나타낸 것이다.

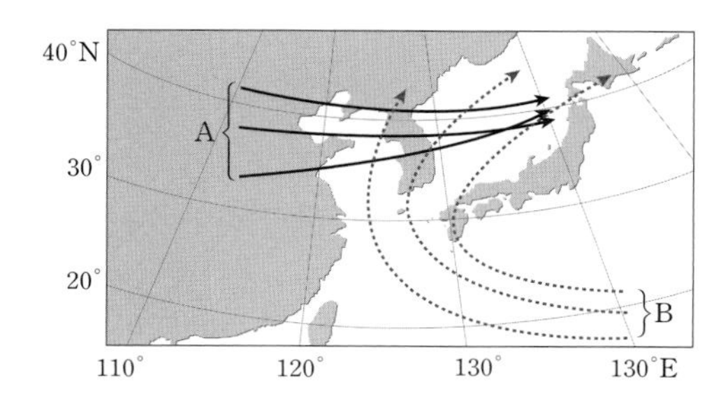

A, B와 같은 경로로 이동하는 저기압의 종류와 우리나라를 통과할 때 동쪽으로 이동하는 이유를 서술하시오.

서술형

24 그림은 북반구 중위도 지방의 온대 저기압을 나타낸 것이다.

온대 저기압의 중심이 현재 위치에서 북동쪽으로 이동하는 경우, A 지점에서의 (가) 강수 형태와 (나) 풍향은 시간이 지남에 따라 어떻게 변할 것인지 서술하시오.

서술형

25 그림은 서로 다른 해역에서 채취한 해수의 염분과 수온을 나타낸 것이다.

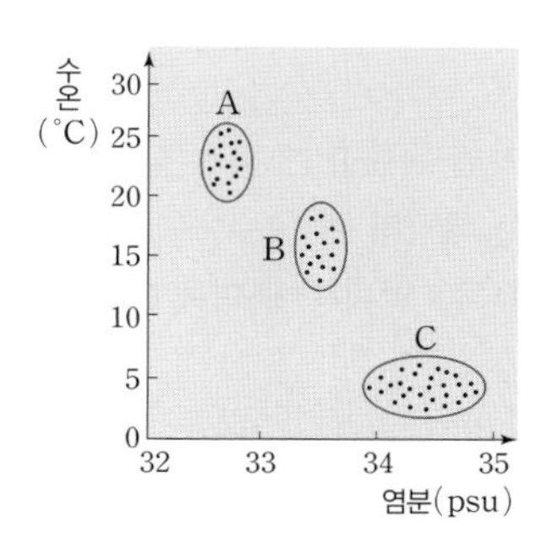

A, B, C 해수의 밀도를 부등호를 사용하여 비교하고, 그렇게 판단한 이유를 서술하시오.

2학기		지구과학 I	3교시	
고사구분	중간		학년	2

01 그림 (가)는 위도별 복사 에너지양의 분포를, (나)는 북반구에서 대기 대순환에 의한 대류 순환 세포를 나타낸 것이다.

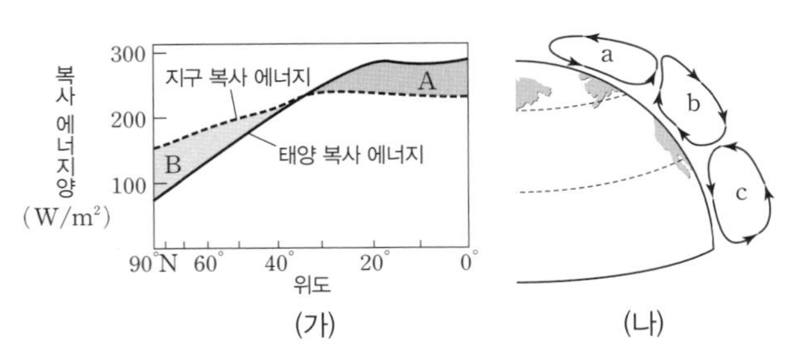

(가) (나)

이에 대한 설명으로 옳은 것만을 〈보기〉에서 있는 대로 고른 것은?

보기
ㄱ. (가)에서 A와 B의 에너지는 그 양이 서로 같다.
ㄴ. (나)의 a와 b가 만나는 지역에서는 주로 고기압이 나타난다.
ㄷ. (나)의 c는 (가)의 A 에너지에 의해 가열된 공기가 상승하여 형성된다.

① ㄱ ② ㄴ ③ ㄱ, ㄷ
④ ㄴ, ㄷ ⑤ ㄱ, ㄴ, ㄷ

02 태평양에 분포하는 주요 표층 해류에 대한 설명으로 옳지 않은 것은?

① 북태평양의 아열대 순환은 시계 방향으로 나타난다.
② 무역풍이 부는 해역의 해류는 주로 서에서 동으로 흐른다.
③ 남극 순환 해류는 편서풍에 의해 남극 주변을 돌면서 흐른다.
④ 동오스트레일리아 해류는 저위도의 남는 에너지를 고위도로 운반한다.
⑤ 캘리포니아 해류가 흐르는 해역은 같은 위도의 쿠로시오 해류가 흐르는 해역보다 서늘한 기후가 나타난다.

03 그림은 1997년과 2000년 2월에 표층 수온이 10 ℃인 해역을 연결한 등수온선을 나타낸 것이다.

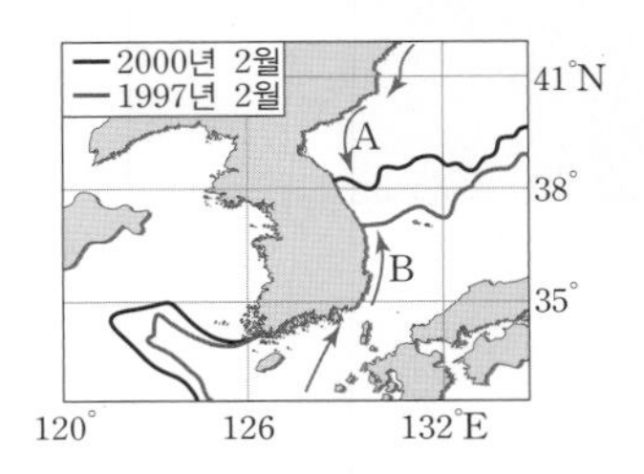

1997년에 비하여 2000년에 나타난 변화에 대한 설명으로 옳은 것은? (단, 화살표 A, B는 동해로 유입되는 해류를 나타낸 것이다.)

① A의 세력이 강해진다.
② 황해에서 조경 수역이 형성되었을 것이다.
③ 남해에서 한류성 어종의 어획량이 증가했을 것이다.
④ 동해에서 표층 해수의 용존 산소량이 감소했을 것이다.
⑤ A와 B가 만나는 위치가 남쪽으로 이동했을 것이다.

04 그림은 대서양에서 일어나는 표층 및 심층 순환의 연직 단면을 나타낸 것이다.

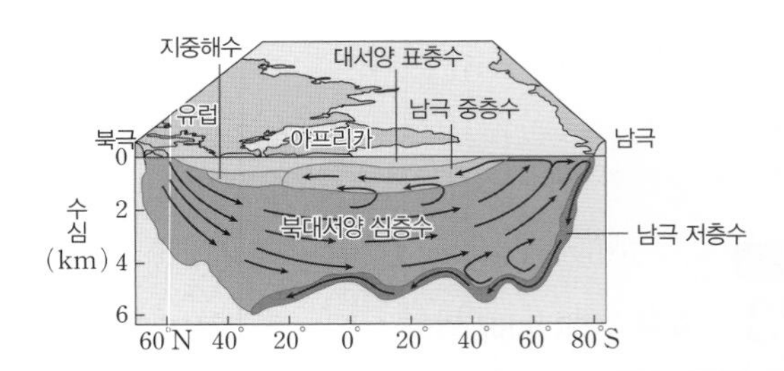

이에 대한 설명으로 옳은 것만을 〈보기〉에서 있는 대로 고른 것은?

보기
ㄱ. 대서양에서 밀도가 가장 큰 해수는 남극 저층수이다.
ㄴ. 심해층의 용존 산소는 주로 남극 중층수에 의해 공급된다.
ㄷ. 심층 순환을 이루는 해류는 표층 순환을 이루는 해류보다 유속이 대체로 빠르다.

① ㄱ ② ㄴ ③ ㄱ, ㄷ ④ ㄴ, ㄷ ⑤ ㄱ, ㄴ, ㄷ

05 그림은 태평양에서 용승이 활발하게 일어나는 해역 A, B, C를 나타낸 것이다.

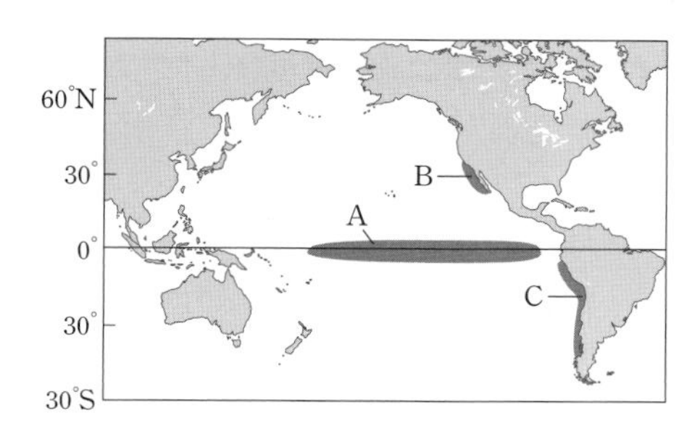

이에 대한 설명으로 옳은 것만을 〈보기〉에서 있는 대로 고른 것은?

보기
ㄱ. A에서 표층 해수는 적도 쪽으로 수렴한다.
ㄴ. B의 연안에는 주로 북풍 계열의 바람이 분다.
ㄷ. C는 주변보다 표층 수온이 낮아서 어장이 잘 형성되지 않는다.

① ㄱ ② ㄴ ③ ㄱ, ㄷ ④ ㄴ, ㄷ ⑤ ㄱ, ㄴ, ㄷ

06 그림은 적도 부근 동태평양의 어느 해역에서 측정한 수온 편차를 나타낸 것으로 A와 B는 각각 엘니뇨와 라니냐 시기 중 하나이다.

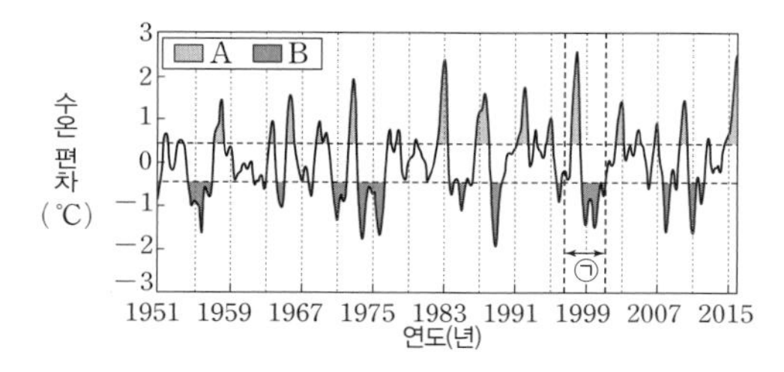

㉠과 같이 A 시기가 지나고 B 시기가 되었을 때 나타나는 현상에 대한 설명으로 옳지 않은 것은?

① 서태평양 지역의 기압이 내려간다.
② 동태평양 지역의 강수량이 감소한다.
③ 동태평양 해역에서 영양 염류의 양이 증가한다.
④ 태평양의 동서 방향으로 해수면 경사가 감소한다.
⑤ 적도 부근 태평양 해역에서 상승 기류가 형성되는 위치가 서쪽으로 이동한다.

07 그림 (가)는 서태평양의 다윈과 중앙 태평양의 타히티섬에서 관측한 기압 편차를, (나)는 동태평양의 엘니뇨 감시 해역에서 관측한 수온 편차를 나타낸 것이다.

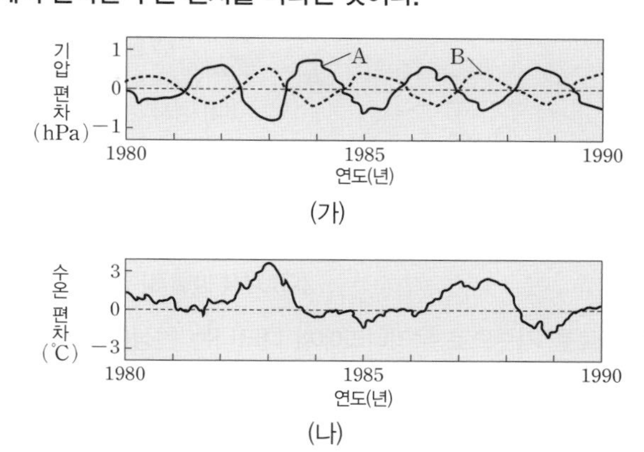

이에 대한 설명으로 옳은 것만을 〈보기〉에서 있는 대로 고른 것은?

보기
ㄱ. 1983년에는 엘니뇨가 발생하였다.
ㄴ. A는 다윈에서, B는 타히티섬에서 측정한 것이다.
ㄷ. (가)에서 두 지역의 기압 편차가 상호 보완적으로 변화하는 현상을 남방 진동이라고 한다.

① ㄱ ② ㄴ ③ ㄱ, ㄷ ④ ㄴ, ㄷ ⑤ ㄱ, ㄴ, ㄷ

08 그림은 북대서양에서 해수의 순환을 나타낸 것이다. 지구 온난화로 그린란드를 비롯한 북극권의 빙하가 감소할 때 A 지역과 주변 해역에서 나타날 수 있는 변화에 대한 설명으로 옳은 것만을 〈보기〉에서 있는 대로 고른 것은?

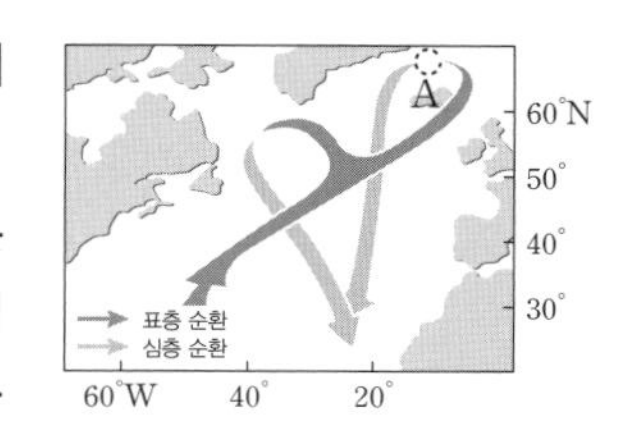

보기
ㄱ. 해수면이 상승할 것이다.
ㄴ. 심층 순환의 흐름이 강해질 것이다.
ㄷ. A 지역의 연평균 기온이 상승할 것이다.

① ㄱ ② ㄷ ③ ㄱ, ㄴ
④ ㄴ, ㄷ ⑤ ㄱ, ㄴ, ㄷ

09 그림은 지구 자전축의 변화를 현재와 비교하여 나타낸 것이다.

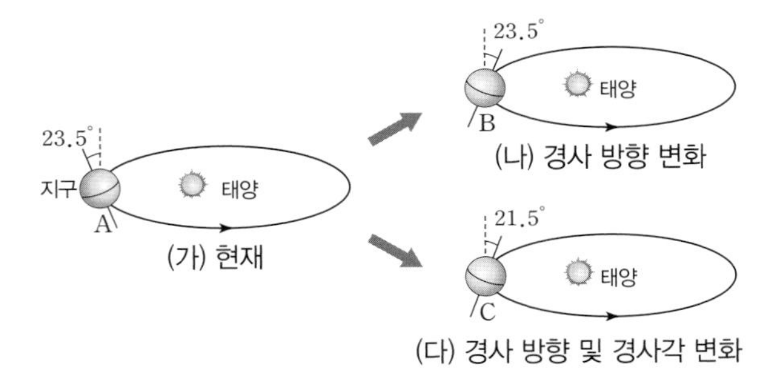

이 자료를 기준으로 우리나라에서 나타나는 현상에 대한 설명으로 옳은 것만을 〈보기〉에서 있는 대로 고른 것은?

보기
ㄱ. A에서 여름철, B에서 겨울철이다.
ㄴ. 태양의 남중 고도는 B보다 C에서 높다.
ㄷ. 기온의 연교차는 (가)보다 (나)에서 커진다.

① ㄱ ② ㄷ ③ ㄱ, ㄴ ④ ㄴ, ㄷ ⑤ ㄱ, ㄴ, ㄷ

10 그림 (가)는 지구에 입사되는 태양 복사 에너지를 100이라고 할 때 복사 평형 상태의 지구 열수지를, (나)는 지구 복사 에너지가 대기에 의해 흡수되는 정도를 나타낸 것이다.

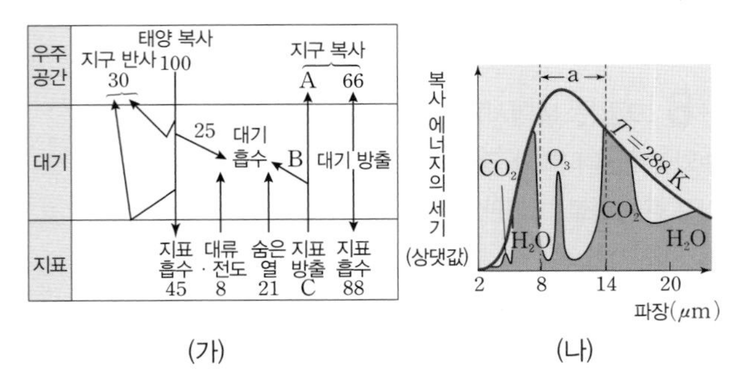

(가) (나)

이에 대한 설명으로 옳지 않은 것은?

① A는 (나)에서 주로 a 파장대에 해당된다.
② 화석 연료를 많이 사용할수록 B가 증가할 것이다.
③ C의 에너지는 태양 복사 에너지보다 파장이 길다.
④ 지표가 흡수하는 에너지의 대부분은 태양 복사 에너지이다.
⑤ $\frac{A}{B}$는 태양 복사 에너지가 대기에 흡수되는 비율보다 작다.

11 다음은 중위도 지역에서 방출되는 온실 기체로 인해 고위도 지역에서 발생하는 환경 변화를 나타낸 것이다.

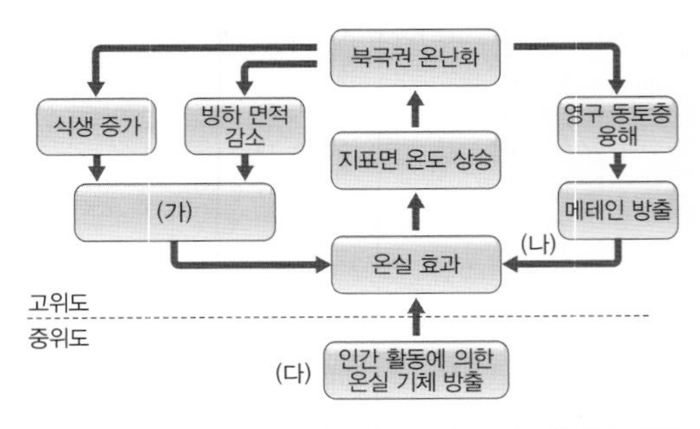

이에 대한 설명으로 옳은 것만을 〈보기〉에서 있는 대로 고른 것은?

보기
ㄱ. (가)로 인해 지표면이 흡수하는 태양 복사 에너지가 감소한다.
ㄴ. (나)가 지구 온난화에 미치는 영향은 대기 중으로 화산재가 방출되는 경우와 유사하다.
ㄷ. (다)의 온실 기체 중에서 가장 많은 양을 차지하고 있는 것은 이산화 탄소이다.

① ㄱ ② ㄴ ③ ㄷ ④ ㄱ, ㄷ ⑤ ㄴ, ㄷ

12 다음은 기후 변화를 막기 위한 국제 사회의 노력 중 하나이다.

지구를 위협하는 기후 변화에 대처하기 위해 국제 사회는 1992년에 유엔기후변화협약을 마련하고, 1995년 독일 회의를 시작으로 해마다 유엔기후변화협약 당사국 총회(COP)를 개최하고 있다.

이에 대한 설명으로 옳은 것만을 〈보기〉에서 있는 대로 고른 것은?

보기
ㄱ. 기후 변화를 막기 위해서는 여러 국가가 협력해야 한다.
ㄴ. COP3에서는 각 국가가 자율적으로 온실 기체 감축량을 결정하는 교토 의정서를 채택하였다.
ㄷ. COP21에서 채택한 파리 협정은 선진국에만 온실 기체 감축 의무를 부과하고 있다.

① ㄱ ② ㄷ ③ ㄱ, ㄴ ④ ㄴ, ㄷ ⑤ ㄱ, ㄴ, ㄷ

13 그림 (가)는 광원에서 나온 빛이 밀도가 희박한 저온의 기체를 통과할 때, (나)는 밀도가 희박한 고온의 기체에서 빛이 방출될 때 관측자에게 도달하는 스펙트럼을 나타낸 것이다.

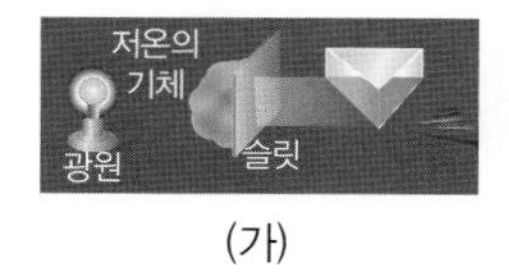

(가)

(나)

이에 대한 설명으로 옳은 것만을 〈보기〉에서 있는 대로 고른 것은?

보기
ㄱ. (가)는 기체의 종류에 따라 서로 다른 스펙트럼이 나타난다
ㄴ. (나)의 스펙트럼을 이용하여 별의 분광형을 분류한다.
ㄷ. (나)에서는 연속 스펙트럼을 관찰할 수 있다.

① ㄱ ② ㄴ ③ ㄱ, ㄷ ④ ㄴ, ㄷ ⑤ ㄱ, ㄴ, ㄷ

14 그림은 별의 분광형과 주요 흡수선의 세기 및 분포를 나타낸 것이다.

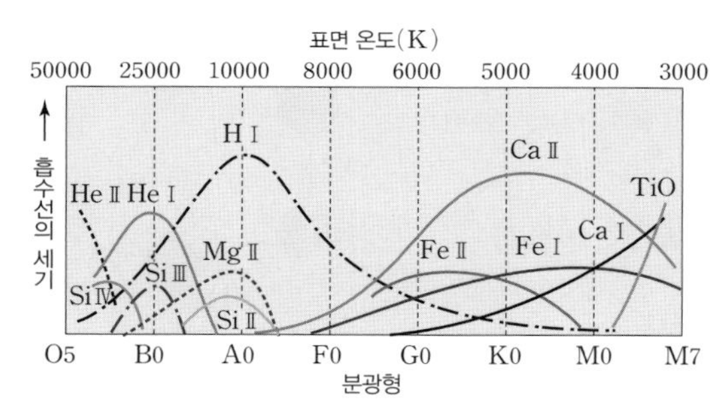

이에 대한 설명으로 옳은 것만을 〈보기〉에서 있는 대로 고른 것은?

보기
ㄱ. K형 별에서는 금속선이 잘 나타나지 않는다.
ㄴ. 중성 수소선이 가장 강하게 나타나는 별은 A0형이다.
ㄷ. 분자의 흡수선은 온도가 낮은 M형 별에서 나타난다.
ㄹ. 온도가 낮은 별일수록 수소선보다 금속 이온선이 우세하게 나타난다.

① ㄱ, ㄷ ② ㄱ, ㄹ ③ ㄴ, ㄷ
④ ㄱ, ㄴ, ㄹ ⑤ ㄴ, ㄷ, ㄹ

15 그림은 주계열성의 질량과 광도 사이의 관계를 나타낸 것이다.

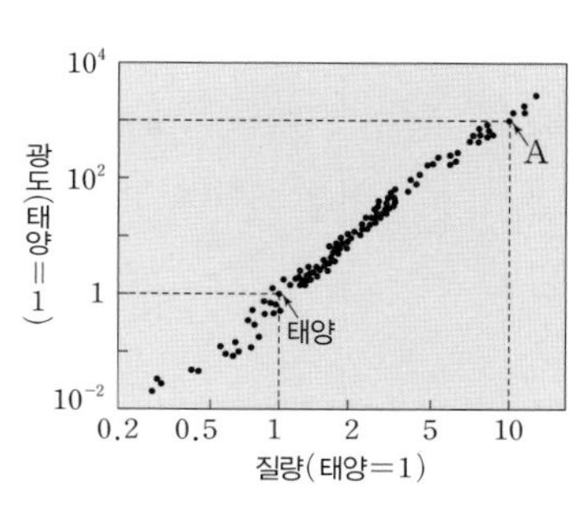

태양보다 별 A에서 크게 나타나는 물리량을 〈보기〉에서 있는 대로 고른 것은?

보기
ㄱ. 반지름 ㄴ. 표면 온도
ㄷ. 주계열에 머무는 시간 ㄹ. 중심부의 수소 소모율

① ㄱ, ㄴ ② ㄴ, ㄷ ③ ㄷ, ㄹ
④ ㄱ, ㄴ, ㄹ ⑤ ㄱ, ㄷ, ㄹ

16 그림은 H−R도에서 별들을 (가) ~ (라) 그룹으로 구분한 것이다.

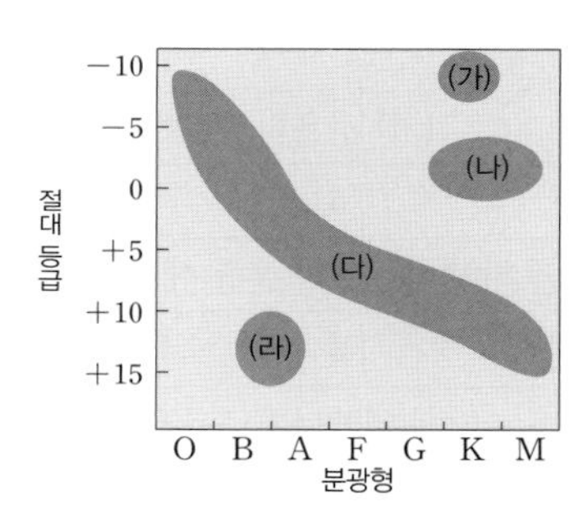

이에 대한 설명으로 옳은 것만을 〈보기〉에서 있는 대로 고른 것은?

보기
ㄱ. (가)에 속한 별들은 (나)에 속한 별들보다 반지름이 크다.
ㄴ. 절대 등급이 같을 때 (나)에 속한 별들은 (다)에 속한 별들보다 표면 온도가 높다.
ㄷ. (라)에 속한 별들은 태양보다 밀도가 크다.

① ㄱ ② ㄴ ③ ㄷ ④ ㄱ, ㄴ ⑤ ㄱ, ㄷ

17 그림은 H－R도에 별 A, B, C를 태양과 함께 나타낸 것이다.

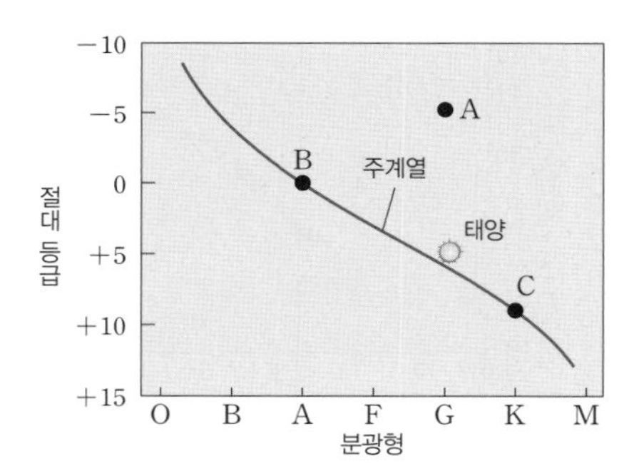

이에 대한 설명으로 옳지 않은 것은? (단, B와 C는 겉보기 등급이 같다.)

① A는 태양보다 실제로 더 밝은 별이다.
② B는 C보다 지구에서 더 멀리 떨어진 별이다.
③ C는 태양보다 별의 색깔에서 붉은색이 우세하다.
④ 별 A, B, C 중에서 반지름이 가장 큰 별은 A이다.
⑤ 별 A, B, C 중에서 광도 계급이 가장 높은 별은 B이다.

18 그림은 원시별의 에너지 생성 과정을 나타낸 것이다.

(가) 성운의 수축
⬇
감소된 위치 에너지가 운동 에너지로 전환
⬇
(나) 열에너지로 전환

이에 대한 설명으로 옳은 것만을 〈보기〉에서 있는 대로 고른 것은?

보기
ㄱ. (가)에서 성운을 수축시키는 원동력은 중력이다.
ㄴ. (가)에서 성운의 초기 반지름이 클수록 (나)에서 발생하는 열에너지는 증가한다.
ㄷ. 태양과 크기가 비슷한 주계열성은 위와 같은 과정에서 발생되는 에너지로 광도를 유지할 수 있다.

① ㄱ ② ㄷ ③ ㄱ, ㄴ
④ ㄴ, ㄷ ⑤ ㄱ, ㄴ, ㄷ

19 그림은 어느 별의 내부에서 일어나고 있는 핵융합 반응을 나타낸 것이다.

이에 대한 설명으로 옳은 것만을 〈보기〉에서 있는 대로 고른 것은?

보기
ㄱ. 수소 원자핵 4개의 질량 합은 헬륨 원자핵 1개의 질량보다 작다.
ㄴ. 적색 거성 단계의 별에서는 이 반응에 의한 에너지가 발생하지 않는다.
ㄷ. 이 반응에서 발생하는 에너지양은 질량－에너지 등가 원리에 의해 결정된다.

① ㄱ ② ㄷ ③ ㄱ, ㄴ ④ ㄴ, ㄷ ⑤ ㄱ, ㄴ, ㄷ

20 그림은 별의 내부에서 일어날 수 있는 여러 종류의 핵융합 반응 중 일부를 나타낸 것이다.

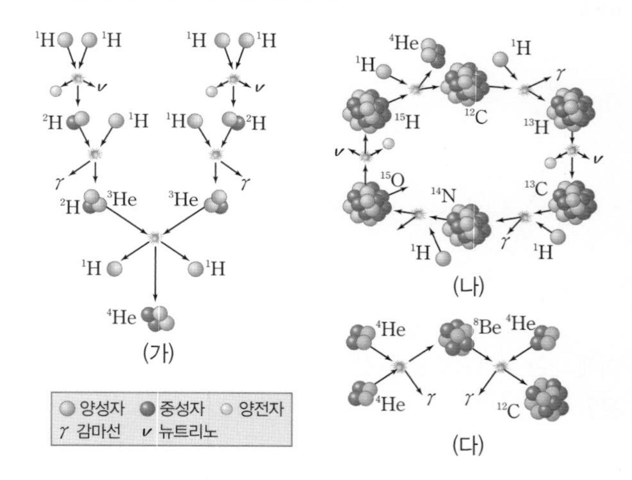

이에 대한 설명으로 옳은 것은?

① 가장 높은 온도에서 일어나는 반응은 (가)이다.
② (나)와 (다)에서는 탄소가 반응의 촉매 역할을 한다.
③ 주계열성에서 가장 활발하게 일어나는 반응은 (다)이다.
④ 태양보다 질량이 작은 별에서는 (가) 반응이 우세하다.
⑤ 양성자－양성자 연쇄 반응에 의한 수소 핵융합 반응은 (나)이다.

서술형

21 그림은 심층 순환의 형성 과정을 나타낸 모식도이다.

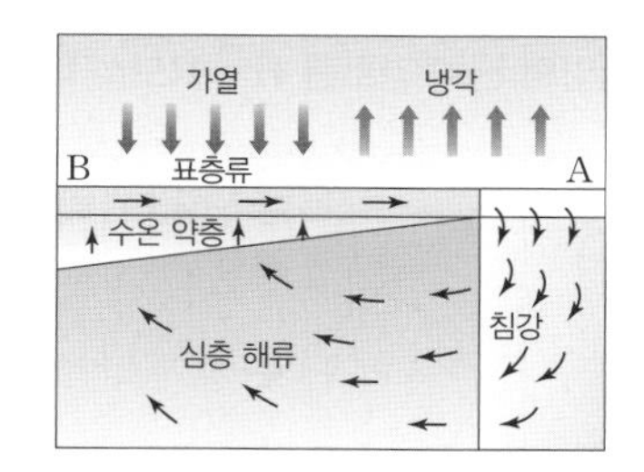

(1) A 해역에서 침강이 일어나는 원인을 서술하시오.

(2) B 해역에서 A 해역으로 이동하는 표층류를 이루는 해류의 형성 원인을 서술하시오.

서술형

22 그림 (가)와 (나)는 평상시와 엘니뇨 발생 시 적도 부근 태평양 해역에서 대기 순환의 변화를 나타낸 것이다.

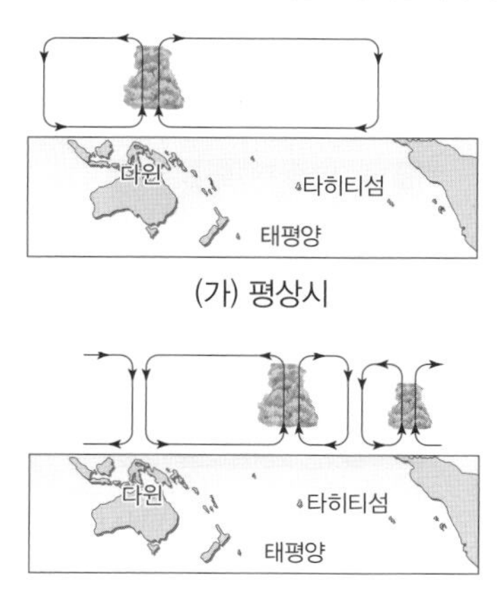

(가) 평상시

(나) 엘니뇨 발생 시

(1) 엘니뇨 발생 시 서태평양 해역에서 나타나는 기압과 강수량의 변화를 표층 수온 변화와 관련지어 서술하시오.

(2) 엘니뇨 발생 시 타히티섬 주변 해역에서 상승 기류가 형성되는 이유를 동태평양의 용승과 관련지어 서술하시오.

서술형

23 일반적으로 별의 질량은 태양 질량의 0.08배에서 150배 사이로, 별이 태어나는 과정에서 중력 수축이 일어나는 성간 물질의 질량이 이보다 더 작거나 더 크면 별이 되기 어렵다. 그 이유를 핵융합 반응과 관련지어 서술하시오.

서술형

24 그림은 H－R도에 별 A, B의 위치를 나타낸 것이다.

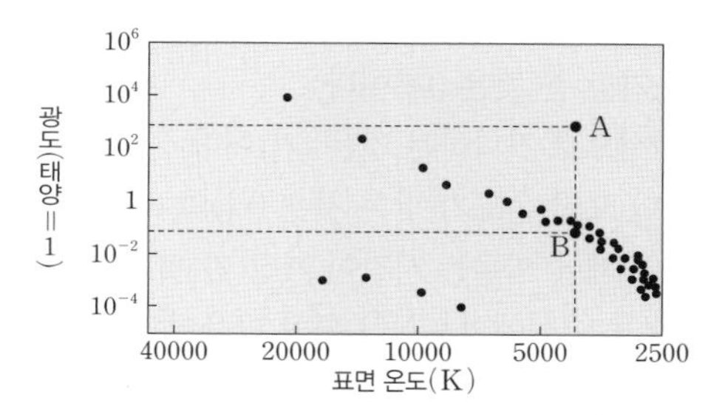

별 A와 별 B의 종류를 각각 쓰고, 두 별의 표면 온도는 같은데 별 A가 별 B보다 광도가 큰 이유를 슈테판－볼츠만 법칙과 관련지어 서술하시오.

서술형

25 그림 (가)와 (나)는 질량에 따른 별 내부의 에너지 전달 방식을 나타낸 것이다.

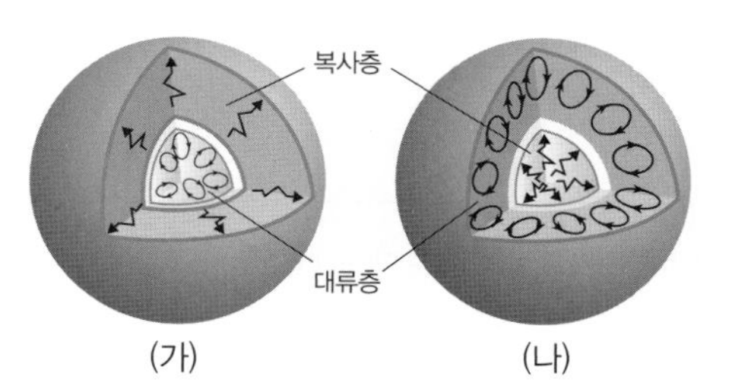

(가) (나)

(가)와 (나) 중에서 질량이 더 큰 별은 어느 것인지 기호를 쓰고, 그 판단 근거를 핵융합 반응이 일어나는 중심핵 주변의 에너지 전달 방식과 관련지어 서술하시오. (단, 그림에서 별의 크기는 실제 비례와는 관련이 없다.)

2학기	지구과학 I	3교시
고사구분: 기말		학년: 2

01 그림은 H－R도에 주계열성 (가), (나), (다)를 나타낸 것이다.

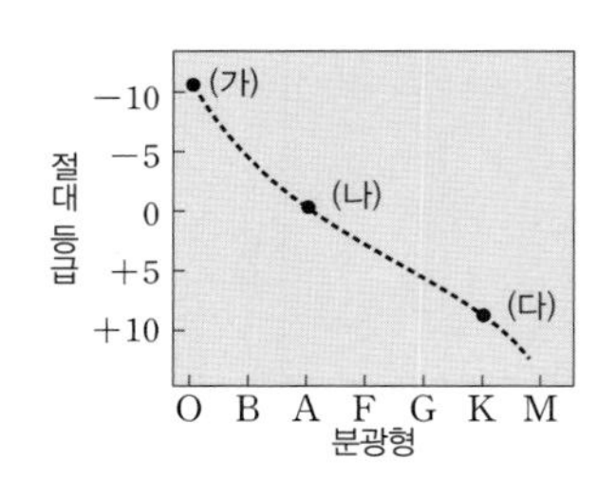

주계열성 (가), (나), (다)에 대한 설명으로 옳은 것은?

① 질량이 가장 큰 것은 (다)이다.
② 백색 왜성으로 진화하는 것은 (가)이다.
③ 태양보다 표면 온도가 낮은 것은 (나)와 (다)이다.
④ 주계열 단계에 머무는 시간이 가장 긴 것은 (다)이다.
⑤ 세 별 모두 중심에서 CNO 순환 반응이 일어난다.

02 그림은 질량이 다른 두 별 A와 B가 주계열 단계로 진화하는 경로를 나타낸 것이다. 이에 대한 설명으로 옳은 것만을 ⟨보기⟩에서 있는 대로 고른 것은?

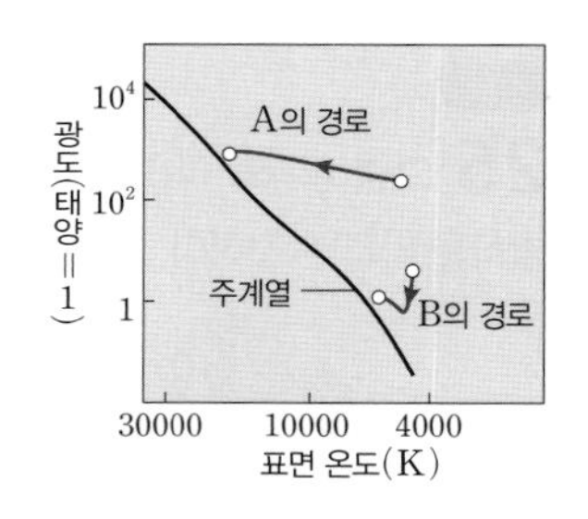

보기
ㄱ. 별의 질량은 A가 B보다 크다.
ㄴ. 진화하는 동안 A의 주요 에너지원은 핵융합 반응이다.
ㄷ. 주계열 단계에 이르는 데 걸린 시간은 A가 B보다 길다.

① ㄱ ② ㄴ ③ ㄷ
④ ㄱ, ㄴ ⑤ ㄴ, ㄷ

03 그림은 태양의 진화 경로를 H－R도에 나타낸 것이다.

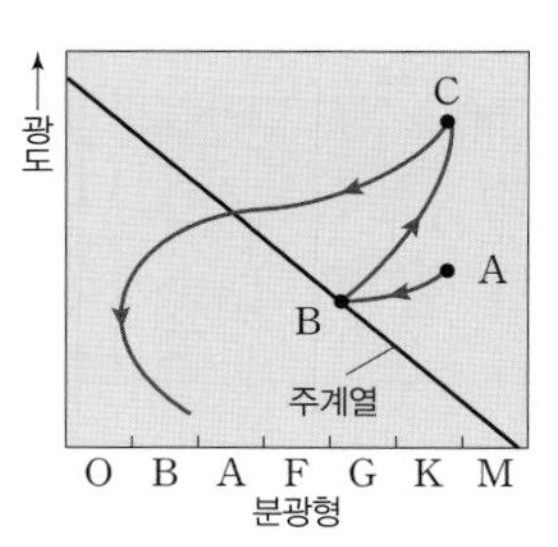

이에 대한 설명으로 옳은 것만을 ⟨보기⟩에서 있는 대로 고른 것은?

보기
ㄱ. A에서 B로 진화하는 동안 정역학적 평형 상태에 있다.
ㄴ. 현재 태양의 진화 단계는 B이다.
ㄷ. 반지름이 가장 클 때는 C이다.

① ㄱ ② ㄴ ③ ㄷ
④ ㄱ, ㄴ ⑤ ㄴ, ㄷ

04 그림은 별이 진화하여 일생을 마감하는 단계에 있는 어느 성운의 모습이다.

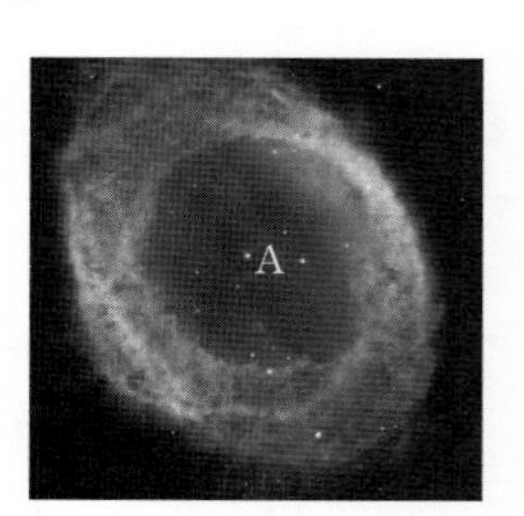

이에 대한 설명으로 옳은 것만을 ⟨보기⟩에서 있는 대로 고른 것은?

보기
ㄱ. 행성상 성운이다.
ㄴ. A는 별이 초신성 폭발 후 남은 중심핵이다.
ㄷ. 질량이 태양과 비슷한 별들이 거치는 단계이다.

① ㄱ ② ㄴ ③ ㄱ, ㄷ
④ ㄴ, ㄷ ⑤ ㄱ, ㄴ, ㄷ

05 그림 (가)는 어떤 별의 내부 구조를, (나)는 질량이 다른 두 주계열성 A와 B의 주계열 이후 진화 경로를 나타낸 것이다.

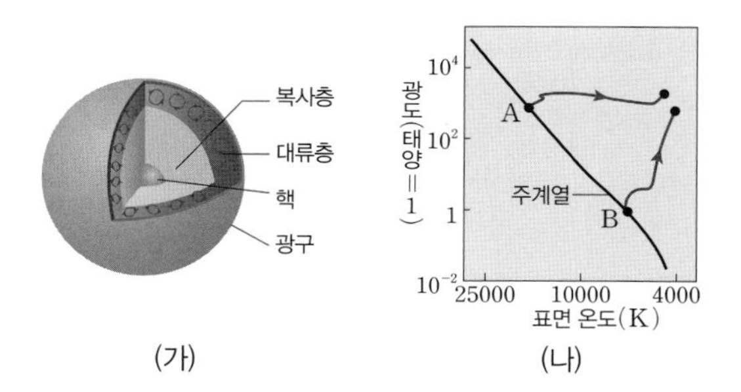

이에 대한 설명으로 옳은 것만을 〈보기〉에서 있는 대로 고른 것은?

> 보기
> ㄱ. (가)는 A의 내부 구조이다.
> ㄴ. 반지름은 A가 B보다 크다.
> ㄷ. 주계열 이후 진화 과정에서 $\frac{\text{광도 변화량}}{\text{표면 온도 변화량}}$은 B가 A보다 크다.

① ㄱ ② ㄷ ③ ㄱ, ㄴ ④ ㄴ, ㄷ ⑤ ㄱ, ㄴ, ㄷ

06 그림은 어느 별의 내부 구조를 나타낸 것이다.

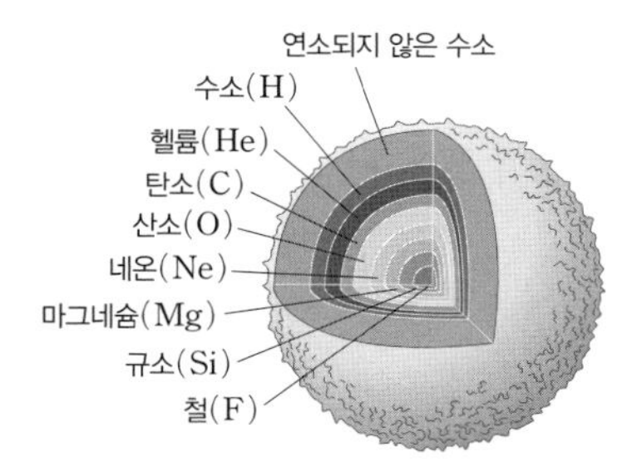

이에 대한 설명으로 옳은 것만을 〈보기〉에서 있는 대로 고른 것은?

> 보기
> ㄱ. 중심부로 들어갈수록 온도가 높아진다.
> ㄴ. 태양의 진화 마지막 단계에서 나타날 수 있다.
> ㄷ. 중심의 온도가 충분히 높아지면 철(Fe) 핵융합 반응을 한다.

① ㄱ ② ㄴ ③ ㄷ ④ ㄱ, ㄷ ⑤ ㄴ, ㄷ

07 그림 (가)는 별의 질량에 따른 주계열 단계의 수명을, (나)는 H－R도에 주계열을 나타낸 것이다.

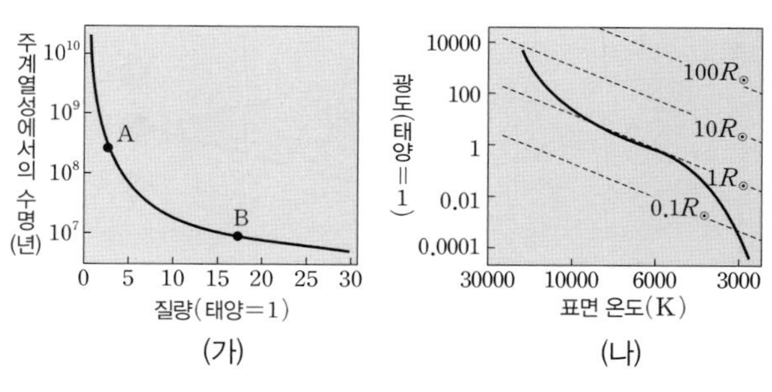

주계열성 A와 B에 대한 설명으로 옳은 것만을 〈보기〉에서 있는 대로 고른 것은?

> 보기
> ㄱ. (가)에서 별의 질량이 클수록 주계열 단계의 수명이 짧다.
> ㄴ. (나)에서 A는 B보다 왼쪽 위에 위치한다.
> ㄷ. 색지수는 B가 A보다 크다.

① ㄱ ② ㄷ ③ ㄱ, ㄴ ④ ㄴ, ㄷ ⑤ ㄱ, ㄴ, ㄷ

08 그림 (가)는 어느 외계 행성과 중심별의 상대적 운동을, (나)는 A 위치부터 일정한 시간 간격으로 관측한 중심별의 밝기 변화를 나타낸 것이다.

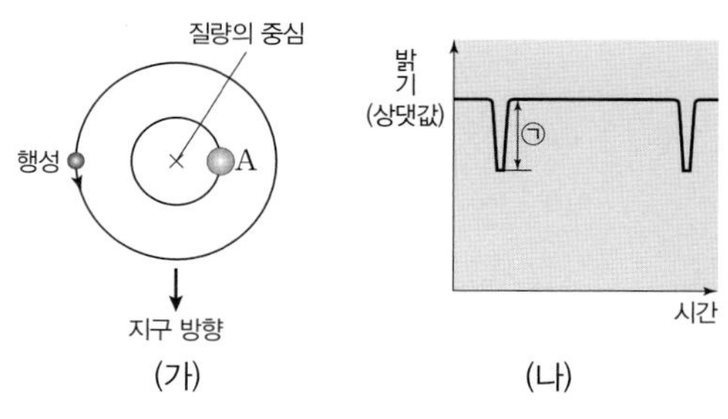

이에 대한 설명으로 옳은 것만을 〈보기〉에서 있는 대로 고른 것은?

> 보기
> ㄱ. 행성의 공전 궤도면이 관측자의 시선 방향과 수직이다.
> ㄴ. 행성의 반지름이 클수록 (나)에서 ㉠이 커진다.
> ㄷ. 현재 별 A의 스펙트럼에는 적색 편이가 나타난다.

① ㄱ ② ㄴ ③ ㄷ ④ ㄱ, ㄷ ⑤ ㄴ, ㄷ

09 그림은 P 별의 밝기 변화를 이용해 X 항성계에 속한 외계 행성의 탐사 방법을 나타낸 것이다.

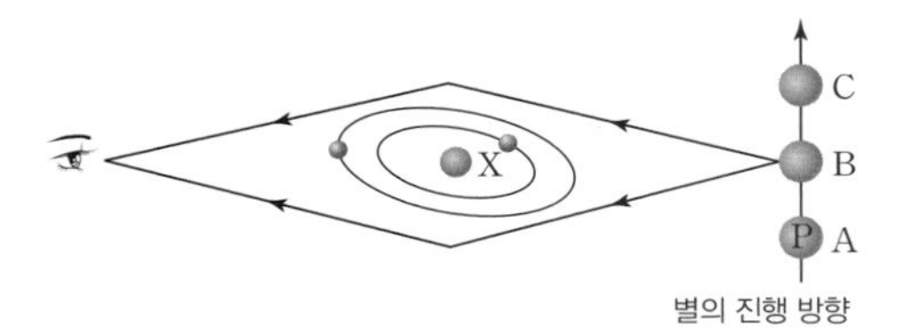

이에 대한 설명으로 옳은 것만을 〈보기〉에서 있는 대로 고른 것은?

보기
ㄱ. 식현상을 이용하는 방법이다.
ㄴ. P 별이 가장 밝게 보이는 위치는 B이다.
ㄷ. X 항성계의 행성 때문에 P 별의 밝기가 불규칙하게 변할 수 있다.

① ㄱ ② ㄴ ③ ㄱ, ㄷ
④ ㄴ, ㄷ ⑤ ㄱ, ㄴ, ㄷ

10 그림은 2014년까지 발견된 외계 행성의 궤도 긴반지름과 질량을 나타낸 것이다.

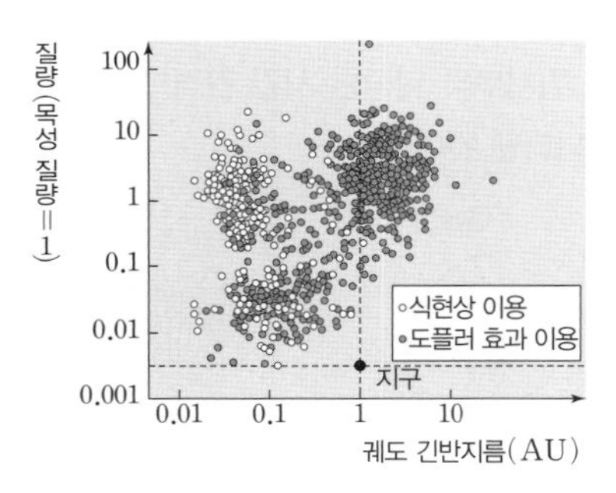

발견된 외계 행성에 대한 설명으로 옳은 것만을 〈보기〉에서 있는 대로 고른 것은?

보기
ㄱ. 대부분 지구보다 질량이 크다.
ㄴ. 궤도 긴반지름이 1 AU보다 작은 경우 주로 식현상을 이용해 발견했다.
ㄷ. 도플러 효과는 외계 행성의 스펙트럼에서 확인한다.

① ㄱ ② ㄷ ③ ㄱ, ㄴ
④ ㄴ, ㄷ ⑤ ㄱ, ㄴ, ㄷ

11 그림은 중심별의 질량이 서로 다른 두 항성계 A와 B의 생명 가능 지대와 행성의 위치를 나타낸 것이다.

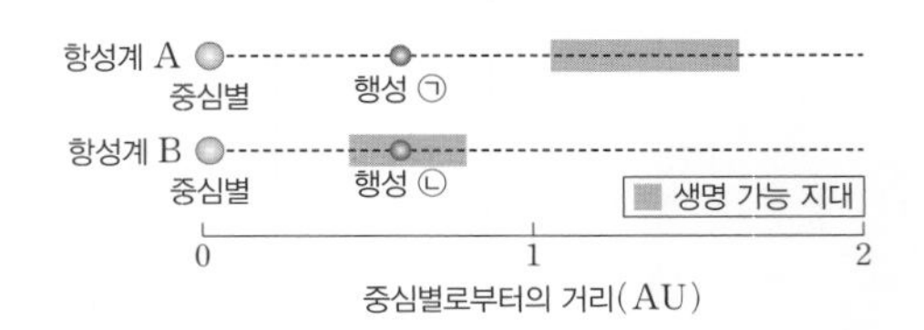

이에 대한 설명으로 옳은 것만을 〈보기〉에서 있는 대로 고른 것은?

보기
ㄱ. 액체 상태의 물이 존재할 수 있는 행성은 ㉠이다.
ㄴ. 행성의 평균 표면 온도는 ㉠보다 ㉡이 높다.
ㄷ. 중심별의 질량은 A가 B보다 크다.

① ㄱ ② ㄷ ③ ㄱ, ㄴ ④ ㄴ, ㄷ ⑤ ㄱ, ㄴ, ㄷ

12 그림은 서로 다른 세 은하를 분류하는 과정을 나타낸 것이다.

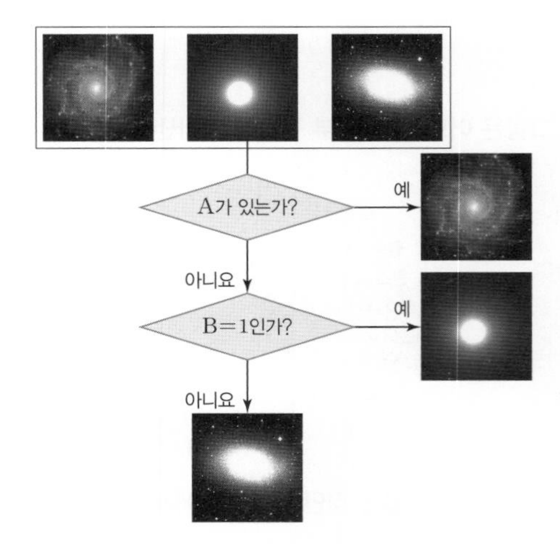

A와 B에 알맞은 내용을 옳게 짝 지은 것은?

	A	B
①	나선팔	편평도
②	나선팔	긴반지름/짧은 반지름
③	나선팔	막대 구조
④	막대 구조	편평도
⑤	막대 구조	긴반지름/짧은 반지름

13 그림 (가)와 (나)는 서로 다른 두 은하의 모습을 나타낸 것이다.

(가) (나)

이에 대한 설명으로 옳은 것만을 〈보기〉에서 있는 대로 고른 것은?

보기
ㄱ. (가)가 진화하면 나선팔이 형성된다.
ㄴ. 우리 은하와 비슷한 구조를 가지는 것은 (나)이다.
ㄷ. 젊은 별의 비율은 (나)보다 (가)가 크다.

① ㄱ ② ㄴ ③ ㄱ, ㄷ
④ ㄴ, ㄷ ⑤ ㄱ, ㄴ, ㄷ

14 다음은 퀘이사와 세이퍼트은하의 특징을 순서 없이 나타낸 것이다.

(가)	• 스펙트럼상에 넓은 방출선이 나타난다. • 중심부에 거대한 블랙홀이 있을 것으로 추정된다.
(나)	• 스펙트럼상에 매우 큰 적색 편이가 나타난다. • 점상으로 관측된다.

이에 대한 설명으로 옳은 것만을 〈보기〉에서 있는 대로 고른 것은?

보기
ㄱ. (가)는 가시광선 영역에서 대부분 나선 구조를 보인다.
ㄴ. 우리 은하로부터의 거리는 대체로 (가)보다 (나)가 멀다.
ㄷ. 천체의 나이는 (나)보다 (가)가 많다.

① ㄱ ② ㄷ ③ ㄱ, ㄴ
④ ㄴ, ㄷ ⑤ ㄱ, ㄴ, ㄷ

15 그림은 어떤 특이 은하를 가시광선과 전파 영역에서 관측한 모습을 나타낸 것이다.

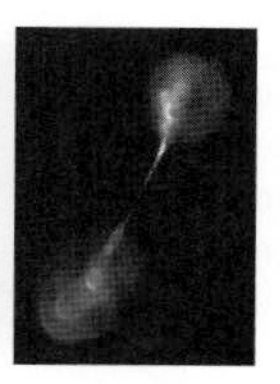

가시광선 전파

이 은하에 대한 설명으로 옳은 것만을 〈보기〉에서 있는 대로 고른 것은?

보기
ㄱ. 전파 은하이다.
ㄴ. 막대 나선 은하이다.
ㄷ. 강력한 물질의 분출이 대칭적으로 나타난다.

① ㄱ ② ㄴ ③ ㄱ, ㄷ ④ ㄴ, ㄷ ⑤ ㄱ, ㄴ, ㄷ

16 그림은 우리 은하와 외부 은하 A, B의 위치 관계를, 표는 우리 은하에서 관측한 외부 은하 A, B의 스펙트럼에 나타난 수소 흡수선의 파장을 나타낸 것이다.

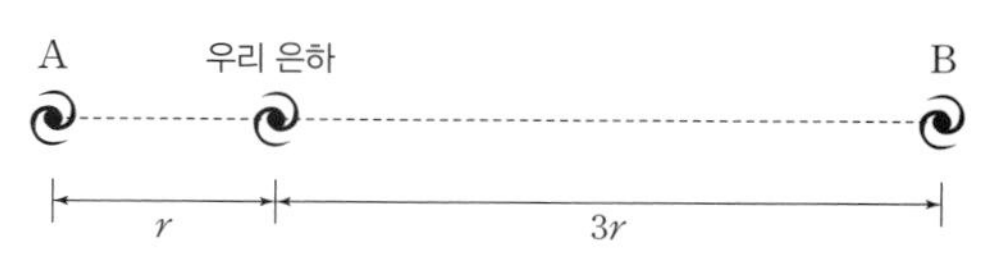

구분	수소 흡수선의 파장(nm)
정지 상태	486
A	506
B	546

이에 대한 설명으로 옳은 것만을 〈보기〉에서 있는 대로 고른 것은?

보기
ㄱ. 후퇴 속도는 B가 A의 3배이다.
ㄴ. A와 B는 허블 법칙을 만족한다.
ㄷ. A에서 B를 관측하면 수소 흡수선의 파장은 526 nm로 나타난다.

① ㄱ ② ㄷ ③ ㄱ, ㄴ ④ ㄴ, ㄷ ⑤ ㄱ, ㄴ, ㄷ

17 그림은 우리 은하에서 관측한 외부 은하의 거리와 후퇴 속도를 나타낸 것이다.

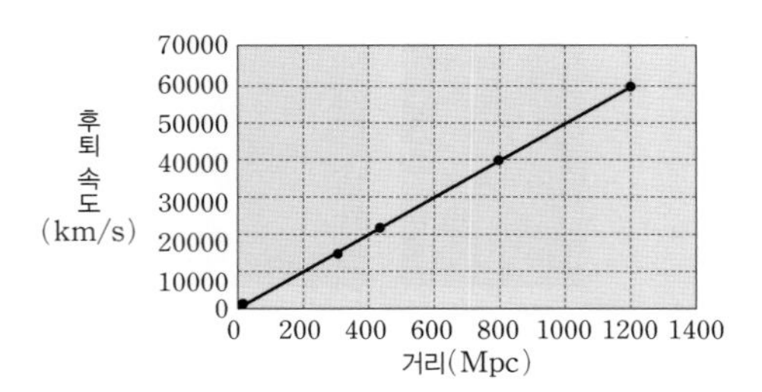

이에 대한 설명으로 옳은 것만을 〈보기〉에서 있는 대로 고른 것은?

보기
ㄱ. 허블 상수는 약 50 km/s/Mpc이다.
ㄴ. 멀리 있는 은하일수록 적색 편이가 크다.
ㄷ. 2000 Mpc 거리에 있는 은하는 약 1×10^5 km/s의 속도로 멀어질 것으로 예상된다.

① ㄱ ② ㄷ ③ ㄱ, ㄴ
④ ㄴ, ㄷ ⑤ ㄱ, ㄴ, ㄷ

18 그림 (가)와 (나)는 팽창하는 우주를 설명하는 서로 다른 모형을 나타낸 것이다.

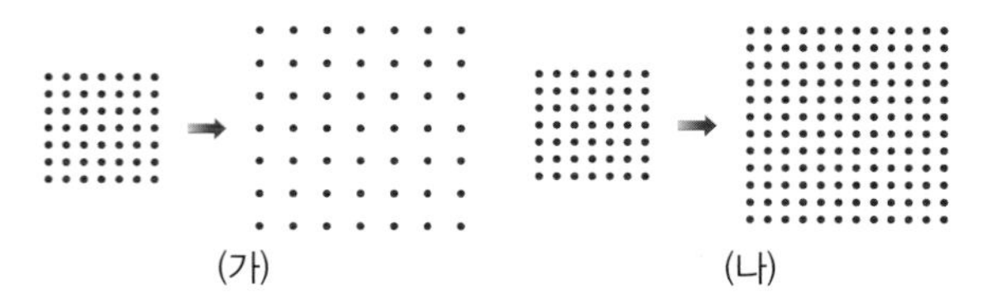

(가)에만 해당하는 내용으로 옳은 것만을 〈보기〉에서 있는 대로 고른 것은?

보기
ㄱ. 허블 법칙의 적용
ㄴ. 우주 배경 복사의 존재
ㄷ. 팽창에 따른 우주 밀도의 감소

① ㄱ ② ㄴ ③ ㄱ, ㄷ
④ ㄴ, ㄷ ⑤ ㄱ, ㄴ, ㄷ

19 그림은 기존 대폭발 우주론과 급팽창 이론에서 빅뱅 이후 시간에 따른 우주의 크기 변화를 나타낸 것이다.

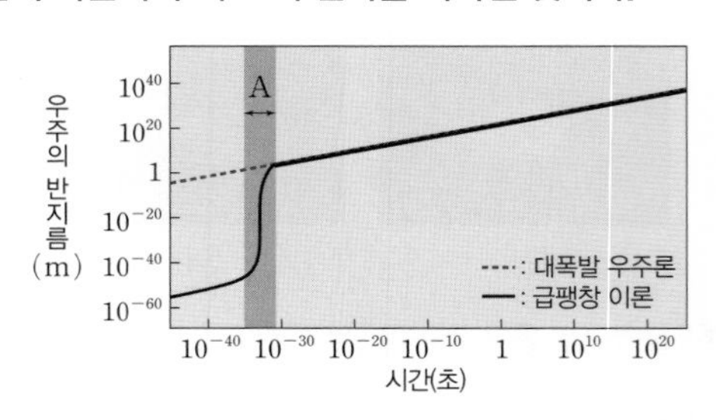

A 시기에 대한 설명으로 옳은 것만을 〈보기〉에서 있는 대로 고른 것은?

보기
ㄱ. 우주의 밀도는 감소한다.
ㄴ. 우주 배경 복사의 파장은 짧아진다.
ㄷ. 우주 팽창 속도는 대폭발 우주론보다 급팽창 이론에서 더 크다.

① ㄱ ② ㄴ ③ ㄱ, ㄷ
④ ㄴ, ㄷ ⑤ ㄱ, ㄴ, ㄷ

20 그림은 어느 팽창 우주 모형에서 시간에 따른 우주의 크기를 나타낸 것이다.

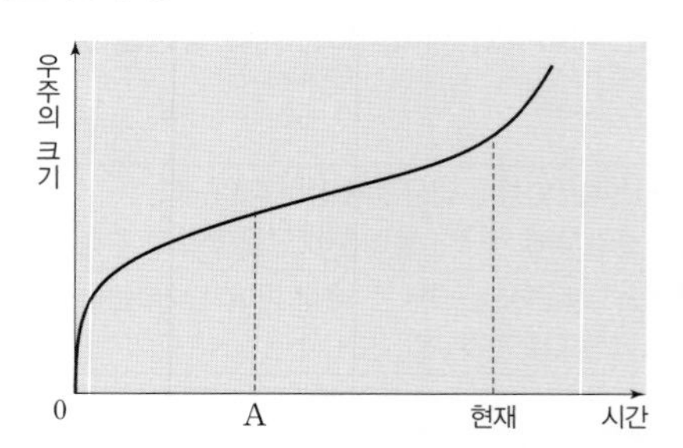

이에 대한 설명으로 옳은 것만을 〈보기〉에서 있는 대로 고른 것은?

보기
ㄱ. 우주의 온도는 A보다 현재가 더 높다.
ㄴ. 우주의 팽창 속도는 A보다 현재가 더 크다.
ㄷ. 암흑 에너지의 영향은 A보다 현재가 더 크다.

① ㄱ ② ㄷ ③ ㄱ, ㄴ
④ ㄴ, ㄷ ⑤ ㄱ, ㄴ, ㄷ

서술형

21 그림 (가)는 같은 성단에서 동시에 태어난 별들의 진화 정도를 H－R도에 나타낸 것이고, (나)는 별들이 진화하는 과정에서 가질 수 있는 내부 구조를 나타낸 것이다.

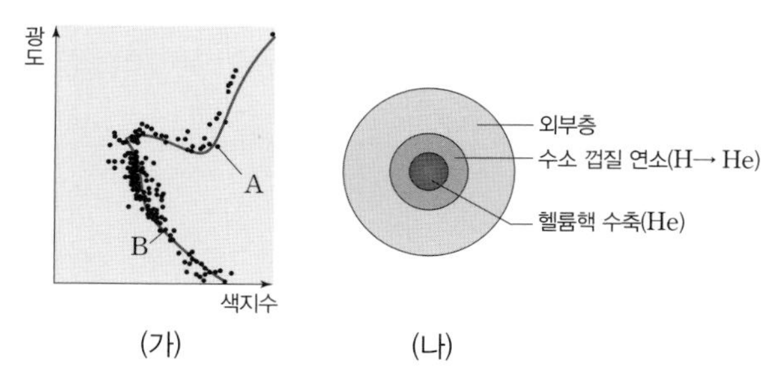

(가) (나)

(1) A와 B 중 (나)와 같은 구조를 갖는 시기는 언제인지 쓰시오.

(2) (나)의 별의 외부층에서 내부 압력과 중력의 크기를 비교하여 별의 반지름 변화에 대해 서술하시오.

서술형

22 그림은 외계 항성계에서 행성이 별 주위를 공전하는 모습을 나타낸 것이다.

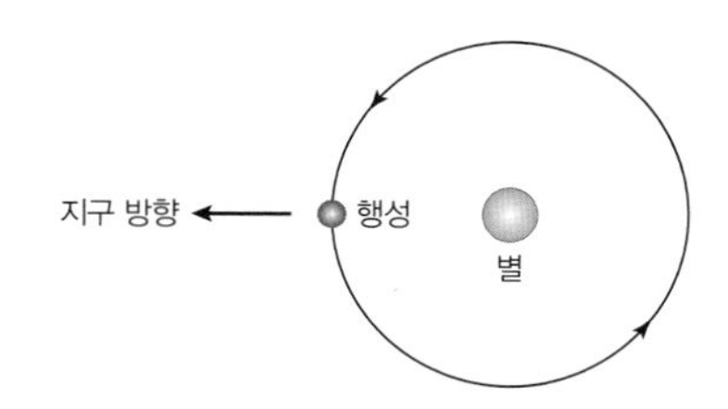

지구에서 행성의 존재를 알아내기 위해 직접 관측 외에 사용하는 방법 두 가지를 서술하시오.

서술형

23 다음은 우주 배경 복사의 연구 과정에 대한 설명이다.

> 1964년 미국의 펜지어스와 윌슨은 하늘의 모든 방향에서 균일하게 관측되는 7.3 cm 전파를 관측하였다. 이후에 이것이 ㉠ 2.7 K의 우주 배경 복사라는 것을 알게 되었고, 더블유맵(WMAP) 위성을 이용하여 ㉡ 10^{-5} K 정도의 미세한 온도 편차가 있다는 것을 정밀하게 관측하였다.

㉠과 ㉡을 통해 우리 우주에 대해 어떤 점을 알 수 있는지 간단하게 서술하시오.

서술형

24 다음은 우주 배경 복사와 허블 상수에 대한 과학 기사의 일부이다.

> 최근 유럽 우주국(ESA)에서 쏘아 올린 플랑크(Plank) 위성의 관측 결과가 발표되었다. 플랑크 위성은 우주 배경 복사에 대한 정밀 관측을 통해 허블 상수를 그동안 알려져 있던 값보다 작은 값(67.15±1.2)으로 제시해 관련 분야에서 큰 관심을 받고 있다. 이는 허블 우주 망원경이나 더블유맵(WMAP) 위성의 관측값과는 상당한 차이가 있는 것으로, 그만큼 우주의 팽창 속도가 기존에 알려진 것보다 더 느린 것으로 관측된다는 것이었다.

밑줄 친 부분이 우주의 나이 결정에 어떤 영향을 미치는지 간단하게 서술하시오.

MEMO

정답과 해설

지구과학 I 부록

1학기 중간 고사				본문 022~027쪽
01 ③	02 ②	03 ②	04 ⑤	05 ②
06 ①	07 ⑤	08 ④	09 ②	10 ⑤
11 ③	12 ②	13 ③	14 ③	15 ①
16 ④	17 ②	18 ④	19 ⑤	20 ①
21~25 해설 참조				

01

정답 맞히기 ㄱ. A와 B 아래에서 일어나는 맨틀 대류의 방향이 서로 반대 방향이므로 A와 B는 서로 반대 방향으로 이동한다.
ㄷ. 대류는 온도가 균일하지 않을 때 온도가 높은 부분의 밀도가 낮아져 부력이 생기고, 온도가 낮은 부분은 밀도가 커져 가라앉게 되어 연직 운동이 일어나는 것을 말한다. 맨틀 대류는 방사성 원소가 붕괴하여 생성된 열에 의해 맨틀의 상부와 하부 사이에 온도의 차이가 발생하여 일어난다.
오답 피하기 ㄴ. A와 B 사이에 맨틀 대류의 상승부가 있으므로 A와 B 사이의 대륙 지각이 분리되면서 새로운 바다가 생성된다. 두꺼운 산맥과 해구는 맨틀 대류의 하강부에 형성된다.

02

정답 맞히기 ㄷ. 탐사 지역에서 수심이 가장 깊은 곳은 A로 초음파의 왕복 시간이 약 10초이다. 수심(d)은 초음파의 왕복 시간(t)을 2로 나눈 값에 초음파의 속도(v)를 곱한 값$\left(d=\frac{1}{2}vt\right)$이므로 A의 수심은 약 7500 m이다.
오답 피하기 ㄱ. 해양 탐사선에서 해저면에 발사한 초음파의 왕복 시간이 길수록 수심이 깊다. A는 초음파의 왕복 시간이 가장 긴 곳이므로 수심이 깊은 해구이다.
ㄴ. B는 정상에 V자형의 열곡이 발달해 있으며, 열곡에서 양쪽으로 멀어질수록 수심이 깊어지므로 B는 해령이다. 해령은 두 판이 서로 반대 방향으로 멀어지는 발산형 경계에 해당한다.

03

정답 맞히기 ㄷ. 현재 여러 대륙에 분포하는 고생대 말 빙하의 이동 흔적이 대륙 간에 연속성을 가지는 것과 육상 파충류인 메소사우루스 화석이 아프리카와 남아메리카 대륙에서 동시에 산출되는 것은 하나로 모여 있던 대륙이 분리되어 이동했다는 증거이다.
오답 피하기 ㄱ. 현재 적도 부근에 고생대 말 빙하의 흔적이 발견되는 까닭은 고생대 말에 고위도 지방에서 생성된 빙하 퇴적층이 대륙의 이동으로 저위도 지방으로 이동하였기 때문이다.
ㄴ. 메소사우루스는 아프리카와 남아메리카 대륙이 붙어 있을 때 육지에서 살았던 생물이다. 따라서 아프리카 대륙과 남아메리카 대륙이 분리되어 형성된 대서양의 해저에서는 메소사우루스 화석이 발견되지 않는다.

04

정답 맞히기 ㄱ. 발산형 경계인 해령에서는 새로운 해양 지각이 생성되므로 연령이 가장 적으며, 자료에서 해양 지각의 등연령선은 해령과 대체로 나란한 분포를 보인다.
ㄴ. 발산형 경계인 해령에서 새로운 해양 지각이 생성되어 양쪽으로 이동하므로 해령에서 멀어질수록 해양 지각의 연령이 증가한다.
ㄷ. 해양 지각의 확장 속도는 해양 지각의 등연령선 간격이 넓을수록 빠르다. 최근 6500만 년 동안 해양 지각의 등연령선 간격은 태평양이 대서양보다 넓다. 따라서 이 기간 동안 해양 지각의 평균 확장 속도는 태평양이 대서양보다 빨랐다.

05

정답 맞히기 ㄴ. 해령에서 멀어질수록 해저 퇴적물의 두께가 증가한다. B보다 C가 해령에서 멀리 떨어져 있으므로 해저 퇴적물의 두께는 B보다 C에서 두껍다.
오답 피하기 ㄱ. 지구 자기장의 방향이 현재와 같은 시기를 정자극기, 현재와 반대인 시기를 역자극기라고 한다. A의 해양 지각은 역자극기에 생성되었으므로, A의 해양 지각이 생성될 당시 지구 자기장의 방향은 현재와 같지 않았다.
ㄷ. A와 B 지점은 해령으로부터의 거리가 같지만, 해양 지각의 연령은 A보다 B 지점이 많다. 따라서 이 기간 동안 해양 지각의 평균 이동 속도는 (나)의 해양보다 (가)의 해양에서 빠르다.

06

정답 맞히기 ㄱ. A−B 구간은 접해 있는 두 판이 서로 어긋나면서 스쳐지나가는 보존형 경계이고, B−C 구간은 두 판이 서로 반대 방향으로 멀어지는 발산형 경계이다. 발산형 경계에서는 화산 활동이 활발하지만, 보존형 경계에서는 거의 화산 활동이 일어나지 않는다.
오답 피하기 ㄴ. B−C 구간은 발산형 경계인 해령이고, C−D 구간은 변환 단층이 연장된 단열대이다. 해령에서는 지진이 활발하게 발생하지만, 단열대에서는 판이 같은 방향으로 이동하므로 지진이 거의 발생하지 않는다.
ㄷ. 판의 이동 방향은 발산형 경계인 해령에 수직인 방향이며, 보존형 경계인 변환 단층은 해령에 수직인 방향으로 형성된다. 따라서 판이 이동 방향은 변환 단층과 나란한 방향이다.

07

정답 맞히기 ㄱ. A 기간에 인도 대륙은 45°S~40°S 부근에 위치해 있었다. 따라서 이 기간 동안 인도 대륙은 남반구에 위치해 있었다.

ㄴ. B와 C 기간에 인도 대륙은 남북 방향으로 이동했으므로 인도 대륙의 이동 속도는 같은 시간 동안 위도가 크게 변했을수록 빠르다. B 기간은 C 기간보다 짧고, 인도 대륙의 위도는 B 기간 동안 약 40° 북상하였으며, C 기간 동안 약 10° 북상하였다. 따라서 인도 대륙의 평균 이동 속도는 B 기간이 C 기간보다 빨랐다.

ㄷ. 복각은 자북극에서 +90°이고, 자극에서 멀어질수록 작아진다. C 기간 동안 인도 대륙은 북쪽으로 이동했으므로 자북극에 가까워졌다. 따라서 인도 대륙이 이동하는 동안 복각의 크기는 점점 증가했을 것이다.

08

정답 맞히기 ㄴ. (가) 시기에 아프리카 대륙의 남부는 기온이 낮은 남극 주변에 위치해 있었다. 따라서 아프리카 대륙의 남부에서는 (가) 시기에 형성된 빙하의 흔적이 발견될 수 있다.

ㄷ. (가) 시기에 형성되었던 초대륙이 분리되면서 남반구에 위치해 있던 대륙의 일부가 북쪽으로 이동하여 북반구에 위치하게 되었다. 따라서 북반구에 분포하는 대륙의 면적은 (가) 시기보다 (나) 시기가 넓다.

오답 피하기 ㄱ. 로디니아는 약 12억 년 전에 형성되었던 초대륙이다. 로디니아 초대륙이 여러 대륙으로 분리되었다가 다시 약 2억 7천만 년 전에 하나로 모여 판게아가 형성되었다.

09

정답 맞히기 ㄷ. 플룸 상승류가 지표면과 만나는 지점 아래 마그마가 생성되는 곳을 열점이라고 한다. 태평양의 아래에서는 플룸 상승류가 발달하므로 맨틀 물질이 지표 가까이 올라오면서 용융되어 열점이 형성된다. 따라서 태평양에서는 열점에서 생성된 마그마에 의해 화산 활동이 일어난다.

오답 피하기 ㄱ. 고온의 맨틀 물질이 상승하는 것을 뜨거운 플룸, 저온의 맨틀 물질이 하강하는 것을 차가운 플룸이라고 한다. 뜨거운 플룸은 차가운 플룸이 맨틀과 외핵의 경계에 도달하면 그 영향으로 일부 맨틀 물질이 상승하여 형성된다.

ㄴ. 아시아 대륙의 아래에는 수렴형 경계에서 섭입된 판의 물질이 상부 맨틀과 하부 맨틀의 경계 부근에 쌓여 있다가 가라앉아 형성되는 차가운 플룸이 발달해 있다.

10

정답 맞히기 ㄱ. 지구 내부에서 압력은 깊이가 깊어질수록 높아지고, 화강암의 용융점은 깊이가 깊어질수록 낮아진다. 따라서 화강암의 용융점은 압력이 낮아질수록 높아진다.

ㄴ. A의 깊이에서 지구 내부의 온도는 화강암의 용융점보다 낮으므로 화강암이 용융되지 않는다. 그러나 온도가 증가하여 화강암의 용융점보다 높아지면 화강암이 용융되어 마그마가 생성될 수 있다.

ㄷ. B의 깊이에서 지구 내부의 온도는 물을 포함하지 않은 맨틀의 용융점보다 낮으므로 물을 포함하지 않은 맨틀은 용융되지 않는다. 그러나 이 깊이에 있던 물을 포함하지 않은 맨틀 물질이 깊이 20 km까지 상승하면 압력이 낮아져 마그마가 생성될 수 있다.

11

정답 맞히기 ㄱ. A는 발산형 경계에 위치한 해령 하부다. 해령의 하부에서는 맨틀 대류에 의해 고온의 맨틀 물질이 상승하면서 압력이 크게 낮아지므로 맨틀 물질이 용융되어 현무암질 마그마가 생성된다.

ㄴ. 해양판이 대륙판 아래로 섭입하면 온도와 압력이 상승하여 해양 지각에서 물이 빠져나온다. 해양 지각에서 빠져나온 물이 연약권인 B로 유입되면 B를 구성하는 암석의 용융점이 낮아져 현무암질 마그마가 생성된다.

오답 피하기 ㄷ. 대륙 지각의 하부인 C에서는 B에서 상승한 현무암질 마그마에 의해 지각을 이루는 암석이 가열되어 유문암질 마그마가 생성된다. 또, 이 유문암질 마그마와 B에서 상승한 현무암질 마그마가 혼합되면 안산암질 마그마가 생성된다.

12

정답 맞히기 ㄴ. 현무암질 마그마는 유문암질 마그마보다 온도가 높다. A는 현무암질 마그마이고, B는 유문암질 마그마이므로 A는 B보다 온도가 높다.

오답 피하기 ㄱ. 마그마는 SiO_2 함량이 52 % 이하인 현무암질 마그마, 52~63 %인 안산암질 마그마, 63 % 이상인 유문암질 마그마로 구분한다. A는 SiO_2 함량이 52 %보다 적으므로 현무암질 마그마이고, B는 SiO_2 함량이 63 %보다 많으므로 유문암질 마그마이다.

ㄷ. 서울의 북한산을 이루는 암석은 화강암이다. 화강암은 SiO_2 함량이 63 %보다 많은 마그마가 지하 깊은 곳에서 천천히 냉각되어 결정의 크기가 큰 광물로 이루어진 심성암이다.

13

정답 맞히기 ㄱ. A 과정에서 퇴적물이 쌓이면서 아래 부분의 퇴적물이 압력을 받아 퇴적물 사이에 있던 물이 빠져나가고 입자들 사이의 공극이 줄어들면서 치밀하고 단단하게 된다. 따라서 이 과정에서 퇴적물의 밀도가 증가한다.

ㄴ. B 과정은 퇴적물 속의 수분이나 지하수에 녹아 있던 탄산 칼슘, 규산염 물질, 철분 등이 침전되면서 퇴적물 입자 사이의 간격을 메우고 입자들을 서로 붙여 주는 교결 작용이다.

오답 피하기 ㄷ. 점토로 이루어진 퇴적물이 다짐 작용과 교결 작용을 거치면 이암이나 셰일이 된다. 암염은 물에 녹아 있던 NaCl 성분이 침전되어 생성된다.

14

정답 맞히기 ㄱ. (가)는 기존의 암석이 풍화와 침식을 받아 생성된 점토나 모래, 자갈 등의 쇄설물이 퇴적된 후 속성 작용을 받아 생성된 쇄설성 퇴적암이다.

ㄴ. (나)는 화학적 퇴적암, (다)는 유기적 퇴적암이다. 석회암은 물속에 녹아 있는 탄산 칼슘이 침전되어 생성되거나(화학적 퇴적암), 산호나 유공충 등의 석회질 생물체가 쌓여서 형성된다(유기적 퇴적암).

오답 피하기 ㄷ. 퇴적암은 생성 원인에 따라 쇄설성 퇴적암, 화학적 퇴적암, 유기적 퇴적암으로 분류한다.

15

정답 맞히기 철수 : 경사가 급한 골짜기에서 평지로 이어지는 선상지에서는 대체로 분급이 불량한 퇴적층이 생성된다.

오답 피하기 영희 : 선상지는 경사가 급한 골짜기에서 평지로 이어지는 곳에서 유속의 감소로 인하여 모래, 자갈, 점토 등이 쌓여 형성된 부채꼴 모양의 퇴적 지형이다.

민수 : 저탁암은 대륙 사면을 타고 흘러내리는 저탁류에 의해 대륙대에 생성된다.

16

정답 맞히기 ㄴ. (나) 사층리는 주로 사암층에 나타나며 퇴적물이 쌓일 당시 바람의 방향이나 물이 흐른 방향을 알려준다. 사층리가 형성될 당시 바람이나 물에 의해 퇴적물이 이동한 방향은 기울기가 큰 쪽에서 작은 쪽 방향이다.

ㄷ. (가) 점이 층리는 하부에서 상부로 갈수록 입자의 크기가 작아지고, (나) 사층리는 하부에서 상부로 갈수록 경사가 커진다. 따라서 점이 층리와 사층리를 이용하면 지층의 역전 여부를 판단할 수 있다.

오답 피하기 ㄱ. (가) 점이 층리는 위로 갈수록 입자의 크기가 점점 작아진다. 점이 층리는 심해저와 같은 조용한 퇴적 환경에서 다양한 크기의 퇴적물이 한꺼번에 퇴적될 때, 큰 입자가 밑바닥에 먼저 가라앉고 작은 입자는 천천히 가라앉아 생성된다.

17

정답 맞히기 ㄴ. 화강암은 지하 깊은 곳에서 큰 압력을 받다가 융기하여 지표로 노출되면 외부에서 가해지는 압력이 감소하므로 부피가 팽창한다.

오답 피하기 ㄱ. (가)에서는 암석이나 토양 등이 화강암을 덮고 있지만, (나)에서는 화강암이 지표에 노출되어 있다. 따라서 화강암에 가해지는 압력은 (가)가 (나)보다 크다.

ㄷ. 지하 깊은 곳에 있던 화강암이 지표로 노출되면서 얇은 판 모양으로 갈라진 절리를 판상 절리라고 한다. 주상 절리는 단면이 오각형이나 육각형 모양의 긴 기둥을 이루고 있는 절리로, 지표로 분출한 용암이 빠르게 식는 과정에서 중심 방향으로 수축하여 생성된다.

18

정답 맞히기 ㄴ. 부정합은 퇴적 → 융기 → 침식 → 침강 → 퇴적 과정을 거쳐 생성된다. 이 지역에서는 부정합면 아래에 있는 B층이 퇴적된 후 융기하여 해수면 위로 노출된 후 침식 작용을 받고 다시 해수면 아래로 침강한 후 A층이 퇴적되었다.

ㄷ. 경사 부정합은 부정합면을 경계로 상하 지층의 경사가 다른 부정합이다. 부정합면을 경계로 A층과 B층의 경사가 서로 다르므로 이 지역에서는 경사 부정합이 나타난다.

오답 피하기 ㄱ. A층과 B층의 경사가 서로 다르므로 두 지층은 부정합 관계이며, A층과 B층 사이에는 오랫동안 퇴적이 중단된 시기가 있었다. 따라서 A층과 B층은 불연속적으로 퇴적되었다.

19

정답 맞히기 ㄱ. 관입의 법칙에 의하면 관입 당한 암석은 관입한 화성암보다 먼저 생성되었다. 따라서 이 지역의 화강암은 사암보다 나중에 생성되었다.

ㄴ. 지층 누중의 법칙에 의하면 지층이 역전되지 않았다면 아래에 있는 지층은 위에 있는 지층보다 먼저 생성되었다. 따라서 아래에 있는 셰일이 위에 있는 석회암보다 먼저 생성되었다.

ㄷ. 지층 누중의 법칙과 관입의 법칙에 의해 이 지역에서 암석은 역암 ─ 셰일 ─ 석회암 ─ 사암 ─ 화강암 순으로 생성되었다.

20

정답 맞히기 ㄱ. 마그마가 주변의 암석을 뚫고 들어가 화성암이 생성되는 경우, 주변 암석의 일부가 포획암으로 들어올 수 있다. (가)에서 화강암 속에 들어 있는 사암의 암편은 마그마가 사암을 뚫고 들어가 화강암이 생성되는 과정에서 사암의 일부가 떨어져 나와 마그마와 함께 굳어진 포획암이다.

오답 피하기 ㄴ. 마그마가 지표로 분출하여 화성암이 생성된 경우 화성암 위에 쌓인 지층에는 화성암의 침식물이 들어 있을 수 있다. (나)에서 화강암의 침식물이 사암의 하부에 들어 있으므로 화강암은 사암보다 먼저 생성되었으며, 사암이 화강암보다 아래에 있는 것으로 보아 화강암과 사암이 생성된 후에 역전되었다.

ㄷ. (가)는 사암이 퇴적된 후에 마그마가 관입하여 화강암이 생성되었으므로 사암과 화강암의 경계에 변성암이 나타난다. 그러나 (나)는 화강암이 먼저 생성되고 사암이 나중에 퇴적되었으므로 화강암과 사암의 경계에 변성암이 나타나지 않는다.

21

베게너는 과거에 하나로 모여 있던 대륙이 분리되고 이동하여 현재와 같은 수륙 분포를 이루게 되었다는 대륙 이동설을 주장하였다. 그는 해안선 모양의 유사성, 빙하의 흔적, 지질 구조의 연속성, 화석 분포 등 대륙 이동을 뒷받침하는 여러 가지 증거를 제시하였다. 그러나 베게너는 대륙 이동의 원동력을 명확하게 설명하지 못했기 때문에 당시의 지질학자들은 그의 주장을 받아들이지 않았다.

모범 답안 베게너는 대륙 이동에 대한 여러 증거를 제시하였지만, 대륙을 이동시키는 원동력을 명확하게 설명하지 못했기 때문에 당시의 지질학자들로부터 지지를 받지 못했다.

22

해령에서는 새로운 해양 지각이 생성되어 양쪽으로 이동하며, 암석이 생성될 때 암석을 이루는 일부 광물들은 당시의 지구 자기장 방향으로 배열된다. 암석에 기록된 고지자기를 연구한 결과 지구 자기장의 남극과 북극이 반복적으로 바뀌었다는 것이 밝혀졌는데, 지구 자기장의 방향이 현재와 같은 시기를 정자극기, 현재와 반대인 시기를 역자극기라고 한다.

모범 답안 해령에서 새로운 해양 지각이 생성되어 양쪽으로 이동해가는 과정에서 지구 자기장의 역전 현상이 반복되기 때문이다.

23

(1) 판의 경계는 서로 접해 있는 두 판의 상대적인 이동 방향에 따라 발산형 경계, 수렴형 경계, 보존형 경계로 구분한다. 발산형 경계는 두 판이 서로 멀어지는 경계이다. 수렴형 경계는 두 판이 서로 가까워져 부딪치는 경계이다. 보존형 경계는 두 판이 서로 어긋나게 스쳐 지나가는 경계이다.

모범 답안 이 지역에 분포하는 두 판의 이동 방향은 남동쪽~동쪽으로 같은데, 판의 경계 서쪽에 있는 판이 동쪽에 있는 판보다 이동 속도가 더 빠르다. 따라서 이 지역에 존재하는 판의 경계는 두 판이 서로 가까워져 부딪치는 수렴형 경계이다.

(2) 발산형 경계에서는 맨틀 대류가 상승하면서 두 판이 서로 멀어지고, 수렴형 경계에서는 맨틀 대류가 하강하면서 두 판이 서로 가까워져 부딪친다. 보존형 경계에서는 맨틀 대류의 상승이나 하강이 일어나지 않는다.

모범 답안 이 지역에는 두 판이 서로 가까워져 부딪치는 수렴형 경계가 형성되어 있으므로 판 경계의 아래에서는 맨틀 대류가 하강한다.

24

(1) 지표에서 지하로 들어갈수록 온도와 압력이 높아지고, 일반적으로 맨틀의 용융점도 높아진다. 맨틀의 용융점은 같은 깊이에서 지구 내부의 온도보다 높기 때문에 마그마가 생성되기 어렵다. 그러나 맨틀 물질이 상승하여 압력이 감소하면 용융되어 마그마가 생성될 수 있다.

모범 답안 하와이 열도는 열점에서 일어나는 화산 활동으로 형성된 섬들이다. 열점에서는 지하 깊은 곳에서 뜨거운 물질의 상승으로 압력이 감소하여 현무암질 마그마가 생성된다.

(2) 열점은 판의 아래쪽에 고정되어 있는 마그마의 근원지이다. 열점에서 일어나는 화산 활동으로 형성된 화산섬들은 판이 이동함에 따라 직선상으로 배열된 해산군을 형성한다. 열점은 하와이 열도와 같이 판의 경계가 아닌 판 내부에서 일어나는 화산 활동을 설명할 수 있으며, 판의 이동 속도를 계산하는 데 이용될 수 있다.

모범 답안 열점에서 화산 활동에 의해 화산섬이 형성된 후 태평양판이 북서쪽으로 이동하므로 화산섬의 연령은 북서쪽으로 갈수록 증가한다.

25

퇴적 구조는 퇴적 환경을 추정하고 지층의 역전 여부를 판단하는 데 좋은 기준이 된다. 사층리는 하부에서 상부로 갈수록 경사가 크고, 점이 층리는 하부에서 상부로 갈수록 입자의 크기가 작아지며, 물결 자국은 뾰족한 부분이 상부를 향하고 있다. 건열은 쐐기 모양으로 갈라진 부분이 하부로 갈수록 점점 좁아진다.

모범 답안 A층과 B층 사이에 나타나는 연흔과 B층과 C층 사이에 나타나는 건열이 모두 역전된 형태이다. 따라서 이 지역에서 지층은 A−B−C 순으로 생성되었다.

1학기 기말 고사

본문 028~033쪽

01 ①	02 ⑤	03 ③	04 ③	05 ⑤
06 ①	07 ②	08 ②	09 ④	10 ②
11 ①	12 ②	13 ①	14 ③	15 ③
16 ①	17 ②	18 ③	19 ①	20 ⑤

21~25 해설 참조

01

정답 맞히기 ㄱ. 화성암 D에 포함된 방사성 원소 X의 양이 70 %이므로 화성암 D의 절대 연령은 약 4천만 년이다. A층은 적어도 4천만 년 전 이후에 생성되었으므로 지질 시대로 보아 신생대층임을 알 수 있다.

ㄴ. A층 속에 아래 지층의 파편이 발견되고 B층과 D층이 같은 높이에서 침식된 것으로 보아 A층과 아래 층 사이는 부정합 관계임을 알 수 있다. 그러므로 A층과 B층의 형성 시기 사이에는 큰 시간 간격이 있었다.

오답 피하기 ㄷ. 화성암 C에 포함된 방사성 원소 X의 양이 처음 양의 20 %이므로 (나) 그래프에서 화성암 C의 절대 연령은 약 2억 년이다. 그러므로 B층은 최소한 약 2억 년 이전에 생성된 지층이므로 신생대 동물인 매머드의 발자국이 발견될 수는 없다.

ㄹ. B층이 퇴적된 후 마그마가 B층을 뚫고 관입하여 화성암 C를 형성하였다. 그 후 화성암 D가 이전에 생성된 지층들을 모두 관입하였고 오랜 시간이 지난 후 그 위에 A층이 퇴적되었다. 그러므로 생성 순서는 B → C → D → A이다.

02

정답 맞히기 ㄱ. 지층의 층서로 보아 B층이 D층보다 먼저 퇴적되었다. 따라서 B층에서 산출되는 화석 a가 D층에서 산출되는 화석 b보다 오래된 것이다.

ㄴ. (나) 지역은 (가) 지역의 C 지층이 나타나지 않는다. 즉, 결층에 의한 부정합이 형성되어 있다. 따라서 과거에 해수면 위로 노출되어 퇴적이 중단되거나 침식 작용을 받은 적이 있다.

ㄷ. 지층 누중의 법칙에 의해 아래에 놓인 지층이 위에 놓인 지층보다 먼저 생긴 것이다. 따라서 A가 가장 오래된 지층이다.

03

정답 맞히기 ㄱ. 산호는 수온이 높은 곳에서 서식하므로 이러한 화석이 발견된 지층은 과거에 온난한 기후 지역이었음을 알 수 있다.

ㄴ. 빙하에는 눈이 쌓일 당시의 공기가 들어 있으므로 빙하를 시추하여 얼음 속의 공기 방울을 분석해 과거 지구의 대기 조성을 알 수 있다.

오답 피하기 ㄷ. 나무의 나이테는 온난하고 맑은 날이 계속된 해에는 넓고, 몹시 춥거나 가뭄이 심한 해에는 나무가 제대로 자라지 못해 나이테의 간격이 좁다.

04

(가)는 중생대에 번성했던 시조새 화석이고, (나)는 신생대에 바다에서 번성했던 화폐석 화석이며, (다)는 고생대에 번성했던 삼엽충 화석이다.

정답 맞히기 ㄷ. 번성했던 지질 시대 순으로 나열하면 (다) → (가) → (나) 순이다.

오답 피하기 ㄱ. (가)는 육상 생물, (나)와 (다)는 해양 생물의 화석이다.

ㄴ. 화폐석이 번성했던 신생대에는 속씨식물이 번성했다. 양치식물은 고생대에 번성했다.

05

지층 (가)와 (나)가 퇴적되던 시기에 생물 C가 번성한 후 그 시기의 말에 멸종하였다. 그 후 지층 (다)가 퇴적되던 시기에 화석 생물 A, B, D가 번성하였으며, B는 (다) 시기에 번성하다가 (다) 시기 이후 멸종하였다.

정답 맞히기 ㄴ. B는 지층 (다)에서만 산출되고 A, C, D는 각각 두 지층에서 모두 산출되므로 산출 범위가 좁은 화석 B의 생존 기간이 가장 짧았다. 따라서 B는 지층 대비에 가장 유용하다.

ㄷ. 같은 시기에 살았던 생물은 같은 시기에 퇴적된 지층에서 산출된다. 화석 C와 D가 산출되는 지층이 각각 (가), (나)와 (다), (라)로 다르므로 화석 생물 C와 D는 생존 시기가 서로 다르다.

ㄹ. 지층 (나)와 (다) 사이에서 화석 생물 C가 멸종되고 화석 생물 A, B, D가 새롭게 출현하였으므로 이를 경계로 지질 시대를 구분할 수 있다.

오답 피하기 ㄱ. 지층 누중의 법칙에 의해 아래에 퇴적된 지층이 더 오래된 것이다. 화석 A가 포함된 지층 (다)와 (라)보다 화석 C가 포함된 지층 (가)와 (나)가 더 아래에 있으므로 화석 C가 더 오래된 생물의 화석이다.

06

(가)는 매머드가 번성한 신생대 제4기의 모습을, (나)는 공룡이 번성한 중생대의 모습을 나타낸 것이다.

정답 맞히기 ㄱ. (가)는 신생대, (나)는 중생대의 모습이므로 (가)는 (나) 이후의 지질 시대이다.

오답 피하기 ㄴ. 신생대 제4기에는 빙하기와 간빙기가 여러 차례 반복되었다.

ㄷ. 중생대에는 겉씨식물이 번성하였고, 속씨식물은 신생대에 번성하였다.

07

A는 시베리아 기단, B는 양쯔 강 기단, C는 오호츠크 해 기단, D는 북태평양 기단이다.

정답 맞히기 ㄷ. 열대야는 여름철에 북태평양 기단(D)이 발달할 때 나타난다.

오답 피하기 ㄱ. 기온이 낮은 A 기단(시베리아 기단)이 상대적으로 기온이 높은 우리나라에 접근할 때, 기단의 하층부가 가열되어 상승하므로 기단은 대체로 불안정해진다.

ㄴ. 영서 지방에 높새 바람을 일으키는 기단은 오호츠크 해 기단(C)이다.

08

정답 맞히기 ㄴ. 그림은 찬 공기 위로 따뜻한 공기가 상승하여 형성된 온난 전선이다. B의 상공, 즉 온난 전선의 앞쪽에서는 층운형 구름이 발달한다.

오답 피하기 ㄱ. 따뜻한 공기가 오른쪽으로 이동하고 있으므로 온난 전선은 B 방향(또는 C 방향)으로 이동할 것이다.

ㄷ. C 지역에 온난 전선이 접근하면 구름 밑면까지의 높이는 시간이 지남에 따라 낮아진다.

09

정답 맞히기 ㄱ. 찬 공기가 위치한 한랭 전선의 뒤쪽인 A 지역은 따뜻한 공기가 위치한 B 지역보다 기온이 낮다.

ㄷ. B 지역의 기압은 약 1002 hPa, C 지역의 기압은 약 1006 hPa이다.

오답 피하기 ㄴ. 한랭 전선의 뒤쪽인 A 지역에는 적운형 구름이, 온난 전선의 앞쪽인 C 지역에는 층운형 구름이 형성된다.

10

정답 맞히기 ㄷ. (가)~(다) 과정을 통해 남쪽의 따뜻한 공기가 북쪽으로 이동하고 북쪽의 찬 공기가 남쪽으로 이동하여 남북 간의 열 교환이 일어난다.

오답 피하기 ㄱ. 전선면의 기울기는 한랭 전선 A가 온난 전선 B보다 급하다.

ㄴ. (나)~(다) 사이에서 한랭 전선이 온난 전선을 따라잡아 (다)에서 폐색 전선이 형성되었다.

11

우리나라 주변에서는 편서풍의 영향으로 대부분의 기상 요소가 서쪽에서 동쪽으로 이동한다.

정답 맞히기 ㄱ. 온대 저기압은 (가)에서보다 (나)에서 서쪽에 위치하므로 (나)가 (가)보다 먼저 작성된 일기도이다.

오답 피하기 ㄴ. 저기압 중심의 이동 경로를 추정해보면 제주도는 저기압이 통과하면서 풍향이 남동풍 → 남서풍으로 바뀌었다. 따라서 제주도에서 풍향은 시계 방향으로 변하였다.

ㄷ. 저기압 중심부가 우리나라 중부 지방에 가까워졌으므로 기압은 낮아졌다.

12

정답 맞히기 일기도에서 등압선은 4 hPa 간격으로 그린다.

- A 지점은 한랭 전선 앞쪽에 위치하므로 남서풍이 불며 날씨는 비교적 맑다.
- A 지점은 1000 hPa 등압선과 1004 hPa 등압선 사이에 있는데 1004 hPa 등압선에 가까우므로 기압은 약 1003 hPa이다.

오답 피하기 기압은 일반적으로 천, 백의 자리를 생략하고 십, 일, 소수점 첫째자리까지를 소수점 없이 세자리 숫자로 표시한다.

13

정답 맞히기 ㄱ. 태풍 진행 방향의 오른쪽에 해당하는 B는 위험 반원, 왼쪽에 해당하는 A는 안전 반원이다.

오답 피하기 ㄴ. 태풍이 이동하는 동안 중심 기압이 계속 높아진다. 태풍의 중심 기압이 높아질수록 태풍의 세력은 약해지므로 태풍의 최대 풍속은 계속 느려지고 있다.

ㄷ. 12시간 간격으로 표시한 태풍의 이동 거리가 더 길어지고 있다. 이것은 태풍의 이동 속도가 무역풍대보다 편서풍대에서 더 빠르다는 것을 나타낸다.

14

정답 맞히기 ㄱ. 태풍의 중심으로 갈수록 계속 감소하는 값 A는 기압이고, 태풍의 중심으로 갈수록 증가하다가 감소하는 B는 풍속이다.

ㄴ. 태풍 중심에서 서쪽 방향보다 동쪽 방향에서 풍속이 더 강하게 나타나고 구름의 폭도 더 넓다. 즉, 태풍 중심에서 동쪽 지역은 태풍의 진행 방향에 대하여 오른쪽 지역이므로 위험 반원에 해당한다.

오답 피하기 ㄷ. 태풍의 중심, 즉 태풍의 눈에서는 약한 하강 기류에 의해 맑은 하늘을 볼 수 있고, 바람도 약하게 분다.

15

ㄱ. 북반구의 지상 고기압에서는 바람이 시계 방향으로 불어 나간다.

ㄴ. B는 열대 저기압(태풍)으로 수온이 27 ℃ 이상인 열대 해상에서 발생한다.

오답 피하기 ㄷ. 태풍은 일반적으로 무역풍대에서는 북서쪽으로 진행하다가 위도 25°~ 30 °N 부근에서 편서풍의 영향으로 북동쪽으로 진행 방향이 바뀐다. 따라서 북위 30° 부근에 위치한 태풍은 북쪽 또는 북동쪽으로 진행할 가능성이 높다.

16

(가)는 적운 단계, (나)는 성숙 단계, (다)는 소멸 단계이다.

정답 맞히기 ㄱ. 뇌우는 천둥 · 번개와 함께 집중 호우가 발생하여 피해를 가져오기도 한다.

오답 피하기 ㄴ. 성숙 단계인 (나)에서는 강한 상승 기류와 하강 기류가 동시에 나타난다.

ㄷ. 천둥 · 번개가 잘 발생하는 단계는 성숙 단계인 (나)이다.

17

정답 맞히기 ㄴ. 수온 약층은 수심이 깊어질수록 수온이 낮아지는 안정한 층이다. 수심이 30 m인 곳에서 수온 약층이 형성된 시기는 8월이므로 8월에 가장 안정하다.

오답 피하기 ㄱ. 혼합층의 두께는 8월보다 5월에 두껍게 나타나므로 8월보다 5월에 바람이 강하게 불었다.

ㄷ. 해수 표면의 수온은 2월이 약 4.5 ℃로 가장 낮기 때문에 산소가 가장 많이 녹아 들어갈 수 있다.

18

정답 맞히기 ㄱ. 적도 부근은 평균적으로 기온이 높아서 상승 기류가 잘 발달하기 때문에 저기압이 잘 발달한다.

ㄷ. 온실 효과로 인해 극지방의 평균 기온이 상승하면 극지방의 빙하가 녹아 바다로 유입되므로 극 부근 해역의 표층 염분이 낮아진다.

오답 피하기 ㄴ. 표층 염분은 강수량에 의해서만 결정되는 것이 아니라 증발량과 함께 복합적으로 영향을 받는다. 예를 들어 적도는 증발량이 많지만 강수량이 더 많아서 표층 염분은 비교적 낮게 나타난다.

19

정답 맞히기 ㄱ. B는 A와 염분은 같지만 수온이 높고, C와는 수온은 같지만 염분이 높다. 따라서 해수의 밀도는 A가 가장 크고 C가 가장 작다.

오답 피하기 ㄴ. 해수의 용존 산소량은 수온과 염분이 낮을수록, 수압이 높을수록 많다. A, B, C 세 해역은 모두 표층이므로 수압 차이는 크지 않을 것이다. 따라서 용존 산소량은 수온과 염분에 의해서 결정되는데 B는 수온도 높고 염분도 높기 때문에 용존 산소량이 가장 적을 것이다. A와 C의 용존 산소량은 주어진 자료로는 판단할 수 없다.

ㄷ. 수온과 염분이 달라도 해수에 녹아 있는 염류들 사이의 비율은 거의 일정하다(염분비 일정의 법칙). 따라서 해수의 염류 중 Cl^-이 차지하는 비율은 A, B, C에서 모두 같다.

20

해수의 밀도는 수온이 낮을수록, 염분이 높을수록 커진다.

정답 맞히기 ㄱ. 수심이 깊어지면서 염분은 증가 → 감소 → 증가하지만 수온이 계속 낮아지면서 밀도는 커진다.

ㄴ. 수심 100~150 m 구간에서 수온과 염분이 모두 낮아진다.

ㄷ. 수심 75~100 m 구간에서는 염분 변화는 거의 없는 반면, 수온이 급격히 낮아짐에 따라 밀도가 커진다.

21

특정 지질 시대를 대표하는 표준 화석은 넓은 지역에 짧은 기간 동안 생존해야 하는 조건을 가지며, 특정 환경을 대표하는 시상 화석은 좁은 지역에 긴 시간 동안 생존해야 하는 조건을 가진다.

모범 답안 (가)－B, (나)－A, (가) 삼엽충은 고생대를 대표하는 표준 화석으로, 넓은 지역에 짧은 기간 동안 생존해야 하는 조건을 가진다. (나) 산호는 수심이 얕고 따뜻한 바다 환경을 대표하는 시상 화석으로, 좁은 지역에 긴 시간 동안 생존해야 하는 조건을 가진다.

22

(가) 선캄브리아 시대의 생물은 껍질이나 단단한 뼈가 없어 화석이 되기 어려웠으며, 화석이 되어도 오랜 시간 동안 여러 차례의 지각 변동을 받아 보존되기 어려웠다. (나) 고생대에는 물속과 대기 중의 산소 농도가 높아지고, 오존층이 형성되어 자외선이 차단되므로 생물종의 수가 급격히 증가하였다.

모범 답안 (가) : 생물에 단단한 부분이 없고, 지각 변동을 많이 받았기 때문이다.

(나) : 물속과 대기 중의 산소가 증가하였고, 오존층이 형성되었기 때문이다.

23

A는 편서풍의 영향으로 서 → 동으로 이동해 가는 온대 저기압의

이동 경로이고, B는 무역풍대에서 북서진하다가 편서풍대에서는 북동진하며 포물선 궤도를 그리는 열대 저기압인 태풍의 이동 경로이다.

모범 답안 A는 온대 저기압, B는 열대 저기압(태풍)이며, 두 저기압 모두 편서풍의 영향을 받아 우리나라를 통과할 때 동쪽으로 이동하게 된다.

24

온난 전선의 앞쪽에서는 층운형의 구름으로부터 지속적인 약한 비가 내리고, 한랭 전선의 뒤쪽에서는 적운형의 구름으로부터 소나기가 내린다. 또한, 온난 전선의 앞쪽에서는 남동풍, 온난 전선과 한랭 전선 사이에서는 남서풍, 한랭 전선 뒤쪽에서는 북서풍이 분다.

모범 답안 (가) : 온난 전선이 통과하기 전에 흐리거나 지속적인 비가 내리가다 전선 통과 후에는 날씨가 맑아진다. 얼마 후 한랭 전선이 통과하면서 소나기 형태의 강수 현상이 있다.

(나) : 온난 전선 통과 전에는 남동풍, 통과 후에는 남서풍, 한랭 전선 통과 후에는 북서풍으로 바뀌어 시계 방향으로 변한다.

25

해수의 밀도는 수온이 낮을수록, 염분이 높을수록 커진다.

모범 답안 A<B<C, 해수의 밀도는 수온이 낮을수록, 염분이 높을수록 커지므로, 수온이 가장 낮고 염분이 가장 높은 C가 밀도가 가장 크고, 수온이 가장 높고 염분이 가장 낮은 A가 밀도가 가장 작다.

2학기 중간 고사

본문 034~039쪽

01 ③	02 ②	03 ④	04 ①	05 ②
06 ④	07 ③	08 ①	09 ②	10 ④
11 ③	12 ①	13 ①	14 ⑤	15 ④
16 ⑤	17 ⑤	18 ③	19 ②	20 ④

21~25 해설 참조

01

정답 맞히기 ㄱ. A는 저위도의 남는 에너지를, B는 고위도의 부족한 에너지를 나타낸다. 지구는 전체적으로 복사 평형 상태이므로 남는 에너지와 부족한 에너지는 그 양이 서로 같다.

ㄷ. (나)의 c는 해들리 순환으로 저위도의 남는 에너지인 A에 의해 가열된 공기가 상승하며 형성되는 대류 순환 세포이다.

오답 피하기 ㄴ. a는 극순환이며, b는 페렐 순환으로 a와 b가 만나는 지표면에서는 한대 전선대가 나타나면서 주로 저기압이 형성된다.

02

정답 맞히기 ② 무역풍이 부는 해역에서 형성되는 주요 해류는 북적도 해류와 남적도 해류이며, 두 해류는 모두 동에서 서로 흐른다.

오답 피하기 ① 북태평양의 아열대 순환은 북적도 해류 → 쿠로시오 해류 → 북태평양 해류 → 캘리포니아 해류 → 북적도 해류로 연결되는 표층 순환이며, 시계 방향으로 형성된다.

③ 남극 순환 해류는 남극 주변에서 편서풍에 의해 형성되는 표층 해류이다.

④ 동오스트레일리아 해류는 난류로 저위도의 에너지를 고위도로 운반하는 역할을 한다.

⑤ 캘리포니아 해류는 한류이고, 쿠로시오 해류는 난류이다. 따라서 캘리포니아 해류가 흐르는 해역은 같은 위도의 쿠로시오 해류가 흐르는 해역보다 기온이 낮고 서늘한 기후가 나타난다.

03

정답 맞히기 ④ 1997년에 비해 2000년에 표층 수온이 10 ℃인 해역을 연결하는 등수온선이 북상했다는 것은 그만큼 우리나라 주변 해역의 수온이 상승했다는 것을 의미한다. 수온이 상승하면 기체의 용해도는 감소한다. 따라서 동해에서 수온이 상승한 만큼 표층 해수의 용존 산소량은 감소했을 것이다.

오답 피하기 ① 해류 A는 북한 한류로 수온이 상승하면 세력은 약해진다.

② 조경 수역은 황해가 아니라 동해에서 형성된다.

③ 수온이 상승하였기 때문에 남해에서는 한류성 어종보다 난류성 어종의 어획량이 증가하였을 것이다.
⑤ 수온 상승으로 인해 한류인 해류 A는 세력이 약해지고, 난류인 해류 B는 세력이 강해지므로 조경 수역이 형성되는 위치는 북쪽으로 이동할 것이다.

04

정답 맞히기 ㄱ. 심층 순환을 형성하는 해류 중에서 가장 아래쪽에 위치하는 남극 저층수가 가장 밀도가 크다.
오답 피하기 ㄴ. 남극 중층수는 해저 바닥 근처의 심해저까지 이동하기에는 밀도가 작다. 심해층의 용존 산소는 주로 북대서양 심층수나 남극 저층수에 의해 운반된다.
ㄷ. 심층 순환을 이루는 해류는 표층 순환을 이루는 해류보다 유속이 매우 느리다.

05

정답 맞히기 ㄴ. B 해역에서 용승이 일어나려면 연안에서 먼 바다 쪽으로 표층 해수가 이동해야 한다. 북반구에서는 바람이 부는 방향의 오른쪽으로 표층 해수가 이동하므로 B 해역에서는 북풍 계열의 바람이 불 때 용승이 잘 일어난다.
오답 피하기 ㄱ. A의 적도 해역에서는 무역풍에 의해 표층 해수가 발산하면서 용승이 일어난다.
ㄷ. C 해역에서 용승이 일어날 때 차가운 심층수와 함께 영양 염류가 표층 해수로 공급되어 플랑크톤의 성장이 활발하고 이를 먹이로 하는 어류가 모이면서 좋은 어장이 형성된다.

06

정답 맞히기 ④ 엘니뇨 발생 시기에 비해 라니냐 발생 시기에는 무역풍이 강해지면서 서태평양으로 이동하는 표층 해수의 양이 증가하여 동서 방향의 해수면 경사가 증가한다.
오답 피하기 ① B는 라니냐가 발생한 시기로 무역풍이 강해지면서 서태평양으로 이동하는 표층 해수의 양이 증가하여 서태평양 해역의 표층 수온이 올라가고 해수면 근처의 따뜻한 공기가 상승하면서 주로 저기압이 형성된다.
② B는 라니냐가 발생한 시기로 동태평양의 수온이 내려가면서 하강 기류의 발달과 함께 주로 고기압이 형성되고 맑은 날씨가 나타나므로 강수량은 엘니뇨 발생 시기인 A보다 감소한다.
③ 라니냐 발생 시기에는 동태평양 해역에서 용승이 강해지면서 심층에서 표층으로 공급되는 영양 염류가 많아진다.
⑤ 라니냐 발생 시기에는 서태평양으로 이동하는 따뜻한 표층 해수의 양이 증가하여 엘니뇨 발생 시기에 비해 상승 기류가 형성되는 위치가 서쪽으로 이동한다.

07

정답 맞히기 ㄱ. 1983년에는 엘니뇨 감시 해역의 수온 편차가 평상시보다 상승한 것으로 보아 엘니뇨가 발생했다고 판정할 수 있다.
ㄷ. (가)에서 서태평양에 위치한 다윈과 중앙 태평양에 위치한 타히티섬의 기압 편차가 상호 보완적으로 진동하면서 변화하는 것은 표층 수온의 변화로 인해 적도 부근 태평양 해역에서 기압 배치가 바뀌기 때문이다. 이러한 현상을 남방 진동이라고 한다.
오답 피하기 ㄴ. 엘니뇨가 발생한 1983년을 기준으로 A 지역의 기압은 낮아지고, B 지역의 기압은 높아졌다. 즉, 엘니뇨가 발생했을 때 기압이 낮아진 곳은 해수면의 온도가 상승하여 상승 기류가 생기는 중앙 태평양이나 동태평양에 위치하며, 기압이 높아진 곳은 하강 기류가 형성되는 서태평양에 위치한다. 따라서 A는 타히티 섬에서, B는 다윈에서 관측한 기압 편차이다.

08

정답 맞히기 ㄱ. 지구 온난화로 인해 그린란드를 비롯한 북극권에 속하는 지역의 빙하가 녹은 물이 북극해로 유입되면 A 지역과 그 주변 해역의 해수면이 상승하게 될 것이다.
오답 피하기 ㄴ. 빙하가 녹은 물이 북극해로 유입되면 염분이 낮아지면서 밀도가 작아지기 때문에 표층 해수의 침강이 약해지고 심층 순환의 흐름도 약해진다.
ㄷ. 평소에는 심층 순환과 연결되는 표층 순환에 해당하는 해류가 저위도에서 A 지역까지 이동하면서 따뜻한 표층 해수가 유입되어 겨울철에도 비교적 온난한 기후가 나타난다. 하지만 심층 순환이 약해지면 이와 연결된 표층 순환도 약해지면서 A 지역까지 유입되는 따뜻한 표층 해수가 감소하고 연평균 기온은 하강할 것이다.

09

정답 맞히기 ㄷ. 우리나라의 계절은 (가)에서는 근일점일 때 겨울철, 원일점일 때 여름철이지만, (나)에서는 세차 운동으로 자전축 방향이 반대로 바뀌면서 근일점일 때 여름철, 원일점일 때 겨울철이 된다. 따라서 (가)보다 (나)에서 여름철 기온은 더 높아지고, 겨울철 기온은 더 낮아지므로 기온의 연교차가 더 커진다.
오답 피하기 ㄱ. (가)에서 A는 근일점으로 우리나라에서 나타나는 계절은 겨울철이며, (나)는 세차 운동에 의해 자전축 방향이 반대로 바뀌었으므로 계절이 반대로 바뀐다. 따라서 B에서 우리나라의 계절은 여름철이다.

ㄴ. B와 C는 자전축의 기울어진 방향은 같은데 자전축 경사가 서로 다르다. B와 C에서 우리나라의 계절은 여름철이다. 우리나라에서 여름철 태양의 남중 고도는 자전축 경사가 클수록 높아지므로, C보다 B에서 태양의 남중 고도가 높다.

10

정답 맞히기 ④ 지표가 흡수하는 에너지는 태양 복사 에너지 중 45와 대기에서 방출되는 에너지 중 88을 합친 양이다. 따라서 지표가 흡수하는 에너지는 태양 복사 에너지보다 대기로부터 흡수하는 양이 더 많다.

오답 피하기 ① (가)에서 A는 지표에서 방출된 에너지 중 대기에 흡수되지 않고 우주까지 빠져나간 에너지이다. 이 에너지는 (나)에서 대기의 창에 해당하는 a 파장대에 해당된다.

② 화석 연료의 사용이 많아지면 대기 중 이산화 탄소의 양이 증가하므로 대기에서 흡수되는 지구 복사 에너지(B)의 양이 증가한다.

③ 지표에서 방출되는 에너지(C)는 대부분 적외선으로 이루어졌으며, 가시광선으로 이루어진 태양 복사 에너지보다 파장이 길다.

⑤ 지구로 입사되는 태양 복사 에너지의 양과 지구에서 방출되는 지구 복사 에너지의 양은 같다. 따라서 지구 반사 30, 지구 복사 66과 A를 모두 더하면 100이 되어야 하므로 A는 4이다. B는 지표에서 방출되는 에너지 C에서 4을 뺀 값인데, C는 지표가 흡수하는 에너지(=45+88)에서 대류와 전도(8), 숨은열(21)을 뺀 값과 같다. 즉, C는 104이며, B는 100이다. 따라서 $\frac{A}{B}$는 $\frac{4}{100}$로 태양 복사 에너지가 대기에 흡수되는 비율인 $\frac{25}{100}$보다 작다.

11

정답 맞히기 ㄷ. 인간 활동에 의해 방출되는 온실 기체 중에서 가장 많은 양을 차지하고 있는 것은 이산화 탄소이다.

오답 피하기 ㄱ. 식생이 증가하고 빙하의 면적이 감소하면 지표면의 태양 에너지 반사율이 감소하여 지표면에서 흡수하는 태양 복사 에너지의 양이 증가한다.

ㄴ. 영구 동토층이 융해되면서 방출되는 메테인은 온실 기체 중 하나이다. 대기 중에 존재하는 화산재는 햇빛을 반사하거나 산란시켜서 지구의 평균 기온을 낮추는 역할을 하므로 지구 온난화에 미치는 영향은 메테인과 서로 반대이다.

12

정답 맞히기 ㄱ. 기후 변화에 대한 대책은 어느 한 국가의 노력이 아니라 전 세계 여러 국가의 협력이 필요하다.

오답 피하기 ㄴ. COP3(제3차 유엔기후변화협약 당사국 총회)에서 채택된 교토 의정서는 선진국을 중심으로 온실 기체 감축량을 의무적으로 규정하였으나, 개발도상국은 예외로 하였다.

ㄷ. COP21(제21차 유엔기후변화협약 당사국 총회)에서 채택된 파리 협정에서는 선진국과 개발도상국 모두 자국의 실정에 맞는 온실 기체 감축 목표량을 설정하고 스스로 준수하도록 규정하고 있다.

13

정답 맞히기 ㄱ. (가)는 광원에서 나온 빛이 저온의 기체에 흡수되어 선 스펙트럼이 나타나는 경우로 기체의 종류에 따라 흡수되는 파장이 달라지므로 서로 다른 흡수선 스펙트럼이 나타난다.

오답 피하기 ㄴ. (나)는 고온의 기체에서 형성되는 방출선 스펙트럼이 나타나는 경우이다. 별의 분광형은 흡수선 스펙트럼으로 분류한다.

ㄷ. (나)는 방출선 스펙트럼이 나타나는 경우이며, 연속 스펙트럼은 고온 고밀도 기체나 고온의 고체에서 방출된다.

14

정답 맞히기 ㄴ. 중성 수소(H Ⅰ)의 흡수선은 A0형 별에서 가장 강하게 나타난다.

ㄷ. TiO와 같은 분자의 흡수선은 온도가 낮은 M형 별에서 잘 나타난다.

ㄹ. 온도가 낮은 별에서는 Fe Ⅱ, Ca Ⅱ 등과 같은 금속 이온의 흡수선이 수소선보다 잘 나타난다.

오답 피하기 ㄱ. K형 별에서는 중성 금속이나 금속 이온과 관련된 흡수선이 잘 나타난다.

15

정답 맞히기 ㄱ, ㄴ. 주계열성에서는 별의 표면 온도와 광도가 대체로 비례한다. 따라서 질량과 광도가 큰 별 A가 태양보다 반지름이 크고 표면 온도도 높다.

ㄹ. 주계열성에서는 질량이 큰 별일수록 중심부에서 수소 핵융합 반응이 활발하게 일어나므로 수소가 빠르게 소모된다. 따라서 별 A가 태양보다 수소 소모율이 크다.

오답 피하기 ㄷ. 질량이 큰 별일수록 중심부에서 수소를 빠르게 소모하므로 별 A가 태양보다 주계열 단계에 머무는 시간이 짧다.

16

정답 맞히기 ㄱ. (가)에 속한 별은 (나)에 속한 별과 분광형은 비슷한데 절대 등급이 작은 것으로 보아 더 밝은 별이다. 이것은 표면 온도는 비슷하지만 반지름이 크기 때문에 방출되는 에너지가 많아서 광도가 크기 때문이다.
ㄷ. (라)에 속한 별은 태양보다 표면 온도는 높지만 반지름이 작아서 실제 밝기가 어둡고 밀도가 큰 백색 왜성이다.

오답 피하기 ㄴ. (나)는 적색 거성, (다)는 주계열성이다. 따라서 절대 등급이 같을 때 (나)에 속한 별들은 (다)에 속한 별들보다 표면 온도가 낮다.

17

정답 맞히기 ⑤ 분광형이 같아서 표면 온도가 동일하지만 반지름이 커서 실제로 밝은 별일수록 광도 계급이 높다. 따라서 실제 밝기가 가장 밝은 A가 광도 계급이 가장 높다.

오답 피하기 ① A는 태양보다 절대 등급이 작은 것으로 보아 실제로 더 밝은 별이다.
② B는 C보다 절대 등급이 작은 것으로 보아 실제로 더 밝은 별인데 지구에서 보는 겉보기 등급은 서로 같다. 이는 실제로 밝은 별이 더 멀리 있을 때 나타날 수 있는 현상으로 B는 C보다 지구에서 더 멀리 떨어진 별이다.
③ C는 태양보다 표면 온도가 더 낮은 별로 붉은색이 더 우세하게 나타난다.
④ B와 C는 주계열성에 속하는 별이며, A는 적색 거성에 속하는 별로 표면 온도가 비교적 낮은 편이지만 절대 등급이 가장 작은 A가 반지름이 가장 크다.

18

정답 맞히기 ㄱ. 원시별이 형성되기 위해서는 성간 물질로 이루어진 성운의 수축이 일어나야 한다. 성운의 수축은 중력에 의해 일어난다.
ㄴ. 성운의 수축이 일어날수록 성간 물질의 위치 에너지가 감소하고 감소한 위치 에너지는 운동 에너지와 열에너지로 전환되면서 성간 물질의 온도를 상승시킨다. 따라서 성운의 초기 반지름이 클수록 중력 수축 과정에서 감소하는 위치 에너지가 크기 때문에 발생하는 열에너지도 많아진다.

오답 피하기 ㄷ. 태양 정도 크기의 주계열성이 방출하는 에너지는 중력 수축만으로 생성될 수 없다. 중력 수축 에너지는 원시별 단계에서 주요 에너지원이며, 수소 핵융합 반응에 의한 에너지가 방출되어야 비로소 스스로 빛을 내는 천체인 별이 될 수 있다.

19

정답 맞히기 ㄷ. 수소 핵융합 반응이 일어나면 반응 전보다 반응 후에 질량이 감소하며, 감소한 질량은 질량－에너지 등가 원리에 따라 에너지로 전환되어 방출된다.

오답 피하기 ㄱ. 핵융합 반응 전 수소 원자핵 4개의 질량 합은 반응 후 생성되는 헬륨 원자핵 1개보다 질량이 크다.
ㄴ. 주계열성은 별의 중심부에서 주로 수소 핵융합 반응이 일어나며, 적색 거성은 별의 중심부에서 주로 헬륨 핵융합 반응이 일어난다. 하지만 적색 거성에서도 헬륨 핵융합 반응이 일어나는 별의 중심부를 둘러싸고 있는 바깥층에서는 수소 핵융합 반응이 일어난다.

20

정답 맞히기 ④ (가)는 양성자－양성자 연쇄 반응에 의한 수소 핵융합 반응으로 주로 질량이 태양과 비슷하거나 태양보다 작은 별의 중심부에서 우세하게 일어난다.

오답 피하기 ① (다)의 헬륨 핵융합 반응은 (가)와 (나)의 수소 핵융합 반응보다 높은 온도인 약 1억 K 정도에서 일어난다.
② (나)는 탄소－질소－산소 순환 반응에 의한 수소 핵융합 반응으로 탄소는 반응의 촉매 역할을 하지만, (다)는 헬륨 핵융합 반응으로 탄소는 반응의 결과물이다.
③ 주계열성에서는 (가)와 (나) 같은 수소 핵융합 반응이 주로 일어나며, (다)는 적색 거성에서 주로 일어난다.
⑤ 양성자－양성자 연쇄 반응에 의한 수소 핵융합 반응은 (가)이며, (나)는 탄소－질소－산소 순환 반응에 의한 수소 핵융합 반응이다.

21

(1) 심층 순환이 형성되는 고위도 해역에서는 표층 해수의 밀도가 커질 때 침강이 일어난다. 이때 표층 해수의 밀도가 커지는 경우는 수온이 낮아지거나 염분이 증가할 때이다. 따라서 수온이 낮은 고위도 해역이나 결빙이 일어나는 과정에서 주변 해역의 염분이 증가하면 침강이 잘 일어난다.

모범 답안 A 해역은 수온이 낮은 고위도 해역으로 결빙이 일어나는 과정에서 염분이 높아지면 밀도가 증가하여 침강이 일어난다.

(2) B(저위도 해역)에서 A(고위도 해역)로 이동하는 표층류를 이루는 해류는 대체로 바람에 의해 형성된다. 지구 대기 대순환에 의해 연중 일정한 방향으로 지속적으로 부는 바람과 해수 사이의 마찰력에 의해 표층 해류가 형성된다.

모범 답안 표층류를 이루는 해류는 대기 대순환의 과정에서 일정한 방향으로 부는 바람에 의해 형성된다.

22

(1) 평상시 서태평양 해역은 따뜻한 표층 해수가 유입되어 표층 수온이 높기 때문에 공기가 가열되어 상승 기류와 함께 저기압이 형성되어 강수량이 많은 날씨가 나타난다. 무역풍이 약해지면서 엘니뇨가 발생하면 서태평양 해역으로 유입되는 표층 해수의 양이 감소하여 평상시보다 표층 수온이 내려가면서 하강 기류와 함께 고기압이 형성되고 강수량이 적은 맑은 날씨가 나타난다.

모범 답안 엘니뇨 발생 시 서태평양 해역은 평소보다 수온이 낮아지면서 하강 기류와 함께 고기압이 주로 형성되고 강수량이 감소한다.

(2) 엘니뇨 발생 시 동태평양에서 심층의 해수를 표층으로 공급하는 용승이 약해진다. 또한 무역풍이 약해지면서 남적도 해류도 약화되어 서태평양으로 이동하는 표층 해수는 감소하고 동태평양과 타히티섬이 위치한 중앙 태평양에 머무르는 따뜻한 표층 해수가 많아진다. 따라서 중앙 태평양과 동태평양 해역은 평상시에 비해 해수의 표층 수온이 올라가고 해수면 근처의 공기가 가열되어 상승 기류가 형성되고 저기압이 위치하게 된다.

모범 답안 엘니뇨 발생 시 동태평양 해역의 용승이 약해지면서 타히티섬 주변 해역의 수온이 상승하게 된다. 이로 인해 따뜻한 해수면 근처의 공기가 가열되어 상승 기류가 형성되고 저기압이 위치하게 된다.

23

별은 수소 핵융합 반응을 통해 스스로 빛을 만들어내는 천체이다. 따라서 별이 생성되기 위해서는 별의 중심부에서 수소 핵융합 반응이 일어나야 하는데 별을 형성하는 성간 물질의 양이 너무 많으면 중력 수축이나 수소 핵융합 반응이 강하게 일어나면서 많은 에너지가 방출되어 안정적인 별의 형태를 갖추기 어려우며, 성간 물질의 양이 너무 적으면 중력 수축에 의해 중심부의 온도가 수소 핵융합 반응이 일어날 수 있는 온도까지 올라갈 수 없기 때문에 별이 되기 어렵다.

모범 답안 별을 형성하는 성간 물질의 양이 너무 적으면 중력 수축이 일어나도 수소 핵융합 반응이 일어날 수 있는 온도가 되지 못하며, 너무 많으면 중심부의 온도가 빠르게 상승하여 안정적인 별의 형태를 유지할 수 없다.

24

슈테판—볼츠만 법칙은 흑체가 단위 시간 동안 단위 면적에서 방출하는 복사 에너지가 표면 온도의 네제곱에 비례한다는 것이다. 따라서 표면 온도가 같은 별은 단위 시간 동안 단위 면적에서 같은 양의 복사 에너지를 방출한다. 하지만 표면 온도가 같아도 별의 반지름이 커지면 에너지를 방출하는 표면적이 넓어지므로 실제 광도는 증가한다.

모범 답안 별 A는 적색 거성, 별 B는 주계열성이다. 두 별은 표면 온도가 서로 같기 때문에 단위 면적당 단위 시간에 방출되는 에너지는 서로 같다. 하지만 별 A가 별 B보다 반지름이 크기 때문에 별의 광도는 A가 B보다 크다.

25

별의 질량이 태양의 0.26배에서 1.5배 사이일 경우 중심부에서 중심핵의 온도가 높고 기체의 밀도가 낮아 불투명도가 작기 때문에 주로 복사의 형태로 에너지가 전달되며, 별의 질량이 태양의 1.5배 이상일 경우에는 중심부에서 핵융합 반응이 일어나는 영역이 넓어 한꺼번에 많은 양의 에너지가 생성되어 온도 경사가 크기 때문에 주로 대류에 의해 에너지가 전달된다.

모범 답안 핵융합 반응이 일어나는 별의 중심부에서 대류의 형태로 에너지가 전달되는 (가)의 경우가 중심부에서 복사의 형태로 에너지가 전달되는 (나)의 경우보다 별의 질량이 크다.

2학기 기말 고사

본문 040~045쪽

01 ④	02 ①	03 ⑤	04 ③	05 ④
06 ①	07 ①	08 ⑤	09 ④	10 ③
11 ②	12 ②	13 ②	14 ③	15 ③
16 ③	17 ⑤	18 ④	19 ③	20 ④

21~24 해설 참조

01

정답 맞히기 ④ 주계열 단계에 머무는 시간은 별의 질량이 클수록 짧다. 별의 질량은 (가)>(나)>(다)이므로 주계열 단계에 머무는 시간은 (다)가 가장 길다.

오답 피하기 ① 별의 질량은 주계열에서 왼쪽 상단에 있는 (가)가 가장 크다.

② (가)는 중성자별이나 블랙홀로 진화한다.

③ 태양의 분광형은 G2이므로 태양보다 표면 온도가 낮은 것은 (다)뿐이다.

⑤ (다)는 질량이 작아 중심에서 P−P 연쇄 반응이 일어난다.

02

정답 맞히기 ㄱ. 별의 질량은 주계열 왼쪽 상단에 있는 A가 B보다 크다.

오답 피하기 ㄴ. 원시별에서 주계열로 진화하는 동안 주요 에너지원은 중력 수축 에너지이다.

ㄷ. 주계열 단계에 이르는 데 걸리는 시간은 질량이 클수록 짧다. 따라서 A가 B보다 짧다.

03

정답 맞히기 ㄴ. 현재 태양은 주계열 단계에 있다.

ㄷ. 주계열을 떠나면 별의 외부층이 팽창하면서 적색 거성으로 진화한다.

오답 피하기 ㄱ. A에서 B로 진화하는 동안 원시별 내부의 기체 압력이 중력보다 작아 중력 수축을 하고 있다.

04

정답 맞히기 ㄱ. 별의 외부층이 중심핵과 서서히 분리되어 퍼져나가는 행성상 성운이다.

ㄷ. 질량이 태양 정도 되는 별은 행성상 성운과 백색 왜성으로 일생을 마감한다.

오답 피하기 ㄴ. 초신성 폭발은 별의 중심핵 질량이 태양 질량의 1.4배 이상 되는 경우에 일어난다.

05

정답 맞히기 ㄴ. 별의 반지름은 주계열에서 왼쪽 상단에 있는 별이 오른쪽 하단에 있는 별보다 크다.

ㄷ. 주계열 이후 진화 과정에서 A는 광도 변화량보다 표면 온도 변화량이 크고, B는 표면 온도 변화량보다 광도 변화량이 크다.

오답 피하기 ㄱ. (가)는 별의 질량이 태양 질량의 1.5배 이하인 경우에 해당되므로 B의 내부 구조이다.

06

정답 맞히기 ㄱ. 초신성 폭발 직전의 별의 내부 구조로, 중심부로 들어갈수록 온도가 높다.

오답 피하기 ㄴ. 태양은 헬륨 핵융합 반응이 끝나면 더 이상 핵반응을 하지 않고 탄소핵이 수축되면서 백색 왜성으로 일생을 마감한다.

ㄷ. 철은 핵자 간 결합 에너지가 가장 커서 핵융합 반응이 일어날 수 없다.

07

정답 맞히기 ㄱ. 별의 질량이 클수록 주계열 단계에 머무는 시간이 짧다.

오답 피하기 ㄴ. A는 B보다 질량이 작으므로 주계열에서 B보다 오른쪽 아래에 위치한다.

ㄷ. A가 B보다 표면 온도가 낮으므로 색지수는 A가 B보다 크다.

08

정답 맞히기 ㄴ. 행성의 반지름이 클수록 중심별 표면을 많이 가리므로 밝기 변화 폭이 커진다.

ㄷ. 현재 행성이 지구 방향으로 접근하므로 별 A는 멀어진다. 따라서 별 A의 스펙트럼에는 적색 편이가 나타난다.

오답 피하기 ㄱ. 식현상은 천체의 공전 궤도면이 관측자의 시선 방향과 나란할 때 일어난다.

09

정답 맞히기 ㄴ. P 별이 X 별과 일직선을 이룰 때 X 별에 의한 중력 렌즈 현상으로 가장 밝게 보인다.

ㄷ. X 항성계의 행성이 P 별과 일직선을 이룰 때 행성이 미세 중력 렌즈 현상을 일으켜 P 별이 밝기가 순간적으로 증가하게 된다.

오답 피하기 ㄱ. 중력 렌즈 현상을 이용한 방법이다.

10

정답 맞히기 ㄱ. 외계 행성의 질량은 대부분 지구보다 크다.
ㄴ. 궤도 반지름이 1 AU보다 작은 경우에는 식현상에 의한 발견 사례가 많고, 궤도 반지름이 1 AU보다 큰 경우에는 도플러 효과에 의한 발견 사례가 많다.

오답 피하기 ㄷ. 도플러 효과는 중심별의 스펙트럼 관측으로 확인한다. 행성은 빛을 방출하지 않아 도플러 효과를 관측할 수 없다.

11

정답 맞히기 ㄷ. 중심별의 질량이 클수록 생명 가능 지대가 중심별로부터 멀리 있다.

오답 피하기 ㄱ. 액체 상태의 물이 존재할 수 있는 행성은 생명 가능 지대에 속해 있는 ㉡이다.
ㄴ. ㉠은 생명 가능 지대보다 중심별에 가까이 있으므로 ㉡보다 표면 온도가 높다.

12

정답 맞히기 A를 기준으로 타원 은하와 나선 은하가 나뉘었으므로 A는 나선팔에 해당된다. B는 타원 은하를 세분하는 기준과 관련 있으므로 편평도와 관련된다. 원형의 타원 은하가 B=1이라고 했으므로 B는 긴반지름/짧은 반지름에 해당된다. 원형의 타원 은하는 편평도가 0이다.

13

정답 맞히기 ㄴ. 우리 은하는 막대 나선 은하에 해당된다.

오답 피하기 ㄱ. 타원 은하가 진화해서 나선 은하가 되는 것은 아니다.
ㄷ. 젊은 별의 비율은 성간 물질이 많은 나선 은하가 타원 은하보다 크다.

14

정답 맞히기 ㄱ. (가)는 세이퍼트은하로 가시광선 영역에서 나선 은하로 관측된다.
ㄴ. (나)는 퀘이사로 대체로 다른 은하들보다 적색 편이가 훨씬 커서 매우 멀리 있다.

오답 피하기 ㄷ. 퀘이사는 우주 초기에 생성되어 매우 멀리 있는 은하이다.

15

정답 맞히기 ㄱ. 가시광선 영역 사진에서 타원 형태가 보이고, 전파 영역 사진에서 제트와 로브가 나타나는 것으로 보아 전파 은하이다.
ㄷ. 강력한 물질의 흐름인 제트와 로브가 대칭적으로 나타난다.

오답 피하기 ㄴ. 가시광선 영역에서 타원 은하로 관측된다.

16

정답 맞히기 ㄱ. 후퇴 속도는 흡수선의 파장 변화량과 비례한다. 흡수선의 파장 변화량은 B가 A의 3배이므로 후퇴 속도도 B가 A의 3배이다.
ㄴ. 은하까지의 거리와 후퇴 속도가 비례하므로 허블 법칙을 만족한다.

오답 피하기 ㄷ. A와 B는 우리 은하를 기준으로 반대 방향에 있으므로 A에서 관측한 B의 흡수선의 파장 변화량은 20 nm+60 nm=80 nm이다. 따라서 A에서 관측한 B의 흡수선 파장은 486 nm+80 nm=566 nm로 나타난다.

17

정답 맞히기 ㄱ. 허블 상수는 그래프의 기울기와 같다. 따라서 허블 상수는 약 60000 km/s/1200 Mpc=50 km/s/Mpc이다.
ㄴ. 은하까지의 거리가 멀수록 후퇴 속도가 크다. 후퇴 속도는 적색 편이와 비례한다. 따라서 멀리 있는 은하일수록 적색 편이가 크다.
ㄷ. 허블 상수는 우주 공간의 팽창 속도를 의미하므로, 2000 Mpc 거리에 있는 은하는 2000 Mpc×50 km/s/Mpc=1×10^5 km/s의 속도로 멀어진다고 볼 수 있다.

18

정답 맞히기 ㄴ. 우주 배경 복사는 대폭발 우주론의 강력한 증거이다.
ㄷ. 우주가 팽창하면서 질량은 일정하게 유지되는 대폭발 우주론에서만 밀도가 감소한다. 정상 우주론에서는 우주가 팽창하면서 새로 생기는 공간에 새로운 물질이 생겨나 밀도가 일정하게 유지된다.

오답 피하기 ㄱ. 우주의 팽창을 설명하는 허블 법칙은 두 우주론을 모두 적용하고 있다.

19

정답 맞히기 ㄱ. 급팽창 시기 동안 우주의 질량은 그대로인데 반지름이 증가하였으므로 밀도는 감소한다.

ㄷ. 우주의 팽창 속도는 반지름 변화율이다. 급팽창 이론에서는 반지름 변화율이 대폭발 우주론보다 크다.

오답 피하기 ㄴ. 우주가 팽창하면서 온도는 낮아지므로 우주 배경 복사의 파장은 길어진다.

20

정답 맞히기 ㄴ. 우주의 크기 변화율이 우주의 팽창 속도이다. 따라서 접선의 기울기가 큰 현재가 A보다 팽창 속도가 크다.

ㄷ. 현재는 팽창 속도가 증가하는 가속 팽창을 하고 있으므로 암흑 에너지의 영향은 A보다 현재에 더 많이 받는다.

오답 피하기 ㄱ. 우주는 팽창하면서 온도가 낮아진다.

21

(1) A는 주계열 단계에서 거성 단계로 진화하고 있는 별이고, B는 주계열성이다. (나)는 중심부에서 수소 핵융합을 마치고 거성으로 진화하고 있는 별의 내부 구조이다.

모범 답안 A

(2) (나)에서 별의 외부층은 수소 껍질 연소층에서 생성되는 에너지의 영향으로 별의 안쪽에서 바깥쪽으로 향하는 내부 압력이 별의 안쪽으로 향하는 중력보다 커져 팽창하고 있다.

모범 답안 수소 껍질 연소층에서 생성되는 에너지의 영향으로 내부 압력이 중력보다 커져 팽창한다.

22

행성의 공전 궤도면이 지구 관측자의 시선 방향과 나란할 때 두 가지 방법이 가능하다. 하나는 행성이 중심별 앞을 지날 때 중심별의 밝기가 감소하는 식현상을 이용하는 것이고, 다른 하나는 행성과 중심별이 공통 질량 중심에 대해 공전하면서 중심별이 지구 관측자에게 접근할 때는 청색 편이, 멀어질 때는 적색 편이가 나타나는 도플러 효과를 이용하는 것이다.

모범 답안 행성이 중심별을 가릴 때 중심별의 밝기가 감소하는 식현상과 행성과 중심별이 공통 질량 중심을 공전할 때 중심별의 접근과 후퇴에 따른 도플러 효과를 이용할 수 있다.

23

우주 배경 복사의 온도가 2.7 K이고, 우주 전역에서 10^{-5} K 정도의 미세한 편차만 있을 뿐 거의 균일한 값을 가진다는 것은 현재 우리 우주의 온도가 약 2.7 K로 거의 균일하다는 의미이다.

모범 답안 우리 우주의 평균 온도가 약 2.7 K로 거의 균일하다.

24

우주의 나이는 허블 상수의 역수에 비례한다. 따라서 허블 상수가 기존의 값보다 작아졌다는 것은 우리가 추측하는 우주의 나이가 커졌다는 것을 의미한다.

모범 답안 우주의 나이는 허블 상수의 역수에 비례하므로 우주의 나이가 증가하였다.

MEMO

MEMO

뻔한 기본서는 잊어라! 2015 개정교육과정 반영!

2년 동안 EBS가 공들여 만든 신개념 수학 기본서

수학의 왕도와 함께라면 수포자는 없다!!

1. 개념의 시각화

직관적 개념 설명으로 쉽게 이해한다.

- 개념도입시 효과적인 시각적 표현을 적극 활용하여 직관적으로 쉽게 개념을 이해 할 수 있다.
- 복잡한 자료나 개념을 명료하게 정리 제시하여 시각적 이미지와 함께 정보를 제공하여 개념 이해 도움을 줄 수 있다.

2.국내 최대 문항

세분화된 개념 확인문제로 개념을 다진다.

- 개념을 세분화한 문제를 충분히 연습해보며 개념을 확실히 이해할 수 있도록 문항을 구성하였다.
- 반복 연습을 통해 자연스럽게 대표문제로 이행할 수 있다.

3.단계적 문항 구성

기초에서 고난도 문항까지 계단식 구성

- 기초 개념 확인문제에서부터 대표문제, 기본&실력 종합문제를 거쳐 고난도, 신유형 문항까지 풀다보면 저절로 실력이 올라갈 수 있도록 단계적으로 문항을 구성하였다.

4.단계별 풀이 전략

풀이 단계별 해결 전략을 구성하여 해결 과정의 구체적인 방법을 제시한다.

- 대표 문제의 풀이 과정에 해결 전략을 2~3단계로 제시하여 문항 유형에 따른 해결 방법을 살펴볼 수 있도록 한다.

2015
개정
교육과정

EBS

정답과 해설

개념 완성

과학탐구영역

기본 개념부터 실전 연습, 수능 + 내신까지
한 번에 다 끝낼 수 있는 **탐구영역 기본서**

지구과학 I

"완벽한 학교시험을 위한
특별한 준비"

1. |특별부록| 중간고사·기말고사 대비 4회분
범위별 비법 노트 + 모의 중간/기말고사 + 꼼꼼해설
2. 신유형 문항, 수행평가 활동지 추가 구성
3. 출판사별 교과서 조견표 수록

EBS 수능·내신 대비 국어 기본서 시리즈 소개

작품 감상과 지문 해석, 6개 원리로 모두 정리됩니다!

EBS가 만든 수능·내신 대비 국어 기본서

국어 독해의 원리 시리즈

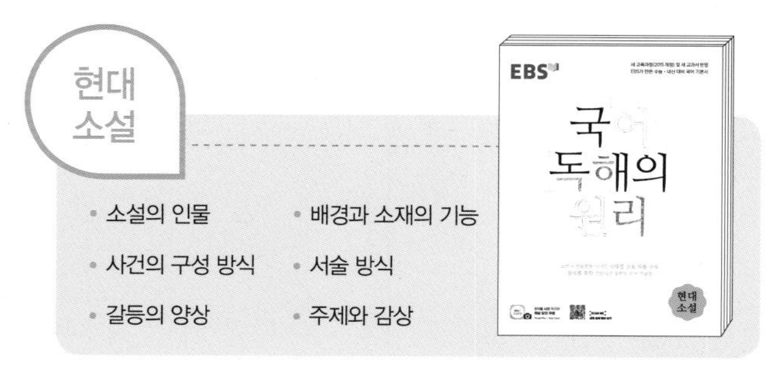

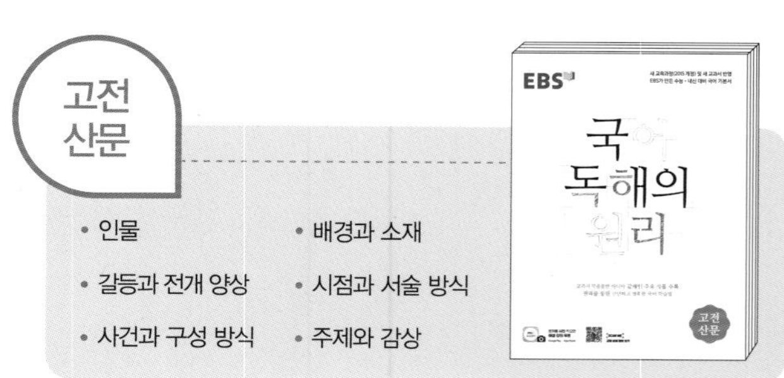

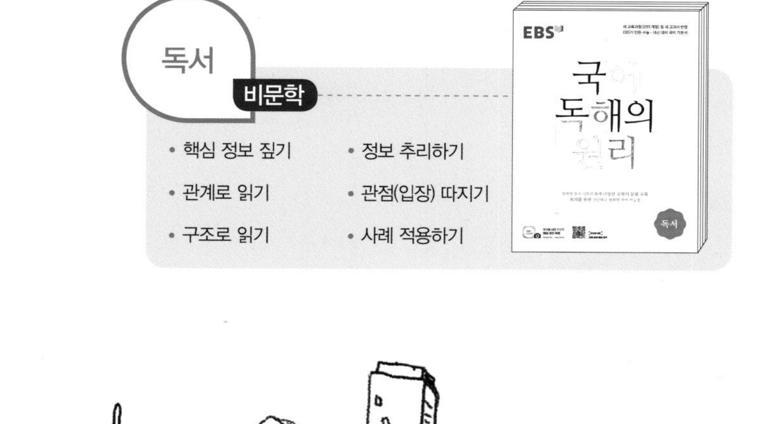

EBS 개념완성

지구과학 I

정답과 해설

Ⅰ. 지구의 변동

1 판 구조론의 정립

탐구 활동 본문 015쪽

1 인도－오스트레일리아판 **2** 유라시아판

1

판의 수렴형 경계에서 밀도가 큰 판이 밀도가 작은 판 아래로 섭입한다. 판의 경계에서 육지로 갈수록 진원의 깊이가 깊어지므로 인도－오스트레일리아판이 유라시아판 아래로 섭입함을 알 수 있다.

2

판의 수렴형 경계에서 밀도가 큰 판이 밀도가 작은 판 아래로 섭입할 때 방출된 물에 의해 물질의 용융 온도가 낮아져서 마그마가 발생하고, 이 마그마가 분출하여 화산 활동이 발생한다. 따라서 화산 활동은 유라시아판에서 활발하게 발생한다.

내신 기초 문제 본문 016쪽

01 ② **02** 판게아 **03** 7500 m **04** ⑤
05 ① **06** ④ **07** ㄱ, ㄹ, ㅁ

01

정답 맞히기 ② 베게너가 대륙 이동설을 주장하였지만 설득력있는 대륙 이동의 원동력을 설명하지 못하여 당시의 학자들에게 많은 비판을 받고 받아들여지지 않았다.

오답 피하기 ① 대륙 이동설은 독일의 학자 베게너가 주장하였다.
③, ⑤ 베게너는 대륙 이동설의 근거로 남아메리카 동해안과 아프리카 서해안의 굴곡이 유사하다는 것과 저위도 지역인 인도에서 빙하의 흔적이 발견된 것 등을 근거로 제시하였다.
④ 베게너는 대륙 이동의 원동력으로 지구 자전에 의한 원심력과 달의 기조력을 주장하였다. 그러나 두 힘들은 대륙을 이동시키기에 너무 작았다.

02

베게너가 대륙 이동설을 주장하며 제시한 초대륙은 판게아이다.

03

음향 측심법에 의해 수심을 측정할 때는 음파가 해저에 반사되어 되돌아오는 시간을 이용한다.

$d=\frac{1}{2}vt$

(d : 수심, v : 음파의 속력, t : 음파가 반사되어 되돌아오는 시간)
음파의 속력(v)가 1500 m/s이고, 음파가 반사되어 되돌아오는 시간(t)이 10초(s)이므로 수심은 7500 m이다.

04

정답 맞히기 ㄴ, ㄷ. 해령을 기준으로 고지자기 줄무늬가 대칭적이라는 것과 해령에서 멀어질수록 해양 지각의 나이가 증가하고, 해저 퇴적물의 두께가 두꺼워지는 것을 통해 해양저가 확장되고 있다는 사실을 알 수 있다.

오답 피하기 ㄱ. 해령에서 주로 천발 지진이 발생한다는 사실은 해양저 확장설의 근거와는 관련이 없다.

05

정답 맞히기 판 구조론이 정립되는 과정에서 베게너의 대륙 이동설이 가장 먼저 제시되고, 뒤이어 홈스의 맨틀 대류설, 헤스와 디츠의 해양저 확장설이 주장되었으며, 이를 종합한 판 구조론이 정립되었다. 따라서 대륙 이동설－맨틀 대류설－해양저 확장설－판 구조론의 순이다.

06

정답 맞히기 판의 생성도 소멸도 없는 판의 경계는 보존형 경계이며, 천발 지진과 심발 지진이 모두 발생하는 판의 경계는 수렴형 경계이다. 발산형 경계는 천발 지진만 발생하는 판의 경계이다.

07

정답 맞히기 판과 판이 서로 가까워지는 경계는 수렴형 경계이다. 수렴형 경계에서 습곡 산맥이나 해구, 호상 열도가 발달한다.

오답 피하기 ㄴ은 판의 발산형 경계에서, ㄷ은 보존형 경계에서 발달하는 지형이다.

실력 향상 문제

본문 017~020쪽

01 ④ **02** 해설 참조 **03** ③ **04** ⑤
05 해설 참조 **06** ② **07** 1 cm/년
08 ① **09** ① **10** ⑤ **11** ④ **12** ⑤
13 ④ **14** ② **15** ① **16** ⑤ **17** ④
18 ① **19** ③

01 대륙 이동설의 증거

정답 맞히기 ④ 해령을 기준으로 고지자기 역전 줄무늬가 대칭인 것은 해양저 확장설의 증거에 해당한다.

오답 피하기

① 현재 저위도에 위치한 인도에서 과거 빙하의 흔적이 발견된다.
② 현재 떨어져 있는 유럽과 아메리카의 고생대 말 습곡 산맥이 연속적이다.
③ 남아메리카 동해안과 아프리카 서해안의 굴곡이 유사하다.
⑤ 멀리 떨어져 있는 남아메리카와 아프리카에서 같은 종의 고생대 생물 화석이 나타난다.

02 대륙 이동의 원동력

베게너는 대륙 이동설을 주장하면서 대륙 이동의 원동력으로 지구 자전에 의한 원심력과 달에 의한 기조력을 제시하였다. 그러나 당시 학자들은 대륙 이동설에 많은 비판을 했으며, 받아들이지 않았다.

모범 답안 지구 자전에 의한 원심력과 달에 의한 기조력

03 음향 측심법

정답 맞히기 ㄱ. 음파의 속력은 공기 중에서보다 물속에서 더 빨라서 공기 중에서는 약 340 m/s이지만, 물속에서는 약 1500 m/s이다.

ㄴ. 음향 측심법은 탐사선에서 발사한 음파가 해저에서 반사되어 되돌아오는 시간을 이용하여 수심을 측정하는 방법이다.

오답 피하기 ㄷ. 음향 측심법을 이용하여 수심을 측정할 때 $d=\frac{1}{2}vt$(d : 수심, v : 음파의 속력, t : 음파가 반사되어 되돌아오는 시간)를 이용하여 수심을 측정한다.

04 해양 지각의 연령

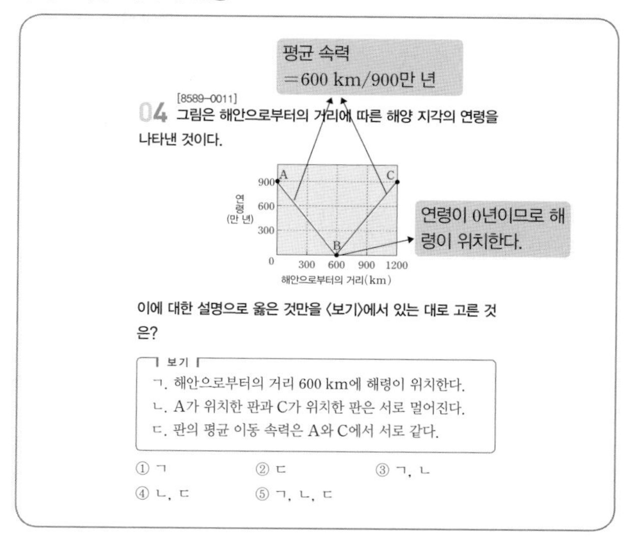
[8589-0011]
04 그림은 해안으로부터의 거리에 따른 해양 지각의 연령을 나타낸 것이다.

이에 대한 설명으로 옳은 것만을 <보기>에서 있는 대로 고른 것은?

보기
ㄱ. 해안으로부터의 거리 600 km에 해령이 위치한다.
ㄴ. A가 위치한 판과 C가 위치한 판은 서로 멀어진다.
ㄷ. 판의 평균 이동 속력은 A와 C에서 서로 같다.

① ㄱ ② ㄷ ③ ㄱ, ㄴ
④ ㄴ, ㄷ ⑤ ㄱ, ㄴ, ㄷ

정답 맞히기 ㄱ. 발산형 경계에서 새로운 해양 지각이 형성되므로 해령에서는 연령이 0년이다. 따라서 해령은 해안으로부터의 거리가 600 km인 곳에 위치한다.

ㄴ. B가 위치한 곳이 해령이며, 해령을 중심으로 두 판은 서로 멀어진다.

ㄷ. B에서 A까지 이동한 거리는 600 km이고 연령은 900만 년이므로 평균 속력은 600 km/900만 년이며, B에서 C까지 이동한 평균 속력은 600 km/900만 년이므로 평균 이동 속력은 서로 같다.

05 해양저 확장설

해양저 확장설은 고온의 맨틀 물질이 상승하여 새로운 해양 지각이 생성되고 해령을 기준으로 서로 멀어져서 해양저가 확장된다는 이론이다.

모범 답안 • 해령을 기준으로 고지자기 역전 줄무늬가 대칭적으로 분포한다.
• 해령에서 멀어질수록 해양 지각의 나이가 증가한다.
• 해령에서 멀어질수록 해저 퇴적물의 두께가 두꺼워진다.

06 암석권과 연약권

정답 맞히기 ② 암석권의 조각을 판이라고 하며, 지구 표면은 10여 개의 크고 작은 판으로 이루어져 있다.

오답 피하기 ① 연약권은 부분 용융 상태로 대류가 발생하는 곳이다.
③ 대륙 지각의 밀도가 해양 지각의 밀도보다 작으므로 판의 밀도는 대륙판이 해양판보다 작다.

④ 암석권은 지각과 상부 맨틀을 포함하여 두께가 100 km 정도이다.
⑤ 지구 전체는 태평양판, 유라시아판 등 10여 개의 크고 작은 판으로 이루어져 있고 각 판의 이동 방향과 속도가 달라 판의 경계에서 지각 변동이 발생한다.

07 해양판의 평균 이동 속도

정답 맞히기 A 판은 해령을 중심으로 서로 멀어지고 있으며, 40 km를 이동할 때 400만 년이 걸렸으므로

평균 이동 속도$=\frac{40\text{ km}}{400\text{만 년}}=1\text{ cm/년}$이다.

08 고지자기 역전 줄무늬

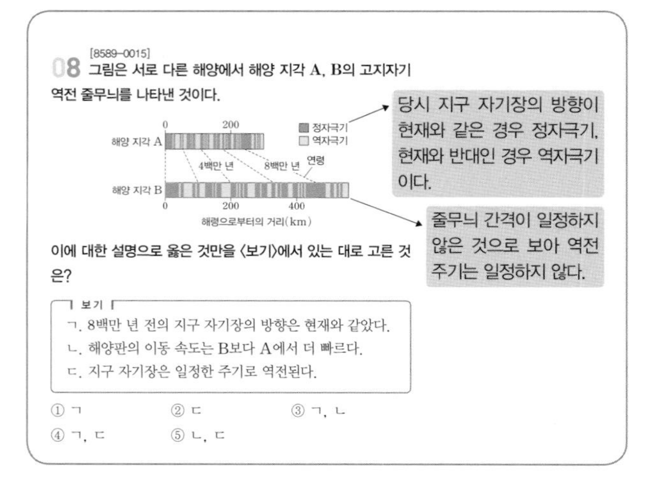

정답 맞히기 ㄱ. 8백만 년 전에 생성된 해양 지각의 고지자기는 정자극기이므로 지구 자기장의 방향이 현재와 같았다.
오답 피하기 ㄴ. 해령을 기준으로 판이 멀어지는데 해양 지각 A의 경우 4백만 년 동안 약 100 km가 이동하였지만, 해양 지각 B의 경우 4백만 년 동안 약 200 km 이동하였으므로 해양판의 이동 속도는 A보다 B에서 더 빠르다.
ㄷ. 역전 줄무늬의 간격이 일정하지 않으므로 지구 자기장의 역전 주기는 일정하지 않음을 알 수 있다.

09 판 구조론

정답 맞히기 ㄱ. 판 구조론에서 판 이동의 원동력은 맨틀 대류로, 연약권이 대류하면서 연약권 위에 떠 있는 판이 이동한다고 설명한다.
오답 피하기 ㄴ. 판 구조론에서 지각 변동은 주로 판의 경계에서 발생한다.
ㄷ. 암석권은 딱딱한 고체 상태로 되어 있으며, 연약권은 부분 용융 상태로 맨틀 대류가 발생한다.

10 지구 내부의 구조

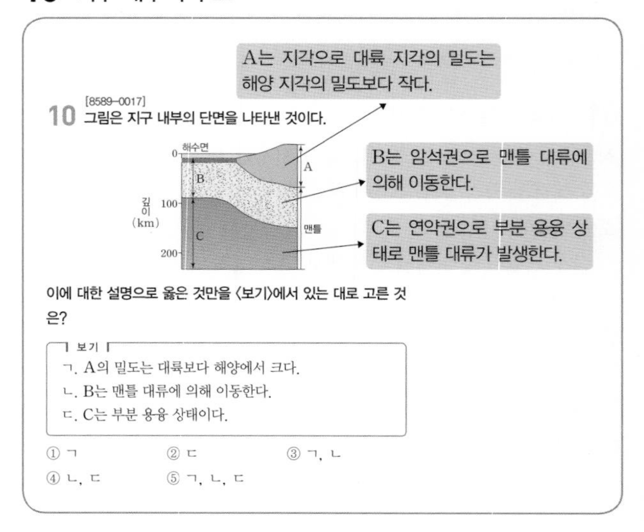

정답 맞히기 ㄱ. A는 지각으로 대륙 지각은 화강암질 암석으로 이루어져 있고, 해양 지각은 현무암질 암석으로 이루어져 있어 밀도는 해양 지각이 대륙 지각보다 크다.
ㄴ. B는 암석권으로 딱딱한 고체 상태로 이루어져 있으며, 연약권 위에 떠 있으며 맨틀이 대류할 때 함께 이동한다.
ㄷ. C는 연약권으로 부분 용융 상태이며 맨틀 대류가 발생하는 곳이다.

11 발산형 경계의 생성 과정

정답 맞히기 ㄱ. 연약권에서 맨틀 물질이 상승한 후 옆으로 이동하면서 판도 함께 이동하여 판이 벌어지므로 발산형 경계가 생성된다.
ㄷ. (나) 이후 판과 판이 서로 멀어지면 벌어진 틈에 해수가 유입되어 해양이 생성될 것이다.
오답 피하기 ㄴ. 맨틀 대류가 상승하는 곳에서는 두 판이 서로 멀어지면서 대륙 지각의 두께가 얇아진다.

12 발산형 경계의 특징

정답 맞히기 ㄱ. 대서양 중앙 해령에서 새로운 해양 지각이 생성된 후 판의 이동에 따라 서로 멀어지므로 해양 지각의 나이는 A가 B보다 많다.

ㄷ. B는 해령에 위치하므로 맨틀 대류의 상승부에 위치한다.

오답 피하기 ㄴ. 해양 지각의 나이는 B보다 C가 많으므로 해저 퇴적물이 퇴적된 시간은 C가 더 길다. 따라서 해저 퇴적물의 두께는 B보다 C가 두껍다.

13 대륙판과 대륙판의 수렴형 경계

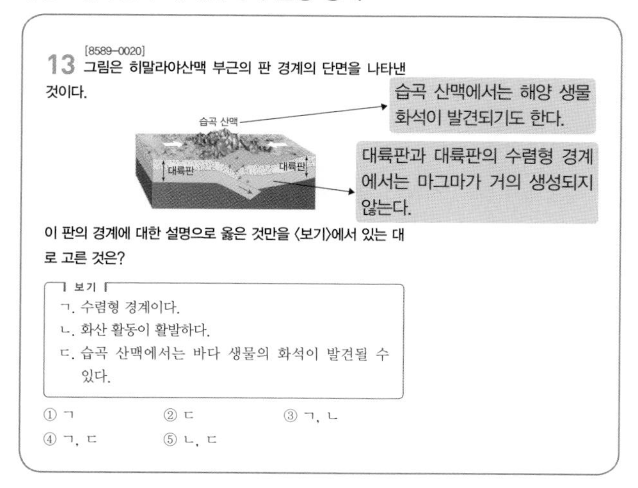

정답 맞히기 ㄱ. 대륙판과 대륙판이 서로 만나는 수렴형 경계이며 횡압력에 의해 습곡 산맥이 형성된다.

ㄷ. 습곡 산맥에서는 해저에 퇴적되었던 해양 생물의 화석이 발견될 수 있다.

오답 피하기 ㄴ. 대륙판과 대륙판의 수렴형 경계에서는 마그마가 거의 생성되지 않으므로 두 대륙판의 수렴형 경계에서는 화산 활동은 거의 일어나지 않는다.

14 해양에서의 발산형 경계

정답 맞히기 ㄷ. C는 해령에 위치한 지역으로 해령에서는 주로 천발 지진이 발생한다.

오답 피하기 ㄱ. A를 중심으로 판의 이동 방향이 서로 같으므로 A가 위치한 곳은 판의 경계에 해당하지 않는다.

ㄴ. B는 보존형 경계에 위치한 지역이므로 B에서는 변환 단층이 발달하고, 주로 천발 지진이 발생하지만 화산 활동은 일어나지 않는다.

15 판의 경계

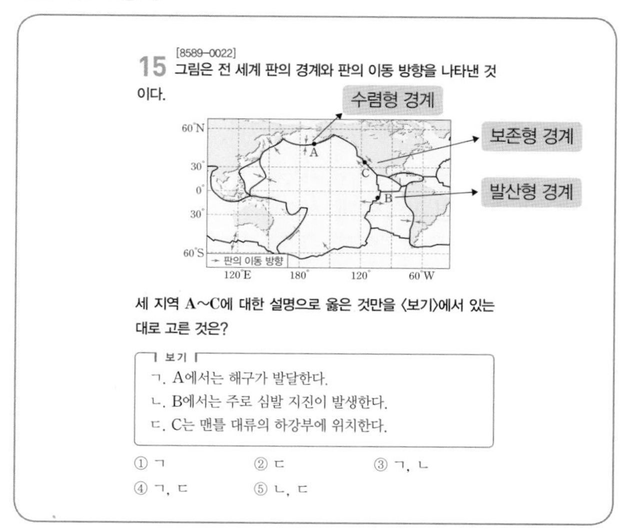

정답 맞히기 ㄱ. A는 북아메리카판과 태평양판이 서로 만나는 수렴형 경계로 해구와 호상 열도가 발달한다.

오답 피하기 ㄴ. B는 태평양판과 나스카판이 멀어지는 발산형 경계에 위치하며, 발산형 경계에서는 주로 천발 지진이 발생한다.

ㄷ. C는 산안드레아스 단층으로 보존형 경계에 위치한다. 맨틀 대류의 하강부에는 수렴형 경계가 위치한다.

16 발산형 경계

정답 맞히기 ㄱ. 발산형 경계는 맨틀 대류의 상승부에 위치하여 판과 판이 서로 멀어지는 경계이다.

ㄴ, ㄷ. 발산형 경계에서는 주로 천발 지진이 발생하며, 맨틀 물질이 상승하여 마그마가 생성되므로 화산 활동이 활발하다.

17 해령

정답 맞히기 ㄴ. B는 발산형 경계에 위치하고 C는 해령에서 멀리 떨어져 있으므로 암석의 나이는 C가 B보다 많다.

ㄷ. 발산형 경계가 아이슬란드를 지나므로 오랜 시간이 지나면 A와 C 사이의 거리는 멀어질 것이다.

오답 피하기 ㄱ. B는 발산형 경계에 위치하고 발산형 경계에서는 주로 장력이 작용하므로 횡압력에 의해 나타나는 습곡 산맥은 발달하지 않는다.

18 북아메리카 서쪽 지역의 판 경계

정답 맞히기 ㄱ. A는 보존형 경계에 위치하므로 변환 단층이 발달한다.

오답 피하기 ㄴ. 해령에서 생성된 해양 지각이 해양판의 이동과 함께 움직이므로 해령에서 멀리 있는 암석일수록 나이가 많다. 따라서 해양 지각의 나이는 B보다 C가 많다.
ㄷ. 후안드푸카판이 북아메리카판 아래로 섭입하므로 판의 밀도는 후안드푸카판이 북아메리카판보다 크다.

19 우리나라 주변 판의 경계

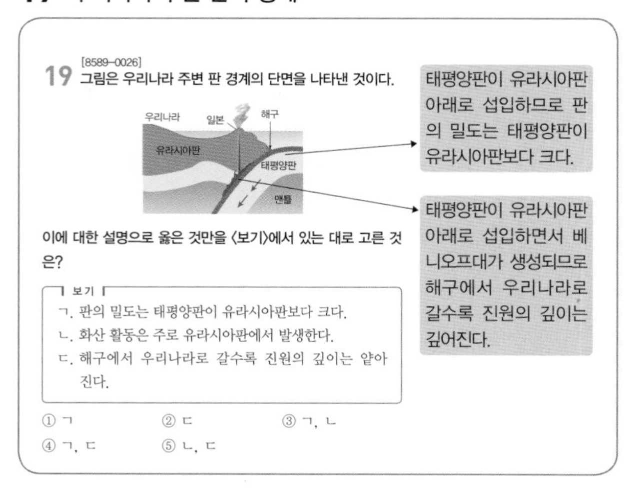
19 [8589-0026] 그림은 우리나라 주변 판 경계의 단면을 나타낸 것이다.

이에 대한 설명으로 옳은 것만을 <보기>에서 있는 대로 고른 것은?

보기
ㄱ. 판의 밀도는 태평양판이 유라시아판보다 크다.
ㄴ. 화산 활동은 주로 유라시아판에서 발생한다.
ㄷ. 해구에서 우리나라로 갈수록 진원의 깊이는 얕아진다.

① ㄱ ② ㄷ ③ ㄱ, ㄴ
④ ㄱ, ㄷ ⑤ ㄴ, ㄷ

정답 맞히기 ㄱ. 섭입형 경계에서는 밀도가 큰 판이 밀도가 작은 판 아래로 섭입한다. 태평양판이 유라시아판 아래로 섭입하므로 밀도는 태평양판이 유라시아판보다 크다.
ㄴ. 태평양판이 유라시아판 아래로 섭입하면서 마그마가 생성된다. 이렇게 생성된 마그마는 지각의 약한 부분을 뚫고 위로 올라가서 분출하므로 화산 활동은 주로 유라시아판에서 발생한다.
오답 피하기 ㄷ. 베니오프대가 유라시아판 쪽으로 경사져 있으며 지진은 베니오프대에서 주로 발생하므로 해구에서 우리나라로 갈수록 지진의 진원 깊이는 점점 깊어진다.

신유형·수능 열기

본문 021쪽

01 ③ **02** ⑤ **03** ② **04** ①

01

정답 맞히기 ㄱ, ㄴ. 해령은 발산형 경계에서 나타나는 해저 산맥으로 해령에서 멀어질수록 해양 지각의 나이는 증가한다. 그림에서 태평양과 대서양에서 해령으로부터의 거리가 멀수록 해양 지각의 나이가 증가함을 알 수 있다.

오답 피하기 ㄷ. 해양 지각의 나이가 같은 지점의 경우 해령으로부터의 거리는 태평양이 대서양에서보다 멀기 때문에 해저 확장 속도는 태평양이 대서양보다 빠르다.

02

정답 맞히기 ㄱ. A와 B에서 고지자기 방향이 같고, B는 최근에 생성된 해양 지각으로 B에서의 자기장의 방향은 현재의 자기장의 방향이므로 A의 고지자기는 정자극기이다.
ㄴ. 이 지역은 B가 위치한 곳을 중심으로 고지자기 줄무늬가 대칭을 이루므로 이 지역은 발산형 경계에 위치하며, 발산형 경계는 맨틀 대류가 상승하는 지역에 위치한다.
ㄷ. 해령에서 해양 지각이 생성된 이후 판의 이동에 따라 해령에서 멀어진다. 따라서 해령에서 멀리 있는 해양 지각일수록 나이가 많으므로 해양 지각의 나이는 A가 C보다 많다.

03

정답 맞히기 ㄷ. C는 발산형 경계에 위치하므로 해령이 발달한다.
오답 피하기 ㄱ. A는 대륙판과 해양판이 수렴하는 경계이므로 해구가 발달한다. 해구에서는 주로 천발 지진이 발생하고, 해구에서 대륙으로 갈수록 진원의 깊이가 깊어진다.
ㄴ. 해령에서 멀어질수록 해저 퇴적물의 두께가 두꺼워지므로 해저 퇴적물의 두께는 B가 C보다 두껍다.

04

정답 맞히기 ㄱ. 판의 경계 지역 중 지진은 주로 태평양판보다 필리핀판에서 발생하므로 태평양판이 필리핀판 아래로 섭입함을 알 수 있다. 따라서 판의 밀도는 태평양판이 필리핀판보다 크다.
오답 피하기 ㄴ. 해구에서 진원의 깊이가 500 km 이상인 곳의 진앙까지의 거리는 B가 A보다 가까우므로 섭입 각도는 B−B′가 A−A′보다 크다.
ㄷ. 진원의 위치로 보아 필리핀판이 유라시아판 아래로 섭입함을 알 수 있다. 따라서 판 경계 부근에서의 화산 활동은 주로 유라시아판에서 활발하다.

2 대륙 분포의 변화와 플룸 구조론

탐구 활동

본문 029쪽

1 해설 참조　　**2** 해설 참조

1

태평양판은 43.4백만 년 전 이후에 이동 방향이 바뀌었다. 59.6백만 년 전부터 43.4백만 년 전까지 이동 거리는 1911 km이고, 시간은 16.2백만 년이 걸렸으므로 이 기간 동안 평균 이동 속도는 $\frac{1911\text{ km}}{16.2\text{백만 년}} \fallingdotseq 11.8\text{ cm/년}$이다. 또한 43.4백만 년 전부터 현재까지 이동 거리는 3474 km이므로 이 기간 동안 평균 이동 속도는 $\frac{3474\text{ km}}{43.4\text{백만 년}} \fallingdotseq 8.0\text{ cm/년}$으로 43.4백만 년을 기준으로 태평양판의 평균 이동 속도가 감소했음을 알 수 있다.

모범 답안 59.6백만 년 전 ~ 43.4백만 년 전까지의 평균 이동 속도는 약 11.8 cm/년이고, 43.4백만 년 전부터 현재까지 평균 이동 속도는 약 8.0 cm/년이다.

2

하와이는 판의 경계에 위치하지 않고 판의 내부에 위치한다. 따라서 판 구조론으로 하와이의 화산 활동을 설명할 수 없다. 하와이의 화산 활동은 플룸 구조론의 뜨거운 플룸의 상승으로 설명할 수 있다. 밀도가 작은 뜨거운 플룸이 상승하면서 지표면 부근에서 마그마가 생성되는 열점이 만들어지고, 이곳에서 마그마가 분출하여 하와이가 만들어졌다.

모범 답안 뜨거운 플룸이 상승하여 마그마가 생성되는 열점이 만들어지고, 이 마그마가 분출하여 하와이가 생성되었다.

내신 기초 문제

본문 030쪽

01 복각　**02** ⑤　**03** ②　**04** ①　**05** ⑤
06 ①

01

정답 맞히기 지구 자기의 요소 중 편각은 어느 지점에서 진북과 자북 사이의 각이며, 복각은 지구 자기장이나 자침이 수평면과 이루는 각이다.

02

정답 맞히기 ㄱ. 약 7100만 년 전 인도는 남반구에 위치하였다.
ㄴ. 약 3800만 년 전 이후에도 인도는 지속적으로 북상하였으므로 인도에서의 복각은 증가했다.
ㄷ. 인도와 유라시아 대륙이 충돌하여 대규모 습곡 산맥인 히말라야산맥이 형성되었다. 이 과정에서 인도와 유라시아 대륙 사이에 있던 해저 지층이 융기하였으므로 히말라야산맥에서는 해저 퇴적층과 해양 생물의 화석이 발견된다.

03

정답 맞히기 판게아는 고생대 말에 형성된 초대륙으로 중생대 초기부터 분열되기 시작하였다.

04

정답 맞히기 ① 하와이는 판의 경계 지역이 아니라 판의 내부에 위치하므로, 주로 판의 경계 지역에서 지각 변동이 발생한다는 판 구조론으로는 하와이에서의 화산 활동을 설명할 수 없다.

오답 피하기 ② 히말라야산맥의 형성은 대륙판과 대륙판의 수렴형 경계로 설명할 수 있다.
③ 페루－칠레 해구의 형성은 해양판과 대륙판의 수렴형 경계로 설명할 수 있다.
④ 대서양 중앙 해령의 형성은 발산형 경계로 설명할 수 있다.
⑤ 산안드레아스 단층의 형성은 보존형 경계로 설명할 수 있다.

05

정답 맞히기 ㄱ, ㄴ, ㄷ. 플룸 구조론은 판 구조론이 설명하지 못하는 하와이에서의 화산 활동을 설명할 수 있다. 상승하는 뜨거운 맨틀 물질을 뜨거운 플룸, 하강하는 차가운 맨틀 물질을 차가운 플룸이라고 하며, 밀도는 차가운 플룸이 뜨거운 플룸보다 크다.

06

정답 맞히기 태평양판이 북서쪽으로 이동하고 열점은 하와이섬 부근에 위치하므로 가장 최근에 형성된 섬은 E이고, 가장 오래전에 형성된 섬은 A이다.

실력 향상 문제

본문 031~034쪽

01 ⑤	02 ⑤	03 ④	04 ③	05 ⑤
06 ③	07 A : 해령과 열곡, B : 해구			08 ④
09 해설 참조		10 ②	11 ⑤	12 ③
13 ④	14 해설 참조		15 ③	16 ④
17 ⑤	18 ③			

01 복각

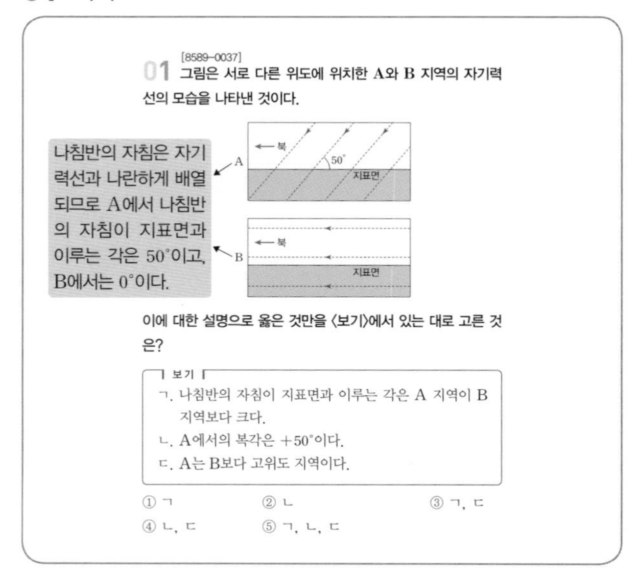

[8589-0037]

01 그림은 서로 다른 위도에 위치한 A와 B 지역의 자기력선의 모습을 나타낸 것이다.

이에 대한 설명으로 옳은 것만을 <보기>에서 있는 대로 고른 것은?

보기

ㄱ. 나침반의 자침이 지표면과 이루는 각은 A 지역이 B 지역보다 크다.

ㄴ. A에서의 복각은 +50°이다.

ㄷ. A는 B보다 고위도 지역이다.

① ㄱ ② ㄴ ③ ㄱ, ㄷ
④ ㄴ, ㄷ ⑤ ㄱ, ㄴ, ㄷ

정답 맞히기 ㄱ. 나침반의 자침은 지구 자기장의 자기력선과 나란하게 배열되므로 나침반의 자침이 지표면과 이루는 각은 A에서는 50°, B에서는 0°이므로 A 지역이 B 지역보다 크다.

ㄴ. 지구 자기장의 방향이 지표면과 이루는 각을 복각이라고 하므로 A에서의 복각은 +50°이고, B에서의 복각은 0°이다.

ㄷ. 복각은 고위도일수록 크므로 A는 B보다 고위도 지역이다.

02 고지자기 복각

정답 맞히기 ㄱ. 쥐라기부터 팔레오기까지 고지자기 복각은 +25°~+50°이므로 이 기간 동안 이 지괴는 북반구에 위치했다.

ㄷ. 팔레오기의 고지자기 복각은 +50°이므로 가장 고위도에 위치한 시기는 팔레오기이다.

오답 피하기 ㄴ. 전기 백악기에 고지자기 복각은 +36°이고, 후기 백악기에 고지자기 복각은 +44°로 복각이 증가하였으므로 백악기 동안 이 지괴는 고위도로 이동하였다.

03 인도 대륙의 이동

정답 맞히기 ㄱ. 히말라야산맥은 인도 대륙과 유라시아 대륙이 만나는 판의 경계에서 생성되었으므로 수렴형 경계에서 생성되었다.

ㄷ. 인도 대륙이 북상하면서 유라시아 대륙과 충돌할 때 해저 퇴적물이 끌려 올라가므로 히말라야산맥에서는 해저 퇴적물의 지층과 해양 생물의 화석이 발견될 수 있다.

오답 피하기 ㄴ. A 지역은 현재가 3800만 년 전보다 고위도에 위치하므로 복각은 현재가 3800만 년 전보다 크다.

04 대륙의 이동

정답 맞히기 초대륙인 판게아가 고생대 말에 형성되었다가 중생대 초기에 분리되기 시작하여 신생대에 현재와 같은 수륙 분포를 이루게 되었다. 따라서 (가)~(다)를 시간 순서대로 배열하면 (나)-(가)-(다)이다.

05 지질 시대의 대륙 분포

정답 맞히기 ㄴ. 아프리카 지역은 고생대 말에 남극 근처에 위치했으므로 빙하의 흔적이 발견될 수 있다.

ㄷ. 고생대 말 이후 유럽-아프리카 대륙과 아메리카 대륙 사이가 넓어졌으므로 대서양의 면적은 넓어졌다.

오답 피하기 ㄱ. 히말라야산맥은 인도 대륙과 유라시아 대륙이 충돌한 신생대에 형성되었다.

06 맨틀 대류

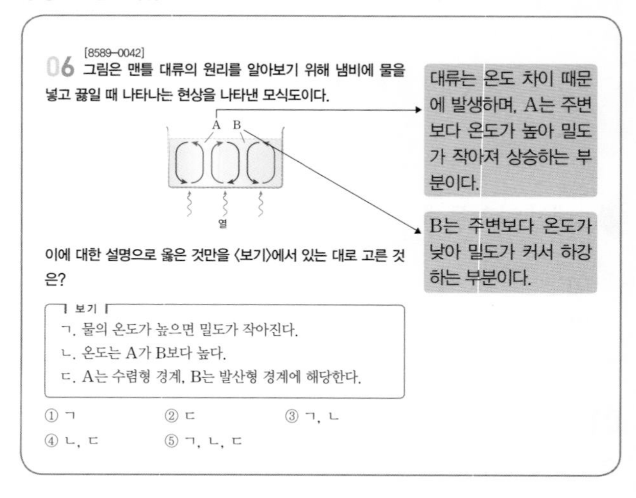

[8589-0042]

06 그림은 맨틀 대류의 원리를 알아보기 위해 냄비에 물을 넣고 끓일 때 나타나는 현상을 나타낸 모식도이다.

이에 대한 설명으로 옳은 것만을 <보기>에서 있는 대로 고른 것은?

보기

ㄱ. 물의 온도가 높으면 밀도가 작아진다.

ㄴ. 온도는 A가 B보다 높다.

ㄷ. A는 수렴형 경계, B는 발산형 경계에 해당한다.

① ㄱ ② ㄷ ③ ㄱ, ㄴ
④ ㄴ, ㄷ ⑤ ㄱ, ㄴ, ㄷ

정답 맞히기 ㄱ. 물질은 온도가 높아지면 부피가 커지기 때문에 밀도가 작아진다.
ㄴ. 물이 상승하는 A가 하강하는 B보다 온도가 높다.
오답 피하기 ㄷ. A에서 대류하는 물은 상승하여 좌우로 퍼져 나가고 B에서는 대류하는 물이 모여서 하강하고 있으므로 A는 발산형 경계, B는 수렴형 경계에 해당한다.

07 맨틀 대류

지하의 온도 차이로 인해 유동성을 띠는 맨틀이 대류한다. A는 맨틀 대류가 상승하는 곳에 위치하므로 발산형 경계에 위치하고 해령과 열곡이 생성된다. B는 맨틀 대류가 하강하는 곳에 위치하며, 이 지역은 해양판과 대륙판의 수렴형 경계에 해당하므로 B에서는 해구가 발달한다.

08 열점에서의 화산 활동

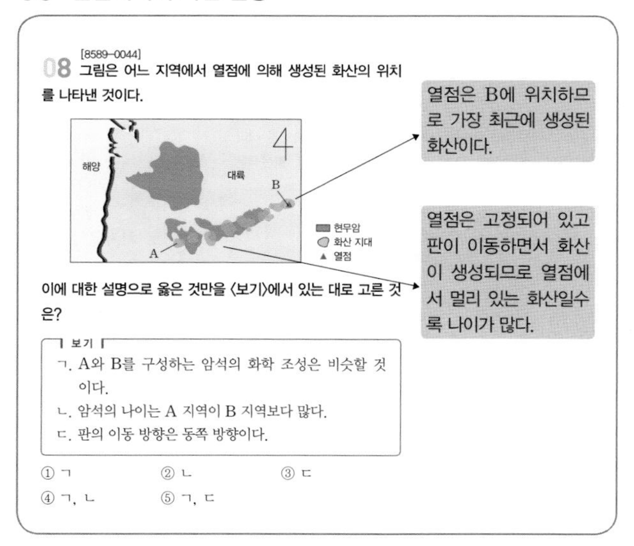

정답 맞히기 ㄱ. 화산 A와 B는 같은 열점에서 용암이 분출하여 생성된 화산이므로 화산 A와 B를 구성하는 암석의 화학 조성은 비슷할 것이다.
ㄴ. 열점은 B에 위치하고 열점에서 멀리 있는 화산일수록 먼저 생성된 화산이다. 따라서 암석의 나이는 화산 A가 B보다 많다.
오답 피하기 ㄷ. 열점을 기준으로 화산들은 서쪽으로 배열되어 있으므로 판은 서쪽으로 이동하였다.

09 판 구조론의 한계

판 구조론은 발산형 경계, 수렴형 경계, 보존형 경계와 같이 판의 경계에서 발생하는 지각 변동은 잘 설명할 수 있지만 하와이에서의 화산 활동과 같이 판의 내부에서 발생하는 지각 변동은 설명하는 데 한계가 있다.
모범 답안 판의 경계가 아닌 판의 내부에 위치한 하와이에서의 화산 활동을 설명하지 못한다.

10 대륙의 이동

정답 맞히기 ㄴ. (나)에서 고생대 말에는 남아메리카와 아프리카는 서로 붙어 있었기 때문에 같은 생물의 화석이 발견될 수 있다.
오답 피하기 ㄱ. 고생대 말 빙하는 극지방에만 존재하였으며, 적도 지역은 현재와 같이 더운 기후였을 것이다.
ㄷ. 대서양은 고생대 말 이후 대륙이 이동하면서 생성되었기 때문에 대서양에는 고생대 초기의 생물 화석이 발견될 수 없다.

11 판의 경계

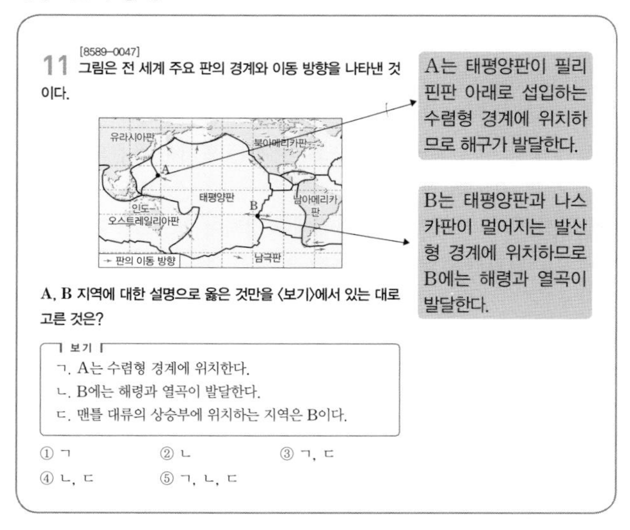

정답 맞히기 ㄱ. A는 수렴형 경계에 위치하므로 해구가 발달하고 A 부근에는 호상 열도가 발달한다.
ㄴ. B는 발산형 경계에 위치하므로 해령과 열곡이 발달하고 주로 천발 지진이 발생한다.
ㄷ. 맨틀 대류가 상승하는 곳은 발산형 경계가 위치한다. 따라서 맨틀 대류의 상승부에 위치하는 지역은 B이다.

12 열점과 판의 경계

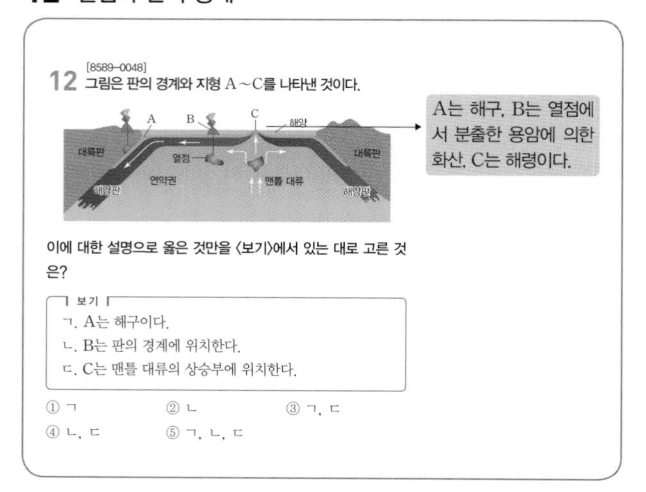

[8589-0048]

12 그림은 판의 경계와 지형 A ~ C를 나타낸 것이다.

이에 대한 설명으로 옳은 것만을 〈보기〉에서 있는 대로 고른 것은?

보기

ㄱ. A는 해구이다.

ㄴ. B는 판의 경계에 위치한다.

ㄷ. C는 맨틀 대류의 상승부에 위치한다.

① ㄱ ② ㄴ ③ ㄱ, ㄷ ④ ㄴ, ㄷ ⑤ ㄱ, ㄴ, ㄷ

정답 맞히기 ㄱ. 해양판이 대륙판 아래로 섭입하는 지역에서는 해구가 발달하므로 A는 해구이다.

ㄷ. C는 해령으로 맨틀 대류의 상승부에서 나타나는 발산형 경계에 위치한다.

오답 피하기 ㄴ. B는 판의 경계가 아니라 화산섬으로 판의 내부에 위치한 열점에서 분출한 용암에 의해 생성된다.

13 플룸 구조론

정답 맞히기 ㄴ. 차가운 플룸은 주변보다 온도가 낮아서 밀도가 크므로 아래로 하강한다.

ㄷ. 판 구조론은 하와이와 같이 판의 내부에서 일어나는 화산 활동을 설명할 수 없지만 플룸 구조론에서는 뜨거운 플룸의 상승으로 설명할 수 있다.

오답 피하기 ㄱ. 열점은 판의 아래에 고정되어 있으므로 판이 이동하더라도 열점은 이동하지 않는다.

14 태평양판의 이동 방향

열점은 판의 아래에 고정되어 있으므로 태평양판이 이동하더라도 열점은 이동하지 않는다. 판이 이동할 때 용암이 분출하여 화산섬이 생성되므로 열점에서 멀리 있는 화산섬들은 나이가 많다. 또한 화산섬들은 열점을 기준으로 북서쪽으로 배열되어 있으므로 태평양판의 이동 방향은 북서쪽 방향이다.

모범 답안 태평양판은 북서쪽 방향으로 이동하였다.

15 차가운 플룸

정답 맞히기 ㄱ. 수렴형 경계에서 판이 섭입하면서 차가운 플룸이 생성된다.

ㄷ. 차가운 플룸이 낙하하면서 맨틀과 핵의 경계까지 하강하면 온도 교란이 발생하면서 뜨거운 플룸이 생성된다.

오답 피하기 ㄴ. 차가운 플룸 지역은 주변보다 밀도가 크기 때문에 지진파의 속도가 주변보다 빠르다.

16 태평양판의 이동

정답 맞히기 열점은 태평양판 아래에 고정되어 있고, 태평양판만 이동하므로 열점에서 멀리 있는 섬일수록 나이가 많다. 섬들의 배열을 고려하면 태평양판은 북북서 방향으로 이동하다 북서서 방향으로 이동하였다.

17 플룸 구조론

정답 맞히기 ㄱ. 지구 내부로 들어갈수록 대체로 온도는 높아진다.

ㄴ. A는 고온의 물질로 이루어진 뜨거운 플룸에 해당한다.

ㄷ. 밀도가 큰 차가운 플룸이 맨틀과 핵의 경계까지 하강하면 열적 교란이 발생하여 밀도가 작은 뜨거운 플룸이 생성되고 상승하기 시작한다.

18 지진파의 속도와 플룸

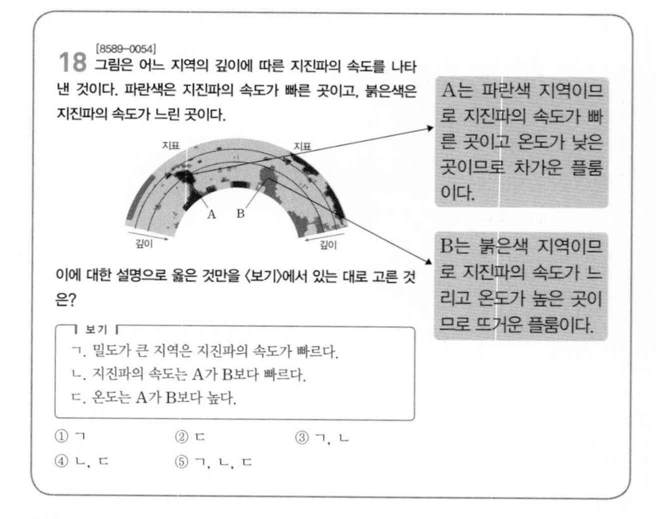

[8589-0054]

18 그림은 어느 지역의 깊이에 따른 지진파의 속도를 나타낸 것이다. 파란색은 지진파의 속도가 빠른 곳이고, 붉은색은 지진파의 속도가 느린 곳이다.

이에 대한 설명으로 옳은 것만을 〈보기〉에서 있는 대로 고른 것은?

보기

ㄱ. 밀도가 큰 지역은 지진파의 속도가 빠르다.

ㄴ. 지진파의 속도는 A가 B보다 빠르다.

ㄷ. 온도는 A가 B보다 높다.

① ㄱ ② ㄷ ③ ㄱ, ㄴ ④ ㄴ, ㄷ ⑤ ㄱ, ㄴ, ㄷ

정답 맞히기 ㄱ. 지진파의 속도는 밀도가 클수록 빠르다.

ㄴ. A는 파란색 지역이고, B는 붉은색 지역이므로 지진파의 속도는 A가 B보다 빠르다.

오답 피하기 ㄷ. 지진파의 속도는 밀도가 큰 지역에서 빠르고, 온도가 낮은 지역일수록 밀도가 크다. 따라서 온도는 B가 A보다 높다.

신유형·수능 열기

본문 035쪽

01 ① **02** ④ **03** ⑤ **04** ②

01

정답 맞히기 ㄱ. A는 역자극기이므로 A에서의 고지자기 방향은 현재 자기장의 방향과 반대 방향이다.

오답 피하기 ㄴ. A와 B는 해령에서 같은 시기에 생성되었으므로 고지자기 복각은 A와 B가 서로 같다.

ㄷ. 해령을 기준으로 두 판은 서로 멀어지므로 A는 남쪽으로 이동하고, B는 북쪽으로 이동한다.

02

정답 맞히기 ㄱ. 차가운 플룸은 맨틀과 핵의 경계까지 하강하며, 뜨거운 플룸은 맨틀과 핵의 경계에서 맨틀 상부까지 상승하므로 플룸의 상승과 하강은 맨틀 전체에서 발생한다.

ㄷ. 상승하는 뜨거운 플룸에 의해 마그마가 생성되는 곳이 열점이므로 하와이의 열점은 뜨거운 플룸의 상승으로 설명할 수 있다.

오답 피하기 ㄴ. 뜨거운 플룸은 주변보다 밀도가 작기 때문에 지진파의 속도가 느리다.

03

정답 맞히기 ㄱ. A는 맨틀 대류의 상승부인 발산형 경계에 위치하고 있으므로 해령과 열곡이 발달한다.

ㄴ. C는 히말라야산맥 지역으로 인도 대륙이 북상하는 과정에서 해저 퇴적물을 밀어 올려서 히말라야산맥이 만들어지므로 C에서는 해양 생물의 화석이 발견될 수 있다.

ㄷ. 해양 지각은 해령에서 만들어지고 판이 이동함에 따라 함께 이동하므로 해양 지각의 나이는 A보다 B에서 많다.

04

정답 맞히기 ㄴ. B는 저온의 차가운 플룸이므로 주변보다 밀도가 커서 맨틀과 핵의 경계까지 하강한다.

오답 피하기 ㄱ. A는 뜨거운 플룸으로 주변보다 밀도가 작아서 상승한다.

ㄷ. 해구에서 섭입하는 물질에 의해 생성되는 플룸은 차가운 플룸인 B이다.

3 마그마의 생성과 화성암

탐구 활동

본문 043쪽

1 해설 참조 **2** 해설 참조

1

화성암의 조직은 입자의 크기에 따라 세립질 조직, 유리질 조직, 조립질 조직으로 구분할 수 있다. 세립질 조직은 암석을 이루는 광물 입자의 크기가 작은 조직이며, 마그마가 급격히 냉각되었을 때 생성된다. 유리질 조직은 마그마가 지표 근처에서 급격히 냉각되어 결정을 형성하지 못한 조직이다. 조립질 조직은 암석을 이루는 광물 입자의 크기가 큰 조직이며, 마그마가 지하에서 천천히 냉각되었을 때 생성된다.

모범 답안 A는 세립질 조직, B와 C는 조립질 조직이다.

2

화산암은 용암이나 마그마가 지표 근처에서 급격하게 굳어서 생성된 암석으로 광물 입자는 주로 세립질이나 유리질 조직으로 이루어져 있다. 그러나 심성암은 용암이나 마그마가 지하 깊은 곳에서 천천히 굳어서 생성된 암석이므로 광물 입자는 주로 조립질 조직으로 이루어져 있다. A는 세립질 조직, B와 C는 조립질 조직이므로 A는 화산암, B와 C는 심성암이다.

모범 답안 A는 화산암, B와 C는 심성암이다.

내신 기초 문제

본문 044쪽

01 환태평양 지진대, 해령 지진대, 알프스–히말라야 지진대
02 ⑤ **03** ① **04** ④
05 A : 물을 포함한 맨틀, B : 물을 포함하지 않은 맨틀
06 ③ **07** 제주도

01

정답 맞히기 지진대는 지진이 자주 발생하는 지역으로 띠 모양을 이루고 있다. 대표적인 지진대로는 태평양 주변의 환태평양 지진대, 발산형 경계에 위치한 해령 지진대, 알프스산맥–히말라야산맥에 이르는 알프스–히말라야 지진대가 있다.

02

정답 맞히기 ㄱ. 온도가 높고 SiO_2 함량이 적은 A는 현무암질 마그마이고, 상대적으로 온도가 낮고 SiO_2 함량이 많은 B는 유문암질 마그마이다.
ㄴ. 마그마의 유동성은 온도가 높은 A가 B보다 크다.
ㄷ. 화산 가스의 양은 현무암질 마그마보다 유문암질 마그마에 더 많으므로 A가 B보다 적다.

03

정답 맞히기 ① 화성암은 SiO_2 함량에 따라 염기성암, 중성암, 산성암으로 분류하며, 산출 상태에 따라 화산암, 심성암으로 분류한다. 현무암은 화산암이며 염기성암이다.

구분	염기성암	중성암	산성암
화산암	현무암	안산암	유문암
심성암	반려암	섬록암	화강암

오답 피하기 ② 반려암은 염기성암이며 심성암이다.
③ 안산암은 중성암이며 화산암이다.
④ 섬록암은 중성암이며 심성암이다.
⑤ 유문암은 산성암이며 화산암이다.

04

정답 맞히기 ㄴ. 화강암은 산성암이고 현무암은 염기성암이므로 밀도는 현무암이 크다.
ㄹ. 현무암은 유색 광물인 감람석과 휘석의 함량이 많아 어두운 색으로 보이지만 화강암은 유색 광물의 함량이 적어 밝은색으로 보인다.
오답 피하기 ㄱ. 암석의 색은 화강암이 현무암보다 밝다.
ㄷ. 화강암은 마그마가 지하 깊은 곳에서 천천히 식어서 생성되었으므로 구성 광물의 입자가 크지만, 현무암은 마그마가 지표 근처에서 급격하게 식어서 생성되었으므로 구성 광물 입자의 크기가 작다.

05

정답 맞히기 암석에 물이 포함되면 용융 온도가 낮아진다.

06

정답 맞히기 ㄱ. 해령에서는 맨틀 물질이 상승하면서 압력이 감소하여 마그마가 생성되므로 현무암질 마그마가 생성된다.
ㄷ. 섭입대 부근에서는 섭입되는 판에서 빠져나온 물이 암석의 용융 온도를 낮추는 역할을 하여 현무질 마그마가 생성된다. 이 현무암질 마그마가 상승하면서 지각 하부를 용융시켜 화강암질 마그마가 생성되고, 화강암질 마그마와 현무암질 마그마가 혼합되어 안산암질 마그마가 생성된다.
오답 피하기 ㄴ. 열점에서는 맨틀 물질의 상승으로 압력이 감소하여 현무암질 마그마가 생성된다.

07

제주도는 신생대 화산 활동으로 생성된 대표적인 화산섬으로 주로 현무암으로 이루어져 있으며 순상 화산인 한라산이 있다.

실력 향상 문제

본문 045~048쪽

01 ② 02 ③ 03 해설 참조 04 ③
05 해설 참조 06 ⑤ 07 ③ 08 ③
09 ③ 10 해설 참조 11 ⑤ 12 ②
13 ③ 14 ③ 15 ⑤ 16 ③ 17 ⑤
18 ③ 19 ⑤

01 지진대와 화산대

정답 맞히기 ㄷ. 지진이 자주 발생하는 지역을 지진대, 화산 활동이 활발한 지역을 화산대라고 한다. 화산대와 지진대는 전 세계에 균일하게 분포하지 않고 특정 지역에 몰려 있는데 대체로 판의 경계와 일치한다.
오답 피하기 ㄱ. 지진은 대륙의 중앙보다는 주로 대륙의 주변에서 자주 발생한다.
ㄴ. 화산 활동이 활발한 곳에는 지진 활동도 활발하지만, 지진 활동이 활발한 지역 중 화산 활동이 일어나지 않는 지역도 있다.

02 지진대

정답 맞히기 ㄱ. A는 환태평양 지진대, B는 해령 지진대, C는 알프스-히말라야 지진대이다.
ㄴ. B는 해령 지진대로 발산형 경계에 위치한다.
오답 피하기 ㄷ. A~C 중 화산 활동이 가장 활발한 곳은 A이며, A에는 전 세계 화산의 약 80 %가 위치한다. A를 불의 고리라고도 부른다.

03 지진대와 화산대의 위치

판 구조론에 따르면 지구 전체는 여러 개의 크고 작은 판으로 이루어져 있고 각 판의 이동 방향과 속력이 서로 다르다. 따라서 각 판이 이동하는 과정에서 판과 판의 경계에서 지각 변동이 발생하므로 화산대와 지진대의 위치는 대체로 판의 경계와 일치하는 경향이 있다.

모범 답안 판의 이동 방향과 속력이 각각 다르기 때문에 판과 판의 경계에서 지각 변동이 발생하므로 지진대와 화산대의 위치는 대체로 판의 경계와 일치한다.

04 마그마의 생성

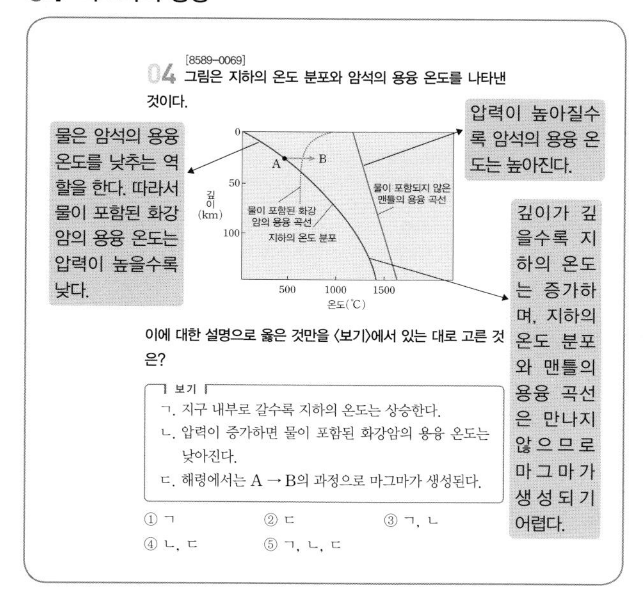

정답 맞히기 ㄱ. 지구 내부로 갈수록 지하의 압력은 높아지고, 온도도 상승한다.

ㄴ. 물은 암석의 용융 온도를 낮추는 역할을 하므로 압력이 증가할 때 물이 포함된 화강암의 용융 온도는 낮아진다.

오답 피하기 ㄷ. 해령에서는 맨틀 물질이 상승하면서 압력이 감소하는 과정에서 마그마가 생성된다.

05 섭입대 부근의 마그마 생성

판이 섭입하면서 온도와 압력이 상승하여 해양 지각에서 물이 빠져나온다.

모범 답안 섭입대 부근에서는 섭입하는 판에서 빠져나온 물이 연약권 속으로 들어가 암석의 용융점을 내려 부분 용융시키고 용융된 물질이 현무암질 마그마가 된다.

06 마그마의 생성

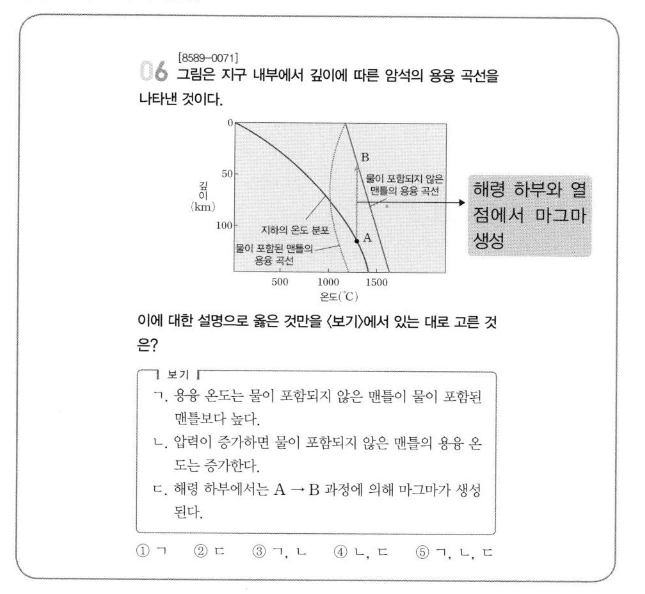

정답 맞히기 ㄱ. 물은 암석의 용융 온도를 낮추는 역할을 하므로 용융 온도는 물이 포함된 맨틀이 물이 포함되지 않은 맨틀보다 낮다.

ㄴ. 압력이 증가하면 물이 포함되지 않은 맨틀의 용융 온도는 높아진다.

ㄷ. 해령 하부에서는 맨틀 물질이 상승하여 압력이 감소하므로 용융점이 낮아져 마그마가 생성된다. 따라서 해령 하부에서는 A → B의 과정에 의해 마그마가 생성된다.

07 마그마의 생성 장소

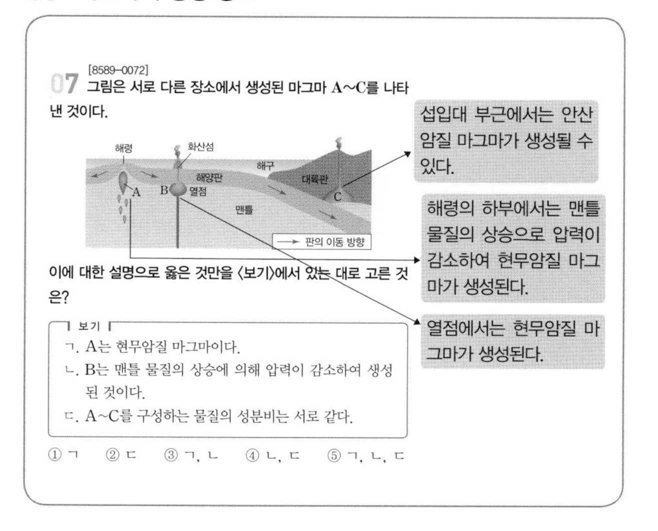

정답 맞히기 ㄱ, ㄴ. 해령 하부와 열점에서는 맨틀 물질이 상승하면서 압력이 감소하여 현무암질 마그마가 생성되므로 A와 B는 현무암질 마그마이다.

오답 피하기 ㄷ. A와 B는 현무암질 마그마, C는 안산암질 마그마로 구성 물질의 성분비는 서로 다르다.

08 마그마의 생성

정답 맞히기 ㄱ. 물은 암석의 용융점을 낮추는 역할을 한다. (가)에서 물을 포함한 맨틀의 용융점은 물을 포함하지 않은 맨틀보다 용융 온도가 낮음을 알 수 있다.

ㄷ. (나)의 열점에서 생성되는 마그마는 맨틀 물질의 상승으로 압력이 감소하여 생성되므로 A → B 과정에 의해 생성된다.

오답 피하기 ㄴ. (나)의 열점 지점은 판의 경계가 아닌 판의 중심부에 위치한다.

09 현무암질 마그마와 유문암질 마그마

정답 맞히기 ③ 현무암질 마그마는 유문암질 마그마보다 온도가 높아 점성이 작다.

오답 피하기 ① SiO_2 함량은 현무암질 마그마가 유문암질 마그마보다 적다.

② 온도는 현무암질 마그마가 유문암질 마그마보다 높다.

④ 유동성은 현무암질 마그마가 유문암질 마그마보다 크다.

⑤ 화산 가스의 양은 유문암질 마그마가 현무암질 마그마보다 많아서 화산 분출 시 격렬하게 폭발한다.

10 순상 화산과 종상 화산

화산은 화산체의 경사에 따라 방패 모양의 순상 화산과 종 모양의 종상 화산으로 분류한다.

모범 답안 (가)는 (나)보다 화산체의 경사가 급하므로 화산체를 이루는 마그마의 점성은 (가)가 (나)보다 크고, 온도는 (나)가 (가)보다 높다.

11 화성암의 특징

정답 맞히기 ㄱ, ㄴ, ㄷ. SiO_2 함량이 52 % 이하이면 염기성암, 52~63 %이면 중성암, 63 % 이상이면 산성암으로 분류한다. 산성암은 염기성암보다 밀도가 작고, 암석의 색은 밝으며, SiO_2 함량은 많다.

12 반려암

정답 맞히기 ㄴ. 이 암석의 구성 광물 입자의 크기가 크므로 지하 깊은 곳에서 생성된 암석이다.

오답 피하기 ㄱ. 화석은 퇴적암에서 산출되며, 마그마가 냉각되어 만들어진 화성암에서는 산출되지 않는다.

ㄷ. 기존 암석이 높은 열과 압력을 받아 생성된 암석은 변성암이다.

13 화성암의 종류와 특징

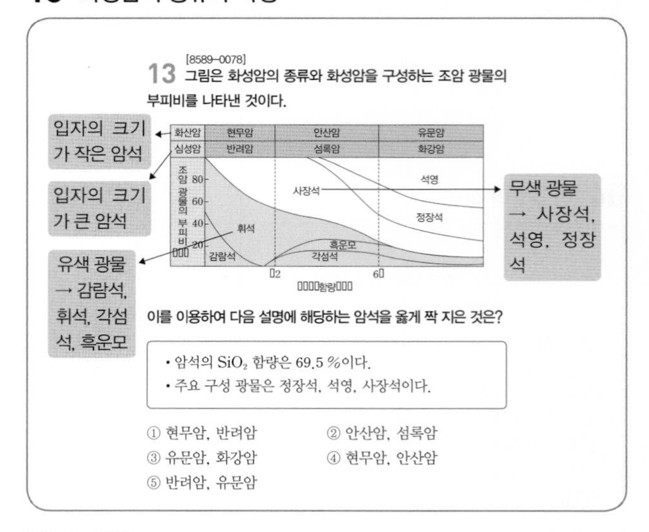
[8589-0078]
13 그림은 화성암의 종류와 화성암을 구성하는 조암 광물의 부피비를 나타낸 것이다.

이를 이용하여 다음 설명에 해당하는 암석을 옳게 짝 지은 것은?

- 암석의 SiO_2 함량은 69.5 %이다.
- 주요 구성 광물은 정장석, 석영, 사장석이다.

① 현무암, 반려암 ② 안산암, 섬록암
③ 유문암, 화강암 ④ 현무암, 안산암
⑤ 반려암, 유문암

정답 맞히기 암석의 SiO_2 함량이 69.5 %이고 주요 구성 광물은 정장석, 석영, 사장석이므로 이에 해당하는 암석은 유문암이나 화강암이다.

14 화성암 구분

정답 맞히기 반려암, 화강암, 유문암 중에서 세립질 조직을 가지는 암석은 유문암이므로 A는 유문암이다. 반려암은 염기성암, 화강암은 산성암이므로 B는 반려암, C는 화강암이다.

15 화강암과 반려암의 특징

정답 맞히기 ㄱ, ㄴ. (가)는 (나)보다 색깔이 어두우므로 어두운색 광물의 함량은 (가)가 (나)보다 많다. 따라서 (가)는 반려암, (나)는 화강암이다.

ㄷ. 반려암과 화강암은 모두 심성암이므로 지하 깊은 곳에서 천천히 냉각되어 생성된 암석으로 구성 광물 입자의 크기가 크다.

16 우리나라의 화성암 지형

정답 맞히기 ㄱ. (가)의 암석은 주로 세립질 조직을 갖는 현무암이다.

ㄴ. (가)의 암석은 현무암으로 지표 근처에서 급격하게 냉각되어 광물 입자의 크기가 작은 세립질 조직을 가지며, (나)의 암석은 화강암으로 지하에서 천천히 식어서 광물 입자의 크기가 큰 조립질 조직을 갖는다. 따라서 광물 입자의 크기는 (나)의 암석이 (가)의 암석보다 크다.

오답 피하기 ㄷ. (가)는 현무암, (나)는 화강암으로 이루어져 있고, 암석의 밝기는 화강암이 현무암보다 밝으므로 감람석의 함량은 현무암이 화강암보다 많다.

17 화강암과 현무암

정답 맞히기 ⑤ 화강암은 심성암이고 현무암은 화산암이므로 구성 광물 입자의 크기는 화강암이 현무암보다 크다.

오답 피하기 ① 현무암은 화산암으로 마그마가 지표 근처에서 빠르게 냉각되어 생성된 암석이다.

② 화강암은 SiO_2 함량이 63 %보다 많은 산성암이다.

③ 밀도는 현무암이 화강암보다 크다.

④ 암석의 색은 무색 광물의 함량이 많은 화강암이 현무암보다 밝다.

18 우리나라의 화성암 지형

정답 맞히기 ㄱ. 현무암질 마그마가 급격히 냉각되는 과정에서 생기는 육각기둥 모양의 절리를 주상 절리라고 한다.

ㄷ. 이 지역은 화산암으로 이루어진 지형이 있으므로 이 지역에는 과거에 용암이 분출한 적이 있다.

오답 피하기 ㄴ. 입자의 크기가 작은 광물은 결정이 성장할 시간이 없이 마그마가 급격히 냉각될 때 생성된다.

19 제주도의 화성암

정답 맞히기 ㄱ, ㄴ, ㄷ. 제주도는 신생대 제4기에 생성된 화산섬으로 한라산 주변에 크고 작은 기생 화산(오름)이 있으며, 주로 현무암으로 이루어져 있다.

신유형·수능 열기

본문 049쪽

01 ④ 02 ③ 03 ⑤ 04 ③

01

정답 맞히기 ㄴ. 해령의 하부에서는 현무암질 마그마가 생성된다.

ㄷ. 해령의 하부는 맨틀 대류의 상승부에 위치하므로 맨틀 물질이 상승하면서 압력이 감소하여 용융점에 도달한다. 따라서 (나)에서는 (가)의 A→B 과정에 의해 마그마가 생성된다.

오답 피하기 ㄱ. (가)에서 물을 포함한 맨틀의 용융점이 물을 포함하지 않은 맨틀의 용융점보다 낮다.

02

정답 맞히기 ㄱ. A는 하와이섬으로 열점에서 분출된 마그마에 의해 형성되었다. 열점에서는 압력 감소로 인해 생성된 현무암질 마그마가 분출된다.

ㄷ. B는 해령 지역으로 현무암질 마그마가 분출되고, C는 섭입대 부근의 습곡 산맥으로 안산암질 마그마가 분출되므로, 분출되는 마그마의 SiO_2 함량은 C가 B보다 많다.

오답 피하기 ㄴ. B는 해령 지역으로 해령 지역의 하부에서는 맨틀 대류가 상승하면서 맨틀 물질에 가해지는 압력이 감소하여 용융점에 도달하여 마그마가 생성된다. 해령에서는 현무암질 마그마가 분출된다.

03

정답 맞히기 ㄱ. 광물 입자의 크기는 (가)가 (나)보다 크다.

ㄴ. 화강암은 심성암으로 마그마가 천천히 냉각되어 생성되므로 광물 입자가 성장할 시간이 많아 광물 입자의 크기가 크지만, 현무암은 화산암으로 마그마가 급격히 냉각되어 생성되므로 광물 입자의 크기가 작다. 따라서 (가)는 화강암, (나)는 현무암이다.

ㄷ. 화강암은 산성암이고 현무암은 염기성암이다. 염기성암은 어두운색 광물이 많아 색깔이 어두운 암석이고, 산성암은 밝은색 광물이 많아 색깔이 밝은 암석이다. 따라서 밝은색 광물의 함량은 (가)가 (나)보다 많다.

04

정답 맞히기 ㄱ. 제주도의 지삿개에는 현무암질 용암이 급격히 냉각되어 생성된 육각기둥 모양의 주상 절리가 관찰된다.

ㄴ. 북한산의 암석은 중생대에 생성된 화강암으로 지하 깊은 곳에서 마그마가 천천히 냉각되어 만들어진 암석이다.

오답 피하기 ㄷ. 제주도 지삿개의 주상 절리는 신생대에 분출한 용암에 의해 생성된 것이고, 북한산의 화강암은 중생대에 생성된 것이다. 따라서 암석의 생성 시기는 (나)가 (가)보다 먼저이다.

단원 마무리 문제

본문 052~054쪽

01 ①	02 ⑤	03 ②	04 ③	05 ③
06 ⑤	07 ①	08 ⑤	09 ③	10 ④
11 ③	12 ②			

01

베게너는 대륙이 이동한다고 주장했지만 대륙을 이동시키는 원동력을 설명하지 못해 당시 학자들에게 많은 비판을 받았다.

정답 맞히기 영희 : 베게너가 대륙 이동설을 주장할 때 제시한 근거로는 남아메리카 대륙 동해안과 아프리카 대륙 서해안의 굴곡이 유사하다는 점, 남아메리카와 아프리카 대륙에서 고생대 말 같은 종의 생물 화석이 발견된다는 점, 인도 지역에서 빙하의 흔적이 발견되고 빙하의 이동 방향이 일치한다는 점, 고생대 말의 습곡 산맥이 유럽과 북아메리카 지역에서 연속적이라는 점을 제시하였다.

오답 피하기 철수 : 맨틀 대류는 베게너가 아니라 홈스가 제시하였다.

순이 : 베게너가 대륙 이동설을 주장하였지만, 대륙을 움직이게 하는 원동력을 제시하지 못하여 당시 학자들 사이에서 많은 비판을 받았다.

02

해령에서 새로운 해양 지각이 생성되고 서로 멀어지므로 해령에서 멀어질수록 해저 퇴적물의 두께는 두꺼워진다.

정답 맞히기 ㄱ. A~C 중 해저 퇴적물의 두께가 가장 두꺼운 곳은 A이다.

ㄴ. B에서 멀어질수록 해저 퇴적물의 두께는 두꺼워지므로 B는 해령에 위치함을 알 수 있다.

ㄷ. 해령에서 해양 지각이 형성되고 B를 기준으로 서로 멀어지므로 해령에서 멀어질수록 해양 지각의 나이는 많아진다. A가 C보다 B로부터 멀리 있으므로 해양 지각의 나이는 A가 C보다 많다.

03

A는 마리아나 해구 지역으로 해양판과 해양판이 수렴하는 경계에, B는 산안드레아스 단층대로서 보존형 경계에, C는 페루－칠레 해구로서 해양판과 대륙판이 수렴하는 경계에 위치한다.

정답 맞히기 ㄴ. B는 보존형 경계 지역에 위치하므로 주로 천발 지진이 발생한다.

오답 피하기 ㄱ. A는 수렴형 경계에 위치하므로 A에서는 해구가 발달한다.

ㄷ. 해양판과 대륙판의 수렴형 경계에서는 밀도가 큰 해양판이 밀도가 작은 대륙판 아래로 섭입하므로 해구에서 대륙으로 갈수록 진원의 깊이는 깊어진다.

04

A는 대륙판과 대륙판이 수렴하는 경계인 (가)이고, B는 발산형 경계인 (다)이고, C는 대륙판과 해양판이 수렴하는 경계인 (나)이다.

정답 맞히기 ㄱ. (가)~(다) 중 화산 활동이 활발하지 않은 판의 경계는 대륙판과 대륙판이 충돌하는 수렴형 경계인 (가)이므로 A는 (가)이다.

ㄷ. 밀도는 해양판이 대륙판보다 크므로 대륙판과 해양판이 수렴하는 경계인 C에서 인접한 판의 밀도 차이가 가장 크다.

오답 피하기 ㄴ. B는 (다)이므로 B에서는 해령과 열곡이 발달한다. 해구가 발달하는 판의 경계는 해양판과 해양판이 수렴하는 경계와 해양판과 대륙판이 수렴하는 경계이다.

05

과거 남반구에 있었던 인도 대륙은 판이 이동하면서 북상하였으며 유라시아 대륙과 충돌하여 히말라야산맥을 만들었다.

정답 맞히기 ㄱ. 7100만 년 전 인도 대륙은 약 30°S에 위치하므로 남반구에 있었다.

ㄷ. 북상하던 인도 대륙은 유라시아 대륙과 충돌하여 습곡 산맥인 히말라야산맥이 만들어졌으며, 그 시기는 신생대이다.

오답 피하기 ㄴ. 5500만 년 전 인도 대륙은 약 11°S 부근에 있었으나 현재는 약 20°N 부근에 위치한다. 복각의 크기는 자북극에 가까울수록 크므로 복각의 크기는 현재가 5500만 년 전보다 크다.

06

고생대 말 생성되었던 판게아는 쥐라기 초기부터 분리되기 시작하여 현재와 같은 수륙 분포를 이루었다.

정답 맞히기 ㄱ. 고생대 말 이후부터 현재까지 대서양의 면적은 넓어졌다.

ㄴ. 쥐라기 초기 인도 대륙은 남극 근처에 있었으므로 현재 빙하의 흔적이 발견된다.

ㄷ. 유럽과 북아메리카는 붙어있었으므로 연속적인 지질 구조가 관찰될 수 있다.

07

차가운 플룸(A)은 온도가 낮아 밀도가 크기 때문에 하강하여 맨틀과 핵의 경계까지 이동하며, 뜨거운 플룸(B)은 온도가 높아 밀도가 작기 때문에 위로 상승한다.

정답 맞히기 ㄱ. 섭입대 부근에서 생성된 차가운 플룸은 밀도가 커서 맨틀과 핵의 경계까지 하강한다.

오답 피하기 ㄴ. A는 차가운 플룸, B는 뜨거운 플룸이므로 밀도는 A가 B보다 크다.

ㄷ. 하와이는 판의 경계가 아니지만 화산 활동이 활발하다. 이는 뜨거운 플룸이 상승하면서 열점을 생성하고, 이 열점에서 마그마가 분출하는 것으로 하와이에서의 화산 활동을 설명할 수 있다.

08

현무암질 용암은 조용히 분출하지만, 유문암질 용암은 폭발적으로 분출한다.

정답 맞히기 ㄱ, ㄴ, ㄷ. (나)는 (가)보다 폭발적으로 분출하므로 분출되는 용암의 SiO_2 함량이 많고, 화산 가스의 양도 많다. 또한 (나)에서 분출되는 용암의 점성이 크기 때문에 형성된 화산체의 경사도 (가)보다 크다.

09

지하의 온도는 암석을 용융시킬 정도로 높지 않아 마그마가 생성되지 않지만, 압력이 감소하거나 온도가 상승하는 조건이 되면 암석이 용융되어 마그마가 생성된다.

정답 맞히기 ㄱ. 암석에 포함된 물은 암석의 용융 온도를 낮추는 역할을 하므로 물이 포함된 맨틀의 용융 온도가 물이 포함되지 않는 맨틀의 용융 온도보다 낮다.

ㄷ. A → C 과정은 압력이 감소하는 과정이므로 이 과정으로 마그마가 생성되는 장소는 해령과 열곡이다.

오답 피하기 ㄴ. 열점에서는 맨틀 물질의 상승으로 압력이 감소하여 현무암질 마그마가 생성된다.

10

용암이나 마그마가 굳어서 생성된 암석은 화성암이다.

정답 맞히기 용암이나 마그마가 지표 근처에서 굳어서 생성된 암석은 화성암 중 화산암에 해당한다. 또한 SiO_2 함량이 60.2 %이면 중성암이므로 이 암석은 안산암이다.

11

한탄강은 신생대의 화산 활동에 의해 분출한 용암에 의해 협곡과 절벽이 발달해 있으며, 2016년 임진강과 함께 국가 지질 공원이 되었다.

정답 맞히기 ㄱ. 한탄강의 화산 분출은 신생대에 있었다.

ㄴ. 육각기둥 모양의 절리는 용암이 급격히 식을 때 발생하는 주상 절리이다.

오답 피하기 ㄷ. 현무암 절벽이 있고, 육각기둥 모양의 주상 절리가 발달해 있는 것으로 보아 현무암질 용암이 분출했다.

12

우리나라의 화강암은 주로 중생대에 형성되었다.

정답 맞히기 ㄷ. 화강암에서 발달하는 절리는 판상 절리이다. 지하 깊은 곳에서 생성된 화강암이 융기할 때 주변 압력이 감소하여 부풀어 오르면서 판상 절리가 생성된다.

오답 피하기 ㄱ. 화석은 주로 퇴적암에서 발견된다.

ㄴ. 이 지역의 주된 암석은 화강암으로 무색 광물의 부피비가 유색 광물의 부피비보다 많아서 밝은색을 띠고 있다.

Ⅱ. 지구의 역사

4 퇴적암과 지질 구조

탐구 활동
본문 066쪽

1 층리면에서 관찰한 것 : (나), (라), 단면에서 관찰한 것 : (가), (다)
2 (가)

1
(가)는 층리가 나란하지 않고 기울어져 나타나는 사층리이고, (나)는 물결 모양의 흔적이 지층에 남아 있는 연흔이다. (다)는 위로 갈수록 입자의 크기가 점점 작아지는 점이 층리이고, (라)는 퇴적층의 표면이 갈라져서 퇴적암 표면에 쐐기 모양의 틈이 생긴 건열이다.

2
사층리는 수심이 얕은 물밑이나 사막에서 잘 생성된다. 사층리가 형성될 당시 바람이나 물에 의해 퇴적물이 이동한 방향, 즉 퇴적물이 공급된 방향은 기울기가 큰 쪽에서 작은 쪽 방향이다.

내신 기초 문제
본문 67쪽

01 ③ **02** ① **03** (가) 사층리, (나) 점이 층리, (다) 연흔, (라) 건열 **04** (가), (다) **05** ②

01
정답 맞히기 ㄱ. A는 호숫물이나 바닷물 등에 녹아 있던 광물질이 화학적으로 침전하거나 물이 증발하면서 침전되어 퇴적물이 생성되는 과정이다.
ㄷ. 석회암은 화학적 침전(A)이나 동식물이나 미생물의 유해 등의 유기물이 쌓여(C) 형성된다.
오답 피하기 ㄴ. B는 기존의 암석이 풍화와 침식을 받아 생성된 점토나 모래, 자갈 등의 쇄설물이 퇴적되는 과정이다. 교결 작용은 퇴적물 속의 수분이나 지하수에 녹아 있던 탄산 칼슘, 규산염 물질, 철분 등이 침전되면서 퇴적물 입자 사이의 간격을 메우고 입자들을 서로 붙여 주는 과정이다.

02
정답 맞히기 퇴적 환경은 크게 육상 환경, 연안 환경, 해양 환경으로 구분한다. 선상지, 하천, 호수, 사막 등은 육상 환경, 삼각주, 석호, 모래톱(사주) 등은 연안 환경, 대륙붕, 대륙 사면, 대륙대, 심해저 등은 해양 환경에 속한다.

03
정답 맞히기 (가)는 층리가 기울어져 나타나는 사층리이고, (나)는 위로 갈수록 입자의 크기가 작아지는 점이 층리, (다)는 물결 모양의 흔적이 지층에 남아 있는 연흔, (라)는 퇴적층의 표면이 갈라져서 쐐기 모양의 틈이 생긴 건열이다.

04
정답 맞히기 사층리는 상부로 갈수록 경사가 증가하고, 점이 층리는 상부로 갈수록 입자의 크기가 작아지며, 연흔은 뾰족한 부분이 상부를 향하고 있다. 건열은 쐐기 모양으로 갈라진 부분이 하부로 갈수록 점점 좁아진다. 따라서 상하의 지층이 역전된 것은 (가)와 (다)이다.

05
정답 맞히기 (가)는 정단층, (나)는 역단층, (다)는 습곡, (라)는 주향 이동 단층이다. 역단층과 습곡은 횡압력, 정단층은 장력, 주향 이동 단층은 전단 응력에 의해 생성된다. 따라서 수평 방향으로 미는 횡압력을 받아 생성될 수 있는 지질 구조는 (나) 역단층과 (다) 습곡이다.

실력 향상 문제
본문 068~070쪽

01 ③	**02** ⑤	**03** ②	**04** ③	**05** ③
06 ④	**07** ⑤	**08** ②	**09** ④	**10** ③
11 ③	**12** ③			

01 퇴적암 생성
정답 맞히기 ㄱ. A는 다짐 작용(압축 작용)을 나타낸 것이다. 퇴적물이 다짐 작용(압축 작용)을 받으면 아랫부분의 퇴적물은 압력에 의해 물이 빠져나가고 입자들 사이의 공극이 줄어들면서 치밀하고 단단해진다.

ㄴ. B는 교결 작용을 나타낸 것이다. 교결 작용은 퇴적물 속의 수분이나 지하수에 녹아 있던 탄산 칼슘, 규산염 물질, 철분 등이 침전되면서 퇴적물 입자 사이의 간격을 메우고 입자들을 서로 붙여 주는 과정이다.

오답 피하기 ㄷ. 이러한 과정은 주로 자갈이 쌓여서 만들어진 퇴적암인 역암이다. 사암은 주로 모래가 쌓여서 만들어진 퇴적암이다.

02 퇴적암 분류

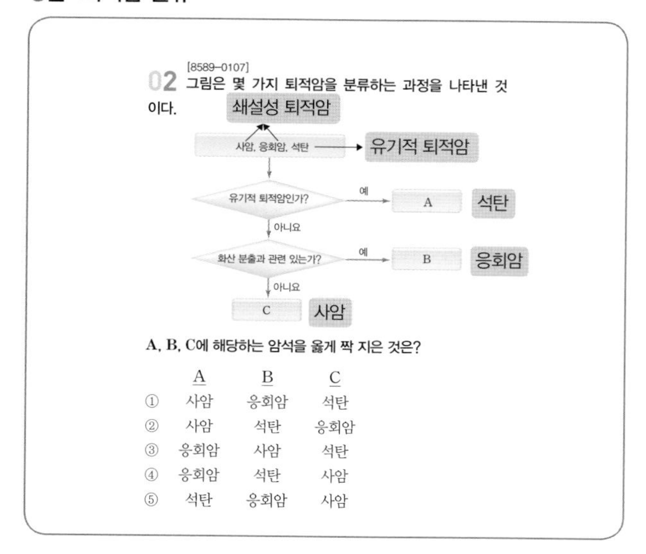
[8589-0107]

02 그림은 몇 가지 퇴적암을 분류하는 과정을 나타낸 것이다.

A, B, C에 해당하는 암석을 옳게 짝 지은 것은?

	A	B	C
①	사암	응회암	석탄
②	사암	석탄	응회암
③	응회암	사암	석탄
④	응회암	석탄	사암
⑤	석탄	응회암	사암

정답 맞히기 사암은 주로 모래가 쌓여서 만들어진 쇄설성 퇴적암이고, 응회암은 화산 활동으로 분출된 화산재가 쌓여서 만들어진 쇄설성 퇴적암이다. 석탄은 식물체가 쌓여서 만들어진 유기적 퇴적암이다.

03 퇴적암의 종류

정답 맞히기 ㄷ. (가)의 셰일과 (나)의 역암은 모두 기존의 암석이 풍화와 침식을 받아 생성된 쇄설물이 퇴적된 후 속성 작용을 받아 생성된 쇄설성 퇴적암이다.

오답 피하기 ㄱ. (가)는 점토가 쌓여서 만들어진 셰일이다. 주로 모래가 쌓여서 만들어진 퇴적암은 사암이다.

ㄴ. (나)는 주로 자갈이 쌓여서 만들어진 역암이다. 석회질 물질이 침전되어 만들어진 퇴적암은 석회암이다.

04 퇴적 환경

정답 맞히기 ㄱ. A는 육상 환경에 해당하는 호수이다. 호수에는 계절 변화가 심한 경우 호상 점토층이 형성될 수 있다.

ㄷ. C는 대륙대이다. 대륙대에는 대륙 사면을 타고 흘러내리는 저탁류에 의해 저탁암이 생성될 수 있다.

오답 피하기 ㄴ. B는 강이 바다와 만나는 삼각주이다. 삼각주의 퇴적물은 위로 갈수록 입자의 크기가 점차 증가하는 경향을 보인다.

05 연흔

정답 맞히기 ㄱ. 연흔은 퇴적물의 표면에 흐르는 물이나 파도의 흔적이다.

ㄷ. 연흔은 뾰족한 부분이 상부를 향하고, 둥근 부분이 하부를 향하므로 이를 이용하여 지층의 역전 여부를 판단할 수 있다.

오답 피하기 ㄴ. 연흔은 퇴적물이 퇴적될 때 물결의 영향을 받아 생성된다.

06 점이 층리와 건열

정답 맞히기 ㄴ. 점이 층리는 다양한 크기의 퇴적물이 한꺼번에 퇴적될 때, 큰 입자가 밑바닥에 먼저 가라앉고 작은 입자는 천천히 가라앉아 생성된다.

ㄷ. 건열은 수심이 얕은 물밑에 점토질 물질이 쌓인 후 퇴적물의 표면이 대기에 노출되어 건조되면서 갈라져 생성된다.

오답 피하기 ㄱ. (가)는 위로 갈수록 입자의 크기가 작아지므로 지층의 단면에서 관찰한 것이고, (나)는 지층의 표면에 갈라진 자국이 보이므로 층리면에서 관찰한 것이다.

07 사층리와 건열

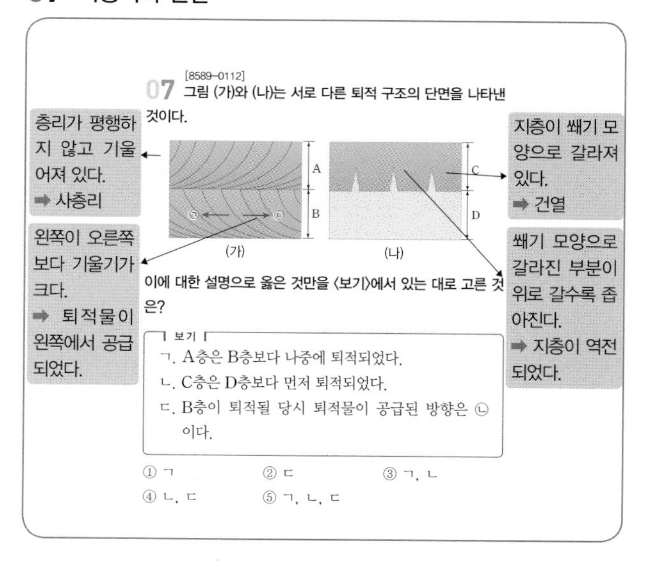
[8589-0112]

07 그림 (가)와 (나)는 서로 다른 퇴적 구조의 단면을 나타낸 것이다.

이에 대한 설명으로 옳은 것만을 〈보기〉에서 있는 대로 고른 것은?

보기
ㄱ. A층은 B층보다 나중에 퇴적되었다.
ㄴ. C층은 D층보다 먼저 퇴적되었다.
ㄷ. B층이 퇴적될 당시 퇴적물이 공급된 방향은 ㉡이다.

① ㄱ ② ㄷ ③ ㄱ, ㄴ ④ ㄴ, ㄷ ⑤ ㄱ, ㄴ, ㄷ

(가)는 사층리, (나)는 건열이다.

정답 맞히기 ㄱ. A와 B층 모두 하부에서 상부로 갈수록 기울기가 증가하므로 지층은 역전되지 않았다. 따라서 위에 있는 A층은 아래에 있는 B층보다 나중에 퇴적되었다.
ㄴ. 쐐기 모양으로 갈라진 부분이 아래에서 위로 갈수록 점점 좁아지므로 지층이 역전되었다. 따라서 위에 있는 C층은 아래에 있는 D층보다 먼저 퇴적되었다.
ㄷ. (가) 사층리는 얕은 물밑이나 바람의 방향이 자주 바뀌는 곳에서 잘 생성되며, 층리가 기울어진 방향을 분석하면 생성 당시 퇴적물이 공급된 방향을 알 수 있다. 층리의 왼쪽에서 오른쪽으로 갈수록 기울기가 완만해지므로 생성 당시 퇴적물은 왼쪽에서 공급되었다.

08 정단층과 습곡

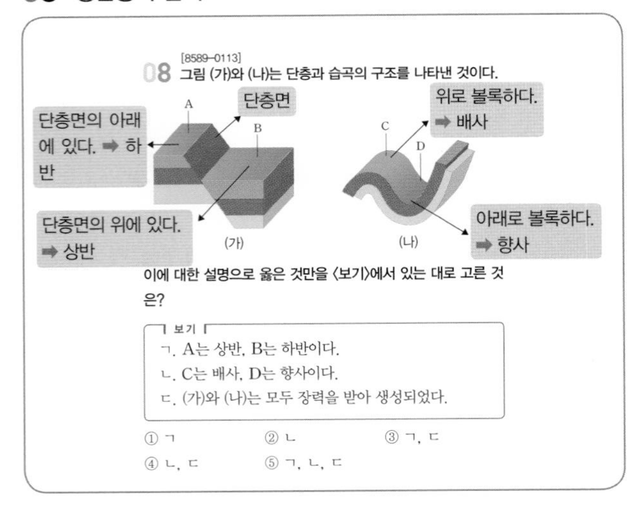

[8589-0113]
08 그림 (가)와 (나)는 단층과 습곡의 구조를 나타낸 것이다.

이에 대한 설명으로 옳은 것만을 〈보기〉에서 있는 대로 고른 것은?

보기
ㄱ. A는 상반, B는 하반이다.
ㄴ. C는 배사, D는 향사이다.
ㄷ. (가)와 (나)는 모두 장력을 받아 생성되었다.

① ㄱ ② ㄴ ③ ㄱ, ㄷ
④ ㄴ, ㄷ ⑤ ㄱ, ㄴ, ㄷ

정답 맞히기 ㄴ. 지층이 휘어져 있을 때 위로 볼록한 부분(C)을 배사, 아래로 볼록한 부분(D)을 향사라고 한다.
오답 피하기 ㄱ. 단층면이 경사져 있을 때 그 윗부분을 상반, 아랫부분을 하반이라고 한다. A는 단층면의 아래에 있으므로 하반, B는 단층면의 위에 있으므로 상반이다.
ㄷ. (가)는 지층이 장력을 받아 상반이 하반에 대해 아래로 이동한 정단층이고, (나)는 지층이 횡압력을 받아서 생성된 습곡이다.

09 정단층과 역단층

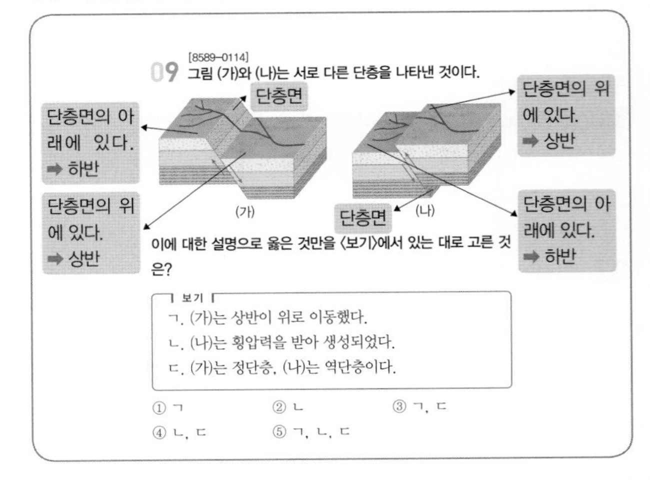

[8589-0114]
09 그림 (가)와 (나)는 서로 다른 단층을 나타낸 것이다.

이에 대한 설명으로 옳은 것만을 〈보기〉에서 있는 대로 고른 것은?

보기
ㄱ. (가)는 상반이 위로 이동했다.
ㄴ. (나)는 횡압력을 받아 생성되었다.
ㄷ. (가)는 정단층, (나)는 역단층이다.

① ㄱ ② ㄴ ③ ㄱ, ㄷ
④ ㄴ, ㄷ ⑤ ㄱ, ㄴ, ㄷ

정답 맞히기 ㄴ. (나)는 단층면 위에 있는 상반이 단층면 아래에 있는 하반에 대하여 위로 이동했으므로 횡압력을 받아 생성되었다.
ㄷ. (가)는 상반이 하반에 대하여 아래로 이동한 정단층이고, (나)는 상반이 하반에 대하여 위로 이동한 역단층이다.
오답 피하기 ㄱ. (가)는 단층면의 위에 있는 상반이 아래로 이동하고, 단층면의 아래에 있는 하반이 위로 이동했다.

10 부정합의 생성 과정

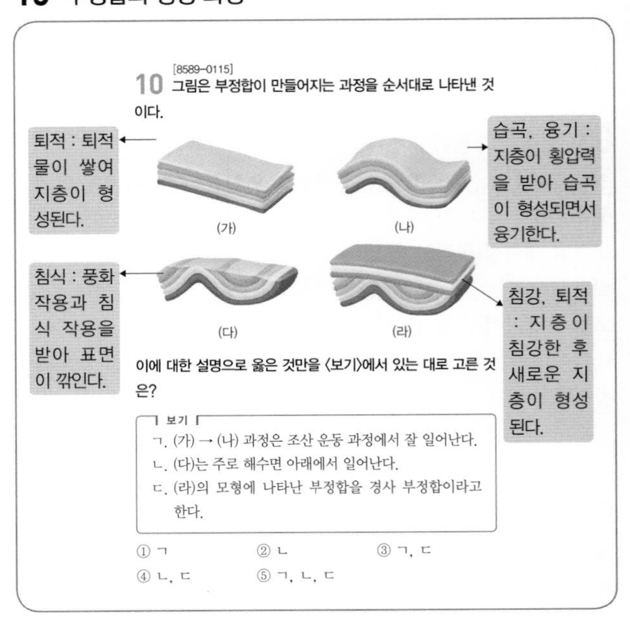

[8589-0115]
10 그림은 부정합이 만들어지는 과정을 순서대로 나타낸 것이다.

이에 대한 설명으로 옳은 것만을 〈보기〉에서 있는 대로 고른 것은?

보기
ㄱ. (가) → (나) 과정은 조산 운동 과정에서 잘 일어난다.
ㄴ. (다)는 주로 해수면 아래에서 일어난다.
ㄷ. (라)의 모형에 나타난 부정합을 경사 부정합이라고 한다.

① ㄱ ② ㄴ ③ ㄱ, ㄷ
④ ㄴ, ㄷ ⑤ ㄱ, ㄴ, ㄷ

정답 맞히기 ㄱ. (가) → (나) 과정은 지층이 횡압력을 받아 습곡이 형성되면서 융기하는 과정으로 조산 운동 과정에서 잘 일어난다.
ㄷ. (라)의 모형에 나타난 부정합은 부정합면을 경계로 상하 지층의 층리가 서로 경사져 있으므로 경사 부정합이다.

오답 피하기 ㄴ. (다)는 지층이 풍화 작용과 침식 작용에 의해 깎여 나가는 과정으로 지층이 해수면 위로 노출되었을 때 일어난다.

11 절리

정답 맞히기 ㄱ. (가)의 암석에 나타나 있는 절리는 지표의 암석이 오각형이나 육각형 모양으로 갈라진 주상 절리이다.
ㄴ. (나)의 암석에 나타나 있는 절리는 판상 절리이다. 판상 절리는 암석에 가해지는 압력이 감소하면서 부피가 팽창하여 수평 방향으로 갈라져 생성된다.

오답 피하기 ㄷ. (가)의 암석에 나타나는 주상 절리는 지표로 분출한 용암이 식을 때 부피가 수축하여 생성되고, (나)의 암석에 나타나는 판상 절리는 지하 깊은 곳에 있던 암석이 융기할 때 압력이 감소하여 생성된다. 따라서 (가)의 암석은 (나)의 암석보다 얕은 곳에서 생성되었다.

12 관입과 포획

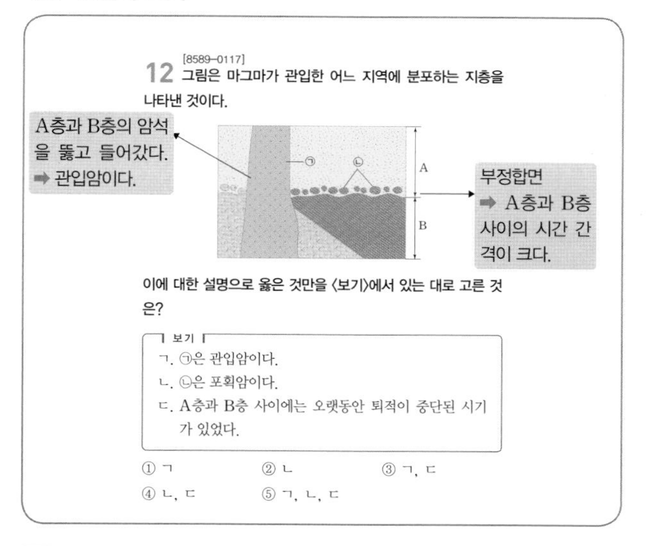

정답 맞히기 ㄱ. 마그마가 기존 암석의 약한 틈을 뚫고 들어가서 굳어진 암석을 관입암이라고 한다. ㉠은 A층과 B층의 암석을 뚫고 들어가 굳어진 암석이므로 관입암이다.
ㄷ. A층과 B층이 서로 경사져 있으며, A층과 B층의 경계에 부정합면이 존재하는 것으로 보아 A층과 B층 사이에는 오랫동안 퇴적이 중단된 시기가 있었다.

오답 피하기 ㄴ. 마그마가 관입할 때 주변 암석의 일부가 떨어져 나와 마그마 속에 암편으로 들어있는 것을 포획암이라고 한다. ㉡은 B층의 암석이 떨어져 나와 A층에 들어가 있는 것이므로 포획암이 아니다.

신유형·수능 열기

본문 071쪽

01 ② 02 ③ 03 ① 04 ③

01

정답 맞히기 ㄴ. 응회암은 화산 활동 과정에서 분출되는 화산 쇄설물 중 화산재가 쌓여서 생성된 것이다.

오답 피하기 ㄱ. 석회암은 호숫물이나 바닷물 등에 녹아 있던 광물질이 화학적으로 침전되어 생성되거나 산호, 유공충 등 석회질 생명체의 유해가 쌓여 생성된다. 따라서 석회암은 화학적 퇴적암이거나 유기적 퇴적암이다.
ㄷ. 역암은 기존의 암석이 풍화와 침식을 받아 생성된 쇄설물 중 주로 자갈이 쌓여서 생성된 쇄설성 퇴적암이다. 물에 녹아 있는 물질이 침전되어 생성되는 퇴적암은 화학적 퇴적암이다.

02

정답 맞히기 ㄱ. D층에는 쐐기 모양으로 갈라진 퇴적 구조인 건열이 나타난다. 건열은 수심이 얕은 물밑에 점토질 물질이 쌓인 후 퇴적물의 표면이 대기에 노출되어 건조되면서 갈라져 생성된다.
ㄴ. C층에는 층리가 평행하지 않고 기울어져 있는 사층리가 나타난다. 사층리는 수심이 얕은 물밑이나 바람의 방향이 자주 바뀌는 곳에서 잘 생성되며, 퇴적물이 공급될 당시 물이 흘렀거나 바람이 불었던 방향을 지시해 준다.

오답 피하기 ㄷ. B층에는 물결 모양의 흔적이 지층에 남아 있는 퇴적 구조인 연흔이 나타나며, A층에는 위로 갈수록 입자의 크기가 점점 작아지는 퇴적 구조인 점이 층리가 나타난다. 연흔과 점이 층리는 모두 역전되지 않았으므로 B층은 A층보다 나중에 생성되었다.

03

정답 맞히기 ㄱ. 단층면 위에 있는 상반이 단층면 아래에 있는 하반에 대하여 아래로 이동한 정단층이다.

오답 피하기 ㄴ. 정단층은 양쪽에서 잡아당기는 장력에 의해 형성되며 같은 시기에 생성된 지층 사이의 거리가 멀어진다.

ㄷ. 정단층은 장력이 작용하는 환경에서 형성되므로 판의 경계 중 발산형 경계에서 잘 형성된다. 두 판이 충돌하는 수렴형 경계에서는 횡압력이 작용하므로 역단층이 잘 형성된다.

04

정답 맞히기 ㄱ. X－Y 아래에는 지층이 아래로 볼록한 형태로 휘어진 향사 구조가 나타난다.

ㄴ. X－Y를 경계로 지층이 경사져 있으며, X－Y 위에 기저 역암이 나타나므로 X－Y는 부정합면이다. 부정합은 해수면 아래에서 퇴적된 지층이 융기하여 풍화 · 침식 작용을 받은 후 다시 해수면 아래로 침강해 퇴적되어 생성된다. 따라서 X－Y 아래의 지층은 해수면 위로 융기하여 풍화·침식 작용을 받은 적이 있다.

오답 피하기 ㄷ. 부정합은 퇴적이 오랫동안 중단된 후 다시 퇴적이 일어나 생성되므로 부정합면을 경계로 아래층과 위층 사이에는 시간적 간격이 크다. 따라서 X－Y 아래의 지층과 위의 지층은 연속적으로 퇴적되지 않았다.

5 지사학의 원리와 지질 연대

탐구 활동 본문 079쪽

1 P 관입 : A, B, C, D, Q 관입 : A, B, C, D, E, P
2 P : 12.5 %, Q : 25 %

1

화성암 P는 A, B, C, D를 관입했으며, 화성암 Q는 A, B, C, D, E, P를 관입했다. 따라서 P가 관입할 때 A, B, C, D가 변성 작용을 받았으며, 화성암 Q가 관입할 때 A, B, C, D, E, P가 변성 작용을 받았다.

2

현재 P와 Q에 들어 있는 방사성 동위 원소 X의 함량이 각각 25 %, 50 %이고, X의 반감기는 1억 년이므로 1억 년 후 P에 남아 있는 X의 함량은 12.5 %이고, Q에 남아 있는 X의 함량은 25 %이다.

내신 기초 문제 본문 080쪽

01 동일 과정설 **02** (1) 지층 누중의 법칙 (2) 관입의 법칙 (3) 역암－사암－셰일－석회암－화강암 **03** ④
04 ① **05** ④ **06** (1) B (2) 2억 년 (3) 4억 년

01

정답 맞히기 자연은 현재나 과거나 동일한 자연 법칙과 방식으로 변해가므로 현재의 자연 법칙을 알면 과거의 변화 과정을 추리하고 해석할 수 있다. 즉, 현재의 지질학적인 변화를 연구하면 지구의 역사를 밝힐 수 있다는 것을 동일 과정설이라고 한다.

02

정답 맞히기 (1) 퇴적암인 역암, 사암, 셰일, 석회암의 생성 순서는 지층이 역전되지 않았다면 아래에 있는 지층은 위에 있는 지층보다 먼저 생성되었다는 지층 누중의 법칙을 적용하여 결정할 수 있다.
(2) 화강암과 다른 암석 사이의 생성 순서는 관입 당한 암석은 관입한 화성암보다 먼저 생성되었다는 관입의 법칙을 적용하여 결정할 수 있다.
(3) 이 지역에 분포하는 퇴적암은 아래에서부터 역암, 사암, 셰일, 석회암 순으로 쌓여 있으며, 화강암이 이들 퇴적암을 관입하였다. 따라서 이 지역에서 암석은 역암－사암－셰일－석회암－화강암 순으로 생성되었다.

03

정답 맞히기 ④ 암상에 의한 대비를 할 때 기준이 되는 지층을 건층(열쇠층)이라고 한다. 건층은 비교적 짧은 시기 동안 퇴적되었으면서도 넓은 지역에 걸쳐 분포하는 응회암층, 석탄층, 석회암층 등이 좋다.

오답 피하기 ① 비교적 가까운 지역의 지층을 구성하는 암석의 종류, 조직, 지질 구조 등의 특징을 대비하여 같은 시기에 퇴적된 지층을 찾아내고 선후 관계를 판단한다.
② 서로 멀리 떨어진 지역의 지층은 차이가 커서 암상에 의한 대비를 하기 어려우므로 같은 종류의 표준 화석이 산출되는 지층을 연결하여 지층의 선후 관계를 판단한다.
③ 화석에 의한 대비를 할 때는 진화 계통이 잘 알려진 화석을 이용한다.
⑤ 같은 종류의 표준 화석이 산출되는 지층은 같은 시기에 쌓여 생성된 지층이라고 할 수 있다.

04

정답 맞히기 ㄱ. 상대 연령은 과거에 일어난 지질학적 사건의 발생 순서나 지층과 암석의 생성 시기를 상대적으로 나타낸 것으로, 지사 연구의 여러 법칙들을 적용하여 판단한다.

오답 피하기 ㄴ. 관입의 법칙에 의하면 관입 당한 암석은 관입한 화성암보다 먼저 생성되었으므로 관입한 화성암의 상대 연령을 주변의 관입 당한 암석과의 관계를 비교하여 알아낼 수 있다.
ㄷ. 절대 연령은 암석 생성 시기 또는 지질학적 사건의 발생 시기를 연 단위의 절대적인 수치로 나타낸 것이다.

05

정답 맞히기 ④ 방사성 동위 원소는 온도나 압력 등의 외부 환경에 관계없이 일정한 속도로 붕괴하므로 온도와 압력의 변화는 절대 연령 측정에 영향을 주지 않는다.

오답 피하기 ① 암석의 절대 연령은 방사성 동위 원소의 반감기를 이용하여 측정한다.
② 방사성 동위 원소를 이용하여 암석의 절대 연령을 측정하면 암석이 생성된 정확한 시기를 알 수 있다.
③ 퇴적암은 구성 입자의 나이가 다양하기 때문에 방사성 동위 원소를 이용하여 절대 연령을 측정하기에 적합하지 않다.
⑤ 오래전에 생성된 암석의 절대 연령은 반감기가 긴 방사성 동위 원소를 이용하여 측정하고, 비교적 최근에 생성된 암석이나 유물의 절대 연령은 반감기가 짧은 방사성 동위 원소를 이용하여 측정한다.

06

정답 맞히기 (1) 시간이 경과함에 따라 모원소(방사성 동위 원소)의 양은 지속적으로 감소하고 자원소의 양은 지속적으로 증가한다. 따라서 방사성 동위 원소 X의 붕괴 곡선은 B이다.
(2) 방사성 동위 원소의 반감기는 방사성 동위 원소가 붕괴하여 처음 양의 절반으로 줄어드는 데 걸리는 시간이다. 자료에서 X의 양이 처음의 절반인 50 %가 되는 데 걸리는 시간이 2억 년이므로 X의 반감기는 2억 년이다.
(3) 화성암 속에 들어 있는 방사성 동위 원소 X와 X가 붕괴하여 생성된 자원소의 비율이 1 : 3이면 X의 함량은 25 %이므로 이 화성암의 나이는 4억 년이다.

실력 향상 문제 본문 081~084쪽

01 ② **02** ③ **03** ② **04** ⑤ **05** ③
06 ② **07** ②
08 A－B－C－E－단층($f-f'$)－부정합($u-u'$)－D－F
09 정단층, 평행 부정합 **10** ⑤ **11** ④ **12** ③
13 ② **14** ③ **15** ① **16** ④
17 해설 참조 **18** ⑤ **19** ①
20 해설 참조

01 지사학의 원리

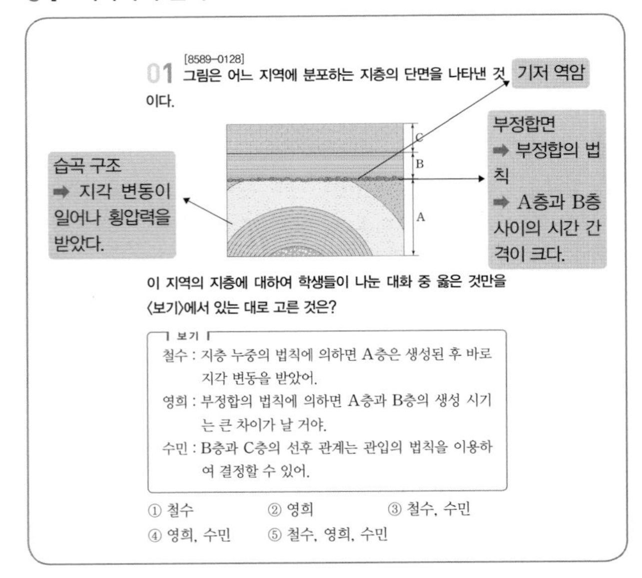

정답 맞히기 영희 : 부정합의 법칙에 의하면 부정합면을 경계로 상부 지층과 하부 지층의 퇴적 시기 사이에 큰 시간적 간격이 존재한다. A층과 B층 사이에 부정합면이 존재하므로 A층과 B층의 퇴적 시기 사이에 큰 시간 간격이 있어 A층과 B층의 생성 시기는 큰 차이가 난다.

오답 피하기 철수 : 지층 누중의 법칙은 지층이 역전되지 않았다면 아래에 있는 지층은 위에 있는 지층보다 먼저 퇴적되었다는 것이다. 수평 퇴적의 법칙에 의해 A층이 생성된 후 지각 변동을 받았다는 것은 A층에 지층이 횡압력을 받아 생성된 습곡 구조가 나타나는 것으로 알 수 있다.

수민 : 관입의 법칙은 관입 당한 암석은 관입한 화성암보다 먼저 생성되었다는 것이다. B층과 C층에는 관입한 화성암이 없으므로 관입의 법칙으로 선후 관계를 결정할 수 없다. B층과 C층의 선후 관계는 지층 누중의 법칙을 이용하여 아래에 있는 B층이 위에 있는 C층보다 먼저 생성되었다는 것을 알 수 있다.

02 관입과 분출

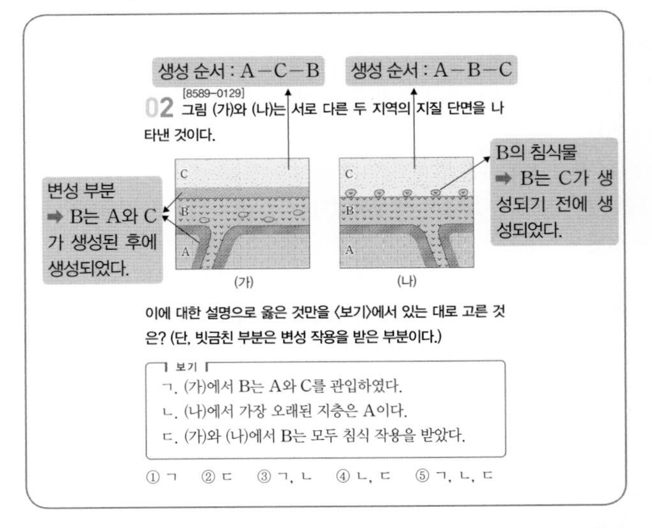

정답 맞히기 ㄱ. 마그마가 주변의 지층을 관입할 때는 주변의 암석 조각이 포획암으로 들어올 수 있으며, 열을 받아 변성 작용이 일어난다. (가)에서 B 주변의 A와 C가 변성 작용을 받았으며, A의 일부가 B에 포획암으로 들어 있으므로 B는 A와 C를 관입한 것이다.

ㄴ. (나)에서 B 주변의 A는 변성 작용을 받았지만 C는 변성 작용을 받지 않았으므로 A는 B보다 먼저 생성되었고, C는 B보다 나중에 생성되었다. 따라서 (나)에서 가장 오래된 지층은 A이다.

오답 피하기 ㄷ. (가)에서 B는 A와 C 사이를 관입하였으므로 침식 작용을 받지 않았다. 그러나 (나)에서는 C의 하부에 B의 침식물이 들어 있는 것으로 보아 B는 지표로 분출하여 침식 작용을 받았다는 것을 알 수 있다.

03 암상에 의한 대비

정답 맞히기 ㄴ. (가) 지역에서는 석회암층과 셰일층 사이에 사암층이 퇴적되었으며, (다) 지역에서는 석회암층과 셰일층 사이에 사암층이 퇴적되었다. 그러나 (나) 지역에서는 석회암층과 셰일층 사이에 사암층이 존재하지 않는다. 따라서 (나) 지역에서는 이 기간 동안 퇴적이 중단되었다.

오답 피하기 ㄱ. 가장 오래된 지층은 가장 아래에 있는 지층이므로 이 지역에서 가장 오래된 지층은 (나)의 가장 아래에 있는 석회암층이다.

ㄷ. (나) 지역의 사암층은 석회암층과 응회암층 사이에 퇴적되었다. (다) 지역의 사암층은 응회암층 위에 있는 석회암층과 셰일층 사이에 퇴적되었다. 따라서 (나) 지역의 사암층은 (다) 지역의 사암층보다 먼저 퇴적되었다.

04 화석에 의한 대비

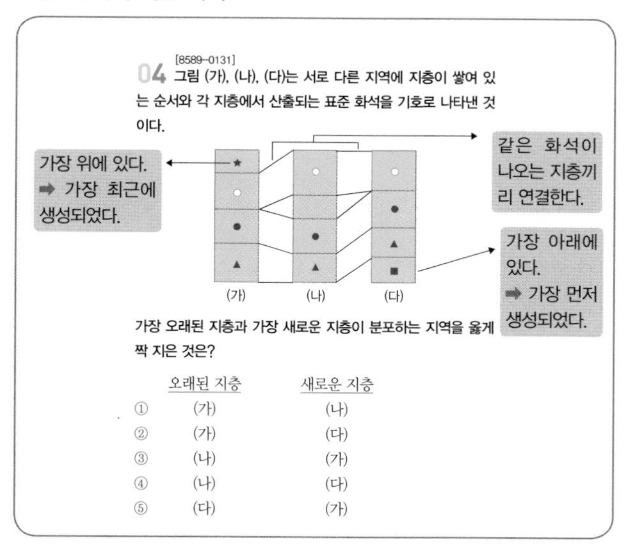

정답 맞히기 같은 종류의 표준 화석이 나오는 층들을 연결하여 대비를 하면 (다) 지역의 가장 아래에 있는 지층(■)이 가장 먼저 생성되었고, (가) 지역의 가장 위에 있는 지층(★)이 가장 최근에 생성되었다는 것을 알 수 있다.

05 지층 대비

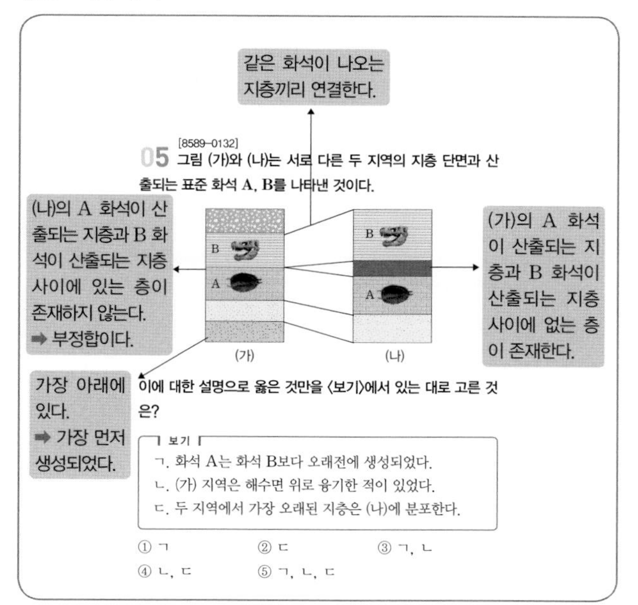

정답 맞히기 ㄱ. 화석 A가 산출되는 지층은 화석 B가 산출되는 지층보다 아래에 있으므로 화석 A는 화석 B보다 오래전에 생성되었다.

ㄴ. 화석과 암석을 이용하여 (가)와 (나) 지역의 지층을 대비하면 (가) 지역은 화석 A가 산출되는 지층 위에 화석 B가 산출되는 지층이 있고, (나) 지역은 화석 A가 산출되는 지층과 화석 B가 산출되는 지층 사이에 다른 층이 끼어 있다. 따라서 (가) 지역의 화석 A가 산출되는 지층과 화석 B가 산출되는 지층 사이에는 부정합면이 존재하며, 화석 A가 산출되는 지층은 해수면 위로 융기하여 침식 작용을 받은 적이 있다.

오답 피하기 ㄷ. 두 지역에서 가장 오래된 지층은 (가) 지역의 가장 아래에 있는 지층이다.

06 지층 대비

정답 맞히기 ㄴ. (가) 지역의 가장 위에 있는 지층은 (다) 지역의 가장 아래에 있는 지층에 대비되며, (나) 지역의 가장 위에 있는 지층은 (가) 지역의 가장 아래에 있는 지층에 대비된다. 따라서 (나) 지역의 지층에는 (다) 지역의 지층과 같은 시기에 생성된 지층이 분포하지 않는다.

오답 피하기 ㄱ. 세 지역에서 산출되는 화석을 이용하여 지층 대비를 하면 가장 위에 있는 지층은 (다) 지역의 가장 위에 있는 지층이므로 가장 최근의 지층은 (다) 지역에 분포한다.

ㄷ. 건층(열쇠층)은 암상에 의한 대비를 할 때 기준이 되는 층으로 응회암층, 석탄층 등이 이용된다. (가), (나), (다) 지역에는 셰일층이 반복되어 나오므로 건층으로 이용하기 어렵고, 화석을 이용하여 지층을 대비할 때는 건층을 이용하지 않는다.

07 상대 연령

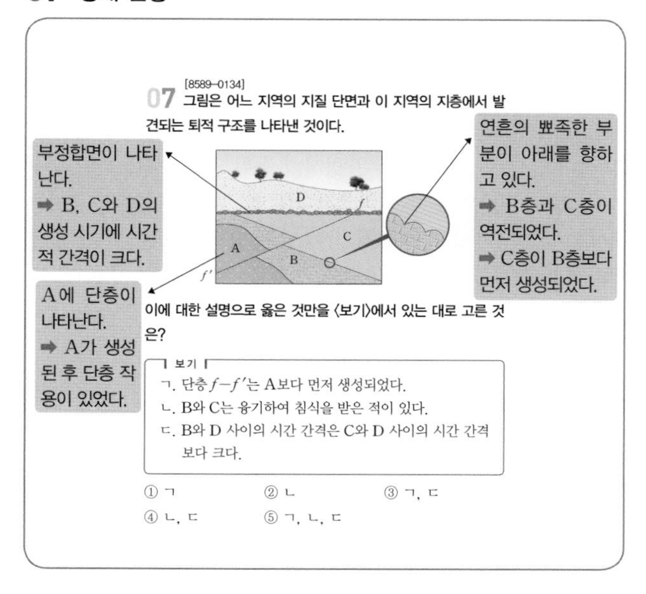

정답 맞히기 ㄴ. B와 D, C와 D 사이에 부정합면이 있는 것으로 보아 B와 C는 융기하여 침식을 받은 적이 있다.

오답 피하기 ㄱ. A는 단층 $f-f'$에 의해 잘려 있으므로 A가 단층 $f-f'$보다 먼저 생성되었다.

ㄷ. B와 C의 경계 부분에 연흔이 역전된 형태로 나타나는 것으로 보아 B와 C는 역전되었으며, C가 B보다 먼저 생성되었다는 것을 알 수 있다. 따라서 B와 D 사이의 시간 간격은 C와 D 사이의 시간 간격보다 작다.

08 상대 연령

정답 맞히기 이 지역에는 A가 가장 아래에 있고, 그 위에 B, C가 순서대로 놓여 있으며, E가 A, B, C를 관입했다. A, B, C, E는 단층 $f-f'$에 의해 끊어져 있으며, 부정합면 $u-u'$ 위에는 D가 있으며 F가 D를 뚫고 분출하였다. 따라서 이 지역에서 암석과 지질 구조가 생성된 순서는 A－B－C－E(관입)－단층 ($f-f'$)－부정합($u-u'$)－D－F(분출) 순이다.

09 지질 단면 해석

정답 맞히기 단층 $f-f'$는 단층면 위에 있는 상반이 단층면 아래에 있는 하반에 대해 아래로 이동했으므로 정단층이고, 부정합 $u-u'$는 부정합면을 경계로 위층(D)가 아래층(C)이 나란하므로 평행 부정합이다.

10 방사성 동위 원소

정답 맞히기 오래전에 생성된 암석의 절대 연령은 반감기가 긴 방사성 동위 원소를 이용하여 측정하고, 비교적 최근에 생성된 암석의 절대 연령은 반감기가 짧은 방사성 동위 원소를 이용하여 측정한다. 선사 시대의 유물은 비교적 최근에 생성된 것이며, 유기물 속에는 방사성 탄소가 비교적 많이 남아 있으므로 반감기가 짧은 방사성 탄소(^{14}C)를 이용하여 절대 연령을 측정하는 것이 좋다.

11 절대 연령

정답 맞히기 ^{40}K이 붕괴하여 처음 양의 절반이 되는 데 걸리는 시간이 13억 년이므로 화성암이 생성된 후 반감기인 13억 년이 지나면 ^{40}K과 ^{40}Ar의 비율이 1 : 1이 된다. 화성암 속에 들어있는 ^{40}K과 ^{40}Ar의 비율이 1 : 3이면 반감기가 2번 지났으므로 이 화성암의 나이는 약 26억 년(＝13억 년×2)이다.

12 방사성 동위 원소 반감기

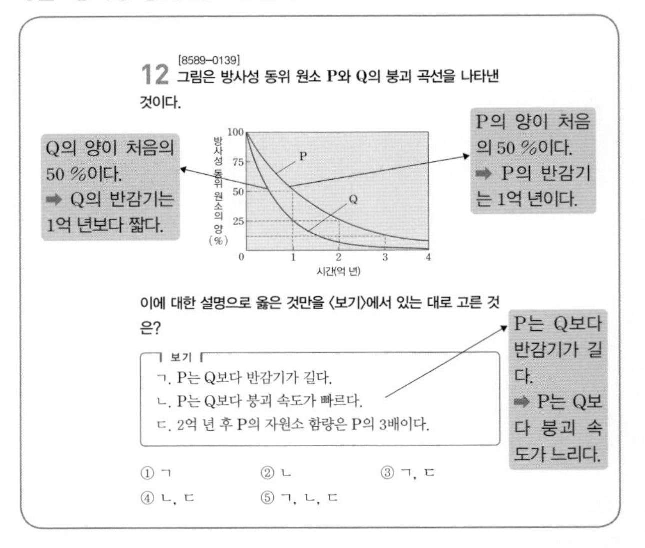

정답 맞히기 ㄱ. P의 함량이 처음의 절반이 되는 데 걸리는 시간은 1억 년이고, Q의 함량이 처음의 절반이 되는 데 걸리는 시간은 이보다 짧으므로 P는 Q보다 반감기가 길다.

ㄷ. 2억 년 후 P는 함량은 25 %이므로 P가 붕괴하여 생긴 자원소의 함량은 75 %가 된다. 따라서 2억 년 후 P의 자원소 함량은 P의 3배가 된다.

오답 피하기 ㄴ. 방사성 동위 원소의 붕괴 속도는 반감기가 짧을수록 빠르다. P는 Q보다 반감기가 길다. 따라서 P는 Q보다 붕괴 속도가 느리다.

13 방사성 동위 원소 반감기

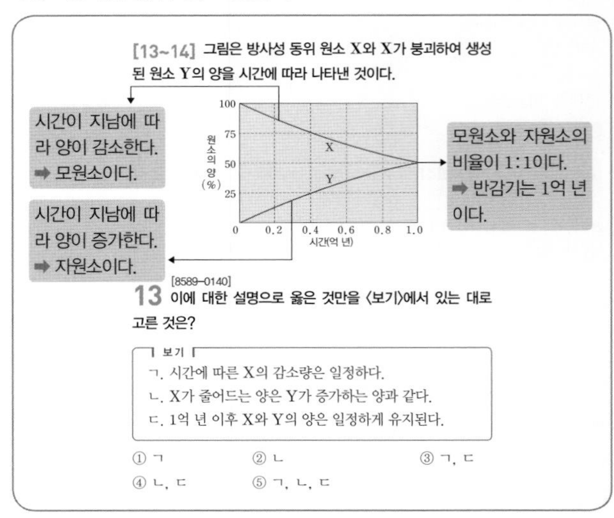

정답 맞히기 ㄴ. X는 방사성 동위 원소이고, Y는 방사성 동위 원소가 붕괴하여 생성된 자원소이다. 따라서 X가 줄어든 양은 Y가 증가한 양과 같다.

오답 피하기 ㄱ. 방사성 동위 원소의 반감기는 일정하고, 반감기 동안에 방사성 동위 원소의 양이 절반으로 감소하므로 시간이 지남에 따라 방사성 동위 원소의 감소량은 점점 감소한다.
ㄷ. 방사성 동위 원소 X의 반감기가 1억 년이므로 1억 년 이후 X는 현재의 절반인 25 %로 줄어들고, Y는 현재보다 25 % 늘어난 75 %가 된다.

14 절대 연령

정답 맞히기 현재 암석에 들어있는 자원소 Y의 함량 4.0×10^{-5} g은 암석이 생성될 당시부터 포함되어 있던 1.0×10^{-5} g과 암석이 생성된 후 X가 붕괴하여 생성된 양을 합한 값이므로, 암석이 생성된 후 X가 붕괴하여 생성된 Y의 양은 3.0×10^{-5} g($=4.0\times10^{-5}$ g-1.0×10^{-5} g)이다. X와 X가 붕괴하여 생성된 Y의 비율이 1.0×10^{-5} g : 3.0×10^{-5} g$=1:3$이므로 암석이 생성된 후 X의 반감기가 2번 지났다. 따라서 이 암석의 절대 연령은 2억 년(=1억 년×2)이다.

15 방사성 동위 원소 반감기

정답 맞히기 방사성 동위 원소 X의 반감기는 1억 년이므로 암석이 생성된 후 4억 년이 경과하면 반감기가 4번 지났으므로 처음 양의 6.25 %가 남는다. 방사성 동위 원소 Y의 반감기는 2억 년이므로 암석이 생성된 후 4억 년이 경과하면 처음 양의 25 %가 남는다. 암석이 생성될 당시 암석 속에 들어 있던 X와 Y의 함량이 같았다면 4억 년이 경과한 후 이 암석 속에 남아 있는 X의 함량은 Y의 함량의 $\frac{1}{4}$배가 된다.

16 상대 연령과 절대 연령

정답 맞히기 ㄴ. 습곡 작용을 받은 지층의 윗부분에 부정합면이 나타나므로 이 지층은 해수면 위로 융기하여 침식 작용을 받았다. 그리고 B는 부정합면의 위에 있는 지층까지 관입하였으므로 B는 부정합이 생성된 후에 관입하였다. 따라서 이 지역은 B가 관입하기 전에 침식 작용을 받은 적이 있다.
ㄷ. 방사성 동위 원소 X의 처음 양이 반으로 줄어드는 데 걸리는 시간이 1억 년이므로 X의 반감기는 1억 년이다. 화성암 A와 B에는 방사성 동위 원소 X가 각각 처음 양의 12.5 %, 50 %가 들어 있으므로 반감기는 각각 3번, 1번 지났다. 따라서 화성암 A와 B의 절대 연령은 각각 3억 년, 1억 년이다. 한편 화성암 A는 단층에 의해 끊어져 있으므로 단층은 A보다 나중에 생성되었다. 화성암 B는 부정합면 위에 있는 지층까지 관입하였지만, 단층은 부정합면 위의 지층으로 연속되지 않으므로 단층은 B보다 먼저 생성되었다. 따라서 단층은 3억 년 전~1억 년 전 사이에 생성되었다.

오답 피하기 ㄱ. A 주변의 암석은 휘어져 있지만, A는 휘어져 있지 않으므로 A는 습곡 작용이 일어난 후에 관입하였다.

17 지질 단면 해석

부정합은 퇴적 → 융기 → 침식 → 침강 → 퇴적 과정을 거쳐 생성된다. 따라서 부정합이 1번 생성될 때마다 융기와 침강이 각각 1번씩 일어난다.

모범 답안 부정합이 1개 나타나며 현재 지표가 해수면 위로 융기한 상태이다. 따라서 이 지역에서는 현재까지 적어도 2번의 융기와 1번의 침강이 있었다.

18 방사성 탄소를 이용한 절대 연령 측정

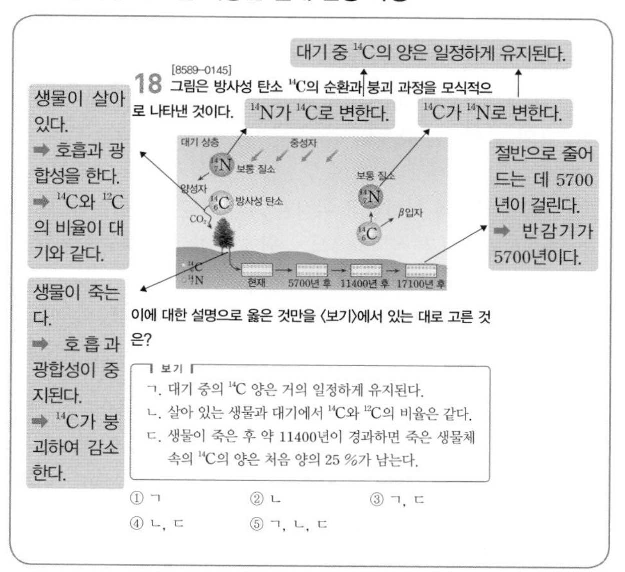

정답 맞히기 ㄱ. 대기 중에서 방사성 탄소 ^{14}C는 붕괴하여 ^{14}N가 된다. 그러나 ^{14}N가 우주로부터 날아온 고에너지의 입자와 반응하여 ^{14}C로 되는 과정이 반복되므로 대기 중의 ^{14}C 양은 거의 일정한 양으로 유지된다.
ㄴ. 살아 있는 생물은 호흡과 광합성 작용으로 방사성 탄소인 ^{14}C와 보통의 탄소인 ^{12}C 비율이 대기와 같게 유지된다.
ㄷ. 생물이 죽으면 물질대사가 정지되므로 생물체 내의 ^{14}C가 붕괴하여 ^{14}N가 된다. ^{14}C의 반감기는 5700년이므로 생물이 죽은 후 11400년이 지나면 반감기가 2번 지났으므로 ^{14}C의 양은 처음 양의 25 %가 남는다.

19 지층과 암석의 상대 연령

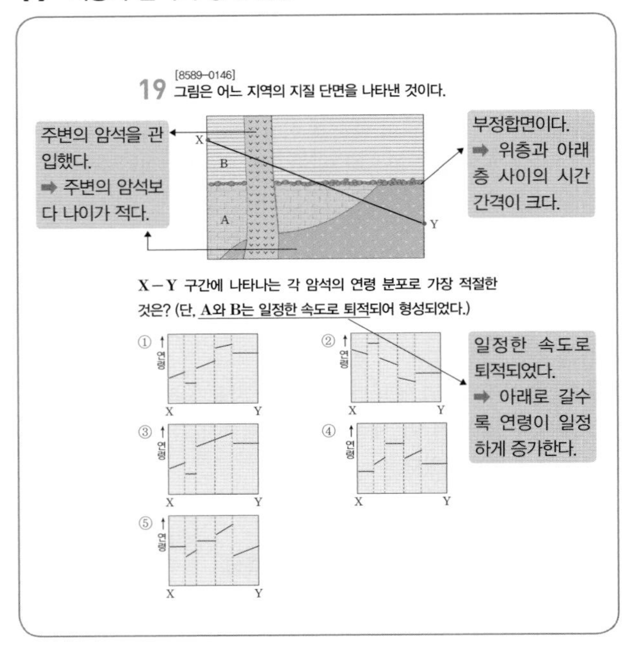

정답 맞히기 이 지역에서는 먼저 A가 퇴적된 후 화성암이 관입하였고, A와 화성암은 해수면 위로 융기하여 침식을 받고 다시 침강하였으며, 그 위에 B가 쌓여 부정합이 형성되었다. 이후 또 다른 화성암이 기존의 화성암과 퇴적암 A와 B를 관입하였다. A와 B는 일정한 속도로 퇴적되었으므로 위에서 아래로 갈수록 연령이 일정하게 증가한다. 그러나 A와 B의 경계에는 부정합면이 있으므로 이 경계에서 연령이 불연속적으로 크게 증가한다. 화성암은 마그마가 굳어져서 생성되었으므로 하나의 암체 내에서는 연령이 같고, 주변의 관입 당한 암석보다는 연령이 적다.

20 퇴적암의 절대 연령

퇴적암은 암석이 풍화·침식 작용을 받아 생성된 쇄설물이나 물에 용해된 물질, 생물의 유해 등의 퇴적물이 다져지고 굳어져서 생성된다. 퇴적암을 이루는 퇴적물은 생성 시기와 기원이 다른 여러 곳에서 운반되어 쌓인 것이므로 퇴적물 내에 들어 있는 자원소는 원암에 있던 방사성 동위 원소가 붕괴하여 생성된 것이 포함되어 있다. 따라서 퇴적암은 방사성 동위 원소를 이용하여 퇴적암의 절대 연대, 즉 퇴적암이 생성된 정확한 시기를 측정하기 어렵다.

모범 답안 퇴적암은 생성 시기와 기원이 다른 여러 곳에서 운반되어 쌓인 퇴적물이 쌓여서 생성되었기 때문이다.

신유형·수능 열기

본문 085쪽

01 ⑤ 02 ⑤ 03 ② 04 ④

01

정답 맞히기 ㄱ. 지층군 ㉠에서 발견되는 5종의 화석은 모두 D에서 발견된다. 따라서 지층군 ㉠은 D에 대비된다.

ㄴ. 지층군 ㉡에서 발견되는 4종의 화석은 모두 B에서 발견된다. 따라서 지층군 ㉡은 B에 대비된다.

ㄷ. 지층군 ㉠은 D에 대비되고, ㉡은 B에 대비되며, D는 B보다 위에 있으므로 ㉠은 ㉡보다 최근의 지층군이다.

02

정답 맞히기 ㄱ. 화성암 위에 쌓인 지층에는 화성암의 침식물이 들어 있을 수 있다. (가)에서 화강암의 침식물이 사암의 하부에 들어 있으므로 화강암은 사암보다 먼저 생성되었다.

ㄴ. 마그마가 주변의 암석을 뚫고 들어가 화성암이 생성되는 경우, 주변 암석의 일부가 포획암으로 들어올 수 있으며, 관입 당한 암석은 관입한 화성암보다 먼저 생성되었다. (나)에서 사암의 일부가 화강암에 포획암으로 들어 있으므로 화강암은 사암보다 나중에 생성되었다.

ㄷ. 마그마가 관입할 때 주변의 암석은 열을 받아 변성 작용이 일어난다. (나)에서 화강암은 사암이 생성된 후에 마그마가 관입하여 생성되었으므로 화강암과 사암의 경계 부분에 변성암이 나타난다.

03

정답 맞히기 ㄷ. 단층은 부정합면 위에 있는 B까지 연속되지 않으므로 단층은 B보다 먼저 생성되었다. D는 B를 관입하였으므로 D는 B보다 나중에 생성되었다. 따라서 단층은 D가 관입하기 전에 생성되었다.

오답 피하기 ㄱ. A와 B 사이에 부정합면이 있으므로 A와 B는 연속적으로 퇴적되지 않았으며, 두 지층 사이에 시간적 간격이 크다.

ㄴ. C 주변의 암석에는 횡압력을 받아 휘어진 습곡 구조가 나타나지만 C에는 습곡 구조가 나타나지 않는다. 따라서 C는 습곡 작용이 일어난 후에 관입하였다.

04

정답 맞히기 ㄴ. Q의 반감기는 5000만 년이고 A에는 Q가 처음 양의 12.5 % 남아 있으므로 A는 1억 5000만 년 전에 생성되었다. P의 반감기는 1억 년이고 B에는 P가 50 % 남아 있으므로 B는 1억 년 전에 생성되었다. C는 A보다 나중에 생성되었으며, B보다 먼저 생성되었다. 따라서 C는 1억 5000만 년 전~1억 년 전 사이에 생성되었다.

ㄷ. 부정합이 1번 생성될 때마다 융기와 침강이 각각 1번씩 일어난다. 이 지역에는 부정합이 2개 나타나며 현재 지표가 해수면 위로 융기한 상태이다. 따라서 이 지역에서는 현재까지 적어도 3번의 융기와 2번의 침강이 있었다.

오답 피하기 ㄱ. 화산암은 심성암보다 결정의 크기가 작다. B는 마그마가 지표로 분출하여 굳어진 화산암이고, A는 마그마가 지하에서 굳어진 심성암이다. 따라서 A는 B보다 결정의 크기가 큰 광물로 이루어져 있다.

6 지질 시대의 환경과 생물

탐구 활동

본문 094쪽

1 (바)　　2 해설 참조

1

화석 (바)는 이 지역에서 가장 먼저 생성된 지층 A에서부터 가장 최근에 생성된 지층 F까지 모든 지층에서 발견된다. 따라서 생존 기간이 가장 길었던 생물의 화석은 (바)이다.

2

표준 화석은 특정 시기에 출현하여 일정 기간 번성하다가 멸종한 생물의 화석으로, 생존 기간이 짧고, 분포 면적이 넓고, 개체 수가 많은 생물의 화석이 적합하다.

모범 답안 (가), (나), (다), (마), (사)가 표준 화석으로 적합하다. (가)는 지층 E와 F, (나)는 지층 B부터 D까지, (다)는 지층 C와 D, (마)는 지층 B와 C, (사)는 지층 E와 F에서만 산출되므로 비교적 생존 기간이 짧았던 생물의 화석이기 때문이다.

내신 기초 문제

본문 095쪽

01 ①　02 ⑤　03 ③　04 누대－대－기－세
05 ③　06 ③　07 ④

01

정답 맞히기 ① 생물체의 뼈, 줄기, 껍데기 등 단단한 부분이 화석으로 보존되기 쉬우며, 대부분 유기물이 그대로 보존되지는 않는다.

오답 피하기 ② 화석은 지질 시대에 살았던 생물의 유해나 활동 흔적이 지층 속에 보존되어 있는 것이다.

③ 화석은 재결정, 치환, 탄화 작용 등의 화석화 작용을 받아서 생성된다.

④ 피부와 같은 연한 부분은 화석으로 보존되기 어렵다.

⑤ 생물이 죽은 후 미생물에 의해 분해되기 전에 신속하게 퇴적물 속에 매몰될수록 화석으로 보존되기 쉽다.

02

정답 맞히기 ⑤ A는 생존 기간이 길고, B는 생존 기간이 짧다. 따라서 A는 B에 비하여 여러 지질 시대의 지층에서 산출된다.

오답 피하기 ① A는 생존 기간이 길고 분포 면적이 좁은 시상 화석이다.
② B는 생존 기간이 짧고 분포 면적이 넓은 표준 화석이다.
③ 지질 시대는 표준 화석인 B를 이용하여 구분한다.
④ 환경 변화에 민감한 생물의 화석은 시상 화석인 A이다.

03

정답 맞히기 ③ 변동대에 분포하는 화성암은 지질 시대의 기후를 추정하는 데 이용되지 않는다.

오답 피하기 지질 시대의 기후는 오래된 나무의 나이테, 퇴적물 속에 보존되어 있는 꽃가루 화석, 빙하 속에 들어 있는 공기 방울, 빙하를 구성하는 물 분자의 산소 동위 원소비 등을 이용하여 추정한다.

04

지구가 탄생한 약 46억 년 전부터 현재까지를 지질 시대라고 한다. 지질 시대는 크게 누대로 나누고, 누대는 다시 대로 나누고, 대는 다시 기로, 기는 다시 세 단위로 세분한다.

05

정답 맞히기 ③ C는 중생대이다. 육지에 동물이 처음 등장한 시기는 고생대이다.

오답 피하기 ① A는 선캄브리아 시대이다. 최초의 다세포 생물은 선캄브리아 시대 후기에 출현하였다.
② B는 고생대이다. 고생대 말에는 여러 대륙이 하나로 모여 초대륙 판게아가 형성되었다.
④ D는 신생대이다. 인류의 조상은 신생대 제4기에 출현하였다.
⑤ 중생대 말에는 빙하기가 없었으며, 신생대 제4기에는 여러 차례의 빙하기가 있었다. 따라서 중생대 말은 신생대 말보다 기온이 높았다.

06

정답 맞히기 ㄱ. 방추충과 화폐석 모두 해양에서 살았던 생물이다.
ㄷ. 방추충은 고생대, 화폐석은 신생대에 출현하였으므로 방추충은 화폐석보다 먼저 출현하였다.

오답 피하기 ㄴ. 방추충은 고생대, 화폐석은 신생대에 번성한 생물이다. 따라서 (가)는 고생대 지층에서 발견될 수 있지만, (나)는 고생대 지층에서 발견되지 않는다.

07

정답 맞히기 ④ 빙하기가 없었고, 겉씨식물이 번성하였으며, 대서양과 인도양이 생성되기 시작한 시기는 중생대이다. 중생대의 표준 화석에는 공룡, 암모나이트, 시조새 등이 있다.

오답 피하기 ① 삼엽충은 고생대의 표준 화석이다.
② 필석은 고생대의 표준 화석이다.
③ 갑주어는 고생대의 표준 화석이다.
⑤ 매머드는 신생대의 표준 화석이다.

실력 향상 문제

본문 096~098쪽

01 ③ 02 ③ 03 ① 04 ①
05 지층 B와 C의 경계, 지층 D와 E의 경계
06 해설 참조 07 ① 08 ③ 09 ③
10 ② 11 ③ 12 해설 참조 13 ①
14 ④

01 표준 화석과 시상 화석

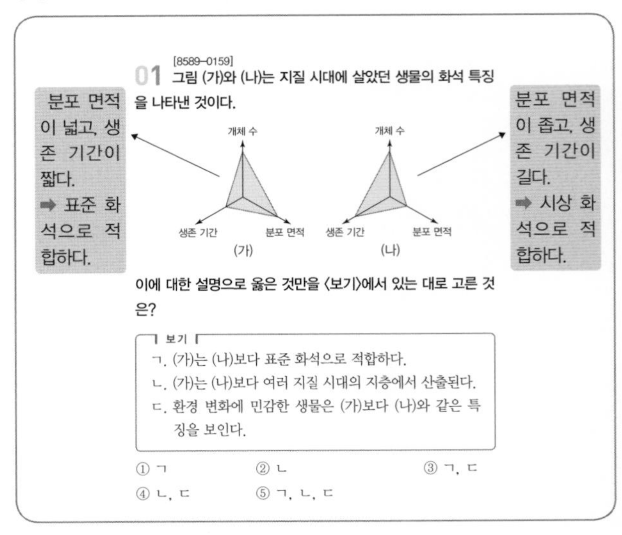

정답 맞히기 ㄱ. 표준 화석은 생존 기간이 짧고, 분포 면적이 넓으며, 개체 수가 많은 생물의 화석이 적합하다. (가)는 (나)에 비하여 생존 기간이 짧고 분포 면적이 넓으며, 개체 수는 비슷하다. 따라서 (가)는 (나)보다 표준 화석으로 적합하다.

ㄷ. (가)는 표준 화석, (나)는 시상 화석에 적합한 생물의 화석이다. 환경 변화에 민감한 생물의 화석은 시상 화석에 가깝다.

오답 피하기 ㄴ. 생존 기간이 길수록 여러 지질 시대의 지층에서 발견된다. (가)보다 (나)가 생존 기간이 긴 것으로 보아 (나)가 (가)보다 여러 지질 시대의 지층에서 산출된다.

02 고기후 연구 방법

정답 맞히기 ㄱ. 날씨가 추워지면 소나무와 같은 침엽수가 많아지고, 더워지면 가시나무와 같은 상록활엽수가 많아지므로 퇴적물 속에 보존되어 있는 꽃가루 화석을 분석하면 식생의 변화를 알 수 있다.

ㄷ. 빙하 속에 들어 있는 공기 방울에는 빙하가 생성될 당시의 공기가 들어 있으므로 이를 분석하면 빙하가 생성될 당시의 대기 조성을 알 수 있다.

오답 피하기 ㄴ. 빙하 시추물 연구는 약 40만 년 전까지의 기후 변화를 연구하는 데 이용된다. 고생대의 기후 변화는 지층이나 화석을 연구하여 알아낸다.

03 고기후 연구 방법

정답 맞히기 철수 : 날씨가 온난할 때에는 상록활엽수가 많아진다. 따라서 지층 속에서 상록활엽수의 꽃가루가 많이 발견되면 이 지층이 생성될 당시 기후가 온난했다는 것을 알 수 있다.

오답 피하기 영희 : 산호는 하루에 하나씩 성장선을 만드는데, 수온이 높을수록 산호의 성장 속도가 빠르다. 따라서 산호의 성장선 간격이 넓으면 이 시기에는 수온이 높았다는 것을 알 수 있다.

수민 : 기후가 온난하면 ^{18}O의 증발이 활발해져 대기 중의 ^{18}O이 상대적으로 많아지고, 이 시기에 형성된 빙하를 구성하는 물 분자의 산소 동위 원소비($^{18}O/^{16}O$)가 높게 나타난다.

04 지질 시대 기후 변화

정답 맞히기 ㄱ. 고생대 말에 평균 기온이 급격히 떨어진 것으로 보아 생물종의 큰 변화가 있었을 것이다.

오답 피하기 ㄴ. 중생대 중기에는 기온이 낮아졌지만 빙하기가 나타나지는 않았으며, 중생대 전 기간에 걸쳐 전반적으로 온난한 기후가 지속되었다.

ㄷ. 신생대 후기는 초기에 비해 지구의 평균 기온이 낮았다. 산호는 수온이 높은 해수에서 서식하므로 신생대 후기에는 초기에 비하여 저위도에서 서식하였을 것이다.

05 지질 시대 구분

[05~06] 표는 어느 지역의 지층 A~F에서 발견된 주요 화석 (가)~(바)의 산출 범위를 나타낸 것이다.

지층 \ 화석	(가)	(나)	(다)	(라)	(마)	(바)
F	●			●		●
E	●	●		●		●
D		●	●	●		
C		●	●	●		
B				●	●	
A				●	●	

화석의 종류가 크게 변한다.
➡ 지질 시대를 구분하는 경계로 적합하다.

[8589-0163]
05 지층 A~F를 세 지질 시대로 구분하고자 할 때, 지질 시대의 경계로 가장 적절한 지층의 경계를 쓰시오.

정답 맞히기 지층 B와 C의 경계에서는 (마)가 멸종하고 (나)와 (다)가 새로 출현했다. 지층 D와 E의 경계에서는 (다)가 멸종하고 (가)와 (바)가 새로 출현했다. 따라서 지층 A~F를 세 지질 시대로 구분하면 지층 A와 B가 퇴적된 시기, 지층 C와 D가 퇴적된 시기, 지층 E와 F가 퇴적된 시기로 구분할 수 있다.

06 시상 화석

지질 시대의 환경을 추정하는 데 이용되는 화석을 시상 화석이라고 한다. 시상 화석으로는 생존 기간이 길고 분포 면적이 좁은 생물의 화석이 적합하다. 화석 (라)는 지층 A~F에 모두 나오므로 생존 기간이 길다.

모범 답안 (라), 생존 기간이 가장 긴 생물의 화석이 지질 시대의 환경을 추정하는 데 가장 적합하다.

07 선캄브리아 시대의 생물

정답 맞히기 ㄱ. (가)와 (나)는 최초의 다세포 동물인 에디아카라 동물군의 화석이다.

오답 피하기 ㄴ. 선캄브리아 시대의 생물은 모두 바다에서 서식하였다. 육상에 생물이 최초로 출현한 시기는 고생대 실루리아기이다.

ㄷ. (가)와 (나)는 모두 원생 누대 후기에 출현한 생물 화석이다.

08 생물의 대멸종

정답 맞히기 ㄱ. A는 고생대이다. 고생대 말에는 초대륙 판게아가 형성되면서 해양 무척추동물의 대량 멸종이 있었다.

ㄴ. B는 중생대이다. 중생대 말 해양 무척추동물 과의 수는 크게 감소하였지만, 육상 식물 과의 수는 크게 감소하지 않았다. 따라서 생물 과의 수 변화는 해양 무척추동물이 육상 식물보다 크다.

오답 피하기 ㄷ. C는 신생대이다. 신생대에는 겉씨식물이 쇠퇴하고, 속씨식물이 번성하여 초원을 형성하였다.

09 중생대의 생물

정답 맞히기 ㄱ. 공룡과 익룡, 겉씨식물 등이 보이는 것으로 보아 이 시기는 중생대이다.

ㄷ. 공룡이 전성기를 이루던 중생대의 바다에는 암모나이트가 번성하였다.

오답 피하기 ㄴ. 양치식물이 출현한 시기는 고생대이다.

10 지질 시대의 수륙 분포

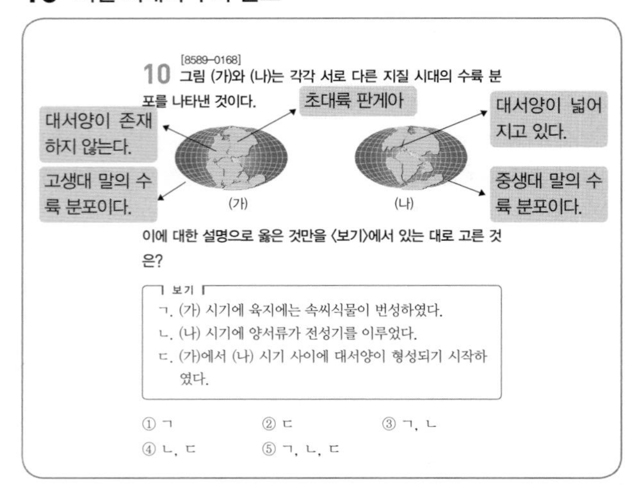

정답 맞히기 ㄷ. 고생대 말에는 모든 대륙들이 하나로 모여 초대륙 판게아를 형성하였으며, 중생대 트라이아스기에 판게아가 분리되면서 대서양과 인도양이 형성되기 시작하였다.

오답 피하기 ㄱ. (가)는 고생대 말의 수륙 분포이다. 육지에 속씨식물이 번성한 시기는 신생대이다.

ㄴ. (나)는 중생대 말의 수륙 분포이다. 양서류가 전성기를 이루었던 시기는 고생대 석탄기이다.

11 지질 시대 환경과 생물

정답 맞히기 ③ (다)는 화폐석이다. 화폐석은 신생대 표준 화석이고, 공룡은 중생대 표준 화석이다.

오답 피하기 ① (가)는 삼엽충 화석이다. 삼엽충은 고생대 전 기간에 걸쳐 살았던 생물로 고생대의 대표적인 표준 화석이다.

② 삼엽충은 바다에서 살았던 생물이다. 따라서 삼엽충 화석이 발견되는 지층은 바다에서 퇴적된 것이다.

④ (나)는 시조새 화석이다. 시조새는 중생대 쥐라기에 출현하였으며, 대서양은 중생대 쥐라기 초에 형성되기 시작하였다.

⑤ 삼엽충은 고생대, 시조새는 중생대, 화폐석은 신생대에 출현하였다. 따라서 생물이 출현한 순서는 (가) → (나) → (다) 순이다.

12 표준 화석과 시상 화석

공룡은 중생대에서 육지에서 살았던 생물이며, 고사리는 따뜻하고 습한 육지에 서식한다.

모범 답안 공룡 발자국 화석과 고사리 화석이 발견되는 지층은 중생대에 생성되었으며, 따뜻하고 습한 육지 환경이었다.

13 지질 시대의 환경과 생물

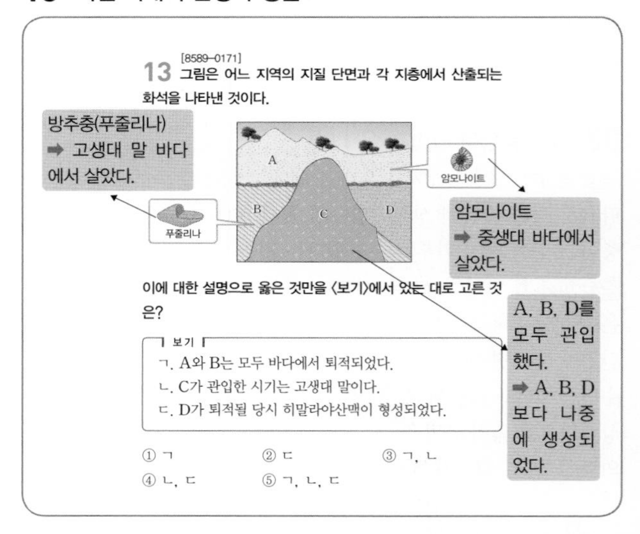

정답 맞히기 ㄱ. 암모나이트와 방추충은 모두 바다에서 살았던 생물이다. 따라서 A와 B는 모두 바다에서 퇴적되었다.

오답 피하기 ㄴ. 이 지역에서 암석과 지질 구조가 생성된 순서는 B 퇴적 → D 퇴적 → 부정합 → A 퇴적 → C 관입이다. C는 중생대 지층인 A가 퇴적된 이후에 관입했으므로 중생대 이후에 관입했다.

ㄷ. D는 고생대 지층인 B와 중생대 지층인 A 사이에 퇴적되었다. 히말라야산맥은 신생대에 인도 대륙과 유라시아 대륙이 충돌하여 형성되었다.

14 지질 시대의 환경과 생물

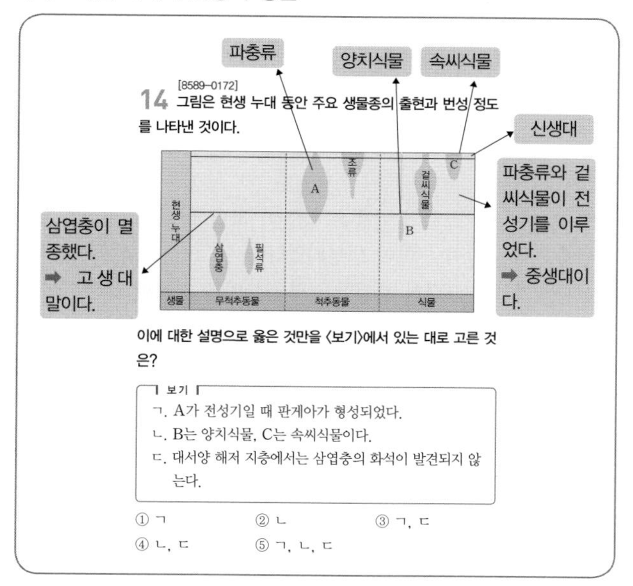

정답 맞히기 ㄴ. B는 삼엽충과 같은 시기에 번성한 양치식물이고, C는 조류와 같은 시기에 번성한 속씨식물이다.

ㄷ. 대서양은 중생대에 판게아가 분리되면서 형성되기 시작했다. 따라서 대서양의 해저 지층에서는 고생대 말에 멸종한 삼엽충 화석이 발견되지 않는다.

오답 피하기 ㄱ. A는 겉씨식물과 같은 시기에 번성한 파충류이다. 파충류가 전성기를 이루었던 시기는 중생대이고, 판게아는 고생대 말에 형성되었다.

신유형·수능 열기

본문 099쪽

01 ⑤ **02** ② **03** ④ **04** ④

01

정답 맞히기 ㄱ. A 시기에는 대륙 빙하가 위도 30° 부근까지 확장한 시기가 2번 있었다. 따라서 이 시기에는 큰 빙하기가 2번 있었다.

ㄴ. 기온이 높을수록 해수면의 높이가 높다. B 시기는 C 시기보다 평균 기온이 높았으므로 평균 해수면의 높이는 B 시기가 C 시기보다 높았다.

ㄷ. 빙하를 구성하는 물 분자의 산소 동위 원소비($^{18}O/^{16}O$)는 온난할수록 높다. C 시기에는 전기가 후기보다 평균 기온이 높으므로 빙하를 구성하는 물 분자의 산소 동위 원소비($^{18}O/^{16}O$)는 전기가 후기보다 높다.

02

정답 맞히기 ② B는 시생 누대이다. 오존층은 고생대 실루리아기에 형성되었다.

오답 피하기 ① A는 원생 누대이다. 에디아카라 동물군 화석은 원생 누대 후기에 출현한 최초의 다세포 동물 화석이다.

③ a는 고생대이다. 고생대 말에 석탄층이 형성되었다.

④ b는 중생대이다. 중생대 바다에서는 암모나이트가 번성하였다.

⑤ c는 신생대이다. 신생대 초에는 속씨식물이 번성하였으며, 초원이 형성되었다.

03

정답 맞히기 ㄴ. 삼엽충은 고생대에 출현했으므로 지구의 나이인 46억 년을 24시간으로 한 지질 시계의 21시 이후에 출현했다.

ㄷ. 공룡은 중생대 초(22시 41분)에 출현하여 중생대 말(23시 39분)에 멸종했다. 따라서 공룡이 번성했던 기간은 1시간보다 짧다.

오답 피하기 ㄱ. 시생 누대에 원핵생물인 시아노박테리아가 출현했으므로 지질 시계의 12시 이전에도 지구에 생물이 존재했다.

04

정답 맞히기 ㄴ. B는 고생대 말이다. 고생대 말의 대멸종은 초대륙 판게아가 형성되면서 수륙 분포가 변한 것과 관련 있다.

ㄷ. C 시기는 중생대 말이다. 공룡과 암모나이트는 모두 중생대 말에 멸종했다.

오답 피하기 ㄱ. 고생대와 중생대의 경계는 B 시기이다. A는 고생대의 오르도비스기 말에 해당한다.

단원 마무리 문제

본문 102~104쪽

01 ②	02 ④	03 ②	04 ③	05 ②
06 ②	07 해설 참조		08 ②	09 ③
10 ⑤	11 ③	12 ④	13 ③	

01

정답 맞히기 ㄴ. (나) 석회암은 호숫물이나 바닷물 등에 녹아 있던 광물질이 화학적으로 침전하거나 산호나 유공충 등의 해양 생물의 유해가 쌓여서 만들어진다.

오답 피하기 ㄱ. (가) 응회암은 화산 활동으로 분출된 화산 쇄설물 중 화산재가 퇴적되어 생성된 쇄설성 퇴적암이다. 용암이 굳어서 생성된 암석은 화성암이다.

ㄷ. (다) 암염은 바닷물에 녹아 있던 NaCl 성분이 침전되어 만들어진 것으로 건조한 환경에서 잘 생성된다.

02

정답 맞히기 ㄴ. (나) 선상지는 경사가 급한 골짜기에서 평지로 이어지는 지형이다. 선상지에서는 대체로 분급이 불량한 퇴적층이 형성된다.

ㄷ. (가) 석호는 연안 환경, (나) 선상지는 육상 환경에 속한다.

오답 피하기 ㄱ. (가) 석호는 담수와 해수가 섞이는 지형이다. 석호는 염분의 변화가 커서 생물이 살기 어렵기 때문에 화석이 드물다.

03

정답 맞히기 ㄴ. (나) 점이 층리는 위로 갈수록 입자의 크기가 점점 작아지는 구조이다. 점이 층리는 대륙붕에 퇴적되었던 육성 기원의 퇴적물이 해저 사태로 흘러내리는 저탁류에 의해 대륙대에 퇴적된 저탁암에서 발달한다.

오답 피하기 ㄱ. (가) 건열은 퇴적층의 표면이 갈라져서 퇴적암 표면에 쐐기 모양의 틈이 생긴 구조이다. 건열은 수심이 얕은 물밑에 점토질 물질이 쌓인 후 퇴적물의 표면이 대기에 노출되어 건조되면서 갈라져 생성된다.

ㄷ. 퇴적 구조가 생성될 당시 퇴적물이 공급된 방향은 사층리를 통해 추정할 수 있고, 건열이나 점이 층리를 이용하여 알기는 어렵다.

04

정답 맞히기 ㄱ. (가) 습곡은 암석이 지하 깊은 곳에서 횡압력을 받아 휘어진 구조이다.

ㄴ. (나) 주상 절리는 지표로 분출한 용암이 식을 때 부피가 수축하여 오각형이나 육각형 모양으로 갈라진 구조이다.

오답 피하기 ㄷ. (가)는 주로 온도와 압력이 높은 지하 깊은 곳에서 생성되고, (나)는 주로 지표 부근에서 생성된다.

05

정답 맞히기 ㄴ. 그림의 단층은 상반이 하반에 대해 위로 이동한 역단층으로 횡압력을 받아 생성되었다.

오답 피하기 ㄱ. 그림의 부정합은 부정합면을 경계로 상하 지층의 경사가 서로 다른 경사 부정합이다. 평행 부정합은 부정합면을 경계로 상하 지층이 나란하다.

ㄷ. A에서 지표면에서 수직으로 들어가면 암석의 나이가 점점 증가하다가 단층면을 지나면서 불연속적으로 크게 감소한 후 다시 점점 증가한다.

06

정답 맞히기 ㄴ. D의 하부에는 부정합면이 존재한다. D는 A와 C가 융기하여 침식 받고 다시 침강한 후, 그 위에 퇴적된 지층으로 D의 하부에는 A와 C의 암석 조각이 기저 역암으로 들어 있을 수 있다.

오답 피하기 ㄱ. B는 A를 관입하였지만 C는 관입하지 않았다. 따라서 A는 B에 의해 변성 작용을 받았지만, C는 변성 작용을 받지 않았다.

ㄷ. 이 지역에 분포하는 퇴적암은 사암, 석회암, 셰일이다. 사암과 셰일은 쇄설성 퇴적암, 석회암은 화학적 또는 유기적 퇴적암이다.

07

관입의 법칙에 의하면 마그마가 주변의 암석을 뚫고 들어가 화성암이 생성되었을 때, 관입 당한 암석은 관입한 화성암보다 먼저 생성되었다.

모범 답안 A, B는 마그마가 A를 관입한 후 굳어져서 만들어진 화강암이므로 A가 B보다 먼저 생성되었다.

08

정답 맞히기 ㄴ. 가장 오래된 지층은 가장 아래에 있는 지층이다. (가), (다), (다) 지역의 같은 암석을 연결하여 지층을 대비하면 가장 오래된 지층은 (나)에서 나타난다.

오답 피하기 ㄱ. 가장 젊은 지층은 가장 위에 있는 지층으로 세 지역에서 가장 젊은 지층은 (나)에서 나타난다.

ㄷ. (나)에서는 가장 오래된 지층과 가장 젊은 지층이 모두 있다. 따라서 세 지역 중 가장 오랜 기간에 걸쳐 퇴적된 지역은 (나)이다.

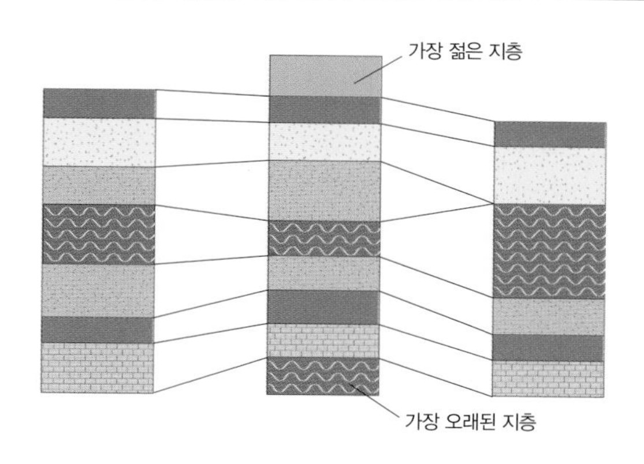

09

정답 맞히기 ㄱ. 나무는 일반적으로 기후 조건이 좋을수록(기온이 높고 강수량이 많을수록) 잘 성장하여 폭이 넓은 나이테가 생기고, 한랭한 기후에서는 조밀한 나이테가 생긴다.
ㄴ. 산호는 수온이 높고 수심이 얕은 바다에서 서식하므로 산호가 고위도에 분포할수록 온난한 기후였음을 알 수 있다.
오답 피하기 ㄷ. 나무의 나이테보다 산호 화석이 더 오래 전 지질 시대의 기후를 추정하는 데 이용된다.

10

정답 맞히기 ㄱ. 이 지역에서 암석과 지질 구조가 생성된 순서는 A 퇴적 → P 관입 → 부정합 → B 퇴적 → Q 관입 → 부정합 → C 퇴적 → 융기 순이다. 따라서 A와 B 사이의 부정합은 P가 관입한 후에 생성되었다.
ㄴ. 방사성 동위 원소 X의 반감기는 1억 년이고, 화성암 P와 Q에는 방사성 동위 원소 X가 각각 처음 양의 25 %와 50 %가 들어 있으므로 P와 Q의 절대 연령은 각각 2억 년, 1억 년이다. B는 P가 관입한 후 Q가 관입하기 전에 퇴적되었으므로 B의 퇴적 시기는 2억 년 전~1억 년 전 사이이고, 이는 중생대에 해당한다.
ㄷ. 부정합이 생성될 때마다 융기와 침강이 각각 1번씩 일어난다. 이 지역에는 부정합이 2개 나타나며 현재 지표가 해수면 위로 융기한 상태이다. 따라서 이 지역에서는 현재까지 적어도 3번의 융기와 2번의 침강이 있었다.

11

정답 맞히기 ㄱ. A와 C에서는 삼엽충 화석이 산출되므로 고생대에 퇴적되었다. B에서는 매머드 화석이 산출되므로 신생대에 퇴적되었다. D에서는 암모나이트 화석이 산출되므로 중생대에 퇴적되었다. (가)에서 P는 매머드 화석이 산출되는 신생대 지층이 생성된 후에 관입했고, (나)에서 Q는 암모나이트 화석이 산출되는 중생대 지층을 관입하지 않았다. 따라서 P는 Q보다 나중에 생성되었다.
ㄴ. A와 C는 고생대, B는 신생대, D는 중생대 지층이다. 따라서 A와 B 사이의 시간 간격은 C와 D 사이의 시간 간격보다 크다.
오답 피하기
ㄷ. 삼엽충과 암모나이트는 해양 생물이므로 A, C, D는 바다에서 생성되었다. 매머드는 육지에서 서식한 동물로 B는 육지에서 생성되었다.

12

정답 맞히기 ㄴ. B 시기는 고생대 말이다. 고생대 말에는 삼엽충과 방추충(푸줄리나)이 멸종하였다.
ㄷ. B에서 C 시기로 가면서 초대륙 판게아로부터 분리된 대륙들이 북쪽으로 이동하여 북반구에 분포하는 대륙의 면적이 점점 넓어졌다.
오답 피하기 ㄱ. A 시기는 고생대이다. 히말라야산맥은 신생대에 인도 대륙과 유라시아 대륙이 충돌하면서 형성되었다.

13

정답 맞히기 ㄱ. (가) 스트로마톨라이트는 시아노박테리아에 의해 형성된다. 시아노박테리아는 광합성을 통해 이산화 탄소를 흡수하여 탄산 칼슘을 만들고 산소를 배출하는 원핵생물로 선캄브리아 시대에 출현하여 바다에 산소를 공급하였다.
ㄴ. 공룡은 중생대에 살았던 생물이므로, 공룡 발자국 화석이 산출되는 지층은 중생대층이다.
오답 피하기 ㄷ. (가)를 형성한 시아노박테리아는 얕은 바다에서 살았고, (나)를 만든 공룡은 육지에서 살았다. 따라서 (가)는 바다, (나)는 육지에서 퇴적되었다.

Ⅲ. 대기와 해양의 변화

7 날씨의 변화

탐구 활동
본문 115쪽

1 해설 참조　　**2** 해설 참조

1

우리나라는 편서풍 지대에 위치하여 고기압, 저기압, 전선 등이 서에서 동으로 옮겨가고 그에 따라 일기 현상이 서에서 동으로 이동한다.

모범 답안 서쪽, 우리나라는 편서풍 지대에 위치하여 일기 현상이 서에서 동으로 이동하기 때문이다.

2

온난 전선이 다가옴에 따라 서쪽으로부터 흐리거나 지속적인 약한 비가 내리다가 온난 전선이 통과한 후에는 날씨가 맑아지고 기온이 따뜻해졌다. 풍향은 남동풍에서 남서풍으로 시계 방향으로 변하였다.

모범 답안 서쪽으로부터 흐리거나 지속적인 약한 비가 내리다가 날씨가 맑아지고 기온이 따뜻해졌다. 풍향은 남동풍에서 남서풍으로 변하였다.

내신 기초 문제
본문 116쪽

01 ⑤　**02** ④　**03** ①　**04** ④　**05** ③　**06** ④

01

정답 맞히기 ⑤ 기단은 발원지에서 이동하게 되면 지표면과 기단 사이에 끊임없이 열 및 수증기를 주고받기 때문에 변질된다.

오답 피하기 ①, ③ 대륙성 기단은 건조하고 해양성 기단은 다습하다.

②, ④ 기단은 기온, 습도 등 성질이 균일한 커다란 공기 덩어리로 지표면의 성질이 균일한 넓은 지역에 오랫동안 공기가 머물러 있을 때 형성된다.

02

정답 맞히기 한랭한 육지에서 생성된 차고 건조한 기단이 따뜻한 바다를 통과하면 하층이 가열되어 불안정해지면서 상승 기류가 형성되고 이에 의해 적운형 구름이 생긴다. 또, 따뜻한 바다로부터 많은 수증기를 공급받게 되어 많은 비구름을 형성하므로 눈이나 찬 비를 내리게 된다.

03

정답 맞히기 ① 한랭 전선은 전선 뒤쪽 좁은 구역에서 적운형의 구름으로부터 소나기가 내린다. 온난 전선은 전선 앞쪽 넓은 구역에서 층운형의 구름으로부터 지속적인 비가 내린다.

오답 피하기 한랭 전선은 전선면의 기울기가 급하고, 이동 속도가 빠르며, 전선 통과 후 기온이 하강한다. 온난 전선은 전선면의 기울기가 완만하고, 이동 속도가 느리며, 전선 통과 후 기온이 상승한다.

04

정답 맞히기 ㄱ. 고기압의 중심부에서는 하강 기류가 발달한다.
ㄴ. 북반구 지표에서는 바람이 중심부에서 시계 방향으로 불어 나간다.

오답 피하기 ㄷ. 고기압의 영향을 받을 때는 날씨가 맑다.

05

정답 맞히기 ③ B 지역은 앞으로 온난 전선이 지나가면 따뜻한 공기와 저기압의 중심이 다가오므로 기온은 상승하고 기압은 하강한다.

오답 피하기 ① 한랭 전선과 온난 전선 사이(A)는 기온이 높다.
② 바람은 저기압의 중심으로 불어 들어가므로 A에서는 남서풍이 분다.
④ 한랭 전선이 지나가면(C) 기온은 하강하고 기압은 상승한다.
⑤ 온난 전선 앞쪽(B)에는 층운형 구름과 넓은 지역의 강수 구역이 있고, 한랭 전선 뒤쪽(D)에는 적운형 구름으로부터 흐리거나 소나기가 내린다.

06

정답 맞히기 ④ 원의 오른쪽에는 기압을 나타내는 숫자를 표시하는데, 숫자의 앞자리가 0~5이면 앞에 10을 붙이고, 6~9이면 앞에 9를 붙인다. 또 마지막 숫자는 소수점으로 읽는다. 따라서 기압은 996.0 hPa이다.

오답 피하기 ①, ⑤ 일기 기호의 꼬리는 풍향과 풍속을 나타낸다.
② 원의 왼쪽에는 기온과 기상 상태를 나타내는데, 주어진 일기

기호에서는 기온이 10 ℃이고, 소나기가 내린다는 표시이다.
③ 원 안에는 색이 채워진 정도에 의해 구름의 양을 표시한다.

실력 향상 문제

본문 117~120쪽

01 ④	02 ⑤	03 ②	04 해설 참조	05 ⑤
06 ②	07 ①	08 ③	09 ③	10 ③, ⑤
11 ③	12 ②	13 ④	14 ②	
15 해설 참조		16 ①	17 ③	

01 우리나라에 영향을 주는 기단

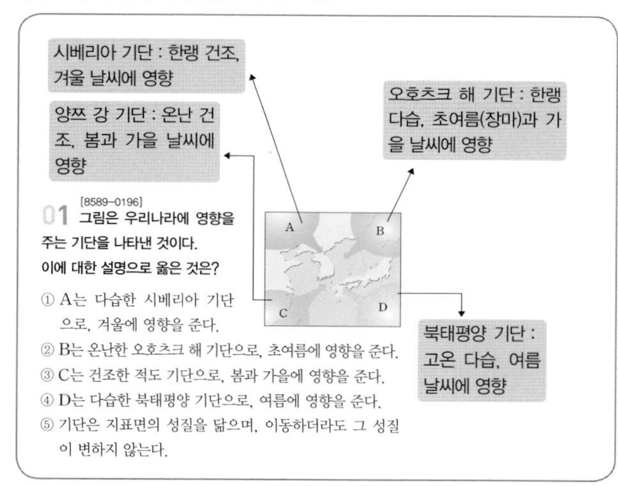

정답 맞히기 ④ D는 고온 다습한 북태평양 기단으로 우리나라 여름철의 날씨에 영향을 준다.

오답 피하기 ①, ② 시베리아 기단(A)은 한랭 건조하며, 오호츠크 해 기단(B)은 한랭 다습하다.
③ C는 온난 건조한 양쯔 강 기단으로 우리나라 봄과 가을의 날씨에 영향을 준다.
⑤ 기단은 지표면의 성질을 닮으며, 이동하게 되면 이동한 지역의 지표면 성질을 닮아 기단이 변질된다.

02 기단의 변질

정답 맞히기 ⑤ 시각 T 이후에 기단의 기온과 수증기압이 모두 상승한 것으로 보아 기단은 따뜻한 바다로 이동한 것으로 볼 수 있다.

오답 피하기 따뜻한 대륙으로 이동하였다면 기온은 상승하겠지만 수증기압은 상승하지 않았을 것이다.

03 한랭 전선과 온난 전선

온대 저기압에서 (가)는 한랭 전선, (나)는 온난 전선이다.

정답 맞히기 ㄷ. 한랭 전선(가)의 이동 속도가 온난 전선(나)보다 빠르기 때문에 두 전선 사이의 간격은 점점 좁아져 폐색 전선이 형성된다.

오답 피하기 ㄱ. 강수 현상은 온난 전선의 앞쪽(D)과 한랭 전선의 뒤쪽(A)에서 나타난다.
ㄴ. 중위도에 위치한 우리나라는 편서풍의 영향으로 온대 저기압이 접근할 때 온난 전선인 (나)가 한랭 전선인 (가)보다 먼저 도착한다.

04 장마 전선

(1) A 전선(장마 전선)은 북태평양 기단과 오호츠크 해 기단의 세력에 따라 남북으로 오르내린다.

모범 답안 A 전선(장마 전선)은 북태평양 기단의 세력이 강할 때는 북상하고, 오호츠크 해 기단의 세력이 강할 때는 남하한다.

(2) 장마 전선의 남쪽에는 따뜻한 기단이, 북쪽에는 찬 기단이 분포하므로 장마 전선면은 남쪽에서 북쪽으로 비스듬히 기울어져 분포한다.

모범 답안 장마 전선면이 남쪽에서 북쪽으로 비스듬히 기울어져 분포하므로, 전선의 남쪽보다 북쪽에서 강수량이 많다.

(3) 장마 전선이 소멸하고 나면 우리나라는 북태평양 기단의 영향을 받는다.

모범 답안 장마 전선이 북상하여 소멸하고 나면 우리나라는 고온 다습한 북태평양 기단의 영향을 받기 때문에 무덥고 습한 날씨가 이어진다.

05 온대 저기압의 강수 구역

정답 맞히기 온대 저기압에서 강수 구역은 온난 전선의 앞쪽과 한랭 전선의 바로 뒤쪽이므로, 비가 내리고 있을 가능성이 가장 높은 지역을 고르면 B, D이다.

06 한랭 전선과 온난 전선

정답 맞히기 ② 소나기는 한랭 전선의 통과 직후에 내리므로, 소나기가 내린 후에는 대체로 기온이 하강한다.

오답 피하기 ① 온대 저기압은 편서풍의 영향으로 서쪽에서 동쪽으로 이동한다.
③ 온난 전선은 한랭 전선보다 이동 속도가 느리므로, 온난 전선과 한랭 전선이 겹쳐져서 폐색 전선이 형성된다.
④ 온난 전선면을 따라 구름이 형성되므로, 온난 전선이 접근하면 구름의 높이가 점차 낮아진다.
⑤ 온난 전선이 한랭 전선보다 전선면의 경사가 완만하다.

07 전선과 날씨

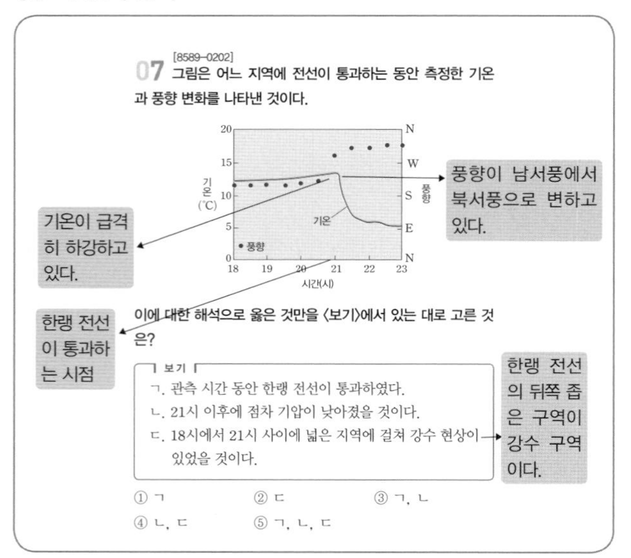

정답 맞히기 ㄱ. 관측 시간 동안 기온이 낮아지고 풍향이 남서풍에서 북서풍으로 바뀐 것으로 보아 한랭 전선이 통과하였다.

오답 피하기 ㄴ. 한랭 전선이 통과하면 기온은 하강하고 기압은 상승한다.

ㄷ. 18시에서 21시 사이에는 한랭 전선이 통과하기 전이므로 기온이 높고 맑은 날씨를 나타낸다.

08 온대 저기압의 일생

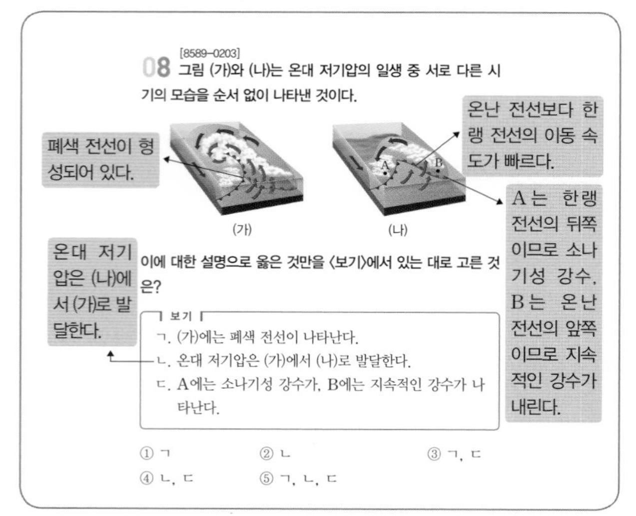

정답 맞히기 ㄱ. (가)에는 온난 전선과 한랭 전선이 겹쳐진 폐색 전선이 나타난다.

ㄷ. 한랭 전선의 뒤쪽인 A에는 소나기성 강수가, 온난 전선의 앞쪽인 B에는 지속적인 강수가 나타난다.

오답 피하기 ㄴ. 한랭 전선이 온난 전선보다 이동 속도가 빠르므로 온대 저기압이 이동함에 따라 두 전선이 겹쳐져서 폐색 전선이 나타난다. 따라서 온대 저기압은 (나)에서 (가)로 발달한다.

09 온대 저기압의 풍향

정답 맞히기 풍향은 바람이 불어가는 쪽이 아니고 불어오는 쪽의 방위로 정한다. 관측소에 현재 남서풍이 불고 있으므로 이 풍향계는 온난 전선과 한랭 전선 사이에 위치한 C 관측소에 위치하고 있다.

10 온대 저기압과 날씨

정답 맞히기 ③ C 지역은 현재 날씨가 맑으며 한랭 전선이 통과하기 전까지 당분간 맑은 날씨가 지속될 것이다.

⑤ E 지역은 온난 전선이 다가옴에 따라 점차 기압이 낮아지겠고, 서쪽으로부터 구름이 몰려올 것이다.

11 온대 저기압의 이동 경로

정답 맞히기 ㄱ. 온대 저기압은 편서풍의 영향을 받아 서쪽에서 동쪽으로 이동하였다.

ㄴ. 온대 저기압이 서쪽으로부터 다가와서 동쪽으로 이동함에 따라 A지점의 풍향은 남동풍 → 남서풍 → 북서풍으로 바뀌었으므로 시계 방향으로 변하였다.

오답 피하기 ㄷ. 온난 전선과 한랭 전선 사이가 점점 가까워지는 것으로 보아 온난 전선이 한랭 전선보다 이동 속도가 느리다.

12 기압과 날씨

정답 맞히기 ② 고기압에서는 중심부에서 바람이 불어 나가고 저기압에서는 중심부로 바람이 불어 들어가므로 (가)는 고기압, (나)는 저기압이다.

오답 피하기 ① 고기압 중심에서 주변부로 바람이 시계 방향으로 불어 나가는 것으로 보아 이 지역은 북반구이다.

③ 바람은 등압선 간격이 좁을수록 강하다. 따라서 A 지역보다 B 지역의 풍속이 크다.

④ 고기압의 중심부에서는 하강 기류가 있어 날씨가 맑다.

⑤ B 지역은 저기압의 중심부에 위치하므로 구름이 끼어 흐리거나 비가 온다.

13 전선의 통과에 따른 일기 변화

일기 기호에서 원의 왼쪽 위 숫자는 기온이고, 왼쪽 아래 숫자는 이슬점, 오른쪽 위 숫자는 기압을 나타낸다.

정답 맞히기 ④ 상대 습도는 포화 수증기량에 대한 현재 수증기량의 비를 백분율(%)로 나타낸 것이다. 포화 수증기량은 현재의 온도에 비례하고, 현재 수증기량은 이슬점에 비례한다. 따라서 A 과정에서는 상대 습도가 낮아졌음을 알 수 있다.

오답 피하기 ① 기압은 1004 hPa → 1007 hPa → 1011 hPa로 계속 높아졌다.

② B 과정에서 풍향이 남서풍에서 북서풍으로 바뀌면서 소나기가 내린 것으로 보아 이 과정에서 한랭 전선이 통과했음을 알 수 있다.

③ 둥근 원 안의 검은 부분의 크기는 구름의 양을 나타낸다. 따라서 A에서 B로 가면서 구름의 양은 계속 많아졌다.

⑤ A에서는 기온이 상승(12 ℃ → 13 ℃)하였고, B에서는 기온이 하강(13 ℃ → 5 ℃)하였다.

14 온대 저기압과 날씨

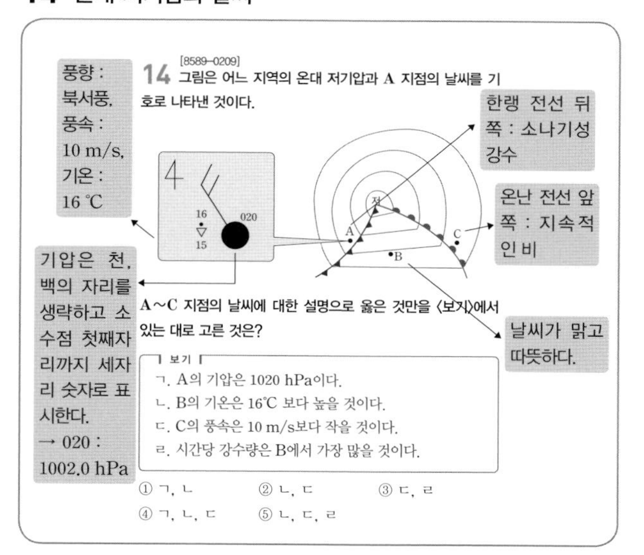

정답 맞히기 ㄴ. 한랭 전선이 통과한 A 지점의 기온이 16 ˚C이므로 한랭 전선 통과 이전의 B 지점은 16 ˚C보다 높을 것이다.

ㄷ. 풍속은 등압선의 간격이 좁을수록 빠르므로, C의 풍속은 A의 풍속인 10 m/s보다 작을 것이다.

오답 피하기 ㄱ. 일기 기호에서 기압은 천, 백의 자리를 생략하고 소수점 첫째자리까지 세자리 숫자로 표시하므로 A의 기압은 1002.0 hPa, 즉 1002 hPa이다.

ㄹ. B 지점은 날씨가 맑은 곳이므로 시간당 강수량은 B에서 가장 많지는 않을 것이다.

15 일기 기호

북반구에서는 저기압의 중심으로 시계 반대 방향으로 바람이 불어 들어가므로 저기압 진행 방향의 오른쪽에서는 풍향이 시계 방향으로, 저기압 진행 방향의 왼쪽에서는 풍향이 시계 반대 방향으로 변한다.

모범 답안 이 지역은 저기압이 통과하면서 풍향이 남동풍 → 남서풍 → 북서풍으로 바뀌어 시계 방향으로 변해가므로 온대 저기압 진행 방향의 오른쪽에 위치하고 있다.

16 일기도 해석

정답 맞히기 ㄱ. 우리나라는 편서풍 지대에 속하므로 전선이나 기압 배치가 서 → 동으로 이동해 간다. 따라서 (가)는 (나)보다 먼저 작성된 일기도이다.

오답 피하기 ㄴ. (가)에서 서울은 온난 전선 앞쪽에 위치하므로 지속적인 약한 비가 내릴 것이다.

ㄷ. (나)에서 서울은 한랭 전선이 통과하였으므로 부산보다 온도가 낮다.

17 일기도 해석

정답 맞히기 ㄱ. 우리나라는 14일 오전보다 오후에 등압선의 간격이 좁아졌으므로 바람이 강해졌다.

ㄴ. 14일 오전에는 서울이 1008 hPa과 1012 hPa 등압선 사이에 위치하다가 오후에는 1000 hPa 등압선상에 위치하고 있다. 따라서 14일 오전보다 오후에 기압이 낮아졌다.

오답 피하기 ㄷ. 15일 09시 무렵에는 저기압이 동해상으로 빠져나갈 것으로 예상되므로 우리나라의 서해안 지방은 맑아질 것이다.

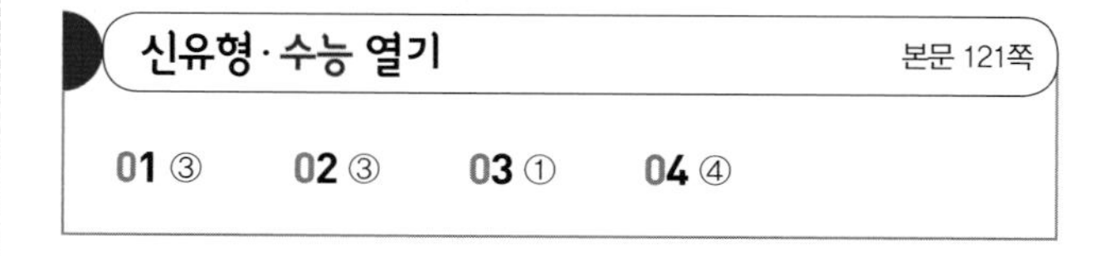

01

정답 맞히기 ㄱ. 겨울철에 우리나라 서해안에 폭설을 내리게 하는 구름은 시베리아 기단(A)의 공기가 남하하면서 불안정한 상태에서 형성된 것이다.

ㄴ. 이날 서해를 지나 구름을 형성하는 공기는 서해의 해수면으로부터 하층이 가열되므로 기층이 불안정해졌다.

오답 피하기 ㄷ. 이날 우리나라 서해안에 폭설을 내리는 구름은 시베리아 기단의 공기가 남하하면서 불안정한 상태에서 만들어진 적운형 구름이다.

02

정답 맞히기 ㄱ. A 지역은 한랭 전선과 온난 전선의 사이에 위치하므로 날씨가 맑고 남서풍이 분다.
ㄷ. 전선은 성질이 서로 다른 기단이 만나서 형성되므로 전선을 경계로 기온, 습도, 바람 등의 일기 요소가 급변한다.
오답 피하기 ㄴ. 전선의 이동 속도 차이가 20 km/h이고 전선 사이의 거리가 150 km이므로 7.5시간 후에 폐색 전선이 형성될 것이다.

03

정답 맞히기 ㄱ. (가)의 C 부근은 온난 전선의 앞쪽으로 층운형 구름이 발달한다.
오답 피하기 ㄴ. (나)에서 15시~16시 사이에 기온이 급격히 하강하고 기압이 약간 상승한다. 즉, 15시~16시 사이에 한랭 전선이 통과했다.
ㄷ. (나)에서 15시경에 기온은 하강하고 기압은 상승하기 시작했다. 즉, 한랭 전선이 통과한 것이다. 이와 같은 변화는 13시에 작성된 (가) 일기도의 B에서 관측될 가능성이 크다. A는 13시에 이미 한랭 전선이 통과한 상태이다.

04

정답 맞히기 ㄱ. 강수량은 정체 정선을 경계로 차가운 기단이 위치하는 북쪽에 많다.
ㄷ. 제주 지방은 장마 전선이 북상함에 따라 고온 다습한 북태평양 기단의 영향을 받는다.
오답 피하기 ㄴ. 우리나라에 형성된 장마 전선은 정체 전선이다.

8 태풍과 우리나라의 주요 악기상

탐구 활동

본문 129쪽

1 해설 참조　　**2** 해설 참조

1

모범 답안 좀더 동쪽으로 치우쳐 일본 열도 부근을 따라 진행했을 것이다.

2

모범 답안 바다로부터 공급되는 수증기의 양이 증가했을 것이므로 매미의 세력은 훨씬 강화되었을 것이다.

내신 기초 문제

본문 130쪽

01 ④　**02** ㉠ 하강, ㉡ 약, ㉢ 맑은
03 A : 기압, B : 풍속　**04** ㉡　**05** ②
06 (가) 집중 호우, (나) 폭설, (다) 황사　**07** ④

01

정답 맞히기 ④ 태풍의 에너지원은 수증기가 응결할 때 방출하는 잠열(응결열)이다.
오답 피하기 ① 태풍은 전선을 동반하지 않는다.
② 태풍은 적도 해상에서는 발생하지 않는다.
③ 태풍의 눈에서는 저기압이 형성된다.
⑤ 태풍은 열대 해상에서 발생하는 열대 저기압이다.

02

정답 맞히기 태풍의 눈(A)에는 하강 기류가 존재하므로 마치 고기압 중심과 같은 날씨가 나타난다.

03

정답 맞히기 A는 중심으로 갈수록 낮아지므로 기압이고, B는 중심부에서는 작은 값을 갖고 중심부 가장자리에서 가장 큰 값을 가지므로 풍속이다.

04

정답 맞히기 태풍이 지나갈 때, 태풍 진행 방향의 왼쪽 지역은 시계 반대 방향으로, 오른쪽 지역은 시계 방향으로 풍향이 변한다. (나)에서 태풍 B, C가 지날 때는 시계 반대 방향으로, 태풍 A가 지날 때는 시계 방향으로 풍향이 변했으므로 태풍 B, C에 대하여는 왼쪽에 위치하고 태풍 A에 대하여는 오른쪽에 위치하는 곳을 찾으면 된다.

05

(가)는 적운 단계, (나)는 성숙 단계, (다)는 소멸 단계이다.

정답 맞히기 ㄱ. 뇌우는 대기의 불안정이 심하여 강한 상승 기류가 발생할 때 잘 나타난다.

ㄹ. 뇌우의 발달 단계에서 상승 기류와 하강 기류가 공존하는 단계는 성숙 단계이다.

오답 피하기 ㄴ. (가) 적운 단계에서는 강수 현상이 미약하다.

ㄷ. 우박은 상승 기류와 하강 기류가 공존하는 (나) 성숙 단계에서 잘 발생한다.

06

정답 맞히기 (가)는 집중 호우, (나)는 폭설, (다)는 황사를 가리킨다.

07

정답 맞히기 ㄴ. (나) 폭설은 시베리아 고기압이 남하하면서 서해로부터 열과 수증기를 공급받아 대기가 불안정하여 눈구름이 만들어질 때 서해안 지역에서 발생할 수 있다.

ㄷ. (다) 황사는 중국이나 몽골의 삼림이 파괴되고, 사막 지대가 확대되면서 발생 횟수가 점점 증가하고 있다.

오답 피하기 ㄱ. (가) 집중 호우는 강한 상승 기류에 의해 적란운이 생성되는 지역에서 주로 발생한다.

실력 향상 문제

본문 131~134쪽

01 ②	02 ⑤	03 ①	04 ⑤	05 ③
06 ②	07 해설 참조		08 ⑤	09 ①
10 ⑤	11 ②	12 ③	13 ③	14 ⑤
15 ③	16 (가) 한파와 폭설, (나) 열대야			

01 태풍의 구조

정답 맞히기 태풍의 눈(중심)에 해당하는 A에서 기압이 가장 낮고 태풍의 눈을 둘러싼 구름 벽 부근인 B에서 풍속이 가장 빠르다.

02 태풍

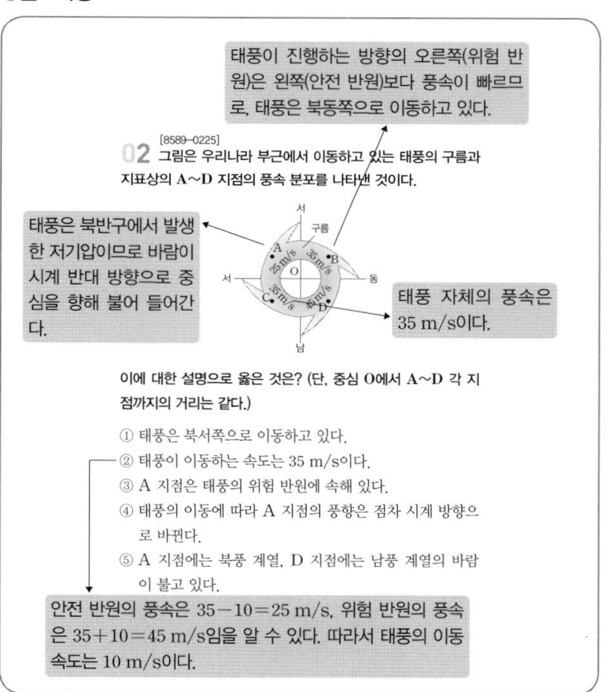

정답 맞히기 ⑤ 태풍에서는 바람이 시계 반대 방향으로 중심부로 불어 들어가므로 A 지점에는 북풍 계열, D 지점에는 남풍 계열의 바람이 불고 있다.

오답 피하기 ① 태풍이 진행하는 방향의 오른쪽(위험 반원)은 왼쪽(안전 반원)보다 풍속이 빠르므로, 태풍은 북동쪽으로 이동하고 있음을 알 수 있다.

② 태풍의 풍속 분포를 보았을 때, 태풍 자체의 풍속은 35 m/s이고, 안전 반원의 풍속은 35−10=25 m/s, 위험 반원의 풍속은 35+10=45 m/s임을 알 수 있다. 따라서 태풍의 이동 속도는 10 m/s이다.

③ A 지점은 태풍의 안전 반원에, D 지점은 위험 반원에 속해 있다.
④ 태풍의 이동에 따라 A 지점의 풍향은 점차 시계 반대 방향으로, D 지점의 풍향은 점차 시계 방향으로 바뀐다.

03 태풍의 진행 경로

정답 맞히기 ㄴ. 태풍 진행 경로의 오른쪽은 풍향이 시계 방향으로 변하고, 왼쪽은 시계 반대 방향으로 변한다. 부산은 태풍 진행 경로의 왼쪽에 위치하므로 풍향이 시계 반대 방향으로 변한다.

오답 피하기 ㄱ. 태풍 진행 경로의 오른쪽은 태풍의 바람과 태풍의 진행 방향이 같아 풍속이 강한 위험 반원이고, 왼쪽은 태풍의 바람과 태풍의 진행 방향이 반대이므로 풍속이 약한 안전(가항) 반원이다. 따라서 태풍 진행 경로의 오른쪽인 일본에서의 풍속이 왼쪽인 우리나라보다 강하다.
ㄷ. 우리나라의 남동쪽에 위치한 북태평양 기단의 세력이 더 강했다면 동쪽에서 서쪽으로 북태평양 기단의 확장에 의해 태풍의 이동 경로는 서쪽으로 더 치우쳤을 것이다.

04 태풍의 진로

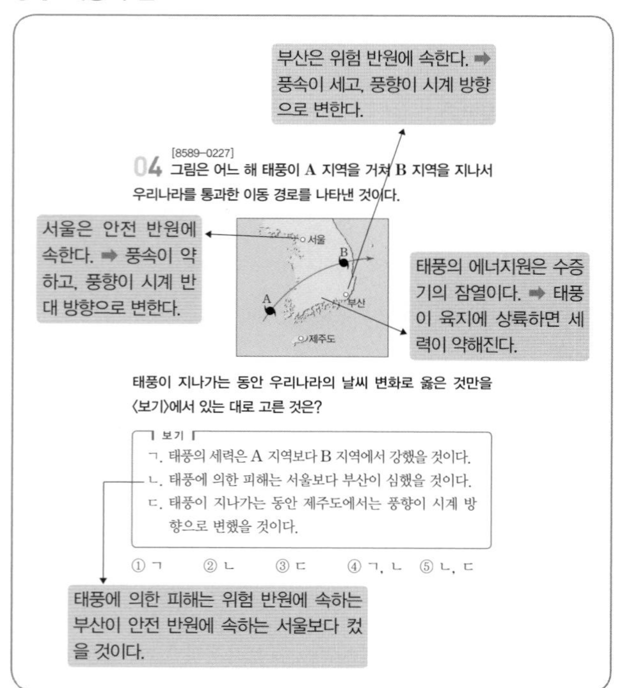

정답 맞히기 ㄴ. 태풍 진행 방향에 대하여 오른쪽 반원을 위험 반원이라 하고, 왼쪽 반원을 안전 반원이라 한다. 위험 반원에서는 태풍 자체의 풍향과 태풍의 이동 방향이 비슷하므로 풍속이 강한 반면, 안전 반원에서는 태풍 자체의 풍향과 태풍의 이동 방향이 반대가 되어 풍속이 상대적으로 약해진다. 따라서 태풍에 의한 피해는 서울보다 부산이 더 심했을 것이다.
ㄷ. 태풍 경로의 오른쪽은 시간에 따라 풍향이 시계 방향으로 변하고, 왼쪽은 시계 반대 방향으로 바뀐다. 따라서 제주도에서는 풍향이 시계 방향으로 변했을 것이다.

오답 피하기 ㄱ. 태풍의 에너지원은 수증기가 응결할 때 발생하는 열에너지이다. 태풍이 육지에 상륙하면 수증기의 공급이 줄어들고 또한 지면과의 마찰이 증가하여 세력이 급격히 약화된다. 따라서 태풍의 세력은 A 지역보다 B 지역에서 약했을 것이다.

05 온대 저기압과 열대 저기압

A는 등압선이 동심원 모양으로 조밀하게 나타나는 열대 저기압이며, B는 전선을 동반하는 온대 저기압이다.

정답 맞히기 ㄱ. 열대 저기압은 수증기가 응결할 때 방출되는 잠열을 에너지원으로 하여 발달한다.
ㄴ. 온대 저기압은 서로 성질이 다른 기단이 만나 형성되기 때문에 전선을 동반한다.

오답 피하기 ㄷ. 열대 저기압은 수증기의 잠열을 에너지원으로 하므로 수온이 높은 열대 해상에서 발생한다. 온대 저기압은 북상하는 열대 지방의 더운 공기와 남하하는 한대 지방의 찬 공기가 만나는 온대 지방에서 발생한다.

06 태풍의 구조

정답 맞히기 ㄷ. A~C 지역에서 풍속이 가장 약한 곳은 태풍의 눈에 해당하는 B 지역이고, 풍속이 가장 강한 곳은 위험 반원에 해당하는 C 지역이다.

오답 피하기 ㄱ. 태풍의 눈에서는 약한 하강 기류가 나타나므로 구름이 없이 날씨가 맑고 바람이 약하다.
ㄴ. 태풍은 저기압이므로 중심으로 갈수록 기압이 낮다. 따라서 B 지역은 A나 C 지역보다 기압이 낮다.

07 태풍의 풍속

태풍은 진행 방향의 오른쪽이 위험 반원이며, 왼쪽이 안전 반원이다. 위험 반원은 태풍 이동의 방향과 태풍 자체의 바람의 방향이 일치하기 때문에 풍속이 세고, 안전 반원은 태풍 이동의 방향과 태풍 자체의 바람의 방향이 일치하지 않기 때문에 풍속이 상대적으로 약하다. 태풍의 눈에서는 약한 하강 기류가 나타나기 때문에 날씨가 맑고 바람이 약하다.

모범 답안

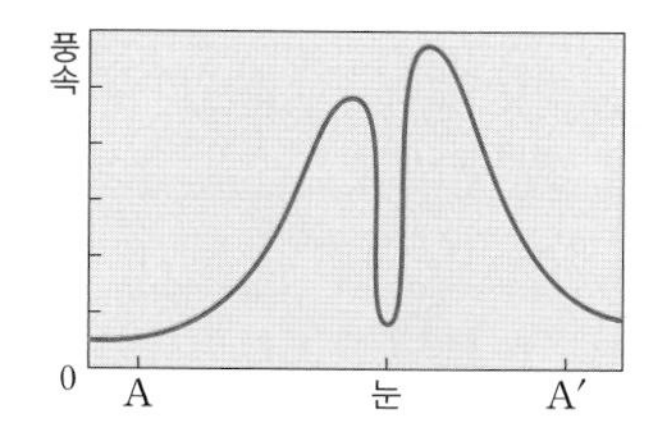

08 태풍의 풍속과 기압 분포

정답 맞히기 ㄱ. 태풍은 중심 기압이 감소하면서 강해지다가 중심 기압이 증가하면서 약해져 소멸하는 일생을 가진다. 따라서 A는 태풍의 중심 부근 풍속을, B는 태풍의 중심 기압을 나타낸다.

ㄴ. 8월 30일보다 9월 2일에 중심 부근 풍속은 크고, 중심 기압은 작으므로 9월 2일에 태풍의 세력이 더 강하였다.

ㄷ. 9월 7일과 9월 10일 사이에 태풍 중심 기압이 높고 중심 부근 풍속이 작은 것으로 보아 태풍이 육지에 상륙하여 약화된 때라고 판단할 수 있다.

09 태풍의 풍속

정답 맞히기 ㄱ. A 지점이 C 지점보다 풍속이 큰 것으로 보아 A 지점은 태풍 진행 방향의 오른쪽(위험 반원)에 위치한다.

오답 피하기 ㄴ. B 지점은 태풍의 눈으로 구름이 거의 없고 바람도 약하다.

ㄷ. 태풍은 저기압이므로 중심으로 갈수록 기압이 낮아진다. 따라서 B 지점에서 기압이 가장 낮다.

10 태풍의 이동 경로

정답 맞히기 ㄱ. 태풍은 무역풍대에서 발생하여 편서풍대로 이동한다.

ㄴ. 우리나라에는 주로 7~8월에 태풍이 이동해 오므로 이 시기에 태풍의 피해가 발생한다.

ㄷ. 태풍은 수온이 높은 열대 해역(위도 5°~25° 해역)에서 발생한다. 위도 25° 이상의 해역에서 태풍이 발생하기 어려운 이유는 수온이 낮아 수증기의 공급이 적기 때문이다.

11 뇌우의 발달 단계

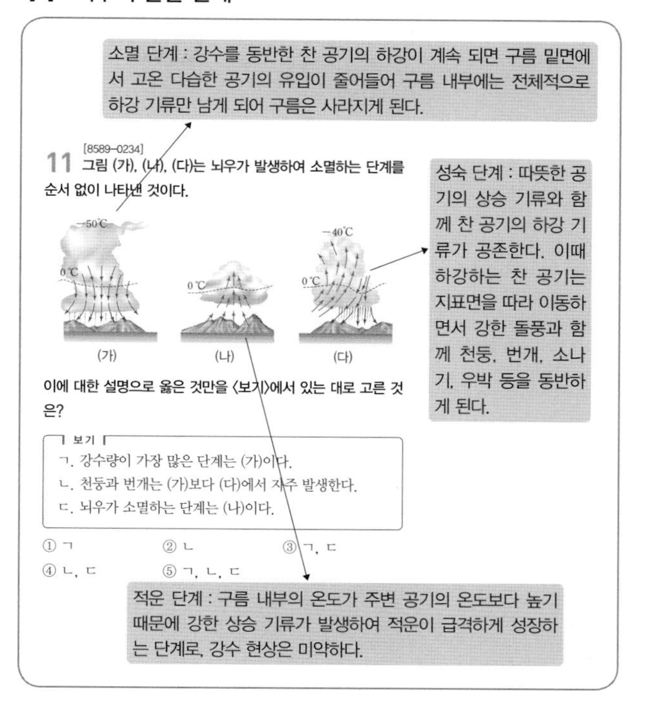

(가)는 소멸 단계, (나)는 적운 단계, (다)는 성숙 단계이다.

정답 맞히기 ㄴ. 천둥과 번개는 뇌우의 성숙 단계인 (다)에서 자주 발생한다.

오답 피하기 ㄱ. 강수량이 가장 많은 단계는 뇌우의 성숙 단계인 (다)이다.

ㄷ. 뇌우가 소멸하는 단계는 (가)이다.

12 낙뢰

정답 맞히기 ㄱ. 주어진 자료를 보면 낙뢰(벼락)는 겨울철보다 여름철에 많이 발생하고 있음을 알 수 있다.

ㄴ. 피뢰침은 끝이 뾰족한 금속제의 막대기로, 낙뢰로 인하여 생기는 건물의 화재·파손 및 인명 피해를 방지하기 위해 설치한다. 낙뢰에 의한 전류를 땅으로 안전하게 흘려보냄으로써 피해를 줄일 수 있으며, 주로 가옥의 굴뚝이나 건물의 옥상 등에 세운다.

오답 피하기 ㄷ. 낙뢰는 지상의 뾰족한 부분에 떨어지기 쉽다. 그러므로 천둥, 번개가 칠 때 운동장에서 우산을 쓰고 있거나 비를 피하기 위해 키가 큰 나무 밑으로 대피하면 벼락에 맞을 확률이 더 높아 위험하다.

13 집중 호우

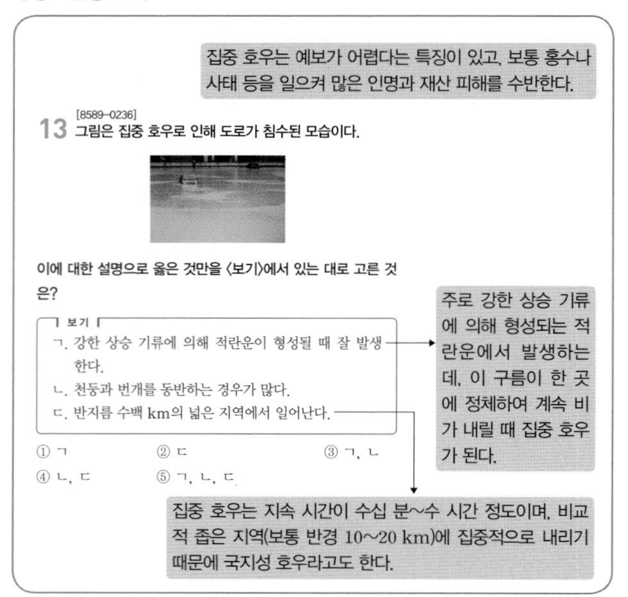

정답 맞히기 ㄱ. 집중 호우는 태풍, 장마 전선, 저기압과 고기압의 가장자리에서 대기가 불안정할 때 강한 상승 기류에 의해 형성되는 적란운에서 주로 발생하며, 천둥과 번개를 동반하는 경우가 많다.

ㄴ. 태풍, 장마 전선, 저기압과 고기압의 가장자리에서 대기가 불안정할 때 강한 상승 기류에 의해 형성되는 적란운에서 주로 발생하며, 천둥과 번개를 동반하는 경우가 많다.

오답 피하기 ㄷ. 집중 호우는 보통 반지름 10~20 km 정도의 비교적 좁은 지역에서 내린다.

14 황사의 발원지와 이동 경로

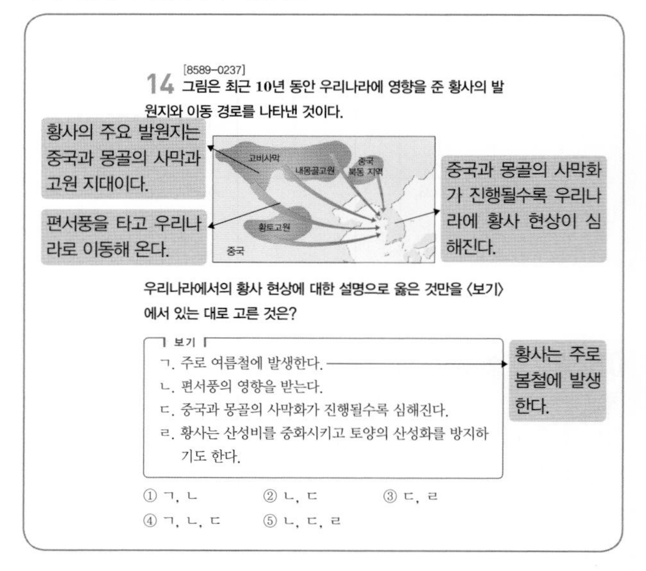

정답 맞히기 ㄴ. 편서풍은 서쪽에서 동쪽으로 부는 바람이므로 황사 입자는 편서풍에 의해 우리나라로 이동한다.

ㄷ. 중국과 몽골의 사막화 현상이 심해지면 우리나라의 황사 현상도 심해진다.

ㄹ. 황사 속에 섞여 있는 석회 등의 알칼리 성분이 산성비를 중화시킴으로써 토양과 호수의 산성화를 방지한다.

오답 피하기 ㄱ. 황사는 주로 봄철에 많이 발생한다.

15 강풍의 피해

정답 맞히기 ㄱ, ㄴ. 강풍은 10분 동안의 평균 풍속이 14 m/s 이상인 바람을 말하는데, 겨울철에 발달한 시베리아 고기압의 영향을 받을 때, 여름철에 태풍의 영향을 받을 때 주로 발생한다.

오답 피하기 ㄷ. 토네이도는 우리나라에서는 잘 발생하지 않으며, 주로 미국과 같은 대륙에서 발생한다.

16 우리나라의 주요 악기상

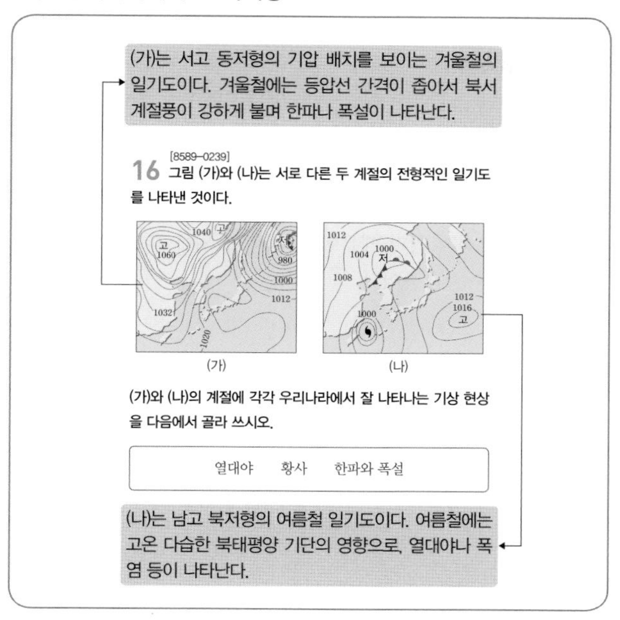

(가)는 서고 동저형의 기압 배치를 보이는 겨울철의 일기도이다. 겨울철에는 등압선 간격이 좁아서 북서 계절풍이 강하게 불며 한파나 폭설이 나타난다.

[8589-0239]
16 그림 (가)와 (나)는 서로 다른 두 계절의 전형적인 일기도를 나타낸 것이다.

(가) (나)

(가)와 (나)의 계절에 각각 우리나라에서 잘 나타나는 기상 현상을 다음에서 골라 쓰시오.

열대야 황사 한파와 폭설

(나)는 남고 북저형의 여름철 일기도이다. 여름철에는 고온 다습한 북태평양 기단의 영향으로, 열대야나 폭염 등이 나타난다.

정답 맞히기 (가)는 서고 동저형의 기압 배치가 나타나는 겨울철, (나)는 남고 북저형의 기압 배치와 태풍이 나타나는 여름철의 전형적인 일기도이다. 겨울철에는 한파와 폭설, 여름철에는 열대야 현상이 잘 나타난다.

오답 피하기 황사는 겨울 내내 얼어 있던 건조한 토양이 녹으면서 잘게 부서져 작은 모래 먼지가 발생하는 봄철에 주로 많이 발생한다.

신유형·수능 열기

본문 135쪽

01 ④ 02 ② 03 ④ 04 ④

01

정답 맞히기 ㄴ. 태풍 진행 방향의 오른쪽에 위치한 제주도는 태풍이 진행하는 동안 풍향이 시계 방향으로 바뀐다.

ㄷ. 태풍의 상륙 시간이 만조일 때와 겹치면 해안의 파고가 더 높아지므로 해안 지역의 침수 피해는 더 커진다.

오답 피하기 ㄱ. 태풍이 육지에 상륙하면 수증기의 공급이 줄어들어 세력이 약해진다.

02

정답 맞히기 ㄷ. 이 지역에서 바람은 동풍에서 남풍, 서풍으로 변하면서 시계 방향으로 변하였으므로 이 지역은 태풍 진행 경로의 오른쪽에 위치하였다.

오답 피하기 ㄱ. 1일 6시경에는 동풍이 불었으므로 태풍은 관측 지역의 서쪽에 있었다.

ㄴ. 1일 18시경에는 관측 지점에서 풍속이 최대가 되었으므로 태풍이 가장 가까이 근접하였다. 태풍은 저기압이므로 관측 지점의 기압은 1일 18시경에 가장 낮았다.

03

정답 맞히기 ㄴ. (나)의 성숙 단계에서는 상승 기류와 하강 기류가 함께 나타나며, 천둥, 번개와 함께 소나기, 우박 등이 잘 나타난다.

ㄷ. 강수 현상은 상승 기류만 있는 (가) 단계보다 하강 기류가 발달한 (다) 단계에서 잘 일어난다.

오답 피하기 ㄱ. (가)의 적운 단계에서는 강한 상승 기류에 의해 적운이 탑 모양으로 발달하는데, 이와 같은 공기의 상승 운동은 대기가 불안정할 때 잘 일어난다.

04

정답 맞히기 ㄱ. 집중 호우는 수십 분에서 수 시간 정도의 짧은 시간에 내리는 현상이다.

ㄷ. 집중 호우는 강한 상승 기류에 의한 적란운이 한 곳에 정체하여 지속적으로 비가 내릴 때나 장마 전선, 태풍, 발달한 저기압의 가장자리에서 대기가 불안정할 때 잘 발생한다.

오답 피하기 ㄴ. 집중 호우는 비교적 좁은 지역(보통 반경 10~20 km 정도)에서 많은 양의 비가 집중적으로 내리는 현상이다.

9 해수의 성질

탐구 활동
본문 143쪽

1 해설 참조 **2** 해설 참조

1

물체의 온도 변화는 그 물체의 열용량(=비열×질량)에 반비례한다. 또한, 육지는 바다에 비해 비열이 작아서 육지가 바다보다 온도 변화가 크다. 우리나라 주변의 해양 중에서 황해는 동해에 비해 수심이 얕아서 해양의 질량이 작고, 대륙의 영향을 많이 받기 때문에 수온의 연교차가 크다.

모범 답안 황해는 수심이 얕고 대륙의 영향을 많이 받기 때문에 동해보다 수온의 연교차가 더 크다.

2

황해에는 중국에서 양쯔 강과 황하의 물이 유입되고 우리나라에서 영산강, 금강, 한강, 대동강 등의 물이 유입된다. 따라서 황해는 강물의 영향을 크게 받기 때문에 황해의 염분은 낮아지게 된다. 그러나 동해는 내륙에서 바다로 유입되는 큰 강이 없고 염분이 높은 쿠로시오 해류의 영향으로 황해보다 염분이 높다.

모범 답안 황해는 동해에 비해 하천수의 유입이 많기 때문이다.

내신 기초 문제
본문 144쪽

01 ㄴ, ㄷ **02** ③ **03** ① **04** (가) 27.21 (나) 35
05 ③ **06** ③ **07** ③

01

정답 맞히기 ㄴ, ㄷ. 혼합층은 주로 바람에 의한 혼합 작용으로 형성된 층이며, 바람이 강한 중위도 지역에서 가장 잘 발달한다.

오답 피하기 ㄱ. 혼합층은 대기와 접하고 있는 층이므로 계절의 영향을 직접적으로 받으며, 보통 북반구 중위도 지방에서는 겨울로 갈수록 두꺼워지다가 1월경에 혼합층이 가장 잘 발달한다.

02

정답 맞히기 ㄱ. 태양 복사 에너지는 수심 약 100 m 이내에서 대부분 흡수된다. 따라서 연직 수온 분포에 따른 층상 구조 중 가장 위쪽에 위치한 A층에서 태양 복사 에너지의 대부분이 흡수된다.
ㄴ. 바람이 강할수록 혼합층(A)이 두껍게 나타나므로 B층이 나타나는 깊이가 깊어진다.

오답 피하기 ㄷ. C층에서 연간 수온이 일정한 이유는 태양 복사 에너지가 도달하지 않기 때문이다. 바람에 의한 혼합 작용으로 수온이 일정한 층은 A층이다.

03

정답 맞히기 식물성 플랑크톤의 광합성에 의해 많은 양의 산소가 표층 해수에 공급된다. 따라서 수심 약 100 m 깊이까지는 용존 산소량이 많다.

04

정답 맞히기 염분이 35 psu인 해수 1 kg을 채취하여 염류를 분석하였으므로 염류의 합계 (나)는 35 g이며, (가)는 35−(3.81+1.66+1.26+0.86+0.20)=27.21 g이 된다.

05

정답 맞히기 가로축에서 오른쪽으로 갈수록 염분이 증가하므로 B의 염분이 A의 염분보다 높다. 또한, 등밀도 곡선 상에서 A의 밀도는 약 1.0267 g/cm^{3}이고, B의 밀도는 약 1.0257 g/cm^{3}이므로 A의 밀도가 B의 밀도보다 크다.

06

정답 맞히기 ㄱ. 일반적으로 해수의 온도는 저위도 해역에서 고위도 해역으로 갈수록 낮아진다. 따라서 수온은 중위도 해역이 고위도 해역보다 높다.
ㄴ. 고압대의 형성으로 증발량이 강수량보다 많은 중위도 해역에서 염분이 더 높다.

오답 피하기 ㄷ. 해수의 수온이 적도에서 극으로 갈수록 낮아지므로 용존 산소량은 중위도 해역보다 고위도 해역에서 더 많다.

07

정답 맞히기 ㄱ. 연직 수온 분포에 의한 해수의 층상 구조에서 혼합층이 가장 위쪽에, 심해층이 가장 아래쪽에 형성된다. 따라서 해수의 밀도는 심해층이 혼합층보다 크다.

ㄷ. 수온이 낮을수록, 염분이 높을수록, 수압이 클수록 해수의 밀도는 커진다.

오답 피하기 ㄴ. 적도 해역은 수온이 높고, 연중 저기압이 잘 형성되므로 강수량이 증발량보다 많아서 염분이 낮은 편이다. 따라서 적도 해역은 극 해역보다 해수의 밀도가 작다.

실력 향상 문제

본문 145~148쪽

01 ⑤	**02** ③	**03** ③	**04** 해설 참조	**05** ③
06 ③	**07** ②	**08** ②	**09** ②	
10 해설 참조		**11** ④	**12** ②	**13** ①
14 ④	**15** ②	**16** ⑤	**17** 해설 참조	**18** ③
19 ④	**20** 해설 참조			

01 해수의 연직 수온 분포

정답 맞히기 ⑤ 수온 약층은 수심이 깊어질수록 수온이 낮아지기 때문에 수온 약층의 하층부가 상층부에 비해 밀도가 커서 대류가 일어나기 힘든 매우 안정한 층이다.

오답 피하기 ① 심해층은 태양 복사 에너지가 도달하지 못하므로 연중 수온 변화가 거의 없고, 위도에 관계없이 수온이 거의 일정하다.

② 혼합층은 바람에 의한 혼합 작용으로 수심에 따라 수온이 일정한 층이다. 따라서 혼합층의 두께는 바람이 강한 곳일수록 두껍다.

③ 수온 약층이란 수심에 따라 수온이 급격하게 감소하는 층이므로 표층과 심해층의 수온 차가 클수록 수온 약층이 뚜렷하게 나타난다.

④ 해수의 표층은 태양 복사 에너지에 의해 가열되므로 계절에 따른 수온 변화가 가장 크다. 즉, 표층 수온에 가장 큰 영향을 주는 것은 태양 복사 에너지이다.

02 전 세계 해양의 표층 수온 분포

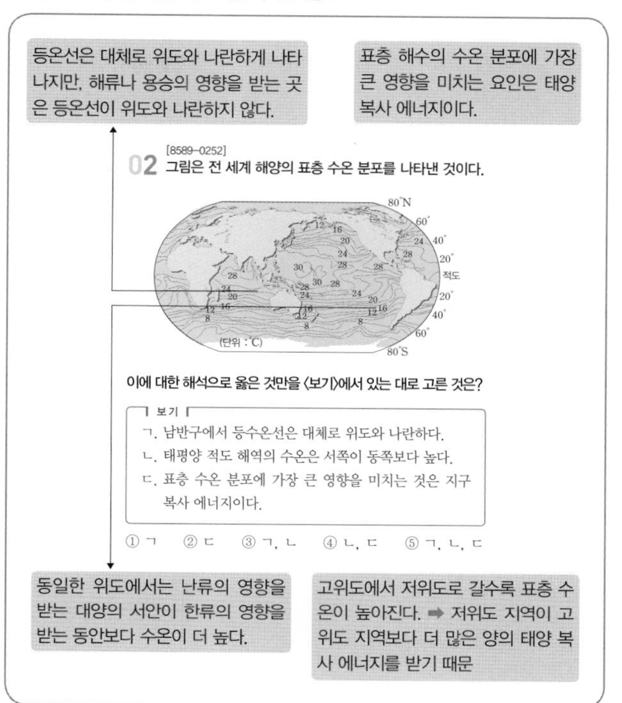
등온선은 대체로 위도와 나란하게 나타나지만, 해류나 용승의 영향을 받는 곳은 등온선이 위도와 나란하지 않다.

표층 해수의 수온 분포에 가장 큰 영향을 미치는 요인은 태양 복사 에너지이다.

[8589-0252]

02 그림은 전 세계 해양의 표층 수온 분포를 나타낸 것이다.

이에 대한 해석으로 옳은 것만을 〈보기〉에서 있는 대로 고른 것은?

보기
ㄱ. 남반구에서 등수온선은 대체로 위도와 나란하다.
ㄴ. 태평양 적도 해역의 수온은 서쪽이 동쪽보다 높다.
ㄷ. 표층 수온 분포에 가장 큰 영향을 미치는 것은 지구 복사 에너지이다.

① ㄱ ② ㄷ ③ ㄱ, ㄴ ④ ㄴ, ㄷ ⑤ ㄱ, ㄴ, ㄷ

동일한 위도에서는 난류의 영향을 받는 대양의 서안이 한류의 영향을 받는 동안보다 수온이 더 높다.

고위도에서 저위도로 갈수록 표층 수온이 높아진다. ➡ 저위도 지역이 고위도 지역보다 더 많은 양의 태양 복사 에너지를 받기 때문

정답 맞히기 ㄱ. 주어진 그림 자료에 의하면 남반구에서는 등수온선이 대체로 위도와 나란하게 나타남을 알 수 있다.

ㄴ. 태평양 적도 부근은 무역풍에 의해 동쪽의 따뜻한 표층 해수가 서쪽으로 밀려가고 태평양 동쪽의 남아메리카 인근 해상에는 차가운 심층수가 해저에서 솟아오르기 때문에 수온이 낮아진다. 따라서 태평양 적도 해역의 수온은 서쪽이 동쪽보다 높다.

오답 피하기 ㄷ. 표층 수온은 고위도로 갈수록 대체로 낮아지므로 표층 수온 분포에 가장 큰 영향을 미치는 것은 태양 복사 에너지이다. 한편, 수륙 분포나 난류, 한류와 같은 해류도 수온 분포에 영향을 미친다.

03 위도별 수온의 연직 분포

정답 맞히기 ㄱ. 혼합층은 바람에 의한 혼합 작용으로 수심에 따라 수온이 일정한 층이다. 문제의 자료에서 수심에 따라 수온이 일정한 층의 두께가 중위도에서 가장 두꺼우므로 바람은 저위도 해역보다 중위도 해역에서 더 강하다는 것을 알 수 있다.

ㄴ. 수심에 따른 수온 변화가 클수록 수온 약층이 잘 발달한다. 따라서 고위도, 중위도, 저위도 중에서 수온 약층은 저위도에서 가장 잘 발달한다.

오답 피하기 ㄷ. 고위도 해역으로 갈수록 태양 복사 에너지가 적게 도달하므로 수심에 따른 수온의 차이가 작아진다.

04 수온의 연직 분포

수온의 연직 분포에 따른 해수의 층상 구조에서 혼합층의 두께는 바람이 강하게 불수록 두껍게 나타난다. 혼합층의 두께가 중위도 해역에서 특히 두껍게 나타나는 까닭은 중위도 해역에서 부는 편서풍이 다른 해역에 부는 바람보다 더 강하기 때문이다.

모범 답안 중위도 해역에서는 다른 해역에 비해 바람이 강하게 불기 때문이다.

05 수온의 연직 분포

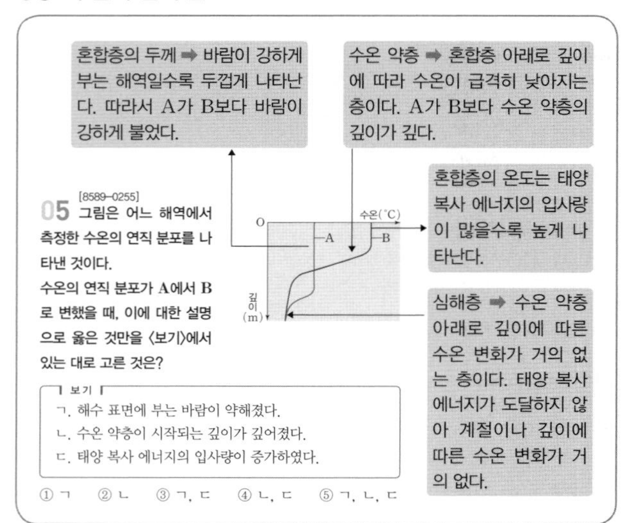

정답 맞히기 ㄱ, ㄷ. A에서 B로 변할 때 표층 수온은 상승하고, 혼합층의 두께는 얇아졌다. 이때 혼합층의 두께가 얇아진 것으로 보아 해수 표면에 부는 바람이 약해졌음을 알 수 있고, 표층 수온이 상승한 것으로 보아 태양 복사 에너지의 입사량이 증가했음을 알 수 있다.

오답 피하기 ㄴ. 수온 약층은 혼합층 바로 아래에 분포하므로 혼합층의 두께가 얇아지면 수온 약층이 시작되는 깊이도 얕아진다.

06 수심에 따른 용존 산소량의 변화

정답 맞히기 ㄱ. 해수의 표층에서는 해양 생물에 의한 광합성으로 용존 산소량이 가장 많다.

ㄷ. 수심 1000 m보다 더 깊은 곳에서는 극지방 부근에서 침강한 심층수의 영향으로 용존 산소량이 많아진다.

오답 피하기 ㄴ. 1000 m 깊이에서는 햇빛이 도달하지 않으므로 광합성이 일어나지 않는다.

07 표층 염분

정답 맞히기 ② 표층 염분은 (증발량 — 강수량) 값에 대체로 비례한다.

오답 피하기 ① 염분은 해수 1 kg 중에 녹아 있는 전체 염류의 양을 나타낸 것이다

③ 해양에서는 염분비 일정 법칙이 성립하기 때문에 염분에 상관없이 염류 상호 간의 비는 항상 일정하다.

④ 아열대 해역은 위도 30° 부근 지역으로 연중 고기압이 형성되는 곳이므로 증발량이 강수량보다 많아서 상대적으로 염분이 높은 곳이다.

⑤ 적도 지방은 저기압 지역으로 증발량보다 강수량이 많기 때문에 표층 염분이 낮다.

08 염분

정답 맞히기 ㄴ. 염분비 일정 법칙에 의하면 A, B 해수를 혼합한다 하더라도 이온 상호 간의 비는 변하지 않는다.

오답 피하기 ㄱ. 염분은 해수 1 kg 속에 녹아 있는 총 염류의 양이므로 A 해역의 염분은 30 psu, B 해역의 염분은 40 psu이다. 따라서 두 해역 해수의 염분은 다르다.

ㄷ. A와 B 해수를 같은 양으로 혼합한 해수 1 kg 중에는 Na^+ 이온이 약 10.6 g 들어 있다.

09 위도에 따른 연평균 강수량과 증발량의 분포

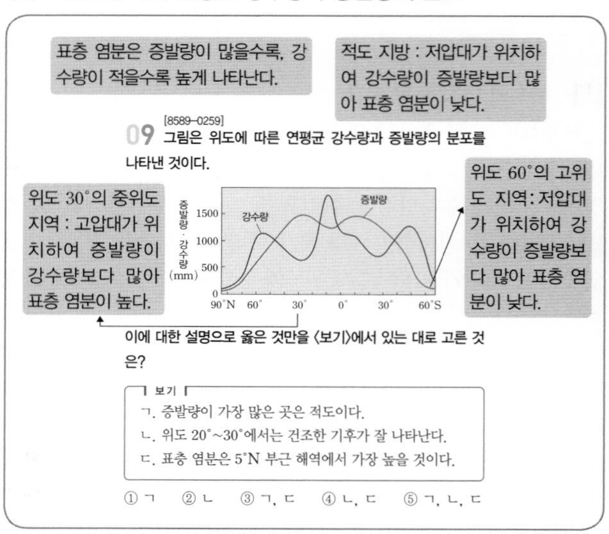

정답 맞히기 ㄴ. 위도 20°~30°의 아열대 해상에서는 증발량이 강수량보다 많다. 따라서 건조한 기후가 발달하고, 표층 염분이 높게 나타남을 알 수 있다.

오답 피하기 ㄱ. 적도 지방은 증발량보다 강수량이 많다. 이것은 적도 지방은 열대 수렴대라서 연중 저기압이 형성되기 때문이다. 증발량이 가장 많은 곳은 위도 20°~30° 사이의 지역이다.
ㄷ. 표층 염분은 (증발량－강수량) 값이 큰 지역일수록 높으므로 위도 20°~30° 사이의 지역에서 표층 염분이 가장 높을 것이다.

10 위도별 (증발량 – 강수량)의 분포

표층 염분은 (증발량－강수량) 값이 클수록 높아진다.

모범 답안 중위도 해역(위도 30° 부근), 중위도 해역에서 (증발량－강수량) 값이 가장 크기 때문이다.

11 전 세계 해양의 표층 염분 분포

정답 맞히기 ㄴ. 위도 20° 부근에서는 증발량이 강수량보다 많아, 적도보다 표층 염분이 높은 편이다.
ㄷ. (증발량－강수량) 값은 순 증발량이며, 이 값이 큰 해역일수록 염분이 높다.

오답 피하기 ㄱ. 적도 해역은 강수량이 증발량보다 많으므로 위도 20° 부근 해역보다 표층 염분이 낮다.

12 북태평양에서 (증발량 – 강수량) 값의 분포

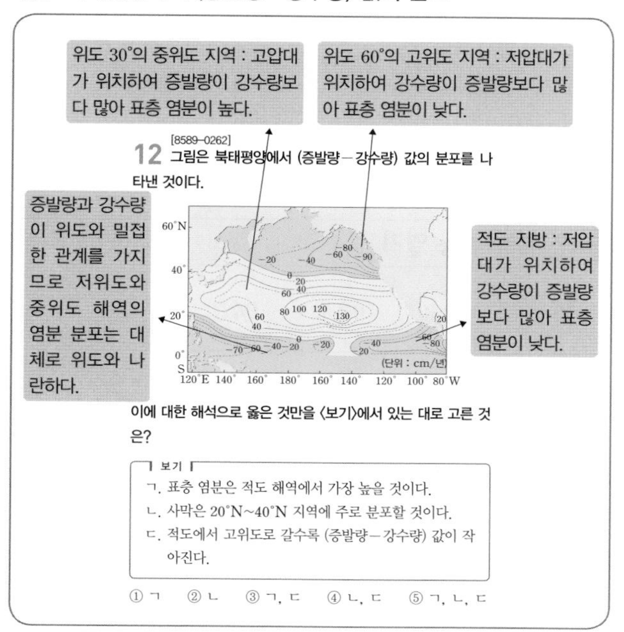

정답 맞히기 ㄴ. 사막은 (증발량－강수량) 값이 커서 건조한 20°N~40°N의 대륙에서 나타날 것이다.

오답 피하기 ㄱ. 표층 염분은 (증발량－강수량) 값이 크게 나타나는 아열대 해역에서 가장 높다.
ㄷ. (증발량－강수량) 값은 적도 부근에서 작고 중위도에서 크며 고위도에서 다시 작아진다. 따라서 적도에서 고위도로 갈수록 (증발량－강수량) 값이 작아진다고 볼 수 없다.

13 태평양과 대서양의 표층 염분 분포

정답 맞히기 ㄴ. 주어진 자료를 보면, 같은 위도에서 표층 염분은 대서양이 태평양보다 높게 나타난다.

오답 피하기 ㄱ. 일반적으로 염분이 높은 지역일수록 (증발량－강수량) 값이 크다. 위도 60° 부근은 한대 전선대로 연중 저기압이 잘 형성되므로 강수량이 증발량보다 많다.
ㄷ. 염분비 일정 법칙에 따르면 해역마다 염분은 달라도 염류의 구성 성분비는 일정하다.

14 표층 수온과 염분, 밀도 분포

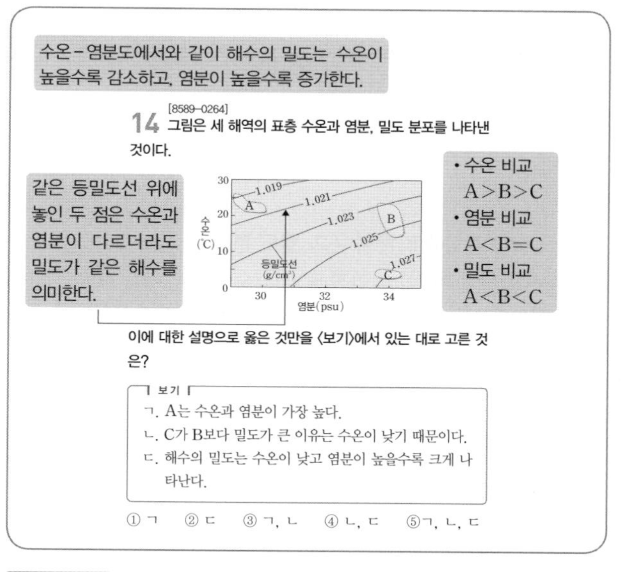

정답 맞히기 ㄴ. B와 C는 염분은 거의 같으나, 수온은 B가 C보다 높다. 한편 해수의 밀도는 수온이 낮을수록 염분이 높을수록 커지므로 C가 B보다 밀도가 큰 이유는 C의 수온이 B의 수온보다 낮기 때문이다.
ㄷ. 해수의 밀도는 수온이 낮을수록, 염분이 높을수록, 수압이 높을수록 커진다.

오답 피하기 ㄱ. A 해역은 수온이 높고 염분이 낮아 밀도가 가장 작다.

15 수온 - 염분도

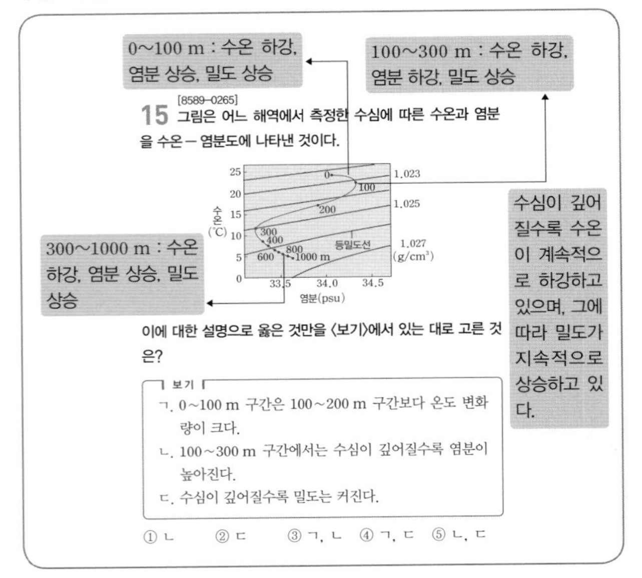

정답 맞히기 ㄷ. 수온–염분도에 그려진 등치선 곡선은 등밀도선이다. 따라서 주어진 자료에서 수심이 깊어질수록 밀도 값이 커지고 있음을 알 수 있다.

오답 피하기 ㄱ. 0~100 m 구간에서의 수온 변화량은 약 2 ℃이고, 100~200 m 구간에서는 약 5 ℃이다.

ㄴ. 수심 100~300 m 구간에서는 수심이 깊어질수록 점차 염분이 낮아지고 있다.

16 해수의 깊이에 따른 수온과 밀도 분포

정답 맞히기 ㄱ. 수심이 깊어짐에 따라 수온이 낮아져 해수의 밀도는 증가한다. 즉, 수온과 해수의 밀도는 반비례하고 있다. 따라서 수심이 깊어지면서 수온이 급격히 낮아지는 수온 약층에서는 밀도가 크게 증가한다.

ㄴ. 심해층은 2000 m 깊이의 해수와 3000 m 깊이의 해수 사이에 밀도 차이가 매우 작다. 그러므로 심해층은 수심이 깊어지더라도 해수의 밀도는 큰 차이가 없다.

ㄷ. 주어진 밀도 그래프를 보면, 해수면에 있는 표층 해수보다 1000 m 깊이에 있는 해수의 밀도가 크다는 것을 알 수 있다.

17 표층 해수의 밀도

해수의 밀도는 수온, 염분, 수압에 의하여 달라진다. 표층 해수는 위도에 관계없이 수압이 거의 같고, 중위도 해역에서 염분이 가장 높게 나타나지만, 중위도 해역과 다른 해역의 염분의 차이는 매우 작다. 위도 50° 이내의 저위도 해역은 위도별 수온 차이가 매우 크게 생기는데, 이로 인하여 밀도가 큰 변화를 보인다.

모범 답안 적도와 위도 50° 사이에 위치하는 해역에서 표층 해수의 밀도는 주로 수온에 의해 변한다.

18 동해의 수온과 염분

정답 맞히기 ㄱ. 해수의 밀도는 수온이 낮을수록, 염분이 높을수록 크다. 표층 해수는 2월이 8월보다 수온이 낮고 염분이 높으므로 밀도는 8월보다 2월에 크다.

ㄴ. 수심 0 m와 300 m 사이의 온도 차이는 2월보다 8월에 크다. 따라서 수온 약층은 2월보다 8월에 뚜렷하게 발달한다.

오답 피하기 ㄷ. 계절에 따른 염분 차이는 수심 300 m보다 0 m에서 크다.

19 우리나라 주변 바다의 표층 수온과 염분 분포

정답 맞히기 ㄴ, ㄷ. 겨울철 황해는 면적이 좁고 수심이 낮으며, 대륙의 영향을 많이 받기 때문에 동해보다 수온이 낮다. 겨울철 동해는 담수의 유입이 적고 난류의 영향을 받기 때문에 황해보다 염분이 높다.

오답 피하기 ㄱ. 수온의 남북 간 차이는 난류와 한류가 만나는 동해가 크게 나타나며 염분의 남북 간 차이는 황해가 크게 나타난다.

20 우리나라 주변 바다의 계절별 표층 수온 분포

대륙은 해양보다 비열이 작아서 쉽게 가열되고 쉽게 냉각된다.

모범 답안 황해, 수심이 얕고 해양의 면적이 좁아 대륙의 영향을 많이 받기 때문이다.

신유형·수능 열기

본문 149쪽

01 ② **02** ④ **03** ② **04** ①

01

정답 맞히기 ㄴ. 표층 수온은 적도가 위도 30°보다 높고, 심해층의 수온은 위도와 관계없이 거의 일정하므로 표층 해수와 심해층의 수온 차이는 적도가 위도 30°보다 크다.

오답 피하기 ㄱ. 적도 부근은 위도 30° 부근보다 표층 수온은 높고 표층 염분은 낮다. 따라서 표층 해수의 밀도는 적도 부근이 위도 30° 부근보다 작다.

ㄷ. 해수 1 kg 속에 들어 있는 염류의 총량은 염분을 의미하며 염분은 (증발량−강수량) 값이 큰 위도에서 높다.

02

정답 맞히기 ㄴ. 수온 약층은 수온이 급격히 변하는 해수층으로 주어진 자료에서 수심별 수온의 연변화선의 간격이 넓을수록 수심별 수온 변화가 크다. 따라서 수온 약층은 수심별 수온의 연변화선 간격이 가장 넓은 8월경에 가장 뚜렷하게 나타난다.

ㄷ. 수심 100 m에서는 연중 수온 변화가 거의 없으므로 계절에 따른 수온 변화가 거의 없다.

오답 피하기 ㄱ. 5월에는 혼합층이 수심 40 m 정도까지 발달하고, 7월에는 수심 20 m 이하에서 나타난다. 따라서 혼합층은 5월이 7월보다 더 두껍게 형성된다.

03

정답 맞히기 ㄱ. 수심 100 m까지 용존 산소량이 많은 이유는 대기에서 직접 녹아 들어간 산소와 해양 생물의 광합성 때문이다.

ㄴ. 수심 200 m보다 깊은 곳에는 햇빛이 잘 도달하지 못하며 생명체의 호흡과 유기 물질이 분해될 때 산소 소비가 많아 용존 산소량이 적다.

오답 피하기 ㄷ. 수심 800 m 이상에서는 생명체의 활동이 적고, 용존 산소가 풍부한 극지방의 차가운 표층 해수가 침강하여 심해층에 산소를 공급해 주므로 이곳의 용존 산소량은 많다.

04

정답 맞히기 ㄱ. 주어진 자료에서 수심 0~100 m까지는 수온이 거의 일정하므로 혼합층의 두께는 약 100 m임을 알 수 있다. 한편, 수심 100~300 m까지는 수온이 급격히 감소하므로 수온 약층의 두께는 약 200 m임을 알 수 있다. 따라서 수온 약층이 혼합층보다 두껍다.

ㄴ. 수온−염분도에서 가로축에는 염분, 세로축에는 수온이 나타나므로 수심에 따른 염분 변화가 큰 것은 그래프의 가로값의 변화가 큰 것을 의미한다. 따라서 수심에 따른 염분의 변화는 표층 부근에서 가장 크다는 사실을 알 수 있다.

오답 피하기 ㄷ. 수심 200 m 부근은 수온 약층에 해당하므로 해수의 연직 운동이 활발하지 않다.

ㄹ. 수심 300~500 m 구간에서는 해수의 밀도가 약간씩 증가하고 있다.

단원 마무리 문제

본문 152~154쪽

01 ⑤	02 ①	03 ①	04 ⑤	05 ①
06 ②	07 ①	08 ④	09 ④	10 해설 참조
11 ②	12 ②	13 ③	14 ⑤	15 해설 참조

01

정답 맞히기 온도와 습도가 거의 균일한 대규모의 공기 덩어리를 기단이라고 하는데, 대륙이나 해양과 같이 넓은 지역에 공기가 오래 머물면 지표면과 열과 수증기를 교환하여 지표면의 성질을 닮은 기단이 형성된다. 기단이 발원지로부터 이동하면 성질이 다른 지면이나 수면을 만나 열과 수증기를 교환하면서 기단의 원래 성질이 변하게 된다.

02

정답 맞히기 ㄱ. A 기단은 한랭 건조한 시베리아 기단으로 겨울철에 영향을 미치며, 한파나 폭설이 나타날 수 있다.

오답 피하기 ㄴ. 고온 다습한 C 기단(북태평양 기단)과 한랭 다습한 D 기단(오호츠크 해 기단)은 초여름에 장마 전선을 형성하여 많은 비를 내리게 한다.

ㄷ. D 기단은 한랭 다습한 오호츠크 해 기단으로 초여름 장마철에 영향을 미치며, 여름철에 고온 다습한 날씨는 북태평양 기단(C 기단)의 영향으로 나타난다.

03

정답 맞히기 ㄱ. 차고 건조한 기단에 비해 바다는 상대적으로 따뜻하다. 따라서 기단은 바다를 지나는 동안 열과 수증기를 공급받는다.

오답 피하기 ㄴ. 찬 기단은 따뜻한 바다를 지나면서 하층부가 가열됨에 따라 점점 불안정해진다.

ㄷ. A 지역에서는 기단이 불안정하므로 상승 기류가 나타나 적운형 구름이 발달하고, 소나기 또는 폭설이 내릴 수 있다.

04

정답 맞히기 ㄱ, ㄴ. A는 북쪽의 찬 기단과 남쪽의 따뜻한 기단이 만나 형성된 정체 전선이다. 정체 전선의 남쪽에 있던 따뜻한 공기가 전선 북쪽의 찬 공기 위로 상승하여 비구름을 형성하므로 강수량도 정체 전선인 A의 북쪽이 남쪽보다 많다.

ㄷ. 전선의 남쪽에 있는 북태평양 기단의 세력이 강해지면 정체 전선은 북상하게 된다.

05

정답 맞히기 ㄱ. (가)에 보이는 저기압은 전선을 동반한 온대 저기압이다. 전선을 경계로 마주하는 두 공기의 성질이 다르므로, 전선이 통과할 때 기온과 풍향 등 기상 요소들이 급변한다.

오답 피하기 ㄴ. 현재 A에 부는 바람은 남동풍이므로 (가)와 같은 일기도를 보이는 시각은 13시 이전이다.

ㄷ. 저기압의 이동 방향으로 보아 앞으로 전선이 통과하면서 풍향은 남동풍 → 남서풍 → 북서풍(시계 방향)의 순서로 변한다.

06

정답 맞히기 ㄷ. 태풍이 전향점을 지나게 되면 대기 대순환에 의한 편서풍의 풍향과 태풍의 이동 방향이 같아지기 때문에 일반적으로 이동 속력이 빨라진다.

ㄹ. 지구 온난화가 지속되면 해수면의 온도가 상승하기 때문에 태풍의 발생 지역은 북쪽으로 확장될 것이다.

오답 피하기 ㄱ. 적도 해상에서 태풍이 발생하지 않는 이유는 지구 자전에 따른 전향력이 없어서 공기의 소용돌이가 형성되기 어렵기 때문이다.

ㄴ. 7월과 10월의 태풍의 이동 경로를 볼 때 북태평양 고기압의 세력은 10월보다 7월에 더 강했다.

07

정답 맞히기 ① 태풍의 풍속은 태풍의 중심에서 약간 떨어진 곳에서 최대로 나타난다.

오답 피하기 ② 태풍의 에너지원은 수증기의 응결열(잠열)이므로 육지에 상륙하면 수증기의 공급이 감소하여 태풍의 세력이 약해진다.

③ 태풍 진행 방향의 오른쪽(B)은 태풍 자체의 풍향과 이동 방향이 같기 때문에 왼쪽(A)보다 풍속이 크다.

④ 기압이 낮아질수록 해수면이 상승하므로 태풍 중심부는 가장자리보다 해수면의 높이가 높다.

⑤ 태풍의 중심(눈)에는 하강 기류가 있어서 맑은 날씨가 나타나며, 바람이 거의 없다.

08

정답 맞히기 ㄱ. 뇌우는 여름철 강한 일사에 의한 국지적 가열로 강한 상승 기류가 형성될 때, 한랭 전선에서 따뜻한 공기가 상승하면서 적란운이 형성될 때, 온대 저기압이나 태풍에 의해 강한 상승 기류가 발달할 때 잘 발생한다.

ㄷ. 뇌우는 천둥, 번개와 함께 소나기, 우박, 돌풍 등이 나타나기도 한다.

ㄹ. 뇌우는 집중 호우, 우박, 돌풍, 낙뢰 등을 동반하기 때문에 순식간에 인명 피해를 내거나 농작물 피해, 가옥 파괴 등의 막대한 재산 피해를 가져온다.

오답 피하기 ㄴ. 성숙 단계에서는 상승 기류와 하강 기류가 함께 나타난다.

09

정답 맞히기 ㄱ. 황사가 주로 봄철에 발생하는 이유는 봄에는 겨울 내내 얼어 있던 건조한 토양이 녹으면서 잘게 부서져 크기가 매우 작은 모래 먼지가 발생하여 공중으로 떠오르기 쉽기 때문이다.

ㄷ. 중국과 몽골의 사막 지대가 우리나라에서 나타나는 황사의 주요 발원지이므로, 지구 온난화로 인한 사막 지대의 확대는 황사 현상을 심화시킨다.

오답 피하기 ㄴ. 황사 발원지에서 상공으로 떠오른 모래 먼지는 편서풍을 타고 우리나라로 이동해 온다.

10

태풍이 유지되거나 성장하려면 해수면으로부터 지속적인 열과 수증기의 공급을 받아야 하는데, 태풍이 육지에 상륙하여 수증기의 공급이 차단되거나 찬 해수면과 만나 수증기를 많이 공급받을 수 없게 되면 태풍의 에너지원인 수증기의 잠열(응결열)이 감소하여 태풍의 세력이 급속히 약화된다.

모범 답안 태풍의 에너지원인 수증기의 공급이 줄어들기 때문이다.

11

정답 맞히기 ② 주어진 자료를 보면, 수심이 깊을수록 수온의 연교차가 작아짐을 알 수 있다.

오답 피하기 ① 표층 수온은 여름(6~8월)이 겨울(11~3월)보다 높다.

③ 수온 약층은 혼합층과 심해층의 수온 차이가 클수록 잘 발달한다. 따라서 8월에 수온 약층이 가장 잘 발달한다.

④ 3월에는 깊이에 따른 수온 변화가 거의 없다.

⑤ 혼합층의 두께는 바람의 세기에 비례한다. 따라서 8월보다 9월에 바람이 강하게 분다.

12

정답 맞히기 ㄴ. 해수의 표층 염분은 (증발량－강수량) 값에 대체로 비례하므로, 강수량이 적고 증발량이 많을수록 높다.

오답 피하기 ㄱ. 적도 지역은 증발량보다 강수량이 많아 염분이 낮다.

ㄷ. 표층 염분이 가장 높은 중위도에는 고압대가 발달해 있다.

13

정답 맞히기 ㄱ, ㄴ. 해수의 밀도는 수온이 낮고 염분이 높을수록 증가하고, 수온이 높고 염분이 낮을수록 감소한다.

오답 피하기 ㄷ. 밀도가 작은 해수 A와 큰 해수 B가 만나면 B가 A의 아래로 가라앉는다.

14

정답 맞히기 ㄱ. 수심이 비교적 깊은 동해는 등수온선이 위도와 나란한 편이다.

ㄴ. 남해는 쿠로시오 난류로 인해 수온 분포가 난류의 이동 방향의 영향을 받는다.

ㄷ. 황해는 수심이 얕고 대륙으로 둘러싸여 있어 대륙의 영향을 많이 받는다.

15

해수면에 입사한 햇빛의 대부분은 수심 100 m 이내에서 흡수된다. 따라서 광합성을 하는 식물은 수심 100 m 이내에 주로 서식한다.

모범 답안 수심 100 m 이내에서 식물의 광합성 작용이 활발하게 일어나기 때문이다.

Ⅳ. 대기와 해양의 상호 작용

10 해수의 순환

탐구 활동

본문 165쪽

1 해설 참조 **2** 해설 참조

1

적도 부근 태평양(또는 대서양)에서 표층 해수는 무역풍의 영향을 받아 해수면 경사가 생긴다. 이 해수면 경사에 의해 서에서 동으로 이동하는 해류가 적도 반류이다.

모범 답안 적도 반류는 북적도 해류와 남적도 해류 사이에서 해수면의 경사에 의해 생기는 해류이다.

2

아열대 순환의 동쪽과 서쪽 가장자리에는 대기 대순환에 의해 동서 방향으로 이동하던 해류가 대륙과 만나서 남북 방향으로 갈라져 이동하는 해류가 형성된다. 이때 바다의 서쪽에서 형성되는 해류는 저위도에서 고위도로 이동하므로 수온이 높은 난류가 되며, 바다의 동쪽에서 형성되는 해류는 고위도에서 저위도로 이동하므로 수온이 낮은 한류가 된다.

모범 답안 아열대 순환의 서쪽에서 형성되는 해류는 저위도에서 고위도로 이동하므로 수온이 높은 난류가 되며, 아열대 순환의 동쪽에서 형성되는 해류는 고위도에서 저위도로 이동하므로 수온이 낮은 한류가 된다.

내신 기초 문제

본문 166쪽

01 ④ **02** ① **03** ① **04** ⑤
05 ㉠ 난류, ㉡ 한류, ㉢ 북 **06** 열염 순환 **07** ②

01

정답 맞히기 ④ 위도 38° 부근은 저위도에서 고위도로 이동하는 열에너지의 이동량이 가장 많다.

오답 피하기 ① A는 고위도의 부족한 에너지이다.

② B는 저위도의 남는 에너지이다.
③ 지구는 복사 평형 상태이므로 고위도의 부족한 에너지양(A)과 저위도의 남는 에너지양(B)은 서로 같다.
⑤ 지구 전체적으로는 에너지 출입이 균형을 이루고 있는 복사 평형 상태이다.

02

정답 맞히기 대기 대순환에 의한 지표 부근의 바람은 무역풍, 편서풍, 극동풍이 있다. 북반구를 기준으로 할 때 극 근처의 고위도 지역에서는 북동쪽에서 불어오는 극동풍, 우리나라와 같은 중위도 지역에서는 남서쪽에서 불어오는 편서풍, 적도 근처의 저위도 지역에서는 북동쪽에서 불어오는 무역풍이 나타난다.

03

정답 맞히기 ① 적도 근처 남쪽 해역에서 무역풍에 의해 형성되는 해류는 남적도 해류이다.
오답 피하기 ②, ③, ⑤ 북반구에서 편서풍에 의해 생기는 해류에는 북태평양 해류와 북대서양 해류가 있고, 남반구에서는 남극 순환 해류가 있다.
④ 무역풍에 의해 생기는 해류는 북적도 해류와 남적도 해류가 있다.

04

정답 맞히기 ㄷ, ㄹ. 한류는 난류보다 용존 산소량이 많고, 영양 염류가 풍부하다.
오답 피하기 ㄱ, ㄴ. 한류는 난류보다 수온과 염분이 낮다.

05

정답 맞히기 난류와 한류가 만나는 곳에서 형성되는 조경 수역은 여름철과 겨울철에 따라 위치가 달라지는데, 난류의 세력이 강해지면 조경 수역이 북상하고, 한류의 세력이 강해지면 조경 수역이 남하한다. 또한 지구 온난화의 영향으로 수온이 상승하면 난류의 세력이 강해져서 조경 수역의 위치가 북쪽으로 이동한다.

06

정답 맞히기 심층 순환은 해수의 수온과 염분 변화에 의한 밀도 차이로 형성되기 때문에 열염 순환이라고도 한다.

07

정답 맞히기 A는 남위 60° 부근의 해역에서 침강하는 남극 중층수, B는 북대서양의 그린란드 주변 해역에서 침강하는 북대서양 심층수, C는 남극 주변의 웨델해에서 침강하는 남극 저층수이다.

실력 향상 문제

본문 167~170쪽

01 ② **02** ⑤ **03** 해설 참조 **04** ④
05 ① **06** A : 페렐 순환, B : 극 순환, C : 해들리 순환
07 해설 참조 **08** ④ **09** ③ **10** ①
11 ③ **12** ③ **13** ② **14** 해설 참조
15 ① **16** ④ **17** ⑤ **18** ③ **19** ⑤

01 위도별 에너지 불균형

정답 맞히기 ㄷ. 지구가 구형으로 생겼기 때문에 고위도 지역으로 갈수록 태양의 남중 고도가 낮아지므로 지표면의 단위 면적당 태양 복사 에너지의 입사량이 감소하게 된다.
오답 피하기 ㄱ. A 지역을 기준으로 저위도는 에너지 과잉, 고위도는 에너지 부족 상태이다. 따라서 저위도에서 고위도로 에너지가 이동하며, A 지역에서는 열에너지의 이동량이 최대가 된다.
ㄴ. 적도 지역은 태양 복사 에너지의 입사량이 지구 복사 에너지의 방출량보다 많기 때문에 에너지가 남게 되며, 극 지역은 태양 복사 에너지의 입사량이 지구 복사 에너지의 방출량보다 적기 때문에 에너지가 부족하게 된다.

02 자전하지 않는 지구의 대기 대순환

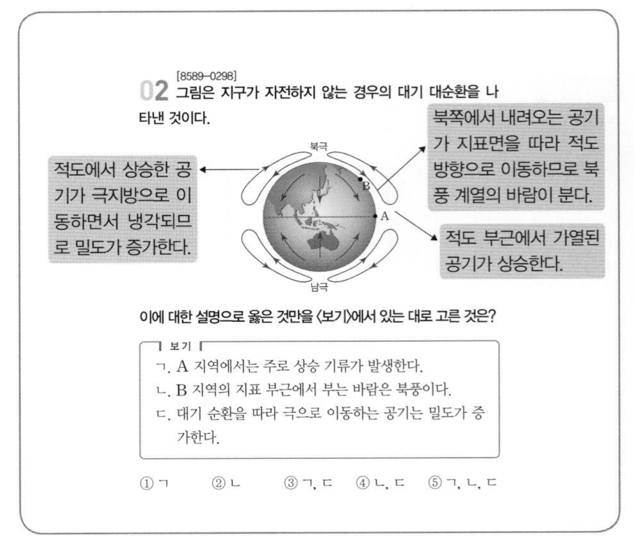

정답 맞히기 ㄱ. A 지역은 적도 부근으로, 가열된 공기의 상승이 잘 일어나는 적도 저압대이다.
ㄴ. B 지역은 극 지역의 찬 공기가 적도 방향으로 이동하는 곳에 위치하므로 북풍이 분다.
ㄷ. 적도 지역에서 상승한 공기는 대기 순환의 상층 흐름을 따라 극으로 이동하면서 냉각되면 부피가 감소하고 밀도가 증가한다.

03 위도별 에너지 불균형의 해소

저위도 지역의 남는 에너지가 대기와 해수(또는 해류)의 순환을 통해 고위도로 운반되면서 위도별 에너지 불균형이 해소된다. 만일 대기와 해수의 순환이 일어나지 않으면, 저위도는 과잉 에너지가 누적되어 온도가 현재보다 상승하게 되며, 고위도는 에너지 부족 상태가 지속되어 온도가 현재보다 하강하게 된다. 하지만 대기와 해수가 에너지를 운반하여 위도별 에너지의 불균형 현상이 해소되기 때문에 저위도 지역은 온도가 계속 오르지 않고, 고위도 지역은 온도가 계속 내려가지 않는다.

모범 답안 대기와 해수의 순환에 의해 저위도의 남는 에너지가 고위도로 운반되면서 위도별 에너지 불균형 상태가 해소되기 때문이다.

04 대기 대순환

정답 맞히기 ④ (가) 지역은 한대 전선대로 주로 저기압이 형성되며, (나) 지역은 중위도 고압대로 주로 고기압이 형성된다. 따라서 기압은 (가) 지역이 (나) 지역보다 대체로 낮다.

오답 피하기 ① A는 극 순환으로 지표 부근에서는 극동풍이 분다.
② B는 페렐 순환으로 직접 순환인 A와 C 사이에서 나타나는 간접 순환이다.
③ C는 해들리 순환으로 적도 지역의 가열된 공기가 상승하면서 형성되는 열적 순환이므로 직접 순환에 해당한다.
⑤ (다) 지역은 적도 저압대로 (나)의 중위도 고압대에 비해 강수량이 많다.

05 대기 대순환

정답 맞히기 ㄱ. 대기 대순환에 의해 형성되는 대류 순환 세포는 북반구와 남반구가 대칭적으로 나타난다.

오답 피하기 ㄴ. 적도와 북위 30° 사이의 지역에서는 해들리 순환이 형성되어 지표 부근에서는 위도 30° 지역에서 적도 방향으로 북풍 계열의 바람이 분다.
ㄷ. 위도 60° 지역은 극 지역에서 지표면을 따라 적도 쪽으로 이동하는 찬 공기와 위도 30° 지역에서 지표면을 따라 극 쪽으로 이동하는 따뜻한 공기가 충돌하면서 상승 기류가 형성된다. 공기의 가열에 의한 상승 기류는 주로 적도 부근에서 형성된다.

06 대류 순환 세포의 특징

정답 맞히기 A는 간접 순환이므로 페렐 순환, B는 극지방에서 찬 공기의 하강으로 형성되는 직접 순환이므로 극 순환, C는 나머지 하나인 해들리 순환이다.

07 표층 순환과 심층 순환의 발생 원인

표층 순환은 대기 대순환에 의해 지속적으로 부는 바람에 의해 형성되는 표층 해류로 이루어지며, 심층 순환은 수온과 염분의 변화에 따른 밀도 차이에 의해 형성되는 심층 해류로 이루어진다.

모범 답안 표층 순환을 이루는 해류는 대기 대순환의 바람에 의해 형성되며, 심층 순환을 이루는 해류는 밀도 차이에 의해 형성된다.

08 태평양의 표층 순환

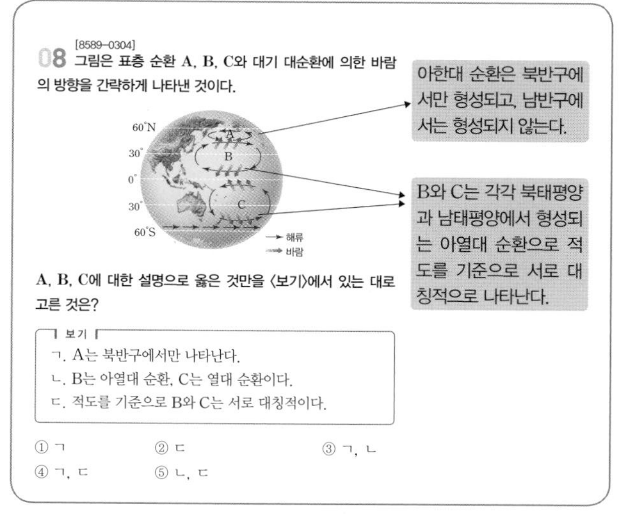
[8589-0304]
08 그림은 표층 순환 A, B, C와 대기 대순환에 의한 바람의 방향을 간략하게 나타낸 것이다.

A, B, C에 대한 설명으로 옳은 것만을 〈보기〉에서 있는 대로 고른 것은?

보기
ㄱ. A는 북반구에서만 나타난다.
ㄴ. B는 아열대 순환, C는 열대 순환이다.
ㄷ. 적도를 기준으로 B와 C는 서로 대칭적이다.

① ㄱ ② ㄷ ③ ㄱ, ㄴ
④ ㄱ, ㄷ ⑤ ㄴ, ㄷ

정답 맞히기 ㄱ. A는 아한대 순환으로 바다가 대륙으로 막혀 있는 북반구에서만 나타나며, 바다가 연결되어 있는 남반구에서는 나타나지 않는다.
ㄷ. B는 해류가 시계 방향으로 흐르는 북태평양의 아열대 순환이고, C는 해류가 시계 반대 방향으로 흐르는 남태평양의 아열대 순환이다. 두 표층 순환은 적도를 기준으로 서로 대칭적으로 나타난다.

오답 피하기 ㄴ. B는 북태평양의 아열대 순환, C는 남태평양의 아열대 순환이다. 열대 순환은 아열대 순환 사이의 적도 해역에서 형성되며, 적도 반류를 포함하는 표층 순환이다.

09 세계의 표층 해류

정답 맞히기 ③ C는 무역풍에 의해 형성되는 북적도 해류로, 적도 반류와 연결되어 열대 순환을 형성한다.

오답 피하기 ① A는 북태평양 해류로 편서풍의 영향으로 형성된다.

② B는 캘리포니아 해류로 한류이다. 한류는 난류에 비해 수온이 낮고 영양 염류가 많다.

④ D는 편서풍에 의해 서에서 동으로 흐르는 남극 순환 해류이다.

⑤ 해류 A, B, C 중에서 적도와 가장 멀리 떨어진 해류 A가 가장 수온이 낮은 해역을 지난다.

10 북대서양의 용존 산소량 분포

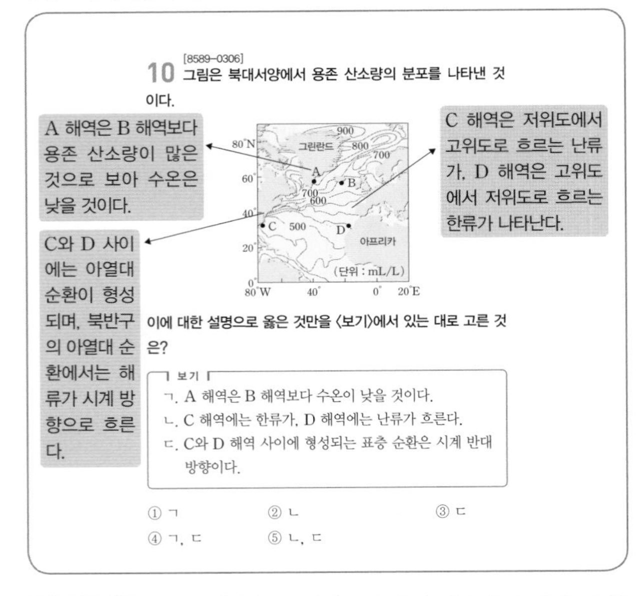

정답 맞히기 ㄱ. A 해역은 B 해역보다 용존 산소량이 많다. 용존 산소량은 따뜻한 해수보다 찬 해수에서 더 많기 때문에 A 해역은 B 해역보다 수온이 낮다고 추정할 수 있다.

오답 피하기 ㄴ. C는 난류인 멕시코 만류가, D는 한류인 카나리아 해류가 흐른다.

ㄷ. C와 D 사이에서 형성되는 표층 순환은 아열대 순환이다. 북반구의 아열대 순환은 시계 방향으로 형성된다.

11 해수의 이론적인 표층 순환

정답 맞히기 ㄱ. 대기 대순환의 바람에 의한 표층 해류는 동서 방향으로 흐른다.

ㄴ. 동서 방향으로 흐르는 해류가 대륙과 만나면 남북 방향으로 갈라지는 흐름이 생긴다. 따라서 대륙이 없다면 동서 방향으로 위도와 나란하게 흐르는 해류가 될 것이다.

오답 피하기 ㄷ. 저위도의 남는 에너지를 고위도로 전달하는 해류는 난류로 그림에서는 A이다.

12 우리나라 주변의 표층 수온 분포

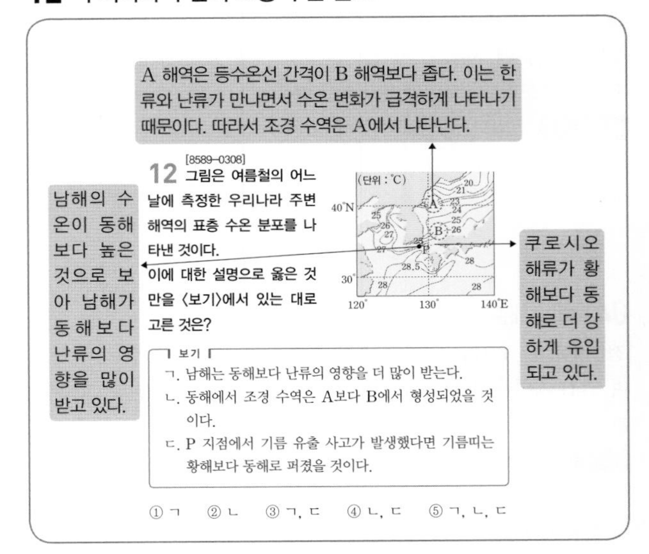

정답 맞히기 ㄱ. 남해의 수온이 동해보다 높은 것으로 보아 남해가 동해보다 난류의 영향을 많이 받고 있음을 알 수 있다.

ㄷ. P 지점에서 쿠로시오 해류는 황해보다 동해로 유입되는 흐름이 더 강하기 때문에 기름 유출 사고가 발생했다면 기름띠는 동해로 퍼져나갈 것이다.

오답 피하기 ㄴ. A는 B보다 등수온선 간격이 좁은 것으로 보아 난류와 한류가 만나면서 수온이 급격하게 변하는 해역이다. 이는 조경 수역의 특징으로 여름철에는 난류의 세력이 더 강하기 때문에 북쪽으로 치우쳐서 형성된다.

13 우리나라 주변의 해류

정답 맞히기 ② 난류의 세력이 약한 (가)는 겨울철, 난류의 세력이 강한 (나)는 여름철의 해류 분포이다.

오답 피하기 ① 남해는 난류인 쿠로시오 해류의 영향을 가장 많이 받기 때문에 연중 수온 변화가 작다.
③ A 해역은 (가)보다 동한난류의 영향을 많이 받는 (나)에서 표층 수온이 더 높게 나타난다.
④ 황해난류가 흐르는 황해는 수심이 얕고, 밀물과 썰물의 영향이 커서 해류의 흐름이 명확하게 나타나지 않는다. 특히 수온이 낮아지는 겨울철에는 황해난류의 세력이 매우 약해진다.
⑤ 동해에서 난류와 한류가 만나는 조경 수역은 계절별 해류의 세력에 따라 여름철에는 북쪽으로, 겨울철에는 남쪽으로 치우쳐서 형성된다.

14 밀도류에 의한 침강

심층 순환은 표층 해수가 가라앉는 침강으로 형성된다. 표층 해수의 침강이 일어나려면 밀도가 커져야 한다. 해수의 밀도 변화는 염분과 수온의 변화와 밀접한 관련이 있다. 염분이 높아지거나 수온이 낮아지면 해수의 밀도가 커지면서 가라앉아 침강이 잘 일어난다.

모범 답안 염분이 높아지거나 수온이 낮아지면 해수의 밀도가 커지면서 침강이 잘 일어난다.

15 심층 순환의 형성 모형

정답 맞히기 ㄱ. 심층 순환은 해수의 밀도 차이에 의해 형성된다.
오답 피하기 ㄴ. 침강이 일어나는 해역은 수온이 낮은 곳이다. 따라서 B 해역이 A 해역보다 더 고위도에 위치한다.
ㄷ. B 해역의 염분이 감소하면 표층 해수의 밀도가 작아지면서 침강이 잘 일어나지 않는다.

16 심층 순환의 발생 원리

정답 맞히기 ㄴ. 얼음이 담긴 종이컵을 통과하는 물은 온도가 낮아지면서 밀도가 커지고, 수조의 바닥을 따라 이동한다. 따라서 종이컵과 가장 가깝게 위치한 A 온도계의 눈금이 먼저 내려간다.
ㄷ. 종이컵 주변의 물이 밀도가 커져서 침강하게 되면 이 흐름을 보충하기 위해 표층의 물들이 종이컵 쪽으로 흘러가므로 스타이로폼 조각들도 이에 따라 종이컵 쪽으로 이동하게 된다.
오답 피하기 ㄱ. 색소를 녹인 물이 얼음이 담긴 종이컵을 통과하면 온도가 낮아지면서 밀도가 커진다.

17 대서양의 심층 순환

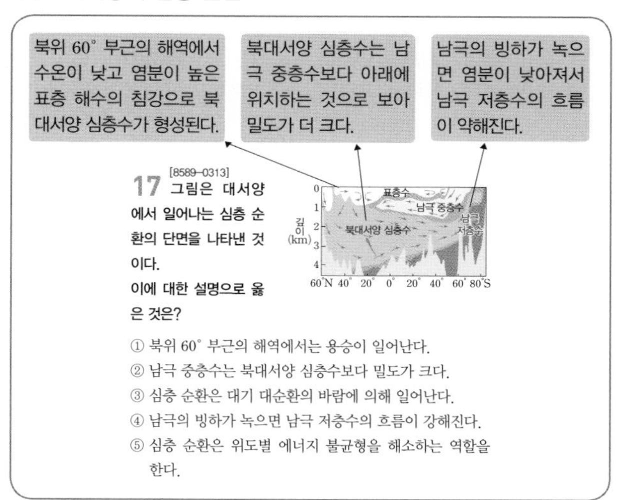

17 [8589-0313] 그림은 대서양에서 일어나는 심층 순환의 단면을 나타낸 것이다.
이에 대한 설명으로 옳은 것은?
① 북위 60° 부근의 해역에서는 용승이 일어난다.
② 남극 중층수는 북대서양 심층수보다 밀도가 크다.
③ 심층 순환은 대기 대순환의 바람에 의해 일어난다.
④ 남극의 빙하가 녹으면 남극 저층수의 흐름이 강해진다.
⑤ 심층 순환은 위도별 에너지 불균형을 해소하는 역할을 한다.

정답 맞히기 ⑤ 심층 순환은 표층 순환과 연결되어 지구 전체적인 해수의 순환으로 나타나며, 이러한 해수의 순환은 지구의 위도별 에너지 불균형을 해소하는 역할을 한다.
오답 피하기 ① 북위 60° 부근의 해역에서는 북대서양 심층수가 형성되며 침강이 일어난다.
② 남극 중층수는 북대서양 심층수보다 위에 위치하므로 밀도가 더 작다.
③ 심층 순환은 바람이 아니라 밀도 차이에 의해 형성된다.
④ 남극의 빙하가 녹으면 주변 해역의 염분이 낮아지면서 표층 해수의 밀도가 감소하기 때문에 침강이 약해지고, 남극 저층수의 흐름도 약해진다.

18 수온-염분도

정답 맞히기 ㄷ. 수온 10 ℃, 염분 35.7 psu인 해수의 밀도는 약 1.0275 g/cm^3이다. 한편, 이 해역에서 밀도 값이 1.0275 g/m^3인 등밀도선이 지나는 곳은 수심 800 m와 1400 m 사이이다. 따라서 이 해역에 수온 10 ℃, 염분 35.7 psu인 해수가 유입되면 수심 800 m~1400 m 사이에 위치하게 된다.
오답 피하기 ㄱ. 염분은 대체로 수심이 깊어질수록 낮아지지만, 수심 800 m에서 2000 m 사이에는 수심이 깊어질수록 염분이 증가하고 있다.
ㄴ. 수심 800 m에서 2000 m 사이의 해수는 수온은 거의 일정한데 염분이 증가하면서 밀도가 커지는 특징이 나타난다.

19 심층 순환과 표층 순환

정답 맞히기 ㄱ. A는 북대서양의 그린란드 주변 해역으로 심층 순환을 형성하는 침강이 일어나면서 표층 해수의 산소가 심해층으로 공급된다.
ㄴ. B는 남극 주변의 웨델해로 수온이 낮고 염분이 높아 표층 해수의 밀도가 매우 크다.
ㄷ. C와 D에서 형성되는 표층 순환은 다시 고위도 해역으로 이동하면서 저위도의 남는 열에너지를 운반한다.

신유형·수능 열기

본문 171쪽

01 ④ 02 ⑤ 03 ② 04 ②

01

정답 맞히기 ㄴ. C는 극 순환이다. 따라서 이로 인해 지표 부근에서 부는 바람은 극동풍으로, 북극에서 불어오는 북동풍이다.
ㄷ. 위도 30° 지역은 중위도 고압대, 위도 60° 지역은 한대 전선대가 형성되는 위치이다. 따라서 고기압이 자주 형성되는 위도 30° 지역보다 전선이 자주 형성되는 위도 60° 지역에서 연평균 강수량이 더 많다.
오답 피하기 ㄱ. 직접 순환 세포는 A와 C이다. B는 간접 순환 세포이다.

02

정답 맞히기 ㄱ. D 해역은 무역풍에 의해 형성된 남적도 해류가, B 해역은 편서풍에 의해 형성된 남극 순환 해류가 흐른다.
ㄴ. C 해역은 한류가 흐르는 곳으로, 난류가 흐르는 A 해역에 비해 수온이 낮고 용존 산소량이 많다. 따라서 C 해역에서 측정한 수온과 용존 산소량은 a이다.
ㄷ. 해역 A~D를 흐르는 해류는 남태평양에서 시계 반대 방향으로 형성되는 아열대 순환을 이룬다. 북태평양의 아열대 순환은 남태평양과 반대인 시계 방향으로 형성된다.

03

정답 맞히기 ㄴ. B 해역에는 서에서 동으로 흐르는 북태평양 해류가 나타난다.
오답 피하기 ㄱ. A 해역을 흐르는 쿠로시오 해류는 난류에 해당하고, C 해역을 흐르는 캘리포니아 해류는 한류에 해당한다. 염분은 한류가 흐르는 C보다 난류가 흐르는 A에서 높게 나타난다.
ㄷ. C 해역을 흐르는 캘리포니아 해류는 한류이며, A 해역을 흐르는 쿠로시오 해류는 난류이다. 따라서 저위도에서 고위도로 에너지를 수송하는 쿠로시오 해류가 캘리포니아 해류보다 더 많은 에너지를 운반한다.

04

정답 맞히기 ㄴ. 1970년 이후로 A, B 해역의 표층 염분이 낮아진 것으로 보아 표층 해수의 밀도가 감소했을 것이다.
오답 피하기 ㄱ. A와 B 해역은 모두 북대서양 그린란드 주변으로 수온이 낮고 염분이 높은 표층 해수의 침강이 일어나는 곳이다.
ㄷ. 1970년 이후로 표층 염분이 낮아지면서 표층 해수의 밀도가 감소하여 침강이 약해졌을 것이다. 이로 인해 심층 순환도 약화되었을 것이다.

11 대기와 해양의 상호 작용

탐구 활동
본문 179쪽

1 해설 참조 2 해설 참조

1
평상시 적도 부근 태평양에서는 무역풍에 의해 표층 해수가 동쪽에서 서쪽으로 이동한다. 엘니뇨 발생 시에는 무역풍이 약화되면서 해류의 흐름이 약해지면 표층 해수가 서쪽으로 이동하는 양이 감소하고 동쪽에 머무르는 양이 증가하여 동태평양에서 용승이 약해지고 수온이 상승하게 된다.

모범 답안 평상시 표층 해수를 서태평양으로 운반하는 북적도 해류와 남적도 해류가 엘니뇨 발생 시에는 무역풍의 약화와 더불어 그 세력이 약해지기 때문이다.

2
평상시에는 서태평양으로 운반되는 따뜻한 표층 해수로 인해 서태평양 해역의 공기가 따뜻해지면서 상승 기류와 함께 주로 저기압이 형성된다. 엘니뇨 발생 시기에는 서태평양으로 운반되는 따뜻한 표층 해수의 양이 감소하여 서태평양 해역의 수온이 내려가고, 평상시와는 달리 하강 기류와 함께 고기압이 형성된다.

모범 답안 엘니뇨 발생 시 서태평양 해역의 수온이 낮아져서 하강 기류가 형성되고 기압이 높아진다.

내신 기초 문제
본문 180쪽

01 ③
02 바람의 방향 : (나), 표층 해수의 이동 방향 : B
03 ㉠ 무역풍, ㉡ 용승 **04** ② **05** ④
06 남방 진동 **07** ①

01
정답 맞히기 ③ 용승이 일어나는 해역은 차가운 심층 해수가 공급되므로 수온이 낮아진다.

오답 피하기 ① 용승 과정에서 해수는 심층에서 표층으로 이동한다.
② 용승 과정에서 심층의 영양 염류가 표층으로 이동한다.
④ 용승은 표층 해수가 발산하는 해역에서 잘 일어난다.
⑤ 용승으로 공급된 영양 염류로 플랑크톤이 증가하여 이를 먹이로 하는 어류가 모여서 좋은 어장이 형성된다.

02
정답 맞히기 우리나라의 동해안에서 연안 침강이 일어나려면 (나) 방향의 북풍이 지속적으로 불어서, 표층 해수가 B와 같이 먼 바다에서 연안 쪽 방향으로 이동해야 한다.

03
정답 맞히기 적도 부근 해역에서 표층 해수의 흐름은 무역풍과 밀접한 관련이 있으며, 표층 해수의 발산으로 인해 적도 부근 해역에서는 용승이 일어난다.

04
정답 맞히기 평상시에 비해 엘니뇨 발생 시에는 서태평양의 표층 수온은 하강하고, 동태평양의 표층 수온은 상승한다. 반면, 라니냐 발생 시에는 서태평양의 표층 수온은 상승하고, 동태평양의 표층 수온은 하강한다.

05
정답 맞히기 ㄱ, ㄴ, ㄷ. 무역풍이 약해지면서 엘니뇨가 발생하면 서태평양으로 이동하는 표층 해수의 양이 감소하여 동태평양의 페루 해역에서는 용승이 약화된다. 따라서 페루 연안에서는 영양 염류가 감소하며, 표층 수온이 상승하면서 저기압이 자주 발생하여 평상시보다 강수량이 증가한다.

오답 피하기 ㄹ. 엘니뇨 발생 시 페루 연안에서는 용승이 약화되고 영양 염류가 감소하므로 어획량도 감소한다.

06
정답 맞히기 적도 부근 태평양에서 서태평양 해역과 동태평양 해역의 기압 변화가 상호 보완적으로 서로 진동하면서 변화하는 현상을 남방 진동이라고 한다.

07
정답 맞히기 ㄱ, ㄴ. 표층 해수의 침강이 일어나는 해역은 고위도에 위치하여 수온이 낮고 염분이 높다.

오답 피하기 ㄷ, ㄹ. 표층 해수는 수온이 낮고 염분이 높아지면 밀도가 커져서 침강하여 심해저로 이동하며, 이를 통해 심층 순환이 형성된다.

실력 향상 문제

본문 181~184쪽

01 ②	02 ⑤	03 ①	04 해설 참조	
05 ③	06 ③	07 ①	08 ②	09 ②
10 ③	11 ④	12 ④	13 ③	
14 해설 참조		15 ⑤	16 해설 참조	
17 ①	18 ①			

01 연안 용승

정답 맞히기 ㄴ. 북반구에서 표층 해수는 바람이 부는 방향의 오른쪽으로 이동하므로 동쪽 해안 지역에 남풍이 불면 표층 해수는 A에서 B 방향으로 이동한다. 이때 해안에서는 용승이 일어나 영양 염류가 많은 심층 해수가 표층으로 공급된다. 따라서 영양 염류는 은 A가 B보다 많다.

오답 피하기 ㄱ. 남풍으로 인해 북반구의 동해안 해역에서 용승이 일어나므로 표층 수온은 A가 B보다 낮다.

ㄷ. 남풍으로 인해 표층 해수가 A에서 B 방향으로 이동하였으므로 해수면은 A가 B보다 낮다.

02 용승

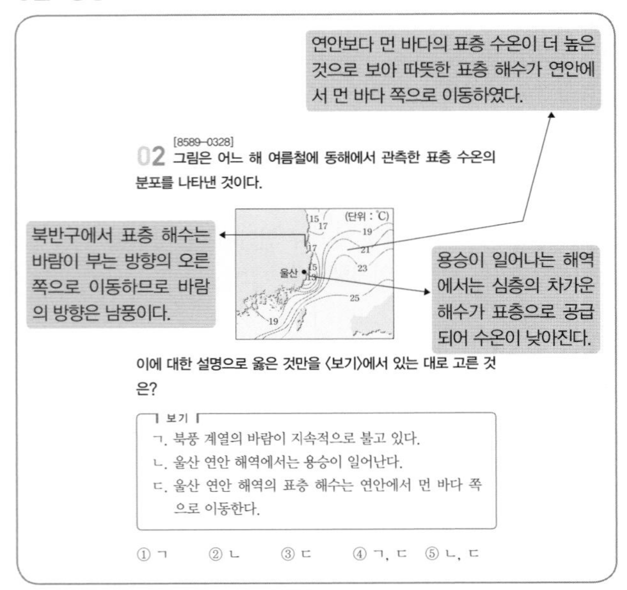

정답 맞히기 ㄴ, ㄷ. 울산 해역에서 먼 바다 방향으로 수온이 높아지는 것으로 보아 표층 해수가 연안에서 먼 바다 방향으로 이동했으며, 이를 보충하려는 심층 해수의 용승이 울산 해역에서 나타났음을 알 수 있다. 용승이 일어나는 해역은 표층 수온이 낮아진다.

오답 피하기 ㄱ. 북반구에서 표층 해수의 이동 방향은 바람 방향의 오른쪽으로 나타나므로 남풍 계열의 바람이 불었다.

03 기압에 따른 용승과 침강

정답 맞히기 ㄱ. 표층 해수의 이동 방향이 바람 방향의 오른쪽이므로 이 해역은 북반구에 위치한다.

오답 피하기 ㄴ. (가)는 중심부로 표층 해수가 수렴하므로 침강이 발생한다.

ㄷ. 북반구에서 (가)와 같이 바람이 시계 방향으로 불면 그 중심부에는 고기압이, (나)와 같이 바람이 시계 반대 방향으로 불면 그 중심부에는 저기압이 위치한다.

04 적도 용승

A는 적도 부근 해역으로 표층 해수의 흐름은 무역풍의 영향을 받는다. 적도 북쪽 해역에서는 표층 해수가 북동 무역풍에 의해 북쪽으로, 적도 남쪽 해역에서는 남동 무역풍에 의해 남쪽으로 이동한다. 따라서 적도 부근 해역에서는 표층 해수의 발산으로 인해 용승이 나타난다.

모범 답안 A는 무역풍에 의해서 표층 해수가 발산되는 해역이므로 용승이 일어난다.

05 용승의 영향

정답 맞히기 ③ 용승이 일어나는 해역은 심해저의 영양 염류가 공급되어 플랑크톤 번식이 활발하여 좋은 어장이 형성되기도 한다.

오답 피하기 ① 용승 과정에서 심층의 찬 해수가 표층으로 이동하므로 표층 수온은 내려간다.

② 용승으로 표층 수온이 내려가므로 서늘한 기후가 나타난다.

④ 용승으로 표층 수온이 낮아지면 대기 중의 수증기가 냉각되어 응결하면서 안개가 자주 발생한다.

⑤ 용승 과정에서 심층의 영양 염류가 표층으로 공급된다.

06 라니냐와 기후 변화

정답 맞히기 ③ 라니냐 발생 시 A 해역의 수온이 상승하여 주변 공기가 가열되면 상승 기류가 강해진다.

오답 피하기 ① 라니냐 발생 시기에는 무역풍이 강해진다.

② 라니냐 발생 시기에는 강한 무역풍에 의해 적도 부근 태평양에서 북적도 해류와 남적도 해류가 강해지고, 따뜻한 표층 해수가 서태평양 해역(A)으로 이동하는 양이 증가하므로 A 해역의 표층 수온도 상승한다.

④ 라니냐 발생 시기에 무역풍이 강해지고 동태평양 해역(B)에서 서태평양 해역(A)으로 이동하는 표층 해수의 양이 증가하므로, 동태평양 해역의 해수면은 평상시보다 낮아진다.

⑤ 라니냐 발생 시 동태평양 해역(B)은 용승이 강해져서 심층으로부터 공급되는 영양 염류와 용존 산소량이 많아진다.

07 엘니뇨 발생 시 표층 수온 분포

정답 맞히기 ㄱ. 평상시인 (가)에 비해 엘니뇨 발생 시기인 (나)일 때 동태평양의 표층 수온이 높아지면서 주변 공기가 가열되어 상승 기류가 형성되고 구름이 많아진다. 따라서 동태평양 해역의 강수량은 (가)보다 (나)에서 많다.

오답 피하기 ㄴ, ㄷ. (나)와 같은 엘니뇨 발생 시기에는 무역풍이 약화되고, 이로 인해 태평양의 표층 해수를 동에서 서로 운반하는 북적도 해류와 남적도 해류도 평상시인 (가)일 때보다 약해진다. 따라서 서태평양에서 따뜻한 해수층의 두께도 감소한다.

08 엘니뇨 발생 시 대기 순환

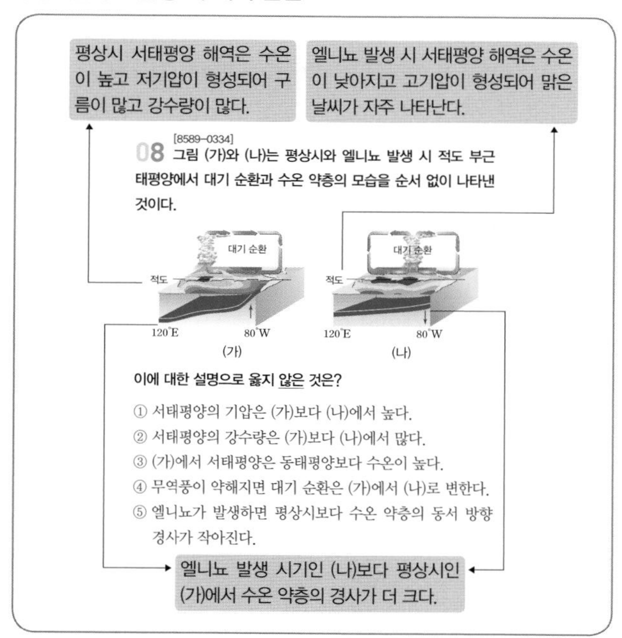

정답 맞히기 ② 평상시인 (가)에서 서태평양은 상승 기류가 나타나고 구름이 형성되므로 강수량이 많고, 엘니뇨 발생 시인 (나)에서는 하강 기류가 형성되어 고기압이 위치하므로 맑은 날씨가 나타난다.

오답 피하기 ① 평상시인 (가)에서 서태평양은 상승 기류가 나타나고 구름이 형성되므로 저기압이 위치하고, 엘니뇨 발생 시인 (나)에서는 하강 기류가 형성되어 고기압이 위치한다. 따라서 서태평양의 기압은 (가)보다 (나)에서 높다.

③ (가)는 평상시의 모습으로 무역풍에 의해 따뜻한 표층 해수가 서태평양으로 이동하므로 표층 수온은 동태평양보다 서태평양이 더 높다.

④ (가)는 평상시, (나)는 엘니뇨 발생 시기이므로 무역풍이 약해지면 대기 순환은 (가)에서 (나)로 변화한다.

⑤ 엘니뇨 발생 시 동태평양의 용승이 약화되고, 서태평양의 난수층의 두께가 감소하므로 수온 약층의 동서 방향 경사는 작아진다.

09 동태평양의 표층 수온 변화

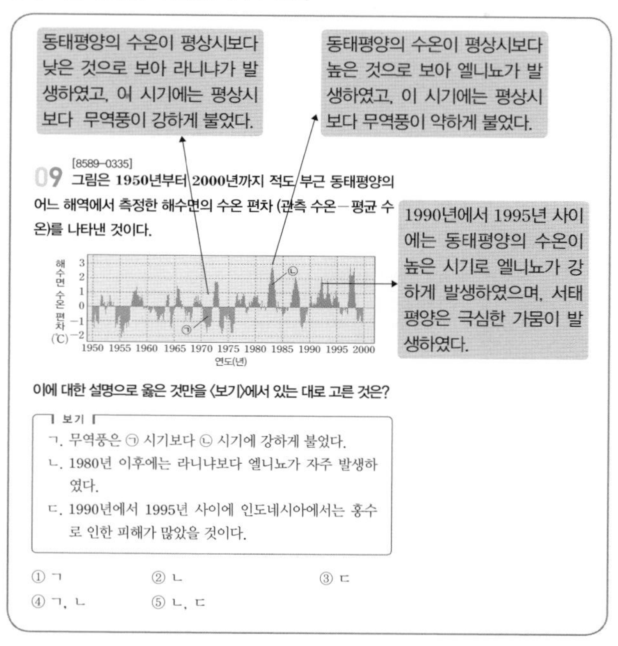

정답 맞히기 ㄴ. 1980년 이후 해수면의 수온 편차가 (＋)인 시기가 (－)인 시기보다 많은 것으로 보아 라니냐보다 엘니뇨가 더 자주 발생하였음을 알 수 있다.

오답 피하기 ㄱ. 수온 편차가 (－)인 ㉠ 시기에는 라니냐 발생, (＋)인 ㉡ 시기에는 엘니뇨 발생을 의미하므로 ㉠ 시기보다 ㉡ 시기에 무역풍이 더 약하게 불었다.

ㄷ. 1990년에서 1995년 사이에는 수온 편차가 (＋)로 나타나므로 엘니뇨 발생 시기에 해당한다. 따라서 서태평양 해역에 위치하는 인도네시아는 홍수보다 가뭄 피해가 더 많았을 것이다.

10 엘니뇨 발생 시 동태평양의 변화

정답 맞히기 엘니뇨 발생 시기에는 무역풍이 약화되고, 태평양의 동쪽에서 서쪽으로 이동하는 해수의 양이 감소(A)한다. 이로 인해 동태평양 해역의 용승(B)이 약해지고, 심층 해수의 공급이 감소하여 표층 수온이 상승(C)한다.

11 남방 진동

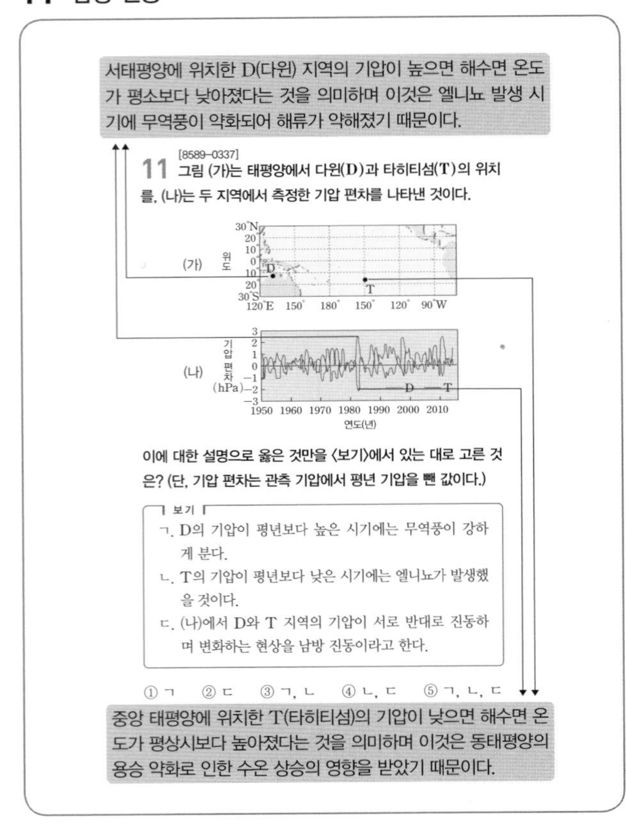
서태평양에 위치한 D(다윈) 지역의 기압이 높으면 해수면 온도가 평소보다 낮아졌다는 것을 의미하며 이것은 엘니뇨 발생 시기에 무역풍이 약화되어 해류가 약해졌기 때문이다.

[8589-0337]
11 그림 (가)는 태평양에서 다윈(D)과 타히티섬(T)의 위치를, (나)는 두 지역에서 측정한 기압 편차를 나타낸 것이다.

이에 대한 설명으로 옳은 것만을 〈보기〉에서 있는 대로 고른 것은? (단, 기압 편차는 관측 기압에서 평년 기압을 뺀 값이다.)

보기
ㄱ. D의 기압이 평년보다 높은 시기에는 무역풍이 강하게 분다.
ㄴ. T의 기압이 평년보다 낮은 시기에는 엘니뇨가 발생했을 것이다.
ㄷ. (나)에서 D와 T 지역의 기압이 서로 반대로 진동하며 변화하는 현상을 남방 진동이라고 한다.

① ㄱ ② ㄷ ③ ㄱ, ㄴ ④ ㄴ, ㄷ ⑤ ㄱ, ㄴ, ㄷ

중앙 태평양에 위치한 T(타히티섬)의 기압이 낮으면 해수면 온도가 평상시보다 높아졌다는 것을 의미하며 이것은 동태평양의 용승 약화로 인한 수온 상승의 영향을 받았기 때문이다.

정답 맞히기 ㄴ. T(타히티섬)에서 기압이 낮은 시기에는 중앙 또는 동태평양의 수온이 높아져서 상승 기류가 형성된다. 이는 무역풍이 약해지는 엘니뇨 발생 시기에 나타나는 현상이다.
ㄷ. 서태평양에 위치한 D(오스트레일리아 다윈)와 중앙 태평양에 위치한 T에서 측정한 기압이 시소처럼 서로 반대로 진동하며 변화하는 현상을 남방 진동이라고 부른다.

오답 피하기 ㄱ. 서태평양에 위치한 D에서 기압이 높은 시기에는 하강 기류와 함께 고기압이 형성되어 맑은 날씨가 잘 나타나는데, 이는 무역풍이 약해지고 서태평양의 표층 수온이 평상시보다 낮아지는 엘니뇨 발생 시기에 나타나는 특징이다.

12 적도 부근 태평양 해역의 수온 약층

정답 맞히기 ㄱ. 평상시 적도 부근 태평양에서 용승은 서태평양(A)보다 동태평양(B)에서 강하게 일어난다.
ㄷ. 무역풍이 강해지면 동태평양(B)에서 용승이 강해지고 표층 수온이 낮아지므로 등수온선의 경사가 커진다.

오답 피하기 ㄴ. 평상시에는 무역풍에 의해 표층 해수가 동에서 서로 이동하므로 동태평양(B)보다 서태평양(A)에서 따뜻한 해수층이 두껍게 형성되어 수온 약층도 더 깊은 곳에서 형성된다.

13 표층 수온 변화와 기압 배치

정답 맞히기 ㄱ. 필리핀 주변 해역(A)의 수온이 상승하면, 이로 인해 가열된 공기가 상승 기류를 형성하므로 저기압이 발생한다.
ㄷ. 필리핀 해역의 수온이 상승하면 대류 활동이 활발해져서 강한 저기압이 발생하고, 상승한 공기 덩어리는 대기의 파동을 통해 전파되어 우리나라 주변의 기압 배치에도 영향을 미치게 된다.

오답 피하기 ㄴ. 우리나라 주변에는 고기압이 형성되었으므로 맑은 날씨가 나타난다.

14 엔소(ENSO)

엘니뇨는 무역풍의 약화로 해류가 약해지면서 나타나는 해수의 표층 수온 변화와 관련된 현상이고, 남방 진동은 해수의 표층 수온 변화로 인해 적도 부근 태평양 해역에서 나타나는 대기 순환의 변화이다. 즉, 대기와 해양의 변화가 서로 영향을 주고받으면서 나타나는 현상이기 때문에 이 두 가지 현상을 묶어서 엔소(ENSO)라고 부른다.

모범 답안 엘니뇨는 대기의 변화가 해양에 영향을 줄 때, 남방 진동은 해양의 변화가 대기에 영향을 줄 때 나타나는 현상이다. 따라서 두 현상은 대기와 해양의 상호 작용으로 발생하므로 함께 묶어서 엔소(ENSO)라고 부른다.

15 지질 시대의 대륙 이동과 기후 변화

정답 맞히기 ㄱ. (가)는 고생대 말에 대륙들이 하나로 모여서 형성된 판게아이다.
ㄴ. (나)는 신생대 말의 수륙 분포로, 남극 대륙이 다른 대륙과 분리되어 남극 주변 해역에 남극 순환 해류가 형성되었다.
ㄷ. (가)와 같이 대륙이 하나로 붙어 있는 것보다 (나)와 같이 흩어져 있을 때 대륙이 분포하는 위도 범위가 넓어져서 다양한 기후대가 나타날 수 있다.

16 수륙 분포와 해류의 변화

대륙 이동에 따라 수륙 분포가 변화하면 해류의 흐름이 바뀐다. 신생대에 북아메리카 대륙과 남아메리카 대륙이 연결되면서 북극해의 빙하가 증가하였는데 이는 수륙 분포의 변화로 북극해까지 유입되는 따뜻한 표층 해수가 감소하였기 때문에 나타난 변화로 설명할 수 있다.

모범 답안 대륙이 연결되면서 해류의 방향이 바뀌고 이로 인해 북극해로 유입되는 따뜻한 표층 해수가 감소하여 북극해에 빙하가 생성되었다.

17 해류와 기후

정답 맞히기 ㄱ. A 해역까지 북상하는 표층 해류가 열에너지를 공급하여 런던은 서울보다 위도가 높지만 기온의 연교차가 작고 겨울에도 더 따뜻하다.

오답 피하기 ㄴ. A 해역까지 이동한 표층 해류는 수온이 내려가면서 밀도가 커져서 침강하여 심층 순환과 연결된다.

ㄷ. A 해역에서는 침강이, B 해역에서는 용승이 일어나므로 표층 해수의 밀도는 A 해역이 B 해역보다 크다.

18 영거 드라이아스기

정답 맞히기 ㄱ. A 시기는 현재보다 기온이 낮았으므로 빙하의 면적은 더 넓었을 것이다.

오답 피하기 ㄴ. A 시기는 현재보다 기온이 낮았으므로 북대서양의 수온도 현재보다 낮았을 것이다.

ㄷ. 담수의 유입으로 북극해 주변 북대서양의 염분이 낮아지고 밀도가 감소하여 심층 순환이 약화되면 이와 연결된 표층 해류도 그 흐름이 약해진다.

신유형·수능 열기

본문 185쪽

01 ⑤　02 ③　03 ⑤　04 ①

01

정답 맞히기 ㄱ. A보다 B의 표층 수온이 높은 것으로 보아 따뜻한 표층 해수는 A에서 B로 이동하였다.

ㄴ. B의 해역에서 수렴한 해수는 침강하여 심층으로 이동한다.

ㄷ. 북반구에서 표층 해수는 바람이 부는 방향의 오른쪽으로 이동하므로 남풍이 불었다.

02

정답 맞히기 ㄱ. (가)는 무역풍이 약해서 해수면 경사가 완만한 엘니뇨 발생 시기이며, (나)는 평상시의 모습이다. 따라서 동태평양의 페루 연안에서 용승은 (가)보다 (나)에서 더 강하다.

ㄷ. 서태평양의 인도네시아 해역은 무역풍이 약해지고 해수면 경사가 완만한 (가)의 엘니뇨 발생 시기보다 해수면 경사가 급한 (나)의 평상시에 해수면이 더 높다.

오답 피하기 ㄴ. 페루 연안의 표층 수온은 용승이 약해지는 (가)의 엘니뇨 시기보다 용승이 잘 일어나는 (나)의 평상시에 더 낮다.

03

정답 맞히기 ㄱ. 엘니뇨 발생 시기인 (가)보다 라니냐 발생 시기인 (나)에서 무역풍이 더 강하게 분다.

ㄴ. 라니냐 발생 시기에는 무역풍이 강해서 태평양의 동쪽에서 서쪽으로 이동하는 따뜻한 표층 해수의 양이 많아지므로 서태평양(A)과 동태평양(B) 간의 해수면 경사가 급해진다.

ㄷ. 라니냐 발생 시기에는 무역풍이 강해지므로 B에서 A로 흐르는 남적도 해류도 강해진다.

04

정답 맞히기 ㄱ. 빙하가 감소하므로 해수면이 상승할 것이다.

오답 피하기 ㄴ. 빙하가 녹아서 담수의 유입이 증가하므로 염분은 낮아질 것이다.

ㄷ. 빙하가 녹아 염분이 낮아진 표층 해수는 밀도가 감소하므로 침강이 약해지고 심층 순환의 흐름도 약해질 것이다.

12 지구의 기후 변화

탐구 활동
본문 193쪽

1 해설 참조 **2** 해설 참조

1
처음에 햇빛을 비추면 상자 안의 공기가 가열되어 온도가 올라가며, 상자의 온도에 부합하는 에너지가 방출되기 시작한다. 처음에는 공급되는 에너지가 많아서 온도가 올라가지만 일정한 시간이 지나면 공급되는 에너지양과 방출되는 에너지양이 서로 같은 복사 평형 상태가 되면서 상자의 온도는 일정하게 유지된다.

모범 답안 상자 안으로 공급되는 에너지양과 상자에서 방출되는 에너지양이 서로 같은 복사 평형 상태가 되면 상자의 온도는 일정하게 유지된다.

2
상자의 바닥을 검게 칠하면 흡수하는 태양 에너지양이 많아지면서 칠하지 않은 경우에 비해 상자의 온도가 더 높게 올라가므로 실험 결과를 보다 명확하게 파악할 수 있다.

모범 답안 상자에서 흡수하는 태양 에너지양을 증가시키기 위해 상자의 바닥과 안쪽을 검게 칠하여 실험한다.

내신 기초 문제
본문 194쪽

01 ⑤ **02** ⑤ **03** 세차 운동 **04** ④
05 ①

01
정답 맞히기 ㄷ, ㄹ. 대기 중 구름의 양 변화와 수륙 분포의 변화는 기후 변화의 지구 내적 요인에 해당된다.

오답 피하기 ㄱ, ㄴ. 자전축 기울기 변화와 공전 궤도 이심률 변화는 기후 변화의 지구 외적 요인에 해당된다.

02
정답 맞히기 사막은 숲이나 녹지에 비해 태양 에너지를 반사하는 정도가 크기 때문에 사막의 면적이 증가하면 지표면의 반사율이 증가하여 지표면이 흡수하는 태양 복사 에너지양은 감소한다. 빙하도 태양 에너지를 반사하는 정도가 크기 때문에 빙하의 면적이 감소하면 지표면의 반사율이 감소하여 지표면이 흡수하는 태양 복사 에너지양이 증가하고 지구의 평균 기온은 상승한다.

03
정답 맞히기 지구의 자전축이 원뿔 궤적을 그리면서 26000년을 주기로 회전하는 현상을 세차 운동이라고 한다.

04
정답 맞히기 ㄴ. 대기 중 이산화 탄소의 양이 증가하면 지구 복사 에너지를 더 많이 흡수하여 지표면으로 재방출하므로 그림에서 갇힌 지구 복사 에너지로 표현되는 양은 증가한다.
ㄷ. 지구의 대기는 파장이 짧은 가시광선 중심의 태양 복사 에너지는 투과시키고, 상대적으로 파장이 긴 적외선 중심의 지구 복사 에너지는 흡수한다.

오답 피하기 ㄱ. 대기가 지구 복사 에너지를 흡수하면서 열을 저장하는 역할을 하므로 대기가 없을 때보다 대기가 있을 때 지표면의 일교차가 작다.

05
정답 맞히기 ㄱ. 지구 온난화로 인해 해수의 수온이 상승하면 부피가 팽창하여 해수면이 상승한다.

오답 피하기 ㄴ. 화산 폭발 과정에서 화산재가 다량으로 방출되면 대기의 햇빛 투과율이 낮아져서 지구의 평균 기온은 내려가므로 해수면 상승과는 직접적인 관련이 없다.
ㄷ. 빙하의 면적이 증가하면 지표면의 반사율이 증가하여 태양 에너지 흡수량이 감소하므로 지구의 평균 기온이 내려간다.

실력 향상 문제
본문 195~198쪽

01 ① **02** 해설 참조 **03** ① **04** ④
05 ⑤ **06** ② **07** ③ **08** ⑤ **09** ①
10 해설 참조 **11** ④ **12** ③ **13** ④
14 해설 참조 **15** ③ **16** ③

01 기후 변화의 요인

정답 맞히기 ㄱ. A는 기후 변화의 요인 중 지구 내적 요인으로 수권과 기권의 상호 작용이 이에 해당된다. 수권과 기권의 상호 작용에 의해 기후 변화가 나타나는 대표적인 경우에는 엘니뇨와 라니냐 현상이 있다.

오답 피하기 ㄴ. B는 기후 변화의 요인 중 지구 자전축의 변화와 관련이 있는 지구 외적 요인이므로 세차 운동이 이에 해당된다. 세차 운동은 지구 자전축 기울기의 크기가 아니라 기울어진 방향의 변화이다.

ㄷ. C는 공전 궤도 이심률 변화로 지구의 공전 궤도가 원형과 타원형 사이에서 바뀌므로 지구와 태양 사이의 거리는 지속적으로 변화한다.

02 태양 복사 에너지 반사율과 기온 변화

빙하는 태양 에너지 반사율이 크기 때문에 1979년에 비해 빙하의 면적이 감소한 2005년에 북극 지방의 태양 에너지 반사율이 감소하였다. 이로 인해 북극 지방의 지표면과 해수면에서 흡수하는 태양 복사 에너지의 양이 증가하였으며, 평균 기온은 상승하였다.

모범 답안 빙하의 면적이 감소할수록 지표면의 태양 복사 에너지 반사율이 작아지므로 지표면에 흡수되는 태양 복사 에너지의 양이 증가하여 북극 지방의 평균 기온은 상승하였다.

03 화산 활동과 기후 변화

정답 맞히기 ㄱ. 그림 (나)에서 화산 분출 이후 기온 편차가 감소한 것을 보아 지구의 평균 기온이 하강하였다.

오답 피하기 ㄴ. 화산 폭발 과정에서 대기 중으로 방출된 화산재는 햇빛을 산란시키거나 반사하므로 대기의 태양 복사 에너지 투과율을 감소시킨다.

ㄷ. 화산 폭발 과정에서 분출된 화산재의 영향으로 화산 활동 이후에 기온이 감소하였다.

04 수륙 분포와 기후 변화

정답 맞히기 ㄱ. (가)와 같이 하나로 모여 있던 대륙이 (나)와 같이 흩어지면 대륙이 분포하는 위도의 범위가 넓어지면서 더 다양한 기후가 나타날 수 있다.

ㄴ. (가)보다 (나)에서 대륙이 분포하는 위도의 범위가 넓어지므로 대륙의 고위도 지역은 극 지역과 가까워지면서 연평균 기온은 낮아질 것이다.

오답 피하기 ㄷ. (가)에서는 저위도의 해류가 대륙을 감싸면서 고위도까지 이동할 수 있지만, (나)에서는 저위도의 해류가 고위도로 이동하기 어렵다.

05 기후 변화 요인

정답 맞히기 ㄱ. 화산 폭발로 인해 대기 중의 화산재가 증가하면 대기의 태양 에너지 투과율이 감소하여 기후 변화가 나타날 수 있다. 이것은 지구 내부에서 벌어지는 현상이 기후 변화에 영향을 미치는 것이므로 지구 내적 요인에 해당된다.

ㄴ. 대륙 이동으로 인해 수륙 분포의 변화가 생기면 표층 해류의 흐름이 변화하여 기후 변화가 나타날 수 있다.

ㄷ. 지구 자전축의 경사가 감소하면 북반구 중위도 지역에서 여름철 태양의 남중 고도가 감소하고 겨울철 태양의 남중 고도가 증가하여 기온의 연교차는 감소한다.

06 세차 운동

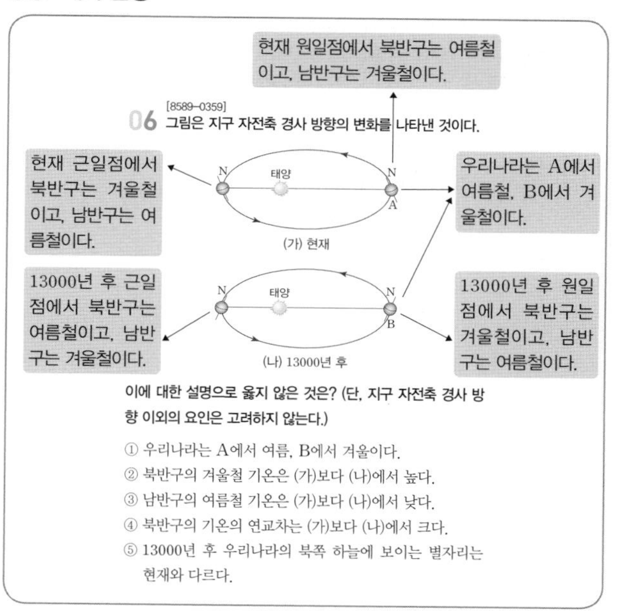

정답 맞히기 ② 북반구의 겨울철은 (가)의 경우 근일점에서, (나)의 경우 원일점에서 나타나므로 겨울철 기온은 (가)보다 (나)에서 낮아진다.

오답 피하기 ① 우리나라는 북반구에 위치하므로 현재는 원일점(A)에서 여름철이고, 13000년 후에는 원일점(B)에서 겨울철이다.

③ (가)에서 남반구의 여름철은 근일점에서 나타나고, (나)에서 남반구의 여름철은 원일점인 B에서 나타난다. 따라서 남반구의 여름철 기온은 근일점에서 여름철인 (가)보다 원일점에서 여름철인 (나)에서 낮아진다.

④ 북반구의 겨울철 기온은 (가)보다 (나)에서 낮아지고, 여름철 기온은 (가)보다 (나)에서 높아지므로 기온의 연교차는 (가)보다 (나)에서 크다.

⑤ 세차 운동으로 지구의 자전축 방향이 바뀌면 북쪽 하늘에 보이는 별자리도 바뀐다.

07 지구의 공전 궤도 이심률 변화

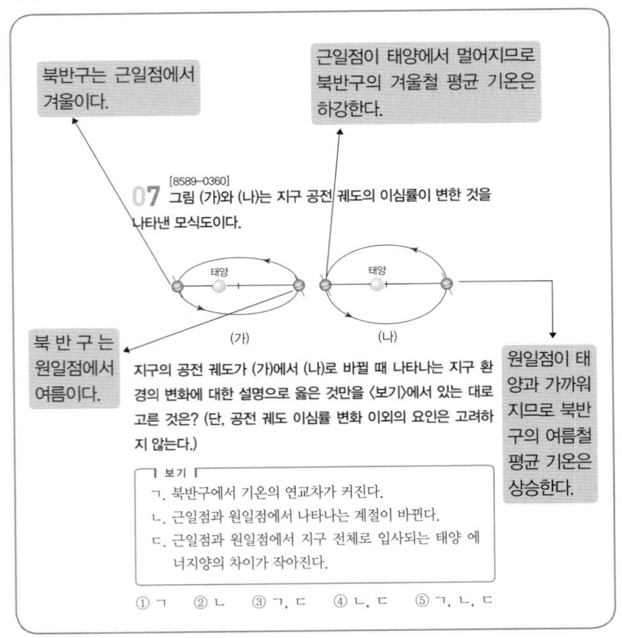

정답 맞히기 ㄱ. (가)에서 북반구의 계절은 근일점에서 겨울철, 원일점에서 여름철이다. (가)와 같은 타원형 공전 궤도에서 (나)와 같은 원형에 가까운 공전 궤도로 바뀌면 근일점은 태양에서 멀어지므로 겨울철 기온은 내려가고, 원일점은 태양과 가까워지므로 여름철 기온은 올라간다. 따라서 북반구에서 기온의 연교차는 커진다.

ㄷ. (가)의 타원형 공전 궤도에 비해 (나)의 원형에 가까운 공전 궤도에서는 원일점과 근일점의 거리 차이가 감소하므로, 근일점과 원일점에서 지구 전체로 입사되는 태양 에너지양의 차이도 감소한다.

오답 피하기 ㄴ. 근일점과 원일점에서 나타나는 계절이 바뀌는 것은 세차 운동으로 인해 지구의 자전축 방향이 바뀔 때 나타나는 현상으로 공전 궤도의 이심률 변화와는 관련이 없다.

08 대기에 의한 태양 복사 에너지의 선택적 흡수

정답 맞히기 ㄱ. A는 자외선 영역으로 주로 성층권에 존재하는 오존에 의해 흡수된다.

ㄴ. B는 적외선 영역으로 주로 이산화 탄소와 수증기 같은 온실 기체에 의해 흡수된다.

ㄷ. 태양 복사 에너지 중에서 지구 대기에 의해 흡수되는 영역이 가장 적은 파장대는 0.5 μm 주변의 가시광선이다.

09 지구의 열수지

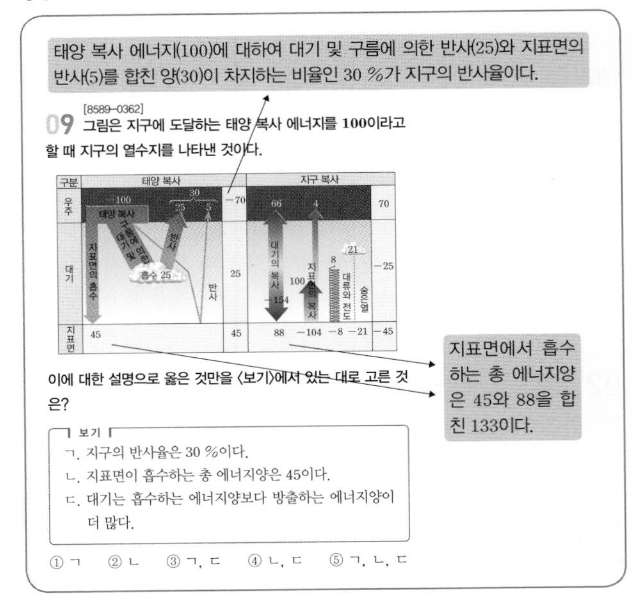

정답 맞히기 ㄱ. 지구로 입사되는 태양 복사 에너지양을 100으로 가정한다면 대기와 구름에 의한 반사 25와 지표면에서 반사되는 5를 합친 양(30)이 차지하는 비율인 30 %가 지구의 반사율이다.

오답 피하기 ㄴ. 지표면에서 흡수되는 태양 복사 에너지양은 45이지만, 대기의 재복사 과정에서 방출되는 에너지 중 88이 지표면에 흡수되므로 지표면이 흡수하는 총 에너지양은 133이다.

ㄷ. 대기에 흡수되는 에너지양은 태양 복사 에너지 중 25, 지표면의 복사 100, 대류와 전도 8, 숨은열 21로 총합은 154이다. 대기에서 방출되는 에너지양은 지표면에 흡수되는 88과 우주로 나가는 66을 합친 154이다. 따라서 대기가 흡수하는 에너지와 방출하는 에너지는 그 양이 서로 같다.

10 온실 기체

지구 온난화 지수는 이산화 탄소를 기준으로 각각의 온실 기체가 대기 중에서 같은 농도일 때 어느 정도 온실 효과를 일으키는지 나타내는 지표이며, 온실 효과 기여도는 지구 대기의 전체 온실 효과 가운데 각각의 온실 기체가 차지하는 비율을 의미한다. 따라서 지구 온난화 지수가 크고 대기 중 농도가 높은 온실 기체일 경우 온실 효과 기여도가 크며, 지구 온난화 지수가 작고 대기 중 농도가 낮은 온실 기체일 경우 온실 효과 기여도가 작다. 또한, 지구 온난화 지수는 작아도 대기 중 농도가 높으면 온실 효과 기여도가 커질 수 있다.

모범 답안 이산화 탄소는 지구 온난화 지수는 작지만 온실 효과 기여도가 크다. 이것은 다른 온실 기체에 비하여 대기 중 농도가 높기 때문이다.

11 온실 효과

정답 맞히기 ㄱ. 상자 (가)는 시간 t 이후에 온도가 일정하게 되었다. 이는 상자로 입사되는 에너지양과 상자에서 방출되는 에너지양이 서로 같은 복사 평형 상태에 도달했기 때문이다.
ㄴ. 상자 (나)의 셀로판 종이는 상자에서 방출되는 에너지가 상자 밖으로 나가지 못하게 가두어 두므로 지구의 대기와 비슷한 역할을 한다.
오답 피하기 ㄷ. 상자 (나)는 셀로판 종이가 에너지 방출을 차단하므로 상자 (가)보다 높은 온도에서 복사 평형 상태에 도달한다.

12 대기에 의한 온실 효과

정답 맞히기 ㄷ. (가)와 (나)에서 지구로 입사되는 태양 복사 에너지양은 동일하지만, (나)와 같이 대기가 있는 경우에는 지구에서 방출되는 에너지를 대기가 흡수하여 지표면으로 재복사하므로 (가)와 같이 대기가 없는 경우보다 지표면의 평균 온도가 높다.
오답 피하기 ㄱ. 지구가 복사 평형 상태라면, 지구로 들어오는 에너지(A)와 지구에서 방출되는 에너지(B)는 그 양이 서로 같다.
ㄴ. (나)와 같이 대기가 있는 경우에도 복사 평형 상태라면 지구로 들어오는 에너지(C)와 지구에서 방출되는 에너지(D)는 그 양이 서로 같다.

13 이산화 탄소의 농도와 지구의 평균 기온 변화

정답 맞히기 ㄴ. 인간 활동에 따른 화석 연료의 사용량 증가로 인해 대기 중 이산화 탄소의 농도가 증가한다.
ㄷ. 해수의 수온이 상승하면 기체의 용해도가 감소하여 해수 중에 탄산 이온의 형태로 녹아 있던 이산화 탄소가 대기 중으로 방출되어 그 농도가 증가한다.
오답 피하기 ㄱ. 광합성을 하는 생물의 개체수가 많아지면 대기 중의 이산화 탄소 농도는 감소한다.

14 영구 동토층의 변화와 지구 온난화

지구의 평균 기온이 상승하여 영구 동토층의 면적이 감소하면 유기물들이 대량으로 부패하여 메테인이 방출된다. 메테인은 이산화 탄소보다 지구 온난화 지수가 높은 온실 기체로 대기 중의 농도가 증가한다면 그만큼 지구 온난화가 더욱 가속화될 수 있다.

모범 답안 영구 동토층 속에 포함되어 있던 유기물이 부패하면서 메테인이 방출되면 지구의 평균 기온이 더욱 상승하여 지구 온난화가 심해질 것이다.

15 지구 온난화와 해수면 상승

정답 맞히기 ㄱ. 1970년 이후 이산화 탄소 배출량이 지속적으로 증가한 것으로 보아 우리나라의 평균 기온은 상승하였을 것이다.
ㄴ. 동해안과 서해안보다 남해안과 제주도 연안의 해수면 상승률이 큰 것으로 보아 난류의 영향을 많이 받는 해역일수록 해수면 상승폭이 크다는 것을 알 수 있다.
오답 피하기 ㄷ. 해수면 상승의 주요 원인은 지구 온난화로 인한 수온 상승에서 비롯된 해수의 열팽창과 대륙 빙하의 융해에 따른 담수 유입이다.

16 지구 온난화와 계절별 길이 변화

정답 맞히기 ㄱ. 1920년대에는 봄이 시작되는 시기가 대략 3월 중순 무렵이었으나, 2090년대에는 2월 중순 무렵으로 그 시기가 빨라진다.
ㄷ. 여름의 길이는 길어지고 겨울의 길이는 짧아지는 것으로 보아 우리나라의 평균 기온이 상승하여 아열대 과일의 재배 가능 면적은 넓어질 것이다.
오답 피하기 ㄴ. 1920년대와 비교한 2090년대의 계절별 길이를 살펴보면 봄과 가을은 시작과 끝나는 시기가 달라지지만 전체 길이에는 큰 변화가 없다. 하지만 여름은 45일 정도 증가하고, 겨울은 63일 정도 감소한다. 따라서 계절별 길이 변화는 겨울이 가장 크다.

신유형·수능 열기

본문199쪽

01 ③ **02** ① **03** ⑤ **04** ④

01

정답 맞히기 ㄷ. 현재 우리나라는 원일점(B)에서 여름, 근일점에서 겨울이지만, 13000년 전에는 원일점(A)에서 겨울, 근일점에서 여름이었다. 또한, 13000년 전에는 지구 공전 궤도의 이심률이 현재보다 컸기 때문에 원일점은 현재보다 태양에서 더 멀었고, 근일점은 현재보다 태양과 더 가까웠다. 따라서 13000년 전 우리나라의 겨울은 현재보다 더 추웠고, 여름은 더 더웠기 때문에 기온의 연교차는 현재보다 컸다.

오답 피하기 ㄱ. 13000년 전과 현재는 세차 운동으로 지구 자전축의 방향이 반대로 바뀌었기 때문에 계절도 서로 반대로 나타난다.
ㄴ. C일 때 지구 공전 궤도의 이심률이 현재보다 더 크기 때문에 공전 궤도는 지금보다 좀 더 타원형에 가까운 모양이었다.

02

정답 맞히기 ㄱ. 1만 년 전에는 현재보다 지구 자전축의 기울기가 컸기 때문에 북반구의 위도 40°에 위치한 A 지역에서는 여름철 태양의 남중 고도가 현재보다 높고, 겨울철 태양의 남중 고도가 현재보다 낮았다. 따라서 1만 년 전 A 지역의 겨울철은 현재보다 평균 기온이 낮았다.

오답 피하기 ㄴ. 1만 년 후에는 현재보다 지구 자전축의 기울기가 작아지기 때문에 북반구의 위도 40°에 위치한 A 지역에서는 여름철 태양의 남중 고도가 현재보다 낮고, 겨울철 태양의 남중 고도가 현재보다 높아질 것이다. 따라서 1만 년 후 A 지역은 여름철 기온이 낮아지고, 겨울철 기온이 높아지면서 기온의 연교차는 현재보다 작아진다.
ㄷ. 1만 년 후에는 현재보다 지구 자전축의 기울기가 작아지기 때문에 남반구의 위도 40°에 위치한 B 지역에서 여름철 태양의 남중 고도는 현재보다 낮아질 것이다.

03

정답 맞히기 ㄱ. A는 태양 복사 에너지 100 중에서 반사 30, 지표 흡수 45를 제외한 것으로 25이다.
ㄴ. 지구는 복사 평형 상태이므로 지표면이 흡수하는 에너지(C+45)와 방출하는 에너지(B+29)는 그 양이 서로 같다.
ㄷ. 지구 온난화가 진행되면 지구의 평균 기온이 상승하므로 지표에서 방출되는 에너지가 증가하고, 이로 인해 대기의 온도가 상승하면 지표로 방출하는 에너지가 증가하므로 지표에서 흡수하는 에너지도 증가한다.

04

정답 맞히기 ㄱ. 그림에서 화석 연료에 계속 의존하는 경우 이산화 탄소의 농도가 지속적으로 증가한다. 이것으로 볼 때 대기 중 이산화 탄소 농도가 증가하는 주요 원인은 화석 연료의 사용량 증가임을 알 수 있다.
ㄴ. 그림에서 청정 에너지 기술을 적용할 경우 이산화 탄소 농도의 증가폭이 크게 감소하는 것을 볼 수 있다. 이는 청정 에너지가 이산화 탄소 배출량이 적기 때문이다.

오답 피하기 ㄷ. 청정 에너지 기술을 적용하면 이산화 탄소의 농도 증가와 지표면 온도 상승 폭은 감소하지만, 지구의 평균 온도가 현재보다 낮아지는 것은 아니다.

단원 마무리 문제

본문 202~204쪽

01 ④	02 ②	03 해설 참조		04 ④
05 ③	06 ③	07 해설 참조		08 ③
09 ①	10 ①	11 ⑤	12 ④	13 ①

01

정답 맞히기 ㄴ. 위도 30° 이하의 저위도 지역에서는 대기보다 해수에 의한 에너지 수송량이 많고, 위도 30° 이상의 지역에서는 해수보다 대기에 의한 에너지 수송량이 많다.
ㄷ. 지구가 구형으로 생겼기 때문에 나타나는 위도별 에너지 불균형으로 인해 대기와 해수의 순환이 발생되며, 이를 통해 저위도의 남는 에너지가 고위도로 이동하여 위도별 에너지 불균형이 해소된다.

오답 피하기 ㄱ. 위도 38° 이하의 저위도 지역에서는 남는 에너지가 많고, 위도 38° 이상의 고위도 지역일수록 에너지가 부족한 양이 증가한다. 위도 38° 부근은 에너지가 많이 남는 곳이 아니라 저위도에서 고위도로 이동하는 에너지가 가장 많은 곳이다.

02

정답 맞히기 ② 우리나라의 남해는 난류인 쿠로시오 해류의 영향을 가장 많이 받아서 동해나 황해보다 수온이 높고 수온의 연교차가 작다.

오답 피하기 ① 동해에서는 난류(동한 난류)와 한류(북한 한류)가 만나는 조경 수역이 형성된다.
③ 북적도 해류는 적도와 북위 30° 사이의 해역에서 나타나며, 주로 무역풍의 영향을 받아 형성된다.
④ 북태평양의 아열대 순환은 북적도 해류, 쿠로시오 해류, 북태평양 해류, 캘리포니아 해류가 연결되어 시계 방향으로 형성된다.
⑤ 난류인 쿠로시오 해류가 흐르는 해역은 한류인 캘리포니아 해류가 흐르는 해역보다 염분이 높다.

03

A는 극 지역의 상공에서 찬 공기가 하강하면서 형성되는 대류 순환 세포인 극 순환으로 직접 순환 세포이다. B는 페렐 순환으로, 직접 순환 세포인 극 순환(A)과 해들리 순환(C) 사이에서 형성되는 간접 순환 세포이다.

모범 답안 (가) : 극 지역의 상공에서 찬 공기가 하강하여 형성되었다.
(나) : 직접 순환 세포인 극 순환과 해들리 순환 사이에서 간접적으로 형성되었다.

04

정답 맞히기 ㄱ. 대서양에서 수심이 깊어질수록 수온은 대체로 낮아진다.

ㄷ. 심층 순환은 고위도의 해역에서 수온이 낮아지고 염분이 증가하여 밀도가 커진 표층 해수가 침강하는 과정에서 형성된다.

오답 피하기 ㄴ. 북대서양 심층수가 형성되는 북위 60° 정도의 해역에서 수온은 약 5 ℃, 염분은 약 35 psu이다. 반면에 남극 저층수가 형성되는 남위 70°~80°의 해역에서 수온은 약 0~2 ℃, 염분은 약 34.6 psu이다. 일반적으로 해수의 밀도는 수온이 낮을수록 염분이 높을수록 증가한다. 한편, 남극 저층수는 북대서양 심층수보다 깊은 곳에 위치하므로 밀도가 크다. 따라서 북대서양 심층수보다 염분이 낮은 남극 저층수가 밀도가 크다는 것은 그만큼 염분보다 수온의 영향을 더 받았기 때문에 나타나는 현상으로 설명할 수 있다.

05

정답 맞히기 ③ A 해역에서 표층 해수의 밀도는 1.022 g/cm^3 보다 약간 작으며, B 해역에서 표층 해수의 밀도는 약 1.023 g/cm^3 정도이다. 따라서 표층 해수의 밀도는 A 해역이 B 해역보다 작기 때문에 A 해역의 표층 해수가 B 해역으로 이동해도 침강은 일어나지 않는다. 반대로 B 해역의 표층 해수가 A 해역으로 이동하면 약 수심 50 m 부근까지 침강이 일어날 수 있다.

오답 피하기 ① 수온-염분도에서 A의 표층 수온은 약 27 ℃, B의 표층 수온은 약 25 ℃이다. 따라서 표층 수온은 A가 B보다 높다.

② A 해역은 표층에서 수온이 약 27 ℃이며 수심 50 m에서는 수온이 약 25 ℃이다. 반면, B 해역은 표층에서 수온이 약 25 ℃이며 수심 50 m에서는 수온이 약 20 ℃이다. 따라서 표층에서 수심 50 m까지 수온 변화는 A가 B보다 작다.

④ A, B 두 해역 모두 수심이 깊어질수록 해수의 밀도는 대체로 증가하고 있다.

⑤ 수심 500 m 이하에서는 A, B 두 해역 모두 수온과 염분의 변화가 비슷하게 나타난다.

06

정답 맞히기 ㄷ. (나)는 북반구의 어느 해역에서 북풍이 불고 있는 모습이다. 이때 표층 해수는 바람이 부는 방향의 오른쪽으로 이동하므로 B에서 A로 이동한다. 따라서 표층 해수가 발산하는 B에서 용승이 일어난다.

오답 피하기 ㄱ. (가)에서 바람은 시계 방향으로 불고 있으므로, (가)의 중심에는 고기압이 위치한다. 북반구에서 표층 해수는 바람이 부는 방향의 오른쪽으로 이동하므로 (가)의 주변부에서 중심부로 표층 해수가 수렴하여 침강이 일어난다.

ㄴ. (나)에서 표층 해수는 바람이 부는 방향의 오른쪽으로 이동하므로 B에서 A로 이동한다.

07

평상시 동태평양 해역은 무역풍에 의해 형성되는 북적도 해류와 남적도 해류에 의해 표층 해수가 서태평양으로 이동하고, 빠져나간 해수를 보충하기 위해 심층의 해수가 올라오는 용승이 활발하게 일어난다. 이 과정에서 심층의 영양 염류가 표층으로 공급되어 플랑크톤이 증가하고 이것을 먹이로 하는 어류들이 모이면서 좋은 어장이 형성된다. 반면, 엘니뇨 발생 시기에는 무역풍이 약해지면서 표층 해수를 동에서 서로 운반하는 북적도 해류와 남적도 해류가 약해지고 동태평양 해역에서 빠져나가는 해수가 감소하여 심층수가 상승하는 용승이 약해진다. 따라서 심층에서 표층으로 공급되는 영양 염류가 감소하면서 평상시보다 어획량이 감소한다.

모범 답안 엘니뇨 발생 시기에는 무역풍이 약해지므로 동태평양에서 서태평양으로 이동하는 표층 해수의 양이 감소하여, 평상시보다 동태평양에 머무르는 표층 해수가 증가하여 용승이 약해진다. 용승이 약해지면 심해저에서 표층으로 공급되는 영양 염류가 줄어들면서 동태평양 해역의 어획량은 평상시보다 감소한다.

08

정답 맞히기 ㄱ. 엘니뇨 발생 시기에는 동태평양 또는 중앙 태평양의 수온이 상승하면서 평상시와 달리 상승 기류가 형성되는 위치가 (나)와 같이 동쪽으로 치우쳐서 형성된다. 따라서 (가)는 평상시, (나)는 엘니뇨 발생 시 적도 부근 태평양 해역의 대기 순환을 나타낸 것이다.

ㄷ. (나)와 같이 엘니뇨가 발생한 시기에는 무역풍이 약해지면서 동태평양의 용승이 약화되어 동태평양 해역의 표층 수온이 평상시보다 높아진다.

오답 피하기 ㄴ. (가)의 평상시보다 (나)의 엘니뇨 발생 시에 무역풍이 약해진다.

09

정답 맞히기 ㄱ. (가)에서는 남극 대륙과 남아메리카 대륙이 붙어있어서 남극 대륙 주변의 해류는 남아메리카 대륙을 따라 다시 적도 방향으로 이동하는 반면, (나)에서는 남극 대륙과 남아메리카 대륙이 분리되어 해류가 남극 대륙 주변을 순환하는 형태로 형성된다. 따라서 대륙 이동에 따른 수륙 분포의 변화는 표층 해류의 흐름에 영향을 미친다.

오답 피하기 ㄴ. (가)에서 A 해역은 적도 부근에서 이동해 오는 난류의 유입량이 많지만, (나)에서 A 해역은 남극 대륙 주변을 순환하는 해류에 의해 열 교환이 차단되어 있다. 따라서 A 해역으로 유입되는 난류의 양은 (가)보다 (나)에서 감소할 것이다.
ㄷ. (나)에서 남극 대륙 주변을 순환하는 남극 순환 해류는 주로 편서풍에 의해서 형성된다.

10

정답 맞히기 ㄱ. (가) 시기에 비해 (나) 시기에 빙하의 면적이 감소한 것으로 보아 지구의 평균 기온은 상승하였다.

오답 피하기 ㄴ. A 지역은 반사율이 큰 빙하가 감소하였기 때문에 태양 에너지 흡수율이 증가하였다.
ㄷ. 빙하가 녹은 물의 일부가 북극해로 유입되었기 때문에 그린란드를 비롯한 주변 해역에서 표층 해수의 염분과 밀도가 감소하여 표층 해수의 침강이 약화되었다.

11

정답 맞히기 ㄱ. (가)에서 현재 지구 자전축의 기울기는 23.5°이며, 1만 년 전에는 자전축 기울기가 현재보다 약간 컸다. 따라서 1만 년 전 북반구에 위치한 한반도에서 여름철 태양의 남중 고도는 현재보다 높았으며, 겨울철 태양의 남중 고도는 현재보다 낮았기 때문에 겨울철 기온도 현재보다 낮았을 것이다.
ㄴ. (나)에서 현재 북반구에 위치한 한반도의 여름철에 지구와 태양 사이의 거리는 약 1.02 AU이며, 1만 년 후에는 현재보다 태양과 가까워지므로 여름철 기온은 현재보다 높아질 것이다.
ㄷ. (가)에서 3만 년 후에는 자전축 기울기가 현재보다 증가하므로 여름철 기온은 현재보다 올라가고, 겨울철 기온은 현재보다 내려간다. (나)에서 3만 년 후에는 현재보다 여름철에 태양과 거리가 가까워진다. 현재 한반도의 여름철은 원일점에서 나타나므로 3만 년 후에 원일점이 태양과 가까워진다는 것은 이심률이 작아져서 겨울철이 나타나는 근일점은 태양에서 멀어진다는 것을 의미한다. 따라서 (나)만 고려할 때 3만 년 후에 여름철 기온은 올라가고, 겨울철 기온은 현재보다 내려간다. 그러므로 (가)와 (나)를 모두 고려하면 3만 년 후의 여름철 기온은 현재보다 높아지고, 겨울철 기온은 현재보다 낮아져서 기온의 연교차가 현재보다 커질 것이다.

12

정답 맞히기 ④ 대기에서 방출되는 에너지는 대기로 흡수되는 에너지와 같은 양이다. 대기로 흡수되는 에너지는 태양 복사 에너지 중 일부인 25(B)와 지표면에서 방출되는 에너지 중 일부인 129를 합친 것으로 총 흡수량은 154이다. 따라서 대기에서 방출되는 총 에너지양도 154이다.

오답 피하기 ① 태양에서 지구로 들어오는 에너지는 100이고, 지구 복사에 의해 우주로 나가는 에너지는 70이므로 A는 30이다. 또한, 지구로 들어오는 태양 에너지 100 중에서 반사되는 에너지(A)는 30이고, 지표면에서 흡수하는 태양 복사 에너지가 45이므로, 대기가 흡수하는 태양 복사 에너지(B)는 25이다. 따라서 A는 B보다 크다.
② C는 지표면이 방출하는 에너지이므로, 지표면이 흡수하는 에너지와 같은 양이다. 지표면은 태양 복사 에너지 45와 대기에 방출되는 에너지 중 88을 흡수하므로 총 흡수량은 133이다. 따라서 지표면에서 방출되는 에너지(C)도 133이다.
③ D는 대기에서 방출되는 에너지로 대부분 파장이 긴 적외선으로 이루어져 있다.
⑤ 대기 중의 이산화 탄소가 많아지면 대기가 흡수하는 에너지가 많아지고 대기의 온도가 올라가면 대기에서 재방출되는 에너지도 많아지므로 결국 E는 증가한다.

13

정답 맞히기 ㄱ. 산업 혁명 이후 지구의 연평균 기온 변화는 화석 연료 사용에 따른 이산화 탄소의 배출량 증가와 밀접한 관련이 있다.

오답 피하기 ㄴ. 1850년 이후로 지구의 연평균 기온은 대체로 상승하였으므로 극지방의 빙하가 감소하였을 것이다. 빙하는 반사율이 크기 때문에 빙하가 감소하면 지표면의 반사율은 대체로 감소하였을 것이다.
ㄷ. 최근 25년 동안의 평균 기온 증가율의 기울기가 150년 동안의 평균 기온 증가율의 기울기보다 큰 것으로 보아, 최근 25년 동안의 연평균 기온 증가율이 과거 150년 동안의 연평균 기온 증가율보다 크다.

V. 별과 외계 행성계

13 별의 물리량과 H－R도

탐구 활동

본문 215쪽

1 해설 참조 **2** 해설 참조 **3** 해설 참조

1

모범 답안 태양계 주변 국부 항성계에 위치한 별의 분포와 관련된 H－R도에서 그래프의 왼쪽 상단에서 오른쪽 하단으로 대각선상에 분포하는 주계열성의 비율이 가장 크다. 그 까닭은 별의 진화 과정 중에서 주계열성 단계에서 가장 오랜 시간을 보내기 때문이다. 일반적으로 주계열성 단계에서는 별의 전체 수명 중에서 약 90 %를 소요한다.

2

모범 답안 별의 광도 $L \propto R^2 \cdot T^4$(R : 반지름, T : 표면 온도)이므로 광도는 별의 반지름의 제곱에 비례하고, 표면 온도의 네제곱에 비례한다. 백색 왜성의 경우에는 분광형이 거의 A형이나 F형으로 표면 온도가 매우 높다. 그러나 반지름이 매우 작으므로 광도는 작다. 백색 왜성은 별의 진화 과정 중에서 태양 정도의 질량을 가진 별의 최후 단계의 별로, 별의 외층부는 행성상 성운으로 흩어지고 별의 중심부 핵이 남아 백색 왜성으로 된 것이다. 따라서 백색 왜성은 반지름이 매우 작다.

3

모범 답안 백색 왜성, 별의 진화 최종 단계에서 핵융합 반응이 종료되면 온도가 하강하므로 중력 수축하여 반지름이 매우 작아지므로 밀도가 매우 커진다.

내신 기초 문제

본문 216쪽

01 ③ **02** ② **03**. ④ **04**. 가로축 : 표면 온도 또는 분광형, 세로축: 절대 등급 또는 광도
05. ③ **06**. ③ **07**. ①

01

정답 맞히기 ③ 별의 스펙트럼은 표면 온도에 따라 선의 위치와 굵기가 달라지는 흡수 스펙트럼이 나타난다.

오답 피하기 ① 스펙트럼 상에 검은 선이 나타나므로 흡수 스펙트럼이다.

② 고온의 고체가 방출하는 빛을 분광하면 연속 스펙트럼이 관측된다.

④ 별빛의 선스펙트럼의 위치는 별의 질량때문이 아니라 별의 표면 온도나 기체의 종류, 별의 운동에 의한 도플러 효과 등에 의해 달라질 수 있다.

⑤ 고온 · 저밀도의 기체가 방출하는 빛을 분광하면 방출 스펙트럼이 나타난다.

02

정답 맞히기 ② 별의 광도가 같더라도 별까지의 거리가 멀어지면 겉보기 밝기는 어두워진다.

오답 피하기 ①, ⑤ 별의 광도는 단위 시간당 별에서 방출되어 나오는 에너지양을 의미하므로 별의 광도가 클수록 실제 밝기가 밝다. 따라서 별의 광도가 클수록, 절대 등급이 작을수록 별의 실제 밝기가 밝다.

③, ④ 광도 $L = 4\pi R^2 \cdot \sigma T^4$ (R : 별의 반지름, σ : 슈테판－볼츠만 상수, T : 별의 표면 온도)이므로 광도는 별의 반지름의 제곱에 비례하고, 표면 온도의 네제곱에 비례한다.

03

정답 맞히기 ④ H－R도의 가로축은 별의 표면 온도, 분광형 등이 올 수 있다. 이때 가로축에서 오른쪽으로 갈수록 표면 온도가 낮아진다.

오답 피하기 ① H－R도의 세로축은 별의 실제 밝기와 관련된 물리량을 나타내므로 별의 절대 등급이나 별의 광도를 사용한다.

② 태양계 주변 국부 항성의 H－R도에서 가장 많은 별의 집단은 H－R도의 왼쪽 위에서 오른쪽 아래로 대각선 형태로 분포하는 주계열성이다.

③ 적색 거성은 H－R도에서 주계열성의 분포보다 위쪽에 위치하므로 분광형이 같은 경우 적색 거성이 주계열성보다 밝다.

⑤ 중성자별이나 블랙홀은 H－R도에 나타내지 않으므로 H－R도에서 반지름이 평균적으로 가장 작은 별의 집단은 백색 왜성이다.

04

정답 맞히기 H－R도의 가로축에 올 수 있는 물리량은 별의 표면 온도, 분광형 등이고, 세로축에 올 수 있는 물리량은 절대 등급, 광도 등이다.

05

정답 맞히기 ③ (나) 집단은 주계열성으로 표면 온도가 높은 별일수록 광도가 크고, 광도가 큰 별일수록 질량이 큰 별이다. 질량이 클수록 핵융합 반응이 활발하여 별의 수명이 짧다. 또한, 주계열성의 표면 온도가 낮을수록 질량이 작은 별이므로 핵융합 반응이 활발하게 일어나지 않아서 수명이 길다.

오답 피하기 ① (가) 집단은 거성, (나) 집단은 주계열성이므로 (가) 집단이 (나) 집단에 비해 평균적으로 반지름이 크다.

② (나) 집단은 주계열성으로 질량이 클수록 광도가 크다.

④ (다)는 백색 왜성으로 (가), (나), (다) 집단의 별 중에서 가장 밀도가 크다.

⑤ H－R도에서 오른쪽에 위치한 별일수록 표면 온도가 낮다. 따라서 (다) 집단은 (가) 집단에 비해 표면 온도가 높다.

06

정답 맞히기 A와 C는 주계열성, B는 적색 거성이다. A와 C는 주계열성이므로 표면 온도가 높은 A의 반지름이 C보다 크다. 한편, A와 B는 광도는 같으나 표면 온도는 A가 높으므로 반지름은 B가 더 커야 한다. 따라서 반지름은 B가 가장 크고, 그 다음 A, C 순이다.

07

정답 맞히기 ① 광도 계급은 Ⅰ에서 Ⅵ까지 분류하며, 숫자가 커질수록 광도가 작은 별이다.

오답 피하기 ②, ③, ④ 광도 계급이 Ⅰ인 별은 초거성, Ⅱ는 밝은 거성, Ⅲ은 거성, Ⅳ는 준거성, Ⅴ는 주계열성, Ⅵ는 준왜성이다. 따라서 광도 계급이 Ⅰ인 별은 광도 계급이 Ⅵ인 별보다 반지름이 크다.

⑤ 분광형이 같아서 표면 온도가 같다 하더라도 별의 반지름이 차이나면 광도가 달라진다. 따라서 분광형이 같은데도 광도 계급이 다른 것은 별의 반지름이 다르기 때문이다.

실력 향상 문제

본문 217~220쪽

01 ⑤	02 ⑤	03 ①	04 ②	05 ⑤
06 ⑤	07 ②	08 ②	09 ⑤	10 ⑤
11 ④	12 ⑤	13 ③	14 ②	15 ④
16 ③	17 ④			

01 스펙트럼의 종류

A는 연속 스펙트럼, B는 방출 스펙트럼, C는 흡수 스펙트럼이다.

정답 맞히기 ㄱ. 고온의 고체는 A와 같은 연속 스펙트럼이 나타난다.

ㄴ. 별의 분광형은 표면 온도에 따라 별의 흡수 스펙트럼이 다르게 나타나는 것을 분류한 것이다. 따라서 별의 분광형은 C와 같은 종류의 스펙트럼이다.

ㄷ. 기체의 종류가 같을 경우, 기체가 방출하는 방출 스펙트럼이나 기체에 의한 흡수 스펙트럼의 선의 위치와 패턴이 동일하다.

02 별의 물리량

정답 맞히기 ㄱ. 별의 광도는 $L \propto R^2 \cdot T^4$이므로 반지름의 제곱에, 표면 온도의 네제곱에 비례한다. 따라서 별 A의 반지름은 태양의 $\frac{1}{2}$배, 표면 온도는 태양의 2배이므로 별의 광도는 태양 광도의 $\left(\frac{1}{2}\right)^2 \cdot 2^4 = 4$배이다.

ㄴ. B의 반지름은 태양의 10배, 표면 온도는 태양의 $\frac{1}{2}$배이므로 광도는 $10^2 \cdot \left(\frac{1}{2}\right)^4 = \frac{25}{4}$배이다. 따라서 광도는 B＞A＞태양 순이다.

ㄷ. 단위 시간당 단위 면적에서 방출하는 에너지는 표면 온도의 네제곱에 비례한다. 태양의 표면 온도는 B의 2배이므로 단위 시간당 단위 면적에서 방출하는 에너지는 16배이다.

03 별의 분광형

정답 맞히기 ㄱ. 중성 수소(HI)의 흡수선이 가장 강하게 나타나는 분광형은 A0형이다.

오답 피하기 ㄴ. 태양의 분광형은 G형이므로 칼슘 이온에 의한 흡수선이 가장 강하게 나타난다. 중성 헬륨에 의한 흡수선이 가장 강하게 나타나는 분광형은 B0형이다.

ㄷ. 다양한 금속 원소의 흡수선은 온도가 낮은 K형 또는 M형의 별에서 나타난다.

04 별의 물리량

정답 맞히기 ㄴ. 이온화된 마그네슘의 흡수선이 나타나는 분광형은 O형, B형, A형 별이고, 그 이외의 분광형에는 이온화된 마그네슘선이 나타나지 않는다. 베텔게우스의 분광형은 M형이므로 이온화된 마그네슘의 흡수선은 나타나지 않는다.

오답 피하기 ㄱ. 광도가 클수록 절대 등급이 작으므로 광도는 베텔게우스가 리겔보다 작다.

ㄷ. 리겔의 분광형은 B8이다. 중성 헬륨의 흡수선이 가장 강하게 나타나는 분광형은 B0이고, 분광형 B8은 중성 수소의 흡수선이 가장 강하게 나타난다.

05 스펙트럼

정답 맞히기 ㄱ. 고온·저밀도 성운의 스펙트럼에서는 밝은 선이 보이는 방출 스펙트럼이 나타난다.

ㄴ. 고온의 별 주변에 저온의 성운이 있다면 별에서 나온 빛이 저온의 성운을 지나면서 흡수되어 스펙트럼에서 검은 흡수선이 보이는 흡수 스펙트럼이 나타난다.

ㄷ. 별의 표면 온도에 따라 별을 구성하는 원자의 종류와 이온화 정도 등이 차이가 나므로 그에 따른 원소의 흡수선이 달라진다.

06 광도 계급

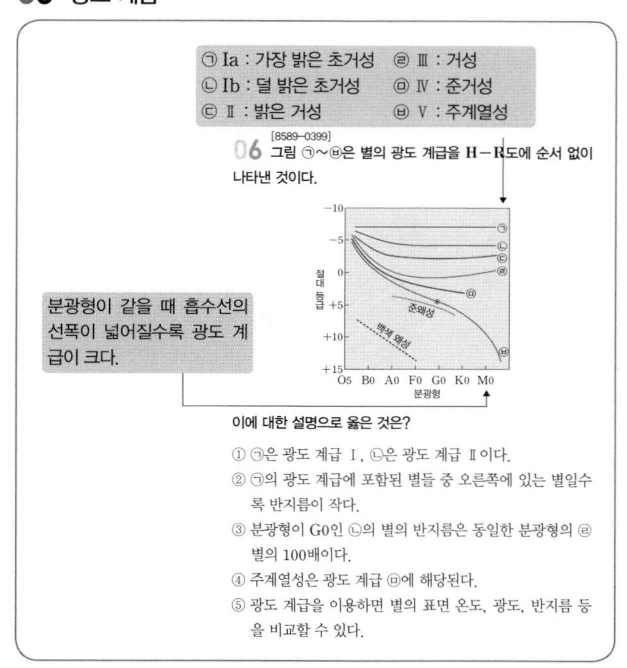

[8589-0399]

06 그림 ㉠~㉥은 별의 광도 계급을 H−R도에 순서 없이 나타낸 것이다.

이에 대한 설명으로 옳은 것은?

① ㉠은 광도 계급 Ⅰ, ㉡은 광도 계급 Ⅱ이다.
② ㉠의 광도 계급에 포함된 별들 중 오른쪽에 있는 별일수록 반지름이 작다.
③ 분광형이 G0인 ㉡의 별의 반지름은 동일한 분광형의 ㉣ 별의 100배이다.
④ 주계열성은 광도 계급 ㉤에 해당된다.
⑤ 광도 계급을 이용하면 별의 표면 온도, 광도, 반지름 등을 비교할 수 있다.

정답 맞히기 ⑤ 광도 계급은 스펙트럼 분석을 통해 표면 온도가 동일한 별이라 할지라도 별의 반지름에 따라 광도가 다른 것을 알아내서 별을 광도에 따라 Ⅰ~Ⅵ 계급으로 분류한 것이다.

오답 피하기 ① 광도 계급에서 ㉠은 Ia, ㉡은 Ib이다.

② 광도 계급 ㉠에서 오른쪽에 있는 별일수록 표면 온도가 낮은데도 광도가 동일하다는 것은 그만큼 반지름이 크다는 것이다.

③ 광도 계급이 ㉡인 별과 ㉣인 별의 분광형이 G0로 동일하다면 표면 온도는 같고, 절대 등급이 약 5등급 차이가 나므로 별의 밝기는 ㉡이 ㉣보다 100배 밝다. 따라서 별의 반지름은 ㉡이 ㉣보다 10배 크다.

④ 주계열성의 광도 계급은 Ⅴ이며, 그림에서 ㉥에 해당한다.

07 별의 특성

정답 맞히기 ㄴ. 분광형이 G0형인 별의 표면 온도는 6000 K인데 태양의 표면 온도도 이와 비슷하다. 태양은 노란색 별이다.

오답 피하기 ㄱ. 별의 분광형을 온도가 높은 것에서 낮은 것으로 나타내면 O−B−A−F−G−K−M 순이다. 따라서 B0형이 A0형보다 표면 온도가 높다.

ㄷ. 중성 수소 흡수선은 A0형 별에서 가장 강하며 대체로 표면 온도가 높은 별에 나타난다. 표면 온도가 낮은 K형과 M형 별에서는 매우 약하거나 거의 나타나지 않는다.

08 별의 물리량

정답 맞히기 ㄱ. 주계열성은 광도가 클수록 반지름도 크므로 반지름은 A>B>태양 순이다.

ㄹ. B의 광도는 태양의 약 100배이므로 B의 절대 등급이 태양의 절대 등급보다 5등급 작다.

오답 피하기 ㄴ. 주계열성은 광도가 클수록 표면 온도가 높으므로 표면 온도는 A>B>태양 순이다.

ㄷ. 일반적으로 질량이 큰 별일수록 핵융합 반응의 속도가 빨라서 별의 수명이 짧아지는 경향이 있다.

09 H−R도

정답 맞히기 표에서 주어진 자료를 통해 분석해 볼 때 포말하우트와 태양은 모두 주계열성이다. 주계열성은 질량이 클수록 광도와 표면 온도, 반지름이 크지만, 수명은 짧아진다. 따라서 포말하우트가 태양보다 작은 값을 갖는 것은 별의 수명이다.

10 별의 물리량

정답 맞히기 ㄴ, ㄷ. 별의 광도는 반지름의 제곱과 표면 온도의 네제곱에 비례한다. 따라서 태양의 표면 온도를 구하기 위해서는 태양의 광도와 반지름을 알아야 한다. 이때 태양의 반지름은 태양의 각지름과 지구와 태양 사이의 거리의 곱으로 구해진다.

ㄹ. 태양의 광도는 태양 상수(지구 대기권 상부의 단위 시간당 단위 면적에 도달하는 태양 복사 에너지)에 태양과 지구 사이의 거리를 반지름으로 하는 구의 표면적을 곱해서 구한다.

오답 피하기 ㄱ. 지구의 반지름은 태양 광도를 구하는 데 필요한 물리량이 아니다.

11 광도

정답 맞히기 $L \propto R^2 \cdot T^4$이므로, 반지름이 태양의 8배, 표면 온도가 태양의 절반인 별의 광도는 태양의 $8^2 \times \left(\frac{1}{2}\right)^4 = 4$배이다.

12 별의 물리량

정답 맞히기 ⑤ 베텔게우스는 표면 온도가 태양보다 낮은데도 광도는 태양보다 크므로 반지름은 태양보다 크다.

오답 피하기 ① 광도가 가장 큰 별은 절대 등급이 가장 작은 리겔이다.

② 리겔과 태양의 절대 등급은 12.8등급 차이가 나므로 리겔이 태양보다 25000배 이상 밝다. 리겔의 표면 온도는 태양의 2배이므로, 리겔의 반지름은 태양의 $\sqrt{\frac{25000}{16}}$배보다 크다.

③ 베텔게우스의 분광형은 M형이므로 적색으로 보인다.

④ 리겔이 베텔게우스에 비해 절대 등급이 2등급 작지만, 겉보기 등급은 0.3등급만 작다. 따라서 리겔이 베텔게우스보다 더 멀리 있다. 일반적으로 별의 (겉보기 등급—절대 등급) 값을 거리 지수라고 하는데 거리 지수가 큰 별일수록 멀리 있는 별이다. 베텔게우스의 거리 지수는 6.4, 리겔의 거리 지수는 8.1이므로 이를 통해서도 리겔이 베텔게우스보다 더 멀리 있음을 알 수 있다.

13 H−R도

정답 맞히기 ③ (나)는 태양보다 절대 등급이 10등급 작으므로 광도는 10000배 밝다. 한편, 별의 실제 밝기인 광도 $L \propto R^2 \cdot T^4$이므로 분광형이 동일한 (나)와 태양의 경우 (나)의 반지름이 태양의 100배임을 알 수 있다.

오답 피하기 ① H−R도에서 왼쪽에 위치한 별일수록 표면 온도가 높다. 따라서 별의 표면 온도는 (가)>(라)>(나)=태양>(다) 순이다.

② (가)는 (나)보다 절대 등급이 5등급 작으므로 (가)의 광도가 (나)의 100배이다.

④ (나)와 (다)는 광도가 같고, 표면 온도가 다르다. 한편, 별의 광도 $L \propto R^2 \cdot T^4$이므로 별의 반지름은 (나)가 (다)보다 작다.

⑤ (가)는 주계열성, (나)와 (다)는 거성, (라)는 백색 왜성이므로 밀도는 (라)가 가장 크다.

14 H−R도

정답 맞히기 ② 광도가 가장 큰 별은 절대 등급이 가장 작은 안타레스이다.

오답 피하기 ① 베가와 태양은 주계열성, 안타레스는 거성, 시리우스B는 백색 왜성이다.

③ 밀도는 백색 왜성>주계열성>거성>초거성의 순이므로 밀도가 가장 큰 별은 시리우스B이다.

④ 일반적으로 별의 반지름은 초거성>거성>주계열성>백색 왜성의 순이므로 반지름이 가장 큰 별은 안타레스이다.

⑤ 별의 표면 온도는 분광형으로 비교하며, O−B−A−F−G−K−M으로 갈수록, 같은 분광형에서는 숫자가 커질수록 표면 온도가 낮아진다. 따라서 표면 온도가 가장 높은 별은 베가이다.

15 주계열성의 특징

정답 맞히기 ㄴ. 주계열성은 질량이 클수록 표면 온도가 높으므로 B가 A보다 표면 온도가 높다.

ㄷ. 질량이 클수록 별 내부에서 핵융합 반응이 활발하게 일어나므로 수명은 짧아진다.

오답 피하기 ㄱ. 주계열성은 질량이 클수록 광도가 크므로 B가 A보다 광도가 크다.

16 H−R도

정답 맞히기 ㄱ. (가)는 (나)보다 표면 온도가 높은 별이므로 파장이 짧은 푸른색 쪽에서 더 많은 에너지를 방출한다.

ㄷ. (다)와 (라)는 절대 등급이 같아서 광도는 동일한데, (다)의 표면 온도가 더 높으므로 반지름은 (라)가 더 크다.

오답 피하기 ㄴ. (가)와 (다)는 표면 온도는 동일한데, 절대 등급은 (가)가 10등급이 작으므로 광도는 (가)가 (다)보다 10000배 밝다. 따라서 반지름은 (가)가 (다)의 100배이다.

17 주계열성의 특징

정답 맞히기 ㄴ. 주계열성은 질량이 클수록 반지름, 광도, 표면 온도가 크고, 수명이 짧다. A는 B보다 질량이 작으므로 표면 온도도 낮다.

ㄷ. 질량이 클수록 별의 수명이 짧아지므로 주계열성에 머물러 있는 시간이 짧다. 따라서 질량이 클수록 주계열성의 비율이 작아진다.

오답 피하기 ㄱ. A는 B보다 질량이 작으므로 광도는 B가 크다.

신유형·수능 열기

본문 221쪽

01 ③　02 ⑤　03 ⑤　04 ⑤

01

정답 맞히기 ㄱ. 파장에 따른 복사 에너지 세기를 나타낸 곡선을 플랑크 곡선이라고 한다. 주어진 그래프를 해석해 보면 표면 온도가 높을수록 모든 파장대에서 방출하는 복사 에너지의 세기가 크며, 복사 에너지 세기가 최대인 파장이 짧아진다는 것을 알 수 있다.
ㄴ. 리겔은 표면 온도가 21500 K으로 매우 높으므로 가시광선 중에서 푸른색에서 가장 많은 에너지를 방출한다.

오답 피하기 ㄷ. 표면 온도가 높을수록 복사 에너지 세기가 최대가 되는 파장이 짧아진다.

02

정답 맞히기 ㄱ. 별 ㉠의 광도는 태양의 100배이므로 절대 등급은 태양보다 5등급이 작다. 따라서 절대 등급이 0등급인 별 ㉠의 분광형은 A형이다.
ㄴ. 별 ㉡의 광도는 태양의 10000배이므로 절대 등급은 태양보다 10등급 작아야 하므로 별 ㉡의 절대 등급은 −5등급이다.
ㄷ. 주계열성의 수명은 질량이 작을수록 길다. 주계열성은 질량이 작을수록 광도가 작고, 표면 온도도 낮고, 반지름도 작다. 별 ㉠, ㉡, 태양 중에서 태양의 광도가 가장 작으므로 태양의 질량이 가장 작다. 따라서 수명은 태양이 가장 길다.

03

정답 맞히기 ㄱ. 레굴루스의 분광형은 B형이므로 중성 수소와 중성 헬륨의 흡수선이 나타난다.
ㄴ. 프로키온 B의 분광형은 A형이므로 중성 수소 흡수선이 가장 강하게 나타난다.
ㄷ. 중성 헬륨의 흡수선은 분광형이 A형보다 표면 온도가 높은 별에서만 나타난다. 태양, 알데바란 A, 베텔게우스는 분광형이 각각 G형, K형, M형이므로 중성 헬륨 흡수선이 나타나지 않는다.

04

정답 맞히기 ㄱ. H−R도의 가로축에는 표면 온도, 분광형 등이 올 수 있다. 이때 왼쪽으로 갈수록 그 값이 커지는 것은 표면 온도이다.
ㄴ. ㉠과 ㉡은 절대 등급이 같아 광도가 같은데 표면 온도가 다르다. 따라서 표면 온도가 낮은 별이 반지름이 더 커야 광도가 같을 수 있다. 따라서 ㉡의 반지름이 ㉠보다 크다.
ㄷ. ㉢은 백색 왜성으로 주계열성이나 적색 거성에 비해 밀도가 크다.

14 별의 에너지원과 별의 진화

내신 기초 문제

본문 235~236쪽

01 ②	02 ⑤	03 ①	04 ①	05 ①
06 ③	07 ③	08 ②	09 ④	10 ②
11 ②	12 ⑤			

01

정답 맞히기 성운이 원시별이 되고, 중심부에서 수소 핵융합 반응을 할 수 있는 주계열성이 되기 위해서는 중력 수축에 의해 압축되어 성운의 온도가 충분히 상승되어야 한다. 중력 수축이 용이한 조건은 온도가 낮아 압력 경도력이 작고, 중력이 커야 하므로 밀도가 높아야 한다. 따라서 저온의 밀도가 높은 성운이 원시별이 탄생하기 좋은 조건의 성운이다.

02

정답 맞히기 원시별은 중력이 압력 경도력보다 커서 수축하는 과정에 있으므로 정역학 평형 상태가 아니며, 수소 핵융합 반응으로 인해 중심부의 온도가 상승하여 압력 경도력과 중력이 평형을 이룬 상태의 별이 주계열성이다. 주계열성은 정역학적 평형 상태에 있는 별이다.

오답 피하기 원시별이 중력 수축에 의해 중심부의 온도가 수소 핵융합 반응이 일어날 수 있을 정도로 압축되어 수소 핵융합 반응이 시작된 별이 주계열성이다. 따라서 주계열성은 원시별에 비해 반지름은 작고, 온도와 밀도는 높다. 별이 단위면적에서 방출하는 에너지는 표면 온도의 네제곱에 비례하므로 표면 온도가 높은 주계열성이 단위면적에서 더 많은 에너지를 방출한다.

03

정답 맞히기 별의 진화 속도를 결정하는 주요인은 별의 질량이다. 별의 질량이 클수록 중력 수축이 빠르게 일어나 중심부의 온도가 높다. 따라서 질량이 큰 별은 수소 핵융합 반응이 광범위하고 빠르게 진행되므로 별의 수명이 짧다.

04

정답 맞히기 별의 중심부에서 핵융합 반응에 의해서 생성될 수 있는 원소 중 원자량이 가장 큰 것은 철이다. 철보다 원자량이 큰 원소가 생성되기 위해서는 에너지를 흡수해야 하므로 별의 중심부에서 핵융합 반응에 의해 생성될 수 없고, 초신성 폭발 시 생성된다.

05

정답 맞히기 수소 핵융합 반응에는 수소 원자핵 네 개가 연쇄적으로 핵융합하여 한 개의 헬륨 원자핵을 생성하는 양성자−양성자(p−p) 연쇄 반응과 탄소가 있는 중심부의 온도가 1800만 K보다 높은 별에서 탄소가 순차적으로 촉매로 작용하여 네 개의 수소 원자핵이 융합하여 한 개의 헬륨 원자핵을 생성하는 탄소−질소−산소(CNO) 순환 반응이 있다. 문제의 그림은 수소 원자핵 네 개가 융합하여 한 개의 헬륨 원자핵이 생성되는 p−p 연쇄 반응 과정이다.

06

정답 맞히기 별의 중심부에서 수소 핵융합 반응이 일어날 수 있는 최저 온도는 1000만 K이다. 1800만 K 이상이 되면 수소 핵융합 반응 중 CNO 순환 반응이 우세하며, 중심핵의 온도가 1억 K가 넘으면 헬륨 핵융합 반응이 일어날 수 있다.

07

정답 맞히기 질량이 태양과 비슷한 별의 내부 구조는 중심부에는 복사에 의해서 에너지가 전달되는 복사층이, 외곽층은 대류에 의해 에너지가 전달되는 대류층이 존재한다.

08

정답 맞히기 별의 진화 단계에서 가장 오랫동안 머무는 단계는 주계열성 단계이다.

09

정답 맞히기 질량이 태양과 비슷한 별이 수명이 거의 끝난 적색 거성 단계에서 별의 외곽층은 강력한 항성풍에 의해 바깥쪽으로 방출되며 팽창해 나가고, 중심부에 있는 백색 왜성이 방출하는 자외선을 흡수한 외곽층의 전리 기체가 방출하는 에너지에 의해 밝게 보이는 성운이 행성상 성운이다.

10

정답 맞히기 ② 한 성운 내에서 같은 시기에 탄생한 별이라 하더라도 질량이 클수록 진화 속도가 빨라 다음 단계로 진화해가는 속도가 빠르다. 문제의 그림에서 A는 주계열성 단계를 벗어나 거성으로 진화하고 있고, B는 아직 주계열성 단계에 있다. 따라서 반지름은 A가 B보다 크다.

오답 피하기 ① A는 주계열성 단계를 벗어나 거성 단계로 진화하고 있는 별이다.

③ B는 태양과 광도가 같은 주계열성이므로, 중심부에서는 p－p 연쇄 반응에 의한 수소 핵융합 반응이 우세하게 일어나고 있다.

④ 진화 속도는 질량이 클수록 빠르므로, 진화 속도가 가장 빠른 것은 A이다.

⑤ C는 아직 주계열 단계에 도달하지 못한 원시별이므로 에너지원은 중력 수축 에너지이다.

11

정답 맞히기 질량이 태양과 비슷한 별의 진화 단계는 원시별 → 주계열성 → 적색 거성 → (맥동 변광성) → 행성상 성운 → 백색 왜성 순이다.

12

정답 맞히기 ⑤ 태양과 질량이 비슷한 별의 진화 단계에서 밀도가 가장 큰 천체는 백색 왜성이다.

오답 피하기 ① (가)에서 (나)로 진화하는 동안 별은 중력 수축하고 있으므로 반지름은 감소한다.

② 태양과 질량이 같은 별의 중심부에서는 p－p 연쇄 반응의 수소 핵융합 반응이 우세하게 일어난다.

③ (나)에서 (다)로 진화하는 동안 별의 표면 온도는 하강한다.

④ 주계열성 단계인 (나)는 정역학 평형 상태를 유지하고 있는 안정한 단계이고, (다) 단계 이후는 핵융합 반응을 마치고 수축과 팽창을 반복하는 불안정한 상태이다. 별은 진화하는 동안 적색 거성 단계보다 주계열성 단계에서 더 오래 머문다.

실력 향상 문제

본문 237~241쪽

01 별의 에너지원

정답 맞히기 원시별의 에너지원은 중력 수축 에너지이고, 주계열성의 에너지원은 수소 핵융합 에너지이다.

02 별의 진화

정답 맞히기 ② 질량이 큰 별일수록 진화의 모든 단계에서 진화 속도가 빠르다. 원시별에서 주계열성 단계에 이르는 속도도 질량이 클수록 빠르다.

오답 피하기 ① (가)는 원시별 단계이고, (나)는 주계열성 단계이므로, 주계열성 단계에 이르기 전인 원시별 단계에서의 에너지원은 중력 수축 에너지이다.

③, ④ 질량이 클수록 광도와 표면 온도, 반지름이 큰 주계열성이 된다.

⑤ (나)는 광도가 태양과 비슷한 주계열성이므로 주로 p－p 연쇄 반응에 의해 에너지가 생성된다.

03 수소 핵융합 반응

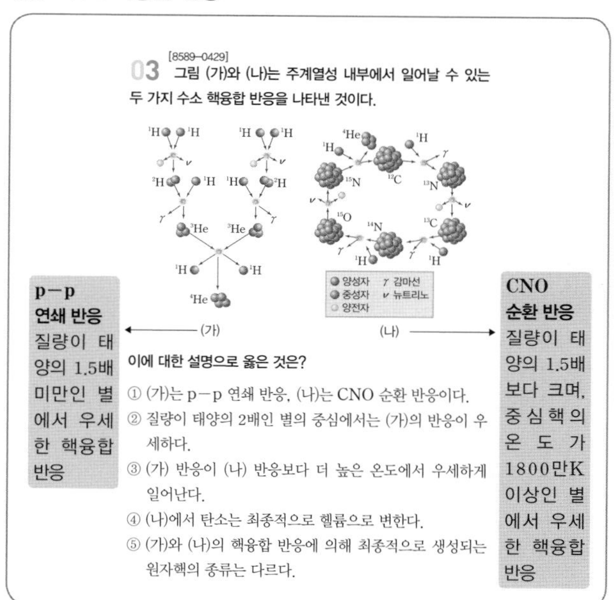

정답 맞히기 ① (가)는 p－p 연쇄 반응이고, (나)는 CNO 순환 반응이다.

오답 피하기 ② 질량이 태양의 1.5배보다 큰 별의 중심핵에서는 CNO 순환 반응이 우세하다.

③ p－p 연쇄 반응은 중심핵의 온도가 1800만 K 미만일 때 우세하게 일어나고, CNO 순환 반응은 중심핵의 온도가 1800만 K보다 높을 때 우세하게 일어나는 핵융합 반응이다.

④ CNO 순환 반응에서 알짜 반응은 수소 원자핵 4개가 융합해

서 1개의 헬륨 원자핵이 만들어지는 p−p 연쇄 반응과 같으며, 탄소는 촉매의 역할만 한다.
⑤ p−p 연쇄 반응과 CNO 순환 반응의 알짜 반응은 수소 원자핵 4개가 융합해서 1개의 헬륨 원자핵이 만들어지는 것이므로 최종적으로 생성되는 원자핵은 헬륨 원자핵으로 동일하다.

04 태양의 핵융합 반응

정답 맞히기 ④ 질량이 클수록 수소 핵융합 반응이 더 빠르게 진행되어 수명이 짧다. 따라서 태양의 질량이 지금의 2배였다면 수소 핵융합 반응을 할 수 있는 시간은 지금보다 더 짧아졌을 것이다.

오답 피하기 ① 별의 중심부에서 수소 핵융합 반응이 일어날 수 있는 최저 온도는 1000만 K이다. 따라서 태양 중심핵의 온도는 1000만 K 이상이다.
② 질량이 태양의 1.5배 이하인 별의 중심부에서 일어나는 수소 핵융합 반응은 p−p 연쇄 반응이다.
③, ⑤ 수소 원자핵 4개가 융합하여 헬륨 원자핵 1개가 생성될 때 질량 결손이 생기는 만큼 에너지가 발생한다. 따라서 수소 핵융합 반응이 일어나는 동안 별의 질량은 조금씩 감소한다. 따라서 태양이 처음 탄생했을 때의 질량은 지금보다 클 것이다.

05 헬륨 핵융합 반응

정답 맞히기 ② 3중 알파 반응은 주계열 단계를 마친 이후에 일어나는 핵융합 반응이다. 주계열 단계에서는 수소 핵융합 반응이 일어난다.

오답 피하기 ①, ③ 그림의 반응은 헬륨 원자핵 3개가 융합해서 탄소 원자핵 1개를 만드는 핵융합 반응으로 3중 알파(3α) 반응이라고도 한다.
④ 핵융합 반응이 일어날 때 반응에 참여한 물질의 질량보다 생성물의 질량이 더 작고, 감소한 질량만큼 에너지로 전환된다.
⑤ 태양의 중심핵에서 최종적으로 만들어질 수 있는 물질은 헬륨 핵융합에 의한 탄소 원자핵이다.

06 수소 핵융합 반응

A는 온도가 높을수록 에너지 생성률이 급격하게 증가하는 것으로 보아 CNO 순환 반응이다. 반면 B는 어느 정도 이상의 온도에서는 온도가 상승해도 에너지 생성률이 거의 증가하지 않는 것으로 보아 p−p 연쇄 반응이다.

정답 맞히기 ㄴ. CNO 순환 반응은 질량이 태양의 1.5배보다 큰 별에서 우세하게 일어나는 반응이다.
ㄷ. 태양의 중심부에서 일어나는 핵융합 반응은 p−p 연쇄 반응이다.

오답 피하기 ㄱ. 별의 중심부 온도가 약 1800만 K 미만에서는 B의 에너지 생성률이 더 높고, 중심부 온도가 약 1800만 K를 초과할때는 A의 에너지 생성률이 훨씬 더 높다. 따라서 A는 CNO 순환 반응이고, B는 p−p 연쇄 반응이다.

07 주계열성의 내부 구조

정답 맞히기 ㄱ, ㄴ, ㄷ. (가)는 중심부에 대류층, 바깥층에 복사층이 있으므로 (가)의 질량은 태양의 1.5배보다 크다. 반면 (나)는 중심부에 복사층이, 바깥층에 대류층이 있으므로 (나)의 질량은 태양의 1.5배 미만인 별이다. 질량이 큰 주계열성일수록 광도, 표면 온도, 반지름이 크다.

오답 피하기 ㄹ. 질량이 큰 주계열성일수록 수명은 짧다.

08 별의 내부 구조

질량이 큰 별일수록 핵융합 반응이 지속적으로 일어나며, 중심부로 갈수록 원자량이 큰 원소들이 생성된다.

정답 맞히기 ㄱ. 원자량이 가장 작은 수소는 별의 최외곽 대기층에 분포한다.

오답 피하기 ㄴ. 별의 중심에서 핵융합으로 생성될 수 있는 가장 무거운 원소는 철이므로 철은 무거운 별의 중심핵에 분포할 수 있다. 반면, 철보다 무거운 원소는 별의 중심에 존재할 수 없다. 따라서 F가 철일 수는 있지만, E가 철일 수는 없다.
ㄷ. 질량이 태양과 비슷한 별은 중심핵에 탄소까지 생성될 수 있다. 따라서 태양과 질량이 같은 별은 수소, 헬륨, 탄소의 세 개의 층으로 이루어진 내부 구조를 갖게 되며 그림처럼 6개의 층상 구조를 형성할 수는 없다.

09 핵융합 반응

정답 맞히기 ㄱ, ㄴ. 핵융합 반응은 전기적으로 양의 전하를 가진 원자핵끼리의 융합이다. 따라서 양성자가 많은 원자핵이 가까워지면 전기적 반발력이 더 크므로 핵융합 반응이 일어나려면 더욱 빠른 속도로 원자핵의 충돌이 일어나야 한다. 따라서 별의 중심핵의 온도가 높을수록 원자들이 더 빠른 속도로 운동하므로 핵융합이 가능하다.
ㄷ. 핵자 간 결합 에너지는 철이 가장 크므로 철보다 원자량이 작은 원자들이 융합할 때는 에너지를 방출하지만, 철보다 원자량이 큰 원자를 생성하려면 에너지를 흡수해야 핵융합이 일어날 수 있다. 별의 내부에는 철보다 원자량이 큰 원자를 융합하는 데 필요한 에너지원이 없다.

10 질량에 따른 별의 진화

정답 맞히기 ⑤ 주계열성의 질량이 태양의 1.5배 미만인 별은

p−p 연쇄 반응이, 태양의 1.5배보다 큰 별은 CNO 순환 반응이 우세하다.

오답 피하기 ①, ② 별의 질량이 클수록 진화 속도가 빨라 원시별 단계나 주계열성 단계에 머무는 시간이 더 짧다.
③ 별의 진화 과정에서 가장 오랫동안 머무는 단계는 주계열성 단계이다.
④ 주계열성의 경우 질량이 큰 별일수록 광도, 표면 온도, 반지름이 크다.

11 주계열성 이후의 진화 과정

정답 맞히기 ㄴ. 주계열성 단계를 벗어나면 별은 적색 거성이 되면서 반지름은 커지고 광도는 증가한다.
ㄷ. 주계열성보다 적색 거성의 반지름이 더 크다.

오답 피하기 ㄱ. 주계열성 단계에서 핵융합 반응을 하는 동안 별의 질량은 지속적으로 감소하고, 적색 거성 단계에서도 별의 외피부에서 핵융합 반응이 일어나므로 질량은 감소한다.
ㄹ. 주계열성에서 적색 거성이 되면 표면 온도는 하강한다.

12 주계열성의 성질

정답 맞히기 ㄱ. p−p 연쇄 반응은 질량이 태양의 1.5배 미만인 별에서 우세하게 일어나는 반응이다. A는 질량이 태양과 같으므로 A의 중심핵에서는 p−p 연쇄 반응이 우세하게 일어난다.
ㄴ. B의 질량은 태양의 10배이므로 A보다 질량이 커 진화 속도가 더 빠르다. 따라서 주계열성 단계를 A보다 빨리 마치고 거성 단계로 간다.

오답 피하기 ㄷ. 중심부는 복사층, 외피부는 대류층으로 이루어진 내부 구조를 가진 별의 질량은 태양의 1.5배 미만이다. B는 질량이 태양의 10배이므로 중심부는 대류층, 외피부는 복사층으로 이루어진 내부 구조를 가진다.

13 핵융합 반응

정답 맞히기 별의 중심부에서 핵융합으로 생성될 수 있는 원자량이 가장 큰 원소는 철이며, 철보다 원자량이 큰 원소는 초신성 폭발 시 방출되는 에너지에 의한 핵융합으로 생성된다.

14 별의 진화 과정

성운에서 별들이 동시에 탄생할 때, 질량이 클수록 주계열성 단계에 먼저 도달한다. 질량이 커서 광도와 온도가 큰 성운들은 이미 주계열성 단계에 이르렀지만, 태양보다 질량이 작은 성운들은 아직 주계열성 단계에 이르지 못했다.

정답 맞히기 ③ (나)는 아직 주계열성 단계에 도달하지 못한 원시별 단계이므로 (나)의 에너지원은 중력 수축 에너지이다.

오답 피하기 ① 주계열성은 질량이 클수록 광도와 온도가 크므로 (가)가 (나)보다 질량이 큰 별이다.
② (가)의 광도가 태양의 약 1000배이므로 질량−광도 관계에 따르면 질량은 태양의 약 6배~30배쯤 될 것이다. 질량이 태양의 1.5배보다 큰 별의 중심핵에서는 CNO 순환 반응이 우세하게 일어난다.
④ 원시별에서 주계열성 단계에 이르게 되면 중심부에서 수소 핵융합 반응이 일어나므로 중력 수축에 의해 발생하는 에너지보다 훨씬 많은 에너지가 생성되므로 표면 온도가 상승한다.
⑤ 원시별에서 주계열성 단계에 이르는 동안 원시별은 계속 중력 수축하게 되므로 반지름은 감소한다.

15 별의 진화

정답 맞히기 ③ 질량이 큰 별일수록 진화 속도가 빠르다. 따라서 주계열성 단계에 이를 때까지 걸리는 시간은 (가)보다 (나)가 길다.

오답 피하기 ① 주계열성에 이르렀을 때, (가)의 광도와 온도가 (나)보다 크므로 (가)의 질량이 (나)보다 더 크다.
③ 질량이 큰 별일수록 에너지를 빨리 소모하여 주계열에 머무는 시간이 짧다.
④ 원시별에서 주계열성이 되기까지 중력 수축에 의해 반지름은 지속적으로 작아진다.
⑤ 원시별의 에너지원은 중력 수축 에너지이다.

16 별의 최후 단계

정답 맞히기 ④ 별이 진화하는 최종 단계에서 별의 외층부는 우주 공간으로 흩어지고, 중심에는 별의 중심핵이 남게 된다.
질량이 작은 별의 경우 별의 외부층을 행성상 성운으로 방출하고, 태양 질량의 1.44배보다 작은 중심핵을 남기게 되고, 질량이 큰 별의 경우는 별의 외부층을 초신성 폭발로 방출하고, 태양 질량의 1.44배보다 큰 중심핵을 남기게 된다.

오답 피하기 ① (가)의 질량이 가장 작으므로 주계열성 단계에 머무는 시간이 가장 길다.
② (나)는 진화 최종 단계에서 중심핵의 질량이 태양의 1.44배보다 크고 3배보다 작으므로 주계열성 단계에서는 질량이 태양의 8배 이상이었을 것이므로 CNO 순환 반응이 우세하다.
③ 주계열성은 질량이 클수록 광도도 크다.
⑤ 중심핵 질량이 태양 질량의 1.44배~3배인 별의 최후는 초신성 폭발 후 중성자별이 되며, 중심핵 질량이 태양 질량의 3배보다 큰 별의 최후는 초신성 폭발 후 블랙홀이 된다.

17 질량에 따른 별의 진화

정답 맞히기 별은 질량에 따라 진화 과정이 다르다.

- 질량이 태양과 비슷한 별 : 주계열성 → 적색 거성 → 행성상 성운 → 백색 왜성
- 질량이 태양의 8배 이상인 별은 초신성 폭발 후 중심핵의 질량에 따라 중성자별이나 블랙홀로 최후를 맞이한다.
- 중심핵의 질량이 태양의 1.44배 이상~3배 미만인 별 : 주계열성 → 적색(청색) 초거성 → 초신성 폭발 → 중성자별
- 중심핵의 질량이 태양의 3배 이상인 별 : 주계열성 → 적색(청색) 초거성 → 초신성 폭발 → 블랙홀

18 별의 진화

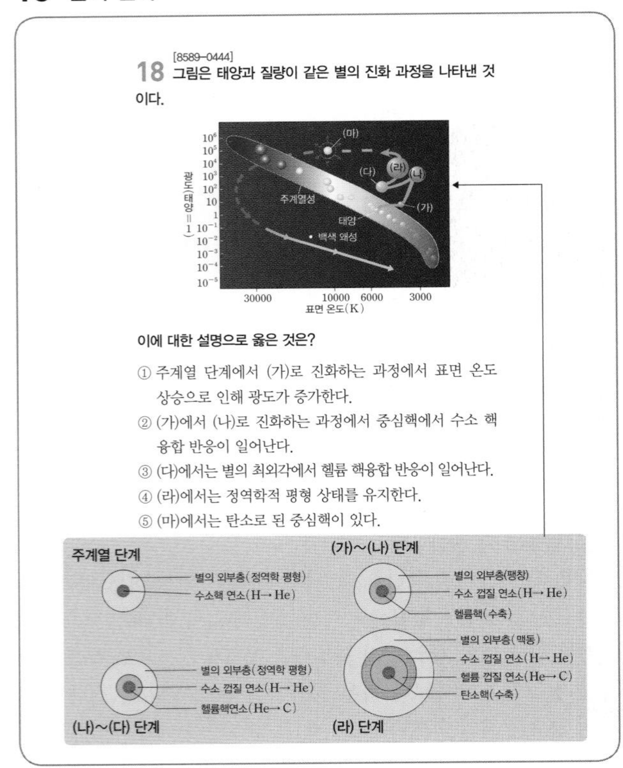
[8589-0444]
18 그림은 태양과 질량이 같은 별의 진화 과정을 나타낸 것이다.

이에 대한 설명으로 옳은 것은?

① 주계열 단계에서 (가)로 진화하는 과정에서 표면 온도 상승으로 인해 광도가 증가한다.
② (가)에서 (나)로 진화하는 과정에서 중심핵에서 수소 핵융합 반응이 일어난다.
③ (다)에서는 별의 최외각에서 헬륨 핵융합 반응이 일어난다.
④ (라)에서는 정역학적 평형 상태를 유지한다.
⑤ (마)에서는 탄소로 된 중심핵이 있다.

정답 맞히기 ⑤ (마) 단계는 외피부의 물질을 우주 공간으로 방출하는 행성상 성운으로, 중심부는 탄소로 된 핵을 지닌 백색 왜성으로 남게 된다.

오답 피하기 ① 주계열성에서 적색 거성으로 가는 (가) 단계는 준거성 단계로, 중심핵에서 수소 핵융합 반응이 종료되고 중심핵이 수축하며 방출한 에너지에 의해 외피부에서 일어난 수소 핵융합 반응으로 인해 외피부가 팽창하며 표면 온도는 하강하나 반지름이 크게 증가하여 광도는 증가하는 과정에 있는 단계이다.
② (가)에서 (나)로 가는 과정 중에는 헬륨으로 이루어진 중심핵은 수축하고 외피부에서 수소 핵융합 반응이 일어난다.
③ (다) 단계에서는 중심핵에서 헬륨 핵융합 반응이 일어난다.
④ (라) 단계 이후에서는 탄소핵은 수축하고 외피부에서 일어나는 핵융합 반응에 의해 외피부는 팽창했다가 냉각되어 다시 수축하는 과정을 반복하는 불안정한 상태의 맥동 변광성이 된다.

19 정역학적 평형 상태

모범 답안 정역학 평형 상태, 주계열성 단계에서는 수소 핵융합 반응에 의해 발생한 에너지로 인해 중심부의 온도가 상승하여 압력 경도력이 증가한다. 이때 이 압력 경도력이 중력과 평형을 이루어 더 이상 팽창하지도 수축하지도 않는 정역학적 상태가 되므로 주계열성의 반지름은 일정하게 유지된다.

20 수소 핵융합 반응

모범 답안 • (가)의 질량>(나)의 질량
• 생성되는 에너지 $E=$[(가)의 질량$-$(나)의 질량]$\times c^2$($c=$광속)

21 성운의 진화 과정

모범 답안 • (나) → (가) → (다)
• 이유 : 질량이 큰 별일수록 진화 속도가 빠르다. 따라서 질량이 큰 별이 먼저 주계열성 단계에 이르고, 질량이 작은 별은 나중에 주계열성 단계에 이른다. (가)는 질량이 큰 별이 주계열성 단계를 떠나고 있고, (나)는 질량이 작은 원시별은 아직 주계열성 단계에 이르지 못하고 있으며, (다)는 질량이 큰 별뿐 아니라 작은 별들도 주계열성 단계를 떠나고 있다. 따라서 (나) → (가) → (다)의 순으로 진화한다.

신유형·수능 열기

본문 242~243쪽

01 ④ 02 ① 03 ③ 04 ① 05 ⑤
06 ⑤ 07 ③ 08 ③

01

(가)는 p$-$p 연쇄 반응을 나타낸 것이다.

정답 맞히기 ㄴ. 주계열성의 질량이 태양 질량의 1.5배보다 작은 별은 (가)와 같은 p$-$p 연쇄 반응이 일어난다.
ㄷ. 스피카는 태양에 비해 질량이 크므로 태양보다 진화 속도가 빨라 주계열성 단계를 태양보다 빠른 시간 내에 마치게 된다.

오답 피하기 ㄱ. 탄소를 촉매로 이용하는 수소 핵융합 반응은 CNO 순환 반응이다.

02

정답 맞히기 ㄱ. 1572년 티코 브라헤가 관측한 천체는 티코 초신성이다. 초신성 폭발 후 남은 별의 최후는 중성자별이나 블랙홀이 된다.

오답 피하기 ㄴ. 초신성 폭발 후 성운의 중심에 남는 천체는 중성자별이나 블랙홀이다.

ㄷ. 태양과 질량이 비슷한 별이 최후에 남기는 성운은 행성상 성운이다.

03

정답 맞히기 ㄱ. A의 광도는 태양의 1000배쯤 되므로 주계열성의 질량−광도 관계($L \propto M^{2\sim4}$)에 따르면 A의 질량은 태양의 약 6~30배쯤 될 것이다. 따라서 A의 중심부에서 일어나는 수소 핵융합 반응은 CNO 순환 반응이 우세하다.

ㄴ. A는 B보다 광도가 크고 표면 온도가 높으므로 질량이 더 큰 주계열성이다. 따라서 A의 진화 속도가 더 빨라 A는 B에 비해 주계열 단계에 머무는 시간이 짧다.

오답 피하기 ㄷ. 중심부는 대류층으로, 외피부는 복사층으로 이루어진 내부 구조를 가진 별의 질량은 태양 질량의 1.5배 이상이다. 따라서 (나)와 같은 내부 구조를 가진 별은 A이다.

04

바너드별과 태양의 절대 등급 차이는 8.4등급이다. 절대 등급이 5등급 차이나면 광도는 100배 차이가 나므로(1등급 차이는 광도 2.5배 차이) 바너드별의 광도는 태양의 $10^{-2}\sim10^{-4}$배 정도이다. 따라서 바너드별의 질량은 태양 질량의 0.01~0.2배 정도이다. 또, 민타카와 태양의 절대 등급도 약 11등급 차이가 나므로 민타카는 태양에 비해 약 25000배 밝은 별이다. 따라서 민타카의 질량은 태양의 약 10배 이상이다.

정답 맞히기 ㄱ. 바너드별의 질량은 태양 질량의 0.01~0.2배 정도에 불과하므로 중심부에서 일어나는 수소 핵융합 반응은 p−p 연쇄 반응이 우세할 것이다. CNO 순환 반응은 질량이 태양보다 1.5배 큰 별에서 우세하다.

오답 피하기 ㄴ. 태양은 바너드별보다 질량이 크므로 진화 속도가 더 빠르다. 따라서 바너드별이 태양보다 주계열성 단계에 더 오래 머문다.

ㄷ. 민타카의 질량은 태양 질량의 10배 이상이므로 별의 진화 최종 단계에 초신성 폭발을 동반한다. 초신성 폭발 후 중심핵의 질량에 따라 중성자별이나 블랙홀이 중심에 남게 된다. 백색 왜성은 질량이 태양과 비슷한 별의 최후에 남게 되는 잔해이다.

05

정답 맞히기 ㄱ. ㉠에서 ㉡으로 가는 과정에서 헬륨으로 이루어진 중심핵은 수축하고 외곽층의 수소 껍질에서는 수소 핵융합 반응이 이루어진다. 이 기간 동안 별의 표면 온도는 낮아지지만, 반지름은 급격하게 증가하기 때문에 광도는 증가한다.

ㄴ. ㉢ 단계에서는 중심핵에서 헬륨 핵융합 반응이 일어나며 다시 광도가 증가하기 시작하는 단계이다.

ㄷ. 탄소로 이루어진 핵이 수축하기 시작하고 외피부에서 수소 핵융합 반응과 헬륨 핵융합 반응이 일어나고 있는 단계(나)는 질량이 태양과 비슷한 별이 적색 거성에서 맥동 변광하는 단계로 진화해 가는 중간 과정에 있는 별이다.

06

정답 맞히기 ㄱ. 슈테판−볼츠만 법칙에 의하면 단위 시간 동안 단위 면적에서 방출하는 에너지는 온도의 네제곱에 비례한다. A의 표면 온도는 B의 2배 이상이므로 A가 단위 시간당 단위 면적에서 방출하는 에너지는 B의 최소 16배 이상일 것이다.

ㄴ. 원시별이 주계열성 단계에 이르기 전까지 별은 중력 수축에 의해 크기가 감소한다.

ㄷ. 주계열성이 되기 전까지의 에너지원은 중력 수축 에너지이다.

07

정답 맞히기 ㄱ. A의 질량은 태양의 30배이므로 진화의 최종 단계에서 초신성 폭발을 한다.

ㄴ. 태양과 질량이 같은 별은 중심부에 탄소핵을 만들고 최후를 맞이한다.

오답 피하기 ㄷ. A가 B보다 질량이 더 크므로 진화 속도가 더 빨라 A가 거성 단계에 더 빠르게 도달한다.

08

정답 맞히기 ㄱ. 중심핵의 질량이 태양 질량의 1.44배 미만인 별은 행성상 성운의 중심에 백색 왜성을 남긴다.

ㄷ. (다)는 중심핵의 질량이 태양 질량의 3배 이상이므로 초신성 폭발을 하고 중심에 블랙홀을 남긴다. 초신성 폭발 시 철보다 무거운 원소가 생성된다.

오답 피하기 ㄴ. (나)의 질량은 태양의 1.5배보다 크므로 중심부는 대류로, 외피부는 복사로 에너지가 전달된다.

15 외계 행성계와 외계 생명체 탐사

탐구 활동 본문 251쪽

1 해설 참조

1

모범 답안 행성의 질량이 클수록 시선 속도 변화나 미세 중력 렌즈 현상 등을 관측하기 쉽다. 그런데 최근에 관측 기술의 발달로 질량이 작은 것도 검출해낼 수 있게 되었기 때문이다.

내신 기초 문제 본문 252쪽

01 ⑤ **02** ④ **03** ② **04** ② **05.** ②

01

정답 맞히기 생명 가능 지대에서 가장 중요한 요인은 액체 상태의 물이 존재할 수 있는지의 여부이다. 우주 공간에서 가장 많은 성분은 수소이고, 그 다음은 헬륨이다. 생명체를 구성하는 고분자 물질이 생성되기 위해서는 화학 결합이 일어날 수 있는 액체 상태의 용매가 필요하며, 액체 상태의 용매 중 물은 극성 분자라 다양한 물질을 용해시킬 뿐만 아니라 비열이 커서 온도 변화가 크지 않아 생명체 탄생에 유리한 조건을 형성해 주기 때문이다.

02

정답 맞히기 ④ 현재 외계 행성의 위상 변화를 관측할 수는 없다.

오답 피하기 ① 식 현상을 이용한 방법 : 중심별을 공전하는 행성의 공전 궤도면이 관측자의 시선 방향과 나란하다면 행성이 중심별 앞을 지나갈 때 중심별의 일부를 가려 광도가 감소하는 현상이 생긴다. 이와 같이 중심별의 주기적인 광도 변화를 관측하여 외계 행성의 존재를 탐사한다.

② 중심별의 이동 경로 관측 : 외계 행성이 없는 중심별의 이동 경로는 직선이지만, 중심별에 외계 행성이 있을 경우 중심별과 외계 행성의 공통 질량 중심에 대해 공전하며 이동하기 때문에 구불구불한 경로로 이동한다.

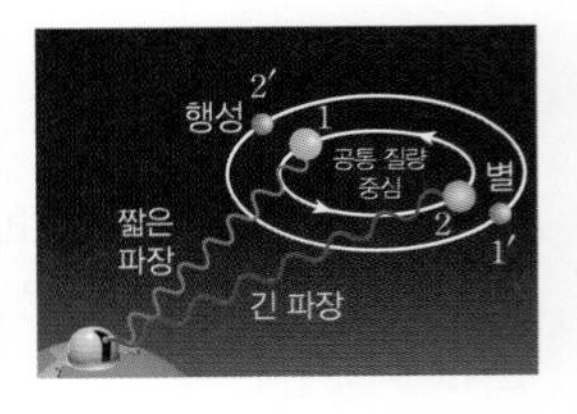

③ 중심별의 도플러 효과를 이용한 방법 : 행성이 있는 경우 중심별과 행성은 공통 질량 중심에 대해 공전한다. 행성의 공전 궤도면이 관측자의 시선 방향과 나란하다면 중심별의 별빛이 도플러 효과에 의해 파장의 변화가 생긴다.

⑤ 미세 중력 렌즈 효과의 이용 : 거리가 다른 2개의 별이 같은 방향에 있고 앞쪽 별이 뒤쪽 별의 앞을 지날 경우, 뒤쪽 별의 빛이 앞쪽 별에 의한 중력 렌즈 효과로 광도가 증가하다 감소한다. 만약 앞쪽 별에 행성이 있다면 광도가 추가적으로 미세하게 변하는데, 이 현상을 이용하여 앞쪽 별에 있는 외계 행성을 탐사한다.

03

정답 맞히기 ② 식 현상을 이용하여 외계 행성을 탐사할 경우 행성의 공전 궤도 반지름이 작을수록 유리하다. 행성의 공전 궤도면이 시선 방향에 대해 약간 기울어져 있을 경우 공전 궤도 반지름이 커지면 행성이 중심별을 가리는 식 현상이 일어나지 않을 확률이 커지기 때문이다.

오답 피하기 ① 발견된 외계 행성의 질량이 클수록 행성의 공전 궤도 반지름도 큰 경향이 있다.

③ 현재까지는 시선 속도 변화를 이용한 방법으로 발견한 외계 행성이 가장 많으며, 미세 중력 렌즈 현상을 이용하여 찾아낸 외계 행성의 수는 적다.

④ 공전 궤도 반지름이 1 AU인 외계 행성의 질량은 목성의 질량보다 큰 것이 더 많다.

⑤ 시선 속도 변화를 이용한 탐사 방법은 중심별에 대해 행성의 질량이 클수록 유리하다.

04

정답 맞히기 중심별과 행성이 공통 질량 중심에 대해 공전함에 따라 시선 방향으로 가까워지거나 멀어진다. 이때 중심별의 파장이 변하는 도플러 효과를 이용한 방법은 시선 속도 변화를 이용한 방법이다.

05

정답 맞히기 ② 태양의 질량이 현재의 절반이었다면 태양계의 생명 가능 지대는 수성, 금성 정도이고, 지구는 생명 가능 지대에 속하지 않을 것이다.

오답 피하기 ① 현재 지구는 액체 상태의 물이 존재하는 생명 가능 지대에 있다.
③, ⑤ 태양의 질량이 현재보다 크다면 생명 가능 지대는 현재보다 멀어지고, 생명 가능 지대의 폭도 더 넓어진다.
④ 태양의 질량이 현재보다 작다면 광도가 현재보다 더 작으므로 생명 가능 지대는 지금보다 태양에 더 가까이 분포하며, 생명 가능 지대의 폭도 좁아진다.

실력 향상 문제

본문 253~256쪽

01 ③	**02** ③	**03** ⑤	**04** ③	**05** ④
06 ⑤	**07** ③	**08** ②	**09** ④	**10** ③
11 ⑤	**12** ⑤	**13** ③	**14** 해설 참조	
15 ⑤	**16** 해설 참조			

01 외계 행성 탐사법

정답 맞히기 ③ 식 현상을 이용하여 외계 행성을 탐사할 때 외계 행성의 공전 궤도 반지름이 작을수록 외계 행성의 공전 궤도면이 시선 방향에 대해서 완벽하게 일치하지 않고 약간 기울어져 있을 때도 식 현상을 일으킬 확률이 큰데다 행성의 공전 주기도 짧아 광도의 주기적인 변화 관측도 용이하다.

오답 피하기 ① 행성을 거느린 중심별의 이동 경로는 천구 상에서 구불구불한 곡선이다.

행성이 없는 별의 움직임
행성을 거느린 별의 움직임

② 행성의 질량이 클수록 중심별의 시선 속도 변화가 크다.
④ 식 현상을 이용하여 외계 행성을 탐사할 때 행성의 반지름이 클수록 중심별의 광도 변화가 크다.
⑤ 중력 렌즈로 작용하는 중심별과 행성의 질량이 클수록 배경별의 밝기는 더 많이 변화한다.

02 식 현상을 이용한 외계 행성 탐사법

[8589-0462]
02 그림 (가)는 어느 외계 행성이 별 주위를 공전하는 모습을, (나)는 이 별의 겉보기 밝기를 시간에 따라 나타낸 것이다.

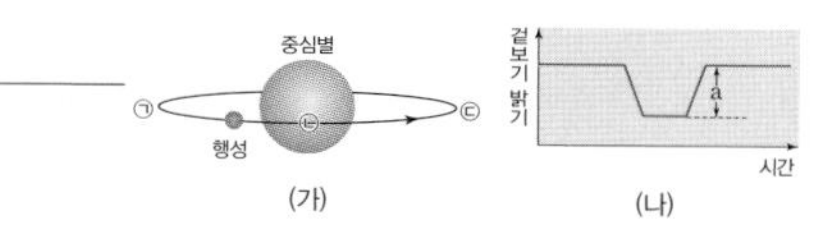

이에 대한 설명으로 옳지 않은 것은?

① 행성이 중심별 앞으로 지나갈 때 별의 광도가 감소한다.
② 행성의 반지름이 클수록 a의 크기가 커진다.
③ 중심별의 겉보기 밝기가 최소일 때 중심별의 스펙트럼 파장이 가장 짧게 관측된다.
④ 관측자의 시선 방향이 행성의 공전 궤도면과 나란할 때 (나)의 현상을 관측할 수 있다.
⑤ (나)와 같이 겉보기 밝기가 감소하는 현상은 주기적으로 나타난다.

㉠ 위치에 있을 때 적색 편이가 가장 크게 나타나고, ㉡ 위치에 있을 때는 시선 속도 변화가 0이고, ㉢ 위치에 있을 때 청색 편이가 가장 크게 나타난다. ㉠과 ㉢ 위치에서 시선 속도 변화가 최대이며 식 현상은 일어나지 않는다.

정답 맞히기 ③ 중심별의 겉보기 밝기가 최소일 때는 행성이 중심별의 앞면을 통과할 때이므로 중심별의 시선 방향의 속도는 0이다. 중심별의 스펙트럼 파장이 가장 짧게 관측될 때는 시선 방향으로 다가올 때이며, 이때는 식 현상이 관측되지 않는다.

오답 피하기 ① 행성이 중심별 앞을 지나갈 때 식 현상이 일어나므로 별의 광도는 감소한다.
② 행성의 반지름이 클수록 중심별을 가리는 면적이 넓어지므로 광도가 더 크게 감소한다.
④ 행성의 공전 궤도면이 시선 방향에 수직이거나 많이 기울어져 있으면 식 현상이 일어나지 않는다.
⑤ 별의 밝기가 감소하는 주기는 행성의 공전 주기와 관련 있다.

03 중심별의 시선 속도 변화

정답 맞히기 ⑤ 행성의 공전 궤도면이 시선 방향과 수직일 경우 시선 속도 변화가 나타나지 않는다.

오답 피하기 ① 중심별과 행성은 공통 질량 중심에 대해 서로 공전하므로 중심별이 관측자의 시선 방향으로 가까워지거나 멀어질 때 시선 속도가 달라져 도플러 효과가 나타난다.
② 행성이 ㉠ 방향으로 움직이면 중심별은 그와 반대 방향인 관측자 방향 쪽으로 움직이므로 별빛의 파장이 짧은 쪽으로 이동하는 청색 편이가 나타난다.
③ 행성이 ㉡ 방향으로 움직이면 중심별은 관측자로부터 멀어지는 방향으로 움직이므로 별빛의 파장이 긴 쪽으로 이동하는 적색 편이가 나타난다.

④ 행성의 질량이 크다면 공통 질량 중심이 중심별로부터 멀리 떨어지게 되므로 중심별의 움직임이 더 크고 빨라 시선 속도 변화가 더 크게 나타난다.

04 미세 중력 렌즈 현상을 이용한 외계 행성 탐사

정답 맞히기 관측자의 시선 방향과 나란한 위치에 있지만 거리가 다른 두 별이 있을 때, 앞쪽의 별이 뒤쪽 별 앞에서 이동해 갈 때 중력 렌즈 효과로 인해 뒤쪽 별의 광도가 규칙적으로 변한다. 이때 앞쪽 별에 행성이 있을 경우 광도가 불규칙하게 미세하게 변한다. 이와 같은 외계 행성 탐사 방법은 미세 중력 렌즈 효과를 이용한 탐사 방법이다.

05 식 현상을 이용한 외계 행성 탐사법

[8589-0465]
05 그림은 어느 외계 행성에 의한 중심별의 밝기 변화를 나타낸 것이다.

밝기(상댓값) 1.000, 0.995, 0.990 / 시간(일) 0, 0.5, 1.0, 2.5, 2.9, 2.5, 3.0 / A

이에 대한 설명으로 옳지 않은 것은?

① 외계 행성의 공전 주기는 3일보다 짧다.
② 외계 행성의 공전 속도가 느릴수록 A의 폭은 커진다.
③ 외계 행성 탐사 방법 중 식 현상을 이용한 것이다.
④ 외계 행성의 공전 궤도면이 시선 방향에 대해 수직일 것이다.
⑤ 외계 행성이 지금보다 크다면 중심별의 밝기 변화는 더 크게 나타날 것이다.

- 식 현상이 지속되는 기간은 공전 속도가 느릴수록 길어진다.
- 행성의 공전 주기는 대략 2.2일 정도이다.
- 중심별의 광도 감소 폭은 행성의 크기에 비례한다.

정답 맞히기 ④ 외계 행성의 공전 궤도면이 시선 방향에 대해 수직이라면 식 현상은 일어날 수 없다.

오답 피하기 ① 행성의 공전 주기는 대략 2.2일 정도이다.
② 행성의 공전 주기가 길면 중심별 앞을 천천히 지나가므로 식 현상이 지속되는 기간(A의 폭)이 길어진다.
③ 중심별에서 식 현상이 일어날 때 중심별의 광도가 감소하는 것을 이용한 탐사 방법이다.
⑤ 행성의 크기가 커지면 중심별을 가리는 면적이 커지므로 중심별의 밝기가 더 크게 감소한다.

06 미세 중력 렌즈 현상을 이용한 외계 행성 탐사

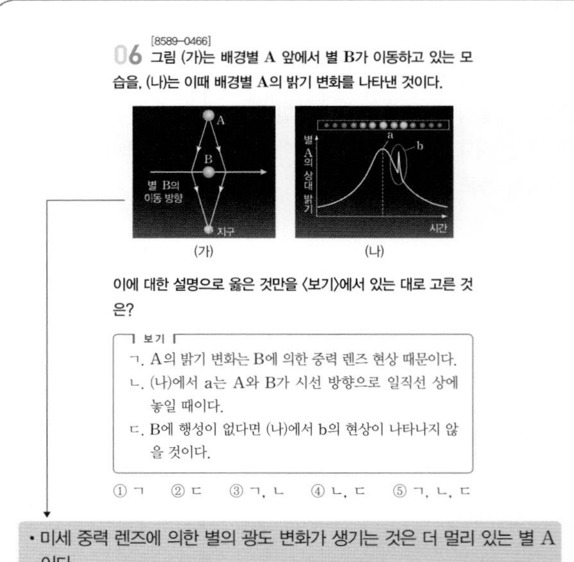
[8589-0466]
06 그림 (가)는 배경별 A 앞에서 별 B가 이동하고 있는 모습을, (나)는 이때 배경별 A의 밝기 변화를 나타낸 것이다.

이에 대한 설명으로 옳은 것만을 <보기>에서 있는 대로 고른 것은?

보기
ㄱ. A의 밝기 변화는 B에 의한 중력 렌즈 현상 때문이다.
ㄴ. (나)에서 a는 A와 B가 시선 방향으로 일직선 상에 놓일 때이다.
ㄷ. B에 행성이 없다면 (나)에서 b의 현상이 나타나지 않을 것이다.

① ㄱ ② ㄷ ③ ㄱ, ㄴ ④ ㄴ, ㄷ ⑤ ㄱ, ㄴ, ㄷ

- 미세 중력 렌즈에 의한 별의 광도 변화가 생기는 것은 더 멀리 있는 별 A이다.
- 미세 중력 렌즈에 의한 변화는 앞에 있는 별 B가 이동하고 있을 때 발생한다.
- 별 A와 별 B가 일직선 상에 있을 때 별 A의 광도가 최대로 관측된다.
- 앞에서 이동하는 별 B에 행성이 있을 때 광도 변화 곡선에 불규칙한 피크가 나타난다.

정답 맞히기 미세 중력 렌즈 현상을 이용하여 발견된 외계 행성은 대부분 공전 주기가 매우 길다. 공전 주기가 긴 행성일 경우 식 현상이나 시선 속도 변화와 같은 방법에 비해 상대적으로 미세 중력 렌즈 현상을 이용한 방법으로 찾기가 쉽다.
ㄱ, ㄴ. 중력 렌즈 효과는 앞쪽에 위치한 천체의 중력에 의해 빛의 경로가 굽어져, 별의 광도가 변하거나 여러 개의 상이 생기는 효과이므로 A와 B가 관측자의 시선 방향으로 일직선 상에 놓일 때 중력 렌즈 효과가 최대가 되어 별 A의 밝기가 최대로 나타난다.
ㄷ. 앞에서 이동하는 별 B에 행성이 없을 때 광도는 규칙적으로 변한다.

07 식 현상과 외계 행성 탐사

행성 케플러−30c와 케플러−30d 모두 케플러−30이라는 중심별을 가리면서 케플러−30의 광도에 변화가 생긴 것이다.

정답 맞히기 ㄱ. 중심별의 상대 밝기가 많이 감소한 것은 그만큼 중심별을 가리는 행성의 반지름이 크기 때문이다. 따라서 행성의 반지름은 케플러−30c가 더 크다.
ㄴ. 식 현상이 일어나는 시간이 긴 것은 공전 궤도 반지름이 길어서 공전 속도가 느린 것이다. 따라서 공전 궤도 반지름이 긴 행성은 케플러−30d이다.

오답 피하기 ㄷ. 식 현상이 지속되는 시간은 케플러－30c의 경우 약 5시간이고, 케플러－30d의 경우 약 10시간이다.

08 중심별의 스펙트럼 변화

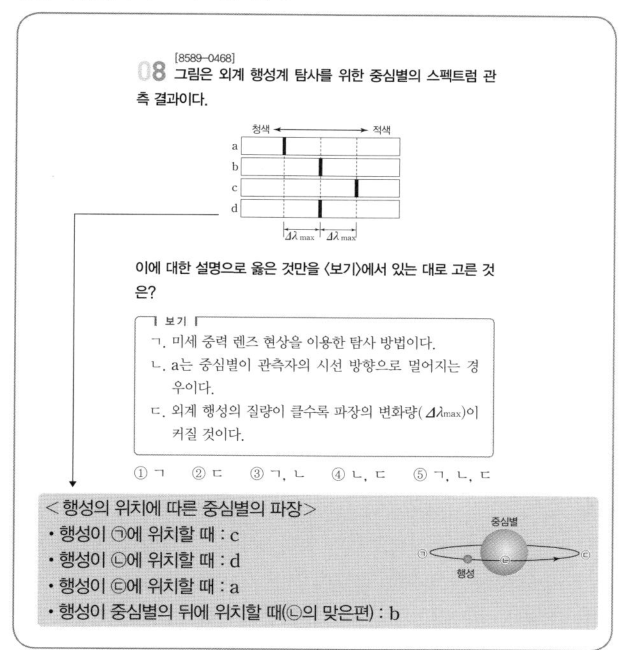

정답 맞히기 ㄷ. 행성의 질량이 클수록 중심별의 움직임이 더 크고 빠르므로 시선 속도 변화가 더 크게 나타난다.

오답 피하기 ㄱ. 중심별의 시선 속도 변화를 이용한 외계 행성 탐사 방법이다.

ㄴ. a는 청색 편이가 나타나므로 중심별이 관측자의 방향 쪽으로 가까워지는 경우이다.

09 중심별의 시선 속도 변화

정답 맞히기 ㄴ. 행성의 질량이 클수록 중심별의 움직임이 더 크고 빠르므로 시선 속도 변화가 더 크게 나타난다.

ㄷ. 행성의 공전 궤도 반지름이 더 크면 공전 주기가 길어지므로 시선 속도 변화 주기도 더 길어진다.

오답 피하기 ㄱ. a에서는 시선 속도가 (＋) 값이므로 적색 편이가, b에서는 시선 속도가 (—) 값이므로 청색 편이가 나타난다.

10 생명 가능 지대

정답 맞히기 ③ 생명 가능 지대가 태양보다 케플러 186이 항성에 더 가깝게 분포하는 것은 태양보다 케플러 186의 광도가 더 작다는 것을 의미한다.

오답 피하기 ① 주계열성에서 광도가 작을수록 질량이 작으므로 케플러－186의 질량이 태양의 질량보다 작다.

② 질량이 작을수록 수명이 길므로 태양의 수명보다 케플러 186의 수명이 더 길다.

④ 생명 가능 지대에 있는 행성은 케플러－186f이므로 액체 상태의 물이 존재할 수 있는 행성은 케플러－186f이다.

⑤ 광도가 클수록 생명 가능 지대의 폭이 넓어지므로 케플러－186 행성계보다 태양계의 생명 가능 지대 폭이 더 넓다.

11 주계열성의 진화에 따른 생명 가능 지대 변화

정답 맞히기 ㄱ. 현재 이 별의 생명 가능 지대의 거리가 1 AU보다 작다. 따라서 중심별의 광도는 태양보다 작을 것이다.

ㄴ. 생명 가능 지대는 t_1일 때보다 t_2일 때 더 멀어졌으므로 별의 광도는 t_1보다 t_2일 때 크다.

ㄷ. t_2일 때는 C 행성만 생명 가능 지대에 위치한다.

12 발견된 외계 행성의 특징

정답 맞히기 ㄱ. 발견된 외계 행성의 대부분은 지구보다 반지름이 크다.

ㄴ. 그래프에서 행성의 분포가 왼쪽 아래에서 오른쪽 위로 많이 분포하므로 대체로 크기가 큰 행성일수록 공전 주기가 길다는 것을 알 수 있다.

ㄷ. 지구보다 작은 행성들의 공전 주기는 대부분 100일 미만이다.

13 발견된 외계 행성의 특징

정답 맞히기 ㄱ. 최근으로 올수록 관측 기술의 발달로 질량이 작은 행성도 많이 발견되고 있다. 문제의 자료에서 2000년 이후로 목성보다 질량이 작은 행성들이 발견된 비율이 증가하고 있다.

ㄴ. (나)의 자료에 의하면 식 현상을 이용한 방법으로 찾아낸 행성이 가장 많다는 것을 알 수 있다.

오답 피하기 ㄷ. 식 현상을 이용한 방법으로 탐사한 외계 행성의 개수가 가장 많이 증가하였다.

14 외계 행성 탐사

모범 답안 예시 1> 시선 속도 변화를 이용한 방법, 행성의 질량이 클수록 중심별의 움직임이 더 크고 빠르므로 시선 속도 변화가 더 크게 나타나 관측이 용이하다.

예시 2> 식 현상을 이용한 방법, 행성의 질량이 클수록 행성의 반지름도 대체로 크다. 행성의 반지름이 클수록 식 현상이 일어날 때 광도 변화가 크기 때문에 행성의 관측이 용이하다.

예시 3> 미세 중력 렌즈 현상을 이용한 방법, 행성의 질량이 클수록 별빛이 더 많이 굴절하여 미세한 광도 변화가 더 크게 나타나 관측이 용이하다.
예시 4> 직접 관측, 행성의 질량이 클수록 행성 크기도 크기 때문에 적외선을 이용하여 더 쉽게 관측될 수 있다.
예시 5> 중심별의 이동 경로를 이용한 방법, 행성의 질량이 클수록 중심별이 더 구불구불하게 이동한다.

15 생명 가능 지대

정답 맞히기 ㄱ. 트라피스트-1의 질량이 태양의 약 8 %라면 광도와 표면 온도도 태양보다 낮을 것이다.
ㄴ. 7개의 행성 모두 생명 가능 지대에 위치한다고 했으므로 액체 상태의 물이 모두 존재할 수 있다.
ㄷ. 트라피스트-1의 질량은 태양 질량의 약 8 %인데다 행성 트라피스트-1d의 질량도 지구 질량의 약 41 %이므로 행성의 공전 궤도는 당연히 지구의 공전 궤도보다 안쪽일 것이다.

16 외계 행성 탐사 원리

모범 답안 이 망원경은 행성이 별의 앞을 통과할 때 별빛이 흐려지는 현상을 이용하여 행성을 찾는다고 했으므로 이 망원경의 외계 행성 탐사 방법은 식 현상을 이용한 것이다.

신유형·수능 열기

본문 257쪽

01 ⑤ 02 ③ 03 ③ 04 ⑤

01

정답 맞히기 ㄱ. A에 의해 중심별의 밝기가 더 크게 감소하였으므로 행성의 시직경은 A가 B보다 크다.
ㄴ. B의 공전 궤도 반지름이 더 크므로 공전 주기는 B가 A보다 길다. 따라서 식 현상이 나타나는 주기는 A보다 B가 더 길다.
ㄷ. 중심별의 밝기가 감소해 있는 시간이 B가 더 길므로 식 현상이 지속되는 시간은 A보다 B가 더 길다.

02

정답 맞히기 ㄱ. 발견된 외계 행성의 질량은 대부분 지구의 질량보다 크다.
ㄴ. 식 현상을 이용하여 발견된 외계 행성은 대부분 공전 주기가 짧다. 또한, 공전 주기는 공전 궤도 반지름과 관련이 있는데 공전 궤도 반지름이 길수록 공전 주기가 길어진다.
오답 피하기 ㄷ. 미세 중력 렌즈 현상을 이용하여 발견된 외계 행성은 대부분 공전 주기가 매우 길다. 공전 주기가 긴 행성일 경우 식 현상이나 시선 속도 변화와 같은 방법에 비해 상대적으로 미세 중력 렌즈 현상을 이용한 방법으로 찾기가 쉽다.

03

정답 맞히기 ㄱ. 중심별의 별빛 스펙트럼 파장이 주기적으로 변하는 것은 시선 속도 차이로 인한 도플러 효과 때문이다.
ㄴ. 행성의 질량이 크면 중심별의 시선 속도 변화가 커지므로 스펙트럼에서 파장의 변화량이 크다.
오답 피하기 ㄷ. 행성이 ㉠에 있을 때 별 A는 관측자의 시선 방향으로 다가와 청색 편이가 나타나므로 a와 같은 스펙트럼이 나타난다.

04

생명 가능 지대가 중심별로부터 멀리 있을수록 별의 광도가 크다. 또한, 광도가 큰 별일수록 질량이 크고, 수명이 짧다.
정답 맞히기 ㄱ. 생명 가능 지대가 중심별에 가장 가까운 케플러-186의 질량이 가장 작다. 따라서 별의 수명은 케플러-186이 가장 길다.
ㄴ. 케플러-452의 생명 가능 지대가 중심별로부터 가장 멀리 분포하므로 표면 온도가 가장 높은 항성은 케플러-452이다.
ㄷ. 행성 케플러-186f와 케플러-452b는 생명 가능 지대에 위치하므로 액체 상태의 물이 존재할 수 있다.

단원 마무리 문제

본문 260~263쪽

01 ⑤ 02 ① 03 ⑤ 04 ② 05 ④
06 ① 07 ④ 08 ⑤ 09 ② 10 ③
11 ④ 12 ④ 13 ⑤ 14 ② 15 ④
16 A-(다), B-(나), C-(가)

01

정답 맞히기 ⑤ 고온·고밀도의 기체는 (가)와 같은 연속 스펙트럼을 방출한다.

오답 피하기 ① (가)는 연속 스펙트럼이다.

② 고온의 고체에서는 (가)와 같은 연속 스펙트럼이 나타난다.

③ 고온의 별 주위에 저온의 성운이 있으면 (나)와 같은 흡수 스펙트럼이 나타난다.

④ 분광형은 표면 온도에 따라 별의 스펙트럼에 나타나는 흡수선의 종류와 폭의 종류가 달라지는 것을 이용하여 별을 분류한 것이다.

02

정답 맞히기 ㄱ. 흑체의 단위 표면에서 방출하는 파장에 따른 복사 에너지의 세기를 나타낸 그래프를 플랑크 곡선이라고 한다. 표면 온도가 높은 흑체는 표면 온도가 낮은 흑체보다 플랑크 곡선의 면적이 넓고, 전체 파장에서 복사 에너지의 세기가 강하다. 또한, 최대 복사 에너지 강도를 나타내는 파장은 온도가 높을수록 짧아진다. 따라서 A의 표면 온도가 B의 표면 온도보다 높다.

오답 피하기 ㄴ. B는 파장이 긴 쪽에서 복사 에너지를 주로 방출하므로 붉은색을 띨 것이다.

ㄷ. A는 파장이 짧은 쪽에서 에너지를 많이 방출하므로 푸른색 파장으로 구한 등급이 노란색 파장으로 구한 등급보다 작을 것이므로, 푸른색 파장으로 구한 등급에서 노란색 파장으로 구한 등급을 뺀 값은 음수이다.

반면, B는 파장이 긴 쪽에서 에너지를 많이 방출하므로 푸른색 파장으로 구한 등급이 노란색 파장으로 구한 등급보다 클 것이므로, 푸른색 파장으로 구한 등급에서 노란색 파장으로 구한 등급을 뺀 값은 양수이다.

따라서 푸른색 파장에서 구한 등급에서 노란색 파장에서 구한 등급을 뺀 값은 B가 A보다 크다.

03

시리우스의 분광형은 A형, 태양은 G형, 바너드별은 M형이다.

정답 맞히기 ㄱ. 중성 수소 흡수선은 A형 별에서 가장 강하게 나타나는데, (가)에서 시리우스의 분광형은 A형이므로 중성 수소 흡수선이 가장 강하게 나타나는 별은 시리우스이다.

ㄴ. 태양은 분광형이 G형인 별이므로 이온화된 칼슘 흡수선이 가장 강하게 나타난다.

ㄷ. TiO 분자 흡수선은 분광형이 M형인 별에서만 나타난다.

04

정답 맞히기 ㉠은 분광형이 B형인 주계열성이고, ㉡은 분광형이 G형, ㉢은 분광형이 K형인 적색 거성이며, ㉣은 분광형이 A형인 백색 왜성이다. 표면 온도가 가장 높은 별은 분광형이 B형인 ㉠이고, 반지름이 가장 큰 것은 적색 거성 중에서 광도는 같지만 표면 온도가 더 낮은 ㉢이다. 밀도가 가장 큰 별은 백색 왜성인 ㉣이다.

05

정답 맞히기

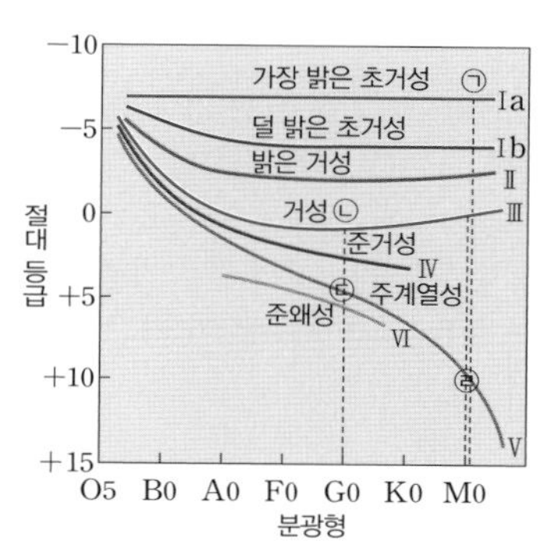

④ ㉢과 ㉣은 모두 주계열성이다. 주계열성은 광도가 크고, 표면 온도가 높을수록 질량이 크므로 질량은 ㉢이 ㉣보다 크다.

오답 피하기 ① 반지름이 가장 큰 별은 온도는 가장 낮으면서 광도는 가장 큰 별 ㉠이다.

② ㉠의 분광형은 M형, ㉡의 분광형은 G형이므로 표면 온도는 ㉠보다 ㉡이 더 높다.

③ 분광형은 동일한데 광도 계급이 Ⅲ인 ㉡이 광도 계급이 Ⅴ인 ㉢보다 광도가 크다.

⑤ 모건－키넌의 광도 계급에서 Ⅴ는 주계열성이다. 중심핵에서 수소 핵융합 반응을 하고 있는 별은 주계열성인 ㉢과 ㉣이다. 중심핵에서 수소 핵융합 반응을 하고 있는 별은 주계열성인 ㉢과 ㉣이다.

06

정답 맞히기 ㄱ. A는 태양보다 절대 등급이 5등급 작으므로 광도는 태양의 100배이다.

오답 피하기 ㄴ. B는 A보다 100배 밝으나 표면 온도는 $\frac{1}{2}$배이다.

따라서 $R^2 \propto \frac{100}{\left(\frac{1}{2}\right)^4} = 1600$이므로 B의 반지름은 A의 40배이다.

ㄷ. B는 태양보다 표면 온도는 낮은데 광도는 태양의 10000배이므로 주계열성이 아닌 적색 거성이다. 중심핵에서의 수소 핵융합 반응은 주계열성에서만 일어난다.

07

정답 맞히기 ㄴ, ㄷ. A는 태양보다 광도가 큰 주계열성이므로 반지름과 표면 온도가 태양보다 크다.

오답 피하기 ㄱ. A는 태양보다 광도, 표면 온도가 큰 주계열성이므로 질량도 더 크다. 그런데 주계열성은 질량이 클수록 수명이 짧으므로 A는 태양보다 수명이 짧다.

08

A는 백색 왜성, B는 주계열성, C는 거성이다.

정답 맞히기 ㄱ. A, B, C 중에서 밀도는 백색 왜성인 A가 가장 크다.

ㄴ. 주계열성인 B는 진화하면 C와 같은 거성 단계로 된다.

ㄷ. 표면 온도는 가장 낮으면서 광도가 가장 큰 별인 C의 반지름이 가장 크다.

09

(가)는 p−p 연쇄 반응, (나)는 CNO 순환 반응이다.

정답 맞히기 ㄴ. p−p 연쇄 반응은 질량이 태양의 1.5배 미만인 별, CNO 순환 반응은 질량이 태양의 1.5배보다 큰 별에서 우세한 반응이다. 따라서 (가)의 반응보다 (나)의 반응이 일어나는 별의 질량이 더 크다.

오답 피하기 ㄱ. 반응이 일어나기 시작하는 온도는 (나)가 (가)보다 높다. p−p 연쇄 반응은 중심핵의 온도가 1800만 K보다 낮은 별에서, CNO 순환 반응은 중심핵의 온도가 1800만 K보다 높은 별에서 우세하게 일어나는 수소 핵융합 반응이다.

ㄷ. 반응에서 최종적으로 생성되는 알짜 생성물은 둘 다 똑같이 헬륨 원자핵이다.

10

(가)는 중심핵이 헬륨으로 이루어져 있으므로 질량이 태양의 0.26배 이하인 별의 내부 구조이다. 반면, (나)는 중심핵에 철까지 만들어졌으므로 태양보다 질량이 훨씬 큰 별의 내부 구조이다.

정답 맞히기 ㄱ. 별의 수명은 질량이 작은 별이 더 길다. 따라서 별의 수명은 (가)가 (나)보다 길다.

ㄴ. 별의 질량이 클수록 별의 내부에서 여러 단계의 핵융합 반응이 일어나므로 여러 겹의 원소들로 이루어진 양파 껍질 구조를 이룬다. 따라서 별의 질량은 (나)가 (가)보다 크다.

오답 피하기 ㄷ. (나)는 질량이 태양 질량의 8배 이상이므로 주계열성 단계에 있을 때 중심핵에서는 CNO 순환 반응이 우세하게 일어난다.

11

(가)는 주계열성 단계, (나)는 적색 거성 단계, (다)는 백색 왜성 단계이다.

정답 맞히기 ㄴ. (나)는 적색 거성 단계이므로 반지름이 가장 크다.

ㄷ. (다)는 백색 왜성 단계이므로 밀도가 가장 크다.

오답 피하기 ㄱ. 별의 질량이 태양과 같으므로 (가) 단계의 중심핵에서는 p−p 연쇄 반응이 우세하게 일어난다.

12

정답 맞히기 ④ 거성 단계에서 A는 청색 초거성이고, B는 적색 거성이므로 표면 온도는 A가 B보다 높다.

오답 피하기 ① A의 최후는 초신성 폭발을 맞이하고, B는 행성상 성운을 형성하므로 A의 질량이 B의 질량보다 크다.

② 원시별 단계의 에너지원은 중력 수축 에너지이다.

③ 주계열성 단계의 중심핵에서는 수소 핵융합 반응이 일어난다.

⑤ 초신성 폭발 후 생성된 천체는 중성자별이나 블랙홀이고, 행성상 성운의 중심에 생성되는 천체는 백색 왜성이다. 밀도는 블랙홀>중성자별>백색 왜성 순이다.

13

중심별로부터 생명 가능 지대의 거리가 A보다 B가 더 멀다는 것은 B의 광도가 A의 광도보다 크다는 것을 의미한다. 따라서 주계열성의 질량은 C>B>A 순이다.

정답 맞히기 ㄱ. A의 질량이 가장 작으므로 주계열성 단계에 가장 오랫동안 머물 수 있다. 따라서 행성이 생명 가능 지대에 머무를 수 있는 기간은 A가 가장 길다.

ㄴ. 주계열성의 질량이 B가 A보다 크므로 B의 표면 온도는 A의 표면 온도보다 높다.

ㄷ. C는 질량이 B보다 크기 때문에 생명 가능 지대의 폭도 B의 생명 가능 지대 폭인 0.8 AU보다 넓다.

14

미세 중력 렌즈 효과를 이용한 외계 행성 탐사 방법은 거리가 다른 두 별에서 행성이 있는 앞쪽의 별이 이동할 때 뒤쪽에 위치한 별의 밝기가 미세하게 변하는 것을 이용하는 것이다.

정답 맞히기 ㄷ. 행성의 질량이 클수록 B의 밝기에 나타나는 변화에 추가 변화의 정도가 커진다.

오답 피하기 ㄱ. 미세 중력 렌즈 현상을 이용한 외계 행성 탐사 방법은 뒤쪽에 위치한 별의 불규칙한 밝기 변화를 이용하여 앞쪽에 위치한 별에 있는 행성의 존재를 확인하는 것이다. 따라서 문제의 경우 A의 불규칙한 밝기 변화를 이용하는 것이 아니고 B의 불규칙한 밝기 변화를 이용하여 행성의 존재를 확인한다.
ㄴ. 별빛의 스펙트럼 분석에서 흡수선의 주기적인 파장 변화를 이용한 탐사 방법은 시선 속도 변화를 이용한 탐사 방법이다.

15

정답 맞히기 ㄴ. 시선 속도 변화 폭인 B가 클수록 시선 속도의 변화 폭과 관련된 파장 변화량 $\Delta\lambda_{max}$도 크다.
ㄷ. 행성의 질량이 클수록 시선 속도의 변화 폭인 B도 커진다.

오답 피하기 ㄱ. (가)의 A는 (나)의 c → d→ a→ b → c까지의 시간이다.

16

정답 맞히기 (가)는 중심별의 밝기 변화를 이용한 외계 행성 탐사법인데, 중심별을 가리는 외계 행성의 반지름이 클수록 중심별의 밝기 변화가 크게 나타난다. 따라서 (가)는 C에 해당한다.
(나)는 도플러 효과에 의한 중심별의 시선 속도 변화를 이용하는 방법이며, B에 해당한다.
(다)는 행성을 보유한 별의 변화가 아니라 뒤쪽에 위치한 배경별의 별빛 밝기 변화를 관측하는 것이므로 A에 해당한다.

Ⅵ. 외부 은하와 우주 팽창

16 외부 은하

탐구 활동

본문 273쪽

1 해설 참조 **2** 해설 참조

1

모범 답안 타원 은하는 편평도에 따라서 E0부터 E7까지 분류한다. (마)는 (사)보다 편평도가 크므로 E0보다는 E7에 가깝고, (사)는 E7보다는 E0에 가깝다.

2

모범 답안 나선팔의 감긴 정도와 은하 전체에 대한 은하 중심부의 상대적 크기에 따라 막대 나선 은하는 SBa, SBb, SBc로 세분한다.
(자)는 (라)보다 나선팔이 감긴 정도가 느슨하고 은하 전체에 대한 은하 중심부의 상대적 크기가 작으므로 SBa보다는 SBc에 가깝다. 반대로 (라)는 SBc보다는 SBa에 가깝다.

내신 기초 문제

본문 274쪽

01 ① **02** ③ **03** 해설 참조 **04** ②
05 ③ **06** (1) 불규칙 은하 (2) 해설 참조

01

정답 맞히기 ① 안드로메다은하는 정상 나선 은하에 해당하므로 나선팔 구조를 확인할 수 있다.

오답 피하기 ② 편평도에 따라 세분되는 은하는 타원 은하이다.
③ 중심부에 막대 모양 구조가 보이는 은하는 막대 나선 은하이다.
④ 타원 은하와 나선 은하 사이에 시간에 따른 진화 관계는 존재하지 않는다. 타원 은하와 나선 은하는 가시광선 영역에서 본 은하의 형태에 따른 분류일 뿐이다.

⑤ 안드로메다가 나선 은하임을 밝힌 것은 1923년 허블이다. 스피처 망원경은 2003년 발사된 우주 망원경으로, 2005년 우리 은하가 막대 나선 은하임을 밝혔다.

02

정답 맞히기 ③ 허블의 은하 분류 체계는 가시광선 영역에서 관측한 은하의 형태에 따른 분류이다.

오답 피하기 ② 허블은 타원 은하가 진화하여 나선 은하가 된다고 생각하였으나 은하 내 별들의 평균 나이는 나선 은하보다 타원 은하가 많다. 또한 은하들끼리 상호 작용으로 형태가 변하거나 충돌하는 경우도 있다. 따라서 은하의 형태에 따른 분류는 은하의 나이와는 무관하다.

①, ④, ⑤ 은하의 크기, 은하까지의 거리, 은하 내 별의 수는 은하 분류 체계와 관계없이 은하마다 다르다.

03

정답 맞히기 분류된 은하들의 사진으로 보아 A는 막대 나선 은하, B는 정상 나선 은하, C는 타원 은하, D는 불규칙 은하이다.

모범 답안 (가)에서 A, B, C와 D가 분류된 것으로 보아 (가)에 알맞은 기준은 '일정한 형태가 있는가?'이다.

(나)에서 나선 은하인 A, B와 타원 은하인 C가 분류된 것으로 보아 (나)에 알맞은 기준은 '나선팔이 있는가?'이다.

(다)에서 막대 나선 은하인 A와 정상 나선 은하인 B가 분류된 것으로 보아 (다)에 알맞은 기준은 '은하 중심부에 막대 모양 구조가 있는가?'이다.

04

정답 맞히기 ② 퀘이사는 적색 편이가 매우 큰 천체로 매우 멀리 있다.

오답 피하기 ①, ③, ④ 매우 멀리 있기 때문에 별처럼 보이지만 우주 초기에 형성된 은하이다.

⑤ 큰 적색 편이는 큰 후퇴 속도를 의미한다. 즉, 우리 은하로부터 매우 빠르게 멀어지고 있다.

05

정답 맞히기 ③ 사진은 전파 은하인 NGC 5128의 가시광선 영역과 전파 영역에서의 모습이다. 전파 영역의 사진 (나)에서 중심으로부터 뻗어 나오는 물질의 흐름인 제트가 관측된다.

오답 피하기 ① 전파 은하이다.

② 전파 은하는 가시광선 영역에서 주로 타원 은하로 분류된다.

④ 허블의 은하 분류 체계에서 우리 은하는 막대 나선 은하이고, 전파 은하인 NGC 5128은 타원 은하로 분류된다.

⑤ 우주 초기에 만들어진 은하는 퀘이사이다.

06

(1) 은하의 형태로 보아 타원형이나 나선형과 같은 일정한 형태가 없으므로 불규칙 은하로 분류된다.

(2) 은하가 충돌하는 과정에서 가스와 먼지로 이루어진 은하 내의 거대한 성운들이 서로 부딪친다. 이 과정에서 성운이 압축되면서 새로운 별들이 탄생할 수 있다.

모범 답안 (2) 은하끼리 충돌할 때 은하 내의 성운이 압축되어 새로운 별들이 탄생한다.

실력 향상 문제

본문 275~278쪽

01 ③	02 ④	03 ③	04 ④	05 ③
06 ①	07 ③	08 ⑤	09 ④	10 ①, ③
11 ⑤	12. ⑤	13 ③	14 ⑤	15 ④
16 해설 참조				

01 허블의 은하 분류

A는 타원 은하, B는 정상 나선 은하, C는 막대 나선 은하, D는 불규칙 은하이다.

정답 맞히기 ㄱ. 타원 은하는 겉모양이 타원 형태를 이루고, 나선 은하는 나선팔 구조를 가지고 있다. 그러나 불규칙 은하는 타원 은하나 나선 은하와 같은 일정한 형태를 가지고 있지 않다.

ㄴ. 타원 은하와 불규칙 은하에는 나선팔 구조가 없으나 정상 나선 은하와 막대 나선 은하는 은하 중심부 주변에 나선팔 구조를 가지고 있다.

오답 피하기 ㄷ. 정상 나선 은하와 막대 나선 은하의 차이는 은하 중심부의 막대 모양 구조 유무이다.

02 타원 은하

정답 맞히기 ㄱ. (가)와 (나)는 모두 나선팔이 없고 타원 형태를 보이므로 타원 은하이다.

ㄴ. 편평도는 타원체의 납작한 정도를 의미하고, 원에 가까울수록

편평도가 작다. 따라서 편평도는 (나)가 (가)보다 크다.

오답 피하기 ㄷ. 타원 은하는 은하의 편평도에 따라 세분한다.

03 막대 나선 은하

(가)는 M91, (나)는 NGC 1365이다.

정답 맞히기 ㄷ. 막대 나선 은하는 은하 전체에 대한 은하 중심부의 크기 비와 나선팔의 감긴 정도에 따라 SBa, SBb, SBc로 세분된다. 은하 전체에 대한 은하 중심부의 비율은 (가)보다 (나)가 더 작다. 은하 분류 기호로는 (가)가 SBb, (나)가 SBc이다.

오답 피하기 ㄱ. (가)와 (나) 모두 은하 중심부를 가로지르는 막대 모양 구조가 보이므로 막대 나선 은하이다. 분류 기호는 SB이다.
ㄴ. 나선팔이 감긴 정도는 (가)보다 (나)가 더 느슨하다.

04 전파 은하

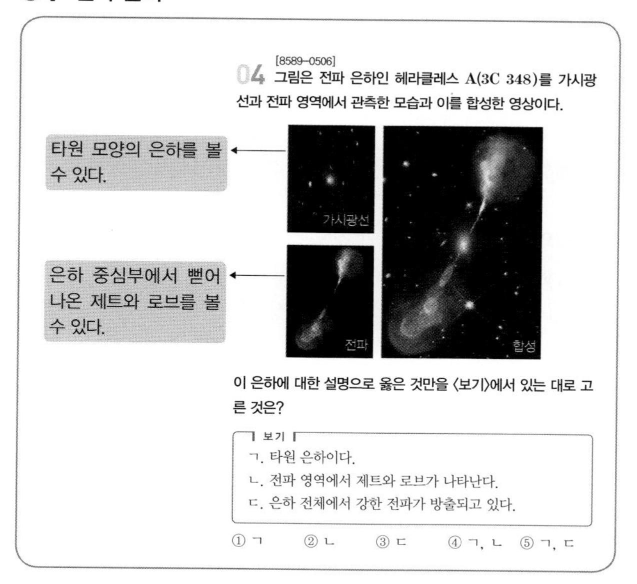

정답 맞히기 ㄱ. 가시광선 영상을 보면 타원 형태를 확인할 수 있다. 따라서 허블의 은하 분류 체계에서 타원 은하로 분류할 수 있다.
ㄴ. 전파 영상을 보면 은하 중심부에서 뻗어나오는 물질의 흐름인 제트와 로브를 확인할 수 있다.

오답 피하기 ㄷ. 가시광선 영상과 전파 영상을 비교하면 전파 은하는 은하 전체가 아니라 은하 중심부에서 뻗어 나온 제트와 로브에서 강한 전파가 방출됨을 알 수 있다.

05 허블의 은하 분류

A는 불규칙 은하, B는 타원 은하, C는 정상 나선 은하, D는 막대 나선 은하이다.

정답 맞히기 ③ C는 나선팔이 있고 중심부에 막대 구조가 없으므로 정상 나선 은하이고, 기호는 S이다.

오답 피하기 ① A는 규칙적인 모양이 없으므로 불규칙 은하이다.
② 타원 은하는 타원체의 납작한 정도인 편평도에 따라 E0에서 E7로 세분한다.
④ 우리 은하는 막대 나선 은하이므로 D에 해당된다.
⑤ 불규칙 은하(A)는 성간 물질을 많이 포함하고 있어 새로 태어난 젊은 별의 비율이 높고, 타원 은하(B)는 성간 물질이 적어 대부분의 별들이 질량이 작고 나이가 많다.

06 타원 은하와 나선 은하

정답 맞히기 ㄱ. (가) 은하는 타원 형태를 가지고 있고 나선팔이 없으므로 타원 은하이고, (나)는 은하 중심부에 막대 모양 구조가 있고 그 주변에 나선팔이 보이므로 막대 나선 은하이다.

오답 피하기 ㄴ. 타원 은하는 성간 물질이 적어 새로 태어나는 별들의 비율이 낮고, 나선 은하는 나선팔에 성간 물질이 많아 새로 태어나는 별들의 비율이 타원 은하보다 높다.
ㄷ. 타원 은하는 나이가 많은 붉은 별들의 비율이 높고, 나선 은하는 새로 태어난 젊고 푸른 별들이 많기 때문에 붉은 별들의 비율이 낮다.

07 전파 은하

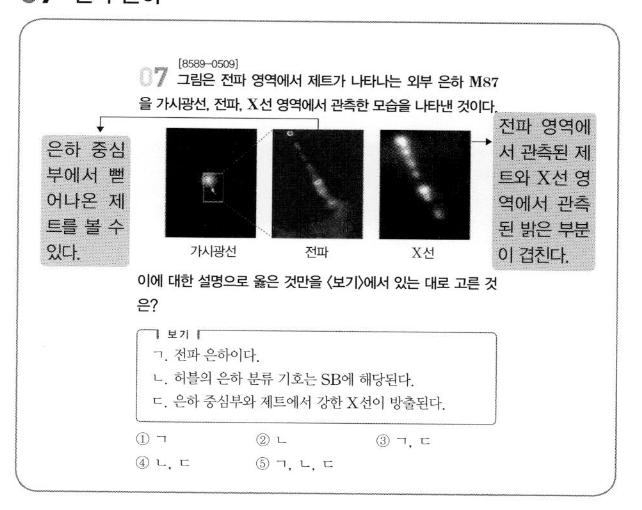

정답 맞히기 ㄱ. 전파 영상에서 길고 강한 물질의 흐름인 제트가 나타나는 것으로 보아 전파 은하이다.

ㄷ. X선 영상에서 은하 중심부와 제트에 흰색 부분이 나타나는 것으로 보아 이 부분에서 강한 X선이 방출되고 있다.

오답 피하기 ㄴ. 전파 은하는 허블의 은하 분류 체계에서 타원 은하에 해당된다. 따라서 분류 기호는 E이다.

08 세이퍼트은하와 전파 은하

정답 맞히기 ㄱ. (가) 세이퍼트은하는 나선팔 구조가 보이므로 은하의 형태상 나선 은하로 분류된다. 또한 은하핵 부분이 작고 밝아 은하의 특성으로는 특이 은하로 분류된다.

ㄴ. (나) 전파 은하에서는 일반 은하보다 수십 배 강한 전파가 방출되고 있다.

ㄷ. 세이퍼트은하와 전파 은하는 허블의 은하 분류 체계로는 각각 나선 은하와 타원 은하로 분류되지만, 특정 파장의 방출선 폭이 매우 넓기 때문에 특이 은하로 분류한다.

09 퀘이사

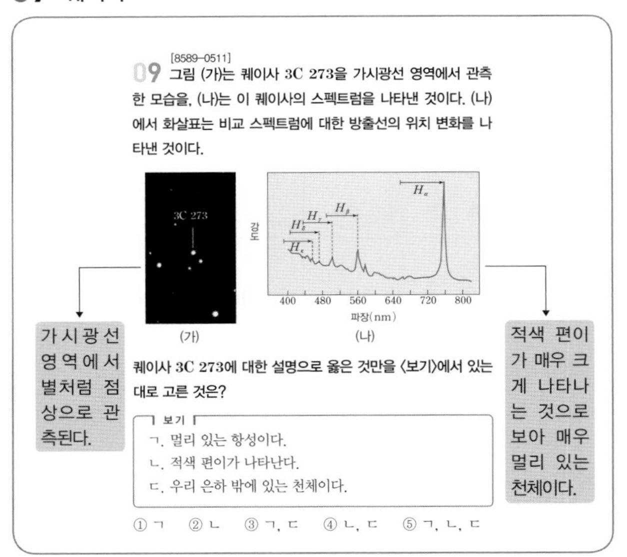

정답 맞히기 ㄴ, ㄷ. (나)에서 방출선의 위치 변화를 보면 원래보다 파장이 긴 쪽으로 이동되어 있다. 즉, 큰 적색 편이가 나타난다. 원래 파장이 656 nm인 H_α의 파장 변화량은 가로축 눈금 두 칸(80 nm)보다 크다. 이를 이용해 후퇴 속도를 구하면 다음과 같다.

$$v=\frac{\Delta\lambda}{\lambda}\times C=\frac{80\ \text{nm}}{656\ \text{nm}}\times 3\times 10^5\ \text{km/s} \fallingdotseq 36585\ \text{km/s}$$

허블 상수 값을 70km/s/Mpc으로 가정하고 거리를 구하면 다음과 같다.

$$r=\frac{v}{H}\times C=\frac{36585\ \text{km/s}}{70\ \text{km/s/Mpc}} \fallingdotseq 523\ \text{Mpc}$$

이로부터 퀘이사 3C 273은 우리로부터 매우 빠르게 멀어지고 있는 외부 은하임을 알 수 있다.

오답 피하기 ㄱ. (가)에서 점상으로 관측되어 별처럼 보이지만 사실은 매우 멀리 있는 은하이다.

10 은하의 형태별 비율

㉠은 정상 나선 은하, ㉡은 막대 나선 은하, ㉢은 타원 은하, ㉣은 불규칙 은하이다.

정답 맞히기 ① 정상 나선 은하(㉠)와 막대 나선 은하(㉡)의 분류 기준은 은하 중심부를 가로지르는 막대 모양 구조의 유무이다.

③ 허블은 타원 은하(㉢)가 진화하여 나선 은하(㉡과 ㉢)가 된다고 생각하였으나, 타원 은하와 나선 은하 사이에 시간에 따른 진화 관계는 존재하지 않는다.

오답 피하기 ② 우리 은하는 막대 나선 은하이므로 (㉡)에 해당된다.

④ (㉣)의 분류 기호가 Irr인 것으로 보아 불규칙 은하(Irregular galaxy)이다.

⑤ 나선 은하가 차지하는 비율은 정상 나선 은하의 비율 51 %와 막대 나선 은하의 비율 35 %를 합해 약 86 %이다.

11 다양한 외부 은하

(가)는 타원 은하, (나)는 정상 나선 은하, (다)는 불규칙 은하이다.

정답 맞히기 ㄴ. 나선 은하의 나선팔에는 성간 물질이 많아 새로 태어나는 젊고 푸른색 별의 비율이 높고, 은하 중심부는 나선팔과 비교하여 나이가 많은 붉은색 별들이 분포한다.

ㄷ. 불규칙 은하(다)에는 성간 물질이 많아 젊은 별들의 비율이 높고, 타원 은하(가)에는 성간 물질이 거의 없어 젊은 별보다 늙은 별의 비율이 높다.

오답 피하기 ㄱ. 타원 은하는 편평도에 따라 세분한다. 편평도가 0이면 즉, 원형이면 E0로 분류한다. 편평도가 커지면 즉, 타원 형태가 나타나면 타원의 납작한 정도에 따라 E1~E7로 분류한다. (가)의 타원 은하는 타원체의 긴 반지름(a)이 짧은 반지름(b)보다 크므로 편평도 $e=\frac{a-b}{a}$는 0보다 크다.

12 충돌 은하

정답 맞히기 ㄱ. 가시광선 영상에서 두 은하 모두 은하 중심부에서 바로 연결되는 나선팔을 볼 수 있으므로 정상 나선 은하로 분류된다.

ㄴ. 가시광선 영상의 나선팔과 적외선 영상의 붉은색 부분이 잘 일치하는 것으로 보아 적외선을 방출하는 물질이 주로 나선팔에 분포함을 알 수 있다.

ㄷ. 물질이 방출하는 전자기파는 물질의 온도가 높을수록 파장이 짧다. X선은 적외선보다 파장이 짧은 전자기파로 고온의 물질에서 방출된다. 따라서 X선 영상으로부터 고온 물질의 분포를 확인할 수 있다.

13 세이퍼트은하와 퀘이사

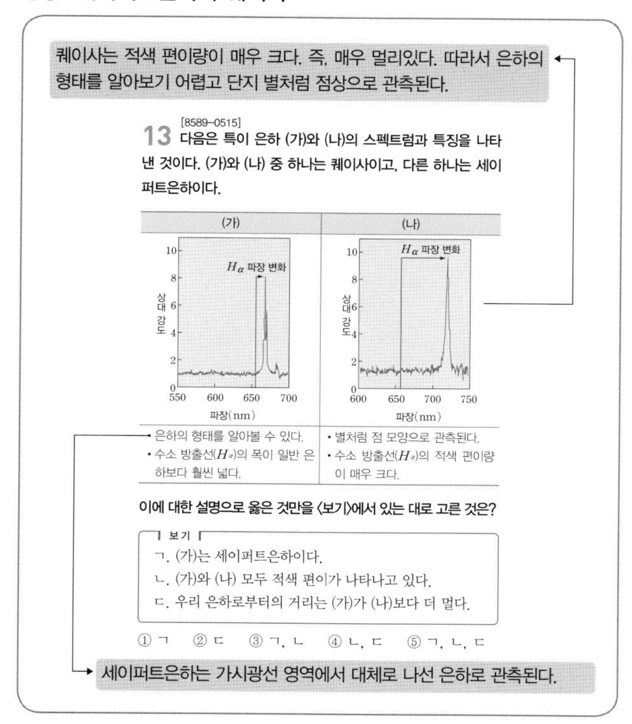

퀘이사는 적색 편이량이 매우 크다. 즉, 매우 멀리있다. 따라서 은하의 형태를 알아보기 어렵고 단지 별처럼 점상으로 관측된다.

[8589-0515]
13 다음은 특이 은하 (가)와 (나)의 스펙트럼과 특징을 나타낸 것이다. (가)와 (나) 중 하나는 퀘이사이고, 다른 하나는 세이퍼트은하이다.

(가)	(나)
• 은하의 형태를 알아볼 수 있다. • 수소 방출선(H_α)의 폭이 일반 은하보다 훨씬 넓다.	• 별처럼 점 모양으로 관측된다. • 수소 방출선(H_α)의 적색 편이량이 매우 크다.

이에 대한 설명으로 옳은 것만을 <보기>에서 있는 대로 고른 것은?

보기
ㄱ. (가)는 세이퍼트은하이다.
ㄴ. (가)와 (나) 모두 적색 편이가 나타나고 있다.
ㄷ. 우리 은하로부터의 거리는 (가)가 (나)보다 더 멀다.

① ㄱ ② ㄷ ③ ㄱ, ㄴ ④ ㄴ, ㄷ ⑤ ㄱ, ㄴ, ㄷ

세이퍼트은하는 가시광선 영역에서 대체로 나선 은하로 관측된다.

정답 맞히기 ㄱ. (가)는 세이퍼트은하, (나)는 퀘이사이다.

ㄴ. (가)와 (나) 모두 수소 방출선(H_α)의 위치가 파장이 길어지는 쪽으로 이동했다. 즉, (가)와 (나) 모두 적색 편이를 보이고 있다.

오답 피하기 ㄷ. 적색 편이가 클수록 우리 은하로부터 멀리 있다. 따라서 (가)보다 (나)가 우리 은하로부터 더 멀리 있다.

14 은하의 충돌

정답 맞히기 ㄱ. 가까운 거리의 은하들은 각자의 질량에 의한 만유인력으로 서로를 끌어당길 수 있다.

ㄴ. 은하의 충돌로 인해 두 은하의 질량이 합쳐져 더 큰 은하가 형성되기도 하고, 기존의 은하가 흩어지거나 변형되기도 한다.

ㄷ. 은하끼리 충돌하는 과정에서 은하 내의 성간 물질이 압축되고, 이로 인해 성운의 중력 수축이 촉발되어 새로운 별의 탄생이 왕성해진다.

15 성운과 외부 은하의 차이

정답 맞히기 ㄴ. 세페이드 변광성은 변광 주기가 길수록 광도가 크다. 이 관계를 이용하여 세페이드 변광성까지의 거리를 알아낼 수 있다.

세페이드 변광성을 관측하여 겉보기 등급(m)과 변광 주기(P) 알아내기

↓

변광 주기(P)를 이용하여 광도(절대 등급)(M) 알아내기

↓

겉보기 등급(m)과 광도(절대 등급)(M)을 비교하여 거리(r) 구하기 : $m-M=5\log r-5$

ㄷ. 1923년 허블이 안드로메다가 우리 은하 밖에 있는 천체라고 확인하였으므로 안도로메다은하까지의 거리는 우리 은하의 지름보다 멀다. 실제로 허블이 측정한 안드로메다까지의 거리는 약 100만 광년이다. 이는 우리 은하의 지름인 10만 광년보다 훨씬 큰 값이다. 현대에 측정한 안드로메다까지의 거리는 약 250만 광년이다.

오답 피하기 ㄱ. 성운은 가스와 먼지의 구름이다. 별의 무리는 성단이라고 한다.

16 외부 은하의 판정 근거

안드로메다은하의 가장자리에서 몇 개의 별들을 찾았기 때문에 안드로메다은하가 성운이 아니라 별의 집단일 수 있다는 가능성을 확인하였다. 또한 안드로메다은하가 우리 은하의 지름보다 더 먼 거리에 있었다는 사실을 통해 우리 은하 밖의 천체라는 사실을 확인하였다. 결국 안드로메다은하는 우리 은하 밖에 위치해 있으며, 별들이 모인 천체이다. 멀리 있으면서도 상당히 큰 구름처럼 관측되는 것은 이 천체가 성단 정도가 아니라 은하 정도의 규모를 가졌다는 의미이므로 안드로메다은하가 성운이 아닌 은하로 판명되었다.

모범 답안 안드로메다은하의 가장자리에서 몇 개의 별들을 찾았고, 안드로메다은하가 우리 은하의 지름보다 더 먼 거리에 있었다.

신유형·수능 열기

본문 279쪽

01 ① 02 ⑤ 03 ① 04 ③

01

A는 타원 은하, B는 나선 은하, C는 불규칙 은하이다.

정답 맞히기 ㄱ. 타원 은하인 A와 나선 은하인 B의 분류 기준은 나선팔의 유무이다.

오답 피하기 ㄴ. C는 일정한 형태가 없는 불규칙 은하이다. 특이 은하로 분류되는 세이퍼트은하와 전파 은하는 가시광선 영상에서 각각 나선 은하와 타원 은하로 분류된다.

ㄷ. 타원 은하는 성간 물질이 적어 새로운 별의 탄생이 적고, 불규칙 은하는 성간 물질이 많아 젊은 별의 비율이 높다.

02

(가)는 타원 은하, (나)는 나선 은하이다.

정답 맞히기 ㄱ. 나선 구조가 보이는 은하는 (나)이다.

ㄴ. 타원 은하는 성간 물질이 거의 없어 새로 태어난 젊은 별보다 나이가 많고 붉은색 별의 비율이 높다. 나선 은하는 나선팔에 성간 물질이 많아 새로 탄생한 젊고 푸른색 별들의 비율이 높다.

ㄷ. (가)와 (나)는 모두 우리 은하 밖에 있는 외부 은하이다. 우리 은하 내에 또 다른 은하가 존재하지는 않으므로 은하로 분류되는 천체는 모두 외부 은하이다.

03

정답 맞히기 ㄱ. 가시광선 사진에서 별처럼 점상으로 보이고, 수소 방출선(H_α)의 적색 편이가 매우 큰 (가)가 퀘이사이고, 가시광선 사진에서 나선 은하로 보이는 (나)가 세이퍼트은하이다.

오답 피하기 ㄴ. 수소 방출선(H_α)의 위치 변화로 보아 적색 편이는 (나)보다 (가)에서 크다. 따라서 후퇴 속도는 (나)보다 (가)가 크다.

ㄷ. 퀘이사는 거리가 너무 멀어 가시광선 사진에서 은하의 형태를 구분하기 어렵다.

04

정답 맞히기 ㄱ. 합성 영상에서 은하 중심부 주변의 나선팔 구조를 확인할 수 있다.

ㄴ. X선 영상에서 은하 중심부가 밝게 나타나는 것으로 보아 고온의 밝은 은하 중심부를 확인할 수 있다.

오답 피하기 ㄷ. X선 영상에서는 은하 중심부가 밝게 보이고, 전파 영상에서는 나선팔 구조가 나타나는 것으로 보아 고온의 물질은 은하 중심부에, 저온의 물질은 나선팔에 주로 분포하는 것으로 보인다. 즉, 물질이 은하 전체에 균일하게 분포하지는 않는다.

17 우주 팽창

탐구 활동

본문 289쪽

1 해설 참조 **2** 해설 참조

1

모범 답안 최근의 관측 자료에 의하면 허블 상수는 약 71 km/s/Mpc으로 탐구 활동에서 구한 허블 상수 값보다 크다. 따라서 우주의 나이는 탐구 활동에서 구한 값보다 작은 약 137억 년이 된다.

2

모범 답안 우주의 나이는 허블 상수에 반비례하므로 허블 상수가 증가하면 우주의 나이가 감소하고 허블 상수가 감소하면 우주의 나이는 증가한다. 따라서 우주의 나이를 정확하게 계산하기 위해서는 허블 상수를 정확하게 측정해야 한다.

내신 기초 문제

본문 290~291쪽

01 ③ **02** ⑤ **03** ④, ⑤ **04** ⑤
05 70 km/s/Mpc **06** ② **07** ② **08** ②
09 ③ **10** ①

01

정답 맞히기 ③ 은하의 스펙트럼에서 적색 편이$\left(z=\frac{\Delta\lambda}{\lambda}\right)$가 클수록 후퇴 속도가 크고, 관측자로부터 멀리 있다. 흡수선의 파장 변화량($\Delta\lambda$)은 은하 A가 은하 B보다 작으므로, 은하까지의 거리는 은하 A가 은하 B보다 가깝다.

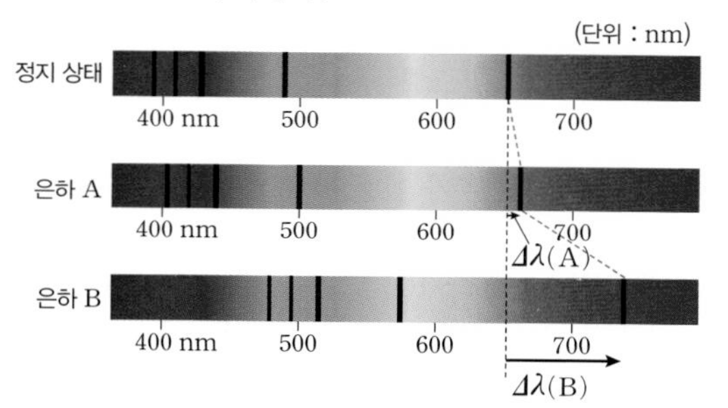

오답 피하기 ①, ② 은하 A와 B 모두 스펙트럼에 적색 편이가 나타나므로 우리 은하로부터 멀어지고 있음을 알 수 있다.
④ 두 은하는 우리 은하로부터 멀어지고 있으므로 은하의 시선 방향 속도는 후퇴 속도와 같다. 따라서 은하의 시선 방향 속도는 후퇴 속도가 큰 은하 B가 은하 A보다 크다.
⑤ 흡수선의 파장 변화량($\Delta\lambda$)은 은하 A가 은하 B보다 작다.

02

정답 맞히기 ⑤ 우주 배경 복사를 최초로 제안한 사람은 가모이고, 최초로 관측한 사람은 미국의 펜지어스와 윌슨이다.

오답 피하기 ① 가모는 고온 고밀도의 초기 우주가 팽창하면서 온도는 계속 낮아졌고, 이 과정에서 퍼져 나간 빛이 오늘날에도 우주 전역을 떠돌고 있을 것이라며 우주 배경 복사의 존재를 예상하였다.
②, ③, ④ 빅뱅 이후 약 38만 년 정도 지났을 때 우주의 온도는 약 3000 K였다. 이때 우주 전역으로 퍼져 나간 빛이 현 우주 배경 복사로 관측되는 것이다. 빅뱅 이후 우주는 팽창하면서 계속 온도가 낮아지고 있으므로 우주 배경 복사의 온도도 계속 낮아져 현재는 약 2.7 K으로 관측되고 있다.

03

정답 맞히기 ④, ⑤ 빅뱅 이후 우주는 계속 팽창하고 있고 우주의 온도는 낮아지고 있다. 따라서 우주의 반지름은 증가하고, 우주의 온도에 해당하는 배경 복사의 파장은 길어지고 있다.

오답 피하기 ①, ②, ③ 대폭발 우주론에서 빅뱅 이후 우주가 팽창하는 동안 우주의 총 질량은 변함이 없으므로 밀도는 작아지고 온도는 낮아진다.

04

정답 맞히기 ⑤ 우주가 빅뱅 이후부터 현재까지 일정한 속도로 팽창하였다면 현재의 우주 팽창 속도인 허블 상수를 이용해 우주의 나이를 구할 수 있다. 즉, 우주의 나이(t)는 허블 상수(H)의 역수와 같다.

$$t=\frac{1}{H}$$

허블 상수는 은하까지의 거리(r)에 따른 은하의 후퇴 속도(v)비이므로 그래프에서 기울기와 같다.

$$H=\frac{v}{r}$$

따라서 우주의 나이(t)는 $\frac{\text{은하까지의 거리}}{\text{은하의 후퇴 속도}}$와 비례한다.

$$t=\frac{1}{H}=\frac{r}{v}$$

오답 피하기 ①, ③ 허블 법칙은 '은하까지의 거리가 멀수록 은하의 후퇴 속도가 빠르다'는 것이다. 그래프에서 은하까지의 거리와 은하의 후퇴 속도가 비례하므로 허블 법칙을 만족한다.
② 그래프에서 은하들의 후퇴 속도가 모두 양의 값을 가지므로 관측자로부터 멀어지고 있다.
④ 은하의 스펙트럼에서 적색 편이가 나타난다는 것은 은하가 관측자로부터 멀어지고 있다는 의미이다. 그래프에서 은하까지의 거리가 멀수록 은하의 후퇴 속도가 커지고, 후퇴 속도(v)는 적색 편이량에 비례하므로$\left(v=\frac{\Delta\lambda}{\lambda}\times c\right)$ 은하까지의 거리가 멀수록 적색 편이가 크게 나타난다.

05

정답 맞히기 허블 상수는 그래프에서 기울기에 해당한다. 그래프에서 직선은 원점을 지나고, 200 Mpc 거리에 있는 은하의 후퇴 속도는 1.4×10^4 km/s, 400 Mpc 거리에 있는 은하의 후퇴 속도는 2.8×10^4 km/s이다. 따라서 허블 상수는 다음과 같이 구할 수 있다.

$$H=\frac{1.4\times10^4\text{ km/s}}{200\text{ Mpc}}=\frac{2.8\times10^4\text{ km/s}}{400\text{ Mpc}}=70\text{ km/s/Mpc}$$

06

정답 맞히기 ㄷ. C는 은하 B로부터 30 km/s으로 멀어지고 있고, D는 은하 B로부터 60 km/s로 멀어지고 있으므로, C에서 D를 관측하면 상대 속도 30 km/s(60 km/s−30 km/s)으로 후퇴하는 것으로 보인다.

오답 피하기 ㄱ. 은하 B에서 관측할 때 나머지 은하 A, C, D가 멀어지는 것으로 관측되지만, 은하 C에서 관측하면 은하 A, B, D가 멀어지는 것으로 관측된다. 즉, 모든 관측자가 자신을 중심으로 우주가 팽창하고 있는 것으로 관측된다. 이는 팽창하는 우주의 중심은 없다는 의미이다.
ㄴ. 적색 편이량은 후퇴 속도와 비례하므로 적색 편이가 가장 크게 나타나는 것은 후퇴 속도가 가장 큰 D이다.

07

정답 맞히기 ㄱ. 그래프에서 기울기는 허블 상수이다. 그래프의 기울기는 A에서 관측한 것이 B에서 관측한 것보다 크므로 허블 상수는 B보다 A에서 더 크다.
ㄹ. 허블 상수는 우주 공간의 팽창 속도를 의미하므로 우주의 팽창 속도는 B보다 A에서 더 크다.

오답 피하기 ㄴ. 우주의 나이는 허블 상수에 반비례한다. 따라서 우주의 나이는 A보다 B에서 더 크다.
ㄷ. 관측 가능한 우주의 크기는 허블 상수에 반비례한다. 따라서 관측 가능한 우주의 크기는 A보다 B에서 더 크다.

08

정답 맞히기 ② 과거와 현재를 비교할 때 우주의 크기는 커지지만 은하의 개수는 일정하다. 즉, 우주의 질량이 일정하므로 그림은 대폭발 우주론을 나타낸 것이다. 대폭발 우주론에서는 우주의 팽창을 바탕으로 여러 물리량의 변화를 설명하고 있으므로 허블 법칙을 만족한다.

오답 피하기 ①, ③, ④, ⑤ 그림은 대폭발 우주론을 설명하고 있다. 정상 우주론은 우주가 수축도 팽창도 하지 않고 정적인 상태라는 아인슈타인의 정적 우주론에 우주 팽창의 개념을 더하여 호일 등이 주장하였다. 정상 우주론에서는 우주가 팽창하는 동안 우주의 밀도가 일정하게 유지된다. 그러기 위해 우주가 팽창하면서 생겨난 공간에 새로운 물질들이 계속 생성되고 있다고 주장한다.

대폭발 우주론과 정상 우주론 모형

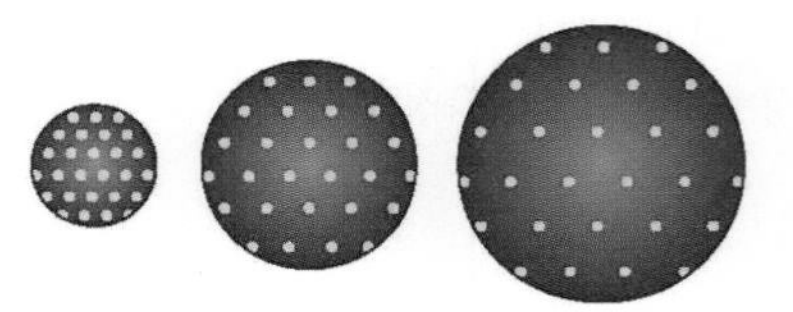

대폭발 우주론

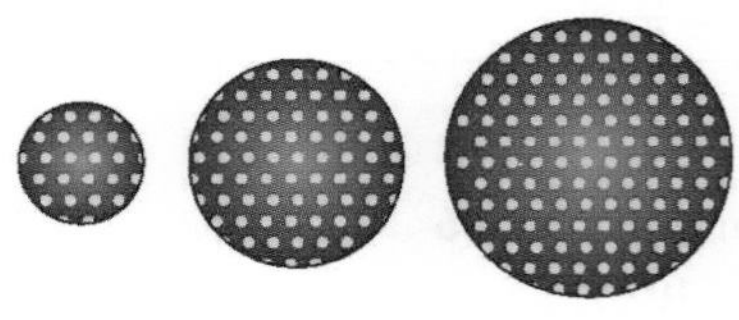

정상 우주론

구분	대폭발 우주론	정상 우주론
우주의 팽창 여부	팽창함	팽창함
우주의 시작	있음	없음
우주의 총 질량	일정	증가
우주의 평균 밀도	감소	일정
우주의 온도	감소	일정

09

정답 맞히기 ㄱ, ㄴ. 우주가 빅뱅 이후 10^{-36}초~10^{-34}초 사이에 빛보다 빠른 속도로 팽창하였다는 이론을 급팽창 이론이라고 한다. 그림에서 약 10^{-36}초~10^{-34}초 사이에 우주의 반지름이 급격하게 커지고 있으므로 급팽창 이론의 우주 모형임을 알 수 있다. 이 모형은 대폭발 이론의 지평선 문제, 편평성 문제 등을 해결하기 위해 대폭발 이론을 수정·보완한 이론이므로 대폭발 이론에서의 물리적 특성을 그대로 갖는다. 따라서 급팽창하는 기간 동안 우주의 총 질량은 일정하고 평균 밀도는 작아진다.

오답 피하기 ㄷ. 우주가 급팽창하는 동안 우주의 온도는 급격히 낮아진다.

10

정답 맞히기 ㄱ. 우주는 직접 볼 수 있는 보통 물질, 볼 수는 없지만 중력적인 방법으로 존재를 확인할 수 있는 암흑 물질, 우주에서 척력으로 작용하는 암흑 에너지로 이루어져 있다.

오답 피하기 ㄴ. 암흑 물질은 약 26.8 %, 암흑 에너지는 약 68.3 %를 차지하고 있으므로 A가 B보다 작다.

ㄷ. 우주에서 척력으로 작용하며 우주 공간을 가속 팽창시키고 있는 것은 암흑 에너지이다.

실력 향상 문제

본문 292~295쪽

01 ④ **02** ⑤ **03** ②
04 (1) 50 km/s/Mpc (2) 120 Mpc
05 ③ **06** ③ **07** ② **08** ② **09** ③
10 ② **11** 대폭발 우주론 : 질량, 정상 우주론 : 밀도, 온도 **12** ④ **13** ④ **14** 해설 참조
15 ② **16** ④

01 외부 은하의 관측과 허블 법칙

정답 맞히기 ㄴ. 스펙트럼에서 적색 편이량이 클수록 후퇴 속도가 빠르고, 거리가 멀다. 은하 A와 B의 스펙트럼에서 칼슘 흡수선의 적색 편이량은 A보다 B에서 더 크게 나타나므로 은하의 후퇴 속도는 A보다 B가 크다.

ㄷ. 은하 A와 B 모두 적색 편이가 나타나고 있으므로 우리 은하로부터 멀어지고 있다.

오답 피하기 ㄱ. 적색 편이량은 A보다 B에서 더 크게 나타나므로 은하까지의 거리는 B가 A보다 멀다.

02 허블 법칙

정답 맞히기 ㄱ. 허블 상수는 은하까지의 거리에 대한 은하의 후퇴 속도비이므로 다음과 같이 구할 수 있다.

$$H=\frac{28.4-7.1}{400-100}=\frac{21.3\text{ km/s}}{300\text{ Mpc}}=71\text{ km/s/Mpc}$$

ㄴ. 적색 편이량은 클수록 후퇴 속도가 크다. 후퇴 속도는 C가 A보다 크다. 따라서 적색 편이량은 C가 A보다 크다.

ㄷ. B에서 관측하면 A의 후퇴 속도는 14.2 km/s(21.3 km/s−7.1 km/s)이고, C의 후퇴 속도는 7.1 km/s(28.4 km/s−21.3 km/s)이다.

03 우주의 팽창

정답 맞히기 ㄴ. 적색 편이 값은 후퇴 속도와 비례한다. A에서 측정한 후퇴 속도는 B가 C보다 작으므로 적색 편이 값도 B가 C보다 작다.

오답 피하기 ㄱ. 팽창하는 우주의 중심은 없다.

ㄷ. C에서 측정한 후퇴 속도는 A가 1600 km/s, D가 $1600\times\sqrt{2}$ km/s이므로 D가 A의 $\sqrt{2}$배이다.

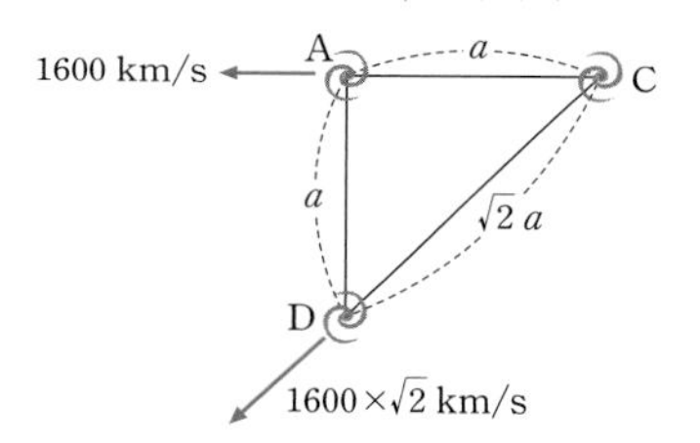

04 외부 은하의 스펙트럼 분석

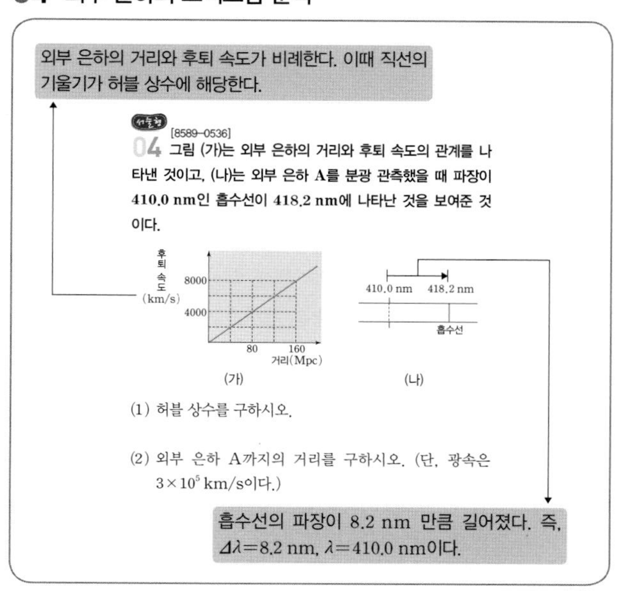

정답 맞히기 (1) 외부 은하의 거리에 따른 후퇴 속도 변화 그래프에서 기울기가 허블 상수에 해당되므로 허블 상수는 다음과 같다.

$$H=\frac{4000\ \text{km/s}}{80\ \text{Mpc}}=50\ \text{km/s/Mpc}$$

(2) (나)에서 흡수선의 원래 파장은 410 nm이고 파장 변화량이 8.2 nm이므로 외부 은하 A의 후퇴 속도(v)는 다음과 같다.

$$v=\frac{\Delta\lambda}{\lambda}\times c=\frac{8.2\ \text{nm}}{410\ \text{nm}}\times 3\times 10^5\ \text{km/s}=6000\ \text{km/s}$$

(가)에서 후퇴 속도가 6000 km/s인 은하까지의 거리는 120 Mpc이다.

05 허블 법칙

정답 맞히기 ㄱ. 은하 A와 B가 허블 법칙을 만족하므로 허블 상수는 다음과 같다.

$$H=\frac{2100\ \text{km/s}}{30\ \text{Mpc}}=70\ \text{km/s/Mpc}$$

ㄴ. 허블 상수가 70 km/s/Mpc이므로 은하 B의 후퇴 속도는 다음과 같다.

$$\frac{(\text{가})}{60\ \text{Mpc}}=70\ \text{km/s/Mpc},\ (\text{가})=4200\ \text{km/s}$$

오답 피하기 ㄷ. 우리 은하와 은하 A, B의 위치 관계는 다음과 같다.

A　우리 은하　B
2100 km/s　30 Mpc　60 Mpc　4200 km/s

따라서, 은하 A에서 측정한 우리 은하의 후퇴 속도는 2100 km/s, 은하 B의 후퇴 속도는 6300 km/s이다.

06 대폭발 우주론

정답 맞히기 ㄱ, ㄴ. 우주의 크기는 커지고, 밀도는 작아지는 것으로 보아 그림은 대폭발 우주론을 보여주고 있다.

대폭발 우주론의 증거로 우주 배경 복사와 우주의 수소와 헬륨의 질량비를 들 수 있다. 대폭발 우주론에 따르면 우주의 온도가 약 3000 K 정도 되었을 때 우주 배경 복사가 방출되었고 우주가 팽창하면서 온도가 낮아져 현재는 약 2.7 K의 복사로 우주 전역에서 균일하게 관측되고 있다고 한다. 또한 대폭발 우주론에서는 우주에 수소와 헬륨의 질량비가 약 3 : 1이 될 것이라고 계산하였는데, 이는 실제 관측 결과와 잘 맞아 떨어진다.

오답 피하기 ㄷ. 중력 렌즈 현상은 아주 먼 천체에서 나온 빛이 중간에 있는 거대한 천체의 질량(중력)에 의해 휘어져 보이는 현상으로, 이를 통해 암흑 물질의 존재를 확인할 수는 있지만 대폭발 이론의 증거는 될 수 없다.

07 정상 우주론

정답 맞히기 ㄷ. 시간이 지날수록 우주의 질량은 증가하지만 밀도는 일정한 것으로 보아 정상 우주론에서의 물리량 변화이다. 정상 우주론에서 우주가 팽창하면서도 밀도가 일정하게 유지되는 것은 우주의 팽창으로 생겨난 빈 공간에 새로운 물질이 계속 만들어지고 있기 때문이라고 설명한다.

오답 피하기 ㄱ. 정상 우주론이다.

ㄴ. 우주 배경 복사는 대폭발 우주론의 증거이다.

08 우주 배경 복사

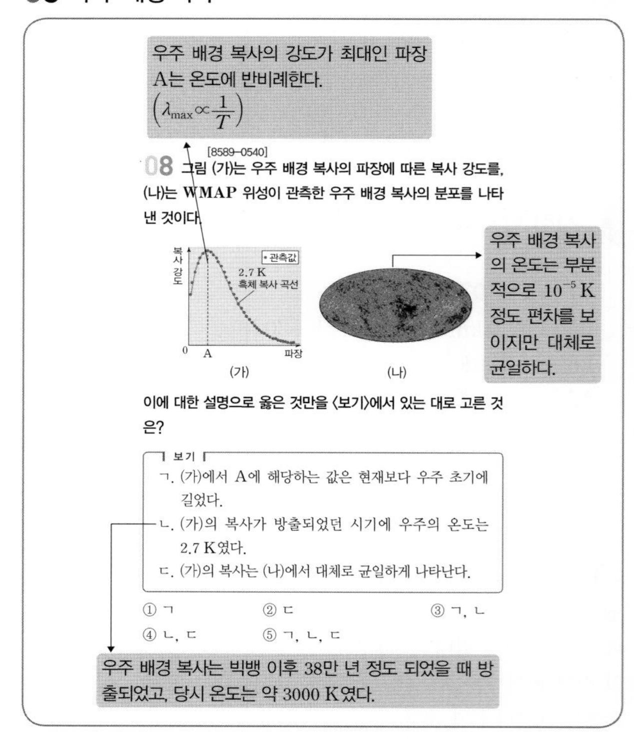

정답 맞히기 ㄷ. WMAP 위성이 관측한 우주 배경 복사 분포는 10^{-5} K 정도의 편차만 보일뿐 우주 전역에서 거의 균일하게 관측되고 있다.

오답 피하기 ㄱ. A는 2.7 K 흑체 복사 곡선에서 복사 강도가 최대가 되는 파장(λ_{max})를 의미한다. 이 값은 온도에 반비례하는데, 우주 초기에는 현재보다 온도가 높았으므로 우주 초기의 λ_{max}는 현재보다 짧았다.

ㄴ. 우주 배경 복사는 빅뱅 이후 약 38만 년이 지났을 무렵 우주

온도가 약 3000 K일 때 방출되었고, 우주가 팽창하면서 온도가 낮아져 현재는 2.7 K 흑체 복사로 관측되는 것이다.

09 대폭발 우주론과 정상 우주론 비교

(가)는 대폭발 우주론, (나)는 정상 우주론 모형이다.

정답 맞히기 ㄷ. 우주가 팽창하면서 온도가 점점 낮아지는 것은 대폭발 우주론이다. 정상 우주론에서 온도는 시간이 지나도 일정하게 유지된다.

오답 피하기 ㄱ. 밀도가 일정하게 유지되는 것은 정상 우주론이다. 대폭발 우주론에서 밀도는 시간에 따라 감소한다.

ㄴ. 은하의 거리가 멀수록 은하의 적색 편이가 증가하는 것은 우주가 팽창하고 있음을 의미한다. 대폭발 우주론과 정상 우주론은 모두 팽창하는 우주를 바탕으로 한 우주론이다.

10 팽창하는 우주

정답 맞히기 ㄷ. 우주가 팽창하면서 우주의 온도는 낮아지므로 우주 배경 복사의 파장은 길어진다.

오답 피하기 ㄱ. 시간에 따른 우주의 크기 변화가 일정하므로 우주의 팽창 속도가 일정하다. 허블 상수는 우주 공간의 팽창 속도를 의미하므로 우주의 팽창 속도가 일정하면 허블 상수 값도 일정하다.

ㄴ. 우주가 팽창하면서 밀도는 감소한다.

11 팽창 우주의 물리량 변화

정답 맞히기 대폭발 우주론에서는 우주가 팽창하는 동안 우주의 총 질량에는 변화가 없고, 우주의 평균 밀도와 온도는 감소한다. 정상 우주론에서는 우주가 팽창하는 동안 우주의 평균 밀도와 온도는 일정하게 유지되지만 새로운 물질이 계속 생겨나 질량은 증가한다.

12 급팽창 이론

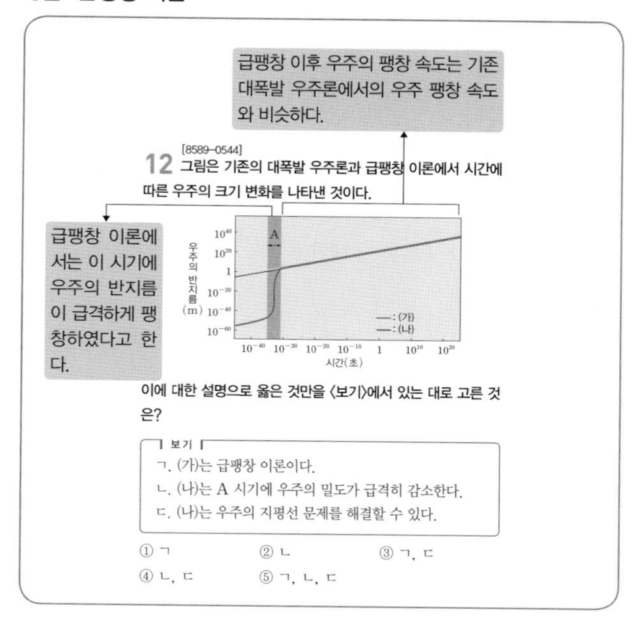

(가)는 대폭발 우주론, (나)는 급팽창 이론이다.

정답 맞히기 ㄴ. A 시기에는 우주의 크기가 급격하게 팽창하므로 우주의 밀도가 급격하게 감소한다.

ㄷ. 대폭발 우주론에서는 서로 반대 방향에 있는 우주의 지평선 양끝에 있는 두 지점이 정보를 교환할 수 없으므로 초기 우주의 밀도가 균일한 이유를 설명하지 못하였으나 급팽창 이론에서는 우주 초기에 우주의 크기가 우주의 지평선보다 작아 지평선 양 끝의 두 지점이 정보를 교환하였고 그 이후 급팽창하여 현재에 이르렀다고 설명한다.

오답 피하기 ㄱ. (가)는 대폭발 우주론이다.

13 가속 팽창 우주

정답 맞히기 ㄱ. 우주의 나이는 허블 상수의 역수에 비례한다.

ㄴ. 겉보기 밝기는 천체의 거리가 멀수록 어두워진다. 따라서 멀리 있는 초신성이 예상보다 어둡게 보였다는 것은 예상보다 더 멀리 있다는 의미이다.

오답 피하기 ㄷ. 우주를 가속 팽창시키는 원인은 우주 공간 자체의 척력인 암흑 에너지이다.

14 가속 팽창하는 우주의 크기 변화율

우주가 가속 팽창한다는 것은 시간에 따른 우주의 크기 변화율이 증가하는 것이다.

모범 답안

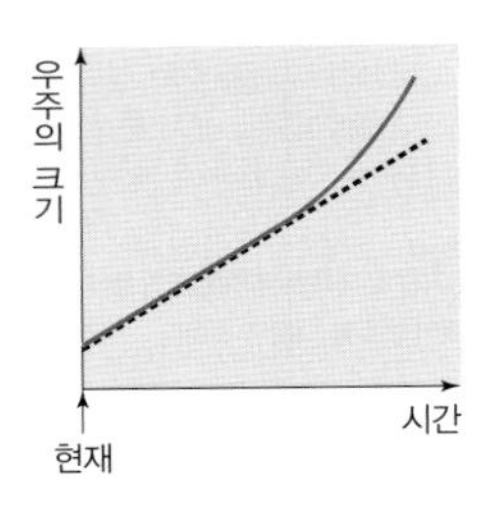

15 Ia형 초신성 관측

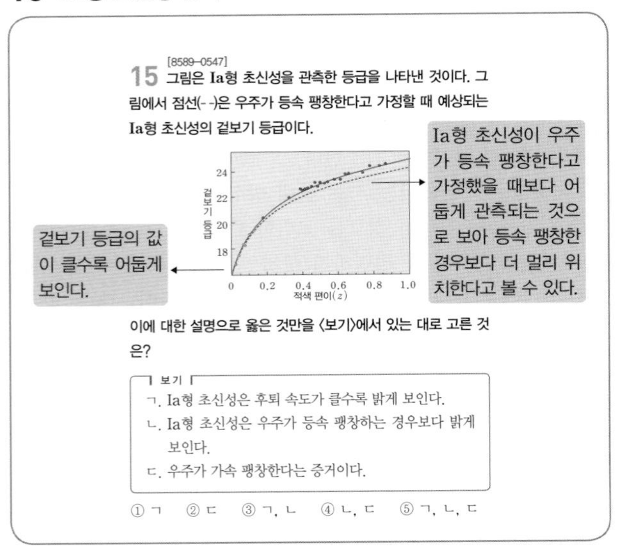

정답 맞히기 ㄷ. Ia형 초신성의 겉보기 등급이 우주가 등속 팽창할 경우 예상되는 겉보기 등급보다 크게 관측되었다는 것은 Ia형 초신성이 등속 팽창하는 우주에서 예상한 거리보다 멀리 있다는 의미이다. 즉, 우주가 등속 팽창하는 경우보다 더 크다는 의미이므로 우주는 가속 팽창하고 있다.

오답 피하기 ㄱ. Ia형 초신성의 적색 편이가 클수록 겉보기 등급이 크게 관측되었다. 적색 편이가 클수록 후퇴 속도가 빠르고, 겉보기 등급은 등급 값이 클수록 어둡게 보인다. 따라서 Ia형 초신성은 후퇴 속도가 클수록 어둡게 보인다.

ㄴ. 겉보기 등급이 클수록 어둡게 보이는 것이므로, Ia형 초신성은 우주가 등속 팽창하는 경우보다 어둡게 보인다.

16 우주의 크기 변화

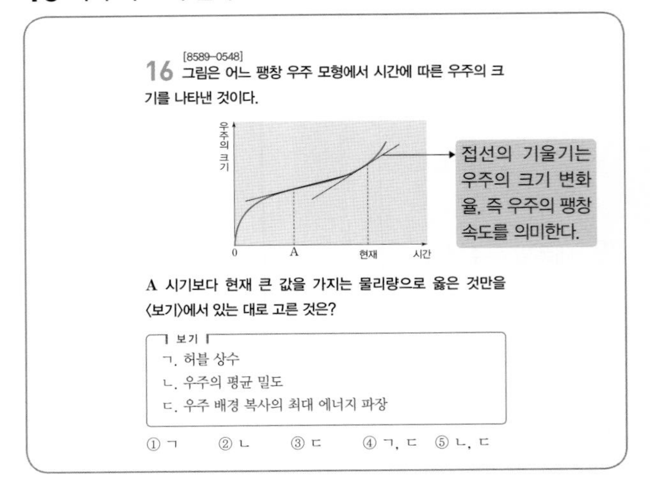

정답 맞히기 ㄱ. 우주의 크기 변화율, 즉 우주의 팽창 속도는 A 시기보다 현재 더 크다.

ㄷ. 우주 배경 복사의 최대 에너지 파장은 온도가 낮을수록 길어진다. 우주의 온도는 A 시기보다 현재 더 낮으므로 우주 배경 복사의 최대 에너지 파장은 A 시기보다 현재가 더 길다.

오답 피하기 ㄴ. 그래프는 대폭발 우주론에 급팽창 이론과 가속 팽창 우주의 개념이 모두 적용되었으므로 우주가 팽창하면서 우주의 평균 밀도는 감소한다.

신유형·수능 열기

본문 296~297쪽

01 ⑤ 02 ② 03 ③ 04 ④ 05 ⑤
06 ③ 07 ③ 08 ④

01

정답 맞히기 ㄱ. 외부 은하의 거리가 멀수록 후퇴 속도가 크다.

ㄴ. 천체의 겉보기 밝기는 거리의 제곱에 반비례하는데, 세 은하의 절대 등급이 모두 같으므로 은하까지의 거리가 n배 멀면 겉보기 밝기는 n^2배 어둡다. B는 A보다 3배 멀리 있으므로 겉보기 밝기는 A가 B보다 약 9배 밝다.

ㄷ. B에서 관측하면 A와 C는 서로 반대 방향으로 후퇴한다.

02

정답 맞히기 ㄴ. 우주는 팽창하면서 온도가 낮아지고, 우주 배경 복사는 우주의 온도가 낮을수록 파장이 길어지므로 A가 약 38만 년 전, B가 현재의 복사 세기 분포이다. 즉, 우주의 온도는 약 38만 년 전인 A가 현재인 B보다 높다.

오답 피하기 ㄱ. 현재의 복사의 세기는 B이다.
ㄷ. 복사 세기가 최대인 파장은 온도가 높을수록 짧아지므로 과거가 현재보다 짧다.

03

정답 맞히기 ㄱ. A−B 사이의 거리와 A−C 사이의 거리가 모두 3배 증가하였으므로 B−C 사이의 거리도 3배인 15가 된다.
ㄷ. A, B, C는 서로 멀어지고 있고 멀어지는 속도는 점들 사이의 거리에 비례하므로 셋 중 어느 단추를 기준으로 정하든지 허블 법칙이 성립한다.

오답 피하기 ㄴ. A로부터 멀어지는 속도는 A로부터의 거리가 멀수록 크다. 따라서 A로부터 멀어지는 속도는 C가 B의 $\frac{4}{3}$배이다.

04

(가)는 대폭발 우주론, (나)는 정상 우주론이다.

정답 맞히기 ㄱ. 우주가 팽창하는 동안 우주의 총 질량이 일정하게 유지되는 것은 대폭발 우주론이다. 정상 우주론은 우주가 팽창하면서 생겨난 공간에 새로운 물질이 계속 생성되므로 우주의 질량이 증가한다.
ㄷ. 대폭발 우주론과 정상 우주론 모두 우주의 팽창을 가정하고 있다. 즉, 두 우주론 모두 허블 법칙을 적용하고 있다.

오답 피하기 ㄴ. 대폭발 우주론에서는 우주의 온도가 점점 낮아지고, 정상 우주론에서는 일정하게 유지된다.

05

정답 맞히기 ㄱ. 대폭발 이후 고온의 초기 우주에서 방출되어 우주 전역에 퍼져 있는 빛을 우주 배경 복사라고 한다.
ㄴ. 우주 배경 복사의 파장에 따른 복사 강도가 2.7 K 흑체 복사 곡선과 일치하는 것으로 보아 현재 우주의 온도가 2.7 K임을 알 수 있다.
ㄷ. 코비(COBE) 위성이 관측한 우주 배경 복사의 분포가 관측 방향에 따라 10^{-5} K 정도의 미세한 온도 편차를 보이는 것은 초기 우주에 미세한 밀도 편차가 있었음을 의미하고, 이로 인해 물질의 중력 수축이 유발되어 별, 은하 등이 생성될 수 있었다.

06

정답 맞히기 ㄱ. A는 암흑 에너지, B는 암흑 물질이다.
ㄴ. 암흑 물질은 광학적으로는 확인이 어려우나 중력 렌즈 현상을 통해 그 존재를 확인할 수 있다.

오답 피하기 ㄷ. 우주를 팽창시키는 요소는 암흑 에너지로 우주에서 차지하는 비율은 과거보다 현재에 더 크다.

07

정답 맞히기 ㄱ. (가) 기간에는 우주의 팽창 속도가 감소하므로 감속 팽창하고, (나) 기간에는 우주의 팽창 속도가 증가하므로 가속 팽창한다.
ㄴ. 우주의 팽창은 중력과 반대 방향으로 작용하는 암흑 에너지 때문이다. 따라서 우주의 팽창 속도가 증가하는 (나) 기간이 우주의 팽창 속도가 감소하는 (가) 기간보다 암흑 에너지의 영향이 더 크게 작용한다.

오답 피하기 ㄷ. 그래프는 대폭발 우주론이 적용되었다. (가) 기간에 우주는 팽창하고 있으므로 우주의 평균 밀도는 감소한다.

08

정답 맞히기 ㄴ. 겉보기 등급은 모델 A가 모델 B보다 큰 값을 가진다.
ㄷ. Ia형 초신성의 겉보기 등급 관측값은 모델 B보다 모델 A와 더 잘 일치하는 것으로 보아 우주 구성 요소에서 모델 A에만 포함된 암흑 에너지를 고려해야 한다.

오답 피하기 ㄱ. Ia형 초신성은 폭발 당시의 질량이 태양 질량의 약 1.44배로 일정하여 절대 등급이 거의 같다.

단원 마무리 문제

본문 300~302쪽

01 ②	02 ⑤	03 ④	04 ③	05 ③
06 ④	07 해설 참조		08 ③	09 ①
10 ②	11 ④	12 ②		

01

정답 맞히기 ㄴ. 타원 은하는 편평도(타원체의 납작한 정도)에 따라 E0~E7으로 분류한다. 타원체가 원에 가까울수록 숫자가 작다. 즉, E0가 E7보다 편평도가 작다.

오답 피하기 ㄱ. 허블은 가시광선 영역에서 관측한 은하의 형태에 따라 은하들을 분류하였다.

ㄷ. 우리 은하는 막대 나선 은하로 SBb와 SBc의 중간에 해당한다.

02

정답 맞히기 ㄴ. 나선 은하는 나선팔에 성간 물질이 많아 새로 태어난 푸른 별의 비율이 타원 은하보다 높다.

ㄷ. (가)와 (나)는 허블 법칙을 만족하므로 은하까지의 거리가 멀수록 적색 편이량이 크다. (가)는 (나)보다 1.5배 먼 거리에 있으므로 적색 편이량은 (가)가 (나)보다 1.5배 크다.

오답 피하기 ㄱ. 타원 은하와 나선 은하 사이에는 시간에 따른 진화 관계가 존재하지 않는다.

03

정답 맞히기 ㄴ. 천체의 후퇴 속도(v)는 적색 편이$\left(z=\frac{\Delta\lambda}{\lambda}\right)$와 광속($c$)를 이용하여 다음과 같이 나타낼 수 있다.

$$v=\frac{\Delta\lambda}{\lambda}\times c$$

따라서 퀘이사 3C 273의 경우 후퇴 속도의 크기는 광속의 약 53 %이다.

$$\frac{v}{c}=\frac{\Delta\lambda}{\lambda}=0.53$$

ㄷ. 퀘이사 3C 273까지의 거리가 53억 광년이므로 퀘이사로부터 나온 빛이 우리에게 도달하기까지 약 53억 년이 걸린다. 따라서 우리가 이 3C 273을 관측하고 있다는 것은 이 퀘이사가 적어도 53억 년 이전부터 빛을 방출하고 있다는 의미이다.

오답 피하기 ㄱ. 우리 은하의 크기는 약 10만 광년이므로 이 퀘이사는 우리 은하 밖의 천체이다.

04

정답 맞히기 ㄱ. (가)는 세이퍼트은하, (나)는 전파 은하이다.

ㄴ. 세이퍼트은하는 가시광선 영역에서 대부분 나선 은하로 관측되고, 전파 은하는 타원 은하로 관측된다.

오답 피하기 ㄷ. 우주 탄생 초기에 만들어져 적색 편이가 매우 큰 천체는 퀘이사이다.

05

정답 맞히기 ㄱ. 은하의 모습에서 타원이나 나선 구조를 볼 수 없으므로 불규칙 은하이다.

ㄴ. 은하의 충돌은 은하의 질량에 의한 만유인력으로 상호 작용할 때 일어난다.

오답 피하기 ㄷ. 은하끼리 충돌할 때 은하 내의 별들이 직접 충돌하는 일이 거의 일어나지 않으나 은하 내의 거대 성운이 충돌·압축되어 새로운 별의 탄생이 촉진된다.

06

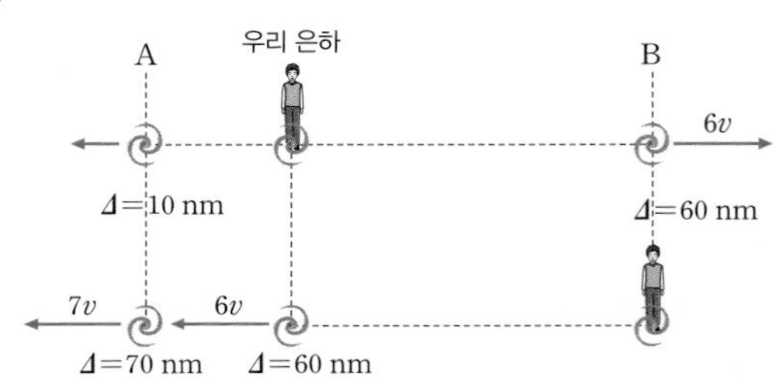

정답 맞히기 ㄴ. A와 B는 우리 은하를 기준으로 서로 반대 방향에 위치하므로 A에서 B를 관측하면 흡수선의 파장 변화량($\Delta\lambda$)는 70 nm이고, 수소 흡수선의 파장은 726.3 nm이다.

ㄷ. B에서 A를 관측할 때도 흡수선의 파장 변화량($\Delta\lambda$)는 70 nm이므로 우리 은하에서 관측한 $\Delta\lambda$ 값인 10 nm보다 7배 크다. 천체의 후퇴 속도(v)와 흡수선의 파장 변화량($\Delta\lambda$)는 다음과 같은 관계를 가진다.

$$v=\frac{\Delta\lambda}{\lambda}\times c$$

따라서 A의 후퇴 속도는 B에서 관측한 경우가 우리 은하에서 관측한 경우보다 7배 빠르다.

오답 피하기 ㄱ. $\Delta\lambda$ 값은 A가 10 nm, B가 60 nm이므로 후퇴 속도는 B가 A의 6배이다.

07

(1) 현재 우주의 팽창 속도를 이용해 빅뱅 이후 우주의 팽창에 대해 설명하기 위해서는 우주가 빅뱅 이후 등속 팽창해왔다는 가정이 필요하다.

(2) 등속 팽창하는 우주에서 우리 은하로부터 거리 r만큼 떨어져 있는 은하가 v의 속도로 멀어지고 있다면 이 은하가 빅뱅 이후 현재의 거리까지 이동하는 데 걸린 시간은 다음과 같다.

$$t=\frac{r}{v}$$

여기에 허블 법칙을 적용하면

$$t=\frac{r}{v}=\frac{r}{Hr}=\frac{1}{H}$$

이다. 여기서 t는 우주의 나이에 해당하므로 우주의 나이는 허블 상수의 역수로 표현할 수 있다.

한편, 허블 법칙에 의하면 은하의 거리가 멀수록 후퇴 속도가 크고, 아인슈타인의 상대성 이론에 의하면 광속보다 빠르게 전달되는 정보는 없으므로 관측할 수 있는 우주의 크기(r)는 빛의 속도로 멀어지는 은하까지의 거리에 해당된다. 즉,

$$r=vt=c\times\frac{1}{H}=\frac{c}{H}$$

이다.

모범 답안 (1) 우주는 빅뱅 이후 현재까지 등속 팽창하고 있다.
(2) ㉡ 우주의 나이는 허블 상수(H)의 역수에 해당하는 값이다.
㉣ 우주의 크기는 광속을 허블 상수로 나눈 값이다.

08

A는 대폭발 우주론, B는 정상 우주론이다.

정답 맞히기 ㄱ, ㄷ. 두 모형 모두 팽창하는 우주에 대해 설명하고 있고, 외부 은하의 거리가 멀수록 후퇴 속도가 크다는 허블 법칙을 만족한다.

오답 피하기 ㄴ. 우주 배경 복사는 대폭발 우주론에서 우주 초기에 방출된 빛이 현재 우주 전역에서 검출되는 것으로 설명하고 있다.

09

정답 맞히기 ㄱ. A 시점에 1 %였던 암흑 에너지가 현재에는 68 %로 증가하였다.

오답 피하기 ㄴ, ㄷ. A는 현재보다 빅뱅 시점에 가까우므로 현재보다 우주의 크기는 작고, 온도는 높고, 평균 밀도는 큰 상태이다.

10

정답 맞히기 ㄷ. 현재 우주의 팽창 속도가 증가하고 있는 것은 암흑 에너지 때문이다.

오답 피하기 ㄱ, ㄴ. ㉠은 암흑 에너지, ㉡은 암흑 물질이다. ㉠과 ㉡ 모두 가시광선을 포함한 전자기파로는 관측할 수 없다.

11

정답 맞히기 ④ 우주의 크기 변화율, 즉 우주의 팽창 속도는 그래프의 접선의 기울기와 같고, 우주의 팽창 속도 변화율은 그래프의 접선의 기울기 변화율과 같다. 그래프에서 접선의 기울기 변화율은 C>B이므로 우주의 팽창 속도 변화율은 C>B이다.

오답 피하기 ① 우주의 크기 변화로 보아 빅뱅 우주론에 급팽창 이론과 가속 팽창 우주의 개념이 모두 적용되어 있다.
②, ③ A 시기에 우주의 크기가 급격하게 증가하여 우주의 곡률이 크게 작아졌고, 이로 인해 현재 우주의 지평선은 거의 평탄하게 관측되고 있다.
⑤ 우주의 팽창 속도 증가율은 C>B이므로 암흑 에너지의 영향은 B 시기보다 C 시기에 크다.

12

정답 맞히기 ② 외부 은하까지의 거리와 후퇴 속도가 비례한다는 허블 법칙이 발견(ㄱ)된 후 정적 우주론은 팽창 우주의 개념을 포함해 정상 우주론으로 발전하였고, 정상 우주론과 대폭발 우주론이 경쟁하게 되었다. 1965년 우주 배경 복사가 발견(ㄷ)되고 우주의 수소와 헬륨 질량비가 확인되면서 대폭발 우주론이 경쟁에서 승리하였다. 그러나 대폭발 우주론은 우주의 지평선 문제(ㄴ), 편평성 문제 등을 설명하지 못하였다. 이 문제들은 1980년 구스가 급팽창 이론을 제안하면서 해결되었다. 이후 우주의 가속 팽창이 발견(ㄹ)되었고, 가속 팽창을 설명하는 암흑 에너지를 포함한 표준 우주 모형으로 우주의 상태를 설명하고 있다.

MEMO

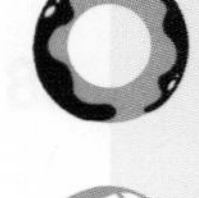

학교시험 대비 활용 방법

- ✓ 우리학교 교과서를 확인한다.
- ✓ 개념완성에 수록된 교과서 조견표를 확인한다.
- ✓ 시험범위 '비법 노트' 와 '모의 중간/기말고사' 로 공부한다.

EBS

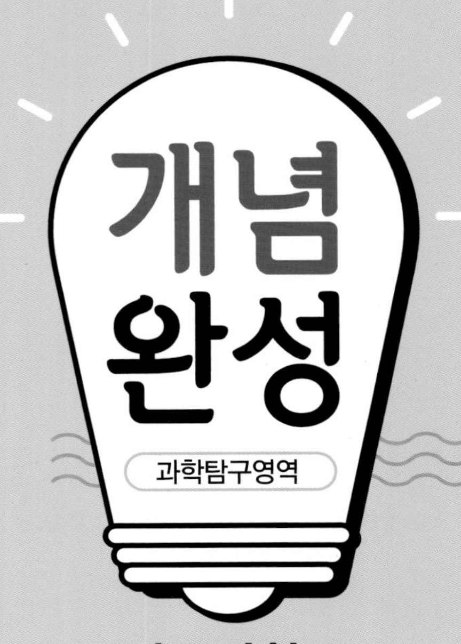

지구과학 I

정답과 해설

고1~2 내신 중점 로드맵

과목	고교 입문		기초	기본	특화	+ 단기
국어	고등 예비 과정	내 등급은?	윤혜정의 개념의 나비효과 입문편/워크북 어휘가 독해다!	기본서 올림포스	국어 특화 국어 독해의 원리 / 국어 문법의 원리	단기 특강
영어			정승익의 수능 개념 잡는 대박구문 주혜연의 독해공식	올림포스 전국연합 학력평가 기출문제집	영어 특화 Grammar POWER / Reading POWER Listening POWER / Voca POWER	
수학			기초 50일 수학 50일 수학 기출 워크북 매쓰 디렉터의 고1 수학 개념 끝장내기	유형서 올림포스 유형편	고급 올림포스 고난도	
				수학 특화 수학의 왕도		
한국사 사회		인공지능 수학과 함께하는 고교 AI 입문 수학과 함께하는 AI 기초		기본서 개념완성 개념완성 문항편	고등학생을 위한 多담은 한국사 연표	
과학						

과목	시리즈명	특징	수준	권장 학년
전과목	고등예비과정	예비 고등학생을 위한 과목별 단기 완성	●	예비 고1
국/영/수	내 등급은?	고1 첫 학력평가+반 배치고사 대비 모의고사	●	예비 고1
	올림포스	내신과 수능 대비 EBS 대표 국어·수학·영어 기본서	●	고1~2
	올림포스 전국연합학력평가 기출문제집	전국연합학력평가 문제 + 개념 기본서	●	고1~2
	단기 특강	단기간에 끝내는 유형별 문항 연습	●	고1~2
한/사/과	개념완성 & 개념완성 문항편	개념 한 권+문항 한 권으로 끝내는 한국사·탐구 기본서	●	고1~2
국어	윤혜정의 개념의 나비효과 입문편/워크북	윤혜정 선생님과 함께 시작하는 국어 공부의 첫걸음	●	예비 고1~고2
	어휘가 독해다!	학평·모평·수능 출제 필수 어휘 학습	●	예비 고1~고2
	국어 독해의 원리	내신과 수능 대비 문학·독서(비문학) 특화서	●	고1~2
	국어 문법의 원리	필수 개념과 필수 문항의 언어(문법) 특화서	●	고1~2
영어	정승익의 수능 개념 잡는 대박구문	정승익 선생님과 CODE로 이해하는 영어 구문	●	예비 고1~고2
	주혜연의 독해공식	주혜연 선생님과 함께하는 유형별 지문 독해	●	예비 고1~고2
	Grammar POWER	구문 분석 트리로 이해하는 영어 문법 특화서	●	고1~2
	Reading POWER	수준과 학습 목적에 따라 선택하는 영어 독해 특화서	●	고1~2
	Listening POWER	수준별 수능형 영어듣기 모의고사	●	고1~2
	Voca POWER	영어 교육과정 필수 어휘와 어원별 어휘 학습	●	고1~2
수학	50일 수학 & 50일 수학 기출 워크북	50일 만에 완성하는 중학~고교 수학의 맥	●	예비 고1~고2
	매쓰 디렉터의 고1 수학 개념 끝장내기	스타강사 강의, 손글씨 풀이와 함께 고1 수학 개념 정복	●	예비 고1~고1
	올림포스 유형편	유형별 반복 학습을 통해 실력 잡는 수학 유형서	●	고1~2
	올림포스 고난도	1등급을 위한 고난도 유형 집중 연습	●	고1~2
	수학의 왕도	직관적 개념 설명과 세분화된 문항 수록 수학 특화서	●	고1~2
한국사	고등학생을 위한 多담은 한국사 연표	연표로 흐름을 잡는 한국사 학습	●	예비 고1~고2
기타	수학과 함께하는 고교 AI 입문/AI 기초	파이선 프로그래밍, AI 알고리즘에 필요한 수학 개념 학습	●	예비 고1~고2